Déco… *Le G…* sur iPhone et iPad !

- **700 espèces** identifiables grâce à un **moteur de recherche intuitif**
- **Un outil de comparaison performant** pour éviter les erreurs d'identification
- **3 000 illustrations** d'une finesse inégalée
- **Plus de 750 chants** ainsi que des vidéos et des cartes pour enrichir votre application

Plus d'informations sur **guideornitho-app.com**

Le guide ornitho

Texte et cartes : Lars Svensson
Illustrations et légendes : Killian Mullarney et Dan Zetterström
Traduction de l'anglais, adaptation et supervision scientifique :
Guilhem Lesaffre et Benoît Paepegaey
Adaptation des chants : Philippe J. Dubois et Jean-Yves Frémont
Statuts : Pierre Le Maréchal

Le guide ornitho

Nouvelle édition

Le guide le plus complet des oiseaux d'Europe, d'Afrique du Nord et du Moyen-Orient : 900 espèces

delachaux et niestlé

Édition originale
Fågelguiden, Europas och Medelhavsområdets fåglar i fält
Première édition 1999 : Albert Bonniers Förlag, Stockholm, Suède
Édition 2009 : Bonnier Fakta, Stockholm, Suède

Avec la contribution notable de Peter J. Grant

Édition française

Réimpression : février 2019
Impression : Trento (Italie)

Traduction de l'anglais, adaptation et supervision scientifique : Guillem Lesaffre (texte)
et Benoît Paepegaey (légendes et occasionnels rares pp. 418-421)
Adaptation des chants : Philippe J. Dubois et Jean-Yves Frémont
Statuts : Pierre Le Maréchal
Correction : Renaud Bezombes
Mise en pages : Nord Compo

Sommaire

À propos de l'édition française

Les contraintes inhérentes à la moindre concision de la langue française par rapport à l'anglaise nous ont amenés à modifier, en de rares occasions, l'ordonnancement de l'ouvrage original. Il n'a en effet pas été toujours possible (ou bien cela aurait été fait au détriment de l'information) de laisser l'amorce du texte de telle ou telle espèce en face de l'illustration correspondante. Toutefois, textes et illustrations suivent rigoureusement la même séquence.

Les traducteurs ont respecté les choix des auteurs quant à la taxonomie mais, dans de rares cas, ils ne correspondent pas aux décisions prises par la CAF (Commission de l'avifaune française). Ces divergences (v. ci-dessous) concernent le statut accordé à certains taxons (à gauche, choix des auteurs, à droite, position de la CAF à la date d'avril 2010) :

Traquet de Seebohm/sous-espèce du T. motteux
Traquet halophile/sous-espèce du T. deuil
Pouillot de Lorenz/sous-espèce du P. montagnard
Pie-grièche du Turkestan/sous-espèce de la P.-g. isabelle
Moineau cisalpin/sous-espèce du M. domestique ou du M. espagnol (débat en cours)

Par ailleurs, en cas de divergence portant sur le nom de genre, le choix de la CAF a été retenu, celui des auteurs figurant alors à côté, entre parenthèses.

Pour compléter son information, le lecteur voudra bien se reporter à la liste des oiseaux du Paléarctique occidental établie par la CAF :
www2.mnhn. fr/crbpo/spip. php? rubrique112

Abréviations :
c. :couple(s)
C : centre, centrale (Asie C : Asie centrale)
E : est ; O : ouest ; N : nord ; S : sud
occ. : occidental(e)(s), occidentaux
ssp. : sous-espèce

Remerciements

Comme pour la première édition, un tel livre n'aurait pu voir le jour sans de multiples aides, tant directes qu'indirectes, à travers le travail novateur et révolutionnaire mis à notre disposition dans la littérature ornithologique et sur Internet. Notre gratitude ne s'est pas démentie envers un cercle d'amis proches mentionnés dans la première édition, à laquelle nous demandons au lecteur de se reporter. Nous voudrions mentionner ici tout spécialement ceux qui nous ont généreusement assistés dans l'élaboration de cette édition révisée.

L. S. est redevable à José Luis Copete, Andrew Lassey et Hadoram Shirihai, non seulement d'agréable compagnie lors de divers voyages, mais dispensant de plus à l'envi leurs immenses savoir et expérience. Il remercie aussi Per Alström, Vladimir Arkhipov, Oleg Belyalov, Martin Collinson, Pierre-André Crochet, Alan Dean, Pete Dunn, David Erterius, Andrew Grieve, Marcel Haas, Magnus Hellström, Guy Kirwan, Hans Larsson, Norbert Lefranc, Klaus Malling Olsen, Urban Olsson, Eugeny Panov, David Parkin, Mike Pearson, George Sangster, Jevgeni Shergalin et Mike Wilson pour leur aide, leurs avis et leur soutien sous diverses formes. Comme précédemment, Richard Ranft et la British Library Sound Archive ont permis l'accès à des enregistrements de certaines espèces rares. Merci aux équipes des différents musées visités, toujours accueillantes et de bon conseil.

K. M. est particulièrement redevable à Mark Constantine pour son soutien sans faille, son avis précieux et son indéfectible amitié au fil de tant d'années. De même, ses amis Paul Archer, Arnoud Van den Berg, Richard Crossley, Dick Forsman, Hannu Jännes, Lars Jonsson, Ian Lewington, Pat Lonergan, Aidan Kelly, Dave McAdams, Richard Millington, Colm Moore, René Pop, Magnus Robb, Cornelia Sakali, Alyn Walsh et Pim Wolf ont beaucoup aidé de diverses façons, la moindre n'étant pas de se montrer d'excellents compagnons de terrain. Un grand merci aussi à Per Alström, Derek Charles, José Luis Copete, Andrea Corso, Michael Davis, Paul Doherty, Annika Forsten, Magnus Hellström, Paul Holt, Hans Larsson, Antero Lindholm, Bruce Mactavish, Steve Preddy, David Sibley et Frank Zino pour leurs suggestions pertinentes et/ou la mise à disposition d'une très utile documentation photographique. L'incroyable dévouement, pour le bénéfice de tous, de nombreux « laridophiles » rompus aux subtilités de la détermination de l'âge et de l'espèce des goélands a constitué une aide décisive dans l'élaboration des nouvelles approches présentées ici. La place manque pour leur rendre l'hommage qu'ils méritent, mais l'aide de Ruud Altenburg, Chris Gibbins, Hannu Hoskinen, Bert-Jan Luijendijk, Ies Meulmesster, Mars Muusse, Theodor Muusse, Rudy Offereins et, surtout, de Visa Rauste, a été particulièrement appréciée.

D. Z. souhaite exprimer sa gratitude à Ian Andrews, Stefan Asker, Arnoud Van den Berg, Christer Brostam, José Luis Copete, Andrea Corso, Göran Ekström, David Fisher, Anika Forsten, Fares Khoury, Markus Lagerqvist, Lars Larsson, Dan Mangsbo, Bill Zetterström et Frank Zino pour leur aimable soutien.

Enfin et surtout, nous remercions nos proches et amis, sévèrement mis à l'épreuve, ainsi que nos éditeurs, pour leur patience et leur soutien.

L. S., K. M., D. Z.

Préface

Le *Collins Bird Guide* a connu, pour notre plus grand plaisir, un énorme succès depuis sa publication en 1999. Il a été traduit en pas moins de 14 langues, atteignant l'énorme tirage de 700 000 exemplaires, dont le tiers rien qu'en Grande-Bretagne. Il est gratifiant pour nous de le voir utilisé à ce point sur le terrain, où que nous allions en Europe, en Afrique du Nord et au Moyen-Orient. Sa gestation et les grands principes qui le régissent sont présentés dans la première édition et ne seront pas reprécisés ici, mais les analyses positives et les retours que nous avons eus à titre personnel indiquent que les principes que nous avions définis étaient les bons, correspondant bien aux attentes des ornithos du XXIe siècle en matière de guide.

Cela dit, ne cédons pas à la complaisance. Peu après la publication de la première édition, il était déjà évident qu'une révision s'imposait. Les raisons en étaient de deux ordres. Tout d'abord, l'élaboration de la première édition avait pris du temps et, le plan de l'ouvrage ayant été défini au début et au milieu des années 1980, bien des choses devaient changer ou évoluer dans les quelque quinze ans nécessaires avant la publication, dont toutes ne pouvaient être prises en compte en cours d'élaboration. De nouvelles astuces pour différencier des espèces proches sont sans cesse découvertes, et un bon guide de terrain se doit d'être aussi à jour que possible. Certaines mises au point exigeaient plus de place que celle qui était alors disponible et durent attendre une intégration ultérieure.

La seconde raison, difficile à prévoir quand nous avons initié l'ouvrage, a été que l'évolution de la taxonomie ornithologique effectuerait un tel bond – après une longue période de relative stabilité – juste avant 1999, et particulièrement après. De nouvelles recherches et une approche taxonomique en partie nouvelle, faisant appel à des méthodes génétiques, ont abouti à une reformulation du statut de nombreux taxons jusqu'alors considérés comme des sous-espèces. Ces avancées de la connaissance ont eu pour effet qu'un certain nombre d'espèces autrefois considérées comme polytypiques, comprenant plusieurs sous-espèces assez distinctes, sont à présent séparées en deux espèces ou plus. Ces « nouvelles » espèces sont, pour des raisons bien naturelles, souvent très semblables aux espèces les plus proches. Mais elles forment d'intéressantes populations avec leur propre histoire, et méritent un traitement à part dans le guide, à travers le texte et les planches.

Pour tenir compte de toutes les nouvelles espèces et informations, nous avons dû augmenter le nombre de planches d'environ 10 %, mais nous estimons que ce guide reste un ouvrage de poche, de sorte que personne ne devrait être tenté de le laisser chez soi en partant en voyage.

Un changement frappera sans doute aussitôt le lecteur habitué à la première édition : le nouvel agencement des familles au début. Les recherches génétiques récemment publiées ont montré que les deux plus anciens groupes d'oiseaux sont les ansériformes (oies, canards…) et les galliformes (tétras, faisans…), réunis sous le nom de *Galloanserae*. Comme la séquence des familles dans l'ouvrage est pour l'essentiel celle obéissant à la systématique classique, avec les groupes les plus anciens placés en tête, le guide commence dorénavant par les cygnes, oies et canards, suivis des tétras, faisans, etc. Alors seulement viennent les plongeons, grèbes, oiseaux marins, etc., autrefois situés au début.

Les groupes pour lesquels de larges modifications taxonomiques sont récemment intervenues et ont concerné cette édition révisée, sont les ansériformes, les puffins, les goélands, les turdidés, les sylviidés, les gobemouches, les pies-grièches et les fringilles. La présente édition ne présente pas moins de 41 espèces nouvelles, dont 33 proviennent de changements taxonomiques, et plusieurs sous-espèces ont en outre bénéficié d'un meilleur traitement. Ceci s'est traduit par l'adjonction de 24 planches, la recomposition de nombreuses autres et l'ajout de nouveaux dessins.

À l'évidence, la taxonomie n'est pas une discipline figée. La recherche met constamment en lumière de nouveaux liens et de meilleures organisations. Certains des changements envisagés ces dernières années n'ont pas été retenus dans cette édition car nous avons décidé d'attendre des travaux complémentaires et une acceptation plus unanime. Ils pourraient bien toutefois être pris en compte dans des éditions ultérieures. Ceci est particulièrement vrai au sujet des passereaux qui, dans une éventuelle prochaine édition, pourraient très probablement amener le lecteur à devoir se familiariser avec un agencement profondément modifié. Dans l'état actuel des choses, la séquence naturelle commençant par les familles les plus anciennes débuterait avec les pies-grièches et les loriots, puis réunirait les mésanges, fauvettes, bulbuls, alouettes, panures et hirondelles ; turdidés et gobemouches se rapprocheraient, tandis que pipits et bergeronnettes se glisseraient entre moineaux et fringilles. Mais nous n'en sommes pas encore là !

Les modifications retenues sont destinées à soutenir le texte et les planches pour faciliter l'identification, même en l'absence de changements taxonomiques. Enrichis de nos voyages incessants et des progrès accomplis tant par d'autres que par nous-mêmes, nous souhaitons que ce guide reflète les plus récentes avancées en matière d'identification. Nous sommes heureux d'avoir pu réserver un meilleur traitement à certains groupes quelque peu défavorisés dans l'édition précédente (columbidés, turdidés, fauvettes, pies-grièches).

Toutes les cartes ont été revues. Malgré leur petite taille, notre ambition était qu'elles soient précises et à jour. De nouveaux atlas et listes ont été publiés ces dernières années, et de nouvelles données rendues disponibles, pour des pays importants comme l'Algérie, l'Espagne, la France, la Grèce, le Maroc, la Pologne, la République tchèque, la Suède, la Turquie et la région de l'Oural : toutes ces sources ont été largement mises à contribution. Il faut noter que les données de nidification très locales, rares ou récentes ne sont à dessein pas systématiquement indiquées sur les cartes, qui cherchent plus à montrer des réalités établies que toutes les nouveautés. Pour plusieurs espèces confinées à une petite portion de la zone étudiée, nous avons opté pour des cartes à une échelle réduite.

Peter J. Grant s'est énormément investi dans l'élaboration et la préparation de la première édition. Sa disparition prématurée l'a empêché de participer pleinement à l'achèvement du guide. Nous lui dédions cette seconde édition, en gage de gratitude pour tous ses apports en matière d'identification ornithologique, et pour célébrer sa mémoire.

Lars Svensson, Killian Mullarney, Dan Zetterström
août 2009

Introduction

Le présent ouvrage traite de l'ensemble des oiseaux qui nichent ou peuvent être observés régulièrement en Europe, en Afrique du Nord au nord du 30e parallèle, ainsi qu'en Israël, Palestine, Jordanie, Syrie, Turquie, Arménie, Géorgie et Azerbaïdjan, c'est-à-dire dans une grande partie du Moyen-Orient. Ont été incluses les Canaries, Madère, et toute la péninsule du Sinaï. Nous avons exclu les Açores, les îles du Cap-Vert, l'Irak et l'Iran (parfois cités ponctuellement). L'Europe est limitée à l'est par les monts et le fleuve Oural, et la mer Caspienne.

720 espèces sont décrites dans le corps de l'ouvrage. Des textes brefs concernent 59 occasionnels. Sont aussi traitées 32 espèces soit échappées de captivité, soit introduites dans la zone considérée, et devenues férales (se maintenant sans soutien humain). Enfin, 118 visiteurs très rares venus d'autres continents sont juste mentionnés.

Taxonomie et noms

Le nom scientifique (écrit en italique) d'une espèce est en latin (ou sous forme latinisée) et comprend deux mots, le nom générique (avec majuscule initiale) et l'épithète spécifique (en minuscules) ; ces deux mots réunis forment le nom d'espèce. Le nom scientifique de la Bergeronnette grise, par exemple, est ainsi *Motacilla alba*.

Afin d'indiquer les variantes géographiques au sein d'une espèce, les populations distinctes – races (ou sous-espèces) – sont désignées par un troisième mot, l'épithète subspécifique (par ex., la Bergeronnette de Yarrell *Motacilla alba yarrelli* du N-O de l'Europe diffère de la Bergeronnette grise *Motacilla alba alba* du reste de l'Europe). Dans cet ouvrage, la place restreinte n'a permis d'aborder que les sous-espèces les plus typées. Le lecteur intéressé pourra se référer à tout guide plus détaillé comme le « Cramp » (Cramp *et al.*, 1977-94) ou Vaurie (1959, 1965).

Bien que l'ordre de traitement soit surtout fondé sur le prétendu ordre naturel plaçant en premier les groupes primitifs (plus anciens), nous avons fait de menus ajustements dans les genres et, parfois, les familles. Notre unique souci était de réunir des espèces présentant de fortes ressemblances afin d'en faciliter la comparaison. Nous sommes également conscients que les récentes recherches moléculaires ont jeté un nouvel éclairage sur les relations et la meilleure classification, ce qui signifie que dans d'éventuelles futures éditions de ce guide, une modification assez profonde de l'agencement sera, pour une part, inévitable.

Statut des oiseaux de France métropolitaine

Afin de savoir rapidement si une espèce se rencontre en France et quel y est son statut, un code figure à droite de son nom. L'explication des lettres et chiffres retenus figure dans le tableau ci-dessous.

La nomenclature francophone et la nomenclature scientifique sont celles adoptées par la Commission de l'Avifaune Française (CAF). Voir p. 6.

Le tableau ci-dessous donne une abondance relative des effectifs nicheurs.

NS	nicheur sédentaire
NO	nicheur occasionnel
N1	nicheur rare : 1 à 100 couples
N2	nicheur peu commun : 100 à 1 000 couples
N3	nicheur commun : 1 000 à 10 000 couples
N4	nicheur très commun : 10 000 à 100 000 couples
N5	nicheur abondant : 100 000 à 1 million de couples et plus
MO	migrateur occasionnel
MR	migrateur rare
MC	migrateur commun/peu commun
MA	migrateur très commun/abondant
HO	hivernant occasionnel
HR	hivernant rare/assez rare mais régulier
HC	hivernant peu commun/commun
HA	hivernant très commun/abondant

N : espèce qui niche chaque année. Un chiffre entre 1 et 5 (v. ci-après) donne une estimation du nombre de couples nicheurs.

S : espèce dont la plus grande partie des effectifs nicheurs de France métropolitaine est sédentaire. Ceux-ci peuvent être rejoints par des populations importantes de la même espèce (soit en période de migration, soit en hiver) en provenance d'autres pays d'Europe.

M : espèce observée en période de migration post- ou prénuptiale ou en déplacements erratiques en dehors des sites de nidification connus en France métropolitaine, y compris en période hivernale.

H : espèces qui séjournent en période hivernale (au moins 2 semaines), globalement de début décembre à fin février.

O : espèce observée occasionnellement (en nidification, migration ou hivernage), ou soumise à des invasions exceptionnelles, quels que soient les effectifs.

[NO], [MO], [HO] : pour ces espèces, l'origine naturelle est possible mais pas certaine. Compte tenu des mentions disponibles, leur arrivée en France métropolitaine a pu être aidée volontairement par l'homme, ou bien il s'agit d'échappés de captivité.

Plusieurs autres espèces ont été observées et décrites en France métropolitaine mais elles sont considérées comme certainement échappées de captivité. Aucune codification ne leur a été attribuée dans le présent ouvrage. Pour plus de détails consulter le *Nouvel Inventaire des Oiseaux de France* (Delachaux et Niestlé, 2008).

Cartes de répartition

Outre le statut, une carte de répartition est fournie pour la grande majorité des espèces. Elle devrait permettre de juger

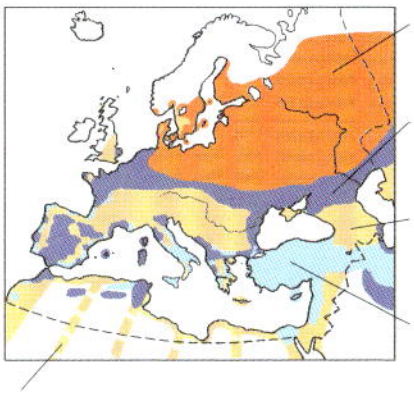

vite s'il est raisonnable ou non d'espérer telle espèce, à tel endroit, selon la saison. Bien que les cartes soient petites, elles devraient néanmoins donner d'utiles informations sur la présence habituelle. À la différence de nombreux autres ouvrages, les cartes indiquent également les zones de présence au cours des migrations (automne et printemps), pour autant qu'elles soient connues.

Comme précédemment, un effort a été fait pour établir des cartes aussi à jour et claires que possible. Toutes les listes nationales et atlas traitant de la zone considérée, publiés dans la dernière décennie ont été mis à profit. Toutefois, une cartographie moderne de l'avifaune manque encore pour des pays comme l'Allemagne, la Finlande, la Grande-Bretagne, l'Irlande, l'Islande, la Libye, la Norvège et la plupart des pays ayant fait partie de l'URSS.

Mensurations des oiseaux

Chaque texte relatif à une espèce commence avec la taille de l'oiseau, c'est-à-dire sa longueur en centimètres de la pointe du bec à la pointe de la queue, l'oiseau étendu (L). Pour la plupart des espèces qu'on voit souvent voler, figure également l'envergure (E).

Afin d'indiquer les variations normales de taille d'une espèce, une fourchette a été donnée au lieu d'une valeur moyenne. Nombre d'ornithologues ignorent l'étendue de ces variations, ce qui conduit facilement à des identifications erronées si elles sont principalement fondées sur ce critère. La longueur a été déterminée en général à partir de séries de spécimens convenablement naturalisés et pour une part sur des oiseaux fraîchement morts ou même vivants (et donc pratiquement pas à partir des données de la littérature). L'envergure est supposée indiquer la plus grande taille d'un oiseau en vol (on peut obtenir une valeur légèrement supérieure en étendant au maximum les ailes d'un oiseau capturé ou venant de mourir, mais ce type de mesure artificielle a été évité ici). Un certain nombre de mensurations figurant dans la littérature sont trompeuses ; celles indiquées dans le présent ouvrage reposent, pour une part importante, sur des mesures originales relevées sur des oiseaux vivants. Elles ont été complétées au besoin par des mesures sur des spécimens naturalisés ou d'après des photographies.

Glossaire des termes techniques

Comme le présent guide s'adresse à tous ceux qui s'intéressent à la nature et aux oiseaux en particulier, le recours aux termes spécialisés employés par les ornithologues a été réduit autant que possible. Quelques termes techniques sont cependant utiles à apprendre et à utiliser, notamment en ce qui concerne les plumages et les âges ; ils sont présentés ci-après. La plupart des termes concernant des parties du corps et le plumage sont également expliqués au revers des pages de couverture.

PLUMAGES ET ÂGES

(Plum. : plumage ; ind. : individu)

* Succession des différents plumages

Juvénile (juv.) – jeune oiseau en état de voler, portant son premier plumage ; utilisé comme adjectif (plum. juv.).

(Ind. en plum. de) 1er automne – oiseau au cours de son 1er automne, âgé d'environ 2 à 5 mois.

(Ind. en plum. de) 1er hiver – indication d'âge s'appliquant normalement au plumage qui fait suite à celui du juv., souvent à l'occasion d'une mue partielle (totale chez certaines espèces) prenant place à la fin de l'été et à l'automne de la première année civile (v. cette expression) ; plumage porté jusqu'à la mue du printemps suivant (donc de l'année civile suivante).

(Ind. en plum. de) 1er été – indication d'âge s'appliquant normalement au plumage porté lorsque l'oiseau est âgé d'environ un an. Il fait suite au plumage de 1er hiver, à l'occasion d'une mue partielle (totale chez certaines espèces) ou de l'usure du plumage à la fin de l'hiver et au printemps ; ce plumage est porté jusqu'à la mue suivante.

(Ind. en plum. de) 2e hiver – indication d'âge s'appliquant normalement au plumage qui fait suite à celui de 1er été, souvent à l'occasion d'une mue complète (partielle chez certaines espèces) au cours de la fin de l'été et à l'automne de la deuxième année civile ; plumage porté jusqu'à la mue du printemps suivant.

(Ind. en plum. de) 2e été – indication d'âge s'appliquant normalement au plumage qui est porté lorsque l'oiseau est âgé d'environ 2 ans. Il fait suite au plumage de 2e hiver et est porté jusqu'à la mue suivante.

Adulte (ad.) – oiseau mature. Certaines espèces ont le même aspect en été et en hiver ; d'autres présentent des plumages différents, nuptial (printemps/été) ou internuptial (hiver). Chez la plupart des canards, les mâles acquièrent le plumage nuptial dès la fin de l'automne et en hiver (cf. plumage d'éclipse).

Année civile – (doit être préféré à « année calendaire », décalque de l'anglais) un oiseau parcourt sa première année civile de son éclosion au 31 décembre ; sa deuxième année civile va du 1er janvier au 31 décembre de l'année suivante, etc. Cette dénomination est utile pour les grands oiseaux dont le plumage varie lentement avec l'âge.

Immature (imm.) – terme imprécis désignant un individu non encore adulte.

Plumage d'éclipse – plumage discret, de type féminin, revêtu par les canards mâles au cours de l'été, lorsqu'ils perdent pour un temps leur capacité de voler du fait de la mue des rémiges et sont revêtus d'une livrée camouflée (cf. plumage nuptial).

Post-juvénile (post-juv.) – relatif aux plumages ou âges suivant le stade juvénile.

1re année, 2e année, etc. – indication d'âge appliquée aux oiseaux, et concernant la première, la deuxième et les autres années de vie des individus d'un été à l'autre.

Subadulte (subad.) – individu presque adulte. Terme imprécis, souvent utilisé lorsqu'il est difficile d'évaluer l'âge avec exactitude, par ex. chez les goélands ou les rapaces.

Un an – indication d'âge s'appliquant à des oiseaux âgés approximativement de 12 mois (soit à peu près la même chose que l'indication 1er été, mais ne s'applique pas à un plumage déterminé).

AUTRES TERMES (ET LEURS SYMBOLES ET ABRÉVIATIONS)

Albinisme : absence génétique de pigmentation rendant le plumage totalement ou en grande partie blanc.
Bras : partie interne de l'aile, avant le poignet.
Cercle orbitaire : cercle périoculaire de peau nue.
Commissures : coins du bec à sa racine.
Couvertures alaires (couv.) : diverses plumes des ailes, couvrant souvent le rachis nu des rémiges, en conférant aux ailes une forme aérodynamique ; on distingue les grandes, moyennes et petites couvertures du bras, et celles de la main (ou couvertures primaires).
Sous- (ou sus-) caudales : équivalent pour la queue des couvertures alaires.
Digitation : découpure du bout de l'aile correspondant aux extrémités distinctes des longues rémiges primaires externes chez les oiseaux à ailes larges usant du vol à voile (aigles, cigognes, grues) ; on parle de « bout des ailes digité ».
Envergure (E) : distance du bout d'une aile à l'autre.
Espèce : catégorie fondamentale de la taxonomie s'appliquant à un groupe dont les membres peuvent se reproduire entre eux, mais qui ne peuvent qu'exceptionnellement le faire avec les membres d'autres groupes (c'est-à-dire d'autres espèces).
Fenêtre : s'applique à une zone de l'aile correspondant à des rémiges plus claires (parfois translucides), par ex. chez certains rapaces et laridés.
Férale : se dit d'une population d'oiseaux introduits parvenant ensuite à nicher sans l'aide de l'homme.
Filet : nom donné à la rectrice externe allongée (comme chez l'Hirondelle rustique).
Forme : variante au sein d'une espèce, non strictement délimitée géographiquement (cf. race) : forme sombre, forme pâle.
Hybride : produit du croisement de deux individus d'espèces différentes.
Largeur des ailes : mesure de l'aile du bord antérieur au bord postérieur.
Leucisme : modification pigmentaire congénitale se traduisant par l'absence des pigments les plus foncés ; le plumage apparaît alors pâli.
Main : partie externe de l'aile, au-delà du poignet.
Mélanisme : modification pigmentaire génétique se traduisant par un excès de mélanine, rendant le plumage plus foncé que la normale ou, dans les cas extrêmes, noir.
Milieu : milieu naturel fréquenté par une espèce.
Miroir : chez les canards, motif remarquable des rémiges secondaires, souvent à éclat métallique.
Motif : au singulier, peut servir à désigner l'ensemble des dessins et/ou marques du plumage ou d'une partie de celui-ci (synonyme de l'anglais *pattern*) ; au pluriel (en général), équivalent de marques ou dessins.
Moustache : trait (souvent sombre) partant de la base du bec.
Mue : changement de plumage par un processus naturel, lors duquel les anciennes plumes tombent pour être remplacées par de nouvelles.
Nidification : reproduction chez les oiseaux.
Paléarctique (zone) : domaine biogéographique englobant l'Europe, l'Afrique du Nord jusqu'au Sahara au sud, souvent toute la péninsule Arabique, et le sud de l'Asie jusqu'au Pakistan, à l'Himalaya et à la Chine centrale.
Parotiques : plumes du côté de la tête, sous et juste derrière l'œil, cachant l'orifice auriculaire.
Pélagique : fréquentant (exclusivement ou presque) les étendues marines.
Poignet : articulation du bord antérieur de l'aile permettant à la main de se replier sous le bras.
Polygamie : terme générique regroupant la polyandrie (une femelle pour plusieurs mâles) et la polygynie (un mâle pour plusieurs femelles).
Prolongement caudal : important allongement des rectrices médianes (ou externes).
Race (ou sous-espèce) : au sein d'une espèce, population différenciable (par la coloration, la taille) des autres, délimitée géographiquement. Le qualificatif et la notion sont souvent discutables (et discutés).
Race type (ou nominale) : race d'une espèce donnée en premier par l'épithète spécifique (celle qui fait suite au nom de genre) et se trouve répétée, par ex. *Motacilla alba alba.*
Racine de la queue : dénomination imprécise concernant la zone de plumage proche de l'attache de la queue, c'est-à-dire généralement les couvertures caudales, mais parfois aussi le dessus du croupion et les parties basales des rémiges caudales.
Rémiges : plumes (alaires) du vol, grandes et rigides.
Rémiges primaires (dans l'ouvrage, parfois abrégé en primaires) : rémiges de la main.
Rémiges secondaires (dans l'ouvrage, parfois abrégé en secondaires) : rémiges du bras.
Rémiges tertiaires : rémiges le plus près du corps, servant de plumes de couverture (cachées) lorsque les ailes sont fermées ; leur forme et leur couleur sont souvent un peu différentes des autres.
Taïga : vaste zone de forêts, dominée par les conifères, dans le Grand Nord.
Tarse : partie de la patte des oiseaux située entre les doigts et le talon.
Tibia : partie inférieure de la « jambe » des oiseaux (nommé « cuisse » de façon erronée).
Trait malaire : trait (d'ordinaire sombre) partant du milieu de la racine de la mandibule inférieure.
Variété : à peu près synonyme de forme (v. ce terme) ; ou forme domestique ayant acquis un aspect constant.

SYMBOLES

mâle = ♂
femelle = ♀
mâles = ♂♂
femelles = ♀♀

Description de la voix

Compte tenu du manque de place, et dans un souci de simplification et de clarté, surtout pour les débutants, seuls les cris et chants habituels et distincts sont présentés, sans toujours tenir compte des nombreuses variantes subtiles des cris de contact et d'alarme.

Bien que la transcription des émissions vocales des oiseaux soit forcément inexacte et subjective, nous avons apporté tout notre soin à transcrire fidèlement les divers cris caractéristiques de chaque espèce. Nous savons d'expérience qu'il peut être très utile de lire une bonne transcription, surtout juste après l'audition d'un cri donné. Nous ne pensons pas que les transcriptions soient si subjectives qu'elles ne présentent aucun intérêt. En entendant une émission vocale inconnue, il est bon de la commenter immédiatement, qu'elle évoque un autre oiseau ou tout autre chose. Cette première impression vous reviendra sans doute en mémoire à l'audition suivante. Vos propres impressions compléteront ainsi utilement les descriptions sonores figurant dans l'ouvrage. Nous avons, en transcrivant, détaché les différentes syllabes lorsque c'était le cas ; leur prononciation est fonction de la ponctuation que nous avons adoptée : simplement espacées, elles sont émises à la suite avec des arrêts juste audibles ; séparées par des virgules, les pauses sont bien nettes ; reliées par des traits d'union, elles se succèdent sans pauses mais sans être liées parfaitement ; accolées, elles sont liées. L'adjonction d'un point d'exclamation à la fin d'un cri signifie qu'il est plus particulièrement explosif. Quelques précisions s'imposent au sujet de la valeur phonologique des lettres, diphtongues et syllabes telles que nous les avons employées. Il n'y a aucun problème pour les consonnes et voyelles seules, on les prononcera telles quelles. Les diphtongues : «eu» vaut bien sûr «eu» ; «uy» se prononcera «uill» comme dans cuiller ; le tréma sur le i obligera à l'émettre «mouillé» dans son association, par ex. «aï» vaut «ail». Nous avons pris soin de faire la différence entre é et è en cas d'incertitude possible. Il est évident qu'un e situé avant une consonne double devient è, par ex. «ett» vaut «ètt». Le redoublement d'une voyelle indique qu'elle est prononcée de façon prolongée, par exemple «iiiii» ou «èèèèè». La notation «tch» ne doit pas être prise trop absolument : elle peut valoir «tch» ou «ty», car l'émission de ces deux sons, complexes, est bien en fin de compte «dentale» et plus ou moins «mouillée». Il n'est pas possible de transcrire littéralement un cri d'oiseau avec une rigueur mathématique, mais les indications que nous donnons devraient suffire amplement pour une bonne reconnaissance des espèces. Dans le paragraphe «Voix» de chacune des monographies d'espèces, nous avons adjoint à la transcription phonétique toutes indications utiles au sujet des nuances : un cri peut en effet être «sourd», «dur», «rauque», «grasseyé», «roulé», «électrique», «doux» ; les strophes sont «répétées rapidement», «coupées de pauses», «traînantes», «montantes», «descendantes», etc. La tonalité peut être «mélancolique», «désolée», «joyeuse». Enfin, d'utiles comparaisons sont éventuellement faites, comme «rappelle le chant de la Perdrix grise» ou «rappelle le son d'une pièce de monnaie tombant sur du marbre».

Planches

Pour que la consultation des planches aux multiples dessins apporte toute l'aide qu'en attendent notamment les débutants, nous avons recherché : (1) la même échelle pour tous les dessins principaux qui ne sont pas d'évidentes «vues de loin» ; (2) une même attitude et un même emplacement pour la représentation des mâles ad., des femelles ad., des juvéniles, etc. (mâles nuptiaux toujours en bas à droite, juvéniles en bas à gauche, etc.) ; (3) l'adjonction de vignettes et de petites «scènes de loin» illustrant le milieu typique, l'attitude et le comportement, et la façon dont apparaissent les espèces vues de loin et sous une lumière médiocre (telles qu'on les voit souvent !) ; et (4) l'addition de traits et de brèves légendes insistant sur d'utiles critères, rendant les planches plus faciles à «lire». Des lignes fines ont été apposées entre les espèces afin de faciliter un examen rapide des nombreuses illustrations des planches.

Selon que le plumage est plaqué au corps (à g.) ou gonflé (par temps froid, à dr.), l'aspect d'un oiseau peut varier (ici, un Vanneau huppé).

Il est bien évident que, malgré tout le soin apporté à représenter plumages et attitudes typiques, quelques-uns des oiseaux que vous rencontrerez sur le terrain pourront apparaître quelque peu différents. Certains oiseaux présentent un plumage usé ou sale, d'autres sont en mauvaise santé et se tiennent de façon inhabituelle, d'autres encore, bien que normaux, présentent des attitudes particulières ne figurant pas dans ce guide. L'éclairage peut par ailleurs être tel que les couleurs sont affadies ou que les motifs présentent moins de contraste. Le mieux est de considérer les illustrations comme des modèles sans attendre que chaque détail de plumage ou d'attitude se retrouve chez l'oiseau que vous avez devant vous.

Mue et usure

Une plume ayant fini de croître est un élément mort. Le soleil et les frottements décolorent et dégradent progressivement les plumes, et celles-ci ne remplissent finalement plus leur rôle pour le vol, la protection contre l'eau, et l'isolation thermique. À la différence des poils, ongles et griffes, les plumes ne croissent ni ne se renouvellent en continu. Elles sont remplacées par de nouvelles, selon un cycle en général annuel, un processus appelé mue.

La mue des plumes, surtout celles de la tête et du corps, est également due à ce que le plumage de nombreuses espèces présente des couleurs et des motifs à fonction informative dans la vie sociale des oiseaux. Divers signaux ont leur utilité en fonction des saisons. Comme il serait inopportun de muer en grande partie lors des migrations (la capacité de vol étant alors

L'observation des oiseaux de dessus, sur un fond sombre, permet d'apprécier au mieux les détails du plumage, comme ici sur ce goéland.

souvent diminuée) et, pour nombre d'espèces, durant la nidification (la nidification et la mue sont toutes deux exigeantes en matière d'énergie) la plupart des espèces muent lors de périodes limitées, comprises entre migrations et nidification. Lors de la période suivant la nidification et précédant la migration automnale, un grand nombre d'espèces subissent une mue totale. D'autres, surtout les migrateurs hivernant sous les tropiques, ont leur mue totale sur les sites d'hivernage, après la migration d'automne. Bien des oiseaux muant totalement à la fin de l'été ont également une mue partielle au début du printemps, intéressant quelques plumes du corps et des couvertures alaires (mais ni les rémiges ni les rectrices). Les migrateurs à long rayon d'action subissant une mue complète en hiver changent souvent une partie des plumes du corps avant la migration d'automne ou à la fin de l'hiver, avant celle de printemps. Les très grands oiseaux qui dépendent d'une capacité de vol intacte et pratiquent souvent le vol à voile, comme les grands rapaces, les cigognes et les pélicans, changent de rémiges progressivement durant une grande partie de l'année. Étant donné qu'une plume nouvelle croît au plus de 5 à 10 mm par jour, il lui faut deux mois pour se renouveler (les plus longues rémiges primaires des aigles et des pélicans demandent parfois 2 mois et demi pour croître). Comme il y a 10 ou 11 rémiges primaires et 15 à 22 secondaires sur une aile chez ces grandes espèces, le renouvellement total de ces plumes prend 3 à 4 ans pour que la capacité de vol ne soit pas affectée. Les canards et les oies perdent toutes leurs plumes de vol en même temps en été, ordinairement lorsque la nidification est achevée ou près de l'être. Pendant 3 à 7 semaines (le délai est fonction de la taille de l'espèce), la capacité de vol est perdue, mais les oiseaux se tirent d'affaire en se cachant dans les marais ou en gagnant le large. Nombre de canards présentent des stratégies de mue assez originales et complexes. Le plumage nuptial des mâles est souvent revêtu à la fin de l'automne, la formation des couples chez ces oiseaux se produisant normalement en hiver. En été, alors que les autres oiseaux mâles sont le plus beaux, les canards mâles acquièrent un plumage similaire à celui des femelles, que l'on nomme plumage d'éclipse : ainsi sont-ils mieux camouflés lorsque la mue des rémiges les prive temporairement de leur capacité de voler. La Grue cendrée est unique parmi les

Différence d'usure de la queue chez un ad. et un jeune de Sizerin flammé. Noter les bouts arrondis et les liserés plus frais des plumes de l'adulte.

oiseaux terrestres car en été, comme chez les canards, toutes ses rémiges tombent en même temps. La mue semble par ailleurs avoir lieu seulement tous les deux ans ou même à de plus longs intervalles. L'oiseau en mue se cache dans les grands marais boisés ou les roselières en attendant de pouvoir voler à nouveau pour la migration automnale. Ces exemples montrent que les variations sont grandes et que chaque espèce ou presque a sa propre stratégie pour le renouvellement du plumage. La connaissance de toutes les variantes est affaire de spécialistes, mais les principes sont faciles à assimiler. Ils sont utiles car ils permettent la détermination de l'âge des oiseaux vus d'assez près, même pour les espèces présentant des plumages similaires aux différents âges. Une détermination correcte de l'âge aide souvent à une détermination fiable de l'espèce, elle en est parfois même une condition indispensable. Il est encore plus fréquent qu'en évaluant l'âge d'un oiseau, l'on puisse en même temps déterminer son sexe. Chez nombre d'espèces, les femelles adultes et les jeunes mâles sont très similaires (par ex. l'Alouette haussecol, certains turdidés, les étourneaux, de nombreux fringilles et bruants), mais si l'âge est déterminé, il est d'ordinaire possible de préciser le sexe d'un oiseau donné. Au moment où les jeunes oiseaux sont en mesure de voler, ils possèdent des rémiges et des rectrices fraîches, à la différence des rémiges et rectrices usées des adultes, portées depuis six mois à un an. Toutefois, juste après la nidification, les adultes de la plupart des espèces perdent leurs rémiges et rectrices lors d'une mue totale, et l'on aboutit alors à la situation inverse : à la fin de l'été, les rémiges et rectrices des adultes sont plus fraîches que celles des jeunes. Les plumes juvéniles étant normalement de plus mauvaise qualité, elles pâlissent donc et s'usent plus rapi-

Deux Traquets motteux mâles au printemps. Celui du haut a les ailes noires sans liserés pâles et est âgé d'au moins 2 ans. Celui du dessous à droite a les ailes brun grisâtre (rémiges juv.) et des traces de liserés pâles ; il est âgé d'1 an (c'est-à-dire qu'il est dans sa 2e année calendaire).

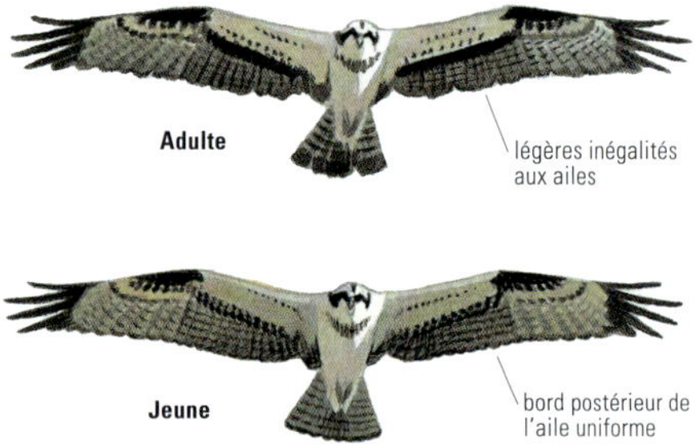

Deux Balbuzards pêcheurs lors de la migration automnale. L'oiseau du haut a le bord postérieur des ailes un peu inégal et des rémiges non totalement homogènes : il est adulte. L'oiseau du bas a des rémiges entièrement nouvelles et de longueur uniforme : c'est un jeune de l'année.

dement, accentuant encore la différence au cours de l'automne et de l'hiver. Les jeunes de nombreuses espèces ont en outre les plumes du corps de structure un peu plus lâche, et plus ternes, et leurs rémiges, rectrices et certaines de leurs couvertures alaires sont souvent un peu plus pâles, moins brillantes, plus étroites et plus pointues, tandis que les adultes possèdent des plumes un peu plus foncées, plus brillantes et plus larges, à bout plus arrondi. Chez les espèces dont le renouvellement des grandes plumes est lent, par exemple les grands rapaces, on peut souvent reconnaître les jeunes à ce que l'ensemble de leurs rémiges et rectrices sont fraîches ou usées de façon homogène, tandis que les adultes présentent généralement de petites inégalités de longueur, d'intensité des couleurs et de degré d'usure des rémiges. Chez quelques espèces, les jeunes subissent également un changement des rémiges et rectrices lors d'une mue totale, en été et au début de l'automne (c'est-à-dire à l'âge de quelques mois) ; c'est le cas par exemple chez les alouettes, la Lusciniole à moustaches, la Panure à moustaches, la Mésange à longue queue, les étourneaux, les moineaux et le Bruant proyer. Après cette mue post-juvénile, il n'est plus possible de faire la différence entre les jeunes et les adultes de ces espèces.

Quelques conseils concernant la détermination des espèces

Il existe quelques principes fondamentaux à respecter. L'une des premières choses à se demander, lorsqu'on voit par ex. un « Élanion blanc » s'envoler d'une lande ou un Venturon montagnard se poser dans le jardin, est : est-ce vraisemblable ? Est-ce que cette espèce existe ici et en cette saison ? Tournez-vous vers des espèces plus communes (dans les cas évoqués, un Busard Saint-Martin mâle et un Verdier…). Consultez le statut de l'espèce (dans l'index) et la carte. – Le milieu est-il approprié ? Le texte de chaque espèce donne au moins une indication sur le milieu fréquenté. S'il ne correspond pas, orientez-vous vers une autre solution. – Le comportement correspond-il ? Nombre de textes du présent ouvrage fournissent des indications au sujet du mode de vol, de la façon de se déplacer, de la propension à être farouche, des mœurs nuptiales, du comportement alimentaire, etc. Il y a, bien sûr, de quoi être rassuré si ce que l'on a observé correspond à ce que l'on a pu lire… Si donc, au bout du compte, tous les indices que l'on a réunis sur le terrain correspondent aux indications du guide, le moment est venu d'examiner l'oiseau en question avec attention. Il convient d'abord d'évaluer sa taille. Une bonne évaluation permet déjà une progression importance.

Le contre-jour et le plein jour ont une importance pour l'appréciation de la forme d'un oiseau. En contre-jour, le cou, le bec et les pattes paraissent plus minces (la lumière « mange » les bords de l'image) et tout oiseau paraît plus élancé qu'en lumière directe. On voit ici un Chevalier aboyeur changer d'aspect selon la lumière.

Le contraste entre l'oiseau et le fond influe sur l'impression de taille. Le Labbe parasite, foncé, paraît plus grand sur une mer calme et claire que si celle-ci est agitée et sombre, alors que c'est le contraire pour la Mouette tridactyle, qui est pâle.

La détermination de la taille peut sembler chose aisée mais l'expérience prouve que débutants et ornithologues chevronnés arrivent à se tromper. Vérifiez les mesures indiquées dans le texte des monographies. Il faut également tenir compte des aberrations optiques lors de l'observation d'un groupe d'oiseaux avec un télescope. Étant donné que l'optique rétrécit beaucoup le champ de vision, les oiseaux situés en arrière semblent nettement plus grands que ceux de devant bien que tous soient de même taille. Le contraste entre l'oiseau et le fond influe également sur l'impression de taille. La règle est qu'un fort contraste accroît la taille, tandis qu'un faible contraste la réduit. Un oiseau foncé sur la mer sombre apparaît plus petit qu'un oiseau de même taille, mais blanc, sur la même mer. À l'inverse, un oiseau pâle paraît moins grand sur un fond clair qu'il ne le semblerait s'il était noir. Après la détermination de la taille, il se pose encore d'autres questions capitales : le bec est-il petit ou grand, gros et profilé ou fin et étroit ? S'il est long et étroit, est-il plus long ou plus court que la longueur de la tête ? Quelle est la forme du corps ? Le cou et la queue sont-ils longs ou courts ? Les pattes sont-elles remarquablement longues et fines ou seulement de longueur normale ? Il est bon de noter ses observations et de faire des croquis pendant qu'on est sur place. Même le dessin le plus succinct peut permettre ensuite de se reporter fructueusement à l'ouvrage. On examinera par ailleurs les couleurs et les motifs : comment est la couleur de fond dessus et dessous ? L'oiseau présente-t-il des taches typiques ; de quelles couleurs sont les pattes, les yeux et le bec ? Y a-t-il une barre alaire pâle ou un trait sur l'œil ? Y a-t-il des motifs sur la gorge, la poitrine, le dos ou la calotte ? Le croupion est-il de la même couleur que le dos ou est-il blanc et très contrastant ? La queue présente-t-elle des bords blancs ou un motif quelconque ? Lors de l'examen du plumage, sachez que le temps et les conditions d'éclairage ont une influence sur l'impression donnée par les couleurs. En plein soleil à midi, il est évident que la couleur du dessus de l'oiseau est intense, mais de fines nuances peuvent être vagues et le dessous peut être affecté d'une ombre portée. Par temps couvert mais clair, les contrastes du plumage sont amoindris, mais en général les nuances fines sont mieux visibles. Par temps gris, les couleurs et les motifs sont plus difficiles à distinguer dès une certaine distance. Enfin, les cris des oiseaux – leur voix – sont d'importants caractères distinctifs. Il convient d'effectuer la comparaison sur le terrain en ayant recours aux données du présent guide. On mémorisera ce qu'on entend en s'aidant d'une transcription d'après sa propre version, pour se livrer ensuite aux comparaisons qui s'imposent.

CYGNES

Très grands oiseaux blancs à long cou. Lourds, doivent courir sur l'eau en battant fortement des ailes pour s'envoler. Démarche lourdaude ; se dandinent. Se nourrissent surtout de plantes subaquatiques. Nid à terre ou en eau peu profonde, dans les marais, près des lacs ou sur les côtes. Vivent en couples la vie durant. Grégaires en hiver.

Cygne tuberculé *Cygnus olor* NS3 / HC

L 140-160 cm (corps : env. 80 cm). E 200-240 cm. Lacs, habituellement avec des roselières, côtes. Supporte le gel s'il reste de l'eau libre. Construit un gros nid de roseaux, etc. ou, le long des côtes, d'algues. Nullement timide ; peut devenir agressif, surtout au moment de la nidification.

CARACTÉRISTIQUES Très grand. Blanc. Très long cou, petite tête. Queue comparativement longue et pointue. Bec rouge orangé avec tubercule frontal, narines, bords et onglet noirs. Cou soit assez droit (un peu comme chez le C. chanteur), soit plus typiquement courbé en S (notamment sur l'eau). Posture de menace diagnostique, les ailes dressées comme des voiles et la tête abaissée sur le dos. Sexes semblables (mâle plus grand et à tubercule plus gros surtout au moment de la nidification ; bec rouge orangé plus vif). En vol, de loin, difficile à différencier du C. chanteur ; toutefois, l'avant de la tête semble parfois plus « tronqué ». – *Juv. :* gris-brun, souvent avec nuance rosée ; bec d'abord gris foncé, puis chair grisâtre, sans tubercule. Diffère du jeune C. chanteur par le plum. plus brun. Le plum. blanc est revêtu durant le 1er été ou le 2e automne. Une rare variété (« Cygne de Pologne ») est blanche à l'éclosion.

VOIX Cri le plus fréquent, un *vhorr* soufflé ; parfois, *gaoh* assez sonore, un peu comme un goéland, chez les Cygnes cherchant à s'apparier. Juv. et imm. : *bu-vu-vu-vu*… faible et pépiant. Cri d'agressivité comme un sifflement de serpent. En vol, vrombissement sonore à chaque coup d'ailes (diagnostique).

Cygne chanteur *Cygnus cygnus* HR

L 140-160 cm (dont env. 75 cm pour le corps). E 205-235 cm. Mares à végétation dense de la toundra, dans les marais et tourbières ; surtout présent dans les lieux reculés, loin au nord, mais s'est récemment répandu plus au sud. Hiverne sur les eaux libres (et dans les champs et les prés proches) au nord-ouest de l'Europe.

CARACTÉRISTIQUES Très grand. Blanc, mais nombre d'ind., au printemps et en été, ont la tête et le cou nuancés de brun. Diffère des C. tuberculé et de Bewick (v. celui-ci) par un long bec cunéiforme, à dominante jaune et pointe noire, la partie jaune s'avançant en pointe au-delà des narines. – *Juv. :* gris (brunâtre) nettement moins teinté de brun et un peu plus clair que chez les jeunes C. tuberculés ; très semblables aux jeunes C. de Bewick ; le motif du bec des ad. se devine (noir remplacé par du rose et jaune par du blanc sale).

VOIX Très bruyant. Cris sonores et claironnants, rappelant ceux du C. de Bewick, mais habituellement plus forts, en moyenne un peu plus graves, plus uniformes (pas aussi dissyllabiques) et, en outre, habituellement par groupes de trois ou quatre, *klo-klo-klo*, plutôt qu'isolés ou par paires comme, le plus souvent, chez le C. de Bewick. En vol, léger sifflement d'ailes, à la différence du C. tuberculé qui émet un son puissant et musical.

Cygne de Bewick *Cygnus columbianus* HR

L 115-127 cm (corps : env. 60 cm). E 170-195 cm. Niche dans la toundra arctique, au nord-est ; hiverne dans le nord-ouest de l'Europe.

CARACTÉRISTIQUES Un peu moins grand que le C. chanteur ; proportionnellement, cou un peu plus court, plus grosse tête, corps et bec plus trapus. Ces différences sont parfois difficiles à apprécier sur un oiseau isolé. Le critère le plus net est la proportion de jaune au bec : le C. de Bewick a un peu moins de jaune que de noir (race *bewickii* d'Europe), le jaune forme une tache quadrangulaire ou arrondie (typique), plus rarement triangulaire (rappelant alors le C. chanteur mais sans que le jaune parvienne en avant des narines, et avec plus de noir aux commissures). – *Variante :* la race nord-américaine *columbianus* (C. siffleur) est un hôte rare ; on la reconnaît à son bec tout noir, avec seulement une petite tache jaune en avant des yeux. – *Juv :* grisâtre ; bec présentant l'indication du motif de l'ad.

VOIX Loquace. Cris ressemblant à ceux du C. chanteur mais sonnant plus comme un Klaxon mou, plus aigus en moyenne et un peu diphtongués ; se succèdent en outre non par trois ou quatre, mais habituellement isolément ou par deux.

Oie des neiges *Anser caerulescens* HO

L 65-75 cm. E 133-156 cm. Niche à l'extrême nord-est de la Sibérie (î. Wrangel) et en Amérique du Nord. Parfois occasionnelle en Europe occidentale mais, le plus souvent, échappée de captivité.

CARACTÉRISTIQUES Taille de l'O. à bec court. Deux formes (et formes intermédiaires). – *Ad. :* bec et pattes rougeâtre clair. Forme blanche : blanche avec rémiges primaires noires ; la forme sombre : tête, haut du cou et bout de la queue blancs, le reste de divers gris, le plus clair en avant du dessus des ailes et aux sus-caudales. – *Juv. :* parties nues gris foncé ; gris clair avec sus-caudales blanchâtres et rém. plus foncées (forme blanche) ou gris foncé assez uniforme (forme sombre). Peut être confondue avec l'O. de Ross *Anser rossii* (p. 422) mais celle-ci est plus petite et a un bec bien plus petit.

VOIX Caquètement très particulier, doux, *koïk*, remontant vers la fin. Alarme : caquètement grave, *angk-ak-ak-ak*.

Cygne tuberculé

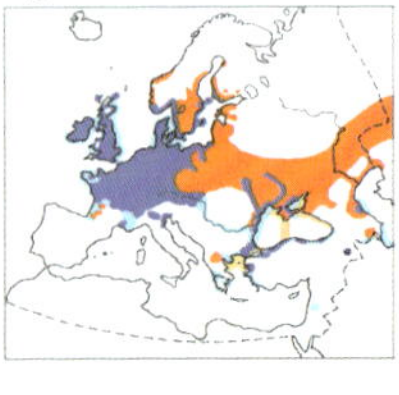

Cygne chanteur

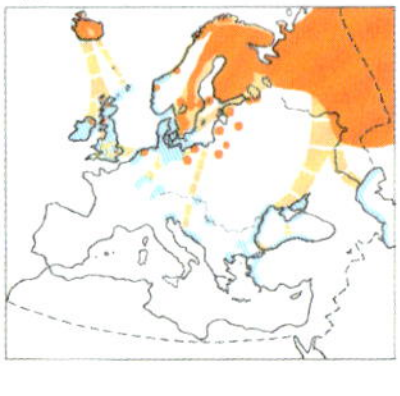

Cygne de Bewick

CYGNE TUBERCULÉ

CYGNE CHANTEUR

CYGNE DE BEWICK

OIE DES NEIGES

OIES ET BERNACHES

Grands palmipèdes fortement charpentés, essentiellement adaptés à la pâture, avec de puissantes pattes placées sous le milieu du corps, ce qui facilite la marche. Assez long cou et fort bec conique avec mandibule supérieure à bords cannelés. Grégaires, surtout lors des migrations et en hiver. Farouches mais peuvent devenir familières dans les endroits sans chasse ; les jeunes des régions arctiques de nidification peuvent être très confiants en automne. Migratrices ; suivent des routes immuables ; voyagent en groupes familiaux ou en grandes troupes, en V ou en lignes obliques. On distingue les oies « grises », *Anser*, et les bernaches, *Branta*.

Nid à terre, doublé de duvet. En couples la vie durant. Les deux parents s'occupent des petits. Les ad. perdent toutes leurs rémiges en même temps et ne peuvent donc voler durant 3 à 4 semaines en été, ce qui coïncide souvent avec le moment où les petits sont encore inaptes au vol.

DÉTERMINATION DES OIES « GRISES », *ANSER*

Bien qu'en théorie la détermination des oies « grises » ne soit pas difficile, il en va tout autrement sur le terrain. Les oies sont généralement des oiseaux farouches qui fuient à l'approche de l'homme et, bien souvent, les individus intéressants sont cachés derrière d'autres oiseaux ou dans la végétation, ou ont les pattes salies de boue, ou enfin se reposent, bec et pattes devenant invisibles. Même à distance moyenne, à contre-jour, les couleurs des parties nues sont étonnamment difficiles à déterminer. Le rouge orangé de l'O. des moissons, par ex., paraît souvent rouge tomate terne à distance ou par temps couvert, et peut même parfois sembler vieux rose. Les conditions d'éclairement peuvent influer de façon décisive sur l'identification des oies « grises ».

Les variations de taille sont aussi une source d'erreurs, les mâles étant plus grands que les femelles, et les ad. plus grands que les jeunes. Les individus extrêmes peuvent tromper les novices confrontés à des groupes plurispécifiques et tentés d'attribuer un individu à une espèce donnée au seul vu de la taille.

La plupart des problèmes concernent habituellement le trio O. des moissons, O. à bec court et jeune O. rieuse. Pour l'O. des moissons, il faut se souvenir que le bec (forme, pattern), la taille et les proportions diffèrent en fonction des variations géographiques existant à travers la vaste aire de répartition de l'espèce ; on observe au moins deux races distinctes, et peut-être des variantes rares. Les jeunes O. à bec court, et quelques ad. ne sont pas toujours typiques : l'incidence de la lumière et l'expérience accumulée influent fortement sur la détermination. Certaines O. rieuses juvéniles présentent non seulement un onglet sombre mais aussi des taches noirâtres à la racine du bec et au culmen, et ressemblent de ce fait, à première vue, à l'O. des moissons. L'identification des oies « grises » repose en bonne partie sur la détermination de leur âge. Celle-ci, identique chez les différentes espèces, dépend de l'étendue des « traces de peigne » aux côtés du cou, de la largeur de certaines plumes et de leur forme à l'extrémité ainsi que de l'étendue de blanc à leur pointe ; la couleur de l'onglet du bec est un critère additionnel pour de nombreuses espèces (v. les illustrations en bas à gauche).

DÉTERMINATION DE L'ÂGE

Oie rieuse *Anser albifrons* MR / HR

L 64-78 cm. E 130-160 cm. Toundra de l'extrême nord-est (race *albifrons*) ; hiverne à l'ouest, au centre et à l'est de l'Europe ; la race groenlandaise *flavirostris* hiverne pour une bonne part en Irlande et au sud-ouest de l'Écosse.

CARACTÉRISTIQUES Taille moyenne ; cou assez court, trapue. Pattes rouge orangé. – *Ad. :* blanc à la racine du bec et barres noires au ventre ; ne peut être confondu qu'avec l'O. naine, mais est plus grand, n'a pas de net cercle orbitaire jaune (parfois, un infime anneau) ; bec plus fort ; tache frontale blanche n'atteignant normalement pas l'avant de la calotte et présentant de profil une limite assez droite (chez l'O. naine, cette tache atteint la calotte et présente une limite incurvée). – Race *flavirostris* (v. ci-dessus) : un peu plus grande ; cou un peu plus long, bec un peu plus fort et plum. plus foncé (surtout à la poitrine) ; bec jaune orangé (du rose au bout seulement) et non chair foncée avec seulement un peu de jaune à la base. – *Juv. :* pas de tache frontale ni de barres ventrales ; bec rose clair à onglet sombre. De loin, confusion possible avec l'O. des moissons dont il diffère par du gris plus foncé à la base du bec et au front, contrastant avec la joue plus claire ; liserés pâles des plumes du dessus insignifiants, et base de la mandibule inférieure non entièrement noire comme chez l'O. des moissons.

VOIX Similaire à celle des O. des moissons et cendrée ; cris plus aigus et plus mélodieux ou « joyeux », moins nasillards et rêches. Cri habituel dissyllabique (parfois tri) *kiou-iou* ou *kiou-iou-iou*. Certains cris plus bas, plus proches de ceux des espèces plus grandes.

Oie naine *Anser erythropus* MO / HO

L 56-66 cm. E 115-135 cm. Marais et tourbières des montagnes nordiques, habituellement dans la zone à saules et bouleaux. Devenue très rare en Europe. Réintroduction en Fennoscandie ; les jeunes, « programmés » pour migrer au sud-ouest en hiver, étant ainsi susceptibles de trouver des conditions plus favorables.

CARACTÉRISTIQUES Un peu plus petite que l'O. rieuse (v. celle-ci), mais il existe des chevauchements. En diffère surtout par le cercle orbitaire bien plus net (même chez les

Oie rieuse

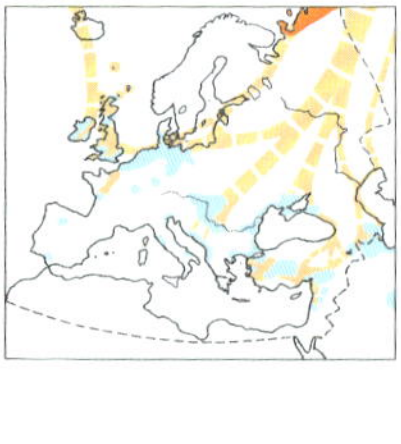

Oie naine

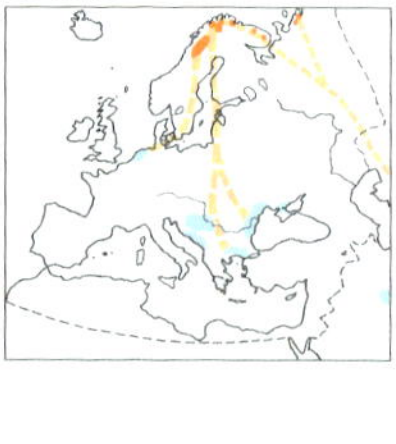

OIE RIEUSE

OIE NAINE

jeunes), la tache frontale blanche touchant l'avant de la calotte, avec, de profil, une limite oblique, le bec plus petit, toujours de couleur chair, le plum. assez sombre mais moins de barres ventrales. Ailes étroites, vol agile, coups d'ailes rapides. Pattes rouge orangé. – *Juv. :* similaire à celui de l'O. rieuse, mais en moyenne plus petit et plus sombre ; onglet du bec d'ordinaire pâle. Reste souvent difficile à distinguer, si ce n'est grâce au cercle orbitaire.

VOIX Similaire à celle de l'O. rieuse mais encore plus aiguë et jappante.

Oie des moissons *Anser fabalis* MC / HC

L 69-88 cm. E 140-174 cm. Tourbières, marais et pièces d'eau dans la taïga reculée (*fabalis*, l'O. de taïga) ou dans la toundra humide (*rossicus*, l'O. de toundra) ; hiverne à l'O et au C de l'Europe (en France, surtout quart N-E). Farouche.

CARACTÉRISTIQUES Assez grande à grande, assez sombre et à longues ailes. Tertiaires et couv. sus-alaires sombres, nettement liserées de blanc. Tête et cou assez sombres. Diffère des O. cendrée et à bec court par les pattes orange (ou rouge terne) et non rose chair. De plus, en vol, dessus des ailes assez sombre. Dessous des ailes entièrement foncé. Parfois difficile à différencier de l'O. à bec court, surtout de loin, l'orangé des pattes et du bec paraissant souvent plutôt rouge terne. Dos juste aussi sombre que le flanc constituant un bon critère (dos plus pâle chez l'O. à bec court) ainsi que la barre caudale subterminale blanche plus étroite chez l'O. des moissons. Nombre d'ind. ont un étroit bord blanc à la base du bec ; ceux avec plus de blanc peuvent, de loin, rappeler l'O. rieuse. – Les races *fabalis* et *rossicus* diffèrent par l'écologie mais sont assez semblables en dépit de quelques différences. Race *fabalis* : à peu près de même taille que l'O. cendrée mais cou plus étroit, tête plus petite, bec et corps plus élancés ; bec en général long, à base assez peu épaisse ; la proportion d'orangé (ou de rouge terne) varie, certains ind. ayant du noir seulement à la base de la mandibule inférieure, à la pointe et un peu au culmen, tandis que d'autres, avec la base du bec bien plus sombre, ressemblent à *rossicus* et à l'O. à bec court. Race *rossicus* : un peu plus petite, cou plus court, cou et tête plus sombres contrastant plus avec le corps pâle que chez *fabalis*, tous caractères évoquant l'O. à bec court ; bec court, triangulaire, à base épaisse et tache pâle (orange rougeâtre) presque toujours petite ; base de la mandibule inférieure plus épaisse et plus incurvée. Au sein des grandes troupes du N de l'Europe, certains ind. semblent intermédiaires.

VOIX Cri le plus habituel, un *ang-ank* ou *tieu-tieu-tieu* grave, nasal et trompetant. Hauteur variable selon les ind. composant les troupes. Avec de l'entraînement, la tonalité plus basse que celle de l'O. à bec court est perceptible.

Oie à bec court *Anser brachyrhynchus* MO / HO

L 64-76 cm. E 137-161 cm. Proche parente de l'O. des moissons. Toundra arctique et sur versants montagneux du Groenland, d'Islande et du Svalbard ; hiverne au N-O de l'Europe. Nid à terre, parfois sur les rochers.

CARACTÉRISTIQUES Un peu plus petite et plus trapue que l'O. des moissons *(fabalis)*, à peu près de la même taille et de mêmes proportions que la race *rossicus* de cette dernière. Pattes roses (diagnostique), mais couleur très difficile à déterminer de loin ou par lumière pauvre. Bec assez court et triangulaire, d'ordinaire surtout noir avec seulement une bande transversale rose à la partie distale (rose parfois un peu plus étendu). Tête ronde, cou assez court. Tête (et haut du cou) gris-brun foncé, contrastant avec la base du cou et le corps pâles. De très rares ind. ont une étroite bande blanche à la racine du bec (comme chez nombre d'O. des moissons et qques O. cendrées). Bas du cou et corps gris-brun clair ; dessus souvent à nuance gris-bleu « froid », poitrine à nuance ocre rosé. Le flanc est la partie la plus foncée du corps (plus foncé que le dos). En vol, dessus des ailes et dos très pâles, nettement plus clairs que chez l'O. des moissons et l'O. rieuse (l'O. cendrée a l'avant de l'aile encore plus clair mais le dos plus foncé). Noter aussi que l'O. à bec court a une bande terminale blanche à la queue plus large que l'O. des moissons. – *Juv.* : pour la détermination de l'âge, v. p. 16. Comme l'ad., mais quelques-uns sont moins caractéristiques, un peu plus sombres et plus bruns avec moins de contraste entre la tête et le corps, pas de gris-bleu dessus ; pattes plus ternes et moins roses que chez les ad.

VOIX Cri habituel similaire à celui de l'O. des moissons par la structure mais un peu plus aigu en moyenne (bien perceptible avec de l'expérience). Diffère de la voix de l'O. rieuse en étant plus grave. Parfois, un *vink-vink* plus doux.

Oie cendrée *Anser anser* N2 / MC / HC

L 74-84 cm. E 149-168 cm. Différents milieux, surtout humides : étangs peu profonds à roselières, marais, îlots de lacs, côtes (même en eau saumâtre), landes, etc. Hiverne dans le sud-ouest et l'ouest de l'Europe. En augmentation. Seule oie « grise » pouvant être observée en nombre l'été en Europe.

CARACTÉRISTIQUES Grande. Seule la plus grande race d'O. des moissons est de taille similaire, mais elle est plus massive avec un cou plus trapu, une plus grosse tête et un plus gros bec, ce dernier orange rosé ou rose ; pattes rosé terne. Larges ailes, vol lourd. Plum. gris-brun assez uni sans net contraste, tête et cou typiquement assez pâles. Quelques ind. ont un infime liseré blanc à la racine du bec, et de nombreux présentent des taches sombres au ventre. En vol, l'avant de l'aile gris cendré clair contraste fortement avec l'arrière de l'aile et le dos, plus foncés. Dessous de l'aile également bicolore et caractéristique (sombre avec un bord antérieur gris clair), unique chez les oies d'Europe. L'O. cendrée en vol, de dos, peut être reconnue à sa taille et au croupion, gris clair, contrastant avec les tertiaires et le dos brun foncé. – Variations géographiques : ind. occidentaux (race *anser*, plupart de l'Europe) plus foncés, plus petits, et à bec plus orangé ; ind. orientaux (*rubrirostris*, Russie, Asie) plus clairs et plus grands, à bec rosé. Les nicheurs d'Europe orientale semblent intermédiaires.

VOIX Cris sonores, nasillards et rudes. Le plus caractéristique est le cri trisyllabique avec premier son plus aigu (en fausset) prolongé (presque dissyllabique) et plus accentué que les syllabes suivantes : *kyiaa-ga-ga*. Souvent aussi, un rauque et grave *ank-ang-ang* (plus proche de l'O. des moissons). Répertoire varié, certains cris graves, d'autres perçants, rappelant tous l'oie domestique.

Oie des moissons

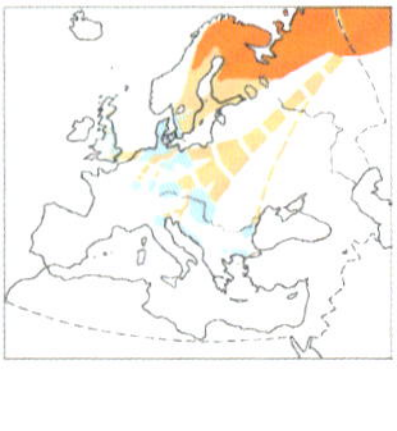

Oie à bec court

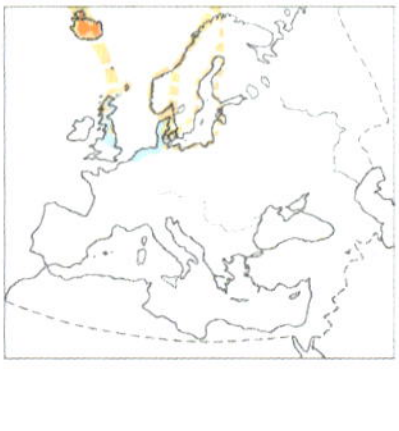

Oie cendrée

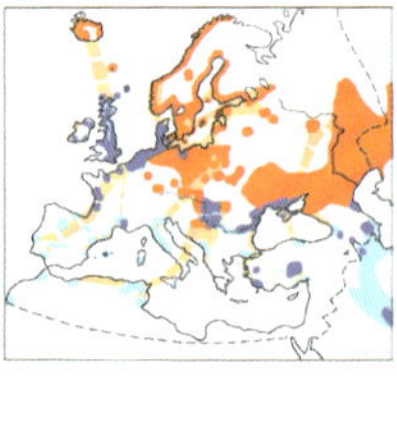

OIE DES MOISSONS

OIE À BEC COURT

OIE CENDRÉE

Bernache du Canada *Branta canadensis* N2 / MC / HC
L 80-105 cm. E 155-180 cm (pour les oiseaux féraux européens, surtout de la race type). Niche sur les étangs, lacs et marais, cours d'eau lents et côtes. Introduite d'Amérique ; souvent apprivoisée ou peu craintive. Ind. nordiques migrateurs. Autres races, dont certaines plus petites (p. ex. *parvipes*), rares occasionnelles.

CARACTÉRISTIQUES Grande et à très long cou. Tête et cou noirs avec zone blanche sur la tête la différenciant de toutes les autres oies sauf les B. de Hutchins et nonnette, mais la B. du Canada est bien plus grande, a un cou bien plus long et la poitrine pâle, et non noire comme la Nonnette ; corps brunâtre, plus clair dessous ; le blanc à la tête forme une « jugulaire » (face plus blanche chez la Nonnette). Voir ci-dessous la comparaison avec la B. de Hutchins. Ailes longues, aux battements assez lents. – *Ad. :* bout des plumes du dessus et des flancs blanc beigeâtre formant de nettes barres. Tête et cou noir brillant ; jugulaire blanc pur. – *Juv. :* barres pâles sur le dessus et les flancs moins régulières et nettes ; tête et cou noir brunâtre terne ; jugulaire blanchâtre nuancé de brun clair.

VOIX Bruyante. Le cri le plus typique est un *or-lutt* sonore, montant, nasalisé. Divers autres cris souvent répétés.

Bernache de Hutchins *Branta hutchinsii*
L 60-70 cm. E 125-140 cm. Récemment séparée de la B. du Canada. Niche dans la toundra de l'Arctique canadien et d'Alaska. Occasionnelle en Europe occidentale, uniquement, semble-t-il, la race type, du centre du Canada, souvent en compagnie de B. nonnettes ou d'Oies à bec court.

CARACTÉRISTIQUES Presque aussi grande que la B. nonnette. Par rapport à la B. du Canada, bien plus petite et plus ramassée ; cou bien plus court et pattes plus courtes, tête assez carrée avec front marqué et petit bec donnant un air « gentil » comme chez l'Oie naine. Souvent, trace de collier blanchâtre entre le cou noir et la poitrine brun pâle. Dessus gris brunâtre assez pâle, plus que chez la B. du Canada classique. Mêmes variations selon l'âge que chez le B. du Canada.

VOIX Un peu plus aiguë que celle de la B. du Canada.

Bernache nonnette *Branta leucopsis* NO / MR / HR
L 58-70 cm. E 120-142 cm. Niche en colonies ; principalement, îles et rivages arctiques, et plutôt sur les côtes rocheuses et les pentes escarpées que dans la toundra. Depuis le milieu des années 1970, îles et côtes herbeuses basses de la Baltique. Visiteuse d'hiver.

CARACTÉRISTIQUES Moyenne, assez trapue, avec cou fort et court, tête ronde et petit bec noir. Cou et poitrine noirs, tête surtout blanche, dessous blanc argenté, dessus gris barré de noir et blanc. La tête blanche est assez difficile à voir en vol, de loin ; le fort contraste entre la poitrine noire et le ventre blanc est le meilleur critère de différenciation avec la B. cravant (race *bernicla*) ; le dessus des ailes un peu plus clair peut aussi être utile. Ailes un peu plus longues que chez la B. cravant, et vitesse des coups d'ailes à peu près comme chez l'O. rieuse, un peu plus lente que chez la B. cravant. Vols migratoires souvent en U irrégulier (comme la B. cravant). – *Juv. :* diffère par les flancs moins barrés de sombre, et le cou et la poitrine pas aussi noirs. Le bout pâle des plumes du dessus n'est pas aussi blanc que chez l'ad., et le noir et le gris sont plus diffus. Nuance jaune de la face moins intense ; l'étendue des marques sombres autour de l'œil varie et n'est pas une caractéristique fiable de l'âge.

VOIX Bruyante. Cri aboyé unisyllabique *ka*, de hauteurs diverses quand il est émis en chœur par une troupe.

BERNACHE DE HUTCHINS

Bernache cravant *Branta bernicla* MC / HC
L 55-62 cm. E 105-117 cm. Iles et côtes arctiques, surtout dans la toundra basse près des côtes. Migratrice (surtout à fin sept.-oct. et en avril-mai) ; suit en général des routes traditionnelles ; passage prénuptial souvent concentré. Se repose souvent sur la mer (en troupes serrées) et se nourrit en eau peu profonde (en basculant pour atteindre les végétaux nourriciers), ou sur les vasières.

CARACTÉRISTIQUES Un peu plus petite et plus élancée que la B. nonnette avec un cou un peu plus long, une tête plus petite et des ailes plus étroites. Sombre avec arrière blanc éclatant. Petit croissant blanc en haut des côtés du cou (peu visible de loin). Élancée et élégante en vol avec des ailes pointues légèrement ramenées en arrière. Coups d'ailes plus lents que l'Eider à duvet mais un peu plus rapides que la B. nonnette. Troupes migratrices souvent très importantes (surtout au printemps), en U irréguliers et lignes sinueuses noires). – *Variantes : bernicla* (Russie, Sibérie occidentale ; migre par la Baltique vers le N-O de l'Europe), a un ventre gris sale, des flancs un peu plus clairs et un dessus gris foncé ; *hrota*, B. à ventre pâle (Svalbard, Groenland ; passe par l'Islande et la Norvège pour gagner Danemark et îles Britanniques), a un dessous nettement plus pâle, blanc grisâtre clair contrastant assez avec la poitrine noire, et un dessus beigeâtre ; *nigricans*, B. du Pacifique (Sibérie orientale, Alaska, N-O du Canada, rare occasionnelle ; parfois considérée comme une espèce distincte), présente un net contraste entre les flancs blanchâtres et le ventre très sombre ; les croissants blancs sont grands et s'étendent sur le devant du cou (se rejoignant parfois) – *Ad. :* dessus gris-brun foncé uni. – *Juv. :* couv. sus-alaires à bout blanc sale, donnant un aspect barré. Croissants blancs du cou d'abord absents et apparaissant de la fin de sept. à oct.-déc. Chez les trois races, les jeunes ont les flancs plus foncés (de même teinte que le ventre) que les ad., ce qui rend difficile ou impossible la détermination de la race. 1er hiver : conserve les barres blanches sur le dessus. À partir d'oct., les flancs de la race *hrota* deviennent plus clairs, facilitant ainsi la différenciation avec *bernicla*.

VOIX Cri sonore, nasal et guttural, émis sur divers tons au sein des bandes *gron-gron gron*.

BERNACHE DU CANADA

BERNACHE NONNETTE

BERNACHE CRAVANT

KM

Bernache du Canada

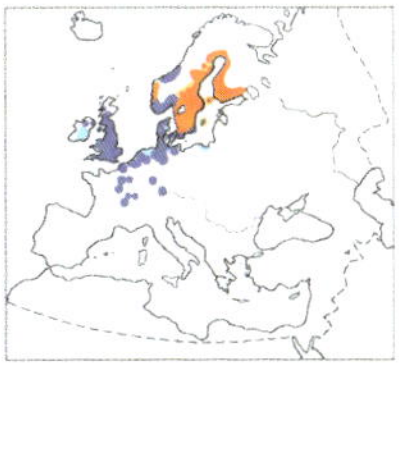

Bernache nonnette

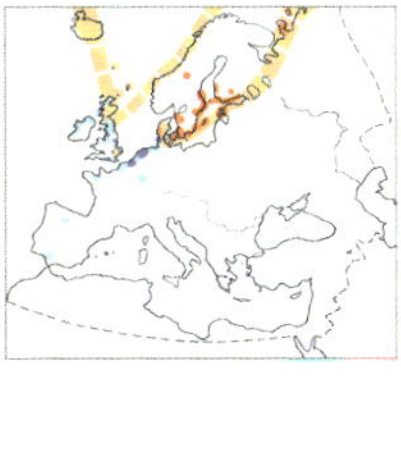

Bernache cravant

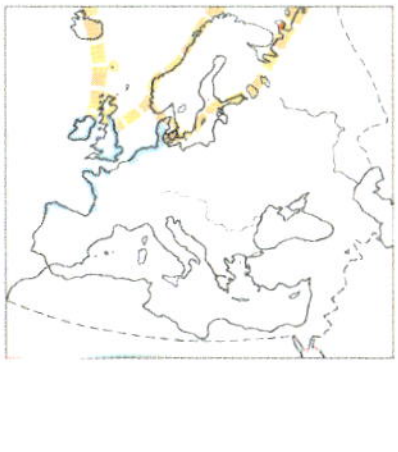

Bernache à cou roux *Branta ruficollis* MO / HO
L 54-60 cm. E 110-125 cm. Niche en petites colonies dans la toundra arctique le long des côtes ou des embouchures, souvent auprès de rapaces, comme protection contre les prédateurs tel le Renard polaire. Migratrice, va hiverner dans les plaines au nord et à l'ouest de la mer Noire avec de bons effectifs au SE de la Roumanie et au NE de la Bulgarie de nov. à mars. Suit parfois d'autres oies hivernant en Europe occidentale.

CARACTÉRISTIQUES À peine plus petite que la B. cravant. Cou court et épais, tête arrondie et très petit bec. Plum. frappant : acajou, noir et blanc, ne pouvant être confondu de près mais étonnamment terne de loin ; paraît alors sombre avec une large bande blanche au flanc. En vol, petite taille, cou court, aile à dessous noir et dessus très sombre, ventre noir avec larges « aisselles » blanches. – *Ad. :* seulement deux nettes barres blanches sur l'aile fermée ; large zone rousse à la joue, cernée d'un fin trait blanc. – *Juv. :* 4 ou 5 étroites bandes transversales blanches sur l'aile fermée ; zone rousse (terne) à la joue réduite (presque absente chez certains), entourée d'une large bande blanche.

VOIX Cri saccadé et strident *ki-kui* ou *ki-yik*.

Tadorne de Belon *Tadorna tadorna* N3 / MC / HC
L 55-65 cm. E 100-120 cm. Côtes, cours d'eau et lacs, préférant les secteurs sans trop de végétation. Se nourrit en eau peu profonde, sur les vasières et dans les champs (parfois loin de l'eau). Migrateur partiel. Forme d'énormes rassemblements estivaux pour la mue des rémiges le long de la côte allemande de la mer du Nord (Waddensee) et d'autres, moins importants, ici et là. Nid dans une cavité du sol ou sous d'épais buissons ou des bâtiments.

CARACTÉRISTIQUES Taille moyenne, long cou ; plum. bariolé. Corps massif, bec fort à culmen nettement concave ; pattes assez longues. Ailes longues et pointues, légèrement en cloche en vol normal ; coups d'ailes profonds lorsque l'oiseau accélère. En migration, forme souvent de petits groupes volant en ligne au-dessus de l'eau. Plumage à dominante blanche, tête vert foncé, bec rouge ; large bande pectorale brun-roux ; « épaules », rémiges, bout de la queue et bande ventrale noirs. Pattes rose terne chez l'ad., grisâtres chez le juv. – ♂ *ad. :* bec écarlate avec gros tubercule frontal (surtout lors de la nidification). Plus grande taille évidente quand le couple est réuni. – ♀ *ad. :* bec d'un rouge souvent plus terne, avec petit tubercule frontal. Motifs brun-roux et noir sur la poitrine et le ventre plus restreints et moins nets. – *Juv. :* front, « face », menton, gorge et devant du cou blancs, calotte et arrière du cou gris-brun. Pas de bande pectorale ni ventrale. – *1er été :* comme l'ad. mais en vol, bord postérieur des ailes blanc.

VOIX Bavard. Le mâle en parade printanière émet une série de sifflements flûtés aigus *sliss-sliss-sliss*..., souvent émis en vol derrière une femelle et fréquemment accompagné de brefs *pyu-pu* sifflés, doux. La femelle, souvent en vol, émet un sonore et hennissant *gagagagagaga*..., un peu nasillard et de hauteur constante.

Tadorne casarca *Tadorna ferruginea* NS1 / MR / HR
L 58-70 cm. E 110-135 cm. Divers milieux à l'intérieur des terres : vastes steppes bordant les lacs, les marais salins, les cours d'eau, collines et même versants montagneux nus et rocheux, parfois loin de l'eau. Niche dans un trou de falaise, de berge, d'arbre ou de ruines. Surtout migrateur. Souvent observé volant à grande altitude. Les données d'Europe de l'Ouest et du Nord concernent surtout des échappés, l'espèce étant largement détenue en captivité, mais des arrivées d'oiseaux peuvent se produire (p. ex. en 1994).

CARACTÉRISTIQUES À peu près de même taille que le T. de Belon (un tout petit peu plus grand), avec des proportions comparables, un long cou et de longues pattes, ainsi que de longues ailes assez étroites. Corps d'un beau brun orangé, tête plus claire, couleur cannelle clair ou blanc beigeâtre, plus clair sur le front et la « face ». Croupion et rémiges noirs, partiellement à reflet vert. Avant des ailes (dessus et dessous) blanc crayeux. Bec noir. – ♂ *ad. :* étroit anneau noir au cou. Brun orangé plus foncé au manteau et à la poitrine. – ♀ *ad. :* absence d'anneau au cou. En général masque plus nettement blanc. – *Juv. :* semblable à la fem. mais nuance grise sur la zone blanche des ailes.

VOIX Le cri typique est un « coup de trompe » très nasal. En vol, émet un sonore *ang* trompetant et un *ah-ung* (rappelant un braiement lointain).

Ouette d'Égypte *Alopochen aegyptiaca* NS1
L 63-73 cm. Espèce africaine. Populations férales dans le sud de l'Angleterre, aux Pays-Bas, en France, etc. Lacs et cours d'eau des parcs. Sédentaire.

CARACTÉRISTIQUES Un peu plus grande que le T. casarca, brun pâle comme lui avec de grandes zones blanches sur les ailes ; en diffère par sa charpente plus robuste, la nuance moins rousse du corps, la région de l'œil sombre, et de plus près, le bec chair pâle à bords sombres. Longues pattes chair pâle. Tache pectorale brun foncé. Sexes semblables. Variantes individuelles très apparentes. – *Juv. :* plus terne, sans tache pectorale sombre ni cerne oculaire ; calotte brun sale.

Oie à tête barrée *Anser indicus*
L 68-78 cm. Espèce d'Asie centrale, mais dont on observe parfois des échappés en Europe. Petites populations naturalisées en Norvège et Grande-Bretagne.

CARACTÉRISTIQUES Taille de l'O. des moissons ; gris très clair. De près, tête blanche caractéristique avec deux raies transversales noires. Arrière du cou gris foncé. Bout des rémiges sombre. Bec relativement petit et pattes jaunes.

Bernache à cou roux

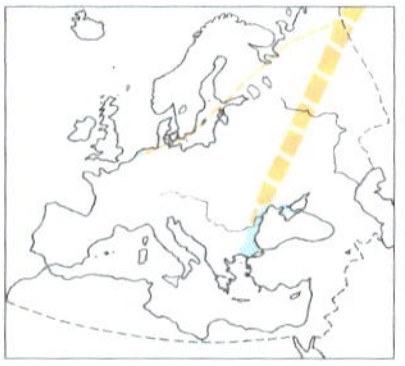

Tadorne de Belon

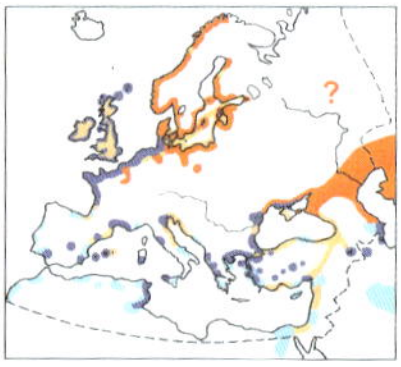

Tadorne casarca

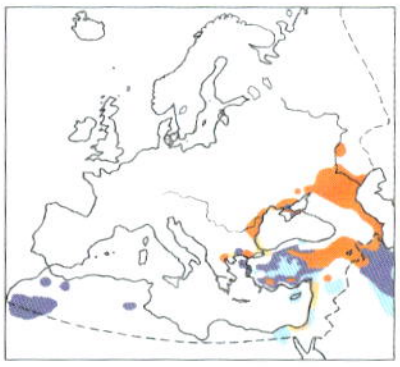

BERNACHE À COU ROUX

TADORNE DE BELON

TADORNE CASARCA

OUETTE D'ÉGYPTE

OIE À TÊTE BARRÉE

KM

CANARDS DE SURFACE : ANATINÉS

Canards de taille petite à grande. Se nourrissent de plantes, souvent en basculant en avant. S'envolent sans courir sur l'eau. Les deux sexes ont des plumages différents chez la plupart des espèces. Les mâles revêtent un plumage semblable à celui des femelles, dit d'éclipse, lors de la mue de fin d'été où les rémiges tombent toutes en même temps (ils reprennent leur aspect initial en 3 à 4 semaines).

Canard colvert *Anas platyrhynchos* N4 / MC / HC

L 50-60 cm. E 81-95 cm. Le mieux connu des canards. Milieux variés : étangs, lacs, marais boisés ou non, côtes, pièces d'eau urbaines, etc. Se contente de minuscules pièces d'eau (mares, fossés). Sédentaire dans une grande partie de l'Europe. Nid souvent bien caché : parmi les broussailles, dans des trous d'arbres, un nichoir à canards, etc.

CARACTÉRISTIQUES Grand canard robuste. Tête et bec gros, queue courte. En vol, ailes larges, surtout à la base, et assez obtuses ; coups d'ailes moyennement rapides. Pattes orangées. Souvent reconnu à sa taille, sa forme, et au miroir bleu foncé à nets bords blancs. – ♂ nuptial : tête vert bouteille, étroit collier blanc, poitrine lilas brun, le reste du corps principalement gris clair, arrière noir, rectrices médianes recourbées vers le haut et bec jaune mat uni. – ♀ *ad. :* brunâtre, calotte et trait sourcilier plus foncé de sorte que le liseré oculaire apparaît plus clair. Bec orangé avec culmen noir, cette couleur descendant irrégulièrement sur les côtés du milieu du bec (à la différence du C. chipeau). Rectrices externes blanc beigeâtre. Noter, en vol, le ventre brun clair et le blanchâtre des couv. sous-alaires. – ♂ *ad. en éclipse :* comme la ♀ mais bec uniformément jaune mat, poitrine rouille et taches moins nettes. Motif de la tête un peu plus contrasté. – *Juv. :* très semblable à la fem. ad.

VOIX Forte. Mâle : *vêp* étouffé, nasillard et très bas, souvent répété quand il est en alerte, sur l'eau. Le cancanement de la fem. est bruyant, souvent avec un ou deux *couac* initiaux, suivis de plus faibles *coin-coin-coin*.

Canard chipeau *Anas strepera* N2 / MC / HC

L 46-56 cm. E 78-90 cm. Eaux douces (rarement saumâtres) ; généralement, étangs ou lacs avec roselières et îlots boisés. Migre en hiver vers l'Europe occidentale.

CARACTÉRISTIQUES Un peu plus petit que le C. colvert et plus élancé avec des ailes et un corps plus étroits. Noter le ventre blanchâtre chez les oiseaux en vol (C. colvert : brun clair). Principal critère : petit miroir blanc, mais on observera que celui-ci n'est évident que chez le mâle ad. et manque pratiquement chez les jeunes canes. – ♂ *ad. :* tête brun terne, arrière noir (mais queue brun clair), le reste du corps gris et finement vermiculé, plus nettement à la poitrine. Longues scapulaires gris-beige. Bec anthracite. Miroir bien évident, blanc. Motif noir et rouille sur les ailes – ♀ *ad. :* comme celle du C. colvert mais ventre blanchâtre, petit miroir blanc, bec avec zone orangée régulièrement étroite sur les côtés, et rectrices gris-brun plus foncé. – ♂ *ad. en éclipse :* comme la fem. mais motif des ailes du mâle nuptial. Le bec porte un peu d'orange et ressemble à celui de la femelle. – *Juv. :* comme la fem. ad. mais corps beige plus soutenu contrastant plus avec la tête grise.

VOIX Les mâles émettent un *èrp* profond, bref et grinçant. Les canes cancanent comme le C. colvert.

Canard pilet *Anas acuta* N1 / MC / HC

L 51-62 cm (plus « flèche » de la queue du mâle, env. 10 cm). E 79-87 cm. Lacs et étangs de plaine, côtes, marais et mares. Hiverne en Europe occidentale et en Afrique.

CARACTÉRISTIQUES Proche du Colvert mais bien plus élancé et plus élégant. Ailes étroites, longues et pointues. Queue longue et pointue (avec une longue flèche chez le mâle). Cou long et mince, petite tête. Vol rapide ; main un peu ramenée vers l'arrière, long cou et queue allongée sont frappants. – ♂ *ad. :* ne peut être confondu, avec sa longue flèche caudale, la tête et le haut du cou bruns, la poitrine et la base du cou blancs avec des languettes blanches remontant sur le brun de chaque côté de la tête. Miroir vert noirâtre avec bordure blanche à l'arrière et rouille à l'avant. – ♀ *ad. :* comme une femelle élancée de Colvert, brunâtre avec motifs écailleux et tachetés, mais bec plus fin et gris foncé, tête presque uniformément brune en net contraste avec le corps grisâtre abondamment tacheté, miroir brun foncé avec étroit bord clair antérieur (à peine visible) mais large bord blanc postérieur (visible de très loin). Ventre brun clair. – ♂ *ad. en éclipse :* comme la fem. ad. mais conserve les ailes du mâle nuptial et a des scapulaires plus longues et plus grises. – *Juv. :* comme la fem. ad. mais corps à motifs moins définis. Bord postérieur blanc du bras un peu plus étroit, miroir brun plus terne, légèrement grisâtre chez les mâles.

VOIX Les mâles émettent un sifflement clair et roulé *krru* ; de près, on entend également un sifflement *vii-vii*. Pendant la parade, la femelle répond par une sorte de grognement *kr'r'r'rah*. Cancanement des ♀♀ intermédiaire entre ceux de la Sarcelle d'hiver et du C. colvert.

Canard noir *Anas rubripes* MO / HO

L 53-61 cm. Espèce américaine, occasionnelle en Europe ; quelques données pourraient concerner des échappés.

CARACTÉRISTIQUES De la taille d'un C. colvert ; plum. comme celui d'une fem. très sombre de C. colvert (attention aux mélaniques !). Plum. identique quel que soit le sexe ou l'âge. Tête gris-brun clair contrastant avec le corps très foncé et à motifs très vagues. Queue uniformément foncée, miroir bleu pourpré et turquoise avec bord postérieur blanc sale insignifiant. Bec jaunâtre chez les deux sexes, avec culmen bien plus foncé chez la femelle.

Canard colvert

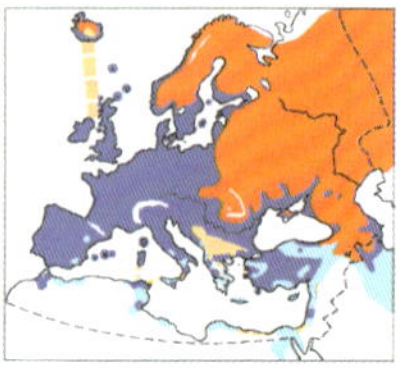

Canard chipeau

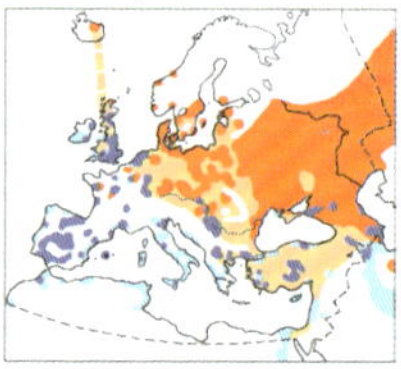

Canard pilet

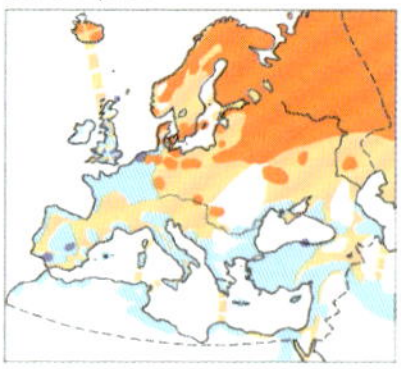

CANARD COLVERT

CANARD CHIPEAU

CANARD PILET

CANARD NOIR

Canard souchet *Anas clypeata* N3 / MC / HC

L 44-52 cm. E 73-82 cm. Lacs et étangs marécageux à végétation fournie ou marais avec assez d'eau libre. Migrateur, hiverne en Europe occidentale et jusqu'en Afrique tropicale. Généralement par couples ou en petits groupes.

CARACTÉRISTIQUES Taille moyenne ; cou court mais bec long et massif, frappant ; lourd de l'avant tant sur l'eau qu'en vol. Ailes de largeur uniforme mais un peu plus étroites que celles du C. colvert. – ♂ *nuptial :* ne peut être confondu. Tête verte (paraît noire de loin). Poitrine blanche, ventre et flancs brun-rouge. Couv. sus-alaires bleu clair, miroir vert avec bord antérieur blanc. – ♀ *ad. :* très semblable à la fem. du C. colvert ; en diffère par le bec fort et la poitrine brun foncé contrastant avec le dessous des ailes blanc ; de plus, miroir gris verdâtre terne sans bord postérieur blanc (bord antérieur blanc, se rétrécissant vers le corps), et avant des ailes gris clair non pur. – ♂ *ad. en éclipse :* comme la fem. ad., mais flancs et ventre plus rouille, tête plus foncée et couv. sus-alaires bleu clair. – *Juv. :* comme la fem. ad. mais calotte et arrière du cou plus foncés et ventre un peu plus clair.

VOIX Les mâles émettent généralement un *touk-touk… touk-touk* nasillard toujours par deux sons quand ils bondissent pour s'envoler (sinon, parfois un seul son). Les femelles émettent un *kerr-èsk* plus étouffé et un cancanement plus long, dont la force et le ton vont en baissant.

Canard siffleur *Anas penelope* N0 / MR / HR

L 42-50 cm. E 71-85 cm. Lacs et cours d'eau de la taïga et, secondairement, côtes, lacs et étangs des régions tempérées. Migrateur, hiverne en Europe occidentale. Grégaire hors période de nidification. En hiver, pâture souvent dans les prés et les champs.

CARACTÉRISTIQUES Taille moyenne, cou court avec tête ronde proportionnellement assez grosse, bec petit et queue pointue. Ces caractères sont bien visibles en vol de même que le cou étroit et les ailes pointues avec la main généralement ramenée vers l'arrière. Vol rapide. En tous plum., ventre blanc bien visible. Aisselles et couv. sous-alaire gris sale (à la différence du C. à front blanc). – ♂ *ad. nuptial :* ne peut être confondu. Tête et cou brun-roux, front et milieu de la calotte jaune paille, poitrine rosé grisâtre, le reste du corps gris avec du noir et du blanchâtre. En vol, large zone blanche sur l'avant de l'aile. Miroir vert. – ♀ *ad. :* brun-roux ou grisâtre (il existe une certaine variation, avec tendance vers deux formes) avec marbrures et taches diffuses, variables (certaines fem. sont assez unies) ; surtout reconnues à leur plumage moyennement foncé, au petit bec gris-bleu clair à pointe noire, et au ventre blanc contrastant. Miroir foncé, rémiges secondaires internes souvent liserées de pâle, formant une étroite tache blanchâtre (rappelle la jeune fem. de C. chipeau). – ♂ *ad. en éclipse :* très similaire aux femelles ad. mais conserve les couv. alaires blanches ; plum. plus roux. – *Juv. :* comme la femelle ad. mais ventre blanc portant souvent de vagues motifs, et miroir un peu plus mat. – ♂ *de 1re année :* comme le mâle nuptial mais l'avant de l'aile est gris brunâtre (ou vaguement blanc) et non pas presque tout blanc.

VOIX Les mâles émettent un sifflement sonore et caractéristique en glissando, habituellement en syllabes brèves et basses (se terminant par un bref trille étouffé) *vou-vii-ou (rr)* ; de loin, on entend seulement *vii-ou*. Cri de vol de la fem., un *karr-karr…* grognant, répété.

Canard à front blanc *Anas americana* M0 / H0

L 48-56 cm. Espèce américaine, rare occasionnelle en Europe – il peut aussi s'agir d'échappés.

CARACTÉRISTIQUES Comme le C. siffleur, avec tête ronde et queue pointue, mais la tête est en moyenne un peu plus grosse avec un front plus abrupt et une nuque plus épaisse. – ♂ *ad. nuptial :* front et milieu de la calotte blancs ; des yeux aux côtés de la tête, large bande vert foncé (paraissant noire de loin) ; reste de la tête finement dessiné de gris et blanc. Poitrine et flancs rosé brunâtre. – Tous les autres plum. sont très semblables à ceux du C. siffleur et parfois difficiles à différencier. Noter : en moyenne, tête et cou plus gris avec un contraste bien plus important avec la poitrine brun-rouge. Axillaires et couv. sous-alaires moyennes blanches (gris clair avec rachis et marques gris brunâtre chez la plupart des C. siffleurs). Front et calotte plus clairs et motif plus foncé autour des yeux donnant à distance l'impression d'un cerne sombre. Chez la fem. ad., la base blanche des grandes couv. sus-alaires forme une barre pâle au milieu de l'aile.

Sarcelle marbrée *Marmaronetta angustirostris* M0

L 39-42 cm. E 63-70 cm. Rare et localisée (p. ex. sans doute moins de 100 couples en Espagne) ; étangs peu profonds, à végétation fournie. Mœurs proches de celles des canards de surface, mais a des points communs avec les fuligules.

CARACTÉRISTIQUES Très petite et élancée avec de longues ailes et une longue queue, ainsi qu'un bec étroit et sombre. Tête apparaissant grosse et allongée du fait de la huppe à la nuque. Plum. marbré ou pommelé de brun clair et foncé, à taches indistinctes. Virgule sur l'œil. En vol, ailes claires sans particularités notables, mais les rémiges secondaires sont les plus claires et on voit, de face, sur le bord antérieur de l'aile, une tache pâle au poignet, comme chez le Héron cendré. Sexes et âges similaires, les mâles tendant à avoir une huppe plus fournie et un bec plus noir ; les juv. ont des taches plus diffuses, beige pâle.

VOIX Généralement silencieuse. Les mâles en parade émettent un sifflement sonore *vii-vih*.

Canard souchet

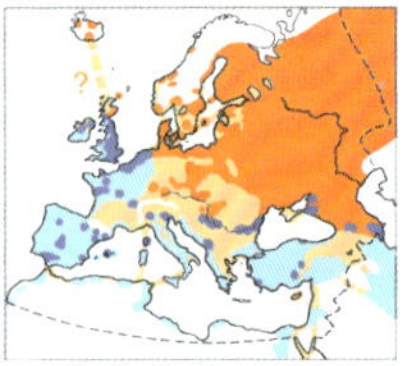

Canard siffleur

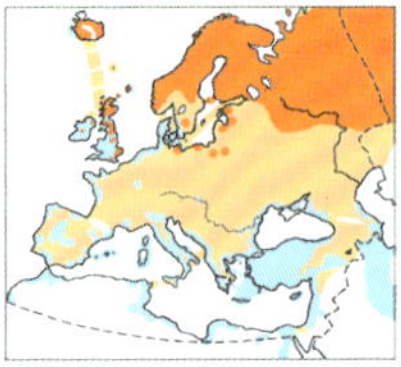

Sarcelle marbrée

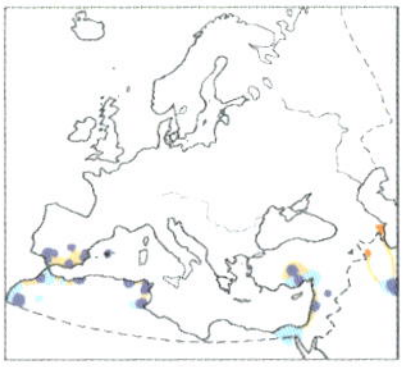

CANARD SOUCHET

CANARD SIFFLEUR

CANARD À FRONT BLANC

SARCELLE MARBRÉE

Sarcelle d'hiver *Anas crecca* N2 / MC / HC

L 34-38 cm. E 53-59 cm. Eaux douces ou saumâtres, notamment étangs et mares (même petites) en forêt, mares des tourbières de la taïga, cours d'eau et côtes avec végétation offrant des abris, étangs eutrophisés situés près de zones boisées (où le nid est installé). Commune ; en grandes troupes après la nidification, sur les étangs et dans les baies. La plupart vont hiverner en Europe occidentale.

CARACTÉRISTIQUES Le plus petit canard. Ailes étroites et pointues, cou et bec courts, vol rapide et manœuvrant, formations serrées. S'envole facilement de la surface de l'eau en s'élevant verticalement. Vue de loin en vol, apparaît foncée avec courte et large bande blanche sur le milieu de l'aile. Miroir vert brillant. – ♂ *nuptial :* tête brun-rouge avec côtés verts, zone verte bordée de jaune émail. Côtés du dessous de la queue jaune clair avec bord noir, visibles même à grande distance. Trait horizontal blanc au-dessus des flancs gris. Distinguée de la S. à ailes vertes (p. 46) par cette ligne (la S. à ailes vertes a un trait vertical en avant des flancs) et par les fines lignes jaunes aux côtés de la tête. – ♀ *ad. :* tachetée de brun. Sur l'eau, ressemble à la S. d'été, mais noter : petite taille, bec faible à base souvent légèrement ocre orangé ; trait sourcilier moyennement sombre et absence de raie sombre à la joue ce qui rend les côtés de la tête assez unis ; nuque et gorge moins claires et sans dessin. En vol, reconnue au motif alaire ; on remarquera également le milieu plus clair du ventre et le dessous des ailes présentant un milieu blanc et des bords antérieurs et postérieurs sombres. – ♂ *ad. en éclipse et juv.* : très semblables à la ♀ ad., les juv. habituellement un peu plus foncés avec des flancs plus tachetés de sombre (les femelles ad. ont des dessins écailleux plus délicats).

VOIX Bruyante. Les mâles émettent un sifflement clair et tintant *krrik*. Les femelles ont un caquètement rauque enroué, d'abord aigu puis plus bas *peeht-pèt-pèt*.

Sarcelle d'été *Anas querquedula* N2 / MC / HR

L 37-41 cm. E 59-67 cm. Eaux douces peu profondes des plaines et steppes. Nid dans une touffe au bord des pièces d'eau. Visiteuse d'été (avril à sept.), hiverne en Afrique. Jamais en grandes bandes au nord.

CARACTÉRISTIQUES Un peu plus grande que la S. d'hiver ; bec plus long et plus droit et queue d'ordinaire un peu plus longue. En vol, les ailes sont un peu plus pâles que chez la S. d'hiver, surtout à la main. Ne bascule le corps que rarement, préfère barboter en surface ou immerger la tête (la S. d'hiver bascule souvent). – ♂ *nuptial :* tête lilas-brun (semble sombre de loin) avec une demi-lune blanche au-dessus des yeux s'étendant jusqu'au côté du cou. Poitrine brun foncé, flancs gris clair, scapulaires blanc et noir, pointues. En vol, avant de l'aile gris-bleu clair et limite nette entre ventre blanc et poitrine foncée. – ♀ *ad. :* comme celle de la S. d'hiver mais un peu plus grande ; bec tout gris, plus long et plus droit (sans orangé à la base) ; trace de raie foncée à la joue et tache pâle aux lores donnant à la tête un aspect plus rayé ; pas de tache claire aux côtés de la base de la queue. De plus, les ♀♀ (et les juv. et les ♂♂ en éclipse) ont souvent du beige pur et clair au menton et à la gorge, au contraire des S. d'hiver en plum. de type féminin. En vol, comme chez la S. d'hiver, avant de l'aile gris-brun, mais main un peu plus claire, et bras sans large bord blanc devant le miroir (seulement un bord étroit) qui présente en revanche un bord arrière large et blanc, comme la ♀ du Canard pilet. – ♂ *ad. en éclipse :* comme la ♀ ad. mais avant de l'aile gris-bleu clair. – *Juv. :* comme la ♀ ad. mais ventre pas aussi clair et bord postérieur blanc du miroir plus étroit.

VOIX Les mâles émettent un bruit caractéristique de crécelle sec et prolongé de hauteur un peu variable (comme lorsqu'on passe l'ongle sur un peigne). Les femelles, assez silencieuses, émettent un caquètement bref.

Sarcelle d'hiver

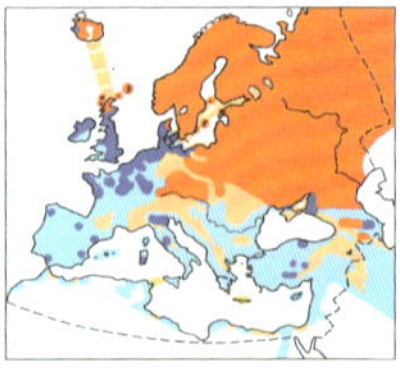

Sarcelle d'été

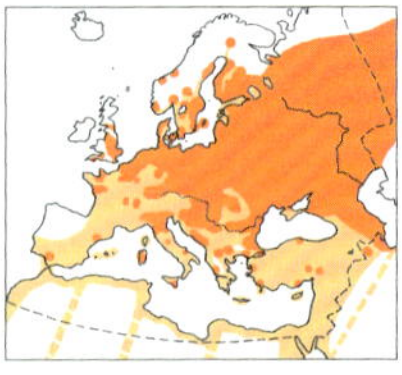

Sarcelle à ailes bleues *Anas discors* NO / MO / HO

L 37-41 cm. Espèce américaine. Occasionnelle en Europe, dont France (quelques observations doivent concerner des oiseaux échappés).

CARACTÉRISTIQUES ♂ *nuptial :* caractéristique. ♀ : ressemble à celles de la S. d'été, de la S. d'hiver et surtout de la Sarcelle cannelle (espèce américaine détenue dans les parcs et pouvant s'échapper, v. p. 423). Nette tache claire aux lores et raie horizontale diffuse sur les joues, sous les yeux ; menton et ventre finement marqués de brun clair (et non blanc pur) ; pattes verdâtres ou jaune grisâtre ; couv. sus-alaires bleu clair vif, presque comme chez le mâle ; bord postérieur blanc aux bras ; côtés de la queue sans tache pâle.

Sarcelle élégante *Anas formosa* MO / HO

L 39-43 cm. Nord et est de la Sibérie. Se raréfie. Très rare en Europe (il est douteux qu'il s'agisse d'occasionnels).

CARACTÉRISTIQUES – ♂ *nuptial :* ne peut être confondu, grâce au dessin particulier de la tête et d'une bande verticale blanche au côté de la poitrine. – ♀ *ad. et juv. :* brunâtres comme chez d'autres petits canards ; dessins des ailes et de la tête rappelant à la fois la S. d'hiver (souvent une tache pâle sur les côtés de la base de la queue) et la S. d'été (dessin de la tête très contrasté ; pattern alaire très proche) ; un peu plus grands et à queue plus longue que la S. d'hiver ; bec fin et entièrement foncé ; miroir bordé de brun-rouge à l'avant et non de blanc, et bord postérieur blanc toujours plus large. – ♀ *ad. :* dessin de la tête particulier avec marque ronde, petite mais nette (entourée de foncé), à la base du bec ; trait sourcilier sombre seulement derrière l'œil ; chez nombre d'ind., marque pâle verticale, de la gorge à la joue vers l'œil ; certains sujets portent un dessin réniforme, foncé et diffus à la partie supérieure des joues. – ♂ *ad. en éclipse :* comme la ♀ ad. mais brun-rouge plus terne. – *Juv. :* gris-brun un peu plus terne que la femelle. Très proche de la S. d'hiver ; en diffère habituellement par une tache lorale pâle plus nette, cernée de sombre (moins nette que chez la ♀ ad., mais plus évidente que chez toute S. d'hiver), le bec gris et l'absence de barre alaire médiane blanche.

SARCELLE D'HIVER

SARCELLE D'ÉTÉ

SARCELLE À AILES BLEUES

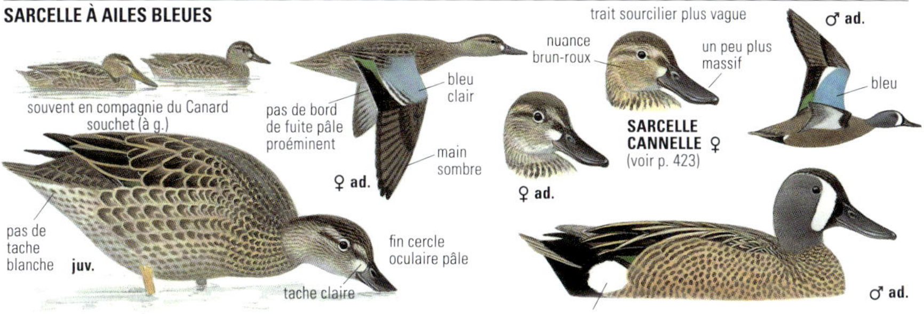

SARCELLE ÉLÉGANTE

KM

CANARDS PLONGEURS

Le terme de canards plongeurs désigne par convention toutes les espèces de canards qui plongent pour se nourrir, et basculent seulement rarement en avant, la queue en l'air. Végétariens ou omnivores. Corps plus trapu et ailes un peu plus courtes : ne s'envolent de l'eau qu'après une course d'élan. Milieux divers, des lacs et étangs de plaine (par ex. Fuligule milouin), aux pièces d'eau des forêts (Garrot à œil d'or, Harle bièvre), et au milieu marin (Eider à duvet, Harle huppé). Nid sur terre, près de l'eau, simple dépression doublée de duvet. Les femelles s'occupent seules des jeunes. Muent comme les canards de surface (p. 24). Il existe de rares hybrides, déconcertants, surtout dans le genre *Aythya* (p. 34).

Fuligule milouin *Aythya ferina* N3 / MC / HC

L 42-49 cm. E 67-75 cm. Lacs et étangs de plaine et marais aux eaux ouvertes (et profondes de plus de 1 m). Ind. nordiques migrateurs ; les mâles, plus nombreux que les femelles, migrent vers le sud dès l'été. Grégaire, souvent observé en grands groupes denses. Plonge ; peut basculer comme les canards de surface pour se nourrir. Nid dans les herbes près de l'eau.

CARACTÉRISTIQUES Taille moyenne, courte queue (sur l'eau, arrière du corps en pente). Long cou et long bec à culmen concave se poursuivant par le front pentu, ce qui donne un profil assez typique, avec une calotte légèrement conique. Tous les plum. portent une barre alaire grisâtre diffuse. – ♂ *nuptial :* tête brun-roux ; bec noir avec trait distal gris clair ; œil rouge ; poitrine noir brillant ; flancs et dos gris cendré clair, pouvant apparaître presque blanchâtres en pleine lumière ; arrière noir. En vol, les couv. sus-alaires gris moyen et la barre alaire gris clair donnent à l'oiseau un aspect délavé, assez pâle. – ♀ *ad. :* gris brunâtre, flancs et dos grisâtres ; poitrine, calotte et cou brunâtres, plus foncés. Les motifs diffus, clairs et foncés, sur les côtés de la tête, et le profil de la tête et du bec sont souvent les meilleurs critères : tache lorale pâle et diffuse, le cercle oculaire pâle, ligne pâle en arrière de l'œil, et tache foncée diffuse sous l'œil allant jusqu'à la base de la mandibule inférieure. Le bec porte une étroite et terne bande pâle à la partie distale (en hiver) ou est entièrement foncé (en été). Œil brun-rouge. – ♂ *en éclipse :* comme le ♂ nuptial, mais avant et arrière gris-brun foncé, tête plus terne. Œil rouge. – *Juv. :* comme la ♀ ad. mais généralement plus uniformément coloré et sans ligne pâle derrière l'œil. Œil olive jaunâtre.

VOIX Assez silencieux. Les ♂♂ émettent un sifflement typique entrecoupé d'une finale nasillarde, *aaou-ou-ou-haa*, comme une bille ricochant ; de plus, 3 ou 4 brefs piaulements sonores et percutants *ki-ki-ki-ki* durant la parade. Les femelles émettent un grognement rauque, sonore et répété *brré-a*.

Nette rousse *Netta rufina* N2 / MC / HC

L 53-57 cm. E 85-90 cm. Lacs et étangs de plaine, grands marais à roselières, lagunes et étangs saumâtres peu profonds. Migratrice seulement au nord. Mœurs très semblables à celles des canards de surface, basculant ou arrachant sa nourriture (des végétaux) depuis la surface en eau peu profonde.

CARACTÉRISTIQUES Moyennement grande, avec corps long et robuste, et grosse tête ronde. En tous plum., barre alaire blanche, large et évidente. – ♂ *nuptial :* tête brun orangé (plus claire sur la calotte ; peut varier selon l'incidence de la lumière) et bec rouge corail brillant. Poitrine, une partie de la queue et milieu du ventre noirs, flancs blancs. Sur l'eau, étroite tache blanche, caractéristique, sur les flancs. Dessus brun uni. En vol, barre alaire large et blanche, et ovales blancs entourés de noir, très particuliers, sur les flancs. Diffère à l'évidence du Milouin ♂ par le bec rouge et le dos brun plus foncé. – ♀ *ad. :* rappelle quelque peu une grande femelle pâle de Macreuse noire ; côtés de la tête et devant du cou blanc sale, front, calotte et arrière du cou brun foncé. Corps brun souvent diffusément tacheté sur les flancs. Bec gris foncé à bout rose. Yeux bruns. – ♂ *ad. en éclipse :* comme la fem. ad. mais tout le bec rouge. – *Juv. :* comme la fem. ad. mais bec tout sombre.

VOIX Assez silencieuse. Le mâle émet un *bèht* sonore et souvent répété et une sorte d'éternuement étouffé. La femelle poursuivie par un mâle émet de rauques *vrah-vrah-vrah…* (comme un aboiement éloigné).

Fuligule nyroca *Aythya nyroca* N0 / MR / HR

L 38-42 cm. E 60-67 cm. Mêmes milieux que le F. milouin. Moins grégaire (plus rare !) que celui-ci ; plus discret.

CARACTÉRISTIQUES Assez petit, avec corps relativement court, mais cou un peu plus long. Long bec. Silhouette typique avec haut front et calotte conique. En vol, nette bande alaire large et blanche allant jusqu'à l'extrémité des ailes. Sous-caudales nettement blanches et zone ventrale parfois aussi, exceptionnellement chez les jeunes. Noter : certaines femelles de F. morillon ont du blanc aux sous-caudales (mais non blanc pur, et moins large). – ♂ *nuptial :* tout le plum. châtain foncé mat (pourpré), plus foncé sur le dos, plus clair sur les flancs, dessous de la queue et ventre blancs. Étroit collier noir (observé rarement). Yeux blancs. – ♀ *ad. :* brun-rouge à nuance rouge sur la tête et dessous de la queue blanc. Yeux foncés. Noter le profil de la tête et du bec qui diffère de celui du F. morillon, et la barre alaire plus longue et plus large en vol. – ♂ *ad. en éclipse :* comme les femelles ad. mais plus nettement rougeâtres et possédant des yeux blancs. – *Juv. :* similaire à la ♀ ad. (œil brun), mais à fond brun plus terne, et blanc moins pur aux sous-caudales et au ventre (teinte sombre plus comme le Morillon).

VOIX Assez discret. Les ♀♀ font entendre un *kèrr-kèrr-kèrr-kèrr* sec, roulé, bourdonnant et résonnant de façon caractéristique. Les mâles émettent un *vih-viu* similaire au cri du F. morillon pendant la parade nuptiale et un cri rude et nasillard en staccato *tik-tik-tik…*

Fuligule milouin

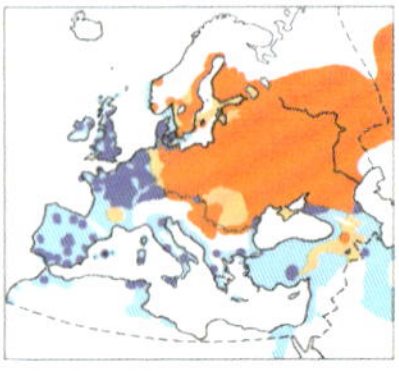

Nette rousse

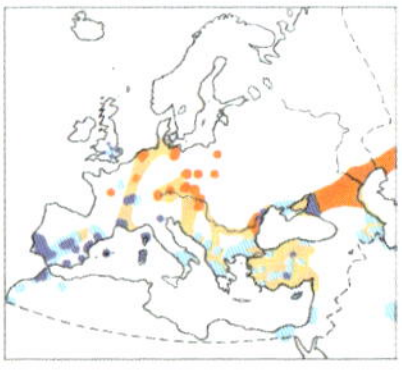

Fuligule nyroca

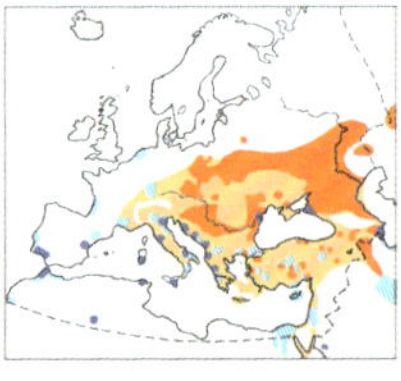

FULIGULE MILOUIN

NETTE ROUSSE

FULIGULE NYROCA

Fuligule milouinan *Aythya marila* MC / HC

L 42-51 cm. E 71-80 cm. Milieux littoraux, en eau salée ou saumâtre (côtes, archipels), lacs et eaux de montagne (zone à bouleaux et saules), toundra marécageuse. Nulle part nombreux, mais on peut observer des groupes lors des migrations et dans les zones d'hivernage (sud de la Baltique, mer du Nord). Se nourrit surtout de mollusques.

CARACTÉRISTIQUES De taille moyenne, avec grosse tête ronde et arrière incliné quand il nage. Mâle ne pouvant être confondu. Autres plum. similaires à ceux du F. morillon, avec barre alaire blanche semblable, mais noter : jamais de huppe ; profil de la tête doucement arrondi et plus allongé ; corps plus long ; moins de noir à la pointe du bec (généralement, seul l'onglet est noir – le F. morillon a toute la pointe du bec noire). Noter qu'il existe des hybrides (p. 34), et penser au F. à tête noire (occasionnel nord-américain, p. 46) d'aspect voisin. – ♂ *nuptial :* tête noire à reflet vert, yeux jaunes. Poitrine et une partie de la queue noires, flancs blancs, dos blanc grisâtre (finement vermiculé de gris, visible seulement de près). Bec gris clair avec petite tache triangulaire noire sur l'onglet. En vol, noter le dos clair, et la bande alaire blanche, importante. Bord alaire antérieur, dessus vermiculé de gris, paraissant gris moyen (plus foncé que le dos mais non noir comme chez le F. morillon). – ♀ *ad. :* corps brun mat avec flancs gris-brun plus clair et dos un peu plus foncé, ce dernier portant quelques vermiculures grisâtres (visibles à proximité), enfin un « licou » blanc et large, évident, autour de la racine du bec (le F. morillon peut en posséder un partiel à l'attache du bec, mais très rarement jusqu'au front). À la fin du printemps et en été apparaît une tache ovale claire, nette, sur les joues. – ♂ *ad. en éclipse :* très proche du mâle nuptial mais tête, poitrine et dos bruns, et souvent un peu de blanc à la base du bec. – *Juv. :* comme la fem. ad. mais un peu moins de blanc à la racine du bec, lequel est un peu plus sombre avec une pointe légèrement foncée, et les flancs plus clairs. Les jeunes mâles portent un plum. presque nuptial vers la fin du 1er hiver (fév.-avr.), qui n'est pas complet avant le 2e hiver.

VOIX Les mâles sont presque muets. Lors de la parade, murmure de brefs et nets *vu-vupp-vuvu-vuppuuu*… de temps en temps *pu-ou* plus caractéristique (rappelant l'Eider à duvet). Le grognement de femelle rappelle, en plus grave et plus étiré, celui de la ♀ du F. morillon, *krrah-krrah-krrah*…

Fuligule morillon *Aythya fuligula* N3 / MC / HC

L 40-47 cm. E 65-72 cm. Milieux humides variés : lacs et étangs forestiers, lacs et étangs de plaine à végétation fournie, côtes, eaux des montagnes et de la toundra, cours d'eau calmes, étangs de parcs, etc. Ind. nordiques migrateurs. Grégaire hors période de nidification ; peut être observé en grandes troupes denses.

Fuligule milouinan

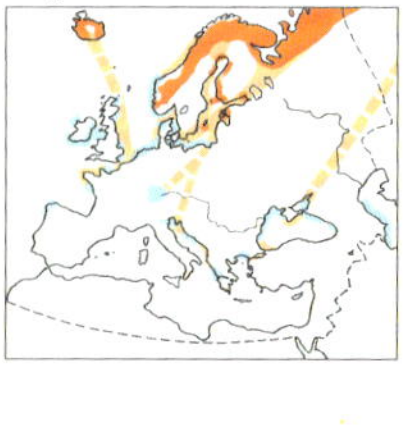

Fuligule morillon

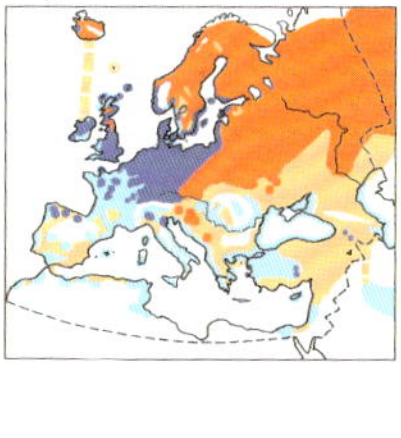

CARACTÉRISTIQUES Petit avec corps court et trapu, cou étroit et tête proportionnellement grosse avec une huppe à la nuque (longue et pendante chez les mâles en plum. nuptial, plus courte pour les autres plum.). Tête irrégulièrement ronde avec front haut et calotte plate. Bec court mais large, gris-bleu clair avec pointe presque entièrement noire. Barre alaire blanche nette en vol (comme chez le F. milouinan). – ♂ *nuptial :* sur l'eau, caractéristique : zone blanche rectangulaire nettement séparée du noir sur les flancs, longue huppe tombante. Œil jaune. – ♀ *ad. :* fond brun avec flancs plus clairs portant des taches diffuses chez nombre d'entre elles. Comme chez le F. milouinan, du blanc à la base du bec, mais indication de huppe (rudimentaire : une petite saillie à l'arrière de la calotte), taille moindre, forme de la tête irrégulière, plumage brun plus foncé surtout sur le dessus, enfin plus de noir à la pointe du bec. Quelques-unes ont un peu de blanc aux couv. sous-caudales, surtout en automne, et peuvent être confondues avec le F. nyroca ; en diffèrent par leur tête irrégulièrement ronde, leur nette huppe et leur barre alaire plus courte et moins apparente. Yeux jaune foncé. – ♂ *ad. en éclipse :* huppe courte, flancs brun terne, parties noires du plum. nuptial devenant brunes. – *Juv. :* comme la fem. ad. mais tête brun un peu plus clair avec plumes légèrement blanc brunâtre à la base du bec. Yeux bruns. Les jeunes mâles portent un plumage presque nuptial dès le 1er hiver (déc.-mars), qui n'est pas complet avant le 2e hiver.

VOIX Les mâles émettent lors de la parade un sifflement gargouillant presque étouffé sur un ton descendant et en accélérant (même de nuit en vol) *vip-vi-vivuvup*. Les femelles émettent une sorte de grognement comme chez la plupart des *Aythya krrkrr krrkrr*, plus brefs, plus sonores et plus rapides que chez le F. milouin, et sur un ton plus haut que chez le F. milouinan.

Fuligule à bec cerclé *Aythya collaris* MR / HR

L 37-46 cm. Espèce américaine. Parfois occasionnel véritable, mais nombre d'observations concernent des échappés. Certains ind. hivernent année après année sur les mêmes sites.

CARACTÉRISTIQUES Petit, à corps court et assez grosse tête de forme caractéristique : front très haut et abrupt, calotte pointue à l'arrière, avec un rudiment de huppe formant une petite indentation avant la nuque. Bec des ad. tricolore, gris ardoise avec large pointe noire et bande subterminale blanche ; le bec du mâle nuptial a en sus une étroite bande blanche à la base, et les narines cerclées de blanc. Queue un peu plus longue que chez le F. morillon et souvent relevée. En vol, ressemble au F. morillon mais bande alaire grise et non blanche. Risques de confusion avec des hybrides (v. p. 34) et avec les mâles de F. morillon en mue. – ♂ *nuptial :* comme le F. morillon, mais flancs gris clair, blancs seulement en haut (à peine) et à l'avant (plus largement). De plus, la limite entre le dos noir et la zone latérale claire fait un S (horizontal) plus marqué que chez le F. morillon. Collier brun pourpré peu évident (souvent caché). – ♀ *ad. :* reconnue surtout à la forme de la tête et au dessin du bec (ce dernier n'est pas aussi marqué que chez les mâles, surtout au début de l'automne, et n'a pas de bordure blanche à la base). Plum. rappelant plus la fem. du F. milouin que celle du F. morillon, avec gorge pâle, zone pâle diffuse à la base du bec, cercle oculaire pâle et souvent une ligne pâle derrière l'œil (sombre). – ♂ *ad. en éclipse :* comme

FULIGULE MILOUINAN

FULIGULE MORILLON

FULIGULE À BEC CERCLÉ

la ♀ ad. avec un peu de pâle à la racine du bec, ce dernier sans blanc à la base, mais iris jaune et pas de cercle oculaire pâle ni de ligne pâle en arrière de l'œil ; en sus, tête et poitrine plus foncées, brun noirâtre. – *Juv.* : très semblable à la ♀ ad. mais diffère (éventuellement) par le bec presque tout sombre (la bande subterminale pâle commence à apparaître en automne). Jeunes mâles nuptiaux dès la fin du 1er hiver.

HYBRIDES DE CANARDS PLONGEURS

Dans la région étudiée, les hybrides apparaissent plutôt chez les canards et les galliformes. Cela est peut-être dû à des phénomènes génétiques, encore inexpliqués ; à moins qu'il ne s'agisse que d'une impression. D'abord, en effet, les ind. de ces deux groupes passent par milliers dans les mains des chasseurs qui ne manquent pas de signaler les « oiseaux curieux ». Par ailleurs, on met ensemble des canards (ou des oies) pour l'ornement des parcs. Dans ces conditions artificielles, des hybrides apparaissent sans doute plus facilement et, comme il arrive souvent que des oiseaux s'échappent des parcs, certains hybrides peuvent fréquenter des sites naturels.
On peut aussi supposer que si les hybrides de canards ou de galliformes sont si fréquents, c'est qu'ils sont assez repérables et faciles à observer. À supposer que les croisements chez les fauvettes ou les traquets soient aussi fréquents, qui les remarquerait ? Ajoutons que l'on ignore encore pourquoi l'hybridation semble se produire plutôt chez les oies et chez les canards du genre *Aythya* que chez les canards de surface. Nous décrivons ici certains des hybrides de fuligules les plus fréquents et les plus trompeurs. L'accent est mis sur les mâles, non parce qu'ils sont plus nombreux mais parce qu'ils sont plus faciles à découvrir. Les hybrides femelles sont notoirement problématiques.
Face à un hybride possible, notez le motif, la taille et la forme du bec, la forme de la tête de profil, et d'éventuelles vermiculures sur certaines parties grises ou brun-gris.

HYBRIDES

ESPÈCES SIMILAIRES

Fuligule milouin ♂ × Fuligule morillon ♀

Cet hybride issu d'un F. milouin mâle et d'un F. morillon fem. peut de façon surprenante ressembler au F. morillon mâle quittant le plum. d'éclipse (en fin d'automne), mais : œil sombre, huppe très courte, saillante comme chez certaines

Fuligule morillon ♂ en éclipse

femelles adultes de F. morillon ; dessus non entièrement noir, avec fines vermiculures grises chez certains (visible seulement de près) ; flancs un peu plus foncés vers le bas, parfois également avec de fines vermiculures.

Fuligule morillon × F. à bec cerclé

Hybride possédant quelques caractères intermédiaires entre les espèces parentes mais souvent très proche du F. à bec cerclé avec lequel on peut le confondre en cas de vision rapide. Les indices de l'ascendance mixte sont, en général, une huppe rudimentaire (non juste une calotte pointue), et

Fuligule à bec cerclé ♂

le trait blanc à la base du bec ainsi que la bande blanche à l'avant du flanc (typiques du F. à bec cerclé) réduits, voire manquants. Noter que cet hybride a souvent une barre alaire entièrement ou en partie blanche, au contraire du F. à bec cerclé.

Fuligule milouinan × Fuligule morillon

Cet hybride évoque un F. milouinan mâle : dos et scapulaires gris plus foncé, souvent à vermiculures plus fines et plus floues ; plus de noir au bout du bec (le Milouinan a seulement

Fuligule milouinan ♂

l'onglet noir). De nombreux hybrides de ce type ont une huppe rudimentaire donnant à la calotte une forme nettement anguleuse, ce qu'on ne voit jamais chez le Milouinan (mais des hybrides sans trace de huppe peuvent être pris pour un Milouinan). D'autres hybrides ont un bec plus court à bout plus large, comme le Morillon.

Fuligule morillon ♂ × Fuligule milouin ♀

Cet hybride maintenant bien connu est issu du croisement entre F. morillon mâle et F. milouin fem. De façon étonnante, ce croisement aboutit souvent à une grande ressemblance avec une troisième espèce, occasionnelle américaine, le F. à tête noire (p. 46) ; nuance brun pourpré à la tête et arrière conique de la calotte comme chez cette espèce, mais : dos gris assez foncé à vagues vermiculures très fines (le F. à

Fuligule à tête noire ♂

tête noire a le dos blanc avec des vermiculures assez grossières, ce qui fait apparaître le dos assez clair, les vermiculures restant visibles à une certaine distance) ; bout du bec avec beaucoup de noir et bec habituellement à base gris sale (chez le F. à tête noire, bec gris clair à onglet noir). Noter aussi la barre alaire, blanche uniquement aux secondaires chez le F. à tête noire.

Fuligule milouin × Fuligule nyroca ?

Cet hybride est plus rare que les autres et peut facilement être pris pour un F. à tête rouge, américain (très peu de données en Europe – v. p. 46). Un tel hybride a été noté dans le sud de la Suède dans les années 1960, et pris (œil jaune, crâne assez arrondi) pour le premier F. à tête rouge observé en Europe. Le F. milouin est à coup sûr l'un des parents mais

Fuligule à tête rouge ♂

le second est plus incertain, encore que le F. nyroca soit le plus probable. Noter : motif du bec du F. milouin mâle, avec beaucoup de noir au bout et une base gris foncé (le F. à tête rouge a le bec gris clair à étroit bout noir et bande subterminale blanchâtre) ; dos gris moyen (gris clair chez le F. à tête rouge).

Fuligule milouin × Fuligule nyroca

Un autre hybride problématique mais bien plus proche du F. nyroca peut résulter du même croisement que ci-dessus. Il ressemble beaucoup au F. nyroca mais présente en général deux ou plus des différences suivantes : œil rouge ou jaune (blanc chez le Nyroca mâle) ; poitrine plus foncée que les

Fuligule nyroca ♂

flancs (plus uniformément brun-rouge foncé chez le Nyroca) ; fines vermiculures sur le dos et les flancs, visibles de près (jamais de vermiculures chez le Nyroca) ; blanc des sous-caudales moins pur et moins étendu ; beaucoup de noir au bout du bec (seulement l'onglet noir chez le Nyroca).

Fuligule milouinan × Fuligule morillon

Cet hybride fem. entre F. milouinan et morillon ressemble beaucoup à une femelle de F. milouinan, mais noter : nette base blanche du bec (trahissant le Milouinan) mais beaucoup de noir au bout (comme chez le Morillon) ; pas de trace de huppe et tête ronde (comme le Milouinan) mais dos foncé,

Fuligule milouinan ♀

nettement plus que les flancs (comme le Morillon). D'autres hybrides fem. (issus des parents indiqués) peuvent présenter une trace de huppe ou, comme le Milouinan, un dos plus pâle ou moins de noir au bec, et être très difficilement pris pour des hybrides.

Eider à duvet *Somateria mollissima* N1 / MC / HC
L 60-70 cm. E 95-105 cm. Canard marin. Côtes et archipels, en eau salée ou saumâtre ; parfois (hiver), eaux intérieures. Bandes de non-nicheurs et d'imm. fréquentes le long de certaines côtes d'Europe du Nord. Plonge pour pêcher crustacés et mollusques. Nid près de l'eau, souvent à découvert, doublé de duvet.

CARACTÉRISTIQUES Grand et fortement charpenté, cou assez court, grosse tête et long bec profilé. En vol, allure trapue (de loin, confusion possible avec une oie). Ailes larges et assez courtes. Coups d'ailes assez lents, tête un peu abaissée. La formation en groupe est souvent irrégulière, en essaim peu fourni ou en longue bande sans ordre. – ♂ *nuptial :* principalement blanc avec poitrine, flancs et arrière noirs, rémiges tertiaires blanches et arquées et tache ronde blanche à l'arrière du flanc. Tête blanche, calotte noire et côté de la nuque vert. – ♀ *ad. :* brun barré de sombre. Miroir sombre bordé de blanc. – ♂ *ad. en éclipse (fin juin à sept.) :* très sombre, non rayé. Couv. sus-alaires blanches comme les longues rémiges tertiaires arquées. Une partie de la base blanche des plumes du manteau et des scapulaires supérieures est parfois visible. – *Juv. :* comme la ♀ ad., mais miroir foncé généralement non bordé de blanc ; tête et haut des flancs plus uniformes. Le jeune ♂ a la tête sombre avec sourcil pâle (comme le ♂ de 1er été en éclipse). Rémiges tertiaires très courtes et un peu arquées. – ♂ *de 1re année :* plum. juv. mué à partir de la fin de l'automne, où apparaissent quelques plumes blanches à la poitrine et au dos, puis aux scapulaires et aux flancs. – ♂ *de 2e année :* comme le ♂ ad. mais, en plum. nuptial, couv. sus-alaires et rémiges tertiaires (moins arquées) non blanc pur.

VOIX Bruyant au moment de la nidification : les ♂♂ émettent un cri typique durant la parade collective, un *a-ouh-o* grave et sonore (de loin, peut faire penser à un grand-duc). Les ♀♀ ont un caquètement incessant *gak-ak-ak-ak…*

Eider à tête grise *Somateria spectabilis* MO / HO
L 55-63 cm. E 87-100 cm. Mares de la toundra arctique et, moins souvent, côtes protégées aux eaux peu profondes. Hiverne sur les côtes. Mœurs semblables à celles de l'E. à duvet (ind. isolés souvent en sa compagnie). Hôte hivernal rare mais régulier dans la Baltique.

CARACTÉRISTIQUES Un peu plus petit et plus trapu que l'E. à duvet, corps et bec plus courts. – ♂ *nuptial :* ne peut être confondu. Bosse frontale orangée et bec corail ; calotte et nuque (bien arrondie) bleu lilas ; bas du cou et poitrine saumon clair ; manteau blanc (comme chez l'E. à duvet) mais dos et épaules noirs (blancs : scapulaires avec « voile » triangulaire). En vol, avant de l'aile blanc. – ♀ *ad. :* diffère de celle de l'E. à duvet par un bec plus court et plus foncé avec emplumage bombé du front plus avancé que celui du côté du bec ; marques sombres sur le corps plus ouvertes, en U, avec tache centrale foncée, surtout au manteau et aux flancs ; taille un peu inférieure ; joue et base du bec souvent assez pâles et commissures sombres (donnant une expression « souriante »). – ♂ *ad. en éclipse :* ressemble au ♂ imm. (tubercule frontal réduit) mais conserve l'avant de l'aile blanc ; bec rouge clair. Aspect général sombre mais souvent un peu de blanc aux côtés de la poitrine. – *Juv. :* comme la ♀ mais couleur (brun froid) et marques (moins en U) proches de celles du jeune E. à duvet ; reconnu à la taille, à la forme du bec et à son emplumage. – ♂ *1er été :* comme l'E. à duvet mais bec plus court et rosé (non jaune grisâtre terne), et jamais de blanc au dos (seulement au manteau).

VOIX Un peu moins loquace que l'E. à duvet. Les ♂♂ émettent un roucoulement profond et vibrant au printemps *brou-rou-rou-è* dont le ton est un peu descendant sur la fin. Lorsqu'ils sont nombreux à roucouler en chœur, on peut penser de loin à l'appel du Tétras lyre.

Eider de Steller *Polysticta stelleri* MO
L 42-48 cm. E 68-77 cm. Toundra arctique. Hiverne le long des côtes nordiques. Préfère les eaux côtières peu profondes, surtout celles recevant de l'eau douce ; barbote parmi les rochers et les algues, basculant comme un canard de surface ; bon plongeur mais s'éloigne peu du rivage.

CARACTÉRISTIQUES Taille moyenne. Corps allongé, longue queue, bec oblong (moins profilé). Forme de la tête caractéristique avec calotte plate et angle du front et de la nuque assez marqué. Ailes assez longues et étroites ; envol facile à partir de la surface de l'eau. Vol rapide et aisé. – ♂ *nuptial :* blanc avec flancs brun orangé ; plum. virant au châtain foncé sur le ventre (et au noir sur sa moitié inférieure). Menton, tour de l'œil, collier, arrière du cou, dos et arrière noirs ; scapulaires et tertiaires blanc et noir (aspect rayé) ; soupçon de huppe arrondie à l'arrière de la calotte et tache lorale verdâtre ; tache noire ronde au côté de la poitrine. Bec gris bleuté. En vol, avant de l'aile blanc. – ♀ *ad. :* brun foncé, miroir bleu avec net bord blanc à l'avant et à l'arrière (comme chez le Canard colvert). Rémiges tertiaires sombres, presque toujours à bout pâle, et nettement arquées. – ♂ *ad. en éclipse :* comme la ♀ mais très différent en vol (avant de l'aile blanc). – *Juv. et 1er hiver :* jeune comme la ♀ ad. mais miroir brun terne avec seulement un étroit bord pâle. Rémiges tertiaires brun terne, courtes, moins arquées. Souvent, cercle oculaire pâle et ligne pâle derrière l'œil assez nets (plus que chez la ♀ ad.). Les ♂♂ ont la gorge, le front et la nuque tachés de foncé, mais plus foncés que chez les jeunes ♀♀ ; à partir de la fin de l'hiver, on les reconnaît aux premières plumes blanches apparaissant à l'avant de la tête. – ♂ *2e été :* comme le ♂ ad. mais proportion variable de plumes foncées à la tête et aux couv. sus-alaires.

VOIX Assez silencieux. Roucoulement rude *gah-gaah-guèah.* Ailes produisant un léger sifflement (un peu plus net que chez le Colvert).

Eider à duvet

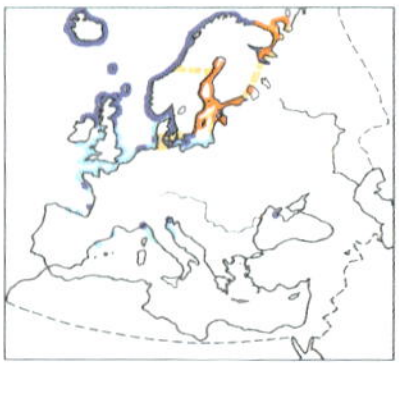

Eider à tête grise

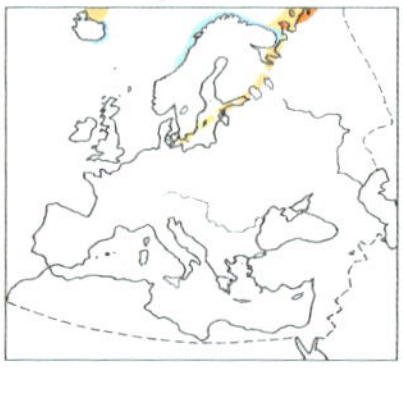

Eider de Steller

EIDER À DUVET

EIDER À TÊTE GRISE

EIDER DE STELLER

Macreuse noire *Melanitta nigra* MC / HC

L 44-54 cm. E 70-84 cm. Lacs et cours d'eau des forêts nordiques (limite nord des conifères, zone des bouleaux et saules) ; également, mares de la toundra. Migration printanière nocturne sur un large front, au-dessus des terres ; migration d'automne diurne surtout le long des côtes et au-dessus de la mer. La plupart des ♂♂ migrent vers le sud du Danemark dès la fin de l'été, pour muer. Grégaire ; parfois en très grandes troupes ; hiverne en mer.

CARACTÉRISTIQUES De taille moyenne, trapue. Bec assez petit, avec tubercule basal chez le ♂. Queue assez longue, souvent visible chez les oiseaux sur l'eau. Plum. tout sombre, sans blanc aux ailes. Plonge normalement avec un petit saut, ailes plaquées au corps (v. p. 40). S'ébroue avec quelques battements d'ailes suivis d'un bref abaissement du cou (typique). Par rapport à la M. brune, les troupes posées sont généralement très denses et souvent plus importantes. – ♂ *ad.* : tout noir. En vol, main plus claire, les ailes apparaissant « bicolores », surtout en pleine lumière. Tache jaune au culmen visible d'assez loin sous bon éclairage, surtout de face, mais petit tubercule basal noir visible de profil (cf. M. à bec jaune, occasionnelle, p. 46, au bec sans noir à la base et à gros tubercule jaune orangé). – ♀ *ad.* : brun sale avec joue plus claire, front et calotte brun foncé ; évoque la Nette rousse ♀ ou juv., mais plus petite, corps plus foncé, bec toujours tout sombre, et milieux fréquentés en général distincts (quelques-unes présentent un peu de gris brunâtre au milieu de la joue pouvant donner l'impression d'une double tache pâle rappelant la M. à front blanc ; v. celle-ci). – *Juv.* : comme la ♀ ad. mais ventre plus clair, blanc brunâtre au lieu de gris-brun clair ; un peu plus brun, moins gris (♂ en mue de 1er hiver pouvant présenter une double tache pâle à la joue, comme certaines ♀♀). Les jeunes ♂♂ acquièrent le plum. ad. durant le 1er hiver mais leur ventre reste clair (peut sembler blanc en vol), et leurs ailes sont nettement brun pâle au printemps.

VOIX Les ♂♂ émettent un doux sifflement *piu*, régulièrement, à raison d'un par seconde ; cependant, on l'entend plutôt pendant les nuits de printemps (s'arrête en avril, commence en mars) venant des troupes passant au-dessus des terres au nord-est. Également un bref *pu-ih* et d'autres cris plus brefs et répétés au réveil. Les ♀♀ émettent un *karrr* répété, comme celles de plusieurs canards plongeurs. Les ailes produisent un léger sifflement.

Macreuse brune *Melanitta fusca* MC / HC

L 51-58 cm. E 79-97 cm. Côtes à eaux salées ou saumâtres ; pièces d'eau des hauteurs et de la toundra ; souvent sur les lacs et les cours d'eau des forêts boréales de conifères. Migratrice ; suit les côtes. Nid à terre, non loin de l'eau.

Macreuse noire

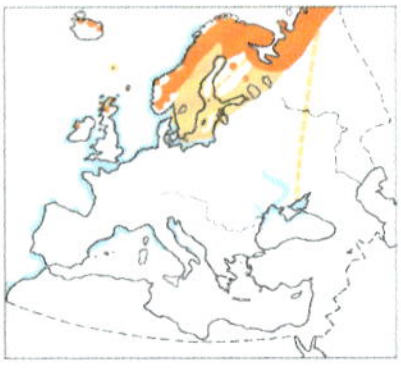

Macreuse brune

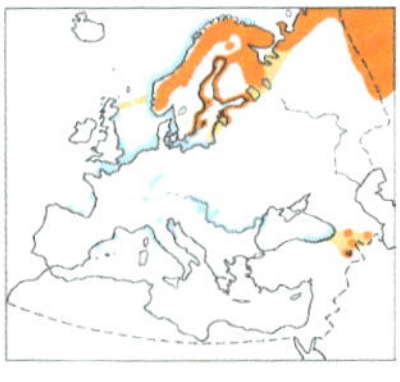

CARACTÉRISTIQUES Taille moyenne à grande ; charpentée, corps assez long. Base du cou épaisse (mais partie supérieure pouvant apparaître étroite lorsque le cou est tendu). Bec assez gros et conique. Plum. tout sombre avec secondaires blanches permettant l'identification en vol même de loin. Ailes assez larges mais paraissant plus étroites sur fond de ciel du fait des secondaires blanches. Sur l'eau, blanc de l'aile souvent visible comme une étroite tache blanche. Les groupes sur l'eau sont rarement aussi nombreux et aussi denses que chez la M. noire. Plonge sans saut initial, ailes à demi ouvertes (v. p. 40). S'ébroue tête levée (en montrant les secondaires blanches). – ♂ *ad.* : tout noir à l'exception des couv. alaires blanches, et d'une lunule blanche sous l'œil (visible de près). Jaune orangé des côtés du bec bien visible, même de loin. Cf. M. à ailes blanches, occasionnelle, p. 46, avec plus grande tache blanche à l'œil, rebiquant à l'arrière, un tubercule noir au bec, ce dernier plus rougeâtre. – ♀ *ad.* : brun sale avec secondaires blanches, ventre juste un peu plus clair, gris-brun. Motif de la tête variable ; chez les nicheurs, habituellement, assez grande tache lorale pâle, diffuse, et généralement aussi une tache pâle à la joue, plus petite mais assez nette ; quelques-unes, plus sombres, ont des taches pâles plus diffuses. En fin de nidification, une éventuelle décoloration peut rendre les côtés de la tête bien plus pâles. – *Juv.* : comme la ♀ ad. mais ventre bien plus clair (surtout chez les jeunes ♂♂), presque blanc sale. Taches pâles aux côtés de la tête en moyenne plus nettes.

VOIX Lorsque le couple vole autour du territoire, le matin, la ♀ émet de petits grognements vibrants et rauques *braaah… braa-ah… braa-ah…* Par ailleurs assez silencieuse. Le ♂ en parade émet un rare *aah-eur*.

Macreuse à front blanc *Melanitta perspicillata* MO / HO

L 45-56 cm. Espèce nord-américaine ; occasionnelle en Europe ; surtout des ♂♂ (♀♀ passant sans doute inaperçues), en automne, en hiver ou au printemps.

CARACTÉRISTIQUES À peine plus grande que la M. noire et bien moins grande que la M. brune. Comme les macreuses d'Europe, à dominante sombre ; pas de blanc à l'aile. Grand bec conique rendant la tête massive. Emplum. à la base du culmen s'avançant loin, à l'horizontale : cf. M. noire). Calotte plus plate que chez la M. noire. Sur l'eau, queue souvent nettement dressée. Plonge généralement avec un petit saut, ailes à demi ouvertes (v. p. 40). S'ébroue le cou levé. – ♂ *ad.* : noir avec grande tache blanche à la nuque (rarement en partie réduite en été et début d'automne) et tache blanche au front. Bec à base gonflée, apparaissant jaune orangé vif de loin ; de plus près, blanc à la base, avec tache noire ronde. Œil blanc. – ♀ *ad.* : brun sale, comme la M. brune, avec deux taches pâles au côté de la tête (variables, peuvent être insignifiantes ou manquer) mais, en sus, souvent une petite tache blanchâtre à la nuque. Noter le bec conique à culmen droit ou un peu convexe (un peu concave chez la M. brune) et l'emplumage sombre du front s'avançant loin horizontalement vers la base du culmen. Œil habituellement sombre, parfois plus clair (blanc brunâtre). – *Juv.* : comme la ♀ ad. mais ventre blanchâtre (et non brun clair), et joue et gorge habituellement plus claires. Toujours la tache claire de la nuque. Œil sombre. Jeunes ♂♂ devenant nuptiaux en grande partie durant le 1er hiver, mais tache blanche du front, et forme et couleur du bec non acquises avant le 2e hiver.

MACREUSE NOIRE

MACREUSE BRUNE

MACREUSE À FRONT BLANC

Harelde boréale *Clangula hyemalis* MR / HR
L 39-47 cm (plus 10-15 cm pour la flèche de la queue). E 73-82 cm. Mares et marais de la toundra arctique, côtes et pièces d'eau en montagne. Grégaire. Hiverne en mer, souvent en grandes troupes denses et loin du rivage ; alors remuante et active, décollant et volant aisément pour de brèves poursuites au ras de l'eau, se posant en éclaboussant. Plonge pour capturer mollusques et autres. Migration printanière spectaculaire par la Baltique : principaux départs du golfe de Botnie en direction des toundras du nord-est, à fin mai, pouvant concerner plus de 100 000 oiseaux les soirs de pic. Mue complexe induisant au moins trois plum. différents dans l'année : la plupart des scapulaires et des plumes de la tête et des côtés du cou tombent trois fois chaque année et le reste du plum. change une fois.

CARACTÉRISTIQUES Petit canard brun, noir et blanc. Tête ronde, bec court et trapu ; rectrices médianes du ♂ allongées (seul le Canard pilet ♂ présente le même caractère). Ailes assez étroites et pointues, toutes sombres, généralement un peu ramenées en arrière. Coups d'ailes rapides et souples, généralement en dessous de l'horizontale, ce qui accentue l'allure particulière (presque celle d'une chauve-souris). Plum. et mues complexes. – ♂ *ad. au printemps et en été (à partir de fin avril)* : dominante brun-noir avec flancs blanc grisâtre, arrière blanc et tache blanche au côté de la tête ; scapulaires noires bordées de jaune roussâtre. En fin de nidification, mue estivale vers le plum. d'éclipse complet apportant peu de changements (nouvelles scapulaires plus courtes et plus ternes). Bec à centre chair au printemps, souvent tout noir en été. – ♂ *ad. en automne (à partir de sept.)* : bien plus blanc ; manteau, majorité des scapulaires, tête et cou blancs, avec tache sombre latérale au bas de la tête et au haut du cou. Bec portant à nouveau une zone chair. – ♂ *ad. en hiver (à partir de la fin d'oct.)* : comme en automne mais front et côtés de la tête gris brunâtre clair, et tache au côté de la tête et du cou, noire (soulignée de brun). – ♀ *ad. en été (mi-août)* : comme le ♂ ad. mais absence de flèche caudale, et plus terne ; tache pâle du côté de la tête plus petite et moins délimitée ; toujours un collier pâle. – ♀ *ad. en automne et hiver (août-fév.)* : plum. différant de celui d'été par la tête blanc sale avec calotte noirâtre et tache foncée sur la tête et les côtés du cou. Scapulaires plus longues et bordées de jaune roussâtre plus vif (ou parfois, en partie, de blanc). – *Juv.* : comme la ♀ ad. en automne mais tache moins nette et moins sombre au côté de la tête et du cou, et tertiaires et scapulaires plus courtes et arrondies.

VOIX Les ♂♂ émettent un cri caractéristique bruyant, jodlé et nasillard, en parade comme en migration ; les troupes produisent un chœur musical rappelant de lointaines cornemuses. Parfois aussi une version plus brève, plaintive, *a-glih-ah*. Les deux sexes émettent un *gak* nasillard et grave, souvent émis par les troupes migratrices.

Arlequin plongeur *Histrionicus histrionicus* [HO]
L 38-45 cm. E 63-70 cm. Cascades et torrents de la toundra. Dans la zone étudiée, seulement en Islande (sédentaire ; moins de 3 000 couples). Hiverne dans les eaux côtières agitées. Occasionnellement observé hors de son aire de nidification (il ne s'agit pas toujours d'oiseaux sauvages). Grégaire, mais groupes habituellement peu importants. Bon nageur ; n'est pas gêné même par de forts courants. Plonge de la surface, d'un perchoir ou en vol.

CARACTÉRISTIQUES Canard plongeur relativement petit. Petit bec, front abrupt, tête ronde, cou fort et queue pointue. Tous plum. sombres avec nettes taches blanches au côté de la tête. Flotte haut sur l'eau et hoche souvent la tête. Vol rapide, ailes toutes sombres.
– ♂ *nuptial* : gris-bleu foncé (bleu assez difficile à distinguer de loin, paraît généralement noir) mais flancs brun-rouge, ventre et arrière noirâtres, élégamment marqués de

Identification des macreuses d'après le mode d'immersion
voir textes et illustrations p.38-39.

Macreuse noire
Plonge avec un bond, ailes plaquées au corps

Macreuse brune
Plonge sans sauter, ailes à demi ouvertes

Macreuse à front blanc
Plonge avec un petit bond, en ouvrant ses ailes juste avant de disparaître

HARELDE BORÉALE

ARLEQUIN PLONGEUR

KM

blanc (zone blanche à bords noirs) sur la tête, le cou, les côtés de la poitrine et le dos. – ♀ *ad. :* tête et cou gris foncé, corps brun sale hormis le ventre qui est blanc sale mêlé de gris. Grande tache blanchâtre sous l'œil, tache blanchâtre

Harelde boréale

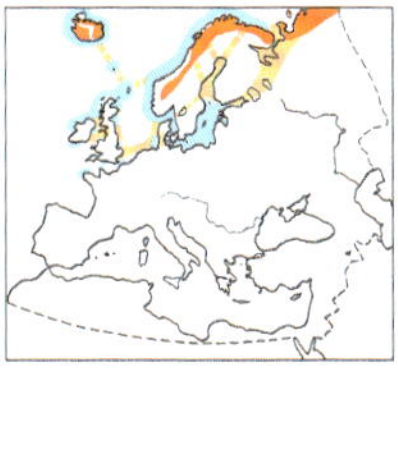

Arlequin plongeur

au-dessus des lores, et souvent nette tache blanche derrière l'œil, ce qui compose un dessin caractéristique sur la tête. – ♂ *ad. en éclipse :* sombre, terne, assez semblable à la ♀ mais traces de plum. nuptial (souvent du blanc aux scapulaires, ligne blanche au côté de la poitrine indiquée, un peu de marron brun-roux au flanc). – *Juv. :* très semblable à la ♀ ad. mais plum. un peu plus brun, moins gris, et rémiges secondaires plus ternes, sans le brun pourpré à reflet métallique de la ♀ ad.

VOIX Assez silencieux : *vii-ah-vii-ah* et *vih* pépiants sonores et nasillards, émis par les ♂♂ en parade.

Garrot à œil d'or *Bucephala clangula* NO / MC / HC
L 40-48 cm. E 62-77 cm. Lacs et étangs clairs des forêts ; cours d'eau lents et archipels ; en hiver, surtout eaux côtières. Surtout migrateur. Moins grégaire que la plupart des autres canards plongeurs ; généralement en couples ou petits groupes. Farouche. Alimentation animale. Les ♂♂ paradent tôt au printemps en rejetant la tête en arrière vers le dos, puis en étirant le cou, bec levé, en battant l'eau de leurs pattes de temps à autre. Nid dans un trou d'arbre (ancien nid de Pic noir) ou un nichoir.

CARACTÉRISTIQUES Taille moyenne. Canard trapu, à grosse tête ronde sur un cou assez court. Calotte un peu conique (tête légèrement triangulaire). Bec assez petit et triangulaire. Miroir blanc, reste du dessous des ailes noirâtre. Beaucoup de blanc à l'avant de l'aile chez l'ad. Vol rapide, ailes battant frénétiquement. Pour les différences avec le G. d'Islande, v. celui-ci. – ♂ *nuptial :* tête noire à reflet vert. Grande tache lorale ovale, blanche. Œil jaune. Poitrine et flancs blanc brillant ; arrière et une grande part des côtés du dos noirs ; étroits traits scapulaires noirs descendant jusqu'au flanc blanc. – ♀ *ad. :* tête brune, œil jaune clair. Collier et ventre blancs, poitrine et flancs gris cendré. Bec foncé avec bande jaunâtre au bout en période de nidification ; habituellement tout sombre le reste de l'année. – ♂ *ad. en éclipse :* comme la ♀ ad. mais avec beaucoup de blanc à l'avant de l'aile. – *Juv. :* comme la ♀ ad. mais tête plus terne et plus gris brunâtre, et pas de collier blanc. Le ♂ juv. a le dessin des ailes de la ♀ ad., la ♀ juv. a moins de blanc (étroite barre blanche aux grandes couvertures, pas de tache pâle aux couv. moyennes).

VOIX Le ♂ en parade émet un *bii-biiitch* nasillard, généralement accompagné d'un *drruddrir* bas, grinçant et sec. Les ♀ émettent un grognement sonore *brra brra brra* très semblable à celui de la ♀ de Fuligule morillon mais un peu plus lent et plus doux. Sifflement sonore caractéristique produit par les battements d'ailes, surtout chez les ♂♂ en hiver et au printemps (presque absent chez les jeunes).

Garrot d'Islande *Bucephala islandica* HO
L 42-53 cm. E 67-82 cm. Islande, Groenland et Amérique du Nord ; mares et lacs de la toundra. Sédentaire ou migrateur partiel vers les eaux libres. Nid dans un trou d'arbre ou parmi la végétation, à terre.

CARACTÉRISTIQUES Un peu plus grand que le G. à œil d'or, auquel il ressemble ; en diffère par la forme de la tête plus longue et moins triangulaire avec front plus haut, calotte plus plate (« sommet » insignifiant vers l'avant) et nuque bien arrondie. – ♂ *en plum. nuptial :* reflet pourpré à la tête (la tête du G. à œil d'or ♂ imm. peut être d'un brun-noir terne trompeur) et tache lorale blanche en demi-lune (jamais autant chez le ♂ imm. de G. à œil d'or en mue, qui peut avoir une tache vaguement en demi-lune). Noir plus étendu sur le dessus avec « languette » au côté de la poitrine. L'épaule porte une rangée de « dents » blanches sur fond noir. – ♀ *ad. et juv.* très semblables à ceux du G. à œil d'or, mais noter la forme de la tête et le jaune plus étendu au bec en période nuptiale.

VOIX Le ♂ en parade émet un cri faible, grognant et bref, en staccato, *va-va-va*… La ♀ émet un grognement, comme celle du G. à œil d'or, mais plus rêche et plus bas *krrah-krrah*… Le bruit d'ailes du ♂ ressemble à celui du G. à œil d'or mais est peut-être plus grave.

HARLES

Canards plongeurs assez petits à grands. Bec légèrement crochu au bout, à bords denticulés permettant d'assurer la prise des poissons, leur principale nourriture. Trois espèces, dont deux grandes (p. 44) très semblables, à corps allongé et assez long cou. La troisième, le Harle piette, est plus petite et plus trapue. Habiles plongeurs ; pêchent en groupe, parfois en grandes troupes. Habitat maritime ou lacustre. Nid habituellement dans un trou d'arbre ou une autre cavité, parfois à terre, à l'abri.

Harle piette *Mergellus albellus* MR / HR
L 38-44 cm. E 56-69 cm. Lacs et cours d'eau lents de la taïga la plus septentrionale. Peu commun. Migrateur. Farouche et remuant ; les couples ou les petites bandes sur les lieux d'hivernage ont tendance à se disperser (mais on peut voir des troupes petites à moyennes sur les meilleurs sites). S'alimente souvent aux abords des roselières, en eau peu profonde. Nid dans un trou d'arbre (ancien nid de Pic noir) ou un nichoir.

CARACTÉRISTIQUES Petit et assez trapu, plutôt bâti comme un garrot (il existe des hybrides avec le G. à œil d'or). – ♂ *nuptial :* caractéristique, blanc éclatant à motifs noirs. Tête blanche à « loup » noir et bande ou tache noire à l'arrière de la calotte, sur les côtés. En vol, aspect bicolore. Ovale blanc en avant de l'aile. – ♀ *ad. :* gris brunâtre sale, joue blanche, front et calotte brun-roux foncé ; lores noirâtres devenant plus bruns en période de nidification. Dessin des ailes similaire à celui des ♂♂ mais blanc moins étendu. – ♂ *ad. en éclipse (juil.-début nov.) :* comme la ♀ ad. en été (avec lores brunâtres) mais tache blanche plus grande à l'avant de l'aile, et dos plus noir. – *Juv. :* très semblable à la ♀ ad. mais ventre un peu moins blanchâtre et plus mêlé de gris, et lores bruns tout au moins lors du 2e automne et parfois plus longtemps.

VOIX Habituellement silencieux. Les ♂♂ en parade émettent un rare croassement, grave, accéléré et assez étouffé, un cri hoquetant *gur'r'rrr-tyik*, les ♀♀ émettent un croassement enroué *krrr*.

Garrot à œil d'or

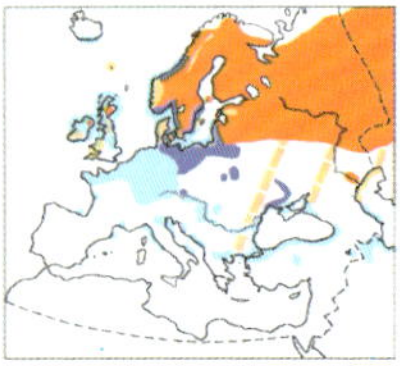

Garrot d'Islande

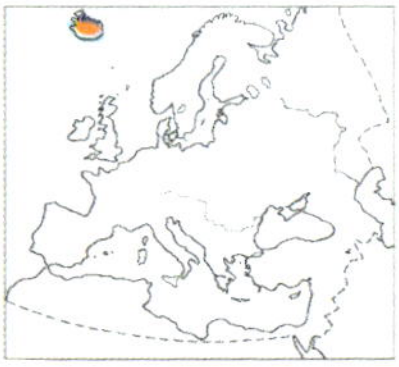

Harle piette

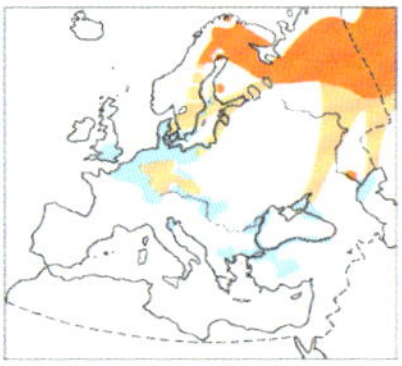

Harle bièvre *Mergus merganser* N2 / MC / HC
L 58-68 cm. E 78-94 cm. Lacs et cours d'eau calmes des régions boisées. Recherche les eaux assez profondes, claires et poissonneuses, ainsi que des arbres à gros tronc offrant des trous ; niche aussi

GARROT À ŒIL D'OR

GARROT D'ISLANDE

HARLE PIETTE

dans les nichoirs, sous les maisons ou dedans, dans des cavités du sol, etc. Grégaire sauf en nidification ; peut former de très grandes troupes (de dizaines de milliers d'ind.) quand les ♂♂ se rassemblent pour muer en fin d'été, ou pour pêcher collectivement en fin d'automne. Plongeur habile.

CARACTÉRISTIQUES Grand, long corps hydrodynamique. Long bec rouge, étroit, légèrement crochu à l'extrémité. Paraît avoir une grosse tête du fait d'une huppe fournie sur la nuque. Long cou, mais en nageant l'oiseau le rentre en grande partie, ce qui le fait paraître court. Silhouette en vol pouvant rappeler plutôt un plongeon ou un grèbe qu'un canard (cou étiré, ailes raides aux battements rapides et peu amples, trajectoire droite). – ♂ *nuptial :* principalement blanc (avec nuance saumon en hiver et au début du printemps), tête et haut du cou noirs à reflet vert (visible de près et sous bon éclairage). Huppe « bien peignée et lissée » conférant à la nuque un profil arrondi. Manteau et scapulaires supérieurs noirs. En vol, large zone blanche au bras. – ♀ *ad. :* tête brun-roux foncé à l'exception d'une tache blanche nettement délimitée au menton. Huppe plus ébouriffée que chez le ♂, souvent partagée en deux parties, l'une à l'arrière de la calotte, l'autre sur la nuque. Limite nette entre le haut brun du cou et l'avant blanchâtre du bas du cou. Corps grisâtre. En vol, carré blanc sur l'aile formé des rémiges secondaires et des grandes couv. (chez certains ind., fine barre sombre le long du bout de tout ou partie des grandes couv. externes). Pour les différences avec le H. huppé, v. ce dernier. – ♂ *ad. en éclipse :* comme la ♀ ad. mais beaucoup de blanc à l'aile. – *Juv. :* comme la ♀ ad. mais bec rouge plus terne, huppe plus courte, tache sur la gorge non blanc pur, trait loral pâle encadré de traits sombres et iris plus clair. Les ♂♂ de 1er hiver ont plus de blanc à l'aile que la ♀.

VOIX Les ♂♂ en parade émettent un roucoulement bas, agréable, étouffé mais portant assez loin, *krrou-kroo.* Les ♀♀ émettent un croassement rauque *pra, pra-pra* pendant la parade. En vol, croassement plus sonore *prrah, prrah, prrah* et rapide caquètement de contact.

Harle huppé *Mergus serrator* N1 / MC / HC

L 52-58 cm. E 67-82 cm. Côtes, archipels, lacs aux eaux claires, aussi bien dans la taïga et en montagne que dans la toundra. Grégaire, même en nidification, mais ne forme que rarement de très grands groupes (au contraire du H. bièvre). Nid à terre dans la végétation dense.

CARACTÉRISTIQUES Taille moyenne. Plus élancé que le H. bièvre, pour le reste à peu près semblable. Bec plus mince, surtout à la base. Huppe plus fine et ébouriffée (chez le ♂, comme une coiffure « punk ») donnant une impression de petite tête. Cou plus étroit que celui du H. bièvre. – ♂ *nuptial :* tête noire à reflet vert. Collier blanc. Poitrine chamois strié de noir et, à l'avant du flanc, zone noire à nettes taches blanches, typique. Dessus noir, flanc gris. En vol, large zone blanche au bras (moindre que chez le H. bièvre). – ♀ *ad. :* proche de celle du H. bièvre. Différences à noter : absence de limite nette entre la tête brune et le cou blanc sale ; zone claire du cou vaguement délimitée ; bec fin à la base ; huppe plus courte et plus ébouriffée ; tête plus brun jaunâtre, pas aussi brun-roux foncé ; motif de la face plus « rayé » avec trait loral pâle encadré de traits sombres (v. le H. bièvre juv.) ; dos plus foncé et à nuance brune ; flanc moins gris pur ; en vol, tête et cou plus élancés ; blanc au bras partagé par une nette ligne noire ; avant de l'aile gris-brun foncé sur le dessus, plus foncé et moins gris pur que chez le H. bièvre. – ♂ *ad. en éclipse :* comme la ♀ ad. mais beaucoup de blanc à l'aile. – *Juv. :* comme la ♀ ad. mais bec rouge plus terne et huppe plus courte. – ♂ *de 1er été :* en grande partie non nuptial mais tête un peu brunâtre et absence d'une grande partie du collier, blanc des ailes moins net que chez l'ad.

VOIX ♂ en parade : faible et rare hoquet rythmique et éternuement avec des pauses entre eux *tchika… pitiiih.* Les ♀♀ ont un caquètement continu *prrak-prrak-prrak…*

Érismature à tête blanche

Oxyura leucocephala MO / HO

L 43-48 cm (dont 8-10 cm pour la queue). Lacs de plaine à eau peu profonde et végétation abondante. Rare et localisée. Surtout sédentaire. N'aime guère voler, préfère se mettre à l'abri en nageant.

CARACTÉRISTIQUES Petite, mais un peu plus grande que l'É. rousse, avec tête proportionnellement un peu plus grosse ; facilement reconnue à son énorme bec à base enflée. – ♂ *:* au printemps, typique ; gros bec bleu clair, corps brun clair et tête à dominante blanche. Bande noirâtre à la calotte ; cou, nuque et tour de l'œil plus ou moins noirs (tache oculaire noire généralement isolée au milieu du côté blanc de la tête). Sous-caudales sombres. – ♀ *:* brun terne ; comme celle de l'É. rousse, mais noter la forme typique du bec, la plus grande taille et la bande sombre à la joue incurvée et plus visible.

VOIX Généralement silencieuse.

Érismature rousse *Oxyura jamaicensis* N1 / MR / HR

L 35-43 cm (dont 6-8 cm pour la queue). Espèce nord-américaine introduite en Grande-Bretagne et qui se répand en Europe occidentale. S'hybride avec l'É. à tête blanche en Espagne. Étangs et lacs de plaine peu profonds.

CARACTÉRISTIQUES Petite et trapue. Grosse tête avec bec fort, corps long et rond, et queue raide souvent tenue dressée. Bec bleu clair, devenant gris en hiver tandis que le corps devient brun sale (les joues restent blanches). – ♀ *:* comme le ♂ internuptial mais tête brun foncé et blanc sale avec une bande sombre diffuse à la joue (d'importance variable).

VOIX La plupart du temps silencieuse. Les ♂♂ en parade émettent divers claquements en tapant le bec contre la poitrine.

Harle bièvre

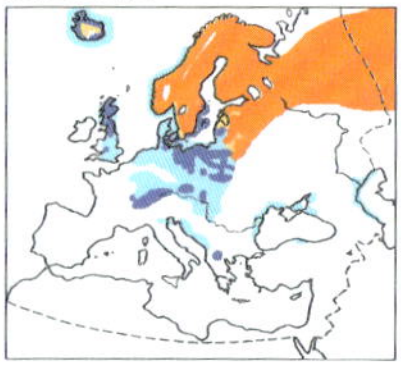

Harle huppé

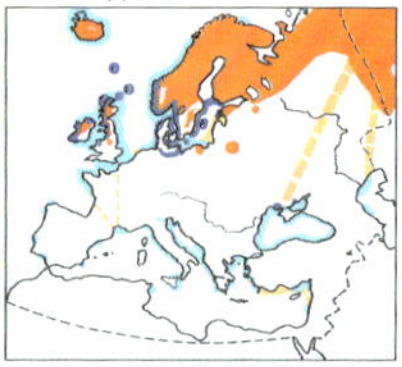

Érismature à tête blanche

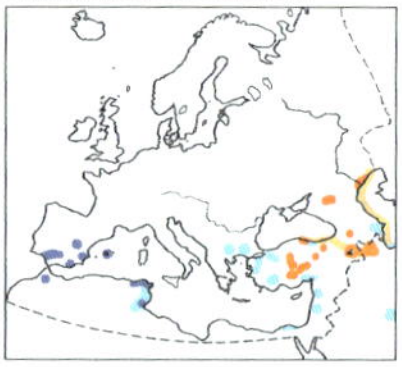

HARLE BIÈVRE

HARLE HUPPÉ

ÉRISMATURE À TÊTE BLANCHE

ÉRISMATURE ROUSSE

CANARDS OCCASIONNELS

Sarcelle à ailes vertes *Anas carolinensis* HR

L 34-38 cm. Espèce nord-américaine, très proche de la S. d'hiver (p. 28). Occasionnelle dans la plupart des pays d'Europe occidentale, dont la France. Plusieurs données pourraient concerner des oiseaux à présent sédentarisés en Europe.

CARACTÉRISTIQUES Petite. Mâle ad. nuptial avec trait blanc vertical en avant du flanc (au lieu d'une ligne horizontale au-dessus du flanc), dépourvu de la plupart des lignes jaunes bordant la plage vert foncé des côtés de la tête. Milieu de la poitrine d'un chamois rosé un peu plus vif et, au vol, barre alaire antérieure en général plus teintée de chamois roussâtre. Autres plum. Comme la S. d'hiver mais calotte et trait oculaire en moyenne plus sombres, et barre alaire antérieure d'ordinaire à nuance rousse plus nette.

Fuligule à tête noire *Aythya affinis* MO / HO

L 38-45. Occasionnel régulièrement présent dans divers pays européens.

CARACTÉRISTIQUES Comme le F. milouinan (p. 32) mais plus petit (plus petit même que le Morillon) et distingué par : calotte saillante à l'arrière presque comme une ébauche de huppe à la manière du Morillon femelle (la calotte du Milouinan est arrondie) ; barre alaire blanche au bras mais gris brunâtre aux primaires (toute blanche chez le Milouinan ; quelques ind. à différence moins nette entre le brun et le blanc) ; dessous de l'aile pas aussi uniformément blanc que chez les F. morillon et milouinan, avec rémiges à base plus sombre ; ♂ ad. à vermiculures dorsales sombres plus grossières et tête à reflet plus pourpre que vert. ♀ comme celle du Milouinan, distinguée à la taille, la forme de la tête et au pattern alaire. Par rapport au Morillon femelle, corps brun-gris un peu plus pâle, faisant davantage contraster la tête sombre.

Macreuse à bec jaune *Melanitta americana* MO

L 44-54 cm. Sibérie orientale et Amérique du Nord. Rare occasionnelle le long des côtes européennes. Se nourrit souvent dans les rouleaux proches de la côte.

CARACTÉRISTIQUES Rappelle la M. noire, mais mâle ad. nuptial aussitôt reconnu (même en vol) au gros renflement orange jaunâtre vif du bec sans base noire. Renflement d'ordinaire jaune au bout et orange à la base. En vol, noter les ailes toutes sombres, les primaires apparaissant toutefois très pâles, comme chez la M. noire, surtout dessous. ♀ comme celle de la M. noire mais onglet du bec à peine plus marqué et plus de sombre à la nuque. Quelques ♀♀ ad. à bec porteur de marques jaune terne sur fond sombre, au contraire de la M. noire.

Macreuse à ailes blanches *Melanitta deglandi* MO

L 50-57 cm. Sibérie orientale (race *stejnegeri*) et au nord de l'Amérique du Nord (*deglandi*). Occasionnelle très rare en Europe : Finlande et Islande.

CARACTÉRISTIQUES Comme une M. brune mais mâle ad. nuptial distingué au tubercule petit mais net sur le culmen (chez la M. brune, au mieux un vague renflement), au bout du bec plus rose et rouge orangé que jaune (Brune : dominante jaune vif), et à la tache oculaire blanche plus grande, rebiquant en arrière de l'œil (Brune : petite tache horizontale). Le ♂ est-sibérien a une liaison plus douce entre calotte et front, un tubercule plus marqué, une bordure inférieure jaune au bout du bec rouge-orange, et moins de noir le long de la bordure de la mandibule inférieure. ♀ différant quelque peu de la M. brune par la forme de la tête et du bec, et au contour de l'emplumage de celui-ci, mais identification ardue exigeant la proximité.

Fuligule à tête rouge *Aythya americana*

L 44-51 cm. Espèce d'Amérique du Nord. Occasionnel très rare en Europe (Grande-Bretagne, Islande, Irlande).

CARACTÉRISTIQUES Un peu plus grand que le F. milouin (p. 30), auquel il ressemble : ♂ à tête rousse et poitrine noire. Noter : tête plus arrondie et front plus pentu ; bec d'épaisseur plus régulière (plus triangulaire chez le Milouin) ; bec surtout gris pâle mais à bout noir (« trempé dans l'encre ») ; œil jaune. ♀ reconnue à la tête arrondie, la forme du bec, à large bout sombre. Au contraire de la femelle de Milouin, poitrine un peu plus pâle (et plus brun-roux chaud), contrastant peu ou pas avec les flancs. Noter, sur la tête brune, un cercle oculaire pâle et un trait pâle incurvé en arrière de l'œil. Flotte plus souvent que le Milouin avec la queue redressée.

Fuligule à dos blanc *Aythya valisineria*

L 49-56 cm. Espèce d'Amérique du Nord. Occasionnel très rare en Europe (Grande-Bretagne, Islande, Pays-Bas).

CARACTÉRISTIQUES Par rapport au F. milouin, ♂ ad. nuptial plus grand, corps plus pâle (blanc soyeux ; Milouin : gris pâle) et, surtout, bec tout sombre et plus long à bout effilé. Tête marron souvent sombre vers la base du bec et en arrière vers l'œil. ♀ reconnue au bec tout sombre long et pointu, propre à l'espèce, et à la tête un peu plus uniformément brun-gris, avec zone lorale un peu plus sombre que chez le Milouin.

Garrot albéole *Bucephala albeola* HO

L 32-39 cm. Niche en Amérique du Nord. Plusieurs des mentions d'Islande et de Grande-Bretagne considérées comme fiables, mais la plupart des autres données européennes sont jugées comme se rapportant à des échappés.

CARACTÉRISTIQUES Le plus petit parent du G. à œil d'or, plus petit même que le Fuligule morillon, avec une grosse tête typique. ♂ à dos noir et tête noire (à reflets verts et pourpres de près) à large plage blanche en arrière de l'œil, atteignant la nuque. Plages alaires et bandes scapulaires blanches frappantes en vol, rappelant le G. à œil d'or. ♀ avec trait blanc en arrière de l'œil ; par ailleurs brun sans marques, avec dos plus sombre que la poitrine et les flancs. Œil sombre, bec gris pâle.

Harle couronné *Lophodytes cucullatus* [HO]

L 42-50 cm. Niche en Amérique du Nord. Quelques mentions (surtout en Grande-Bretagne, Irlande et Islande) supposées fiables, tandis que les oiseaux vus ailleurs en Europe sont d'ordinaire considérés comme des échappés.

CARACTÉRISTIQUES ♂ à tête noire avec une grosse huppe blanche cernée de noir, pouvant être déployée mais restant d'ordinaire abaissée, notamment en vol. Flancs ocre-roux, poitrine ornée de noir et de blanc, avec deux traits noirs de chaque côté. Œil moutarde. ♀ à huppe roussâtre un peu moins imposante, assez uniformément brun-gris avec poitrine plus pâle. Bord du bec jaune. Les deux sexes avec tertiaires noir et blanc effilées offrant un aspect zébré, mais ces plumes peuvent être muées ou usées et donc moins apparentes.

SARCELLE À AILES VERTES

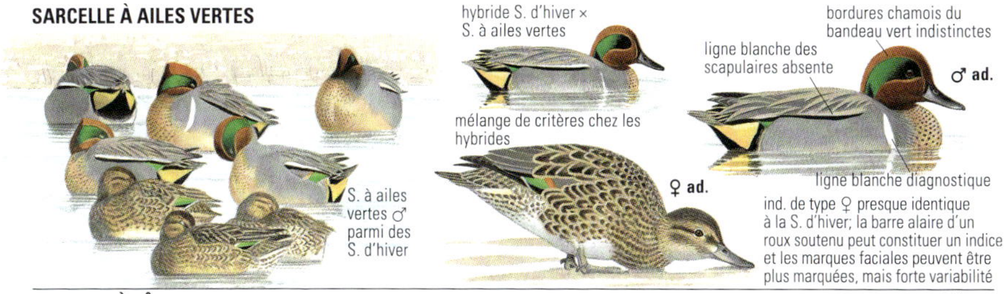

FULIGULE À TÊTE NOIRE

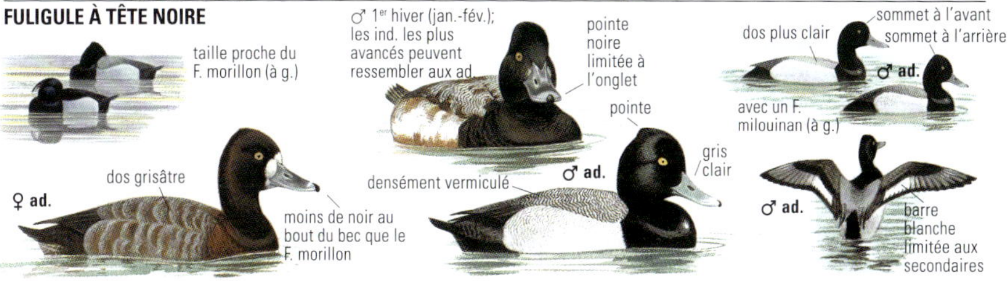

MACREUSE À BEC JAUNE

MACREUSE À AILES BLANCHES

FULIGULE À TÊTE ROUGE

FULIGULE À DOS BLANC

GARROT ALBÉOLE

HARLE COURONNÉ

TÉTRAS ET LAGOPÈDES : TÉTRAONINÉS

Oiseaux sédentaires, moyens et grands, trapus et puissants, des régions montagneuses et des grandes forêts de conifères. Narines emplumées ; doigts emplumés, totalement ou en partie, pas d'ergots. Ailes arrondies. Vol bruyant avec courtes séries de rapides coups d'ailes séparées par des planés. Principalement végétariens (plus insectes en été). Nid à terre. Petits nidifuges, capables de brefs vols dès l'âge de 1 à 2 semaines.

Lagopède des saules *Lagopus l. lagopus*

L 35-43 cm. Forêts boréales, surtout de bouleaux (mais aussi conifères et saules), ainsi que dans la toundra à saules, bouleaux nains, bruyères, etc. Sédentaire, mais en hiver souvent à plus basse altitude et sur des terrains plus abrités (bois de conifères et bois touffus de bouleaux).

CARACTÉRISTIQUES Les deux lagopèdes sont très semblables. Différences : voix, menus détails du plum., taille du bec et milieu. À l'exception du L. d'Écosse (v. ci-dessous), le L. des saules diffère des autres tétraoninés par ses ailes en grande partie blanches toute l'année. Les orteils emplumés et la queue courte sont d'autres caractères typiques. Plum. : en hiver, presque blanc ; en été, essentiellement brun avec nuance rousse, jaune ou grise. Sur le terrain, on peut distinguer trois plum. différents chez le ♂, et deux chez la ♀. – ♂ *ad. au printemps (mars-début juin) :* tête, cou et haut de la poitrine brun-roux foncé, presque uniformément sans barres visibles ; ventre blanc ; parties des flancs et dos blancs ; endroits blancs diminuant progressivement pour être remplacés par du brun. Dessus noir barré de brun. – ♂ *ad. en été (juin-sept.) :* acquiert progressivement des barres sur la tête, le cou et le haut de la poitrine et une coloration ocre et fauve, pas aussi rousse. – ♀ *ad. (jusqu'en sept.) :* comme en été, mais en moyenne un peu plus jaune brunâtre, moins teinté de roux, et nettes barres noires. Hiver (nov.-mars) : plum. revêtu lentement au début de septembre, presque totalement blanc (queue noire). Diffère du L. alpin par : lores toujours blancs, taille un peu supérieure (surtout chez le ♂) et, souvent, milieu différent puisque le L. des saules cherche abri en hiver dans les bois de bouleaux et de conifères en se rendant seulement rarement sur les pentes dénudées ou dans les saulaies. De près, on peut parfois noter le bec plus gros et les ongles plus clairs.

VOIX Cri habituel (faisant fonction de chant) émis par les coqs posés durant les nuits de printemps : série accélérée de caquètements sonores, nasillards et se répercutant, puis se terminant par un trille, *kok-kok-kok-ka-ka-ka-karrrrrr.* Autre cri parfois émis en vol : *kék-ké-kerrrrr-ké-kerr-éhé-éhé-éhé*, s'étouffant à la fin, souvent suivi ou prolongé par quelques *ko-vèh*. La ♀ émet un *nyak* (bien imité, peut attirer les ♂♂).

L. d'Écosse L. des saules

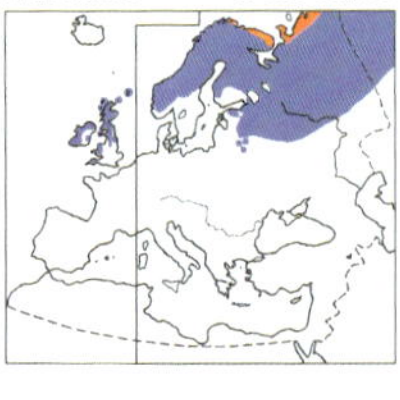

Lagopède alpin

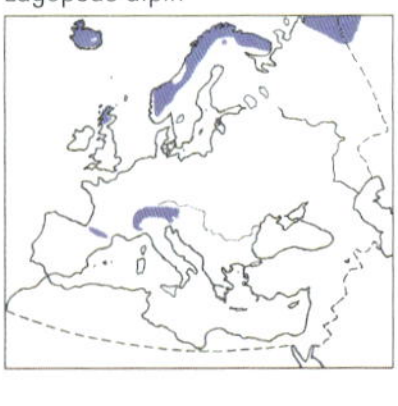

Lagopède d'Écosse *Lagopus lagopus scotica*

L 33-38 cm. Race localisée du L. des saules. Sédentaire dans les landes à bruyères et sur les pentes dénudées au nord et à l'ouest de la Grande-Bretagne et en Irlande.

CARACTÉRISTIQUES Comme le L. des saules dont il a à peu près la taille, la forme et les mœurs ; en diffère nettement par le plum. estival avec ailes sombres et non blanches et, surtout chez les ♂♂, par le plum. plus foncé ; différence frappante en hiver, le plum. ne devient pas blanc. En tous plum., brun foncé, nuancé de roussâtre, les ♂♂ toujours plus unis, plus foncés et roux plus foncé, et les ♀♀ plus claires et barrées de jaune brunâtre. Sexe des oiseaux isolés souvent difficile à déterminer.

VOIX Comme celle du L. des saules.

Lagopède alpin *Lagopus muta* NS3

L 31-35 cm. Pentes dénudées et toundra sur terrains pierreux découverts à végétation rare. Sédentaire mais observé parfois en hiver dans des milieux plus abrités, dans les saulaies et les bois clairs de bouleaux, à la limite supérieure des arbres.

CARACTÉRISTIQUES Un peu plus petit que le L. des saules (mais ceux du Svalbard sont bien plus grands), mais très similaire à celui-ci par la forme. Orteils emplumés. En hiver, presque tout blanc avec courte queue noire. En été, la coloration brune est plus nuancée de gris que de brun-roux, ce qui le rend assez caractéristique si on l'observe bien. – ♂ *ad. au printemps (mai-juin, parfois juil.) :* plumes de la tête, du cou, du haut de la poitrine et d'une partie des flancs et du dos gris-brun et chamois finement marquées de noir avec liserés blancs et barres noires ; de loin, tête et cou gris foncé (♂ du L. des saules à tête et poitrine presque uniformément brun-roux). Lores noirâtres. Ventre, ailes et parties des flancs blancs. – ♂ *ad. en été (juil.-sept. ; part. nov.) :* comme au printemps, mais gris plus clair. Taches noires éparses sur le dos, typiques. Lores bruns, légèrement tachetés de blanc. Plus clair que le L. des saules à la même saison et sans brun-roux. – ♀ *ad. printemps-été :* diffère du ♂ par des marques plus grossières et une nuance plus jaune ; brun foncé et noir avec barres et taches jaune beigeâtre et blanc sale. Lores très pâles. Différences avec le L. des saules : gorge et côtés de la tête un peu plus foncés et plus gris. – *Hiver :* plum. blanc à l'exception de la queue noire et des lores noirs chez les ♂♂ et une partie des ♀♀ ; la plupart de celles-ci ont les lores blancs et sont donc difficiles à distinguer du L. des saules en hiver. Noter, de près, le bec plus petit (et les ongles en général plus foncés). Habituellement en grandes bandes en hiver, qui se tiennent généralement sur des pentes dénudées ou dans les broussailles, plutôt qu'en forêt (à la différence du L. des saules).

VOIX Tous les cris assez semblables, rauques et étouffés ou ronflants. Un seul cri typique, au rythme caractéristique (comme un raclement de Sarcelle d'été), *arr-ourr-ka-karrr* (parfois seulement 2 ou 3 syllabes). Semble avoir une fonction de chant (mais parfois émis par la ♀), émis généralement sur le territoire au printemps. Pendant la parade de tout début de printemps, en vol, le ♂ redescend les ailes raides et caquette à terre *ahrrr… kaaka-ka-ka-ka.*

LAGOPÈDE DES SAULES

LAGOPÈDE D'ÉCOSSE

LAGOPÈDE ALPIN

DZ

Grand Tétras *Tetrao urogallus* NS3

L ♂ 74-90 cm (dont 25 cm env. pour la queue), ♀ 54-63 cm. Sédentaire ; vieilles forêts de conifères avec arbrisseaux à baies, mousses et quelques sapins ; évite les terrains découverts. Spectaculaire parade nuptiale collective en fin de printemps (début mai).

CARACTÉRISTIQUES Très grand et trapu. ♂ nettement plus grand que la ♀. S'envole à grand bruit d'ailes ; lors des vols plus longs, séries de battements d'ailes rapides entrecoupées de planés. – ♂ : en raison de la taille ne peut guère être confondu avec un autre tétraoniné. Queue assez longue (dressée et étalée en éventail lors de la parade) de même que le cou. Sombre. Bec fort, crochu et jaune. Tache ronde et blanche frappante au point d'attache de l'aile. Caractéristique en vol avec longue queue droite et long cou, épais et tendu en avant faisant paraître les ailes assez courtes. – ♀ : bien plus petite que le ♂, mais nettement plus grande que la ♀ du T. lyre. Malgré la différence de taille, on peut confondre les ♀♀ des deux tétras, étant donné que leurs milieux sont similaires et qu'elles sont brun barré de sombre. La ♀ de Grand Tétras se reconnaît à la gorge et au haut de la poitrine brun orangé clair et à une ligne de taches blanches plus nettes le long des scapulaires ; plum. généralement un peu plus clair et plus roussâtre, queue un peu plus longue, plus arrondie et un peu plus nuancée de rouille (la ♀ de T. lyre a souvent aussi une vague nuance roux-brun).

VOIX Lors du rassemblement pour la nuit, les ♂♂ émettent un *kokrerk-kourour* guttural et caverneux. Les ♀♀ appellent généralement (dans les arbres) par un gloussement lent et répété *grok*, plutôt au paroxysme de la parade. On entend le chant à l'aube, émis d'abord sur les arbres-dortoirs, puis à terre en groupes : un son double et sec qui va en s'accélérant, suivi d'un bruit de bouteille qu'on débouche et immédiatement ensuite un son fin et traînant ; lors de la parade à terre, ce chant est accompagné ou remplacé parfois par un bruit d'ailes. Le chant dure au total de 5 à 7 secondes et on l'entend seulement jusqu'à 200-300 m.

Tétras lyre *Tetrao* (= *Lyrurus*) *tetrix* NS3

L ♂ 49-58 cm (dont 15 cm env. pour la queue), ♀ 40-45 cm. Sédentaire ; milieux variés, des marais, tourbières d'altitude et coupes forestières aux landes et lisières des bois. Parade tôt au printemps avec de nombreux coqs en terrain découvert (tourbières, marais, clairières, lacs gelés). Les ♂♂ célibataires peuvent parader à la cime des arbres, même en été.

CARACTÉRISTIQUES Taille moyenne, petite tête et bec menu. Bruit d'ailes modéré à l'envol. Vol comme celui du Grand T., mais le T. lyre semble plus trapu. – ♂ : noir à reflet pourpré ; sous-caudales blanches (bien visibles durant la parade), de même que le dessous des ailes et des marques dessus. Caroncules rouges bien visibles. Particularité marquante : queue en forme de lyre, dressée et étalée pendant la parade, mais refermée en vol et paraissant alors seulement allongée. – ♀ : gris-brun barré de sombre y compris à la gorge et à la poitrine. Queue gris-brun souvent à vague nuance brun-roux (à un moindre degré que chez le Grand T.), à bout droit ou peu échancré. En vol, étroite barre alaire blanchâtre.

VOIX Les ♂♂ appellent par un caquètement rapide se terminant souvent par un son nasillard prolongé *kakakakakkaakè-ah*. Chant de parade audible de loin, prolongé et roucoulant *rrou-perré-ou-ouhr-rrouperrou*. Autre cri typique : *tyou-uch* prolongé et enroué.

Tétras du Caucase

Tetrao (= *Lyrurus*) *mlokosiewiczi*

L ♂ 50-55 cm (dont 18 cm env. pour la queue), ♀ 37-42 cm. Sédentaire dans le Caucase et le N-E de la Turquie, à la limite des arbres et dans les prairies alpines humides (1 500-3 000 m), à végétaux bas (rhododendrons) ; l'hiver, forêts plus basses.

CARACTÉRISTIQUES ♂ ressemblant à celui du T. lyre mais : queue plus longue et plus droite, fourchue mais pas autant en forme de lyre ; sous-caudales noires ; pas de bande alaire blanche. – ♀ : comme celle du T. lyre mais (de près) plum. plus gris, moins nuancé de rouille, plus longue queue, dessous plus finement barré et moins uniforme, moins de blanc aux sous-caudales, sourcil plus clair et joues plus sombres.

VOIX ♂ presque muet. Durant la parade, les ♂♂ font, en sautant, un bruit d'ailes sifflant, audible jusqu'à 150 m environ. La ♀ a un caquètement comme chez le T. lyre.

Gélinotte des bois *Bonasa* (= *Tetrastes*) *bonasia* NS3

L 34-39 cm. Sédentaire ; forêts de conifères de montagne (rarement dans les bois de feuillus), avec une prédilection pour les endroits humides à sous-bois touffu et à vieux sapins. Passe beaucoup de temps à terre dans les endroits broussailleux, mais fréquente longuement aussi les grosses branches d'arbres et s'y installe en hauteur. Difficile à observer : se tient bien cachée et ne tarde pas à s'envoler.

CARACTÉRISTIQUES Assez petite, à peu près de la taille d'une perdrix. Plum. à fins motifs, avec dessus gris, ailes brunes, et dessous blanchâtre à grosses taches brun foncé et rouille. – ♂ : courte huppe érectile. Bavette noire à bords blancs. Queue grise à large bande terminale noire. – ♀ : comme le ♂ mais huppe plus courte, gorge brune parsemée de blanc. Plum. plus terne et dessus moins gris pur.

VOIX Cri du ♂ inquiet *piih-tiititititit* liquide. Cri d'alarme *plitt* répété. Chant : série rythmique caractéristique de sons fins et aigus (de roitelet) *tsiii-u-iih-si-si-si-si-si*. Les derniers sons rapides et un peu descendants après une demi-pause. À l'envol, bruit d'ailes sonore et typique (souvent sans qu'on puisse voir l'oiseau), *burr, burr, burr*.

Grand Tétras

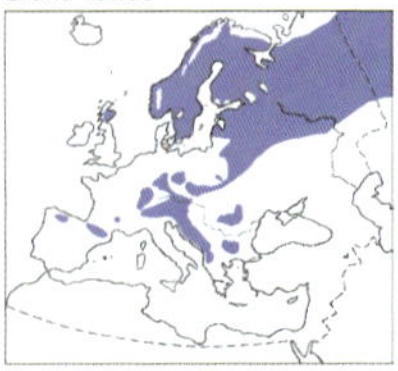

Tétras lyre

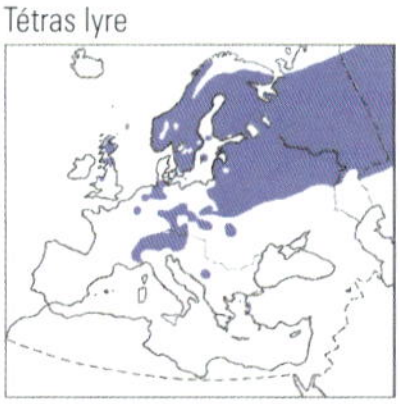

Tétras du Caucase

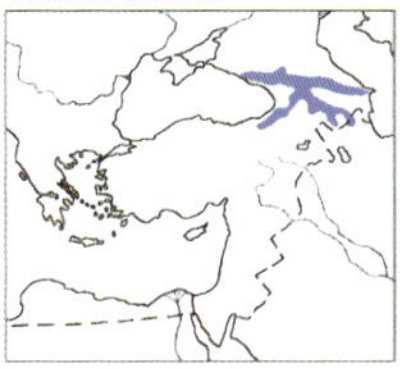

Gélinotte des bois

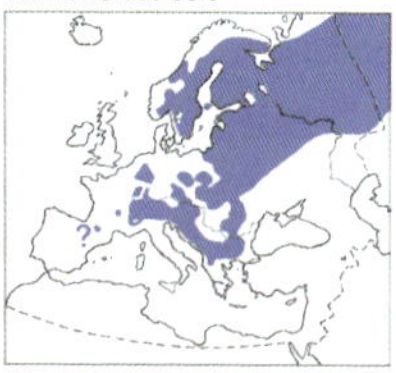

GRAND TÉTRAS

TÉTRAS LYRE

TÉTRAS DU CAUCASE

GÉLINOTTE DES BOIS

PERDRIX, CAILLES ET FAISANS : PHASIANINÉS

Groupe très hétérogène de gallinacés ayant généralement une prédilection pour les terrains découverts proches des bois. On les observe aussi bien dans les grandes plaines que sur les versants des montagnes, au-delà de la limite des arbres. Encore plus terrestres que les Tétraoninés ; courent rapidement et ne s'envolent qu'en cas de besoin. Narines nues. La plupart ont les tarses nus, et les ♂♂ de plusieurs espèces possèdent des ergots. Se nourrissent d'éléments végétaux et de petits insectes. Nid à terre.

Tétraogalle du Caucase *Tetraogallus caucasicus*

L 50-60 cm. Proche parent du Tétraogalle de Perse (v. ci-après). Endémique du Caucase. Versants rocheux dénudés avec blocs rocheux et touffes de végétation, entre 2 000 et 4 000 m (rarement observé plus bas, ou alors en hiver). Grégaire en dehors de la nidification, mais groupes restreints. Farouche, difficile à approcher ; ne tarde pas à s'envoler et disparaît derrière une arête ou court se cacher à plusieurs centaines de mètres. Végétarien.

CARACTÉRISTIQUES Grand et robuste. Assez grosse tête, gros cou, assez longue queue ; plum. à motifs complexes, gris, brun, blanc et noir, mais paraît principalement gris assez foncé de loin. Zone blanche au côté du cou, nuque lavée de roussâtre. Flancs virant au brun-roux, plum. très marqué de motifs noirs. Poitrine et manteau finement ondés de sombre. Large zone blanche sur l'aile (comme chez une outarde ; cas général des tétraogalles). Sexes semblables, mais la ♀ est un peu plus terne et sa nuque n'est pas aussi nettement brun-roux (pour les différences avec le T. de Perse, v. celui-ci). Gravit facilement les pentes abruptes, souvent la queue un peu dressée laissant voir les sous-caudales blanches ébouriffées. Envol vigoureux ; vole en alternant longs planés et brèves séries de battements. – *Juv.* : comme la ♀ mais plus terne, dessus sans brun-roux, flancs à motifs non contrastants.

VOIX En principe, comme les autres tétraogalles. Pour la description, voir le T. de Perse. Chant différant de celui du T. de Perse par le dernier son descendant.

Tétraogalle de Perse *Tetraogallus caspius*

L 56-63 cm. Très proche du T. du Caucase. Nicheur sporadique dans les montagnes de l'est de la Turquie (c'est alors l'espèce de Tétraogalle le plus en contact avec l'Europe) et en Arménie. Mœurs et habitat pour une grande part comme chez le T. du Caucase mais en moyenne à des altitudes un peu inférieures (1 800-3 000 m).

CARACTÉRISTIQUES Grand et robuste comme le T. du Caucase, ou même un peu plus grand. Plum. similaire, mais aspect général un peu plus pâle. Dans de bonnes conditions, noter : nuque à dominante grise, poitrine gris clair, finement ponctuée de sombre au centre, plus pâle que les flancs ; manteau et côtés de la poitrine gris uni ; petite tache brun-jaune en arrière de l'œil ; flancs plus brun-gris que brun-roux. Sexes semblables mais ♀ un peu plus petite et plus terne.

VOIX En vol, séries de caquètements sonores *tyok-ok -ok-ok*... Chœurs de gloussements étouffés *bouk-bouk-bouk* se transformant de temps à autre en trilles gargouillants terminés par un *knourr* ou *bouk-bouk-bou-bobo-brrrrrrr-vah*. Chant, tête rejetée en arrière, *sooo-luuu-dlu-iiih*, sonore et assez perçant, retentissant comme un sifflement en écho dans la montagne ; de loin, fait penser à l'appel du Courlis cendré ; presque uniquement à l'aube et tôt le matin.

Francolin noir *Francolinus francolinus*

L 33-36 cm. Sédentaire ; plaines arides à proximité de l'eau, de préférence dans les champs mais aussi dans les prés à herbe haute, dans les secteurs non exploités ; secteurs à tamaris et buissons des déserts. Terrestre, farouche et discret.

CARACTÉRISTIQUES À peu près de la taille de la Perdrix grise (mais corps un peu plus élancé). Souvent dressé (paraît assez grand). – ♂ *ad.* : caractéristique ; tête et poitrine noires, large collier brun-roux. Tache blanche à la joue, pointillé blanc au manteau et aux côtés de la poitrine. Ventre noir à chevrons blancs. – ♀ : bien plus sobre ; jaune brunâtre avec nets motifs sombres. Reconnaissable à la nuque brun-roux et aux rectrices barrées de noir.

VOIX Chant très caractéristique et qui révèle normalement la présence de l'oiseau ; émission heptasyllabique répétée constamment, selon un rythme particulier, haché et mécanique *kyèk-kiiik-ki-kii-ko-ki-kiik*, généralement à l'aube.

Francolin à double éperon *Francolinus (= Pternistis) bicalcaratus*

L 30-33 cm. Sédentaire (Maroc) ; rare et localisé (aire de répartition principale au sud du Sahara) ; forêts claires, pâturages, palmeraies, friches, franges buissonneuses des déserts, oueds avec végétation. Mœurs comme celles du F. noir. Farouche, difficile à voir (se cache promptement).

CARACTÉRISTIQUES De la taille d'une Perdrix gambra mais nuque et calotte roussâtres, queue brun uni, dessous fortement rayé de noir, front noir et sourcil blanc. Bec et pattes gris jaunâtre ou verdâtres. Sexes semblables (mais ♂ avec petits ergots supplémentaires).

VOIX Appel, un dissyllabe répété irrégulièrement *i-tèk*. Mieux reconnu au chant, émis généralement avant l'aube, depuis un poste élevé (arbre, rocher, colline, poteau), *kouarr-kouarr* répété et bas. Également un rude et discordant *krrrrr-krrrrr*.

Tétraogalle du Caucase

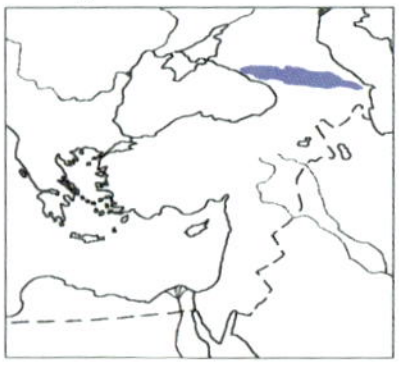

Tétraogalle de Perse

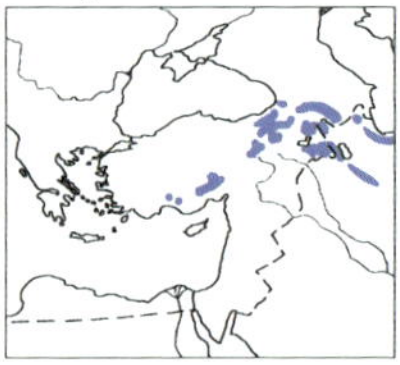

Francolin noir

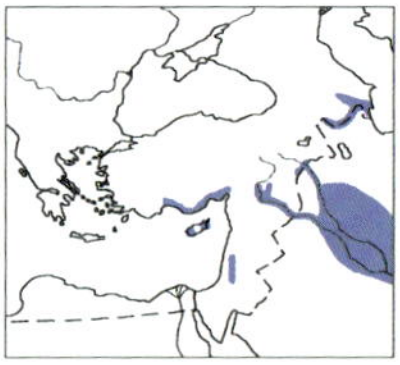

Francolin à double éperon

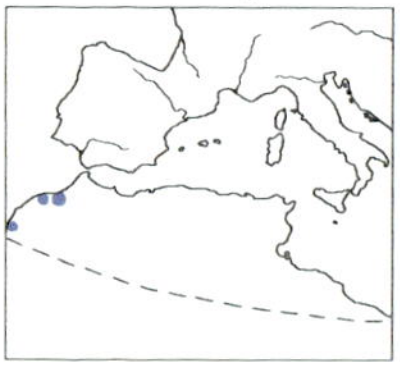

TÉTRAOGALLE DU CAUCASE

TÉTRAOGALLE DE PERSE

FRANCOLIN NOIR

FRANCOLIN À DOUBLE ÉPERON

Perdrix rouge *Alectoris rufa* NS5

L 32-35 cm. Surtout basses terres; milieux divers, pâturages, landes, vignes, terrains sablonneux ou caillouteux non cultivés à végétation basse, prés salés; parfois aussi en montagne, au-dessus de la limite des arbres. Sédentaire et grégaire, souvent en groupes (compagnies). Ne s'envole qu'en cas de nécessité, volant alors bas, avec de rapides coups d'ailes et des planés tendus.

CARACTÉRISTIQUES Proche des quatre espèces d'*Alectoris* de la région considérée. Assez facile à identifier : petite bavette blanche encadrée d'une bordure grossière, large et noire, s'éparpillant en nombreuses rayures noires sur la poitrine; moitié postérieure du cou brune (plus grise chez les 3 autres espèces). Comme la P. grise, coins de la queue brun-roux mais bas du dos, croupion et milieu de la queue gris.

VOIX Séries rythmiques et rauques. Cri territorial souvent le matin et le soir mais aussi en plein jour; commence par quelques gloussements unisyllabiques pour passer à un motif trisyllabique, les deux derniers sons enroués; parfois motif final pentasyllabique.

Perdrix bartavelle *Alectoris graeca* NS3

L 33-36 cm. Niche sur les versants pierreux, principalement au-dessus de la limite des arbres (également dans les clairières et parfois parmi les arbres clairsemés), souvent à 1 000-2 000 m d'altitude, de préférence où il y a de l'herbe, des arbustes et des buissons bas; évite les ubacs. Sédentaire et grégaire. Mœurs comme la P. rouge.

CARACTÉRISTIQUES Comme la P. choukar mais : bavette blanche; bavette nettement bordée de noir (sur une largeur variable au milieu de la poitrine; large dans les Alpes, étroite ou absente en Sicile); fin sourcil blanc, atteignant souvent le front; du noir à la base de la mandibule supérieure.

VOIX Cri territorial : séries non rythmiques de sons brefs, hachés et assez sonores, interrompus de temps à autre par une série de sons étranglés *tii-tyèk-pé-ti-tyèk tii-tyèk tiik tyik tii-tyèk tii-tyèk-tyèk-tyèk-tyèk, pé-ti-ti-tyèk tyik té.*

Perdrix gambra *Alectoris barbara*

L 32-35 cm. Milieux variés et à différentes altitudes, versants montagneux rocheux et arides (jusqu'à 3 000 m) parmi les rochers et les broussailles, forêts claires et clairières à plus basse altitude et jusqu'aux basses terres ouvertes et sèches. Présente aux Canaries; introduite sur Madère. Sédentaire et grégaire. Mœurs comme la P. rouge.

CARACTÉRISTIQUES Large collier brun-roux foncé parsemé de points blancs; bande brun-roux foncé au centre de la calotte; absence de bavette; à la place, du gris clair à la gorge et aux côtés de la tête avec un trait brun clair diffus à l'arrière des joues; épaules à motif gris-bleu clair et brun-roux.

VOIX Cri territorial souvent caractéristique avec de longues séries de sons brefs et complexes (parfois nettement dissyllabiques) interrompus de temps à autre par un son sourd et prolongé *tré tré tré tré tré tré tyèètyé tré tré tré tré tré* (comme une pierre rebondissant). Parfois cependant assez semblable au cri de la P. rouge avec des séries trisyllabiques *tra-tyé-tyé.* Également un *thuuih* montant.

Perdrix choukar *Alectoris chukar*

L 32-35 cm. Milieux similaires à ceux des espèces proches, mais aussi à plus basse altitude; terres cultivées et prairies dans les régions semi-désertiques et analogues; également dans les montagnes désertiques. S'est raréfiée en Europe. Semble plus farouche et difficile à voir que la P. bartavelle. Mœurs comme la P. rouge.

CARACTÉRISTIQUES Comme la P. bartavelle mais : bavette blanc jaunâtre; parfois quelques taches noires sur le bas de la bavette au milieu de la poitrine; sourcil large, pâle et diffus ne touchant pas le front; pas de noir à la base de la mandibule supérieure; trait brun derrière l'œil, dessus plus brunâtre.

VOIX Cri territorial variable, souvent des séries rythmiques et pressées, graves et confuses, entrecoupées d'une série de brefs sons aigus unisyllabiques *ga ga ga tya-tyakéra-tyakéra-tyakéra*… ; parfois de structure plus simple.

Perdrix de Hey *Ammoperdix heyi*

L 22-25 cm. Déserts montagneux, pentes rocheuses, oueds et milieux analogues avec accès à l'eau. Souvent facile à approcher. Mœurs à peu près similaires à celles des *Alectoris*.

CARACTÉRISTIQUES Comme une petite P. choukar pâle avec, comme celle-ci, les coins de la queue brun-roux. – ♂ : sable brun avec tête gris-bleu; lores et tache sur les joues blancs. Bec jaune orangé. Flancs à rayures sinueuses blanc, noir et brun. – ♀ : comme le ♂ mais plus terne et sans blanc à la tête. Bec jaune terne.

VOIX Chant : généralement, bref cri répété rapidement (1 à 2 fois par sec.) un peu descendant et se terminant brusquement *kuva-kuva-kuva*…, (de loin *voua-voua-voua*…).

Perdrix si-si *Ammoperdix griseogularis*

L 22-25 cm. Milieux similaires à ceux de l'espèce précédente, mais d'ordinaire en terrain plus plat et parfois aussi à des altitudes un peu plus élevées (jusqu'à 2 000 m).

CARACTÉRISTIQUES Ressemble à l'espèce précédente, mais le ♂ présente une bande noire au front qui se rétrécit vers l'arrière, au-dessus d'une petite tache blanche en arrière de l'œil. Côtés du cou gris finement pointillé de blanc. ♀ plus terne, similaire à celle de l'espèce précédente.

VOIX Sifflement répété (1 par sec.) montant, et rappelant, de loin, la Marouette ponctuée, *voït, voït, voït.*

Perdrix rouge Perdrix choukar

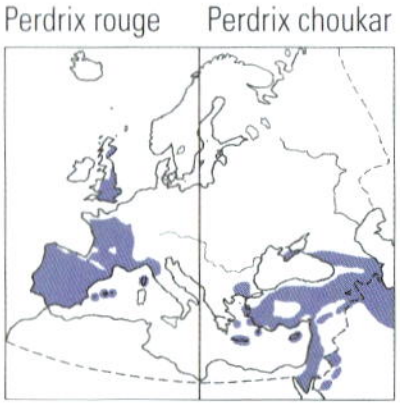

Perdrix bartavelle

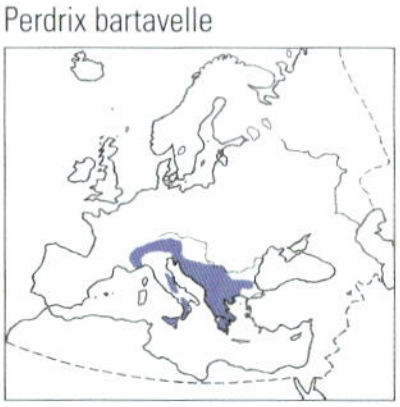

Perdrix gambra

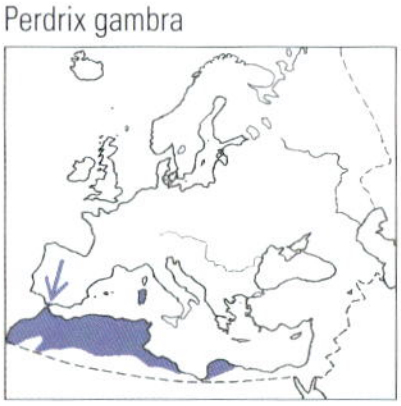

Perdrix de Hey

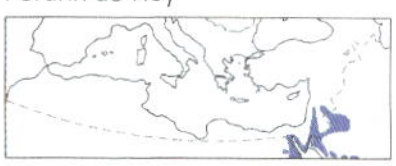

Perdrix si-si

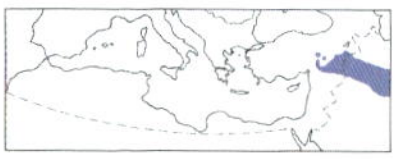

PERDRIX ROUGE

PERDRIX BARTAVELLE

PERDRIX GAMBRA

PERDRIX CHOUKAR

PERDRIX DE HEY

PERDRIX SI-SI

Perdrix grise *Perdix perdix* NS5

L 28-32 cm. Terres cultivées ouvertes et friches, coupées de haies et de tout ce qui offre des cachettes ; prairies. Sédentaire et grégaire. Terrestre. Troupes (compagnies) compactes. Irritable et méfiante. Marche ou sautille une grande partie du temps. Alim. : graines et feuilles. Nid à terre ; nichées importantes, de 10 à 20 petits.

CARACTÉRISTIQUES Trapue, corps rond et petite tête ronde. Souvent en bandes s'envolant d'un seul coup toutes à la fois, à grands cris, avec des séries de battements d'ailes rapides et bruyants et de brefs planés raides, à faible hauteur ; on peut juste percevoir qu'il s'agit d'oiseaux gris brunâtre avec du brun-roux à la queue. De plus près, « face » et gorge brun orangé, barres châtain foncé aux flancs, poitrine finement ciselée de gris cendré, et tache brun noirâtre en fer à cheval sur le ventre. Sexes semblables (♂ plus coloré et à motifs plus distincts). Tache ventrale des ♀ plus petite ou même insignifiante. – *Juv.* : jaune-brun et gris-brun ; pas d'orangé à la gorge ni de gris à la poitrine ni de tache ventrale sombre (rappelle plus un jeune faisan ou une caille subad. que la P. grise). Plum. ad. acquis en 2 mois à 3 mois 1/2.

VOIX À l'envol, brefs caquètements *prri-prri-prri…* vifs ou *rik-rik-rik…* Chant (des deux sexes) : un *kyerr-ik* répété plusieurs fois à longs intervalles, grinçant et perçant, souvent entendu au crépuscule ou de nuit.

Caille des blés *Coturnix coturnix* N4 / MC / HR

L 16-18 cm. Milieux ouverts ; champs cultivés, prés. Aime la chaleur. Hiverne en Afrique. Plus ou moins abondante selon les années. Chante à partir de mai. Nid à terre, souvent dans les cultures avant la moisson. Nichées de 13 à 18 petits.

CARACTÉRISTIQUES Souvent entendue mais très rarement vue ; se tient bien cachée et ne vole pas volontiers de jour. Assez petite, à peine grosse comme un poussin de faisan, dont elle se rapproche par le plum. : ocre brunâtre clair avec motif brun foncé dessus et aux flancs. ♂ avec milieu de la gorge noir (sur une surface variable, souvent seulement une bande floue – identification meilleure de face) ; cet endroit blanc sale chez la ♀. Ailes très longues pour un gallinacé (caractère lié aux habitudes migratrices) ; coups d'ailes rapides, trajectoire basse et droite ; redescend rapidement se cacher.

VOIX À l'envol, doux et roucoulant *vruu*. Surtout au crépuscule et à l'aube (mais également à d'autres moments de la journée), phrase trisyllabique rythmée, répétée 3 à 8 fois rapidement (à raison d'une par seconde), *paye tes dettes*, accentuée sur la première et la dernière syllabe, les deux dernières rapprochées ; de près, on entend un son secondaire, guttural et mécanique (évoquant la Marouette ponctuée) ; parfois aussi quelques *mao-ouao* étouffés, nasillards et grinçants en introduction.

Turnix mugissant *Turnix sylvaticus*

L 15-17 cm. L'une des espèces les moins bien connues de la zone couverte par l'ouvrage. A disparu d'Europe, très rare au Maroc (répandu en Afrique subsaharienne). Associé aux limicoles mais placé ici en raison de sa ressemblance avec la caille. Habite généralement les terrains arides à palmiers nains, asphodèles, etc. Également champs de citrouilles en friche. Sédentaire. Inversion des rôles des sexes. Nid à terre. Longue saison de nidification, d'avril à septembre.

CARACTÉRISTIQUES Très rarement observé ; généralement décelé à la voix. Difficile à voir plus d'une seule fois. Tout petit, à courte queue. Brun dessus et blanchâtre dessous, avec zone orangée à la poitrine et taches noires aux côtés de la poitrine. ♀ plus colorée et un peu plus grande que le ♂. Envol avec grand bruit d'ailes, lesquelles sont courtes et arrondies à la différence de la Caille des blés. Après s'être posé, reste pendant un moment dressé de façon typique, les ailes ouvertes. Couv. sus-alaires brun jaunâtre, contrastant avec les rémiges sombres.

VOIX Cri territorial de la ♀ bas, grognement d'une seconde, répété plusieurs fois à intervalles de 2 à 3 secondes, *hou… hou…*, chaque son montant un peu en volume au début. Surtout au crépuscule et à l'aube.

Râle des genêts *Crex crex* N2 / MO / HO

L 22-25 cm. Pas aussi inféodé aux régions marécageuses que les autres rallidés. Niche dans les prairies humides autour des étangs de plaine, dans les pâturages gras et les champs non moissonnés (est souvent chassé par la moisson) proches d'étangs et de lieux non drainés à végétation haute. Se raréfie. Visiteur d'été (mai à septembre). Hiverne en Afrique orientale.

CARACTÉRISTIQUES Moitié moins grand que la Perdrix grise et nettement plus élancé ; silhouette similaire à celle du Râle d'eau (également à assez long cou et corps arrondi), mais bec court et obtus. Plum. brun-jaune grisâtre avec trait sourcilier gris-bleu et du gris aux côtés de la poitrine (gris moins net chez la fem.) ; dessus bien marqué de sombre. En vol, plage alaire brun-roux, pattes dépassant, légèrement pendantes.

VOIX Cri de parade du crépuscule à l'aube (parfois même brièvement pendant la journée), *krrr-krrr* guttural et claironnant, mécanique, répété durant des heures, avec seulement de brèves pauses. Par ailleurs assez silencieux.

Perdrix grise
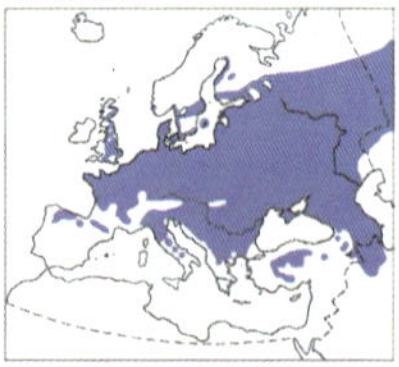

Caille des blés
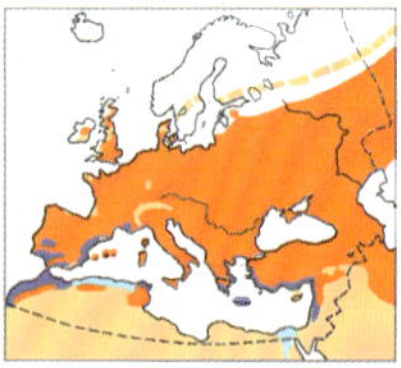

Turnix mugissant

Râle des genêts
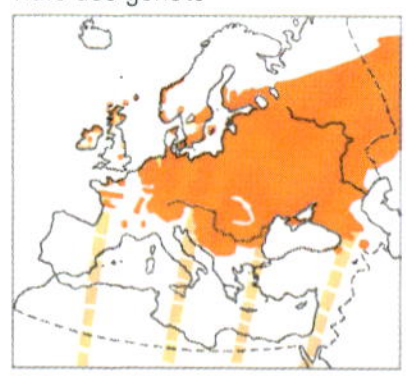

PERDRIX GRISE

CAILLE DES BLÉS

TURNIX MUGISSANT

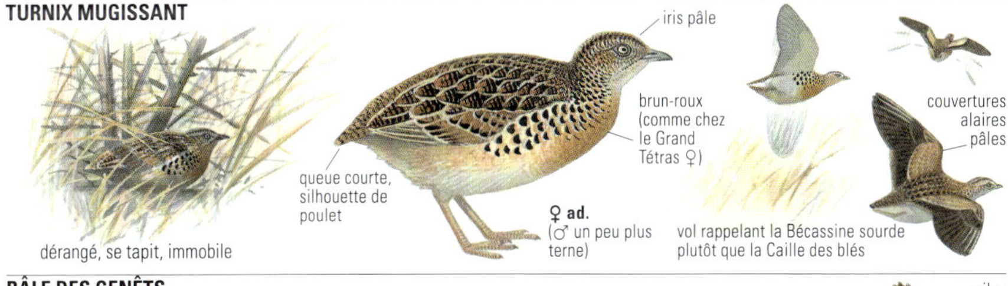

RÂLE DES GENÊTS

DZ

Faisan de Colchide *Phasianus colchicus* NS5
L ♂ 70-90 cm (dont 35-45 cm env. pour la queue), ♀ 55-70 cm (dont 20-25 cm pour la queue). Acclimaté en Europe ; populations sauvages à l'est de la mer Noire et dans le Caucase, et plus à l'est jusqu'en Chine. Terres cultivées avec abris sous forme de boqueteaux à sous-bois dense, grands buissons, plantations de conifères ; parcs et grands jardins. Sédentaire. Passe la nuit sur les arbres, parfois dans les roseaux. Alim. : éléments végétaux, insectes, etc. Nid à terre.
CARACTÉRISTIQUES – ♂ *ad.* : ne peut être confondu. Longue queue brune à barres sombres. Tête sombre à reflets vert noirâtre et violacés, côtés de la tête nus, verruqueux et rouges. En Europe occidentale, il ne s'agit habituellement pas de races pures (*torquatus* de Chine ; *colchicus* notamment du Caucase). – ♀ : beige ocré avec chevrons sombres et centre des plumes également foncé ; aspect très discret mais longue queue typique de faisan. V. aussi les autres espèces de faisans.
VOIX Cri d'alarme, souvent à l'envol, série de sons dissyllabiques rauques et sonores (le premier accentué) *ku-tuk, ku-tuk, ku-tuk*… souvent d'intensité croissante. « Chant » du ♂ : cri double, sonore et rauque, un peu comme une forte toux, le plus souvent suivi d'un bref et bruyant vrombissement d'ailes : *kouhrk-kouk (brrrr)*. Le coq répète cette séquence avec de longues pauses (1 à 15 minutes) d'un endroit bien visible, à terre, sur une souche, un poteau, etc.

Faisan doré *Chrysolophus pictus*
L ♂ 90-105 cm (dont 60-70 cm env. pour la queue), ♀ 60-80 cm (dont 30-35 cm env. pour la queue). Niche à l'état sauvage dans les montagnes du centre de la Chine. Acclimaté en Grande-Bretagne depuis la fin du XIXe siècle ; populations férales (au sud et à l'est de l'Angleterre ; jeunes plantations de mélèzes et de pins, forêts mixtes à sous-bois touffu). Proche parent du F. de Lady Amherst (v. plus loin)
CARACTÉRISTIQUES – ♂ *ad.* : ne peut être confondu. Malgré le rouge vif du dessous du corps et des sus-caudales, et le jaune de la calotte et du dos, le coq passe souvent inaperçu car il se cache dans la végétation. Le camail jaune orangé peut se dresser en éventail lors de la parade nuptiale. – ♀ : comme la ♀ de F. de Colchide, mais à queue proportionnellement plus longue et à pattes plus fines. Les ♀ des F. doré et de Lady Amherst diffèrent des autres espèces de faisans par leur plum. légèrement plus foncé et barré de sombre ainsi que par leur nuque plus touffue. La ♀ de la présente espèce diffère de celle du F. de Lady Amherst par le front et l'avant de la calotte plus pâles, à fond jaune brunâtre, la peau chair jaunâtre peu apparente autour des yeux, les pattes jaunâtres, le ventre barré, et les barres un peu moins nettes à la queue.
VOIX Chant des ♂♂ : *èhk* ou *èh-èhk* rude et pressé (avec, quand il y en a une, la seconde syllabe un ton plus haut), habituellement émis au printemps ; cri territorial habituel des faisans sur un ton plus élevé. Par ailleurs assez silencieux.

Faisan de Lady Amherst *Chrysolophus amherstiae*
L ♂ 105-120 cm (dont 75-90 cm env. pour la queue), ♀ 60-80 cm (dont 25-30 cm env. pour la queue). À l'état sauvage, montagnes boisées du sud-ouest de l'Asie orientale. Acclimaté en Grande-Bretagne au XXe siècle ; une petite population férale a survécu jusqu'au début du XXIe siècle en certains endroits du sud de l'Angleterre, où on le trouvait dans les forêts et les boqueteaux à sous-bois touffu. Proche parent du F. doré, les deux espèces donnaient régulièrement des hybrides en Angleterre.
CARACTÉRISTIQUES – ♂ *ad.* : ne peut être confondu, plum. quadricolore. Plumes du camail larges et blanches à bout noir (à reflet bleu à la nuque selon certains angles) et pendant normalement en une coiffe blanc argenté, pouvant se lever en éventail durant la parade nuptiale ; parade par ailleurs comme chez le F. doré. Très longue queue blanc grisâtre à dessin en arête de poisson. – ♀ : comme celle du F. de Colchide mais plus foncée, et barrée de sombre. Très semblable à la ♀ du F. doré, mais en diffère par le front, la calotte et l'avant du cou, brun-roux plus foncé, le pourtour des yeux très nettement gris plus clair, les pattes grises, le ventre non barré, et les barres plus nettes de la queue.
VOIX Chant, au crépuscule, *èèhk-èk-èk*, comme chez le F. doré mais deuxième son doublé.

Pintade de Numidie *Numida meleagris*
L 58-68 cm. Sans doute éteinte au Maroc, dernier endroit où subsistait une population nord-africaine autrefois florissante. (Acclimatée et domestiquée, notamment en France.) Paysages de type savanes les plus arides, avec buissons et arbres épars, ainsi que cultures avec boqueteaux et broussailles où se cacher ; évite déserts et lieux humides. Grégaire ; généralement en bandes (de taille variable, souvent de 25 environ). Passe la nuit comme les faisans dans les arbres, et fait également la sieste à leur abri. Sédentaire. Alim. : éléments végétaux dominants, quelques insectes.
CARACTÉRISTIQUES À peu près de la taille d'une poule. Corps trapu et ramassé. Cou étroit, petite tête, larges ailes arrondies, queue courte et pattes assez longues. Plum. gris à nuance lilas parsemé de points blancs. Tête remarquable : crête brunâtre ; nuque blanc bleuâtre ; peau rouge sur les côtés et au front. Gris noirâtre en haut du cou, et plum. épars et irrégulier à la nuque et à l'arrière du cou. Sexes semblables. Dérangées, les bandes courent rapidement à l'abri, en étirant le cou. – *Juv.* : gris brunâtre avec points clairs. Motifs à la tête à peu près comme chez la ♀.
VOIX Importante variabilité. La ♀ émet notamment un *ka-bak*. D'autres cris sont des séries de durs *tek-tek-tek*, parfois accompagnés d'un cri fortement roulé *tk-trrrrrrrrr-tk-tk-tk*, puis d'un plaintif *tyé-tiih-tyé-tiih*.

Faisan de Colchide
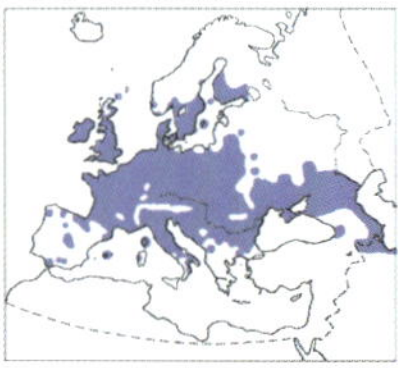

Faisan doré

Faisan de Lady Amherst

FAISAN DE COLCHIDE

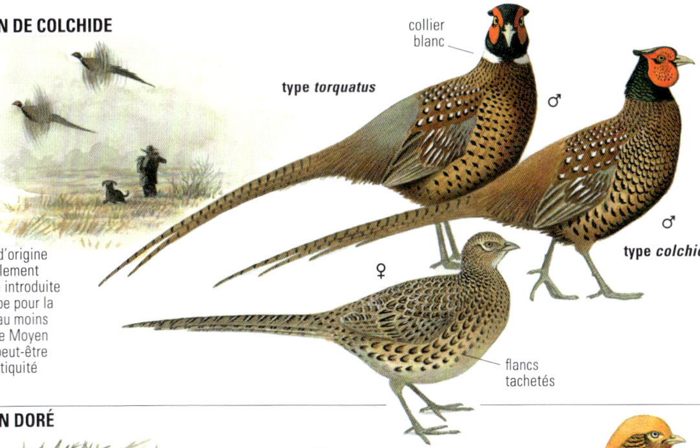

variabilité géographique complexe, renforcée en Europe du fait de l'introduction d'ind. issus du croisement de plusieurs races

espèce d'origine principalement chinoise introduite en Europe pour la chasse au moins depuis le Moyen Âge et peut-être dès l'Antiquité

FAISAN DORÉ

se réfugie rapidement à couvert

ne peut être confondu

FAISAN DE LADY AMHERST

ne peut être confondu

PINTADE DE NUMIDIE

sociable, vit habituellement en groupes familiaux ou, parfois, en plus grandes bandes

dans le S. de l'Europe, est souvent implantée la race d'Afrique centrale

DZ

PLONGEONS : GAVIIDÉS

Quatre espèces régulières, toutes assez grandes. Les plongeons nagent souvent bas sur l'eau (comme les cormorans, à la différence des canards), mais flottent plus haut au repos et quand ils se toilettent. Corps élancé et long cou. Pattes placées loin en arrière, rendant la marche difficile. Diffèrent des cormorans par la silhouette, la forme du bec et le « manque » de queue, des grèbes par une taille supérieure et un cou plus trapu, et des harles par la forme du bec et un cou plus long. Se nourrissent (principalement de poissons) en plongeant sous l'eau durant une minute ou plus, parcourant parfois d'assez longues distances. Plongent souvent après avoir longuement guetté, l'avant de la tête enfoncé dans l'eau. Immersion fluide et progressive (non précédée d'un saut brusque, comme souvent chez les cormorans). Nichent surtout près des mares et des étangs des forêts et de la toundra. Nid à terre, près de l'eau. En hiver sur les côtes, dans les baies, quelquefois sur les lacs et étangs. Se rassemblent parfois en groupes lâches mais sont le plus souvent isolés ou en petit nombre. Migrent (en avril-juin et sept.-nov.), seuls ou en petites bandes, volant toujours un peu dispersés, jamais regroupés (comme les canards et les cormorans). Se déplacent souvent à bonne hauteur par vent faible ou arrière, avec des battements continus et selon une trajectoire directe.

DÉTERMINATION DES PLONGEONS

Les Plongeons présentent un plumage nuptial caractéristique qui permet de différencier facilement les espèces. Les plumages juvénile et internuptial sont plus difficiles à différencier, mais la détermination de l'espèce et de l'âge sont possibles à distance raisonnable. On cherchera à voir certains détails caractéristiques : le plus souvent, la taille, la forme du bec et sa couleur, les dessins exacts et la répartition des parties sombres et pâles sur la tête et le cou (souvent plus facile à apprécier de loin que la taille et les détails du bec) ainsi que l'aspect des plumes – le cas échéant – sur le dos.

La détermination de l'espèce en vol est bien plus difficile. Il faut beaucoup d'expérience pour bien estimer la taille, la forme (notamment la grosseur du cou, la « gibbosité » du dos et la projection des pattes) ainsi que l'ampleur et la vitesse des battements d'ailes (qui varient quelque peu avec la force du vent et sa direction relative). À plus courte distance, on tâchera de déterminer la forme et la taille du bec ainsi que la répartition des parties claires et foncées sur la tête et le cou, détails qui permettent souvent de préciser l'espèce. V. les Plongeons en vol p. 62.

Plongeon catmarin *Gavia stellata* HC

L. 55-67 cm (plus env. 7 cm pour les pattes). E. 91-110 cm. Plongeon le plus commun dans la plupart de la zone considérée. Petites pièces d'eau de la toundra ou des tourbières de la taïga (va pêcher sur des lacs ou la côte). Au passage et en hiver, côtes (surtout), lacs et étangs.

CARACTÉRISTIQUES Le plus petit plongeon (mais guère moins grand que le P. arctique). Bec retroussé à culmen droit, et tenu un peu relevé. Front fuyant, angle entre calotte et nuque assez aigu. Habituellement plat de la poitrine (parfois utile à distance ; le P. arctique a une poitrine plus bombée). En vol : cou un peu plus étroit que chez le P. arctique, plus incurvé, donnant un aspect bossu, bec souvent un peu levé ; pattes normalement peu saillantes, ce qui place les ailes en arrière du « centre de gravité » (chez certains, les pattes dépassent plus, comme chez le P. arctique) ; coups d'ailes un peu plus amples et rapides que ceux du P. arctique ; a pour habitude de lever et d'abaisser la tête comme pour tester sa vue, à la façon des hiboux (pratique assez rare chez le P. arctique). – *Ad. nuptial :* tache rousse au cou, sombre, paraissant noire de loin (à distance, mieux vaut noter la pâleur du menton et le dessus uniforme). – *Ad. internuptial :* côté du cou blanc sur un peu plus de la moitié, même en vol (P. arctique : moitié-moitié) ; de derrière, du blanc visible sur les côtés du cou (arrière du cou normalement tout sombre chez le P. arctique). Œil entouré d'un peu de blanc (surtout en avant). Dos moucheté de blanc. Flanc habituellement pâle tout le long de la ligne de flottaison. – *Juv. :* (plum. normalement conservé jusqu'au milieu de l'hiver et, pour partie, jusqu'au printemps) comme l'ad. internuptial, mais zones blanches de la tête et du cou finement striées de gris, et mouchetures pâles du dessus plus grises. – *1er été :* plum. nuptial incomplet. Souvent deux bandes sombres à l'avant du cou.

VOIX Caquètement sonore et monotone en vol *couac-couac-couac*. Chant : duo sonore entre ♂ et ♀. Certains cris un peu plus brefs rappelant un glapissement de renard. Silencieux en hiver.

PLONGEON CATMARIN

PLONGEON ARCTIQUE

Plongeon arctique *Gavia arctica* HC
L. 63-75 cm (plus env. 10 cm pour les pattes). E. 100-122 cm (jusqu'à 127 cm). Niche sur les lacs (ou au bord des baies sans marées). Nid sur un îlot proche du bord. Souvent grégaire en hiver (côtes, parfois lacs et étangs).

CARACTÉRISTIQUES Un peu plus grand qu'un Canard colvert (mais plus élancé). (Quelques grands ad. égalent les plus petits P. imbrins.) Bec en poignard avec culmen légèrement convexe, plus faible que chez le P. imbrin, tenu presque horizontalement (P. catmarin : nettement dirigé vers le haut). Front souvent abrupt, profil de la nuque légèrement arrondi. Cou trapu avec passage à la tête insensible. Poitrine le plus souvent saillante à hauteur de la ligne de flottaison (celle du P. catmarin est plus plate). En vol : cou un peu plus épais que chez le P. catmarin, tenu plus horizontal, de même que le bec ; les grosses pattes dépassent nettement, de sorte que les ailes se trouvent plus près du centre de gravité que chez le P. catmarin ; en général, battements d'ailes plus amples et plus calmes que chez le P. catmarin (mais dépendent du vent et même de la taille des ind. ; les petits rappellent plus le P. catmarin, et les grands le P. imbrin). – *Ad. nuptial :* calotte et arrière du cou gris clair velouté, gorge et avant du cou noirs. Dessus du corps avec de grandes zones de taches blanches. – *Ad. internuptial :* au moins la moitié du côté du cou sombre de profil, visible même en vol, et limite entre l'arrière du cou gris et son avant blanc souvent accentuée par un bord sombre. Habituellement, absence de blanc autour de l'œil (mais certains P. catmarins juv. presque sans blanc). Sur l'eau, présente souvent une nette tache blanche à l'arrière à la ligne de flottaison. Dessus gris foncé uni. – *Juv. :* comme l'ad. internuptial mais liserés pâles des plumes du dessus formant un net motif écailleux (sur fond plus pâle et plus brun), pointe du bec moins noirâtre. – *1er été :* plum. nuptial incomplet.

VOIX Dur et grinçant *knar-knor* et *aaa-o* prolongé (comme un goéland) sur le territoire, souvent de nuit. Chant fort et « désolé », *klooui-ko-klooui-ko…* En vol, habituellement muet. Silencieux en hiver.

Plongeon catmarin

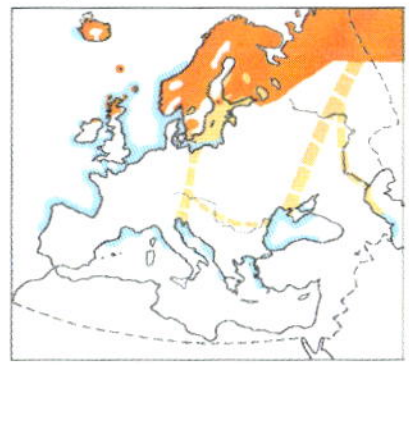

Plongeon arctique

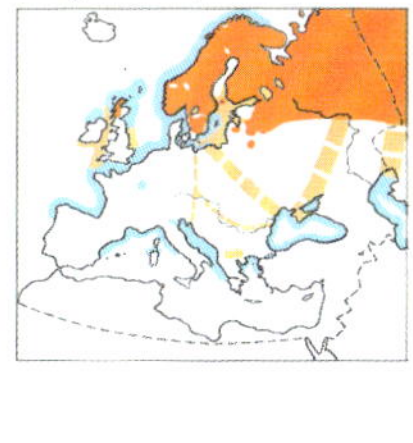

Plongeon imbrin *Gavia immer* HC

L. 73-88 cm (plus env. 13 cm pour les pattes). E. 122-148 cm. Grands lacs des forêts et de la toundra. Env. 300 couples en Islande (aire de répartition principale en Amérique du Nord). Au passage et en hiver, surtout le long des côtes.

CARACTÉRISTIQUES Grand et fortement charpenté, à peu près comme un Grand Cormoran ; taille assez variable (les plus petits égalent les grands P. arctiques, les plus grands, le P. à bec blanc). Sur l'eau : bec fort, horizontal, grosse tête et, chez la plupart, cou assez épais ; front abrupt, pouvant présenter une protubérance faisant paraître la calotte concave. Lorsque l'oiseau flotte haut, on aperçoit habituellement une bande pâle (légèrement marbrée) tout le long de la ligne de flottaison (comme chez le P. catmarin). En vol : gros cou horizontal, grosses pattes saillantes (grosseur souvent accentuée par le déploiement des doigts) ; battements d'ailes plutôt calmes, avec souplesse de la main parfois caractéristique (mais ceci se retrouve chez les grands P. arctiques) ; corpulence et grosseur du bec parfois évidentes. – *Ad. nuptial :* tête toute noire, dos avec « échiquier » blanc, bande transversale blanche (rayée de noir) au côté du cou. – *Ad. internuptial :* bec tenu presque horizontal, grisâtre bleuté avec la pointe et le culmen sombres. Noter la répartition du pâle et du sombre à la tête et au cou ; cercle oculaire clair, limite assez nette entre l'arrière du cou sombre et le devant blanc, demi-collier noirâtre au côté du cou, mis en valeur par l'indentation blanche le surmontant. Contraste entre l'arrière du cou sombre et le dos plus clair. N'a pas le motif écailleux du juv. dessus, mais conserve des petites couv. alaires nuptiales vaguement tachées de blanc (visibles de près). – *Juv. :* comme l'ad. internuptial, mais net pattern écailleux pâle sur le dessus (de loin, dessus semblant donc en général plus clair que chez le P. arctique juv.). Pas de mouchetures blanches aux couv. alaires ; cercle oculaire moins net. – *1er été :* conserve l'aspect juv. – *2e hiver :* comme l'ad. internuptial mais dessus souvent un peu plus sombre et pointe du bec plus claire ; pas de mouchetures blanches aux petites couv. alaires.

VOIX Cri de contact/inquiétude fréquent : étrange rire chevrotant et aigu, répété *hou-yiyiyiyiya*, avec première note plus grave. Chant : plainte sonore dont la structure rappelle celle du P. arctique, *aa-ouh… ouii oui-a ouii oui-a ouii oui-a*.

Plongeon à bec blanc *Gavia adamsii* HO

L 77-90 cm (plus env. 14 cm pour les pattes). E 135-150 cm. Côtes arctiques de Russie ; hiverne çà et là sur les côtes nord de Norvège, rarement en mer du Nord et sur la Baltique.

CARACTÉRISTIQUES Généralement un peu plus grand que le P. imbrin. Bec le plus souvent nettement dirigé vers le haut ; culmen très droit et gonys nettement anguleux, d'où l'effet nettement retroussé. Pointe du bec et partie distale du culmen toujours pâles. Cou épais (tête et cou de même épaisseur). Le bec pâle contraste sur fond sombre, mais peut n'être pas visible sur fond clair (ou de loin). En vol, silhouette plus grande et plus trapue que chez le P. imbrin, rendant taille et battements d'ailes davantage différents de ceux du P. arctique. – *Ad. nuptial :* tout le bec ivoire ou blanc jaunâtre (tout noir chez le P. imbrin mais peut paraître pâle au soleil ou avoir, rarement, une pointe blanchâtre). Taches blanches du dos plus grandes et moins nombreuses que chez le P. imbrin, marque blanche au cou plus large. – *Ad. internuptial :* bec moins jaune, souvent à base grisâtre, surtout le long du culmen (parfois jusqu'aux 2/3 de la longueur). Tête et arrière du cou gris-brun plus clair et gorge/avant du cou pâles, plus brunâtres que chez le P. imbrin (chez qui le noir grisâtre et le blanc s'opposent plus) ; teinte plus claire autour des yeux et aux côtés de la nuque, en arrière des parotiques (le P. imbrin décoloré en fin d'hiver peut approcher l'aspect du P. à bec blanc sans en avoir toutefois la pâleur). Nombre de couv. alaires nuptiales conservées portent de plus grandes taches blanches (donc plus faciles à distinguer) que chez le P. imbrin.

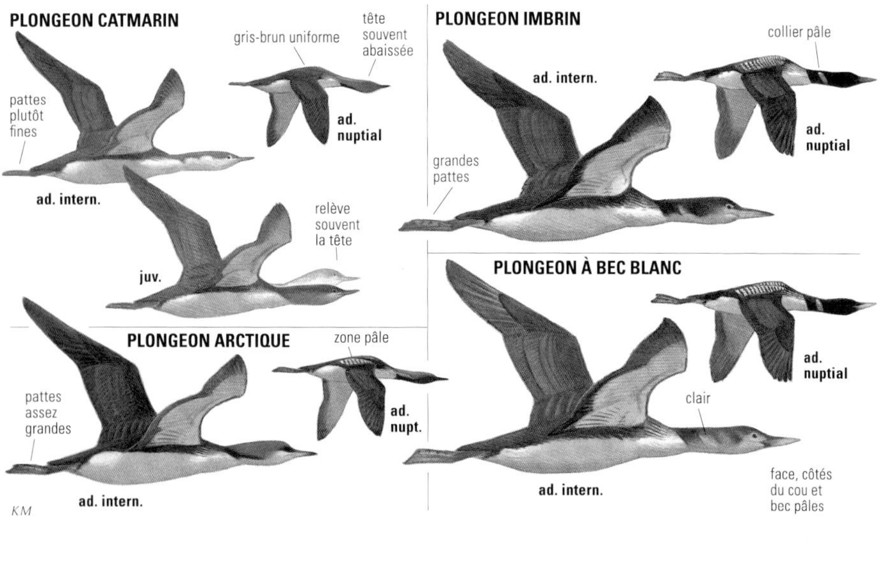

PLONGEON IMBRIN

PLONGEON À BEC BLANC

KM

– *Juv. :* dessus à net motif écailleux ; impression de pâleur. Forme du bec moins typique que par la suite. – *1er été :* comme le juv. – *2e hiver :* dessus sombre. Couv. alaires sans taches blanches. – *2e été :* entre ad. et juv. Qques taches blanches dessus ; tête et cou (même le devant) gris fuligineux presque uniforme (sans la marque blanche des ad.).

VOIX Analogue à celle du P. imbrin.

Plongeon imbrin

Plongeon à bec blanc

GRÈBES : PODICIPÉDIDÉS

Plongeurs aux pattes situées loin en arrière afin de faciliter la propulsion. Rarement à terre. Doigts lobés. Volent souvent tout près de la surface de l'eau (v. p. 66) ; petites ailes. Se nourrissent de petits poissons, d'insectes et de végétaux aquatiques. Nid flottant. Cinq espèces nicheuses et une occasionnelle américaine.

Grèbe esclavon *Podiceps auritus* MR / HR

L 31-38 cm. E 46-55 cm. Pièces d'eau à végétation fournie, peu profondes ; tolère des mares avec peu d'eau libre si elles ne s'assèchent pas en été ; également sur les pièces d'eau libres de végétation des hauteurs, au nord de la Fennoscandie. Hiverne le long des côtes (surtout celles d'Europe occidentale), sur les lacs et étangs.

CARACTÉRISTIQUES Assez petit, à peu près de la taille d'une sarcelle. Assez long cou, calotte plate anguleuse à l'arrière, tête aplatie vue de devant et corps allongé rappellent (en plus petit) plus le G. huppé que le G. castagneux. L'arrière n'est pas aussi « tronqué » que chez le G. à cou noir. Bec droit et court, à pointe souvent claire. En vol, petite tache blanche à l'épaule et barre blanche seulement aux rémiges secondaires. Le vol rappelle un peu celui des alcidés ; trajectoire hésitante ; les migrateurs lèvent la tête en volant (les pattes aussi parfois) brièvement (ou plus longtemps). – *Ad. nuptial :* confusion impossible mais en plum. de transition, les joues en partie sombres peuvent rappeler le G. à cou noir internuptial ; de loin, le cou brun-rouge peut paraître noir. – *Ad. internuptial :* tête à net pattern noir et blanc ; calotte noire tranchant sur les joues blanches avec limite inférieure bien droite passant par l'œil (sans englober celui-ci ni descendre au niveau des parotiques) et très faible rentrant blanc à l'arrière de la calotte. De face, calotte semblable à un béret avancé sur le front ; de dos, très mince ligne médiane sombre à l'arrière du cou, entre les « joues » blanches ; bande grisâtre en travers du haut du cou, parfois large (comme chez le G. à cou noir). De près, petite tache claire aux lores. – *Juv. :* comme l'ad. internuptial, mais bande grisâtre à la joue, dessus un peu plus brun et zone pâle plus étendue à la base du bec. Remarque : certains ind. sont moins typiques et, de loin ou sous lumière vive, le G. à cou noir peut présenter un pattern noir et blanc à la tête plus net qu'à l'habitude.

VOIX Le plus souvent, cri faible mais portant loin, tremblant ou roulé, allant vers le grave. Pendant la parade, trille plaintif et rythmé, avec séquences de rapides sons devenant des hennissements decrescendo s'achevant sur un son nasal prolongé. Silencieux en hiver.

Grèbe à cou noir *Podiceps nigricollis* N3 / MC / HC

L 28-34 cm. Souvent en petites colonies, sur les lacs et étangs à végétation riche et eau peu profonde, souvent en compagnie de la Mouette rieuse ou de la Guifette noire. Apprécie la présence de zones d'eau libre assez étendues. Hiverne (ouest et sud de l'Europe) le long des côtes, sur les lacs et étangs.

CARACTÉRISTIQUES Un peu plus petit que le G. esclavon ; plus élégant, cou plus mince. Corps dodu et arrière souvent nettement tronqué le faisant ressembler au G. castagneux. Front abrupt et calotte arrondie ou proéminente au-dessus des yeux. Bec menu, retroussé et pointu (forme visible d'assez loin). En vol, miroir blanc des secondaires s'étendant aux primaires internes (pas de tache blanche à l'épaule). – *Ad. nuptial :* ne peut être confondu ; plumets jaune clair ébouriffés, pendant sur les côtés de la tête. – *Ad. internuptial :* pattern de la tête avec moindre contraste entre noir et blanc que chez le G. esclavon (variable en fonction de la distance et de l'éclairement) ; bas grisâtre de la calotte descendant bien sous l'œil (pas chez l'Esclavon) ; net rentrant blanc à l'arrière de la calotte. Remarque : les jeunes G. castagneux peuvent présenter un dessin similaire à la tête mais sont brun foncé et beige, non noir, gris et blanc (de plus, œil noir et forme du bec différente).

VOIX Cri, un *pu-iit* calme et montant, répété. Bref *vit* sifflé et discret. En parade ou lors des conflits territoriaux, trille rapide, vibrant, assez bas. Silencieux en hiver.

Grèbe castagneux *Tachybaptus ruficollis* N3 / MC / HC

L 23-29 cm. Étangs et mares à végétation fournie (parfois, grands fossés inondés). Farouche ; peut rester longtemps caché mais aussi nager à découvert, notamment en hivernage. Hiverne le long des côtes abritées et sur divers types de pièces d'eau, parfois dépourvues de végétation.

CARACTÉRISTIQUES Le plus petit des grèbes (peut être pris pour un caneton). Cou court, corps rondelet et arrière très tronqué, duveteux. Tout petit bec droit. Pas de blanc aux ailes. – *Ad. nuptial :* joues et avant du cou brun-rouge. Commissures jaune clair bien visibles. – *Ad. internuptial :* brun et beige (sans le contraste entre le noir, le gris et le blanc des G. à cou noir et esclavon) ; avant du cou et joues beige clair. – *Juv. :* comme l'ad. internuptial mais courtes raies sombres sous l'œil et à l'arrière de celui-ci, et base du bec chair jaunâtre ; dès le 1er hiver, beige très délavé.

VOIX Cris variés, aigus, par ex. *bii-iip* et *bit-bit-bit*, pouvant s'accélérer en un trille aigu et hennissant, souvent prolongé et en chœur, *bibibibibibi*…, un peu comme l'appel du Coucou gris femelle. Silencieux en hiver.

Grèbe à bec bigarré *Podilymbus podiceps* MO / HO

L 31-38 cm. Occasionnel, originaire d'Amérique ; stationnements souvent prolongés.

CARACTÉRISTIQUES Comme un grand et gros G. castagneux ad. en plum. internuptial (peut être facilement confondu, de loin ou si la taille n'est pas évidente) mais bec très fort. – *Ad. nuptial :* bec blanchâtre à large bande noire ; étroit cercle oculaire blanc ; menton noir. – *Ad. internuptial :* bec ivoirin avec, au mieux, une indication de bande ; menton pâle.

VOIX Muet en hiver.

Grèbe esclavon

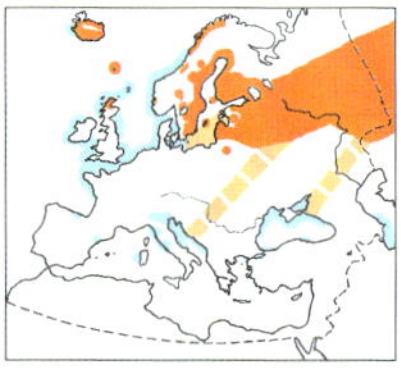

Grèbe à cou noir

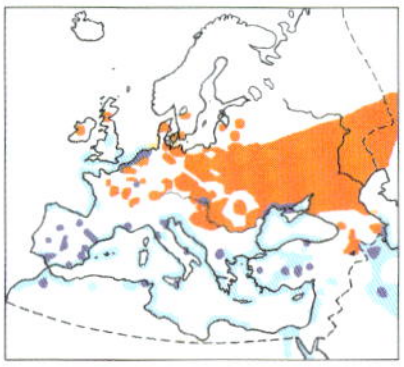

Grèbe castagneux

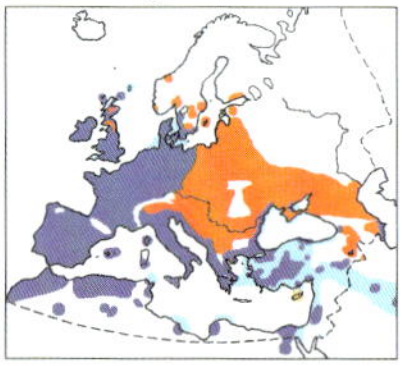

GRÈBE ESCLAVON

GRÈBE À COU NOIR

GRÈBE CASTAGNEUX

GRÈBE À BEC BIGARRÉ

Grèbe huppé *Podiceps cristatus* N4 / MC / HC

L 46-51 cm. E 59-73 cm. Commun sur les lacs et étangs avec roselières. En hiver, le long des côtes et sur divers types de pièces d'eau. Assez peu farouche ; reste souvent à découvert en pleine eau. Gros nid (parfois flottant) d'éléments végétaux.

CARACTÉRISTIQUES Le plus grand et le plus répandu des grèbes dans la plupart de l'Europe. Forme typique : corps allongé et long cou mince qu'il tient soit dressé soit abaissé, la tête reposant sur le milieu du dos. Bec long, mince et notablement plus clair (couleur chair) que chez les autres grèbes. En vol, pâle et dégingandé, avec des battements d'ailes vibrants ; lourd de l'arrière, les pattes noires dépassant nettement. Zones blanches à l'avant de l'aile et aux secondaires bien apparentes. – *Ad. nuptial :* ne peut être confondu. Plumes de la tête rabattues lorsque l'oiseau est inquiet, mais dressées, déployées et agitées lors de la parade, pendant la phase des hochements de tête ; on n'observe que rarement, au paroxysme de la parade, la « danse du pingouin », le couple se maintenant face à face, le corps vertical. Bec rose clair. – *1er été :* plumes nuptiales de la tête réduites ou manquantes. – *Ad. internuptial :* tête, avant du cou et flancs avec plus de blanc que chez les autres grèbes, avec du blanc au-dessus des yeux et un trait noir de l'œil au bec. – *Juv. :* joue rayée de sombre ; bec chair clair.

VOIX Très bruyant. En parade (y compris lors des nuits de printemps), très fort croassement trompetant et ronflant *krra-arr*, lentement répété. Les jeunes émettent des *pli-pli-pli*… insistants.

Grèbe jougris *Podiceps grisegena* N1 / MR / HR

L 40-46 cm. Étangs à roselières, souvent plus petits et à végétation plus fournie que dans le cas du G. huppé. Hiverne le long des côtes, parfois sur les lacs et étangs (sud et ouest de l'Europe). La plupart du temps farouche et furtif.

CARACTÉRISTIQUES Un peu plus petit que le G. huppé, avec cou plus court et plus épais et, souvent, une petite « houppette » à l'arrière (silhouette entre celles du G. huppé et du G. esclavon). Bec un peu plus court et épais, et tenu légèrement abaissé (pas chez le G. huppé). En vol, moins dégingandé que le G. huppé, avec cou sombre plus court et zone blanche moins nette à l'avant de l'aile. À la différence du G. huppé (mais comme les espèces plus petites), plonge d'ordinaire avec un bond net. – *Ad. nuptial :* ne peut être confondu. Parade nuptiale comme chez le G. huppé. Petite tache jaune bien délimitée à la base du bec. – *Ad. internuptial :* pattern noir et blanc de la tête sans le net contraste des G. esclavon et huppé ; gorge pâle et rentrant pâle en arrière des parotiques contrastant vaguement avec les joues grisâtres et le haut du cou largement gris ; la poitrine est souvent la partie la plus blanche. De près, trace de jaune à la base du bec. – *Juv. :* comme l'ad. internuptial mais joues blanchâtres avec étroites raies sombres, côtés et avant du haut du cou brun roussâtre ; base jaune du bec diffuse et plus étendue que chez l'ad.

VOIX Bruyant en période nuptiale : *gark-gark-gark*… sonores et répétés et *aa-ou-uh* plaintifs et prolongés, devenant parfois des cris de cochon (comme ceux du Râle d'eau mais bien plus forts, longs et rauques).

Grèbe huppé

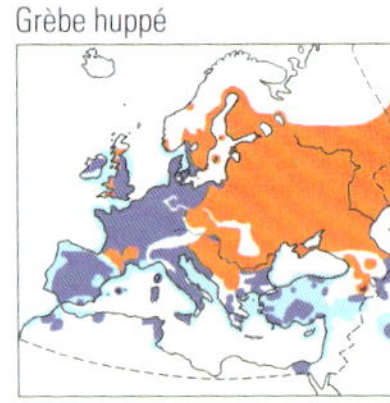

Grèbe jougris

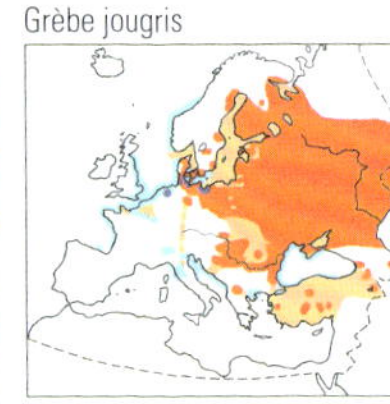

GRÈBE HUPPÉ

GRÈBE JOUGRIS

OBSERVER LES OISEAUX DE MER

Les lignes régulières offrent parfois d'excellentes occasions d'observer des oiseaux de mer. Sur un grand bateau, un endroit abrité sur le pont supérieur, près de l'avant, est généralement idéal. Des croisières «pélagiques» pour l'observation des oiseaux de mer gagnent le large, offrant les meilleures chances de voir océanites et puffins sur leurs sites d'alimentation en pleine mer. Sinon, ces espèces n'approchent des côtes que lors des fortes tempêtes, et ne regagnent leur nid que la nuit.

L'observation depuis la côte (*sea-watching* ou, mieux, «guet à la mer») est la méthode la plus simple pour observer les oiseaux de mer. Elle implique souvent de longues stations depuis un point dominant. Les vents modérés ou forts soufflant du large amènent les oiseaux à se rapprocher.

La lumière peut modifier très fortement l'apparence d'une même espèce (ici, le Puffin des Anglais)

Le guet à la mer est toutefois un peu ingrat : les oiseaux, souvent éloignés, ne sont que des points à l'horizon et leur détermination repose sur la silhouette et la façon de voler, ce qui nécessite une longue habitude et des connaissances. Le guet à la mer peut donc décevoir le novice

Donner des indications précises est important afin de permettre aux autres de localiser rapidement les oiseaux de mer intéressants. Choisir des points de repère (bouées, bateaux, écueils, etc.) et décider de ce que signifie «là, juste devant» est une bonne astuce au début de toute séance. Le positionnement d'une espèce donnée doit toujours être indiqué par rapport à l'observateur (la méthode la plus commune est celle du cadran d'horloge imaginaire, plaçant le point situé en face de l'observateur «à 12 heures»), en précisant si l'oiseau vole vers la gauche ou la droite, au-dessus ou en dessous de l'horizon, la distance approximative, et à quel moment il passe à hauteur d'un point de référence : «Labbe à 2 heures, volant vers la gauche juste sous l'horizon, à mi-distance, s'approche de la bouée rouge et y passe 3 2 1 maintenant !» est évidemment bien plus utile que nombre d'indications imprécises entendues sur le terrain ! Le champ des jumelles peut servir d'indication pour la distance, par ex. : «Un demi-champ au-dessus de l'horizon» ou «Deux champs à gauche du bateau à voiles». Une fois les bases acquises, l'observation des oiseaux de mer peut devenir passionnante.

PROCELLARIIFORMES

Puffins, pétrels et océanites

Groupe d'oiseaux pélagiques : albatros ou **Diomédéidés** (p. 76), puffins, Fulmar et pétrels ou **Procellariidés** et océanites ou **Hydrobatidés** (p. 74). Les plus grandes espèces possèdent des ailes longues et étroites et peuvent voler de longues heures au-dessus de la mer avec peu de battements d'ailes. Les plus petites espèces, les océanites, ont des ailes plus courtes, et leurs coups d'ailes sont rapides et très irréguliers. Le bec est droit avec une pointe recourbée et des narines tubulaires. Les glandes nasales éliminent le sel de l'eau de mer. La nourriture est marine (poissons, crustacés, plancton, mollusques). Ils se rendent au nid (corniche de falaise ou terrier) surtout durant la nuit.

Fulmar boréal *Fulmarus glacialis* N2 / MC / HC

L 43-52 cm. E 101-117 cm. Niche en colonies lâches sur des ressauts de falaises ou dans des cavités du sol sur des pentes inaccessibles mais aussi, par endroits, tout à fait à découvert sur les côtes de l'Atlantique Nord. Actif de jour durant la nidification (à la différence de ses congénères). Les jeunes crachent un suc gastrique nauséabond contre les intrus. Cherche activement sa nourriture (crustacés, déchets de poissons, chair de cétacés), parfois collectivement ; grands rassemblements auprès des grosses colonies. Les nicheurs nordiques migrent vers le sud en hiver.

CARACTÉRISTIQUES Ressemble à un Goéland argenté petit et trapu, mais vol et silhouette diffèrent nettement, même à grande distance quand on ne distingue pas les détails du plumage (comme l'absence de dessin noir au bout des ailes et de blanc à leur bord postérieur). Glisse au-dessus des vagues, les ailes tendues, raides ; donne des séries de rapides coups d'ailes, raides et peu amples. Flotte haut sur l'eau et doit faire un effort pour s'envoler. Cou court et épais et grosse tête.
Bec court, épais, gris et jaunâtre. Ailes à bout plus arrondi que chez les goélands. Les plum. les plus communs sont gris moyen dessus et blanc dessous ; tête blanche, tache sombre près de l'œil. Diverses formes, de gris pâle dessus et blanc dessous à gris foncé dessus et gris clair dessous (surtout au nord).

VOIX Séries de sons caquetants, gutturaux, de vitesse variable ; duo sonore du couple.

Puffin cendré
Calonectris diomedea borealis N2 / MC / HR

L 50-56 cm. E 118-126 cm. Très proche de la race type ; les deux races sont ici traitées comme appartenant à la même espèce (certains ont un avis contraire). Niche en colonies dans des terriers ou des grottes des côtes rocheuses des îles de l'Atlantique E, au S de 40°, localement aussi en petits nombres en Méditerranée, au S-E de l'Espagne (p. ex. près d'Almeria). Hiverne dans l'Atlantique S, peut-être surtout au large de l'Amérique du S. S'aventure assez régulièrement en été-automne (surtout août-sept.) en mer du Nord, parfois jusqu'en Suède. Petites bandes lâches souvent visibles de la côte.

CARACTÉRISTIQUES À peu près de la taille du Goéland brun, caractérisé par de longues ailes souples toujours plus ou moins en cloche. Longs planés près de l'eau (même par vent quasi nul) suivis de 3 ou 4 (rarement jusqu'à 6 ou 7) coups élastiques des ailes en cloche. Bout des ailes un peu obtus, main un peu ramenée en arrière. Dessus gris brunâtre (main un peu plus sombre), sus-caudales diffusément pâles (de près), dessous blanchâtre avec côtés de la poitrine, cou et tête typiquement gris sale. Bec jaune rosé pâle à bout sombre ; par bonne lumière, bec pâle visible de loin. Différences avec le P. majeur décrites sous cette espèce.

VOIX Après le crépuscule, à la colonie, croassements et séries de 3 sons nasillards identiques suivis d'un son différent.

Puffin de Scopoli *Calonectris d. diomedea*

L 45-52 cm. E 112-122 cm. Très proche de la race *borealis*. Iles rocheuses et côtes abruptes surtout en Méditerranée mais aussi, localement et rarement, côte atlantique ibérique (Biscaye) et jusqu'en Aquitaine. Presque tous hivernent sans doute dans l'Atlantique S, au large du S de l'Afrique, mais au moins quelques-uns restent en Méditerranée C (S de la Sicile p. ex.). Très rare occasionnel en mer du Nord. Mœurs comme *borealis*.

CARACTÉRISTIQUES Fréquemment plus délicat à distinguer de *borealis* qu'on ne le pense : les deux sont souvent indiscernables en raison de variations individuelles ou liées à l'âge, ou des conditions d'observation. Sur photo ou de près par lumière douce, se concentrer sur ces différences subtiles : vexille interne de la plupart des primaires blanchâtre sous l'aile, laissant moins de sombre au bout de l'aile et à l'arrière de la main (*borealis* : presque toutes les rémiges sombres dessous), mais attention à la lumière ; taille d'ensemble et du bec un peu moindres, bec à peine plus pâle ou jaune plus terne, pas aussi jaune franc que chez *borealis* (en moyenne) ; dessus gris-brun à peine plus pâle (important chevauchement).

VOIX Cris très proches de ceux de *borealis*, supposés être moins rauques et gutturaux.

Puffin majeur *Puffinus gravis* MC

L 43-51 cm. E 105-122 cm. Iles de l'Atlantique S ; hiverne (durant l'été boréal) au large de l'est de l'Amérique du Nord. En migration vers le sud, passe plus à l'est ; souvent noté dans les eaux européennes (août-oct.). Suit souvent les petits chalutiers.

CARACTÉRISTIQUES À peine plus petit que le P. cendré auquel il ressemble un peu. Coups d'ailes plus raides (comme le Fulmar ou le P. des Anglais) ; nette calotte sombre accentuée par le collier blanchâtre ; discrète marque au côté de la poitrine ; traits et taches sombres à l'aisselle et sous la partie interne de l'aile ; vague zone foncée au milieu du ventre, sous-caudales grisâtres ; bec noir ; bout de l'aile assez pointu.

Fulmar boréal

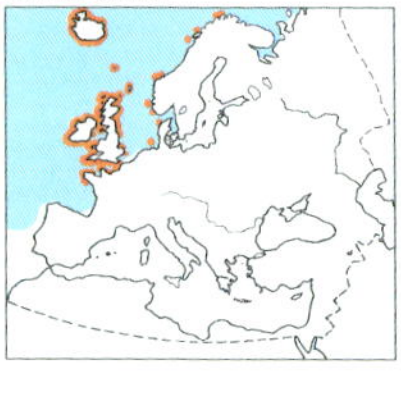

Puffin de Scopoli

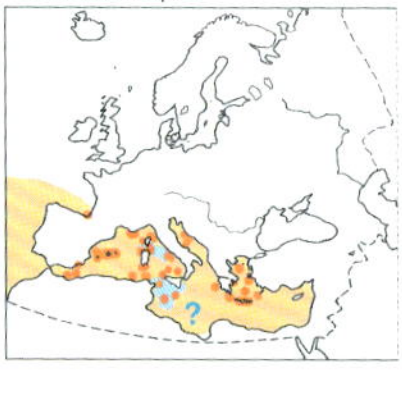

FULMAR BORÉAL

PUFFIN CENDRÉ

PUFFIN DE SCOPOLI

PUFFIN MAJEUR

Puffin de Macaronésie *Puffinus baroli* MR
L 25-30 cm. E 56-67 cm. Niche en assez petites colonies, au printemps sur des îles de l'Atlantique N (p. ex. Açores, Madère, Selvages, Canaries), souvent sous des blocs rocheux. Rarement observé au nord de son aire de nidification.

CARACTÉRISTIQUES Petite réplique du P. des Anglais dans l'Atlantique Nord, très sombre dessus et blanc dessous. Caractérisé, outre sa petitesse, par des ailes plus courtes, plus larges à bout plus arrondi ; bord postérieur sombre sous l'aile souvent plus étroit (mais une certaine variabilité de ceci, quelques ind. ayant tout le dessous des rémiges sombre) ; bec un peu plus mince et tête plus arrondie, souvent tenue haut et parfois levée en vol ; dessus des ailes avec zone diffuse plus claire à l'arrière du bras (souvent jusqu'aux primaires internes) ; blanc de la joue remontant autour de l'œil sombre et accentuant le côté sombre du cou. Par vent comparable, vol plus battu avec battements plus rapides en séries plus longues que chez le P. des Anglais (mais comparaison avec un alcidé encore plus pertinente), et planés souvent brefs. Se tient parfois face au vent au-dessus de la surface, ailes relevées et pattes pendantes, picorant sa nourriture.

VOIX Les nuits sans lune, plutôt après la tombée de la nuit, les colonies résonnent de séries rythmiques de rires aigus avec accent sur la deuxième note.

Puffin des Anglais *Puffinus puffinus* N2 / MC / HR
L 30-35 cm. E 72-82 cm. Niche en colonies sur des îles de l'Atlantique Nord, dans des terriers au-dessus de falaises ; abondant dans les îles Britanniques. Grégaire. Vient au nid la nuit. Nombreux au passage, notamment à l'automne. Ne suit habituellement pas les navires.

CARACTÉRISTIQUES Puffin de taille moyenne à dessus noir uni et dessous blanc. Tête sombre jusque sous les yeux, teinte sombre du dessus atteignant les côtés de la poitrine et, entre les deux, souvent une trace de demi-collier plus pâle (« encoche » blanche). Noter le net contraste entre le blanc et le noir du dessous de l'aile, les sous-caudales toujours blanches, et les pieds ne saillant pas (ou très peu). Par lumière vive, les ind. estivaux décolorés peuvent apparaître plus brunâtres dessus. Plum. identique selon le sexe et l'âge. Vol typique de puffin ; par temps calme, à faible hauteur, avec des séries de battements d'ailes rapides et peu amples, les ailes raides, alternant avec de longs planés, ailes raides, un peu abaissées ; par vent fort, vol presque uniquement plané, descendant dans le creux des vagues avant de s'élever (parfois à plusieurs mètres), pour redescendre à nouveau. Cf. P. yelkouan et des Baléares.

VOIX À la colonie, par nuit sombre, cris rauques à quatre syllabes *ak-ka tchich-ach* ou autres, les dernières notes plus rêches, étirées et graves.

Puffin yelkouan *Puffinus yelkouan* N3 / MC / HC
L 30-35 cm. E 70-84 cm. Niche dans des terriers au-dessus de falaises du C et de l'E de la Méditerranée. Localement nombreux ; de grandes bandes passent régulièrement le Bosphore, sans doute entre les eaux nourricières de la mer Noire et les sites de nidification ou de repos en Méditerranée. En raison de sa ressemblance avec le P. des Anglais et certains P. des Baléares, ses véritables déplacements restent peu cernés mais il semble que l'ensemble de la population passe l'hiver en Méditerranée.

CARACTÉRISTIQUES Très semblable au P. des Anglais. Plum. également similaire avec dessus sombre et dessous blanchâtre ; les deux ne sont pas discernables de façon fiable en dehors de leur aire de répartition. Dans des conditions idéales de proximité, et sur les photos, noter : dessus gris-brun, pas aussi noirâtre que chez le P. des Anglais (mais peut sembler noirâtre par temps couvert) ; dessous de l'aile pas autant contrasté, les rémiges étant gris plus que noirâtres ; pieds saillant d'ordinaire davantage ; pas de demi-collier pâle en arrière des joues sombres, séparation plus nette au cou et à la tête entre le sombre et le pâle ; parfois une trace de cercle oculaire pâle. Certains ont des couv. sous-caudales sombres, au contraire du P. des Anglais, mais beaucoup sont plus pâles et rappellent alors cette espèce.

VOIX Comme celle des P. des Baléares et des Anglais, mais cris peut-être un peu plus aigus : *a-ha ga-iih-ah* répété.

Puffin des Baléares *Puffinus mauretanicus* MC / HC
L 34-39 cm. E 78-90 cm. Niche en colonies dans des grottes de falaises aux îles Baléares (surtout Formentera). Hiverne dans l'O de la Méditerranée, mais mue d'ordinaire ses rémiges dans le golfe du Lion. Régulièrement observé en été et automne (hiver) au nord jusqu'aux îles Britanniques. Vulnérable après un récent déclin marqué ; apparemment < 2 000 couples aujourd'hui.

CARACTÉRISTIQUES Un peu plus grand que les P. des Anglais et yelkouan, et semblant souvent ventru et lourd. Queue courte faisant un peu saillir les pieds. Dessus brun grisâtre et dessous diversement blanc brunâtre sale, sans contraste entre sombre et pâle sur les côtés de la tête et de la poitrine. Dessous de l'aile non contrasté, couv. sous-alaires avec quelques marques plus sombres, jamais toutes blanches. Sous-caudales, côtés du croupion et aisselle toujours ombrés. Ind. les plus sombres pouvant entraîner une confusion avec le P. fuligineux, mais le P. des Baléares est plus petit, a des ailes un peu plus larges, plus courtes et moins pointues, est plus ventru, alors que le P. fuligineux a un vol plus rapide et décidé. Toute trace pâle sous le corps élimine le Fuligineux qui a toujours le corps tout sombre.

VOIX À la colonie, par nuit sombre, émet des cris traînants avec une note étirée, accentuée, en fausset *ah-ii-ah èèch*.

Puffin de Macaronésie

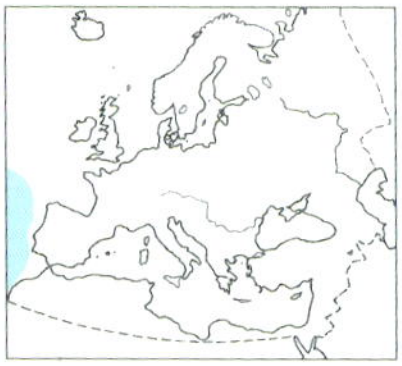

Puffin des Anglais

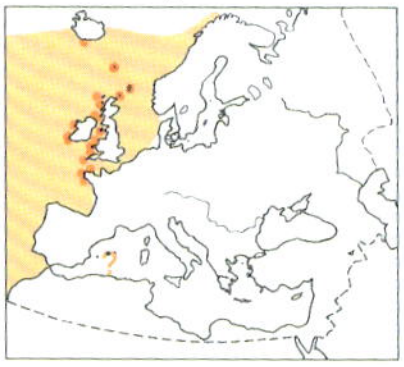

Puffin yelkouan

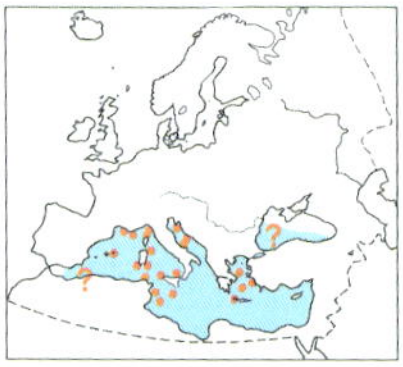

Puffin des Baléares

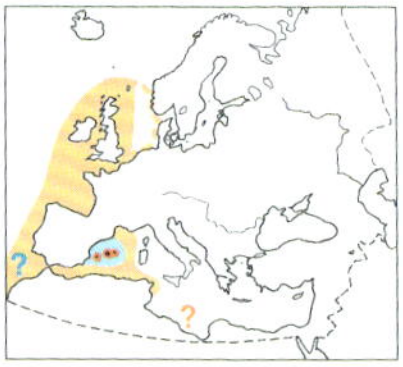

PUFFIN DE MACARONÉSIE

PUFFIN DES ANGLAIS

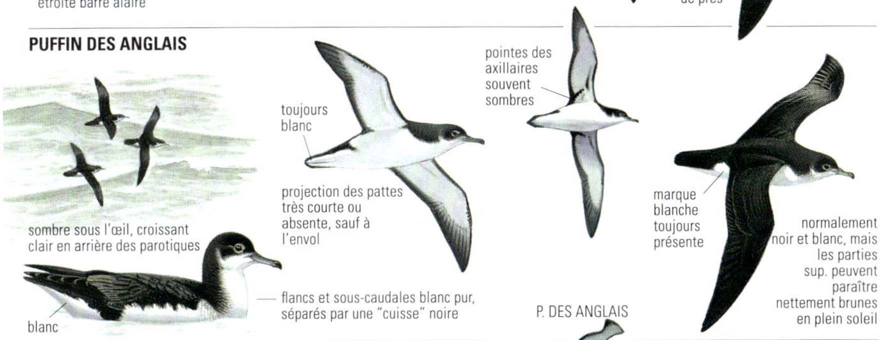

PUFFIN YELKOUAN

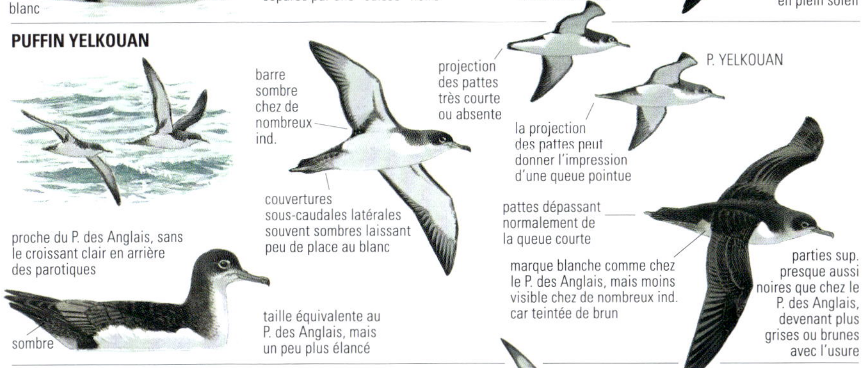

PUFFIN DES BALÉARES

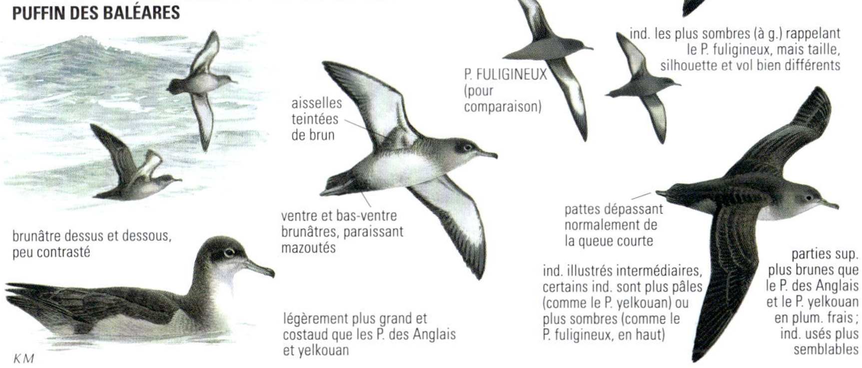

Puffin fuligineux *Puffinus griseus* MC / HR

L 40-50 cm. E 93-106 cm. Niche dans l'hémisphère Sud (surtout Nouvelle-Zélande, E Australie, sud de l'Amérique du Sud) mais remonte au nord lors de l'hiver austral ; lorsque la redescente débute, nombre d'entre eux sont dans les eaux d'Europe de l'O et observés notamment lors des tempêtes, surtout de juillet à octobre. Se nourrit en surface ou en plongeant, parfois en groupes, jusqu'à 60 m. Alim. : calmars, crustacés, petits poissons.

CARACTÉRISTIQUES Puffin de taille moyenne, sombre, aux longues ailes pointues. Vol puissant et rapide, ailes étroites un peu en cloche, main légèrement vers l'arrière par grand vent. Dès que le vent est assez fort, surpasse les autres oiseaux de mer ; fréquemment, on perd l'oiseau que l'on suivait au télé et il faut le retrouver bien plus loin vers l'avant que ce que l'on supposait ! Par lumière pauvre, semble tout noir, même sous l'aile, mais dans de bonnes conditions, apparaît plus brun chocolat avec le milieu de l'aile diffusément plus pâle, presque argenté (plus ou moins évident). Peut être confondu avec des spécimens sombres du P. des Baléares, le seul autre puffin sans ventre blanc à fréquenter nos eaux, mais qui est toutefois plus petit, a des ailes plus courtes, semble souvent plus ventru et ne vole pas aussi vigoureusement. Un labbe sombre volant comme un puffin ou un jeune Fou de Bassan peuvent aussi rappeler le Puffin fuligineux, mais à bonne distance. Cf. aussi le Pétrel de Bulwer.

Pétrel de Bulwer *Bulweria bulwerii* MO

L 25-29 cm. E 67-73 cm. En colonies à Madère surtout, mais aussi occasionnellement aux Canaries (sauf Lanzarote), de juin à octobre. Habite des fentes rocheuses ou des anfractuosités de falaises, souvent près de la mer. Regagne ses colonies la nuit. Se nourrit isolément, jamais en groupes.

CARACTÉRISTIQUES Pétrel de taille moyenne presque entièrement foncé, gracieux, à longues ailes étroites et longue queue. Seul trait saillant du plum. par ailleurs brun foncé uni, la bare alaire diagonale aux couv. sus-alaires. Plum. sombre pouvant évoquer le Puffin fuligineux si la taille n'est pas appréciable, mais queue plus longue, dessous des ailes tout sombre et vol tout différent, avec battements nettement plus calmes et plus amples. Plane souvent les ailes abaissées, légèrement arquées. La longue queue pointue est, curieusement, un critère peu utile car elle se fond souvent avec l'arrière-plan sombre de la mer (et ce pétrel vole au ras de l'eau). Souvent plus utile, le corps en proportion mince, avec cou court et petite tête, associés aux longues ailes étroites. Bec bien robuste.

VOIX De nuit, des séries de jappements rauques *hro-hro-hro*... sur un rythme modéré s'élèvent des terriers (comme le bruit lointain d'une lente machine à vapeur).

Pétrel gongon *Pterodroma feae* MO

L 33-36 cm. E 86 -94 cm. Niche en fin d'été et en automne en petites colonies dans des terriers à Madère (Bugio, Desertas), aux îles du Cap-Vert, peut-être aux Açores. Petite population (env. 1 250 c.) vulnérable. dans les montagnes de l'intérieur ; habite des anfractuosités inaccessibles (1 650 m). Très clairsemé (endémique ; actuellement 25 couples au maximum). Vient au nid la nuit ; se nourrit de jour en mer. Il existe à présent un certain nombre de données en Europe de l'O concernant sans doute cette espèce et, dans quelques cas, les preuves sont supposées être suffisantes pour une identification assurée.

CARACTÉRISTIQUES Au premier abord, comme un petit Puffin cendré ou un Puffin majeur, mais dessous d'aile presque tout noirâtre, avec seulement un triangle blanchâtre tout à la base ; la base des primaires peut aussi montrer une petite plage pâle sous certains angles et éclairages. Dessus gris avec W sombre (plus ou moins net selon la lumière et la distance). Dessus de la queue tout gris clair. Côtés de la poitrine lavés de gris (sans la bande pectorale sombre du P. soyeux, rare occasionnel d'aspect semblable ; p. 418). Vol rapide, ailes anguleuses par vent fort. Les P. gongon et de Madère sont en général quasiment indiscernables sur le terrain, au moins quand un seul oiseau est vu ; le Gongon est plus grand que le P. de Madère et son bec est un peu plus fort, plus en bulbe.

VOIX La nuit, aux colonies, hurlements profonds, mélancoliques et prolongés, *aaoooooh*, se terminant parfois sur un hoquet. Pourraient servir d'ambiance sonore pour des films d'horreur !

Pétrel de Madère *Pterodroma madeira* MO

L 32-34 cm. E 80-86 cm. Niche à la fin du printemps et en été à Madère (île principale), habite des anfractuosités inaccessibles près du sommet des montagnes de l'intérieur (1 650 m). Gravement menacé (75 c. connus). Vient au nid la nuit ; se nourrit en mer de jour.

CARACTÉRISTIQUES Très semblable au Pétrel gongon (v. ci-dessus). En diffère par la taille inférieure et le bec plus petit. Supposé avoir en moyenne un bout d'aile plus arrondi et peut-être une main un peu plus courte que le Gongon, en proportion. Une autre différence pourrait être l'absence apparente de toute trace de sourcil pâle (critère demandant à être confirmé). Dessus des ailes avec sans doute un W sombre moins apparent, et dessous des ailes avec plage blanchâtre plus nette à la base des primaires.

VOIX Cris rappelant ceux du P. gongon mais un peu plus aigus et faibles, l'oiseau étant un peu plus petit ; gémissements prolongés pouvant rappeler une Hulotte éloignée, en raison de fréquents trémolos : *oooèèh*... *oh-ho-o-o-ooèh* et autres variations.

Puffin fuligineux

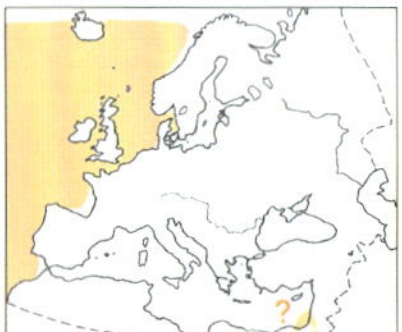

Pétrel de Bulwer

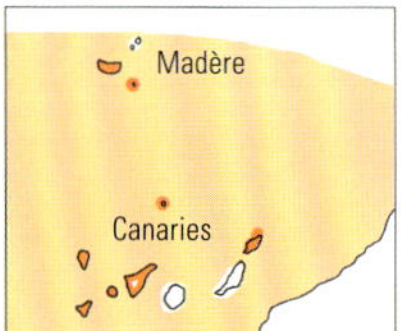

Pétrel gongon

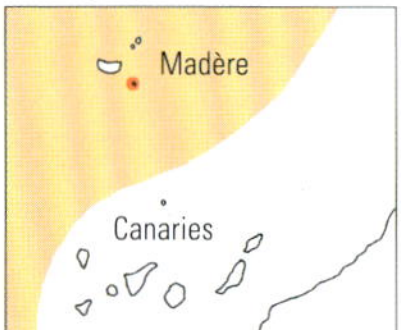

Pétrel de Madère

PUFFIN FULIGINEUX

PÉTREL DE BULWER

PÉTREL GONGON

PÉTREL DE MADÈRE

KM

Océanite tempête *Hydrobates pelagicus* N2 / MC / HC
L 15-16 cm. E 37-41 cm. Atlantique N et dans l'O de la Méditerranée ; îles et côtes rocheuses inaccessibles ; abondant en Irlande, au N-O de l'Écosse et aux Féroé. Nid proche de l'eau dans des éboulis rocheux ou un terrier.

CARACTÉRISTIQUES Le plus petit des océanites dans les eaux européennes, à peine plus gros que l'Hirondelle de fenêtre (à laquelle il peut faire penser à première vue, avec son dessus tout foncé et son croupion blanc) ; vol papillonnant. Confusion la plus commune avec l'O. culblanc, mais ce dernier est souvent nettement caractérisé par sa plus grande taille ; l'O. tempête n'a pas de bande plus claire aux couv. sus-alaires (seulement un étroit bord blanc chez les jeunes), mais une large bande blanche caractéristique sous l'aile ; tache blanche plus large au croupion, s'étendant aux côtés.

VOIX De nuit, on entend des sons ronflants et des sortes de ronronnements s'élever des terriers.

Océanite de Wilson *Oceanites oceanicus* MR
L 16-18,5 cm. E 38-42 cm. Niche dans l'hémisphère Sud mais gagne l'Atlantique Nord de juin à octobre (ou nov.) ; très rarement observé de la côte. Suit les navires comme l'O. tempête.

CARACTÉRISTIQUES Rappelle l'O. tempête ; entièrement foncé avec large zone blanche au croupion et queue coupée droit. Différencié par une taille un peu plus grande, une bande nettement plus claire aux couv. sus-alaires, le dessous des ailes uniformément foncé et de plus longues pattes (dépassant un peu de la queue en vol) ; également, ailes plus larges souvent tenues plus droites, moins nettement coudées. Plane souvent très longtemps, les ailes presque à plat ; s'arrête parfois et « trotte » à la surface en cherchant sa nourriture, ailes relevées et pattes pendantes.

Océanite culblanc *Oceanodroma leucorhoa* MC / HR
L 18-21 cm. E 43-48 cm. Niche tout au nord de l'Atlantique. Habite des anfractuosités le long des côtes rocheuses. Hiverne dans l'Atlantique Sud. Ne suit pas les navires.

CARACTÉRISTIQUES Grand océanite aux grandes ailes (plus grand que l'O. tempête). Noter la zone blanche du croupion, très étroite, en U, avec bande médiane grisâtre (souvent difficile à voir de loin), la bande nettement plus claire en travers des ailes (souvent visible de plus loin que le croupion blanc), le dessous sombre des ailes, plus pointues et proportionnellement plus longues. La queue n'apparaît fourchue que sous certains angles, mais les rectrices latérales remontent souvent de sorte que le bout de la queue semble effrangé de profil. Vol très vigoureux par vent fort ; glisse avec les ailes arquées et légèrement en cloche ; coups d'ailes peu nombreux ; l'oiseau oscille en s'arrêtant et se cabre, etc.

Océanite tempête

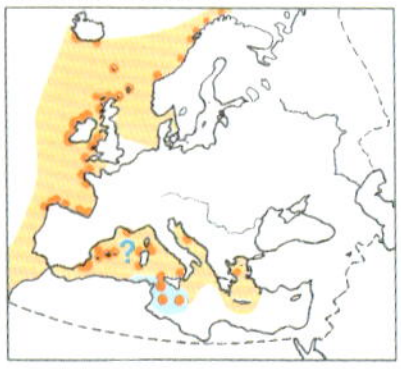

Océanite culblanc

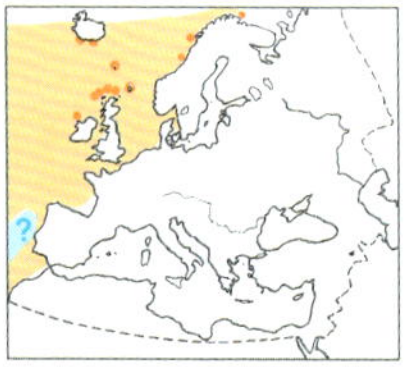

VOIX De nuit, au terrier, émet des sons roucoulants, interrompus de temps en temps par un *vuii-tia* en fausset et se terminant par un bruyant *tiou-tiattéritia-tiou-tyitteri*.

Océanite de Castro *Oceanodroma castro* MO
L 19-21 cm. E 43-46 cm. Niche sur les côtes rocheuses des îles, notamment au large du Portugal et à Madère (atteint même les Açores). Difficilement visible : vit au large de jour, ne se montre pas en groupes hors de ses colonies habituellement réduites, et ne suit pas les navires. Niche aussi bien à la fin de l'été qu'à la fin de l'automne (terrier ou faille rocheuse).

CARACTÉRISTIQUES Croupion blanc. Difficile à différencier des espèces voisines. Sur la plupart des points, plus semblable à l'O. culblanc qu'aux autres océanites ; en diffère cependant par : une barre alaire moins claire sur l'aile ; une queue moins fourchue ; tache blanche du croupion apparaissant plus large que longue (c'est normalement l'inverse chez l'O. culblanc) et atteignant chez nombre d'ind. les côtés du croupion. De près, bec moins gros. Avec une bonne habitude des autres océanites, le vol et la forme des ailes peuvent éclairer : les ailes de l'O. de Castro sont souvent moins coudées (mais la main est plus longue que chez l'O. culblanc), et le vol typique comprend bien plus de glissades, comme chez les puffins, les ailes raides.

VOIX On entend sortir des nids, de nuit, des roucoulements *kr-r-r-r-r* et des grincements *tiiyii*.

Océanite de Swinhoe *Oceanodroma monorhis* MO
L 18-21 cm. E 45-48 cm. Espèce du N-O du Pacifique (et du N de l'océan Indien) observée à plusieurs reprises dans l'Atlantique N et a parfois été capturée à Selvagens Grande, au N des îles Canaries (où elle niche peut-être), ainsi que sur les côtes du N-E de l'Angleterre, en Norvège, France, Espagne, Italie et Israël (Eilat). Première observation dans l'Atlantique N en 1983, mais passe sans doute inaperçu à cause de ses mœurs nocturnes et de sa ressemblance avec l'O. culblanc ; en diffère par son croupion foncé comme le dos, et par le rachis pâle des primaires.

Océanite frégate *Pelagodroma marina*
L 19-21 cm. E 41-44 cm. Niche par centaines de milliers aux î. Selvagens, au nord des Canaries ; rejoint son terrier la nuit. Rarement vu en mer. Suit les groupes de baleines et de dauphins.

CARACTÉRISTIQUES Seul océanite à larges dessous blanc. Très semblable à l'O. de Wilson par la forme mais est plus grand, pattes plus longues, bec plus long, et ailes de papillon. Dessus de la queue et des ailes noirâtre, contrastant avec le dessus gris du corps et le croupion blanc grisâtre, ainsi qu'avec la zone gris clair aux couv. alaires. « Loup » sombre cerné de blanc. Gris de l'avant du dos s'étendant aux côtés de la poitrine. Glisse tout près de l'eau, les ailes raides et utilise ses longues pattes pour « s'appuyer » à la surface de l'eau.

VOIX On entend s'élever des nids des *kô-kô-kô* répétés, sourds et creux, parfois avec des *kii* grinçants.

Océanite de Castro

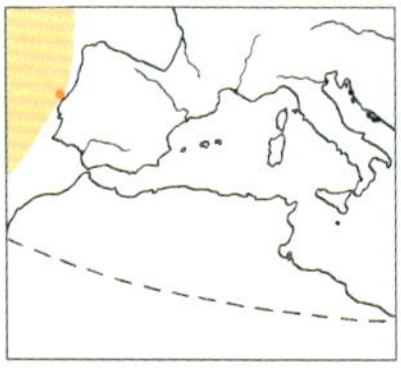

OCÉANITE TEMPÊTE

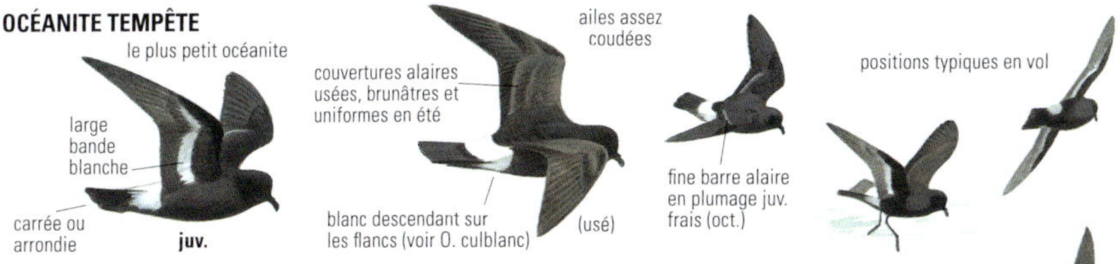

OCÉANITE DE WILSON

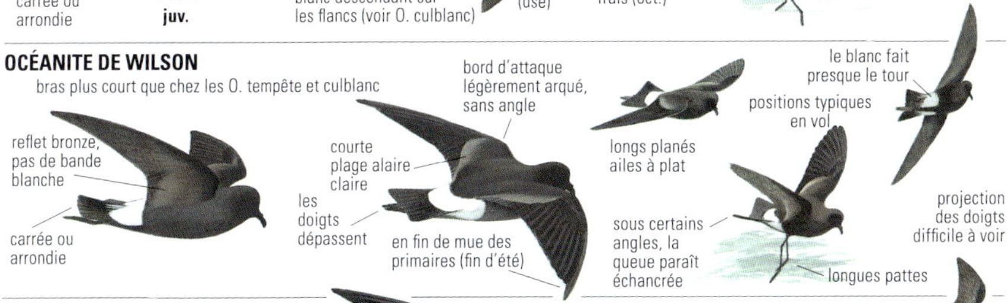

OCÉANITE CULBLANC

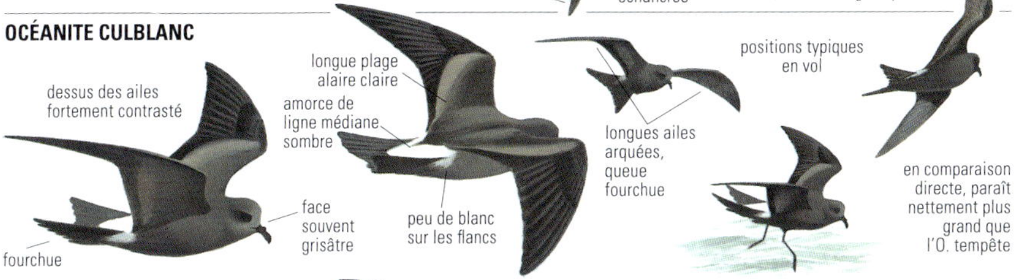

OCÉANITE DE CASTRO

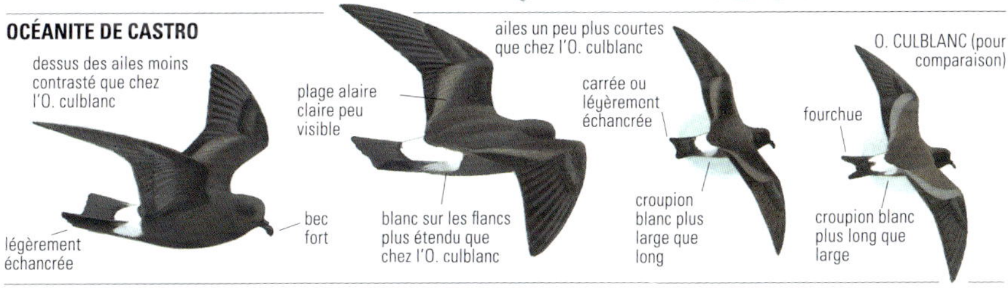

OCÉANITE DE SWINHOE

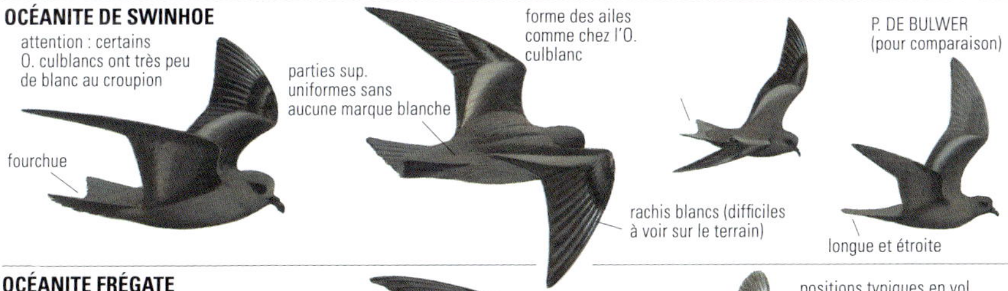

OCÉANITE FRÉGATE

KM

FOUS : SULIDÉS

Grands oiseaux de mer à ailes et queue longues et pointues et à bec droit et pointu. Plongent souvent de haut, comme des sternes géantes. Sexes semblables. Deux espèces.

Fou de Bassan *Morus bassanus* N4 / MC / HC

L 85-97 cm. E 170-192 cm. Niche en colonies sur les côtes rocheuses abruptes et des îlots rocheux de l'Atlantique Nord. Pélagique et erratique en dehors de la période de nidification ; gagne les côtes ouest d'Afrique ou l'ouest de la Méditerranée, de nombreux ind. restant aux environs des sites de nidification. À l'automne, abondant le long des côtes d'Europe occidentale. Nid d'algues, dans des anfractuosités de rochers ou sur des corniches de falaises.

CARACTÉRISTIQUES Généralement facile à reconnaître même de loin, grâce à sa très grande taille (envergure supérieure à celle du Goéland marin), à ses ailes longues et étroites et à son vol typique, avec battements assez amples et réguliers, coupés de brefs planés. Par vent fort, rappelle le vol glissé et chaloupé des puffins ; les plus jeunes ind., sombres, peuvent faire penser au Puffin majeur, mais le Fou est nettement plus grand et a une queue cunéiforme plus saillante et un cou bien plus long. Plonge spectaculairement de 10 à 40 m de hauteur, en piqué, ailes en arrière, et disparaît un instant. – *Ad. :* blanc avec tête beige jaunâtre (plus pâle en hiver) et bout des ailes noir. – *4e hiver :* comme l'ad., mais rectrices médianes et quelques secondaires clairsemées généralement noires. – *3e hiver :* la plupart des rectrices et des rémiges secondaires sont noires, mais parsemées de blanc. Tête et corps en grande partie comme chez l'ad. – *2e hiver :* dessous et tête essentiellement blancs, de même que les sus-caudales et, à un degré moindre, les couv. sus-alaires ; calotte souvent sombre en partie et arrière du cou nettement pâle (de loin, peut ressembler au Puffin majeur). – *Juv. :* entièrement gris-brun avec sus-caudales blanchâtres. De près, plum. moucheté de blanc, donnant un bel éclat argenté sur la tête et le dos. – Remarque : les variantes individuelles entraînent d'occasionnelles modifications de l'évolution du plum. présentée ci-dessus.

VOIX À la colonie, bruyants grognements roulés.

Fou brun *Sula leucogaster*

L 65-75 cm. E 135-150 cm. Eaux côtières tropicales, notamment îles de la mer Rouge ; mentions régulières, notamment dans le golfe d'Aqaba (Eilat). Plus petit que le F. de Bassan, avec la queue un peu plus arrondie. Entièrement brun foncé dessus. Dessous brun avec couv. secondaires blanches et ventre blanc nettement délimité (ventre des jeunes gris-brun clair). Bec pâle et peau de la face contrastant avec le reste de la tête sombre (base du bec nuancée de bleu en période de nidification). Plonge en piqué comme le F. de Bassan mais aussi, volontiers, obliquement, en infléchissant sa trajectoire. Se pose souvent sur les bouées.

Albatros à sourcils noirs
Thalassarche melanophris MO

L 80-95 cm. E 200-235 cm. Atlantique Sud. Hôte très rare (été et automne). Des ind. isolés ont parfois passé l'été dans des colonies de Fou de Bassan en Écosse. Immense oiseau à envergure de Cygne tuberculé. Dessous des ailes blanc avec large bordure noire (plus large à l'avant) ; trait sourcilier court et sombre, bec jaune à bout orange. Imm. à bec gris à bout noir, étroit collier gris et dessous de l'aile ombré.

PÉLICANS : PÉLÉCANIDÉS

Très grands oiseaux aquatiques à énorme bec pourvu d'un sac cutané. Pratiquent le vol à voile en grands groupes aux mouvements synchronisés décrivant des orbes réguliers.

Pélican blanc *Pelecanus onocrotalus* MO

L 140-175 cm. E 245-295 cm. Rare et localisé ; marais côtiers, lacs. Hiverne au nord-est de l'Afrique.

CARACTÉRISTIQUES – *Ad. :* plum. blanc avec, au moment de la nidification, une nuance jaunâtre pâle ou chair ; semble d'habitude blanc pur de loin. Sac jugulaire jaune grisâtre (jaune plus vif en période nuptiale). Pattes rose-jaune (plus rougeâtres en période nuptiale). Iris sombre (rouge) entouré d'une zone de peau couleur chair (devenant orange en période nuptiale). En vol, les rémiges à dessous noir contrastent nettement avec les couv. alaires blanches (comme chez la Cigogne blanche, mais comportement en vol à voile différent – v. introduction ci-dessus). – *Juv. :* gris-brun assez foncé dessus, blanc sale dessous. Sac jugulaire jaunâtre, peau autour des yeux et pattes roses. En vol, diffère du P. frisé par les couv. sous-alaires et les rémiges bien plus foncées dessous et un contraste plus marqué entre les rémiges et la plage médiane pâle.

VOIX On entend, dans les colonies, un sourd bourdonnement et un murmure de grognements diversement articulés.

Pélican frisé *Pelecanus crispus* [MO]

L 160-180 cm (cou étendu). E 270-320 cm. Très rare et localisé ; lacs peu profonds, marais ; se contente aussi de pièces d'eau plus modestes. Migrateur partiel.

CARACTÉRISTIQUES Similaire au P. blanc, mais en moyenne un peu plus grand. Les ad. diffèrent par les plumes frisées de la nuque, les pattes grises, le plumage blanc nuancé de gris (mais, comme le P. blanc, avec zone pectorale jaunâtre), l'iris pâle, l'œil cerclé d'une petite zone de peau claire et, en période nuptiale, le sac jugulaire rougeâtre. En vol, dessous des ailes presque tout pâle (blanc-gris avec bande médiane plus blanche), et seulement le bout des ailes sombre. – *Juv. :* gris-brun assez clair dessus et blanc sale dessous, légèrement plus pâle et plus gris que le P. blanc juv. mais surtout reconnu aux plumes frisées de la nuque. Pattes grises et peau blanc grisâtre autour des yeux.

VOIX Mal connue. Comme celle du P. blanc en plus aiguë.

Fou de Bassan

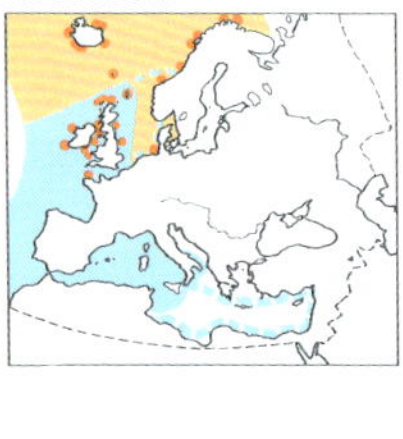

Pélican blanc

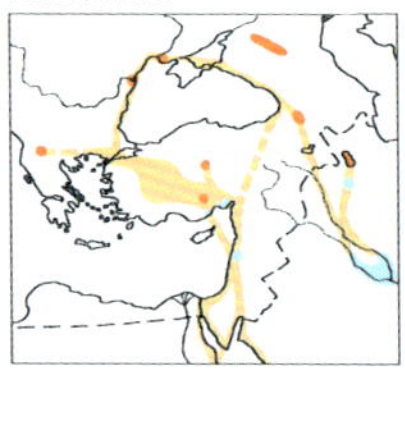

Pélican frisé

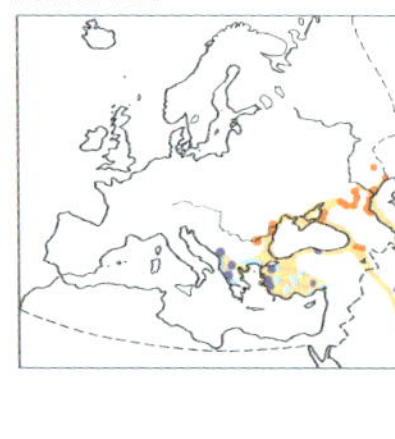

FOU DE BASSAN

FOU BRUN

ALBATROS À SOURCILS NOIRS

PÉLICAN BLANC

PÉLICAN FRISÉ

KM

CORMORANS : PHALACROCORACIDÉS

Oiseaux aquatiques (souvent marins) de taille moyenne ou grande, essentiellement sombres. Corps élancé, cou et queue longs, cette dernière nettement étagée. Bec puissant et droit à bout crochu. Quatre doigts reliés par une palmure ; nagent le corps très enfoncé et le bec relevé. Pour pêcher, plongent souvent avec un petit bond. Se tiennent souvent debout, ailes étendues, pour sécher leurs plumes et impressionner les prédateurs ailés.

Grand Cormoran *Phalacrocorax carbo* N3 / MC / HC

L 77-94 cm. E 121-149 cm. Niche sur les corniches des falaises côtières (race *carbo*, Atlantique ; *maroccanus*, Maroc) ou sur des arbres près des lacs et du littoral, parfois dans les roseaux ou au sol (*sinensis*, est et sud de l'Europe). Les ind. du nord de l'Europe sont migrateurs. Se rassemble sur les bancs de sable, les récifs, les jetées, etc., parfois en nombre. Nid d'algues, de roseaux, etc.

CARACTÉRISTIQUES Grand ; long cou épais. Tête allongée et anguleuse, bec puissant (mais parfois étonnamment mince chez certains juv.). En vol, ressemble un peu à une oie (taille et vol similaires, cou tendu en avant, volant souvent à bonne hauteur même au-dessus des terres et volontiers en formations) mais est caractérisé par de brefs planés, une queue plus longue, le cou légèrement creusé, des coups d'ailes un peu moins accentués et des formations de vol moins ordonnées. En outre tient la tête et la queue assez relevées. Les ind. isolés volent souvent au ras des vagues (comme le C. huppé). Nage le corps enfoncé et le bec relevé, et peut, de loin, être pris pour un Plongeon à bec blanc, mais noter l'arrière de la calotte anguleux, le cou plus dressé, le bec plus levé, ainsi que l'habitude de plonger avec un petit bond, souvent sans guetter auparavant, la tête immergée, ce qui est si caractéristique des plongeons. – *Ad. (Europe) :* noir avec reflets métalliques bleutés et un peu verts (la proportion de vert est insuffisante pour distinguer la race *sinensis*), ailes bronze à motif écailleux noir. Peau nue à la base de la mandibule inférieure jaune entourée de blanc. Tache blanche à la cuisse apparaissant seulement lors de la nidification (disparaît souvent dès juin). Dessus de la tête et nuque plus ou moins parsemés de plumes blanches, généralement plus chez les individus âgés et chez la race *sinensis* (mais chevauchement notable) ; la plupart de ces plumes blanches tombent en été. Plum. internuptial moins brillant ; blanc des joues et de la gorge plus terne et diffus. – *Juv. (Europe) :* brun foncé dessus. Dessous plus ou moins blanchâtre, habituellement à la gorge, à la poitrine et au ventre. Ind. de 1re année pouvant être très blanc dessous, ou bariolé à la poitrine et au ventre avec contraste entre blanc pur et taches sombres. – *Imm. (Europe) :* graduellement plus sombre et plus brillant au cours des deux ans d'acquisition du plum. ad. – Au Maroc, ad. avec un peu de blanc à l'avant du cou et en haut de la poitrine (race *maroccanus*), ou poitrine et haut du ventre tout blancs contrastant avec le bas du ventre sombre (race *lucidus* ou variante extrême de *maroccanus* ?).

VOIX Divers cris gutturaux à la colonie.

Cormoran huppé

Phalacrocorax aristotelis N3 / MC / HC

L 68-78 cm. E 95-110 cm. Niche en colonies lâches le long des côtes rocheuses. Nid dans des fentes de rochers, des cavités ou sous des blocs.

CARACTÉRISTIQUES Un peu plus petit et plus élancé que le Grand C., avec cou plus fin, tête plus petite et plus arrondie (front abrupt, calotte arrondie) et bec plus mince. Diffère en vol par le cou tenu plus droit, le bout de l'aile un peu moins pointu, les ailes paraissant situées en arrière du centre de gravité, le vol plus bas (généralement au ras de l'eau), et les coups d'ailes un peu plus rapides (sans planés). Plonge avec un net bond au-dessus de l'eau. – *Ad. nuptial :* noir à reflet vert, ailes nuancées de violacé, dessus à motif écailleux noir. Commissures jaune vif contrastant avec les joues et le bec noirs (la race méditerranéenne *desmarestii* a un bec jaune plus clair réduisant le contraste). En début de période nuptiale, courte huppe noire recourbée en avant. – *Ad. internuptial :* un peu plus terne. Menton clair. Bec jaunâtre. – *Juv. :* brun foncé dessus, brun clair dessous, menton blanchâtre (race *desmarestii* blanc sale sur tout le dessous ou presque). Les Grands C. de petite taille et à bec faible et plum. pâle diffèrent par la poitrine tachée de sombre et de blanc (brun clair uni chez le C. huppé), le bec couleur corne avec nette tache jaune à la base (tout pâle sans tache jaune chez le C. huppé), les pattes sombres (palmures couleur chair chez le C. huppé) ; noter également la forme différente de la tête et le motif de la face. Couv. sus-alaires à pointe pâle, formant une zone pâle (aile du Grand C. habituellement toute sombre, mais vague plage claire chez les imm. pâles). – *Imm. :* progressivement plus sombre et brillant au cours des deux ans nécessaires à l'acquisition du plum. adulte.

VOIX Divers cris cliquetant et grognants à la colonie.

Cormoran pygmée *Phalacrocorax pygmeus* MO

L 45-55 cm. E 75-90 cm. Niche en colonies au bord des lacs et dans les deltas à végétation fournie. Nage en groupes denses, se pose sur des branches ou grimpe dans les roseaux. Nid de branchettes et d'herbe sur des arbres bas et touffus ou dans les roseaux.

CARACTÉRISTIQUES Assez petit, à peu près comme une foulque. Longue queue, bec court et épais ; cou paraissant court également, mais pouvant s'allonger quand l'oiseau nage. Noirâtre à reflets vert foncé et bronze. – *Ad. nuptial :* mouchetures blanches sur la tête, le cou et le dessous du corps. – *Ad. internuptial :* mouchetures absentes ; menton blanchâtre et poitrine plus pâle, brunâtre. – *Juv. :* plus terne et plus brun ; tête et poitrine vaguement rayées.

VOIX Mal connue. Croassements et grognements à la colonie.

Grand Cormoran

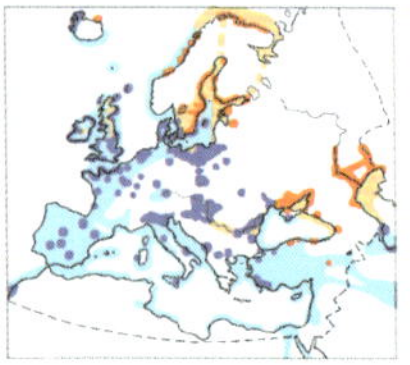

Cormoran huppé

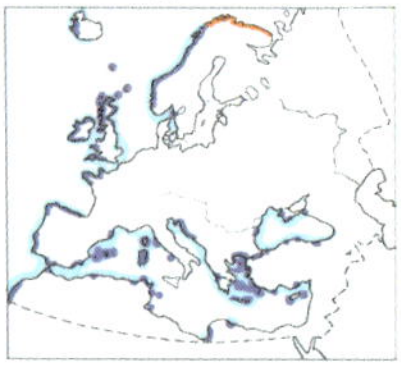

Cormoran pygmée

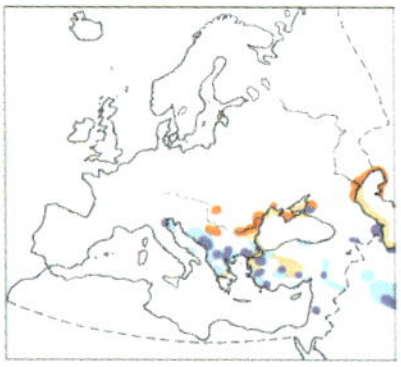

GRAND CORMORAN

CORMORAN HUPPÉ

CORMORAN PYGMÉE

KM

BUTORS, HÉRONS, AIGRETTES, CIGOGNES… : CICONIIFORMES

Groupe d'échassiers moyens à grands, à longues pattes, long cou et long bec. Doigts non palmés. En font partie : les hérons et les aigrettes (Ardéidés) qui rentrent leur cou en vol ; les cigognes (Ciconiidés), qui volent le cou tendu, et souvent en cercle à bonne hauteur ; et les ibis et spatules (Threskiornithidés), dont la forme du bec est particulière mais qui ressemblent beaucoup aux cigognes.

Butor étoilé *Botaurus stellaris* N2 / MR / HR

L 69-81 cm. E 100-130 cm. Vastes roselières (phragmitaies). Très farouche. Migre avec les gelées, mais est endurant et revient tôt. Se nourrit surtout de poissons, grenouilles et insectes. Polygame. Nid de roseaux secs, au niveau de l'eau, au cœur des roselières.

CARACTÉRISTIQUES Grand héron brun chamois. Un peu plus petit que le Héron cendré, mais plus trapu ; cou plus épais (habituellement rétracté entre les épaules) ; plum. du cou lâche ; pattes plus courtes. Vole assez rarement, plutôt au printemps et en début d'automne.
En vol, noter les ailes larges, les coups d'ailes plus rapides que ceux du Héron cendré, l'avant massif et les pattes saillantes. De loin, paraît entièrement brun cannelle (les ailes larges et la couleur brune font penser à une buse ou un hibou) avec une plage alaire pâle contrastant avec les rémiges sombres. Rarement observé à terre (se cache volontiers dans les roseaux), et décelé surtout à son appel caractéristique. Dérangé dans les roseaux, adopte une attitude typique de camouflage, cou étiré et bec pointant vers le ciel. – *Juv. :* comme l'ad. mais calotte et « moustache » (plus courte) brunes (et non noires).

VOIX Le cri en vol est un *gréoh'* isolé ou répété qui rappelle vaguement le glapissement du Renard ou le cri d'un goéland. Le chant territorial est un *oump'* sonore et très caverneux (évoque une corne de brume) qu'on entend jusqu'à 5 km durant les nuits calmes, et généralement répété 3 à 5 fois, à 2 secondes et demie d'intervalle. De près, on perçoit une aspiration initiale *uh'-oump'*.

Butor d'Amérique *Botaurus lentiginosus*

L 59-70 cm. E 95-115 cm. Occasionnel, originaire d'Amérique du Nord, très rare en Europe occidentale (généralement oct.-nov). Moins grand que le B. étoilé ; bec plus fin. Taille et vol peuvent faire penser au Bihoreau gris. Plum. comme celui du B. étoilé mais rémiges noirâtres unies (non barrées), calotte brun noirâtre, « moustache » plus large (plus étroite et moins noire chez les jeunes), et plum. lâche du cou plus nettement rayé de brun.

Blongios nain *Ixobrychus minutus* N2 / MR / HO

L 33-38 cm. E 49-58 cm. Roselières étendues ou non, étangs et fossés inondés à végétation abondante. Visiteur d'été (surtout avr. à oct.) ; hiverne en Afrique. Se nourrit de poissons, grenouilles et insectes. Nid de roseaux, souvent au-dessus de l'eau, dans les roselières ou les buissons.

CARACTÉRISTIQUES Très petit (plus petit que la Poule d'eau). Farouche, mais vient parfois se nourrir en limite des roselières ; s'éclipse souvent en grimpant ou en courant comme un râle plutôt que de s'envoler. En vol, coups d'ailes rapides et souples typiques, et zone alaire pâle frappante chez les ad. (moins chez les jeunes). – *Ad. :* calotte et dessus noirs ; plage alaire blanc beigeâtre bien nette. – ♀ *ad. :* brune là où le mâle est noir ; plage alaire brun chamois, non rayée mais moins apparente. – *Juv. :* comme une ♀ terne ; cou, dessus et plages alaires striés.

VOIX Cri de vol : *kvékvékvé* sec et nasal ; également des *kuèr* et *kérèk*. Chant (s'entend aussi de jour) : suite monotone de *ouorr* sourds (mais portant loin) et grognants, répétés toutes les 2 secondes et demie.

Bihoreau gris *Nycticorax nycticorax* N4 / MC / HR

E 58-65 cm. E 90-100 cm. Niche en colonies ; marais, étangs et cours d'eau pourvus d'arbres. Visiteur d'été (surtout mars à oct.) ; hiverne en Afrique. Se nourrit de poissons, grenouilles et insectes. Surtout actif de nuit ; le jour, dort dans les arbres. Nid de branchettes dans les arbres ou parfois les roseaux.

CARACTÉRISTIQUES Héron moyen, très trapu, à bec court. En vol, aspect compact et à courte queue (pattes peu saillantes), corps un peu relevé et bec abaissé ; coups d'ailes raides. Généralement observé à l'aube et au crépuscule, gagnant ses dortoirs diurnes ou en revenant, mais n'est pas uniquement nocturne (on le voit assez souvent de jour). – *Ad. :* ne peuvent être confondus dans de bonnes conditions mais, en vol, peuvent paraître tout gris (dos noir souvent difficile à voir). – *Juv. et 1er hiver :* brun et beige, ponctués de taches blanches (disparaissant graduellement). – *1er été :* ailes et dessus brun uni. – *2e hiver :* comme l'ad. mais calotte et dos brun-gris (et non noir).

VOIX Bruyant à la colonie : divers croassements rauques. En vol, *koark* nasal et caverneux, un peu coassant.

Héron strié *Butorides striata*

L 40-47 cm. E 60-73 cm. Dans le Paléarctique occidental, ne niche qu'au sud du Sinaï dans les mangroves ; hôte rare au nord jusqu'à Eilat. Quelques mentions en Europe (Grande-Bretagne, Islande, Irlande) et aux Açores, en oct.-nov., concernaient le Héron vert (v. p. 410), espèce américaine très proche. Hors nidification, souvent repéré dans les ports de plaisance et sur les jetées.

CARACTÉRISTIQUES Petit héron sombre à long bec. Cou étroit quand l'oiseau est inquiet, trapu chez l'oiseau calme. – *Ad. :* gris ardoisé, gris argenté ou gris brunâtre dessus (semble souvent seulement sombre de loin) mais couv. alaires bordées de blanc beigeâtre ou de roux foncé.

Butor étoilé

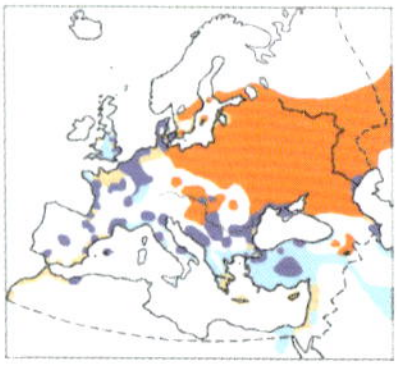

Blongios nain

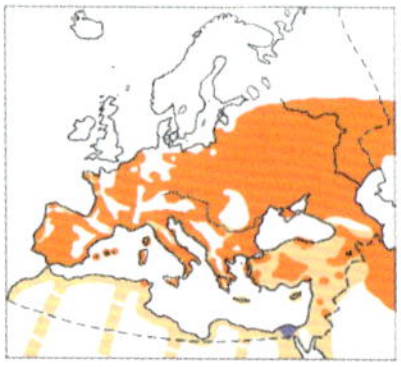

Bihoreau gris

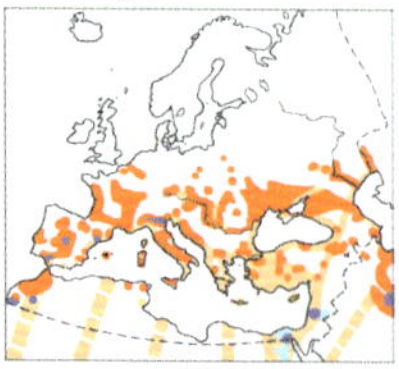

BUTOR ÉTOILÉ

BUTOR D'AMÉRIQUE

BLONGIOS NAIN

BIHOREAU GRIS

HÉRON STRIÉ

Côtés de la tête, du cou et de la poitrine gris chamois clair à roux foncé uni. – *Juv. :* brunâtre, ailes tachetées de blanc, cou largement rayé. Comparer avec les jeunes Bihoreaux gris (plus grands, à bec plus court).

VOIX Un *skiia* aigu à l'envol.

Héron garde-bœufs *Bubulcus ibis* N4 / MC / HC

L 45-52 cm. E 82-95 cm. Niche en colonies dans les arbres et les buissons, sur les rives des lacs et des rivières, mais cherche souvent sa nourriture (volontiers en groupes) dans des milieux secs, parmi le bétail pâturant, dans les champs et les prairies, parfois aussi dans les marais. Migrateur partiel. En expansion. Se nourrit d'insectes, notamment de sauterelles.

CARACTÉRISTIQUES Petit héron blanc, trapu, à bec court et cou assez court généralement rentré dans les épaules. Tête ronde avec un abondant plumage au niveau du menton. Bec jaune et pattes grisâtres la plus grande partie de l'année, rose orangé lors de la nidification, le plumage blanc étant nuancé d'orangé sur la tête, la poitrine et le dos. Remuant et vif, se livre à de brèves courses. Vole en petits groupes et lignes, sans ordre ; coups d'ailes rapides.

VOIX En vol, parfois des croassements monosyllabiques et bas *krat* et *èg*.

Crabier chevelu *Ardeola ralloides* N2 / MR / HO

L 40-49 cm. E 71-86 cm. Niche en petites colonies (souvent avec d'autres hérons) ; lacs marécageux, étangs et rivières aux eaux peu profondes, avec roseaux, buissons et rideaux d'arbres. Hors de la période de nidification, isolé ou en petits groupes. Visiteur d'été ; hiverne en Afrique. En migration, également le long des côtes aux eaux peu profondes. Se nourrit d'insectes, de petits poissons et de batraciens.

CARACTÉRISTIQUES Très petit héron brun chamois à ailes blanches ; changement à vue quand, en vol, il devient presque tout blanc. – *Ad. Nicheur :* tête et côtés du cou blanc chamois jaunâtre presque sans stries, plumes de la nuque allongées ; dos ocre clair à faible reflet violacé ; bec bleuâtre à bout noir, pattes rose jaunâtre (brièvement corail durant la parade). – *Ad.nuptial/internuptial :* tête et côtés du cou plus nettement striés de gris ; dos brun ocre terne ; plumes nucales plus courtes ; bec et pattes vert jaunâtre, bec à bout sombre. – *Juv./1er hiver :* comme l'ad. nuptial/internuptial mais tête/cou encore plus striés et dos plus foncé et terne.

VOIX Lance souvent un croassement rude et net *kaak*, très semblable à celui de la cane de colvert.

Aigrette garzette *Egretta garzetta* N4 / MC / HC

L 55-65 cm. E 88-106 cm. Niche en colonies ; lacs marécageux, rivières et lagunes aux eaux peu profondes. En Europe, généralement migratrice ; la plupart hivernent en Afrique (une partie également en France et Espagne, et beaucoup au Moyen-Orient). Se nourrit (poissons, grenouilles, etc.) dans les pièces d'eau peu profondes ainsi que les zones inondées, le long des côtes, etc., souvent en petits groupes. Nid dans les arbres touffus et les buissons.

CARACTÉRISTIQUES Taille moyenne, blanche, élancée. Pattes noires et doigts jaunes, ce qui la différencie de tous les autres hérons blancs du Paléarctique occidental (v. toutefois l'A. des récifs, ci-après, et l'A. neigeuse, p. 410). En vol, pattes dépassant modérément ; ailes semblant à peu près situées au milieu de l'oiseau. Bec noir ; lores gris-bleu la plupart de l'année, rougeâtres lors des parades. En période nuptiale, deux très longues fines plumes à la nuque.

VOIX La plupart du temps, muette en dehors des colonies. À l'envol, parfois une sorte de soupir rude *aaarh !*

Aigrette des récifs *Egretta gularis* NO / MO

L 55-68 cm. E 88-112 cm. Dans la zone étudiée, ne niche qu'au sud du Sinaï, notamment sur les bords de la mer Rouge (race *schistacea*) ; hôte régulier à Eilat et Suez. Très rare au Maroc, en provenance de sites de nidification sénégalais (race *gularis*). Inféodée aux côtes ; se pose sur les bouées, les jetées, les pilots d'amarrage, etc. Se nourrit de poissons.

CARACTÉRISTIQUES Deux formes, l'une gris de plomb, proche de l'A. garzette, et l'autre blanche, très semblable à cette dernière ; même taille et même forme, mis à part le bec généralement un peu plus long, souvent plus épais à la base mais plus étroit sur le reste de sa longueur et en outre presque toujours légèrement arqué (en forme de sabre). Bec jamais totalement noir comme chez l'A. garzette, souvent jaunâtre sur les bords et à la pointe. Pattes noir verdâtre sur la moitié du tarse ou un peu plus ; reste du tarse et doigts jaune terne ; pattes parfois plus complètement jaune grisâtre. Les jeunes de la forme blanche ont souvent les ailes nettement sombres.

Grande Aigrette *Casmerodius albus* N2 / MR / HR

L 85-100 cm. E 145-170 cm. Niche en colonies ; lacs marécageux peu profonds, généralement avec roselières pourvues de quelques buissons et arbres bas. Migratrice partielle ; hiverne dans la région méditerranéenne ou en Afrique. Se nourrit dans les prairies inondables, au bord des lacs et étangs et le long des cours d'eau. Nid dans les roseaux ou les broussailles.

CARACTÉRISTIQUES Très grande aigrette toute blanche. À peu près aussi grande que le Héron cendré mais avec des pattes et un cou plus longs. Se différencie assez facilement de l'A. garzette et de la forme blanche de l'A. des récifs. Diffère de l'A. garzette par : des coups d'ailes plus lents et plus « compassés » ; des pattes proportionnellement plus longues, qui dépassent beaucoup en vol ; des tibias, ainsi qu'une partie des tarses, jaunâtres ; un bec jaunâtre hors période de nidification ;

Héron garde-bœufs

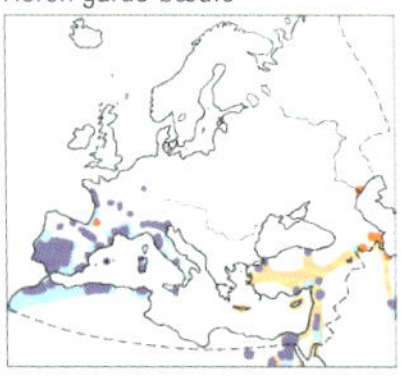

Crabier chevelu

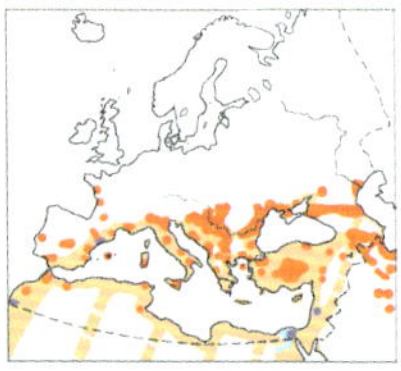

Aigrette garzette

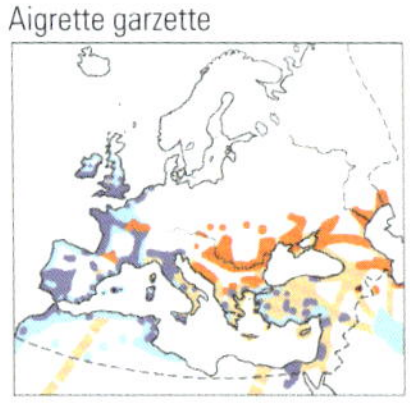

Grande Aigrette

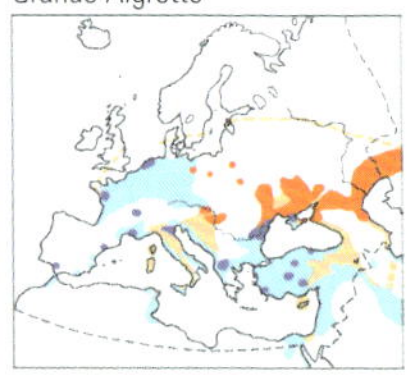

HÉRON GARDE-BŒUFS
d'abord sombre ; devient rapidement tout jaune
bec court
couleurs de parade
ad. (nicheur)
juv.
ad. nuptial
CRABIER CHEVELU
bien plus blanc en vol que posé
imm. / ad. intern.
ad. nuptial
AIGRETTE GARZETTE
gris, souvent teinté de jaune
souvent rosé
imm.
juv.
souvent teintées de vert
ad. nuptial
long, droit, à dominante sombre
en parade
les lores changent brièvement de couleur
noir
doigts jaunes
AIGRETTE DES RÉCIFS
seule la forme orientale *schistacea* est illustrée
imm. (forme pâle)
(forme sombre)
variable, parfois tout jaune
imm. / internuptial
habituellement à dominante jaune
bec moins élégant que chez l'A. garzette, plus épais à l'extrémité
couleurs de parade
ad. nuptial
parfois comme l'A. garzette, mais pattes souvent entièrement vertes ou marquées de pâle
GRANDE AIGRETTE
en hiver, avec un Héron cendré (à dr.)
tout jaune
imm. / internuptial
bien plus grande que l'A. garzette
le bec devient noir chez les ind. nicheurs, sinon jaune orangé
en forme de S
ad. nuptial
pendant la parade nuptiale, le tibia peut devenir rougeâtre
longues plumes (ou aigrettes) souvent sales après avoir trempé dans l'eau
sombre
H. GARDE-BŒUFS
jaune
A. GARZETTE
sombre
longues
G. AIGRETTE
KM

l'absence de plumes sur la nuque ; une plus grande taille. Diffère de la forme blanche de l'A. des récifs notamment par la taille supérieure, de plus longues pattes et un bec en poignard (et non long, étroit et nettement arqué en sabre).

VOIX Silencieuse en dehors des colonies où elle émet notamment un croassement sourd et roulé *kr-hr-hr-hra*.

Héron cendré *Ardea cinerea* N4 / MC / HC

L 84-102 cm (cou étendu). E 155-175 cm. En colonies (parfois isolément) ; bois proches de l'eau. Reste immobile à l'affût (au bord de l'eau, dans un champ). Migrateur partiel. Alim. : surtout poissons. Nid de branchettes dans un arbre.

CARACTÉRISTIQUES Grand, robuste, à dominante grise et blanc grisâtre. Fort bec jaune grisâtre (jaune orangé en période nuptiale), pattes jaune grisâtre ou grises. Vole (cou replié), parfois haut, à lents battements des ailes bien arquées. Dessus de l'aile gris à rémiges et couv. primaires noires ; deux taches carpiennes pâles bien visibles de face (v. le H. pourpré). – *Ad. :* front, milieu de la calotte et côtés de la tête blancs, côtés de la calotte et nuque noirs, longue plume nucale noire (rarement visible), cou rayé de blanc grisâtre et de noir. – *Juv. et 1er hiv. :* front et calotte gris, nuque noir grisâtre à courte plume nucale, côtés de la tête et du cou gris, dos gris, centre du cou beigeâtre.

VOIX Cri habituel (souvent le soir), *kah-ahrk !*, sonore, aigre et croassant.

Héron pourpré *Ardea purpurea* N3 / MR / HR

L 70-90 cm (cou étendu). E 120-138 cm. Niche en colonies ; lacs et étangs marécageux peu profonds, bordés de broussailles et d'arbres. Se nourrit en eau peu profonde dans les roselières et le long des cours d'eau, parfois même à découvert dans les prairies inondables. Visiteur d'été (généralement d'avril à oct.) ; hiverne en Afrique tropicale. Alim : poissons, grenouilles, insectes.

CARACTÉRISTIQUES Grand héron dégingandé à aspect généralement très sombre. Bien distinct du H. cendré : bec plus long et plus uniformément étroit (en baïonnette plutôt qu'en poignard) ; tête plus étroite ; ailes ramenées en avant, un peu cintrées au poignet et tenues un peu écartées ; cou un peu plus mince, formant souvent en vol un col de cygne plus anguleux ; doigts plus longs, parfois tenus crispés et « en bouquet » ; taille un peu moindre. – *Ad. :* côtés de la tête et du cou brun-roux ; cou avec nettes bandes étroites, noires. Dos gris foncé, couv. alaires uniformément gris foncé nuancé de lilas-brun (plus net chez la femelle). – *Juv. et 1er hiver :* côtés de la tête et du cou, dos et dessus des ailes ocre-brun, dessus bariolé (centre des ailes foncé, bord ocré), côtés foncés du cou peu marqués. *1er été :* cou et dos presque comme l'ad. mais ailes un peu brunâtres (plumes des jeunes alors tombées).

VOIX En vol cri grinçant, *krrek*, un peu comme le H. cendré mais plus bref (et non nettement dissyllabique).

Cigogne blanche *Ciconia ciconia* N3 / MC / HC

L 95-110 cm. E 180-218 cm. Zones cultivées, souvent au voisinage des cours d'eau, marais et terres inondables. Plus forts contingents dans l'est de l'Europe, moindres dans le nord-ouest (sans doute en raison de la pollution des zones humides ou de leur assèchement). Nid de branchages sur le toit des maisons, les clochers et les poteaux téléphoniques, parfois dans les arbres ; devient familière quand on ne l'effarouche pas. Visiteuse d'été ; hiverne en Afrique tropicale. Passage spectaculaire par le Bosphore et Gibraltar à la fin août ; revient en avril. Alim. : grenouilles, insectes, vers, petits mammifères, etc.

CARACTÉRISTIQUES Très grande, avec long cou et longues pattes. Blanc et noir ; bec et pattes rouges (juv. à bec rouge plus terne avec la pointe légèrement plus foncée – visible de près). En vol, de loin, confusion possible avec le Pélican blanc, mais cou tendu, pattes dépassant de la queue ; vole en cercles de façon désordonnée, non de manière synchronisée comme les pélicans.

VOIX Claquements de bec, surtout pendant la parade.

Cigogne noire *Ciconia nigra* N1 / MR / HR

L 90-105 cm. E 173-205 cm. Forêts étendues avec vieux arbres, traversées de cours d'eau ou avec des marais. Nid de branchages, haut dans un arbre. Farouche lorsqu'elle revient au nid. Visiteuse d'été ; hiverne en Afrique ; revient un mois plus tard que la C. blanche (mai). Se nourrit surtout de grenouilles et d'insectes.

CARACTÉRISTIQUES À peine plus petite que la C. blanche. Facilement distinguée de la C. blanche par sa tête, son dos, son cou et sa poitrine noirs, avec (de près) reflet métallique vert ou violet. En vol, de loin, différenciation parfois délicate : noter que, sous les ailes, seules les aisselles portent un triangle blanc. – *Ad. :* bec et pattes rouges. – *Juv. :* bec et pattes ternes.

VOIX Rarement entendue. Au nid, comme un affûtage de scie *ski-luu, ski-luu*, la première syllabe sourde, la seconde claire. Également une plainte de buse *pyiu*, en vol.

Héron cendré

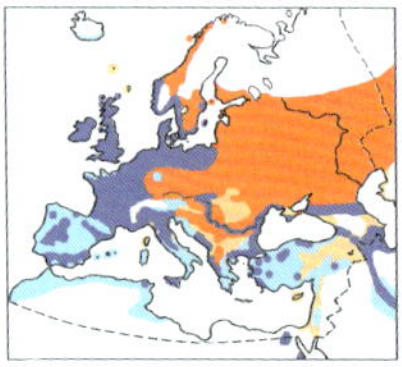

Héron pourpré

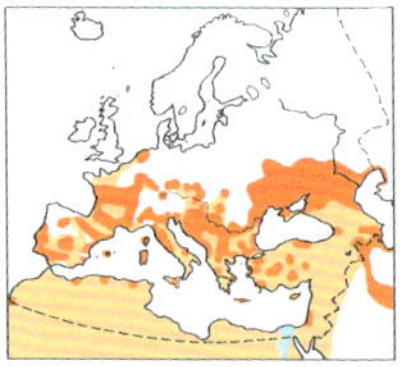

Cigogne blanche

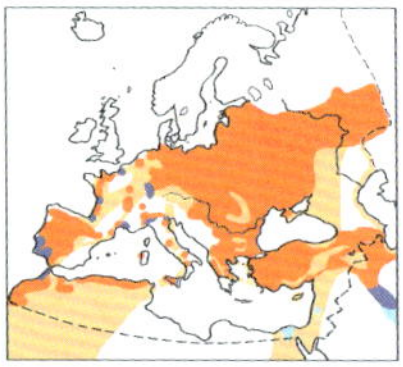

Cigogne noire

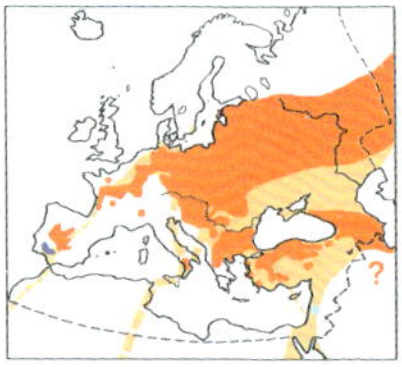

HÉRON CENDRÉ

HÉRON POURPRÉ

CIGOGNE BLANCHE

CIGOGNE NOIRE

DZ

Ibis falcinelle *Plegadis falcinellus* N1 / MR / HR
L 55-65 cm. E 88-105 cm. Niche en colonies ; marais à végétation fournie ; hiverne en Afrique ; revient en avril. Grégaire ; se nourrit (insectes, larves, grenouilles) en petits groupes dans les marais, en eau peu profonde.

CARACTÉRISTIQUES Sombre. Pattes et cou longs ; bec arqué de courlis. Plum. brun pourpré foncé à reflet vert sur les ailes. Diffère de l'I. chauve, en vol, par les pattes dépassant plus de la queue, un bec plus long, plus mince, et des coups d'ailes plus rapides, plus mécaniques, avec de brefs planés réitérés. Vole souvent à plusieurs en ligne, avec une trajectoire de vol un peu onduleuse. – *Ad. nuptial :* couleur sombre unie sur la tête et le cou. Base du bec bleue avec étroite bande blanche. – *Ad. internuptial (été et hiver) :* comme en plum. nuptial mais tête et cou brun un peu plus terne, parsemé de blanc. Base du bec toute sombre. – *Juv. et 1er hiver :* comme l'ad. internuptial mais à dominante verdâtre terne sans nettes teintes pourpres ou brunes.

VOIX Croassement grognant *grrru*, occasionnel.

Ibis chauve *Geronticus eremita*
L 70-80 cm. E 120-135 cm. Espèce la plus menacée de la zone étudiée ; disparu de Turquie depuis 1989 (il y reste des ind. échappés de captivité), quelques-uns subsistent en Syrie et au Maroc. Niche en colonies dans les semi-déserts rocheux, à proximité de cours d'eau. Niche sur une corniche ou dans une cavité à flanc de falaise. Oiseaux syriens migrateurs, hivernant dans le sud de l'Arabie et en Afrique de l'Est. Se nourrit d'insectes et d'invertébrés recherchés sur les sols arides, dans les champs et au bord des oueds.

CARACTÉRISTIQUES Assez grand, noir, court sur pattes mais à longue queue ; bec arqué. Plum. noir à reflets verts et brun pourpré métallique. Bec rouge. Tête « chauve » à peau rouge. Plumes de la nuque allongées, pendant (aspect « mal coiffé »). Forme des ailes caractérisée par un bras assez court et une main longue et assez étroite. En vol, les pattes ne dépassent pas de la queue (à la différence de l'I. falcinelle). Coups d'ailes peu amples mais efficaces et souples ; ne sont pas entrecoupés, comme chez l'I. falcinelle, de brefs planés lors de vols prolongés (les planés ne sont cependant pas impossibles, ailes alors légèrement en cloche).

VOIX Silencieux en dehors des colonies, où l'on entend notamment des *brump* brefs et gutturaux et des *huoh* enroués et sonores.

Spatule blanche *Platalea leucorodia* N2 / MR / HR
L 80-93 cm. E 120-135 cm. Niche en colonies (localisées) ; marais à vastes roselières, avec broussailles et arbres. Nid dans les arbres ou les roseaux, normalement à l'écart de ceux d'autres espèces. Fréquente les pièces d'eau claires, peu profondes et abritées ou les rivières limoneuses, et même les marais salants. Se nourrit de mollusques, crustacés et petits poissons.

CARACTÉRISTIQUES Ne peut être confondue, de près, du fait de son long bec à bout spatulé. De plus loin, confusion seulement possible avec la Grande Aigrette en raison de sa taille et de son plum. tout blanc. Caractérisée par sa huppe fournie sur la nuque et sa façon particulière de se nourrir, bec enfoncé dans l'eau, la tête agitée d'un mouvement de balayage latéral tandis que l'oiseau avance. Vole avec le cou tendu (comme les cigognes, à la différence des hérons), coups d'ailes très rapides (plus que ceux des grands hérons) avec des intermèdes de planés. – *Ad. nuptial :* huppe fournie (plus longue chez les mâles), tache ocrée à la poitrine, rém. primaires toutes blanches, bec noir à bout jaune. – *Ad. internuptial :* comme l'ad. nuptial mais sans huppe ni tache ocrée à la poitrine. – *Juv. et 1er hiver :* comme l'ad. internuptial, mais pointes noires aux rémiges primaires externes et, au début, pattes et bec chair, s'assombrissant par la suite.

VOIX Muette.

FLAMANTS : PHOENICOPTÉRIFORMES

Grands « échassiers » des eaux salées et saumâtres peu profondes. Cou et pattes extrêmement longs. Bec massif, fortement recourbé, pourvu de lamelles filtrant le plancton. Nichent en colonies, irrégulièrement, sur des îlots abrités ou des rivages à l'écart.

Flamant rose *Phoenicopterus roseus* NS3 / MC / HC
L 120-145 cm. E 140-170 cm. Niche en colonies peu nombreuses mais importantes, sur des îles basses et des bancs de sable, sur de vastes rivages vaseux, dégagés, en eau peu profonde, ou sur des lacs salés, des baies, etc. Craint les dérangements. Environ 35 000 couples en Europe méridionale.

CARACTÉRISTIQUES Blanc à nuance rose, couv. alaires rouges et rém. noires. Bec rose à bout noir ; pattes entièrement roses ; plum. plus blanc que rose (voir aussi le F. du Chili et le F. des Caraïbes, p. 424, parfois échappés de captivité). Souvent en grands groupes très serrés (semblant une bande blanchâtre à l'horizon). En vol, rouge des ailes bien visible ; pattes et cou étendus à l'horizontale (cou légèrement tombant à la base). Battements continus, assez rapides. Ad. identiques mais ♂ en moyenne plus grand et à teintes souvent un peu plus soutenues – *Imm. :* plum. juv. brunâtre pâlissant vite et muant vers un plum. presque blanc à traits rachiaux plus sombres et couvertures alaires à bout sombre. Bec pâle, œil sombre. Rose apparaissant lentement à partir de la 2e année. – *Juv. :* brun-gris, ventre blanc.

VOIX Cancanements sonores, rappelant un peu les Oies cendrée ou des moissons. Les grandes bandes font entendre une rumeur grognante.

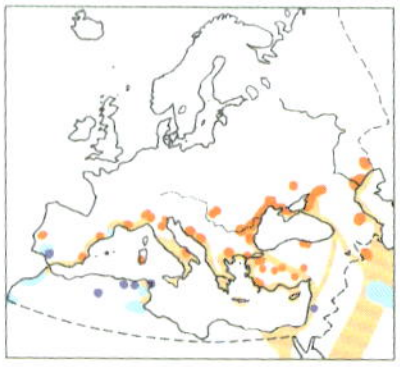
Ibis falcinelle

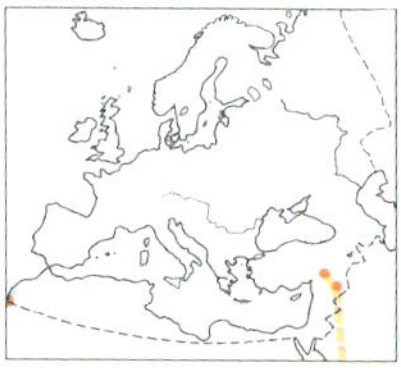
Ibis chauve

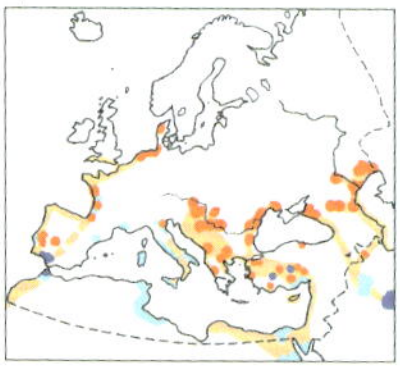
Spatule blanche

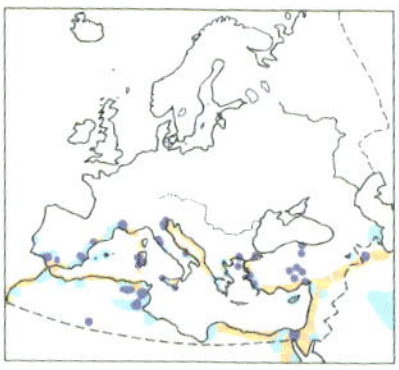
Flamant rose

IBIS FALCINELLE

IBIS CHAUVE

SPATULE BLANCHE

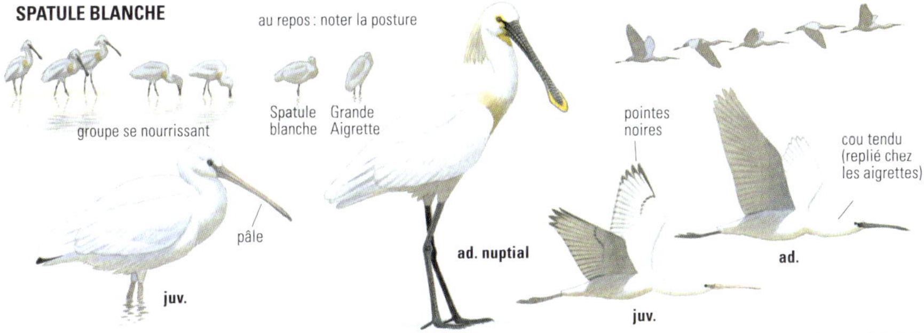

FLAMANT ROSE

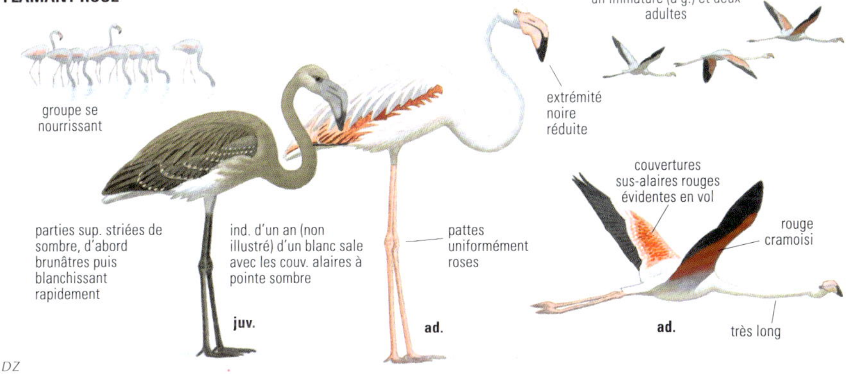

RAPACES DIURNES : ACCIPITRIFORMES

Quarante-sept espèces de rapaces diurnes de différentes tailles et formes, réparties en trois familles. Toutes sont essentiellement carnivores, avec leur bec crochu et leurs puissants doigts (ou serres) aux ongles acérés. La plupart (à l'exception des vautours) capturent et tuent leurs proies.

Accipitridés
La plus importante famille avec 34 espèces. Comprend les éperviers, buses, aigles, milans, vautours et busards. Larges ailes, faites pour les vols à voile et plané.

Pandionidés
Une seule espèce, le Balbuzard pêcheur. Spécialisé dans la pêche des poissons après avoir volé au-dessus de l'eau et piqué brusquement. Pattes très puissantes.

Falconidés
12 espèces à vol rapide et adroit. Ailes étroites et pointues. Peuvent capturer leurs proies au vol, parfois après un long piqué, rapide et vertigineux.

DÉTERMINATION DES RAPACES DIURNES

Les rapaces diurnes sont particulièrement difficiles à déterminer sur le terrain, étant donné leur éloignement habituel où la brièveté de l'observation, leur plum. aux nombreuses variantes, la similitude des silhouettes d'espèces proches, la rareté de leurs cris, et la rareté relative de la plupart des espèces. On ne doit pas espérer déterminer sur le terrain tous les rapaces rencontrés mais on peut résoudre nombre de cas en comptant sur l'expérience.

On visitera avec profit les lieux de passage des rapaces en migration (Falsterbo, Eilat, le Bosphore, Gibraltar, etc.) en commençant par suivre un groupe guidé par une personne qualifiée. On s'efforcera de garder en mémoire l'aspect de quelques espèces clés, par ex. la Buse variable, l'Épervier d'Europe, le Busard des roseaux et le Milan noir, sous des angles et éclairages variés.

Suivez au télescope (outil indispensable) le plus longtemps possible les rapaces qui sont passés près et ont été identifiés avec certitude. Cela (partir des réponses pour remonter aux questions) est le meilleur moyen d'apprendre à connaître par vous-même l'aspect des rapaces vus de loin, ce qui est malheureusement le cas général pour ces oiseaux. Observez de façon

AIGLE POMARIN

Les couleurs et les détails du plumage sont effacés par la blancheur du plumage. De ce fait, l'oiseau ressort mieux sur un ciel bleu ou des nuages noirs, qui font mieux apparaître les couleurs.

active en vous posant des questions au moment de l'observation d'un oiseau donné.

Il est facile de mal évaluer la taille d'un aigle en train de cercler ; la lenteur du déplacement et les couleurs foncées sur un ciel lumineux font paraître l'oiseau plus grand qu'il n'est réellement. L'expérience montre que l'on se trompe souvent sur la taille, même lorsque d'autres oiseaux permettent la comparaison. Consultez les chiffres relatifs à l'envergure dans cet ouvrage ; ils ont été déterminés à partir d'oiseaux vivants, de dépouilles et de photographies, et ils trahissent l'étendue des chevauchements entre de nombreuses espèces. En même temps, ils donnent d'utiles indications sur les tailles relatives.

Le type de vol est un indice valable, mais il faut se rappeler qu'il dépend de la taille des ind. au sein d'une même espèce : les grands ind. battent des ailes plus lentement que les petits.

Les variantes de plum. sont répandues, par ex. chez certains aigles et les buses, et il convient de les étudier de près. Contrairement à la taille et aux proportions, un détail du plum. correctement vu est bien moins susceptible d'être déformé par des effets d'optique ou la subjectivité de l'observateur.

La blancheur des nuages éblouit et efface bien des couleurs des rapaces évoluant sur un tel fond : attendre que l'oiseau arrive sur une trouée de ciel bleu ou sur fond de nuages foncés.

La connaissance de la mue, enfin, est essentielle pour une détermination satisfaisante de l'espèce et de l'âge des rapaces. Voir, p. 11 et 12, les principaux points à examiner.

AIGLE CRIARD

Une légère différence de silhouette entre l'ad. et le juv. peut être observée chez de nombreuses espèces de rapaces en vol. L'ad. a les ailes d'une largeur plus uniforme, la main plus large et la queue plus courte ; chez les juvéniles, le bord de fuite de l'aile est en forme de S, la main plus étroite et la queue un peu plus longue.

PYGARGUE À QUEUE BLANCHE

La mue des rémiges est un bon indice pour donner un âge à un rapace (et est souvent importante pour la détermination de l'espèce). Ce Pygargue à queue blanche en été pourrait être pris pour un juvénile, mais l'analyse de sa mue, qui présente deux fronts actifs dans les primaires, permet de montrer qu'il est au moins dans son 2e été.

GYPAÈTE BARBU

VAUTOURS : GYPAETUS, NEOPHRON, GYPS, ETC.

Six espèces. La plupart sont de grands rapaces à ailes larges, qui décrivent de larges orbes à la recherche de charognes ou de restes de proies. Les vautours recherchent les courants thermiques ascendants et sont rarement actifs le matin. Souvent en groupes.

Gypaète barbu *Gypaetus barbatus* NS1

L 105-125 cm. E 235-275 cm. Très rare et localisé ; sédentaire en haute montagne. En déclin : il ne subsiste que 500 couples environ dans la zone étudiée. Fréquente les falaises abruptes et inaccessibles. Alim. : consomme principalement des os. Les plus gros sont lâchés de haut sur des rochers pour les briser. Consomme aussi la chair, les tendons et la moelle des os. Couples unis pour la vie. Nid volumineux dans des grottes ou de profondes crevasses.

CARACTÉRISTIQUES Grand et à longues ailes. Silhouette en vol caractéristique : ailes tout particulièrement étroites et pointues (étant donné la taille si grande), queue cunéiforme nettement plus longue que la largeur des ailes (silhouette analogue seulement chez le Vautour percnoptère, moitié moins grand, à queue plus courte et ailes plus obtuses). Cercle et plane habituellement les ailes presque à plat, à peine abaissées, mais plane parfois la main plus abaissée. Explore sans cesse les pentes montagneuses sans battre des ailes, paraissant voler au ralenti (du fait de sa taille et, souvent, de l'éloignement). En pleine lumière, lorsque le dessus du corps paraît pâle et se confond avec le fond rocheux, se repère souvent plus facilement grâce à son ombre défilant sur la paroi – *Ad. :* dessous du corps pâle, blanchâtre avec plus ou moins de jaune beigeâtre, ou souvent entièrement ocracé (teinte acquise lors de bains de sable), contrastant avec le dessous sombre des ailes. Par bonne lumière, les couv. sous-alaires petites et moyennes sont noires. Dessus gris plomb avec traits rachiaux pâles. – *Juv. :* corps gris terne avec tête, cou et haut de la poitrine gris foncé (pattern comme celui de la Corneille mantelée). Dessus non uniformément gris avec stries pâles (comme chez les ad.) mais bariolé : manteau, croupion et une partie des couv. alaires pâles. De plus, silhouette différente, avec queue plus courte et ailes plus larges et plus obtuses. – *Imm. :* plum. ad. au bout de 5 ans environ ; les subad. conservent la tête foncée assez longtemps.

VOIX Habituellement silencieux. Lors des parades aériennes, sifflements aigus et sonores ou trille.

Gypaète barbu

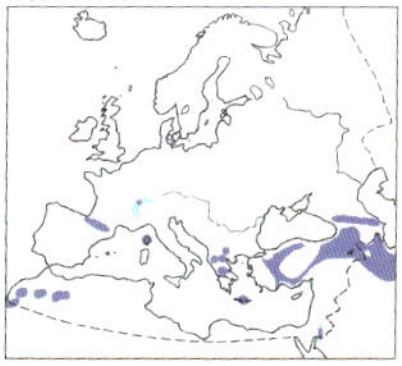

Vautour fauve *Gyps fulvus* NS2 / MR

L 95-110 cm. E 230-265 cm. Sédentaire ; régions montagneuses méditerranéennes, de Turquie, du Caucase. Occasionnel dans le N de l'Europe. Se raréfie (env. 20 000 c ; 90 % en Espagne). Cercle ou plane souvent, généralement en groupes lâches. Nid sur une corniche de falaise, souvent en colonies lâches de 10 à 20 couples.

CARACTÉRISTIQUES Très grand ; bien plus imposant que la plupart des grands aigles. À distance, taille évidente du fait de la lenteur des mouvements. Larges ailes à très longs « doigts » ; bord postérieur des secondaires tendant à saillir et primaires internes plus courtes (le V. moine a des ailes plus uniformément larges). Queue courte, le plus souvent bien arrondie (à peine cunéiforme chez beaucoup). Tête semblant petite en vol. Bouts des rémiges secondaires arrondis, sans aspect en dents de scie. Vol pesant, quelques coups d'ailes très lents et assez profonds alternant avec des planés. En vol à voile, ailes tenues en V aplati, comme l'Aigle royal. En vol plané, ailes plus planes ou légèrement en cloche. Parfois, en vol à voile, donne un coup d'ailes ample. Aspect bicolore (ind. à contre-jour pouvant sembler tout sombres). – *Ad. :* couv. sus-alaires à large bout chamois pâle ; petites couv. sous-alaires assez sombres, brun moyen, traversées d'une ou deux étroites bandes pâles ; dessous du corps brun moyen ; collerette blanchâtre visible de près. Bec jaunâtre, face souvent gris sale. – *Juv. :* grandes couv. sus-alaires sans bout pâle ; couv. sous-alaires blanc beigeâtre, un peu plus claires que chez les ad. et plus uniformes ; dessous du corps plus clair que chez les ad. ; collerette beige foncé. Bec gris, face souvent pâle. – *Imm. :* plum. ad. au bout de 5 à 6 ans.

VOIX Un peu plus loquace que les autres vautours.

Vautour de Rüppell *Gyps rueppellii* MRO

L 90-105 cm. E 220-255 cm. Afrique subsaharienne. Remonte rarement jusqu'en Égypte et en Espagne ; isolés dans les colonies de V. fauves du S espagnol depuis les années 1990.

CARACTÉRISTIQUES Un peu plus petit que le V. fauve. Ad. sombre densément tacheté de pâle. Immatures (les ind. d'ordinaire vus en Europe, le sont) plutôt tout sombres dessus comme dessous avec nette bande blanche juste en arrière du bord antérieur du dessous de l'aile. Les adultes acquièrent plus de telles bandes blanches, plus étroites.

Vautour moine *Aegypius monachus* NS1 / MO

L 100-115 cm. E 250-285 cm. Très rare ; en fort déclin (en Europe, un peu plus de 1 000 c, surtout en Espagne). Montagnes désertes et arides ou grandes forêts de plaine avec collines ou escarpements rocheux. Énorme nid de branchages, d'ordinaire dans un arbre.

CARACTÉRISTIQUES Très grand. Taille d'un ind. cerclant au

Vautour fauve

Vautour moine

VAUTOUR DE RÜPPELL

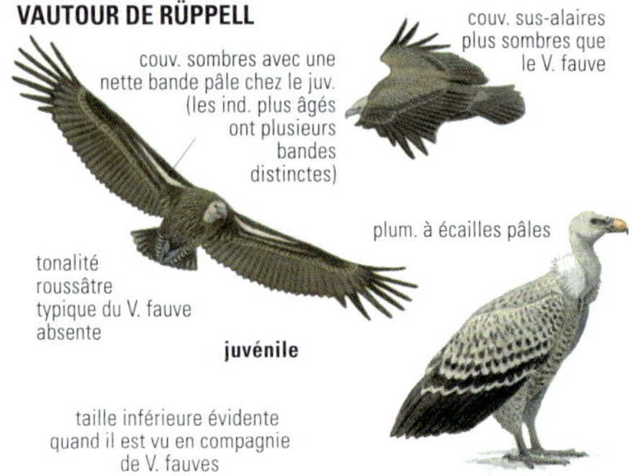

loin surtout évidente du fait de la lenteur de ses déplacements. Larges ailes à bout nettement « digité ». Silhouette en vol plus semblable à celle d'un aigle que celle du V. fauve, du fait des ailes plus uniformément larges, de la tête plus visible et du plum. tout foncé. Rémiges secondaires pointues, conférant un aspect en dents de scie au bord postérieur des ailes. Confusion avec un aigle évitée grâce au bout des ailes plus profondément digité, avec les deux premières rémiges primaires plus incurvées vers le haut. Queue courte comme chez le V. fauve. De face, en vol à voile, diffère du V. fauve par le bras toujours tenu à plat avec la main un peu abaissée (critère diagnostique). À la différence des autres grands vautours aux ailes larges, le V. moine ne plane pas avec les pattes pendantes avant de se poser mais relève souvent la queue. Couleur des pattes variable : blanc-gris bleuté, chair clair ou jaunâtre clair. – *Ad. :* couv. sous-alaires non uniformément sombres mais avec certaines couv. petites et moyennes brun-gris plus clair (formant habituellement une ou deux bandes diffuses). De plus, collerette et tête brun clair, et non noirâtres comme chez les jeunes. – *Juv. :* couv. sous-alaires uniformément noires, plus foncées que les rémiges. Tête et collerette noirâtres. Ad. en 6 ans environ.

VOIX Habituellement silencieux.

Vautour oricou *Torgos tracheliotus* MO

L 98-112 cm. E 250-280 cm. Sédentaire très rare en Arabie, p.-ê. encore S Jordanie (qques ind. subsistent, irrégul. notés dans la zone étudiée). Niche en montagne ou dans le désert. Nid volumineux dans un arbre (ou sur une corniche).

CARACTÉRISTIQUES Très grand. Silhouette en vol proche de celle du V. moine, secondaires un peu saillantes presque comme chez le V. fauve, et queue proportionnellement plus courte que chez ces deux espèces. Ailes larges, très profondément digitées. En vol à voile, de face, silhouette assez plane. Mieux identifiable au plum. : tête pâle, collerette et poitrine sombres, cette dernière rayée et tachetée de blanchâtre chez les ad., aux flancs également en partie blanchâtres. Couv. sus-alaires et dos brunâtres, contrastant un peu avec les rémiges et les rectrices plus foncées (moins que chez le V. fauve). – *Ad. :* dessous du corps à bandes claires et foncées. Couv. sous-alaires noires avec bande pâle près du bord antérieur de l'aile. – *Juv. :* dessous du corps et couv. sous-alaires sombres, à peu près uniformes. – *Imm. :* plum. ad. acquis en 6 à 7 ans.

VOIX Habituellement silencieux.

VAUTOUR FAUVE

VAUTOUR MOINE

VAUTOUR ORICOU

Vautour percnoptère *Neophron percnopterus* N1 / MR
L 55-65 cm. E 155-170 cm. Rare visiteur d'été (en déclin), essentiellement dans les montagnes des pays méditerranéens ; bien représenté seulement en Espagne, Afrique du Nord et Turquie ; hiverne en Afrique (et aux Baléares). Alim. : animaux morts et autres déchets. Nid à flanc de falaise.

CARACTÉRISTIQUES Taille moyenne à grande. Silhouette en vol caractéristique : queue cunéiforme (un peu plus courte que la largeur des ailes), petite tête à long bec étroit ; ailes relativement larges et nettement « digitées ». De face, silhouette assez plane lors du vol à voile, ailes plus en cloche (main abaissée) en vol plané. Vol ramé avec coups d'ailes assez lents et amples. Dessus des rémiges à centre blanc (unique chez les rapaces). – *Ad. :* corps, tête, queue, petites et moyennes couv. alaires blancs ; tête, cou, poitrine et manteau plus ou moins nuancés de brun jaunâtre. Net contraste, dessous, entre les parties blanches et les rémiges noires. Cire et peau nue de la tête jaunes (visible d'assez loin). – *Juv. :* brun foncé avec large bout chamois ocracé très apparent (blanchissant au fil du temps) aux rectrices, aux couv. sus-alaires, aux plumes du manteau, du croupion, aux scapulaires et au bas du ventre. Avec l'usure, plum. brun plus terne et moins contrasté. Il existe une certaine variation : certains jeunes ont des bouts moins nettement pâles et apparaissent plus brun uni. – *Imm. :* plum. moins contrasté, plus brun terne avec plumes pâles ou blanches apparaissant seulement lors du 2e été à l'avant du manteau, au dos et au croupion, au ventre et aux couv. alaires. Plum. ad. acquis progressivement en 5 ans environ.

VOIX Habituellement silencieux.

Pygargue à queue blanche
Haliaeetus albicilla MR / HR
L 76-92 cm. E 190-240 cm. Niche sur les côtes et près des grands lacs et des fleuves. Rare. Ind. âgés sédentaires sauf loin au nord ; jeunes plus migrateurs. (En France, visible en hiver sur les lacs de Champagne.) Alim. : poissons, oiseaux aquatiques, charognes et déchets de poissons. Énorme nid à la cime d'un vieil arbre ou (côtes atlantiques) à flanc de falaise.

CARACTÉRISTIQUES Très grand. Ailes longues et larges, nettement « digitées ». Queue assez courte, cunéiforme, long cou et bec fort d'où une silhouette caractéristique. De face, silhouette assez plane mais bras relevé et main abaissée. Vol ramé avec longues séries de calmes coups d'ailes peu amples, coupées de temps à autre de brefs planés (v. l'Aigle royal). Trajectoire typiquement modifiée par de brusques et légères ascensions et descentes. Vol à voile parfois prolongé, à haute altitude. – *Ad. :* brun avec tête et cou brun jaunâtre plus clair. Une partie des couv. sus-alaires, des plumes du manteau et des scapulaires irrégulièrement liserées de jaunâtre pâle confèrent un aspect écailleux « désordonné ». Bec jaune. Queue toute blanche ou blanc tacheté de brun à la base et au bout. – *Juv. :* ensemble du plum. frais ou usé. Secondaires externes plus longues que chez l'ad., saillant à l'arrière de l'aile ; queue plus longue et moins cunéiforme. Tête, cou et corps brun foncé ; poitrine, ventre, dos et dessus des ailes brun-roux avec large bout noir aux plumes, les petites couv. alaires étant les plus foncées (certains ind. semblant noirâtres, d'autres brun assez pâle). Dessous des ailes sombre avec zone claire diffuse aux aisselles et vague bande pâle le long des couv. moyennes. Rectrices surtout sombres à centre pâle, pouvant apparaître toutes sombres lorsque la queue est fermée (même en vol) mais nettement pâles quand elle est déployée en pleine lumière. Bec sombre. Lores blanchâtres formant une tache pâle assez nette. – *1er plum. imm. (1er et 2e étés) :* non uniformément frais ou usé (mue lente). Teinte brun-roux décolorée et quelques plumes de la poitrine et du manteau à base blanche. « Culottes » sombres. Bec gris un peu plus clair. – *2e plum. imm. (2e et 3e étés) :* variable mais sensiblement plus uniformément sombre. Poitrine, manteau et ailes devenant plus bruns. Certains encore tachés de blanc au dos et à la poitrine. Bec jaune grisâtre. – *3e plum. imm. (3e au 5e été) :* nettement différent des précédents du fait d'une plus grande ressemblance avec les ad., malgré la subsistance de quelques plumes blanchâtres, et l'ensemble tête/cou encore assez brun-gris. Bec jaune pâle, œil brun clair.

VOIX Habituellement silencieux en dehors de la période de nidification. Cri habituel, surtout à proximité du nid : série de jappements aigus rappelant un peu le cri territorial du Pic noir, plus aigu chez le ♂, *kli-kli-kli-kli…*

Balbuzard pêcheur *Pandion haliaetus* N1 / MR / HR
L 52-60 cm. E 152-167 cm. Visiteur d'été (mars) avril-septembre ; hiverne en Afrique. Niche près des lacs et étangs ou sur les côtes à eaux saumâtres ou même salées (Méditerranée). Alim. : poissons. Nid au sommet d'un pin (ou sur un piton rocheux).

CARACTÉRISTIQUES Taille moyenne ; longues ailes. Dessous blanchâtre et silhouette typique : ailes étroites à longue main avec seulement quatre rémiges « digitées » ; courte queue à bout droit. Ailes coudées en vol plané, les poignets saillants. De face, ailes nettement en cloche ; de loin, peut rappeler le Goéland marin. Vole sur place (à coups d'ailes lourds) au-dessus de l'eau et plonge à pic sur les poissons. Dessus brun-gris, dessous blanc, dessous des ailes marqué de noirâtre. – *Ad. :* dessus gris brunâtre. Calotte blanche. Grandes couv. sous-alaires toutes noirâtres et secondaires sombres avec rayures en général diffuses. Iris jaune. Bande pectorale brune du ♂ d'ordinaire moins nette. – *Juv. :* dessus à motif écailleux blanchâtre. Calotte blanche striée de sombre. Grandes couv. sous-alaires blanc barré de sombre ; secondaires pâles largement barrées de sombre. Iris orangé.

VOIX Pendant la parade (vol onduleux, très haut, pattes pendantes), sifflement piaulant *u-ilp, u-ilp, u-ilp*. Alarme, souvent en vol, un petit sifflement enroué mais aigu *kiu-kiu-kiu…* Cri de contact : bref sifflement sonore et explosif.

Vautour percnoptère

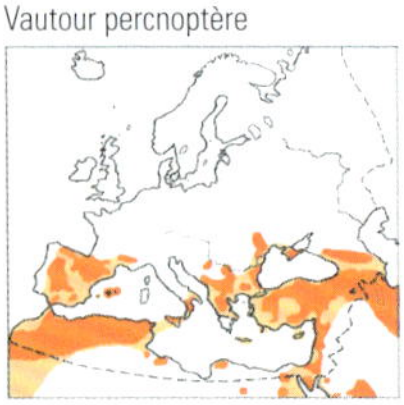

Pygargue à queue blanche

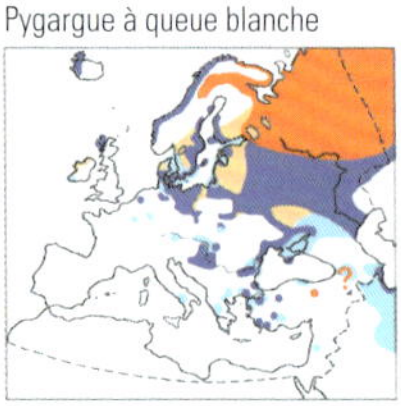

Balbuzard pêcheur

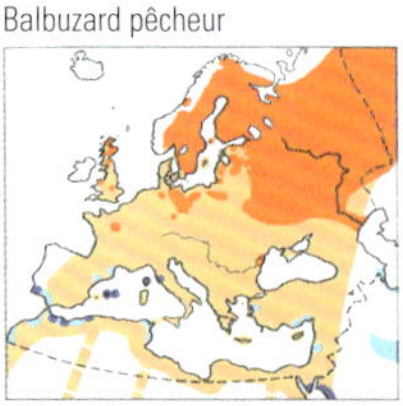

VAUTOUR PERCNOPTÈRE

PYGARGUE À QUEUE BLANCHE

BALBUZARD PÊCHEUR

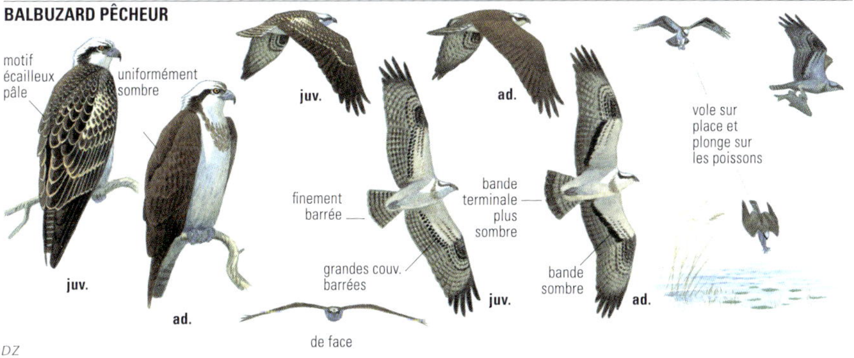

AIGLES : AQUILA, HIERAAETUS, ETC.

Diverses espèces de différentes tailles qui font partie de ce groupe ne sont pas proches parentes. Sexes semblables, mais ♀♀ habituellement plus grandes. Plumage ad. demandant plusieurs années pour être acquis (une espèce, le Pygargue à queue blanche, est décrite p. 92).

Aigle royal *Aquila chrysaetos* NS2

L 80-93 cm. E 190-225 cm. Régions montagneuses et grandes forêts d'altitude, parfois même dans de plus petits boisements en plaine. Sédentaire dans le sud, plus migrateur au nord, notamment les jeunes. Alim. : mammifères, gros oiseaux et charognes. Chasseur éclectique, cercle en altitude, guettant ses proies, ou bien croise à faible hauteur pour les surprendre. Peut aussi guetter longuement d'un affût dominant. Nid volumineux, sur un vieil arbre ou une corniche.

CARACTÉRISTIQUES Très grand. Longues ailes ; longue queue caractéristique, à peu près aussi longue que la largeur des ailes. Silhouette également typique du fait que les ailes se rétrécissent un peu près du corps et de la partie proximale de la main, conférant un profil en S au bord postérieur des ailes, notamment chez le jeune. Vol puissant ; souvent, 6 ou 7 battements lents et assez amples, suivis de planés de 1 à 2 secondes, et ainsi de suite ; trajectoire droite. De face, en vol à voile et souvent en plané, typique, avec les ailes en V aplati. Plane parfois aussi les ailes planes ou légèrement en cloche. Caractère général de tous les plum. : fond brun assez foncé avec « camail » brun jaunâtre ou brun-roux clair (variable, indépendant de l'âge) contrastant à la nuque. – *Ad. :* rémiges et rectrices à base grise avec 3 à 5 larges barres sombres et large barre terminale noirâtre. Couv. sus-alaires moyennes et grandes couv. internes décolorées et usées, formant une zone pâle irrégulière (plus ou moins apparente). Tache pectorale et couv. sous-alaires moyennes souvent roussâtre plus pâle. – *Juv. :* grand « écusson » blanc aux ailes (primaires et secondaires externes à base blanche) et racine de la queue blanche. Écusson parfois réduit à une petite tache (rendant impossible la détermination de l'âge). Couv. sus-alaires uniformément brun foncé, pas de zone pâle. Bord postérieur des ailes en S. Ensemble des rémiges fraîches ou usées. – *1er plum. imm. (1er et 2e étés) :* comme le juv. mais plage pâle sur l'aile, et plum. non uniformément frais ou usé. – *2e plum. imm. (3e au 5e été) :* comme 1er plum. imm. mais nombre variable de rémiges de type ad., grises et barrées, parmi celles de type juv. Le blanc à la racine de la queue persiste plus longtemps, parfois jusqu'à ce que les ailes soient de type ad.

VOIX Parfois, *kluh* ténu, sifflant. Quémandage du juv. et de la ♀ : *ii-kiup* jappant, parfois longuement répété.

Aigle impérial *Aquila heliaca* MO

L 70-83 cm. E 175-205 cm. Rare. Est et sud-est de l'Europe : forêts, steppes, plaines, ainsi que dans les forêts d'altitude. Alim. : mammifères et oiseaux. Nid sur un arbre.

CARACTÉRISTIQUES Très grand. Proche de l'A. royal mais queue plus courte, à peu près égale aux 3/4 ou aux 4/5 de la largeur des ailes, celles-ci étant en moyenne de largeur plus uniforme. Diffère souvent en outre par la silhouette en vol, de face, les ailes étant tenues assez planes (peuvent aussi être un peu relevées). Queue souvent fermée en vol à voile. Queue coupée plus droit et aux coins plus nets que chez l'A. des steppes. – *Ad. :* très sombre, brun noirâtre avec camail doré clair, plus pâle que chez l'A. royal. Normalement, pas de plage alaire pâle (ou, parfois, indistincte). Rémiges gris foncé vaguement barré ; couv. sous-alaires noirâtres contrastantes. Base de la queue plus pâle et plus nettement barrée que chez l'A. royal, large barre terminale noire (de loin, la queue bicolore peut faire penser à un jeune A. royal). Taches blanches aux épaules (parfois petites et difficiles à distinguer). – *Juv. :* corps et couv. alaires sable ; poitrine, manteau et couv. alaires grossièrement rayés de brun sépia ; contraste typique entre la poitrine et le manteau rayés (de loin, foncés) et, respectivement, le ventre et le bas du dos non rayés. Rémiges, rectrices et couv. sus-alaires noirâtres à large bout blanchâtre. Trois rémiges primaires internes typiquement plus claires, dessus comme dessous. Tache pâle insignifiante à la base de la main, donnant un aspect un peu différent au-dessus de l'aile par rapport aux jeunes A. des steppes, criard et pomarin (peut exceptionnellement présenter une indication de bande médiane pâle sous l'aile, évoquant le jeune A. des steppes, mais les autres caractères singularisent l'espèce). – *1er et 2e plum. imm. :* comme le juv. mais, du fait de la mue, le plum. n'est pas uniformément usé, avec respectivement un et deux foyers de mue des primaires. Bord postérieur pâle des ailes et de la queue moins apparent. – *3e et 4e plum. imm. :* pousse graduelle de plumes foncées à commencer par la gorge, le dessus du corps et les petites couv. alaires ; peuvent apparaître très bigarrés ou marbrés lors des étapes intermédiaires. Plum. ad. acquis en 6 ans environ.

VOIX Cris plus bas que ceux de l'A. royal. Typiquement, série rapide d'aboiements sonores *aok-aok-aok-aok…*

Aigle ibérique *Aquila adalberti* MO

L 72-85 cm. E 180-210 cm. Proche de l'A. impérial (parfois considéré comme une race de ce dernier). Nicheur extrêmement rare (env. 150 couples). Nid dans un arbre.

CARACTÉRISTIQUES Comme un grand A. impérial ; en diffère par les points suivants : chez l'ad., bord antérieur des ailes blanc dessus et dessous et, généralement, taches blanches plus grandes aux épaules (situées plus en avant et apparaissant souvent comme un prolongement du bord antérieur blanc des ailes). Rémiges plus foncées, moins barrées. Base de la queue gris plus clair, non barré. – *Juv.* plus brun-roux (au lieu de sable foncé) et non rayé (ou, au plus, très fines stries à la poitrine). Bec un peu plus gros.

VOIX Très semblable à celle de l'A. impérial.

Aigle royal

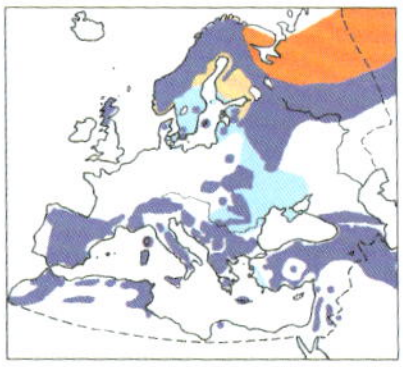

Aigle impérial

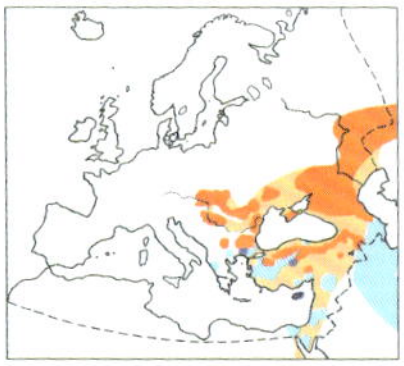

Aigle ibérique

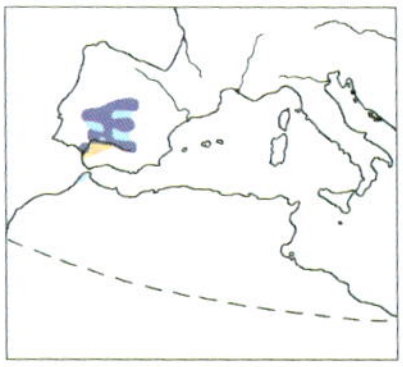

AIGLE ROYAL

AIGLE IMPÉRIAL

AIGLE IBÉRIQUE

DZ

Aigle pomarin *Aquila pomarina* NR / MR / HO

L 55-65 cm. E 143-168 cm. Forêts ou grands bois de plaine. Visiteur d'été (avril-oct.) ; hiverne en Afrique. Migrateur abondant par la Turquie et le Moyen-Orient. Alim. : petits mammifères, oiseaux, amphibiens et insectes. Nid dans un arbre.

CARACTÉRISTIQUES Taille moyenne. Trapu et sombre. Ailes de largeur uniforme, à bout plus profondément « digité » que chez les buses mais pas autant que chez les autres grandes espèces d'*Aquila*. Main moins fournie : 7e primaire digitée insignifiante (juv.) ou courte (ad.). Queue arrondie, assez longue (2/3 aux 3/4 de la largeur de l'aile). De face, ailes légèrement en angle au poignet et main abaissée, surtout en plané et aussi un peu en vol à voile (main abaissée aussi chez d'autres espèces, surtout chez les A. criard et des steppes). Coups d'ailes assez rapides. Tête et cou de type buse ; bec frêle pour un aigle. Narines rondes (typiques de cet aigle et de l'A. criard). Plus facilement déterminé par le plum. : brun foncé avec tête, cou et couv. sus-alaires plus clairs, contrastant ; petite tache basale blanchâtre sur le dessus de la main, typique ; la plupart des ind. ont un peu de blanc aux sus-caudales. Dessous des ailes présentant chez la plupart des oiseaux des couv. alaires plus claires que les rémiges (chocolat au lait opposé à gris foncé ; par bonne lumière, confusion rendue presque impossible) ; rémiges généralement à barres sombres serrées (invisibles de loin) au moins aussi larges que les pâles avec lesquelles elles alternent ; barres distinctes jusqu'au bout ; certains ind. totalement sans barres. – *Ad. :* petites et moyennes couv. sus-alaires jaune brunâtre clair, formant une zone bien délimitée à l'avant de l'aile ; calotte et nuque pâles ; dos sombre (généralement) ou un peu plus pâle selon la mue et la décoloration. Tache blanche à la base de la main, petite mais nette. Pas de net bout blanc aux grandes couv., aux secondaires ou aux rectrices. Œil brun-jaune (sombre chez le Criard). – *Juv. :* couv. sus- et sous-alaires (petites et moyennes) plus foncées que chez l'ad., brun moyen, mais habituellement un peu plus claires que les grandes couv. et les rémiges (certains ont cependant les couv. sous-alaires sombres). Tête brune avec tache doré roussâtre à la nuque (blanchissant au fil du temps). Tache blanche à la base de la main assez large, débordant souvent sur les primaires internes. Grandes couv. sus- et sous-alaires, et bord postérieur des ailes et de la queue à vague bout blanc ; couv. sus-alaires moyennes externes souvent à bout blanc également (rarement visible sur le terrain). Tendance à avoir les secondaires saillantes (à la différence des ad.). – *Plum. imm. suivants :* plum. ad. acquis en 5 ans env. mais la détermination de l'âge sur le terrain (juv. et ad. exceptés) est difficile ; toutefois, la mue des rémiges peut être un indice : seules les primaires internes sont remplacées en 1er été, quelques internes et quelques externes au cours des étés suivants.

Aigle pomarin

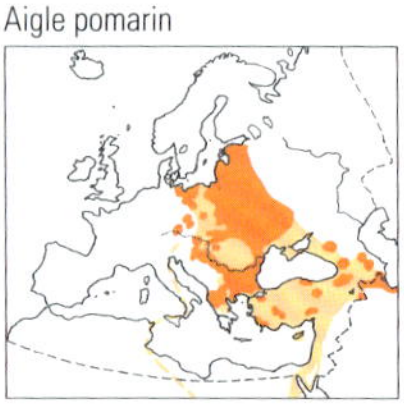

Aigle criard

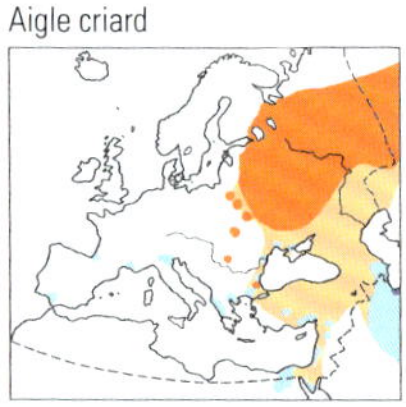

VOIX Bruyant sur les lieux de nidification. Cri aboyé profond *k-yip*, parfois similaire au jappement d'un petit chien.

Aigle criard *Aquila clanga* MR / HR

L 59-69 cm. E 153-177 cm. Rare ; régions forestières, le plus souvent près des cours d'eau et marais ; surtout migrateur partiel. Hiverne dans la partie méridionale de son aire de répartition et au Moyen-Orient. Alim. : mammifères et charognes. Nid dans un arbre.

CARACTÉRISTIQUES Grand, trapu et sombre. Silhouette en vol assez similaire à celle de l'A. pomarin (v. celui-ci) ; en diffère très peu, seulement par sa main plus fournie avec de plus longues rémiges digitées. Bec de grosseur moyenne. Narines rondes. Souvent déterminé grâce au plum. : brun foncé avec normalement et entre autres choses des couv. alaires plus foncées que les rémiges (contrairement à l'A. pomarin) et pas de zone pâle bien délimitée aux couv. sus-alaires. Tache blanche à la base de la main, dessus, moins nette, formée essentiellement de la base blanche du rachis des primaires, et plus étendue, atteignant presque le bord antérieur de l'aile. Dessous des rémiges habituellement à barres foncées serrées, étroites et moins nettes vers le bout ; certains ind. sans barres. – *Ad. typique :* brun foncé avec tête brun un peu plus clair ainsi que le manteau et les couv. sus-alaires (diffusément, contraste vague) ; enfin, taches blanchâtres diffuses à la base de la main et, chez nombre d'ind., un peu de blanc aux sus-caudales. Avant des ailes, dessous, souvent plus foncé que les grandes couv. alaires et les rémiges, mais beaucoup paraissent uniformément sombres. Croissant ou tache blanche unique à la base des primaires externes (bon indice, mais certains ind. ont deux croissants étroits, un à la base des primaires, l'autre, plus vague, à la base des couv. primaires, comme chez l'A. pomarin). – *Ad. pâle :* certains sont brun plus clair à la tête et aux rémiges, rappelant l'A. pomarin, mais n'ont pas l'avant du dos foncé ni la limite nette de la zone claire de couv. alaires sur le dessus, qui sont là seulement brun plus clair et diffus. – *Juv. typique :* brun-noir à nuance pourprée avec taches blanc beigeâtre plus ou moins abondantes et nettes. Les oiseaux à grandes taches sont très caractéristiques, les taches formant des bandes blanches le long de toutes les couv. alaires. Les ind. à taches plus petites s'approchent des jeunes A. pomarins les plus tachetés. Exceptionnellement, les points clairs de la nuque se fondent en une tache comme chez l'A. pomarin. Tête très foncée avec nettes commissures jaunes. Avant des ailes toujours brun noirâtre dessous, nettement plus foncé que les grandes couv. alaires et les rémiges, qui sont gris moyen. Secondaires longues (bord postérieur des ailes bombé). Plum. uniquement frais ou usé. – *Juv. pâle :* variable. Fond plus clair, en partie ou largement brun-roux, souvent très tacheté ou rayé de jaune brunâtre ; peut être confondu avec l'A. pomarin à distance, mais reconnu habituellement aux plumes brun foncé sur la tête, le cou et les petites couv. sus- et sous-alaires, ce qui le rend d'un brun moins uniforme ; tache diffuse sur la base de la main également un bon indice. Variante la plus pâle (var. *fulvescens*, très rare) avec le corps brun jaunâtre clair (blanchit en 1er été) et les bouts pâles si étendus qu'elle rappelle plus la forme pâle de l'A. ravisseur d'Afrique du Nord ou le jeune A. impérial décoloré. – *Imm. :* les taches juv. persistent dans le plum. suivant au moins (un peu moins nettes). Plum. ad. acquis en 5 ou 6 ans.

VOIX Similaire à celle de l'A. pomarin mais plus grave.

AIGLE POMARIN

AIGLE CRIARD

DZ

Aigle des steppes *Aquila nipalensis* MO

L 62-74 cm. E 165-190 cm. Proche parent de l'A. ravisseur. Plaines ouvertes arides et contreforts montagneux ; en Europe, vastes plaines au nord de la Caspienne ; visiteur d'été (mars à oct.-nov.), hiverne en Afrique ; localement, migrateur abondant au Moyen-Orient. Alim. : rongeurs et autres mammifères, oisillons, insectes (en hiver, recherche les termites), etc. Nid dans un arbre ou à terre, sur un monticule.

CARACTÉRISTIQUES Grand à très grand. Ailes longues et larges, à bout profondément « digité ». Ensemble tête/cou un peu plus saillant que chez les A. criard et pomarin, et proportionnellement plus long. Autres caractéristiques utiles : gros bec et longues commissures jaunes bien visibles (atteignant le niveau du bord postérieur de l'œil). Avec de l'expérience, main plus fournie (longue 7e rémige primaire) et rémiges digitées plus longues permettent la distinction avec l'A. pomarin. Taille utile seulement pour la ♀ et par comparaison directe. Narines ovales. Caractéristiques utiles du plum. : rémiges et rectrices nettement barrées de sombre, barres bien espacées et toujours apparentes de près, concernant aussi la main (pas chez les A. criard et pomarin) ; barres moins visibles de loin, sauf à la partie distale des rémiges primaires internes ; barre terminale plus large chez l'ad. formant un bord postérieur sombre visible chez la plupart des ind. à distance modérée. Menton et gorge pâles en tous plum. Seul le bout des rémiges primaires a le dessous noir, le reste de la main étant gris plus clair. Au posé, « culottes » plus fournies et descendant plus que chez l'A. pomarin. Nombre d'ind. ont une petite tache blanche au milieu du dos (présente aussi chez les A. criard et pomarin). – *Ad. :* sombre ou brun moyen avec larges barres aux rémiges et bord postérieur des ailes large, foncé et ininterrompu. Nuque souvent brun plus clair diffus. Les ind. sombres rappellent l'A. criard mais ont une large bande terminale foncée aux ailes et à la queue, et des ailes un peu plus longues. Les ind. pâles rappellent l'A. pomarin mais par ailleurs diffèrent par la taille et la forme (v. plus haut), et le dos et les couv. sus-alaires sont souvent (quelques exceptions !) du même brun clair (dos souvent plus foncés que les couv. alaires chez l'A. pomarin) ; de plus, chez l'A. des steppes, le corps est plus foncé que le dessous des ailes et la région du cou est souvent foncée (contraste). – *Juv. :* typiquement brun moyen avec une large bande blanche au milieu du dessous des ailes (bande exceptionnellement rudimentaire) et un large bord postérieur blanc aux ailes et à la queue. Chez certains ind., la bande alaire s'élargit en une grande zone blanche au poignet. Grandes couv. sus-alaires à large bout blanc, atteignant la plage pâle de la main, habituellement étendue. Beaucoup de blanc aux sus-caudales. Plum. uniformément frais ou usé. – *Plum. imm. suivants :* variables, mais bande centrale totalement ou partiellement blanche sous les ailes, et restes du bord postérieur des ailes et de la queue, blanc, apparaissant généralement, surtout aux rémiges primaires internes. Plum. irrégulièrement usé ou en mue. – *Subad. :* comme l'ad. mais quelques rémiges sans bout sombre subsistent, et des restes de la bande alaire centrale blanche sont souvent visibles (surtout aux couv. primaires internes).

VOIX Assez silencieux. Cri semblable à celui des A. criard et pomarin mais légèrement plus grave.

Aigle des steppes

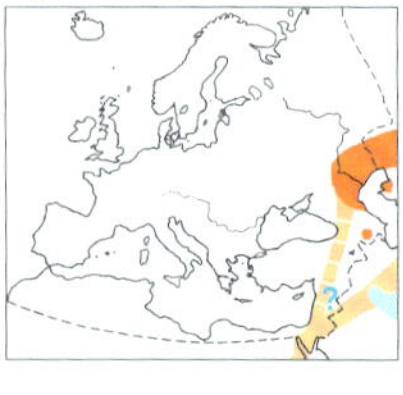

Aigle ravisseur

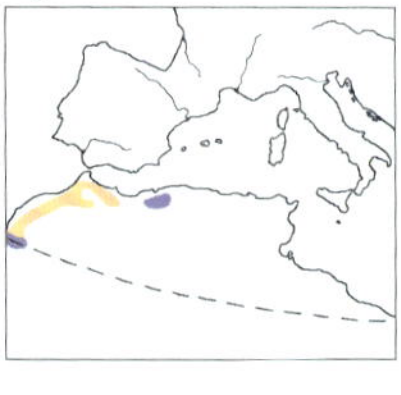

Aigle ravisseur *Aquila rapax*

L 62-72 cm. E 165-185 cm. Parent de l'A. des steppes. La race nord-africaine *(belisarius)* est sédentaire rare en montagne et dans les régions boisées. Alim. : comme l'A. des steppes ; dérobe souvent les proies d'autres rapaces. Nid dans un arbre.

CARACTÉRISTIQUES Similaire à l'A. des steppes quoique légèrement plus petit et plus trapu. Les plum. diffèrent de ceux de l'A. des steppes en étant plus variables et souvent très pâles. Rémiges et rectrices avec barres serrées mais assez vagues, ou sans barres ; certains ad. avec vague barre terminale foncée. Dos jusqu'aux sus-caudales presque toujours très pâle (caractère également typique du jeune A. impérial, rare chez l'A. des steppes). Les oiseaux pâles ont souvent les trois rémiges primaires internes nettement plus claires (et parfois aussi la base des autres rémiges primaires, dessous), rappelant le jeune A. impérial. Commissures jaunes apparentes mais allant seulement jusqu'au niveau du milieu de l'œil (détail utile lorsqu'il est visible). Gorge non nettement plus claire que le reste du dessous (pâle chez l'A. des steppes). – *Ad. :* assez variable, brun foncé ou moyen, ou clair, ou encore brun-roux, avec rémiges et rectrices plus foncées. Couv. sus-alaires et nombreuses plumes du corps à centre foncé, conférant un aspect rayé et, étant donné la mue progressive, un plum. moins uniforme chez nombre d'ind. (à l'exception des ind. les plus sombres, très rares dans l'aire étudiée). Tache pâle insignifiante à la base des primaires internes. Iris pâle. – *Juv. :* habituellement brun-roux clair pâlissant au blanc beigeâtre ; certains sont brun moyen plus foncé. Couv. sous-alaires pâles, les grandes à centre sombre. Plum. uniformément frais ou usé.

Aigle de Verreaux *Aquila verreauxii*

L 78-88 cm. E 190-210 cm Extrêmement rare ; sud-est de l'aire étudiée (Sinaï). Alim. : surtout damans. Nid sur une corniche.

CARACTÉRISTIQUES Presque aussi grand que l'A. royal. Ad. remarquable par le plum. noir, la grande zone blanche à la main, dessus et dessous, les côtés blancs du manteau et le croupion et les sus-caudales blancs formant un motif typique en U (ou V). Silhouette très caractéristique en vol, avec secondaires saillantes, base des ailes étroites et partie interne de la main étroite. Vole en cercles les ailes nettement levées en V. – *Juv. :* rappelant quelque peu l'A. royal ad. notamment parce qu'il est foncé avec un camail doré roussâtre clair, mais en diffère par la base des rémiges primaires nettement pâle, une forme irrégulière des ailes, des sus-caudales blanches, une queue un peu plus courte, une tête en proportion plus petite, un cou noir plus étroit et plus long. Côtés de la tête et du cou noirs. Couv. sus-alaires sombres à bout beige clair, conférant un aspect écailleux.

AIGLE DES STEPPES

AIGLE RAVISSEUR

AIGLE DE VERREAUX

Circaète Jean-le-Blanc

Circaetus gallicus N3 / MR / HR

L 62-69 cm. E 162-178 cm. Milieux arides et ouverts avec reliefs et boisements épars ; au N, également dans les vallées et les forêts. Visiteur d'été de la fin mars à octobre ; hiverne en Afrique. Clairsemé ; env. 10 000 couples dans l'aire étudiée, la plupart au S-O. Alim. : reptiles. Nid sur un arbre.

CARACTÉRISTIQUES Grand rapace pâle à ailes longues et larges. Queue égale aux 4/5 ou à la totalité de la largeur des ailes ; étroite à la base et, fermée, à bout droit et coins aigus. Cou court, grosse tête ronde ; posé, peut presque avoir une allure de chouette. Silhouette en vol plané caractéristique : poignets bien saillants et ailes légèrement en cloche, de face. Secondaires externes et primaires internes d'une longueur telle que le bord postérieur des ailes est assez droit même lorsque les poignets sont saillants. En vol à voile, ailes assez planes. Patrouille ou vole en surplace (en battant des ailes ou non). Dessous très pâle différant de la plupart des autres espèces du groupe ; blanc, avec la tête et une partie de la poitrine gris foncé nettement délimité, avec (en sus des rangées) des points sur le ventre et les couv. alaires et des rémiges à barres espacées. Queue avec trois barres sombres également réparties et la trace d'une quatrième à la base chez certains ; barres visibles aussi sur la queue. Diffère du balbuzard et des Buses variables de forme pâle par l'absence de tache carpienne sombre ainsi que par le motif de la queue. Certains ind. sont plus foncés, d'autres sont si pâles qu'ils portent seulement une barre à la queue et des ponctuations sombres. Bout des primaires ombré de gris, plus sombre le long des bords, à la différence des buses dont le bout des primaires est tout noir. – *Juv. :* secondaires plus saillantes et main plus étroite ; ensemble des rémiges fraîches ou usées, à étroit bout pâle.

VOIX Assez bruyant lors de la nidification. L'un des cris, unique ou répété, ressemble à l'un de ceux du loriot, *kiou*. Également un plaintif *mii-ok*.

Aigle botté *Aquila pennata*

N2 / MR / HR

L 42-51 cm. E 110-135 cm. Forêts avec reliefs, clairières et champs. Visiteur d'été (fin mars à oct.) ; hiverne en Afrique (certains ind. dans le sud de l'Espagne). Alim. : petits mammifères, reptiles, oiseaux, généralement capturés au sol ou à proximité après un piqué fulgurant, ailes fermées. Nid sur un arbre ou, plus rarement, une corniche rocheuse.

CARACTÉRISTIQUES Petit aigle, à silhouette et taille de buse, mais à main plus fournie avec une « digitation » supplémentaire (6 au lieu de 5) conférant aux ailes une plus grande largeur. Vol rappelant plus un aigle qu'une buse avec une trajectoire plus droite, souvent plus rapide et de plus longs planés. Longueur de la queue : 4/5 ou totalité de la largeur de l'aile ; queue à bout droit et à côtés droits (ou parfois un peu concaves vers le bout). Deux formes : la pâle a le dessous du corps blanc (avec un peu de brun ou de grisâtre à la poitrine et autour de l'œil) et des couv. sous-alaires blanches (avec points sombres épars) contrastant nettement avec les rémiges noires (trois rémiges primaires internes typiquement plus claires et barrées) ; la forme sombre a le dessous du corps brun foncé ainsi que les couv. sous-alaires (souvent un peu plus claires vers le bord antérieur de l'aile), et des rémiges comme chez la forme pâle mais habituellement plus brunes et barrées ; le trait le plus marquant reste la pâleur des trois rémiges primaires les plus internes. Dessous de la queue chez les deux formes gris avec partie distale et partie médiane plus foncées (variabilité chez les deux formes, la pâle pouvant être jaune rouille dessous, et la sombre pouvant le plus souvent être brun moyen avec le dessous du bord antérieur de l'aile brun-roux plus clair et parfois nommée alors « forme brun-roux »). Presque tous les ind. ont une petite tache blanche typique à l'avant de l'attache de l'aile, visible de face. Chez les deux formes, zone diagonale jaune brunâtre clair aux couv. sus-alaires du bras, sus-caudales blanchâtres et scapulaires en partie pâles.

VOIX Assez bruyant lors de la nidification. Généralement un cri élevé *kli-kli-hli*…

Aigle de Bonelli *Aquila fasciata*

NS1

L 55-65 cm. E 145-165 cm. Forêts, reliefs. Rare ; env. 800 couples dans la région étudiée (moins de 30 couples dans le Midi). Alim. : surtout petits mammifères et oiseaux. Nid à flanc de falaise, parfois sur un grand arbre.

CARACTÉRISTIQUES Taille moyenne. Robuste et à ailes larges. Queue droite, assez large, à bout droit, à peu près aussi longue que la largeur des ailes (ou un peu moins). Poignets saillants en vol plané, ce qui, joint à la petitesse relative de la tête et à la longueur de la queue, peut faire penser à la bondrée. Vol à voile et plané les ailes assez planes (main parfois légèrement abaissée). – *Ad. :* opposition du corps blanchâtre et des ailes et de la queue sombres remarquable quand l'oiseau vole au loin. De près, le bord antérieur du dessous des ailes apparaît (plus ou moins) blanc, les primaires externes sont diffusément pâles à la base, et les grandes couv., noirâtres, sont les plus foncées. Queue gris clair à large barre terminale sombre. Parties blanches vaguement rayées de sombre. Dessus gris foncé avec zone blanchâtre caractéristique au manteau (de grandeur variable et pouvant manquer). – *Juv. :* dessous du corps et couv. sous-alaires beige roussâtre clair (finement rayé de sombre), bout des ailes noir, rémiges et rectrices gris clair avec étroites barres sombres. Pas de large barre terminale sombre à la queue. Grandes couv. parfois beige rouille sans motifs sombres ou à base sombre créant une vague bande sombre aux grandes couv. externes et aux couv. primaires. – *Plum. imm. suivants :* d'abord, dessous du corps brun clair et nettement rayé de sombre. Grandes couv. fonçant progressivement et corps blanchissant. Large barre sombre sur la queue formée lors du 3e hiver ; plumage ad. habituellement acquis au 5e hiver.

VOIX Assez silencieux.

Circaète-Jean-le-Blanc

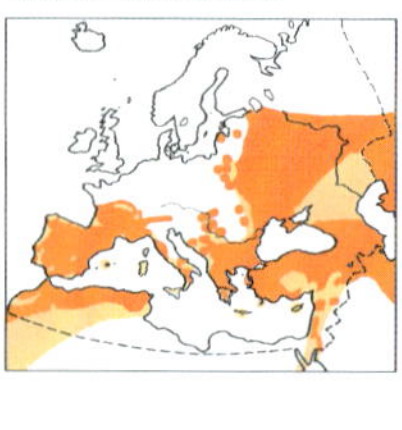

Aigle botté

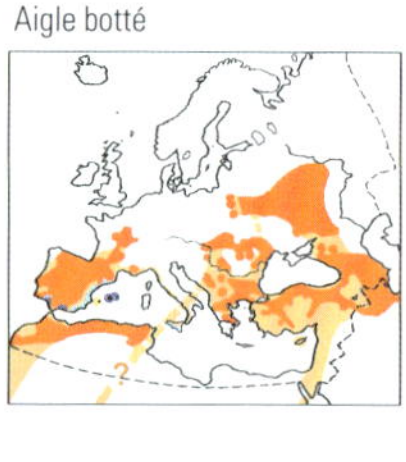

Aigle de Bonelli

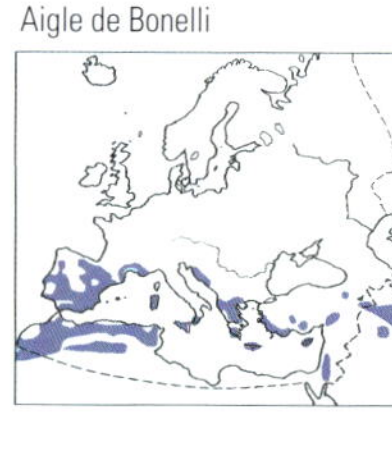

CIRCAÈTE JEAN-LE-BLANC

AIGLE BOTTÉ

AIGLE DE BONELLI

MILANS MILVUS ET AL.

Rapaces de taille moyenne à grande, souvent à ailes et queue longues. Cerclent et planent très bien, manœuvrant leur queue, souvent fourchue. S'attaquent à de petites proies ou à des charognes, exploitent les décharges et survolent étangs et cours d'eau en quête de poissons morts. Souvent klepto-parasites, chipant leurs proies à des corvidés ou à d'autres rapaces. Nid de branchettes, haut dans un vieil arbre. Une espèce en p. 114 (Élanion blanc).

Milan royal *Milvus milvus* N3 / MC / HC

L 61-72 cm. E 140-165 cm. En diminution ; paysages mixtes de forêts, de champs et d'étangs. Surtout migrateur au nord, mais nombre d'ad. sédentaires. En hiver, parfois observé en bandes au dortoir. Alim. : poissons morts et déchets divers.

CARACTÉRISTIQUES Taille moyenne. Longues ailes. Queue longue et profondément échancrée, caractéristique. Ailes assez étroites et de largeur uniforme, un peu en cloche, la longue main abaissée et les poignets saillants. De profil, dos voûté avec queue et tête un peu abaissées. Vol aisé et délié avec torsions de la queue. « Fenêtre » blanche typique, sous l'aile, à la base de la main. Queue roux cannelle dessus, plus pâle dessous. Zone diagonale jaune brunâtre clair sur le bras, plus pâle et plus apparente que chez le M. noir. Tête pâle. – *Ad.* : pas de bout pâle aux grandes couv. sus-alaires. Poitrine et ventre brun-roux foncé finement rayé de noir. Sous-caudales assez sombres. – *Juv.* : étroit bout blanchâtre aux grandes couv. sus-alaires. Poitrine et ventre beige jaunâtre strié de sombre, paraissant plus clairs que le dessous des ailes sombre. Sous-caudales pâles.

VOIX Assez silencieux. Sorte de miaulement comme la Buse variable régulièrement suivi de *vili-ouh, ii-ou, ii-ou, ii-ou* prolongés, montants et descendants.

Milan noir *Milvus migrans* N4 / MC / HR

L 48-58 cm. E 130-155 cm. Forêts près des lacs, des cours d'eau et des marais ; jusque dans les villes. Visiteur d'été (mars à sept.), localement commun dans le sud et le centre de l'Europe ; hiverne en Afrique. Alim. : poissons, charognes et déchets (souvent pris le long des routes ou des cours d'eau). Grégaire ; là où il est nombreux, peut former de grands groupes lâches, notamment au dortoir. Nid sur un arbre.

CARACTÉRISTIQUES Taille moyenne. Queue échancrée. Par rapport au M. royal : plus sombre, taille un peu moindre, ailes et queue proportionnellement plus courtes, bout des ailes plus large, queue moins échancrée à dessus gris brunâtre. Dessous gris brunâtre avec base des primaires plus claire ; les ad. d'Europe présentent une « fenêtre » alaire moyennement pâle. Jeunes et migrateurs orientaux de passage au Moyen-Orient très pâles, presque comme le M. royal. Dessus brun foncé, zone pâle aux couv. du bras (même dessin que chez le M. royal mais moins pâle et moins évident). Lorsque l'échancrure de la queue n'est pas visible, confusion possible avec la forme sombre de l'A. botté, mais celui-ci a des sus-caudales pâles et généralement une petite tache blanche à la base du bord antérieur des ailes. Le Busard des roseaux a l'aile bien moins « digitée », pas de base claire au-dessous des primaires et, de face, a le bras levé et la main plus plane (ses ailes ne sont pas en cloche avec la main abaissée). – *Ad. et juv.* : détermination de l'âge en gros comme chez le M. royal. – *Variante* : « Milan à bec jaune » (*aegyptius*) d'Égypte et du S de l'Arabie ; diffère par son bec tout jaune et son plum. plus uniforme et brun pâle avec les plumes de vol finement barrées.

VOIX Le cri habituel, un *piié-é-é-é-é* hennissant, rappelle celui du M. royal en plus rapide. Aussi, cri miaulé de buse.

BUSARDS CIRCUS

Rapaces de taille moyenne à ailes et queue longues. Souvent occupés à patrouiller d'un vol souple au-dessus des roseaux, marais, prés, landes, steppes ou déserts, donnant quelques coups d'ailes puis planant les ailes un peu relevées, en quête de proies. Nid au sol dans les roseaux ou la végétation basse.

Busard des roseaux *Circus aeruginosus* N3 / MC / HC

L 43-55 cm. E 115-140 cm. Zones humides avec roselières assez étendues. Migrateur sauf à l'ouest et au sud. Hiverne en Afrique. Alim. : petits mammifères et oiseaux, batraciens, insectes, etc. Nid dans les roseaux.

CARACTÉRISTIQUES Un peu plus grand que la Buse variable, mais corps plus élancé, ailes plus étroites et queue plus longue. Vole en cercles les ailes levées en V profond, plane les bras levés et la main plus à plat. De loin, peut être confondu avec le Milan noir ou la forme sombre de l'Aigle botté, mais ailes moins « digitées », bout de la queue arrondi et silhouette frontale particulière. – ♂ *ad.* : bout des ailes très noir, queue gris-bleu clair uni, tête et poitrine blanc jaunâtre, dessus des ailes tricolore ou quadricolore. Certains ind. sont très pâles (de loin, comme le B. Saint-Martin ♂) mais à ventre brun-roux et nuance brun-roux aux couv. sus-alaires. – ♀ *ad.* : brun foncé avec calotte, cou et bord antérieur des ailes blanc moiré (variable). Souvent, tache pectorale pâle. Ind. pâles à allure de ♂ reconnus à l'absence de bout des ailes nettement noir et à la queue brune. – *Juv.* : brun noirâtre avec calotte et gorge jaune brunâtre, et parfois aussi le bord antérieur des ailes ; rare forme entièrement sombre (mélanique). Diffère de la ♀ ad. par : étroite ligne dorée le long des grandes couv. sus-alaires, couv. sous-alaires sombres, queue plus sombre, main plus étroite et bord postérieur du bras plus bombé.

VOIX La ♀ émet un sifflement pépiant et sonore *psii-i*, répété, quand le ♂ arrive avec une proie. Habituellement un rapide *kvek-èk-èk-èk-èk*. Lors du vol nuptial onduleux, le ♂ lance un plaintif *vè-i* nasillard répété deux fois à 2 secondes d'intervalle, sur un ton semblable au cri d'alarme du Vanneau huppé.

Milan royal

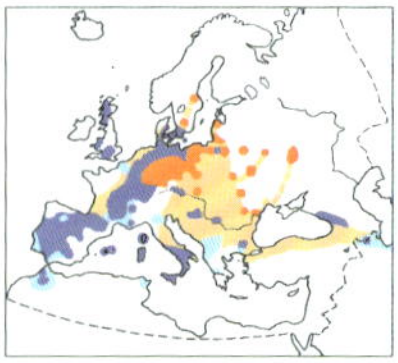

Milan noir

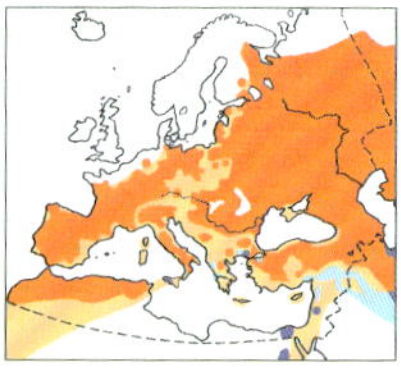

Busard des roseaux

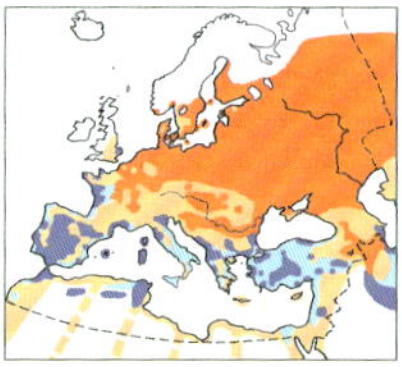

MILAN ROYAL

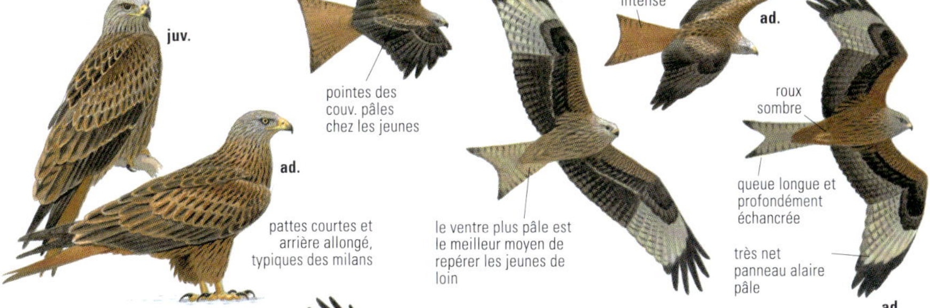

MILAN NOIR

MILAN À BEC JAUNE

aegyptius (Égypte)

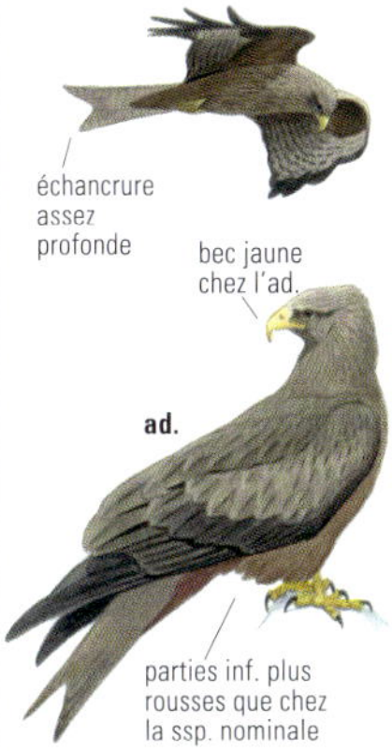

BUSARD DES ROSEAUX

Busard Saint-Martin *Circus cyaneus* N3 / MC / HC

L 45-55 cm. E 97-118 cm. Tourbières des forêts claires de conifères, marais et étangs peu profonds à végétation dense ; clairières et coupes, landes à bruyères en terrain plat ou vallonné. Alim. : petits rongeurs, oiseaux, etc. Nid à terre.

CARACTÉRISTIQUES Comme tout busard, longues ailes, longue queue, vol bas, ailes levées en V aigu lors des planés. Diffère du B. des roseaux par le plum., la stature plus gracieuse et le vol. Diffère des deux espèces à ailes étroites par la main plus courte et un peu plus fournie avec une longue 5ᵉ primaire, et un bras plus large. – *♂ ad. :* bout des ailes noir, dessous blanc avec poitrine et tête nettement gris bleuté et bord postérieur des ailes sombre. Dessus gris bleuté avec sus-caudales blanches. – *♀ ad. :* dessus brun avec sus-caudales blanches, un peu de blanc jaunâtre aux couv. du bras. Dessous blanc beigeâtre rayé de brun. – *Juv. :* diffère de la ♀ ad. par le dessous plus jaune roussâtre, moins rayé, surtout au ventre, et par une zone aux couv. sus-alaires plus roussâtre et plus étendue. Grandes couv. sus-alaires à bout pâle.

VOIX La ♀ a un pépiement fin *piih-é* lorsque le ♂ rapporte des proies, et a l'habitude d'émettre une série de gazouillis *tii-it-it-it- ét-it-ét* souvent avec des variations de hauteur de ton à la fin. Le ♂ émet un *tièk-èk-èk-èk* plus net.

Busard cendré *Circus pygargus* N3 / MC

L 39-50 cm. E 96-116 cm. Visiteur d'été (avril-sept.). Plaines ouvertes (et plateaux) à hautes herbes, cultures, landes à buissons bas, zones palustres des forêts, etc. Alim. : petits mammifères et oiseaux, lézards et insectes. Nid à terre.

CARACTÉRISTIQUES Ailes assez longues et étroites (5ᵉ primaire courte à la différence du B. Saint-Martin). Corps élancé. Longue queue étroite. Vol élastique, surtout chez le ♂. ♀ très semblable à celle du B. pâle. Les ind. mélaniques (sombres) sont rares en Europe occ. – *♂ ad. :* ressemble à celui du B. Saint-Martin mais en diffère par les proportions, le vol, la présence de barres noires aux secondaires (deux dessous, une dessus), ainsi que plus de noir au bout des ailes, des couv. gris plus foncé sur le dos et les bras (dessus paraissant tricolore, avec une partie blanc grisâtre plus clair avant le bout noir des ailes). Stries brun-roux au ventre visibles de près (les ♂♂ âgés ont une zone pectorale gris-bleu plus étendue, qui atteint presque le ventre, et des rayures ventrales réduites sinon absentes). – *♀ ad. :* diffère de celle du B. Saint-Martin avant tout par la silhouette. Par rapport au B. pâle : base des ailes un peu plus étroite ; nette bande sombre aux secondaires brunes, dessus, juste après les couv. ; de nettes barres sombres, dessous, aux secondaires chamois pâle, la teinte pâle ne fonçant pas en allant vers le corps comme chez le B. pâle ; bord postérieur foncé à la main, dessous ; grandes couv. sous-alaires et axillaires nettement barrées. – *Juv. :* plus sombre et plus brun-roux que la ♀ ad., dessous uniformément brun-roux à l'exception de quelques stries sombres aux côtés de la poitrine chez beaucoup (très rares chez le B. pâle). Secondaires uniformément sombres dessus, gris foncé presque sans barres dessous. Étroite bande pâle aux grandes couv. Diffère du jeune B. pâle par l'absence de collier nettement blanc jaunâtre et non rayé (peut toutefois avoir une trace de collier brun-roux clair) ou de brun foncé uniforme aux côtés du cou (pas d'« écharpe » sombre). Les ♂♂ ont des barres plus irrégulières sous les primaires. – *♂ de 1ᵉʳ été :* proportion variable de plumes gris foncé à la tête, au cou et en haut de la poitrine, créant parfois un effet (trompeur) de collier clair. Rectrices médianes devenant souvent grisâtres et perdant leurs barres à partir d'avril. Rémiges de type juv. (brunes et barrées).

VOIX La ♀ et les jeunes volants émettent un fin pépiement *pii-i* (dont le ton ne descend pas). Les deux sexes émettent un retentissant *tyitt-èr-tyitt-èr-tyit-it-it-it-it* rappelant le tournepierre. Le ♂ en parade émet un *kyé-kyé-kyé*.

Busard pâle *Circus macrourus* MR

L 40-50 cm. E 97-118 cm. Vastes plaines herbeuses et broussailleuses ou marais. Hôte rare en Europe occidentale (souvent avril et août). Alim. : comme le B. cendré. Nid à terre.

CARACTÉRISTIQUES Silhouette analogue à celle du B. cendré mais la ♀ ad. en diffère par la base des ailes en moyenne un peu plus large et par le bout des ailes plus court et plus fourni, d'où un aspect un peu plus trapu, de type buse, et le ♂ a la main plus courte. Vol de chasse du ♂ aux ailes étroites souvent avec rapides battements de Crécerelle, différent de celui du B. cendré. La détermination nécessite toujours l'examen des caractères du plum. – *♂ ad. :* très pâle, gris perle dessus (sans racine de la queue nettement blanche), dessous blanc avec tête et poitrine seulement un peu ombrées, étroite zone cunéiforme noire au bout de l'aile. – *♀ ad. :* très similaire à celle du B. cendré mais en diffère par les secondaires presque uniformément brun foncé dessus sans bande noirâtre (mais peuvent en avoir l'indication) ; les rémiges secondaires plus sombres dessous avec barres sombres plus serrées et barres pâles fonçant vers le corps ; le bord postérieur de la main plus clair et les rémiges primaires à barres plus vagues à la partie distale ; sombre plus étendu aux grandes couv. sous-alaires et aux axillaires, seulement finement tachetées de pâle, « aisselles » de même ou diffusément barrées de roux. Diffère de la ♀ de B. Saint-Martin, très proche, par la forme des ailes. – *Juv. :* très semblable au jeune B. cendré mais en diffère par le collier beige ou blanchâtre sans taches, bien apparent, rehaussé par les côtés du cou uniformément brun foncé (« écharpe »). Rémiges secondaires internes souvent sans barres. – *1ᵉʳ été :* souvent comme les jeunes (cependant plus pâles, avec des plumes anciennes), mais certains ♂♂ muent précocement et peuvent présenter un ventre pâle, d'étroites rayures pectorales brun-roux et des rectrices médianes grisâtres dès mars.

VOIX La ♀ émet un *piih* quand le ♂ apporte une proie. Cri du ♂ en vol nuptial : un trille hennissant et sonore.

Busard Saint-Martin

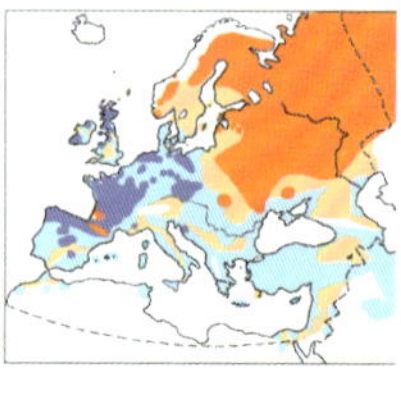

Busard cendré

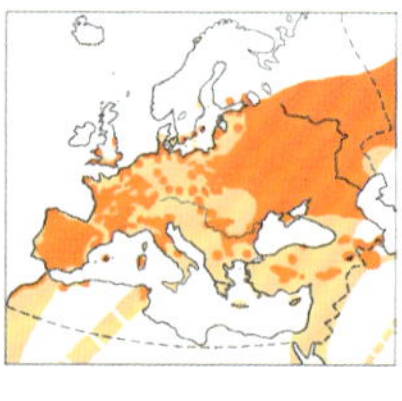

Busard pâle

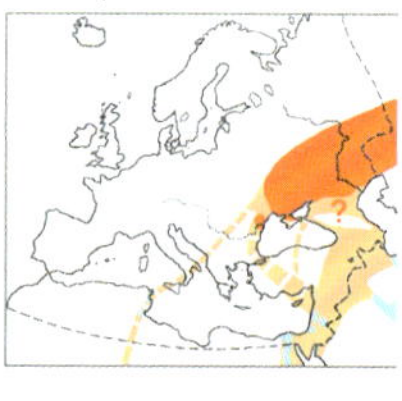

BUSARD SAINT-MARTIN

BUSARD CENDRÉ

BUSARD PÂLE

DZ

BUSES BUTEO

Taille moyenne, ailes larges. Volent en cercles dans les courants ascendants. Patrouillent ou restent à l'affût, souvent sur des poteaux ou des arbres, en quête de petits rongeurs, ainsi que d'insectes, lézards et lombrics, capturés à terre.

Buse féroce *Buteo rufinus* MR / HR

L 50-58 cm. E 130-155 cm (*rufinus*, S-E de l'Europe, Asie) ; L 43-50 cm. E 105-125 cm (*cirtensis,* Afrique du N). Steppes, semi-déserts, aussi en montagne (Afrique). Alim. : petits mamm., reptiles et insectes. Nid souvent sur une corniche. Hiverne surtout au Moyen-Orient et en Afrique du N.

CARACTÉRISTIQUES Race *rufinus* : grande buse à longues ailes, de silhouette similaire à celle de la B. pattue. Même vol que la B. pattue mais plane et cercle par moments avec les ailes un peu plus relevées. Reconnue habituellement avec certitude au plum., mais, pour exclure certaines B. des steppes *B. b. vulpinus* (v. celle-ci et ci-après) au plum. très semblable, il convient aussi de considérer taille et vol. Au moins trois formes différentes : pâle (la plus fréquente dans la zone considérée), brun-roux et sombre (limite incertaine entre les deux premières formes). Chez les trois, large tache carpienne sombre (également indiquée dessus, fait rare chez la B. des steppes), base de la main blanc pur dessous, bord postérieur des ailes noirâtre et, chez les ad., queue brun roussâtre clair sans barres (vague trace de barre terminale éventuelle) ; en pleine lumière et de loin, queue de l'ad. pouvant paraître blanchâtre dessus, surtout quand elle est décolorée. Tous les ind. pâles et nombre de brun-roux ont la tête et la poitrine pâles, passant à une teinte plus foncée dessous jusqu'au ventre. Couv. sous-alaires unies ou striées, non barrées. Dessus de l'aile avec base des rémiges primaires externes blanc grisâtre clair (avec barres souvent visibles de près) ; souvent, bord antérieur des ailes brun-roux clair ou jaune brunâtre, plus clair que les rémiges gris foncé. Confusion aisée avec la forme brun-roux de la B. des steppes ; en diffère surtout par la plus grande taille, les ailes proportionnellement plus longues, les coups d'ailes plus lents et le vol à voile calme en cercles plus amples, le ventre sombre, la tête plus claire (en forme pâle) et les couv. sus-alaires habituellement plus claires. Noter que la queue des jeunes est gris-beige et finement barrée. Forme sombre (orientale) : corps et couv. alaires noirâtres, rémiges nettement barrées ; très semblable à la forme sombre de la B. pattue (mais se trouvent rarement dans la même région) et de *B. b. vulpinus*, mais est plus grande et a de plus longues ailes que cette dernière. – *Ad. :* queue brun roussâtre sans barres dessus, grisâtre et un peu plus claire dessous. Large bord postérieur noir aux ailes. – *Juv. :* queue gris-beige avec fines barres grises. Bord postérieur des ailes diffusément sombre. Race *cirtensis* : plus petite et un peu plus trapue, de mêmes taille et forme que la B. variable. Tête souvent pâle, ventre souvent brun-roux (généralement pas noirâtre), et tache sombre au poignet parfois absente. Chez les jeunes, cire et pattes souvent gris brunâtre clair plutôt que jaunes. Pas de forme sombre.

VOIX Assez silencieuse. Cris similaires à ceux de la Pattue.

Buse des steppes *Buteo buteo vulpinus* HR

L 40-48 cm. E 100-125 cm. Race nord-orientale de la B. variable, traitée ici à part pour son aspect un peu différent, son caractère migrateur et, parfois, sa grande ressemblance avec la B. féroce. N et N-E de l'Europe, forêts de conifères ou mixtes, souvent près d'éclaircies, de tourbières, de cours d'eau. Migre par l'E de la Méditerranée vers l'E et le S de l'Afrique. Rapace le plus abondant en migration au Bosphore et en Israël. Alim. et nidif. comme la B. variable.

CARACTÉRISTIQUES Morphologie similaire à celle de la B. variable, mais en moyenne, ailes un peu plus étroites et pointues et queue plus longue, différences subtiles et souvent difficiles à apprécier sur le terrain. La taille un peu moindre et les battements plus rapides sont de plus d'utilité pour un œil exercé. Critères de plum. comprenant d'ordinaire un dessous et le dessus de la queue de teinte plus chaude, plus rousse (mais toute la gamme des plum. existe comme chez la plupart des buses, sauf la forme blanchâtre), dessous des plumes de vol un peu plus blanc, avec barres plus étroites mais plus nettes, et bout et bord de fuite des ailes noirs, mieux marqués chez l'ad. Dessus de l'aile presque toujours avec plage pâle à la base de quelques primaires les plus externes, et dessus de la queue roussâtre progressivement plus pâle vers la base. En général, formes rousse et sombre sans la bande pectorale pâle si typique des buses d'Europe de l'O, avec dessous du corps uniformément sombre. Distinguée de la B. féroce, au plum. souvent très proche, surtout par la taille moindre et les mouvements plus lestes, au vol à voile sur les ailes plus à plat, non relevées (de même, plane la main un peu abaissée, alors que la B. féroce la garde à plat). En outre, chez la B. des steppes, zone pâle à la base des primaires, dessus, réduite et diffuse (la B. féroce a d'ordinaire de larges plages gris-brun pâle ou même blanchâtres) et couv. sus-alaires seulement rarement nettement pâles mais d'ordinaire assez uniformément sombres (chez la B. féroce, souvent frappantes, jaunâtre pâle ou chamois roussâtre). À noter aussi que les moyennes couv. sous-alaires sont un peu plus pâles que les petites et grandes couv. (formant une bande pâle le long du milieu de l'aile) chez la plupart des B. des steppes mais pas chez la B. féroce, qui a des couv. petites et moyennes blanc chamois ou roux, assez uniformes, et des grandes couv. souvent plus sombres, formant une bande sombre entre les couv. et les rémiges.

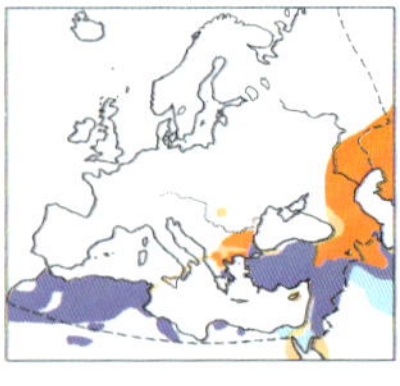
Buse féroce

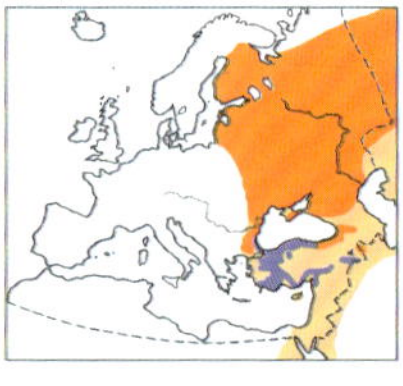
Buse des steppes

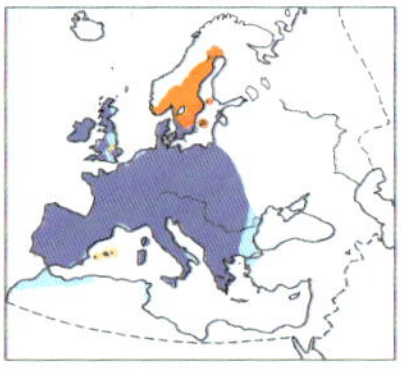
Buse variable (voir p. 108)

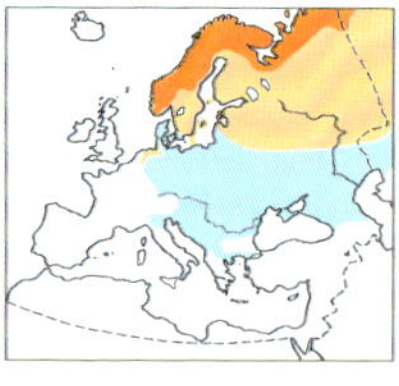
Buse pattue (voir p. 108)

BUSE FÉROCE

BUSE DES STEPPES

Buse variable *Buteo buteo* N5 / MC / HC

L 48-56 cm. E 110-130 cm. Assez commune ; avec l'Épervier d'Europe, rapace européen le mieux représenté. Bois et bosquets, milieux ouverts, champs, prairies et marais. Alim. : surtout petits rongeurs, mais aussi reptiles, batraciens, insectes et vers de terre. Nid dans un arbre. Sédentaire sauf en Fennoscandie, d'où proviennent de nombreux migrateurs en sept.-oct. Remplacée par la B. des steppes. (Carte p. 106.)

CARACTÉRISTIQUES Taille moyenne, assez trapue et à larges ailes. Cou court et épais. Queue moyennement longue. Souvent posée à l'affût sur les poteaux téléphoniques et de clôture (au bord des routes). Vole fréquemment en cercles (assez haut) ; a souvent la queue en éventail et les ailes légèrement avancées, levées en V aplati. Plane les ailes à plat, généralement avec le bras légèrement levé et la main un peu abaissée, le poignet nettement plus saillant que chez la Bondrée apivore. En plané rapide, les poignets sont tenus en avant et les rémiges primaires nettement rejetées vers l'arrière. Comme chez la plupart des buses, la queue, à bords droits et coins carrés, est un peu ou nettement plus courte que la largeur des ailes (la bondrée a habituellement une queue un peu plus longue, autant que la largeur des ailes, aux bords vaguement convexes et aux coins arrondis). La B. des steppes (race *vulpinus*), grande migratrice (v. p. 106), est en moyenne légèrement plus petite, a des ailes plus étroites et une plus longue queue que la race *buteo,* migratrice partielle ou sédentaire d'Europe occidentale. Coups d'ailes raides, assez rapides en vol battu et, pour un œil exercé, plus rapides que chez la Bondrée et la B. pattue. Plum. variable, très sombre à très pâle ; plusieurs détails importants. Queue blanc sale à barres grises serrées. Forme particulière, colorée, avec bande plus claire entre la poitrine et les côtés du ventre sombres. Bord postérieur et bout des ailes (totalité des rémiges digitées) noirâtres en dessous ; reste des rémiges à dessous blanchâtre, avec barres sombres (5 à 7 barres ; rémiges primaires externes à barres vagues). Forme pâle rappelant vaguement celle de l'Aigle botté, mais en diffère par bien plus de blanc à la base des rémiges primaires, dessous, et par une tache carpienne sombre, souvent en forme d'épaisse virgule. Dessus avec souvent une plage blanc pur à l'avant de l'aile et au croupion. Différences avec la B. féroce traitées sous cette espèce (p. 106). Noter que, rarement, des imm. pâles peuvent rappeler les imm. de forme pâle de la B. féroce, mais en diffèrent par la taille inférieure, les taches carpiennes plus ouvertes et une indication de bande pâle au milieu de l'aile, due aux couvertures moyennes. – *Ad. :* nette et large barre terminale noirâtre à la queue. Plumes plus claires à la poitrine ; bas du ventre, « culottes » et grandes couv. sous-alaires à fines barres, sans grosses taches ni bandes longitudinales. Ailes de largeur assez uniforme avec main un peu plus fournie, et queue un peu plus courte (surtout chez les ♂♂) que chez les jeunes. – *Juv. :* pas de barre terminale nettement plus large. Dessous grossièrement rayé, surtout à la poitrine ; une partie des plumes plus tachetées ou à barres vagues, mais les rayures dominent. Main étroite, queue souvent un peu plus longue que chez l'ad. Iris plus clair.

VOIX Bruyante pour un rapace, surtout au printemps. Le plus souvent une sorte de miaulement sonore *piiyèh* descendant, généralement émis en vol.

Buse pattue *Buteo lagopus* HO

L 49-59 cm. E 125-148 cm. Escarpements des vallées en montagne ou des hautes terres de la toundra. Migre en octobre, en direction de l'Europe centrale (notamment) ; revient en avril. Alim. : surtout petits rongeurs. Nid sur une corniche rocheuse, une pente raide ou un arbre. Migrateur modeste, hivernant dans le sud de la Fennoscandie et au nord de l'Europe centrale. (Carte p. 106.)

CARACTÉRISTIQUES Buse typique à larges ailes et queue de longueur moyenne, mais, par rapport à la B. variable, plus grande, ailes plus longues. Vol plané avec poignets nettement saillants (un peu plus que chez la B. variable) le bras étant tenu haut et la main plane. En vol battu, coups d'ailes plus lents que chez la B. variable. Vole souvent sur place, bien plus que la B. variable. Surtout reconnue à la blancheur de la moitié proximale de la queue, dessus comme dessous (la forme pâle de la B. variable peut aussi avoir la racine de la queue blanche mais pas aussi nette, et ne contrastant pas autant avec le dessus des ailes, le croupion et le bout de la queue sombres, et associée en outre aux sus-caudales et au croupion blancs – ce qui n'est pas le cas chez la B. pattue). Dessous blanchâtre avec motif marqué, et toujours une tache noirâtre au poignet et ventre sombre. Variations de plum. surtout en fonction du sexe et de l'âge (il existe une forme sombre, mais extrêmement rare dans la région considérée, avec corps et couv. sus- et sous-alaires noirâtres, ainsi que des rémiges à larges barres ; difficile à différencier de la B. féroce de forme sombre et mis à part la taille de la B. des steppes sombre). – ♂ *ad. :* main ample, ailes de largeur uniforme et queue assez courte. Bord postérieur des ailes souvent un peu irrégulier du fait de l'usure et de la mue. 2 à 4 barres noires sur la queue avant la barre terminale plus large ; 1 à 3 d'entre elles également visibles par dessous. Rémiges à barres étroites mais distinctes. Trait marquant : tête et poitrine plus foncées que le ventre, la coloration foncée étant interrompue par une zone transversale plus claire. « Culottes » rayées. Couv. sous-alaires sombres (sauf chez la ♀ ad.) rappelant souvent la B. variable. Dessus habituellement entièrement foncé avec une petite tache plus claire et diffuse à la base des rémiges primaires externes, et bord antérieur du bras un peu plus clair. – ♀ *ad. :* diffère du ♂ ad. par la queue portant seulement une (rarement 2) barre noire floue avant la large barre terminale, visible dessus et dessous. Tache ventrale foncée généralement évidente et presque toujours plus foncée que la tête et la poitrine ; couv. sous-alaires à motifs variables mais jamais aussi foncées que chez les ♂♂ ad. les plus sombres. – *Juv. :* main plus étroite et bras un peu plus bombé. Rémiges uniformément fraîches ou usées. Fond blanc jaunâtre, poitrine et couv. sous-alaires rayées. Ventre uniformément noir, sans barres. Barre terminale de la queue gris foncé, diffuse, souvent assez pâle dessous, avec, chez les jeunes ♂♂, souvent des traces d'autres barres. Rémiges à barres diffuses et barre terminale peu nette. Grande zone pâle typique à la base de la main sur le dessus des ailes. – ♂ *subad. :* souvent intermédiaire entre le ♂ ad. et la ♀ ad. (détermination du sexe sur le terrain souvent délicate). Couv. sous-alaires, tête et poitrine moins marquées de motifs sombres, queue moins abondamment rayée que chez le ♂ ad.

VOIX Bruyante lors de la nidification. Cri habituel sonore et plaintif comme chez la B. variable, mais descendant plus.

BUSE VARIABLE

BUSE PATTUE

BONDRÉES PERNIS

Rapaces de taille moyenne aux ailes larges. Non liées aux buses (p. 106-109) mais leur ressemblant parfois beaucoup, surtout en vol. Les deux groupes, usant volontiers du vol à voile, ont développé une forme d'aile analogue. Les bondrées ont un cou plus fin et long et une tête plus petite. Elles nourrissent leurs jeunes de nids de guêpes, qu'elles découvrent en surveillant attentivement les va-et-vient de ces insectes, creusant ensuite avec leurs griffes pour déterrer les nids. Les courtes plumes raides autour du bec et des yeux les protègent des piqûres. Régime alimentaire incluant bien d'autres petits animaux, notamment lors des étés pluvieux moins riches en guêpes. Grands migrateurs hivernant en Afrique tropicale et Asie.

Bondrée apivore *Pernis apivorus* N4 / MC

L 52-59 cm. E 113-135 cm. Visiteuse d'été (mai à sept.). Hiverne en Afrique tropicale. Les oiseaux de 2e année restent en Afrique (exceptions rarissimes avec quelques données au nord de l'Afrique), ne revenant nicher que l'année suivante. Forêts à clairières et coupes ; champs avec bosquets, lieux humides. Alim. : larves et nids de guêpes, ainsi que reptiles, batraciens, vers de terre, etc. Nid haut dans un grand arbre, garni de feuillage frais.

CARACTÉRISTIQUES Un peu plus grande et à plus longues ailes que la Buse variable, mais facile à confondre de loin avec celle-ci. De plus près, noter : cou étroit et tête tenus en avant en vol comme le Coucou ; queue assez longue, à peu près comme la largeur des ailes, à bords vaguement convexes et à coins arrondis ; silhouette frontale en plané caractérisée par les ailes légèrement en cloche, à la différence de la Buse variable, sans nette saillie du poignet ; vol à voile avec ailes assez planes ; coups d'ailes en vol battu souples et assez lents. Plum. variable : les formes (sombre, intermédiaire, pâle ou brun-roux) existent chez les ad. et les jeunes. Ad. généralement caractéristiques, mais jeunes bien plus semblables à la B. variable. Chez les deux classes d'âge, tache carpienne sombre, rectangulaire ou ovale. – ♂ *ad.* : main fournie et assez longue queue. Seule la partie distale des rémiges primaires externes est noire ; net bord postérieur noir des ailes ; large bande pâle sous les rémiges et marques alignées formant des bandes noirâtres ; queue avec large barre terminale sombre, large bande pâle et une ou deux barres vers la base, sombres et étroites ; tête en grande partie gris bleuté ; dessus gris brunâtre, dessous à nettes barres sombres ; cire grise, œil jaune. – ♀ *ad.* : diffère du ♂ par le bout sombre des primaires externes un peu plus étendu et moins tranché ; bande pâle moins large entre les barres sombres du bout et de la base des rémiges et des rectrices (barres plus nombreuses ; d'ordinaire 2 à la base, rarement la trace d'une 3e) ; rémiges secondaires souvent ombrées ; absence (ou peu) de gris bleuté à la tête ; dessus brun foncé de sorte qu'on ne voit pratiquement pas de barres. – *Juv.* : rémiges primaires internes un peu plus courtes, et parfois queue plus courte, ce qui confère une silhouette plus semblable à celle de la Buse variable ; bout des ailes plus sombre (comme chez la Buse variable) ; rémiges à barres plus nombreuses que chez les ad. (4 ou 5 au lieu de 2 ou 3), rappelant les jeunes Buses variables (mais celles-ci en ont souvent 6) ; rémiges secondaires et rectrices souvent ombrées, les dernières avec 4 ou 5 bandes assez régulièrement réparties ; cire jaune, œil sombre. Juv. de forme sombre (assez commune) uniformément brun foncé dessous sans bande pectorale pâle comme on en voit chez la plupart des Buses variables (race *buteo*) ; la zone la plus pâle sous le bras correspond aux grandes couv. (à la base des secondaires chez la Buse variable). Juv. des formes pâle et intermédiaire souvent grossièrement rayés à la poitrine et au ventre, et non à taches transversales comme la plupart des ad.

VOIX Silencieuse hors nidification. Généralement, sifflement plaintif *piii-lou* ou *glu-i-yih*. Près du nid, on entend parfois un curieux son mécanique cliquetant rapidement.

Bondrée orientale *Pernis ptilorhynchus*

L 55-65 cm. E 130-155 cm. Taïga du centre sud et de l'est (race *orientalis*) de la Sibérie, souvent près de tourbières, rivières ou clairières ; hiverne en Asie tropicale, de l'Arabie, à l'ouest (rare !), au Sud-Est asiatique. Quelques migrateurs presque annuels à Eilat, au sud d'Israël. Alim. : surtout larves et nids de guêpes, comme la B. apivore. Niche haut dans un arbre.

CARACTÉRISTIQUES Un peu plus grande et plus à allure d'aigle et à ailes plus larges que la B. apivore, avec un bout d'aile plus fourni (6e primaire plus longue donnant un « doigt » de plus) ; les larges ailes rendent la tête petite et confèrent à l'oiseau une allure assez lourde en vol. Plumes de la calotte allongées formant une petite huppe, rarement érigée ou visible. D'abord reconnue à la taille et à la forme, puis confirmée par le plumage. – ♂ *ad.* : aussitôt reconnu au pattern caractéristique de la queue avec seulement deux larges barres, l'une au bout, l'autre à la base (la B. apivore ♂ a deux barres étroites à la base et une large barre terminale). – ♀ *ad.* : au contraire du ♂, bien plus proche de la B. apivore ♀, avec deux étroites barres basales analogues ; s'en distingue toutefois par : l'absence de tache carpienne sombre ; plus de barres aux secondaires (3 ou 4 plutôt que 2), plus régulièrement espacées, sans le large espace entre les barres terminale et subterminale de la B. apivore ; bord de fuite sombre de l'aile moins marqué que celui de la B. apivore ; barres aux primaires plus denses et moins alignées que chez la B. apivore ; souvent, taches brun foncé ou noires aux côtés de la gorge et en travers du bas de celle-ci. – *Juv.* : plum. variable ; en général très semblables aux formes correspondantes de la B. apivore juv. mais toujours sans taches carpiennes sombres (la B. apivore juv. n'en est privée que par exception). En général repéré à la grande taille et aux larges ailes rendant la tête très petite ; identification confirmée par l'absence de taches carpiennes et des détails de la forme d'aile et du plumage, etc. D'ordinaire, secondaires moins sombres que chez la B. apivore et montrent donc des barres denses plus nettes (d'habitude 5 ou 6 au lieu de 4, souvent, chez la B. apivore).

Bondrée apivore

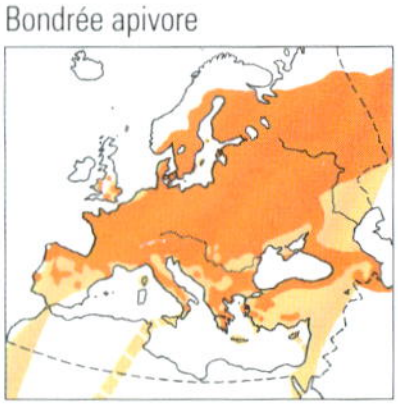

Bondrée orientale

BONDRÉE APIVORE

BONDRÉE ORIENTALE

ACCIPITERS ACCIPITER

Rapaces petits à moyens, à ailes larges et longue queue. Chasse par attaques surprises ou poursuites rapides, comptant sur la vitesse ou la surprise, mais attaque précédée par un affût d'un perchoir ou une surveillance en vol à voile, parfois de haut. Ailes arrondies permettant les virages brusques et la chasse en forêt dense. Capturent surtout des oiseaux mais aussi de petits mammifères. Oiseaux pris au sol ou en vol, puis plumés et mangés au sol un peu à l'abri. Nid de branchettes, haut dans un arbre touffu, souvent un conifère.

Épervier d'Europe *Accipiter nisus* N4 / MC / HC

L ♂ 29-34 cm, ♀ 35-41 cm. E ♂ 58-65 cm, ♀ 67-80 cm. Bois, forêts et bosquets, même près des maisons ; grands parcs ou jardins, jusqu'en ville. Avec la Buse variable, le rapace le plus abondant en Europe. Alim. : petits oiseaux. Chasse avec attaques surprises et vol rapide, souvent au ras des arbres, buissons et bâtiments. Peut traquer les passereaux au sol, sous ou dans les buissons Nid dans un arbre (souvent un conifère), entre 6 et 12 m, construit chaque année. Discret aux abords du nid, passant souvent inaperçu. Sédentaire dans de nombreuses régions européennes, mais oiseaux de Fennoscandie migrant largement vers l'Europe moyenne, les jeunes ♂♂ allant le plus loin et les ♀♀ ad. le moins loin.

CARACTÉRISTIQUES Petit rapace à ailes larges, obtuses et assez courtes, et longue queue. Celle-ci toujours plus longue que la largeur des ailes porte 4 ou 5 (6) barres, même aux rectrices médianes (mais souvent vagues chez le ♂ ad.). Vol caractéristique, coups d'ailes assez rapides interrompus par de courts planés ; les coups d'ailes font remonter l'épervier, les planés le font descendre, d'où une trajectoire légèrement onduleuse, moins directe que chez l'Autour des palombes. La ♀ peut être confondue avec le ♂ de ce dernier (de plus, la différence de taille n'est pas toujours apparente), mais mises à part les différences de vol, la silhouette en vol diffère à base plus étroite et à coins plus aigus, le bras plus court et la tête plus grande (proportionnellement), le cou plus court et le corps plus élancé. Vole souvent près du sol pour surprendre ses proies. N'évite pas les endroits densément habités ni les jardins arborés (comme le fait normalement l'Autour des palombes). L'oiseau posé (alors en position verticale) est reconnaissable à son bec menu, à ses tarses minces (à retenir : tarse plus étroit que le diamètre de l'œil, au contraire de l'autour) et au bas du corps étroit, quelque peu par la queue – ♂ *ad.* : petit. Dessus gris pur, côtés de la tête plus ou moins roussâtres, poitrine (et ventre) finement barrés de (brun-) roux (rarement gris brunâtre comme chez la ♀). – ♀ *ad.* : plus grande que le ♂, avec un vol plus stable et, en moyenne, des battements plus réguliers – et plus rapides que chez l'autour. Dessus gris comme le ♂ ou à nuance vaguement brune, barres du dessous gris brunâtre (rarement brun-roux incertain et alors comme les ♂ les moins roux). – *Juv.* : brun foncé dessus avec plumes de l'avant de l'aile bordées de roussâtre, visible à faible distance. Barres du dessous souvent irrégulières et morcelées à la poitrine, notamment chez les ♂♂.

VOIX Généralement silencieux hors nidification, et souvent très discret auprès du nid. Le cri le plus habituel est un rapide caquètement *kyukyukyukyukyu*, ou *kikikikikikiki* avec légères variantes.

Épervier d'Europe

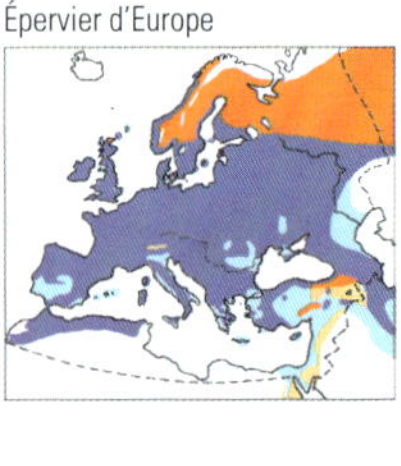

Autour des palombes

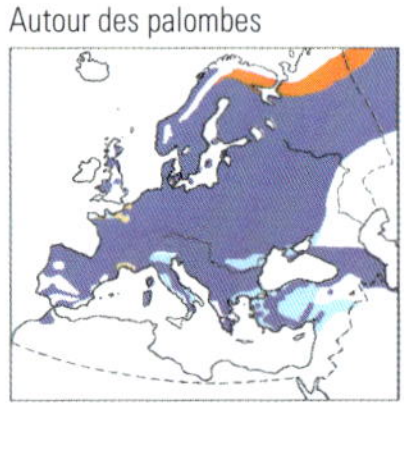

Autour des palombes *Accipiter gentilis* N3 / MC / HC

L ♂ 49-56 cm, ♀ 58-64 cm. E ♂ 90-105 cm, ♀ 108-120 cm. Forêts, généralement de vieux conifères mais aussi boisements plus jeunes (avec au moins quelques parcelles plus hautes et denses pour l'abri et la nidification). D'ordinaire farouche mais peut s'adapter, se poser sur un toit ou chercher ses proies en ville. Alim. : oiseaux et mammifères, notamment pigeons, corvidés, grives, écureuils et lapins. Mode de chasse comme l'épervier mais cercle plus souvent à bonne hauteur pour repérer une proie. Gros nid dans un arbre, entre 10 et 16 m, souvent réutilisé. Rameaux verts ajoutés en garniture durant la nidification. Surtout sédentaire mais immatures et oiseaux du nord-est de l'Europe migrant à courte distance.

CARACTÉRISTIQUES Taille moyenne à grande. Puissant. Larges ailes et longue queue ; très proche de l'épervier, mais (bien) plus grand. Nette différence de taille entre sexes, l'envergure étant celle d'une corneille pour le ♂, et d'une buse pour la ♀. Vole souvent juste au ras de la cime des arbres ou à peine plus haut, avec des coups d'ailes plus calmes (rythme plus lent que le choucas) entrecoupés de planés droits (en plané, ne perd pas de hauteur comme l'épervier). Proies potentielles comme Ramiers ou corvidés craintifs à l'approche d'un autour, avecs envols groupés. En chasse, au début, vole souvent en cercles, ou reste perché en position droite, montrant de larges « hanches » et parfois les sous-caudales blanches ébouriffées. Tarses (et orteils) puissants, trois fois plus épais que les « aiguilles à tricoter » de l'épervier. Malgré sa taille, le ♂ ad. peut être confondu avec la ♀ d'E. d'Europe ; noter toutefois les coups d'ailes un peu plus lents, le vol plus direct et décidé, les ailes proportionnellement plus longues et plus pointues, les coins arrondis de la queue, la base plus large de la queue et la tête un peu plus saillante du fait du cou plus long. – *Ad.* : dessus gris bleuté (♂) ou gris ardoise (♀) ; dessous blanc finement barré de gris. Sourcil blanc contrastant avec calotte et parotiques presque noires. – *Juv.* : brun dessus, blanc beigeâtre dessous avec grossières rayures brunes (aisselles à taches grossières, pouvant sembler à damier en vol). – *Variante* : oiseaux de Russie de Sibérie occ. (race *buteoides*), atteignant rarement l'Europe en hiver, plus grands et pâles, les ad. plus blancs en raison des barres plus fines, les juv. blanc crème plus pâle dessous avec stries plus fines, et couv. sus-alaires et base de la queue souvent en partie marbrées ou tachetées de blanc.

VOIX Cris, souvent entendus lors de la nidification et à l'aube, rappelant ceux de l'E. d'Europe, mais plus graves, plus sonores et plus sauvages.

ÉPERVIER D'EUROPE

AUTOUR DES PALOMBES

Épervier à pieds courts *Accipiter brevipes*

L 30-37 cm. E 63-76 cm. Visiteur d'été (avril à sept.) au sud-est de l'Europe ; hiverne en Afrique. Migrateur typiquement grégaire, avec pics migratoires assez concentrés (des dizaines de milliers en un jour au Bosphore et en Israël, souvent autour du 25 avril et du 20 septembre). Forêts, surtout à basse altitude, ainsi que plaines avec boqueteaux, vergers et ripisylves tranquilles. Alim. : lézards, gros insectes et petits oiseaux et mammifères. Chasse quasiment comme l'E. d'Europe. Nid dans un arbre, souvent entre 5 et 10 m, garni de feuilles fraîches.

CARACTÉRISTIQUES Ressemble à l'E. d'Europe, mais les deux sexes de taille plus proche, ailes plus étroites et plus pointues, queue un peu plus courte, d'où une silhouette plus semblable à celle des faucons en vol plané mais vol restant celui d'un épervier. Bout des ailes sombre dessus et dessous (nettement chez le ♂, moyennement chez la ♀, moins chez les jeunes), et rectrices centrales non barrées (l'E. d'Europe les a toujours barrées, bien que les barres puissent être atténuées chez certains ♂♂). Queue avec barres plus étroites et nombreuses (6-8 ; normalement 4-5 chez l'E. d'Europe). Chez la ♀ ad. et les jeunes, trait sombre au milieu de la gorge, typique (quand il est vu !). À courte distance, yeux sombres et côtés de la tête gris uni (pas de sourcil blanc) chez les ad. sont d'utiles critères, de même que la nette cire jaune (plus que chez l'E. d'Europe) et les pattes plus épaisses aux orteils plus courts. Dessous des ailes blanchâtre chez les ad. (mais, de près, en fait finement barré de brun-roux). Le fait de migrer en groupes denses parfois importants, le différencie de l'E. d'Europe (100 et plus peuvent s'observer mais même une dizaine cerclant ensemblent trahiraient l'espèce). – *♂ ad. :* gris-bleu dessus avec bout des ailes nettement noirâtre. – *♀ ad. :* gris ardoise dessus avec bout des ailes noir. Un peu plus grande que le ♂. Souvent un vague trait médian à la gorge. – *Juv. :* brun foncé dessus, bout des ailes un peu plus foncé visible par bonne lumière. Dessous rayé ou tacheté à la poitrine et barré de sombre aux flancs et sous les ailes, rappelant plus en cela le jeune Autour des palombes que l'E. d'Europe. Nette raie médiane à la gorge.

VOIX Strident et clair *ki-vick* typique, souvent répété et évoquant alors le Tournepierre à collier ou la Glaréole à collier.

Autour sombre *Melierax metabates*

L 39-47 cm. E 85-105 cm. Population déclinante au sud du Maroc (vallée du Sous), soit éteinte, soit de plus en plus difficile à localiser (aire principale au sud du Sahara). Boisements clairs, semi-déserts et broussailles. Nid dans un arbre touffu.

CARACTÉRISTIQUES Paraît un mélange d'Autour des palombes ♂ et de Busard Saint-Martin ♂. Larges ailes. Assez longue queue gris-bleu (ventre et dessous des ailes finement barrés de blanc). Iris sombre, pattes et cire rouges. Bout des ailes et rectrices centrales noir. Pourrait ainsi rappeler le B. Saint-Martin ♂ avec le bout des ailes bien noir, les ailes gris argenté, la poitrine gris plus foncé et l'avant de l'aile et le croupion blanchâtres. Vol de chasse souvent bas et rapide, mêlant des séries de battements et brefs planés de type *accipiter*. Peut aussi cercler plus haut avec les ailes un peu relevées. Se perche bien en vue, montrant souvent les longues pattes rouges. – *Ad. (sexes semblables) :* dessus gris plomb, ventre finement vermiculé de gris et de blanc. Cire et pattes rouge foncé. – *Juv. :* brun dessus, poitrine rayée, ventre grossièrement barré ; noter en vol le croupion pâle. Iris, cire et pattes jaunes.

VOIX Bruyant. Séries de sifflements sonores et clairs.

Élanion blanc *Elanus caeruleus* N1 / MR

L 31-36 cm. E 76-88 cm. Savane, semi-déserts, plaines dégagées, lisières forestières près des cours d'eau, en paysage agricole sec avec bois et boqueteaux. Assez récente conquête du Sud-Ouest européen à partir du Maroc. Encore rare en Europe (plus commun dans de vastes régions du sud de l'Afrique et de l'Asie). Chasse d'un perchoir dominant ou en vol. Alim. : surtout insectes et lézards mais aussi petits mammifères et oiseaux. Nid sur un arbre, nouveau chaque année. (Deux autres milans sont traités p. 102.)

CARACTÉRISTIQUES Ne peut être confondu : taille du Faucon hobereau mais corps plus trapu, grosse tête et cou bref donnant à l'oiseau une silhouette épaisse ; ailes pointues mais larges et courte queue coupée droit. Gris-bleu clair dessus avec avant du bras noir. De dessous, en vol, blanc avec rémiges primaires noirâtres et secondaires vaguement sombres. Tête blanche avec « loup » noir. Gros œil rouge ambré ; courtes pattes jaunes. Vole sur place comme un Faucon crécerelle, vole en cercles et plane ailes levées comme un busard, en chasse rappelle le Hibou des marais en raison des battements assez décidés et profonds avec parfois un coup d'ailes remontant un peu plus rapide ; en vol battu peut même évoquer une grande Guifette noire. – *Juv. :* dos et épaules gris foncé avec bout des plumes blanc. Grandes couv. sus-alaires à bout blanc. Calotte brunâtre. Poitrine à nuance rouille.

VOIX Le plus souvent silencieux. Parfois, aigre *grii-ak*.

Épervier à pieds courts

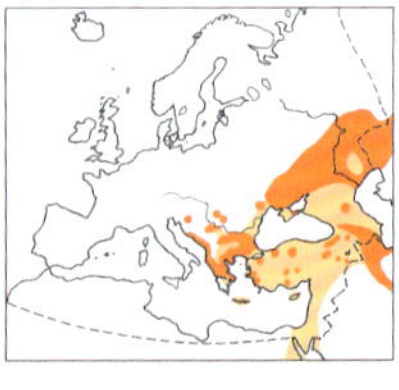

Autour sombre

Élanion blanc

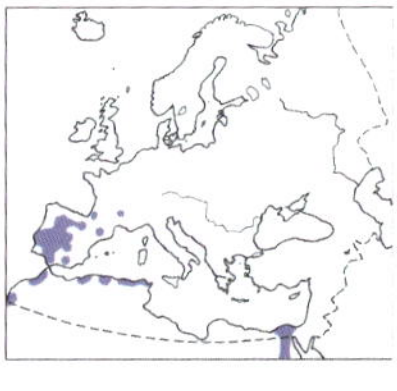

ÉPERVIER À PIEDS COURTS

AUTOUR SOMBRE

ÉLANION BLANC

FAUCONS : FALCONIDÉS

Rapaces petits ou moyens. Ailes assez pointues. Volent rapidement et adroitement. La plupart capturent leurs proies en vol. Mandibule supérieure à « dent » latérale.

Faucon crécerelle *Falco tinnunculus* N5 / MC / HC

L 31-37 cm. E 68-78 cm. Champs, landes, prairies, abords des forêts et des boqueteaux, régions montagneuses jusqu'à altitude moyenne. Alim. : petits rongeurs et insectes (à l'affût le long des routes). Nid dans un arbre (souvent, ancien nid de corvidé), une cavité de paroi rocheuse ou de bâtiment.

CARACTÉRISTIQUES Taille moyenne. Longue queue. Longues ailes, assez étroites à la base avec bout un peu arrondi lorsque les ailes sont étendues. Patrouille souvent, queue abaissée, étalée en éventail. Vol battu avec coups d'ailes calmes et assez mécaniques, à la différence des autres faucons. Peut faire penser parfois à l'Épervier d'Europe, mais la confusion s'efface du fait que les battements d'ailes sont plus continus, sans guère de planés, et que les ailes, plus étroites, sont tenues plus droites (l'É. d'Europe a les ailes plus anguleuses, poignets en avant). Plum. : dos et couv. sus-alaires faisant contraste avec le bout noirâtre des ailes. – ♂ *ad. :* croupion et côtés de la queue gris bleuté sans barres, queue à large barre terminale noire. Tête grise finement striée. Dos et couv. sus-alaires brun-roux foncé à petites taches noires. – ♂ *1er été :* certains ont de nettes et fines barres sur le croupion et le dessus de la queue. – ♀ *ad. :* croupion et queue bruns, finement barrés, barre caudale terminale de la largeur d'un doigt. Tête généralement brunâtre et nettement striée. Dessus ocre-brun foncé, non rouge-brun sombre comme chez le ♂, barres sombres plutôt que taches (croupion et partie interne de la queue rarement gris bleuâtre mais queue presque toujours rayée). – *Juv. :* comme la ♀ ad. mais plus rouge-brun jaunâtre dessus, et poitrine portant des rayures plus larges et plus diffuses. Étroite bande claire le long du bout des couv. sus-alaires de la main souvent discernable. Quelques jeunes ♂♂ ont le croupion et la queue gris-bleu (plus ou moins barrés).

VOIX Série rapide de *ki-ki-ki-ki*… aigus et brefs.

Faucon crécerellette *Falco naumanni* N2 / MR

L 27-33 cm. E 63-72 cm. Niche en colonies lâches, sur les escarpements rocheux, les ruines, les bâtiments (jusqu'en ville), etc. Grégaire même pour les migrations. Alim. : insectes qu'il capture à terre (marche souvent au sol brièvement entre deux piqués comme le F. kobez) ou en l'air. Nid dans un trou de mur, de falaise, sans apport de matériaux.

CARACTÉRISTIQUES Petit faucon élégant, très semblable au F. crécerelle mais cri diagnostique (v. plus bas), queue et ailes un peu plus courtes semblant donc plus larges. Rectrices centrales un peu plus allongées chez d'assez nombreux ind. (rarement chez le F. crécerelle). Ongles blancs (sombres chez le F. crécerelle). – ♂ *ad. :* comme le F. crécerelle mais pas de taches noires sur le dessus brun-roux (aspect bien plus uni) et étroite zone gris-bleu sur le dessus des ailes entre l'avant des ailes, brun-roux, et les rémiges brun noirâtre. Tête gris-bleu plus clair sans moustache foncée (il peut y en avoir une vague). Dessous des ailes plus blanc que chez le F. crécerelle, avec le bout plus sombre (mais certains ind. rappellent le F. crécerelle). Taches aux flancs plus petites et plus rondes que chez le F. crécerelle et poitrine souvent à nuance rouille plus foncé (à tonalité lilas). – ♂ *de 1er été :* très semblable à celui du F. crécerelle puisque la zone gris-bleu sur le dessus des ailes manque et que quelques taches sombres se trouvent dans le brun-roux (sur les couv. et les rémiges tertiaires). Souvent, seules les rectrices centrales sont de type ad., les autres sont barrées. Absence de moustache nette. – ♀ *ad. et juv. :* très proches de ceux du F. crécerelle et pouvant souvent ne pas être reconnaissables au seul plum. En moyenne, dessous plus clair avec stries plus fines ; moustache plus étroite et absence de trait sombre en arrière de l'œil ; joue plus claire que chez le F. crécerelle – expression plus « aimable ». (Croupion et sus-caudales gris-bleu ne sont pas diagnostiques).

VOIX Cri d'appel spécifique : *tyé-tyé-tyé* enroué et très sonore rappelant la Perdrix, souvent en chœur dans les colonies. Également, cri similaire à celui du F. crécerelle, mais séries normalement encore plus rapides.

Faucon crécerelle

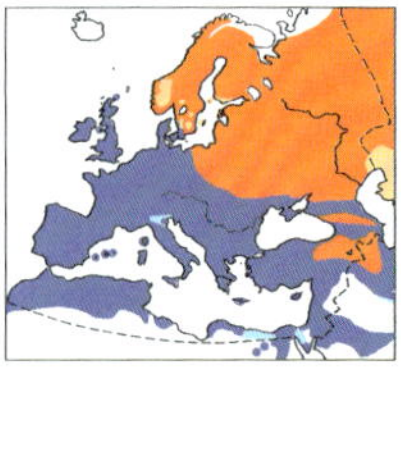

Faucon crécerellette

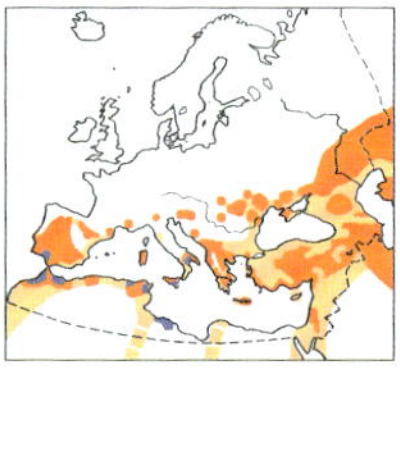

Faucon kobez *Falco vespertinus* N0 / MR / H0

L 28-34 cm. E 65-76 cm. Visiteur d'été (avril-sept.) ; hiverne en Afrique. Niche en colonies, rarement par couples isolés, en milieu ouvert avec bosquets, dans les steppes, près des prairies et dans les larges vallées fluviales. Alim. : principalement insectes. Niche dans un ancien nid de corbeau, souvent au sein même des corbeautières.

CARACTÉRISTIQUES Assez petit faucon. Silhouette rappelant celle des F. hobereau et crécerelle (longue queue). Vol battu souvent comme celui du F. crécerelle avec des coups d'ailes assez calmes et mécaniques, mais a pour habitude de capturer les insectes en vol ce qui rappelle beaucoup le F. hobereau. Patrouille souvent, explore le terrain, revient en arrière, patrouille à nouveau, et ainsi de suite. – ♂ *ad. :* combinaison unique : corps et couv. alaires gris-bleu, « culottes » et sous-caudales rouge éteint, et rémiges à dessus gris argenté. Cire et pattes orangé terne. – ♂ *de 1er été :* proportion variable de gris-bleu, mais dessous des ailes toujours barré comme chez le juv., et dessous du corps au moins en partie roux. – ♀ *ad. :* dessous du corps jaune chamois roussâtre presque non barré. Dos gris-bleu avec nettes barres sombres. Tête blanc jaunâtre ; cire et pattes orangées. – *Juv. :* dessous chamois terne rayé de foncé. Courte moustache et « loup » sombres. Bord postérieur des ailes nettement sombre. Cire et pattes jaunes.

VOIX Bruyant lors de la nidification et au dortoir. Cri strident *kékékéké*. Cri en vol du ♂ rappelant celui du F. hobereau, un *kiu-kiu-kiu-kiu* plaintif.

Faucon kobez

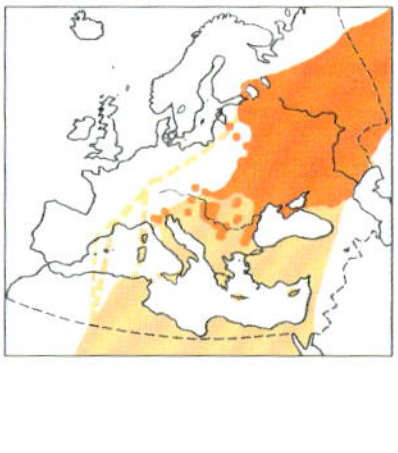

FAUCON CRÉCERELLE

FAUCON CRÉCERELLETTE

FAUCON KOBEZ

DZ

Faucon hobereau *Falco subbuteo* N3 / MC

L 29-35 cm. E 70-84 cm. Visiteur d'été (avril à sept.); hiverne en Afrique. Terres cultivées avec étangs, lacs et forêts, bois de conifères (souvent pinèdes) avec marais et cours d'eau, forêts de montagne. Alim. : gros insectes volants et oiseaux capturés en vol avec une habileté et une vivacité remarquables. Nid dans un arbre (souvent un ancien nid de corvidé).

CARACTÉRISTIQUES Taille moyenne ; élégant. Longues ailes pointues et queue coupée droit, de longueur moyenne. Vol rapide et impressionnant ; peut capturer des oiseaux en plein vol (même des hirondelles et parfois des martinets). On le voit souvent en vol bas et rapide au-dessus des roselières et des marais ; coups d'ailes puissants, un peu espacés. En plein été, lorsqu'il chasse les libellules, son vol est plus calme, avec de brèves accélérations et des décrochements, la proie étant consommée en l'air lors de courts planés. Silhouette souvent typique avec ailes très pointues, les longues mains ramenées en arrière ; à d'autres moments, ailes semblant un peu plus obtuses ; rappelle alors le F. kobez (qui a seulement une queue un peu plus longue et des ailes un peu plus courtes, et peut, de loin, être confondu). À distance, ad. gris foncé dessus et grisâtre dessous, avec gorge blanche ; de plus près, « culottes » rouille, dessous du corps à larges rayures, moustache noire (sur la joue blanche). Dans les pays méditerranéens, confusion possible avec le F. d'Éléonore, mais celui-ci est un peu plus grand et un peu plus trapu, et sa queue est proportionnellement plus longue. Le F. hobereau a également le dessous des ailes et de la queue de couleur plus uniforme. – *Juv. :* diffère des ad. par l'absence de « culottes » et de sous-caudales rouille (même absence chez les ind. de 1er été), les couv. sus-alaires à étroit bout pâle, les rémiges plus claires, le dessus plus brun et le fond jaunâtre du dessous.

VOIX Habituellement un *kyu-kyu-kyu-kyu*… uniforme, moins irrégulier que chez le Torcol, moins plaintif. Importantes variations de rythme. De plus, les deux sexes émettent en vol un *kityik* aigre et répétitif. Également un bref *kitt* unisyllabique.

Faucon d'Éléonore *Falco eleonorae* MR

L 36-42 cm. E 87-104 cm. Visiteur d'été (fin avr.-mai à oct.) ; hiverne en Afrique. Niche en colonies sur les côtes rocheuses et les îles de la Méditerranée. Nidification décalée (fin de l'été-automne) pour profiter du passage migratoire automnal des passereaux ; les proies sont capturées au-dessus de la mer. Nid sur une corniche rocheuse ou dans une anfractuosité.

CARACTÉRISTIQUES Taille moyenne. Longues ailes proportionnellement étroites, longue queue et corps assez élancé. Comme un grand F. hobereau ou un ♂ élancé de F. pèlerin ; diffère de ces deux espèces par une plus longue queue, et de la seconde par des ailes en proportion plus longues et étroites. Les différences ne sont cependant pas toujours aussi nettes, par ex. de loin ou sous certains angles, et on ne se fiera pas toujours à la silhouette. Vol avec coups d'ailes souples mais efficaces (peut rappeler un labbe *Stercorarius sp.*), pouvant s'accélérer pour poursuivre les proies. Passe beaucoup de temps à planer au-dessus de la mer les ailes à plat, en quête de proies. – *Ad., forme pâle :* plum. similaire à celui d'un jeune F. hobereau mais contraste entre les couv. sous-alaires très sombres et la base gris plus clair des rémiges. De plus, dessous du corps chamois-roux plus terne ou brun rouille (non blanc beigeâtre). – *Ad., forme sombre :* uniformément brun noirâtre foncé mais, comme la forme pâle, contraste sous les ailes. – *Juv. :* assez semblable au F. hobereau juv. ; en diffère par la silhouette, la taille et la base plus claire des rémiges (dessous), contrastant avec le bout des ailes et les couv. alaires plus foncés. Dessous chamois soutenu, finement rayé de sombre. Gorge beigeâtre, pas aussi blanche que chez le F. hobereau.

VOIX Habituellement, *kyéh-kyéh-kyéh-kyéh* nasillard.

Faucon concolore *Falco concolor* MO

L 32-37 cm. E 78-90 cm. Niche à l'extrême sud-est de la région étudiée (Israël, Égypte, mer Rouge) ; mai à oct. ; hiverne en Afrique orientale. Reliefs bas, falaises des déserts, îles coralliennes et falaises côtières. Mœurs similaires à celles du F. d'Éléonore. Alim. : petits oiseaux ; en hiver, également insectes. Nid sur une corniche ou dans une anfractuosité.

CARACTÉRISTIQUES Taille moyenne ; un peu plus grand que le F. hobereau auquel il ressemble par la silhouette, et un peu moins grand que le F. d'Éléonore. Tête proportionnellement plus grosse que chez le F. d'Éléonore et queue plus courte. Cire jaune souvent plus apparente que chez ce dernier à l'âge ad. ; ad. gris-bleu uni (unique). Les ad. sont diversement foncés, du gris-bleu assez clair (plus clair que chez certains F. d'Éléonore) au gris-bleu noirâtre, avec tous les intermédiaires. Les ♂♂ paraissent plus souvent plus clairs, mais l'usure du plum. et l'âge jouent peut-être aussi un rôle. – *Juv. :* rappelle à la fois les juv. des F. hobereau et d'Éléonore (et même le F. kobez juv., v. p. 116). Diffère en outre par la taille et la silhouette, le large bord postérieur sombre des ailes et de la queue (à la différence du F. hobereau) et les couv. sous-alaires plus foncées contrastantes (à la différence du F. d'Éléonore). Rectrices centrales sombres, non barrées (visible aussi de dessous), un peu plus longues que les autres (queue un peu cunéiforme). Tendance à avoir une bande pectorale sombre.

VOIX Mal connue.

Faucon hobereau

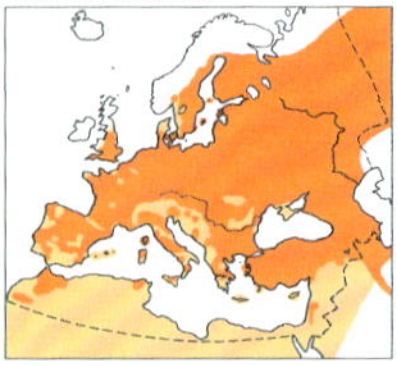

Faucon d'Éléonore

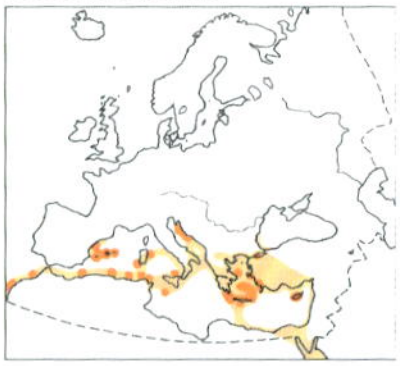

Faucon concolore

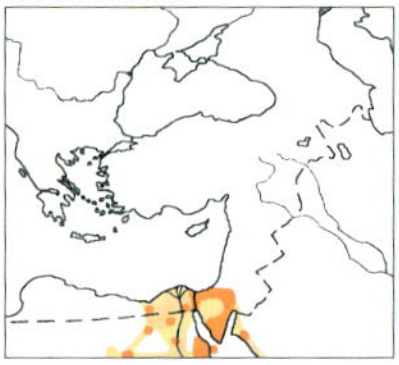

FAUCON HOBEREAU

FAUCON D'ÉLÉONORE

FAUCON CONCOLORE

Faucon pèlerin *Falco peregrinus* NS3 / MC / HC

L 38-45 cm. E ♂ 89-100 cm, ♀ 104-113 cm. Distribution circumpolaire. S'était beaucoup raréfié à cause des pesticides et des persécutions mais se rétablit depuis les années 1990. Falaises côtières ou de l'intérieur, montagnes ; localement, tourbières de la taïga. Migrateur au nord et à l'est. Alim. : oiseaux qu'il capture en l'air après une poursuite horizontale ou un piqué vertigineux d'une grande hauteur, ailes repliées. Niche sur une corniche, rarement dans un ancien nid sur un arbre, ou à terre (Nord-Est sibérien).

CARACTÉRISTIQUES Taille moyenne à grande. Nette différence de taille entre les deux sexes (♀ plus grande). Faucon fortement charpenté à large poitrine. Ailes pointues, bras assez large, queue de longueur moyenne. En vol, ailes habituellement un peu ramenées en arrière, poignets saillants. Vol battu avec coups d'ailes assez rapides et assez peu amples ; allure moyenne. À la vue d'une proie, les coups d'ailes deviennent bien plus décidés et la vitesse bien plus élevée. – *Ad. :* dessus gris ardoise avec dos, croupion et sus-caudales gris-bleu plus clair. Dessous blanc avec bas de la poitrine et ventre finement barrés de noir. Haut de la poitrine, gorge et joues blanc pur (surtout chez le ♂) mettant bien en valeur la calotte et la large moustache, noires. – *Variante :* race méditerranéenne *brookei* un peu plus petite, plus foncée dessus, teinté de roux dessous, avec un peu de roux à la nuque (comparer avec F. de Barbarie). – *Juv. :* larges rayures du dessous ; dessus brunâtre avec couv. alaires grandes et primaires à étroit liseré pâle. Cire et pattes jaune verdâtre sale ou bleu verdâtre. Confusion possible avec les jeunes F. gerfauts mais, outre la silhouette et, pour les ♂♂, la taille, la moustache est nettement plus large et noire et ne se prolonge pas diffusément sur la joue. De plus, dessous des ailes uniformément foncé (le F. gerfaut a les couv. alaires plus foncées que les rémiges). Sous-caudales barrées ou à chevrons (non rayées comme chez le F. gerfaut). Couleur de la cire et des pattes différant un peu en moyenne, plus bleue chez le F. gerfaut de 1er hiver.

VOIX Silencieux la plupart du temps sauf près du nid. Cri le plus fréquent *rèkh-rèkh-rèkh-rèkh* calme et enroué, parfois longuement répété, servant de contact et d'alarme. Les deux sexes émettent un *ih-tyipp* pendant la parade et souvent en vol. Cri de quémandage, un *kyi-i-ih* vibrant.

Faucon de Barbarie *Falco pelegrinoides*

L ♂ 33-37 cm, ♀ 36-39 cm. E ♂ 76-86 cm, ♀ 89-98 cm. Proche parent du F. pèlerin (considéré par certains comme conspécifique). Niche dans les semi-déserts rocheux, à basse altitude et, plus à l'est, davantage en montagne. Alim. : comme le F. pèlerin. Nid sur une corniche rocheuse.

CARACTÉRISTIQUES Par bien des points, comme une petite réplique de F. pèlerin et parfois difficile à distinguer de celui-ci. Le ♂ n'est qu'à peine plus grand que celui du F. hobereau (mais plus trapu et à poitrine plus large que le F. pèlerin). En vol, bras un peu plus étroit que chez le F. pèlerin. Étant donné sa taille, bat un peu plus rapidement des ailes pour un vol comparable. Identification principalement fondée sur les détails du plum. – *Ad. :* à la différence du F. pèlerin, dessus gris-bleu plus clair, dessous des rémiges plus clair avec bout des ailes et bord postérieur de la main plus foncés, enfin dessous du corps et couv. sous-alaires à nuance rouille (plum. frais) ou jaune beigeâtre (plum. usé). Noter toutefois que la race *brookei* du F. pèlerin a aussi une vague nuance rouille. Autres caractères particuliers du F. de Barbarie : barres plus vagues dessous (surtout chez le ♂) ; tendance à présenter une bande terminale foncée sous la queue ; nette « virgule » sombre au bout des couv. primaires sous-alaires ; moustache plus étroite (tout cela visible de près ; noter que le ♂ de la race *brookei* du F. pèlerin a également la nuque un peu rouille). – *Juv. :* comme le jeune F. pèlerin mais calotte moins foncée, et front, nuque et sourcil chamois-roux. Moustache plus étroite. Tendance à présenter une bande terminale sombre sous la queue. Rayures du dessous du corps étroites et concentrées en une zone centrale (gorge, haut de la poitrine, « culottes » et bas du ventre à peu près sans marques).

VOIX Comme le F. pèlerin, mais un peu plus sonore.

Faucon émerillon *Falco columbarius* MC / HC

L 26-33 cm. E 55-69 cm. Surtout zones à bouleaux et à saules en plaine ; marais des forêts de conifères ; en hiver, milieux ouverts, côtes et landes. Migrateur au nord. Alim. : surtout petits oiseaux, capturés après une poursuite horizontale très rapide. Nid dans un arbre, un buisson ou à terre.

CARACTÉRISTIQUES Le plus petit faucon. Silhouette en vol ne différant guère de celle du F. pèlerin (poitrine assez bombée, main pointue, bras assez large et queue moyennement longue) ; la confusion est tout à fait possible au premier abord, si la taille ne peut être appréciée. Cependant, vol battu aux battements plus rapides. Chasse souvent près du sol, en volant parfois comme une grive pour tromper les proies (vol légèrement onduleux ; séries de coups d'ailes alternant avec des planés), ou bien se livre à un vol rapide de poursuite aérienne. Très manœuvrier. – ♂ *ad. :* dessus gris-bleu, queue à large barre terminale noire. Poitrine jaune rouille finement rayée de sombre, gorge blanche. Moustache floue. – ♀ *ad. :* dessus gris-brun, queue barrée (environ 5 barres grossières et sombres, barre terminale guère plus large). Poitrine blanc beigeâtre à rayures grossières. Moustache floue et insignifiante. – *Juv. :* très semblable à la ♀ ad. et généralement difficile à différencier sur le terrain. En moyenne brun plus chaud dessus en dehors du gris sur le dos et la queue comme chez nombre de ♀ ad. Couv. primaires barrées de chamois rouille (plus uniformément sombres chez la ♀ ad.).

VOIX Assez silencieux sauf près du nid. Cri d'alarme, série de brèves syllabes allant en s'accélérant *ki-ki-kiki-kikiki.*

Faucon pèlerin

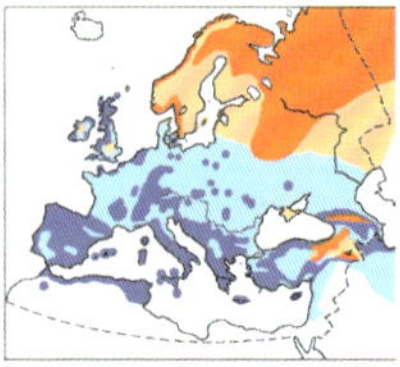

Faucon de Barbarie

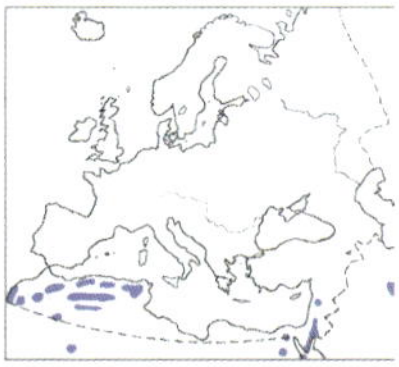

Faucon émerillon

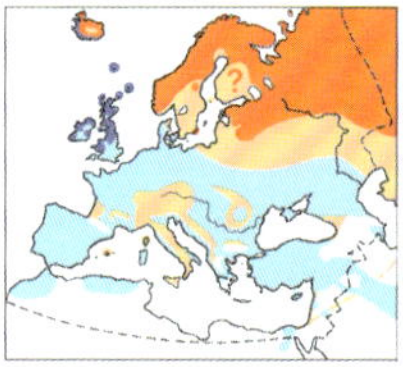

FAUCON PÈLERIN

FAUCON DE BARBARIE

FAUCON ÉMERILLON

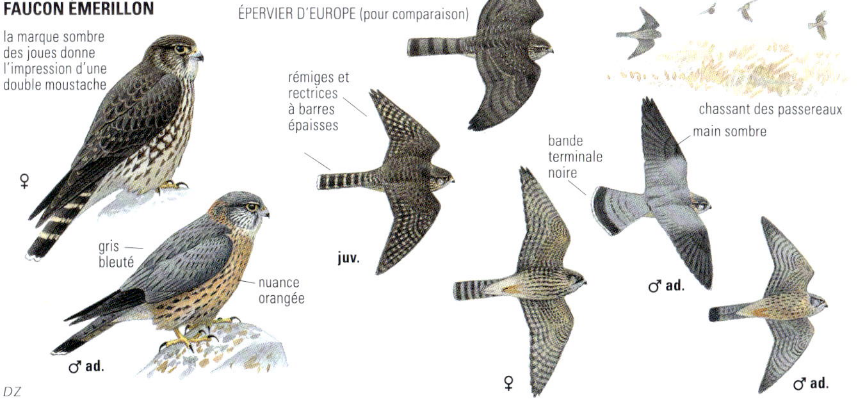

Faucon gerfaut *Falco rusticolus* MO

L 53-63 cm. E 109-134 cm. Sédentaire en plaine et dans la toundra. Escarpements rocheux dénudés ou gorges des zones à bouleaux et à saules. Une partie des jeunes migre au sud en hiver. Alim. : prise à terre ou en vol ; oiseaux (généralement) et petits mammifères. Nid sur une corniche rocheuse, souvent repéré aux lichens vert jaunâtre croissant en dessous.

CARACTÉRISTIQUES Le plus grand des faucons (envergure d'une buse). Larges ailes à bout assez obtus pour un faucon ; queue un peu plus longue que celle du Pèlerin (l'autre grand faucon présent dans la même zone). Corps puissant comme chez ce dernier mais plus allongé et base de la queue large. Vol comme le Pèlerin mais, à cause de sa plus grande longueur et de ses bras un peu plus longs, semble plus lourd avec des coups d'ailes plus souples, un peu plus lents et un peu plus profonds. Chasse en volant, essentiellement en poursuite horizontale, souvent près du sol (lemmings). ♂ et ♀ chassent parfois en collaboration. A plus rarement tendance à piquer que le Pèlerin. Les variantes de plum. sont surtout géographiques, mais avec une grande variabilité et des interférences. Forme blanche (dominante au Groenland, aussi observée en Sibérie) à plum. blanc avec le bout des ailes sombre et quelques minuscules taches sombres. Forme gris clair (Islande) à plum. gris clair barré de blanc. Forme gris foncé (Scandinavie, Russie) à plum. gris moyen barré de gris clair. Les deux dernières formes citées ont une moustache insignifiante et floue, un trait sourcilier pâle et des joues finement striées ou ombrées. – *Ad., formes grises :* cire et pattes jaunes. Dessus gris ou gris-brun avec barres ou taches gris cendré clair. Dessous finement tacheté ou rayé de foncé avec flancs et « culottes » barrés chez la plupart des ind. – *Juv. :* cire et pattes gris bleuâtre (au moins lors du 1er hiver) : dessus gris-brun foncé sans tache ou à taches plus claires insignifiantes hormis la queue. Dessous grossièrement rayé, et non barré, de sombre.

VOIX Cri rauque sonore, *vrè (éh)-vrè (éh)*, plus traînant et plus dissyllabique que chez le Pèlerin.

Faucon sacre *Falco cherrug* MO

L 47-55 cm. E 105-129 cm. Steppes boisées, prairies au pied des collines ou des forêts, ripisylves en milieux ouverts, etc. Migrateur partiel. Alim. : petits rongeurs et petits oiseaux. Nid sur une corniche rocheuse ou dans un arbre, souvent dans une héronnière ; rare (seulement 600 couples en Europe).

CARACTÉRISTIQUES Grand, presque comme le Gerfaut, auquel il ressemble par la silhouette en vol avec des ailes assez larges à bout obtus. Diffère notamment par les ailes un peu plus étroites, la base de la queue et les « hanches » plus étroites, mais il convient d'examiner aussi les détails du plum. – *Ad., typique :* la plupart des ind. diffèrent du F. lanier par le dos et le dessus des bras terre de Sienne vaguement nuancé de rouille contrastant avec la main gris foncé presque comme chez le Crécerelle ♀ (les Laniers ad. sont gris ardoise avec des rémiges plus foncées, comme le F. kobez fem.). Tête généralement très pâle, avec trait sourcilier blanchâtre, calotte finement rayée (sans l'avant de la calotte et la nuque rouille du Lanier), enfin moustache floue insignifiante chez nombre d'ind., plus nette chez d'autres. Certains ind. ont la tête à peu près blanche de loin. Queue fermée paraissant souvent uniformément brune, mais en fait à barres chamois en nombre variable sur les rectrices latérales ou sur toutes (le Lanier présente en moyenne des barres pâles plus nettes et nombreuses, mais l'important chevauchement rend ce critère peu fiable) (Remarque : les jeunes Laniers d'Afrique du N et du Moyen-Orient sont brun chaud dessus, ont souvent une tête très claire et le dessus de la queue non barré). Dessous habituellement très nettement tacheté à partir du bas de la gorge et vers le bas, souvent très nettement sur les flancs, et « culottes » souvent entièrement sombres (Lanier plus finement tacheté sur la poitrine et normalement avec flancs et « culottes » barrés). Dessous des ailes comme celui du Lanier avec couv. alaires sombres contrastant et formant une zone sombre à l'avant de l'aile (à la différence des F. pèlerin et de Barbarie). – *Ad., forme grise* (*saceroides* très rare en Europe) : dessus grisâtre et barré, très semblable au Lanier ; différenciation éventuelle à la taille, la silhouette et au motif de la tête. – *Juv. :* ressemble aux ad., dessus terre de Sienne chaud, et dessous blanc grossièrement rayé de sombre. Tête en moyenne plus sombre que chez les ad. mais sourcil plus nettement blanc. Très semblable au Lanier juv., mais « culottes » généralement entièrement sombres, et dessus un peu plus clair et plus brun à la différence des jeunes Laniers d'Europe. Cire et pattes gris verdâtre terne ou gris à nuance bleu verdâtre.

VOIX Comme celle du F. pèlerin mais un peu plus lente et plus plaintive, moins rauque.

Faucon lanier *Falco biarmicus* MO / HO

L 43-50 cm. E 95-105 cm. Sédentaire ; déserts, steppes arides et en basse montagne. Alim. : surtout, oiseaux petits et moyens, capturés en vol après un piqué ou une poursuite. Nid sur une corniche, rarement sur un arbre (ancien nid d'autres oiseaux). Rare en Europe (300 c env.).

CARACTÉRISTIQUES Un peu plus petit que le F. sacre avec ailes et queue un peu plus étroites (silhouette de F. crécerelle à queue courte). – *Ad. :* dessus gris ardoise ou gris brunâtre barré de sombre (race européenne *feldeggii*), ou fond gris-bleu plus clair (race nord-africaine *erlangeri*), non brun chaud comme chez la plupart des F. sacres. Dessous moins grossièrement tacheté que le F. sacre, finement ponctué ; flancs et « culottes » barrés. Tendance à avoir la calotte sombre à l'avant. Nuque et sourcil (s'il y en a) brun-rouille clair. Moustache noirâtre visible (à la différence du F. sacre) mais à contours vagues. – *Juv. :* similaire à celui du F. sacre, « culottes » striées ; dessus gris-brun foncé (Europe) ou comme le F. sacre, plus brun chaud (Afrique du Nord, Moyen-Orient).

VOIX Ressemble à celle du F. gerfaut mais moins sonore.

Faucon gerfaut

Faucon sacre

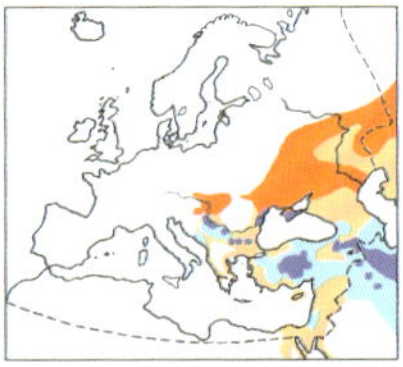

Faucon lanier

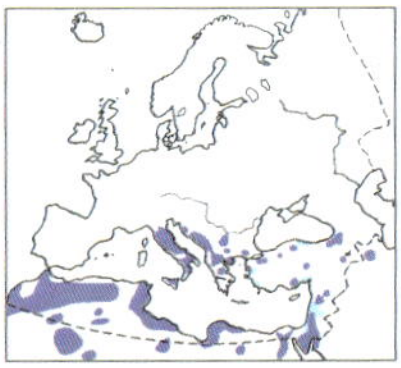

FAUCON GERFAUT

FAUCON SACRE

FAUCON LANIER

(*erlangeri* en vol, v. p. 121)

RÂLES ET MAROUETTES : RALLIDÉS

Oiseaux des marais, vivant généralement cachés. Corps trapu, aplati latéralement chez nombre d'espèces. Ailes arrondies. Se déplacent la nuit. Se nourrissent de végétaux et d'invertébrés. Nid dans la végétation dense, généralement dans les marais (une espèce, le Râle des genêts, est traitée p. 56).

Râle d'eau *Rallus aquaticus* N4 / MC / HC

L 23-26 cm (dont bec 3 à 4,5 cm). Roseaux touffus des étangs et baies aux eaux peu profondes. Migre à l'automne vers l'ouest et le sud-ouest de l'Europe. Vit caché au sein des roselières denses et dans les marais touffus, mais se montre parfois en limite des végétaux palustres.

CARACTÉRISTIQUES Assez petit. À peu près piriforme ; assez long cou, bec long, étroit et vaguement arqué. De loin, assez sombre ; seules les sous-caudales apparaissent claires (blanc nuancé de beige). Se meut précautionneusement ou vivement selon les cas. – *Ad.* : dessus brun olivâtre à taches noires, « face » et poitrine gris-bleu foncé, flancs et ventre à barres noires et blanches. Bec rouge à dessus et bout plus foncés, pattes rouge terne. – *Juv.* : gorge et milieu de la poitrine blanc sale. Côtés de la poitrine et flancs brunâtres avec barres sombres et pâles. Net sourcil pâle et « loup » sombre. Bec rosé terne.

VOIX Répertoire riche : comme le grognement d'un porc à l'agonie, *grruiit-groït-grui-gru* ; gémissement à demi étouffé *ooüüüh* ; bref *kipp* en cas de dérangement. Chant nocturne du ♂, *kupp-kupp-kupp-kupp*… en longues séries vaguement accélérées. ♀ (non appariée ?) émettant parfois un sonore et caractéristique *pupp-pupp-pu-errrr* de structure analogue au cri de la ♀ de Marouette poussin mais plus aiguë et à sonorité de R. d'eau ; on entend le trille final *pu-errrr* chez les ind. en vol lors des nuits de printemps (émis probablement par les ♀♀).

Marouette ponctuée *Porzana porzana* N2 / MC / HR

L 19-22,5 cm. Surtout marais à carex et prairies steppiques humides (évite les roselières touffues). Très difficile à surprendre ; se cache rapidement même dans la végétation basse. Migre en Europe méridionale et jusqu'en Afrique.

CARACTÉRISTIQUES Un peu plus petite que le Râle d'eau, auquel elle ressemble par la forme et les mœurs. Noter : bec court, sous-caudales beiges, pattes vertes et, en vol (capricieux), bord antérieur des ailes blanc. De près, fines taches blanches sur le cou, la poitrine et dessus, et bec jaune grisâtre avec du rouge à la base. – *Juv.* : pas de gris-bleu au sourcil, à la gorge et à la poitrine ; gorge souvent blanchâtre.

VOIX Chant, nocturne, très caractéristique : doux et sonore « sifflement de voyou » montant, répété bien en mesure (environ un par sec.) *huitt-huitt-huitt*… ; porte jusqu'à 1 ou 2 km durant les nuits calmes ; rappelant de loin des gouttes d'eau tombant ; de près, on perçoit un double son grognant et complexe (comme chez la Caille des blés).

Marouette de Caroline *Porzana carolina* MO

L 18-21 cm. Occasionnelle d'Amérique du Nord. Similaire à la M. ponctuée par l'aspect et le milieu. En diffère par : bande médiane sombre non rayée à la calotte, absence de ponctuations blanches sur la tête, le cou et la poitrine, rémiges tertiaires sombres bordées de pâle (sans chevrons pâles comme chez la M. ponctuée). Émet notamment un trille semblable à celui du Grèbe castagneux, qui devient rapidement plus grave et ralentit.

Marouette poussin *Porzana parva* NO / MR / HO

L 17-19 cm. Roseaux des petites pièces d'eau peu profondes. On l'observe surtout dans les roselières (phragmitaies), dans les secteurs dégagés, et le long des fossés inondés. Essentiellement Europe orientale. Décelée presque uniquement à son cri.

CARACTÉRISTIQUES Petite. Similaire à la M. de Baillon, mais : projection primaire importante, assez longue queue ; chez les ad., un peu de rouge à la racine du bec, quasi-absence de motifs blancs sur le dessus (de jeunes ad. peuvent avoir quelques raies et taches blanches mais ni volutes ni boucles), et des barres limitées à l'arrière des flancs. Sexes différents. ♂ gris-bleu dessous, ♀ blanc beigeâtre avec vague nuance gris-bleu à la tête. Imm. comme la ♀ mais dessous plus blanc et flancs barrés ; diffère de la jeune M. de Baillon surtout par une projection primaire plus importante.

VOIX Chant, nocturne, du ♂ : *koua* nasillard et perçant (audible jusqu'à 1 ou 2 km), répété d'abord lentement, puis bien plus rapidement, pour finalement s'achever en baissant et en chevrotant par séries ; certaines strophes n'en finissent pas. La ♀ émet une brève phrase, nasillarde et de hauteur constante *koua-koua-kvarrrr* (cf. Râle d'eau).

Marouette de Baillon *Porzana pusilla* NO / MR

L 16-18 cm. Prairies humides avec eau assez peu profonde, parfois à roseaux. Relativement abondante en Europe orientale, rare et locale dans le sud.

CARACTÉRISTIQUES Petite. Similaire à la M. poussin, mais en diffère par : projection primaire réduite, queue assez courte, jamais de rouge à la racine du bec, présence de boucles et volutes blanches sur le dessus brun-roux, enfin barres noirâtres et blanches, plus distinctes et plus importantes en dessous de l'arrière du corps. Sexes semblables (♂ gris-bleu plus foncé et plus pur) ; jeune brun sale dessous, plus barré.

VOIX Chant : long, grinçant et crépitant, de sonorité variable, rappelant beaucoup la grenouille verte, durant 2 à 3 sec., audible au plus jusqu'à 300 m (souvent jusqu'à 75 m seulement !).

Râle d'eau

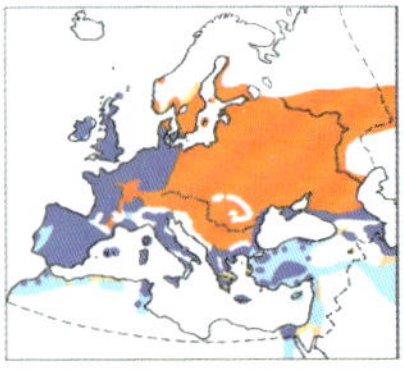

Marouette ponctuée

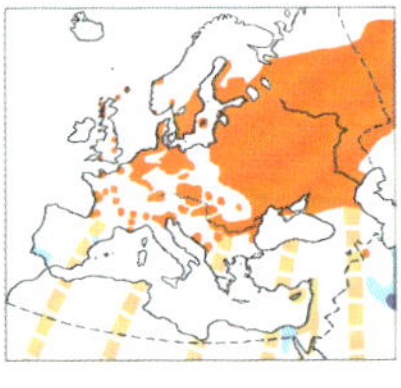

Marouette poussin

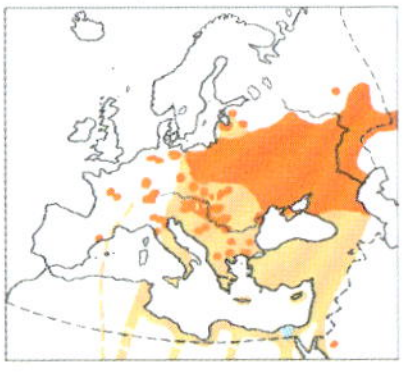

Marouette de Baillon

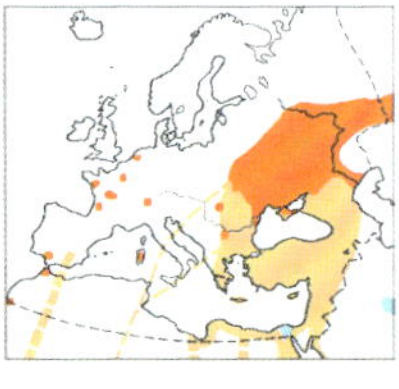

RÂLE D'EAU

MAROUETTE PONCTUÉE

MAROUETTE DE CAROLINE

MAROUETTE POUSSIN

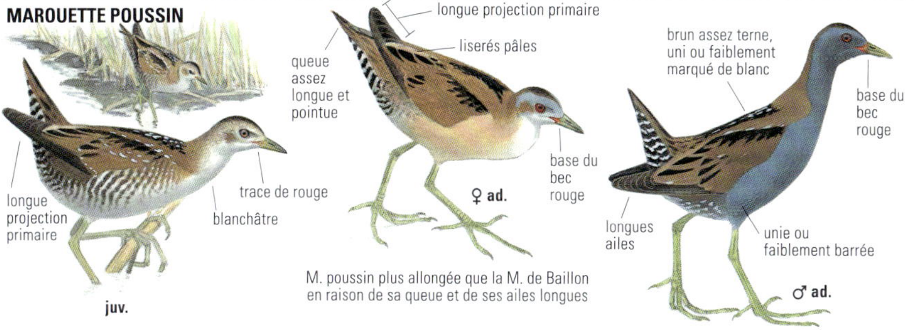

MAROUETTE DE BAILLON

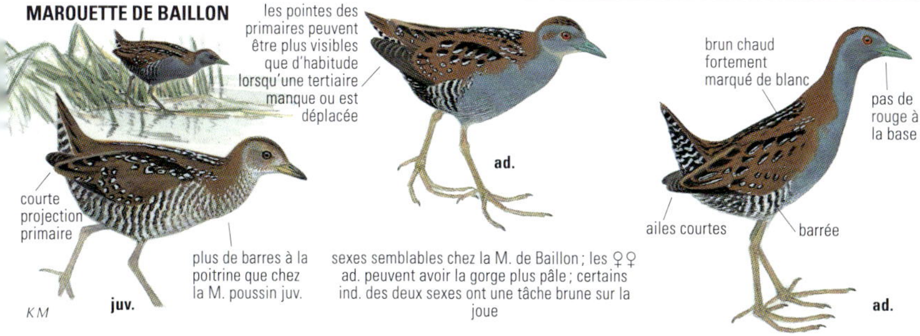

Gallinule poule-d'eau *Gallinula chloropus* NS5
L 27-31 cm. Commune ; petits lacs, étangs, mares et cours d'eau à végétation dense. Vit souvent cachée mais s'observe aussi à découvert dans les herbes au bord de l'eau. Migre en hiver vers l'ouest et le sud de l'Europe. Nid bien dissimulé dans la végétation dense, en forme de corbeille avec un toit.

CARACTÉRISTIQUES Taille moyenne. Sombre, avec queue assez longue, longues pattes vertes et longs orteils. Bec rouge à pointe jaune ; gris ardoise foncé (dessus à nuance brune), ligne blanche le long des flancs et sous-caudales latérales blanches. Redresse la queue et la hoche nettement quand elle marche ; hoche la tête lorsqu'elle nage. – *Juv. :* gris-brun avec menton et gorge blanc sale ; également reconnaissable à sa forme, à ses mouvements, à la ligne pâle sur le flanc et aux sous-caudales latérales blanches. Poussins comme ceux de la Foulque macroule, noirs à bec rouge, mais sans collerette jaune brunâtre.

VOIX Répertoire riche. Le cri le plus caractéristique est un *kyourrrl* bref, perçant et gargouillant qui révèle l'oiseau dans les roseaux. Autre cri : *ki-kèk* perçant (irritation) *krèk-krèk-krèk*, trisyllabique rapide et haché, pouvant être répété de longues heures et même de nuit en vol.

Foulque macroule *Fulica atra* N5 / MC / HC
L 36-42 cm. Étangs, lacs et baies peu profondes, à végétation dense, mais aussi pièces d'eau ouvertes (hiver). Migratrice partielle. Nid placé haut, fait de phragmites, dans les roselières, souvent bien visible. Défend son territoire énergiquement en se précipitant contre les intrus.

CARACTÉRISTIQUES Ronde. Corps large. Courte queue et petite tête ronde. Corps gris de suie et tête noire avec bec et plaque frontale blancs. En vol, étroit bord postérieur blanc au bras. Pattes puissantes, longs orteils pourvus de lobes. Nage en hochant légèrement la tête. Plonge avec un petit saut, ressort rapidement (flotte comme un bouchon). Court à la surface de l'eau en frappant des pieds pour s'envoler. Pour les différences avec la F. caronculée, v. celle-ci. – *Juv. :* blanc grisâtre aux côtés de la tête, à l'avant du cou et à la poitrine, reste du plum. gris-brun. Dessous de la queue sombre (pâle chez la jeune Poule d'eau). Poussins noirs avec du rouge et du bleu à la tête et une collerette jaune brunâtre.

VOIX Répertoire riche ; s'entend souvent la nuit auprès des plans d'eau. Le cri le plus sonore est un *keuk* perçant, souvent répété. On entend souvent un *pitts'* explosif et perçant (comme une branche frappée sur une pierre). On l'entend souvent, lors des nuits de printemps, voler en émettant une sorte d'éternuement trompetant à rythme un peu sautillant *pè-pè-èü*.

Foulque caronculée *Fulica cristata* MO
L 39-44 cm. Sédentaire ; nord du Maroc (rare et localisée dans le sud-ouest de l'Espagne). Même milieux que la F. macroule avec laquelle elle peut cohabiter. Un peu plus farouche que celle-ci ; se cache plus volontiers dans la végétation.

CARACTÉRISTIQUES Très semblable à la F. macroule. L'identification nécessite une proximité suffisante et une certaine expérience des variations chez les foulques. Durant la nidification, petites bosses rouge foncé au front ; ce caractère est diagnostique mais disparaît rapidement après la nidification et est souvent extrêmement difficile à distinguer de loin sur le terrain (paraît seulement sombre). Caractère diagnostique : implantation des plumes aux côtés du bec arrondie (en pointe chez la F. macroule) ; bec blanc à vague nuance gris-bleu (non blanc crème ni à nuance chair comme chez la F. macroule ad.) ; plaque frontale remontant un peu plus et à sommet coupé droit ; cou plus étroit en vol, ailes entièrement sombres. Nage souvent en portant son poids en avant ; avec une attention soutenue on note que la calotte paraît en pointe. Courbe le cou par le milieu quand elle prélève sa nourriture en nageant (la F. macroule soulève tout l'arrière).

VOIX Très différente de celle de la F. macroule. Émet souvent un très rapide *kerré*, nasillard et aigu (peut faire penser à la Marouette poussin). De plus, cri nasillard un peu étouffé *ka-hah*. Parfois de longues séries de crécelles *krré*.

Talève sultane *Porphyrio porphyrio* N1 / MR / HR
L 45-50 cm. Étangs et lacs à végétation abondante mais assez basse de roseaux, typhas et carex, de préférence avec beaucoup de tiges brisées et couchées où marcher ; grimpe parfois haut sur les joncs à la différence des espèces proches.

CARACTÉRISTIQUES Grande. Plum. bleu foncé à reflet lilas, gros bec rouge (avec large plaque frontale) et fortes pattes rouge vif, à longs doigts. Sous-caudales blanches. Bec rouge un peu plus clair en hiver, mais la plaque frontale reste souvent rouge terne. – *Juv. :* plus terne, tête plus grisâtre, zone blanc grisâtre au milieu du dessous et début de coloration plus chair grisâtre au bec et aux pattes. En vol, rapides coups d'ailes vibrants et pattes bien pendantes. Nage si nécessaire. – *Variante :* race égyptienne *(madagascariensis)* à nuance verte sur le dos, les épaules et aux tertiaires ; nicheurs de la mer Caspienne et de Turquie *(poliocephalus)* à tête gris plus clair.

VOIX Très sonore et surprenante (semble se moquer). Répertoire très riche. Souvent (surtout la nuit), cri étiré, trompetant et nasillard, de hauteur variable, par longues séries. Également, trilles rudes, mécaniques et rapides *prrrih-prrrih-prrrih…*, de force variable, parfois très aigu. Cri de contact, un *tchuk* sec.

Gallinule poule-d'eau

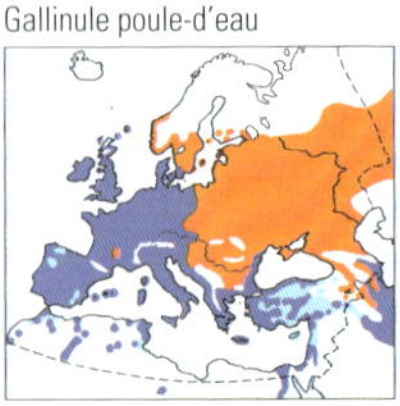

Foulque macroule

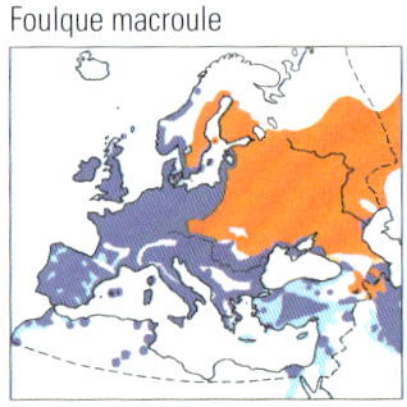

Foulque caronculée

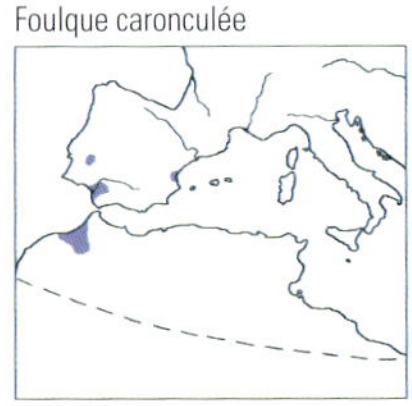

Talève sultane

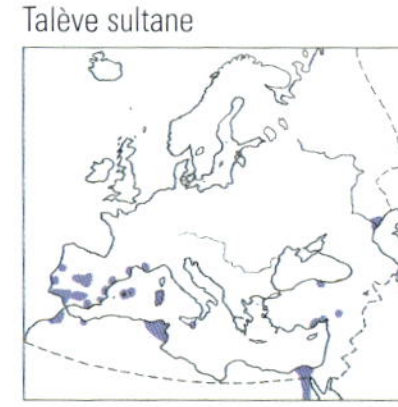

GALLINULE POULE-D'EAU

FOULQUE MACROULE

FOULQUE CARONCULÉE

TALÈVE SULTANE

GRUES : GRUIDÉS

Très grands oiseaux à longues pattes et long cou. Bec droit et pointu. Tertiaires internes allongées et fournies, paraissant être la queue (véritable queue courte, cachée en dessous). Excellent au vol à voile, le cou tendu comme les cigognes ; forment des V ou des lignes obliques. Noter les pattes allongées (rentrées par froid vif), la lenteur, le vol à voile fréquent et la hauteur de vol. Se nourrissent en observant de près avant de piquer vivement du bec.

Grue cendrée *Grus grus* N1 / MC / HC

L 96-119 cm. E 180-222 cm. Nicheuse éparse dans les tourbières et les marais de la taïga, dans les roselières des lacs ou le long des cours d'eau des zones boisées. Migratrice au long cours (mouvements surtout en octobre et avril). Danse de parade surtout au printemps, par couples, ou impliquant plusieurs centaines d'oiseaux (imm. surtout) sur les sites traditionnels. Alim. : végétaux, graines, insectes. Nid de végétaux en tas.

CARACTÉRISTIQUES Très grande. Longues pattes et long cou étroit. Plum. gris bleuté clair, mais nombre d'ind. présentent lors de la nidification un dos brun rouille quand ils gagnent les marais (aux eaux ferrugineuses ou argileuses) lors de la couvaison. Tête et haut du cou noir ; peau rouge sur le crâne (d'étendue variable). Tertiaires allongées, très fournies et lâches, donnant l'illusion d'une queue ébouriffée. Rémiges noir grisâtre contrastant avec les couv. pâles des bras et du corps. Sexes semblables mais ♂ en moyenne un peu plus grand, ce qui apparaît lorsque le couple est réuni. Durant les parades (cou tendu, bec levé, tertiaires et plum. de la poitrine ébouriffés) les ♂♂ entrouvrent leurs ailes. Ailes longues et rectangulaires, à bout profondément « digité ». Vol aisé à lents coups d'ailes, ailes assez planes, cou et pattes tendus comme chez les cigognes (cependant, la Cigogne blanche a des pattes et un cou proportionnellement plus courts, et peut replier ses pattes en vol ; le Héron cendré diffère par le cou rentré en vol, les ailes nettement en cloche et des « digitations » plus courtes). Vole en cercles avec aisance et pratique très bien le vol battu ; constitue des formations en V ou en ligne oblique à assez haute altitude ; vitesse de croisière moyenne. Marche de façon mesurée, mais peut courir pour chasser un prédateur approchant de la nichée (qui accompagne volontiers l'ad. au sol). – *Juv.* : diffère légèrement par la tête et le haut du cou brun-roux assez pâle, sans les motifs noirs, blancs et rouges des ad., et par des tertiaires moins fournies.

VOIX Bruyante. Cri puissant et audible de loin (généralement en vol) : profonds *krrou* et *karr* roulés. Les jeunes en automne émettent un pépiement particulier *pyirp* mêlés aux cris des ad.

Grue cendrée

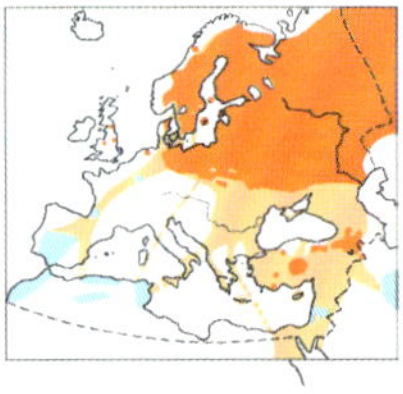

Grue demoiselle

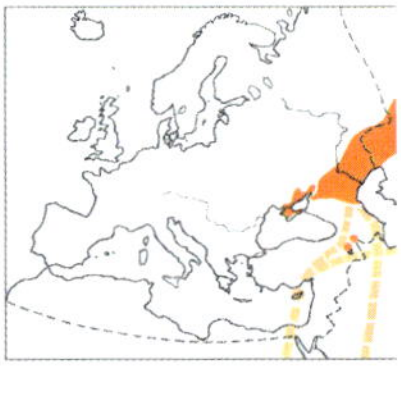

Grue demoiselle *Grus virgo* [MO]

L 85-100 cm. E 155-180 cm. Steppes arides avec de l'eau à proximité, parfois à haute altitude. Migratrice au long cours : populations occidentales hivernant en Afrique, et regagnant les sites de nidification en même temps que les Grues cendrées mais repartant un mois plus tôt (surtout fin août) ; survol du Moyen-Orient passant pour une grande part inaperçu (vue régulièrement seulement à Djedda, pourrait avoir une route plus à l'est ; toutefois souvent vue à Chypre en août). Grégaire ; en migration, groupes souvent plus importants que chez la G. cendrée.

CARACTÉRISTIQUES Très grande. Similaire à la G. cendrée, mais tête plus forte et ronde, bec un peu plus court, et cou plus court et plus mince. Bien que 20 % plus petite que la G. cendrée, peut sembler de même taille sur le terrain, et les différences de plum. sont très incertaines de loin, surtout en vol. Comme la G. cendrée, corps et couv. alaires gris cendré clair et rémiges sombres mais, lors de la nidification, pas de brun-rouille au dos. Au posé, les tertiaires de forme particulière sont bien reconnaissables, même de loin : elles sont longues, pointues et pendantes. De plus près, le motif de la tête et du cou apparaît bien : le noir au cou descend plus bas et atteint la poitrine sous forme de longues plumes. Pas de rouge sur la tête. Sexes semblables mais ♂ en moyenne un peu plus grand. En vol, très semblable à la G. cendrée mais noter la poitrine noire et les couv. primaires plus grises donnant un contraste moins net avec les primaires noires. La tête, un peu plus grosse en proportion et plus ronde peut parfois être distinguée. Toute mue partielle de l'aile (juin-oct.) signale une G. demoiselle (toutes les primaires de la G. cendrée muent en même temps, comme chez les Anatidés). – *Juv.* : généralement plus terne avec tête très pâle (semble blanchâtre à distance) avec ébauches d'aigrettes ; avant du cou et poitrine gris ardoise (au lieu de noir) au milieu, tertiaires peu développées.

VOIX Rappelle celle de la G. cendrée, mais un peu plus sonore et aiguë. Cri de contact en migration, *grrou*, similaire de loin à celui de la G. cendrée.

Grue de Sibérie *Grus leucogeranus*

L 105-145 cm. E 205-245 cm. Nicheuse extrêmement rare en Sibérie occ. (bassin de l'Ob ; sans doute moins de 10 couples), dans les tourbières de la taïga ; en migration dans la région, notée chaque année dans le delta de la Volga, de fin mars à mi-avril, moins en automne, sur le chemin depuis ou vers les quartiers d'hiver du nord de l'Iran. Une population plus importante existe dans l'est de la Sibérie (Yakoutie, env. 1 500 couples), hivernant dans l'est de la Chine. Recherche les milieux humides.

CARACTÉRISTIQUES Très grande, plus même que la G. cendrée. Blanche, bout des ailes noir et face rouge. Pattes rougeâtres. Sexes semblables mais ♂ en moyenne un peu plus grand avec bec plus long. – *Juv.* : un peu plus petit. Plum. pâle largement teinté et taché de roussâtre. Tête emplumée, sans face rouge.

VOIX Cri habituel plus sec que celui de la G. cendrée mais cris de parade plus clairs, tintants et étirés.

GRUE CENDRÉE

GRUE DEMOISELLE

GRUE DE SIBÉRIE

migrateurs au repos dans
le delta de la Volga

DZ

OUTARDES : OTIDIDÉS

Grands oiseaux terrestres, corpulents, à longues et fortes pattes. Ailes longues et larges à bout « digité » et plages blanches évidentes en vol. Inféodées aux grandes plaines, steppes ou semi-déserts à végétation basse, également prairies et pentes dégagées. Démarche lente et assurée en temps normal. Même comportement alimentaire que les grues. Farouches, se retirent en courant dans la végétation.

Outarde barbue *Otis tarda* MO / HO

L ♂ 90-105 cm, ♀ 75-85 cm. E ♂ 210-240 cm, ♀ 170-190 cm. Poids : ♂ 8-16 kg, ♀ 3,5-5 kg. Grandes plaines dégagées, surtout steppes naturelles. En net déclin. Grégaire ; remarquable parade collective, les ♂♂ « retournant » leur plumage, exhibant et secouant les plumes blanches « écumeuses », tête et cou renversés sur le dos.

CARACTÉRISTIQUES Imposante. Les plus grands ♂♂ sont les oiseaux les plus lourds de la région considérée, bien plus grands que les femelles ♀♀. Morphologie puissante avec poitrine saillante. Ailes longues et profondément « digitées ». Vol majestueux, à coups d'ailes continus, mesurés. Reconnaissable à terre au brun-roux de la poitrine et à la tête uniformément grise. Ailes avec beaucoup de blanc aux couv. sus-alaires, contrastant avec les secondaires noirâtres et l'avant de l'aile brun jaunâtre, et se diffusant en dégradé sur la main. – ♂ *ad.* : très grand. Poitrine et bas des côtés du cou brun-roux (plus terne hors nidification). Tête et haut du cou gris-bleu. Cou très gros même au repos. Longues vibrisses blanches aux côtés de la tête (dressées lors de la parade, tombantes après la nidification). Du blanc apparaît généralement aussi sur l'aile fermée. ♂♂ en parade immédiatement reconnaissables au blanc de leur plum. – ♀ : plus petite que le ♂. Plum. différant des ♂♂ nicheurs par la tête gris cendré clair, moins nuancé de bleu ; absence fréquente de brun-roux à la base du cou (gris-bleu clair) et à la poitrine (brun jaunâtre plus clair). Moins de blanc sur le dessus des ailes (ne paraît que rarement lorsque les ailes sont fermées). Certaines ♀♀ sont assez semblables aux ♂♂ subad., surtout en hiver.

VOIX Surtout silencieuse. Alarme : bref aboiement nasal.

Outarde houbara *Chlamydotis undulata*

L 45-65 cm. E 115-150 cm. Déserts et semi-déserts sablonneux à végétation basse avec buissons garantissant l'abri. Sensible aux dérangements. S'est nettement raréfiée.

CARACTÉRISTIQUES Grande. Long cou étroit, corps assez élancé et longue queue. Ailes longues, de largeur constante, nettement « digitées ». Vol impressionnant évoquant un aigle, mais battements plus amples et remontée de l'aile un peu hésitante comme chez les hiboux *Asio*. Noter la nette bande noire au côté du cou. Dessus brun sable crème avec vermiculures et barres sombres. En vol, tache blanche sur le fond noir de la main bien visible. Sexes semblables, mais ♀ plus petite et plus grise dessus, à front moins pâle, et à bande du cou plus vague. Très proche de l'O. de Macqueen mais milieu de la calotte tout blanc et hérissé en courte huppe lors de la parade ; touffes de plumes des côtés du cou noires ; dessus en moyenne un peu plus barré. – *Variante :* race rare et localisée sur Fuerteventura et Lanzarote *(fuertaventurae)* plus petite et plus sombre dessus, bien barrée et vermiculée.

VOIX Rarement entendue. Appel nuptial de 3 à 5 sons graves, caverneux, comme le bruit mécanique d'une usine lointaine, à raison d'un toutes les 2 secondes, peu audibles au-delà de 50 m.

Outarde de Macqueen *Chlamydotis macqueenii* MO

L 55-65 cm. E 130-150 cm. Semi-déserts, steppes sèches et oueds à végétation basse. Sensible aux dérangements. S'est raréfiée, surtout à cause de l'agriculture et de la fauconnerie.

CARACTÉRISTIQUES Très semblable à l'O. houbara dont elle se distingue à deux critères : plumes allongées de la calotte blanches avec traces de noir, rabattues sur le bec durant la parade ; touffes de plumes des côtés du cou noires avec bande centrale blanche ; poitrine toute grise ; dessous de la queue finement tacheté et barré. Dessus en moyenne un peu moins nettement ou densément barré, les barres étant un peu irrégulières.

VOIX Rarement entendue. Appel nuptial (audible à courte distance) : série de sons graves heurtés, assez mécaniques, à raison de 25 à 40 pour 12 à 18 secondes.

Outarde canepetière *Tetrax tetrax* N3 / MR / HR

L 40-45 cm. E 83-91 cm. Terrains dégagés avec végétation assez haute pour s'y abriter. Parade comprenant, outre les cris, des trépignements, et parfois des battements d'ailes et un bref bond en l'air. Monogame, ou bien un ♂ pour 2 ou 3 ♀♀ Alim. : végétaux et invertébrés.

CARACTÉRISTIQUES La plus petite outarde de la région considérée, à peu près de la taille d'une poule faisane. En vol, évoque un tétraoniné, avec envol bruyant, rapides battements peu amples entrecoupés de brefs planés sur des ailes de longueur moyenne à bout arrondi et primaires légèrement arquées. Beaucoup de blanc aux couv. alaires et aux rémiges secondaires, contrastant avec le bout noir des rémiges primaires externes et des grandes couv. primaires. – ♂ *nuptial* : motifs remarquables sur la tête et le cou, ce dernier noir avec deux bandes blanches. Plum. du cou gonflé lors de la parade, (parfois même en vol). Tête et menton gris. Corps chamois brunâtre dessus avec fines marques sombres, blanchâtre dessous ; 4e primaire externe plus courte et émarginée, produisant un sifflement en vol. – ♀ *et* ♂ *internuptial* : comme le ♂ nuptial mais pas de noir, de blanc ni de gris à la tête et au cou ; brun clair avec de fines marques sombres.

VOIX Assez silencieuse. Le chant du ♂ est un *prrt* bref, sec et répété (toutes les 10 s), assez faible mais audible jusqu'à 100 m.

Outarde barbue

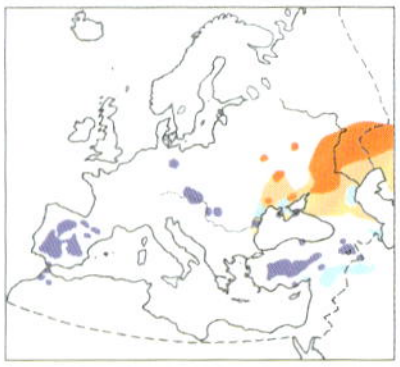

O. houbara O. de Macqueen

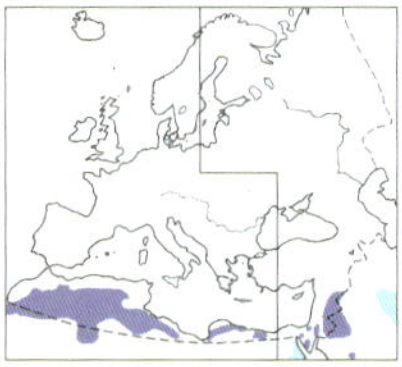

Outarde canepetière

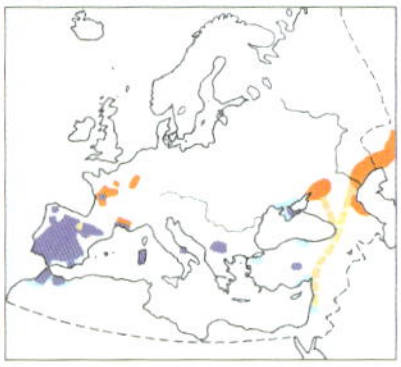

OUTARDE BARBUE

OUTARDE HOUBARA

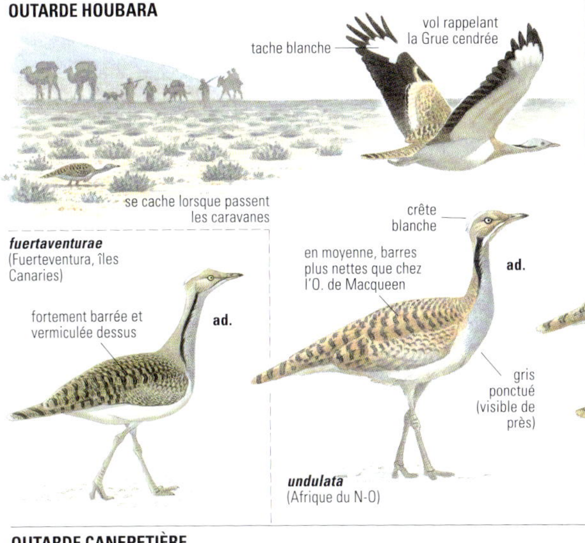

OUTARDE DE MACQUEEN

OUTARDE CANEPETIÈRE

CHARADRIIFORMES : LIMICOLES

Les limicoles comprennent plusieurs familles, dont deux riches en espèces : **Charadriidés** (pluviers, vanneaux, gravelots, etc.) ; **Scolopacidés** (bécassines, courlis, barges, chevaliers, etc., v. ci-après). Ils appartiennent à l'ordre des Charadriiformes. On a récemment montré que les turnix (Turnicidés) devaient figurer dans cet ordre, non parmi les grues. Cette famille n'a qu'un représentant dans l'aire considérée, le Turnix mugissant (p. 56), traité avec la caille et le Râle des genêts pour des motifs pédagogiques.

Se nourrissent essentiellement d'insectes, vers, mollusques et crustacés, parfois aussi d'éléments végétaux, de petits poissons, etc. Nid d'ordinaire un simple creux du sol, les couveurs comptant sur le camouflage de leur plum. ou des œufs. Les petits en duvet abandonnent le nid et peuvent vite se nourrir par eux-mêmes ; ils sont surveillés par les deux parents (le plus souvent).

Pluviers et gravelots constituent un groupe très homogène, dont nous décrivons 14 espèces. Ils ont un bec court et, au posé, une forme assez trapue et arrondie avec un cou court. Quand ils cherchent leur nourriture, ils courent, s'arrêtent, se penchent et picorent. Les espèces du genre *Charadrius* présentent des dessins à la tête et des bandes pectorales très frappants. Les 5 espèces de vanneaux de l'aire étudiée sont proches parentes des pluviers et gravelots, mais sont plus grandes.

La grande famille des Scolopacidés comprend 51 espèces. On y trouve des groupes comme les bécasseaux, les barges, les bécassines, les chevaliers et les phalaropes. La plupart d'entre eux nichent en Sibérie et dans le nord de l'Europe. Dans le reste de l'Europe, on les observe le plus souvent en hiver ou lors des migrations automnales et printanières, lorsqu'ils se reposent en groupes sur les plages et dans les zones humides. Les limicoles s'alimentent en capturant des bestioles au sol ou en fouillant la vase de leur long bec.

DÉTERMINATION DES LIMICOLES

Les débutants trouvent souvent les limicoles difficiles à déterminer. Ceci tient à ce qu'ils portent des plum. différents en été, en hiver et quand ils sont jeunes, et des plum. de transition quand ils muent d'un plumage à un autre. Il existe en outre plusieurs occasionnels, ressemblant souvent à leurs homologues européens. S'ajoute à cela la difficulté d'observer souvent les limicoles de loin, les détails étant donc peu visibles.

Pour les débutants

La plupart des principaux plum. portés au fil de l'année sont décrits et illustrés. Souvenez-vous qu'ils ne peuvent être observés en même temps, ce qui fait que la question n'est pas aussi complexe qu'un premier coup d'œil aux planches pourrait le suggérer.

Quand on découvre un limicole « différent » dans un groupe, il s'agit très vraisemblablement d'une autre espèce du même genre (ou de la même espèce, avec un plum. différent) plutôt que d'une rareté. Nous avons réuni les Scolopacidés réguliers en Europe p. 148-163, avec certaines espèces similaires sur les mêmes pages ou les pages voisines. En apprenant à reconnaître les espèces communes, mieux vaut faire abstraction des chances minimes de rencontrer une rareté. Il est question des espèces rares aux p. 162-173 (plus deux autres p. 152-153). Cette présentation est destinée à simplifier le processus de détermination (pour les pluviers et les vanneaux, les occasionnels étant bien moins nombreux, les espèces habituelles et les autres ont été traitées ensemble).

Même si l'on arrive vite à reconnaître les limicoles typiques de loin, par ex. le Courlis cendré, le Chevalier gambette ou le Bécasseau variable ad. en plum. nuptial, la plupart des espèces nécessitent une vision de près. Il est donc quasiment indispensable de disposer d'un télescope sur pied. L'identification repose sur une combinaison de critères : la taille, surtout (attention aux pièges ; v. p. 13), la forme et longueur du bec, la longueur des pattes, les motifs du plum., les couleurs, la Voix et les mœurs. On n'oubliera pas que la forme peut varier. Ainsi, les oiseaux posés rentrent souvent la tête entre les épaules, tandis que leur cou est étiré quand ils sont en éveil. Par temps froid, ils ébouriffent leur plumage de sorte qu'ils paraissent trapus et bas sur pattes.

Dans certaines circonstances, les limicoles peuvent être déterminés à assez grande distance essentiellement grâce à leur silhouette, à leur comportement et surtout à leur cri, typique pour chaque espèce.

Pour les initiés

La détermination des limicoles peut être poussée bien plus loin : il est souvent possible de déterminer le sexe et la race d'un oiseau. Les différents plumages peuvent être distingués, y compris ceux de 1er hiver et de 1er été, rarement illustrés. Ces précisions facilitent la détermination des espèces. Pour déterminer des occasionnels complexes, il est essentiel de pouvoir faire la comparaison avec les espèces communes dans le même plumage. Tout ceci exige observation détaillée et connaissance de la topographie et de la mue.

La fin de l'été et l'automne sont les meilleurs moments pour étudier les limicoles car les juvéniles sont présents et c'est le pic de la mue. On passera quelques heures sur une plage à limicoles en s'exerçant à évaluer l'âge, à identifier les différents groupes de plumes et à étudier la mue. Des exercices de ce genre, répétés, sont le seul moyen de maîtriser la détermination des limicoles et celle de leur âge.

Topographie

Lorsque vous examinez les planches, des photos ou des oiseaux sur le terrain, entraînez-vous à localiser les groupes de plumes figurant sur l'illustration p.133 en haut.

Charadriidé typique : le Grand Gravelot. Son bec court lui permet de picorer.

Scolopacidé typique : le Bécasseau variable. Son bec long lui permet de sonder la vase.

Mue

Les adultes subissent deux mues annuelles, l'une de printemps (essentiellement janv.-avr.), qui aboutit au plumage nuptial, et l'autre, automnale (essentiellement août-nov.), qui aboutit au plumage internuptial. La mue de printemps est partielle (tête, corps et une proportion variable des couv. alaires internes), alors que la mue d'automne est totale (rémiges et rectrices

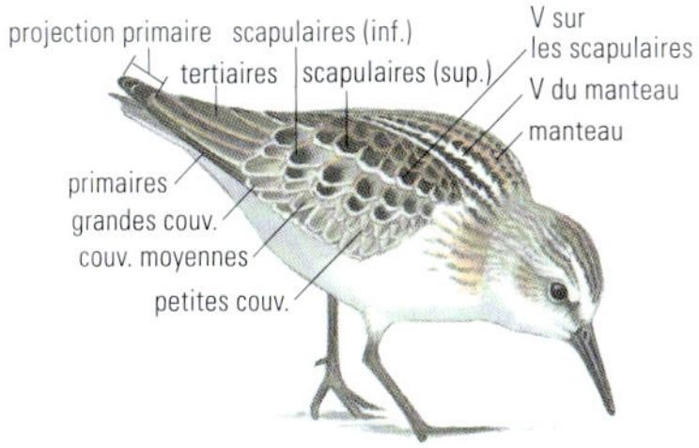

Bécasseau minute en plumage juvénile

comprises). Les limicoles changent ainsi le plumage du corps deux fois par an, et les rémiges et rectrices une seule fois.

À la différence des adultes, les juvéniles ne subissent qu'une mue partielle à l'automne (dite post-juvénile ; essentiellement sept.-nov.), aboutissant au plumage de 1er hiver. Les mues suivantes se déroulent comme chez les individus plus âgés.

Toutes les mues ont lieu sur les zones d'hivernage ou à proximité. La mue post-juvénile débute peu après l'arrivée sur ces zones et la mue printanière est achevée avant le voyage vers le nord.

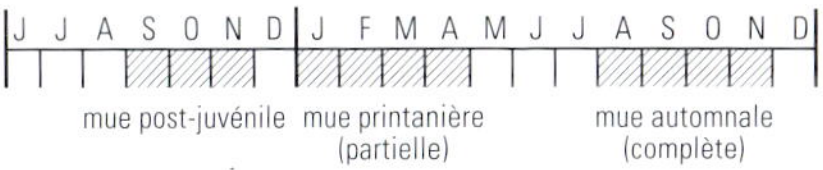

cycle de mue classique chez les limicoles

Détermination de l'âge

Le plumage juvénile ainsi que ceux des adultes internuptiaux et nuptiaux sont décrits dans le texte et illustrés.

De plus, il est éventuellement question des différences de plumage nuptial entre sexes. On tiendra compte des indications qui suivent au sujet de ces plumages, ainsi que des périodes où on les rencontre.

– *Juvéniles : juil.-oct. (nov.) :* les juvéniles ne s'éloignent guère des sites de nidification avant la mi-août ; ils deviennent ensuite plus nombreux que les adultes dans les groupes de migrateurs. Le plumage juvénile est uniformément frais à la différence du plumage automnal des adultes, plus usé et bigarré. La différence peut parfois être difficile à voir : on tâchera avant tout d'observer les rémiges tertiaires et les grandes couvertures alaires (fraîches et à motifs nets chez les jeunes, nettement usées et à marques affadies chez les adultes).

– *Adultes nuptiaux (mars) avr.-sept. (oct.) :* au printemps, le plum. nuptial frais de la plupart des bécasseaux et de quelques autres espèces présente des liserés blanchâtres et offre un aspect « givré » typique. Ces liserés s'usent et disparaissent vite si bien que le plum. nuptial est en général totalement révélé à l'arrivée sur les lieux de nidification. À la fin de l'été, le plum. est habituellement très usé et plus foncé dessus. En automne, la mue des rémiges propres aux adultes peut servir à les distinguer en vol grâce aux plumes manquantes.

– *Adultes internuptiaux, sept.-mars :* chez la plupart des espèces, le plum. intern. est plus uniforme, moins coloré, et diffère nettement tant du plumage juvénile que du plumage nuptial.

Les plumages suivants ne sont pas systématiquement décrits :

– *1er hiver (sept.) oct.-mars :* les ailes n'étant pas concernées par la mue post-juvénile, les oiseaux en plumage de 1er hiver sont différenciables des adultes par la subsistance des plumes alaires juvéniles. La différence est surtout sensible pour les tertiaires et les grandes couvertures. Comme le montrent les planches, le motif de ces plumes diffère nettement, chez la plupart des espèces, des plumes plus uniformes des adultes. L'usure réduit toutefois les différences, et il devient difficile de les apprécier à partir de janvier.

– *1er été, mai-juillet. :* les oiseaux en plumage de 1er été (âgés d'un an) ne suivent généralement pas les adultes vers le nord, et passent souvent tout l'été dans les quartiers d'hiver. Chez la plupart d'entre eux, il n'apparaît qu'un plumage nuptial incomplet, ou un plumage différant peu de l'internuptial.

Chez certaines espèces, les femelles nuptiales sont moins colorées que les mâles si bien que seuls les individus très proches du plumage internuptial peuvent être déterminés avec certitude comme des oiseaux de 1er été. Les individus de 1er été commencent à muer très tôt, aussi les oiseaux en plumage internuptial complet dès juil.-août sont-ils probablement des oiseaux de 2e hiver. Avant mai et après juillet, il n'est guère possible de chercher à différencier les individus de 1er été et les adultes muant tardivement ou tôt.

– *Plumages de transition :* les oiseaux en mue présentent un mélange des plumages usé et frais. On peut les considérer comme « des adultes internuptiaux acquérant le plumage nuptial » ou « des juvéniles acquérant le plumage de 1er hiver ». Les plumages de transition sont particulièrement frappants en automne, car les plumes internuptiales plus unies et moins colorées tranchent au milieu des plumes nuptiales ou juvéniles.

Bécasseau variable en mue vers le plum. de 1er hiver

Bécasseau variable 1er hiver : conserve les plumes des ailes du juvénile (voir ad. en hiver)

Bécasseau variable ad. en hiver : plumes de l'aile sans liserés (voir 1er hiver)

Bécasseau variable ad. en été muant pour acquérir le plumage hivernal

Huîtrier pie *Haematopus ostralegus* N3 / MC / HC
L 39-44 cm (dont bec, 6,5-9 cm). E 72-83 cm. Côtes basses, prairies et champs proches. En Europe occidentale, cherche sa nourriture dans la zone intertidale et, en Europe du Nord, souvent dans les champs (normalement pas à plus de 3-4 km de l'eau, mais occasionnellement plus loin). – *Alim.* : coques, moules, crustacés et, dans les champs, vers et insectes. Bec comprimé latéralement, à pointe un peu relevée, adapté à l'ouverture des bivalves. Nid : dépression dans les galets, le sable ou les rochers (localement, dans une prairie).

CARACTÉRISTIQUES Grand, trapu et à poitrine bombée. Remarquable combinaison : bec long, droit et rouge orangé et plumage blanc et noir. Large main blanche visible en vol, lequel est droit et à rapides coups d'ailes, rappelant un peu celui des canards. – *Ad. nuptiaux :* cercle orbitaire rouge orangé, yeux rouge foncé. ♂ ayant en moyenne un bec plus court et plus gros que la ♀ ; parfois, racine du bec rouge plus vif, mais le sexe des ind. isolés n'est habituellement pas décelable. Pattes chair. – *Ad. internuptial :* comme en été mais avec une nette bande blanche au menton. – *Juv. :* brun noirâtre mat dessus ; bec orangé clair à large bout noir ; pattes grisâtres. – *1re année :* bande caudale noire plus étroite ; bec à nette pointe foncée ; dessus de nuance brune ; pattes chair grisâtre, jugulaire blanche habituellement conservée jusqu'en plum. de 1er été ; rémiges (juvéniles) usées, brunâtres, au printemps ; cercle orbitaire rouge orangé mat et œil brun-rouge. Une partie des ad. peuvent présenter des traces foncées à la pointe du bec, ce qui fait que les individus d'un an peuvent être déterminés avec certitude seulement si on vérifie tous les caractères.

VOIX Bruyant. Cri habituel en vol (également entendu au posé) : typique *biik* ou *k'tbiik*, sonore et aigu. Chez l'oiseau posé (par ex. en couple ou en petit groupe, bec ouvert et penché vers le bas), le cri est également aigu : séries accélérées de *kip, kip, kip, kip-kip-kip* se terminant en rapide *klikliklikli*, plus un trille gargouillant typique.

Avocette élégante *Recurvirostra avosetta* N3 / MC / HC
L 42-46 cm (dont bec, 8 cm ; pattes dépassant de 10 cm). E 67-77 cm. Côtes basses et découvertes, baies sablonneuses aux eaux peu profondes, salées ou saumâtres, avec endroits nus et bancs de sable. En hiver, également zone intertidale et vasières. Migratrice au nord et à l'est ; hiverne dans les pays méditerranéens et en Afrique. – *Alim.* : surtout petits invertébrés, recherchés d'une façon typique, bec légèrement ouvert, agité d'un incessant mouvement latéral dans l'eau ou la vase liquide. Se nourrit également en picorant sur les plages. Nage parfois et peut aussi basculer comme un canard. Nid : simple creux près de l'eau, parfois un peu plus vaste et pouvant constituer un îlot en eau peu profonde. Vive et nerveuse, tend le cou si elle est dérangée durant la nidification.

CARACTÉRISTIQUES Vue rapidement ou de loin, l'Avocette peut être prise pour une mouette en raison de sa blancheur. De près, ne peut guère être confondue ; plum. blanc et noir, bec noir, étroit et retroussé et longues pattes bleu clair. En vol, grandes bandes noires et blanches typiques, mais à grande distance peut être confondue avec les mâles de Harle bièvre ou de Tadorne de Belon. – *Ad. :* ♂ reconnu au bec plus long et moins nettement arqué et au motif noir toujours distinct sur la tête ; ♀ à bec plus court et plus nettement arqué, motif sur la tête parfois plus flou et à nuance brune. – *Juv. :* motif brun foncé mat. Pattes grisâtres. – *1re année :* diffère des ad. tant qu'il porte le plum. juvénile. Rémiges primaires très usées et brunâtres à partir du 1er été.

VOIX Cri de contact et d'alarme : sifflement flûté de ton bas et plaintif *plut-plut-plutt* ou *klup-klup-klup*.

Échasse blanche
Himantopus himantopus N3 / MC / HO
L 33-36 cm (dont bec, 6,5 cm ; pattes dépassant de 14-17 cm). Eaux peu profondes (douces, saumâtres ou salées) : lacs, étangs, baies, zone intertidale et marais salants. Migratrice, hiverne habituellement en Afrique. – *Alim.* : surtout insectes. Ses longues pattes lui permettent de chercher sa nourriture dans des eaux plus profondes que d'autres limicoles ; s'alimente à la surface de l'eau ou dans la végétation. Nid : généralement, petite dépression du sol sur les rivages ; parfois aussi, en eau peu profonde, construction un peu plus importante.

CARACTÉRISTIQUES Limicole gracile et très élégant, ne pouvant être confondu du fait de son bec droit et fin comme une aiguille, de ses pattes extrêmement longues, de couleur rouge chair, et de son plum. noir et blanc. En vol, cou et pattes en extension, d'où une silhouette nettement allongée. Dessous des ailes, pointues, entièrement noir et rapides coups d'ailes venant s'ajouter à son aspect caractéristique. – *Ad. :* ♂ reconnu au dessus tout noir à reflet métallique vert ; ♀ à dos gris-brun brillant contrastant avec les ailes noires. ♂ en moyenne plus noir à la tête que la ♀, mais importantes variations : les motifs de la tête et du cou ne sont pas des caractères de différenciation certaine des sexes. – *Juv. :* brun terne dessus avec fin motif écailleux pâle, secondaires à bout pâle et primaires internes à bout blanc. Pattes gris-brun à nuance chair. – *1ers hiver et été :* diffèrent des ad. tant que leurs pattes sont brun sale et qu'ils gardent les primaires juv. ; nombre d'entre eux ressemblent aux ad. à la fin du printemps.

VOIX Très bruyante et aiguë au moment de la nidification, sinon assez silencieuse. Cri de contact habituel : *kyuk-kyuk-kyuk* répété rapidement, clair et un peu grinçant, rappelant l'Avocette (également un sifflement plaintif mais de ton plus haut et plus sonore). Dérangée, émet un sonore et complexe *krit-krit-krit* évoquant le Vanneau éperonné. Un *krrré* roulé rappelle beaucoup la Mouette rieuse. Le juv. a un *hippl* spécial rappelant le Chevalier sylvain, que peuvent émettre les ind. de 1er été (alors à peine âgés d'un an).

Huîtrier pie

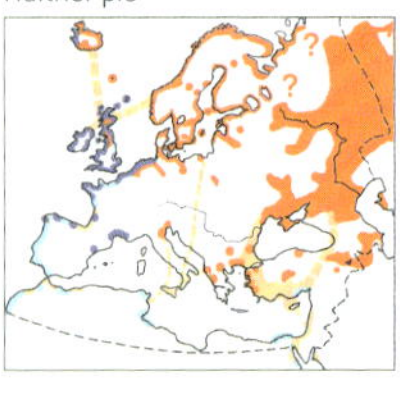

Avocette élégante

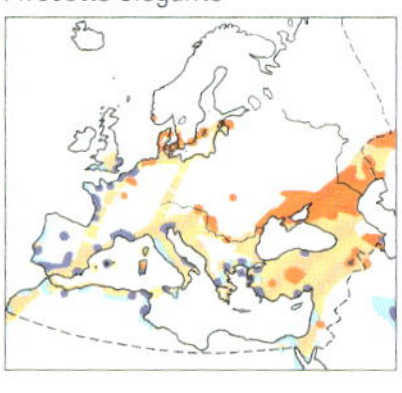

Échasse blanche

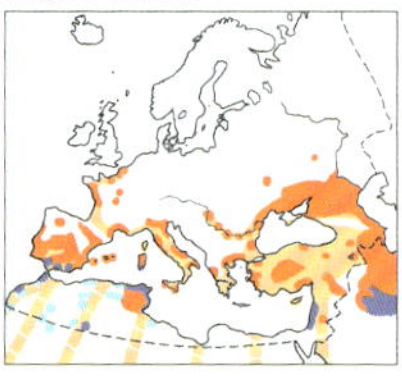

HUÎTRIER PIE

AVOCETTE ÉLÉGANTE

peut être étonnamment difficile à détecter parmi les laridés

ÉCHASSE BLANCHE

Œdicnème criard *Burhinus oedicnemus* N3 / MC / HO
L 38-45 cm. E 76-88 cm. Landes, plaines sablonneuses, arides ou à végétation pauvre, semi-déserts, champs pierreux et prés (notamment côtiers). Vis. d'été (mars-oct.), hiverne dans le S-O de l'Europe et en Afrique. Généralement isolé ou en couples, rarement en groupes (sauf en période postnuptiale) ; généralement actif au crépuscule et de nuit, mais peut aussi être vu et entendu le jour. – *Alim. :* principalement insectes. Nid au sol.

CARACTÉRISTIQUES Rappelle, par la forme et les mœurs, un très gros pluvier. Marche furtivement ou court son long corps à l'horizontale et la tête rentrée entre les épaules. Difficilement décelable au repos : grand œil jaune et bec à bout noir souvent le mieux visibles. Caractéristique en vol, avec le remarquable motif noir et blanc des ailes, la gibbosité du dos vu de profil et les amples coups des longues ailes arquées. Se tapit parfois au sol pour passer inaperçu. – *Ad. :* ♂ à encadrement noir plus net que la ♀ autour des couv. alaires blanches sur l'aile fermée, ce qui peut être déterminant quand le couple est réuni. – *Juv. :* pas de net sourcil blanchâtre ; couv. alaires assez uniformément ocre-brun clair (sans le motif noir et blanc des ad.) ; grandes couv. alaires à bout largement blanc.

VOIX Très bruyant lors de la nifidication. Une partie des cris rappellent ceux du Courlis cendré, par ex. un sifflement montant *kuv-liié* ou *kuur-li-lii* et, pour l'alarme, un rapide *ku-vu-vu* répété par longues séries. Également un fin pépiement *kiiiié*. Chant, souvent nocturne : série de cris sonores et plaintifs, la première syllabe assez roulée, les autres claires.

Œdicnème du Sénégal *Burhinus senegalensis*
L 35-39 cm. Nicheur sédentaire en Égypte (delta du Nil, région du Caire). Mœurs similaires à celles de l'O. criard, mais tend à préférer les prairies et plages plus humides.

CARACTÉRISTIQUES Comme l'O. criard mais bec plus long et plus gros avec zone jaune bien délimitée à la base, et large zone de couv. gris clair uni au milieu des ailes (pas la double bande alaire sombre entourant une bande blanche de l'O. criard). Pattes en moyenne jaune grisâtre plus mat, moins voyantes.

VOIX Longues séries de sifflements plaintifs et tranchants montant d'abord en s'accélérant, pour ensuite descendre et devenir plus indistincts un peu comme l'Huîtrier pie.

Courvite isabelle *Cursorius cursor* MO
L 24-27 cm. Surtout terrains plats et nus et semi-déserts où il peut aisément courir. Nulle part abondant mais forme parfois d'assez grands groupes. Migrateur partiel. Occasionnel en Europe. Se nourrit surtout d'insectes.

CARACTÉRISTIQUES Ne peut être confondu : plum. entièrement sable et pattes pâles. Plus petit que le Pluvier doré. Assez semblable aux pluviers par la forme et la façon de se nourrir, mais plus longues pattes et bec arqué. Vol avec battements pressés de pigeon, coupés de courts planés. Très typique de loin en vol : main noire et dessous des ailes noir, frappant, contrastant nettement avec le reste du plum. uniformément sable. Juv. à tête plus uniforme et vague motif écailleux dessus.

VOIX Cri habituel en vol, un *couit* étouffé.

Glaréole à collier *Glareola pratincola* N1 / MR
L 24-28 cm. E 60-70 cm. Niche en petites colonies dans les vastes plaines arides à végétation basse, les prairies humides et auprès des roselières, des salines, etc. Vis. d'été (avr.-oct.), hiverne en Afrique. Occasionnelle dans le nord de l'Europe. Capture des insectes en vol, mêlant à un gracieux vol de Guifette noire, de vives manœuvres irrégulières.

CARACTÉRISTIQUES Ressemble à une sterne par ses longues ailes pointues et sa queue fourchue mais a de plus longues pattes et un bec court. De loin, noter le vol de chasse très vif (voir plus haut), la tache blanche carrée du croupion et le ventre blanc contrastant avec le reste du plum. sombre. Difficile à différencier de la G. à ailes noires ; de près, les couv. sous-alaires roux terne et le bord postérieur blanc du bras désignent la G. à collier, mais même alors, les deux espèces peuvent être particulièrement difficiles à différencier. Par ailleurs, le dessus est généralement plus clair que chez la G. à ailes noires, et l'ad. a plus de rouge à la racine du bec. (Cf. aussi la G. orientale, occasionnelle, p. 412.) De tout près, noter que le ♂ nuptial a des lores noirs (brunâtres chez la fem.) et un motif un peu plus distinct sur la tête. La bande noire sous la bavette disparaît en hiver. – *Juv. :* large bande pectorale formée par des taches sombres denses. Tête unie ; dessus écailleux. Bec tout noir.

VOIX Nasillarde, désagréable et perçante. Cri en vol habituellement un bref et sonore *kitt* ou *kittik* un peu comme la Sterne naine. Cri pentasyllabique rythmé et excité (chant) *kurré-kèk-kittik*, au printemps, à la colonie.

Glaréole à ailes noires *Glareola nordmanni* NO / MO
L 24-28 cm. Mœurs nidificatrices comme la G. à collier, mais observée le plus souvent dans les prairies humides, roselières et zones herbeuses. Visiteuse d'été (avr.-oct.), hiverne principalement en Afrique. Occasionnelle dans le nord de l'Europe.

CARACTÉRISTIQUES Très semblable à la G. à collier mais dessus des ailes plus sombre et plus uniforme (jamais de bord postérieur pâle au bras), dessous des ailes noir (la G. à collier peut aussi paraître noire par lumière faible) et, à terre, pattes un peu plus longues et queue en moyenne plus courte. L'ad. a moins de rouge à la racine du bec et souvent le front et les lores légèrement plus foncés.

VOIX Plus grave que celle de la G. à collier, plus sèche et plus rauque ; souvent *kettèk* ou *ké-ti-tik*, ou *kett*.

Œdicnème criard

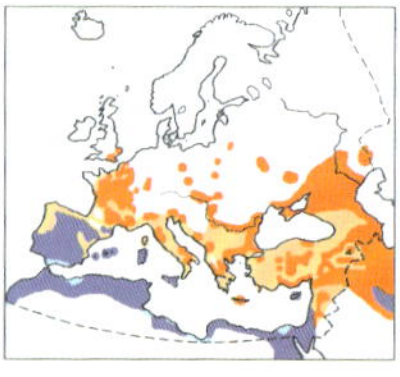

Courvite isabelle

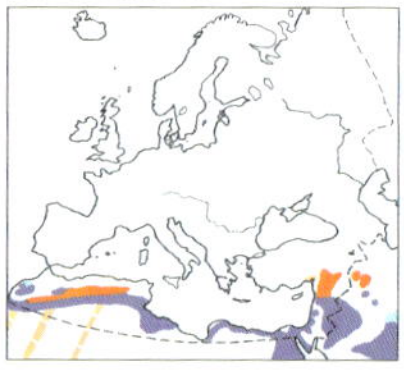

Glaréole à collier

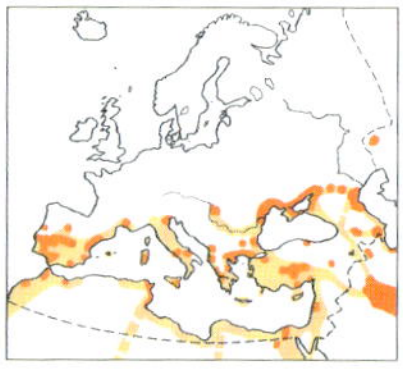

Glaréole à ailes noires

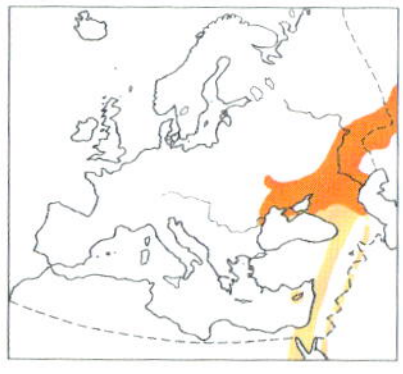

ŒDICNÈME CRIARD

ŒDICNÈME DU SÉNÉGAL

COURVITE ISABELLE

GLARÉOLE À COLLIER

GLARÉOLE À AILES NOIRES

Petit Gravelot *Charadrius dubius* N3 / MC / HO

L 15,5-18 cm. E 32-35 cm. Zones dénudées à galets et cailloutis près de l'eau, comme gravières inondables et plages, îles et abords des lacs et étangs, sablières et carrières, marais salants. Visiteur d'été, hiverne en Afrique. Habituellement assez sporadique mais parfois en petites bandes lors des migrations. Fréquente alors plutôt les rives des eaux douces que les vasières côtières. – *Alim.* : principalement insectes. Nid : simple dépression dans les graviers.

CARACTÉRISTIQUES Un peu plus petit que le Grand G. ; bec plus étroit et plus long et queue plus courte. Paraît avoir des pattes un peu plus longues du fait du profil plus élancé du ventre et de la poitrine. Pas de barre alaire pâle ou seulement une très vague trace. Tache sombre aux parotiques souvent très pointue en arrière vers le bas, et non arrondie. Les longues tertiaires couvrent la plus grande part des primaires (projection primaire plus courte que chez le Grand G.). – *Ad.* : combinaison typique du cercle orbitaire nettement jaune, du bec tout noir et des pattes brun clair ou chair grisâtre (non orangées). Fem. présentant du brun parsemé à la tête et des motifs noirs à la poitrine. En hiver, le noir de la tête et de la poitrine devient brun, et le front et le sourcil sont chamois ; cercle orbitaire jaune généralement visible. – *Juv.* : diffère de celui du Grand G. par une tache pâle plus petite et plus diffuse au front, n'atteignant pas l'arrière de l'œil et ne formant donc pas un net sourcil (juste teinté de chamois, au-dessus des lores et de l'œil) ; cercle orbitaire jaune pâle visible de près.

VOIX Cri le plus habituel émis souvent par les oiseaux volant en groupe ; *piu* un peu descendant, bref et sifflant. Alarme par un cri similaire mais plus simple et plus perçant, grinçant *prii*. On entend parfois sur le territoire un *rérérére* rappelant l'Hirondelle de rivage. Chant : soit diurne lors du vol nuptial rappelant une chauve-souris avec des coups d'ailes lents, soit nocturne, constitué de rapides et rauques *pri-pri-pri*… et d'assez lents *krrria-krrria-krria*…

Grand Gravelot *Charadrius hiaticula* N2 / MC / HC

L 17-19,5 cm. E 35-41 cm. Côtes et rives des lacs et étangs, plates et découvertes, avec prairies rases et zones sablonneuses, coupées de zones de graviers et de débris de coquilles ; également sur les versants dénudés et dans la toundra au nord. Hiverne en Europe occidentale et pour partie dans le nord-ouest de l'Afrique. Fait halte essentiellement sur les côtes, mais aussi auprès des eaux douces. Souvent vu en petits groupes (parfois un peu plus importants) lâches. Alim. : invertébrés aquatiques. Nid à terre.

CARACTÉRISTIQUES Similaire au Petit G., mais plus trapu et à poitrine bombée, tertiaires plus courtes, primaires dépassant plus. Vol rapide à battements d'ailes espacés très appuyés, rappelant par ex. le Bécasseau variable, avec des ailes plus longues et la tête et le cou moins tendus. – *Ad.* : pattes et racine du bec orangées et barre alaire blanche typique ; fem. portant souvent du brun parsemé sur les motifs noirs de la tête et de la poitrine et paraissant moins colorées et élégantes que les mâles. En hiver, la ♀ devient souvent orangé un peu plus terne, et son bec parfois entièrement sombre. – *Juv.* : motifs de la tête et de la poitrine brun sombre ; bande pectorale plus étroite ou souvent partagée devant ; dessus à fins liserés pâles ; bec totalement sombre ou avec un peu de jaune à la base ; pattes orangé mat à jaunâtres. Le noir apparaît sur la tête et la poitrine en hiver, après quoi ind. de 1er hiver et ad. sont rarement différenciables. – *Variante* : très faible. Les ind. nichant le long de la chaîne fennoscandinave et sur les côtes arctiques *(tundrae)* sont en moyenne un petit peu plus petits et plus élancés que ceux du reste de l'Europe *(hiaticula)*, et un peu plus foncés dessus ; ils muent des rémiges en hiver et non peu avant la nidification comme *hiaticula*.

VOIX Cri de contact typique : doux sifflement, nettement dissyllabique et montant, *tu-ip*. Alarme : *tihp* pépiant. Chant, alternance de *ti-tou-é, ti-tou-é, ti-tou-é* et de *t'viia-t-viia-t-viia*, habituellement lors du vol nuptial.

Petit Gravelot

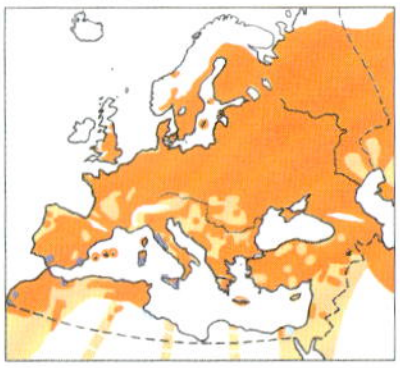

Grand Gravelot

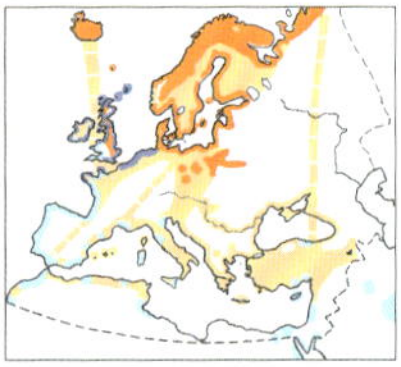

Gravelot semipalmé *Charadrius semipalmatus*

L 16-17,5 cm. Amérique du Nord. Occasionnel en Europe ; seulement deux observations en Angleterre (1978 et 1997) et une en Espagne (1989), mais passe sans doute inaperçu.

CARACTÉRISTIQUES Très semblable au Grand G., mais un peu plus petit, importante membrane interdigitale aux orteils (le Grand G. n'a qu'une ébauche de membrane entre les orteils externe et médian) ; typiquement, bec plus court et à base plus épaisse (mais certains ind. ont le bec de la même forme), corps un peu plus élancé, rappelant le Petit G. (v. toutefois, plus haut, la race *tundrae* du Grand G.). En tous plum., étroit cercle orbitaire pâle (absent chez le Grand G. sauf chez certains mâles ; noter que le Grand G. juv. a souvent un cercle orbitaire ou un croissant devant l'œil ou dessous, nettement pâles). – *Ad.* : bande pectorale sombre généralement plus étroite, et parfois sans expansions aux côtés de la poitrine ; ♂ sans l'habituel sourcil blanc (existe presque toujours chez le Grand G.). – *Juv.* : de près, le blanc à l'arrière du cou se poursuit en pointe au-dessus du coin du bec. De plus, les couv. sus-alaires ont souvent un bout nettement plus pâle et la bande pectorale est rarement, sinon jamais, partagée par-devant.

VOIX Diffère nettement de celle du Grand G. ; sifflement rapide, rauque et montant *tchuvi*, moins nettement dissyllabique, avec l'accent sur la seconde syllabe (rappelle un peu le Chevalier arlequin au loin) ; également un *tchu-viih* plus prolongé.

Gravelot kildir *Charadrius vociferus* MO

L 23,5-26 cm. Amérique du Nord. Occasionnel dans l'ouest de l'Europe. Prairies et champs à végétation rase, mais aussi côtes basses.

CARACTÉRISTIQUES Notablement plus grand que le Grand G. ; plus long cou, long bec tout sombre et bien plus longue queue donnant un arrière nettement allongé. Double bande pectorale sombre et croupion brun orangé en tous plum.

VOIX Sifflement pépiant, montant et sonore *kluii*, se terminant parfois par un *kluii'i'i*… rapide et hoquetant.

PETIT GRAVELOT

GRAND GRAVELOT

GRAVELOT SEMIPALMÉ

GRAVELOT KILDIR

KM

Gravelot à collier interrompu

Charadrius alexandrinus N3 / MC / HR

L 15-17 cm. Côtes basses à zones sableuses et vasières peu profondes. Visiteur d'été, hiverne dans le sud-ouest de l'Europe et au nord-ouest de l'Afrique. Localement abondant mais s'est raréfié dans le nord de l'Europe.

CARACTÉRISTIQUES Un peu plus petit que le Grand G.; pattes plus longues, bec plus étroit, arrière plus court, tête plus large et calotte plus plate. Plus clair. En tous plum. : petites taches sombres aux côtés de la poitrine (au lieu d'une bande pectorale complète ou coupée en son milieu); bec noir; pattes noirâtres (exceptionnellement gris brunâtre); en vol, barre alaire et côtés de la queue blancs, bien visibles; plum. internuptial plus terne. ♀ portant des marques gris brunâtre sur la tête et les côtés de la poitrine (dans certains cas, bande pectorale brune complète) et nuance rouille à la calotte très vague ou absente. En plum. internuptial, noter le collier blanc complet. – *Juv. :* comme la ♀ mais marques plus vagues sur la tête et la poitrine et dessus à étroits liserés pâles. – *♂ de 1er été :* marques noires et brun-roux incomplètes.

VOIX À terre, souvent quand il est perturbé, un *drt'r'rp* discret et roulé, et un doux sifflement montant *dchouit*. En vol, bref *bip* ou *bipip*. Chant peu fréquent : lors du vol nuptial papillonnant, mélange de *tyé-ké-tyé-ké-tyé-ké* rythmé et de *drrourri-rré-rré* guttural et roulé rappelant le Bécasseau variable.

Gravelot pâtre *Charadrius pecuarius* MO

L 14-16 cm. Vasières, côtes basses, rives des étangs, etc. Localement commun en Égypte. Principalement sédentaire; occasionnel en Israël. Nid à terre, souvent près de l'eau.

CARACTÉRISTIQUES – *Ad. nuptial :* motif particulier sur la tête, dessous à nuance orangée. – *Ad. internuptial et juv.* plus difficiles à déterminer; similaires au G. à collier interrompu mais un peu plus petits (semblent avoir un corps plus court), et pattes et bec plus longs. En tous plum. (surtout nuptial), dessus assez marqué (mais semblant affadi) du fait des plumes à liseré diffusément pâle, non uniforme comme chez le G. à col. int.; couv. alaires sombres parfois visibles, formant une tache au coin de l'aile fermée. Sourcil, « écharpe », taches des côtés de la poitrine et bande pectorale nettement chamois ou chair. Pattes grises, parfois vaguement à nuance verte ou brune. Orteils dépassant nettement de la queue en vol.

VOIX Assez silencieux. Bref *tchik* et *drrr* sec.

Gravelot mongol *Charadrius mongolus* MO

L 17-19 cm. Occasionnel originaire d'Asie centrale ou orientale; observé plus souvent au Moyen-Orient. Côtes, vasières et champs. Hiver : est de l'Afrique et sud de l'Asie.

CARACTÉRISTIQUES Juste un peu plus grand que le Grand G. mais à pattes et bec un peu plus longs. Tous les plum. très semblables à ceux du G. de Leschenault, surtout l'internuptial, d'où l'importance de la taille et de la forme : un peu plus petit, forme rappelant le G. à collier interrompu : petit bec de longueur égale ou inférieure à la distance entre la base du bec et l'arrière de l'œil, et à bout plus obtus (le G. de L. a souvent les tibias nettement longs et habituellement un bec plus fort dont la longueur est d'ordinaire supérieure à la distance entre sa base et l'arrière de l'œil, et dont le bout est plus pointu); pattes vert grisâtre sombre (souvent un peu plus pâles chez le G. de L.); longue barre alaire de largeur constante (chez le G. de L., barre vague au bras, large à la main). – *Ad. :* ♂ nuptial présentant en moyenne une plus large bande pectorale brun-roux et plus de noir à la tête que la ♀, souvent plus terne; parfois les sexes sont plus semblables. – *1er été :* plum. nuptial incomplet. Ad. internuptial et juv. rappelant le G. à collier inter., mais en différant par une taille supérieure, l'absence de collier blanc et de blanc aux côtés de la queue. – *Variantes :* en Asie centrale (race *pamirensis* du groupe *atrifrons*) pattes et bec un peu plus longs, ailes un peu plus courtes; front du ♂ nuptial noir avec seulement de petits points blancs aux lores, et bande pectorale sans bordure supérieure noire; en Asie orientale (groupe *mongolus*), pattes et bec plus courts, ailes plus longues, front du ♂ nuptial avec large tache blanche, et bande pectorale brune à étroite bordure supérieure noire.

VOIX Fort et bref *trik* ou *tirrik*; également un *trrrp* plus doux et roulé (évoque le G. de Leschenault).

Gravelot à collier interrompu

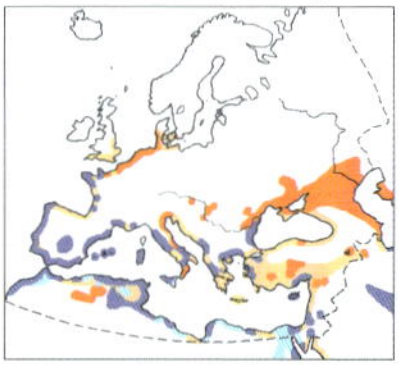

Gravelot pâtre

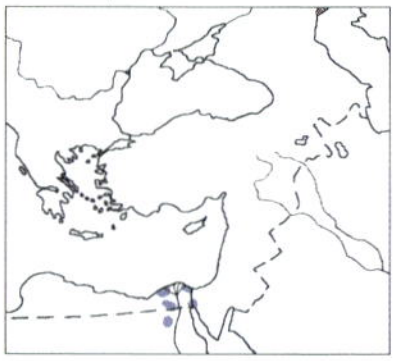

Gravelot de Leschenault

Charadrius leschenaultii MO

L 19-22 cm. Nicheur rare du centre de la Turquie, dans les steppes arides à végétation pauvre. Migrateur peu commun au Moyen-Orient; occasionnel en Europe. En migration et l'hiver, plages de sable et bords des eaux proches de la côte.

CARACTÉRISTIQUES Par la forme, plus semblable au Pluvier argenté qu'au G. à collier interrompu, mais plus petit, plus élancé et à pattes bien plus longues (surtout les tibias) que ceux-ci. En tous plum., comme le G. mongol. Noter : taille un peu plus grande, pattes et bec plus longs, ce dernier à base un peu plus grosse et à pointe plus étirée et acérée, enfin, corps souvent nettement plus long et cou un peu plus long et plus mince. Pattes en moyenne verdâtres ou gris jaunâtre plus clair que chez le G. mongol. Sexes d'aspect très différent : ♀ bien plus terne et plus grise. – *Variantes :* les nicheurs de Turquie et du Levant *(columbinus)* ont un bec un peu plus court et le ♂ nuptial a beaucoup de brun-roux à la poitrine et souvent même sur les flancs et le dos. Les individus à l'est de la Caspienne *(crassirostris)* sont similaires mais ont un bec fort et plus long. En Asie orientale *(leschenaultii)*, bande pectorale étroite.

Gravelot de Leschenault

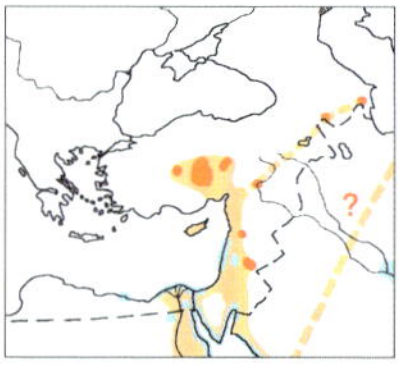

VOIX Contact, un *trrr* roulé, souvent doublé ou répété rapidement; rappelle le Tournepierre à collier et le Bécasseau cocorli par le ton. Sans expérience, difficile à différencier de certains cris du G. mongol.

GRAVELOT À COLLIER INTERROMPU

GRAVELOT PÂTRE

GRAVELOT MONGOL

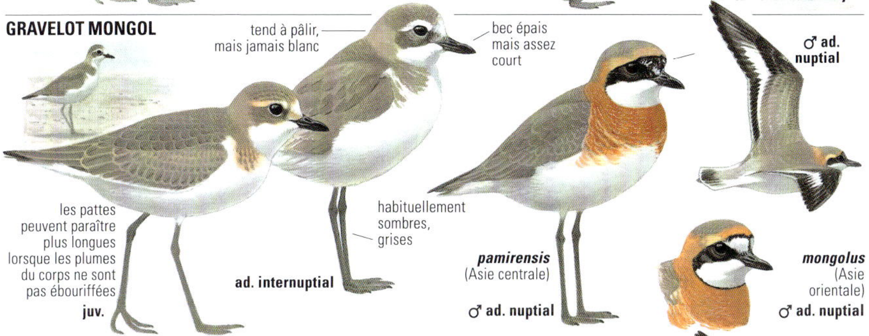

GRAVELOT DE LESCHENAULT

KM

Pluvier argenté *Pluvialis squatarola* MC / HC

L 26-29 cm. E 56-63 cm. Toundra du haut Arctique, où les ad. stationnent en juin-juil., pour migrer ensuite en Europe occ., où une partie d'entre eux restent pour la mue ou tout l'hiver (surtout les ♂♂), tandis que la plupart poursuivent jusqu'à leurs zones d'hivernage en Afrique occ. (la plupart des ♀♀ en Afrique tropicale) ; les juv. migrent environ un mois et demi plus tard (fin août-sept.) que les ad. Fait halte, en migration automnale, le long des côtes, souvent isolé ou à quelques-uns, dispersés. Se tient en hiver dans la zone intertidale et au bord des étangs et lagunes proches, et en groupes le long des cours d'eau. Remonte au printemps vers le N de l'Europe en une ou deux longues étapes, en mai, passant généralement inaperçu à haute altitude.

CARACTÉRISTIQUES Le plus grand pluvier. Corps puissant, grosse tête et bec fort. Attitude plus ramassée et habitudes alimentaires plus indolentes que chez les congénères plus petits. En vol, aisselles noires diagnostiques ; large barre alaire et croupion blanchâtres typiques. – *Ad. nuptiaux :* ♂ tout noir dessous, ♀ marquée de blanc. – *Ad. internuptial :* dessous blanchâtre et plum. gris du dessus diffusément bordé ou barré de blanc. – *Juv. :* dessus gris noirâtre parsemé de taches jaunâtres, et liserés de même teinte ; dessous beigeâtre clair avec tacheture grise diffuse ; aisselles noires visibles en vol ; posé, à dominante jaune brunâtre, rappelant un peu le P. doré ; en raison du sourcil pâle et (souvent) des parotiques sombres, peut parfois rappeler le P. bronzé (p. 144). – *1er été :* comme l'ad. internuptial ou avec dessous médiocrement noir (nombre d'ind. de cet âge restent, cet été-là, dans l'O de l'Europe ou en Afrique occ.).

VOIX Loquace. Contact : sifflement trisyllabique mélancolique et typique, la syllabe intermédiaire étant plus basse et accentuée, *puu-aa-u*, parfois, et souvent chez les juv., son aigu et rauque. Chant lors du vol nuptial : sifflement irrégulier, la première et la dernière syllabe accentuées et plus basses, *plu-u-u*. Cri d'alarme similaire au chant.

Pluvier guignard *Charadrius morinellus* NO / MR / HO

L 20,5-24 cm. Montagnes dénudées et toundra, souvent sur des hauteurs avec amoncellements de rochers et végétation rase (mi-juin à mi-août). Rare en migration ; souvent vu isolé ou en petits groupes dans les champs et les pâturages. – *Alim. :* insectes. Nid à terre dans une dépression. ♂ assurant la plus grande part de l'incubation et de l'élevage des petits ; certains très peu farouches avant que les œufs n'éclosent.

CARACTÉRISTIQUES Un peu plus petit que le P. doré, et même un peu plus trapu, à cou et ailes plus courts, et à tête proportionnellement plus grosse avec un bec plus petit. En tous plum. : long sourcil blanc ou jaune brunâtre et dessus des ailes uniforme avec étroit bord antérieur blanc (rachis de la rémige primaire la plus externe). – *Ad. nuptiaux :* ne peuvent être confondus ; poitrine jaune brunâtre rouille, ventre noir, bande pectorale noire et blanche étroite, et net sourcil blanc contrastant avec l'arrière de la calotte sombre. Comme chez les phalaropes, ♀ plus colorée et à dessins plus distincts que le ♂. – *Ad. internuptial :* poitrine et flancs grisâtre nuancé de chamois et vague trace de bande pectorale pâle. Plumes du dessus et couv. sus-alaires sombres (gris ou gris-bleu) à étroit liseré chamois rose. – *Juv. :* comme l'ad. internuptial mais plumes du dessus et grandes couv. alaires brun noirâtre à liseré jaune beigeâtre bien délimité et coupé, au bout, par le trait rachial noir. En général, tacheture sur la poitrine et l'avant du cou plus nettement sombre que chez les ad. – *1er hiver :* reconnaissable aux couv. alaires juv. non muées.

VOIX Cri en vol migratoire (souvent à l'envol) : *pyurr* doux, tremblant et un peu descendant. Cri de contact : *kvipp-kvipp*. Chant de la ♀ : simple sifflement répété, *butt-butt-butt*, à raison d'environ 2 par sec., lors du vol au-dessus du territoire, à coups d'ailes peu amples, tremblants.

Pluvier asiatique *Charadrius asiaticus* MO

L 19-21 cm. Asie centrale, principalement au nord et à l'est de la mer Caspienne ; plaines arides, souvent dans les basses terres et les milieux salins proches de l'eau. Niche souvent en petites colonies (nids à 50 m env. les uns des autres). Visiteur d'été (fin avr.-début août), hiverne en Afrique. Rare en migration au Moyen-Orient ; occasionnel en Europe. – *Alim. :* insectes. Nid : simple dépression au sol.

CARACTÉRISTIQUES Rappelle les G. de Leschenault et mongol, mais forme et port plus élégants, avec arrière plus allongé et bec plus mince que le G. mongol, et des pattes aussi longues que le G. de Leschenault. Seulement un peu plus grand que le Grand G., à peu près comme le G. mongol, mais sa forme élancée le fait paraître plus grand qu'il n'est. En tous plum. : sourcil pâle bien plus net derrière l'œil que chez ses congénères ; pas de blanc bien apparent aux côtés de la queue, et seulement une vague barre alaire. – ♂ *nuptial :* front, lores et joues blanc pur, parotiques sombres et large bande pectorale brun-roux avec nette bordure inférieure noire ; 1er été avec parfois un dessin moins contrasté. – ♀ *nuptiale :* sourcil et joue blanc sale, parotiques brun clair, bande pectorale gris brunâtre avec seulement une partie brun-roux et pas de bordure inférieure noire ; limite diffuse entre la gorge blanc sale et la bande pectorale gris brunâtre. – *Ad. internuptial* ressemblant aux G. de Leschenault ou mongol en plum. analogue (v. p. 140) mais large bande pectorale gris brunâtre sans solution de continuité, pas de taches bien délimitées aux côtés de la poitrine, et dessous des ailes plus gris. – *Juv. :* ressemble aux ad. mais liseré des plumes du dessus nettement plus pâle.

VOIX Contact au sol, un bref *tchup*, souvent doublé rapidement ; en vol, généralement unisyllabique.

Pluvier argenté

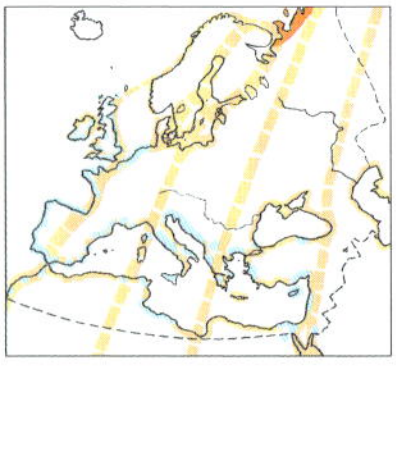

Pluvier guignard

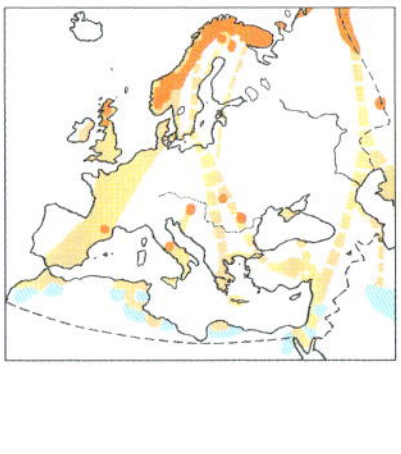

Pluvier asiatique

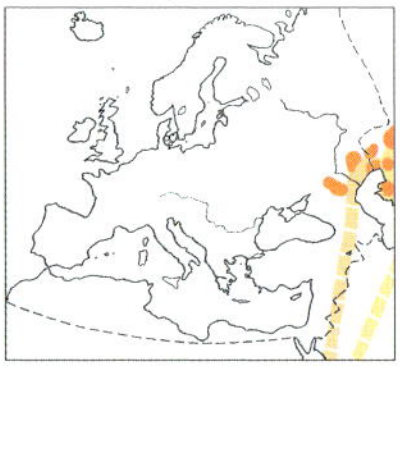

PLUVIER ARGENTÉ

PLUVIER GUIGNARD

PLUVIER ASIATIQUE

KM

Pluvier doré *Pluvialis apricaria* MC / HC

L 25-28 cm. E 53-59 cm. Landes rases de montagne, tourbières d'altitude, marais et fonds plus secs ; enfin, plus au N, toundra (avril à juil., mais en montagne et au N, juin à août). Hiverne dans l'O et le S de l'Europe. En hiver, souvent en grandes bandes dans champs labourés et prairies, associé au Vanneau huppé. Les groupes volent rapidement, en formations serrées (paraissant tantôt jaune brunâtre, tantôt blancs). Patauge dans l'eau, préfère les terrains plus secs. Craintif, toujours en alerte. – *Alim. :* insectes, vers, baies et graines. Nid : simple creux dans les bruyères.

CARACTÉRISTIQUES Un peu moins grand et un peu plus gracieux que le P. argenté ; ailes un peu plus étroites et plus pointues, aux battements plus rapides. De loin, paraît brun dessus ; de près, gris foncé parsemé de taches serrées, jaune verdâtre ou jaune beigeâtre et blanches. En vol, bande alaire insignifiante, étroite et blanchâtre, croupion foncé, aisselles et partie distale du dessous des ailes blanc brillant. Pour les différences avec les P. fauve et bronzé, très semblables, voir ces espèces. *Ad. :* ♂ nuptial plus noir dessous que la ♀ mais, du fait de variations individuelles, il n'est possible de déterminer avec certitude que le sexe des ♂♂ ad. très sombres du nord de l'Europe, ou celui des nicheurs réunis. Dessous pâle en hiver. – *Juv. :* très semblable à l'ad. internuptial mais à plum. uniformément frais et à fins motifs, et à ventre et flancs pour une grande part finement mêlés de gris brunâtre (ad. moins joliment orné et à ventre blanc). – *1er été :* comme l'ad. internuptial ou seulement peu de noir dessous. – *Variantes :* les ind. nichant au sud (type *apricaria*) portent généralement un plum. nuptial moins complet que ceux nichant au nord (type *altifrons*), lesquels sont en général plus noirs dessous, mais la variation est importante sur toute l'aire de distribution.

VOIX Sifflements mélancoliques *puh* ou *tuu* (légèrement descendant) comme contact en vol et répété sans trêve par les nicheurs dérangés. Chant sonore et rythmé surtout lors du vol nuptial papillonnant et haut : *pu-pii-u, pu-pii-u*.

Pluvier fauve *Pluvialis fulva* MO

L 21-25 cm. N de la Sibérie et O de l'Alaska. Occasionnel en Europe occ., souvent à la fin de l'été (ad.) et en automne (juv.). Côtes et plages vaseuses basses, aussi champs et prés.

CARACTÉRISTIQUES Très semblable au P. doré ; la taille et la silhouette en diffèrent ainsi : un peu plus petit et corps plus élancé, avec tête proportionnellement un peu plus grosse, plus long cou, et plus longues pattes ; en vol, ailes plus étroites et orteils dépassant légèrement de la queue. Bec en moyenne un peu plus long et plus uniformément gros (mais la différence est faible). Aisselles gris brunâtre et partie interne du dessous des ailes blanc grisâtre en tous plum. (comme chez le P. bronzé, mais déterminant par rapport au P. doré qui est blanc pur). Encore plus difficile à différencier du P. bronzé, mais noter : à peine plus petit, ailes plus courtes mais tertiaires plus longues ce qui donne une projection primaire modérée avec 3 pointes de primaires visibles au-delà des tertiaires (noter que les deux plus longues primaires sont presque de la même longueur) au lieu de 4 (ou même 5) comme chez le P. bronzé ; certains Pluviers fauves juv. ont des tertiaires plus courtes et la pointe de la 4e primaire juste apparente ; tenir également compte de ce que la mue et l'usure peuvent modifier ce caractère. Le P. fauve a en outre des pattes un peu plus longues que le P. bronzé. – *Ad. nuptial :* comme le P. doré mais plus de blanc au front et sur les côtés du cou et l'avant de la poitrine mais moins sur les flancs ; étroite bande blanche sur les flancs souvent à grosses taches noires, ou presque absente ; sous-caudales variables, à taches noires et blanches ou principalement noires (paraissent exceptionnellement toutes noires sur le terrain) ; dessus à motif grossier. – *Juv. :* très semblable au P. doré juv. ; en diffère surtout par la taille, la forme, le dessous des ailes et la voix. En règle générale, un peu plus de jaune beigeâtre à la tête, au cou et à la poitrine avec une tacheture plus fine et plus nette, mais certains sont très semblables sur le terrain. Voir le P. bronzé pour les différences.

Pluvier doré

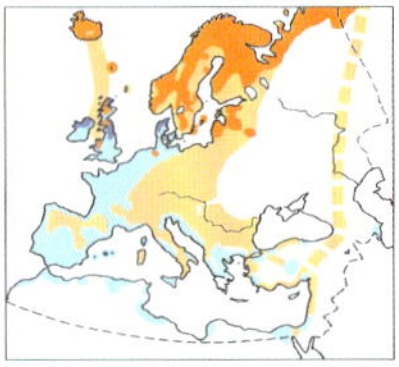

VOIX En vol : *tchu-it* ! ou *tou-hi* doux étonnamment semblable à celui de Chevalier arlequin. Un *piii* uniforme de P. doré, un *pluu-ii* tombant ou un *tuu-ii-uh* trisyllabique ont été notés chez des groupes de migrateurs.

Pluvier bronzé *Pluvialis dominica* MO

L 24-27 cm. Proche parent du P. fauve. Amérique du Nord. Occasionnel en Europe l'été et au début de l'automne. Fait halte dans les mêmes lieux que le P. fauve.

CARACTÉRISTIQUES Très semblable au P. fauve et, comme lui, aisselles gris brunâtre et partie proximale du dessous des ailes gris clair (blanc chez le P. doré) mais est généralement un peu plus grand avec un corps plus élancé, de plus longues ailes et des pattes plus courtes (orteils ne dépassant généralement pas de la queue en vol). Long dépassement des primaires chez l'oiseau posé : 4 (parfois 5) pointes des primaires apparaissent au-delà du bout des tertiaires et la pointe des ailes dépasse généralement nettement de la pointe de la queue (longueur égale à celle de la queue ou seulement fort peu supérieure, chez la plupart des P. fauves). Diffère du P. doré par le dessous des ailes gris, la taille un peu inférieure, la forme plus élancée et les ailes plus longues et plus étroites. Divers détails du plum. ont également de l'importance (v. plus bas). – ♂ *nuptial :* dessous totalement noir y compris les sous-caudales ; « châle » blanc nettement délimité sur les côtés du cou s'achevant en net élargissement sur les côtés de la poitrine ; absence de blanc au flanc. – ♀ *nuptiale et ind. de 1er été :* plum. très semblable à celui du P. fauve ; en diffère surtout par la forme et les proportions. – *Juv. :* plum. plus gris comparé à ceux du P. doré et surtout du P. fauve, pas de nuance jaune beigeâtre à la tête, au cou et à la poitrine ; sourcil généralement plus blanc et plus net, et parotiques et lores plus foncés ; calotte et manteau sombres, séparés par l'arrière du cou gris clair ; taches sur le dessus, de nuance jaune en général seulement à l'avant du manteau, sur les épaules et les tertiaires, pour le reste tacheture de nuance blanche ou chamois (tout le dessus plus uniformément tacheté de jaune chez les P. doré et fauve).

VOIX Cri habituel, un *klu-i*, différent de celui du P. fauve et du Chevalier arlequin, plus accentué sur la 1re syllabe, et dont la 2e syllabe est parfois à peine audible ; *dlu-i'i-uh* trisyllabique avec 2e syllabe plus aiguë, tremblante.

PLUVIER DORÉ

PLUVIER FAUVE

PLUVIER BRONZÉ

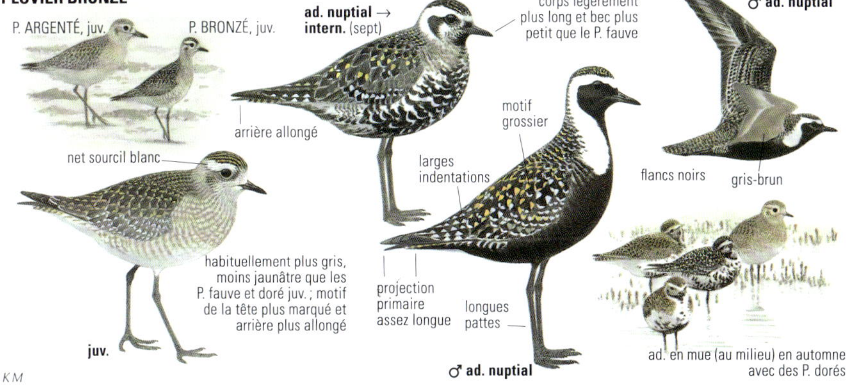

KM

Vanneau huppé *Vanellus vanellus* N4 / MC / HC

L 28-31 cm. E 67-72 cm. Nicheur commun dans divers milieux ouverts, tant à l'intérieur que sur les côtes ; souvent dans les champs, les prairies, prés côtiers et proches des étangs. Hiverne en grandes troupes dans les champs et marais. – *Alim. :* vers, insectes. Nid dans une simple dépression du sol.

CARACTÉRISTIQUES Ne peut être confondu. Noir et blanc. De la taille d'un pigeon, allure robuste. Huppe typique, longue, fine et recourbée, ainsi que, de près, beaux reflets métalliques verts et pourpres sur le dessus sombre. En vol, très aisé avec coups d'ailes tranchants et peu nombreux, larges bouts arrondis des ailes bien évidents et ailes elles-mêmes présentant tantôt le dessous blanc, tantôt le dessus sombre ; les grandes troupes denses ont donc un aspect « clignotant » typique même de très loin. – *Ad. nuptiaux :* ♂ reconnaissable à sa plus longue huppe ainsi qu'à sa gorge et à sa face noir pur ; également main plus large et plus arrondie en vol. ♀ à plus courte huppe ; noir au front moins étendu et piqueté de blanc ; bout des ailes moins large, plus pointu. – *Ad. internuptial :* menton et avant du cou blancs ; bout des plumes du dessus et des couv. alaires à étroit liseré chamois donnant un motif finement barré. – *Juv. :* huppe rudimentaire. Comme l'ad. internuptial mais liseré pâle autour (pas seulement au bout) des plumes du dessus, des couv. alaires et des rémiges tertiaires, formant un motif écailleux. – *1er hiver :* diffère des ad. internuptiaux par le motif irrégulier dû aux couv. et aux rémiges tertiaires juv. conservées, mais différence très difficile à voir car les plumes sont usées.

VOIX Cris sonores. Cri d'alarme en vol, aigu et rauque : *thèè-éch*. Lors du vol nuptial extrêmement acrobatique, les mâles piquent, montent et basculent d'une aile sur l'autre, en émettant leur chant iodlé « tyrolien ».

Vanneau éperonné *Vanellus spinosus*

L 25-28 cm. Nicheur épars dans le sud-est de l'Europe. Localement abondant au Moyen-Orient. Occasionnel en Europe occidentale. Milieux ouverts habituellement près de l'eau. – *Alim. :* surtout insectes. Nid au sol.

CARACTÉRISTIQUES Un peu plus petit que le V. huppé, un peu plus élancé, pattes plus longues. En tous plum., typiquement une grande zone blanche aux joues, le reste de la tête étant noir. De loin, en vol, diffère du V. sociable surtout par les rémiges secondaires noires (et non blanches). – *Ad. :* dessus brun clair uni. – *Juv. :* comme l'ad. mais liseré pâle aux plumes du dessus (par ex. au front) et parties noires à nuance gris brunâtre.

VOIX Bruyante et perçante. Son dissyllabique grinçant, isolé ou rapidement répété : *p(u)ik*, un peu comme l'Échasse blanche. Chant : *titti-territ* rapides, sonores et répétés.

Vanneau indien *Vanellus indicus*

L 32-35 cm. Sud de l'Asie ; dans la région étudiée, niche certaines années seulement, près du Tigre, au sud-est de la Turquie. Occasionnel au Moyen-Orient.

CARACTÉRISTIQUES Forme, mœurs et plum. rappelant quelque peu le V. éperonné, mais est un peu plus grand. Combinaison typique : longues pattes jaunâtres, gorge et milieu de la poitrine noirs, flancs blancs, queue blanche (en vol) avec barre noire étroite mais de largeur constante, enfin (de près) racine du bec, lores et cercle orbitaire rouges. – *Juv. :* front et menton blancs et noir de la gorge taché de blanc.

VOIX Cri grinçant *kri* ou *krik* et d'autres variantes, répétées ou prolongées en un criaillement rappelant les sternes, par ex. *kri-krik-kri-ki-kou-it-kri-ki-kou-it*.

Vanneau sociable *Vanellus gregarius* MO / HO

L 27-30 cm. Vastes steppes arides d'Asie centrale et du S-O de la Sibérie, souvent assez loin de l'eau ; hiverne au N-E de l'Afrique, en Syrie, Irak, Inde, parfois aussi au S d'Israël (Néguev). Hôte de passage rare au S-E de l'Europe et au M.-Orient ; occ. dans le reste de l'Europe, le plus souvent en compagnie du V. huppé.

CARACTÉRISTIQUES Mœurs et forme rappelant le V. huppé, mais un peu plus petit et à plus longues pattes. En tous plum., forts sourcils blancs, pattes noirâtres et dessus des ailes tricolore. Également semblable au V. à queue blanche, mais moins élancé, pattes moins longues, net sourcil, pattes noires et large plage noire sur la queue. – *Ad. nuptial :* calotte et trait sourcilier noirs, poitrine chair grisâtre à nuance beigeâtre, ventre noir avec bordure postérieure marron-roux foncé. – *Ad. internuptial :* poitrine plus claire, ventre blanc. – *Juv. :* poitrine diffusément rayée ; net motif écailleux dessus. – *1er hiver :* conserve les couv. alaires et les rémiges tertiaires juv.

VOIX *Kretch* rêche ou *krett-ti-ett-éti* répété, en vol.

Vanneau à queue blanche *Vanellus leucurus* MO

L 26-29 cm. Asie centrale, à l'ouest jusqu'en Irak. Hiverne en Afrique orientale et en Inde. Rare hôte de passage au Moyen-Orient ; rare occasionnel en Europe occidentale. Plus souvent noté près des étangs, cours d'eau, canaux et fossés à végétation abondante que sur les vasières dégagées. Mœurs assez discrètes ; s'enfonce à couvert et ne s'envole qu'approché d'assez près.

CARACTÉRISTIQUES En tous plum., assez uniformément coloré de gris brunâtre clair à la tête et au corps sans sourcil marqué ; très longues pattes jaunes diagnostiques, outre la queue toute blanche en vol, typique. – *Juv. :* écailleux dessus.

VOIX Généralement silencieux en migration.

Vanneau huppé

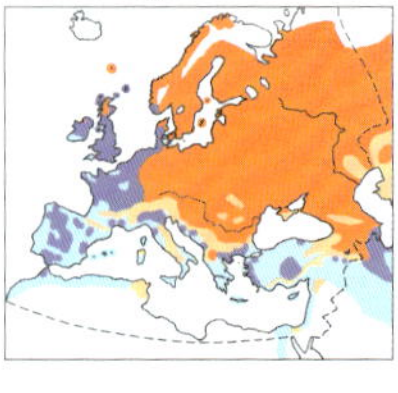

Vanneau éperonné

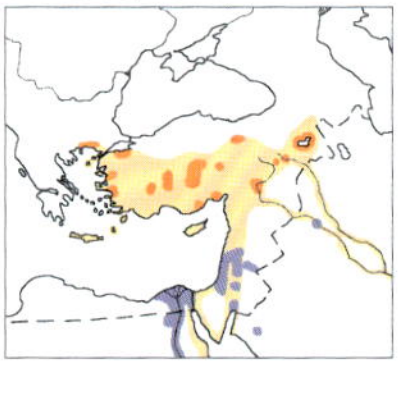

Vanneau indien

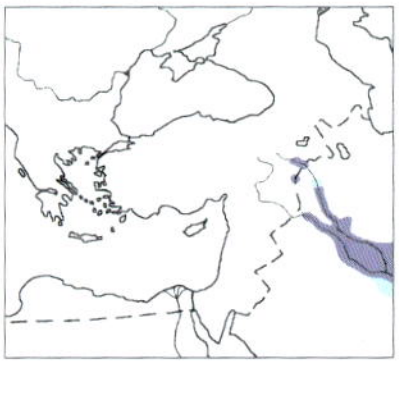

Vanneau sociable

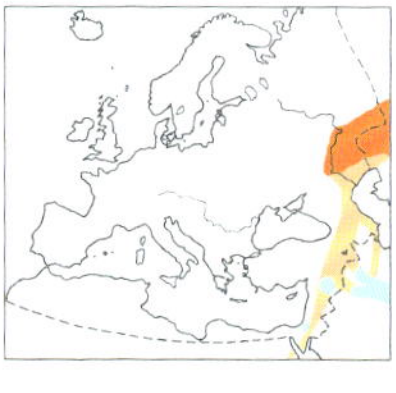

VANNEAU HUPPÉ

VANNEAU ÉPERONNÉ

VANNEAU INDIEN

VANNEAU SOCIABLE

VANNEAU À QUEUE BLANCHE

Bécasseau maubèche *Calidris canutus* MC / HC
L 23-26 cm. E 47-53 cm. Côtes arctiques. Hiverne dans la zone intertidale des plages à vasières d'Europe et d'Afrique occidentales (parfois en nombre). Hôte automnal régulier ; migration au printemps (fin mai-début juin) peu sensible.

CARACTÉRISTIQUES Limicole à courtes pattes et corps trapu. Plus grand et plus compact que le B. variable. Bec normalement droit, assez gros et court (à peu près de la longueur de la tête), mais certains ind. ont un bec plus long et légèrement arqué. En vol, longues ailes, corps assez court et étroite barre alaire blanche, croupion gris clair (en réalité finement barré). En plum. internuptial et juv., reconnaissable à : la forme, le gris prédominant, le net sourcil pâle, les pattes assez courtes et gris verdâtre (v. aussi le B. de l'Anadyr, p. 412, analogue mais occasionnel très rare). – *Ad. nuptiaux :* ♂ généralement plus uniformément coloré et brun-roux plus mat que la fem. – *Ad. internuptial :* uniformément gris dessus avec étroit liseré blanc sur les épaules, sourcil blanc, poitrine tachetée de gris, enfin stries et taches sagittées grises aux sous-caudales et aux flancs. – *Juv. :* de loin, comme l'ad. internuptial mais habituellement vague nuance orangé beigeâtre dessous (exceptionnellement aussi intense que, parfois, chez l'ad. nuptial) et tacheture grise plus fine à la poitrine et aux flancs ; de près, les plumes du dessus (en particulier les couv. alaires) présentent un liseré pâle précédé d'un croissant sombre.

VOIX Contact en vol : *uètt-uètt* bref, doux et nasillard.

Bécasseau sanderling *Calidris alba* MC / HC
L 18-21 cm. Côtes arctiques. Observé lors des migrations et en hiver, parfois en grands groupes, sur les plages, les vasières et au bord des eaux intérieures proches des côtes ; rare dans l'intérieur. Se nourrit de façon caractéristique, en rapides allers-retours parmi les vagues venant mourir sur le sable mais aussi, plus méthodiquement, sur des plages plus calmes.

CARACTÉRISTIQUES Taille du B. variable mais plus trapu. Du fait de son activité intense, peut être pris pour un B. minute (ou un autre petit congénère), surtout s'il est seul, mais noter le plus gros bec, la plus large barre alaire blanche encadrée de noir et l'absence d'orteil postérieur. En plum. internuptial, remarquablement pâle, et à tache noirâtre typique au poignet (quand elle n'est pas cachée par les plumes du côté de la poitrine). – *Ad. nuptial :* au printemps, tête et bande pectorale tachetée de foncé et bien délimitée, grises et brun-roux ; dessus noir et brun-roux avec liserés blancs ; en été, tête, poitrine et dessus plus brun-roux. – *Ad. internuptial :* uniformément gris très clair dessus avec de petites taches noirâtres ; couv. sus-alaires et rémiges tertiaires diffusément bordées de blanc. – *Juv. :* guère différent du B. minute juv. mais plum. noir et blanc plus contrastant, manteau et scapulaires semés de petites taches blanches (sans motif écailleux), et absence de V blancs sur le dos.

VOIX Contact en vol : *plit* insistant et un peu liquide.

Bécasseau violet *Calidris maritima* MC / HC
L 19-22 cm. E 37-42 cm. Côtes, toundra rocheuse, marais des montagnes dénudées, jusqu'à la limite de la zone enneigée ; en migration et en hivernage, côtes rocheuses (rochers battus par les vagues, couverts de goémon), d'ordinaire en groupes, souvent en compagnie du Tournepierre à collier ; éventuellement, pièces d'eau proches de la côte ; rare dans l'intérieur. Nid dans une dépression du sol.

CARACTÉRISTIQUES Un peu plus grand que le B. variable, forme du bec similaire mais corps plus ramassé et pattes plus courtes, ce qui lui confère un aspect boulot caractéristique, enfin queue assez longue. En hiver, milieu, forme, tête, dessus et poitrine uniformément gris brunâtre (sans sourcils pâles), enfin pattes et racine du bec jaune moutarde (ou parfois brun-roux clair) sont de bons caractères distinctifs. En vol, plum. essentiellement sombre avec ventre, aisselles et côtés du croupion blanchâtres, et étroite barre alaire pâle, insignifiante. Les ind. solitaires, dans un milieu atypique, en compagnie d'autres petits limicoles sur les vasières peuvent poser problème, surtout les juv. en plum. à motif écailleux. – *Ad. nuptial :* tacheture noire sur la poitrine et les flancs ; manteau et épaules à motifs blanc jaunâtre et jaune rouille. – *Juv. :* motif écailleux dû au liseré pâle aux couv. alaires et aux scapulaires ; vague nuance rouille à la calotte, aux joues et au dos. Assez semblable au B. variable juv., mais noter les pattes et la racine du bec plus claires, ainsi que la plus longue queue.

VOIX Contact, un bref *kvitt* et *kvit-itt*. Alarme : rapide, clair et ricanant *pihihihihihi…*

Tournepierre à collier *Arenaria interpres* MC / HC
L 21-24 cm. E 43-49 cm. Côtes surtout pierreuses ou rocheuses et archipels dépourvus d'arbres. Hiverne dans divers milieux côtiers. Soulève du bec galets et algues afin de déloger les proies cachées. Nid au sol.

CARACTÉRISTIQUES Limicole moyen et trapu. Bec pointu et conique, pattes orangées, motifs alaires mêlant le noir et le blanc. – *Ad. nuptiaux :* ♂ avec toute une partie brun-roux jaunâtre vif aux scapulaires et aux couv. alaires, et beau motif noir et blanc à la tête ; ♀ et ♂ de 1er été rouille plus terne (manque souvent sur les couv. alaires) et motif de la tête moins net. – *Ad. internuptial :* zone sombre à centre pâle caractéristique aux côtés de la poitrine ; dessus très sombre, habituellement avec une légère coloration rouille floue sur les épaules ; couv. alaires et tertiaires gris brunâtre uniforme ou avec liseré pâle diffus ; pattes orangé vif. – *Juv. :* comme l'ad. internuptial mais dessus écailleux.

VOIX Contact en vol : soit un *tuk-a-tuk-tuk* gloussant, soit un bref *k (l) ip*.

Bécasseau maubèche

Bécasseau sanderling

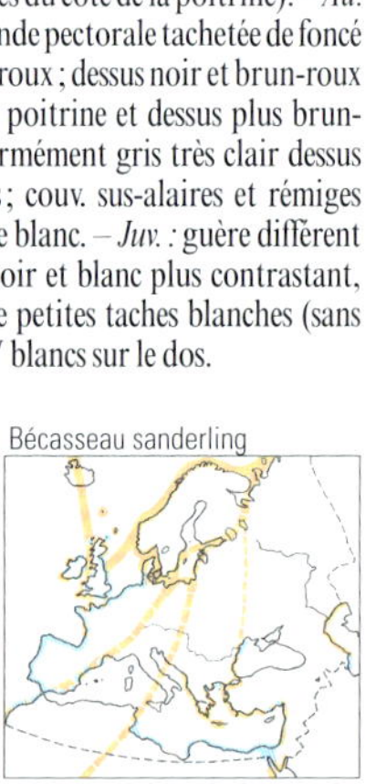

Bécasseau violet

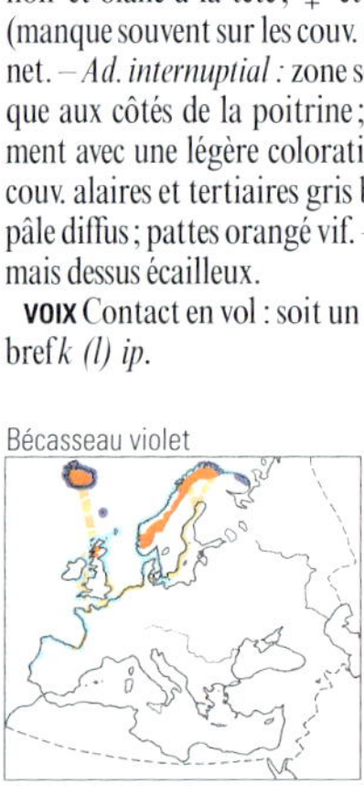

Tournepierre à collier

BÉCASSEAU MAUBÈCHE

BÉCASSEAU SANDERLING

BÉCASSEAU VIOLET

TOURNEPIERRE À COLLIER

KM

Bécasseau variable *Calidris alpina* NO / MC / HC

L 17-21 cm. E 32-36 cm. Milieux peu élevés ou en altitude, dans des prairies humides ou la toundra. Lors de la migration (en automne : ad., fin juil.-août ; juv., fin août-oct.) et en hiver, le petit limicole le plus commun de la région étudiée ; fréquente alors des milieux aquatiques variés, mais surtout bien représenté sur les vasières de la zone intertidale.

CARACTÉRISTIQUES Une bonne connaissance des divers plum. de l'espèce fournit des points de repère pour les autres espèces. Cela aide aussi à repérer une autre espèce avec « quelque chose de différent ». Taille juste inférieure à celle d'un étourneau, bec de longueur variable (v. *Variantes*), à peu près comme celui des plus petits *Calidris* quand il est le plus court et le plus droit, et presque comme celui du B. cocorli quand il est le plus long et le plus arqué. – *Ad. nuptial :* zone ventrale noire caractéristique. Brun-roux de différentes nuances sur le dos, s'intensifiant avec l'usure des plumes. ♂ plus vivement coloré que la ♀ avec arrière du cou gris clair contrastant (brunâtre chez la ♀). – *Ad. internuptial :* plum. gris brunâtre (typique en soi), avec dessus uniformément gris brunâtre (fin liseré blanchâtre, notamment aux couv. alaires), bande pectorale gris clair parfaitement délimitée contrastant avec le ventre blanc et les flancs finement rayés ou entièrement blancs : de plus, tête assez uniformément colorée avec sourcil court et insignifiant, bec noir assez long et arqué (mais certains ont un bec extrêmement court ou long). – *Juv. :* dessus brun foncé avec liserés nettement blanc sale et brun rouille, enfin, le plus souvent, chevrons blancs sur le manteau et les épaules ; motif du dessous bien typique, avec nette bande pectorale de stries diffuses et bande d'assez grossières taches noirâtres aux côtés du ventre laissant les flancs blancs, en général sans taches ; toute la tête, la nuque et le haut de la poitrine à nuance jaune brunâtre ; absence de sourcil net. Reconnaissable même de loin à la combinaison suivante : tête assez uniformément jaune brunâtre, côtés du ventre tachetés, et flancs blancs. Noter que la tacheture ventrale varie, pouvant être (souvent) dense (confusion aisée avec les ad. nuptiaux en mue) ou (très rarement) totalement absente. – *Variantes :* trois races dans la région étudiée, différant les unes des autres, habituellement, par la longueur du bec et la quantité de roux dessus : *arctica* (Groenland, hiverne surtout en Afrique occidentale) a le bec le plus court et le moins de brun rouille ; *schinzii* (Islande, Europe occidentale, sud de la Suède ; hiverne en Afrique occidentale), intermédiaire ; *alpina* (Europe septentrionale, hiverne à l'ouest et au sud-ouest de l'Europe) a le plus long bec et le plus de brun rouille. Seuls la race des ind. les plus typiques peut être déterminée. Les ♀♀ ont un bec plus long que les ♂♂ ; les ind. à bec court sont vraisemblablement des ♂♂ *arctica* ou *schinzii*, et ceux à long bec des ♀♀ *alpina*.

VOIX Cri de contact, *krrrru* vibrant ou rêche et roulé. Cri de « conversation » en groupe *plipp-ipp-ipp* bref, sonore et perçant.

Bécasseau cocorli *Calidris ferruginea* MC / HO

L 19-21,5 cm. Sibérie arctique ; hiverne en Afrique, un peu dans la région méditerranéenne, rarement en Europe occ. Au passage, assez peu commun, mais plus abondant certains automnes. Fait halte dans les marais et sur les côtes basses, souvent en compagnie du Variable ; parfois, eaux intérieures.

CARACTÉRISTIQUES Un peu plus grand que le B. variable, avec un bec plus long et plus uniformément arqué, et à bout plus fin ; un plus long cou et de plus longues pattes (surtout les tibias), ce qui lui confère une silhouette plus élégante. En vol, croupion blanc. – *Ad. nuptiaux :* ♂ en règle générale rouge brique plus uniforme et plus vif (avec de petites taches blanches) que la ♀ – *Ad. internuptial* (rare en Europe) : comme le B. variable (surtout la race *alpina* à long bec) mais de forme plus élégante à dessus plus gris clair, à nets sourcils blancs et à croupion blanc. *Juv. :* plus gris que le B. variable, mais dessus à motif écailleux uniforme (le chevron manque) et à sourcils plus nets et plus blancs, plus finement rayés dessous et surtout aux côtés de la poitrine, enfin à nuance en général nettement orangé beigeâtre à la poitrine.

VOIX Cri en vol : bref et perçant *tirripp*.

Bécasseau falcinelle *Limicola falcinellus* MR

L 15-18 cm. Marais et tourbières d'altitude. Visiteur d'été (fin mai-août), hiverne en Afrique orientale et dans le S de l'Asie, plutôt sur les côtes. Peu commun au passage partout en Europe, mais mieux représenté à l'est. Fait halte (avec le B. variable) sur les côtes, dans les marais et au bord des étangs.

CARACTÉRISTIQUES Facile à confondre avec un B. variable juv., mais est un peu plus petit, a des pattes un peu plus courtes et recherche habituellement sa nourriture plus calmement (semble plus trapu et furtif). Bec à peu près comme celui du B. variable mais assez long et plus droit, avec l'extrémité à peine arquée. Même de loin, le juv. est caractérisé par la taille, les mouvements plus calmes, le dessus plus foncé et le ventre blanc ; les ind. européens ont la tête nettement rayée (large trait sourcilier sombre et net sourcil pâle avec étroite bande pâle aux côtés de la calotte sombre). – *Ad. nuptial :* combinaison typique ; flancs fortement tachetés (souvent de taches sagittées), bande pectorale complète entièrement et dessus sombre avec d'étroits chevrons blancs au manteau et aux scapulaires. En plum. frais, liserés blanchâtres donnant un aspect givré ; en plum. usé, dessus et poitrine plus foncés (parfois presque noirs), chevrons se réduisant ou disparaissant. – *Ad. internuptial :* analogue au B. variable mais, notamment, dessin typique à la tête. – *Juv. :* dessus comme un B. variable à motif net, mais dessous particulier : poitrine très tachetée sur fond brun contrastant avec le ventre et les flancs blancs.

VOIX En vol : trille sec, aigu et crépitant, montant généralement un peu à la fin, *brr-réik* ou *kriiiîk* ; bref *tyèpp*.

Bécasseau variable

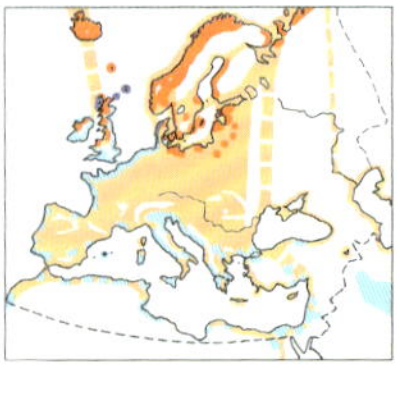

Bécasseau cocorli

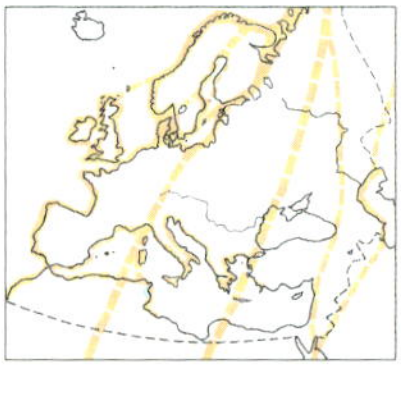

Bécasseau falcinelle

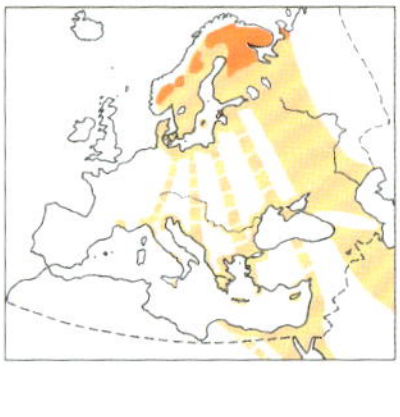

BÉCASSEAU VARIABLE

BÉCASSEAU COCORLI

BÉCASSEAU FALCINELLE

Bécasseau de Temminck

Calidris temminckii MR / HR

L 13,5-15 cm. Marais, tourbières et deltas dans la taïga d'altitude ou la toundra ; également milieux côtiers. Hiverne surtout en Afrique. Fait halte en migration (mi-mai et août), isolément ou en petits groupes, sur les plages et dans les prairies marécageuses. Nid dans une touffe en milieu humide.

CARACTÉRISTIQUES À peu près comme le B. minute mais corps un peu plus allongé ; queue dépassant légèrement en arrière des ailes, pattes plus courtes et bec plus fin, vaguement arqué. Mœurs discrètes, fréquentant plutôt, à la différence du B. minute, des lieux pourvus de végétation que les plages dégagées ; habitudes nourricières également plus furtives, pattes plus fléchies et mouvements plus lents. À la différence du B. minute, s'envole haut en zigzaguant, en émettant continûment son trille. Côtés de la queue blancs (gris chez le B. minute). Pattes pâles, jaunâtres, verdâtres ou brunâtres. En plum. internuptial et juvénile, rappelle le Chevalier guignette par la forme, le dessus assez uniformément brun et la poitrine contrastant avec le ventre blanc. En plum. internuptial, confusion possible avec le B. minute, en particulier si le plum. de ce dernier est usé, le faisant paraître plus élancé, si ses pattes sont couvertes de boue (semblant donc pâles) et si la lumière est intense (les côtés de la queue paraissent alors blancs en vol). Le B. de Temminck a toutefois le dessus brunâtre (gris clair à centre des plumes plus foncé chez le B. minute), une tête assez uniformément brune (nets sourcils et face blanchâtre chez le B. minute), une poitrine brunâtre bien délimitée (gris clair chez le B. minute) et des pattes plus courtes. – *Ad. nuptial :* nombre variable (habituellement peu) de plumes du dessus à rachis noir et à bord chamois rouille, généralement au manteau et aux épaules, donnant un aspect tacheté typique de loin. – *Ad. internuptial :* uniformément gris brunâtre terne dessus ; poitrine gris brunâtre contrastant avec le dessous blanc pur. – *Juv. :* scapulaires et couv. alaires à net liseré jaune brunâtre avec étroit trait subterminal sombre ; scapulaires supérieures à centre sombre, contrastantes.

VOIX Cri en vol typique : *tirrr-tirrr-tirrr* grésillant, roulé. En vol nuptial, le ♂ émet un trille gazouillé, continu et léger *titititi…*

Bécasseau minute *Calidris minuta* MC / HR

L 14-15,5 cm. E 27-30 cm. Toundra et landes côtières. En migration, dans l'ouest de l'Europe, moins commun au printemps qu'en automne (trajet de remontée plus oriental) ; effectifs automnaux variables selon succès reproducteur. Fait halte sur les plages basses, vaseuses ou sableuses, isolément ou en petits groupes, en compagnie du B. variable.

CARACTÉRISTIQUES Petit, long des 2/3 environ du B. variable. Le plus commun des petits *Calidris* de la région étudiée, et à plum. devant être bien connu pour pouvoir le différencier du B. de Temminck ou d'occasionnels (v. p. 164 et ci-dessous). Activité fébrile et picorement acharné. Bec court (le plus court de tous les bécasseaux), droit et à pointe fine. Nettement blanchâtre sur la tête et la poitrine, d'où une partie antérieure plus claire que chez les autres petits limicoles, en dehors du B. sanderling. Pattes noires (paraissant brunes sur fond foncé, ou plus pâles quand elles sont boueuses). – *Ad. nuptial :* nuance brun rouille sur la tête, la poitrine et le dessus, variant (plus intense chez les ♂♂) et devenant plus terne en été, lorsque les liserés blanchâtres du plum. frais ont disparu. Sourcil et chevron jaunâtre du manteau généralement nets. – *Ad. internuptial :* gris dessus avec centres des plumes un peu plus foncé donnant un aspect tacheté. Habituellement, seuls les côtés de la poitrine sont gris, parfois cependant bande pectorale toute grise (comme le B. de Temminck). – *Juv. :* plumes du dessus à centre sombre, couv. alaires à liseré nettement blanchâtre ou brun-roux vif, enfin, chevrons souvent nettement blancs au manteau et aux épaules. Dessous blanc à l'exception d'un groupe de fines taches à nuance rouille aux côtés de la poitrine. Sourcil blanc fourchu et net, et milieu de la calotte sombre.

VOIX Contact en vol : *tit*, bref, distinct, sonore et unique ou répété. Chant en vol ou à terre : vague *svi-svi-svi-svi…*, interrompu de temps à autre par un *svirr'r'r'r* argentin.

Bécasseau de Temminck

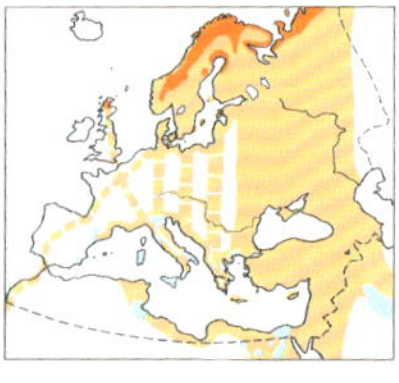

Bécasseau minute

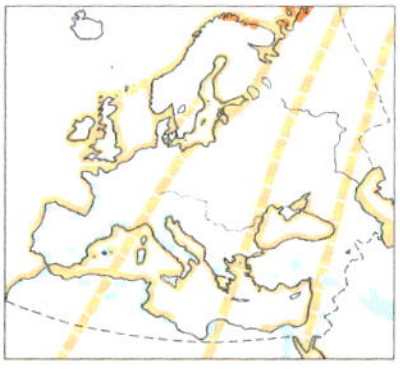

Bécasseau à longs doigts *Calidris subminuta*

L 14-15,5 cm. Niche en Sibérie. Rare occasionnel en Europe.

CARACTÉRISTIQUES Ressemble au B. minuscule mais un peu plus grand, généralement à la base du dessous du bec plus claire, enfin à plus long cou et plus longues pattes (surtout les tibias) de sorte que sa forme rappelle plutôt un Chevalier sylvain qu'un *Calidris*. Orteils remarquablement longs, le médian étant un peu plus long que le tarse (l'inverse chez le B. minuscule) ; orteils dépassant légèrement de la queue en vol. Front foncé jusqu'au bec plus souvent que chez le B. minuscule, et sourcil plus large et plus blanc, souvent nettement fourchu au-dessus des yeux ; lores assez pâles (plus foncés chez le B. minuscule) ; calotte souvent à nuance brun-roux. – *Ad. nuptial :* large liseré brun-roux dessus et aux tertiaires. – *Ad. internuptial :* scapulaires gris-brun à net centre sombre. – *Juv. :* au moins les couv. moyennes et les petites couv. bordées de blanchâtre contrastant avec les scapulaires et les rémiges tertiaires bordées de brun-roux (le B. minuscule juv. a les couv. alaires bordées de brun-roux, donc sans contraste).

VOIX Contact : trille bas, *tirip*, rappelant le B. tacheté.

Bécasseau minuscule *Calidris minutilla* MO

L 13-14,5 cm. Amérique du Nord. Occasionnel en Europe occidentale, généralement de juin à oct.

CARACTÉRISTIQUES Proche du B. à longs doigts (v. celui-ci pour les différences). Diffère des autres très petits limicoles par les pattes pâles, généralement jaunâtres ou verdâtres (à l'exception du B. de Temminck, par ailleurs particulier) et la projection primaire courte sinon nulle. Rayures pectorales plus étendues (souvent, bande pectorale complète), motif de la tête plus indécis et couleur plus brune lui conférant dans l'ensemble un aspect moins blanc, plus terne. – *Ad. nuptial :* étroite bordure brun-roux sur le dessus et aux tertiaires,

BÉCASSEAU DE TEMMINCK

BÉCASSEAU MINUTE

BÉCASSEAU À LONGS DOIGTS

BÉCASSEAU MINUSCULE

DZ

mais disparaissant souvent avec l'usure. – *Ad. internuptial :* gris souris dessus avec centre diffus et plus foncé des plumes donnant un vague aspect écailleux de loin. – *Juv. :* souvent, liserés brun-roux vif sur le dessus et les ailes, et étroits chevrons blancs au manteau et aux scapulaires.

VOIX Contact : *trru-ip* sonore mais doux, et montant.

Chevalier sylvain *Tringa glareola* MC / HO

L 18,5-21 cm. E 35-39 cm. Tourbières et marais de la taïga, prairies humides Fait halte en migration au bord des lacs et étangs et sur les côtes, souvent en groupes. Hiverne principalement en Afrique. Nid : au sol, dans la végétation fournie.

CARACTÉRISTIQUES Similaire au C. culblanc mais brun plus clair, plus grandes taches claires dessus, queue à barres étroites, poitrine et flancs vaguement rayés et barrés, sourcil blanchâtre jusqu'en arrière de l'œil, pattes jaune verdâtre. Agite l'arrière du corps comme le C. guignette quand il est inquiet. En vol, dessous des ailes pâle (sombre chez le C. culblanc) et orteils dépassant bien de la queue ; aspect moins contrastant. – *Ad. nuptial :* dessus à petites taches blanches et chamois, grossières et irrégulières. – *Ad. internuptial :* comme en été mais plus gris, poitrine plus uniforme. – *Juv. :* dessus distinctement tacheté de blanc beigeâtre. Poitrine à petites taches, non uniforme.

VOIX Cri en vol caractéristique : sifflement rapide, aigu, *kif-kif-kif-kif*… Alarme : *ghipppghippghipp*… Chant en vol nuptial : série rapide et iodlée *tu-lulltilulltilulltilullti*…

Chevalier culblanc *Tringa ochropus* MC / HR

L 20-24 cm. E 39-44 cm. Forêts avec marais, tourbières et lacs. Visiteur d'été ; hiverne normalement dans le sud de l'Europe et en Afrique. Fait halte souvent seul ou en petits groupes, au bord des cours d'eau, lacs et fossés de l'intérieur, souvent dans les zones cultivées, plus rarement sur les côtes. Nid dans un arbre, habituellement un ancien nid de grive.

CARACTÉRISTIQUES À peu près comme le C. sylvain mais un peu plus fort et pattes un peu plus courtes. Typiquement, jaillit d'un fossé ou d'une petite mare, montrant des ailes noirâtres (même dessous) et un croupion blanc ; orteils dépassant à peine de la queue. La partie distale de la queue porte seulement quelques barres noires très larges et serrées, ce qui la fait paraître toute noire. Posé, diffère du C. sylvain par : dessus plus foncé avec des ponctuations moins claires, ce qui le fait paraître uniformément noirâtre de loin ; poitrine sombre nettement séparée du reste du dessous blanc ; cercle orbitaire blanc ; sourcil blanc ne touchant pas l'arrière de l'œil et pattes jaune verdâtre. – *Ad. internuptial :* poitrine et dessus presque uniformément sombres. – *Juv. :* dessus nettement piqueté de blanc beigeâtre (et ressemblant donc plus au C. sylvain).

VOIX Cri de contact : sifflement vif et clair *tluit-itit*, la première syllabe montante, les deux autres plus élevées. Cri d'inquiétude : *tlip-tlip-tlip* brusque. Chant en vol nuptial plus complexe que celui du C. sylvain.

Chevalier guignette *Actitis hypoleucos* N3 / MC / HC

L 18-20,5 cm. E 32-35 cm. Rives à graviers et galets des lacs et cours d'eau, pourvues de végétation, ainsi que le long des côtes. Visiteur d'été, hiverne surtout en Afrique. Migre isolément ou en petits groupes, surtout de nuit (alors révélé par son cri de contact). Nid dans un creux de la végétation au bord de l'eau, généralement dans les bois.

CARACTÉRISTIQUES Reconnaissable à ses mœurs et à sa forme : taille moyenne, légèrement accroupi ; cou court, longue queue et assez courtes pattes ; hoche l'arrière du corps quand il marche, surtout après quelques mouvements rapides ou lorsqu'il vient de se poser (les espèces proches aussi mais moins) ; vole au ras de la surface avec des séries de battements d'ailes nerveux, interrompues par d'infimes pauses lors desquelles les ailes sont incurvées vers le bas. Dessus brun avec du blanc en avant du poignet, et côtés de la poitrine bruns bien délimités. Pattes gris brunâtre à nuance verdâtre ou jaune terne. – *Ad. :* plus uniformément coloré que le juv., surtout en plum. internuptial. – *Juv. :* plus nettement marqués dessus avec liseré chamois clair aux couv. alaires et aux tertiaires.

VOIX Loquace. Contact : sifflements rapides, clairs et très sonores, un peu descendants *hii-dii-dii-dii-dii*. Alarme : *hiiip* perçant. Chant, souvent en vol nuptial de nuit : strophe sonore, gazouillante, répétée rythmiquement.

Chevalier bargette *Xenus cinereus* MO

L 22-25 cm. Basses terres de la taïga près des cours d'eau et des lacs ; également, ports et abords des scieries recevant des bois flottés. Hiverne en Afrique, Asie et Arabie. Fait halte lors des migrations souvent sur les côtes en longue pente douce, rarement en Europe occidentale. Nid dans un creux.

CARACTÉRISTIQUES Forme à peu près comme celle d'un grand C. guignette, mais à très long bec retroussé. Hoche parfois l'arrière du corps, capture précipitamment les insectes à la surface de l'eau. En vol, barre alaire blanche (un peu comme chez le C. gambette). Dessus gris clair (y compris croupion et queue), et du gris sur la poitrine, poignets sombres, enfin (chez l'ad. nuptial) longues « bretelles » noires. Bec noir (ad. nuptial) ou à base jaune ou orangé mat. Courtes pattes jaune sale, jaune clair ou (chez l'ad.) souvent orangées.

VOIX Contact en vol : série rapide de 2 à 5 sifflements sonores *vuvuvu*, rappelant un peu le C. gambette, mais plus doux. Chant : motif généralement trisyllabique répété plusieurs fois calmement *ka-klu-rrti, ka-klu-rrii, ka-klu-rrii*…, quelque peu semblable au chant de l'Œdicnème criard.

Chevalier sylvain

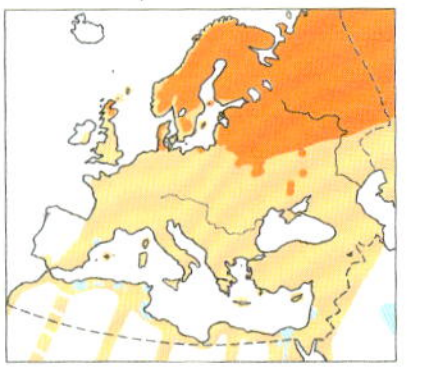

Chevalier culblanc

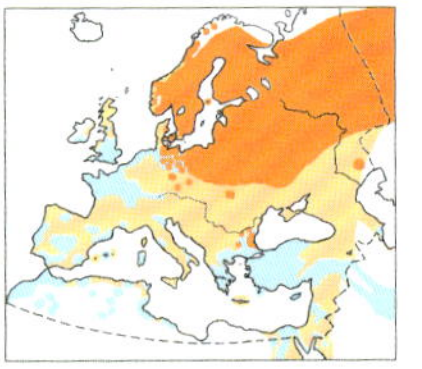

Chevalier guignette

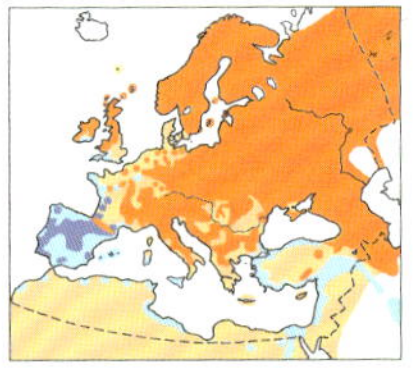

Chevalier bargette

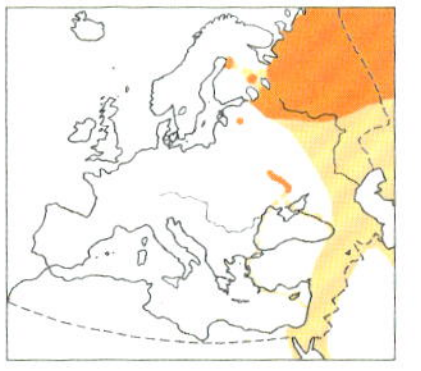

CHEVALIER SYLVAIN

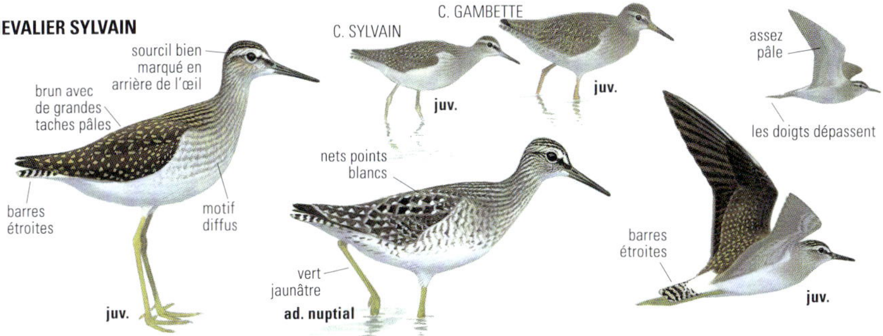

CHEVALIER CULBLANC

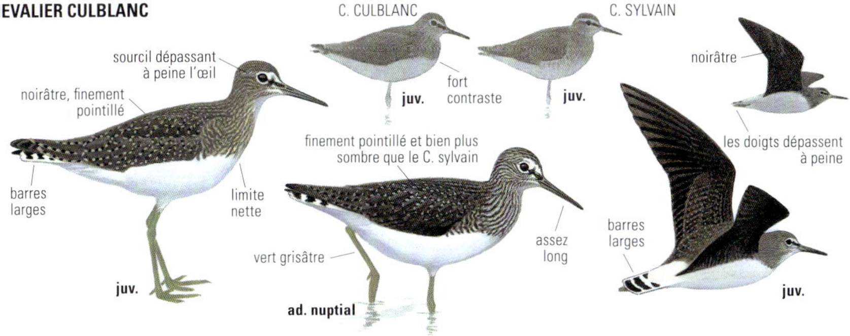

CHEVALIER GUIGNETTE

se tient souvent légèrement accroupi ou penché en avant et balance l'arrière du corps

CHEVALIER BARGETTE

KM

Chevalier gambette *Tringa totanus* N2 / MC / HC
L 24-27 cm. E 47-53 cm. Prairies humides et marais, dans l'intérieur, sur les côtes et les landes. En migration, fait halte seul ou en petites bandes sur les côtes basses (au bord des eaux de l'intérieur). Craintif et bruyant. Nid à terre.

CARACTÉRISTIQUES Le plus commun des limicoles de taille moyenne de la région étudiée. Pattes et racine du bec rouges (seule autre espèce dans ce cas, le C. arlequin, mais il existe certains combattants à pattes et base du bec orangées). En tous plum., brunâtre dessus, poitrine rayée, flancs tachetés ; cercle oculaire pâle, de même que le bref sourcil en avant de l'œil. En vol, zone blanche pointue au croupion et arrière de l'aile blanc, diagnostique, bien visibles. – *Ad. nuptial :* grossièrement et irrégulièrement tacheté dessus et dessous ; souvent, le cercle oculaire pâle est le seul caractère marquant de la tête. – *Ad. internuptial :* assez uniformément gris brunâtre dessus et à la poitrine ; flancs et sous-caudales seulement peu barrés ou rayés ; pattes rouges. – *Juv. :* liseré des plumes du dessus à nettes taches chamois ; cou et poitrine nettement rayés ; flancs finement et régulièrement tachetés ; pattes jaune orangé.

VOIX Contact, un sifflement énergique *thiu* simple ou double *thiu-du* ou encore *thiu-dudu*. Cri d'inquiétude *yipp-yipp-yipp* insistant. Chant, souvent en vol : *tull-tull-tull-tull-téliia-téliia-téliia* sonore et plaintif.

Chevalier arlequin *Tringa erythropus* MC / HR
L 29-33 cm. Taïga claire, près des marais, et dans la toundra. Au passage, en petits groupes (surtout au printemps) ou isolé : marais, étangs côtiers, lagunes ; moins fréquent sur les côtes. Hiverne dans le sud de l'Europe et en Afrique. Les ♀♀ redescendent vers le sud dès juin.

CARACTÉRISTIQUES Comparé au C. gambette, plus élancé et élégant, pattes plus longues et bec plus long et plus fin, rouge à la racine du bec limité dessous (toute la racine du bec n'est pas rouge comme chez le C. gambette) ; en plum. internuptial et juv., sourcil blanc nettement plus marqué. Marche souvent dans des eaux plus profondes que le C. gambette, et de temps à autre nage et bascule comme un canard. Vol puissant et rapide. Ailes uniformément colorées. Le blanc du croupion remonte en une raie sur le dos. – *Ad. nuptiaux :* ♂ totalement noir (seulement un pointillé blanc dessus) ; pattes noires. ♀ similaire mais plus nettement tachetée de blanc sur le ventre et les flancs. – *Ad. internuptial :* dessus gris clair et dessous blanc pur ; face et devant du cou blanc sale (C. gambette nettement plus brun dessus et à la poitrine) ; pattes rouges. – *Juv. :* dessous très régulièrement barré. Liseré des grandes couv. alaires et des tertiaires plus finement tacheté que chez l'ad. internuptial ; pattes rouges.

VOIX Contact très typique : sifflement dissyllabique, bref et décidé, *tchi-uit !* Chant en vol nuptial : *trrruuiié-trrruuiié-trrruuiié*, rythmé, mélancolique.

Chevalier aboyeur *Tringa nebularia* MC / HR
L 30-34 cm. E 55-62 cm. Vieilles forêts de conifères, près de l'eau. En migration, lacs et étangs, et côtes basses, le plus souvent isolément, ou en petits groupes. Vif (pêche les alevins en courant).

CARACTÉRISTIQUES Bec long et gros, plus ou moins arqué vers le haut ; racine du bec et pattes grises ou gris verdâtre. De loin, l'ad. internuptial et les juv. apparaissent gris dessus, avec la tête et le cou blanchâtres. En vol (rapide et puissant), ailes entièrement sombres et croupion blanc se poursuivant en un trait étroit sur le dos, queue très claire. – *Ad. nuptial :* nombre variable de scapulaires à rachis sombre contrastant avec le dessus gris brunâtre ; nets dessins sur la tête, la poitrine et les flancs. – *Ad. internuptial :* dessus à peu près gris clair avec fin dessin écailleux pâle ; avant du cou et milieu de la poitrine blancs. – *Juv. :* dessus gris brun assez foncé avec bord des plumes nettement clair, conférant un aspect vergeté ; poitrine nettement et uniformément rayée.

VOIX Loquace. Contact : puissant *tiou-tiou-tiou* aux sons de même hauteur. Alarme : *kiou* plus dur. Chant en vol nuptial : *klu-oui klu-oui klu-oui…*

Chevalier stagnatile *Tringa stagnatilis* MR
L 22-25 cm. Marais herbeux, y compris ceux des steppes ; tourbières dégagées dans la taïga. Migre par l'est de l'Europe ; hiverne en Afrique et dans le sud du Moyen-Orient (et jusqu'en Inde) : prairies humides et côtes vaseuses.

CARACTÉRISTIQUES Taille entre celles des C. sylvain et gambette mais bec long, droit (très légèrement arqué vers le haut chez certains) et fin comme une aiguille ; corps et cou élancés ; longues pattes dégingandées (tibias particulièrement longs) ; tête fine ; son élégance générale fait penser à l'Échasse blanche. Noter en vol les ailes sombres, la zone dorsale blanche cunéiforme, étroite et longue, presque jusqu'à la nuque, enfin les pattes dépassant largement. En tous plum. sourcil diffusément blanc et plumes blanches autour de la base du bec. Pattes jaune terne (rarement orangées chez l'ad. nuptial) ou gris verdâtre. – *Ad. nuptial :* dessus gris brunâtre avec nettes taches et moirure transversale sur du noir. – *Ad. internuptial :* dessus gris et dessous blanc avec tête et cou blanchâtres, le faisant paraître comme un C. aboyeur en miniature. – *Juv. :* dessus sombre avec bord des plumes distinct, étroit et clair, et de fines taches sur le bord des grandes couv. alaires et des tertiaires ; à peu près comme le C. aboyeur juv., mais centre de la poitrine plus blanc.

VOIX Contact : *pchéü* diphtongué, ou *téü-téü-téü* un peu semblable au C. aboyeur mais plus rapide et sonore. Chant : *té-luu-é, té-luu-é, té-luu-é* rythmé et mélodieux.

Chevalier gambette

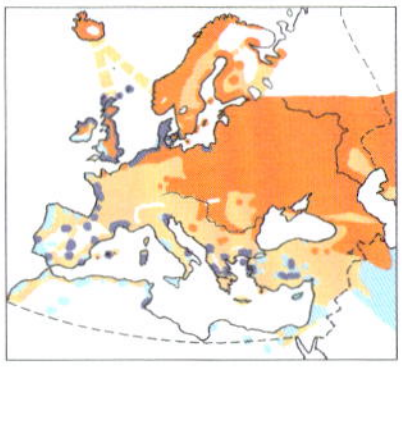

Chevalier arlequin

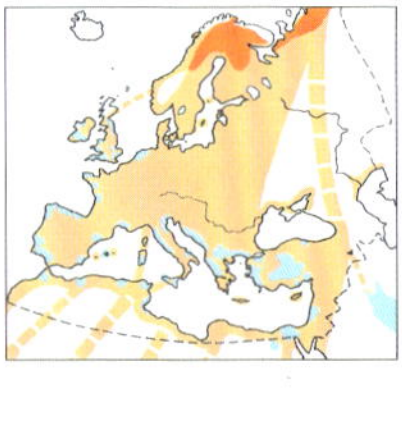

Chevalier aboyeur

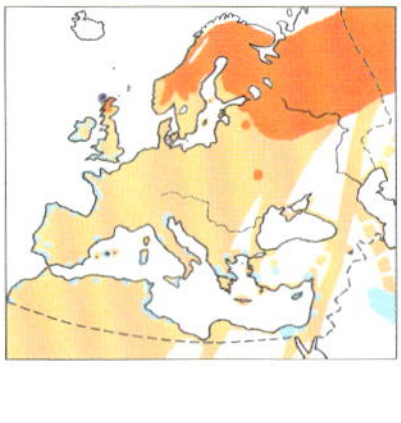

Chevalier stagnatile

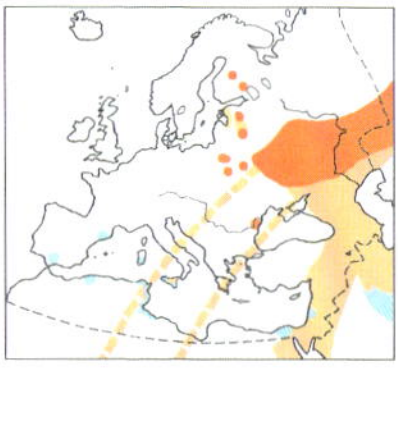

CHEVALIER GAMBETTE

CHEVALIER ARLEQUIN

CHEVALIER ABOYEUR

CHEVALIER STAGNATILE

KM

Barge à queue noire *Limosa limosa* N2 / MC / HC
L 37-42 cm (dont 8-11 cm pour le bec). E 63-74 cm. Vastes prairies humides, marais herbeux, landes humides, etc. – Au passage et en hiver, estuaires, vasières, lagunes ; également, zones humides de l'intérieur.

CARACTÉRISTIQUES Posée, diffère de la B. rousse, même lorsque les différences de plum. ne peuvent être déterminées, par les tibias plus longs et le bec un peu plus long et droit (tout au plus légèrement recourbé vers le haut, plus nettement retroussé chez la B. rousse). Ne peut être confondue en vol : large barre alaire blanche, queue noire, carré blanc au croupion, silhouette allongée caractéristique. Partie interne du bec jaune ou orangée en été, et couleur chair en hiver. – *Ad. nuptial :* ♂ notablement plus brun orangé vif que la ♀. Ventre et sous-caudales blanchâtres, flancs grossièrement tachetés transversalement. – *Ad. internuptial :* poitrine et dessus uniformément gris brunâtre clair. – *Juv. :* cou et poitrine à nuance chamois orangé (importantes variations) ; couv. alaires bordées de clair avec taches sagittées sombres (B. rousse plus rayée). – *Variante :* en Islande (*islandica*), bec et pattes plus courts, et plum. nuptial brun orangé plus intense s'étendant plus bas sur la poitrine que dans le reste de l'Europe (*limosa*).

VOIX Contact en vol : rapide et plaintif *vi-vi-vu* et un *vèh-i* rappelant le Vanneau huppé. Bruyante sur les lieux de nidification : chant (parfois pour partie en vol nuptial, varié) nasillard et traînant *kèèih-é-itt, kèèh-itt, kèèh-itt* s'achevant par un rapide *vèddu-vittou-vèddu-vittou*.

Barge rousse *Limosa lapponica* MC / HC
L 33-41 cm (dont bec 7-11 cm). E 62-72 cm. Marais de la toundra et de la taïga. Migre (fin mai puis fin juil.-août) le long des côtes. Hiverne en Europe et en Afrique occidentales.

CARACTÉRISTIQUES À peu près de la taille de la B. à queue noire ; en diffère par : pattes un peu plus courtes (surtout les tibias), bec un peu plus court et généralement plus nettement arqué vers le haut (la ♀ a un bec plus long que le ♂ et ressemble donc plus à la B. à queue noire) ; queue barrée, blanc au croupion s'étendant en raie pointue sur le dos (comme chez les Courlis cendré et corlieu), pas de barre alaire. En vol, orteils dépassant peu. – *Ad. nuptial :* ♂ rouge brique dessous (plus foncé que chez la B. à queue noire), mais ♀ à dessous bien plus clair, blanc sale à nuance orangée manquant généralement totalement de brun-roux, et à poitrine rayée. Bec noir à base un peu claire. – *Ad. internuptial :* dessus gris brunâtre clair avec centre des plumes sombre donnant une impression de rayures ; dessous blanc sale sans nuance chamois ; seuls les côtés de la poitrine vaguement rayés. Bec chair à pointe foncée. – *Juv. :* comme l'ad. internuptial mais plus foncé dessus avec de nettes taches chamois sur les bords des scapulaires et surtout des tertiaires ; poitrine entièrement rayée ; nuance chamois à l'avant du cou et à la poitrine (cf. ♀ ad.).

VOIX Contact : *kuvi-kuvi* nasillard. Chant en vol nuptial : *kuvè-kuvè-kuvè* nasillard, incessant, souvent interrompu par des séries de rapides *vittvittvettt*.

Courlis cendré *Numenius arquata* N3 / MC / HC
L 48-57 cm (dont 9-15 cm pour le bec). E 89-106 cm. Marais et tourbières de la taïga, grandes prairies côtières en général humides, pâturages, terres cultivées avec prairies humides, landes, etc. Fait halte en migration (avr. et juin-sept.) sur les côtes et dans les prairies (également, champs et étangs). Furtif sur ses lieux de nidification. Nid dans les herbes.

CARACTÉRISTIQUES Le plus grand des limicoles. Bec très long et courbé (le plus long chez les ♀♀, le plus court chez les juv.). Peut seulement être confondu avec le C. corlieu, moins commun. Plum. très régulièrement rayé et tacheté de gris brunâtre, sans caractères marquants. Vol assez lent, un peu comme un goéland. Noter la marque dorsale blanche pointue et les primaires externes plus foncées.

VOIX Contact : sifflement sonore, montant, un peu mélancolique et flûté *kou (r)-li* ; en migration, souvent aussi *kuui-kui-kuh*. Alarme : *vi-vi-vu* coléreux. Chant en vol (capricieux et entrecoupé de planés) : trille liquide, morne, rythmé et ascendant (*trrrui* répétés).

Courlis corlieu *Numenius phaeopus* MC / HR
L 37-45 cm (dont 6-9 cm pour le bec). E 78-88 cm. Marais de la taïga, régions d'altitude, au-dessus de la limite des arbres, et toundra. En migration (avril-mai et juil.-août), isolé ou en petites bandes ; côtes et prairies (parfois, étangs). Hiverne sur les côtes africaines, rarement en Europe.

CARACTÉRISTIQUES Comme le C. cendré mais un peu plus petit, bec un peu plus court, (v. ci-dessus, le C. cendré juv., en particulier les ♂♂ qui ont aussi un bec assez court), bande latérale sombre à la calotte et trait sourcilier assez foncé jouxtant le sourcil pâle ; étroite bande centrale pâle sur la calotte, visible de face (le C. cendré a toutefois souvent aussi le milieu de la calotte net et plus clair). Coups d'ailes un peu plus rapides que le C. cendré et dessous des ailes un peu plus foncé (en règle générale, couv. sous-alaires plus tachetées). – *Variante :* les ind. d'Amérique (race *hudsonicus*, peut-être une espèce distincte), hôtes rares en Europe occidentale, sans croupion blanc.

VOIX Contact : sifflement sonore, hennissant et de ton constant *hi-huhuhuhuhuhu*. Alarme analogue mais plus intense. Chant commençant comme celui du C. cendré mais se terminant en trille vif et bourdonnant sans tonalité mélancolique.

Barge à queue noire

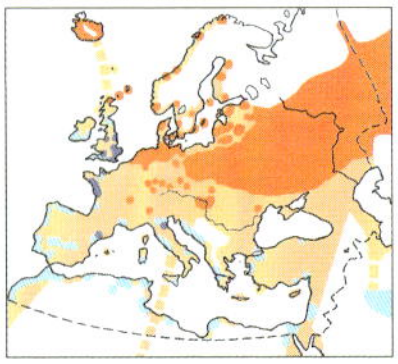

Barge rousse

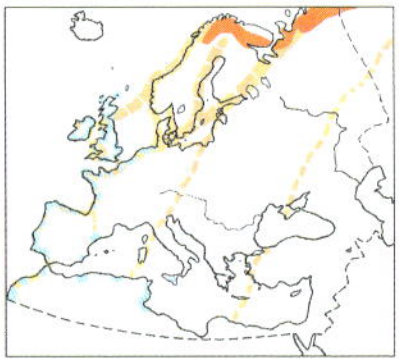

Courlis cendré

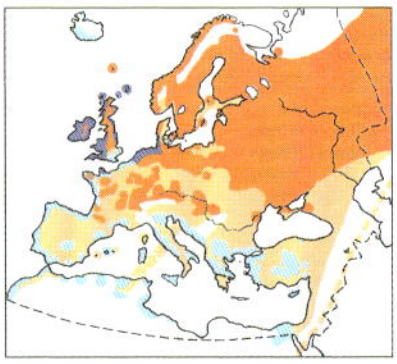

Courlis corlieu

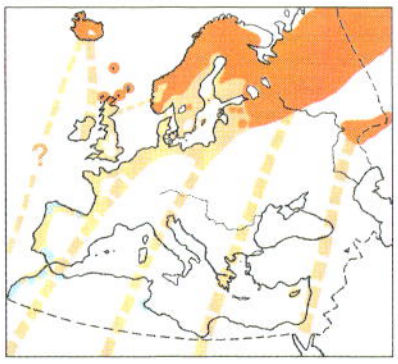

BARGE À QUEUE NOIRE

BARGE ROUSSE

COURLIS CENDRÉ

COURLIS CORLIEU

KM

Bécasse des bois *Scolopax rusticola* N4 / MC / HC

L 33-38 cm (y compris bec, 6-8 cm). E 55-65 cm. Forêts touffues entrecoupées de champs et de clairières. Active au crépuscule ; rarement vue en plein jour à moins qu'on la découvre inopinément. Les meilleures chances de la voir sont au printemps (surtout avr. à juin), au crépuscule, quand elle traverse une clairière ou longe un layon, en vol nuptial (la « croule »). Nid : au sol, caché et à l'ombre.

CARACTÉRISTIQUES Taille d'un pigeon. Dérangée à son gîte diurne, s'envole dans un vrombissement d'ailes sonore et se faufile entre les arbres en montrant beaucoup de brun-roux au croupion et sur la queue. En croule, reconnaissable à sa silhouette, son bec long, droit mais légèrement penché vers le bas, ses larges ailes arrondies, légèrement rejetées en arrière, battant très lentement par des mouvements mécaniques et un peu raides (souvent de rapides battements doubles) le plus souvent en vol plané horizontal. Tous plum. identiques.

VOIX Le ♂ en « croule » émet 3 ou 4 *ouort-ouort-ouort-ouort* grognants et sourds conclus par un *pissp !* perçant et explosif ; on l'entend d'assez loin (environ 300 m). En cas de rencontre d'un rival, poursuite aile dans aile avec des *plip-plip pissp psi-plip…* excités.

Bécassine double *Gallinago media* MR

L 26-30 cm (y compris bec, 6-7 cm). E 43-50 cm. Prairies humides ou (dans le nord de l'Europe), versants montagneux. En migration (mai et août), marais herbeux, prairies humides, champs. Hiverne en Afrique.

CARACTÉRISTIQUES Un peu plus grande et plus grosse, et à bec un peu plus court, que la B. des marais. S'envole plus droit, plus bas et moins loin quand elle est surprise ; donne l'impression d'une B. des marais volant mal (comme fatiguée, blessée). Envol (à 5 m env.) à bruyants coups d'ailes. Noter, sur les ailes, la plage sombre bordée de blanc des grandes couv., et les couv. primaires à bout blanc (pas de bord postérieur blanc comme chez la B. des marais). Dessous (y compris aux ailes) grossièrement barré (moindre surface blanche au ventre, pas de rayures aux ailes). Bout des rectrices externes très blanc (invisible en vol normal mais souvent lors de l'envol et de l'atterrissage). Chez l'oiseau posé, les couv. alaires à bout blanc forment de nettes barres ; dessous totalement barré (barres seulement un peu moins complètes au milieu du ventre). Tous plum. semblables ; juv. avec moins de blanc à la queue.

VOIX Silencieuse. Cri guttural et sourd à l'envol (*wrongh).* Chant en chœur des ♂♂ assemblés sur l'arène de parade ; chaque strophe (4 à 6 secondes.), constituée ainsi : fin gazouillement rapide, cliquètement en accelerando (comme une balle de ping-pong rebondissant), et sifflement final ; audible à 300 m environ.

Bécassine des marais
Gallinago gallinago N2 / MC / HC

L 23-28 cm (dont 7 cm env. pour le bec). E 39-45 cm. Tourbières, marais, prairies humides à végétation basse et fournie. En migration, également marais côtiers, schorres, slikkes, prés humides, fossés inondés, etc., souvent en petites bandes. Nid bien caché dans les herbes.

CARACTÉRISTIQUES Souvent cachée, mais bien caractéristique quand on la découvre : bec très long et droit, pattes courtes, corps ramassé et attitude souvent accroupie, plumes bordées de pâle. Lors de l'envol (habituellement à 10-15 m), s'élance en zigzags et prend de l'altitude en s'enfuyant loin. Souvent, bord postérieur blanc des bras visible. Plum. brun avec nettes bandes ocre-jaune sur la tête et le dos ; flancs barrés, ventre blanc (toutefois difficile à voir sous certains angles, et pouvant alors faire penser à tort à la B. double).

VOIX À l'envol, *kètch* explosif (rappelle le bruit des bottes qu'on arrache de la boue) ; tendance à un *kè-tch* double (comme un éternuement étouffé). Chant : longues séries, *tik-a, tik-a, tik-a…*, mais le vrai son territorial, typique, s'entend généralement au crépuscule et de nuit : *vuvuvuvu-vuvuvu…* vrombissant, provoqué par la vibration des rectrices externes écartées, lors d'un piqué oblique.

Bécassine sourde *Lymnocryptes minimus* MC / HC

L 18-20 cm (dont 4 cm pour le bec). E 33-36 cm. Marais de la taïga. En migration (avr.-mai et sept.-oct.) et en hiver, prairies humides, prés côtiers, mares, fossés inondés, etc. Peu commune (discrète, passe vraisemblablement inaperçue).

CARACTÉRISTIQUES Seulement 2/3 de la taille de la B. des marais. Bec court (environ 1,5 fois la longueur de la tête), proportionnellement plus épais à la base. S'envole brusquement et silencieusement seulement quand on lui marche presque dessus. Bout des ailes assez obtus, queue pointue. Vol moins zigzagant que la B. des marais ; se repose généralement non loin. Tête portant de nets motifs avec sourcil fourchu, croissant sombre sous l'œil, toujours une nette tache lorale sombre, et absence de bande centrale à la calotte ; poitrine et flancs fortement rayés (sans barres) ; fortes raies dorsales jaunâtres, reflet vert métallique sur le manteau et les épaules. Cherche sa nourriture de façon typique (et souvent prolongée) en secouant tout le corps (effet de « machine à coudre »).

VOIX Cri rare : *yètch* calme et rêche, quand on la lève. En vol nuptial, lors d'une vive descente prolongée : *ougougok-ougougok-ougougok…* caverneux, comme un galop de cheval, durant environ 8 secondes, suivi d'une série de sons aigus, pétillants, assourdis ; émission typique mais difficile à localiser.

Bécasse des bois

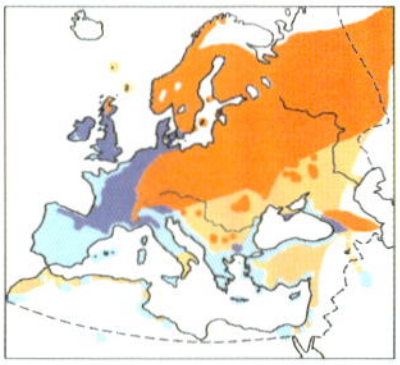

Bécassine double

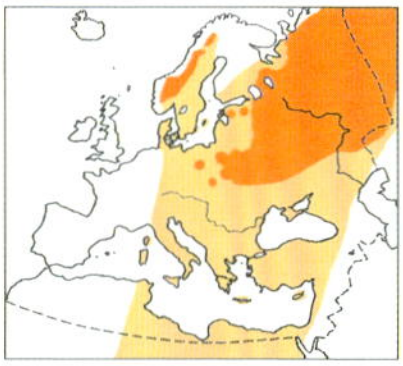

Bécassine des marais

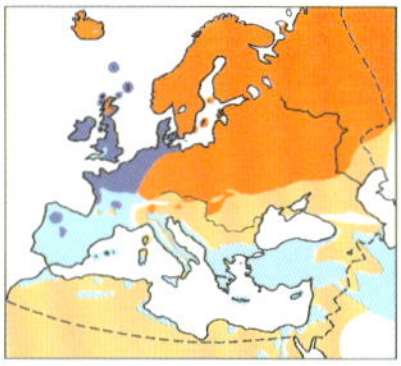

Bécassine sourde

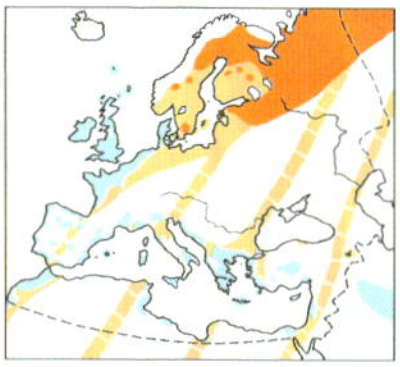

BÉCASSE DES BOIS

BÉCASSINE DOUBLE

BÉCASSINE DES MARAIS

BÉCASSINE SOURDE

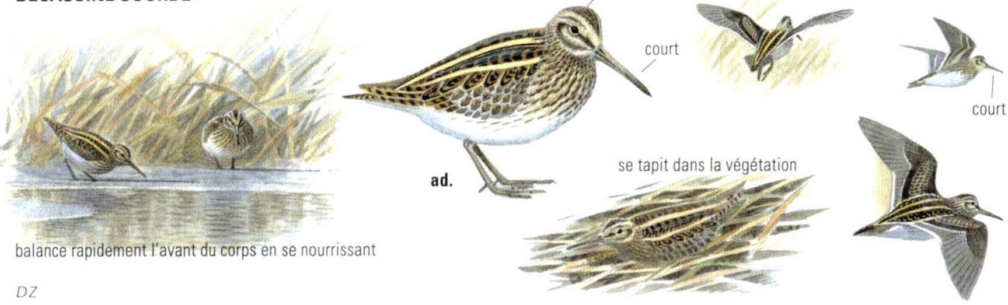

DZ

Phalarope à bec large

Phalaropus fulicarius MC / HR

L 20-22 cm. E 36-41 cm. Arctique, surtout dans la toundra côtière humide, parfois aussi secteurs plus secs mais toujours non loin des eaux douces ou saumâtres. Hiverne dans l'Atlantique, au large du sud et de l'ouest de l'Afrique, après un trajet à l'écart des côtes. Très rare hôte de passage en Europe occidentale à la fin du printemps ; vu plus souvent en sept.-oct. lorsque les tempêtes poussent des ind. ou de petits groupes (parfois importants) vers les côtes. Nid sur une touffe, près de l'eau. Rôles habituels des sexes inversés ; les ♀♀, plus vivement colorées, forment des groupes pour s'affronter comme des ♂♂ ; ceux-ci couvent les œufs et élèvent les jeunes.

CARACTÉRISTIQUES Généralement très peu farouche, à peu près de la taille du Bécasseau variable. Hors nidification, souvent vu nageant, en plum. gris clair, noir et blanc (évoque une petite Mouette pygmée) ; vole également au-dessus de la mer, où on peut aisément le confondre avec le Bécasseau sanderling (mais barre alaire blanche nettement visible seulement sur le bras, plus étroite sur la main, loup sombre visible même de loin, et poitrine bombée) jusqu'à ce qu'il se laisse tomber à l'eau et nage ; enfin, les groupes migratoires évoluent avec moins de cohésion que chez les *Calidris*. Becquette sa nourriture autour de lui en nageant. En tous plum., diffère ainsi du P. à bec étroit : un peu plus gros, bec plus plat vu de face ; détermination de l'espèce le plus généralement impossible de loin d'après le bec, surtout pour l'oiseau muant (par ex. du juv. au 1er hiver), lorsque les différences de plum. sont moins nettes. – *Ad. nuptiaux :* rares loin des lieux de nidification ; ne peuvent être confondus, ♂ souvent tacheté de blanc dessous et à motifs moins nets que la ♀, tête à motifs un peu moins nets. Bec jaune à pointe sombre. En vol, net contraste entre corps sombre et couv. sous-alaires blanches. – *Ad. internuptial :* à peu près uniformément gris-bleu clair dessus (P. à bec étroit à chevron blanchâtre sur le manteau et à liserés blanchâtres aux scapulaires) ; calotte blanche à côtés sombres (P. à bec étroit ad. à calotte blanche, juv. à calotte toute noire) ; bec sombre, habituellement à base jaune brunâtre nettement plus claire. – *Juv. :* ressemble au P. à bec étroit juv., mais chevron ocre jaune sur le manteau plus étroit et celui des épaules manque généralement ; premières scapulaires du plum. de 1er hiver acquises assez vite (juv. du P. à bec étroit muant un peu plus tard). Vague nuance chamois abricot au cou et à la poitrine (plus gris nuancé de rosé chez le P. à bec étroit, au début).

VOIX Contact en vol : *kitt* sonore, rauque et métallique (rappelle la Foulque macroule). Chant (par les ♀♀ en vol nuptial avec de lents coups d'ailes) : *brrrip* sonore et bourdonnant. Oiseau nageant : *hipp-hipp-hipp…* excité.

Phalarope à bec large

Phalarope à bec étroit

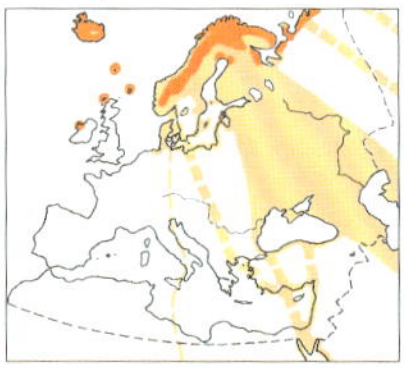

Phalarope à bec étroit *Phalaropus lobatus* MR / HO

L 17-19 cm. E 30-34 cm. Marais et mares en montagne, au-dessus de la limite des arbres, ou dans la toundra ; son domaine s'étend plus à l'intérieur des terres et à plus haute altitude que celui du P. à bec large. Migre de fin juil.-août à début sept. (plus tôt que le P. à bec large) généralement au sud-est sans s'arrêter au-dessus de l'Europe pour hiverner dans le golfe Arabo-persique, où il est pélagique. Rare au passage d'automne ; fait halte sur les côtes, dans les marais, sur les étangs, etc. Rare, même au printemps, en Europe occidentale. Rôles des sexes inversés comme chez le P. à bec large.

CARACTÉRISTIQUES Par rapport au P. à bec large, un peu plus petit et fin, avec corps légèrement plus court (paraît moins massif quand il nage), et bec très étroit (non plat et large) et toujours noir. – *Ad. nuptiaux :* calotte, joues, arrière de la nuque et manteau gris plomb ; croupion blanc et petite tache blanche au-dessus des yeux. Proportion variable de roux ou de brun orangé aux côtés du cou, plus marqué chez la ♀, plus terne et plus diffus chez le ♂. – *Ad. internuptial* (rare en Europe) : gris plomb clair dessus avec net chevron blanchâtre sur le manteau et bord des épaules blanchâtre (P. à bec large gris perle plus clair et à peu près uniformément coloré dessus). – *Juv. :* à la différence du P. à bec large juv., net chevron ocre jaune (ou blanchâtre en plum. usé) dessus, aussi bien sur le manteau que sur les épaules ; calotte noir sombre et vague nuance gris rosé au cou et aux côtés de la poitrine (pâlissant cependant rapidement jusqu'au blanc).

VOIX Contact : *tchepp* bref, nasillard et un peu guttural, ou *tcherré* plus long et presque dissyllabique.

LIMICOLES OCCASIONNELS

La plupart des limicoles des pages suivantes (et quelques espèces des p. 138-139, 144-145 et 152-153) s'égarent en Europe, en provenance d'Amérique du N et d'Asie. Les chances de les rencontrer sont minces. Certains sont faciles à reconnaître, mais la plupart exigent de la prudence ainsi qu'une connaissance poussée des espèces européennes de référence.

Phalarope de Wilson *Phalaropus tricolor* MO / HO

L 22-24 cm. Espèce nord-américaine, très rare mais régulière en Europe (surtout en plum. de 1er hiver, en automne). Pièces d'eau et marais proches des côtes.

CARACTÉRISTIQUES Un peu plus grand et plus élancé que les autres phalaropes ; cou, pattes et bec (fin comme une aiguille) plus longs. Nage (ou marche) en eau peu profonde, ou arpente les vasières ; attrape des insectes en s'accroupissant, l'arrière en l'air et la poitrine touchant presque le sol ; peut aussi picorer avec un mouvement de bascule caractéristique, comme si le corps était sur pivot. Pattes noires chez l'ad. nuptial, sinon jaunes. En vol, ailes uniformes et croupion blanc. Orteils dépassant de la queue. – *Ad. nuptiaux :* ♀ plus vivement colorée que le ♂. – *Ad. internuptial :* dessus gris clair, dessous blanc ; semble particulièrement blanc de loin. Long sourcil blanc ; bande grisâtre diffuse sur les côtés de la nuque ; absence de motifs sombres sur la tête. – *Juv. et 1er hiver* : comme l'ad. internuptial mais couv. alaires, tertiaires et souvent quelques scapulaires juv. subsistant, brunes, liserées de pâle.

VOIX Contact en vol, un *vittt* bref et nasillard.

PHALAROPE À BEC LARGE

PHALAROPE À BEC ÉTROIT

PHALAROPE DE WILSON

Bécasseau de Baird *Calidris bairdii* MO / HO

L 14-17 cm. Amérique du N et N-E de la Sibérie. Occasionnel en Europe. Souvent milieux secs ou à herbe rase, mais aussi plages, surtout celles avec bancs d'algues laissés par la mer.

CARACTÉRISTIQUES Un peu plus petit que le B. variable et un peu plus élancé. Forme typique, vu de face ou de dos : ovale déprimé. Bout des ailes dépassant de la queue, forme élancée et pattes courtes souvent plus nettement que chez le B. de Bonaparte, dont il diffère par l'absence de blanc au croupion, un sourcil moins net, le bec tout noir, à base plus fine et culmen plus droit. – *Ad. nuptial :* gris beigeâtre dessus avec quelques plumes à centre sombre. Nuance chamois à la poitrine avec stries brunes aux côtés. À l'automne, le plum. de transition du B. sanderling peut être trompeur. – *Ad. internuptial :* comme l'ad. nuptial mais dessus plus uniformément gris brunâtre avec liserés pâles. – *Juv. :* teinte de fond de la tête et de la poitrine habituellement nettement chamois. Dessus à nuance légèrement plus grise et motif écailleux uniforme mais sans nets chevrons blancs ni nuance brun-roux. Gorge et sourcil (insignifiant) chamois clair ; généralement, bande pectorale brune rayée complète, contrastant avec le reste du dessous blanc.

VOIX Contact en vol : trille bref et bourdonnant *prrrit*.

Bécasseau de Bonaparte *Calidris fuscicollis* MO

L 16-18 cm. Espèce nord-américaine, occasionnelle.

CARACTÉRISTIQUES Un peu plus petit que le B. variable. Comme le B. de Baird, forme très allongée et pattes assez courtes ; bout des ailes dépassant de la queue. U blanc sur le croupion ; net sourcil blanchâtre ; bec de longueur moyenne à grosse base et pointe vaguement arquée. – *Ad. nuptial :* plum. frais grisâtre dessus avec plumes à net centre noir. Poitrine et flancs rayés de noir. Étroites lignes blanches sur le manteau et, en plum. usé, toute dernière rangée des scapulaires à base nettement pâle. – *Ad. internuptial :* comme un petit B. variable, mais forme plus élancée et allongée et bec plus court. – *Juv. :* diffère surtout de celui du B. variable par la forme allongée, la blancheur du dessous et le net sourcil pâle. Motif du dessus très semblable à celui du B. de Baird juv. mais, habituellement, net bord brun-roux aux plumes du manteau, aux scapulaires supérieures et aux tertiaires. Chevrons plus nets au manteau et aux scapulaires (comme le B. minute), calotte à nuance brun-roux et flancs finement rayés de gris.

VOIX Contact : fin pépiement grinçant, *tsiii*.

Bécasseau semipalmé *Calidris pusilla* MO

L 13-15 cm. Espèce nord-américaine, occasionnelle.

CARACTÉRISTIQUES Comparer avec les B. minute (p. 152) et d'Alaska. Généralement un peu plus trapu, avec bec court et droit à pointe un peu plus épaisse, mais noter que certains ind. ont un bec un peu plus long à pointe nettement arquée. Orteils avec ébauche de membrane (v. le B. d'Alaska). – *Ad. nuptial :* dessus sans brun-roux ni chevron pâle, et très uniformément gris brunâtre avec scapulaires à centre noir ; poitrine assez nettement rayée, une partie des rayures descendant vers les flancs. – *Ad. internuptial :* reconnaissable surtout à la membrane et à la voix ; diffère du B. d'Alaska par les côtés de la poitrine plus diffusément rayés et par une projection primaire un peu plus longue. – *Juv. :* comparé au B. minute, généralement à motif plus uniforme et moins apparent. Peut posséder un vague chevron pâle au manteau (souvent un peu plus net de loin) et des scapulaires supérieures un peu plus foncées, mais habituellement sans parties brun-roux contrastantes ni nets chevrons pâles dessus. Comparé au B. minute, parotiques et lores généralement un peu plus sombres ; calotte plus régulièrement rayée, contrastant avec le sourcil pâle assez net ; côtés de la poitrine plus diffusément rayés ; enfin, projection primaire plus courte. Certains ind. sont de couleur très vive sur le dessus et par conséquent difficiles à différencier du juv. de B. d'Alaska, mais sont plus uniformément colorés et ont les scapulaires supérieures de même couleur que la calotte (souvent brun-roux plus vif chez le B. d'Alaska).

VOIX Contact typique : *tchrr'p* bref et bourdonnant.

Bécasseau d'Alaska *Calidris mauri* MO

L 14-17 cm. Amérique du Nord. Le plus rare des petits limicoles américains visibles en Europe.

CARACTÉRISTIQUES Comparable surtout aux B. minute (p. 152) et semipalmé. Bec à bout étroit, vaguement arqué, assez long (quelques variantes ; plus long chez les ♀♀) ; la longueur du bec, le dos plat et les pattes assez longues suggèrent un petit B. variable. Côtés de la calotte et parotiques à dessins très nettement pâles ; sourcil blanc net en avant de l'œil. Orteils avec ébauche de membrane (excluant toutes les autres espèces sauf le B. semipalmé). – *Ad. nuptial :* beaucoup de brun-roux sur les scapulaires à centre noir, contrastant avec les couv. alaires gris assez uni ; souvent du brun-roux aux côtés de la calotte et sur les joues ; rayures pectorales devenant des taches sagittées aux flancs. – *Ad. internuptial :* très difficile à différencier du B. semipalmé. Poitrine souvent nettement et finement rayée. – *Juv. :* nette teinte rousse aux scapulaires supérieures, contrastant avec les scapulaires inférieures et les couv. alaires à dominante grise ; scapulaires inférieures généralement à centre et bout noirâtres pointus, trait rachial et bout noirs (dessins noirs plus larges et plus en forme d'ancre chez le B. semipalmé) ; chevrons insignifiants sur le manteau et les scapulaires ; côtés de la poitrine finement rayés.

VOIX Contact en vol : *tchit* aigu et vibrant.

Bécasseau à cou roux *Calidris ruficollis* MO

L 13-16 cm. Nord-est de la Sibérie. Occasionnel en Europe.

CARACTÉRISTIQUES Comparable surtout au B. minute (p. 152) et au B. semipalmé juv. et ad. internuptial : souvent à pattes un peu plus courtes et à corps plus allongé. – *Ad. nuptial :* gorge et haut de la poitrine orangé mat sans rayures, délimités en bas par des rayures ou des taches sagittées noires ; nuance orangée également au sourcil et à la nuque ; scapulaires à centre noir et à liseré brun-roux contrastant avec couv. alaires et rémiges tertiaires grisâtres uniformes ou tachées de sombre ; parfois, net chevron blanchâtre au manteau. De l'orangé sur la tête et la poitrine, et nuance brun-roux sur le dessus souvent en grande partie cachée sous les liserés blanchâtres frais. – *Ad. internuptial :* diffère du B. semipalmé par la silhouette et l'absence de membrane interdigitale ; souvent impossible à différencier du B. minute mais la forme peut aider (chez les ind. typiques) ainsi que la voix. – *Juv. :* comme le B. minute, mais scapulaires inférieures et couv. alaires plus grises et contrastant avec les scapulaires supérieures et les plumes du manteau à centre noir et liseré roux ; chevron du manteau et sourcil fourchu peu évidents ou manquants.

VOIX Contact en vol : *tchriit* aigu et un peu rude, ou un *tlong* un peu métallique.

BÉCASSEAU DE BAIRD

BÉCASSEAU DE BONAPARTE

BÉCASSEAU SEMIPALMÉ

BÉCASSEAU D'ALASKA

BÉCASSEAU À COU ROUX

Combattant varié *Philomachus pugnax* NO / MC / HR

L ♂ 29-32 cm, ♀ 22-26 cm. E ♂ 54-60 cm, ♀ 46-49 cm. Nicheur commun en Europe mais traité ici pour faciliter la comparaison. Tourbières de la taïga, marais et pièces d'eau des versants montagneux et de la toundra ; prairies (côtières) humides. Visiteur d'été, hiverne surtout en Afrique ; en migration, sur les rives des étangs, dans les prairies humides (ou inondées), sur les côtes basses, parfois aussi dans les champs. Observé en général seulement en petites bandes, mais peut, au printemps, former d'assez grands groupes. ♂♂ paradant sur des sites traditionnels (« arène » ou « lek »), pour attirer les ♀♀ ; on y voit de 5 à 20 ♂♂. La parade elle-même, silencieuse, comprend battements d'ailes, brefs sauts, accroupissements collerette étalée, queue et ailes pendantes, brèves et vives joutes entre rivaux.

CARACTÉRISTIQUES ♂♂ plus grands que les ♀♀ ; les plus grands ♂♂ un peu plus grands que le Chevalier gambette et à corps plus gros. Les plus petites ♀♀ à corps un peu plus grand que le Bécasseau variable (mais cou et pattes bien plus longs). Petite tête, corps robuste, assez long cou (quand il n'est pas rétracté), et bec de longueur moyenne qui, à la différence d'espèces similaires, est vaguement arqué, donnent une impression d'ensemble caractéristique ; certains juv. et ♀♀ peuvent présenter des variantes importantes de plum., de taille et de couleur des pattes et du bec. Les plumes du manteau se décollent souvent du dos lors de la recherche de la nourriture et au vent, et se dressent comme une lame (ne se retrouve que chez la Barge à queue noire). Coups d'ailes un peu plus amples et plus calmes que chez d'autres limicoles petits ou moyens, donnant un vol indolent assez typique avec souvent de longs planés avant de se poser. Barre alaire étroite et insignifiante mais grandes taches ovales blanches de chaque côté de la racine de la queue. Bec et pattes de couleur variable ; certains ♂♂ non nicheurs à racine du bec et pattes orangé vif peuvent être facilement confondus avec le Chevalier gambette (p. 156), mais leur silhouette est différente, et leur dessus largement à motif écailleux (avec une partie grossièrement barrée à l'arrière) et non largement uni (avec quelques barres fines et petits points). – *Ad. nuptiaux :* les ♂♂ possèdent une parure nuptiale érectile (mai-juin, et rarement hors de l'époque de nidification), de teintes variables : noire, brun-roux, orangée ou blanche, uniformément colorée ou grossièrement barrée ; bec, peau de la face et pattes souvent orangés. ♀♀ brunes et diversement tachetées de noir ; bec généralement entièrement sombre mais pattes orangées ou rouge mat (rarement brunes ou gris verdâtre). – *Ad. internuptiaux :* sexes semblables hormis la taille. Parties nues habituellement plus foncées et plus ternes. ♂♂ sans huppe ni collier, et à peau de la face nue (mais plumes claires à la base du bec). Gris brunâtre clair assez uni mais certains ont la tête et le cou plus clairs ; tertiaires et scapulaires bordées diffusément de pâle ou grossièrement barrées de sombre. – *Juv. :* comme l'ad. internuptial mais dessous généralement plus nettement chamois et dessus portant un net motif écailleux avec centre des plumes sombre.

VOIX À peu près muet.

Combattant varié

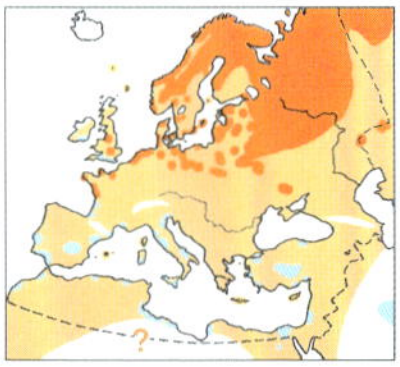

Bécasseau rousset *Tryngites subruficollis* MO

L 18-20 cm. Amérique du Nord. Rare mais régulier. Fait volontiers halte dans les zones à herbe rase (prairies, terrains d'aviation, parcours de golf) mais aussi près des mares et sur les vasières littorales.

CARACTÉRISTIQUES De la taille du B. variable et semblable à un Combattant varié juv., mais : bec plus court, plus fin, plus droit et noir (celui du Combattant varié habituellement plus clair à la base) ; tête et dessous uniformément chair beigeâtre, avec calotte joliment et finement rayée, et œil noir bien évident par rapport au côté uniforme de la tête ; côtés de la poitrine nettement tachetés ; pattes jaune moutarde. Rappelle en vol un petit Pluvier doré, mais absence de dessins blancs sur le dessus, et dessous des ailes blanc avec croissant noir aux couv. de la main. Ad. à scapulaires largement liserées de pâle et à couv. alaires uniformes ; juv. à motif entièrement écailleux dessus avec des couv. alaires à motifs fortement contrastés.

VOIX Habituellement muet ; *yèrf* grave, à demi étouffé.

Bécasseau tacheté *Calidris melanotos* MR

L 19-23 cm. E 38-44 cm. Amérique du Nord et nord-est de la Sibérie. Limicole américain le plus souvent observé en Europe, souvent en sept.-oct. ou mai.

CARACTÉRISTIQUES Un peu plus grand que le B. variable. Bec assez court, légèrement arqué et à base plus claire. En vol, forme et motifs rappelant un petit Combattant varié, surtout quand, inquiet, il se dresse et allonge le cou. En tous plum., zone pectorale finement rayée et distinctement délimitée, se terminant en nette pointe sur le milieu de la poitrine (ventre immaculé), et pattes pâles, généralement à nuance jaune (parfois plus gris verdâtre). – *Ad. nuptial :* comme le juv. mais liserés brun-roux et chevrons blancs sur le dessus moins nets ou absents, et motif écailleux moins uniforme surtout aux couv. alaires, sourcil insignifiant. ♂ à poitrine grossièrement et densément tachetée, non joliment rayée. – *Ad. internuptial* (très rare en Europe) : gris brunâtre dessus avec centre des plumes plus diffusément sombre que chez le juv. – *Juv. :* plumes du dessus à net centre noirâtre et liseré roux formant un net motif écailleux ; chevrons blancs au manteau et aux épaules généralement nets ; sourcil crème finement strié.

VOIX Contact : *krrrt* bref et roulé, un peu comme le B. cocorli mais plus grave.

Bécasseau à queue pointue *Calidris acuminata* MO

L 17-21 cm. Est de la Sibérie. Rare occasionnel en Europe occidentale, essentiellement en mai et juil.-sept.

CARACTÉRISTIQUES Ressemble au B. tacheté, mais sans la poitrine typiquement bien rayée, sourcil plus blanc (surtout en arrière de l'œil), contrastant avec la calotte brun-roux plus nettement délimitée et le cercle oculaire blanc, plus net. – *Ad. nuptial :* haut de la poitrine rayé, quantité variable (en général beaucoup) de chevrons aux côtés de la poitrine, aux flancs et aux sous-caudales. – *Ad. internuptial :* stries à la poitrine s'étendant sous forme de stries ou de chevrons aux flancs et aux sous-caudales (chez le B. tacheté, pas de stries, ou alors très fines). – *Juv. :* habituellement nette nuance ocre orangé à la poitrine, et rayures de la poitrine réduites à une étroite bande en haut ; calotte bien plus nettement rousse que chez le B. tacheté ; sourcil blanc bien marqué, surtout en arrière de l'œil.

COMBATTANT VARIÉ

BÉCASSEAU ROUSSET

BÉCASSEAU TACHETÉ

BÉCASSEAU À QUEUE POINTUE

VOIX Contact en vol : *uipp* ou *plipp* typique, doux, un peu plaintif, sourd ; cris doublés ou répétés souvent plusieurs fois ; peut rappeler l'Hirondelle rustique.

Chevalier à pattes jaunes *Tringa flavipes* MO

L 23-25 cm. Espèce nord-américaine, rare mais régulière en Europe, surtout à la fin de l'été et en automne. Prairies marécageuses à herbes basses, pièces d'eau littorales avec vasières ; parfois, étangs marécageux de l'intérieur.

CARACTÉRISTIQUES En gros comme le C. gambette mais plus petit. Long cou mince, ailes et pattes longues ; assez souvent remarqué pour sa silhouette ainsi que pour des détails du plum. ou la couleur des pattes. De près, bec droit, fin et presque tout sombre ; longues pattes toujours jaune vif. Diffère des C. stagnatile et aboyeur, en vol, par la tache carrée blanche au croupion. Peut être confondu avec le C. sylvain (qui a une tache blanche analogue au croupion et peut avoir rarement les pattes jaune terne au lieu de verdâtres) mais, à part les différences morphologiques (noter surtout, chez le C. à pattes jaunes, l'importante projection primaire et le bout des ailes qui dépasse celui de la queue), reconnu au sourcil pâle et plus court (qui n'atteint pas l'arrière des yeux) et à l'absence de bec bicolore et de calotte plus foncée propres au C. Sylvain. Aspect très délié en vol. Lorsque la taille n'est pas évidente, confusion aisée avec le C. criard, mais : forme élancée ; bec fin et un peu plus court – juste à peine plus long que la largeur de la tête ; nettement plus long chez le C. criard, et plus droit (tout droit ou seulement fort peu courbé vers le haut ; nettement retroussé chez le C. criard) et enfin plus foncé (entièrement foncé ou avec seulement un soupçon de jaune brunâtre à la base ; toujours avec base plus claire chez le C. criard hors nidification). Toutes les rémiges uniformément sombres (secondaires et primaires internes au moins partiellement finement tachetées de pâle chez le C. criard). – *Ad. nuptial :* flancs seulement vaguement barrés ou sans taches (barrés chez le C. criard), et ventre généralement tout blanc. – *Ad. internuptial :* plum. comme le C. criard. – *Juv. :* diffère de l'ad. internuptial par le manteau, les couv. alaires et les tertiaires plus foncés, aux taches pâles contrastant plus. Plum. similaire à celui du C. criard juv., mais poitrine plus diffusément et plus finement rayée.

VOIX En vol : *tchu* assez aigu, clair et souvent unique, parfois 2 à 4 se succédant rapidement, sur un ton égal.

Chevalier criard *Tringa melanoleuca* MO

L 29-33 cm. Espèce nord-américaine, occasionnelle en Europe, à la fin de l'été et en automne, parfois au printemps.

CARACTÉRISTIQUES Similaire au C. aboyeur mais, en tous plum. : pattes jaune vif (parfois à peu près jaune orangé), plum. habituellement plus brun (moins gris), plumes du dessus présentant sur les bords des taches blanches plus nettement apparentes, enfin blanc du croupion n'atteignant pas le dos en une pointe. Peut être confondu avec le C. à pattes jaunes (v. celui-ci pour le reste de la comparaison), mais de taille et de forme comme le C. aboyeur, en particulier : bec plus gros et un peu plus long (nettement plus long que la largeur de la tête), nettement arqué vers le haut et à base gris plus clair. – *Ad. nuptial :* barré aux flancs, parfois même au ventre. – *Ad. internuptial :* principalement gris dessus et blanc dessous. Comme le juv. mais plus clair, plus gris et moins nettement marqués dessus. – *Juv. :* brun foncé dessus avec nettes taches aux liserés ; poitrine plus nettement rayée que chez le C. à pattes jaunes.

VOIX Contact en vol ; sifflement trisyllabique très semblable à celui du C. aboyeur mais souvent plus rapide, un peu plus haut et plus clair, et presque toujours descendant un peu sur la finale *klu-klu-klu*. Habituellement plus sonore et plus clair que chez le C. à pattes jaunes (mais parfois similaire), les trois syllabes étant souvent bien détachées.

Chevalier solitaire *Tringa solitaria* MO

L 18-21 cm. Espèce nord-américaine occasionnelle en Europe, généralement en été et en automne.

CARACTÉRISTIQUES Très semblable au C. culblanc mais : croupion sombre, côtés de la queue barrés, taches blanches du dessus plus marquées. En vol, le dessous des ailes très sombre peut faire penser au C. culblanc, mais est nettement plus élancé, avec des ailes plus longues et plus étroites. De près, au posé, bec et pattes en général un peu plus longs que chez le C. culblanc et bec habituellement vaguement arqué. Cercle oculaire généralement plus net que chez le C. culblanc. – *Ad. nuptial :* tête, cou et poitrine à taches blanches plus grossières que chez le C. culblanc, et manteau et épaules habituellement plus nettement ponctués de blanc, enfin couv. alaires sombres, contrastant. – *Juv. :* comparable à celui du C. culblanc, mais brun un peu plus clair dessus, projection primaire plus importante et bout des ailes dépassant plus celui de la queue. Les juv. des deux espèces comparées ont un court sourcil et un cercle oculaire blanc, mais ce dernier est souvent un peu plus net chez le C. solitaire.

VOIX Cri de contact rappelant celui du C. culblanc mais un peu plus doux : *tuvitt-uitt*.

Chevalier grivelé *Actitis macularius* MO

L 18-20 cm. Espèce nord-américaine. Occasionnel assez régulier en Europe occidentale (a cherché à nicher en Écosse). Observé généralement à la fin de l'été et en automne (parfois au printemps et en hiver).

CARACTÉRISTIQUES Très semblable au C. guignette en tous plum. Habituellement plus gris dessus (moins brun), queue plus courte, et barre alaire assez courte n'atteignant pas le corps. – *Ad. nuptial :* grossièrement tacheté de noir dessous, caractère diagnostique mais parfois moins évident et alors difficile à identifier. – *Ad. internuptial :* gris-brun uniforme dessus, pas de taches dessous. Très semblable au C. guignette : de tout près, noter que le bord des rémiges tertiaires est uni (vaguement barré chez le C. guignette), mais la détermination repose aussi sur la longueur de la queue, celle de la barre alaire et la voix. – *Juv. :* rémiges tertiaires et grandes couv. alaires uniformes avec barres limitées aux bouts ; barres nettes seulement sur les couv. alaires moyennes et petites (rémiges tertiaires et toutes les couv. alaires barrées chez le C. guignette) ; pattes jaunâtre clair (brun mat ou gris verdâtre chez le C. guignette). Zone sur la poitrine plus uniforme et à motifs plus flous que chez le C. guignette. Bec souvent chair grisâtre très clair à pointe plus foncée. Moins de blanc aux côtés de la queue, en vol, que chez le C. guignette.

VOIX Variable. Occasionnels malheureusement souvent muets. Parfois très semblable au C. guignette mais plus souvent, sifflement bref, *kitt* ou dissyllabique, *plit-viit*, dont le ton rappelle un peu celui du C. culblanc.

CHEVALIER À PATTES JAUNES

CHEVALIER CRIARD

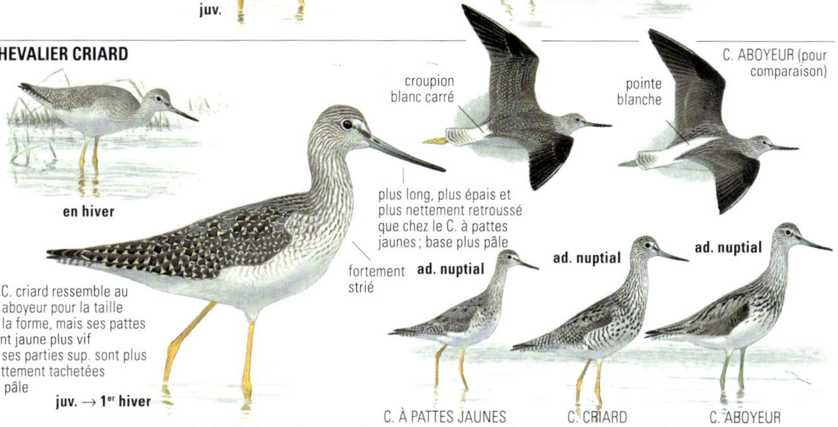

CHEVALIER SOLITAIRE

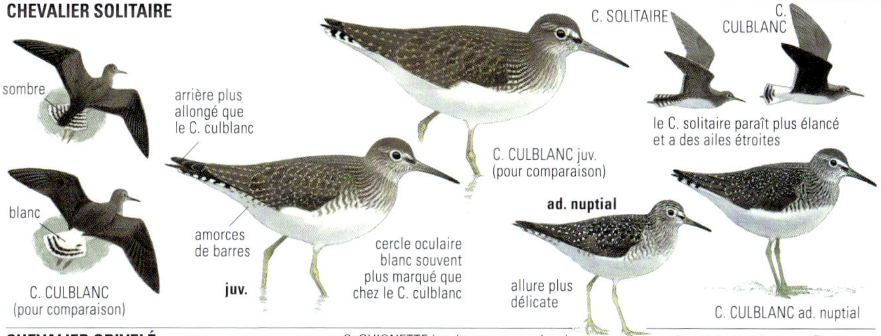

CHEVALIER GRIVELÉ

Courlis à bec grêle *Numenius tenuirostris* MO
L 36-41 cm (dont bec environ. 8 cm). E 77-88 cm. Extrêmement rare ou même déjà éteint, dernières données fiables datant de 1999 (Grèce et Oman). Nichait dans l'ouest de la Sibérie dans les marais de la taïga, peut-être aussi près de lacs au nord de l'Asie centrale, et hivernait autour de la Méditerranée et près des côtes du N-O de l'Afrique au Moyen-Orient, dans les prairies ou steppes salines proches des marais.

CARACTÉRISTIQUES Taille du C. corlieu mais un peu plus élancé, bec plus étroit et s'amincissant en une pointe plus fine (de ce fait, paraît parfois plus long qu'il n'est). Couleur de fond plus blanche sur les côtés de la tête, la gorge et la poitrine, et bande noire contrastant plus que chez C. corlieu et C. cendré. Motif sur la poitrine se transformant graduellement chez le type, en taches rondes ou en gouttes et nettement délimitées sur le bas de la poitrine et les flancs, en net contraste avec le fond blanc. Le motif principal est un moyen terme entre ceux de C. corlieu et C. cendré, avec des lores assez sombres et les côtés de la calotte sombres donnant l'impression d'un sourcil pâle (cependant moins nettement que chez le C. corlieu, lequel présente en outre une nette bande crânienne centrale pâle). Couv. sous-alaires entièrement blanches. Croupion blanc et dessus de la queue très pâle (semble blanchâtre, plus clair que chez les C. corlieu et cendré). Secondaires et primaires internes à nets motifs blancs, en net contraste avec les primaires externes (mais ne permettant guère la détermination autrement que par comparaison directe avec les autres espèces). – *Juv. :* flancs rayés, non à taches en gouttes (quelques-unes en 1er hiver). Remarque : le C. cendré peut avoir un bec proportionnellement court, le dessous des ailes blanc, et un dessin très contrastant sur les flancs ; il est donc important de s'assurer de la taille moindre, de la forme particulière du bec et (chez l'ad.) de la forme des taches des flancs.

VOIX Contact : *kou-lii* similaire à celui du C. cendré, mais plus doux, plus aigu, plus rapidement répété et pouvant devenir un trille. Alarme en vol, un *kou-i* plus strident et bref.

Courlis nain *Numenius minutus*
L 29-32 cm (dont bec env. 4,5 cm). E 57-63 cm. Nord et N-E de la Sibérie. Hiverne surtout dans le nord de l'Australie. Très rare occasionnel en Europe.

CARACTÉRISTIQUES Courlis évident, mais tout petit (un peu plus petit que le Pluvier doré) ; petite tête, cou assez court et bec bien plus court et moins arqué que celui des autres courlis. En tous plum., motif sur la tête comme celui du C. corlieu, (côtés de la calotte sombres, étroite bande crânienne centrale pâle), couv. sous-alaires entièrement gris brunâtre, dessous chamois assez finement orné, et pas de croupion blanc (attention, la race nord-américaine *hudsonicus* du C. corlieu, p. 158, n'a pas non plus de blanc au croupion ; voir aussi la Bartramie des champs). Front et lores souvent pâles, ce qui, avec le net sourcil chamois clair, donne l'impression d'une face pâle. Rémiges primaires et secondaires assez uniformément sombres, contrastant avec les couv. sus-alaires pâles du bras. Base de la mandibule inférieure rosée. – Très semblable au rarissime (et peut-être éteint) Courlis esquimau *Numenius borealis* (voir p. 419), également d'Amérique du N, mais ce dernier a des pattes plus courtes, un bec un peu plus long et plus arqué, les ailes plus longues (bout dépassant la queue chez l'oiseau posé) et le dessus aux marques plus sombres. De loin, le bec court, les teintes chamois et la silhouette peuvent évoquer le Combattant varié plus qu'un courlis. Occasionnels européens parfois associés aux Pluviers dorés dans les éteules, et alors souvent repérés à leur progression continue (celle des pluviers est typiquement entrecoupée de pauses).

VOIX Contact en vol : ricanement rapide *kui-kui-kui-kui…*, bien plus aigu et plus doux que celui du Corlieu.

Bartramie des champs *Bartramia longicauda* MO
L 28-32 cm. E 50-55 cm. Amérique du Nord. Occasionnelle en Europe. Fait surtout halte dans les zones herbeuses (prés, terrains d'aviation, golfs), mais se nourrit également dans les champs récemment ensemencés et les éteules.

CARACTÉRISTIQUES Taille du Chevalier gambette. Petite tête et forme de Courlis cendré ou corlieu miniatures. Également similaire au Courlis nain mais bec court et droit (avec moitié inférieure jaune brunâtre clair), très longue queue dépassant bien de la pointe des ailes, enfin cou long et très mince chez l'oiseau en éveil. En vol, pas de blanc dessus. En tous plum., calotte sombre avec étroite bande centrale pâle, œil sombre ressortant bien sur le côté uni de la tête, enfin taches sombres sagittées à la poitrine et aux flancs. Pattes jaunâtre terne. Ailes fortement barrées. Se promène çà et là, remuant calmement l'arrière du corps à chaque arrêt. – *Ad. :* scapulaires, tertiaires et couv. alaires barrées de sombre. – *Juv. :* plumes à liserés pâles et tertiaires crantées de pâles à motif écailleux plus évident que chez l'ad.

VOIX Clairs sifflements trillés en vol, *kip-ip-ip-ip-ip-ip-ip*, rappelant beaucoup le Grèbe castagneux.

Bécasseau à échasses *Calidris himantopus* MO
L 18-23 cm. E 37-42 cm. Amérique du Nord. Occasionnel en Europe occidentale, le plus souvent des ad. en fin d'été. Fait souvent halte sur les vasières en compagnie de bécasseaux, parfois aussi de chevaliers (par ex. le Gambette) et du Combattant varié, alors en eau plus profonde.

CARACTÉRISTIQUES Un peu plus grand que le Bécasseau variable, avec longues ailes, long cou et des pattes bien plus longues. Bec arqué. Forme globale et croupion blanc rappelant le Bécasseau cocorli, mais pattes grêles, très longues (dépassant largement en vol) et de couleur jaunâtre à vert mat (non noires), enfin bec plus uniformément épais. Forme particulière du corps, assez anguleuse de profil et nettement comprimée latéralement de face ou de dos. Ailes à dessus assez uniformément sombre, sans nette barre alaire mais à bord postérieur assez clair. Patauge souvent en eau assez profonde, où la longueur de ses pattes n'apparaît donc guère. – *Ad. nuptial :* totalement ou partiellement barré dessous. Parotiques brun-roux contrastant avec le sourcil blanc. Bande crânienne centrale insignifiante, courte et pâle, sur l'arrière de la tête. Vu de loin, paraît assez uniformément sombre et peut faire penser à un bécassin ou parfois à un C. arlequin juv. – *Ad. internuptial :* dessus gris brunâtre uniforme. Dessins de la poitrine plus nets que chez le Bécasseau cocorli et s'étendant aux flancs et aux sous-caudales. – *Juv. :* plumes du dessus à centre noirâtre et bordure blanchâtre, donnant un ensemble moins gris et plus écailleux que chez le B. cocorli. Net sourcil pâle contrastant avec la calotte et le « loup » sombres.

VOIX Contact en vol : *trrrp* doux, presque comme le cri du Bécasseau cocorli.

COURLIS À BEC GRÊLE

BARTRAMIE DES CHAMPS

COURLIS NAIN

BÉCASSEAU À ÉCHASSES

Bécassin à long bec

Limnodromus scolopaceus MO / HO

L 27-30 cm (dont bec 5,5-7,5 cm). E 42-49 cm. Amérique du Nord et Sibérie. Occasionnel en Europe.

CARACTÉRISTIQUES Les bécassins sont de la taille de la Bécassine des marais. Forme, plum. et mœurs intermédiaires entre ceux d'une bécassine et de la Barge rousse. Très long bec, sourcil net, assez longues pattes verdâtres, et (en vol) étroite bande blanche sur le dos et ailes à net bord postérieur blanc. Caractère typique : bec à bout épais et un peu arqué. Dans de bonnes conditions, la détermination des juv. ne pose pas de problème, mais les ad. en plum. internuptial et nuptial sont plus difficiles à déterminer et il faut généralement l'audition du cri, diagnostique. La longueur du bec connaît d'importants chevauchements et n'est utile que si elle est patente : deux fois la longueur de la tête ou plus = B. à long bec ; environ 1 fois 1/2 la longueur de la tête = B. à bec court. Chez le B. à long bec, les barres noires sur la queue sont plus larges que les pâles ; chez le B. à bec court, c'est l'inverse (attention ! on peut voir chez les deux espèces des bandes pâles et noires de même largeur). – *Ad. nuptial :* dessous brun rouille y compris le ventre (mais souvent à l'exclusion des sous-caudales), avant du cou et haut de la poitrine à taches denses, flancs, côtés de la poitrine et sous-caudales fortement barrés ou tachés transversalement. – *Ad. internuptial :* poitrine uniformément grise et flancs barrés de gris avec limite assez nette par rapport au ventre blanc. – *Juv. :* tertiaires, grandes couv. alaires et scapulaires à centre tout sombre et à net liseré blanchâtre ou roux (ou parfois petites taches pâles internes vers le bout).

VOIX Contact : *kyip* unique, bref et perçant, de ton un peu comme le Chevalier sylvain ou un Huîtrier pie au loin. En vol : souvent ce cri avec des pauses de 2 à 3 secondes ou, surtout inquiété, *kyip-ip* ou *kyipipip*, rapide.

Bécassin à bec court *Limnodromus griseus* MO

L 25-29 cm (dont bec 5-6,5 cm). Amérique du Nord. Occasionnel très rare en Europe, bien plus rare que l'autre espèce.

CARACTÉRISTIQUES Voir le B. à long bec pour l'aspect général et les différences concernant longueur du bec et motifs de la queue. – *Ad. nuptial :* couleur de fond du dessous habituellement orangé pâle (plus clair que chez le B. à long bec), avec notamment : poitrine vaguement tachetée (paraît orangé uni de loin), flancs à barres lâches, et sous-caudales à petites taches *(hendersoni)* ou avec ventre blanc et parfois motifs aussi nets dessous que chez le B. à long bec *(griseus)*, mais taches aux côtés de la poitrine plutôt plus arrondies, avec moins de barres. – *Ad. internuptial :* presque comme le B. à long bec. Barres des flancs et haut de la poitrine gris s'étendant en une fine et diffuse tacheture au bas de la poitrine faisant transition vers le ventre blanc. – *Juv. :* poitrine et dessus en général nettement plus brun-roux que chez le B. à long bec. Tertiaires, grandes couv. et scapulaires à nettes barres ou taches brun-roux.

VOIX Contact en vol : *tudu* ou *tudlu*, rapide et clair, d'un ton un peu comme le Tournepierre à collier.

Bécassine à queue pointue

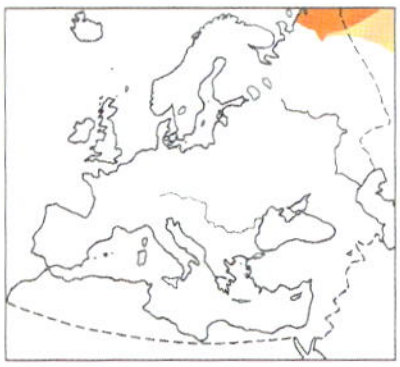

Rhynchée peinte

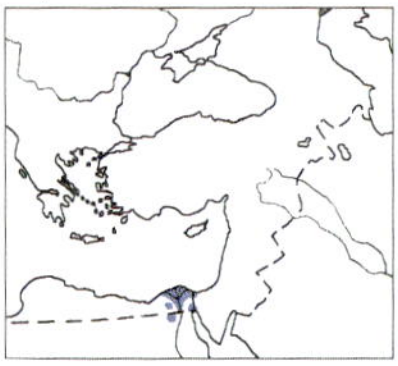

Bécassine à queue pointue *Gallinago stenura*

L 25-27 cm (dont bec env. 6 cm). Du nord de l'Oural au nord de la Sibérie et jusqu'à son extrême est, dans la toundra ouverte et les bassins fluviaux plats. Hiverne dans le sud de l'Asie. Occasionnelle dans l'est de l'Europe.

CARACTÉRISTIQUES Similaire à la B. des marais (p. 160), mais : bord postérieur pâle des ailes très étroit et peu net, couv. alaires moyennes et petites formant une zone plus claire sur l'aile ; bec un peu plus court et assez épais surtout à la base ; assez courte queue et orteils dépassant souvent de la queue en vol ; bout des ailes assez obtus, et primaires plus brunes (plus foncées chez la B. des marais) ; couv. de la main à étroit bout pâle (en général plus nettement que chez la B. des marais) ; dessous des ailes plus foncé et uniformément barré (absence de la barre alaire blanche de la B. des marais) ; bandes blanc jaunâtre sur le dessus moins nettes que chez la B. des marais. À terre : dos à fond brun (moins uniformément brun noirâtre que chez la B. des marais) ; scapulaires inférieures à bord blanc tout autour de la pointe (non largement bordées de blanc seulement aux vexilles externes et de jaune brunâtre aux vexilles internes comme chez la B. des marais). Caractère unique : rectrices latérales filiformes.

VOIX À l'envol, *kchièrr !* bref, rude et très sonore, un peu plus bas et rauque que chez la B. des marais. « Chant » émis en piqué lors du vol nuptial, surtout le soir, son particulier, grésillant, pénétrant, se muant en notes vibrantes et bourdonnantes ; plus bref, aigu et rapide que chez la B. de Swinhoe.

Rhynchée peinte *Rostratula benghalensis*

L 23-26 cm. Égypte. Marais, fossés et canaux à végétation haute. Occasionnelle en Israël. Généralement cachée, rarement vue autrement qu'en la surprenant. Rôles des sexes intervertis : les ♀♀ ont plusieurs couvées confiées à autant de ♂♂.

CARACTÉRISTIQUES Assez similaire à la B. des marais, mais paraît plus lourde et plus indolente quand elle s'envole, du fait de ses ailes obtuses ; longues pattes aux orteils dépassant totalement de la queue. Bec assez court, épais, vaguement arqué et pâle (chair clair). Large cercle oculaire pâle se poursuivant en un trait vers l'arrière. Très nette bande jaune beigeâtre au côté de la poitrine et aux épaules, en chevron sur le manteau (surtout nette chez la ♀). Étroite bande crânienne centrale chamois. Dessous des ailes blanc à larges bords sombres. – *♂ ad. :* gris brunâtre mat à la gorge (tachetée de blanc en haut), au cou et au haut de la poitrine ; étroite bande pectorale gris noirâtre. Trait sourcilier blanc beigeâtre insignifiant. Dessus des ailes et épaules brun verdâtre, couv. alaires largement tachetées transversalement de chamois. – *♀ ad. :* plum. plus beau que celui du ♂ ; gorge, cou et haut de la poitrine brun-rouge bordé d'une large bande noire sur la poitrine. Net trait sourcilier blanc avec étroit bord noir. Dessus des ailes et épaules principalement grisâtre uniforme finement barré de sombre. – *Juv. :* similaire au ♂ ad. mais poitrine à petites taches plus diffuses et absence de limite nette avec le ventre ; dessus très barré de chamois.

VOIX ♀ émettant un *kout* sourd et rentré lors du vol nuptial analogue à celui de la Bécasse des bois en croule.

BÉCASSIN À LONG BEC

BÉCASSIN À BEC COURT

BÉCASSINE À QUEUE POINTUE

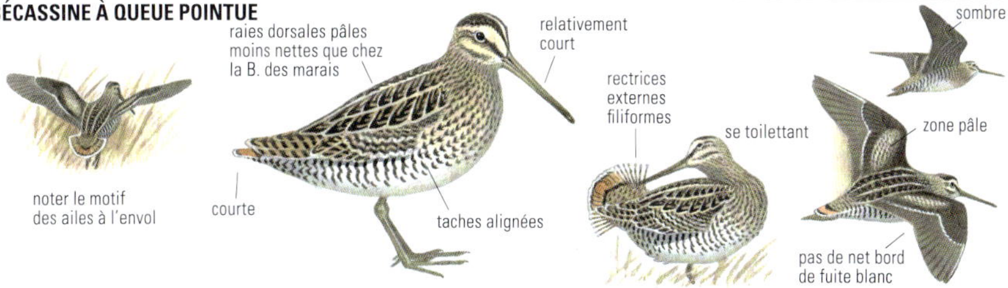

RHYNCHÉE PEINTE

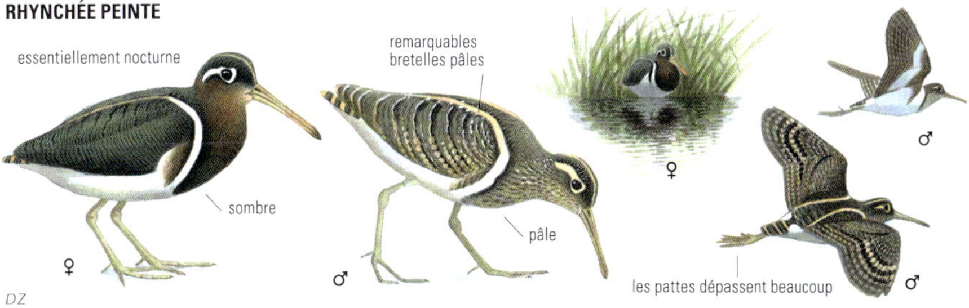

LABBES : STERCORARIIDÉS

Oiseaux de mer de taille moyenne ou grande, ressemblant aux goélands. Quatre espèces nichent au nord de l'Europe. Migrent le long des côtes et en mer, et pour partie au-dessus des terres. Hivernent dans le nord de l'océan Indien, et en mer au large de l'Afrique occidentale et des deux Amériques.

« Kleptoparasites », ils poursuivent avec acharnement, d'un vol étonnamment rapide et acrobatique, les sternes, mouettes et goélands pour leur faire régurgiter le contenu de leur jabot en plein ciel.

Labbe parasite chassant une Sterne arctique pour la faire régurgiter

DÉTERMINATION DES LABBES SUR LE TERRAIN

La plupart des labbes paraissent sombres sur le terrain, ce qui est la règle même chez les juv. et les formes pâles. Ils apparaissent normalement encore plus foncés que la plupart des goélands juv., ce qui est pratique pour la détermination à grande distance (plus d'1 km) ou sous des angles difficiles. On voit habituellement, même à distance appréciable, chez les goélands juv., la tête et le dos plus clairs et la racine de la queue nettement pâle, et, chez la plupart, les rémiges primaires internes plus claires. En dehors des différences de plum., on reconnaît les labbes, avec un peu d'expérience, à la main plus pointue (ce qui vaut, naturellement, à un moindre degré pour le Grand Labbe, qui a de larges ailes), au vol plus rapide, aux gestes plus souples, aux ailes – en vol soutenu – battant moins amplement, plus régulièrement et puissamment, en bref au vol plus « décidé » en comparaison avec les battements presque paresseux des goélands (un peu hésitants par vent fort), par ailleurs plus profonds en vol soutenu.

Le risque éventuel de confusion avec un puffin doit être évité, spécialement par vent fort et à grande distance. Par ce type de temps, les labbes volent à la façon des puffins, avec un rapide plané par vent arrière près des vagues, profitant ensuite du vent contraire pour remonter en basculant d'un côté avant de planer à nouveau sous le vent, et ainsi de suite. Les oiseaux donnent peu de coups d'ailes (souvent juste avant la phase de remontée) ; le vol des labbes est souple et « athlétique », avec des coups d'ailes assez calmes et peu amples ; les puffins se livrent à des séries de rapides battements (un peu plus lents pour les grandes espèces) de leurs ailes plus étroites et tenues plus droites.

Le plus gros problème consiste à faire la différence entre les immatures des Labbes parasite, pomarin et à longue queue. Quelques conseils généraux : la taille est toujours délicate à évaluer avec précision lorsqu'on observe un oiseau de loin, au télescope, au-dessus de la mer, mais il faut au moins tâcher de déterminer si l'oiseau est grand ou petit. Noter que la couleur sombre des labbes perturbe l'évaluation de la taille quand on les compare aux goélands à dominante blanche : un oiseau sombre sur fond de ciel lumineux semble plus grand qu'un blanc ; à l'inverse, un oiseau sombre sur fond de mer sombre semble plus petit qu'un blanc, surtout par lumière vive.

On mémorisera donc la forme et les proportions (par ex. la longueur du bras) et le mode de vol. On vérifiera si l'oiseau possède un prolongement caudal (rectrices médianes) et de quelle façon il dépasse, et si le plum. présente des parties nettement pâles. Lorsque l'oiseau est plus proche, noter les marques de la base de la main, la taille du bec et les motifs qu'il porte, enfin la silhouette chez les ind. possédant éventuellement des rectrices médianes dépassant peu. Mais qu'on ne croie pas qu'on pourra, au début, déterminer tout labbe en vol. Il faut pour cela une longue expérience, que la connaissance des spécimens aux plum. les plus caractérisés aide à acquérir. Même les spécialistes peuvent parfois rester dans l'indécision…

Grand Labbe *Stercorarius skua* MC/HR
L 50-58 cm. E 125-140 cm. Iles rocheuses et hautes landes côtières humides, habituellement en colonies lâches. Hiverne dans l'Atlantique. Noté en automne le long des côtes,

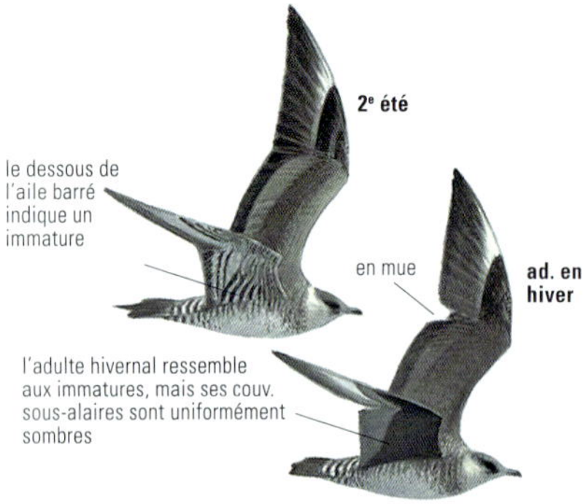

L'âge des labbes (ici, Labbe parasite) est plus facile à déterminer en automne et en hiver si l'on note le motif du dessous des ailes et le stade de mue

Grand Labbe

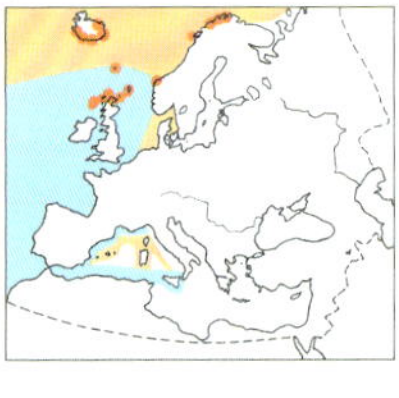

Labbe pomarin

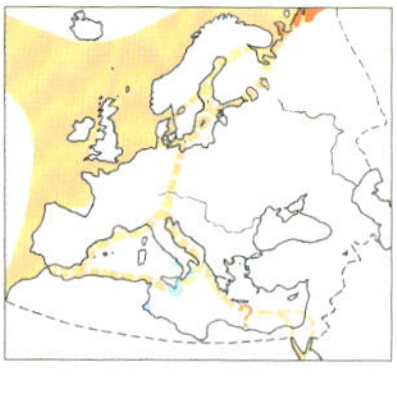

notamment à l'occasion de tempêtes. Alim. : surtout poissons qu'il attrape à la surface, aux dépens d'autres oiseaux ou en suivant les chalutiers. Nid réduit à une dépression peu profonde, défendu par des piqués hardis.

CARACTÉRISTIQUES Grand et lourd, à peu près comme un Goéland argenté. Sur le terrain, tout sombre avec grandes plages blanches à la base de la main dessus et dessous. Gros bec, tête et cou forts. Rectrices médianes larges et à pointe arrondie, ne dépassant pas ou peu. Pratique plus souvent le vol à voile que les autres labbes ; peut alors ressembler à une buse. Flotte haut sur l'eau. – *Ad. nuptial :* grossières rayures jaune brunâtre sur la nuque, le cou et dessus, généralement plus nettes chez la ♀. – *1re année :* plus uniformément bruns, à nuance brun-roux, notamment dessous ; plages alaires blanches du dessus souvent moins étendues et apparentes. – Risque de confusion surtout avec un grand goéland juv. (surtout mazouté) ou avec un L. pomarin juv. ou, à grande distance, avec un ad. de la forme sombre de cette dernière espèce. Diffère des goélands juv. par : le vol plus décidé à coups d'ailes plus souples (dont la fréquence est par ailleurs identique), le corps proportionnellement plus massif (comme un « tonnelet volant »), les ailes à base plus large mais souvent plus pointues, enfin et surtout les plages alaires blanches (v. plus haut). Diffère du L. pomarin juv. par un corps plus gros et un vol plus lourd ; absence de barres pâles (de la sorte, jamais de contraste pâle au croupion, au bas-ventre ou aux couv. sous-alaires) ; tête souvent un peu plus foncée que le corps (habituellement uniformément foncés chez le L. pomarin, ou tête un peu plus claire que la poitrine) ; ailes plus larges et proportionnellement un peu plus courtes ; généralement, plage de la base de la main nettement plus grande et plus blanc pur, allant jusqu'au bras (certains Grands L. ont cependant une faible quantité trompeuse de blanc aux ailes). Diffère du L. pomarin ad. sombre par la forme et le vol, et naturellement par l'absence de rectrices médianes saillantes (celles-ci peuvent parfois avoir disparu chez les autres espèces ; voir L. pomarin).

VOIX Muet en dehors de la nidification. Émet alors des *gouk* brefs et un peu nasillards, isolés ou par séries.

Labbe pomarin *Stercorarius pomarinus* MC / HR

L 42-50 cm (plus prolongement caudal de 5,5-11 cm chez l'ad. nuptial). E 115-125 cm. Toundra arctique. De passage au nord et à l'ouest de l'Europe, surtout en mai et oct.-nov. Hiverne notamment au large de l'Afrique occidentale. Observé souvent isolément ou en groupes de quelques ind. (parfois de grandes bandes de 50 et plus dans l'ouest de l'Europe). Les juv. peuvent être très confiants.

CARACTÉRISTIQUES En vol apparaît nettement plus grand que le Goéland cendré et un peu plus petit que le G. argenté. Posé, étonnamment petit, les plus petits ind. ayant à peine la taille d'une Mouette tridactyle, mais toujours à poitrine et ventre plus forts. Longues ailes. Bras assez large, apparaissant un peu plus large que la distance séparant le bord postérieur de l'aile de la pointe de la queue (l'éventuel prolongement exclu). Vol calme et décidé, à coups d'ailes mesurés et selon une trajectoire directe (et non léger et élastique avec des battements énergiques comme parfois chez le L. parasite). En tous plum. : tache claire à la base de la main, dessus et dessous, à peu près comme le L. parasite et nettement moindre que chez le Grand L. typique. – *Ad. nuptial :* long et large prolongement caudal à bout spatulé de profil ; tombe 2 fois par an en nov.-déc. et mars-avr. (sinon, très rarement cassé). Deux formes : pâle (la plus fréquente) à capuchon noir englobant les commissures du bec ; dessous à bande pectorale sombre et grossière (chez le ♂, très souvent interrompue au milieu de la poitrine, et pouvant manquer totalement), flancs barrés de façon importante ou insignifiante et bas-ventre largement sombre bien délimité

LABBE POMARIN

(avec traces de barres pâles chez nombre d'ind.) ; la forme sombre l'est totalement (à l'exception des taches aux ailes). – *Juv. :* rectrices médianes obtuses, et ne dépassant pas, ou de façon insignifiante. Varie du brun moyen barré de jaune beigeâtre (surtout au croupion et au bas-ventre) au brun-noir sombre uniforme, mais paraît presque toujours sombre sur le terrain. Diffère du L. parasite juv., similaire, par un vol plus calme et plus direct, un bras plus large, un ventre plus rebondi, un plus gros bec, plus nettement gris-bleu clair à la base et noir au bout (parfaitement visible jusqu'à 300 m). La forme pâle porte une double tache pâle sous les ailes, les rémiges primaires et les couv. de la main étant pâles à la base chez la plupart (peu visible au-delà de 300 m). Le juv. n'a pratiquement jamais une tête ou un ventre pâles contrastant nettement (cf. L. parasite et à longue queue). Les plus sombres des juv. de forme sombre sont dépourvus de barres, comme les ad. de même forme. – *2e année, forme pâle :* cou et ventre plus clairs que chez le juv., et prolongement caudal court ou à moitié développé et non vrillé. – *3e année, forme pâle :* cou et ventre nettement pâles, capuchon sombre commençant à apparaître mais couv. sous-alaires encore barrées (et non sombres comme chez l'ad.). – *Ad. internuptial, forme pâle :* prolongement caudal incomplet (comme la 3e année) mais couv. sous-alaires sombres, non barrées.

Labbe parasite *Stercorarius parasiticus* MC / HR

L 37-44 cm (plus prolongement caudal de 5-8,5 cm chez l'ad. nuptial). E 108-118 cm. Toundra, landes côtières et îles dénudées, par endroits en colonies lâches. À l'automne, migrateurs le long des côtes de la mer du Nord et de la Manche. Hiverne surtout au sud de l'Équateur.

CARACTÉRISTIQUES Peut faire penser à un laridé sombre, avec des ailes pointues et un vol rapide et souple, presque de faucon. À distance convenable, tache basale pâle à la main et, chez les ad. un prolongement caudal pointu. En vol, apparaît de la taille d'une Mouette tridactyle. Ailes longues et assez étroites ; main pointue ; bras apparaissant aussi large ou un peu moins que la distance entre le bord postérieur de l'aile et la pointe de la queue (éventuel prolongement exclu). Vol plus léger que celui du L. pomarin, mais peut parfois donner une impression plus pesante ; par vent fort, noter l'aisance, la rapidité des coups d'ailes et les brusques décrochements, tandis que L. pomarin est nettement plus lourd et plus décidé, comme un grand goéland. Bec un peu plus mince que le L. pomarin. Plum. en principe comme chez le L. pomarin (donc grande variabilité), mais : capuchon sombre des ad. moins noir, n'entourant pas nettement les commissures, et laissant toujours une petite tache pâle au-dessus de la base du bec ; s'il y a une bande pectorale, elle n'est qu'indiquée vaguement ; les juv. les plus clairs le sont plus que ceux du L. pomarin ; ont la tête et le cou clairs, contrastant (finement rayés ; visible de près), et souvent aussi le ventre. Juv. les plus sombres très semblables aux L. pomarins juv. les plus sombres, mais en diffèrent par la taille du bec, la forme de la queue et les proportions ; noter que les rectrices médianes pointues dépassent de 1 à 3 cm, formant un petit éperon double au bout de la queue, que les couv. primaires sous-alaires ne sont pas claires à la base (exceptions : 1 sur 20) et que le bec apparaît en général sombre, sans base nettement pâle (une vague indication de base pâle n'est plus perceptible au-delà de 150 m). (Cf. aussi L. à longue queue.)

VOIX Le plus souvent, un *èh-glo* nasillard et miaulant, répété lors de la parade. Alarme : un bref *pchu !*

Labbe à longue queue *Stercorarius longicaudus* MR

L 35-41 cm (plus prolongement caudal de 12-24 cm chez l'ad.

nuptial). E 105-112 cm. Niche dans l'extrême nord de l'Europe sur les versants montagneux dénudés et dans la toundra, souvent loin de la mer. Hiverne surtout dans l'Atlantique Sud. Rarement observé en Europe occidentale sur sa route migratoire, en mai et août-sept. Quelques juv. isolés se reposent en automne dans les champs et ne sont pas farouches.

CARACTÉRISTIQUES Petit et élancé, à peine grand comme une Mouette rieuse pour le corps, mais peut donner en vol l'impression d'être plus grand du fait de ses longues ailes étroites. Vol aisé et élastique presque comme une sterne. A l'habitude de se poser en mer et de s'y laisser tomber, même en migration ; vole souvent sur place sur les lieux de nidification. – *Ad. nuptial :* capuchon noir, contraste sur le dessus entre les rémiges foncées et les couvertures alaires gris brunâtre plus clair, absence de taches basales claires sous la main, enfin éperon caudal très long et étroit. – *Juv. :* variables comme

Labbe parasite

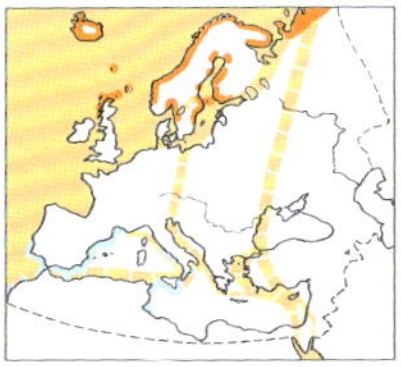

Labbe à longue queue

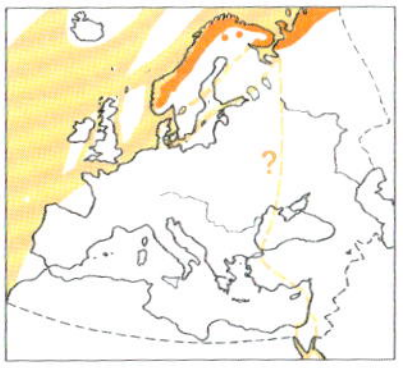

chez le L. parasite, mais diffèrent par : la silhouette (corps élancé, ailes étroites, arrière plus allongé) et le vol ; chez la forme claire et la forme intermédiaire, coloration de fond plus grise, moins brune (forme foncée cependant très similaire au L. pomarin) ; rectrices médianes dépassant de façon insignifiante (1 à 3 cm) et arrondies à la pointe ; enfin bec à base nettement claire (gris-bleu) et court. (Quelques-uns ont un prolongement caudal plus long que tout L. parasite juv.)

VOIX Plus aiguë que chez les autres labbes : *kchu* et *kriepp* répétés, et *kré-krepp* querelleur.

GOÉLANDS ET MOUETTES : LARIDÉS

Certaines des dix-neuf espèces nicheuses de la zone étudiée sont très communes et souvent proches de l'homme, ce qui en fait des oiseaux bien connus. Pour nicher, souvent en grandes colonies, les Laridés ont besoin de la proximité des côtes, des marais et des eaux intérieures.

Une partie des espèces sont communes dans l'intérieur, surtout en dehors de la période de nidification, et se rassemblent fréquemment en grands groupes mixtes sur les eaux abritées, lacs, étangs, réservoirs, sur les jetées des ports, etc. pour y dormir. La distance des dortoirs aux lieux nourriciers peut atteindre 40 km. Leurs vols matinaux et vespéraux ont souvent lieu à bonne hauteur, les groupes en vol se disposant parfois en formations en ligne ou en chevron. Mouettes et goélands, outre les milieux aquatiques, fréquentent aussi les prés et les champs récemment labourés.

DÉTERMINATION DES LARIDÉS SUR LE TERRAIN

Mouettes et goélands ad. sont habituellement assez faciles à déterminer étant donné que nombre d'espèces présentent un ensemble caractéristique de caractères concernant la taille, la couleur du manteau, le motif du bout de l'aile et la couleur du bec et des pattes. Les immatures sont généralement plus problématiques avec leur plum. anodin brun ou barré, et leur bec et leurs pattes aux teintes neutres. Il peut paraître bien compliqué de reconnaître les différents plum. immatures, mais les illustrations seront grandement « éclairées » par les informations ci-après concernant les plumages et les mues :

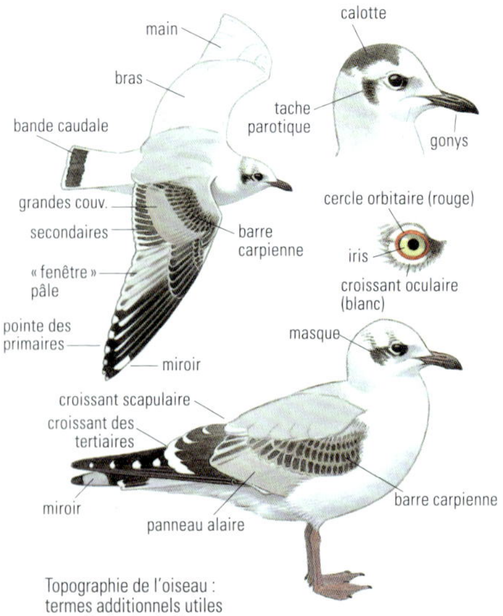

Topographie de l'oiseau : termes additionnels utiles pour décrire les laridés

1) Durée de l'immaturité

Mouettes et goélands entrent dans trois catégories :

– Deux classes d'âge. Cette catégorie comprend la plupart des petites espèces. La Mouette rieuse en est un bon exemple. Le plum. ad. est déjà revêtu lorsque l'oiseau est au plus âgé d'un an. Ainsi, on peut observer durant presque toute l'année deux classes d'âges différentes, à savoir les ind. de 1re année (1er hiver ou 1er été) et les ad. (ad. internuptial ou nuptial). Noter que, de juillet au début de sept., on peut temporairement noter 3 classes d'âge : juv. (commençant à voler), 1er été (à peine âgés d'un an) et ad. en plum. nuptial (juste âgés de 2 ans – ou plus).

– Trois classes d'âge. Cette catégorie comprend les espèces de taille moyenne et la Mouette pygmée. Le G. cendré est un exemple d'espèce de ce groupe, chez qui, la plus grande partie de l'année, on peut distinguer trois classes d'âge, à savoir : ind. de 1re année (1er hiver ou 1er été), ind. de 2e année (2e hiver ou 2e été) et les ad. (ad. internuptial ou nuptial). De juillet au début de sept., on peut cependant voir 4 classes d'âge : juv. (commençant à voler), plum. de 1er été (juste un an d'âge), plum. de 2e été (juste 2 ans d'âge), et ad. en plum. nuptial (juste âgés de 3 ans – ou plus).

– Quatre classes d'âge. Cette catégorie comprend tous les goélands de grande taille, par ex. le G. argenté. Le plum. ad. est acquis au-delà de trois ans. Ainsi, on peut observer une grande partie de l'année quatre classes d'âge : ind. de 1re année (1er hiver ou 1er été), ind. de 2e année (2e hiver ou 2e été), ind. de 3e année (3e hiver ou 3e été), et ad. (nuptial ou internuptial). De juillet au début de sept., on peut voir toutefois cinq classes d'âge : juv. (commençant à voler), plum. de 1er été (juste un an), plum. de 2e été (juste 2 ans), plum. de 3e été (juste 3 ans), et ad. en plum. nuptial (juste 4 ans – ou plus).

2) Mue

Le passage du plum. juv. à celui d'ad. se fait par des mues successives au cours desquelles les vieilles plumes sont remplacées par de nouvelles. La première mue chez tous les Laridés, est dite postjuvénile, la plupart des espèces la subissent peu de temps après que l'oiseau est en état de voler. Cette mue est incomplète : seules les plumes juv. de la tête et du corps sont remplacées ; le résultat en est le plum. de 1er hiver. Par la suite, les diverses espèces subissent une mue de printemps (incomplète, seules les plumes de la tête et du corps étant remplacées) puis une mue d'automne (totale).

La mue printanière incomplète demande 1 à 2 mois, tandis que la mue automnale complète en nécessite 3 à 4. Chez les goélands, les diverses mues aboutissent graduellement au plum. ad. Les ad. revêtent le plum. nuptial au cours de la mue printanière et le plum. internuptial au cours de la mue automnale. L'illustration p. 179 en haut montre toute la succession des mues (et les différents plum. en résultant, du juvénile à l'ad.) chez un laridé avec 2, 3 ou 4 classes d'âge. Noter que les rémiges et rectrices sont portées toute une année et peuvent donc être, en été, très usées et à motifs décolorés, en particulier chez les oiseaux de 1er été.

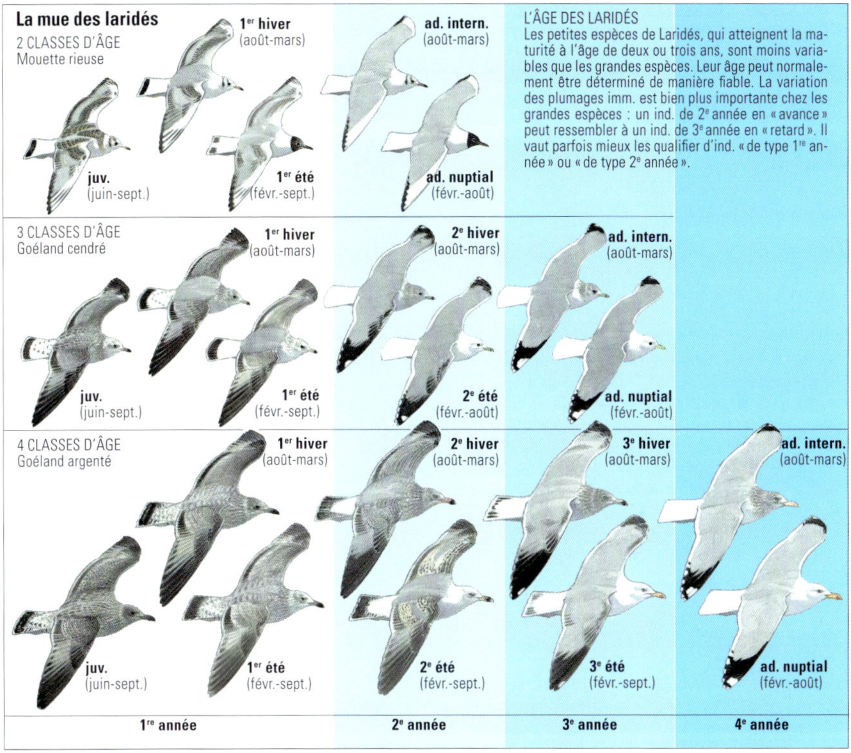

L'ÂGE DES LARIDÉS

Les petites espèces de Laridés, qui atteignent la maturité à l'âge de deux ou trois ans, sont moins variables que les grandes espèces. Leur âge peut normalement être déterminé de manière fiable. La variation des plumages imm. est bien plus importante chez les grandes espèces : un ind. de 2e année en « avance » peut ressembler à un ind. de 3e année en « retard ». Il vaut parfois mieux les qualifier d'ind. « de type 1re année » ou « de type 2e année ».

De même que le plum., bec et pattes se colorent progressivement, jusqu'à l'aspect ad. final, et fournissent des indices supplémentaires facilitant la détermination de l'âge des Laridés.

L'OBSERVATION DES MOUETTES ET GOÉLANDS

Les conditions sont à peu près optimales en hiver pour étudier les plum. des mouettes et des goélands puisque les plumes sont alors nouvelles à la suite de la mue automnale. Recherchez un groupe peu éloigné et commencez par examiner les deux classes d'âge chez la Mouette rieuse, les trois classes d'âge chez le Goéland cendré et les quatre classes d'âge chez le Goéland argenté. Au printemps, notez la façon dont la mue modifie l'aspect des ad. (par ex., la M. rieuse revêt son capuchon sombre et le G. argenté perd les stries grises sur la tête et le cou et acquiert une tête toute blanche). Observez comment les motifs alaires des imm. sont modifiés en été et en automne avec l'usure et le pâlissement simultanés des plumes, et comment mouettes et goélands présentent alors des vides ou des irrégularités aux ailes et à la queue du fait du déroulement de la mue automnale.

Les études de ce genre accroissent la capacité à déterminer les espèces et les âges des espèces communes, et aussi les chances de découvrir d'éventuelles espèces rares.

Goélands bruns adultes *Larus fuscus graellsii* en été. Il est important d'être conscient que la teinte du gris change avec l'angle de vision ou l'angle d'incidence de la lumière.

Les rémiges et rectrices non muées peuvent être très usées et très pâles en plumage de 1er été, comme chez cette Mouette tridactyle.

Étant donné que mouettes et goélands sont communs, suffisamment grands et faciles à approcher, ils offrent bien des possibilités d'apprendre les modalités de la mue et l'évolution du plum.

Mouette rieuse

Chroicocephalus ridibundus N4 / MA / HA

L 35-39 cm. E 86-99 cm. Niche en colonies : lacs et étangs à vastes roselières, marais ; étangs côtiers jusqu'en ville. Peu farouche.

CARACTÉRISTIQUES Deux classes d'âge (v. p. 178). Aussitôt distinguée, en vol, des autres laridés communs par le bord antérieur de la main blanc ; c'est le meilleur critère, souvent visible de très loin. Ce motif alaire se retrouve seulement chez le G. railleur (rare et localisé) et la M. de Bonaparte, occasionnelle ; voir également la M. à tête grise (p. 413). Noter également : nette zone noirâtre sous la main, en arrière du bord antérieur blanc ; ailes pointues (presque comme les sternes) ; petite tête, long cou et courte queue, traits dont l'ensemble forme une « allure » typique. Posée, se reconnaît à sa petite taille, au motif de la tête (capuchon ou tache parotique sombres) et, chez l'ad., bec et pattes rougeâtres. – *Ad. nuptial :* capuchon brun foncé (paraît souvent noir), bec et pattes rouge foncé. – *Ad. internuptial :* tache parotique sombre, bec et pattes rouges ou brun rouge, bec à pointe sombre. – *Juv.* (juin-sept.) : dessus et tête marqués d'ocre-brun, motifs alaires bruns, barre caudale terminale noire, pattes et bec chair jaunâtre, le second à pointe sombre. – *1er hiver :* ailes, queue, bec et pattes juv., mais tête et corps comme chez l'ad. internuptial. – *1er été :* comme en 1er hiver mais nombre d'ind. présentent un capuchon partiel (parfois complet) ; couv. alaires brunes souvent pâlies et moins nombreuses (noter les tertiaires à centre brun) ; base du bec et pattes plus rouge orangé.

VOIX Très bruyante à la colonie et lors des querelles. Cri habituel : *krréarr* ou *krrié* unique ou répété, rauque.

Goéland railleur *Chroicocephalus genei* N2 / MR / HO

L 37-42 cm. E 90-102 cm. Écologie et mœurs similaires à celles de la Mouette rieuse, mais plus côtier en nidification. Peu commun même dans son aire de distribution méditerranéenne, où il est bien plus rare que la M. rieuse.

CARACTÉRISTIQUES Essentiellement 2 classes d'âge (v. p. 178). Un peu plus grand que la M. rieuse, qui lui ressemble beaucoup par le motif alaire et l'aspect général, mais tête blanche en été ; tache parotique hivernale vague ou absente, et iris jaunâtre ou blanchâtre (peut cependant apparaître sombre selon l'éclairement). Autre important caractère : forme du bec et de la tête particulière, avec plus long bec, front plus allongé et fuyant, et très long cou lorsqu'il est étiré. Pattes assez longues. L'ad. nuptial diffère

Mouette rieuse

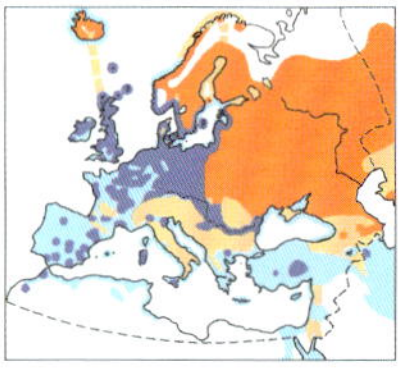

Goéland railleur

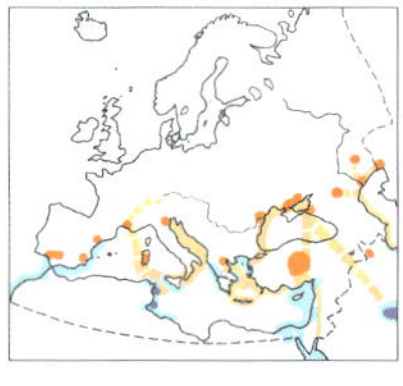

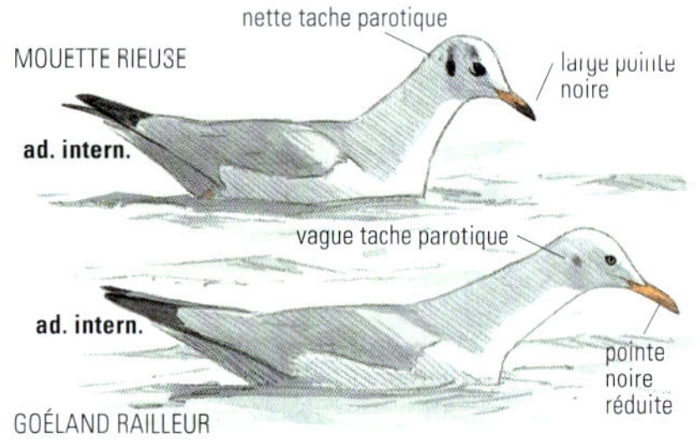

Le G. railleur a le bec et le front plus long et, lorsqu'il est actif, le cou plus long que la M. rieuse.

également par : la tête toute blanche, le dessous habituellement de nette teinte rosée, le bec rouge plus foncé (paraît souvent noirâtre), enfin les pattes rouge plus foncé. L'ad. internuptial présente une nuance rosée plus vague sinon nulle dessous, une tache parotique gris clair ou absente, enfin un bec et des pattes plus clairs. Par rapport à la M. rieuse, les ind. d'un an ont en général des motifs alaires brun plus clair, une tache parotique plus vague, un bec et des pattes orangé plus clair, et peu ou pas de noirâtre au bout du bec.

VOIX Rappelle vaguement la M. rieuse, mais le cri, roulé, est plus grave, plus sec et plus rauque : *krerr.*

Mouette de Bonaparte

Chroicocephalus philadelphia MO

L 31-34 cm. E 79-84 cm. Occasionnelle issue d'Amérique du Nord.

CARACTÉRISTIQUES Deux classes d'âge (v. p. 178). Petite réplique de la M. rieuse, à laquelle elle ressemble beaucoup en vol par le pattern du dessus des ailes et l'aspect général. Sa petite taille et ses coups d'ailes plus rapides peuvent faire penser à la M. pygmée. N'a pas le dessous de la main sombre comme la M. rieuse ; primaires blanc translucide ou gris clair de dessous avec net bord postérieur noir. Attention aux M. rieuses de 1er été avec primaires usées et translucides, et souvent légèrement plus petites que les ad. Autres différences avec la M. rieuse : bec proportionnellement plus petit et noir ou en grande partie noir ; pattes en proportion plus courtes ; dessus gris un peu plus foncé, ce qui fait ressortir le bord antérieur blanc de l'aile. L'ad. nuptial diffère en outre par le capuchon noirâtre (non brun), le dessous à nuance parfois rosée, et les pattes plus rouge orangé ou rouge clair. L'ad. internuptial a habituellement une plus grande tache parotique, le gris s'étend davantage sur l'arrière du cou, et les pattes sont chair brunâtre clair (non rouges). Le juv. présente des motifs alaires plus noirs (moins bruns), un motif particulier sur les couv. primaires avec les internes blanchâtres et les externes à dessins sombres (chez la M. rieuse juv., couv. primaires internes assez sombres, les centrales blanches et une ou deux externes à motif sombre), une tache parotique plus grande, le gris s'étendant souvent bien plus loin sur l'arrière du cou et descendant sur les côtés de la poitrine (le motif de la tête et du cou peut ainsi rappeler celui de la M. tridactyle ad. internuptiale).

VOIX Cri de nourrissage, un *tchirp* aigu et nasillard, ressemblant à un cri de sterne (différent de la M. rieuse).

MOUETTE RIEUSE

GOÉLAND RAILLEUR

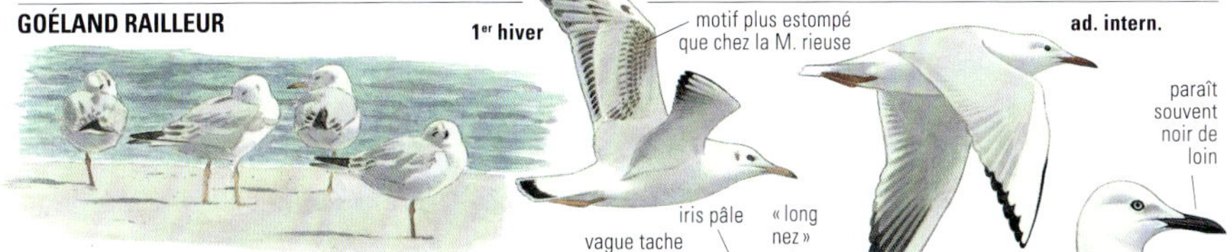

deux Goélands railleurs subadultes (au c.) entourés de Mouettes rieuses ; noter les pattes orange pâle plus longues des Goélands railleurs

MOUETTE DE BONAPARTE

Goéland cendré *Larus canus* N1 / MC / HC

L 40-46 cm. E 100-115 cm. Niche en colonies ou isolément sur les côtes, sur les îles, dans les marais, le long des cours d'eau et au bord des lacs et étangs. Migrateur au nord. Nid habituellement à terre près de l'eau.

CARACTÉRISTIQUES Trois classes d'âge (v. p. 178). Un peu plus grand que la M. rieuse. Le G. argenté, nettement plus grand, est la seule espèce commune similaire. Si la taille est difficile à évaluer, noter le bec plus petit et plus mince, la tête arrondie et les mouvements plus vifs ; moins lourd, vol plus direct avec coups d'ailes souvent plus amples et plus énergiques, ailes plus étroites. L'ad. a souvent aussi un croissant tertiaire blanc plus large et de plus grands miroirs aux primaires. – *1er hiver et 1er été :* plage alaire centrale uniforme (non barrée) conférant un aspect plus net au-dessus de l'aile ; large et nette bande terminale noire sur la queue blanche ; dessous des ailes plus nettement marqué que chez les G. argentés imm. L'ad. en plum. nuptial posé ressemble aussi à la M. tridactyle, mais a des pattes longues et claires, un front plus plat et des primaires à bout blanc, avec plus de noir. – *Ad. :* tête blanche (striée de gris en hiver), bec et pattes jaune verdâtre (bec plus terne en hiver, avec étroite barre sombre). – *Juv. :* tête et poitrine gris brunâtre, motif brun écailleux dessus. – *1er hiver :* tête et corps comme chez l'ad. internuptial, mais le plum. juv. des ailes et de la queue persiste. Bec grisâtre à nette pointe noire. – *1er été :* comme en 1er hiver mais ailes et queue souvent pâlies ; base du bec jaunâtre ou chair. – *2e année :* comme l'ad. mais plus de noir à la main, pas de net bout blanc aux primaires, seulement un petit « sou » blanc, enfin bec (à barre ou bout noirs) et pattes gris-vert bleuâtre.

VOIX Tous les cris plus stridents que chez le G. argenté, y compris le cri territorial. Contact : *ghia* caractéristique.

Goéland à bec cerclé *Larus delawarensis* MR / HR

L 41-49 cm. E 112-124 cm. Espèce nord-américaine, rare mais régulière en Europe occidentale.

CARACTÉRISTIQUES Trois classes d'âge (v. p. 178). Ressemble au G. cendré mais un peu plus grand et plus trapu et à plus gros bec. – *Ad. :* bec à nette et large barre noire (noter que les G. cendrés ad. internuptial ou de 2e année peuvent présenter une barre très nette) ; iris jaune (brun chez le G. cendré) ; manteau gris plus clair (que chez le G. cendré) ; étroit croissant tertiaire blanc (large chez le G. cendré) ; enfin plus petit « sou » blanc à la pointe des ailes. – *1re année :* diffère du G. cendré par le dos et les grandes couv. alaires gris plus clair, souvent quelques « croissants » sombres aux scapulaires (G. cendré sans taches ou seulement de vagues traits), bout pâle des rémiges tertiaires plus étroit, enfin motif caudal bigarré (queue blanche à large bande terminale noire chez le G. cendré). – *2e année :* comme l'ad. mais bout des primaires plus noir avec moins (ou pas) de blanc, le « sou » blanc à la pointe des ailes peut manquer, enfin bec et pattes souvent à nuance verte ou grise ; souvent, barre caudale, plus ou moins marquée (manquant généralement chez le G. cendré). Noter que la confusion peut être facile avec les G. argentés imm. lorsque leur bec plus gros et plus long et leur taille supérieure ne sont pas évidents (par ex. pour un ind. isolé) ; le G. argenté de 2e année ressemble au G. à bec cerclé de 1re année mais tertiaires et couv. alaires marbrées ou barrées (chez le G. à bec cerclé, centre plus uniformément foncé), dessous des ailes assez uniformément foncé (tacheté de sombre chez le G. à bec cerclé, avec nette barre sombre aux secondaires) et queue à motif foncé plus étendu. Le G. argenté de 3e année est similaire au G. à bec cerclé de 2e année mais pattes couleur chair et motifs alaire et caudal moins nets. – *Ad. et ind. de 2e hiver* à plum. très « lâche ».

VOIX Comme le G. cendré mais plus aiguë et plus nasillarde.

Noter comment la position peut modifier l'aspect du capuchon des mouettes

MOUETTE MÉLANOCÉPHALE, ad. nuptial

Mouette mélanocéphale *Larus melanocephalus* N3 / MC / HC

L 37-40 cm. E 94-102 cm. Niche en colonies ; lagunes, lacs, étangs. Populations nicheuses de l'ouest et du sud de l'Europe souvent intégrées aux colonies de M. rieuse.

CARACTÉRISTIQUES Trois classes d'âge (v. p. 178). Un peu plus grande que la M. rieuse, mais : tête plus anguleuse, bec un peu plus fort, plus court et plus obtus, ailes moins pointues mais plus larges et un peu plus courtes, et plus longues pattes. – *Ad. :* typique ; rémiges blanches, dessus gris très clair (blanc argenté de loin), bec et pattes rouge foncé (un peu plus terne en hiver) enfin, en été, capuchon sombre (descendant sur la nuque) et, en hiver, « loup » diffus. – *1re année :* comme le G. cendré mais en diffère par les couv. sous-alaires blanches, les grandes couv. alaires gris plus clair, la barre caudale un peu plus étroite, le bec totalement noir ou sombre avec base rougeâtre, les pattes rougeâtres ou noires ; enfin (à partir de sept.) le dos gris plus clair et le « loup » sombre (ou un capuchon partiel chez les ind. de 1er été), et le dessous blanc. – *2e année :* comme l'ad. mais noir variable au bout de l'aile.

VOIX Contact : *yéah* typique, d'abord montant puis descendant, nasillard, un peu plaintif.

Attention à la ressemblance entre les Goélands argenté et à bec cerclé immatures (voir texte).

Goéland cendré

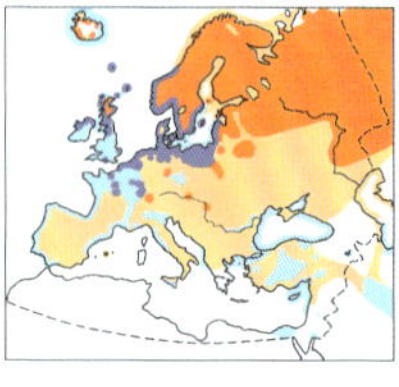

Mouette mélanocéphale

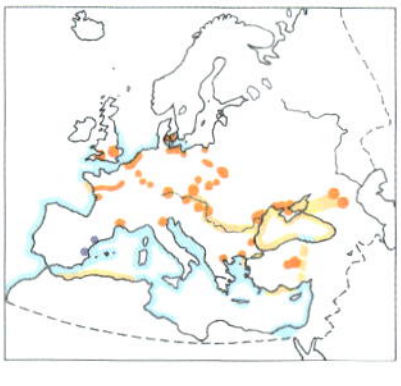

GOÉLAND CENDRÉ

GOÉLAND À BEC CERCLÉ

MOUETTE MÉLANOCÉPHALE

GRANDS LARIDÉS À TÊTE BLANCHE

L'attention et l'intérêt se sont portés ces dernières années sur un groupe de goélands comprenant des espèces aussi répandues et connues que les Goélands argenté ou brun. Cette attention a apporté de nouveaux indices, non seulement sur les variantes subtiles et leur identification, mais aussi sur une meilleure taxonomie du groupe aboutissant à la division récente en plusieurs taxons. Il est clair qu'il y a eu une rapide radiation d'espèces à peine différentes, signifiant du coup qu'une identification sûre peut parfois se révéler une épreuve déprimante ! Observer durant des heures chaque goéland immature sur une décharge ou un quai peut en rebuter plus d'un, mais les « laridophiles » peuvent devenir très compétents et repérer des goélands rares au milieu d'une troupe anodine. Dans les pages suivantes, les goélands sont présentés avec des espèces proches.

Goéland argenté *Larus argentatus* N4 / MC / HC
L 54-60 cm. E 123-148 cm. Répandu et commun dans le nord de l'Europe. Souvent abondant sur les côtes ou non loin mais également dans l'intérieur des terres, se nourrissant, par ex. dans les champs et les décharges. Pratique souvent le vol à voile, parfois très haut dans le ciel, souvent en grandes bandes. Niche surtout en colonies ; îles côtières, falaises ou lacs. Omnivore.

CARACTÉRISTIQUES Quatre classes d'âge (v. p. 178). Distingué des autres goélands communs à la taille et au dessus gris pâle (v. G. cendré, plus petit) mais voir les G. leucophée et pontique, très proches, pour la différenciation. Noter aussi la forme ; par rapport aux G. pontique et leucophée, l'Argenté n'a pas les ailes aussi longues et pointues, chose aisée à voir sur un oiseau posé ne montrant qu'une projection primaire modérée et une allure assez ramassée et « massive ». L'évolution du plumage et la détermination de l'âge peuvent être constatées sur les planches, tout en se souvenant des variations individuelles. Ainsi, le gris clair du dessus n'apparaît qu'à partir du 2e hiver, ce qui rend les oiseaux de 1re année, totalement tachetés de brun, plus difficiles à différencier des jeunes G. brun et marin. Tête de l'ad. blanche en été, fortement striée de brun-gris en automne (sept.-janv.). Couleur du bec variant progressivement du sombre, avec base diversement claire chez les juv. et ind. de 1er hiver, au jaune avec tache rouge orangé chez l'ad. ; œil passant du brun foncé chez le juv. au jaune (avec cercle orbitaire jaune ou rouge orangé) chez l'ad. dont l'œil est pâle de loin. Pattes couleur chair à tout âge (mais v. ci-dessous). – *Variantes :* ind. d'Europe occidentale et d'Islande (race *argenteus*) assez petits, à tête ronde, manteau gris clair et bout d'aile avec beaucoup de noir et moins de blanc. Les nicheurs de Scandinavie et du sud de la Baltique (race *argentatus*) qui hivernent partiellement en Europe occidentale sont en général plus grands, à manteau un peu plus foncé et, dans les cas typiques, avec moins de noir et plus de blanc au bout des ailes ; ind. de l'est de la Baltique et du nord de la Fennoscandie comme *argentatus* mais, localement, quelques-uns ou la plupart ont des pattes jaunâtres ou jaunes (forme *omissus*), suggérant des confusions avec les G. leucophée ou pontique. *Omissus* d'ordinaire reconnu à la silhouette typiquement ramassée, à l'œil pâle, à la quantité de blanc au bout des primaires et, en automne et début d'hiver, au cou densément strié.

VOIX Contact : *guéaou* rauque et strident ; même cri, répété et sonore pour l'alarme. Inquiété : *gag-ag-ag* typique. Cri de parade bien connu sonore et perçant.

Goéland argenté

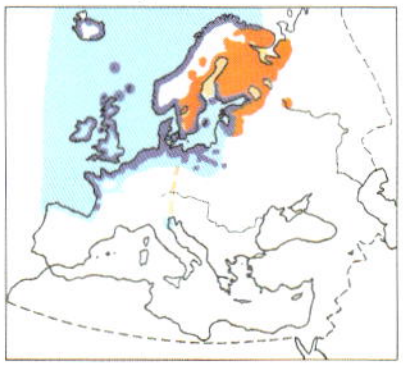

Goéland d'Amérique *Larus smithsonianus* MO / HO
L 52-58 cm. E 120-144 cm. Récemment séparé du G. argenté sur la base du plum. de 1re année et de légères différences génétiques. Répandu en Am. du Nord, atteint l'Europe occ., France comprise.

CARACTÉRISTIQUES Quatre classes d'âge (v. p. 178). Très proche du G. argenté (ad. souvent indiscernables). La plupart des juv. et des 1er hiver, et quelques imm. peuvent toutefois être reconnus. Juv. plus sombre en moyenne que celui du G. argenté, avec queue presque toute noire (aux plus fines barres pâles aux côtés et à la base, sans donner un aspect blanc), croupion et couv. caudales dessus comme dessous bien marqués de sombre, contrastant à peine avec la queue. Tête et dessous du corps non marqués comme chez l'Argenté mais brun foncé presque uni. Ind. de 1er hiver typique avec contraste net entre tête blanchâtre et dessous du corps encore brun uni, et « bec de G. bourgmestre » (rose à bout sombre), d'autres pouvant ressembler fortement au G. argenté. Imm. plus âgés et ad. se rapprochant de l'Argenté et requérant une connaissance poussée ou impossibles à identifier.

VOIX Similaire à celle du G. argenté mais clameur peut-être un peu plus rapide et aiguë.

Comparaison entre un Goéland d'Amérique juv. typique, un Goéland argenté juv. typique et un Goéland brun juv. très sombre

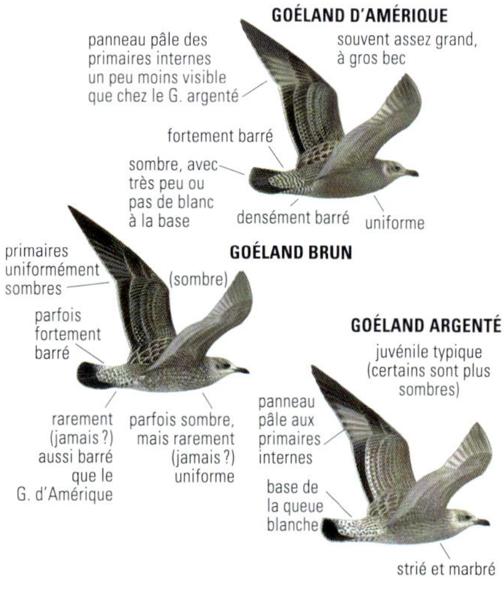

GOÉLAND ARGENTÉ

GOÉLAND D'AMÉRIQUE

Goéland leucophée *Larus michahellis* N4 / MC / HC
L 52-58 cm. E 120-140 cm. Proche du G. argenté dont il est à présent distingué. Sédentaire. En augmentation dans de nombreuses régions, s'est répandu le long de la côte atlantique française et dans l'intérieur des terres en Europe centrale (vis. d'été), et pousse souvent en nombre élevé en juillet-oct. (déc.) jusqu'au N-O de l'Europe et à la Baltique. Erre à présent entre juillet et oct. au nord-ouest de l'Europe, et dans la Baltique.

CARACTÉRISTIQUES Quatre classes d'âge (v. p. 178). Extrêmement semblable aux G. argenté et pontique en plum. ad. et subad. Imm. assez différents de ceux du G. argenté, plutôt semblables à ceux du G. brun (ou Pontique). Par rapport à l'Argenté, dans la règle, ad. à tête plus blanche en automne (stries surtout concentrées autour de l'œil et à la nuque, mais variation géographique, avec ind. les plus pâles en Europe orientale), pattes normalement jaune vif toute l'année, et souvent tous les (ou plusieurs) critères suivants : en vol, ailes un peu plus longues ; le plus souvent, bec fort à bout bien crochu et angle du gonys saillant ; ad. avec plus de noir aux primaires externes et plus de petits miroirs blancs ; tache rouge au bec plus grande, gagnant souvent la mandibule supérieure ; manteau en moyenne gris un peu plus foncé et moins bleuté ; voix plus nasillarde. Jeunes (juv., 1er hiver) souvent repérés à : tête pâle avec indication de masque sombre, fort bec tout noir, croupion pale et nette barre caudale noire, dessous pâle, absence ou presque de « fenêtre » pâle à l'intérieur de la main, couv. sous-al. assez sombres et longues ailes. Là aussi, cf. G. pontique. – *Variantes :* ind. des îles atlantiques *(atlantis)*, surtout typiques aux Açores, avec manteau encore plus foncé, presque comme le G. brun *graellsii*, tête fortement striée de sombre en plum. hiv. donnant un aspect de capuchon, un peu plus petits et à ailes plus courtes que les ind. méditerranéens. Juv. et imm. très sombres, plus proches des G. brun et d'Amérique. – Ind. de l'O de la péninsule Ibérique (*lusitanius*) plutôt plus petits, avec moins de noir au bout de l'aile.

VOIX Dans l'ensemble ressemble plus à celle de G. brun qu'à celle du G. argenté, par la sonorité nasillarde et assez grave.

Goéland d'Arménie *Larus armenicus*
L 50-56 cm. E 115-135 cm. Génétiquement très proche du G. leucophée mais, vu son aire continentale distincte et de légères différences morphologiques, souvent traité à présent comme espèce distincte. Lacs de montagne, Asie Mineure, Transcaucasie, N-O de l'Iran. Hiverne surtout au Levant, au S jusqu'au Sinaï, avec forts effectifs au N d'Israël. Assez commun aussi dans le golfe mais sans doute seulement rare ou occ. dans le reste de l'Arabie.

CARACTÉRISTIQUES Quatre classes d'âge (v. p. 178). Un peu plus petit que le G. leucophée avec, en proportion, bec plus court et épais, et pattes à peine plus longues. Tête plus arrondie, sans la calotte plate avec angle à l'arrière comme chez le Leucophée. Ad., même nicheurs, conservant souvent la barre noire subterminale du bec, et l'acquérant en hiver plus souvent et plus nettement en hiver que le Leucophée. Iris en moyenne plus sombre que chez le Leucophée. Manteau gris à peine plus soutenu que chez le Leucophée, et noir au bout des ailes un peu plus étendu, avec d'ordinaire un seul miroir blanc, sur la primaire la plus externe. Imm. très proches de ceux du Leucophée, dont ils diffèrent surtout par la taille et la forme (petits, tête ronde, bec court, longues pattes).

VOIX Similaire à celle du G. leucophée (ou même du G. brun) en étant assez nasillarde et grave, mais un soupçon plus aiguë et pressée, rappelant parfois un peu le G. cendré.

Goéland d'Audouin *Larus audouinii* N1 / MR / HO
L 44-52 cm. E 117-128 cm. Demeure rare par rapport aux autres goélands, mais en nette progression ces dernières années en Méditerranée occ. (grosse pop. dans le delta de l'Ebre : env. 10 000 c.). Niche en colonies ou couples isolés sur les îlots rocheux. Côtier ou pélagique ; rochers battus par les vagues, baies et plages de sable. Alim. : surtout poissons qu'il pêche à partir de la surface ou en plongée peu profonde. Les plus grosses colonies dépendent d'ordinaire de la présence de pêcheries.

CARACTÉRISTIQUES Quatre classes d'âge (v. p. 178). Un peu plus petit que le G. argenté et d'allure plus gracieuse. Bec plus court et plus gros ; front plus allongé avec emplumage en direction des narines ; en alerte, cou plus long ; ailes plus longues et plus étroites ; vol plus élégant avec plus de planés ; bec souvent un peu baissé chez l'oiseau posé. Dans les secteurs de nidification, le G. leucophée (ad.) est l'espèce la plus semblable ; le G. d'Audouin ad. en diffère par : bec rouge foncé (paraît noir de loin) ; iris très sombre ; pattes gris foncé ou verdâtres (souvent visibles aussi en vol) ; manteau et dessus des ailes gris bien plus clair (vaguement à deux tons), pas de net bord postérieur blanc aux ailes, et seulement un très petit « sou » blanc à la pointe de l'aile ; rémiges primaires externes à bouts blancs réduits formant un « rang de perles ». – *1re année :* juv. semblable à ceux des G. leucophée et brun, mais dessous des ailes plus nettement marqué avec des couv. alaires barrées de sombre et des rémiges sombres séparées par une plage médiane pâle ; croupion assez sombre mais sus-caudales blanches nettement en U ; queue presque totalement noire à large bout blanc ; arrière des flancs généralement sombre ; pattes gris foncé ; bec plus fort au bout, bicolore, à bout noir et 2/3 proximaux gris. Acquiert tôt un dessus de type ad. avec de nombreuses plumes gris clair aux scapulaires et au manteau entre fév. et mai. – *2e année :* reconnu au dessus gris clair, à l'élégant motif alaire avec nette bande sombre aux secondaires, à l'étroite barre caudale noire ; pattes sombres. – *3e année :* comme l'ad. mais un peu de noir aux couv. primaires, pas de miroirs blancs au bout de l'aile ; parfois, trace de barre caudale.

VOIX Contact à la colonie : *gléh-i-éh* nasillard. Grave *ug-ug-uk* d'alarme. Séries sans fin de *arch* rauques.

Goéland leucophée

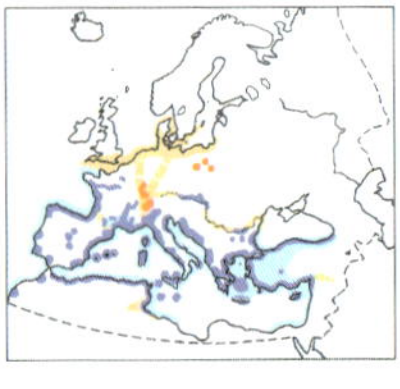

Goéland d'Arménie

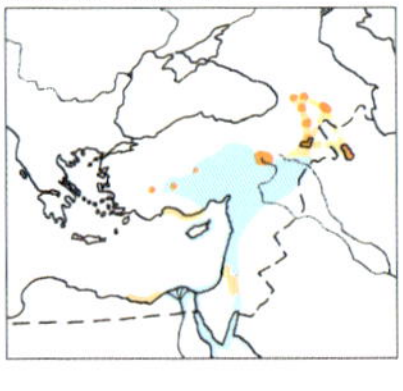

Goéland d'Audouin

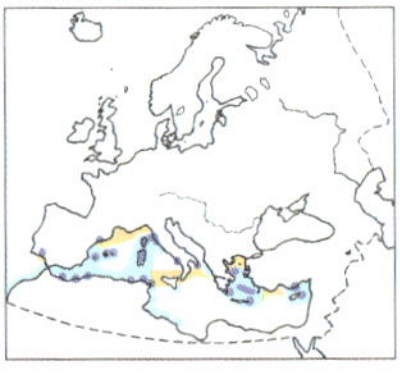

GOÉLAND LEUCOPHÉE

GOÉLAND D'ARMÉNIE

GOÉLAND D'AUDOUIN

Goéland pontique *Larus cachinnans* MR / HR

L 55-60 cm. E 138-147 cm. Très proche des G. brun et leucophée mais récemment reconnu comme espèce. Lacs, rivières, retenues en Europe orientale et Asie centrale ; s'est étendu vers l'O voici peu, devenant un visiteur bien plus régulier de la Baltique et des côtes du N-O de l'Europe, surtout en été-automne. Une hybridation limitée se produit là où le Pontique voisine avec les G. argenté et leucophée (Pologne) mais le succès reproducteur des couples mixtes est mal documenté. Niche en colonie, recherchant, à l'O de la mer Noire, les îlots bas et les rivages peu profonds, à l'écart, au contraire du Leucophée préférant falaises et toits (sauf en zone méditerranéenne où il choisit aussi les îlots de deltas, etc.).

CARACTÉRISTIQUES Quatre classes d'âge (v. p. 178). Presque aussi grand que les G. leucophée et argenté ; par rapport au second, un peu plus élancé, à tête plus petite, pattes et ailes plus longues, front plus plat et arrière de la calotte assez anguleux. Se tient souvent plus droit que les autres, avec le cou étiré ou la poitrine avancée, les ailes assez bas. Bec long et d'étroitesse constante, à bout régulier, sans angle gonyaque marqué. Hors nidification, bec de l'ad. assez vert-jaune pâle et pattes d'ordinaire rose chamois clair, plus pâles que chez le G. argenté. Tache rouge du bec restreinte à la mandibule inférieure (cf. Leucophée). Œil souvent sombre (chez environ 75 % des ind., nettement plus sombre que chez l'Argenté et le Leucophée). Comparé aux G. leucophée et d'Arménie, ad. à manteau gris plus clair, plus comme l'Argenté de Fennoscandie. Bout de l'aile avec moins de noir, plus de miroirs blancs et des languettes blanches pénétrant davantage dans le noir. Ad. hivernal souvent repéré à sa tête en apparence blanche sans stries (de très discrètes rayures autour de l'œil et à la calotte se voient de tout près), à l'œil sombre et aux différences morphologiques évoquées ci-dessus. – *Juv. :* tête blanchâtre avec « châle » sombre, brun-gris en bas de l'arrière du cou, bec tout noir, croupion blanchâtre et nette barre caudale noire. Dessous brun-gris pâle, et couv. sous-alaires en moyenne plus pâles que chez le Leucophée du même âge (mais certains s'en approchent). Primaires internes brun un peu plus pâle que les externes, formant une vague fenêtre pâle, bien moins évidente que chez l'Argenté. Tertiaires variables, de sombre assez uni avec large bout blanc, à sombre avec bout blanc plus étroit, parfois avec vague pattern subterminal. Grandes couv. d'ordinaire finement dessinées, parfois avec base sombre formant une plage sombre comme chez le Leucophée, ou renforçant la suggestion de barres alaires pâles. – *1er hiver :* comme le Leucophée, mue assez tôt (à partir d'oct.), acquérant peu à peu des plumes gris plus clair avec taches ou chevrons sombres au manteau et aux scapulaires, un corps, une tête et un cou plus blancs. Bec devenant un peu plus bicolore, avec base un peu plus pâle chez la plupart. – *2e hiver :* très proche du 1er hiver mais bec davantage bicolore, les deux tiers proximaux étant brun-rose clair. Vers la fin de l'hiver, mue du corps et des couv. alaires, donnant le premier plum. d'allure ad. vers le 2e été. Plumes grises du dessus alors sans marques sombres ou presque, et tertiaires en majorité gris clair à bout blanc, avec subsistance d'une proportion variable de taches sombres. – *3e année :* pattern alaire comme l'ad. ; reconnu à la barre subterminale sombre au bec et aux marques sombres persistant aux couv. primaires, à la queue et aux tertiaires.

VOIX Clameur de l'ad. émise les ailes levées (position dite d'albatros). Par rapport au Leucophée, voix plus aiguë, « enfantine », et débit plus pressé, la clameur étant parfois comparée à un staccato d'otarie ou d'âne.

Goéland pontique

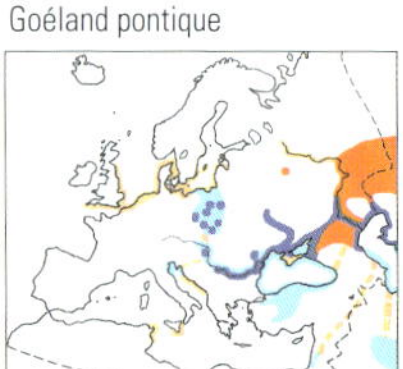

Goéland ichthyaète

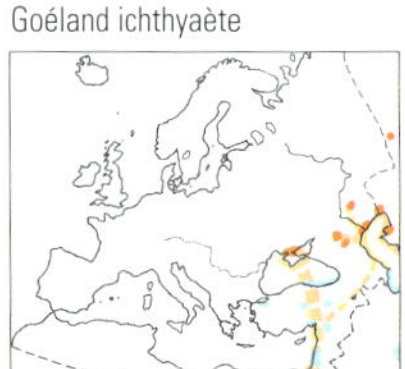

Goéland ichthyaète *Larus ichthyaetus* MO

L 58-67 cm. E 146-162 cm. Bien que n'étant pas un laridé à tête blanche, est traité ici pour permettre la comparaison, en raison de sa taille et parce que les imm. ont une tête blanchâtre. Niche en colonies ; marais, îles des lacs, etc. Hiverne en petit nombre au Moyen-Orient ; occasionnel en Europe, au nord jusqu'en Suède. Alim. : poissons, insectes (« moucheronne » aussi), petits mammifères…

CARACTÉRISTIQUES Quatre classes d'âge (v. p. 178), mais développement initial du plum. rapide comme chez une espèce à trois classes d'âge. À peu près de la taille du G. argenté mais à corps plus élancé et à plus longues ailes ; front nettement plat renforçant l'aspect du bec long et fort. En vol, ailes un peu plus étroites que chez les autres grands goélands ; poitrine puissante, longue tête et bec fort donnant une allure lourde de l'avant. La grande taille et la tête noire de l'ad. nuptial évitent toute confusion, mais un oiseau posé en autre plum. peut être pris pour un G. pontique, s'il n'y avait le « loup » sombre, les croissants oculaires blancs et le long bec. – *Ad. :* moitié externe de l'aile essentiellement blanche avec un croissant noir dessus, au bout. Bec jaunâtre (un peu rouge à la pointe en été) avec barre transversale noire. Pattes jaunâtres. – *Juv. :* motif écailleux brun dessus ; bande pectorale ou côtés de la poitrine bruns contrastant avec le reste du dessous blanc ; plage alaire centrale gris clair, frappante ; couv. sous-alaires blanches ; large et nette barre caudale noire ; bec pâle à pointe sombre ; pattes grisâtres ou chair brunâtre. – *1er hiver/1er été :* comme le juv. mais dos gris clair comme l'ad., arrière du cou foncé et, en 1er été, souvent une nuance jaunâtre au bec et aux pattes. – *2e année :* comme l'ad. mais plus de noir à la main et étroite barre caudale noire. – *3e année :* comme l'ad. mais un peu plus de noir au bout des ailes et, parfois, vestige de barre caudale.

VOIX Bruyant à la colonie. Cri de vol *aah* grave, assez nasillard, assez proche du G. brun.

GOÉLAND PONTIQUE

GOÉLAND ICHTHYAÈTE

Goéland marin *Larus marinus* N3 / MC / HC

L 61-74 cm. E 144-166 cm. Côtes ; en couples isolés ou en petites colonies, par endroits également sur les îles des grands lacs. Sédentaire. Alim. : charognes, déchets, poissons, oisillons et même oiseaux ad. ; kleptoparasite. Nid souvent au sommet des îlots rocheux.

CARACTÉRISTIQUES Quatre classes d'âge (v. p. 178). Le plus grand goéland. Cou épais. Bec très fort. Vol majestueux avec lents battements, reconnaissable avec l'expérience. Dessus noirâtre (apparaît à partir du printemps de la 3e année civile) et grande taille caractérisent l'espèce (mais v. aussi le G. brun). Les 1re année et les ind. de 2e hiver n'ont pas de noir dessus et sont difficiles à différencier du G. argenté. Les parties nues se colorent progressivement : bec passant de tout noir (juv./1er hiver) à jaune avec tache rouge (ad.) ; œil passant de brun au gris jaunâtre (avec cercle orbitaire rouge). Pattes chair pâle à tout âge. À distance convenable, il est possible d'évaluer l'âge de la plupart des grands goélands imm. en se fondant sur le motif des ailes et de la queue. – *Juv. :* plum. entièrement net ; scapulaires et rémiges tertiaires pour l'essentiel à centre sombre uni, tête marbrée. – *1er hiver :* semblable au juv. mais scapulaires plus barrées et tête un peu plus claire. – *2e hiver :* ressemble aux ind. de 1er hiver mais couv. alaires à « échiquier » moins nets, grandes couv. assez uniformes ou finement marquées ; acquiert d'ordinaire une base pâle au bec. Scapulaires et quelques plumes du manteau largement noirâtres acquises en général à partir du printemps de la 3e année (= 2e été). – *3e hiver :* la plupart des couv. alaires noirâtres (quelques-unes barrées). – *4e hiver :* nombreux ind. comme l'ad. mais quelques-uns avec traces d'immaturité (couv. alaires, queue et bout du bec).

VOIX Très grave et typiquement rauque, caverneuse. « Clameur » plus brève et plus lente que les G. brun et argenté.

Goéland brun *Larus fuscus* N4 / MC / HC

L 48-56 cm. E 117-134 cm. Niche en colonies ; côtes et lacs. Au N et à l'E de l'Europe, migrateur (hiverne en Afrique) ; en Europe occ., migrateur partiel. Ind. de la Baltique et du N de la Russie parfois séparés mais pas encore ici.

CARACTÉRISTIQUES Quatre classes d'âge (v. p. 178), mais ind. de la Baltique souvent ad. plus vite. Dessus gris foncé à noir acquis à partir du 2e hiver ; dès lors, ne peut être confondu qu'avec le G. marin ; en diffère par : taille moindre (comme le G. argenté ou un peu plus petit) ; corps plus élancé ; ailes plus longues et plus pointues ; enfin, bec plus fin, moins massif. L'ad. a des pattes jaunes, et pas de bord postérieur blanc continu à la main ; chez les oiseaux de l'O de l'Europe, tête nettement striée de gris de sept. à fév. (le G. marin a la tête blanche ou vaguement striée en hiver). – *1er hiver :* plus difficile à distinguer du G. marin et plus encore des G. leucophée, pontique et argenté. Parties nues se colorant progressivement ; bec passant de tout noir (juv.) à jaune avec tache rouge (ad.) ; œil passant du sombre au jaune (avec cercle orbitaire rouge) ; pattes passant du chair au jaune. V. le G. marin pour les indications générales sur la détermination de l'âge des grands goélands. – Ind. de 1er été peu communs sur les lieux de nidification, au moins au début de l'été. – *Variantes :* oiseaux d'Europe occ. et d'Islande *(graellsii)* sédentaires ou hivernant jusqu'en Afrique occ., à dessus gris ardoise contrastant avec le bout noir des ailes. Assez ramassés, comme le G. argenté. – Nicheurs du S-O de la Scandinavie *(intermedius)* hivernant en nombre dans l'O de l'Europe, au S jusqu'en Afrique occidentale, à dessus gris noirâtre, souvent avec léger contraste avec le bout noir pur des ailes. – Oiseaux de la Baltique *(fuscus)* hivernant au Moyen-Orient et en Afrique orientale, à dessus entièrement noir (brunâtre), avec contraste faible ou absent avec le bout des ailes, et stries très réduites sur la tête en hiver. En moyenne, plus élégant et à ailes plus longues, avec projection primaire plus longue (certains ♂♂ ne sont guère différents en forme d'*intermedius* ou même du G. argenté). – Oiseaux de N Russie (*heuglini* « G. de Sibérie ») gris ardoise dessus comme *graellsii* mais à ailes à peine plus longues. Un peu plus grands, ramassés et à pattes plus longues que *fuscus*. Conserve longtemps le plum. d'été (comme *fuscus*), la mue automnale débutant tard.

VOIX Similaire à celle du G. argenté mais sensiblement plus grave et plus nasillarde, évoquant le G. leucophée.

GOÉLAND BRUN
graellsii

GOÉLAND DE LA BALTIQUE
fuscus

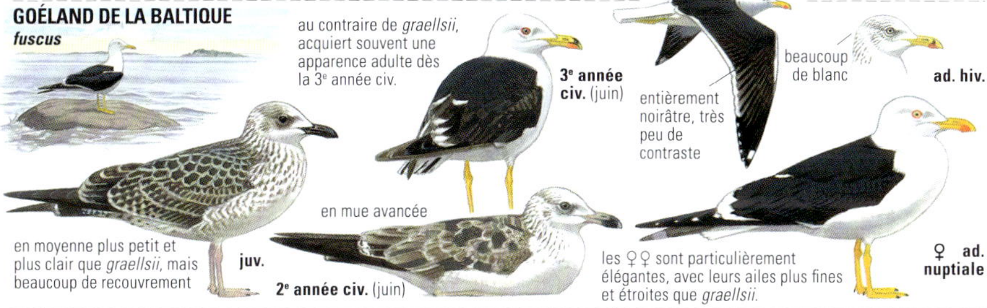

GOÉLAND DE SIBÉRIE *heuglini*

KM

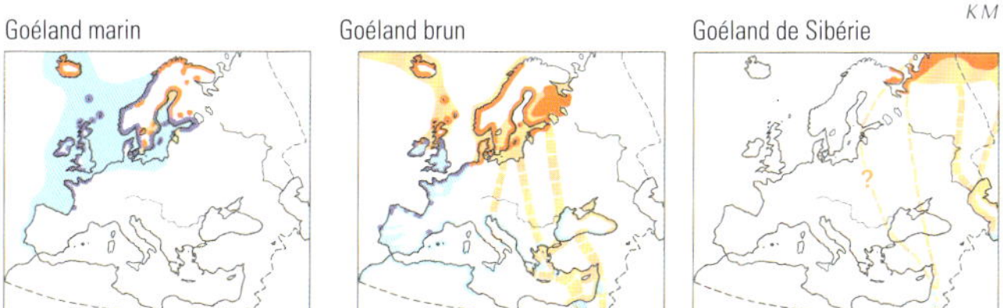

Mouette de Ross *Rhodostethia rosea* MO
L 29-32 cm. E 73-80 cm. Espèce du haut Arctique ; nord-est de la Sibérie, nord du Canada et Groenland. Occasionnelle dans le nord de l'Europe.

CARACTÉRISTIQUES Deux classes d'âge (v. p. 178). Rappelle la M. pygmée mais : un peu plus grande, ailes plus longues et plus pointues, et longue queue cunéiforme. – *Ad. nuptial :* étroit collier noir, dessous teinté de rose, bord postérieur blanc des ailes plus large que chez la M. pygmée et ne courant pas autour de la pointe. – *Ad. internuptial :* comme l'ad. nuptial mais collier remplacé par une petite tache parotique sombre, tache sombre devant l'œil, enfin calotte, cou et côtés de la poitrine ombrés de gris clair. Dessous souvent blanc. – *1re année :* motif foncé en W dessus comme chez la M. pygmée juv., mais moins de noir aux rémiges primaires, pas de barre sombre aux secondaires d'où un bord postérieur blanc plus large mis en valeur, de dessous, par les grandes couv. gris cendré. Pas de calotte sombre ni de barre caudale complète comme la M. pygmée. Ind. de 1er été à collier partiel ou complet.

VOIX Les occasionnelles sont habituellement silencieuses.

Mouette pygmée *Hydrocoloeus minutus* NO/MC/HC
L 24-28 cm. E 62-69 cm. Niche dans les marais, en colonies généralement petites. Hiverne en Europe occidentale et autour de la Méditerranée ; migratrices observées (généralement en avr.-mai et août-oct.) le long des côtes, parfois aussi en pleine mer ou sur les eaux intérieures. Cueille de petites proies à la surface et capture des insectes en vol. Nid généralement dans la végétation, en eau peu profonde.

CARACTÉRISTIQUES Trois classes d'âge (v. p. 178). Très petite (2/3 de la M. rieuse) et fine. Vole à rapides coups d'ailes selon une route irrégulière, comme les sternes. – *Ad. :* ailes à dessous noirâtre et dessus gris clair, produisant un effet de « scintillement » caractéristique et visible même de loin ; bord blanc distinct tout autour des ailes donnant l'illusion qu'elles ont le bout arrondi. – *Ad. nuptial :* capuchon noir, bec brun-rouge (paraît noir), pattes rouge clair, dessous nuancé de rosé. – *Ad. internuptial :* tache parotique noire et calotte noirâtre ; dessous blanc, bec noir, pattes rouge mat. – *Juv. :* beaucoup de brun noirâtre à la tête et sur le dos, motif sombre en W sur les ailes, vague barre sombre aux secondaires, barre caudale noire, dessous des ailes entièrement blanc (hormis une petite tache sombre là où le bord postérieur des ailes touche le corps), bec noir et pattes chair. – *1er hiver :* tête et corps comme l'ad. internuptial, ailes et queue comme le juv. – *1er été :* comme en 1er hiver ou avec capuchon partiel ou complet ; ailes souvent usées au milieu de l'été, motif en W virant au brun clair ; barre caudale souvent interrompue au milieu. – *2e année :* comme l'ad. mais motifs noirs variables sur le bout des ailes et dessous des ailes moins sombre ou blanchâtre.

VOIX Bref *kèk* nasillard, parfois répété rapidement…

Mouette tridactyle *Rissa tridactyla* N3 / MC / HC
L 37-42 cm. E 93-105 cm. Rarement loin de la mer. Niche en colonies (parfois importantes) sur les falaises côtières, parfois en agglomération. Alim. : invertébrés, poissons…

CARACTÉRISTIQUES Trois classes d'âges (v. p. 178). À peine plus grande que la M. rieuse. Queue peu échancrée et pattes courtes. – *Ad. :* bout des ailes noir. Dessus gris assez foncé pâlissant au blanc grisâtre avant la pointe noire des ailes (dessus des ailes typiquement presque tricolore). Pattes brun foncé ou noires (rarement rouges, orangées ou chair). Tête blanche en été (en hiver v. ill.). – *1re année :* motif noir en W sur les ailes, barre caudale noire. Les juv. et certains ind. de 1er hiver ont la tête blanche avec croissant parotique et bande nucale noirs. Motif en W souvent pâli chez les sujets de 1er été, et bec devenant jaune terne avec tache sombre à la pointe. – *Juv. et 1er hiver :* ressemblent à la M. pygmée de 1re année mais la plupart des ind. en diffèrent par la forme particulière (la M. tridactyle a la tête plus grosse) et par le vol. La M. tridactyle a le dos gris plus foncé, le bord postérieur des ailes blanc plus pur, et pas de calotte sombre ni de tache sombre dessous, là où les rémiges secondaires touchent les flancs. – *2e année :* comme l'ad., mais en diffère de près (par ex.) par les primaires externes bordées de noir, un peu de noir au bec ou par la tête portant le motif hivernal en été.

VOIX Stridente et sonore, dans ses colonies et à proximité. Un *kitt-i-vèèik* répété, rapide et nasillard. En vol, *kyal*.

Mouette de Sabine *Xema sabini* MR
L 30-36 cm. E 80-87 cm. Espèce du haut Arctique ; nord-est de la Sibérie et nord du Canada. Nombreuses données chaque année, au large des côtes atlantiques d'Europe (août-oct.), notamment lorsque la route migratoire océanique de la population canadienne (hivernant au large du sud-ouest de l'Afrique) est perturbée par les tempêtes de nord-ouest.

CARACTÉRISTIQUES Deux classes d'âge (v. p. 178). Taille entre celles des M. rieuse et pygmée. Corps fin, grandes ailes. Queue peu échancrée. En tous plum., nets motifs sur le dessus des ailes, mais noter que les dessins alaires des M. tridactyles juv. sont similaires, même d'assez près. Il est donc primordial de vérifier d'autres caractères pour éviter cette confusion : l'ad. nuptial a la tête gris foncé, bien plus longtemps en automne que chez les autres mouettes à capuchon ; l'ad. internuptial et les ind. de 2e hiver portent des motifs noirâtres variables (souvent étendus) sur la nuque et l'arrière du cou ; le juv. (juill.-déc.) a le dessus gris souris à motif écailleux pâle, beaucoup de gris à la tête et aux cotés de la poitrine (tête paraissant essentiellement sombre de loin, non blanche comme chez la M. tridactyle) ; vol un peu plus souple. – *1er été :* comme l'ad. mais tête internuptiale ou capuchon partiel.

VOIX Les juv. émettent un *prrih* pépiant de jeune sterne.

Mouette pygmée

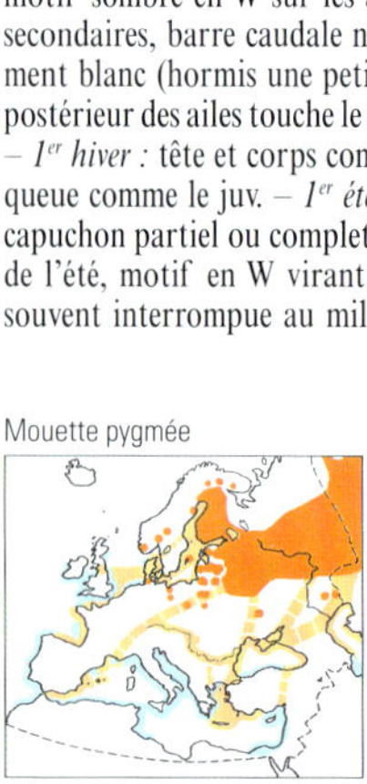

Mouette tridactyle

Mouette de Sabine

MOUETTE DE ROSS

MOUETTE PYGMÉE

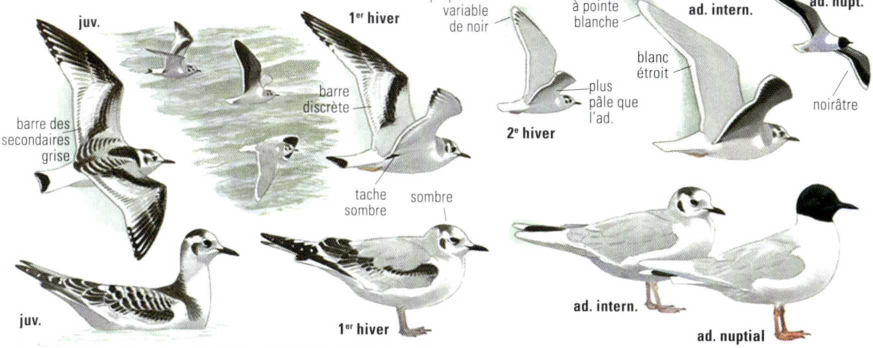

MOUETTE TRIDACTYLE

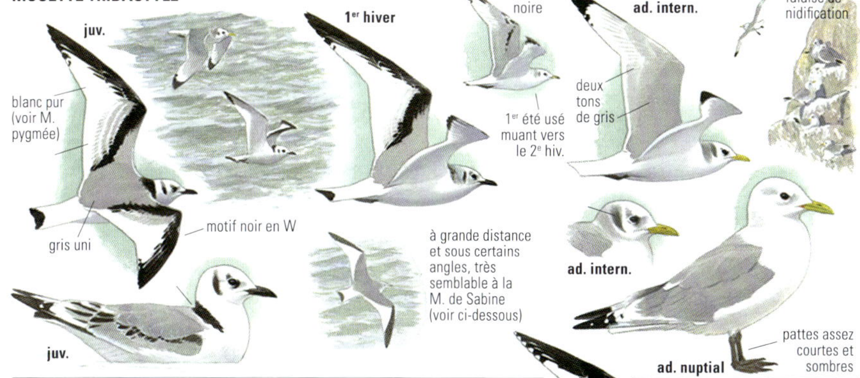

MOUETTE DE SABINE

Goéland bourgmestre *Larus hyperboreus* MR / HR

L 63-68 cm. E 138-158 cm. Niche en couples isolés ou en petites colonies ; falaises et îles, ou côtes plus basses. Hivernant peu commun ou rare en Europe occidentale (généralement déc.-avr.), notamment dans les ports, en compagnie d'autres goélands. Alim. : en été, surtout poissons, œufs et poussins ; en hiver, déchets dans les ports et les décharges, etc.

CARACTÉRISTIQUES Quatre classes d'âge (v. p. 178). Ce goéland et le G. à ailes blanches sont les seuls à primaires blanchâtres. L'ad. a un dessus gris plus clair que le G. argenté ; les ind. de 1re et 2e années en plum. frais sont assez uniformément ocre-brun clair ou café au lait, avec des motifs plus vagues et plus fins sur le dessus que les autres goélands. Les rémiges sans motifs ou blanchâtres sont diagnostiques en tous plum., particulièrement en vol, et surtout par-dessous où elles apparaissent translucides. La présente espèce et le G. à ailes blanches ayant des plum. similaires à tout âge, la détermination repose sur la taille, la silhouette, le motif du bec (chez les ind. de 1re année) et sa couleur (chez certains ad. et ind. de 3e année). Dans de bonnes conditions, détermination assez facile dans la plupart des cas : le G. bourgmestre est nettement ou un peu plus grand, a de plus longues pattes que le G. argenté, il est plus lourdement charpenté, son bec est fort, il a un petit œil, son front est plat mais la calotte est anguleuse à l'arrière. Habituellement, le bec est aussi long sinon plus que la (courte) projection primaire. Le G. bourgmestre a également les ailes plus larges, le cou plus long et la tête plus grosse que le G. à ailes blanches ; son vol est plus lourd (les différences sont souvent plus difficiles à déterminer chez l'oiseau en vol). La détermination des ind. de 1re année repose sur le motif typique du bec ; le G. bourgmestre a toujours les deux tiers proximaux chair clair et la pointe nettement noire (le G. à ailes blanches a plus de noir au bout, se fondant avec la base parfois seulement à peine plus claire). Chez l'ad., cercle orbitaire jaune (rougeâtre chez le G. à ailes blanches). Occasionnellement, des G. bourgmestres de petite taille (ou en donnant l'impression) ou des G. à ailes blanches de grande taille peuvent poser problème ; les meilleurs critères sont alors le motif du bec (chez les oiseaux de 1re année), et le rapport entre sa longueur et la projection primaire. – Attention aux rares ind. albinos d'autres espèces, aux G. argentés juv. anormalement pâles (dits leuciques), ainsi qu'aux hybrides G. bourgmestre x G. argenté. Aucun G. bourgmestre ni G. à ailes blanches ne devient totalement blanc (même si certains ind. en plum. de 1er et 2e étés fortement affadis peuvent paraître tels à grande distance). Le leucisme et l'hybridation se remarquent chez les goélands imm. aux rémiges primaires externes, à la bande aux secondaires et à la barre caudale, au moins un peu plus foncées que le reste du plum. ; les hybrides ad. ont des taches sombres au bout des ailes ; les G. bourgmestres purs et la race type du G. à ailes blanches ne présentent jamais de telles caractéristiques.

VOIX Rappelle le G. argenté mais certains cris sont plus rudes.

Goéland à ailes blanches *Larus glaucoides* MO / HO

L 52-60 cm. E 123-139 cm. Groenland et nord du Canada. Occasionnel en hiver au nord-ouest de l'Europe (généralement nov.-mars), nettement plus rare que le G. bourgmestre. Alim. : à peu près comme le G. bourgmestre.

CARACTÉRISTIQUES Quatre classes d'âge (v. p. 178). Très semblable au G. bourgmestre avec rémiges primaires blanchâtres ; chez l'ad., manteau gris clair et bec jaune à tache rouge ; imm. finement barrés de brun. Un peu (ou nettement) plus petit et à plus courtes pattes que le G. argenté, et paraît généralement plus légèrement bâti (davantage comme une mouette, avec un bec de taille « normale », un œil proportionnellement plus grand et une tête assez ronde). En vol, paraît souvent à cou court et à petite tête. Habituellement, bec nettement plus court que la (longue) projection primaire. Ind. de 1re année habituellement reconnaissables au motif du bec, large bout noirâtre (à peu près sur la moitié) se fondant avec la teinte de la base, à peine un peu plus claire (chair sale ou grise). Certains ind. conservent le motif caractéristique du bec tard jusqu'en 2e année, tandis que d'autres ont un motif similaire à celui du G. bourgmestre. Certains ad. et ind. de 3 ans ont un bec vaguement jaune verdâtre (toujours jaunâtre chez le G. bourgmestre). Cercle orbitaire rougeâtre chez l'ad. – *Variantes :* les nicheurs du nord-est de l'Arctique canadien (*kumlieni* « G. de Kumlien », rare occasionnel annuel en Europe occ.) ressemblent à la forme nominale *glaucoides* mais sont souvent un peu plus grands, à plus gros bec, les ad. présentant un motif caractéristique au bout de l'aile (v. planche) ; plum. frais gris clair (mais la clarté est variable), plum. usé gris brunâtre, œil souvent sombre ; les ind. de 2e et 3e années ont des zones sombres au vexille externe de 3 ou 4 rémiges primaires externes (annonçant le motif ad.), et souvent une barre caudale plus foncée ; ind. de 1re année très difficile à différencier de *glaucoides*. Les nicheurs du nord-ouest de l'Arctique canadien (*thayeri*, « G. de Thayer », plusieurs obs. en Europe) sont globalement plus foncés, motif gris noirâtre plus foncé et plus étendu au bout de l'aile, approchant les G. argentés très pâles (pour l'instant, délicat à identifier avec certitude).

VOIX Similaire à celle du G. argenté mais un peu plus aiguë.

Mouette blanche *Pagophila eburnea* MO

L 41-47 cm. E 100-113 cm. Occasionnelle issue du haut Arctique. Fréquente alors les ports de pêche, les cadavres d'animaux rejetés par la mer (notamment phoques et cétacés).

CARACTÉRISTIQUES Deux classes d'âge (v. p. 178). Taille du G. cendré mais ailes plus larges, cou plus court, corps plus trapu ; queue plus longue et plus courtes pattes. Vol aisé, à coups d'ailes assez rapides. – *Ad.* : tout blanc,

Goéland bourgmestre

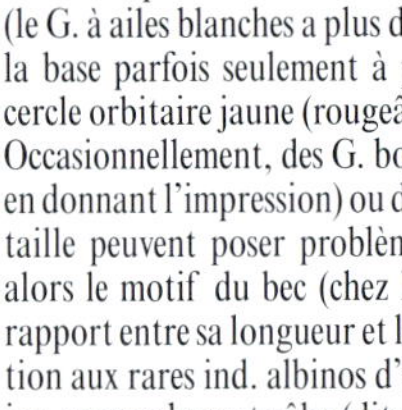

Goéland à ailes blanches

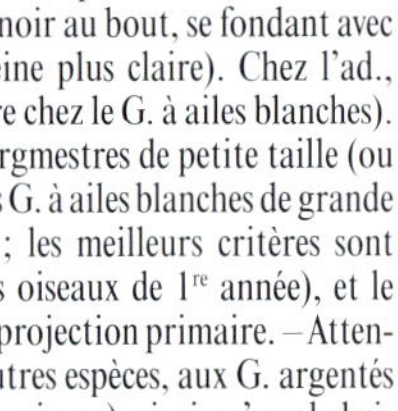

Mouette blanche

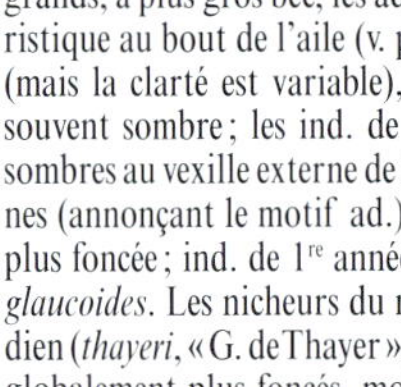

GOÉLAND BOURGMESTRE

GOÉLAND À AILES BLANCHES

MOUETTE BLANCHE

silhouette typique, bec à base sombre et bout jaunâtre, et pattes noires permettant d'éviter la confusion avec d'autres laridés albinos. – *1re année :* ne peut être confondu ; plum. blanc parsemé de fins taches noires, face noirâtre.

VOIX *Krriè* de sterne.

Goéland de Hemprich *Larus hemprichii*

L 42-45 cm. E 105-113 cm. Niche de juillet à sept. au sud de la mer Rouge et jusqu'au golfe Persique. Se rend parfois en hiver au nord, jusqu'à Suez et Eilat. Inféodé aux côtes. Omnivore ; explore souvent les plages, en quête de déchets.

CARACTÉRISTIQUES Trois classes d'âge (v. p. 178). Taille du G. cendré. Ailes sombres et longues, tant en vol qu'au repos, et bec vraiment long se retrouvant chez le G. à iris blanc, un peu plus petit ; diffère de ce dernier, en tous plum., par le bec épais (aussi long mais plus étroit chez le G. à iris blanc), bicolore, à bout nettement noir, et sa morphologie plus forte. – *Ad. nuptial :* tête brun foncé ; habituellement, seulement un croissant blanc au-dessus de l'œil ; poitrine et dessus brun fuligineux ; enfin bec verdâtre avec trait distal noir et pointe rouge. – *Ad. internuptial :* capuchon sombre moins frappant et demi-collier blanc obscurci (chez les deux espèces). – *Juv. :* tête et cou uniformément gris brunâtre clair (brun plus foncé chez le G. à iris blanc), croissant pâle insignifiant au-dessus de l'œil. – *2e année :* comme l'ad. internuptial mais motif de la tête moins développé, et barre caudale terminale d'importance variable.

VOIX Rappelle la M. tridactyle, notamment le cri de parade ricanant en fausset *vaaèèèh-va-va-vèh-vaaèèh*. Certains cris sont à la fois plus stridents et rêches que ceux du G. à iris blanc.

Goéland à iris blanc *Larus leucophthalmus*

L 39-43 cm. E 100-109 cm. Mer Rouge et golfe d'Aden. Quelques ind. se rendent régulièrement au nord jusqu'à Eilat. Surtout inféodé aux côtes. Alim. : principalement poissons.

CARACTÉRISTIQUES Trois classes d'âge (v. p. 178). La seule espèce similaire est le G. de Hemprich, les deux ayant l'aspect d'ensemble sombre, le dessous des ailes sombre, une forme élancée et un long bec. La présente espèce diffère du G. de Hemprich, en tous plum., par : taille un peu moindre, morphologie plus légère, bec plus gracile paraissant tout sombre de loin. – *Ad. :* capuchon noir, larges croissants blancs au-dessus et en dessous de l'œil, gris un peu plus clair et plus pur sur la poitrine et dessus. De près, bec rouge foncé à pointe noire (sans nuance verte comme chez le G. de Hemprich). – *Juv. :* aspect global plus foncé que chez le G. de Hemprich en raison d'un liseré pâle plus diffus aux couv. alaires, et de la tête et du cou plus bruns et plus foncés ; larges croissants blancs au-dessus et en dessous de l'œil ; bec tout sombre. – *2e année :* comme l'ad. internuptial mais masque noirâtre plutôt que bonnet ; barre caudale variable ; bec tout sombre.

Goéland de Hemprich

Goéland à iris blanc

VOIX Ressemble à celle du G. de Hemprich mais dans l'ensemble un peu plus grave et moins rêche.

Mouette atricille *Larus atricilla* MO

L 36-41 cm. E 98-110 cm. Espèce nord-américaine, occasionnelle en Europe (souvent dans les îles Britanniques).

CARACTÉRISTIQUES Trois classes d'âge (v. p. 178). Taille entre la M. rieuse et le G. cendré. Seul risque de confusion avec la M. de Franklin, mais prendre garde aux Goélands bruns de 2e ou 3e hiver si leur taille supérieure n'est pas évidente (par ex. pour un oiseau isolé, vu de loin ou brièvement). Les M. atricille et de Franklin sont gris bien plus foncé dessus que les mouettes européennes de taille comparable (à peu près aussi sombres que le G. brun *graellsii*). M. atricille un peu plus grande que la M. de Franklin ; bec, pattes et ailes plus longs, ces dernières conférant un arrière allongé à l'oiseau posé (la M. de Franklin est plus trapue, rappelant davantage la M. pygmée). Ad. et ind. de 2e année diffèrent en outre de la M. de Franklin de 1er été par le bout des ailes totalement noir avec le bout blanc des rémiges petit ou absent (bout des ailes à net motif noir et blanc chez la M. de Franklin mais peut être difficile à voir) ; croissants blancs plus étroits au-dessus et en dessous de l'œil (larges et reliés à l'arrière chez la M. de Franklin) ; moins de noirâtre à la tête en hiver (« demi-capuchon » typique chez l'ind. de 1er été et l'ad. internuptial de la M. de Franklin) ; enfin, bec et pattes brun rouge terne chez l'ad. nuptial (rouge vif chez la M. de Franklin). – *1er hiver :* du gris à la poitrine, aux flancs et aux couv. sous-alaires (ces parties blanches chez la M. de Franklin) ; moins de gris à la tête (« demi-capuchon » chez la M. de Franklin) ; toutes les rémiges primaires uniformément sombres (fenêtre pâle chez la M. de Franklin), et queue grisâtre avec barre terminale large, complète et noire (queue blanche à bande plus étroite chez la M. de Franklin). – *1er été :* comme le 1er hiver mais couv. sus-alaires souvent pâlies, brun clair (la M. de Franklin de 1er été a le dessus de l'aile comme l'ad.). – *2e année :* comme l'ad. mais reconnaissable au bout des ailes noir presque jusqu'aux couv. primaires, et (chez la plupart) une bande caudale noirâtre variable.

VOIX En vol : *kii-ag* plaintif rappelant le Goéland cendré.

Mouette de Franklin *Larus pipixcan* MO / HO

L 32-36 cm. E 81-93 cm. Espèce nord-américaine, occasionnelle en Europe, souvent en été.

CARACTÉRISTIQUES Deux classes d'âge (v. p. 178). Taille de la M. rieuse ou un peu moindre. Seule confusion éventuelle avec la M. atricille (penser aussi à l'ad. internuptial de M. tridactyle vu de loin ou brièvement, pouvant paraître très semblable). Principales différences avec la M. atricille : un peu moins grande et plus trapue ; bec plus court ; motif noir et blanc typique au bout de l'aile chez l'ad. ; croissants blancs plus larges au-dessus et en dessous de l'œil, reliés en arrière ; bec et pattes rouge clair. – *1er été :* après la mue totale du 1er printemps, comme l'ad. internuptial, mais diffère par la réduction ou l'absence de la zone blanche entre le gris du dessus de l'aile et le noir du bout de l'aile ; bout blanc des rémiges primaires réduit (mais apparent) ; pas de capuchon sombre complet (utile différence avec l'ad. nuptial) ; très différent de la M. atricille de 1er été, qui conserve les ailes et la queue juv. – *2e hiver :* comme l'ad. mais parfois reconnu au blanc réduit au bout de l'aile.

VOIX Doux *krrr'k* ou *kèk-kèk* aigre pendant la recherche de la nourriture.

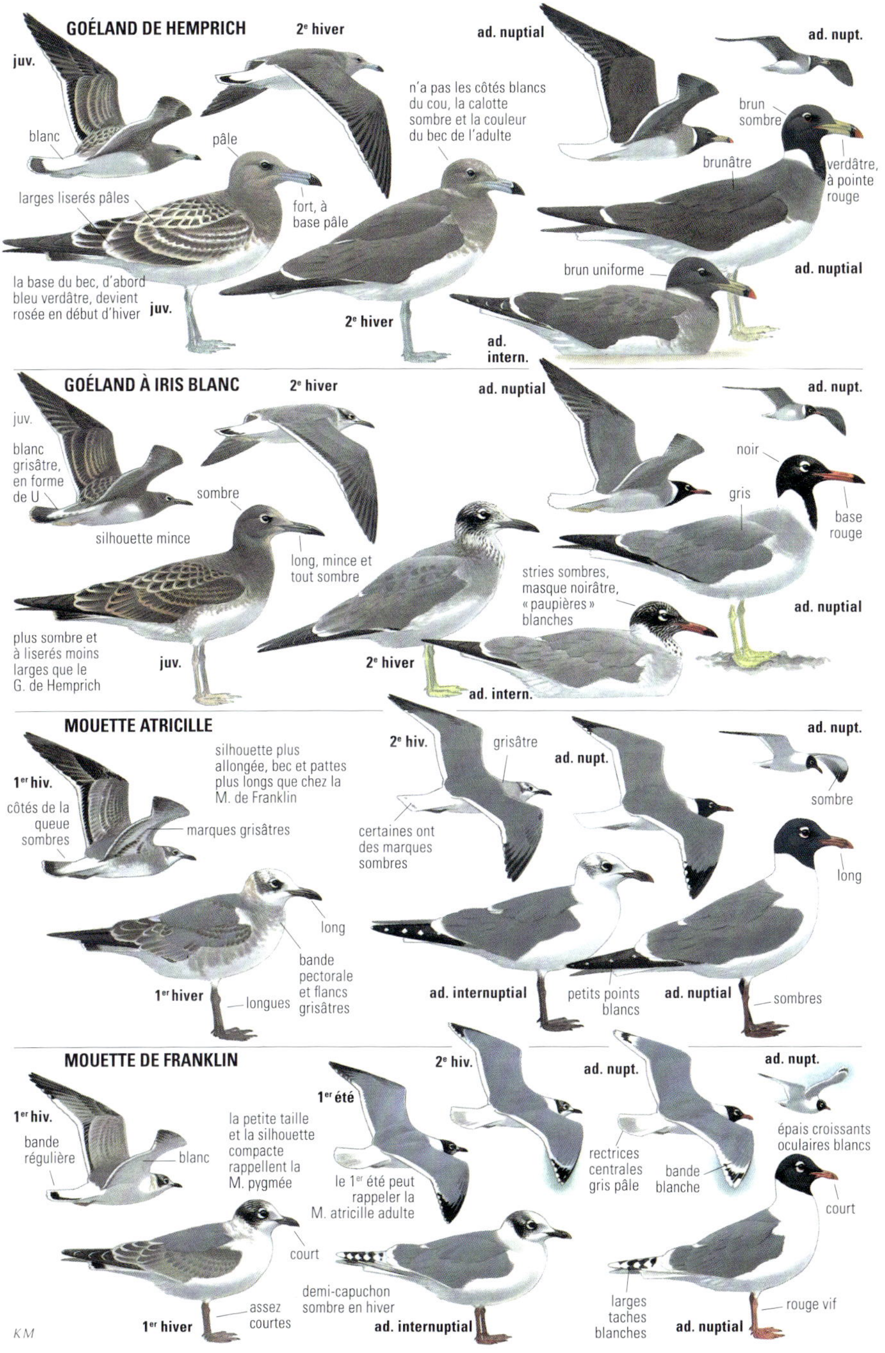
GOÉLAND DE HEMPRICH
juv.
blanc
2e hiver
pâle
larges liserés pâles
fort, à base pâle
la base du bec, d'abord bleu verdâtre, devient rosée en début d'hiver
juv.
n'a pas les côtés blancs du cou, la calotte sombre et la couleur du bec de l'adulte
2e hiver
ad. nuptial
ad. nupt.
brun sombre
brunâtre
verdâtre, à pointe rouge
brun uniforme
ad. nuptial
ad. intern.
GOÉLAND À IRIS BLANC
juv.
blanc grisâtre, en forme de U
2e hiver
sombre
silhouette mince
long, mince et tout sombre
plus sombre et à liserés moins larges que le G. de Hemprich
juv.
2e hiver
ad. nuptial
ad. nupt.
noir
gris
base rouge
stries sombres, masque noirâtre, « paupières » blanches
ad. nuptial
ad. intern.
MOUETTE ATRICILLE
1er hiv.
côtés de la queue sombres
marques grisâtres
silhouette plus allongée, bec et pattes plus longs que chez la M. de Franklin
long
bande pectorale et flancs grisâtres
1er hiver
longues
2e hiv.
grisâtre
certaines ont des marques sombres
ad. nupt.
ad. nupt.
sombre
long
ad. internuptial
petits points blancs
ad. nuptial
sombres
MOUETTE DE FRANKLIN
1er hiv.
bande régulière
blanc
la petite taille et la silhouette compacte rappellent la M. pygmée
court
1er hiver
assez courtes
1er été
le 1er été peut rappeler la M. atricille adulte
2e hiv.
demi-capuchon sombre en hiver
ad. internuptial
ad. nupt.
rectrices centrales gris pâle
bande blanche
ad. nupt.
épais croissants oculaires blancs
court
larges taches blanches
ad. nuptial
rouge vif
KM

STERNES : STERNIDÉS

Oiseaux assez petits ou moyens, élancés et blancs. Ailes longues, étroites et pointues. Queue d'ordinaire longue et fourchue. Bec pointu. Vol léger et élégant, parfois élastique, à coups d'ailes souples. Volent souvent sur place avant de piquer, ne planent quasiment pas et nagent rarement. Nid à terre, souvent en colonies.

Sterne naine *Sternula albifrons* N3 / MC / HO

L 21-25 cm. E 41-47 cm. Colonies lâches ; plages ou îles sableuses, de préférence avec graviers, débris de coquillages et herbes basses ; lacs, larges cours d'eau. Visiteuse d'été, hiverne en Afrique. Alim. : petits poissons.

CARACTÉRISTIQUES Petite, à peu près la moitié de la S. pierregarin. Ailes étroites battant rapidement. Vole sur place à faible hauteur, souvent longtemps, pour piquer sur les poissons ; plongeons répétés et à un rythme rapide typique. – *Ad. nuptial :* front blanc et trait loral noir ; bec jaune à petite pointe noire ; pattes jaune orangé ; 2 ou 3 primaires externes gris noirâtre. – *Ad. internuptial :* comme l'ad. nuptial mais à partir d'août les lores deviennent blancs et l'avant de la calotte plus clair. – *Juv. :* bec sombre (avec base jaune sale), dos et épaules à motif écailleux sombre et barre sombre à l'avant du bras. Surtout reconnaissable au vol et à la petite taille.

VOIX Contact : *kr'rit* typique, aigu, aigre, souvent répété ; en parade et pour l'alarme, *kerré-kit-kerré-kit-kerré-kit* rapide et répétitif. Le juv. mendie avec un *plih* ou *plih-vi* pépiant et léger.

Sterne caugek *Sterna sandvicensis* N3 / MC / HR

L 37-43 cm (dont filet 6-9 cm chez l'ad.). E 85-97 cm. Niche en colonies ; plages sableuses et îles basses en eau salée ou saumâtre. Visiteuse d'été dans le nord de l'Europe (fin mars-sept.), hiverne dans le sud de l'Europe et en Afrique. Rare dans l'intérieur ; en migration, suit les côtes atlantiques, à la différence de la S. caspienne. Alim. : poissons. Nid au sol.

CARACTÉRISTIQUES Grande (à peu près comme une Mouette rieuse mais plus élancée), bec typiquement long et mince. Vol de pêche rapide, à calmes mais puissants coups d'ailes, celles-ci coudées, longues et uniformément étroites ; queue paraissant courte. En recherche de nourriture, circule à bonne hauteur comme les S. pierregarin et arctique, le bec vers le bas, et plonge subitement. Par vent fort, pêche typiquement là où les vagues se brisent, parfois alors en grands groupes bruyants. – *Ad. nuptial :* gris clair dessus, blanc dessous (parfois à nuance vaguement rose crème) et large bord alaire postérieur blanc, donnant un net aspect blanchâtre ne se retrouvant pas chez les S. pierregarin et arctique. Les 4 ou 5 primaires externes foncent en été et forment une zone cunéiforme ou un bout d'aile gris noirâtre. Pattes et bec noirs, ce dernier à pointe jaune (pas toujours apparent) – *Ad. internuptial :* front et calotte blancs (à partir de juin) avec seulement un étroit « loup » sombre ; dessus des ailes gris clair (nov.-mars). – *Juv. :* grossier motif écailleux sombre dessus, surtout aux scapulaires ; calotte sombre ; bec d'ordinaire sombre, plus court que chez l'ad. – 1re *année :* tête et corps comme l'ad. internuptial, mais le motif juv. sombre aux couv. alaires, aux secondaires et à la queue subsistent ; primaires externes et rectrices usées et sombres au printemps. Pointe jaune du bec réduite ou absente.

VOIX Bruyante sur les lieux de nidification et pendant la recherche de la nourriture en été et au début de l'automne. Cri en vol typique : *kirruk* strident et crissant. Les juv./1er hiver mendient en vol par un fin *srihsri* aigu et répété.

Sterne hansel *Gelochelidon nilotica* N2 / MR

L 35-42 cm. E 76-86 cm. En colonies ; zones dégagées près des lacs et dans les marais (eau douce, saumâtre ou salée), rives des lagunes abritées, champs des plaines irriguées et abords des lacs de montagne (jusqu'à 2 000 m env.). Visiteuse d'été (avr.-sept.), hiverne en Afrique. Alim. : principalement insectes, mais aussi grenouilles, petits mammifères, etc.

CARACTÉRISTIQUES Diffère de la S. caugek en tous plum. par : bec court, épais et tout noir, de moitié moins long que la calotte noire (aussi long que la calotte chez la S. caugek, sauf chez l'imm.) ; base de l'aile un peu plus large (ailes cependant longues et pointues) ; cou plus court (queue également plus courte mais paraît aussi longue sur le terrain) ; plus longues pattes chez l'oiseau posé. Comportement alimentaire et attrait pour les milieux intérieurs également caractéristiques ; normalement, ne plonge pas sur les poissons, comme la S. caugek, mais attrape en vol, avec aisance, des insectes, souvent au-dessus des prairies sèches, parfois aussi dans les boisements clairs, ou capture des proies à la surface de l'eau ou dans la végétation. – *Ad. nuptial :* dessus uniformément gris clair y compris croupion et queue (celle-ci bordée de blanc) ; rémiges primaires souvent uniformes (mais la plupart des externes s'usent et foncent en été, formant parfois une plage cunéiforme sombre comme chez la S. caugek) ; sous l'aile, les bouts sombres des rémiges primaires externes forment une barre plus longue et plus nette que chez la S. caugek, souvent même visible dessus. – *Ad. internuptial :* tache sombre isolée ou raie sombre derrière l'œil ne se poursuivant pas autour de la calotte. – *Juv. :* bec plus mince que l'ad. ; généralement, motif plus régulier dessus que le juv. de S. caugek, et calotte toujours plus claire. – 1er *été :* tête et corps comme l'ad. internuptial ; rémiges et rectrices juv. conservées, à motifs sombres plus vagues que chez la S. caugek. Forme des ailes un peu semblable à celle du Goéland cendré (chez l'ad., le bras est un peu plus large de sorte que la main semble courte et pointue).

VOIX Bruyante à la colonie. Contact en vol : *ké-vik* grave, nasillard et montant. Alarme : *vik-vik-vik* rapide et ricanant. Sur les sites de nidification un *br'r'r'r* roulé ou gargouillant. Le juv. mendie avec un *pi-ip* pépiant et aigu (sans la sonorité métallique du juv. de S. caugek).

Sterne naine

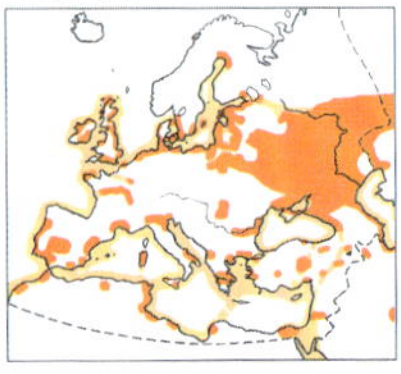

Sterne caugek

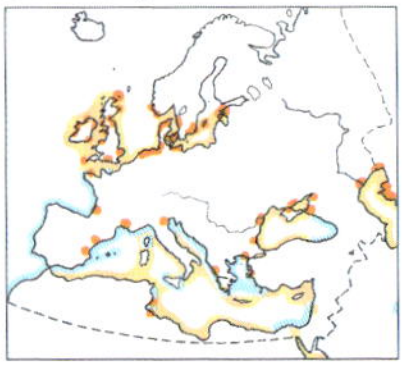

Sterne hansel

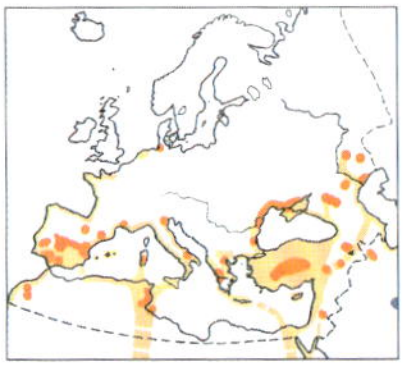

STERNE NAINE

STERNE CAUGEK

STERNE HANSEL

KM

Sterne pierregarin *Sterna hirundo* N3 / MC / HO

L 34-37 cm (dont filet 5-8 cm chez l'ad.). E 70-80 cm. Niche en colonies ou en couples isolés ; côtes, archipels et rives des eaux intérieures. Visiteuse d'été (avril-sept.), hiverne à l'ouest et au sud de l'Afrique. Alim. : petits poissons.

CARACTÉRISTIQUES Très semblable à la S. arctique mais, avec de l'expérience, distinction presque toujours possible. Un peu plus grande ; plus long bec semblant souvent un peu arqué, plus longue tête et plus longues pattes. Également différente en vol : tête et cou plus longs, ailes un peu plus larges semblant implantées à peu près au milieu du corps. Vole sur place et plonge directement. – *Ad. nuptial :* bec rouge orangé à bout noir, parfois restreint, surtout à partir du milieu de l'été. Dessous gris clair, généralement sans contraste net avec les joues blanches ; filets assez courts ne dépassant pas la pointe des ailes ; 4 à 6 primaires externes (notamment les plus internes de celles-ci) plus foncées que les autres et formant un motif sombre sur le bout de l'aile (ce motif peut être très vague au printemps et ne devient net qu'en été, avec l'usure). Primaires blanches dessous avec bord postérieur sombre assez large et diffus ; primaires internes plus transparentes que les externes. – *Ad. internuptial* (certains commencent à muer en juillet ; la S. arctique ne le fait que sur ses quartiers d'hiver) : front et dessous blancs, bord antérieur du bras ombré, bec noir. – *Juv. :* dessus de l'aile présentant une zone pâle entre une étroite bande sombre aux secondaires et la barre carpienne noirâtre ; autres différences avec la S. arctique : un peu d'orangé à la racine du bec (lequel est tout noir chez la S. arctique à partir de la fin de l'été) ; front et dessus nettement ocre-brun chez le juv. volant depuis peu ; barre carpienne souvent bien visible chez l'oiseau posé (insignifiante chez la S. arctique). – *1er été* (acquis habituellement sur les sites d'hivernage et donc rarement observé en Europe) : front et dessous blancs ; bec noirâtre ; rémiges et rectrices juvéniles subsistantes (totalement ou partiellement) très usées, donnant un aspect disparate. – *2e été* (beaucoup restent dans leurs quartiers d'hiver ; peu commun en Europe) : comme l'ad. nuptial mais traces d'immaturité : blanc au front, dessous irrégulièrement tacheté de gris et bec noirâtre.

VOIX Bruyante à la colonie. Notamment *kitt* bref et net, de rapides *kt-kt-kt-kt…* secs, et un typique *kyerri-kyerri-kyerri…* Alarme : *kriii-arrrt* dissyllabique, étiré et descendant, ou un net *tiipp*.

Sterne arctique *Sterna paradisaea* N0 / MC

L 33-39 cm (dont filet, 7-11,5 cm chez l'ad.). E 66-77 cm. Niche en colonies (loin au nord, parfois grandes et denses) ou en couples isolés ; côtes, îles (dans les baies), au bord de pièces d'eau dans la taïga et sur les versants montagneux, et dans la toundra, près de l'eau. Visiteuse d'été (fin avril-début août). Hiverne au large de l'Afrique du Sud et dans l'Antarctique.

CARACTÉRISTIQUES Très semblable à la S. pierregarin mais en diffère par : taille un peu moindre ; tête, cou et bec plus courts mais queue plus longue, ce qui fait que les ailes semblent implantées en avant du milieu du corps ; très courtes pattes ; ailes un peu plus étroites. Vol souvent plus élastique et plus élégant que la S. pierregarin (mais le vol de parade de cette dernière est aussi souple). Plonge souvent après plusieurs surplaces « en escalier » ; capture parfois ses proies à la surface comme les guifettes (v. p. 206). – *Ad. nuptial :* bec rouge sang sans pointe noire ; croupion, poitrine et ventre nuancés de gris contrastant quelque peu avec la joue et le haut de la gorge blancs, plus nettement que chez la plupart des S. pierregarins ; longs filets dépassant de la pointe des ailes chez l'oiseau posé. Dessus des ailes uniformément gris clair (ne possède pas le motif sombre plus ou moins marqué de la S. pierregarin au bord postérieur de la main) ; toutes les rémiges sont blanches et transparentes de dessous, le bord postérieur de la main porte une étroite et nette barre noire (plus étroite que chez la S. pierregarin). – *Juv. :* barre carpienne sombre souvent moins nette que chez la S. pierregarin « standard » ; secondaires blanchâtres (avec une barre sombre chez le S. pierregarin) ; souvent, zone triangulaire blanche à l'arrière de l'aile. Bec noirâtre, d'abord à base rouge et devenant tout noir à partir d'août-sept. Front blanc (plus nettement que chez la S. pierregarin). – *1er été* (peu nombreux en Europe) : front blanc, bec sombre, vague barre carpienne sombre (ressemble à l'ad. internuptial).

VOIX Rappelle la S. pierregarin *pi-pi-pi…* ou *piu'piu'piu…* pépiant et clair ; sonore *prri-eh*, et rêche *kt-kt-kt-krrr-kt…* agressif. Alarme : *krri-errrr* (variable, comme la S. pierregarin ou plus dur et plus sec).

Sterne de Dougall *Sterna dougallii* N1 / MR

L 33-36 cm (dont filet, 8-11 cm chez l'ad.). E 67-76 cm. Niche en colonies ; côtes, sur les plages et les îles. Visiteuse d'été (de mi-mai à août). Hiverne en Afrique occidentale. Rare et localisée (moins de 1 000 c. en Europe ; niche en Bretagne). Nid dans une dépression du sol.

CARACTÉRISTIQUES Par rapport aux S. pierregarin et arctique, ailes plus courtes aux battements plus rapides et moins amples, de sorte que son vol paraît plus rapide et plus direct ; vole moins sur place et pratique un plongeon en oblique typique (comme si elle voulait « continuer à voler sous l'eau »). – *Ad. nuptial :* dessus gris extrêmement clair et dessous blanchâtre ; bien plus pâle que les S. pierregarin et arctique, grises ; bec tout noir ou à base rouge (le rouge s'accroît en été) ; pattes assez longues, rouge vif ; dessous nuancé de rose très pâle (sans gris) ; filets très longs, souples (ondulent en vol) ; 2 à 4 rémiges primaires externes plus sombres, formant un étroit bord antérieur sombre. Chez l'oiseau posé (noter la posture un peu « penchée en avant »), les rémiges primaires internes blanchâtres ne laissent apparaître que le bout noir des

Sterne pierregarin

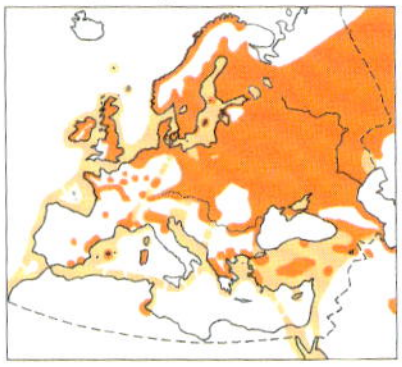

Sterne arctique

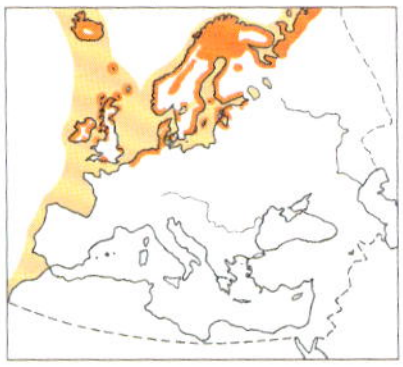

Sterne de Dougall

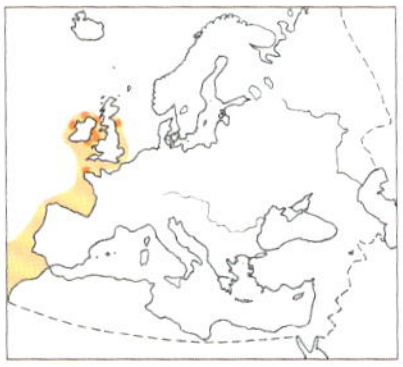

STERNE PIERREGARIN

STERNE ARCTIQUE

STERNE DE DOUGALL

externes (les bouts des rémiges sont tous grisâtres chez les S. pierregarin et arctique). – *Ad. internuptial :* front et dessous blancs, barre carpienne sombre, bec noir ; mue des filets en juil.-août. – *Juv. :* comme un petit juv. de S. caugek avec le même motif écailleux grossier dessus, une calotte toute sombre (front cependant graduellement plus clair à partir de sept.), bec tout noir et pattes noirâtres.

VOIX Contact typique : très rapide *tchivvik !* dissyllabique, rappelant quelque peu le Chevalier arlequin, et *krrahk* net, grave et rauque.

Sterne caspienne *Hydroprogne caspia* NO / MR

L 48-55 cm. E 96-111 cm. Niche en colonies ou en couples isolés ; îlots bas bien à l'écart du rivage. Visiteuse d'été (fin avr.-sept.). Hiverne en Afrique occidentale, et parfois autour de la Méditerranée. Migre en partie au-dessus des terres, en suivant les cours d'eau du continent européen ; traverse l'ouest du Sahara en mars et nov. Alim. : surtout poissons. Nid au sol.

CARACTÉRISTIQUES La plus grande des sternes. Envergure supérieure à celle du Goéland cendré. Coups d'ailes lents et vol plutôt comme un goéland ; paraît plus lourde de l'avant en vol. Très gros bec rouge et dessous de la main nettement sombre en tous plum. – *Ad. :* bec rouge vif avec petite tache sombre près de la pointe chez la plupart des ind. Pattes noires. Conserve en grande partie la calotte sombre même en hiver. – *Juv. :* capuchon sombre descendant davantage que chez l'ad. Bec orangé à pointe sombre. Pattes pâles. Dessus et queue à vagues motifs sombres, bras assez uniformément pâle sans nette barre carpienne sombre. – *1er hiver :* bec rouge orangé à peine plus clair que chez l'ad. internuptial et pattes sombres acquises en automne. Front devenant également un peu plus clair (cependant continuant à être strié), à peu près comme l'ad. internuptial. – *1er été :* comme l'ad. internuptial (ailes et queue très usées ou paraissent non uniformes).

VOIX Contact en vol : *krré-ahk !* grave et rude rappelant le Héron cendré ; les cris peuvent être assourdissants dans les colonies. Juv./1er hiver quémandant par un *svi-vi* aigre.

Sterne royale *Sterna maxima* MO

L 42-49 cm. E 86-92 cm. Surtout Amérique du Nord. À l'est de l'Atlantique niche de la Mauritanie à la Guinée et erre au nord en direction des côtes du nord-ouest de l'Afrique (exceptionnellement en Espagne). Occasionnelle dans le reste de l'Europe occidentale.

CARACTÉRISTIQUES Taille entre celles des S. caugek et caspienne. En tous plum., diffère de cette dernière par : taille moindre, bec moins épais et gros, ailes plus étroites, arrière plus effilé, queue plus échancrée, noirâtre à l'arrière de la main limité au bord postérieur. Également similaire à la S. voyageuse (v. celle-ci). Diffère de la S. huppée (p. 414, occasionnelle très rare dans l'aire étudiée) du Moyen-Orient, race *velox*, par le dos et le dessus des ailes gris nettement plus clair (presque gris plomb chez la Huppée) et le bec orange (jaune ou jaune verdâtre plus terne chez la Huppée), droit et en poignard (un peu plus mince et arqué que chez la Huppée). Noter également chez les ind. nuptiaux le croupion et le milieu de la queue blancs (grisâtres chez la Huppée) et le front noir (étroitement blanc chez la S. huppée). Peut également être confondue avec la S. élégante (p. 414), occasionnelle extrêmement rare en provenance d'Amérique centrale, mais est un peu plus grande, a un bec plus gros, plus droit et un peu plus orange rougeâtre (celui de la S. élégante est plus étroit, plus long, légèrement arqué et orangé, à pointe jaunâtre), enfin, souvent plus de blanc au front et autour des yeux en plum. internuptial (la S. élégante a toujours du noir autour des yeux). – *Ad. :* diffère de la S. caspienne par : bec un peu plus mince et plus pointu, orange ou jaune orangé (exceptionnellement rouge) sans pointe sombre, huppe plus hirsute, calotte noire complète seulement brièvement au printemps puis régressant rapidement en un « loup » sombre étroit en plum. internuptial avant de réapparaître progressivement dès mai-juin. – *1re année :* diffère de la S. caspienne par : bec jaunâtre ou orangé clair ; une nette barre carpienne sombre, barre sombre aux grandes couv. et aux secondaires ; enfin, tête pâle (comme chez l'ad. internuptial). – *Variante :* les nicheurs d'Afrique occidentale *(albididorsalis)*, souvent observés sur la côte atlantique du Maroc (surtout de juin à oct.), diffèrent des nicheurs américains *(maxima)* par le bec en moyenne plus long, plus mince et jaunâtre (moins orange rougeâtre), ainsi que par le corps plus petit et plus élancé (cependant nettement plus grande que la S. caugek). – Remarque : la détermination d'une sterne occasionnelle à bec orangé est souvent fondée sur des critères subjectifs. Faire une observation critique et évaluer aussi précisément que possible la taille, la forme, la longueur et la couleur du bec, la nuance du gris du dessus, la couleur du croupion, etc.

VOIX Contact en vol : *kerryup* ou *krri-it* rude, rappelant la S. caugek, mais plus grave et plus dur.

Sterne voyageuse *Sterna bengalensis* NO / MO

L 33-40 cm (dont filets, env. 7 cm chez l'ad.). E 76-82 cm. Les ind. issus de la population libyenne hivernent au nord-ouest de l'Afrique sur les côtes ; rare dans les golfes de Suez et d'Aqaba (pop. de la mer Rouge). Occasionnelle en Europe. A niché en Italie, Espagne, Angleterre et France, parfois en couple mixte avec la S. caugek. Milieu, nourriture et nidification en grande partie comme la S. caugek.

CARACTÉRISTIQUES Taille et plum. de la S. caugek mais bec orangé clair (1re année) à orange vif (ad.), souvent à pointe un peu plus jaune et, en règle générale, un peu plus court et à base plus épaisse. Dessus légèrement plus uniforme et gris plus foncé, y compris croupion et milieu de la queue. *Juv. :* pattes gris brunâtre au début, devenant rapidement noires comme chez l'ad. En tous plum., diffère de la S. caugek par : taille nettement moindre, bec plus mince à pointe plus acérée, ailes proportionnellement plus longues, plus recourbées vers le haut à l'arrière chez l'oiseau posé, vol plus léger, queue plus profondément fourchue, dessus plus foncé (chez l'ad.) d'un gris plus uniforme, à peu près de la même nuance que la S. pierregarin, enfin, croupion et milieu de la queue

Sterne caspienne

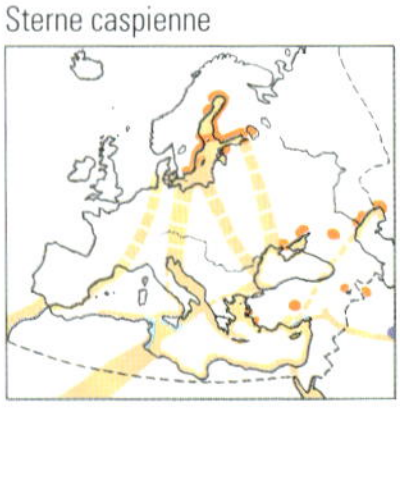

Sterne voyageuse

STERNE CASPIENNE

STERNE ROYALE

STERNE VOYAGEUSE

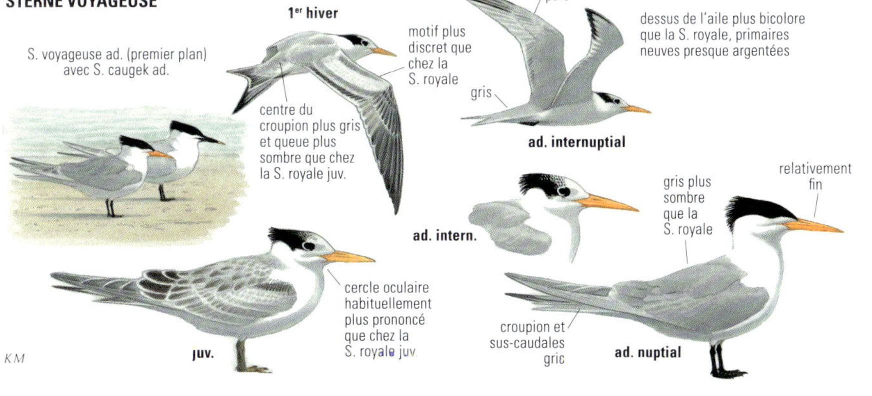

gris. – *Juv. et 1er hiver :* comme la S. caugek mais bec jaune orangé (la S. caugek juv. peut aussi avoir exceptionnellement un bec surtout orangé clair ou jaunâtre avec seulement le dessus et la pointe sombres).

VOIX Cri en vol : *kerrik* aigre comme la S. caugek.

Sterne fuligineuse *Onychoprion fuscata* MO

L 42-45 cm (dont filets, 7-10 cm chez l'ad.). E 72-80 cm. Iles des régions subtropicales et tropicales. Partiellement pélagique après la nidification. Occasionnelle dans l'aire étudiée, habituellement en Europe occidentale, en été.

CARACTÉRISTIQUES Plum. noir et blanc, croupion sombre ; ailes longues, étroites et pointues ; longue queue profondément fourchue. Ceci exclut toutes les autres espèces sauf la S. bridée (v. celle-ci). Plus grande que cette dernière (presque autant que la S. caugek), avec proportionnellement une tête plus grande et un plus long bec. Ailes un peu plus larges et vol plus puissant et plus ferme (la S. bridée a les ailes plus étroites et un vol plus léger). Rémiges primaires pour une grande part entièrement sombres dessous (pâles à bout sombre chez la S. bridée). – *Ad. :* dessus noir ou presque (nettement plus foncé que chez la S. bridée qui est gris brunâtre mais peut sembler sombre, comme il peut arriver que la S. fuligineuse paraisse plus claire). Large tache frontale blanche et étroit trait loral noir vers l'attache du bec. – *Juv. :* essentiellement gris sale, seul le bas du ventre étant blanc. Dessus foncé avec nettes barres blanches. En vol, rappelle une sorte de grande Guifette noire à longues ailes, mais noter le bas du ventre blanchâtre (gris foncé chez la Guifette noire) et les aisselles ombrées (pâles chez la Guifette noire). – *Variantes :* les nicheurs des Antilles et de l'Atlantique Sud *(fuscata)* ont le dessous blanc crayeux ; les nicheurs de l'océan Indien et de l'océan Pacifique *(nubilosa)* ont, en plum. frais, une nuance gris clair dessous.

VOIX Les égarées sont la plupart du temps muettes, mais émettent parfois un très typique *kèr-ouaki-ouak*.

Sterne bridée *Onychoprion anaethetus* MO

L 37-42 cm (dont filets, 8-10 cm chez l'ad.). E 65-72 cm. Notamment Caraïbes, Mauritanie, mer Rouge et golfe Persique. Mœurs similaires à celles de la S. fuligineuse. Occasionnelle dans l'aire étudiée, généralement en été.

CARACTÉRISTIQUES Dessus sombre, y compris le croupion et la queue profondément fourchue ; ceci est caractéristique et ne se rencontre autrement que chez la S. fuligineuse, similaire (de loin, la S. à joues blanches peut toutefois être ressemblante). Par rapport à la S. fuligineuse, taille et forme rappellent plus la S. pierregarin, du fait des ailes étroites, de la longue queue et de la tête assez petite ; le vol est souvent plus léger et plus élégant que celui de la S. fuligineuse. – *Ad. :* étroite tache frontale blanche, se terminant derrière les yeux en languette pointue, large trait loral noir. Collier pâle chez certains ind. (jamais chez la S. fuligineuse) ; dessus plus clair que chez la S. fuligineuse, gris brunâtre avec rémiges sombres contrastant (rappelant de loin le Labbe à longue queue ad.) et côtés de la queue blancs (chez la S. fuligineuse, dessus uniformément noir, mais l'oiseau peut sembler plus pâle, comme la S. bridée peut paraître plus sombre). – *Juv. :* pour l'essentiel, comme l'ad. mais moins de contraste à la tête ; queue sans bords nettement blancs ; couv. alaires et dos à motif écailleux chamois, assez discret, ou bien dessus entièrement et uniformément sombre.

VOIX Égarées habituellement muettes.

Sterne bridée

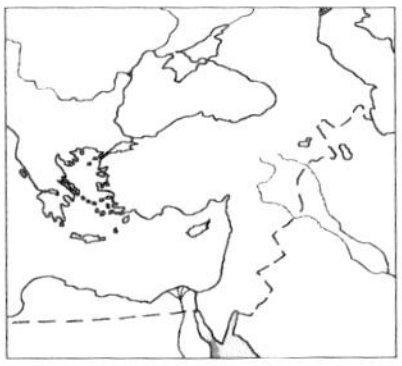

Sterne à joues blanches

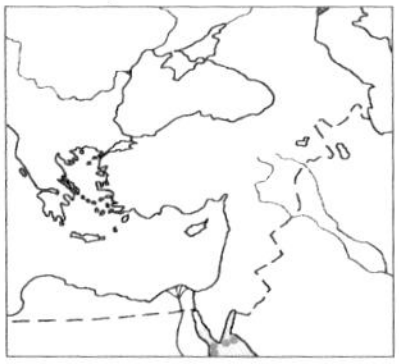

Sterne à joues blanches *Sterna repressa*

L 32-34 cm. E 58-63 cm. Mer Rouge, sud du Sinaï et nord de l'océan Indien. Visiteuse d'été (généralement avr.-oct.). Occasionnelle dans le golfe d'Aqaba (Eilat).

CARACTÉRISTIQUES Assez semblable à la S. pierregarin mais bec un peu plus long, ailes plus étroites et vol souple, souvent plus élégant. – *Ad. nuptial :* comme la S. pierregarin, bec rouge à pointe noire, mais : dessus gris plus foncé ; croupion, queue et dos du même gris ; dessous du corps gris contrastant nettement avec les joues blanches (rappelant la Guifette moustac) ; large bord postérieur gris diffus tout le long de l'aile, en net contraste avec les couv. sous-alaires blanc sale (souvent plus claires au milieu des ailes). – *1re année :* comme la S. pierregarin mais le juv. porte habituellement des motifs sombres plus nets dessus, et croupion, queue et dos sont gris ; dessus des ailes gris plus uniforme que chez la S. pierregarin, les secondaires étant moins foncées, et les primaires étant gris argenté clair sous la plupart des angles. Le bec devient vite tout noir. Diffère du juv. assez similaire de Guifette moustac par une queue plus longue et plus profondément fourchue, un bec plus long et des ailes plus longues et plus étroites.

VOIX Similaire à celle d e la S. pierregarin.

Sterne de Forster *Sterna forsteri* HO

L 33-36 cm (dont filets, env. 7,5 cm chez l'ad.). E 64-70 cm. Espèce américaine occasionnelle, surtout en hiver.

CARACTÉRISTIQUES Taille et forme à peu près comme la S. pierregarin, mais : tête un peu plus grande, bec plus conique à base plus épaisse, plus longues pattes, et plus longs filets dépassant largement la pointe des ailes chez l'ad. posé. – *Ad. nuptial :* comme la S. pierregarin, bec rouge à pointe noire, mais noter : milieu de la queue gris clair de sorte que seul le croupion est blanc ; toutes les rémiges primaires blanc grisâtre clair dessus (pas de motif sombre comme chez la S. pierregarin) ; dessous blanc. – *Ad. internuptial :* calotte blanche ; « loup » noir (un peu comme la S. hansel). Dessus du bras gris uniforme sans la barre carpienne sombre de la S. pierregarin (observations en Europe surtout en hiver ; attention aux S. caugek ad. en plum. internuptial, de loin, avec les rémiges primaires gris clair de nov. à mars). – *1re année :* par rapport au juv. de S. pierregarin, dessus des ailes et de la queue moins marqués (pas de barre carpienne sombre), et rémiges primaires externes seulement un peu plus foncées que chez l'ad. (surtout à la pointe) ; centre sombre des rémiges tertiaires souvent visible sur l'oiseau posé. Long bec pointu à forte base (caractère utile).

VOIX Contact : *krirr* roulé et un peu rude, à peu près comme la Mouette rieuse.

STERNE FULIGINEUSE

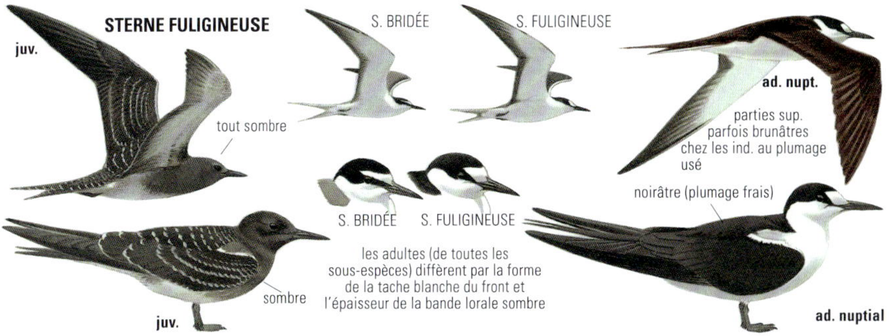

STERNE BRIDÉE

STERNE À JOUES BLANCHES

STERNE DE FORSTER

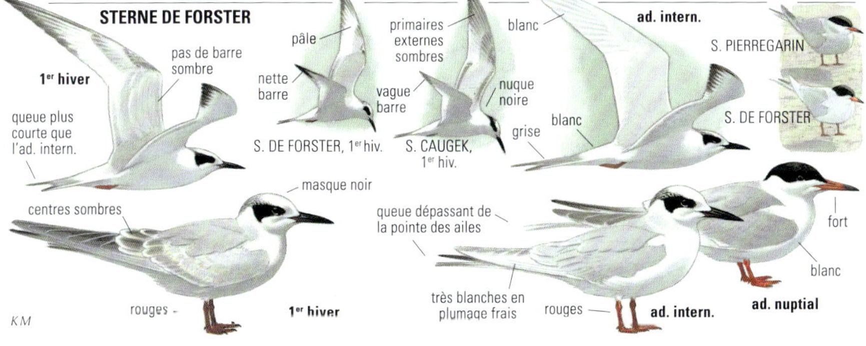

KM

GUIFETTES CHLIDONIAS

Les guifettes diffèrent des sternes par leur vol plus aisé et capricieux. Elles se nourrissent en piquant à la surface de l'eau pour y capturer des insectes (ne plongent qu'assez rarement plus profondément) ou bien les attrapent en l'air, d'un vol habile et acrobatique. Nichent en colonies lâches en eau douce peu profonde ou dans les marais. En migration, aussi côtes ou grandes étendues d'eau intérieures.

Guifette noire *Chlidonias niger* N2 / MC / HO

L 22-26 cm. E 56-62 cm. Guifette la plus commune. Marais peu profonds, en eau douce, partiellement occupés par une végétation basse et même flottante, souvent au sein de colonies de Mouettes rieuses qui les « protègent » des prédateurs. Visiteuse d'été (mai-août). Hiverne en Afrique. Rare dans le nord et l'ouest de l'Europe (s'est raréfiée à cause du drainage des zones humides).

CARACTÉRISTIQUES – *Ad. nuptial :* tête et dessous noirs, dessus uniformément gris noirâtre, dessous de la queue blanc, bec et pattes sombres. Tête et dessous à taches blanches chez les ad. en mue au printemps (avant mai), et en été et automne (plumes blanches apparaissant sur la tête dès juin). – *Ad. internuptial* (tête et corps ayant mué dès sept.) : en grande partie comme le juv. mais dessus uniformément gris sans motif écailleux, et 5 à 7 rémiges primaires externes plus foncées que les autres. – *Juv. :* calotte noire étendue et nette tache sombre aux côtés de la poitrine ; motif écailleux sur le dos (« selle » sombre) et les couv. alaires ; barre carpienne et barre aux secondaires, sombres ; pas de contraste entre les rémiges primaires internes et externes. Confusion possible avec les juv. de Sternes pierregarin et arctique, mais noter : taille moindre, queue plus courte et moins profondément fourchue, ailes un peu plus courtes et tache pectorale latérale sombre. Vol également utile (v., plus haut, l'introduction aux guifettes). – *1er été* (ces ind. restent généralement dans leurs quartiers d'hiver) : variables ; ressemblent à l'ad. internuptial mais peuvent être reconnus habituellement à leurs rémiges primaires externes plus foncées et plus usées, à leurs rémiges secondaires plus foncées et, chez certains ind., à quelques plumes foncées éparses dessous et la tête (ces ind. peuvent être distingués sans erreur des ad. muant seulement en mai-juin).

VOIX Cri en vol : rêche *k'chlett* (un peu comme la Sterne naine), *klitt* bref et nasillard, et *klii-a*. Alarme : *ki-ki-ki…* strident ou *kyèh* aigre.

Guifette leucoptère *Chlidonias leucopterus* N0 / MR

L 20-24 cm. E 50-56 cm. Guifette plus rare et plus orientale que la G. noire, dont elle partage les milieux. Visiteuse d'été (généralement mai-sept.). Hiverne en Afrique.

CARACTÉRISTIQUES Diffère légèrement de la G. noire par les proportions : bec plus court, pattes plus longues, ailes plus larges, queue à peine échancrée. – *Ad. nuptial :* bord antérieur des ailes blanc (diffus) ; croupion blanc ; dos et couv. sous-alaires noirs, contrastant ; pattes rouge vif. Les ad. en mue ont la tête et le dessous tachetés de blanc comme la G. noire, mais en diffèrent nettement par les couv. sous-alaires noires. – *Ad. internuptial* (tête et corps ayant mué vers sept.) : diffère de la G. noire par une calotte plus claire, l'absence de tache foncée sur le côté de la poitrine, le croupion et les côtés de la queue blanc grisâtre, et (tout au moins celles passant par l'Europe) un bord postérieur plus étroit et sombre à la main (seulement 1 à 4 primaires externes plus foncées que les autres), enfin généralement un peu de noir restant aux couv. sous-alaires. – *1re année :* diffère de la G. noire par l'absence de tache sombre au côté de la poitrine et, vers la fin de l'été, plus de blanc au front ; le dos brun noirâtre (« selle ») contrastant nettement avec le bras gris clair et le croupion blanc (mais certaines G. noires présentent aussi un dos un peu plus foncé et un croupion gris très clair) ; les rémiges tertiaires et les scapulaires postérieures assez uniformes (bordées de pâle chez la G. noire) ; la queue gris clair à bords blancs. – *1er été :* voir la G. noire.

VOIX Plus grave et souvent plus rude que la G. noire. Faible *kèk* de contact ; *chr-ri* typique et grinçant, de tonalité rappelant la Perdrix grise (et la Sterne naine).

Guifette moustac *Chlidonias hybrida* N3 / MC / HR

L. 24-28 cm. E 57-63 cm. Lacs, étangs, rives des cours d'eau et marais. Visiteuse d'été (fin avril à sept.). Hiverne en Afrique, et par endroits autour de la Méditerranée.

CARACTÉRISTIQUES Plus grande, à plus longues pattes et souvent à plus fort bec que les autres guifettes ; vol un peu plus décidé. Plum. très similaire à celui des Sternes pierregarin et arctique ; il est donc important de noter la queue modérément fourchue, le croupion et la queue grisâtres. – *Ad. nuptial :* poitrine et ventre gris foncé contrastant nettement avec les joues et les couv. sous-alaires, blanches. Bec et pattes rouges. De loin, peut paraître très pâle. – *Ad. internuptial :* arrière de la calotte finement rayé de noir et tache noire derrière l'œil. Diffère de la G. noire par l'absence (ou seulement une trace) de tache sombre au côté de la poitrine, et de rémiges primaires externes sombres contrastant. – *Juv. :* peut être pris pour une G. leucoptère, mais noter : ailes plus larges, bec souvent plus fort, croupion et queue gris clair (la seconde habituellement à étroite bande terminale sombre) ; barre carpienne vague ou absente ; dos plus grossièrement « écailleux ». Diffère des Sternes pierregarin et arctique par : croupion et queue gris clair ; ailes plus claires et dos contrastant. Diffère aussi du juv. de S. arctique par les rémiges secondaires grisâtres. – *1er hiver* (tête et corps muant de début juil. à mi-sept.) : comme l'ad. internuptial mais ailes (à rémiges secondaires foncées) et queue juvéniles. – *1er été :* voir G. noire.

VOIX Cri sec, rude et crissant *tsrik !* ; *chèrk* ou *krchè* râpeux rappelant presque la tonalité du Râle des genêts.

Guifette noire

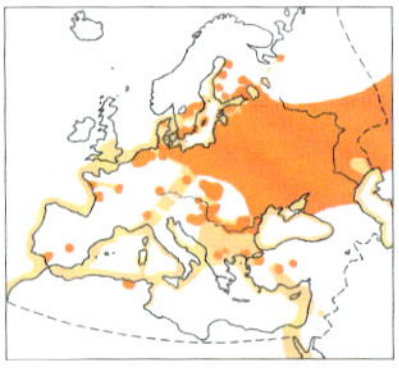

Guifette leucoptère

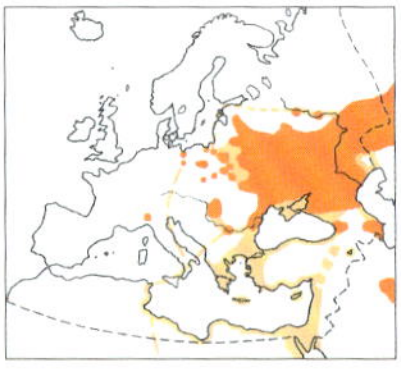

Guifette moustac

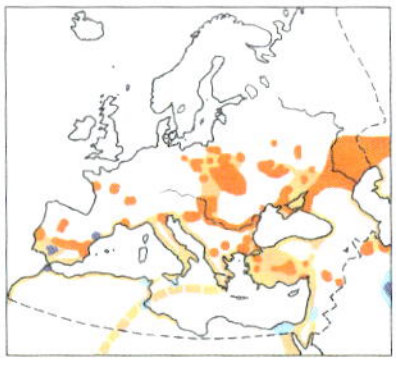

GUIFETTE NOIRE

GUIFETTE LEUCOPTÈRE

GUIFETTE MOUSTAC

PINGOUIN ET GUILLEMOTS : ALCIDÉS

Oiseaux pélagiques blancs et noirs, de taille moyenne à très petite, venant à terre seulement pour la nidification. Habiles plongeurs ; se nourrissent de poissons et de crustacés. Corps allongé et étroit, ailes étroites et courtes, pieds pourvus d'une membrane natatoire et situés très en arrière. Plongent à partir de la surface d'un coup d'ailes, et « volent » sous l'eau en se gouvernant avec les pattes. Volent presque uniquement tout près de la surface de l'eau, à coups d'ailes vibrants, souvent en petites « processions » de plusieurs oiseaux. Hivernent généralement en mer ; nombreux le long des côtes lors des tempêtes. Nid dans une anfractuosité rocheuse ou autre cavité.

Les alcidés ouvrent leurs ailes puis plongent en basculant le corps de manière typique.

Les alcidés volent en groupes au ras des vagues avec de rapides battements d'ailes. Ici, un Pingouin torda (dernier de la file) et trois Guillemots de Troïl.

Mergule nain *Alle alle* MR / HR

L 19-21 cm. E 34-38 cm. Arctique. Niche en grandes colonies ; falaises côtières (parfois même loin de la mer). Hiverne en mer du Nord. Occasionnel sur les côtes occidentales (notamment lors de tempêtes d'ouest, qui les entraînent parfois jusque dans les terres), au large desquelles certains passent l'hiver en assez grand nombre. Passe et se nourrit plus près des terres que les alcidés plus grands. Alim. : plancton. Nid dans une fissure de rocher ou les éboulis.

CARACTÉRISTIQUES Très petit, à peu près la moitié du Macareux moine (comme un étourneau). Bec très court et épais. Scapulaires bordées de blanc. Vol aisé, moins direct que chez les autres alcidés. Se tient généralement bas sur l'eau entre les plongées, ailes traînantes. Les ailes fermées, nage plus haut, pouvant alors tendre le cou de manière élégante et sans à-coups. On peut surtout le confondre avec un Macareux moine juv. étant donné son très petit bec sombre, sa faible taille et le dessous des ailes sombre. En diffère par sa taille de moitié plus petite, ses coups d'ailes rapides et virevoltant comme ceux d'une chauve-souris, les ailes ramenées vers l'arrière et semblant situées au milieu du corps, enfin l'absence de bande pectorale sombre complète. Confusion également possible avec les autres alcidés en cas de trop brève observation et sous un angle défavorable ; se pose généralement quand la vitesse des battements d'ailes faiblit ; noter également le corps plus court et l'aspect général plus sombre.

VOIX Bruyant en colonie, sinon muet. Séries répétées et gazouillantes de *krrii-ek-ak-ak-ak-ak* se terminant en ricanement, tout en nageant, en chœur bruyant. Alarme en vol : série de *houhouhouhou*… hennissants.

Macareux moine *Fratercula arctica* N2 / MR / HR

L 28-34 cm. E 50-60 cm. Niche en colonies dans des terriers, sur les pentes abruptes et herbeuses des falaises côtières.

CARACTÉRISTIQUES – *Ad. nuptial :* bec de perroquet, volumineux et vivement coloré. Ne peut être confondu de près. Flotte haut sur l'eau. Taille égale aux 2/3 de celle du Guillemot de Troïl. De loin et en vol, diffère de ce dernier par : corps plus court et plus trapu ; tête plus grosse, plus arrondie et, en été, pâle ; dessous des ailes assez sombre (un peu de blanc grisâtre de près) ; pas de bord postérieur blanc aux bras et côtés du croupion sans blanc ; arrière « écourté » ce qui donne l'impression que les ailes sont situées loin en arrière ; souvent pieds d'un rouge orangé particulièrement éclatant. – *Ad. internuptial :* bec réduit ; tour de l'œil grisâtre foncé. – *Juv. et 1er hiver :* ressemblent à l'ad. internuptial mais bec bien plus menu et sombre ; confusion possible avec le Mergule nain.

VOIX Au terrier, *arrr-ouh*, grognant et étouffé.

Guillemot à miroir *Cepphus grylle* MO / HO

L 32-38 cm. E 49-59 cm. Niche dans les éboulis et sous les blocs rocheux, en couples isolés ou en petites colonies lâches.

CARACTÉRISTIQUES Nettement plus petit que le G. de Troïl et le Pingouin torda. Bec pointu et noir. Tête assez petite. Corps lourd et ventru, piriforme. Vol typique des Alcidés à coups d'ailes rapides et vibrants, tout près de l'eau, son poids portant en arrière. – *Ad. nuptial :* noir avec large zone ovale blanche sur l'aile. Dessous des ailes en grande partie blanc. Pattes rouges. Le poids du corps porté en arrière et les rapides coups d'ailes le différencient bien de la Macreuse brune ♂ (p. 38), même à grande distance lorsque la zone blanche des ailes située de façon particulière est difficile à distinguer. – *Ad. internuptial :* plum. bien plus clair avec le dessous blanc et le dessus rayé blanc et noir. Peut alors très bien ressembler à un grèbe ou à un Harle piette ♂, mais se reconnaît à : la forme ; le vol ; les zones blanches nettement apparentes sur le dessus des ailes et claires sous les ailes et le croupion. – *Juv. et 1er hiver :* plages alaires blanches largement marquées de sombre. Tête et poitrine souvent plus noirâtres que chez l'ad. – *1er été :* corps entièrement noir comme chez l'ad. mais restes de barres sur la plage alaire blanche, parfois si importants que les ailes paraissent sombres de loin.

VOIX ♂♂ en parade : *sipp-sipp-sipp*…

Mergule nain

Macareux moine

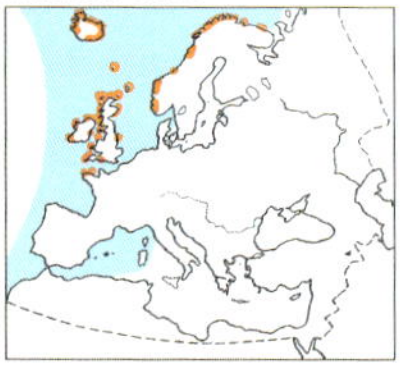

Guillemot à miroir

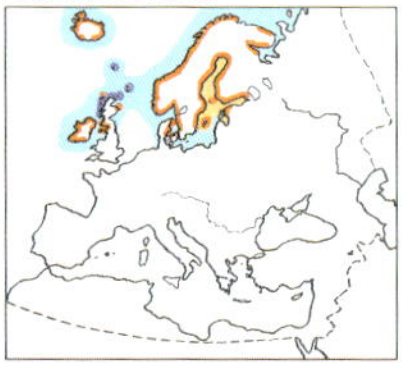

MERGULE NAIN

MACAREUX MOINE

GUILLEMOT À MIROIR

Guillemot de Troïl *Uria aalge* N2 / MC / HC

L 38-46 cm (pieds exclus, dépassant d'environ 4 cm). E 61-73 cm. Niche en colonies sur des corniches de falaises, souvent par milliers. Un œuf unique, piriforme, pondu à même la roche. Le jeune, encore inapte au vol, se lance dans le vide à trois semaines, escorté en mer par le ♂.

CARACTÉRISTIQUES Brunâtre dessus et à la tête, blanc dessous. La proportion d'ind. de la variété « bridée » (v. planche) augmente en allant vers le nord. De près, bec mince et pointu évident. Confusion possible surtout avec le G. de Brünnich, mais la source d'erreurs la plus fréquente est Pingouin torda vu de loin car la forme du bec est alors très difficile à différencier. Plus clair dessus – gris brunâtre – que le Pingouin torda (lequel paraît presque noir sur le terrain) ; la différence est nette dans la Baltique et en Europe occidentale (surtout chez la petite race pâle du sud des îles Britanniques, *albionis*) et moins nette dans le nord de la Norvège mais quand même distinctive. En outre, la présente espèce est un peu plus grande que le Pingouin torda : dans les « défilés » mixtes, le G. de Troïl ressort par sa longueur un peu supérieure (il y a toutefois une importante variation et, durant le semestre hivernal, les grands ind. du nord et les petits du sud fréquentent les mêmes eaux). Flancs rayés de brun, aisselles noirâtres et couv. sous-alaires avec bien plus de grisâtre chez la plupart des ind. de l'espèce (nombreuses exceptions dans la Baltique ainsi que chez la race *albionis* ; le Pingouin torda est toujours sans rayures et blanc pur en ces endroits). En vol, souvent reconnu à la zone sombre du croupion plus étendue à bord généralement « ébréché » à hauteur des étroits côtés pâles. Le Pingouin torda a une bande médiane noire plus étroite et les côtés blancs du croupion nettement délimités, à peu près comme chez la Harelde boréale. Autres différences : les pieds saillent au-delà de la queue, ce qui la fait paraître un peu irrégulière à l'arrière (chez le P. torda, les pieds sont masqués sous la longue queue). Vole le dos un peu voûté. Ailes légèrement en avant du milieu du corps, l'arrière étant un peu plus long que l'avant (situées plus au milieu chez le P. torda). – *Ad. internuptial :* la quantité de blanc sur les côtés de la tête varie comme chez le P. torda, mais le G. de Troïl a en général une tête plus blanche. Plum. nuptial acquis tôt (de nov.-déc. à fév.) : l'ad. peut alors être différencié des ind. de 1er hiver, qui muent plus tard. – *1er été :* comme l'ad. sauf une quantité variable de blanc à la gorge et les rémiges juv. très décolorées, brunâtres.

VOIX Bruyant à la colonie ; grognements roulés, répétés.

Guillemot de Brünnich *Uria lomvia* MO / HO

L 40-44 cm (pieds exclus, dépassant d'env. 4 cm). E 64-75 cm. Espèce arctique. Nidification comme le G. de Troïl mais choisit souvent des corniches plus étroites (souvent en colonies mixtes). Hiverne vers le S jusqu'au C de la Norvège.

CARACTÉRISTIQUES Diffère du G. de Troïl par : bec plus court et plus gros à gonys anguleux (quelque variation chez le G. de Troïl) ; net trait blanc ou blanc-gris bleuâtre au bord supérieure de la commissure du bec (le G. de Troïl a exceptionnellement une trace de ce trait) ; pas de nettes rayures sur les flancs (quelques ind. ont de vagues raies en haut de l'arrière des flancs). En plum. nuptial, le blanc à l'avant du corps forme un angle aigu (arrondi chez le G. de Troïl). De plus loin, en vol, peut être différencié du G. de Troïl par : corps un peu moins allongé et cou plus rentré (ceci vaut pour les lieux de nidification ; en hiver, le G. de Brünnich doit être comparé avec des G. de Troïl d'Europe occidentale, qu'il égale en taille) ; dessus plus noir avec les côtés du croupion largement blancs encadrant une étroite bande médiane noire ; enfin, dos plus voûté, poitrine plus proéminente et aisselles en grande partie blanches. À grande distance, le dessus du corps et le motif du croupion évoquent de prime abord le Pingouin torda, mais il en diffère par une taille un peu supérieure, une queue plus courte avec les pieds qui en dépassent, la gibbosité du dos et une tendance du bec (pointu) à être incliné. – *Ad. internuptial :* la teinte sombre des côtés de la tête descend sans interruption jusqu'aux joues, sous les yeux. Confusion possible, de loin, avec un Pingouin torda juv. (motif de la tête pouvant être assez semblable, et bec assez mince et pointu) mais en diffère par une taille supérieure et l'absence de traces de blanc derrière l'œil. – *1er été :* diffère comme chez le G. de Troïl.

VOIX Comme le G. de Troïl, mais plus rude et ressemblant plus à des croassements.

Guillemot de Troïl

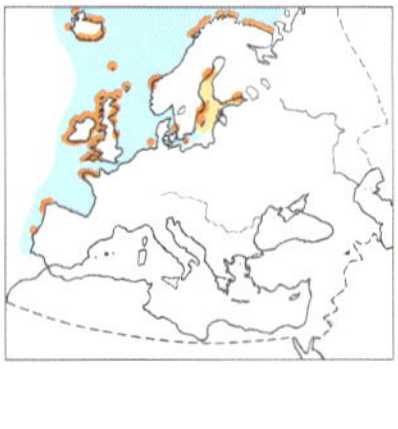

Guillemot de Brünnich

Pingouin torda *Alca torda* N1 / MC / HC

L 38-43 cm. E 60-69 cm. Niche sur les falaises (généralement dans de larges cavités cachées dans les rochers) ou dans des éboulis inaccessibles.

CARACTÉRISTIQUES Reconnaissable à : haut bec noir comprimé latéralement avec des lignes blanches ; dessus noirâtre (toujours plus noir que chez le G. de Troïl mais, très au nord, différence subtile) ; cou massif ; longue queue pointue ; taille inférieure à celle du G. de Troïl (mais différence moindre en Angleterre et en France). La forme du bec est particulièrement difficile à déterminer chez les alcidés en vol au loin. On notera plutôt : dessus plus noir ; dos plus plat ; dessous des ailes et aisselles plus blancs ; enfin, côtés blancs du croupion plus nettement délimités. La longue queue couvre les pieds (qui apparaissent généralement au-delà d'elle chez les guillemots – auxquels on se reportera pour les autres points de comparaison). – *Ad. nuptial :* trait blanc en travers du bout du bec et trait loral blanc. – *Ad. internuptial :* normalement, trait blanc à la pointe du bec mais pas de trait loral. – *1er hiver :* pas de trait blanc à la pointe du bec (mais souvent une trace de trait loral) et bec nettement plus gracile et pointu. Un peu de blanc derrière l'œil. – *1er été :* diffère comme chez le G. de Troïl.

VOIX Assez silencieux. Les nicheurs émettent un *urrr* grave et aigre.

Pingouin torda

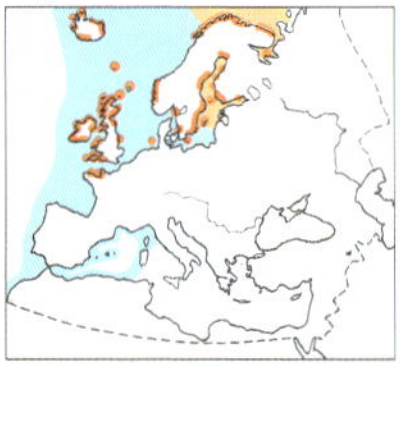

GUILLEMOT DE TROÏL

GUILLEMOT DE BRÜNNICH

PINGOUIN TORDA

GANGAS : PTÉROCLIDIDÉS

Taille moyenne, petite tête et corps trapu. Vol rapide et direct ; longues ailes pointues. Généralement dans les déserts ou les plaines arides. Gagnent en bandes les points d'eau le matin et le soir. Végétariens. Œufs pondus à même le sol.

Ganga unibande *Pterocles orientalis*

L 30-35 cm. Plaines à maigre végétation. Peut monter à plus haute altitude et est moins thermophile que la plupart des gangas. Fréquente les points d'eau le plus souvent le matin. Farouche, souvent caché.

CARACTÉRISTIQUES Grand ganga robuste, à assez larges ailes et silhouette ventrue. Grande tache ventrale noire. Fort contraste, dessous, entre rémiges noires et couv. blanches. – ♂ : zone pectorale grise sans motifs. Gorge jaune rouille avec milieu noir. Dessus densément parsemé de grandes taches jaune rouille. – ♀ : zone pectorale jaune brunâtre parsemée de fines taches noires. Dessus finement barré.

VOIX Cri en vol : *tchurrr'r'ré-ka*, roulé ou gargouillant, ralentissant à la fin (dernière syllabe plus grave) ; de près, bitonal et chantant, de loin rappelant un cheval renâclant (s'envolent ensemble avec un *tcheurrr'r*). À l'envol, parfois un *tchiiou*, rappelant le cri de la chevêche.

Ganga cata *Pterocles alchata* NS1

L 28-32 cm (dont prolongement caudal, 2-10 cm). E 55-63 cm. Grandes plaines arides des basses terres, alluvions sableuses, lacs asséchés et deltas. Fréquente les points d'eau le matin. Bandes pouvant compter des milliers d'ind.

CARACTÉRISTIQUES Un peu plus petit et plus élancé que le G. unibande. Long et étroit prolongement caudal (plus long chez le ♂ ad.). Ventre et couv. sous-alaires blanc crayeux contrastant bien avec les rémiges noires. Les deux sexes ont un trait loral noir et une bande pectorale bordée de noir (mais différemment). – ♂ : couv. alaires vert doré avec étroite barre noire, ainsi que des taches rondes jaune verdâtre sur les épaules et le dos. Étroite bavette noire. Calotte, nuque et collier vert olive sans taches. Bande pectorale brun-roux. – ♀ : comme le ♂ mais de nuance moins verte (plutôt blanc-gris brunâtre), couv. alaires barrées de noir, calotte et nuque densément barrées de noir, menton blanchâtre, deux bandes transversales noires entre la gorge et la poitrine (le ♂ seulement une), enfin bande pectorale brun plus pâle.

VOIX En vol : *hin-han* répété, rauque et descendant, nasillard (rappelle un peu la Mouette mélanocéphale au loin).

Ganga tacheté *Pterocles senegallus*

L 29-33 cm (dont prolongement caudal, 3-6 cm). Zones plates, désertiques et pierreuses des basses terres. Fréquente les points d'eau le matin, souvent en bandes importantes.

CARACTÉRISTIQUES Taille moyenne. Ocre-jaune clair. Corps nettement effilé à l'arrière du fait de l'étroit prolongement caudal. En vol, rémiges secondaires noires contrastant (rémiges primaires en revanche plus diffusément sombres). Étroite raie noire longitudinale au milieu du ventre. – ♂ : calotte, nuque et poitrine gris-bleu clair ; gorge, joues et côtés du cou orangé vif. – ♀ : très semblable à la fem. du G. couronné mais possède un prolongement caudal ; fond plus chamois ; taches moins serrées dessus. Petites taches sombres en travers de la poitrine, sur la calotte et à l'arrière du cou.

VOIX Cri de vol en chœur par les groupes recherchant l'eau : *kouit-o* dissyllabique et caverneux (analogue au G. de Lichtenstein) parfois précédé d'un *kvi*.

Ganga couronné *Pterocles coronatus*

L 25-29 cm. Régions désertiques et semi-désertiques ainsi que plaines pierreuses et arides à végétation rare ; à faible altitude. Ne fréquente normalement les points d'eau que le matin. Pas trop farouche.

CARACTÉRISTIQUES Taille et plum. intermédiaires entre ceux des G. de Lichtenstein et tacheté. En vol, contraste entre rémiges noirâtres et couv. plus claires dessus et dessous. ♂ : dessous chair jaunâtre sans motifs. Côtés de la tête et du cou orangé pâle. Marque verticale noire au menton et au front avec du blanc devant et autour des yeux. Côtés de la calotte gris-bleu et milieu de la calotte brun-roux. Dessus des ailes parsemé de taches en gouttes jaune terne. – ♀ : densément barrée de noir (et ainsi similaire à celle du G. de Lichtenstein) mais gorge blanc beigeâtre à peu près sans motifs.

VOIX Cri en vol : *tchu-ku-tchu-kukurr* très rude et un peu nasillard, sur un rythme légèrement heurté.

Ganga de Lichtenstein *Pterocles lichtensteinii*

L 22-25 cm. Dans l'aire étudiée, sud du Maroc, Sinaï et sud d'Israël ; oueds et régions montagneuses assez peu élevées, arides ou désertiques, sur les terrains pierreux. Recherche les points d'eau à la fin du crépuscule, en groupes habituellement assez faibles (moins de 50). Craintif mais pas vraiment farouche.

CARACTÉRISTIQUES Trapu. Plum. sombre densément barré. Pas de prolongement caudal ; marche la queue un peu plus levée. Peau de la face jaune autour des yeux. – ♂ : avant de la calotte, bas de la poitrine et grandes couv. alaires à larges bandes noires et blanches. Bec orangé. – ♀ : finement et uniformément barrée ; tête et poitrine sans les motifs du ♂. Bec gris.

VOIX Lors du rassemblement crépusculaire près des points d'eau, on entend un chœur bien accordé de *koui (a) l* pleins et métalliques. Alarme : *kré-kré-kré-kré* croassant, bruyant et sec ; cri également émis à l'envol.

Ganga unibande

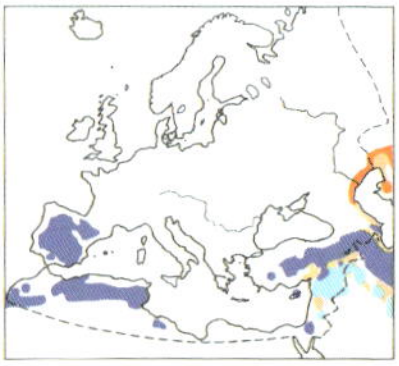

Ganga cata

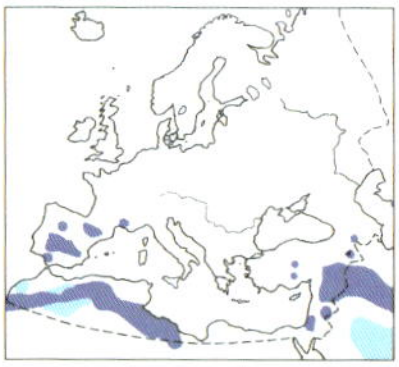

Ganga tacheté

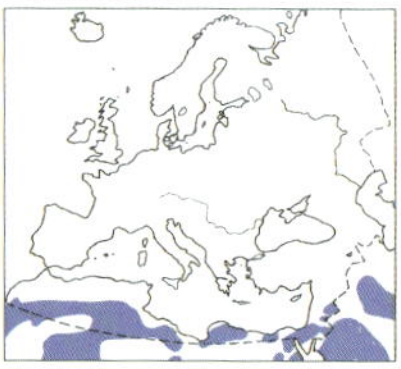

Ganga couronné

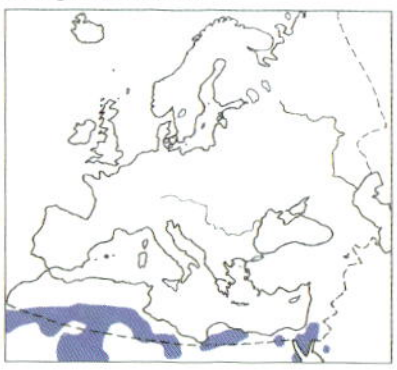

GANGA UNIBANDE

GANGA CATA

GANGA TACHETÉ

GANGA COURONNÉ

GANGA DE LICHTENSTEIN

DZ

PIGEONS ET TOURTERELLES : COLUMBIDÉS

Oiseaux de taille moyenne, trapus. Pattes courtes, écailleuses. Volent vite et droit, avec coups d'ailes appuyés. Nid dans un trou d'arbre, de muraille ; parfois, plate-forme élémentaire de brindilles dans un arbre ou sur un bâtiment.

Pigeon biset *Columba livia* NS2

L 30-35 cm. E 62-68 cm. Grottes et parois rocheuses, généralement sur les côtes (populations sauvages) mais aussi dans les villes. Sédentaire. Autrefois répandu en Europe, à présent plus localisé, surtout confiné à la région méditerranéenne et aux falaises côtières du N-O de l'Europe. Petits groupes souvent vus en vol direct, haut, entre sites de nidification et de gagnage. Souche du P. biset féral ; souvent, des ind. typiquement féraux se joignent à des P. bisets sauvages, loin de l'agglomération la plus proche.

CARACTÉRISTIQUES Proches du P. colombin par le plum. et la forme, mais gris plus clair sur le dos et les ailes, rendant tête, cou et poitrine plus sombres par contraste (Colombin plus uniforme) ; dessous des ailes blanc (gris chez le Colombin). Vol rapide et puissant. Croupion blanc et deux barres noires complètes sur le bras. Œil rouge foncé. Bec sombre. Vol rapide et puissant. En vol nuptial, plane les ailes en V, comme les pigeons des villes.

VOIX Roucoulement : *druou-u*, doux et plaintif plusieurs fois répété, souvent avec une intensité légèrement croissante.

Pigeon biset féral *Columba livia (var. domestica)*

L 29-35 cm. E 60-68 cm. Les P. bisets féraux descendent de Bisets issus de pigeonniers et ayant fait souche après avoir retrouvé leur liberté. Autrefois utilisé comme pigeon voyageur et, encore de nos jours, comme pigeon « de course ». Sédentaire.

CARACTÉRISTIQUES Très semblable au P. biset ; certains des nombreux plum. identiques à celui de la souche sauvage ; variantes : blanc et gris, gris foncé, chamois rosé foncé, etc. ou comme le P. biset mais sans croupion blanc ; parfois « trahi » par quelques rémiges blanches.

VOIX Comme le P. biset

Pigeon colombin *Columba oenas* N4 / MC / HC

L 28-32 cm. E 60-66 cm. Zones boisées, lisières et parcs à vieux feuillus offrant des cavités ; localement, côtes rocheuses et villes. Assez farouche. Nid dans une cavité d'arbre ou de bâtiment, un terrier de lapin. Se repère souvent au chant.

CARACTÉRISTIQUES Taille et forme proches de celles du P. biset féral, quoique un peu plus petit ; plus petit et à queue plus courte que le P. ramier (bien visible dans les vols mixtes) ; vol un peu plus énergique que celui du Ramier avec battements plus rapides (dur à apprécier). Plum. gris-bleu avec tache au cou à reflets verts et lie-de-vin. En vol, dessous des ailes gris (blanc chez le P. biset), dos et (surtout) couv. sus-alaires gris-bleu plus clair. Petites marques alaires noires près du corps et non barres alaires (cf. P. biset) ; pas de blanc au cou (cf. P. ramier). Plum. identique chez les deux sexes et à tout âge. Vol nuptial à profonds et calmes coups d'ailes suivis de planés, ailes modérément relevées ; parfois, claquements d'ailes au-dessus du dos.

VOIX Chant : séries de *ou-ué* dissyllabiques, sourds, plus faibles au début, 1 son par seconde. Coups d'ailes sonores à l'essor ; fin sifflement d'ailes en vol soutenu.

Pigeon ramier *Columba palumbus* N5 / MA / HA

L 38-43 cm. E 68-77 cm. Zônes boisées (surtout en milieux cultivés), parcs et jardins, jusqu'en ville. Se nourrit dans les prairies et les champs. A augmenté et est devenu moins farouche en Europe septentrionale. Migrateur au nord et à l'est ; jusqu'en fin d'automne, de grosses troupes passent au-dessus des Pyrénées. Nid dans les arbres (localement, sur les bâtiments) ; simple plate-forme de brindilles laissant parfois deviner les œufs au travers ; jeunes au nid d'avril à début novembre.

CARACTÉRISTIQUES Le plus grand pigeon de la région. Reconnaissable surtout à la tache blanche au côté du cou et, en vol, à la barre blanche en travers de l'aile. Diffère, en vol, du P. colombin par une taille supérieure et une queue un petit peu plus longue. Sexes semblables. Vol nuptial typique avec de brèves et abruptes ascensions, accompagnées de claquements d'ailes sonores, et suivies de planés les ailes raides et la queue étalée. – *Juv.* : pas de tache blanche au cou (est acquise généralement entre août et déc., selon la date de la nichée).

VOIX Claquements d'ailes à l'envol en guise d'alarme. Durant la nidification, souvent un roucoulement doux, rude et étouffé *houh-hrou*... Chant : *rouh-rou, ro-ro*... *rou* pentasyllabique, doux et à rythme caractéristique (quelques variations individuelles mais presque toujours accent tonique sur la 1re syllabe, petite pause un peu plus marquée avant la 5e syllabe, brève) ; strophe répétée de 3 à 5 fois.

Pigeon biset

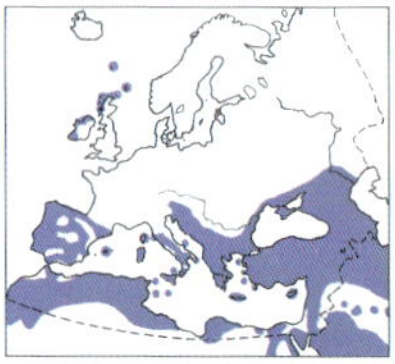

Pigeon colombin

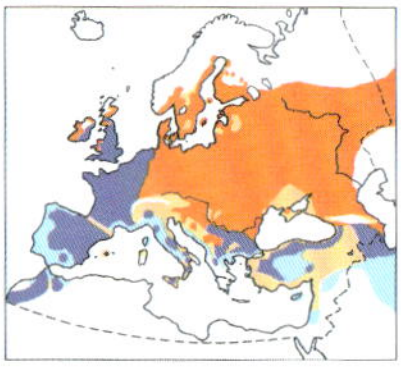

Pigeon ramier

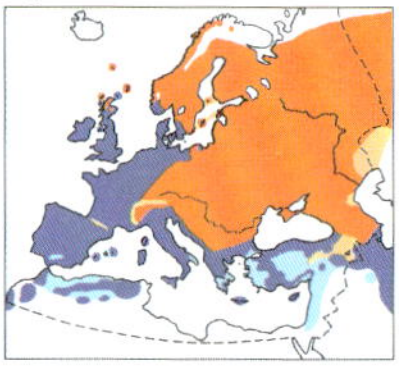

PIGEON BISET

PIGEON BISET FÉRAL

PIGEON COLOMBIN

PIGEON RAMIER

KM

Pigeon des lauriers *Columba junoniae*

L 38-41 cm. E 62-67 cm. Endémique sédentaire des Canaries (Palma, Gomera, Tenerife, Hierro ; < 2 000 c. ?), dans les bruyères arborescentes et les forêts de lauriers, sur les versants rocheux des montagnes. D'ordinaire observé à l'unité. Méfiant mais pas farouche. Longue saison de reproduction ; souvent deux pontes entre février et sept. Niche dans une anfractuosité ou au sol, sur une forte pente, à l'abri d'arbres ou de buissons.

CARACTÉRISTIQUES Brun-gris foncé uniforme (à nuance pourpre) avec reflets métalliques sur la tête et le cou. Pas de contraste entre couv. et rémiges, mais croupion et base de la queue gris bleuté plus clair, et large barre caudale terminale blanc grisâtre (nuancé de beige) mal délimitée. Œil rouge, bec blanc-jaune à base rose. En vol, long cou et ailes courtes. Vol assez inconstant à lents coups d'ailes. Vol nuptial avec battements ralentis et planés horizontaux en larges cercles, la queue bien étalée laissant voir son bout pâle, roucoulement rude et hoquetant. – *Juv. :* rappelle l'ad. mais teintes plus ternes, plum. plus teinté de brun chaud, avec moins de nuance pourpre et de reflets métalliques. Scapulaires et couv. alaires à petit bout pâle.

VOIX Chant débutant par un grognement aigu prolongé puis devenant un roucoulement trisyllabique répété avec deuxième note en fausset et la dernière étirée : *hrrruh ru-pvéyuuh ru-pvéyuuh ru-pvéyuuh*, etc. Claquements d'ailes à l'envol.

Pigeon de Bolle *Columba bollii*

L 35-38 cm. E 60-65 cm. Endémique sédentaire des Canaries (Palma, Gomera, Tenerife, Hierro : env. 3 000 c.) dans les forêts de lauriers et de bruyères arborescentes des versants montagneux. Farouche (sans doute à cause du braconnage), difficile à voir perché mais souvent repéré aux bruits d'ailes quand il se nourrit assez pataudement dans les frondaisons. D'ordinaire vu à l'unité ou par couples, parfois en petits groupes. Niche en général au printemps mais saison prolongée (oct.-juillet). Nid au cœur du feuillage. Un seul œuf.

CARACTÉRISTIQUES Ressemble un peu à un P. colombin mais un peu plus grand et à queue plus longue. Plum. bleu grisâtre avec marque au cou à reflets métalliques rose vineux et vert. Rémiges et haut de la queue nettement plus sombres, la queue avec indication d'une barre centrale plus pâle. Ailes assez courtes et arrondies. Vol rapide ; claquements d'ailes bruyants à l'envol ; sifflement rythmé en vol soutenu. Queue souvent tenue fermée en vol (semble carrée). Bec rouge, œil jaune. – *Juv. :* rappelle beaucoup l'ad. mais plum. plus terne et nuancé de brun ; barre caudale terminale moins sombre.

VOIX Roucoulement étouffé, rauque et grave, à quatre notes, la troisième un peu allongée ; audible seulement jusqu'à 100 m dans de bonnes conditions : *hao hao haoo hao* (première série normalement de 5 syllabes ; répété 5 ou 6 fois en succession assez rapide).

Pigeon trocaz *Columba trocaz*

L 40-45 cm. E 68-74 cm. Endémique sédentaire de Madère (4 000-5 000 couples) ; grottes et versants montagneux rocheux dans la zone des bruyères arborescentes et des lauriers, préférant souvent niveaux inférieurs. Totalement inféodé à ces forêts naturelles de montagne, notammment sur les versants au nord, et lié à la protection des restes de ces milieux. Farouche (sans doute à cause du braconnage). Se nourrit tant dans les arbres qu'au sol. Petits groupes de 10 à 30 oiseaux, parfois, là où la nourriture abonde. Saison de reproduction prolongée ou à épisodes, sans doute en fonction des disponibilités en baies de laurier. Niche dans un arbre ; 1 œuf par ponte.

CARACTÉRISTIQUES Évoque un grand P. ramier à ailes courtes sans motifs blancs aux ailes et au cou mais à tache gris argenté au cou (pouvant apparaître bleuâtre ou rouge rosé selo la lumière). Plum. gris-bleu un peu plus foncé que celui du Ramier, presque uniformément sombre dessus, sans dos ni croupion plus pâles. Sur la queue, barre pâle typique juste en dessous du milieu, aussi large que la barre terminale sombre. Dessous des ailes gris foncé (cf. P. biset). Œil blanc-jaune pâle. hoquetant. – *Juv. :* rappelle l'ad. mais plum. plus terne et nuancé de brun, pas aussi gris-bleu ; scapulaires et couv. alaires à fin bout pâle.

VOIX Rappelle le P. ramier mais bien plus éraillée et grave, et plus faible ; roucoulement à 6 notes, les deux médianes accentuées et prolongées : *ouh-ouh hrouh-hrouh ouh-ouh* ; répété à quelques reprises.

Tourterelle masquée *Oena capensis*

L 22-26 cm (dont queue 10-12 cm). E 28-33 cm. Répandue en Afrique au sud du Sahara, et en Arabie ; dans l'aire étudiée ne niche que dans le S d'Israël). Cultures des semi-déserts à acacias et arbrisseaux. Souvent observée à terre. Assez farouche ; mouvements nerveux. Niche assez bas dans un arbre.

CARACTÉRISTIQUES Très petite (corps excédant à peine celui d'un moineau) et élancée. Longue queue noire étroite, en losange une fois étalée, comme à l'envol ou au poser ou à l'atterrissage. Vole souvent bas, à coups d'ailes rapides et saccadés. Plage brun-roux des primaires visible en vol. – ♂ *ad. :* front, gorge et poitrine noirs, diffusément bordés de blanc. Ventre blanc. Bec jaune et rouge. – ♀ *ad. :* tête et poitrine sans noir. Bec gris foncé à base rougeâtre. – *Juv. :* couv. sus-alaires et épaules grossièrement tachetées de blanc, chamois et gris foncé.

Pigeon des lauriers

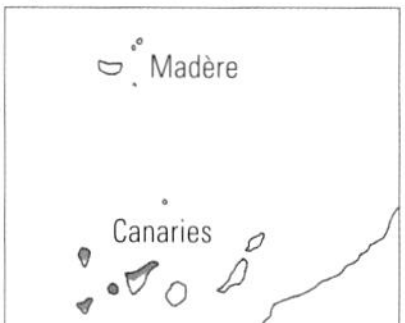

Pigeon de Bolle

Pigeon trocaz

Tourterelle masquée

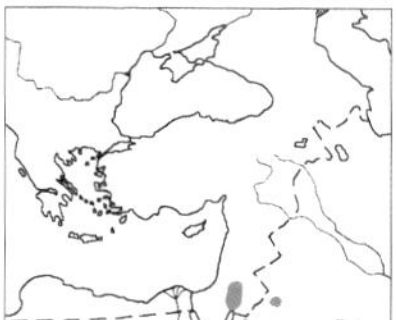

PIGEON DES LAURIERS

PIGEON DE BOLLE

PIGEON TROCAZ

TOURTERELLE MASQUÉE

Tourterelle turque
Streptopelia decaocto NS5 / MC / HC

L 31-34 cm. E 48-56 cm. Abords des fermes, villages, parcs et jardins des villes ; évite les vastes paysages uniformes. A récemment colonisé l'Europe en provenance du sud-est. Sédentaire. Alim. : végétaux, grains tombés ; fréquente silos et champs, en hiver souvent en bandes. Peu farouche.

CARACTÉRISTIQUES Columbidé de taille moyenne, élancé, assez élégant, de couleur claire et à longue queue. Surtout reconnaissable à l'étroit demi-collier noir bordé de blanc sur l'arrière du cou. Plum. assez uniformément gris beigeâtre clair, à nuance un peu plus brune sur le dos et légèrement gris-bleu pâle aux grandes couv. alaires (une certaine variabilité : certains ind. sont plus bruns, d'autres plus gris bleuté). Œil sombre faisant tranchant sur la tête uniformément pâle. Rectrices externes à bout largement blanc (visible en vol lorsque la queue est étalée). La queue étalée paraît presque toute blanche par-dessous, en contraste avec les sous-caudales gris cendre. Sexes semblables, ou presque. – *Juv. :* pas de demi-collier noir, et couleurs légèrement plus brunes et plus ternes.

VOIX Lors des conflits territoriaux, et avant de se poser, émet souvent un son prolongé et nasillard. Chant : *dou-dou-do* trisyllabique, répété à plusieurs reprises, roucoulant, à 2e syllabe accentuée et 3e plus grave.

Tourterelle des bois *Streptopelia turtur* NS/MC/HO

L 25-28 cm. E 45-50 cm. Bois clairs de feuillus, bosquets de plaine à sous-bois fourni, surtout des régions agricoles. Visiteuse d'été (avril-sept.). Hiverne au sud du Sahara. Farouche et difficile à voir, se cache dans les feuillages, mais on peut l'apercevoir au loin sur les fils téléphoniques et en train de se nourrir à terre. Très chassée lors de ses passages dans les régions méditerranéennes.

CARACTÉRISTIQUES Petite tourterelle élancée. Vol rapide et un peu brusque ou facilement « haché », notamment lors de l'arrivée au sol. En pratique, très similaire à la T. maillée (absente d'Europe) ; mais en diffère par : liserés jaune rouille, net centre noir aux scapulaires et aux petites couv. alaires (T. maillée brun-roux plus foncé et presque unicolore) ; zone gris bleuté plus délimitée au milieu des ailes, lesquelles sont plus longues et plus pointues (longue projection primaire) et queue un peu plus courte ; bord blanc de la queue plus étroit avec bord noir subterminal ininterrompu ; de près, tache au cou rayée de noir et blanc (le blanc parfois à nuance bleutée), du noir en dessous de la queue, œil orangé entouré de peau rougeâtre assez visible (cf. aussi la T. orientale). – *Juv. :* assez uniformément brun sale et blanc ocre gris, pas de tache au cou.

VOIX Bruit d'ailes à l'envol. Chant : *turrrrr-turrrrr-turrrrr* sourd, grave, répété.

Tourterelle turque

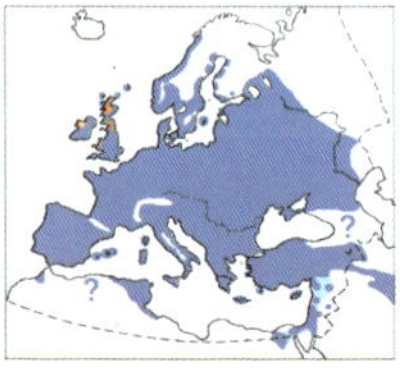

Tourterelle des bois

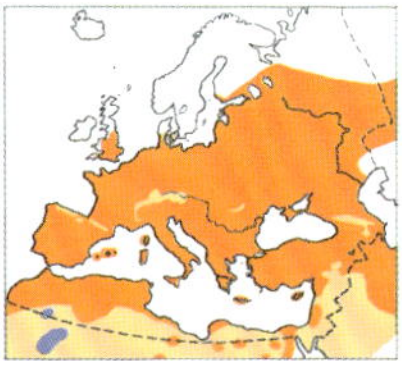

Tourterelle orientale *Streptopelia orientalis* MO

L 30-35 cm. E 54-62 cm. Taïga de Sibérie centrale *(orientalis)* ; steppes boisées du S-O de la Sibérie et basses montagnes d'Asie centrale *(meena)*. Les deux races occasionnelles dans le nord et l'ouest de l'Europe.

CARACTÉRISTIQUES *Orientalis* : comme la T. des bois pour le plum., mais nettement plus grande et plus charpentée. En vol, rappelle plutôt un petit Pigeon colombin avec des coups d'ailes plus désordonnés et une trajectoire plus constante. Ad. diffèrant de celui de la T. des bois par : bout de la queue gris-bleu ; ventre et sous-caudales gris pâle (blancs chez la T. des bois) ; les couv. sus-alaires à centre gris foncé plus diffusément délimité (non noir) et liserés plus étroits et plus brun-roux (non ocre) tant qu'ils sont frais (deviendront ensuite plus chamois) ; tendance à présenter deux étroites barres alaires pâles le long des bouts des grandes et moyennes couv. alaires ; zone gris bleuté des ailes plus foncée et plus réduite ; poitrine rose brunâtre plus foncé (T. des bois : rose plus pâle à vague nuance bleutée) ; dos et croupion formant une zone gris-bleu foncé uni (T. des bois : presque toujours un peu mêlé de brun-gris ; manteau plus sombre, souvent taché de noir ; peau nue autour des yeux moins apparente. – *Variante : meena* : un peu plus petite, les plus petites presque comme la T. des bois. Principale différence avec *orientalis* : bout de la queue et ventre blancs, poussant à la confusion avec la T. des bois. Dessus et poitrine presque comme chez *orientalis* – *Juv. :* très similaire au juv. de T. des bois mais manteau et poitrine plus sombres, proportions plus lourdes. Noter aussi la projection primaire un peu plus courte et, en moyenne, le bout moins pâle des couv. primaires.

VOIX Chant d'*orientalis* : roucoulement caverneux et assez guttural, avec deux sons rêches suivis de deux un peu plus clairs, puis deux rêches, etc. *hrou-hrou-ou-ou-hrou-hrou-ou-ou…* Chant de *meena* : trois notes initiales étouffées, rêches et une quatrième plus claire et grave : *hrouh… hrou-hru… wou.*

Tourterelle maillée *Streptopelia senegalensis* [MO]

L 23-26 cm. E 40-45 cm. Bosquets, plantations (par ex. de dattiers), jardins, volontiers dans les bâtiments, et également en bandes denses là où existe quelque végétation (avenues) ; caractéristique des oasis (où on l'a en partie introduite). Sédentaire. Peu farouche. Nid dans les buissons et arbres touffus.

CARACTÉRISTIQUES Petite, élancée, queue assez longue et courtes ailes. À une certaine distance, paraît brun-roux ; de près, zone gris bleuté sur l'aile entre les rémiges gris foncé et le dos brun-roux (bleu plus étendu que chez la T. des bois), dessous de la queue et ventre tout blancs. Bavette noir et ocre diagnostique.

En vol, rappelle la T. des bois (motif du dessus de la queue similaire et dessous des ailes sombre), mais en diffère par le dos plus uniformément brun (sans plumes à centre noir) ; est généralement reconnaissable à la queue légèrement plus longue et aux ailes un peu plus courtes.

VOIX Chant : doux roucoulement à six syllabes brèves.

Tourterelle maillée

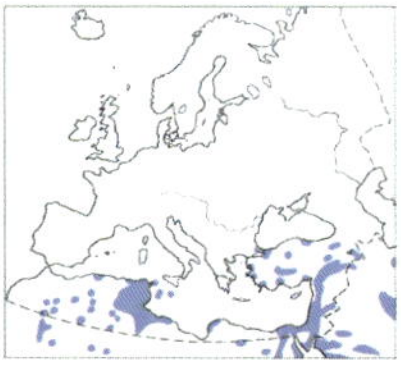

TOURTERELLE TURQUE

TOURTERELLE DES BOIS

TOURTERELLE ORIENTALE

TOURTERELLE MAILLÉE

COUCOUS, COULICOUS, COUCAL : CUCULIDÉS

Coucou gris *Cuculus canorus* N5 / MC

L 32-36 cm. E 54-60 cm. Éclectique : régions boisées, cultivées, alpines, landes côtières, marais. Visiteur d'été (avril-sept.). Hiverne en Afrique tropicale. Assez facile à observer lors de la nidification ; repérable à son chant bien connu. Parasite le nid de divers passereaux.

CARACTÉRISTIQUES De taille moyenne, élancé. Queue longue et étagée, ailes pointues. Ailes battant de façon uniforme (planés rares, brefs) et généralement tenues en dessous de l'horizontale (à la différence du Faucon crécerelle ou de l'Épervier d'Europe) ; route directe, dos plat, bec pointé en avant. Souvent à découvert sur fils téléphoniques ou poteaux. Posé, laisse souvent pendre les ailes et lève la queue. – ♂ *ad. :* dessus, tête et poitrine bleu-gris. Dessous barré de sombre, ventre blanc. Iris, cercle orbitaire, racine du bec et pieds jaunes. – ♀ *ad. :* deux formes ; l'une grise comme le ♂ mais, de près, nuance ocre roussâtre à la poitrine partiellement barrée ; l'autre brune (peu commune), brun-roux dessus et à la poitrine, souvent avec tout le plum. barré de sombre. – *Juv. :* gris plus ou moins nuancé de brun-roux ; surtout reconnaissable à la tache blanche à la nuque et aux plumes du dessus finement bordées de blanc.

VOIX Chant bien connu : *cou-cou* avec accent sur la première syllabe, parfois trisyllabique voire quadrisyllabique en cas d'excitation. Lors de la parade, on entend parfois un rude *cour-chè-chèchè* bas et étouffé, tandis que la ♀ émet un trille sonore, rapide et liquide rappelant le Grèbe castagneux. Le jeune lance de façon lancinante un *psri* raillé, sans inflexion, vaguement guttural.

Coucou oriental *Cuculus saturatus* (= *optatus*)

L 30-34 cm. Taïga et forêts arbustives. Gagne ses lieux de nidification européens en mai-juin. Hiverne dans le Sud-Est asiatique. Insectivore. Parasite les nids d'autres oiseaux.

CARACTÉRISTIQUES Très semblable au C. gris, et généralement difficile à distinguer de celui-ci sauf par une observation prolongée, de près. Taille un peu inférieure, bec proportionnellement un peu plus gros. La forme grise des deux sexes est un peu plus foncée sur le dos et le dessus des ailes que le C. gris (détermination difficile sur le terrain). Barres sombres sur le dessous blanc à peu près similaires à celle du C. gris, mais certains ind. ont des barres légèrement plus grossières et moins denses. Sous-caudales souvent chamois roussâtre et presque sans marques (certains C. gris sont similaires). Couv. primaires sous-alaires souvent sans marques ou à barres réduites (chez certains C. gris aussi ; difficile à voir sur le terrain !). Forme brune (seulement la ♀ ; commune) toujours densément barrée, généralement avec des barres sombres plus larges et nettes sur le dessus que chez la forme rousse du C. gris, surtout sur la queue.

VOIX Chant du ♂ : diffère nettement de celui du C. gris ; série rapide de *pou* uniformément accentués, évoquant la Huppe fasciée ; la ♀ émet un trille similaire à celui de la ♀ de C. gris mais plus lent, sec et en crécelle, presque de rapace.

Coucou geai *Clamator glandarius* N2 / MR / HO

L 35-39 cm. Landes arborées, de préférence avec bosquets de chênes-lièges ou de pins parasols ; plantations d'oliviers, etc. Parasite les nids de corvidés (Pie bavarde, généralement). Volette beaucoup ; sautille à terre, la queue levée.

CARACTÉRISTIQUES Taille du C. gris mais : ailes plus larges et moins pointues, queue un peu plus longue et plus étroite. Dessus sombre parsemé de petites taches blanches, dessous pâle. – *Ad. :* primaires gris foncé. Calotte et parotiques gris argenté, arrière de la calotte nettement huppé. Tertiaires et secondaires à large bout blanc. Gorge et côtés de la poitrine blanc jaunâtre. – *1er été :* variable, généralement reconnu aux primaires barrées de brun-roux ainsi qu'à la tête et au dos légèrement plus foncés que chez l'ad. – *Juv. :* primaires brun-roux vif, à bout noir. Calotte noirâtre. Côtés du dos noirâtres avec un peu moins de taches blanches que chez l'ad. ; rémiges tertiaires et secondaires à étroit bout blanc ; gorge et poitrine ocre beigeâtre.

VOIX Bavard et bruyant. Généralement, jacassement dur et saccadé *tcherr-tcherr-tié-tié-tié-tié* ou *ki-ki-ki-kriè-kriè-kriè*, rappelant parfois le Tournepierre à collier ou l'alarme d'un busard fem. Cri d'inquiétude : *chèp* nasillard, rude.

Coulicou à bec jaune *Coccyzus americanus* MO

L 29-32 cm. Occasionnel d'Amérique du Nord. Diffère du C. à bec noir par la racine du bec à nuance jaune, une nuance rousse plus vive aux primaires et des taches blanches plus nettes au bout des rectrices. Cercle orbitaire jaunâtre.

Coulicou à bec noir *Coccyzus erythropthalmus*

L 28-31 cm. Occasionnel d'Amérique du Nord. Rappelle un peu un Coucou geai juv. mais sans taches pâles dessus. Diffère du C. à bec jaune, similaire, par le bec tout noir, la nuance rouille moins nette aux rémiges primaires et un bout pâle insignifiant aux rectrices. Ad. à bec noir (gris chez le juv.) et à cercle orbitaire rouge (chamois chez le juv.).

Coucal du Sénégal *Centropus senegalensis*

L 35-41 cm. Égypte ; milieux ouverts à buissons et hautes herbes ; parfois dans les jardins. Sédentaire. Farouche, se cache généralement dans la végétation ou s'esquive à terre.

CARACTÉRISTIQUES Grand. Longue queue. Fort bec noir. Ailes arrondies brun rouille. Vol souple et lent avec de brefs planés. Tête et queue noires, dos brun foncé, dessous blanc beigeâtre. – *Juv. :* dessus barré de sombre.

VOIX Séries de sons sourds et gargouillants comme une bouteille se remplissant d'eau : *boub-boub-boub…*

Coucou gris

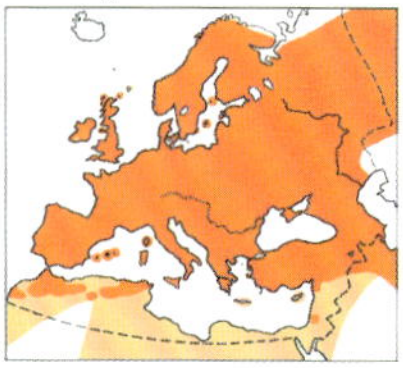

Coucou oriental

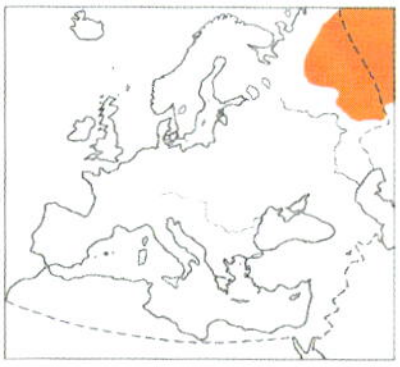

Coucou geai

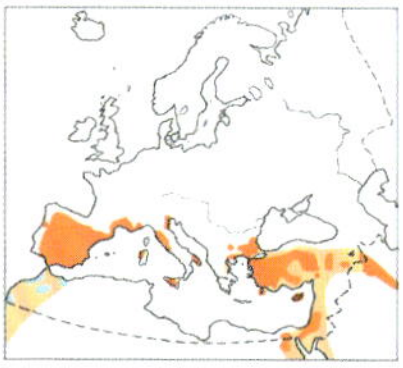

COUCOU GRIS

COUCOU ORIENTAL

COUCOU GEAI

utilise d'anciens nids de Pie bavarde

COULICOU À BEC JAUNE

COULICOU À BEC NOIR

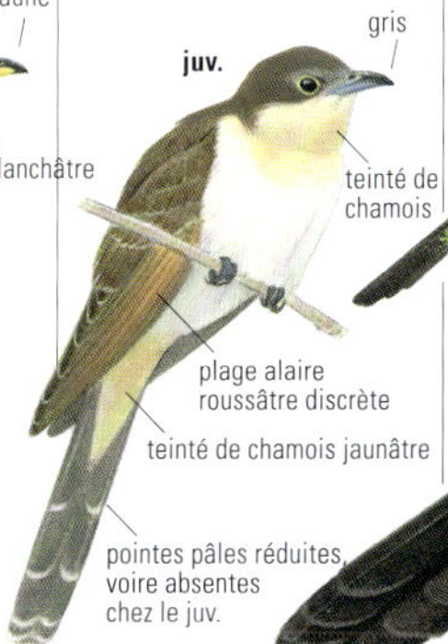

COUCAL DU SÉNÉGAL

KM

CHOUETTES ET HIBOUX… : STRIGIFORMES

Rapaces aux mœurs le plus souvent nocturnes. 18 espèces. Capturent leurs proies par surprise. Plum. lâche à surface veloutée permettant un vol silencieux. Ouïe et vision excellentes. Grosse tête avec face constituée de deux disques faciaux caractéristiques. Certains d'entre eux possèdent des aigrettes. Sexes semblables, les fem. généralement un peu plus grandes que les mâles. Nichent dans des cavités, d'anciens nids de branchages ou à terre. Œufs sphériques et blancs.

Grand-duc d'Europe *Bubo bubo* NS3

L 59-73 cm. E 138-170 cm. Montagnes et forêts ; recherche rochers, les falaises, les vieux arbres (conifères). La plupart du temps rare et localisé. Sédentaire. Nocturne et partiellement crépusculaire. Dortoirs diurnes : vieux conifères touffus, grottes et anfractuosités. Alim. : mammifères (rongeurs, lièvres) et oiseaux (gallinacés, corvidés). Nid sur une corniche rocheuse inaccessible ou, plus rarement, au sol près d'un rocher, d'un arbre déraciné ou parmi des rochers, exceptionnellement dans un ancien nid de rapace ou une grange, une usine désaffectée, etc. Malgré sa taille et ses serres puissantes, c'est un hibou paisible et discret près du nid ; l'agressivité envers l'homme est rare. Peut user de manœuvres de diversion comme un limicole, près du nid garni de jeunes, simulant une blessure au sol en geignant, le tout bien différent des attaques en règle de la Chouette de l'Oural, par ex.

CARACTÉRISTIQUES Le plus grand strigiforme. Aspect puissant renforcé par un plum. abondant ; grosse tête. Calme, prend une forme de tonneau, mais en alerte, peut présenter un cou remarquablement long mais épais. Longues aigrettes visibles (sauf en vol), tenues bas sur les côtés lorsque l'oiseau est calme ou inquiet, plus dressées lorsqu'il chante ou est irrité. Vol puissant et régulier, à coups d'ailes assez amples, avec planés droits, faisant penser à une grosse buse (mais très grosse tête et ailes plus en cloche en plané). Grands yeux rouge orangé. Dessous à fond brun jaunâtre rayé de sombre. Dessus brun plus foncé à grosses barres et vermiculures noirâtres. Gorge blanche, visible lors du chant. En vol, base de la main, dessus, seulement un peu plus claire (brun jaunâtre) que le reste des rémiges (cf. Chouette lapone), à grosses barres uniformes. – *Juv. :* poussin en duvet reconnaissable au bec et aux pattes proportionnellement très gros, et au site de nidification. Juv. volant possédant au bout de quelques semaines tout le plum. du corps mais avec, pendant quelques mois encore, la tête en partie duveteuse et de petites aigrettes.

VOIX Cri de contact de la fem. : *rhèév* rauque. Alarme : aboiement sauvage, *koua !*, étonnamment fort, nasillard, souvent à raison de 3 à 5 sons se succédant rapidement, *koua-koua-koua !* Cri d'inquiétude : *gaou* de goéland, nasillard, étouffé. Chant, généralement à la fin de l'hiver et au début du printemps mais aussi en d'autres saisons (y compris en automne) : hululement grave et sonore *ou-ho*, la seconde syllabe descendante ; étonnamment étouffée de près, mais audible jusqu'à 4 km (de très loin, on entend seulement la 1re syllabe), habituellement répété toutes les 8 à 12 sec. mais plus pressé chez certains jeunes ♂♂, toutes les 5 sec. ou moins. Certains ♂♂ loquaces, d'autres moins. La fem. émet une variante plus aiguë et rauque. Les jeunes quémandent avec un *tchuèèch* sonore et raboteux, qu'on entend lors des calmes nuits d'été et de début d'automne.

Grand-duc ascalaphe *Bubo ascalaphus*

L 38-50 cm. E 100-120 cm. Très proche du G-d. d'Europe dont il est une forme méridionale plus petite. Aires de répartition se chevauchant à la marge et l'Ascalaphe a des traits, morphologiques distincts si bien que les deux taxons sont dorénavant considérés comme de bonnes espèces. Déserts, milieux arides, niche dans une cavité de barre rocheuse ou d'oued.

CARACTÉRISTIQUES Bien plus petit (de 25 %) que le G.-d. d'Europe et d'ordinaire bien plus pâle avec stries plus étroites et moins nombreuses, faisant mieux ressortir la teinte de fond sable (rosé). Il existe toutefois des variations et certains sont presque aussi sombres et brunâtres que le G.-d. d'Europe. Larges stries du dessous limitées à une étroite zone en haut de la poitrine ; reste finement barré de roussâtre. Disques faciaux mieux soulignés par des traits noirs bordés de blanchâtre. Aigrettes un peu plus courtes que chez le G.-d. d'Europe. Iris variable mais souvent orange-jaune, un peu moins rougeâtre que chez le G.-d. d'Europe. Culottes minces, souvent vaguement barrées de roussâtre.

VOIX Chant bien plus aigu que celui du G.-d. d'Europe et à peine dissyllabique, la seconde note, un *huo* presque avalé.

Kétoupa brun *Bubo zeylonensis*

L 50-58 cm. E 125-140 cm. Extrêmement rare et localisé au S de la Turquie (autrefois aussi au N d'Israël – et dans les régions voisines ?) ; torrents poissonneux à berges rocheuses et arbres où s'abriter. Pêche des poissons depuis un perchoir, le long de la berge en marchant en eau peu profonde, ou en volant bas au-dessus de l'eau, pattes pendantes. Dortoir diurne dans une cavité rocheuse ou un arbre touffu.

CARACTÉRISTIQUES Grand. Aigrettes larges, horizontales. Grosse tête, crâne plat. Dessus brun moyen à fines raies sombres, dessous crème beigeâtre ou rosé plus clair à rayures fines et écartées. Scapulaires inférieures claires formant une bande pâle. Yeux jaunes. Pattes nues gris jaunâtre. Puissant bec saillant conférant un profil typique. Queue à grosses barres brunes. Ailes à nettes barres sombres. Disques faciaux peu développés. En vol, vague bruit d'ailes.

VOIX Chant : *hou, ôô hou* très grave, étouffé (résonne dans les vallées encaissées) avec son médian plus élevé « inspiré » ; lentement répété. Selon certains, émet des séries étouffées et graves, montantes à la fin, avec une pause nette après la première syllabe : *kou, kou-kou kou-kou*… On dit même qu'il émettrait un cri rappelant l'Œdicnème criard.

Grand-duc d'Europe

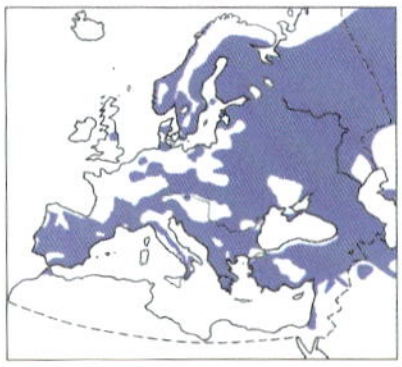

Grand-duc ascalaphe

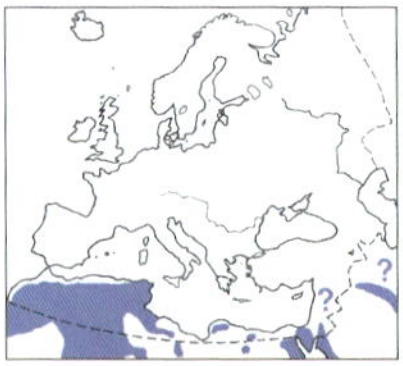

Kétoupa brun

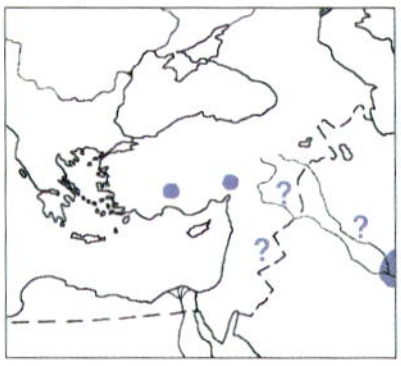

GRAND-DUC D'EUROPE

GRAND-DUC ASCALAPHE

KÉTOUPA BRUN

Chouette lapone *Strix nebulosa*

L 59-68 cm. E 128-148 cm. Taïga, habituellement près des marais. Rare et localisée. Essentiellement sédentaire (partiellement nomadique). Active surtout au crépuscule (et durant les claires nuits d'été nordiques). Alim. : surtout petits rongeurs (en dépit de sa taille, car son volume est plus constitué de plumes que de muscles) capturés après un bref vol depuis un perchoir. Niche dans d'anciens nids de rapaces ou au sommet de troncs d'arbres brisés, rarement à terre. Certains ind. sont agressifs quand les petits vont quitter le nid, d'autres sont débonnaires.

CARACTÉRISTIQUES Grande. Cou fort et tête ronde et proportionnellement grosse. Ailes longues, larges et arrondies, queue assez longue et bien arrondie. Impressionnante en vol ; calmes et lents coups d'ailes (évoque presque un héron) ; peut effectuer de longs planés. Aspect gris marqué de sombre, dessous plus clair avec rayures grossières, sombres, et fines barres. Motif facial remarquable, à fins cercles concentriques autour des petits yeux jaunes ; bec jaunâtre frappant avec « sourcils » blancs et menton noir. Dessus des ailes à grande et nette zone chamois clair à la base de la main, couv. primaires et bord antérieur des ailes sombres ; scapulaires gris clair (« bretelles »). Queue à large bande terminale sombre (pas chez la C. de l'Oural ni le Grand-duc d'Europe).

VOIX Cri de la ♀ : *tchiepp-tchiepp-tchiepp* rauque et aigu. Alarme ou menace : *grrouk-grrouk-grrouk* grave, étouffé et grognant, la ♀ émettant un *grrrrrrrrrk* analogue, grognant et traînant ; claquement sonore du bec en cas d'irritation. Chant : hululement lent, très grave, par séries de 9 à 12 sons, à raison d'un et demi par seconde, descendant un peu et se renforçant à la fin, *bvou, bvou, bvou*..., audible normalement seulement jusqu'à 400 m environ. Cri de quémandage des jeunes analogue au cri de contact de la fem. *psiepp-psiepp*, plus grave avec l'âge.

Chouette de l'Oural *Strix uralensis*

L 50-59 cm. E 103-124 cm. Taïga ancienne parsemée de marais, souvent aussi d'eaux libres, de coupes, de petits champs ; en Europe méridionale, forêts de montagne (hêtres). Sédentaire. Alim. : petits rongeurs, grenouilles et insectes (capturés après un piqué depuis un perchoir bas), mais capture également divers oiseaux (y compris d'autres strigiformes). Niche dans un arbre creux brisé, un nichoir ou un ancien nid de rapace. Très agressive quand les petits vont quitter le nid ; peut s'attaquer aux intrus trop proches du nid.

CARACTÉRISTIQUES Assez grande. Tête ronde. Longue queue, légèrement cunéiforme (visible en vol). Ailes arrondies. Vol droit et décidé, rappelant celui de la Buse variable. Plum. brun-gris chamois clair (plus clair que la C. hulotte), rayé de brun foncé ; lors d'une brève observation, surtout reconnue à sa pâleur. Yeux noirs contrastant avec la face gris beigeâtre uni. Bec jaune paille. Dessus des ailes uniformément rayé de sombre, sans la zone pâle à la base de la main de la C. lapone et du Hibou des marais. Queue uniformément barrée (cf. C. lapone).

VOIX Cri de la fem. : *tché-èf !* très rauque. Alarme : *ouak* sonore et nasillard. Chant du ♂ : grave hululement roucoulant, heptasyllabique, à schéma constant, d'abord 2 syllabes, une pause de 4 secondes environ, puis 2 syllabes immédiatement suivies de 3 autres, *vou-ho... vouhouvou-ho*, audible jusqu'à 2 km par nuit calme ; la fem. émet une version rauque et plus aiguë. Autre chant du ♂ (parade, cri territorial, inquiétude) : série rapide de 6 à 8 brefs hululements graves montant légèrement, s'accélérant puis décroissant à la fin, *vou-vou-vou-vou-vou-vou-vou* ; la ♀ émet une version plus rauque. Quémandage des jeunes : cris très similaire à ceux de la C. hulotte (un peu plus graves) : *piityèp*.

Harfang des neiges *Bubo scandiacus* MO / HO

L 53-65 cm. E 125-150 cm. Toundra ou hauts plateaux au-dessus de la limite des arbres ; affectionne les zones à blocs rocheux et vue dégagée. Nomadique ; fluctuant en fonction des ressources alimentaires. Rare ; peut ne pas se reproduire certaines années ; occasionnel en hiver plus au sud. Alim. : lemmings et campagnols, mais aussi autres petits mammifères et oiseaux. Nid au sol, tapissé de reliefs de proies.

CARACTÉRISTIQUES Grand. La plupart des plum. sont d'un blanc frappant. Yeux jaunes. Vol puissant. Aile proportionnellement à bras plus court et à main plus pointue que chez d'autres grands strigiformes. – ♂ *ad.* : blanc (à l'exception de quelques petites taches sombres éparses). – ♀ *ad.* : blanche à taches sombres sur la calotte, barres dessous (sauf au milieu de la poitrine), taches écailleuses sur le dos et les épaules ; rémiges et couv. alaires grossièrement barrées de sombre sur fond blanc. – ♂ *de 1er hiver* : très semblable à la fem. ad. mais un peu plus petit, dessus plus nettement barré, barres un peu plus fines dessous, bout des rémiges et des grandes couv. internes vermiculé de gris. Pâlit jusqu'au plum. de 1er été à dominante blanche. – ♀ *de 2e hiver* : comme la ♀ ad. mais plus nettement et densément barrée (même à la poitrine) ; de loin, donne l'impression d'avoir la tête et le cou blancs en net contraste avec le corps (et la calotte) presque uniformément sombre.

VOIX Alarme : *krèk-krèk-krèk* sonore et rude (similaire au Canard colvert), plus grave chez le ♂ que chez la ♀. Celle-ci émet aussi un cri miaulant : *pyii, pyii, pyii*... en fausset, ainsi qu'un fin *siiuii*. Chant : *gaoh* sonore et grave, répété environ toutes les 5 secondes, audible à 1-3 km ; sonorité un peu variable (son doux et net comme chez le Grand-duc d'Europe ♂ ou plus rauque ; même décrit comme évoquant le Goéland marin), de même que la structure (sons isolés ou combinés). Quémandage des jeunes : aigre sifflement aigu.

Chouette lapone

Chouette de l'Oural

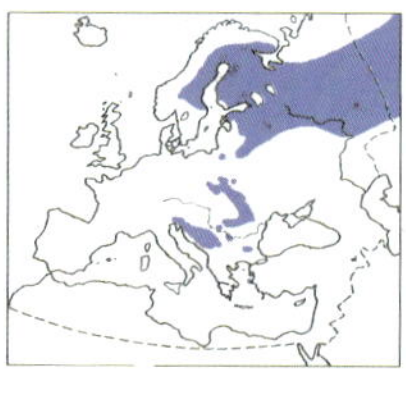

Harfang des neiges

CHOUETTE LAPONE

CHOUETTE DE L'OURAL

HARFANG DES NEIGES

DZ

Chouette épervière *Surnia ulula* MO

L 35-43 cm. E 69-82 cm. Taïga des versants montagneux, dans la zone supérieure mêlant conifères et bouleaux, souvent à proximité des marais, prairies ou coupes. Sédentaire, mais effectifs fluctuants : peut être assez nombreuse certaines années, de nombreux ind. descendant alors au sud. Partiellement diurne. Alim. : campagnols (capturés principalement après un piqué depuis le sommet d'un arbre) et oiseaux (par ex. grives, parfois lagopèdes). Nid dans un trou d'arbre ou un ancien nid de rapace. Attention : attaque l'homme qui s'approcherait à l'époque où les petits quittent le nid.

CARACTÉRISTIQUES Taille moyenne, silhouette caractéristique : très longue queue, ailes assez étroites à bout obtus ; ceci rappelle plutôt les éperviers que les autres strigiformes et est renforcé par le vol direct et agile, à brèves séries de coups d'ailes interrompues de courts planés. Se tient à la cime des arbres, volontiers à découvert sur un épicéa mort. Tête assez grosse, souvent avec calotte plate (en alerte, inquiète). Dessus brun foncé avec nuque et épaules pâles, formant un net chevron sur le dos (« bretelles ») chez l'oiseau posé vu de dos. Dessous blanchâtre avec fines barres (sauf le haut de la poitrine, blanc pur). Face blanchâtre avec importante bordure noire, paraissant revêche. Yeux jaunes. Vague motif pâle sur la nuque (« fausse face » à effet dissuasif) ; zone noire aux côtés de la tête. – *Juv. :* comme l'ad. mais avec motifs légèrement plus gris et plus diffus ; pourtour des yeux grisâtres et motifs plus diffus à la gorge et au haut de la poitrine.

VOIX Alarme : aiguë et rapide, rappelant le Faucon émerillon fem., *ki-ki-kikikikiki*. La fem. quémande avec un *kchuuu-lip* rauque et traînant se terminant brusquement. Chant : au début du printemps par nuit sombre : trille gargouillant (presque ventriloque), très long, à rythme rapide, *lulululululululululu…* (souvent 8 à 9 secondes), suivi d'une pause de 8 à 25 secondes, audible au moins à 1 km. Cri d'agitation (inquiétude, parade) : bref roucoulement gargouillant (presque comme le Tétras lyre). Cri de quémandage des petits comme la fem. mais plus chuintant *psssss-lip*.

Chouette de Tengmalm *Aegolius funereus* NS3

L 22-27 cm. E 50-62 cm. Forêts denses, surtout avec petits marais et clairières. Généralement sédentaire, mais certaines vont parfois au sud en automne (sans doute surtout fem. et jeunes). Strictement nocturne, difficile à observer autrement qu'au nid. Alim. : surtout petits rongeurs. Nid dans un trou d'arbre (ancienne loge de Pic noir) ou un nichoir.

CARACTÉRISTIQUES Assez petite. Grosse tête (calotte plate). Yeux jaunes de taille moyenne. Disques faciaux créant un aspect « étonné ». Dessus brun à taches blanchâtres et tacheture pâle diffuse sur les épaules ; dessous blanchâtre à tacheture brune diffuse. Ailes arrondies, vol assez direct avec séries de vifs coups d'ailes et brefs planés droits. Confusion surtout possible avec la Chevêchette d'Europe (petite, répartition et milieu similaires) mais cette dernière est de la taille d'un étourneau, a une tête proportionnellement plus petite, des disques faciaux particuliers (physionomie revêche), de plus courtes ailes et un vol plutôt onduleux ; de plus, se pose souvent à la cime des arbres, tandis que la C. de Tengmalm préfère se cacher. – *Juv. :* en grande partie chocolat foncé avec diverses marques blanches à la face.

VOIX Loquace. Cri habituel : *tchia*k retentissant. Chant : série rapide de 5 à 8 sons (plus en cas d'excitation) sifflés, doux (sonorité d'ocarina), étonnamment sonores (portent à 3 km au moins par nuit calme), *pou-po-po-po-po-po-po* ; la hauteur et la rapidité varient quelque peu. Les petits quémandent par un *xi !* ténu, à fin brusque.

Chevêchette d'Europe *Glaucidium passerinum* NS2

L 15-19 cm. E 32-39 cm. Forêts de conifères ou mixtes d'Europe septentrionale et centrale, en montagne (affectionne sapins et épicéas âgés). Assez commune. Essentiellement sédentaire. Surtout active au crépuscule (voit mal dans l'obscurité complète). Peu farouche ; peut parfois se montrer quand on l'imite. Alim. : petits oiseaux et rongeurs ; bonne chasseuse pour sa taille (peut tuer des proies plus grosses qu'elle). Emmagasine des provisions dans des cavités. Nid dans un trou d'arbre (souvent une ancienne loge de pic).

CARACTÉRISTIQUES Très petite (taille d'un étourneau). Tête ronde (aigrettes rudimentaires, rarement vues), proportionnellement plus petite que chez la C. de Tengmalm et la Chevêche d'Athéna. Vol rapide, en dents de scie sur d'assez longs trajets. Se pose souvent à la cime des sapins. Fait pivoter sa queue ou la relève comme un gobemouche. Disques faciaux peu marqués mais étroits sourcils blancs nets, et petits yeux jaunes rapprochés. Aspect « renfrogné ». En bas de la nuque, dessin diffus et pâle évoquant une « fausse face » (à effet dissuasif). Dessus brun-gris ponctué de blanc. Dessous blanchâtre avec poitrine brune (surtout sur les côtés) et ventre finement rayé. – *Juv. :* très similaires à l'ad. mais sans points blancs sur la calotte, le dos et les couv. alaires.

VOIX Cri de la fem. : fin *tsiiiih* traînant (rappelle le Merle noir et le rougegorge, mais plus « décidé »). Surtout en automne (mais aussi en d'autres saisons), émet une série de 5 à 10 sons aigus, précipités et ascendants : *youk yuuk yuuk yiik* ressemblant au bruit d'une pompe à bicyclette dont on bouche l'orifice avec le doigt. Chant : sifflement rapidement répété, monosyllabique et doux à raison de 6 ou 7 en 10 secondes, rappelant le Bouvreuil pivoine ou le Petit-duc scops, mais un peu plus étiré, plus aigu et à fin un peu accentuée *piuk* (audible à 500-1 000 m). Excité, l'oiseau ajoute un motif étouffé entre les rapides sons sifflés : *piuk… (huhuhu)… piuk… (huhuhu)…* Les petits quémandent par un fin et doux *tsiih*, comme le cri de la ♀ mais plus court.

Chouette épervière

Chouette de Tengmalm

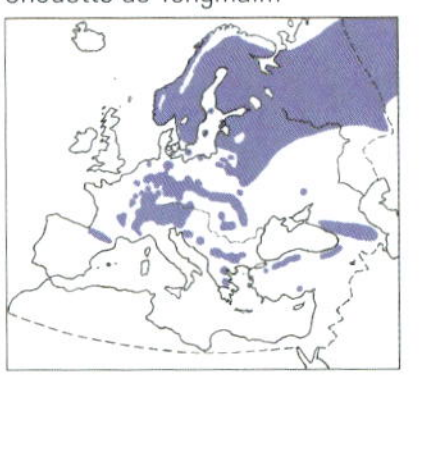

Chevêchette d'Europe

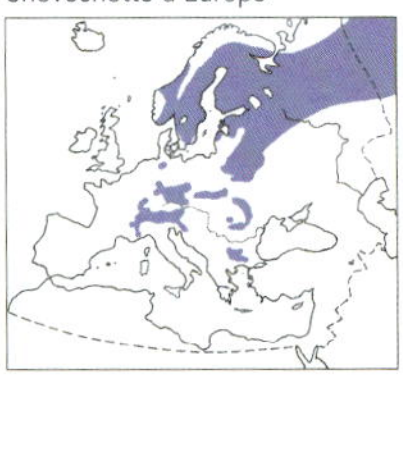

CHOUETTE ÉPERVIÈRE

CHOUETTE DE TENGMALM

CHEVÊCHETTE D'EUROPE

DZ

Hibou moyen-duc *Asio otus* NS4 / MC / HC

L 31-37 cm. E 86-98 cm. Forêts et bois, bocage, bosquets, grands parcs avec conifères, etc. Migrateur dans le nord de l'Europe, sédentaire au sud et à l'ouest. Migrateurs et hivernants souvent réunis en dortoirs diurnes dans les arbres touffus ou les buissons denses. Nocturne et crépusculaire. Alim. : campagnols, mais aussi petits oiseaux chassés depuis un poste d'affût ou en vol, cette dernière méthode est sans doute la plus fréquente (mais la première est la plus visible). Chasse parfois les passereaux éblouis par le faisceau d'un phare. Niche dans un ancien nid (souvent de corneille), dans un arbre.

CARACTÉRISTIQUES Nettement plus petit que la Chouette hulotte, un peu plus petit que le H. des marais, avec des ailes en proportion un peu plus courtes. Ailes longues et assez étroites. Aigrettes longues, souvent apparentes, mais pouvant être pratiquement invisibles (en vol). Vol assez lent et chaloupé, avec quelques battements (nettement plus lents que chez la Chouette hulotte, très proches de ceux du H. des marais mais peut-être à peine plus rapides) et de brefs planés. Similarité avec le H. des marais renforcée par le pattern identique des ailes : dessus avec grande zone chamois jaunâtre à la base de la main, accentuée par la tache carpienne et le bout de l'aile, dessous avec « virgule » sombre au poignet, sur fond blanc ; distingué à quelques différences subtiles mais déterminantes : absence de bord postérieur blanchâtre au bras (présent chez le H. des marais), barres sombres fines et uniformes au bout des ailes, dessous du corps uniformément rayé de sombre, queue à barres denses et diffuses, tertiaires sans dessous sombre, yeux orangés, ailes proportionnellement un peu plus courtes et larges. Sexes semblables, mâles en règle générale plus clairs et à rayures plus fines dessous, face plus claire et moins chamois.

VOIX Ad. assez silencieux. ♀ : *pêh-èv* faible, nasillard et répété. Alarme : *vrak, vrak-vrak* nerveux, rauque et nasillard. Chant : série de hululements assez graves, *ouh*, répétés toutes les 2 secondes, au début plus faible et grave, audible jusqu'à 0,5-1 km (mais déjà étouffé à 200 m). La ♀ chante parfois en duo (émissions plus vagues et nasillardes). Peut aussi claquer des ailes vers le bas de façon isolée et irrégulièrement, au cours de la parade. Les juv. quémandent par un sonore *pii-éh*, strident (bruit de grille rouillée), traînant et plaintif, audible à plus d'1 km.

Hibou des marais *Asio flammeus* N1 / MR / HR

L 33-40 cm. E 95-105 cm. Landes et friches, buissons dans les prés, marais et tourbières. Migrateur au nord de l'Europe, sédentaire ailleurs. Forme souvent de petits dortoirs hivernaux sur les sites propices. Partiellement diurne ; lors des étés boréaux, actif tout le « jour » même durant la phase « nocturne ». Alim. : campagnols, généralement repérés au bruit, en vol. Nid à terre, réduit à une cuvette.

CARACTÉRISTIQUES Taille moyenne. Ailes très longues, étroites et assez pointues. Tête assez petite et ronde. Aigrettes très réduites, rarement apparentes. Plum. brun jaunâtre clair et blanc beigeâtre, très rayé. Sous certains éclairages (crépuscule ou temps couvert), peut paraître étonnamment blanchâtre – sinon, très proche du H. moyen-duc. Face pâle avec yeux jaunes enchâssés dans du noir, conférant une expression « agressive ». Vol souple et chaloupé, à peine plus lent que celui du H. moyen-duc, coups d'ailes calmes, le battement vers le haut un peu plus heurté et vif, celui vers le bas plus souple mais ailes paraissant raides. Plane souvent, ailes légèrement levées. Se pose souvent à terre. En vol, diffère du H. moyen-duc, outre les battements un peu plus lents, par : bord postérieur du bras blanc, bout des ailes presque totalement noir avec seulement une bande subterminale pâle, contraste entre la poitrine rayée et le ventre peu strié, queue à larges barres, dessous des tertiaires sombre, ailes proportionnellement un peu plus longues et plus étroites. Sexes semblables, les mâles en général à dessous et face plus clairs, et moins rayés.

VOIX La ♀ émet un *tyèh-èf* rauque et énergique (*tyèèèh-oup* pour quémander). Chant en vol, souvent à bonne hauteur : série rapide de hululements graves et étouffés *pou-pou-pou-pou-pou*..., à raison de 6 à 20 syllabes à la suite ; audible à 1 km. Brefs claquements d'ailes pressés en parade. Le cri de quémandage des petits ressemble à celui de la ♀ mais est plus strident avec amorce un peu plus faible.

Hibou du Cap *Asio capensis*

L 30,5-37 cm. E 80-95 cm. Zones marécageuses et prairies humides à hautes herbes ; dans la région étudiée, nord-ouest du Maroc (rare, localisé, en régression). Sédentaire. Partiellement diurne. Nid à terre (creux dans les herbes).

CARACTÉRISTIQUES Taille d'un petit H. des marais ; milieu similaire, mais en diffère par : taille parfois un peu inférieure au H. moyen-duc ; ailes plus courtes, plus larges et plus obtuses ; vol plutôt comme le H. moyen-duc, avec planés les ailes légèrement en cloche ; dessus, poitrine et couv. sus-alaires brun foncé à peu près uniforme, d'où un net contraste avec la face blanc crème ; ventre pâle finement barré, couv. sus-alaires sombres, les sous-alaires assez barrées ; yeux noirs. – *Juv.* : plage alaire pâle diffuse (dessus). De plus près, poitrine et dessus grossièrement barrés.

VOIX Inquiétude : *kr'r'ark* rude, ressemblant à un coassement. Chant : apparemment, série de syllabes croassantes sur un rythme dansant *kra-kra krrik-kra-kra* reprise plusieurs fois lors du vol nuptial circulaire. Peut aussi claquer des ailes. Les petits quémandent par un mélodieux *tou-ih* montant.

Hibou moyen-duc

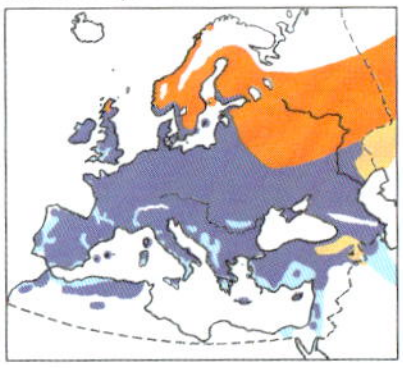

Hibou des marais

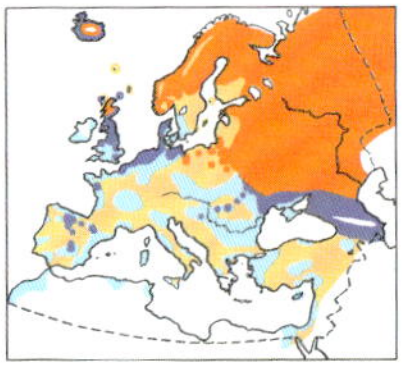

Hibou du Cap

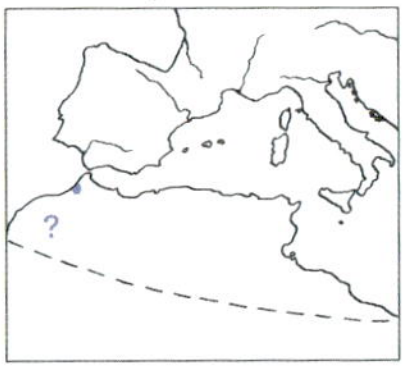

HIBOU MOYEN-DUC

HIBOU DES MARAIS

HIBOU DU CAP

DZ

Chouette hulotte *Strix aluco* NS5

L 37-43 cm. E 81-96 cm. Forêts, bois, bocage, parcs ; recherche les feuillus âgés (notamment les vieux chênes) offrant de larges cavités de nidification ; souvent à proximité de l'homme dans les jardins et les villes ; peut même dormir sur des bâtiments et chasser les rongeurs autour des fermes. Assez commune. Nettement sédentaire. Nocturne. Alim. : surtout souris, campagnols et insectes, qu'elle capture après les avoir patiemment guettés d'un perchoir. Chasserait aussi en vol, mais de façon exceptionnelle. Cavicole ; adopte volontiers les nichoirs en cas de manque de cavités. Agressive quand les petits, grisâtres et laineux, à peine volants, quittent le nid ; attaque alors les intrus.

CARACTÉRISTIQUES Taille moyenne, trapue. Larges ailes arrondies, grosse tête ronde. Vol direct à coups d'ailes assez rapides, avec souvent de longs planés. Couleur de fond variant du brun-roux au brun grisâtre, tout le plum. finement rayé et vermiculé de sombre. Disques faciaux assez unis mais, typiquement, étroite « lame » sombre du milieu du front jusqu'au bec, entre les « sourcils » pâles. Étroits « sourcils supplémentaires » pâles au front, renforçant l'expression aimable. Yeux noirs (les espèces à yeux jaunes, comme le Hibou moyen-duc, peuvent sembler avoir des yeux sombres du fait des pupilles dilatées). Scapulaires à rangées de taches pâles formant « bretelles ». Pas de zone pâle à la base de la main, dessus (cf. Hiboux moyen-duc et des marais, C. lapone). Queue à fines barres insignifiantes. – *Juv. :* reconnu, les premières semaines, aux restes de duvet pâle sur la tête, et au pattern facial incomplet. – *Variante :* en Afrique du N-O (*mauritanica*), race assez grande, sombre, avec barres grossières dessous ; forme grise uniquement.

VOIX Loquace et sonore. Cri le plus fréquent : *ké-vit'* aigu et répété ; variantes excitées pour l'alarme. Chant : hululement « triste » portant loin ; comprend un son initial descendant sur la fin, une pause de 2 à 4 secondes, un son coupé net et suivi d'une série rapide en staccato (« grelottant ») s'achevant par un son descendant, prolongé *hououououououh… hou'-hou'hou'hou'hououououououh*. La ♀ émet une variante rauque et plaintive (parfois même émise par le ♂). En période nuptiale, les deux sexes font entendre un trémolo grave et vibrant : *ou'ou'ou'ou'ou'ou'ou…*, audible seulement jusqu'à 50 m environ. Quémandage des jeunes : un aigre *psi-èpp*.

Effraie des clochers *Tyto alba* NS4

L 33-39 cm. E 80-95 cm. Bocage, cultures avec bosquets, villages, etc. Sédentaire. Nocturne et crépusculaire, souvent vue chassant entre chien et loup. Alim. : campagnols, batraciens et insectes. Nid dans un bâtiment (grange, grenier ; adopte souvent les nichoirs spacieux) ou un trou d'arbre. Pelotes typiques, sombres et luisantes, comme vernies.

CARACTÉRISTIQUES Taille moyenne. Corps élancé. Pattes et ailes longues. Face pâle en forme de cœur, typique. Yeux noirs. Vol similaire à celui du Hibou moyen-duc, chaloupé et élégant, mais battements bien plus rapides en vol de chasse normal. Long cou et courte queue en vol, pattes souvent pendantes, notamment en bref vol sur place avant de fondre sur une proie. Plum. pâle typique (♀♀ en général les plus claires), surtout en vol. Dessus gris et ocre. – *Variantes :* dessous presque tout blanc à l'ouest et au sud de l'Europe et à l'ouest des îles Canaries (surtout *alba*), ainsi qu'en Afrique du Nord et au Moyen-Orient *(erlangeri)* ; plus jaune orangé dans le nord, le centre et l'est de l'Europe *(guttata)* et à l'est des Canaries *(gracilirostris)*, ainsi qu'à Madère *(schmitzi)*.

VOIX La ♀ (rarement le ♂) émet un chuintement répété, prolongé. Alarme, souvent en vol : grincement strident, rauque. « Chant », ou cri territorial : son déchirant, traînant (2 secondes environ) *chrrriiih* souvent répété. Les petits quémandent par un ronflement sifflant, traînant.

Chouette de Butler *Strix butleri*

L 29-35 cm. E 70-80 cm. Sédentaire ; montagnes arides peu élevées, déserts avec oueds rocheux encaissés ou falaises. Nicheuse rare (pour l'aire étudiée) dans le Sinaï, le sud d'Israël et en Jordanie. Nocturne. Alim. : rongeurs, insectes. Nid dans un trou de falaise.

CARACTÉRISTIQUES Taille moyenne, grosse tête, conformée comme une petite C. hulotte, mais yeux jaunes (plus orangé chez le juv.), plum. pâle et assez uni, dessous non rayé, seulement à fines barres diffuses chamois ocré clair. Plumes de vol à larges rayures. Face pâle plus ou moins sans marques. Comme la Hulotte, présente une étroite lame sombre pointant vers le bec, entre les « sourcils » pâles. Vole comme la Hulotte mais en raison de la taille inférieure, battements un peu plus rapides et trajectoire pas aussi décidée.

VOIX Un *dou-dou-dou-dou-dou-dou* montant un peu à la fin, considéré comme cri de défense. La ♀ quémande avec un *dooua* hululant, flûté, fin et monosyllabique mais un peu montant. Chant : hululement pentasyllabique rythmé et sonore, *dou (o)… ouh-dou-dou-dou*, rappelant plus la Tourterelle turque que la C. hulotte (voix « aimable », douce et évoquant un ocarina, sans vibrato), d'abord un son descendant un peu, pause d'1 sec. environ, suivie de 4 sons brefs ; audible à 300 m environ et répété 1 à 4 fois par minute. La ♀ émet une variante étouffée, un peu plus grave. Série exaltée, vibrante, de *hohohohohoho…* accompagne la parade. Les jeunes émettent de fins « éternuements » de quémandage.

Chouette hulotte

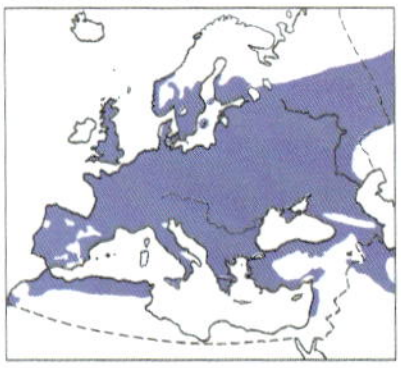

Effraie des clochers

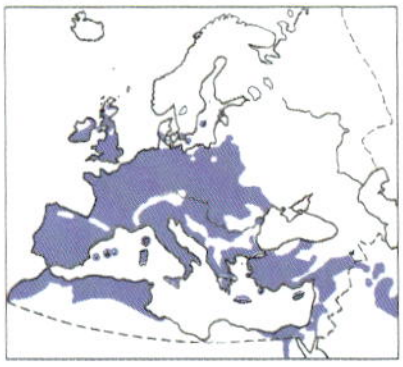

Chouette de Butler

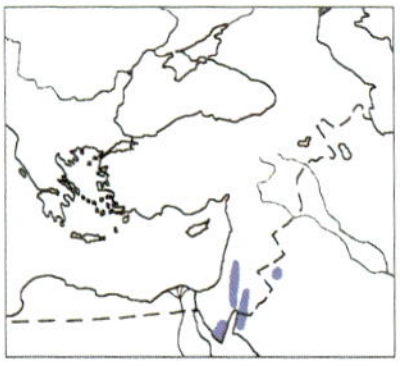

CHOUETTE HULOTTE

EFFRAIE DES CLOCHERS

CHOUETTE DE BUTLER

Chevêche d'Athéna *Athene noctua* NS4

L 23-27,5 cm. E 50-57 cm. En Europe, régions basses, ouvertes, avec champs, vignes, vergers, prairies pâturées, bosquets, bocage avec haies et murets, falaises, jardins, parcs. Plus au sud, également communément dans les semi-déserts. Sédentaire. Partiellement diurne, se tenant souvent à découvert et donc d'observation assez facile. Alim. : insectes, petits oiseaux et petits batraciens et reptiles. Nid dans un trou, souvent d'arbre ou de bâtiment, mais aussi dans une falaise, une carrière, un mur de pierre sèche ou au sol.

CARACTÉRISTIQUES Assez petite et trapue. Grosse tête globalement ronde avec calotte assez plate ; longues pattes et courte queue. Inquiète, souvent ramassée ; excitée, se redresse et se tasse tour à tour. Vol rapide et, sur de longs trajets, onduleux (comme un pic) ; plus direct, avec des battements continus, sur distances plus courtes. Brunâtre dessus avec des taches blanches, blanchâtre dessous avec des rayures brunes serrées. Sourcils obliques blanchâtres donnant une expression « sévère ». Yeux jaunes. Bec jaune grisâtre. – *Juv. :* motifs plus diffus, pas de taches blanches sur la calotte. – *Variantes :* dans le sud du Moyen-Orient, race *lilith* brun-gris pâle, d'aspect habituel extrêmement pâle en dépit de certaines variations de nuance. Populations intermédiaires entre cette race pâle et les oiseaux plus sombres d'Europe de l'O, dans le sud-est de l'Europe et en Asie Mineure *(indigena)*, ainsi qu'en Asie centrale *(bactriana)*.

VOIX Cri habituel : jappement perçant *kii-ou* ou *ouiyou*, en fausset, d'ordinaire descendant, souvent répété indéfiniment. Alarme : *kii, kii, kii-kii*… bref, nerveux et aigu. La ♀ quémande avec divers sons grinçants, étouffés, avec ou sans sons roulés. Chant : sifflement plein, doux et légèrement traînant, assez grave, légèrement montant à la fin, *gououououèk?* (« interrogatif »), répété toutes les 5 à 10 secondes. La ♀ émet une version plus aiguë, plus nasillarde. Les jeunes quémandent par un *chrii* sifflant.

Petit-duc scops *Otus scops* N3 / MC / HR

L 19-21 cm. E 47-54 cm. Boisements clairs de feuillus et mixtes, bosquets, parcs, cimetières, grands jardins exubérants ou à l'abandon, allées de vieux arbres, etc. ; aussi, forêts de montagne largement jusqu'à 1 500 m, parfois plus haut. Migrateur ; hiverne normalement en Afrique, au sud du Sahara, mais quelques individus, peut-être locaux, demeurent tout au sud de l'Europe et en Afrique du Nord. Nocturne. Alim. : surtout insectes. Chasse d'ordinaire à la nuit tombée, évitant le crépuscule. Nid dans une cavité. Adopte les nichoirs (garnis de fragments d'écorce de pin) en cas de pénurie de cavités. Comme le Moyen-duc, se tient étiré verticalement pour se camoufler.

CARACTÉRISTIQUES Petit. Nettement moins grand que la Chevêche d'Athéna, gros comme un étourneau, corps du volume d'un poing. Se tient droit. Aigrettes peu visibles lorsqu'il est calme (alors plutôt comme des coins aigus à la calotte), plus quand il est en alerte (peut adopter la posture étirée de camouflage du Moyen-duc). En vol, ailes proportionnellement longues et étroites, vol rapide et trajectoire peu onduleuse ; cf. Chevêche d'Athéna. Normalement, apparaît brun assez uniforme (plus roux ou gris, variable), avec « bretelles » pâles (blanc grisâtre), face et dessous un peu plus clairs ; de près, fin motif de stries et de barres noires, de taches blanchâtres diffuses et de plages roussâtres. Yeux jaunes. Le P.-d. de Bruce (v. celui-ci) est très semblable.

VOIX Un *drrr-drrr* discret émis par les ad. à l'occasion des offrandes nuptiales. Chant : *tiou (k)* sifflant, bref, assez grave et répété inlassablement toutes les 2 à 3 ou 4 secondes, facile à imiter et audible à 1 km environ. La ♀ émet une version un peu plus aiguë, souvent en duo avec le ♂. Diffère du chant du Crapaud alyte par le son un peu plus long, plus plein et plus mélodieux.

Petit-duc de Bruce *Otus brucei*

L 20-22 cm. Mêmes milieux que le Petit-duc scops. Migrateur partiel ; certains ind. hivernent au sud d'Israël ; dortoir diurne dans les acacias touffus. Nocturne. Alim. : surtout insectes, mais aussi petits mammifères et oiseaux. Nid dans une cavité ou un ancien nid de pie.

CARACTÉRISTIQUES Petit. Un peu plus grand que le P.-d. scops (non perceptible sur le terrain), mêmes mœurs, et même silhouette, mais : aigrette larges et tronquées, à peine visibles quand l'oiseau est détendu ; se tient verticalement ; longues ailes et courte queue. Principaux caractères distinctifs par rapport au P.-d. scops en sus du chant : plum. gris sable plus clair, plus fade, surtout à la face ; rayures du dessous fines et nettes (quelques raies plus larges à la poitrine), mises en valeur par le fond pâle ; dessous seulement finement et régulièrement vermiculé (sans les larges taches blanches ni les nettes barres sombres du P.-d. scops) ; « bretelles » pâles toujours chamois (non blanchâtres comme chez certains P.-d. scops) ; pas de brun-roux au plum. ; très peu de taches pâles dessus (certains P.-d. scops du sud de l'Europe et du Moyen-Orient sont assez proches). Les orteils portent en principe quelques plumes (le P.-d. scops a les orteils nus), ce qui est rarement un signe diagnostique. – *Juv. :* dessous finement barré, sans nettes rayures (à la différence du P.-d. scops juv.).

VOIX Le chant est le critère le plus distinctif par rapport au P.-d. scops. Voix plus douce et bien moins sonore, qu'on entend habituellement seulement jusqu'à 300 environ. Chant : série d'une dizaine de sons graves roucoulés *vouh vouh vouh vouh*… ; le son est étouffé, comme ventriloque (non un sifflement sonore à tonalité suave comme chez le P.-d. scops), sur un rythme proche de celui du Pigeon colombin ; première et dernière notes un peu plus faibles. Aussi *tzir-tir-tir-ir* aigu et grinçant quand l'oiseau est dérangé.

Chevêche d'Athéna

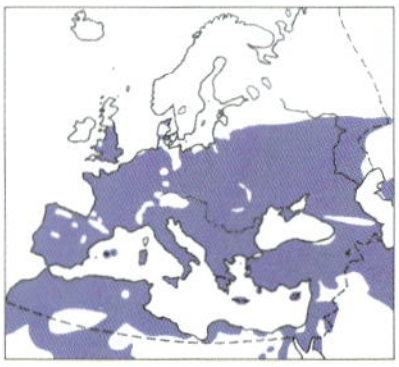

Petit-duc scops

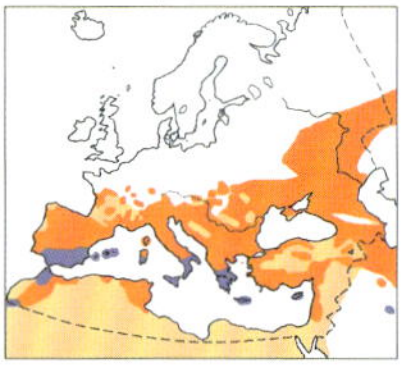

Petit-duc de Bruce

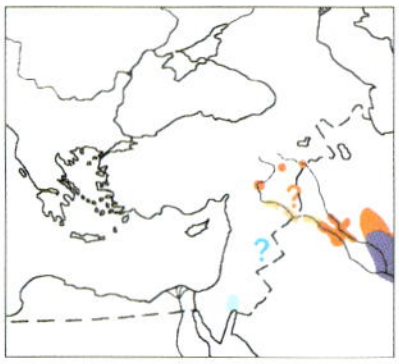

CHEVÊCHE D'ATHÉNA

PETIT-DUC SCOPS

PETIT-DUC DE BRUCE

DZ

ENGOULEVENTS : CAPRIMULGIDÉS

Oiseaux spécialisés pour la capture des insectes en vol, au crépuscule et de nuit. Ailes et queue longues et étroites. Grosse tête, cou et pattes courts, petit bec. Se reposent de jour, couchés à terre ou sur une branche. Se manifestent généralement la nuit par leur chant. Nid à terre.

Engoulevent d'Europe

Caprimulgus europaeus N4 / MR

L 24-28 cm. E 52-59 cm. Surtout pinèdes claires à sol sablonneux, coupes, clairières et jeunes parcelles ; également, boisements plus clairs de feuillus et mixtes avec coupes ; landes sèches arborées. Visiteur d'été (mai-sept.). Hiverne en Afrique.

CARACTÉRISTIQUES Tacheté de brun, blanc beigeâtre, gris et noir. Yeux mi-clos, se repose sur une branche (dans la longueur) ou au sol ; très difficile à découvrir. Le ♂ ad. porte des taches blanches sur les ailes et les coins de la queue (manquent chez la fem. et les oiseaux de 1er automne). Le ♂ a aussi une petite tache blanche au côté de la gorge (absente ou insignifiante chez la fem.). Vol de chasse silencieux, léger et manœuvrant, avec courtes montées, brefs vols sur place, rapides planés et ainsi de suite.

VOIX Habituellement entendu seulement en période de nidification, de nuit. Contact : *krruit* coassant, sonore. Chant : sorte de ronronnement *errrrrrrurrrrrrrurrrrre-rrrrrr*... continu, sonore, rapide, dur, sur plusieurs minutes et audible souvent à 1 km, répété durant des heures du crépuscule à l'aube, avec seulement de brèves pauses. Claquements d'ailes en parade.

Engoulevent à collier roux

Caprimulgus ruficollis MO

L 30-34 cm. E 60-65 cm. Landes sableuses à bosquets et buissons ; pinèdes touffues (pins parasols). Visiteur d'été (fin avril-mi-octobre). Hiverne en Afrique occidentale.

CARACTÉRISTIQUES Le plus grand engoulevent de la région étudiée. Plus grand et à plus longue queue que l'E. d'Europe. Plum. à motif similaire mais collier, gorge et haut de la poitrine ocre-roux. Toutes les couv. alaires à large bout pâle. Les deux sexes ont des taches pâles sur les ailes et la queue (plus nettes et blanches chez le ♂), ainsi qu'une tache blanche à la gorge. – *Variante :* en Afrique du Nord, *desertorum*, à plum. nettement plus clair et plus roux.

VOIX *Tché-tché-tché*» rauque (comme un bruit de vapeur), émis par la ♀. Chant : *kyoutouk-kyoutouk-kyoutouk-*... heurté, sonore, un peu nasillard, répété en longues séquences ; l'intensité augmente et décroît un peu au cours du chant. Claquements d'ailes en parade.

Engoulevent du désert *Caprimulgus aegyptius*

L 24-27 cm. E 53-58 cm. Sédentaire. Déserts et semi-déserts à végétation rare, par ex. dunes à arbrisseaux nains et arbres isolés, surtout près de sources et de petits cours d'eau.

CARACTÉRISTIQUES Taille de l'E. d'Europe ; ailes longues et étroites comme ce dernier, et assez longue queue, mais plus clair et plus de couleur sable. Fins motifs dessus, sans les rayures noires de l'E. d'Europe. Pas de nettes taches alaires blanches (beaucoup de blanc au vexille interne des primaires externes, de sorte que le dessous de la main apparaît blanc, tandis que le dessus présente du blanc seulement lorsque les ailes sont déployées). En vol, motif du dessus des ailes rappelant le Faucon crécerelle ♀, avec main plus foncée que le bras jaune brunâtre. Queue pâle. Vole à coups d'ailes lents et saccadés un peu comme un Hibou moyen-duc (attention, en hiver, au Moyen-Orient, à la petite race *unwini* de l'E. d'Europe, venue d'Iran, avec primaires à dessous barré et de nettes rayures noires sur le dos, comme chez les ind. européens).

VOIX Chant : longues séries de *krrou-krrou-krrou-*... rapidement répétés, mécaniques, brefs et sonnant creux, rappelant de loin un moteur de bateau de pêche ; le rythme ralentit légèrement à la fin de chaque série.

Engoulevent de Nubie *Caprimulgus nubicus*

L 20-22 cm. E 46-50 cm. Sédentaire. Zones ouvertes, dénudées et arides, semi-déserts à arbres (acacias, tamaris, boqueteaux de palmiers). Actif surtout à la tombée de la nuit mais chante parfois avant le crépuscule. Se pose souvent sur les routes et dans les champs nus.

CARACTÉRISTIQUES Le plus petit engoulevent de l'aire étudiée. Queue proportionnellement plus courte que l'E. d'Europe, ailes légèrement plus larges. Couleur à peu près comme l'E. à collier roux, principalement grise, avec collier ocre rouille et rémiges primaires internes barrées de brun-roux. Chez le ♂, très nettes taches blanches sur les ailes et la queue (ailes par ailleurs presque noires).

VOIX Chant : cri retentissant et sonnant creux, doublé juste une fois à la seconde *kiaou-kiaou* ou *trul-trul*, audible seulement jusqu'à 200 m environ. Claquements d'ailes.

Engoulevent d'Amérique *Chordeiles minor* MO

L 23-25,5 cm. E 54-60 cm. Espèce nord-américaine, occasionnelle en Europe (sept.-oct.). Taille de l'E. d'Europe, mais ailes plus pointues et queue de longueur moyenne et légèrement fourchue. Lors des planés, de face : ailes en V avec l'articulation pliée. Primaires non barrées, noirâtres, avec chez le ♂ une nette et large barre blanche (à mi-distance entre le poignet et le bout), insignifiante chez la ♀. Chez le ♂ nette bavette blanche (moindre et à nuance chamois chez la ♀). Juv. avec bord postérieur des ailes blanc.

Engoulevent d'Europe

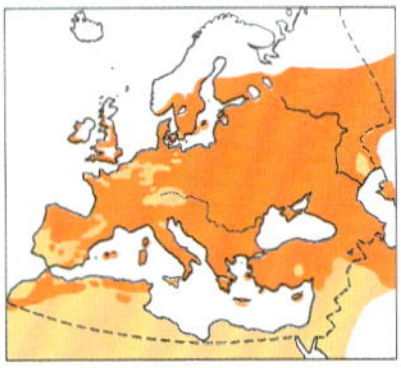

Engoulevent à collier roux

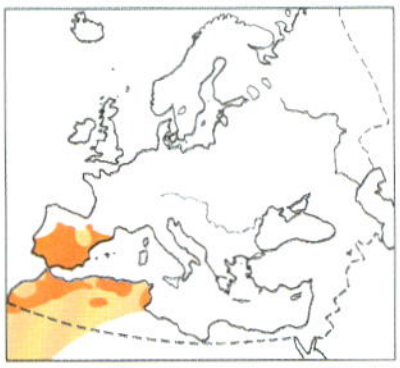

Engoulevent du désert

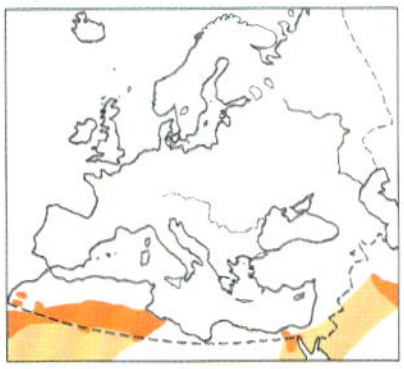

Engoulevent de Nubie

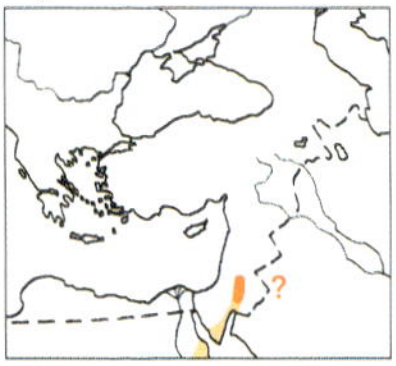

ENGOULEVENT D'EUROPE

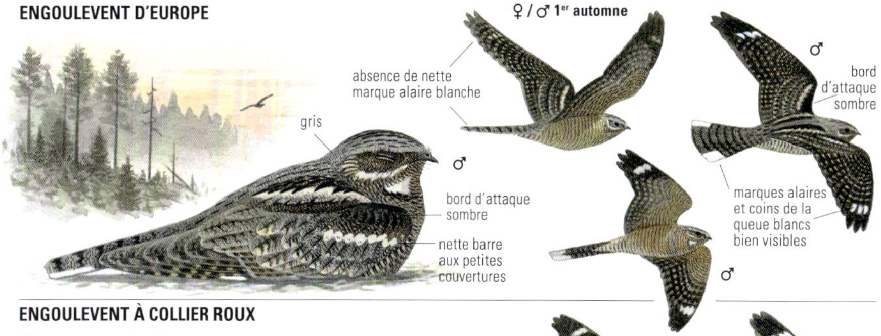

ENGOULEVENT À COLLIER ROUX

ENGOULEVENT DU DÉSERT

ENGOULEVENT DE NUBIE

ENGOULEVENT D'AMÉRIQUE

MARTINETS : APODIDÉS

Oiseaux aérodynamiques, petits à moyens, à longues ailes pointues en lame de faux, excellents voiliers, endurants. Pattes réduites, « agrippantes », ne leur permettant pas de se percher (alors que les hirondelles le peuvent). Sexes semblables. S'accouplent et parfois même dorment (!) en vol. Se nourrissent surtout d'insectes. Nid dans un trou.

Martinet noir *Apus apus* N5 / MA

L 17-18,5 cm. E 40-44 cm. Villes, villages et, rarement, zones boisée ou falaises à l'écart. Visiteur d'été (fin avril à fin août) ; hiverne en Afrique méridionale. Nid dans les trous d'aération et les fissures des murs, sous les toits, dans des clochers, etc. Couples fidèles pour la vie ; un même couple peut réutiliser le même site de nidification durant plus de 15 ans.

CARACTÉRISTIQUES Chasse sans relâche les insectes en vol, souvent en compagnie d'hirondelles (avec lesquelles il est souvent confondu) dont il diffère par : dessous tout sombre (mais gorge pâle), taille supérieure ; forme des ailes et vol, particuliers. Ailes en lame de faux, avec longue main et bras réduit (angle de l'aile peu apparent, tout près du corps). Vol à coups d'ailes frénétiques, amples, alternant avec de longs planés tranquilles contre le vent (les hirondelles papillonnent, ramènent davantage leurs ailes en arrière et entrecoupent les séries de battements de brefs planés). – *Juv.* : fond plus noir ; front et lores pâles (liserés blancs) ; tache plus blanche à la gorge ; couv. alaires finement bordées de blanc.

VOIX Cri strident, perçant et unique *srriiirr*, parfois très légèrement descendant ou montant. Les cris émis en chœur lors des soirées de plein été sont bien connus.

Martinet pâle *Apus pallidus* N3 / MR

L 16-18 cm. E 39-44 cm. Niche dans les villes et sur les parois rocheuses, de préférence près de la mer ; nid dans un trou, comme le M. noir. Migrateur, hiverne au sud du Sahara.

CARACTÉRISTIQUES Très semblable au M. noir, mais ailes un peu plus larges (ce qui apparaît surtout à la main), tête et cou plus larges, corps plus trapu. Vole à coups d'ailes un soupçon plus lents, avec planés plus longs. Front et gorge en général plus clairs, et tache oculaire foncée tranchant sur les côtés de la tête brun plus clair. Ailes avec dessus des rémiges secondaires, primaires internes et couv. primaires brun légèrement plus clair, contrastant avec les rémiges primaires externes presque noirâtres et le manteau brun plus foncé. Dos et croupion d'un brun à peine plus pâle que le manteau (vague indication de « selle » sombre ; le M. noir est plus uniformément sombre dessus, mais à noter que les individus asiatiques *(pekinensis)* peuvent avoir une « selle » encore plus sombre que le M. pâle). Dessous du corps légèrement plus clair et à motif plus écailleux que chez le M. noir. Noter que lumière et fond peuvent fournir de trompeuses impressions.

VOIX Comme le M. noir (et bien souvent difficile à différencier). Cri dissyllabique, le plus courant : *vrrii-é*, plus nettement descendant, presque toujours plus grave, enfin un peu plus sec, plus mécanique et plus dur.

Martinet à ventre blanc *Apus melba* N3 / MR

L 20-23 cm. E 51-58 cm. Niche en colonies, généralement dans les bâtiments élevés, et sur les parois rocheuses. Visiteur d'été (avril-sept.). Hiverne en Afrique.

CARACTÉRISTIQUES Taille importante pour un martinet, coups d'ailes calmes, amples (peut à première vue être pris pour un Faucon hobereau), et ventre blanc. Le blanc de la gorge, masqué ou limité, n'est pas toujours aussi facile à distinguer. Dessus et bande pectorale gris-brun fauve.

VOIX Typique : *ti ti ti-ti-ti-ti-ti-ti-ti-ti-ti-ti-ti-ti-ti-ti-ti-ti ti-tu-tu* sonores, en séries stridentes qui vont en s'accélérant ou (le plus souvent) en ralentissant, et descendent un peu à la fin.

Martinet unicolore *Apus unicolor*

L 14-15,5 cm. E 36-39 cm. Madère, Canaries. Visiteur d'été (mars-août) mais nombre d'ind. hivernent sur place ; quartiers d'hiver largement inconnus mais supposés être situés en Afrique de l'Ouest côtière.

CARACTÉRISTIQUES Très semblable au M. noir (y compris par la dominante sombre) mais un peu plus petit et plus élancé, et à ailes plus étroites. Queue proportionnellement un peu plus longue, à attache plus étroite. Tache pâle de la gorge plus petite, moins apparente et moins nettement délimitée vers le haut de la poitrine. Gris brunâtre un peu plus clair que chez le M. noir (visible dans des conditions optimales). Vol souvent incroyablement véloce, avec virages encore plus secs que chez le M. noir ; au contraire de ce dernier, vole fréquemment au travers des arbres.

VOIX Ne diffère pas de celle du M. noir.

Martinet cafre *Apus caffer*

L 14-15,5 cm. E 33-37 cm. Aire de répartition principale en Afrique sub-saharienne. Niche dans d'anciens nids d'Hirondelle rousseline. Vis. d'été (S Espagne). Hiverne au sud du Sahara.

CARACTÉRISTIQUES Sombre, avec étroite tache blanche au croupion, petite tache blanche bien délimitée à la gorge et rémiges secondaires à bout diffusément pâle. Ailes pointues avec longue main ; vol rapide, agile, avec battements pressés. Arrière du corps élancé et longue queue profondément fourchue. Queue souvent refermée en vol, prolongeant le corps en pointe.

VOIX Séries de staccatos rudes pouvant se terminer en trille : *tchutt-tchutt-tchutt-tchutt-utttttt.*

Martinet des maisons *Apus affinis* MO

L 12-13,5 cm. E 32-34 cm. Villes et agglomérations, parois rocheuses. Migrateur partiel.

CARACTÉRISTIQUES Sombre. Très large tache blanche au croupion descendant sur les côtés (visible par-dessous). En vol, silhouette typique avec queue à large base, courte mais large et coupée droit (étalée, est plus arrondie), main large mais courtes secondaires, de sorte que les ailes paraissent fournies en leur centre mais que leur bord postérieur est échancré près de la base (effet renforcé au printemps, les primaires les plus internes manquant par suite du début précoce de la mue). Vol souvent très similaire à celui de l'Hirondelle de fenêtre, papillonnant mais moins rapide.

VOIX Gazouillis aigu et sonore, à l'intensité variable.

Martinet noir

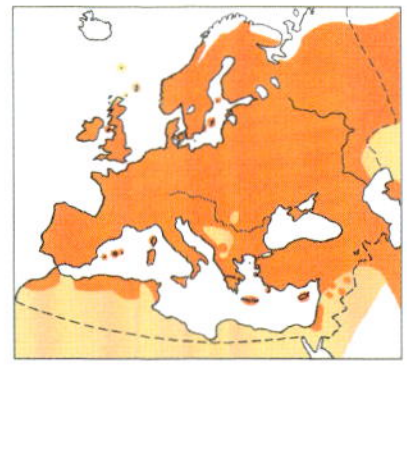

MARTINET NOIR

MARTINET PÂLE

MARTINET À VENTRE BLANC

MARTINET UNICOLORE

MARTINET CAFRE

MARTINET DES MAISONS

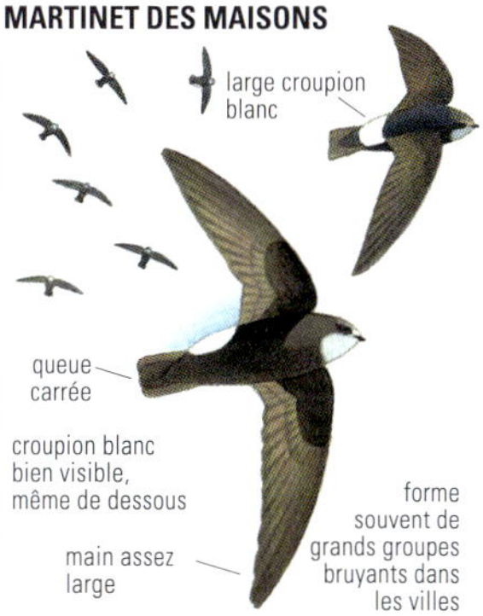

Martinet pâle

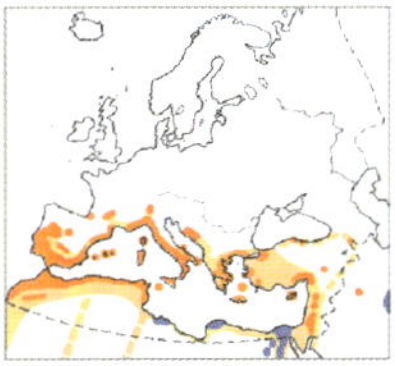

Martinet à ventre blanc

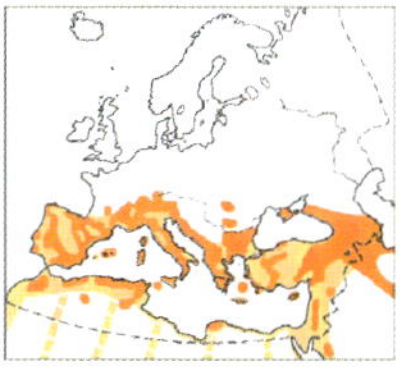

Martinet cafre

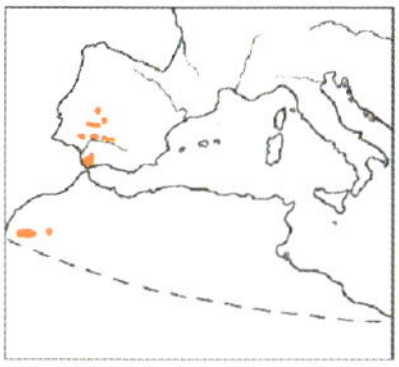

Martinet des maisons

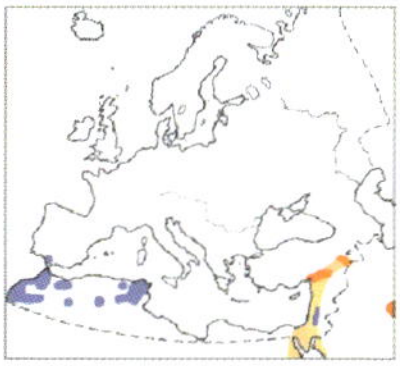

Huppe fasciée *Upupa epops* N4 / MC / HR
L 25-29 cm (dont bec 4-5 cm). E 44-48 cm. Cultures et zones ouvertes, herbeuses, même pâturées, avec bosquets, haies et buissons ; souvent dans les vignes et les vergers. Visiteuse d'été (avril à sept.). Hiverne en Afrique. Souvent à terre, aime les lieux à herbe rase ou dénudés où elle peut se nourrir de vers et d'insectes. Ne se cache pas mais se tient à une certaine distance de l'observateur. Nid dans un trou d'arbre, de muret ou de bâtiment.

CARACTÉRISTIQUES L'un des oiseaux les plus remarquables et les plus caractéristiques de la région étudiée. Plum. chamois orangé ; ailes larges et arrondies à larges bandes noires et blanches ; huppe érectile, rabaissée presque instantanément lorsqu'elle se pose. Bec long et étroit, vaguement arqué. Queue noire à large barre blanche. Vol indécis, avec de brusques virages, de petits planés et un rythme irrégulier, souvent près du sol. À terre, active, affairée.

VOIX Inquiète ou excitée : *chèr* grinçant, aigu. Également, *tyerrr* sec et roulé en s'alimentant et dans d'autres situations. Chant : *oupp-oupp-oupp* répété plusieurs fois, doux et caverneux ; sourd de près mais porte loin.

MARTINS-PÊCHEURS, ALCYONS... : ALCÉDINIDÉS

Petits ou moyens et trapus. Tête et bec proportionnellement longs, cou et pattes courts. La plupart des espèces habitent près de l'eau et plongent pour pêcher les poissons.

Martin-pêcheur d'Europe *Alcedo atthis* N4 / MC / HC
L 17-19,5 cm (dont bec environ 4 cm). Niche surtout près des petits et moyens cours d'eau lents bordés d'arbres, à berges sablonneuses. Résistant, mais fuit en hiver quand il y a de la glace et de la neige dans le nord de l'Europe. Immobile, guette les petits poissons qu'il capture après un plongeon vertical. Vole parfois sur place. Farouche et remuant. Creuse son nid dans les berges sablonneuses, sous forme d'un tunnel long d'un mètre aboutissant au nid proprement dit, où les petits sont nourris de poisson.

CARACTÉRISTIQUES Petit, trapu. Queue et pattes courtes. Grosse tête et bec proportionnellement long. Se tient dressé. Belles couleurs éclatantes : calotte et ailes bleu verdâtre (apparaissant plus verdâtres sous certains angles) ; dos et queue bleu clair (varie du bleu azur au bleu de cobalt) ; dessous et tache à la joue orangé chaud ; gorge et tache sur les côtés du cou, blanches. Malgré ses couleurs caractéristiques, l'oiseau posé et immobile est difficile à distinguer dans l'ombre, sur une branche au bord d'un cours d'eau. Se remarque généralement quand il vole bas au-dessus de l'eau, droit et rapidement, en criant. Sexes semblables mais chez les nicheurs, le ♂ a le bec tout noir et la ♀ la base du dessous du bec rougeâtre. Pattes rouge chair. – *Juv.* : comme l'ad. mais plum. un peu plus terne et plus vert, et pattes grisâtres.

VOIX Contact, souvent en vol : sifflement aigu, bref et perçant, *zii*, parfois avec une finale additionnelle, *zii-ti* ; répété par séries en cas d'excitation. Chant, rarement entendu, simple série de cris sur un rythme haché et irrégulier.

Martin-chasseur de Smyrne *Halcyon smyrnensis*
L 26-30 cm (dont bec 6 cm env.). À la différence des espèces voisines, non strictement inféodé à l'eau ; bosquets des terres cultivées assez sèches, palmeraies et parcs, en groupes ; parfois aussi bois à proximité de l'eau. Alim. : poissons, batraciens, lézards et insectes.

CARACTÉRISTIQUES Taille d'une grosse grive. Couleurs intenses sans confusion possible : tête, ventre, flancs et petites couv. alaires châtain foncé ; gorge et haut de la poitrine blancs ; dos, dessus de la queue et une grande part du dessus des ailes bleu-vert. Bec corail. En vol, centre de la main bleu ciel ; grande zone alaire blanche dessous. – *Juv.* : un peu plus terne et souvent à fines barres sombres sur la poitrine blanche. Bec jaune brunâtre ou orangé, à pointe plus foncée.

VOIX Loquace et bruyant. Alarme : séries de *krix krix krix krix-ix...* forts et métalliques. Chant : sifflement trillé, très sonore, répété, descendant, *ti-ti-tuy-tuy-tu-tu...*, souvent émis de la cime d'un haut eucalyptus.

Martin-pêcheur d'Amérique *Ceryle alcyon*
L 31-34 cm. Très rare occasionnel d'Amérique du N. Données d'Islande, Irlande, Pays-Bas ou Grande-Bretagne.

CARACTÉRISTIQUES Grand et vigoureux. Dessus gris plomb avec collier blanc. Poitrine blanche, soit avec une bande grise (♂), soit avec une bande grise et une rousse (♀). Longues plumes de la calotte et de la nuque érectiles, formant alors une crête hirsute.

Alcyon pie *Ceryle rudis*
L 25-27 cm (dont bec environ 5 cm). Cours d'eau, lacs, canaux, étangs, deltas, et aussi côtes où on peut le voir voler sur place longuement. Sédentaire. Alim. : poissons qu'il capture après un vol sur place et un plongeon.

CARACTÉRISTIQUES Grand et remuant. Vole sur place et se tient à découvert, donc facile à observer. Plum. bariolé de noir et blanc. Dessous blanc avec deux bandes noires à la poitrine chez le ♂, une seule chez la ♀. Sourcil blanc entre la calotte noire et le trait sourcilier noir. Queue assez longue et blanche avec milieu et bande terminale noirs. Main noire avec plage blanche à la base des primaires. Bec noir.

VOIX Sifflements perçants, souvent pressés, sans schéma défini mais pouvant devenir un *ti ti-tutt-ti ttéritt* plus rythmé.

Huppe fasciée
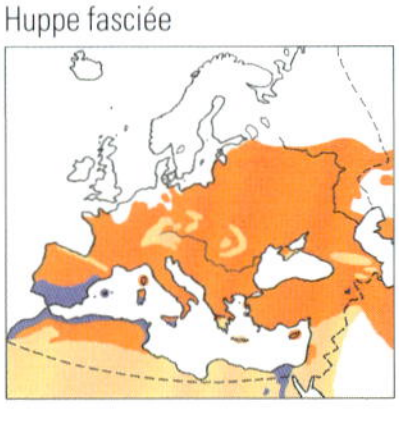

Martin-pêcheur d'Europe
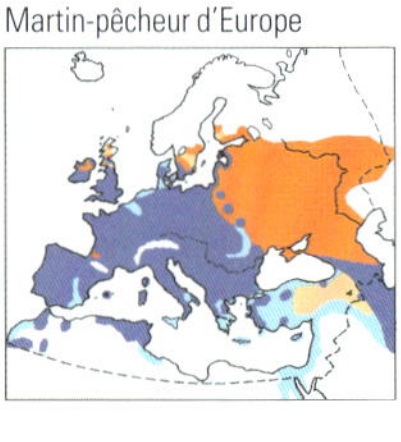

Martin-chasseur de Smyrne
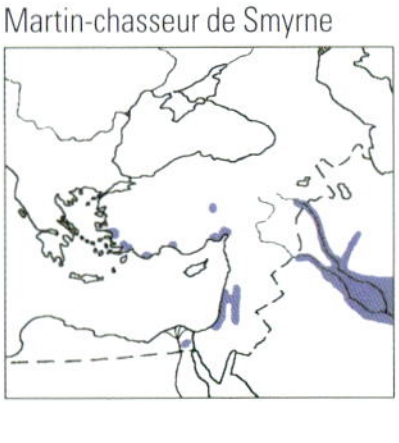

Alcyon pie
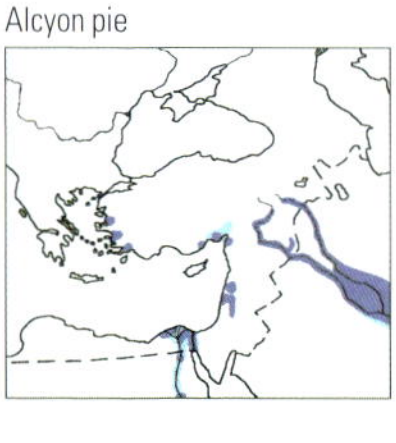

HUPPE FASCIÉE

MARTIN-PÊCHEUR D'EUROPE

MARTIN-CHASSEUR DE SMYRNE

M.-P. D'AMÉRIQUE

ALCYON PIE

GUÊPIERS : MÉROPIDÉS

Trois espèces nichent dans la région étudiée, et de nombreuses autres dans le reste de l'Afrique et le sud de l'Asie. Oiseaux élancés de la taille d'une grive ou moins. Thermophiles. Grégaires ; souvent vus en groupes, nichent en colonies. Nid dans un terrier, souvent creusé dans la berge d'un cours d'eau ou la paroi d'une sablière.

Guêpier d'Europe *Merops apiaster* N3 / MR

L 25-29 cm (y compris saillie caudale, 0-3 cm). E 36-40 cm. Zones ouvertes ensoleillées, cultures, prairies sèches, marais, avec buissons, arbres isolés et bosquets, souvent près des cours d'eau à berges sablonneuses abruptes mais aussi dans les sablières. Visiteur d'été (mai-août). Hiverne dans le sud de l'Afrique. Assez craintif.

CARACTÉRISTIQUES Taille moyenne. Plum. bariolé d'oiseau exotique. Ad. : confusion impossible ; gorge jaune vif, dessous bleuâtre, calotte, dos et dessus du bras brun-roux. Le juv. peut être confondu avec le G. de Perse, de loin, du fait du dessus plus terne et plus nuancé de vert. Chasse les insectes souvent à bonne hauteur avec des planés les ailes raides et de brefs épisodes de battements rapides d'ailes. Vus de dessous, la plupart des guêpiers ont le même aspect avec des ailes pointues, rousses, finement bordées de noir à l'arrière ; noter toutefois, chez le G. d'Europe, la bordure sombre un peu plus large en arrière du bras qu'en arrière de la main.

VOIX Contact : *prrut* souvent répété, doux mais énergique, roulé, montant, émis en chœur pendant le vol et audible de loin. Bref *vut* plus pur en cas de dérangement au nid.

Guêpier de Perse *Merops persicus* MO

L 28-32 cm (y compris saillie caudale, 4-8 cm). E 35-39 cm. Milieux ouverts et arides, mais fréquente volontiers les cours d'eau, parfois aussi dans les bois clairs et les clairières. Visiteur d'été (avril-sept.). Hiverne en Afrique.

CARACTÉRISTIQUES Presque totalement vert. De la taille du G. d'Europe, mais l'ad. a des rectrices centrales plus longues. Comme le G. d'Europe, dessous des ailes rouille et est donc similaire de dessous en vol (quand on ne peut pas apprécier la forme de la queue). Noter : dos uniformément vert (pas d'épaules pâles), tache rouge-roux à la gorge avec seulement un peu de jaune au menton et, de dessous, bord postérieur sombre au bras, plus étroit que chez le G. d'Europe (de largeur constante le long de l'aile). – *Juv. :* vert plus terne. Saillie caudale rudimentaire. Presque pas de jaune au menton et pas de bleu verdâtre aux côtés de la tête.

VOIX Contact : rappelle le G. d'Europe en plus sec et plus aigu : *prri-prri-prri-*…, sans la qualité mélodieuse, et donc portant moins loin.

Guêpier d'Orient *Merops orientalis*

L 20-25 cm (y compris saillie caudale 2-8 cm). Milieux ouverts et arides avec arbres clairsemés, palmeraies, jardins, etc. Souvent posé sur les fils électriques et au sommet d'arbrisseaux. Non farouche.

CARACTÉRISTIQUES Le plus petit guêpier de la région étudiée. Taille d'un Traquet motteux. Presque entièrement vert, trait sourcilier noir, bande noire entre la gorge et la poitrine. Sexes semblables. Juv. sans saillie caudale, couleurs un peu plus ternes. – *Variantes :* en Israël et en Jordanie (race *cyanophrys*), toute la gorge et étroit sourcil bleu vif, bande noire en bas de la gorge généralement large et peu nette, et rectrices centrales courtes. Dans la vallée du Nil (race *cleopatra*), gorge vert pâle, bande à la gorge toujours étroite et longues rectrices centrales.

VOIX Contact et alarme : *kitt* bref et dur ou *krrit* roulé, métallique. Chant : séries rapides de divers sifflements durs, roulés et aigus *krrrih-krrih-kru-kru-krièh-kr-kru*.

ROLLIERS : CORACIIDÉS

Rollier d'Europe *Coracias garrulus* N2 / MR

L 29-32 cm. E 52-57,5 cm. Régions arides, ouvertes et chaudes, avec arbres isolés, bosquets et bois clairs (généralement de chênes, localement aussi de pins) riches en gros insectes terrestres (coléoptères, sauterelles, etc.). Visiteur d'été (mai-août). Hiverne en Afrique méridionale. Nid généralement dans un trou d'arbre.

CARACTÉRISTIQUES Taille d'un choucas ; fortement charpenté. Bleu clair à nuance verte (cyan ; plus vert sous certains angles), dos brun-roux. Grosse tête, fort bec noir. En vol, contraste entre couv. alaires bleues et rémiges noirâtres, et contraste encore plus net sous l'aile où les couv. sont bleu pâle, pouvant sembler blanches. Bord postérieur des ailes et croupion bleu outremer. Vol prolongé à coups d'ailes calmes mais puissants, selon une trajectoire droite avec quelques manœuvres peu appuyées. Par rapport, p. ex., au choucas, ailes semblant longues sur un corps mince, et plus anguleuses. – *Juv. :* plus terne et plus gris-vert ; poitrine nuancée de brun ; brunâtre là où l'ad. est brun-roux.

VOIX Alarme et contact : croassement dur, *rak-ak* (parfois unisyllabique ou trisyllabique). Séries de *réèhr-éèhr-éèhr* rauques d'irritation (rappelle le Corbeau freux). En vol nuptial, quelques cris suivis de 1 à 4 *krèèh* rapides, rauques et stridents. La structure des cris varie quelque peu.

Guêpier d'Europe

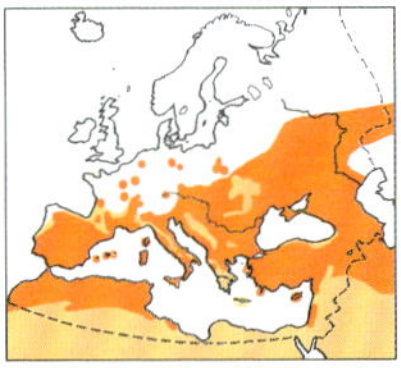

Guêpier de Perse

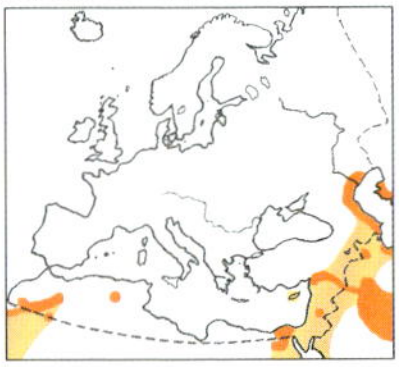

Guêpier d'Orient

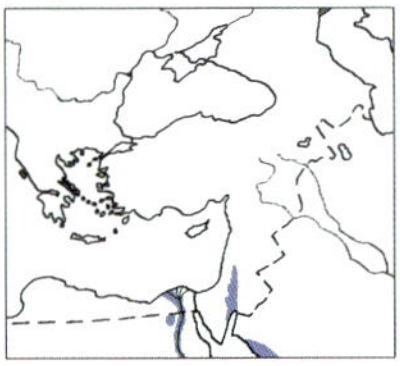

Rollier d'Europe

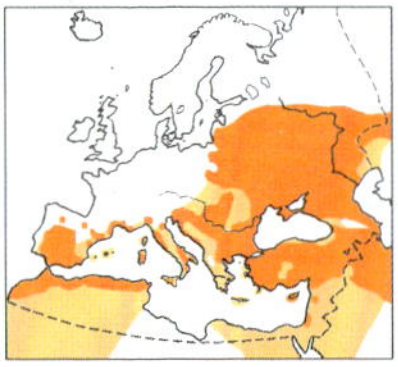

GUÊPIER D'EUROPE

GUÊPIER DE PERSE

GUÊPIER D'ORIENT

cyanophrys (Israël, Jordanie)

cleopatra (N Égypte)

ROLLIER D'EUROPE

PICS : PICIDÉS

Onze espèces, toutes (excepté le Torcol fourmilier) spécialisées pour grimper aux arbres et y forer des cavités de ponte. Anatomie adaptée : pattes robustes à orteils opposés deux à deux (sauf le Pic tridactyle), ongles acérés, rectrices rigides leur permettant de se tenir agrippés verticalement, bec en forme de pic ou de ciseau à bois. Se nourrissent surtout d'insectes xylophages, et possèdent une langue prolongée afin de pouvoir les déloger. La plupart des espèces ont recours au tambourinage comme chant (les deux sexes le pratiquent). Seul le Torcol fourmilier est migrateur.

Pic noir *Dryocopus martius* NS4

L 40-46 cm. E 67-73 cm. Forêts de haute futaie, de préférence de pins et mixtes, mais aussi de hêtres. En progression dans le nord-ouest de l'Europe. Craintif mais néanmoins curieux ; il lui arrive de se montrer quand on l'imite. Nid : cavité à orifice ovale d'environ 9 x 12 cm.

CARACTÉRISTIQUES Taille d'une corneille. Noir, avec yeux blanchâtres et calotte rouge (♂) ou avec seulement une tache rouge à l'arrière de celle-ci (♀). Vol désordonné et un peu inconstant, avec la tête tenue haut et les larges ailes arrondies généralement arquées vers le bas, la trajectoire étant droite (non onduleuse comme chez d'autres pics).

VOIX Riche répertoire de cris très sonores. Souvent entendu toute l'année, en vol et comme alarme : *krruk-krruk-krruk*… Juste au moment de se poser *kliiih-èh* aigu. Chant : série de sifflements aigus, nettement diffèrent du chant du P. vert par plus d'hésitation, une hauteur uniforme et un son « plus sauvage », soit *kou, kui, kui-kui-kui-kui-kui-kui-kui*. Tambourine au printemps ; séries de percussions puissantes, sonores, comme des salves d'arme automatique, qu'on entend jusqu'à 2-4 km, et longues de 1 seconde 3/4 à 3 secondes (plus longue chez le ♂ que chez la ♀).

Pic vert *Picus viridis* NS5

L 30-36 cm. E 45-51 cm. Bois et forêts de feuillus et mixtes, zones cultivées avec pâturages, grands parcs, et même zones plus ouvertes à bosquets. Assez commun. Farouche. Se nourrit principalement de fourmis ; souvent observé à terre. Nid : orifice de la loge de 6 x 7 cm environ.

CARACTÉRISTIQUES Souvent vu lors de son vol onduleux : dessus vert à croupion jaune ; confusion possible seulement avec le P. cendré (v. celui-ci) ; la ♀ juv. est également grisâtre dessus et vole bien en ondulant mais est nettement plus petite et plus élancée, avec des ailes plus étroites et une queue plus longue. Lorsqu'on peut bien observer, aux jumelles, l'oiseau posé, on voit la calotte rouge et l'œil blanc entouré de noir. Le ♂ a une « amande » rouge à la moustache noire, pas la ♀. – *Juv.* : coloration à peu près comme les ad. mais plum. tacheté et barré. – *Variante* : les oiseaux de la péninsule Ibérique *(sharpei)* n'ont presque pas de noir à la tête, sont gris autour des yeux et la moustache rouge du ♂ a un bord noir seulement dessous.

VOIX Remarquable par ses cris. Souvent en vol, sonore et brusque *kiu-kiu-kiuk*, parfois prolongé, et longues séries avec l'accentuation une syllabe sur deux ou toutes les quatre syllabes. Chant *kluh-kluh-klu-klu-klu*…, série sonore et ricanante de 10 à 18 sons élevés et un peu accélérés à la fin. Tambourinage rare, rapide et grave, d'environ 1 seconde 1/2. Les petits quémandent par des séries de cris rauques.

Pic cendré *Picus canus* NS3

L 27-30 cm. Milieux très variés, avec feuillus pourris riches en insectes, vieilles forêts de feuillus claires ou entretenues en parcs ; dans les bois clairs des hauteurs (souvent jusqu'à 600 m, parfois plus). Alim. : insectes, souvent des fourmis. Nid : trou d'envol d'environ 5,5 cm de diamètre.

CARACTÉRISTIQUES Par rapport au P. vert : tête légèrement plus petite et plus ronde, ce qui est renforcé par le bec légèrement plus court et plus grêle ; motifs particuliers gris uniforme sur la tête avec moins de noir autour des yeux (seulement les lores noirs) jaune d'ambre ; étroite moustache noire ; tache rouge de la calotte limitée à l'avant de celle-ci (♂) ou absente (♀). Dessous sans marques, gris clair (avec vague nuance verte) non jaunâtre. – *Juv.* : très semblable à l'ad., plum. seulement légèrement plus terne.

VOIX Inquiet, séries de *tchk* à demi étouffés. Chant : série de 6 à 9 sifflements nets descendant graduellement, *kii ki khu khu khu khu*, et ralentissent souvent nettement après une entame pressée ; n'a pas la qualité « enjouée » du P. vert, semble plus mélancolique. Tambourine plus fréquemment que le P. vert, par des percussions sonores et assez rapides, durant environ 1 seconde.

Pic de Levaillant *Picus vaillantii*

L 30-33 cm. Forêts de montagne à chênes, peupliers, cèdres et pins (aussi, jardins) jusqu'à 2 000 m au moins.

CARACTÉRISTIQUES Comme la ♀ du P. vert de race ibérique mais bord pâle au-dessus de la moustache noire chez les deux sexes jusqu'au bec. Calotte rouge chez le ♂, mais seulement la nuque rouge chez la ♀ (reste de la calotte gris foncé).

VOIX Comme le P. vert, mais chant souvent un peu plus rapide, de hauteur plus uniforme, et plus glougloutant. Tambourine plus ; percussions durant 1 seconde à 1 seconde 1/2.

Pic noir

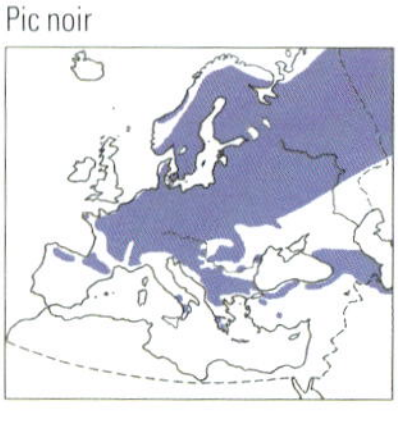

Pic vert

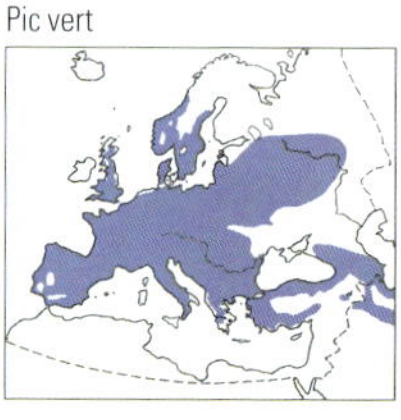

Pic cendré

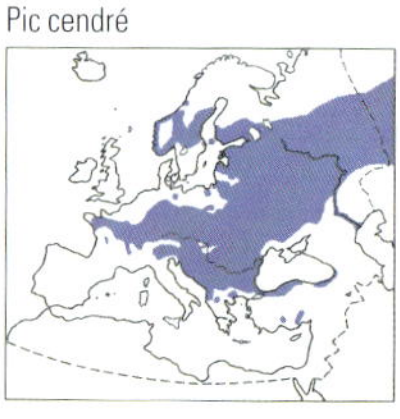

Pic de Levaillant

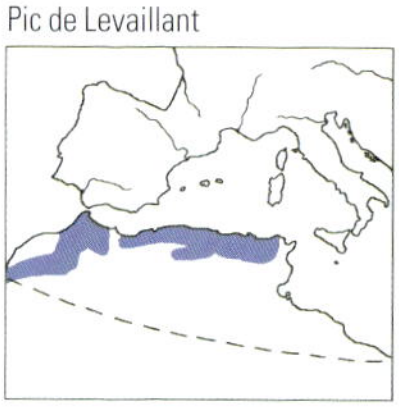

PIC NOIR

PIC VERT

PIC CENDRÉ

PIC DE LEVAILLANT

Pic épeiche *Dendrocopos major* NS5

L 23-26 cm. E 38-44 cm. Boisements variés, avant tout ceux à sapins et à pins (les graines de conifères sont importantes pour sa nourriture hivernale) mais aussi dans les forêts de feuillus, les parcs et les grands jardins sauvages. Craintif et prudent, mais on peut parfois le voir mieux en hiver aux mangeoires. Alim. : insectes, graines (de pins), parfois même œufs d'oiseaux et oisillons. Dépouille les pommes de pins de leurs graines en les coinçant dans des fentes de l'écorce, en dessous desquelles s'amoncellent les restes de cônes. Nid : trou d'envol d'environ 5 x 6 cm.

CARACTÉRISTIQUES Le plus commun des pics. Plum. noir, blanc et rouge. Généralement facile à reconnaître aux sous-caudales rouges, nettement séparées du ventre blanchâtre, aux flancs rayés et aux deux grandes taches scapulaires ovales blanches. Ailes noires barrées de blanc. Vol nettement onduleux mais trajectoire droite. – ♂ *ad. :* tache rouge à l'arrière de la calotte. – ♀ *ad. :* calotte noire. – *Juv. :* la plus grande part de la calotte rouge (tache rouge plus grande et plus vive chez les mâles), bande noire plus vague entre la moustache et la nuque, sous-caudales rouge plus pâle, et parfois vague rayures aux flancs (confusion possible avec les P. mar et à dos blanc). Noter : les taches scapulaires ovales blanches comme chez l'ad. (ce qui élimine le P. à dos blanc) ; moustache noire près du bec, bord noir sur les côtés de la tache rouge de la calotte et arrière de la calotte noir (ce qui élimine le P. mar). – *Variantes :* oiseaux de l'ouest et du sud de l'Europe généralement blanc-gris brunâtre sale dessous et au front, bec un peu plus faible. En Algérie et Tunisie *(numidus)*, poitrine bariolée de noir et de rouge, et rouge des sous-caudales s'étendant loin sur le ventre.

VOIX Contact : bref et net *kik !*, parfois répété longuement et lentement (à raison d'un par seconde). Agitation traduite par une série de sons très rapides répétés de façon brouillonne : *tchrett-tchrett-tchrett-tchrett*... Tambourinage au printemps typiquement bref (0,4-0,8 seconde), percussions rapides (difficiles à discerner) et cessant brusquement. Les petits quémandent par des séries incessantes de fins et sonores pépiements : *vivivivivi*...

Pic syriaque *Dendrocopos syriacus*

L 23-25 cm. Régions cultivées avec vergers, jardins, parcs, avenues, vignes, etc. En progression vers l'ouest depuis le début du XXe siècle. Alim. : insectes, fruits et baies. Nid : trou d'envol d'environ 5 cm de diamètre.

CARACTÉRISTIQUES Très semblable au P. épeiche. Un examen détaillé est nécessaire pour faire la distinction ; noter l'absence de bande noire reliant la bande centrale noire de la nuque aux chevrons noirs des côtés du cou (caractère le plus certain chez l'ad.), le bec un peu plus long, les plumes pâles aux narines (v. P. épeiche), le blanc plus réduit aux rectrices externes (seulement quelques taches blanches au vexille externe ; le P. épeiche a d'étroites barres blanches) ; en règle générale, plus blanc sur les côtés de la tête et front plus clair (P. épeiche généralement blanc sale aux joues et blanc brunâtre au front, mais certains sont totalement semblables), parfois quelques vagues raies grises sur les flancs et le ventre (jamais chez le P. épeiche après le stade juv.) ; en règle générale, sous-caudales rouge moins vif (mais certains semblables) ; souvent, tache rouge à l'arrière de la calotte un peu plus grande chez les mâles par rapport à ceux du P. épeiche (mais certains sont identiques). – *Juv. :* flancs rayés ; poitrine souvent à nuance rouge.

VOIX Cri habituel plus doux que celui du P. épeiche et souvent comparable à l'alarme du Chevalier gambette, *yipp* ; en cas de grande agitation, peut être répété en séries rapides, et même être mêlé d'un *tchrrr*. Également, *tchré-tchré-tchré-* répétitif (rappelant le P. épeiche). Tambourinage similaire à celui du P. épeiche mais peut d'ordinaire être différencié parce qu'il est plus long (0,8 à 2 secondes) et décroît à la fin (chez le P. épeiche, bref et cessant plus brusquement) ; rythme plus rapide que chez le P. à dos blanc. Petits plus silencieux que ceux du P. épeiche.

Pic mar *Dendrocopos medius* NS4

L 19,5-22 cm. Vieilles forêts de feuillus à vieux chênes, charmes et ormes, avec clairières, pâturages et parties plus touffues. Thermophile. Se nourrit d'insectes et de sève. Se tient vers la cime des arbres et sautille souvent le long des grosses branches en chassant les insectes. Nid souvent dans les troncs ou grosses branches pourris, parfois très penchés ou presque couchés : trou d'envol d'environ 4 cm de diamètre.

CARACTÉRISTIQUES À peine moins grand que le P. épeiche, mais paraît moindre étant donné son bec court et grêle, et sa tête ronde et pâle. Sexes semblables : calotte rouge (prolongée et d'un rouge plus vif chez le ♂), pas de moustache noire, front et côtés de la tête blancs, œil apparaissant comme un point isolé, taches scapulaires ovales et blanches (cf. P. à dos blanc), sous-caudales roses passant sans limite précise au jaune brunâtre du ventre, fines raies sombres sur les flancs. Se tient souvent en travers des branches, légèrement accroupi, queue abaissée.

VOIX Vague caquetage, rappelant beaucoup le P. épeichette. Généralement entendu en série serrée et rapide, la première syllabe un peu particulière sur un ton plus élevé, soit *kik kuk-kuk-kuk-kuk-kuk*. Cris occasionnels « de goret ». Chant : 4 à 8 (ou plus) sons nasillards et plaintifs au rythme calme (environ 2 par seconde), *gvèak gvèak gvèak gvèak*. Ne tambourine pas sur son territoire, ou seulement très rarement.

Pic épeiche

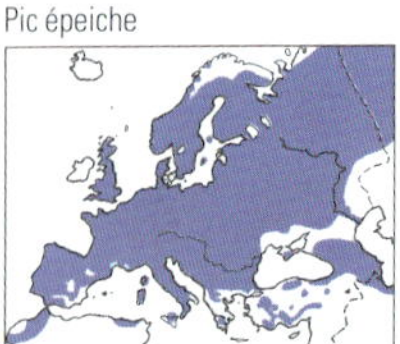

Pic syriaque

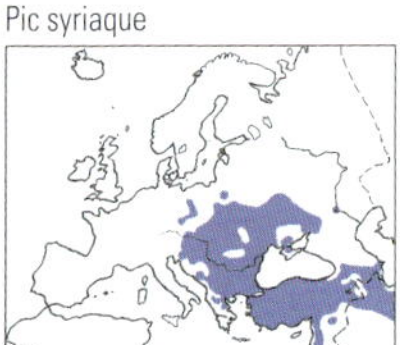

Pic mar

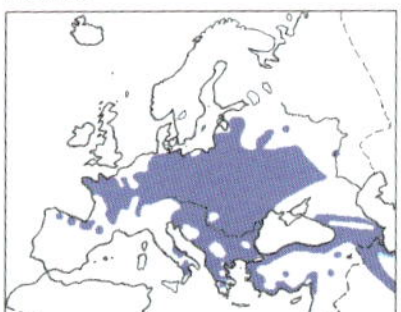

PIC ÉPEICHE

PIC SYRIAQUE

PIC MAR

Pic à dos blanc *Dendrocopos leucotos* NS1

L 25-28 cm. Forêts mixtes humides, souvent près des lacs et des cours d'eau, avec de nombreux feuillus morts ou dépérissants (trembles, saules, aulnes, bouleaux) ; affectionne les massifs non exploités. Alim. : insectes et larves. Passe beaucoup de temps à terre où il fouille le bas des arbres et laisse souvent sa trace sous forme de grands et profonds trous dans le bois (à peu près comme le P. noir). Se meut capricieusement ; particulièrement farouche. Vaste territoire, surtout en hiver. Nid : trou d'envol d'environ 5,5 x 6,5 cm.

CARACTÉRISTIQUES Un peu plus grand que le P. épeiche, à plus long cou, profil de la tête plus anguleux et plus long bec. Sous-caudales rouge pâle mal délimité, et ventre vaguement rose ocré. Flancs rayés. Trait noir au côté de la tête n'atteignant pas la calotte et laissant un « passage » blanc. Malgré le nom, le dos blanc est parfois difficile à distinguer mais se voit au moins en vol. Sur l'oiseau posé vu de profil noter les couv. alaires moyennes formant une large barre blanche, plus large que celles des rémiges. Calotte rouge chez le ♂ et noire chez la ♀. – *Variante :* les oiseaux de l'est de l'Europe et de Turquie (race *lilfordi*) ont (notamment) le dos barré de blanc et peuvent avoir les flancs bien rayés.

VOIX Caquetage plus grave, plus « grossier » et moins net que chez le P. épeiche, *bchuk, bchu-bchuk*…, répété en cas d'agitation en séries irrégulières. Tambourinage généralement reconnaissable à l'introduction puissante et « espacée » ainsi qu'à la conclusion plus vague et s'accélérant, et aussi à ce qu'il est normalement bien plus prolongé que chez le P. tridactyle (souvent 1,6 à 2,1 secondes), qui fait courir le plus grand risque de confusion. (Attention : le P. à dos blanc ♀ tambourine souvent un peu plus brièvement et rappelle parfois le P. tridactyle).

Pic tridactyle *Picoides tridactylus* NS1

L 21,5-24 cm. Forêts de conifères et mixtes avec vieux sapins, bouleaux, etc. (apprécie les arbres dépérissants). Alim. : insectes (écorce souvent les sapins morts) ; attaque aussi les sapins pour en faire sortir la résine. Habituellement farouche. Nid : trou d'envol de 4,5 x 5 cm.

CARACTÉRISTIQUES Presque aussi grand que le P. épeiche. Aspect très sombre en raison des ailes très foncées et des flancs diffusément barrés de gris. La tête aussi paraît foncée avec une large bande noire. Noter la bande blanche partant de la nuque et se poursuivant tout au long du dos. Calotte du ♂ jaune citron pâle, de la ♀ rayée de noir – *Variante :* en Europe centrale (*alpinus*), bande dorsale blanche barrée.

VOIX Caquetage plus doux et plus bas que celui du P. épeiche, *bipp* ou *bik*. Tambourinage puissant, bien articulé, de durée moyenne (souvent 1,1 à 1,4 seconde), souvent avec un léger crescendo au début (et une accélération insignifiante à la fin), à peu près comme un demi-tambourinage de P. noir (avec lequel on peut faire la confusion). Cri de quémandage des petits : comme un bourdonnement d'insecte ou un moteur au loin.

Pic épeichette *Dendrocopos minor* NS4

L 14-16,5 cm. E 24-29 cm. Boisements de feuillus et régions cultivées avec parcs et grands jardins, bosquets de chênes, etc. Nid : trou d'envol de 3 x 3,5 cm.

CARACTÉRISTIQUES Le plus petit des pics. Corps court et rond, tête arrondie et court bec pointu. Barres blanches sur les ailes et le dos. Bande noire au côté de la tête n'atteignant pas la calotte, et laissant un étroit « passage » blanc (comme chez le P. à dos blanc). Flancs généralement vaguement rayés. ♀ sans rouge au plum., avec petite tache blanc jaunâtre sale encadrée de noir à l'avant de la calotte. Assez proche du P. à dos blanc (si taille peu appréciable) mais pas de rouge aux sous-caudales. Vol nettement onduleux.

VOIX Caquetage bref et net, en moyenne plus délicat que chez le P. épeiche, mais parfois aussi assez proche. Territoire marqué à la fois par le tambourinage et par le chant. Chant : série de 8 à 15 sons métalliques aigus, *piit piit piit piit piit piit piit* (imité par l'étourneau). Tambourinage constitué par un crépitement discret mais caractéristique ; rythme constant jusqu'à la fin, dure souvent 1,2 à 1,8 seconde.

Torcol fourmilier *Jynx torquilla* N4 / MC / HR

L 16-18 cm. Régions cultivées avec vergers, prés, bois clairs entrecoupés de champs, bosquets de feuillus, etc. Visiteur d'été (mai-sept.). Hiverne en Afrique. Alim. : surtout fourmis. Nid dans une cavité d'arbre ou un nichoir (ne fore pas sa loge).

CARACTÉRISTIQUES Taille d'une petite pie-grièche. Dessus mêlant brun et gris (se confond bien avec l'écorce), dessous barré de sombre sur fond pâle comme un petit épervier (blanc sale au ventre, ocre chamois à la poitrine). Trait sourcilier sombre descendant le long du côté du cou, et ligne sombre courant le long du milieu de la calotte et du dos. Longue queue à barres espacées. Bec assez court et pointu à base forte. Ne grimpe pas à l'aide de la queue comme les autres picidés ; fait plutôt penser à un passereau, et se tient souvent en travers des branches horizontales. Même en vol, ressemble plus à un passereau, avec un déplacement rapide et peu onduleux. Sautille très fréquemment au sol (la queue légèrement levée) pour chasser les fourmis ; par ailleurs très discret et de mœurs calmes ; surtout repéré à la voix. Sexes semblables.

VOIX Alarme : série de durs *tek*. Siffle (et dresse la tête comme un serpent) s'il est dérangé au nid ou surpris. Les petits quémandent par un rapide et fin *zizizizizi*… Chant : série de 12 à 18 sons nasillards (4 par seconde.), *tien-tien-tien-tien*…, avec d'assez longues pauses entre les strophes.

Pic à dos blanc

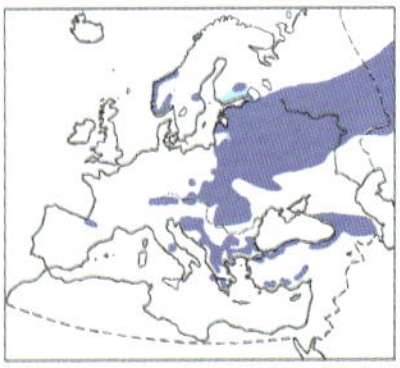

Pic tridactyle

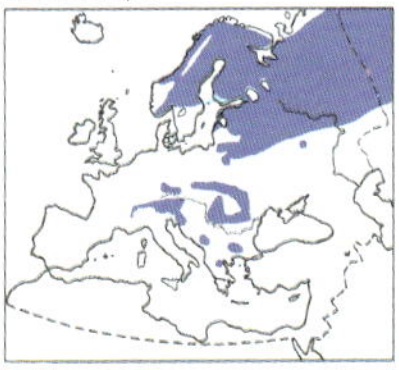

Pic épeichette

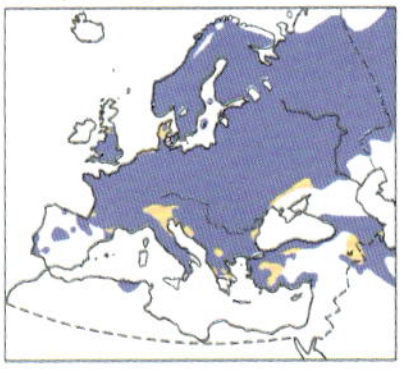

Torcol fourmilier

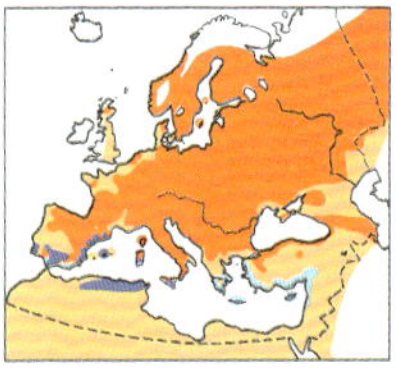

PIC À DOS BLANC

PIC TRIDACTYLE

PIC ÉPEICHETTE

TORCOL FOURMILIER

DZ

ALOUETTES : ALAUDIDÉS

Passereaux terrestres, souvent brun et sable. Vingt espèces. Ongle postérieur long et droit. Nombre d'espèces émettent un chant insistant en vol, en surplace ou en voletant, et sont de remarquables chanteurs avec une bonne capacité d'imitation. Nid à terre dans les touffes d'herbes.

Alouette des champs *Alauda arvensis* N5 / MA / HC

L 16-18 cm. Milieux ouverts, champs, prés et landes. Les ind. septentrionaux émigrent vers l'ouest de l'Europe de sept. à nov. Revient tôt, au plus tard en février-mars.

CARACTÉRISTIQUES Piquetée de gris brunâtre dessus, poitrine rayée sur fond ocre brun. Ventre blanc. Poitrine striée ; ventre non rayé. Le ♂ peut dresser sa courte huppe (la huppe du Cochevis huppé est plus longue et plus pointue). Vue généralement dans les champs et au bord des chemins. Dérangée, s'envole comme catapultée et vole un moment tout près du sol, ailes vibrantes, puis se pose queue à demi étalée et abaissée, l'oiseau, brun, montrant alors le bord postérieur des ailes plus clair (blanc sale) et les rectrices externes blanches. Chant émis parfois (souvent avant l'aube) depuis un perchoir, mais le plus souvent lors d'un vol sur place, l'alouette grimpant très haut en voletant pour stationner à 50-100 m (voire 150 m), visible comme un point (difficile à distinguer). À la fin du vol stationnaire, descend en chantant encore, mais à la fin se laisse tomber à terre en silence, ailes fermées.

VOIX Nombreuses variantes de cris de contact, tous assez secs : *prrrit*, *prrlu*, *prutt-utt*, *prrih-é*, etc. Parfois, et souvent par inquiétude, un pépiement : *p (r) iih*. Chant (l'alouette « grisolle ») très fluide, au lever du jour et même avant celui-ci en juillet, jusque tard le soir. Les strophes durent de 3 à 15 minutes. Le chant a toujours un rythme frénétique, avec sons roulés, sifflements, trilles, répétitions de motifs et de fréquentes imitations.

Alouette gulgule *Alauda gulgula*

L 14-16 cm. Champs et prés d'Asie méridionale et centrale (à l'ouest, jusqu'à l'Iran) ; populations septentrionales migratrices partielles. Hiverne en Israël (rare).

CARACTÉRISTIQUES Très semblable à l'A. des champs. En vol, petite et à courte queue. Au sol, noter : projection primaire plus courte ; dessous chamois pâle plus uniforme ; chez nombre d'ind., liseré rouille aux rémiges primaires ; rectrices externes généralement gris beigeâtre clair (mais parfois presque blanches et difficiles à distinguer sur fond de ciel) ; bord postérieur des ailes moins nettement pâle ; en règle générale, proportionnellement, bec plus long et queue plus courte que chez l'A. des champs. Peut dresser sa petite huppe comme cette dernière.

VOIX Un cri de contact en vol (surtout à l'envol) bien différent de celui de l'A. des champs, un *bzru* bourdonnant et précipité. Autres cris de contact plus proches de l'A. des champs mais aussi un *plip* rappelant un peu l'Hirondelle rustique. Chant comme celui de l'A. des champs mais plus sec et monotone, émis lors d'un vol dérivant.

Cochevis huppé *Galerida cristata* NS4

L 17-19 cm. Cultures, abords des implantations humaines (zones industrielles, friches, etc.) ; au sud, également dans des zones plus arides. Sédentaire.

CARACTÉRISTIQUES À peu près de la taille d'A. des champs. Gris brunâtre. Huppe pointue sur le sommet du crâne (celle de l'A. des champs disparaît une fois abaissée). Par rapport à l'A. des champs, aspect foncé et gris (mais certaines races d'Afrique du Nord plus pâles et plus roussâtres), et présente une tacheture légèrement floue sur la poitrine (certains ind. cependant ont un motif pectoral plus net). Pas de bord postérieur des ailes pâle, et rectrices externes ocre-brun (et non blanches). Dessous des ailes de nuance rouille. Bec long et pointu, à dessous droit (certaine variabilité de longueur du bec, le plus long en Afrique du Nord, le plus court en Europe septentrionale et au Moyen-Orient) ; v. le C. de Thékla, très similaire.

VOIX Loquace. Cris les plus fréquents : 2 à 4 sifflements nets, dont un ou plusieurs prolongés, à sonorité mélancolique, *trillipuu* ou *vu ti vuu*. Ces cris servent pour « engager » le contact mais aussi, répétés durant des heures sur le territoire, comme alternative au chant. Autres cris de contact, *dvuih* doux mais généralement un peu fêlé, descendant, souvent émis en vol et volontiers répété. Chant proprement dit : long, souvent émis en vol, varié, et comprenant pour une grande part les sons sifflants, nets et mélancoliques décrits ci-avant, parfois difficiles à distinguer de ceux de l'A. des champs.

Cochevis de Thékla *Galerida theklae* NS2

L 15-17 cm. En règle générale, milieux plus sauvages et plus déserts que le C. huppé, souvent en altitude sur les pentes à végétation maigre, ou dans les plaines arides ; parfois, plantations de chênes verts, oliveraies, etc. ou les zones broussailleuses à arbres épars.

CARACTÉRISTIQUES Tout à fait comme le C. huppé. L'identification nécessite généralement la proximité. À peine plus petit. Bec plus court et à dessous vaguement convexe chez la plupart des ind. (sauf aux Baléares) ; plum. généralement plus foncé. Rayures pectorales d'ordinaire plus distinctes et un peu plus fines, sur un fond plus pâle que chez le C. huppé (mais certains ind. sont très semblables) Plum. plus gris, dos en règle générale plus nettement rayé de sombre, rémiges tertiaires plus contrastantes et sus-caudales plus roussâtres que chez le C. huppé. Se tient parfois sur les broussailles et les arbres, ce que le C. huppé fait fort rarement.

VOIX Similaire à celle du C. huppé mais généralement plus douce (moins mélancolique). Reconnaissance souvent par un motif comme *dé'kan du ghéé dèy po* ; cependant, certains cris de contact plus proches du C. huppé. Chant en vol comme chez ce dernier mais un peu plus doux et plus mélodieux, plus varié.

Alouette des champs

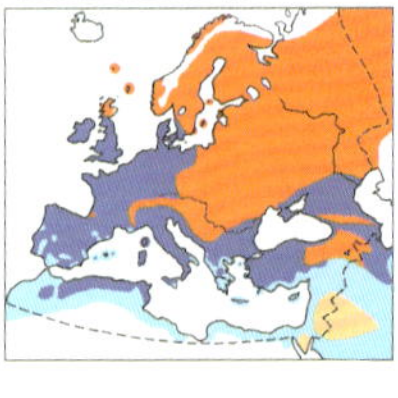

Cochevis huppé

Cochevis de Thékla

ALOUETTE DES CHAMPS

ALOUETTE GULGULE

COCHEVIS HUPPÉ

COCHEVIS DE THÉKLA

KM

Alouette lulu *Lullula arborea* N4 / MC / HC

L 13,5-15 cm. Boisements clairs, volontiers de conifères, avec secteurs sablonneux ou pierreux, de préférence entrecoupés de champs ; se plaît dans les coupes. Également, landes à bruyères entrecoupées de bois et de prés. Migre en hiver vers le sud de l'Europe. Assez farouche et souvent peu aisée à observer. Répartition clairsemée.

CARACTÉRISTIQUES Assez petite, brune et à courte queue. À la différence des autres alaudidés, se tient à découvert sur arbres, buissons ou fils électriques (mais on la voit bien plus souvent à terre). Lors du vol onduleux, avec ses courtes et larges ailes et sa queue tronquée, rappelle un petit pic. Bout de la queue blanchâtre, et côtés brun clair (blancs chez l'A. des champs). Chez l'ad., pas de bord postérieur des ailes pâle. L'oiseau posé est typique avec le motif pâle-sombre-pâle au poignet (couv. primaires sombres à bout blanc beigeâtre et base blanche) et le large sourcil blanchâtre allant loin en arrière sur la nuque (où il peut toucher l'autre). Chant lors du vol élevé (100-150 m), souvent au petit matin et parfois même avant l'aube.

VOIX Contact : doux sifflement *tlui-tlui*, ou un peu plus mou *dudloï*, souvent émis par de petits groupes en automne et au printemps. Chant, l'un des plus beaux parmi les oiseaux de l'Ancien Monde, constitué de phrases mélodieuses et mélancoliques commençant de façon hésitante, s'accélérant, et baissant souvent decrescendo, par ex. : *li li-li-lilililuyluylu… i-luy, i-luy i-luy i-luy-ilu-iluilu… tluyi, tluyi tluyi vi vi tuylluylluylluyll…*, etc.

Alouette calandrelle
Calandrella brachydactyla N3 / MR / HO

L 14-16 cm. Sud de l'Europe ; régions cultivées ou plaines plus arides. Égarée dans le nord de l'Europe.

CARACTÉRISTIQUES Assez petite et pâle, avec motifs gris brunâtre et blanc sale. Chez l'ad., dessous totalement ou presque sans motifs avec seulement une petite tache foncée aux côtés de la poitrine (certains ind. présentent une tache vaguement dessinée, d'autres plusieurs petites raies aux côtés de la poitrine au lieu d'une seule ; jamais de stries distinctes sur toute la poitrine ; cf. A. pispolette). Caractère important par rapport à l'A. pispolette : longues tertiaires, allant jusqu'au bout des primaires ou presque. Couv. moyennes foncées à large bout pâle. Large sourcil blanc sale, joue gris brunâtre à peu près sans motifs et entourée de pâle. Certains ind. ont la calotte vaguement brun-roux (souvent avec de plus fines stries), d'autres l'ont plus uniformément gris brunâtre et nettement rayée (aspect normal en Europe orientale et Turquie). Bec pointu et très pâle. Vol chanté habituellement circulaire, lent, à bonne hauteur, onduleux, queue fermée, les phrases normalement lancées au moment des rapides séries de coups d'ailes vibrants (en fin de descente et durant toute la remontée). Des phrases plus longues ou un vent fort modifient parfois ce schéma (en forçant le chanteur à des séries plus longues de battements d'ailes plus rapides). – *Juv.* : noter surtout les liserés pâles dessus, la tacheture éparse et diffuse sur toute la poitrine, par rapport au juv. d'A. pispolette, la projection primaire plus courte, la forme du bec et la voix.

VOIX Contact : *dritt* gazouillant et sec, à peu près comme celui de l'A. des champs mais plus sec, plus bref, évoquant le cri de l'Hirondelle de fenêtre ; ou bien *trilp* plaintif, rappelant quelque peu le cri du Pipit rousseline. Chant de deux sortes ; le premier, caractéristique : courtes phrases (1 à 2 secondes) de sons gazouillés et secs, hachés, accélération et finale en crécelle, avec pauses de 1 à 3 secondes entre les phrases. Variante plus excitée : strophes de 10 à 30 secondes, avec plus de variations, souvent difficile à différencier du chant de l'A. pispolette (et d'autres espèces !) s'il n'y a pas entre-temps de cri de contact ni de passages hachés.

Alouette pispolette *Calandrella rufescens* MO

L 13-14,5 cm. Plaines argileuses, marais salants et steppes désertiques. Essentiellement sédentaire mais les ind. d'Europe orientale migrent au Moyen-Orient.

CARACTÉRISTIQUES Petite ; un peu moins grande que l'A. calandrelle (mais certaines populations orientales ont la même taille), plus grise et plus uniformément rayée. En diffère surtout par la poitrine rayée, des tertiaires plus courtes se terminant à 10-15 mm en deçà de la pointe des ailes ; un bec plus court et plus renflé, et la voix. Souvent d'aspect « agréable » du fait de sa tête ronde, de son petit bec et de la large marge pâle autour de l'œil ; sourcil souvent moins net. Joues finement striées. Vol chanté généralement en boucle, à coups d'ailes voletants et la queue partiellement étalée et, par vent modéré, parfois avec des battements d'ailes nettement plus lents (jamais chez l'A. calandrelle). – *Variantes :* les oiseaux d'Espagne *(apetzii)* sont petits et ont la poitrine gris brunâtre très striée et les flancs rayés. Les oiseaux du sud du Moyen-Orient et d'Afrique du N *(minor)* ainsi que des îles Canaries sont petits, bruns, ont des stries habituellement fines sur la poitrine, et leurs flancs ne sont pas rayés. Les oiseaux d'Europe orientale *(heinei)* et de Turquie *(aharonii)* sont grands et gris, ont la poitrine finement striée (parfois diffusément ou de façon lâche), et leurs flancs sont vaguement striés.

VOIX Contact typique : *drrr'r'd* sec et roulé ou bourdonnant, tombant ou cessant souvent brusquement à la fin, parfois à raison de quelques-uns à la suite. Quelques petits cris rappelant l'A. calandrelle. Chant généralement plus riche et plus rapide que chez l'A. calandrelle ; remarquable imitatrice, ce qui ne facilite pas la détermination ; mêle les imitations à ses propres trilles secs et à des sifflements comme ceux du Cochevis de Thékla. Strophes parfois plus courtes et rappelant l'A. calandrelle ; le cri de contact sec et bourdonnant et le rythme rapide et sautillant sont de bons caractères diagnostiques.

Alouette lulu

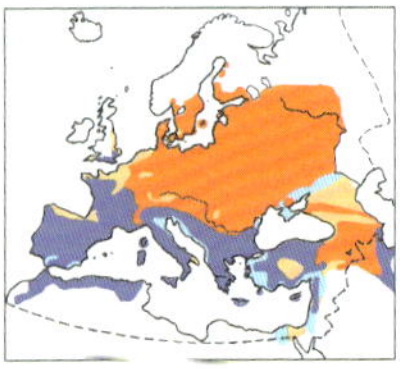

Alouette calandrelle

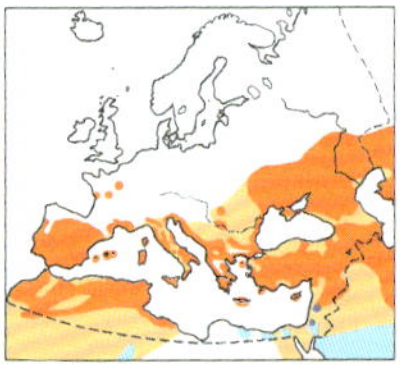

Alouette pispolette

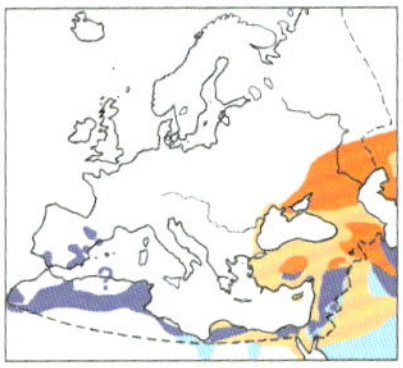

ALOUETTE LULU

ALOUETTE CALANDRELLE

ALOUETTE PISPOLETTE

KM

Ammomane isabelline *Ammomanes deserti*
L 15-16,5 cm. Milieux arides (semi-désertiques) ouverts, souvent en pente ou rocheux ; oueds ou versants montagneux avec rochers et pierres. Évite normalement le désert plat et sableux. Sédentaire. Solitaire ou en tout petits groupes. Discrète ; peu farouche, peut être approchée de près mais capricieuse et disparaissant souvent silencieusement.

CARACTÉRISTIQUES De la taille d'un pinson et couleur sable. Assez forte, fine à l'avant et s'étrécissant à l'arrière. Bec assez gros et long à culmen arqué (taille variant quelque peu géographiquement ; par ex., plus long au sud du Maroc, plus court dans le Sinaï et en Israël), base jaune brunâtre clair, culmen et bout légèrement plus foncés. Plum. non rayé, gris brunâtre dessus, rosé grisâtre dessous, avec généralement des taches assez diffuses à la poitrine. Sourcil bref, cercle oculaire pâle diffus, trace de trait loral sombre. Rémiges tertiaires gris brunâtre à nuance rouille, nettement bordées de pâle en plum. frais. Queue assez foncée avec bords des rectrices ocre-roux. Sexes semblables (v. les planches pour les variantes géographiques). Comme l'A. élégante mais en diffère en particulier par la taille et la couleur du bec et l'absence de bande terminale noire nette à la queue ; poitrine et côtés du cou plus nettement rayés, projection primaire un peu plus longue ; voix et milieux particuliers.

VOIX Assez silencieuse. Cependant, divers cris de contact (parfois seulement des variantes) ; habituellement, *tchurrr* roulé ; également *tchialp*, *tchu-ull*, *uyuy (u)* ou *vupp*, sifflés, plus sourds et lentement répétés. Chant : assez grave, sonore, plaintif, généralement lors du vol onduleux, rapidement répété (strophe de 3 à 6 syllabes), et un peu mélancolique, par ex. *tchuy-uyi-tchutchu*, *vuuy* ou *tchu-uyiiuy tchuyvi-trutru*.

Ammomane élégante *Ammomanes cinctura*
L 13-14 cm. Déserts plats et sableux, mais aussi semi-déserts caillouteux et à végétation basse clairsemée. Absente des montagnes et des zones rocheuses accidentées. Sédentaire. Forme souvent de grands groupes en dehors de la nidification. Activité incessante ; court avec des arrêts subits.

CARACTÉRISTIQUES Comme l'A. isabelline mais en diffère, en dehors de la voix et du milieu, par : taille moindre, corps plus trapu, tête ronde et bec plus court ; forme très variable, ronde et rétrécie lors des matins glacés, très élancée et à pattes nettement longues dans la chaleur de midi ; en automne, manteau et épaules souvent contrastants, plus gris que la tête, la nuque et les ailes ; queue brun-roux clair avec nette bande terminale noire visible à l'atterrissage ; bec blanc sale par lumière vive, sinon vaguement couleur chair ; tertiaires légèrement roussâtres (bien visible de dos) ; primaires externes à bout noir parfois visible en vol, et contrastant avec les tertiaires brun-roux sur l'aile repliée.

Ammomane isabelline

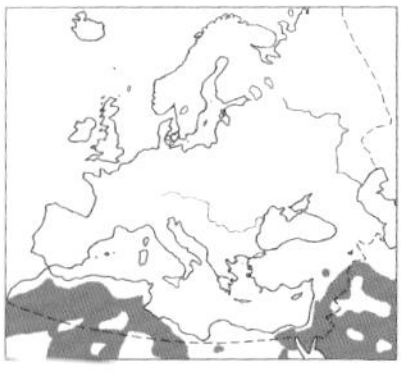

Ammomane élégante

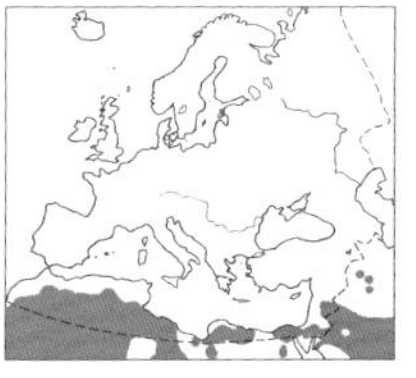

VOIX Certains cris de contact comme chez l'A. isabelline ; souvent un *tcherr* sec, bourdonnant et un peu précipité, et un *tchupp* bref et nasillard. Éventuellement *bchu* indécis, caractéristique de l'espèce. Chant typique : cri répété de façon rythmée, perçant, précédé d'une ou deux syllabes basses (audibles seulement de près), *tliuy vuyuyuyh*.

Alouette de Dunn *Eremalauda dunni*
L 14-15 cm. Nicheuse clairsemée dans les déserts et semi-déserts du Moyen-Orient (Jordanie, par ex.) ; une population différente (peut-être une espèce distincte) vient d'être découverte au S du Maroc (en dehors de la région étudiée). Sédentaire ou erratique ; quelques observations hivernales et cas de nidification au S d'Israël. Aime marcher mais fait de plus longs arrêts pour se nourrir que l'A. isabelline. Peu farouche.

CARACTÉRISTIQUES Taille entre celles des Ammomanes isabelline et élégante. Gros bec à nuance chair (parfois avec pointe de nuance orangée) mais sans bout ni culmen nettement sombres ; de plus, bec épais même au bout et culmen nettement arqué ; plum. sable brun à nuance roussâtre ; rayures roussâtres sur la calotte, le dos et les côtés de la poitrine ; longues tertiaires atteignant presque le bout des ailes (projection primaire très courte) ; moustache et trait malaire étroits, courts et gris ; queue chamois à côtés noirs ; cercle oculaire blanc beigeâtre clair assez net ; bref sourcil ; ailes (couv. comprises) uniformes et pâles.

VOIX Contact : soit *dchrui* indécis et montant, soit *tchilp* plutôt comme un moineau ; *pri* plus murmuré et *drrriuy* trillé parfois émis par les groupes se nourrissant. Chant : rapide série de cris de moineau et de gazouillis plus secs d'alouette.

Moinelette à front blanc *Eremopterix nigriceps*
L 11,5-12,5 cm. Ne niche pas habituellement dans la région étudiée ; plus méridionale (îles du Cap-Vert, sud du Maroc, ceinture du Sahel, sud de l'Irak, etc. ; occasionnellement en Israël et en Algérie). Grégaire ; généralement, semi-déserts et plaines arides à végétation clairsemée.

CARACTÉRISTIQUES Très petite (taille du Serin cini), avec tête proportionnellement assez grosse. Fort bec conique de fringille, blanc grisâtre. Dessous des ailes foncé (noirâtre chez le ♂). Rectrices externes noirâtres, les centrales pâles comme le dos. Sexes différents. – ♂ *ad.* : motif typique avec dessous noir (du menton au dessous de la queue), dessus sable brun, tête bariolée de blanc et noir. – ♀ *ad.* : tout le dessus ocre-jaune à nuance roussâtre disparaissant avec l'usure ; calotte, épaules et côtés de la poitrine finement striés ; dessous par ailleurs blanc beigeâtre. Couv. alaires moyennes brun un peu plus foncé, formant souvent une bande sombre. Couleur et motif de la queue rappelant l'Alouette de Dunn, mais noter la taille, moindre, le dessous foncé des ailes, le bec conique (sans nuance chair), enfin les ailes plus courtes.

VOIX Contact : notamment *tchipp* de moineau. Chant : plus fréquent à l'aube et au crépuscule, en vol circulaire à faible hauteur, ailes vibrantes, 2 à 4 sons mélancoliques (le dernier souvent descendant un peu et prolongé), *vitt ti-vuyvuy*, répété régulièrement (toutes les 4 à 5 secondes).

AMMOMANE ISABELLINE

AMMOMANE ÉLÉGANTE

ALOUETTE DE DUNN

MOINELETTE À FRONT BLANC

KM

Alouette calandre *Melanocorypha calandra* NS1
L 17,5-20 cm. Zones cultivées ouvertes et steppes. Migratrice en Europe orientale, sédentaire ailleurs. Souvent en plus grandes bandes en hiver.

CARACTÉRISTIQUES Grande et fortement charpentée. Gros bec de couleur ivoire brunâtre. Grande tache noire typique aux côtés de la poitrine (d'aspect variable, parfois très grande et même en travers de la poitrine, parfois petite). Sourcil et tour des yeux pâles. Typique : dessous des ailes noirâtre avec large et net bord postérieur blanc (évident en vol mais parfois discernable sur l'aile repliée). Dessus comme l'A. des champs, tacheté de gris brunâtre. Côtés de la queue blancs. Pattes chair brunâtre. Vol chanté souvent typique, l'oiseau restant immobile longuement (ou cerclant parfois un peu) à assez bonne hauteur (25-100 m d'altitude) et, en fonction du vent, à coups d'ailes au ralenti les ailes étant étendues et raides, la queue refermée.

VOIX Contact : *tchrrruyp* caractéristique, roulé, aigu et nasillard assez crépitant, ou *trrrih*, *tripp-tripp*, etc. rappelant plutôt l'A. des champs. Chant comme l'A. des champs ; sons gazouillants et aigus au rythme rapide, avec imitations reconnaissables (rythme plus lent), courtes pauses et cris comme celui de contact, roulés et aigus (cf. A. monticole).

Alouette monticole *Melanocorypha bimaculata*
L 16-18 cm. Plaines dénudées et pierreuses (semi-déserts), versants montagneux ; champs cultivés, comme l'A. calandre mais alors en général à plus haute altitude, à la limite des cultures. Plus migratrice que l'A. calandre.

CARACTÉRISTIQUES Comme l'A. calandre mais en diffère par : taille un peu moindre (et queue légèrement plus courte) ; dessous des ailes gris brunâtre ; bord postérieur des ailes brun plus clair diffus ; queue à bord postérieur blanc (mais non ses côtés) ; en règle générale, motif de la tête distinct et bien contrastant, avec plus net sourcil pâle et trait sourcilier sombre plus distinct, à travers l'œil et en dessous ; dessus généralement un peu plus bariolé de pâle. Vol chanté à coups d'ailes d'ordinaire continuellement et rapidement vibrants, mais plus lents par vent frais (donnant l'impression d'une chauve-souris) et même, par fort vent, longs planés, les ailes raides. Apparemment pas de battements au ralenti des ailes étendues. De plus, queue souvent bien étalée, à la différence de l'A. calandre.

VOIX Cris rappelant l'A. calandrelle, comme un *drip, drip* bref, sec et gazouillé, mais voix plus dure et cris plus variés, comme un *tchir* rêche et autres. Chant trompeusement similaire à celui de la Calandre, surtout fait d'un gazouillis pressé, sec, roulé, mais un peu plus grave, et voix plus dure, presque « rebondissante » (au lieu d'un « grésillement aigu »).

Alouette de Clotbey *Rhamphocoris clotbey*
L 17-18 cm. Milieux arides dégagés ; Afrique du Nord (S du Maroc, par ex.), locale au Moyen Orient (Jordanie ?). Sédentaire.

CARACTÉRISTIQUES Grande, très gros bec. Large bord postérieur blanc à l'aile, celle-ci à dessus sombre. – ♂ *ad.* : côtés de la tête noirs avec net point blanc, bec gris bleuté pâle, dessous bien marqué de noir. – ♀ *ad.* : ressemble au ♂ mais en moyenne moins de gris foncé à la tête, points blancs moins nets ; bec corne pâle (au plus, vague nuance bleutée). – *Plum. internuptial* : zones sombres bien masquées par des liserés pâles. – *Juv.* : tête presque unie, bec un peu moins fort.

VOIX Contact : *tsu-ii ?* sifflé ou cri roulé montant. Chant : rapide série de notes gazouillées.

Alouette leucoptère *Alauda leucoptera*
L 17-19 cm. Steppes, landes sèches (cultures). Migratrice partielle.

CARACTÉRISTIQUES Motif alaire typique, brun, blanc et noir. Le bord alaire blanc fait paraître l'aile étroite à contre-jour. (Proche de l'A. mongole *M. mongolica*, non traitée). – ♂ *ad.* : calotte rousse, poitrine d'ordinaire peu striée. – ♀ *ad.* : calotte striée, brun-gris nuancé de roux, poitrine en général bien striée.

VOIX Cri : *dritt-dritt* sec rappelant l'A. monticole. Chant : rappelle surtout celui de l'A. des champs mais voix plus rugueuse et passages hésitants.

Alouette nègre *Melanocorypha yeltoniensis*
L 18-20,5 cm. Steppes, souvent près des lacs de plaine et des marais salants. Localement commune. Migratrice partielle.

CARACTÉRISTIQUES Sexes absolument différents. – ♂ *ad.* : grand, noir, gros bec jaune paille ; en automne, les bordures pâles du plum. frais masquent bien le noir. Vol chanté, parfois à coups d'ailes au ralenti. Vol nuptial à faible hauteur, à coups raides des ailes tenues hautes, ou en plané comme une tourterelle ; se pose brusquement près de la fem. la queue levée, le cou et les ailes baissés. – ♀ *ad.* : gris brunâtre à taches foncées ; plum. très variable, certaines très semblables à l'A. calandre ♀ avec une tache sombre aux côtés de la poitrine. Noter toutefois les pattes foncées, le bord postérieur des ailes non nettement blanc, et les taches foncées plus étendues dessous. Couv. sous-alaires à peu près noires, plus foncées que les rémiges.

VOIX Chant : comme l'A. des champs mais un peu plus aigu et avec un gazouillis encore plus frénétique ; intensité variable, souvent avec des sons doux et miaulants.

Alouette calandre
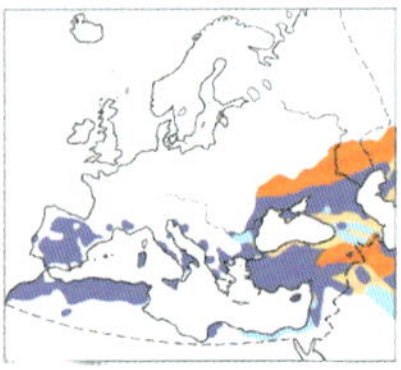

Alouette monticole
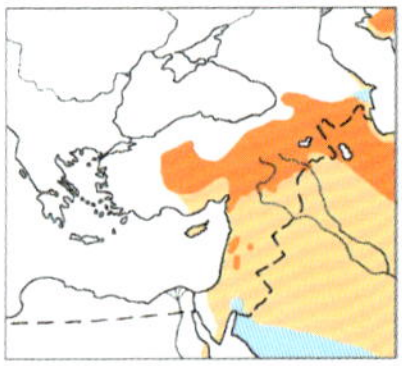

Alouette leucoptère

Alouette nègre
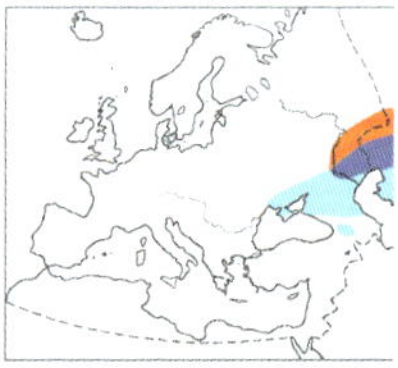

ALOUETTE CALANDRE

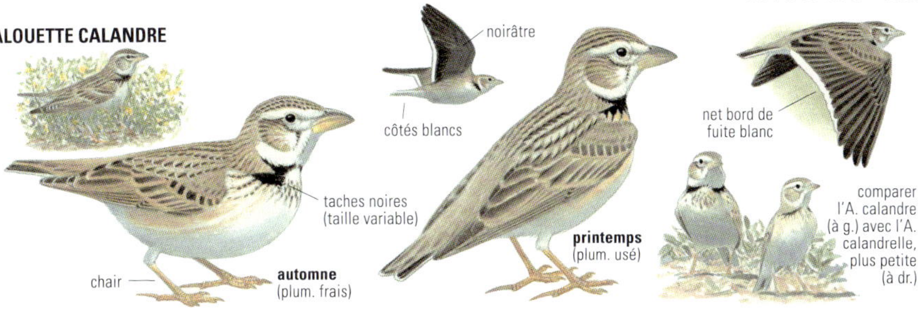

ALOUETTE MONTICOLE

ALOUETTE DE CLOTBEY

ALOUETTE LEUCOPTÈRE

ALOUETTE NÈGRE

Alouette haussecol *Eremophila alpestris* HR

L 16-19 cm. Montagnes, au-dessus de la limite des arbres, landes et pierriers d'altitude ; plus au nord, toundra, au niveau de la mer. Migratrice au nord. Clairsemée en Europe ; s'est raréfiée.

CARACTÉRISTIQUES Un peu plus petite que l'A. des champs. Reconnaissable au motif typique noir et jaune de la tête (Europe septentrionale, Turquie, Caucase, Afrique du Nord) ou blanc (reste de l'Asie). Plumes noires saillant sur les côtés de la calotte, formant de fines « cornes » (pas toujours visibles sur le terrain). Sexes et âges proches mais une fois le couple formé sur les lieux de nidification, on remarque que le ♂ est : plus grand, plus marqué à la tête, « cornes » plus longues, calotte et nuque brun rosé presque sans stries. Dans les groupes hivernaux, les ♀♀ juv. peuvent parfois être différenciées : motif de la tête mal délimité (lores gris et non noirs, tache aux joues réduite), pas de « cornes », calotte, nuque et manteau à motifs foncés assez nets. Toutefois, l'âge et le sexe de certains ind. sont difficiles à déterminer en automne. En vol, noter la queue noirâtre. – *Juv. :* dessus et poitrine fortement ponctués de sombre et de pâle, et tache à la joue à peine visible. – *Variantes* (hormis fond jaune ou blanc à la tête : v. plus haut) : les oiseaux du nord de l'Europe *(flava)* ont le noir de la tête séparé de celui de la poitrine ; ceux du sud-est de l'Europe *(balcanica)*, du nord de la Turquie et du Caucase *(penicillata)* ont le noir de la tête relié à celui de la poitrine. Au Moyen-Orient *(bicornis)*, le dessus est brun-roux plus chaud.

VOIX Contact : brefs sifflements plaintifs, unisyllabiques ou avec un « écho », *ih*, *ih-duy* ou *ih-diduy* ; certains cris assez métalliques, d'autres plutôt typiques. Parfois, *prch* ou *tsrr* plus rêches. Chant depuis un rocher ou en vol : brèves strophes habituellement rapidement répétées (1 à 2 secondes) avec une accélération caractéristique après le début hésitant et haché (même schéma que chez l'A. calandrelle), à tonalité mélancolique.

Alouette bilophe *Eremophila bilopha*

L 14-15 cm. Semi-déserts, steppes arides, à basse altitude sur les versants montagneux (moins de 1 000 m), etc., normalement plus bas que l'A. haussecol. Généralement sédentaire. Discrète mais pas farouche.

CARACTÉRISTIQUES Comme l'A. haussecol (en petit) au Moyen-Orient (*bicornis*) mais en diffère par : dessus, y compris les couv. et les rémiges tertiaires, brun-roux vif (sans centre sombre) ; courte projection primaire ; bout des rémiges primaires noirâtre (en plum. frais), à liserés pâles, contrastant bien avec les rémiges tertiaires. Noter que la tache pectorale noire n'est jamais reliée au noir des joues (comme chez certaines races de l'A. haussecol) et que la couleur de fond de la tête est blanche (jamais jaune clair).

VOIX Cri ténu évoquant un tintement de clés. Chant un peu plus fin que celui de l'A. haussecol, avec des sons crépitants, ténus ; strophes souvent brèves, assez peu variées ; rythme assez régulier (accélération moins nette que chez l'A. haussecol).

Sirli de Dupont *Chersophilus duponti* MO

L 17-18 cm. Milieux arides et sablonneux, à touffes basses, éparses et sèches, dans les steppes, les semi-déserts et sur les versants plans des montagnes, hauts plateaux aussi bien que plaines littorales. Se nourrit aussi dans les champs. Généralement sédentaire. Extrêmement farouche. Souvent difficile à découvrir, court rapidement à couvert. Mouvements nerveux, brusques.

CARACTÉRISTIQUES Taille de l'A. des champs mais plus élancée : sveltesse renforcée par le cou plus long et plus étroit, et le bec long et vaguement arqué. Plum. proche de l'A. des champs (dessus brun, poitrine rayée, côtés de la queue blancs) mais un peu plus foncé et (en plum. frais) d'étroits liserés pâles, bande crânienne centrale étroite et pâle (surtout de face), pas de bord postérieur pâle aux ailes, étroit trait malaire sombre (comme le Cochevis huppé). – *Variantes :* race *duponti* (décrite ci-dessus) en Espagne, au nord-ouest de l'Afrique (au nord de l'Atlas). Dans le sud de l'Algérie et en Libye *(margaritae)*, plum. nettement plus roux et bec plus long.

VOIX Chante généralement à l'aube et au crépuscule : *houtri-trévévééuyuyih*, phrases brèves, mélancoliques, calmement répétées, commençant par de brefs sifflements suivis d'un son nasillard, miaulant, étiré. Vol chanté à bonne hauteur, même la nuit.

Sirli du désert *Alaemon alaudipes*

L 19-22,5 cm. Déserts plats, semi-déserts, oueds dégagés, etc. Sédentaire. Vu isolément ou par couples ; groupes rares. Assez peu farouche. Se cache plutôt en courant qu'en volant.

CARACTÉRISTIQUES Grand, élancé, sable pâle (variable, certains ind. plus gris) et à assez larges ailes noir et blanc. Longues pattes et long bec (à bout légèrement arqué). Motif bien marqué à la tête avec moustache et trait sourcilier noirs. Poitrine habituellement finement tachetée de sombre. Commence souvent à chanter au sommet d'un buisson ou à terre (ou lors d'un vol bas, papillonnant), et continue par un spectaculaire vol chanté, avec montée abrupte sur 1 à 5 m, la queue étalée, suivie d'une descente verticale les ailes fermées, avant l'atterrissage ou un bref vol bas.

VOIX Cri le plus habituel : *zrrruv'* puissant, roulé et montant. Chant : fins pépiements caractéristiques, mélancoliques, avec départs, accélérations et ralentissements.

Alouette haussecol

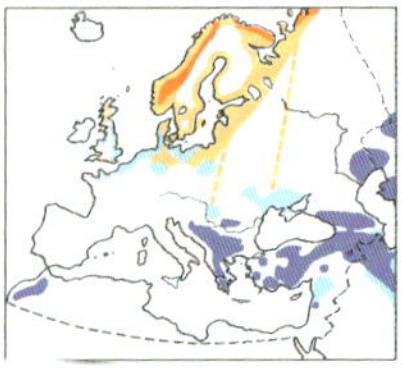

Alouette bilophe

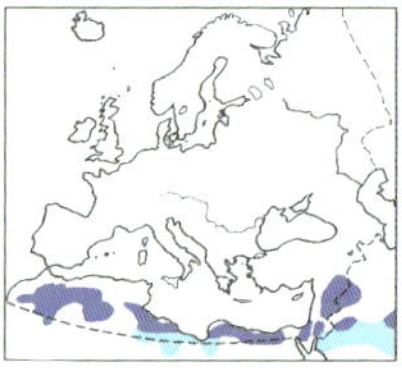

Sirli de Dupont

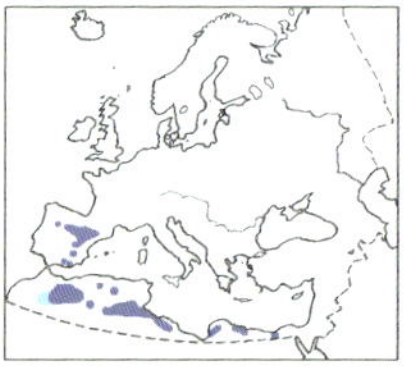

Sirli du désert

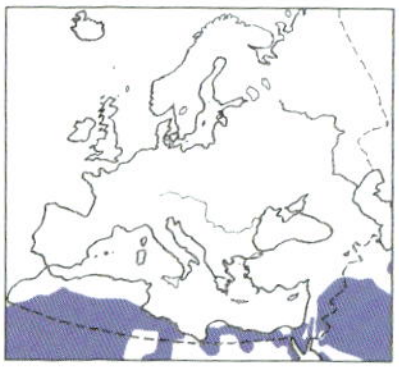

ALOUETTE HAUSSECOL

ALOUETTE BILOPHE

SIRLI DE DUPONT

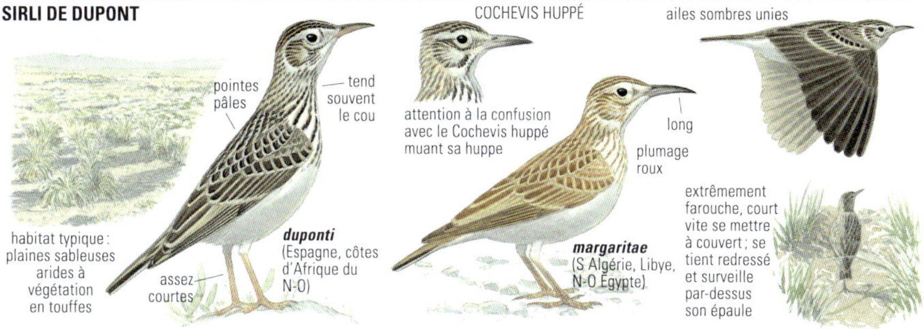

SIRLI DU DÉSERT

HIRONDELLES : HIRUNDINIDÉS

Assez petits passereaux à ailes pointues. Adaptés à une vie en bonne partie aérienne, capturant des insectes grâce à leur large gosier et à leur vol rapide et habile. Bec petit, pattes courtes. Sept espèces, la plupart migratrices. Hivernent sous les tropiques. Sexes semblables.

Hirondelle de rivage *Riparia riparia* N5 / MC

L 12-13 cm. Niche en colonies ; parois des sablières, talus et berges des rivières, où elle creuse son nid (en forant horizontalement). Très inféodée à l'eau, souvent en vols importants tout près de la surface des plans et cours d'eau pour chasser les insectes. Visiteuse d'été (mars à octobre). Hiverne en Afrique occidentale tropicale. Dortoirs (avant la migration et durant celle-ci) habituellement dans les vastes roselières.

CARACTÉRISTIQUES L'une des plus petites hirondelles. Gris brunâtre terne dessus (primaires un peu plus foncées) ; blanche dessous avec bande pectorale gris brunâtre séparant la gorge blanche du ventre également blanc. Dessous des ailes sombre (couv. alaires un peu plus foncé). Queue peu profondément fourchue, sans taches blanches (cf. H. des rochers). Diffère de l'H. paludicole, proche, par sa taille un peu supérieure, la bande pectorale, la gorge blanche et les couv. sous-alaires plus foncées. Vol rapide et aisé, ailes en arrière et contre le corps, ce qui les fait paraître étroites ; plane moins. – *Juv. :* liserés pâles, ocre-roux ou blanchâtres, surtout aux tertiaires et aux couv. sus-alaires (de près) ; de loin, ces parties paraissent un peu plus claires que chez l'ad.

VOIX Cri de contact : *trrch* roulé et dur ; excitées, par ex. lors des conflits autour des orifices des nids, ces hirondelles émettent un cri rude au rythme rapide et souvent accelerando, *trrrch, trré-trré-trré-rrérrérré*. Ces séries, et des combinaisons très semblables du cri de contact sont considérées comme un chant. Alarme : *tyiir* tremblé.

Hirondelle paludicole *Riparia paludicola* MO

L 10,5-11,5 cm. Niche (en hiver) en petites colonies ; parois sablonneuses, comme l'H. de rivage ; dans la région étudiée, seulement au Maroc (plus abondante en Afrique du Sud). Mœurs comme l'H. de rivage, mais sédentaire.

CARACTÉRISTIQUES La plus petite hirondelle de la région étudiée. Proportionnellement, ailes un peu plus courtes que l'H. de rivage, paraissant donc un peu plus larges et plus tronquées. La silhouette, jointe à l'absence de bande pectorale et à la gorge tachetée ou ombrée, peut faire penser à l'H. de rochers (si la faible taille n'est pas apparente). Différence par rapport à l'H. de rivage : dessous des ailes à peu près uniforme, sans contraste entre les couv. foncées et les rémiges un peu plus claires. Vol plus aisé et capricieux que l'H. de rivage, avec changements de cap plus nets. – *Juv. :* mêmes différences que chez l'H. de rivage.

VOIX Similaire à celle d'H. de rivage mais plus douce, moins grinçante : *tchirr*, *prri*, etc.

Hirondelle de rochers
Ptyonoprogne rupestris N4 / MC / HC

L 14-15 cm. Niche sur les parois rocheuses, dans des grottes et des anfractuosités, rarement dans des trous de bâtiments. Observée à toute altitude, même élevée (plus de 2 000 m), dans les régions montagneuses. Migratrice au nord, migratrice partielle ou sédentaire au sud.

CARACTÉRISTIQUES Assez grande et trapue. Corps puissant, large cou et larges ailes pointues. Gris brunâtre fauve dessus avec rémiges un peu plus foncées, blanc-gris brunâtre à la poitrine, et sous-caudales plus foncées. À distance moyenne et sous un bon éclairage : gorge vaguement striée ou tachetée. Dessous des ailes à motif typique : rémiges gris-brun très clair et couv. noirâtres tranchant bien. Important caractère, visible lorsque la queue (peu fourchue) est étalée : petite « fenêtre » blanche sur la plupart des rectrices. Vol puissant et habile, coups d'ailes rapides ; plane beaucoup, ailes étendues ; vire sèchement. Souvent haut dans le ciel, naviguant ou volant sur place, près des pentes abruptes en montagne. – *Juv. :* proche de l'ad.

VOIX Répertoire limité. Les cris sont un *pli* bref, aigu et sec, un *piiè* gai rappelant la Linotte, et des gazouillis brefs *tchit*, *trit* etc. évoquant un peu l'H. de fenêtre.

Hirondelle isabelline *Ptyonoprogne fuligula*

L 12-13 cm. Zones désertiques et semi-désertiques ; parois abruptes, ravins et, localement, ruines et bâtiments. Sédentaire. Largement répandue en Afrique et au Moyen-Orient.

CARACTÉRISTIQUES Comme l'H. de rochers ; mêmes silhouette et motifs fondamentaux, y compris la « fenêtre » blanche aux rectrices (visible seulement lorsque la queue est étalée), mais est nettement plus petite et gris brunâtre un peu plus pâle dessus notamment dans la zone bas du dos/croupion (par comparaison directe ou avec de l'expérience), blanc sale plus clair dessous. Gorge pâle, non ombrée de gris brunâtre comme chez l'H. de rochers. Importante différence en vol ; seules les petites couv. sous-alaires primaires sont (un peu) plus foncées que le reste des ailes (chez l'H. de rochers, toutes les couv. sous-alaires sombres, formant une plage sombre plus étendue).

VOIX Peu loquace. Un *trrt* sourd et sec rappelant les H. de fenêtre ou de rivage, et un *vik* un peu nasillard plus comme l'H. rustique. Chant : gazouillis sourd.

Hirondelle de rivage

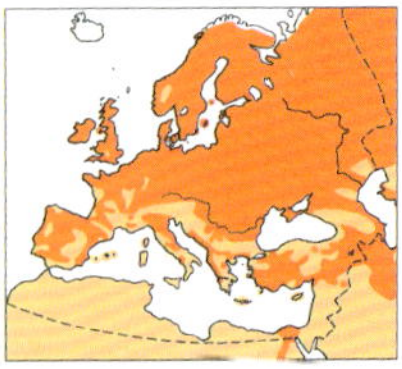

Hirondelle paludicole

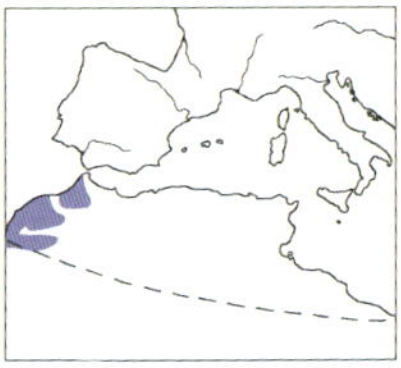

Hirondelle de rochers

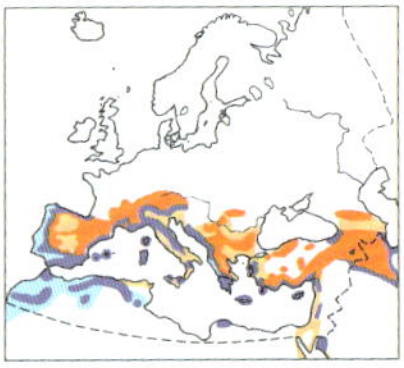

Hirondelle isabelline

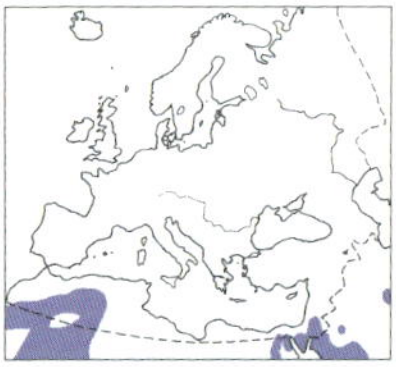

HIRONDELLE DE RIVAGE

HIRONDELLE PALUDICOLE

HIRONDELLE DE ROCHERS

HIRONDELLE ISABELLINE

DZ

Hirondelle rustique *Hirundo rustica* N5 / MA / HR

L 17-21 cm (dont filets, 3-6,5 cm), juv. 14-15 cm. Campagne cultivée, fermes, villages et petites villes, etc. Visiteuse d'été (généralement mars-oct.). Hiverne en Afrique. Dortoirs dans les roselières hors période de nidification. Nid : petite cuvette d'argile renforcée de matières végétales, placée sous le plafond des étables et granges, sous les ponts, etc. Chasse volontiers les insectes tout près de terre, souvent autour du bétail paissant, et à la cime des arbres.

CARACTÉRISTIQUES L'hirondelle « standard », bien connue pour ses habitudes nidificatrices et son aspect caractéristique avec de longues ailes pointues et une queue profondément fourchue avec de longs filets. Dessus noir à reflet bleu, dessous blanc ou blanc beigeâtre (ceci vaut pour la plus grande part de l'Europe, voir plus loin les variations) avec bande pectorale bleu-noir, gorge et front rouge sang. Le rouge est difficile à distinguer en vol et de loin, l'oiseau semblant alors généralement tout sombre à la tête et à la poitrine. Lorsque la queue est étalée, on voit apparaître la petite « fenêtre » blanche sur les rectrices externes. Vol rapide et puissant, à coups d'ailes irréguliers, volontiers bas au-dessus du sol ou de l'eau ; effectue assez peu fréquemment de longs planés calmes comme l'H. de fenêtre. Sexes semblables, mais le ♂ a souvent des filets plus étroits et longs. – *Juv. :* filets courts ; front et gorge blanc ocré, rouille ou rose brunâtre. Dessus à faible reflet bleu. – *Variantes :* les oiseaux des côtes orientales de la Méditerranée *(transitiva)* sont ocre rouge dessous, et ceux d'Égypte *(savignii)* ont le dessous rouille terne.

VOIX Bavarde. Ses cris sonores retentissent près des fermes et des agglomérations. En vol de « promenade », on entend de gais *vitt !* souvent redoublés ou répétés. Signale les chats avec un *siflit !* strident, et les rapaces (éperviers) par un *ti-flit'* nerveux, répété. Chant : sonore, souvent prolongé, gazouillant, interrompu de temps à autre par une sorte de trille râpeux.

Hirondelle rousseline *Cecropis daurica* N2 / MR

L 14-19 cm (ad., dont filets, 3-5 cm). Falaises et régions montagneuses, côtes abruptes, etc. Migratrice. Hiverne en Afrique tropicale. Maçonne un nid clos en boue séchée, à tunnel d'entrée, contre le plafond des grottes, des renfoncements, des ruines, sous les ponts, parfois sur les bâtiments, etc. Chasse souvent les insectes à bonne hauteur en secteurs montagneux reculés.

CARACTÉRISTIQUES Ressemble à l'H. rustique (taille et silhouette similaires). Filets longs (moins effilés que chez l'H. rustique et souvent resserrés). Surtout reconnaissable au croupion pâle, pouvant apparaître blanc de loin (cf. H. de fenêtre) mais, de près, rouille pâle à l'avant et un peu plus clair (parfois blanchâtre) à l'arrière. En outre, de près, la nuque porte une étroite bande rouille et les côtés de la tête sont pâles. Ailes et queue brun-noir (queue sans « fenêtre » blanche comme chez l'H. rustique) ; dos, épaules et calotte bleu-noir brillant. Reconnaissable en vol, de loin, par-dessous, à la gorge et la poitrine pâles, ainsi qu'aux sous-caudales noires (blanches chez l'H. rustique). De près, dessous ocre rouille clair ou blanc beigeâtre avec rayures discrètes. Vol entre celui des H. rustique et de fenêtre, avec coups d'ailes mais aussi avec de nombreux planés calmes par fort vent. – *Juv. :* filets plus courts, moindre reflet bleu dessus, tertiaires et couv. alaires à liseré blanc beigeâtre.

VOIX Bavarde mais de façon bien moins sonore que l'H. rustique. Cri de contact souvent émis lors de la chasse en groupe : *tvèyk* doux mais assez nasillard. Alarme : *kirr !* impératif. Chant de structure similaire à celui de l'H. rustique, comprenant un son coassant, mais le gazouillement est assez grave, plus rude, lent et bref.

Hirondelle de fenêtre
Delichon urbicum N5 / MC / HR

L 13,5-15 cm. Niche généralement en colonies, surtout en agglomération, mais aussi sur les parois rocheuses des régions inhabitées. Visiteuse d'été (avril-oct.). Hiverne en Afrique. Dortoirs, dans les arbres et non dans les roselières, en dehors de la nidification. Ne craint pas l'homme et bâtit ses nids clos en argile sous les avancées de toit, contre les murs des maisons, sous les arches des ponts, etc. (même sur des ferry-boats en service !), sans être dérangée par la circulation ni les activités humaines. Après l'envol des petits, se tient souvent en grand nombre sur les fils téléphoniques (comme des notes sur une portée). Chasse les insectes à toute hauteur mais souvent assez haut.

CARACTÉRISTIQUES Facilement reconnaissable : blanc du croupion tranchant sur le reste du dessus, noir ; calotte, dos et épaules bleu luisant. Dessous blanc. Courte queue noire moyennement fourchue (pas de filets). Chez l'oiseau posé, par exemple près d'une mare pour prendre de la boue destinée au nid, on note les pattes emplumées de blanc. Ne vole pas rapidement comme une flèche à la différence de l'H. rustique, mais de façon plus voletante avec de fréquents et parfois longs planés, ailes étendues, souvent selon une trajectoire légèrement circulaire ; rythme calme. – *Juv. :* presque comme l'ad. mais plus terne dessus, rémiges liserées de pâle, gorge et haut de la poitrine gris brunâtre sale ; base du bec, dessous, un peu jaune (bec tout noir chez l'ad.).

VOIX Bruyante, surtout en colonies. Incessants : *prri* secs avec diverses variantes en fonction de l'humeur et des occupations. Dérangée, émet un *tchièrr* plus aigu et accentué. Chant : guère notable, gazouillis assez gracieux mais non structuré.

Hirondelle rustique

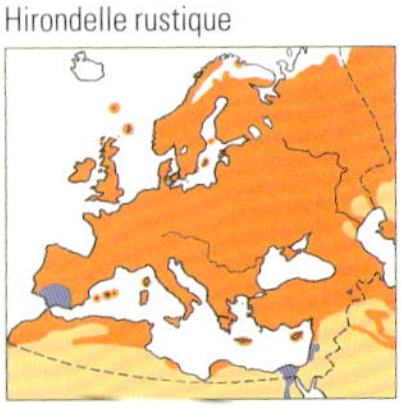

Hirondelle rousseline

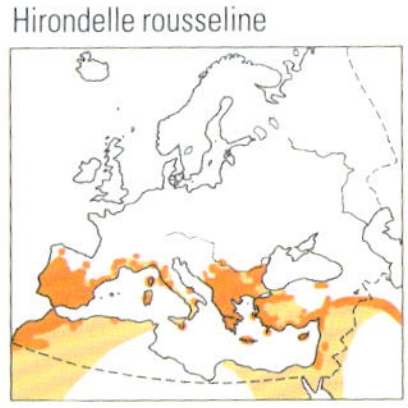

Hirondelle de fenêtre

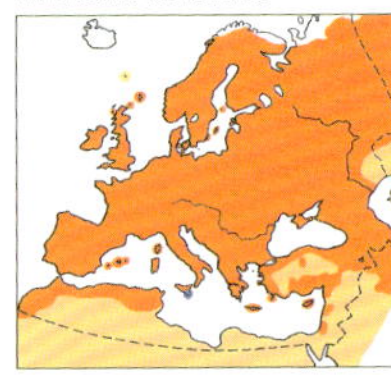

HIRONDELLE RUSTIQUE

HIRONDELLE ROUSSELINE

HIRONDELLE DE FENÊTRE

PIPITS ET BERGERONNETTES : MOTACILLIDÉS

Passereaux assez petits, élancés, à longue queue et à bec pointu, volontiers terrestres. Migrateurs au nord et à l'est. Insectivores. Les pipits *(Anthus)* (10 espèces nicheuses et 3 occasionnelles) sont brun et blanc avec plus ou moins de rayures à la poitrine et dessus. Vol chanté (typique). Nid à terre, dans l'herbe. Les bergeronnettes *(Motacilla)* (4 espèces) ont un plum. plus contrasté et une très longue queue; leur chant est plus simple. Nid dans une anfractuosité, un trou de mur ou la végétation dense.

Pipit rousseline *Anthus campestris* N4 / MC

L 15,5-18 cm. Dunes, milieux sablonneux ouverts, gravières, clairières; dans le S de l'Europe, également plateaux herbeux et pentes nues. Visiteur d'été (avril-oct.). Hiverne en Afrique.

CARACTÉRISTIQUES Grand pipit élancé et à plum. sable assez uniforme. Trait loral sombre en tous plum. (quelquefois moins net à cause de l'incidence de la lumière ou de l'usure). Ongle postérieur relativement court (cf. P. de Richard). Pattes rosées ou brun clair. – *Ad. :* calotte et dos à peu près sans rayures (seulement une tacheture diffuse), dessous blanc beigeâtre sans rayures, parfois avec quelques petites taches vagues sur le haut de la poitrine. Net sourcil pâle. Généralement, moustache sombre et très étroit trait malaire. Couv. alaires moyennes sombres contrastant avec leur large bout blanc beigeâtre en plum. frais. – *Juv. :* calotte et dos très tachetés de sombre, plumes finement bordées de blanc. Haut de la poitrine tacheté de foncé (plus ou moins, parfois aussi des stries aux flancs). Ressemble au P. de Richard (voir cette espèce).

VOIX Reconnaissance : *tchilp* décidé, à fin douce, un peu comme le Moineau domestique, mais peut aussi rappeler l'Alouette calandrelle, ou *tchuyp* plus bref. Chant simple, généralement émis lors du vol chanté onduleux, deux ou trois syllabes sonores et souvent accentuées, avec fin prolongée, et calmement répétées : *tsirliih... tsirliih... tsirliih...*

Pipit à long bec *Anthus similis*

L 16-17,5 cm. N d'Israël, O de la Syrie et Liban (O Jordanie ?) ; pentes dénudées avec nombreux affleurements rocheux (souvent, plats), herbes et végétation basse (de type garrigue). Migrateur partiel ou sédentaire.

CARACTÉRISTIQUES Comme le P. rousseline (taille peu supérieure), avec queue et bec un peu plus longs; plum. un peu plus gris et plus contrastant, dessus de la queue plus foncé. Sourcil plus étroit que chez le P. rousseline, allant loin en arrière. Poitrine sans nettes rayures sombres, seulement vaguement tachetée. Ventre et flancs souvent chamois chaud. Couv. alaires moyennes foncées (à peu près même contraste que chez le P. rousseline, mais liseré pâle plus large). Pattes couleur chair. Base du bec chair clair.

Pipit rousseline

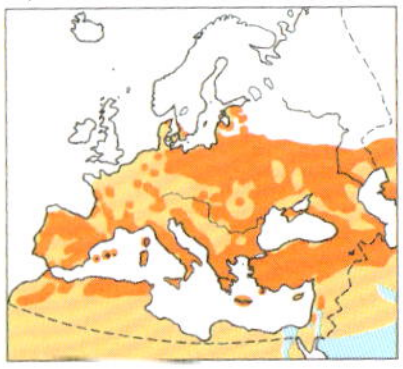

Pipit à long bec

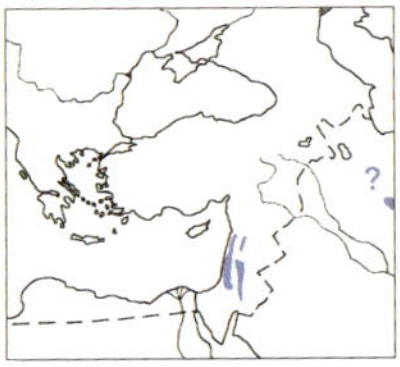

VOIX Contact ressemblant au P. rousseline : *tchupp* bref. Alarme : *siih.* Chant émis sur des rochers ou en vol chanté lent et voletant; simple, évoquant le P. rousseline mais un peu plus varié : trois ou quatre motifs émis sans ordre sur un rythme traînant.

Pipit de Richard *Anthus richardi* MR / HR

L 17-20 cm. Rare mais régulier en Europe occidentale essentiellement, en provenance de Sibérie, surtout en automne (mi-sept.-nov.), extrêmement rare aux autres saisons; niche hors de la région étudiée.

CARACTÉRISTIQUES Un peu plus grand que le P. rousseline, effet renforcé par des pattes et une queue plus longues, et l'habitude de se tenir droit, le cou tendu. Posé sur un fil sur fond pâle (ciel), on note l'ongle postérieur très long (plus long que l'orteil). Bec en moyenne un peu plus long et un peu plus fort que chez le P. rousseline mais différence faible. Vol puissant, onduleux. Vole souvent brièvement sur place avant de se poser dans l'herbe (ce que fait exceptionnellement le P. rousseline). Plum. similaire à celui du P. rousseline juv. (stries sur le dos et la poitrine), mais lores pâles (pouvant toutefois paraître ombrés sous certains angles). Pattes couleur chair. – *Ad. :* poitrine et flancs généralement chamois chaud (parfois à nuance rouille), contrastant avec le ventre plus blanc; haut de la poitrine bien rayé, les rayures se poursuivant souvent sur le bas des côtés de la gorge et, réunies, formant une tache sombre. Grandes et moyennes couv. alaires et tertiaires, en plum. frais, à large bordure brun-roux. – *Juv. :* comme l'ad. mais rayures du dessus plus foncées, couv. alaires et tertiaires à étroit et net bord blanc.

VOIX Contact typique surtout à l'envol et au passage : *pchrèp* ou *chrèp*, fort, isolé, rauque et prolongé. Sur les lieux de nidification et parfois au repos, un net *tyèp* moins typique et plus vague. Chant simple, en vol : *tchivuy-tchivuy-tchivuy-tchivuy-tchivuy* grinçant.

Pipit de Godlewski *Anthus godlewskii* MO / HO

L 15,5-17 cm. Rare occasionnel automnal dans le N-O de l'Europe, en provenance de Mongolie et des régions proches.

CARACTÉRISTIQUES Plum. très similaire à celui du P. de Richard, mais corps un peu plus petit; pattes, ongle postérieur et queue plus courts; bec un peu plus gracile et plus pointu. Diffère notamment par la proportion de blanc aux rectrices externes : large et courte raie blanche chez ce pipit, longue et étroite chez presque tous les P. de Richard (sur le terrain il convient d'effectuer l'observation de près avec l'appui de la voix pour une bonne détermination). Dessous habituellement un peu plus chamois uniforme (ventre moins blanc). Nombre d'ind. identifiés aux moyennes couv. alaires de type ad. (souvent, quelques-unes présentes aussi même chez les ind. de 1er automne) : celles-ci ont le bout largement et nettement chamois ocre, au contact duquel le centre sombre se présente obtus et large (au lieu d'un bout brun-roux plus foncé, un peu plus diffus et étroit, avec un centre sombre s'avançant en un large coin).

VOIX Contact, *pchiou*, comme le P. de Richard mais un peu plus aigu, plus pur, rappelant un peu la Bergeronnette printanière, souvent en alternance avec de bas *tchiip-tchup*. Cri d'alarme sur les sites de reproduction, un *dzirp* bourdonnant et métallique.

PIPIT ROUSSELINE

PIPIT À LONG BEC

PIPIT DE RICHARD

PIPIT DE GODLEWSKI

Pipit spioncelle *Anthus spinoletta* N4 / MR / HC

L 15,5-17 cm. Montagnes et hautes vallées. Migrateur partiel. Hiverne dans les basses terres près des marais, étangs, prairies inondées, etc. S'observe sur les côtes à prairies inondables par de l'eau douce. Très proche parent des P. maritime et farlousane (tous trois encore récemment considérés comme une unique espèce).

CARACTÉRISTIQUES En plum. internuptial, très similaire au P. maritime, y compris les pattes généralement foncées, mais dessus plus brun et un peu plus clair (non gris olivâtre), et couleur de fond du dessous blanc plus pur avec rayures plus nettes. Sourcil et barres alaires normalement plus clairs et nets. Rectrices externes blanc pur (noter que le bord de la queue du P. maritime peut paraître blanc en pleine lumière). – *Plum. nuptial :* en mars, mue aboutissant au plum. caractéristique avec dessous rosé clair à peu près sans taches (rayures seulement sur les flancs, tête et nuque gris cendre contrastant généralement avec le dos brun, net sourcil blanc, barres alaires blanchâtres). – *Variante :* les oiseaux du Caucase *(coutellii)* qui hivernent notamment au Moyen-Orient, sont plus nettement striés dessus et plus chamois dessous.

VOIX Contact : comme le P. maritime ou souvent légèrement descendant, *vuist*. Chant très semblable à celui de P. maritime mais reconnaissable pour une oreille exercée à un motif parfois plus rythmé, à sons fins et prolongés, par ex. *zruy zruy zruy-zruy-zruy-zruy-zuy-zuy-zuy-zuy-zuy-zuy-zuy-zuy-zuy svivirirr-sviririrr-suuuy-suuuy psiiiéh-psiiéh-psiiéh* (il existe des variantes géographiques !).

Pipit maritime *Anthus petrosus* NS4

L 15,5-17 cm. Côtes et îles rocheuses. La plupart des nicheurs d'Europe du N vont hiverner sur les côtes d'Europe occidentale.

CARACTÉRISTIQUES Assez charpenté. Dominante sombre et motifs vagues. Meilleurs caractères distinctifs : pattes sombres (parfois brun rougeâtre moins sombre mais jamais couleur chair comme chez le P. farlouse par ex.) et bec assez long et sombre. Rectrices externes grisâtre pâle et non blanc pur (sauf parfois au bout). Sourcil généralement court et insignifiant. Étroit cercle oculaire blanc. Dessous blanc sale souvent à nuance chamois ; poitrine et flancs à rayures sombres nombreuses mais diffuses. Dessus gris-brun vaguement nuancé d'olivâtre, manteau vaguement rayé de sombre. – *Variante* : oiseaux nordiques et russes *(littoralis)* pratiquement identiques aux oiseaux d'Europe occidentale *(petrosus)* en hiver mais, chez certains, plum. nuptial un peu différent, à dessous vaguement rosé et rayures sombres légèrement atténuées ; les ind. très marqués peuvent beaucoup ressembler au P. spioncelle mais ont un manteau et un croupion plus gris et un net trait malaire sombre.

Pipit spioncelle

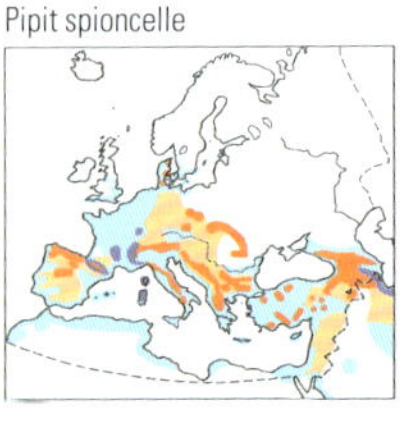

Pipit maritime

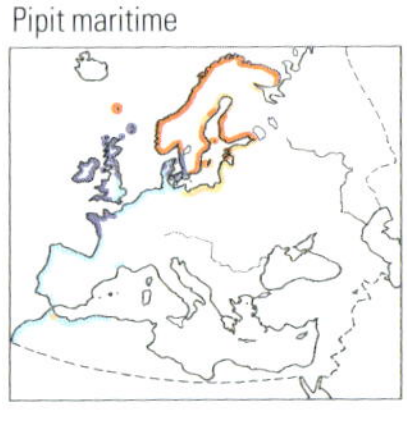

VOIX Contact : *viisst* explosif et perçant, généralement isolé ou répété à intervalles plus longs que chez le P. farlouse. Chant ressemblant étroitement à celui du P. spioncelle (moins à celui du P. farlouse), série de sons fins, aigus et répétés, avec 3 ou 4 motifs, toujours dans la version complète lors du vol chanté typique en montant puis en descendant (les ailes raides), *zruy-zruy-zruy-zruy-zruy-zré-zré-zré-zré-zré-zré-zré-sui-sui-sui-zri-zri*, etc. Diffère du chant du P. farlouse par un ton un peu plus perçant et des séries de *zruy* intercalées, moins précises et plus graves.

Pipit farlousane *Anthus rubescens* MO

L 15-16 cm. Très rare occasionnel d'Asie ou d'Amérique. Race *rubescens* nichant en Amérique du Nord et au Groenland, occasionnelle en Europe occidentale à l'automne ; race *japonicus* (très différente, v. ci-après) nichant en Asie orientale (sans doute pas à l'O du lac Baïkhal) et hivernant notamment en Israël. Très proche des P. spioncelle et maritime.

CARACTÉRISTIQUES Un peu plus petit que le P. spioncelle ; en règle générale, pattes plus claires (brun-rouge) que chez ce dernier ; en général, bec un peu plus gracile et lores plus clairs que chez le P. spioncelle. Épaules et croupion presque entièrement sans taches, et dos seulement tacheté de façon insignifiante. – *Plum. internuptial :* race *rubescens* à dessous nettement chamois avec rayures longitudinales brun foncé très étroites mais nettes ; calotte, nuque et dos gris brun olivâtre et presque totalement sans motifs ; pattes grises ou gris-brun rougeâtre. Race *japonicus* à dessous plus blanc avec de nettes rayures noirâtres (dont large tache noire aux côtés de la gorge, à peu près comme chez le P. à gorge rousse juv.), dessus plus gris et plus foncé ; souvent, net sourcil blanc sale avec, au-dessus, bord de la calotte sombre (peut faire penser au P. à dos olive !) ; pattes brun rougeâtre.

VOIX Contact rappelant le P. farlouse : *psipp*, un peu plus grinçant et accentué, et souvent isolé.

Pipit de Berthelot *Anthus berthelotii*

L 13-14,5 cm. Iles Canaries et Madère (où il est le seul pipit) ; plaines arides, zones pierreuses et sableuses à végétation basse, versants montagneux. Sédentaire.

CARACTÉRISTIQUES Petit comme le P. farlouse mais de proportions un peu particulières : arrière court (de sorte que les pattes semblent situées loin en arrière), assez grosse tête et bec gracile. Coloration principalement grise et blanc sale, nuance brune négligeable. Sourcil net, blanc sale. Cercle oculaire pâle et plage diffusément pâle sous les yeux et au milieu des parotiques, trait sourcilier et lores foncés, moustache et étroit trait malaire sombres, conférant à la tête un aspect particulier, presque rayé. Poitrine à fond blanc sale nettement rayée (non à nuance chamois). Dessus non rayé (nuque) ou très finement rayé ; couv. moyennes à bout pâle formant une nette barre alaire. Pattes chair brunâtre. Se déplace plutôt comme une Ammomane isabelline que comme un pipit, avec courses rapides entrecoupées de brusques arrêts. Parfois peu farouche.

VOIX Contact : *tsri (é)* comme la Bergeronnette printanière, et *tyup* plus grave et plus bref. Chant en vol : *tchilp… tchilp… tchilp…* très énergique, répété 4 à 7 fois, un peu comme le P. rousseline, parfois un peu plus rapide et roulé, *tsivirr, tsivirr, tsivirr, tsivirr*.

PIPIT SPIONCELLE

PIPIT MARITIME

PIPIT FARLOUSANE

PIPIT DE BERTHELOT

Pipit farlouse *Anthus pratensis* N5 / MA / HA

L 14-15,5 cm. Milieux ouverts : landes de montagne, prairies maritimes, pâturages, tourbières, marais ; en hiver, également champs, friches, plages, etc. Migrateur partiel. Hiverne dans l'ouest et le sud de l'Europe.

CARACTÉRISTIQUES Le « pipit » typique. Brun-gris olivâtre et blanc beigeâtre ou sale, plus ou moins rayé. Comme le P. des arbres mais en diffère par la voix et (généralement) le biotope. Les deux peuvent parfois fréquenter le même milieu (pâturages, tourbières d'altitude, divers milieux humides en cours de migration) ; examiner alors scrupuleusement l'aspect (en l'absence de cris). Noter : bec un peu plus mince (paraissant souvent tout sombre de loin sans la base rose de la mandibule inférieure du P. des arbres), tête à motifs un peu plus diffus et moins contrastants avec sourcil à peine marqué et espace sous-mustacien plus étroit et moins pâle. Souvent, étroit cercle oculaire peu marqué (partie la plus claire de la face). Dos plus fortement rayé que chez le P. des arbres (mais certains, en plum. frais, sont assez semblables). Ongle postérieur long et moins arqué (cf. P. des arbres), visible de près dans de bonnes conditions. Pattes rosées. Vit à terre, se pose en général sur le sol après un vol de prospection, mais souvent aussi sur des poteaux de clôture, parfois en haut de buissons, d'arbres isolés bas et sur des fils aériens. Vol chanté typique, montant d'abord à coups d'ailes énergiques, puis descendant les ailes raides.

VOIX Contact (en vol bondissant, onduleux) : *ist ist ist* fin, un peu excité ; en vol droit, *id.* ou *ist*, *ist ust* plus brefs, etc. Alarme : *sitt-itt* doublé (ou : *tirri*). Chant comme le P. maritime : séries de sons rapidement répétés, fins et aigus avec intégration d'un motif trois ou quatre fois répété au cours de la strophe à structure assez constante, *zi zi zi zi zi zi zi zi zi zi zu-zu-zu-zu-zu-zu-zu-svisvisvisvisvi tuy tuy tuy tuy tii-svia* (sons d'attaque plus clairs et moins en « crécelle » que chez le P. maritime, et la strophe se termine souvent par un petit trémolo). Strophe entière seulement en vol chanté ; posé, ne reprend que l'introduction : *zi zi zi zi zi…*

Pipit des arbres *Anthus trivialis* N5 / MC / HO

L 14-16 cm. Bois et forêts (apprécie les pinèdes), jeunes plantations de pins, lisières et clairières des bois de feuillus ou mixtes ; en migration, prés, etc. Visiteur d'été (fin mars à oct.). Hiverne en Afrique.

CARACTÉRISTIQUES Comme le P. farlouse mais : bec un peu plus fort, motif de la tête plus frappant avec sourcil un peu plus net et espace sous-mustacien plus large et plus clair, trace de trait sourcilier sombre. Dessous avec contraste plus marqué entre la poitrine chamois chaud et le ventre blanc, ainsi qu'entre les nettes rayures à la poitrine et les fines stries des flancs (Farlouse plus uniformément blanc jaunâtre ou blanc sale dessous, avec rayures constantes à la poitrine et aux flancs). Dos normalement moins nettement marqué de sombre que chez le Farlouse (mais la différence n'est pas toujours apparente). De près, on voit parfois que l'ongle postérieur est court et crochu. Pattes et base du bec roses. Un peu plus charpenté que le Farlouse, et vol plus direct, moins bondissant. Assez farouche et difficile à approcher. Se nourrit au sol mais, inquiété, s'envole et va se poser sur un arbre ; en terrain découvert, tend à s'enfuir plus loin que le Farlouse. Vol chanté typique : s'élève d'un arbre et redescend, ailes raides et pattes pendantes, se poser à nouveau sur un arbre. Hoche souvent la queue vers le bas quand il est posé.

VOIX Contact : *spihz* prolongé, net et rauque. Alarme : *svtt* discret mais très aigu. Chant répété avec insistance même au milieu de la journée alors que nombre d'espèces se taisent : strophe décidée et sonore constituée de trilles et de séries de sons répétés mais sur un rythme variable, par ex. *zi-zit-zit-zit-tya-tya-tya-tya-suyrrrrrrrrrrrrrrr siiiii-a tvet tvet tvet tvet siya-siiya-siiihya tya-tya-tya* dont l'ordre des composantes varie.

Pipit à dos olive *Anthus hodgsoni* MO

L 14-15,5 cm. Forêts claires en Sibérie et extrême N-O de l'Europe. Rare mais annuel en Europe occidentale (en automne ; quelques observations au printemps et en hiver).

CARACTÉRISTIQUES Très proche du P. des arbres (même ongle postérieur court et arqué, tous les autres pipits l'ont un peu plus long et moins arqué) mais motif un peu différent à la tête, dos et calotte gris-brun à nuance plus verdâtre et moins nettement marqués et, généralement, marques noires plus nettes à la poitrine. Net sourcil blanchâtre, non rayé (le P. des arbres a un sourcil pâle finement strié, plus ou moins marqué), et nette nuance chamois-roux devant l'œil (tout au plus vaguement chamois chez le P. des arbres). Au-dessus du sourcil, habituellement, bord foncé au côté de la calotte (jamais net chez le P. des arbres). Extrémité arrière du trait sourcilier en biais vers le bas, derrière les taches parotiques – à peu près sans exception une tache pâle au-dessus d'une tache sombre (parfois, vagues traces de telles taches chez le P. des arbres). En automne, tertiaires toujours fraîches, à large liseré brun olivâtre (étroit et blanc-gris aux tertiaires souvent usées chez le P. des arbres imm.).

VOIX Contact très similaire au P. des arbres : *spiz* net, aigu et un peu rauque (un peu moins rauque, un peu plus fin et moins perçant). Alarme : *sitt* fin et aigu. Chant analogue à celui du P. des arbres mais strophes souvent un peu plus brèves, son plus doux et plus aigu, rythme toujours rapide (ne ralentit pas de temps à autre comme chez le P. des arbres) et les trilles sont plus secs (ce qui, joint à certains sons aigus et ténus, peut faire penser au chant du P. à gorge rousse) ; le son rappelle parfois l'accenteur (ce qui n'est jamais le cas pour le P. des arbres).

Pipit farlouse

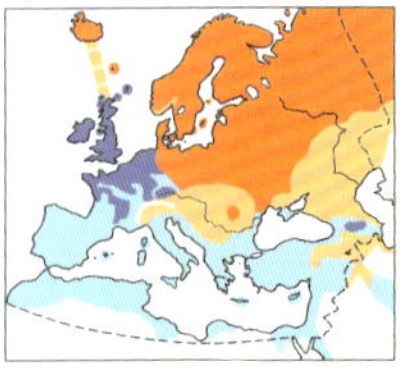

Pipit des arbres

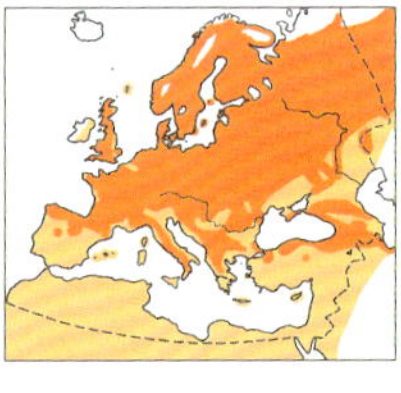

Pipit à dos olive

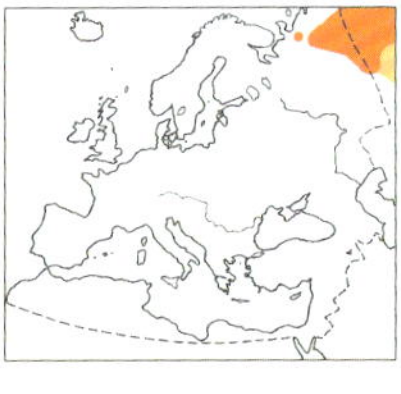

PIPIT FARLOUSE

PIPIT DES ARBRES

PIPIT À DOS OLIVE

Pipit à gorge rousse *Anthus cervinus* MR

L 14-15 cm. Pentes dénudées et toundra tout au nord de l'Europe ; zones marécageuses des vastes forêts de bouleaux clairsemés entrecoupées de zones herbeuses. Visiteur d'été. Hiverne en Afrique et par endroits au Moyen-Orient.

CARACTÉRISTIQUES Taille et silhouette de P. farlouse ; fréquente les mêmes milieux (y niche aussi parfois). Seuls les juv. en automne nécessitent normalement un examen minutieux. En tous plum., importante tacheture noire dessus, y compris dos et croupion (P. farlouse vaguement tacheté au croupion) avec couleur de fond brunâtre (pas de nuance olivâtre comme chez la plupart des P. farlouses en automne) et présence de quelques liserés blanchâtres ou roux. – *Ad. :* facilement reconnu à la gorge rouille. Certains ind. (sans doute surtout des ♂♂) ont également du rouille au sourcil, au front et au haut de la poitrine, et ces parties sont immaculées (du coup, pas de traits malaires sombres aux côtés de la gorge) ; d'autres (sans doute surtout des ♀♀) ont du rouille plus limité et sont fortement rayés. À l'automne, le rouille reste en plum. internuptial mais est un peu plus jaune brunâtre au début. – *1er automne :* gorge blanc jaunâtre et non brun rouille. Noter : dessus fortement tacheté de sombre avec fond plutôt à nuance brunâtre que gris olivâtre, bords des rémiges tertiaires nettement pâles, lores pâles, étroit cercle oculaire blanchâtre non interrompu, bec gracile à base habituellement jaunâtre dessous, parotiques brun uniforme et, souvent, nette tache noire en forme de lame au bas des côtés de la gorge.

VOIX Contact : fin et perçant *pssiih*, à sonorité un peu rauque de près (mais bien plus aigu, plus pur et plus long que chez le P. farlouse). Alarme : *tchuypp* faisant penser au Bruant ortolan. Chant très caractéristique par son motif rythmique, le son très fin et perçant (avec cri de contact) et un bourdonnement rappelant le Sizerin flammé : *suu-suu-suu-suu, suu-suu-suu-suu, suu-suu-suu-suu psiu psiiiu psiiiuh surrrrrrrrr vi-vi-vi-vi tsvu-tsvu-tsvu* (avec *u* mouillé). Chante généralement au cours d'un bref vol.

Pipit de la Petchora *Anthus gustavi* MO

L 14-15 cm. Marais à saules et bois clairs de conifères ; toundra humide à arbres et buissons épars ; rives humides des cours d'eau. Occasionnel en Europe (surtout automne). Hiverne dans le Sud-Est asiatique. Terrestre ; difficile à découvrir, se glisse dans l'herbe comme une souris.

CARACTÉRISTIQUES Avec le dessus fortement rayé, les bretelles blanches encadrant le manteau (parfois, indication d'une seconde paire) et souvent une tache sombre aux côtés de la gorge, ressemble beaucoup au jeune P. à gorge rousse ; en diffère ainsi : bec un peu plus fort à base en général rosée ou brun clair ; tertiaires plus courtes ne couvrant pas les rémiges primaires jusqu'au bout ; barres alaires pâles plus nettes, presque blanchâtres ; contraste entre ventre blanc et poitrine chamois (P. à gorge rousse plus uniformément blanc jaunâtre dessous) ; calotte et parotiques brun-roux assez pâle, à nettes stries sombres ; d'ordinaire, lores plutôt sombres mais moustache et trait malaire vagues, sourcil court et diffus, finement rayé ; bords de la queue non blanc pur.

VOIX Peut crier fréquemment en migration, mais bien plus silencieux à l'envol (assez rare) que les autres pipits : bref *dzip* perçant, presque électrique, ou un *fink* liquide répété quelques fois. Chant : doux avec trilles mécaniques, durs et secs, coupés de sons doubles, *turrrrrrtirrrrrrr-tyutyi-turrrrrr-tyutyi- tirrrrturrrrrr...*

Bergeronnette grise *Motacilla alba* N5 / MC / HC

L 16,5-19 cm. Milieux divers, notamment zones cultivées ; apprécie la proximité de l'homme et de l'eau mais parfois aussi loin des habitations, dans les bois clairs et les marais. Migratrice partielle. Hiverne surtout au Moyen-Orient et dans le nord-est de l'Afrique ; certains ind. de l'ouest et du sud de l'Europe sont sédentaires. Nid dans un trou de mur, sous les tuiles, dans les cheminées, dans un tas de pierres, etc. Est attirée par les zones dégagées (prés, parcours de golf, rochers, toits et routes), où elle capture des insectes.

CARACTÉRISTIQUES Élancée et gracieuse. Longue et étroite queue noir et blanc, hochée en permanence. Marche avec de brusques mouvements de la tête, et court après ses proies en s'arrêtant, la queue se balançant fortement. Entièrement noir, blanc et gris. En tous plum., poitrine foncée (grise ou noire). – ♂ *Ad. nuptial :* calotte et nuque noires avec limite nette par rapport au dos, gris cendré. Front et avant de la calotte blancs, bavette noire. Barres alaires et bordure des rémiges tertiaires blancs. – ♀ *ad. nuptiale :* comme le ♂ mais moins de noir à la nuque et transition diffuse vers le dos gris ou seulement un peu de noir à la calotte, ou encore calotte et nuque grises. – *Plum. internuptial :* cou et gorge blancs, bande pectorale noire. Front blanc, ou blanc à nuance jaunâtre, ou encore gris clair à nuance verdâtre (mâles ad. les plus blancs, imm. parfois sans blanc). – *Juv. :* côtés de la calotte sombres, barres alaires nuancées de gris. Bande pectorale grisâtre. – *Variantes :* dans les îles Britanniques et sporadiquement sur les côtes voisines, race *yarrelli*, dont le ♂ ad. en plum. nuptial a le dos noir, et les fem. (ainsi que le ♂ juv.) le dos gris foncé et le croupion noir ; flancs gris olivâtre foncé. Plum. internuptial et juv. un peu moins foncés sur le dos. Dans le reste de l'Europe, race *alba* à dos gris clair. Au Maroc, race *subpersonata* à motif particulier sur la tête.

VOIX Contact facile à reconnaître : *tsli-vitt* ou : *zi-zé-litt*, uniforme et tremblotant. Chant normal assez simple : sons di- ou trisyllabiques un peu gazouillants, pause, à nouveau quelques sons, nouvelle pause, etc. L'ensemble ne peut toujours être considéré comme le véritable chant.

Pipit à gorge rousse

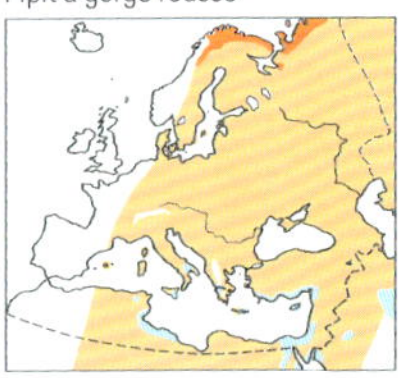

Pipit de la Petchora

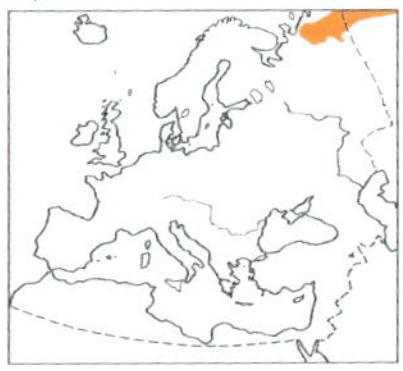

Bergeronnette grise

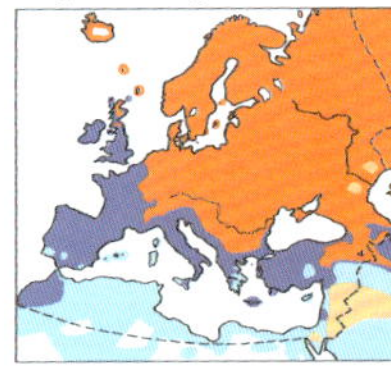

PIPIT À GORGE ROUSSE

PIPIT DE LA PETCHORA

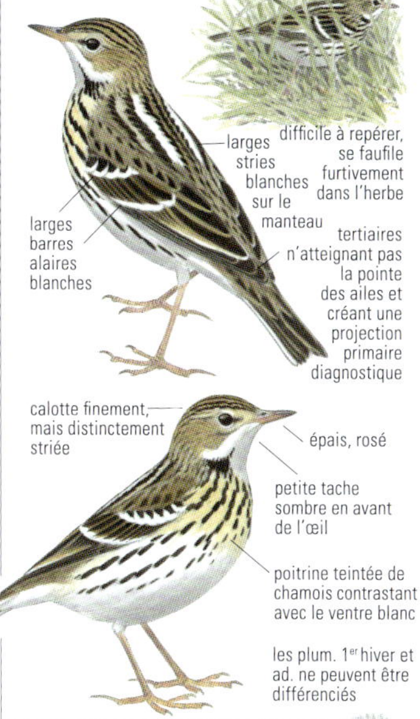

BERGERONNETTE GRISE / DE YARRELL

Bergeronnette printanière

Motacilla flava N4 / MC / HO

L 15-16 cm. Marais, prairies humides près des étangs et lacs de plaine et, dans les forêts septentrionales, marais, tourbières, coupes et prairies humides, etc. Visiteuse d'été (avril-sept./début oct.). Hiverne en Afrique. En migration, se pose dans les prés et sur les parcours de golf (dort dans les roseaux). Nid dans une touffe d'herbe. Variantes géographiques complexes, concernant notamment les ♂♂ (notamment le motif de la tête) et dont on ne peut traiter ici en détail ; au moins 8 races différentes rien que dans la région étudiée.

CARACTÉRISTIQUES La plus petite des bergeronnettes, avec une queue un peu plus courte que la B. grise et nettement plus courte que la B. des ruisseaux. ♂ jaune citron dessous. ♀ un peu plus terne, surtout à la poitrine. Juv. en automne pâle dessous, sous-caudales blanc beigeâtre à vague nuance jaune (jaune parfois difficile à distinguer en certains cas ou pouvant manquer totalement, cf. B. citrine). Dos vert grisâtre ou gris brunâtre avec parfois nuance olivâtre à peine visible. Pattes noires. Ailes gris brunâtre avec barres alaires jaune pâle ou blanc sale, étroites mais nettes. – *Variantes* (♂♂) : sur une grande partie du continent européen *(flava)*, tête gris-bleu avec net sourcil blanc et trait blanc entre la joue gris foncé et la gorge jaune ; petite tache blanche sous l'œil. En Fennoscandie *(thunbergi)*, calotte et nuque gris-bleu foncé et parotiques gris noirâtre ; pas de sourcil blanc ou seulement une courte tache près de l'œil. V. les planches pour les autres races. Noter qu'il existe des formes intermédiaires à la limite entre les aires de répartition de deux races.

VOIX Contact, dans une grande partie de l'Europe : fin *psit* ou un peu plus plein, *tslié* (ou *tsrlié*) ; dans les Balkans et certaines régions d'Europe orientale, généralement un *zrrié* plus roulé et mouillé (avec le *r* plus net, cf. B. citrine). Chant : élémentaire ; constitué de 2 (parfois 1 ou 3) sons grinçants, dont le dernier est généralement un peu plus accentué, à savoir *srrii-srriiht*, fréquemment émis du haut d'un poteau, d'un buisson bas ou d'un fil barbelé, etc.

Bergeronnette citrine *Motacilla citreola* MO

L 15,5-17 cm. Prés humides, marais forestiers à végétation basse, rives humides des cours d'eau. Migratrice, hiverne dans le Sud-Est asiatique. Occasionnelle rare mais en augmentation en Europe occidentale. Gagne vers l'O.

CARACTÉRISTIQUES Comme la B. printanière (risque de confusion) mais, en général, queue un peu plus longue. Double barre alaire large et blanche (ou blanchâtre) : critère important en tous plum. (exception : plum. nuptial très usé). – ♂ *ad. nuptial :* ne peut être confondu ; tête entièrement jaune citron, bande nucale noire, dos gris cendré, poitrine jaune (mais généralement sous-caudales blanchâtres – toujours jaune chez les B. printanière et des ruisseaux). Flancs ombrés de gris (comme la B. grise, à la différence des autres B.). – ♀ *ad. nuptiale et* ♂ *et* ♀ *internuptiaux :* calotte et joues nuancées de gris, pas de noir à la nuque, dessous jaune habituellement plus pâle. Noter le sourcil jaune et les parotiques gris sale entourées de jaune, les barre alaires blanches. Surtout en plum. internuptial, poitrine ombrée. – *1er hiver :* pas de jaune pur (mais poitrine et front souvent à nuance jaune beigeâtre) ; confusion possible avec un juv. pâle de B. printanière. Noter : larges barres alaires blanches ; dos gris ou gris brunâtre (jamais olivâtre) ; lores pâles et souvent aussi le front (sombres chez la B. printanière) ; parotiques cernées de pâle ; bec tout sombre (un peu plus clair chez la B. printanière) ; jamais de nuance jaune aux couv. sous-alaires ; vol chanté.

VOIX Contact souvent très proche de la B. printanière : *tslié*. Cri d'inquiétude et en vol (souvent émis par les occasionnelles) *tsriip* caractéristique, dur, grinçant (comme le chant de B. printanière), répété à plusieurs reprises (la B. printanière *feldegg*, a un son *r* dans le cri mais ce dernier est plus doux, un peu relevé à la fin). Chant comme la B. grise, quelques syllabes peu complexes avec pauses ; émis d'un perchoir (strophes légèrement plus longues en vol chanté) – certains sons rappelant la B. printanière *(flava)*.

Bergeronnette des ruisseaux

Motacilla cinerea N4 / MC / HC

L 17-20 cm. Notamment petits cours d'eau avec pierres bien exposées et des bosquets ou des rideaux d'arbres ; également, rives des mares, étangs et lacs. Migratrice partielle, hiverne en Europe occidentale (près de l'eau, même en ville). Nid dans une fissure de rocher, à flanc de carrière, dans un trou de mur près de l'eau, etc.

CARACTÉRISTIQUES Par rapport aux autres bergeronnettes, a la plus longue queue et les plus courtes pattes. Balance constamment et fortement sa longue queue mais aussi l'arrière du corps. En tous plum., sous-caudales jaune vif et croupion vert-jaune. Pattes rose brunâtre (noires chez les autres bergeronnettes). Tertiaires bordées de blanc (jaunâtre). Net sourcil pâle. Dos gris, ailes noirâtres. Lors du vol onduleux, longue queue bien évidente, large barre alaire blanche, surtout évidente dessous. – ♂ *ad. nuptial :* bavette noire. Sourcil et espace sous-mustacien blanc pur (mais flancs parfois un peu plus pâles). – ♀ *ad. nuptiale :* gorge blanche nuancée de grisâtre ; parfois plus semblable au ♂, avec beaucoup de noir à la gorge (mais toujours marqué de blanc) ; sourcil blanc beigeâtre et espace sous-mustacien peu net. – *Hiver :* gorge pâle ; oiseaux âgés plus jaunes à la poitrine et plus blancs à la gorge ; ind. plus jeunes jaune plus pâle à la poitrine et beigeâtres à la gorge.

VOIX Contact voisin de celui de la B. grise mais plus perçant, plus aigu : *tsîit* ou *tsissit*. En cas d'inquiétude, *suyit* répété, souvent mêlé au cri de contact. Chant : série brève et mécanique de sons perçants, *ziss-ziss-ziss-ziss*, souvent mêlée d'une strophe alternative de sons plus clairs, *si-si-si-siv*.

Bergeronnette printanière

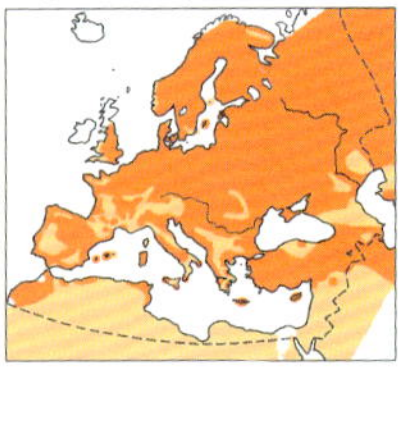

Bergeronnette citrine

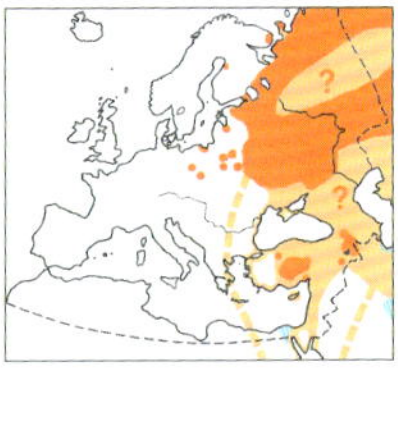

Bergeronnette des ruisseaux

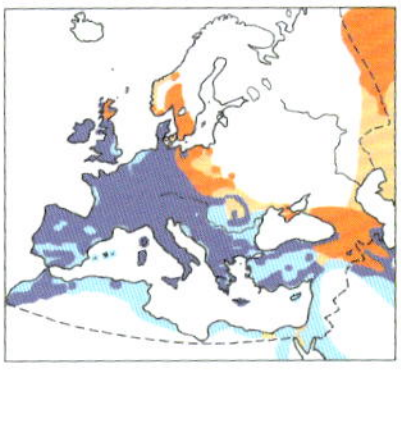

BERGERONNETTE PRINTANIÈRE

BERGERONNETTE CITRINE

BERGERONNETTE DES RUISSEAUX

DZ

Cincle plongeur *Cinclus cinclus* NS4 / MR / HR

L 17-20 cm. Cours d'eau peu profonds des reliefs, souvent en milieu boisé ; apprécie les torrents avec pierres découvertes où se poser. Nage sous l'eau à l'aide des ailes et peut marcher au fond (aidé pour cela par des os pleins, fait unique chez les oiseaux) ; plonge même en hiver, en sautant du bord de la glace. Nage aussi en surface, en s'enfonçant très peu. Nid de mousse à entrée latérale, situé dans un lieu abrité au flanc d'une paroi rocheuse ou d'un mur, au-dessus de l'eau, ou même parfois sous une chute d'eau. Surtout sédentaire mais les populations nordiques descendent au sud.

CARACTÉRISTIQUES Trapu. Fortes pattes et courte queue souvent un peu redressée. Plum. sombre avec grand plastron blanc, soit tout noir de suie (nord, est, une bonne partie de la France, N-O de la péninsule Ibérique), ou tête brunâtre et du brun-roux en dessous du plastron (surtout Grande-Bretagne et Irlande, moins en Europe centrale). Paupière nictitante blanche. Compact en vol, de la taille d'un étourneau. Vol droit, ailes vibrantes. Fait souvent des « révérences » répétées après s'être posé. – *Juv. :* gris écaillé de pâle dessus et de sombre dessous. Ébauche de plastron pâle mais sali de gris et mal défini vers le ventre.

VOIX Contact : *zit* bref, strident et « électrique », dominant le vacarme des torrents, souvent émis par l'oiseau volant au ras de l'eau. Chant souvent émis au cœur des hivers mêmes rigoureux : calme série, assez discrète, de sons alternativement secs, rêches, grinçants et gutturaux, certains repris plusieurs fois, pouvant rappeler tant le Bec-croisé des sapins que le bouvreuil. Les deux sexes chantent.

Jaseur boréal *Bombycilla garrulus* MO / HO

L 18-21 cm. Nord de la taïga riche en lichens et souvent ancienne, sur sols humides et tourbeux. Nid en coupe sur une branche élevée (souvent de pin). Invasions au sud certains hivers, jusqu'en Europe de l'Ouest ; alors observé sur les sorbiers ou dans les boules de gui, dans les parcs et jardins. Parfois très confiant mais reste vif et assez nerveux, gagnant le haut des arbres en cas de dérangement. En hiver, peut consommer des baies gelées et semi-fermentées susceptibles de le rendre provisoirement incapables de voler. Semble avoir développé un foie très efficace (plus que celui de l'homme) pour répondre à cela car il se remet d'ordinaire rapidement.

CARACTÉRISTIQUES Taille d'un étourneau. Trapu, tête forte. Huppe fournie et couleur beige roussâtre permettent d'éliminer toutes les autres espèces. Étroit masque noir et bavette noire, bout de la queue jaune et motif jaune et blanc sur les ailes se combinent, évitent toute confusion. Vol rapide et onduleux ; groupes en formation serrée, rappelant une bande d'étourneaux (d'autant que taille et forme sont analogues). – ♂ *ad. :* bout des primaires bordé de jaune au vexille externe et, largement, de blanc au vexille interne (formant un chevron) ; large barre terminale jaune à la queue ; appendices rouge laqué aux secondaires et parfois aussi à quelques rectrices ; bavette noire à bord inférieur net. – ♀ *ad. :* comme le ♂ ad. mais liseré blanc du vexille interne au bout des primaires plus étroit, ou même chevrons incomplets au bout des primaires ; barre caudale jaune plus étroite ; souvent, appendices rouge un peu moins nombreux et plus courts ; bavette à bord inférieur indécis. – *1re année :* pas de bordure blanche au vexille interne des primaires, seulement bout du vexille externe blanc jaunâtre (donc pas de jaune vif ni de chevrons).

VOIX Contact : joli *sirrrrr* faisant penser à une clochette, souvent en chœur dans les groupes qui bruissent ainsi en s'envolant. Chant lent et haché.

Hypocolius gris *Hypocolius ampelinus*

L 21-24 cm. Moyen-Orient, surtout Irak et S de l'Iran, dans les semi-déserts avec arbres et buissons épars, ou à proximité, palmeraies de dattiers, vergers et jardins. Recherche épisodiquement les baies, souvent en petits groupes, comme son parent le Jaseur boréal. Hiverne au S jusqu'au golfe, au N et à l'O de l'Arabie séoudite et dans les EAU. Occasionnel ou hivernant rare à Oman, occasionnel en Israël et au Yémen.

CARACTÉRISTIQUES De loin, ressemble à une pie-grièche mais est un peu plus élancé et à ailes courtes, avec une queue longue en proportion. De plus près, ne peut être confondu : plum. gris bleuté très pâle et nette barre caudale noire. Parenté avec les jaseurs révélée par le bec similaire, la silhouette sans épaules et l'habitude, inquiet, d'étendre le cou. Vol en général direct avec battements continus, donc non onduleux. – ♂ *ad. :* larges taches noires aux côtés de la tête, formant un masque élargi vers l'arrière, et se rejoignant sur la nuque. Primaires à dominante noire mais largement terminées de blanc, frappant en vol de dessous comme de dessus ; les parties noires sont presque cachées chez l'oiseau perché, les bouts blancs devenant les plus visibles. – ♀ *ad. :* comme le ♂ ad. mais gris plus terne et nuancé de chamois, pas de noir à la tête, juste d'étroites barres subterminales noires aux primaires, barre caudale noire moins large. – *1re année :* très proche de la ♀ ad. En diffère par l'étroit bout pâle des tertiaires et des rectrices, la barre caudale sombre et plus étroite, et un plum. un peu plus lâche, plus duveteux, mais la distinction sur le terrain exige la proximité.

VOIX Contact : *miii* miaulant et variantes, *ouiiou* descendant (presque comme le Canard siffleur). Aussi un *tri-tour-tour* suave, en trille, dont la première note est un peu plus aiguë. Chant apparemment inexistant.

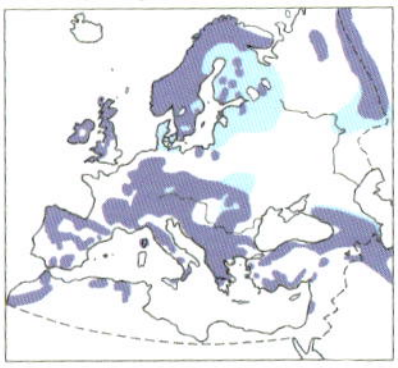

Cincle plongeur

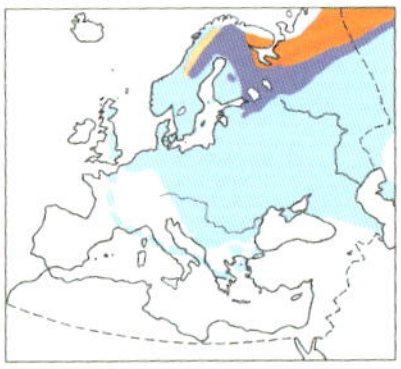

Jaseur boréal

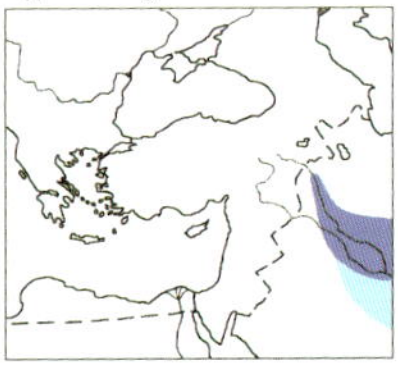

Hypocolius gris

CINCLE PLONGEUR

JASEUR BORÉAL

HYPOCOLIUS GRIS

DZ

ACCENTEURS : PRUNELLIDÉS

Cinq espèces. Petits passereaux vivant beaucoup à terre et dans les broussailles. Bec fin et pointu (mais à base assez épaisse). Plum. en général brun, chamois, gris et noir. Ailes assez courtes et arrondies. Sexes et âges très proches. Se nourrissent surtout au sol, sautillant pattes fléchies.

Accenteur mouchet

Prunella modularis NS5 / MA / HA

L 13-14,5 cm. Boisements de conifères, mixtes ou de feuillus ; en Europe moyenne, jardins, parcs, haies et broussailles touffues. Sédentaire dans l'ouest et le sud de l'Europe. Migrateur au nord. Assez discret en été. Alim. : surtout insectes. Nid dans un buisson touffu ou bas dans un conifère.

CARACTÉRISTIQUES Taille d'un rougegorge mais plus élancé. Bec fin. Rappelle un Moineau domestique : dessus brun rayé. Noter : tête gris bleuté (parotiques et calotte légèrement nuancées de gris brunâtre) ainsi que la poitrine. Pattes brun-rouge. Queue sans blanc. Grandes couv. à fines taches pâles, formant parfois comme une étroite barre alaire. Donne l'impression d'être uniformément coloré et assez sombre. Vol brusque et légèrement bondissant. Se tient souvent bien en vue et en hauteur quand il chante, mais sinon vit caché et peut être assez difficile à découvrir car il disparaît à couvert à la moindre alerte. – *Variantes :* les oiseaux d'Irlande et du nord-ouest de l'Écosse *(hebridium)* sont plus foncés, surtout dessus et à la poitrine. Ceux du reste de la Grande-Bretagne *(occidentalis)* sont intermédiaires entre la précédente race et celle d'Europe continentale *(modularis)*.

VOIX Contact en vol (souvent au petit matin ou le soir) : *tihihihi* tintant ou tremblotant, et très fin. Alarme (et parfois contact) : *tiih* assez fort et net. Chant, souvent émis à la cime d'un arbre de taille moyenne : phrase aigrelette assez sonore, aiguë, de 2 secondes environ, brodée sans motif bien déterminé, et sur un ton assez uniforme.

Accenteur alpin *Prunella collaris* N4 / MC / HC

L 15-17,5 cm. Régions montagneuses, habituellement de 1 800 à 3 000 m. Généralement, pentes dénudées à rochers et plantes basses. S'observe en petits groupes même lors de la nidification. Essentiellement sédentaire (mais descend en hiver). Alim. : insectes et graines. Nid dans une anfractuosité de rocher.

CARACTÉRISTIQUES En terrain nu, on voit jaillir un ou plusieurs oiseaux de la taille de l'Alouette des champs, trapus et assez sombres. À différencier de l'Alouette haussecol, du Pipit spioncelle et d'autres passereaux montagnards. Vole plus puissamment que ceux-ci, rapidement, avec une trajectoire un peu onduleuse. Chez l'oiseau posé, noter : tache jaune clair à la racine du bec ; zone sombre au milieu de l'aile (grandes couv.) ; fortes rayures brun-roux aux flancs, bien visibles au soleil. De tout près, tacheture pâle au milieu de la gorge et fin bout blanc aux couv. alaires. – *Variante :* les oiseaux de Turquie *(montana)* sont brun un peu plus pâle et à dessus moins fortement strié.

VOIX À l'envol, *drruy drruy drruy*, *tchirr*, etc. étouffés, gutturaux comme l'Alouette des champs. Peut également pépier comme un moineau. Chant : strophe trillée et gazouillante, soutenue, sans structure définie. Certains sons frémissants rappellent la Mésange huppée, d'autres sont grinçants. Chante souvent posé, mais parfois aussi en vol avec des coups d'ailes papillonnants.

Accenteur montanelle *Prunella montanella*

L 13-14,5 cm. Nord de la Sibérie et N des monts Oural ; forêts de saules et de bouleaux, bordant marais, toundra et cours d'eau ; également, bois clairs de conifères. Migrateur. Hiverne dans le Sud-Est asiatique. Rare occasionnel dans l'O de l'Europe. Farouche, le plus souvent caché.

CARACTÉRISTIQUES À peu près de la taille de l'A. mouchet. Se distingue par : long et large sourcil chamois (plus large en arrière de l'œil), accentué par la calotte brun noirâtre (plus foncée sur les côtés) et les joues sombres. Dessous jaune-beige chaud (avec plumes à centre foncé sur la poitrine chez certains ind.). Couleur du dos variant un peu, en général nettement à nuance brun-roux, mais parfois brun foncé plus terne avec seulement une vague nuance brun-roux.

VOIX Contact, apparemment un fin *ti-ti-ti*. Chant : strophe assez monotone d'A. mouchet, aiguë, à *r* assez gutturaux, légèrement montante.

Accenteur de Radde *Prunella ocularis*

L 13-14 cm. Régions montagneuses, de 2 000 à 3 000 m d'altitude, dans rochers et végétation basse, juste sous la limite des arbres. Sédentaire ou migrateur partiel. Agité et vif, court à terre, vole entre les buissons bas, tient rarement en place très longtemps.

CARACTÉRISTIQUES Taille d'A. mouchet. Plum., vu rapidement, généralement similaire à celui de l'A. montanelle, présente également un large sourcil pâle, une calotte et des joues sombres, et un dessous chamois chaud. Diffère de l'A. montanelle par : le sourcil blanc sale ou blanc crème (non jaune-beige terne) et, dessous, la couleur chamois à nuance orangée, concentrée sur la poitrine, opposée au ventre et à la gorge plus blancs (comme chez l'A. à gorge noire). De près, côtés de la gorge finement tachetés de sombre.

VOIX Contact : comme l'A. mouchet, *ti-ti-ti* fin. Chant : cristallin, rapide strophe avec une partie des sons répétés à plusieurs reprises, entremêlés de brefs trilles aigus.

Accenteur à gorge noire *Prunella atrogularis* MO

L 13-14,5 cm. Fourrés d'épicéas et milieux broussailleux, parfois aussi bois de feuillus, volontiers en altitude (Oural). Également observé en Asie centrale dans les forêts de conifères de haute futaie des gorges de montagne. Rare occasionnel en Europe occidentale.

CARACTÉRISTIQUES Comme les A. de Radde et montanelle, avec calotte brun noirâtre et large sourcil chamois (automne). Caractérisé par la gorge noire, bien visible en plum. nuptial mais moins évidente chez les juv. en automne lorsque les liserés pâles la cachent en partie (notamment chez les fem. de 1er hiver). Noter le dos brun terne (non nettement brun-roux) avec marques sombres, et la poitrine ocre orangé contrastant avec le ventre plus blanc.

VOIX Contact : comme les accenteurs proches, *ti-ti-ti* fin. Chant : comme l'A. mouchet, étiré avec de légères montées, mais strophes un peu plus brèves et plus vagues et sons moins aigus.

ACCENTEUR MOUCHET

ACCENTEUR ALPIN

ACCENTEUR MONTANELLE

ACCENTEUR DE RADDE

ACCENTEUR À GORGE NOIRE

Accenteur mouchet

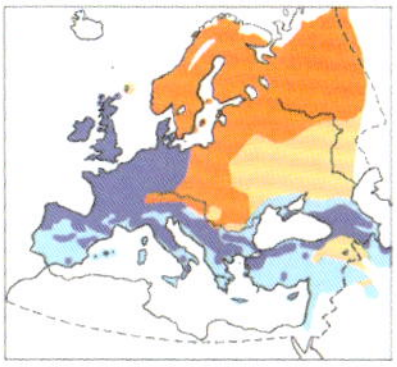

Accenteur alpin

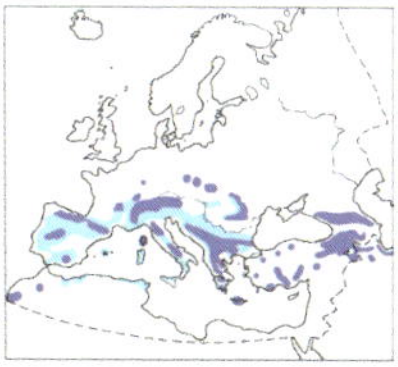

Accenteur de Radde

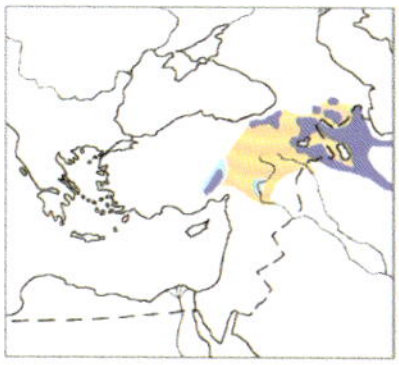

Accenteur à gorge noire

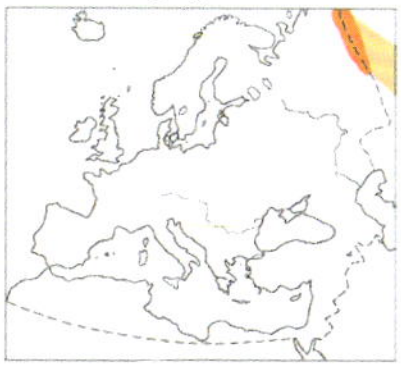

ROSSIGNOLS, ROUGEQUEUES, TRAQUETS, ETC.

Ce groupe de passereaux petits à moyens était autrefois classé parmi les grives et merles, mais à présent, on les sait plus proches des gobemouches, ce qui leur a valu d'être rangés dans les Muscicapidés. Excellents chanteurs, mangent surtout baies et insectes. Migrateurs. 35 espèces.

Rougegorge familier
Erithacus rubecula N5 / MA / HA

L 12,5-14 cm. Divers milieux boisés ; bocage. En Europe continentale, ainsi que dans les îles Britanniques, habite aussi parcs et jardins (même en ville). Migrateur dans le nord de l'Europe. Craintif mais absolument pas farouche. Se nourrit d'insectes, gastéropodes et vers. Nid dans une souche creuse, entre les racines, etc.

CARACTÉRISTIQUES Petit et brunâtre avec plastron orangé couvrant toute la poitrine et la face, et montant jusqu'au front. Étroite barre alaire jaune (plus nette chez le juv.). Semble souvent avoir une grosse tête. Pattes fines et longues. Ébouriffe parfois les plumes de sorte qu'il paraît rond et trapu, mais peut aussi apparaître plus élancé. Laisse pendre ses ailes. Sautille rapidement sur le sol, fait une « révérence » et lève brièvement la queue. S'arrête, se déplace subitement, s'arrête à nouveau et ainsi de suite. – *Juv. :* plum. ponctué, sans plastron orangé.

VOIX Contact : *tik* bref et dur. Inquiet, surtout le soir ou au réveil, longues et rapides séries de *tik-ik-ik-ik*... (remontoir de réveil). Alarme : *tsiiih* extrêmement fins et aigus, difficiles à localiser. En migration nocturne, fin et rêche *tsi*. Chant commençant souvent par quelques sons élevés, traînants et fins, puis strophe plus grave et s'accélérant, avec notes aiguës, vibrantes, nerveuses, grinçantes ; rythme et intensité variables, aucune strophe ne ressemble à une autre.

Rossignol philomèle *Luscinia megarhynchos* N5 / MC

L 15-16,5 cm. Le rossignol nocturne proprement dit, au chant réputé. Forêts, bois et bosquets à sous-bois fourni, volontiers près de l'eau mais aussi dans des milieux plus secs à buissons touffus ; parfois, jardins et vergers. Visiteur d'été (avril-sept.), hiverne en Afrique méridionale.

CARACTÉRISTIQUES Plus souvent entendu que vu. Aspect sobre : dessus brun à nuance rousse à la queue et au croupion ; dessous gris beigeâtre et gorge diffusément plus pâle. Grand œil noir sur le côté brunâtre de la tête, rehaussé par un léger cercle oculaire blanchâtre. Très semblable au R. progné, les deux espèces étant parfois impossibles à différencier sur le terrain ; mais, de près, un peu plus roux sur le dessus de la queue et sans plage ou marques grisâtres au bas de la gorge et à la poitrine (mais peut présenter une ombre gris clair).

VOIX Pas de cri particulier. Alarme : *yihp* sifflé et un peu montant, ou *errrr* grinçant. Chant fort et mélodieux, toujours varié : strophes assez brèves (2 à 4 secondes) avec souvent des pauses de même durée entre chacune, et constituées de trilles, de sifflements liquides et de sons murmurants ou gloussants ; on le reconnaît notamment à l'incorporation de sifflements crescendo précédant les vigoureux motifs.

Rossignol progné *Luscinia luscinia* MO

L 15-17 cm. Nord et est de l'Europe, où il remplace le R. philomèle sans en avoir la voix. Forêts de feuillus touffues et humides, de préférence avec noisetiers, buissons et rives abritées ; également, parcs touffus et jardins. Visiteur d'été (mai-août). Hiverne en Afrique méridionale.

CARACTÉRISTIQUES Très semblable au R. philomèle. En règle générale, un peu moins brun-roux à la queue et au croupion, brun un peu plus gris sur le dos, et habituellement assez nettes vermiculures grises au bas de la gorge et à la poitrine (mais aucun de ces critères n'est ni déterminant ni aisément visible sur le terrain).

VOIX Pas de cri de contact particulier. Alarme : *ihp* et *errr* grinçants et durs. Chant plus sonore que mélodieux : séries de sons gloussants et tranchants, en strophes souvent entrecoupées de sifflements aigus ; audible à des kilomètres durant les nuits calmes.

Agrobate roux *Cercotrichas galactotes* MO

L 15-17 cm. Zones arides à buissons touffus, haies et vergers ; a une préférence pour les tamaris, figuiers, pistachiers et amandiers ; se tient souvent à proximité de l'homme. Visiteur d'été (mai-sept.). Hiverne au sud du Sahara.

CARACTÉRISTIQUES Brunâtre dessus, blanc sale dessous. Longue queue rousse à bout noir et blanc à la plupart des rectrices. Motif de la tête frappant : sourcil blanc, étroit trait sourcilier et fines moustaches sombres. Vit beaucoup à terre. Étale souvent la queue en éventail et la lève d'un coup, la replie et la baisse doucement. Sexes et âges identiques. – *Variantes :* en Espagne, au nord-ouest de l'Afrique, en Égypte et en Israël *(galactotes)*, dos brun chaud avec léger contraste par rapport à la queue, poitrine chamois ; oiseaux de Grèce et de Turquie *(syriaca)* à dos un peu plus brun-gris, poitrine et flancs à nuance grise, et marques de la tête plus contrastées.

VOIX Contact : série de sifflements durs et graves, *uyh* ; également, *bzzzzz* très fin, comme un bourdonnement d'insecte. Chant, comme un merle : brèves strophes (et brèves pauses) de sons aigus assez mélancoliques (plus aigus et gazouillants que les merles).

Rougegorge familier

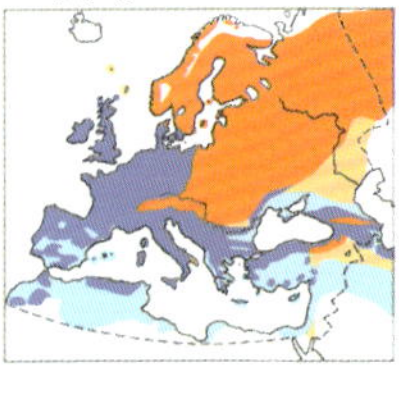

Rossignol philomèle

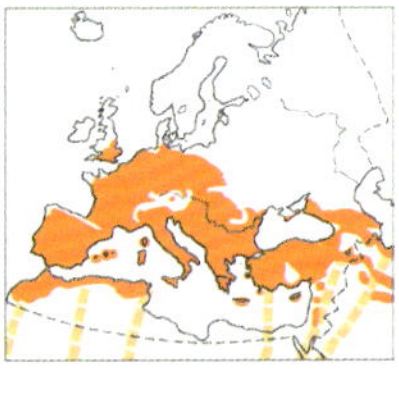

Rossignol progné

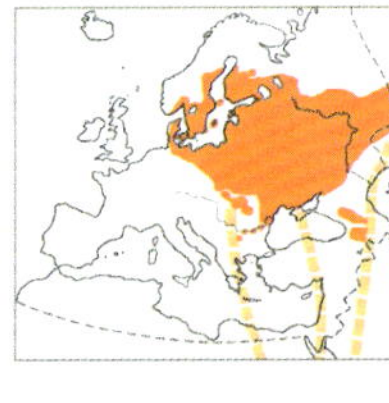

Agrobate roux

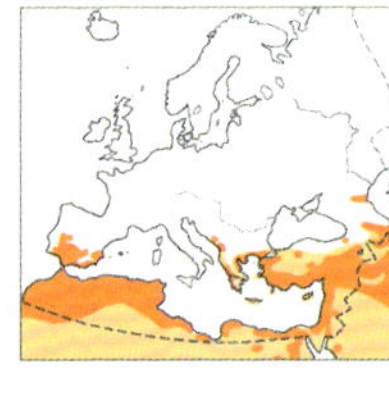

ROUGEGORGE FAMILIER

ROSSIGNOL PHILOMÈLE

ROSSIGNOL PROGNÉ

AGROBATE ROUX

Gorgebleue à miroir *Luscinia svecica* N4 / MR / HR

L 13-14 cm. Dans le nord de l'Europe, bois de saules et de trembles et, dans le reste du continent, zones humides, marais et abords des cours d'eau avec buissons, roseaux, aulnes, etc. ; parfois dans des régions plus montueuses et plus sèches. Visiteuse d'été (mars-sept.). Hiverne principalement du nord-est de l'Afrique à l'ouest de l'Inde. Alim. : insectes. Nid dans une touffe d'herbe, un buisson touffu, etc.

CARACTÉRISTIQUES Petite et élancée. Pattes longues et fines. En tous plum., caractérisée par un net sourcil blanc et une zone rousse à la base de la queue, sur les côtés (souvent visible en vol, ou lorsque l'oiseau posé relève la queue). – ♂ : bavette bleu clair brillant bordée en bas par une étroite bande noire et une bande rousse plus large. Au milieu de la partie bleue, surtout chez les ind. du nord de l'Europe *(svecica)*, tache rouille à la gorge ; chez les oiseaux du reste de l'Europe, de l'est de la Turquie et du Caucase (notamment *cyanecula* et *magna*), petite tache blanche ou pas de tache. En automne, une partie des couleurs de la gorge passe au blanc jaunâtre. – ♀ : motif de la gorge variable ; en général seulement un arc de taches noires sur fond blanc grisâtre ; parfois, chez les plus âgées, du bleu et une bordure noir et rouille en travers du haut de la poitrine (celles qui présentent un maximum de bleu sont très semblables aux ♂♂). – *Juv. :* tacheté comme un rougegorge juv., mais motif particulier à la queue.

VOIX Contact : généralement, *trak* sec (comme un drapeau claquant au vent). Inquiet, sifflement de traquet, *hiit* (parfois même imitation de rougequeue *huit*). En automne, *bzrv* râpeux. Chant sonore et clair : commence souvent par un *zruy* fort, métallique, longuement répété ou un *zri-zri-zruytt*, etc., peu à peu accéléré et se terminant brusquement en une cascade de sons mélodieux ou durs, souvent entrecoupés de bonnes imitations.

Robin à flancs roux *Tarsiger cyanurus* MO

L 13-14 cm. Taïga, surtout terres hautes, vallonnées, dans les forêts humides non exploitées d'épicéas mêlés de quelques bouleaux. Nicheur rare dans l'E de la Finlande (arrive à fin mai). Grand migrateur. Hiverne dans le S-E asiatique. Rare occasionnel en Europe de l'Ouest. Assez farouche. Alim. : insectes. Nid parmi les racines, etc.

CARACTÉRISTIQUES ♂ *ad. :* par bonne lumière, dessus bleu mat (croupion, base de la queue, bord de l'aile et côtés de la calotte bleu plus vif), flancs orangés et dessous blanc. Ailes d'ordinaire brun-gris olivâtre, sinon, bleues. ♀, ♂ *d'un an et juv. à l'automne :* plus discrètement colorés de gris olivâtre et de blanc sale (le bleu du dessus de la queue passe souvent inaperçu) mais paraissant généralement sombres sur le terrain ; noter la plage orangée sur les flancs, la poitrine ombrée, les joues grises encadrant l'étroite bavette blanchâtre, et le cercle oculaire blanchâtre. Agite souvent ailes et queue.

VOIX Cris d'inquiétude rappelant un peu le Rougequeue noir ; sifflement net, souvent répété *viht*, et un *trak* dur, étouffé, un peu guttural. Chant souvent émis du haut d'un arbre au point du jour : strophe assez constante, brève, rapide, claire, mélancolique, un peu comme le Rougequeue à front blanc, mais plus grave et plus claire, *ityuy-tiuyrr-tyétyétyutyurr*.

Iranie à gorge blanche *Irania gutturalis*

L 16,5-18 cm. Versants arides et pierreux, souvent à plus de 1 000 m, avec buissons touffus et arbres épars. Visiteur d'été (fin avril-sept.). Hiverne en Afrique orientale. Très rare occasionnel dans le N de l'Europe. Assez farouche, mais chante d'un perchoir et effectue parfois un vol plané chanté. Alim. : insectes. Nid dans un buisson ou bas dans un arbre touffu.

CARACTÉRISTIQUES Assez grande et élancée, comme une grive. Long cou, longues pattes, long bec fort (presque comme le Monticole bleu) et longue queue noire (♂) ou gris foncé (♀) que l'oiseau lève souvent. – ♂ *ad. :* confusion impossible : poitrine orange, côtés de la tête noirs, étroite bavette blanche, sourcil blanc, dessus gris plomb. – ♀ (et juv. à l'automne) : blanc-gris beigeâtre sale dessous (poitrine vaguement marbrée de gris), flancs vaguement orangés. Cercle oculaire et front pâles. Dessus gris brunâtre.

VOIX Contact dissyllabique : *tchi-litt*, rappelant la Bergeronnette grise. Inquiétude : *tyèk* claquant. Alarme : *tyurrr* grinçant. Chant : très rapide gazouillis, avec beaucoup de sifflements aigus et de sons durs et grinçants.

Calliope sibérienne *Calliope calliope*

L 14,5-16 cm. Forêts de conifères mixtes avec bouleaux, saules et sous-bois fourni, volontiers humides ; parfois aussi parcs boisés. Visiteuse d'été (fin avril-début sept.). Hiverne dans le S-E asiatique. Farouche, généralement bien cachée. Nid dans un buisson ou une touffe d'herbe.

CARACTÉRISTIQUES Longues pattes et assez courte queue. En tous plum. : lores sombres et sourcil pâle. – ♂ : bavette rouge bordée de noir ; espace sous-mustacien blanc ; lores noirs. – ♀ : motif de la tête plus vague (lores gris, espace sous-mustacien blanc-gris olivâtre) ; bavette partiellement rouge clair (vieilles ♀♀) ou menton blanc sale sans bords noirs.

VOIX Inquiétude : sifflement dissyllabique *ii-luy*, et *tyak* claquant ; parfois aussi *arrr* étouffé et grinçant. Chant murmurant et doucement bavard, à peu près comme la Fauvette des jardins mais reconnaissable aux sons plus rauques, plus graves et plus précipités ainsi qu'aux sifflements plus aigus ; certains ind. y mêlent d'excellentes imitations de nombreuses autres espèces.

Gorgebleue à miroir

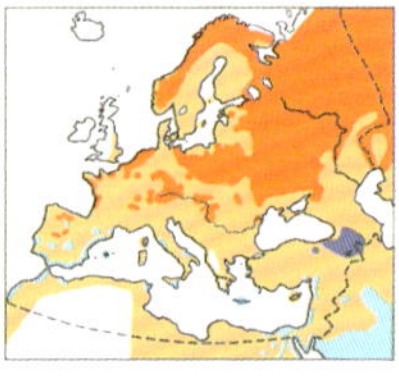

Robin à flancs roux

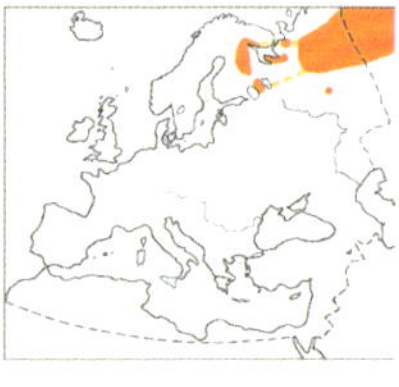

Iranie à gorge blanche

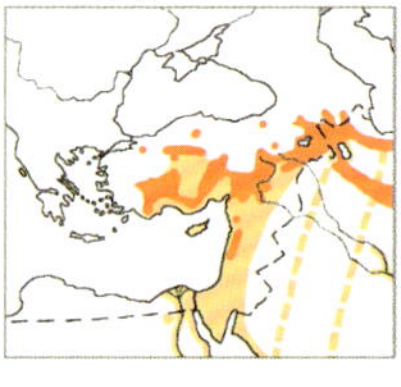

Calliope sibérienne

GORGEBLEUE À MIROIR

ROBIN À FLANCS ROUX

IRANIE À GORGE BLANCHE

CALLIOPE SIBÉRIENNE

DZ

Rougequeue à front blanc

Phoenicurus phoenicurus N5 / MC / HR

L 13-14,5 cm. Boisements variés : au N, volontiers vieilles pinèdes ; au sud, bois de feuillus et mixtes, parcs et jardins. Visiteur d'été (avril-oct.). Hiverne en Afrique. Assez discret. Principalement dans les arbres et les buissons, rapides incursions au sol. Nid dans un trou d'arbre, de mur, un nichoir.

CARACTÉRISTIQUES Assez élancé. Se tient souvent droit et hoche sa queue rousse. – ♂ *ad. :* masque noir, poitrine rouge orangé, haut du front blanc, calotte et dos gris cendré. En automne, couleurs partiellement cachées par les liserés chamois. – ♂ de *1er hiver :* assez semblable mais nuance gris noirâtre à la gorge, poitrine tachetée d'orangé, parfois un peu de blanc au front. – ♀ : brun-gris dessus et blanc chamois dessous. Comme la ♀ de R. noir mais plus claire et moins teintée de gris, gorge nettement plus pâle, bas de la poitrine et ventre blanc sale. Rarement, plus semblable au ♂, avec nuance orangée à la poitrine. – *Variante :* ♂♂ de l'E de la Turquie, et du Caucase *(samamisicus)* à dessus légèrement plus foncé et plage alaire blanche (de taille variable) ; même les ♀♀ ont souvent une trace pâle aux secondaires.

VOIX Contact : doux sifflement montant, *huit* (chez *samamisicus*, *ih*), souvent suivi par un *tik-tik-tik*. Chant dès le point du jour : strophe brève, douce et mélancolique sur un ton élevé, commençant souvent de la même façon mais se terminant par des détails variables, par ex. *sih truyi-truyi-truyi-si pli siveuï si.*

Rougequeue noir *Phoenicurus ochruros* N5 / MC / HC

L 13-14,5 cm. En montagne, sur les pentes à blocs rocheux, falaises et broussailles éparses, ou à plus basse altitude dans les villes et les villages où les bâtiments remplacent les parois rocheuses. Migrateur au N, revient tôt (dès février ou mars). Nid dans une anfractuosité ou un trou de bâtiment.

CARACTÉRISTIQUES Taille et silhouette de R. à front blanc ; mœurs analogues. Se tient droit, agitant sans cesse la queue orangée ; farouche et nerveux, s'envole souvent. – ♂ *ad. (Europe) :* noir grisâtre avec nette tache alaire blanche. – ♂ et *1er été :* pas de tache alaire blanche (certains ind. ont une vague raie étroite) ; coloration du corps variable, beaucoup d'ind. aussi gris brunâtre que la fem., certains gris-noir comme le ♂ ad. – ♀ et *1er hiver :* gris brunâtre sale à la tête et sur le corps, nettement plus foncés que la ♀ de R. à front blanc (foncés également à la gorge, au bas de la poitrine et au ventre ; le R. à front blanc est bien plus pâle en ces endroits). – *Variantes :* ♂♂ d'une grande part de l'Europe *(gibraltariensis)* à dessus gris, mais ceux de la péninsule Ibérique *(aterrimus)* ont le dos souvent plus noir ; les ♂♂ de Turquie et du Caucase *(ochruros)* ont généralement une partie du ventre rouille ; ♂♂ du Moyen-Orient *(semirufus) :* bas ventre et poitrine rouille, nette limite avec le plastron noir, pas de tache alaire blanche.

VOIX Contact : sifflement net et assez incisif, *vist*, souvent répété impatiemment. En cas de grande inquiétude, s'y ajoute un discret cliquètement, *vist-tk-tk-tk*. Chant sonore émis dès le point du jour d'un lieu élevé, habituellement en (3) 4 parties : motif initial avec sifflements, pause d'environ 2 secondes, « bruit de verre pilé », de même durée, puis quelques brefs sifflements, par ex. *sisruï-till-ill-ill-ill-ill (krrrrchhhh) sruïsvisvi* (schéma type).

Rougequeue de Moussier *Phoenicurus moussieri*

L 12-13 cm. Milieux montagneux ouverts à buissons, arbres et bosquets épars ; également, bois broussailleux près des côtes, cultures et jardins. Essentiellement sédentaire. Peu farouche. Nid dans un trou, une anfractuosité.

CARACTÉRISTIQUES Petit et trapu. Queue et ailes assez courtes. Agite continuellement la queue rousse, secoue les ailes ; souvent à découvert. – ♂ *ad. :* ne peut être confondu ; dessous entièrement rouille de même que le croupion, reste du dessus noir, large tache alaire blanche, blanc du haut du front se prolongeant vers l'arrière au-dessus des yeux et loin sur les côtés du cou. En plum. automnal, parties noires avec liserés bruns. – ♀ : comme une ♀ de R. à front blanc à queue courte mais plus orangé mat dessous et à vague plage plus claire au milieu des ailes. – ♂ de *1er hiver :* comme l'ad. mais les parties qui seraient noires sont gris-brun à liserés pâles, et les rémiges plus brunes.

VOIX Contact : fin sifflement, *hit*, et *tchirrr* doux. Chant : gazouillis fin, un peu irrégulier, à peu près comme l'Accenteur mouchet, avec sons grinçants parfois mêlés de brefs *tchirr* ; strophes de 2 à 5 secondes.

Rougequeue de Güldenstädt

Phoenicurus erythrogastrus

L 15-16,5 cm. Haute montagne, pentes dénudées et rocheuses avec un minimum de végétation, jusqu'à la limite des neiges éternelles, de 2 200 m (plus généralement 3 000 m) à 5 000 m d'altitude. Descend en hiver jusqu'à 500 m (parfois pas moins de 900 m).

CARACTÉRISTIQUES Assez grand. Fort, large poitrine, grosse tête. Souvent en vue sur un ressaut rocheux. Agité, change souvent de place. Vol puissant, à peu près comme un merle. – ♂ *ad. :* ne peut être confondu ; calotte et nuque blanches (à nuance jaune grisâtre en plum. frais), très large tache alaire blanche, dessous rouille foncé et plastron noir. – ♀ : comme une grande ♀ pâle de R. noir mais avec une indication de tache claire à la base des rémiges.

VOIX Contact : *tsi* ou *tsi tèk-tèk*. Chant : brève strophe claire, mêlée de sons rauques.

Rougequeue à front blanc

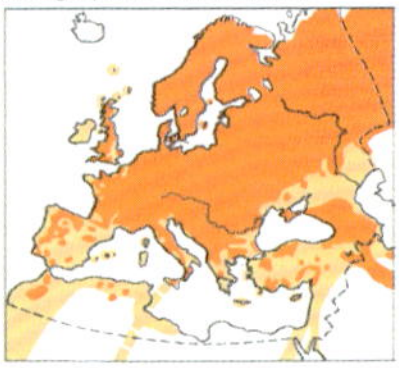

Rougequeue noir

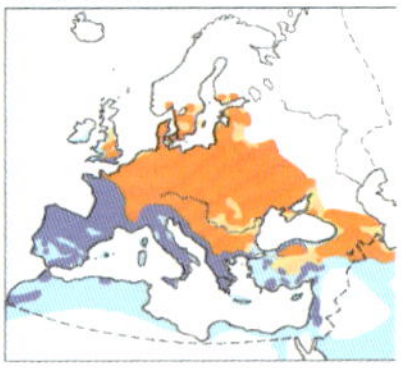

Rougequeue de Moussier

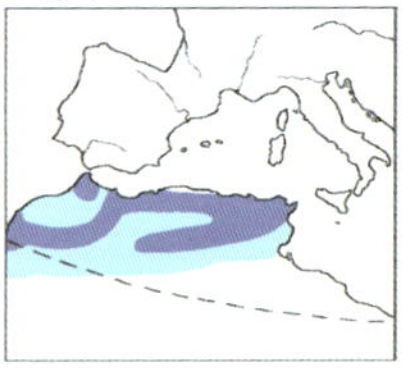

Rougequeue de Güldenstädt

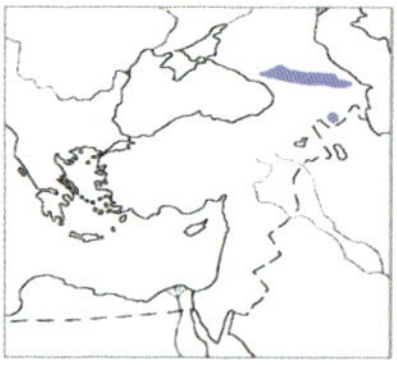

ROUGEQUEUE À FRONT BLANC

ROUGEQUEUE NOIR

ROUGEQUEUE DE MOUSSIER

ROUGEQUEUE DE GÜLDENSTÄDT

TRAQUETS

Groupe assez homogène de petits turdidés. Terrestres, préférant les milieux ouverts avec herbes et saillies rocheuses ; ne se perchent que rarement dans les arbres ou arbustes. Insectivores. Cavicoles. Pattern caudal typique, blanc et noir, parfois roux, souvent avec T noir inversé sur fond blanc.

Traquet motteux *Oenanthe oenanthe* N4 / MC / HO

L 14-16,5 cm. Milieux ouverts et pierreux avec zones herbeuses ; fréquente les landes des pentes, les pacages et les champs pourvu qu'il y ait des amas de pierres, des carrières, etc. Dans le S de l'Europe, généralement dans les régions élevées. En migration, champs labourés (même en plaine), friches herbeuses, zones rocheuses et herbeuses des côtes, etc. Visiteur d'été (avril-oct.). Hiverne en Afrique ; les nicheurs du Groenland et du Canada *(leucorhoa)* sont de vrais migrateurs au long cours (franchissent de grandes étendues marines, soit 2 400 km de vol sans escale en 30 heures). Alim. : insectes. Nid dans une anfractuosité rocheuse, un pierrier, un muret, un terrier de lapin, sous un toit, etc.

CARACTÉRISTIQUES Queue noir et blanc en tous plum. (T noir sur fond blanc, base blanche, un peu variable, la largeur de la barre terminale tendant à être moindre dans le S de l'Europe, la bande centrale étant toujours aussi longue que la largeur de la barre caudale ou plus longue). Dessus gris ou brun-gris. Sourcil blanc ou chamois pâle. – *♂ ad. nuptial :* calotte et dos gris cendré, sourcil blanc, loup noir, ailes noires, gorge et poitrine à nuance beige rosé (pâlissant parfois jusqu'à être presque blanches en fin d'été, pouvant alors évoquer le T. oreillard – v. celui-ci). – *♀ et ♂ automnal :* brun-gris dessus et chamois dessous, ailes et parotiques plus foncées et sourcil chamois plus clair. ♂ ad. reconnaissable aux ailes noires à étroits liserés pâles, aux lores noirs et à une partie des parotiques également noire. ♀ et 1er hiver similaires, ailes brun foncé, sans noir à la tête ; ind. plus clairs pouvant être confondus avec le T. isabelle. – *Variantes :* au Groenland et en Islande *(leucorhoa)*, nicheurs un peu plus grands et plus roux foncé en plum. frais. Toutefois, les ind. de race type de la toundra de Fennoscandie et de Russie sont également colorés au début du printemps ou en automne, et une identification fiable de véritables *leucorhoa* suppose capture et examen biométrique.

VOIX Contact : *hiit* sifflé et comme aspiré, *tchak* claquant. Chant, souvent émis d'un poste élevé (sommet d'un bloc, fil, etc.) ; parfois, bref vol chanté : strophe explosive, rapide, aigre, mêlée de *hiit* sifflés, variant dans les détails et difficile à décrire ; comprend parfois de bonnes imitations isolées d'autres oiseaux. Chante souvent en fin de nuit et à l'aurore, mais aussi de jour.

Traquet de Seebohm *Oenanthe seebohmi*

L 14-16 cm. Souvent considéré comme une race du T. motteux mais en raison du plum. particulier du ♂ et d'une répartition allopatrique, est traité ici comme une espèce. Pentes herbeuses et pierreuses de l'Atlas et d'autres montagnes d'Afrique du N-O, d'ordinaire à 1 500-2 350 m. Visiteur d'été (mars- oct.), petit migrateur hivernant au S-O de la Mauritanie et le reste de l'Afrique de l'Ouest. Nid dans un trou au sol ou dans les rochers.

CARACTÉRISTIQUES Comme le T. motteux mais le ♂ ad. nuptial a la gorge noire, les couv. sous-alaires noires et, en moyenne, plus de blanc au front. Barre caudale terminale noire assez étroite, comme chez les Motteux du S de l'Europe. ♀♀ et imm. souvent indiscernables du Motteux, à moins qu'ils ne présentent une ébauche de gorge grise (rare, toutefois).

VOIX Comme le Motteux mais pas assez étudiée. Un *hiit* rappelant l'Alouette haussecol. Sur certains enregistrements, le chant sonne plus faible et moins râpeux que chez le Motteux, plus agréablement gazouillant.

Traquet isabelle *Oenanthe isabellina* MO

L 15-16,5 cm. Plaines à herbe rase et pentes des régions chaudes et sèches, par ex. à la limite entre steppe et semi-désert, souvent avec rochers épars. Souvent au pied des chaînes de montagnes. Migrateur, hivernant dans une large zone subsaharienne. Alim. : insectes. Nid généralement dans un trou du sol (par ex. un terrier de rongeur).

CARACTÉRISTIQUES En moyenne un peu plus grand que le T. motteux avec, en proportion, ailes et queue un peu plus courtes, adoptant souvent une posture plus dressée, avec pattes et cou plus étiré, mais quelques variations et chevauchements en la matière entre les deux espèces. Comme un Motteux en plum. automnal, les deux parfois très délicats à distinguer, mais outre les caractères généraux indiqués, diffère par : barre caudale terminale noire plus large (intermédiaire entre le Motteux et le T. du désert, barre plus large que la bande caudale centrale noire) ; ailes plus claires à plus larges liserés chamois, si bien que les couv. alaires semblent plus proches du dessus que ne le sont les primaires brun foncé ; en vol, sur fond sombre, l'aile semble plus pâle ; souvent, l'alule tranche par sa noirceur sur les couv. primaires et les grandes couvertures brun plus clair (aspect plus uniforme que chez le T. motteux, aux couv. alaires à centre assez sombre) ; sourcil le plus blanc en avant de l'œil et chamois et plus étroit à l'arrière (plus blanc et plus large au-dessus et en arrière de l'œil chez le T. motteux, pattern donc inversé) ; en moyenne, couv. parotiques brun plus clair ; tarse un peu plus long. Sexes semblables mais lores du ♂ en général plus noirs.

VOIX Contact : *tchip* assez incisif, quelquefois légèrement descendant ; également « tchak » étouffé. Chant caractéristique, insistant (strophes souvent de 10 à 15 secondes, avec brèves pauses), avec des imitations plus ou moins réussies, comprenant comme caractère diagnostique de brefs et rapides « sifflements de voyou », *vi-vi-vi-vuy-vuy-vuyvui-vui…*

Traquet motteux

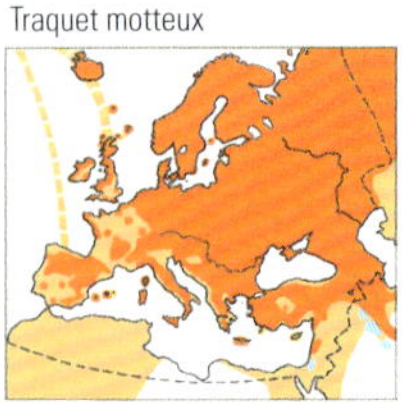

Traquet de Seebohm

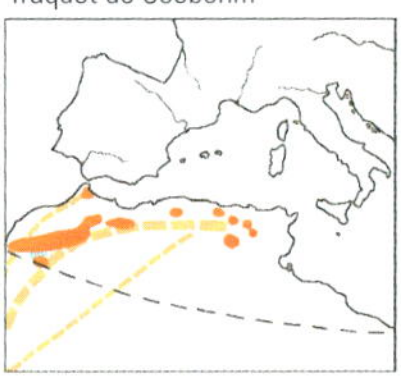

Traquet isabelle

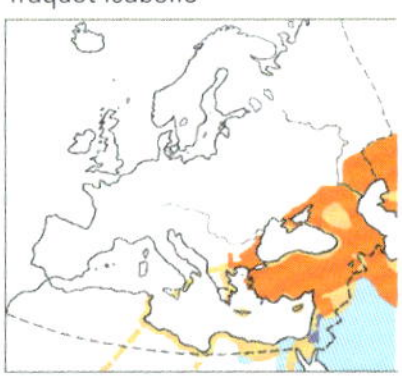

TRAQUET MOTTEUX

TRAQUET DE SEEBOHM

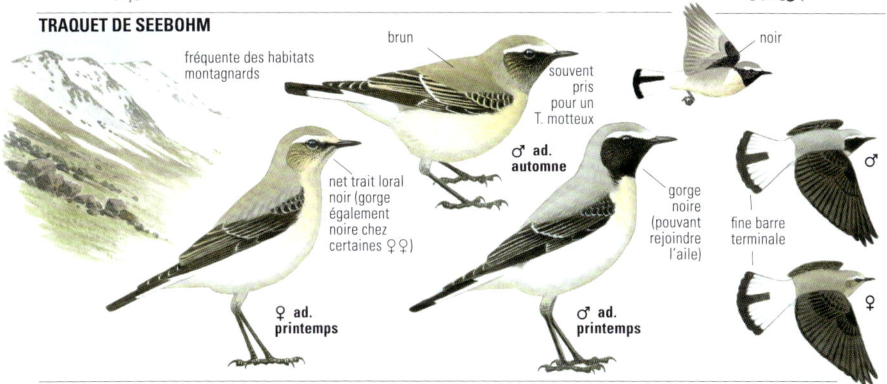

TRAQUET ISABELLE

Traquet oreillard *Oenanthe hispanica* N2 / MR

L 13,5-15,5 cm. Zones dégagées, rocheuses, avec buissons et arbres épars, généralement à moins de 600 m d'altitude, localement plus haut. Volontiers dans les pâtures rases, le long des cours d'eau et sur les versants rocheux et pierreux. Migrateur, hiverne au sud du Sahara. Alim. : insectes. Nid sous un bloc rocheux, un trou du sol ou une touffe d'herbe.

CARACTÉRISTIQUES Assez petit, élancé, longue queue. Se tient souvent accroupi. Comme chez le T. pie (mais à la différence des T. motteux, isabelle, de Finsch, deuil et autres) la barre terminale de la queue n'est pas de largeur uniforme : le noir se présente davantage sous forme de coins (chez certains, la barre terminale est même interrompue par du blanc). Deux formes chez les deux sexes, l'une à gorge pâle (oreillard, dominante à l'O), l'autre à gorge sombre (stapazin). – ♂ : manteau/dos blanc à nuance ocre-jaune en plum. frais. Le noir de la tête et de la gorge ne rejoint pas celui des ailes (cf. T. de Finsch). – ♀ : comme celle du T. pie mais dessus brun-gris jaunâtre plus chaud et poitrine jaune orangé plus uniforme. – *Variantes :* race occidentale *hispanica* avec chez le ♂ un « loup » ou une gorge noirs moins étendus et, chez le ♂ et la ♀, manteau et poitrine plus ocre-jaune en plum. frais ; projection primaire assez courte. Race orientale *melanoleuca*, du S de l'Italie, des Balkans et plus à l'E, avec plus de noir à la tête chez le ♂, ce dernier plus noir et blanc en été ; ♀ brun-jaune grisâtre plus terne dessus (ressemblant donc plus à celle du T. pie) ; longue projection primaire (± comme chez le T. pie).

VOIX Contact : généralement *brchè* fêlé, presque sifflant, parfois même un *tchak* claquant, évoquant le T. motteux. Alarme : *viu* sifflé, descendant. Chant : brève phrase gazouillée et sèche, assez explosive (peut rappeler l'Alouette calandrelle ou une Fauvette grisette « accélérée »). Remplace souvent quelques syllabes ou toute une phrase par de bonnes imitations, par ex. d'Hirondelle rustique ou de Chardonneret. Chant assez variable et peut-être indiscernable de celui du T. pie. Également un chant murmuré mêlant sons rêches, gazouillis et imitations.

Traquet pie *Oenanthe pleschanka* MO

L 14-16,5 cm. Versants montagneux dénudés à végétation basse, hauts plateaux à zones herbeuses parsemées de blocs rocheux, parfois à la limite de maigres pâturages et cultures ; généralement plus haut et dans des secteurs plus escarpés que le T. oreillard. Migrateur. Hiverne surtout en Afrique orientale ; routes migratoires passant sans doute par l'E et le S de la Jordanie. Nerveux et remuant, agité de mouvements permanents.

CARACTÉRISTIQUES Taille, silhouette et motif de la queue comme chez le T. oreillard (barre terminale noire également de largeur inconstante) ; certaines ♀♀ et certains ind. en plum. automnal peuvent d'ailleurs être extrêmement difficiles à distinguer. – ♂ *nuptial :* noir du manteau relié à celui de la gorge. Ailes sombres en vol (le T. deuil a la base des rémiges pâle, notamment dessous). Poitrine chamois en plum. frais, sous-caudales blanc jaunâtre clair (T. deuil toujours blanc à la poitrine et à nuance rousse aux couv. sous-caudales). Ad. à ailes noires, ind. de 1er été à ailes brunes ; de plus, ce dernier n'est pas aussi parfaitement blanc et noir et conserve des traces de plum. hivernal (très rare forme à gorge pâle, *vittata*). – ♂ *internuptial :* manteau noir à larges liserés brun-gris, plus larges chez les ind. de 1er hiver que chez l'ad., il apparaît une similitude avec T. oreillard oriental. Est cependant gris-brun plus froid dessus avec le bout pâle des plumes plus net (motif écailleux). – ♀ : très semblable à celle du T. oreillard oriental mais dessus brun terreux plus foncé et froid, à motif écailleux pâle en plum. frais, poitrine plus brun-roux rosé ou gris rosé, souvent à bord inférieur irrégulier au contact du ventre pâle et tendance vers une tacheture diffuse (T. oreillard ♀ : poitrine jaune orangé plus uniforme, à bord inférieur plus régulier, pas de tacheture). Gorge plus ou moins sombre au printemps, la plupart en conservant une trace même en automne (mais certaines ont alors la gorge assez pâle) ; sombre de la gorge s'étendant plus loin vers la poitrine que chez le T. oreillard (mais plus difficile à évaluer lorsque la tête est engoncée entre les épaules).

VOIX Rappelle beaucoup le T. oreillard (distinction délicate). Contact : *brch* grinçant, parfois aussi *tchak*. Alarme : *vih (é)* sifflant. Strophes du chant souvent un peu plus brèves, avec de plus longues pauses que chez le T. oreillard, mais chant tout autant gazouillé, explosif et sec ; peut ressembler au chant du Tarier des prés. Prolonge parfois des strophes et intègre quelques imitations.

Traquet oreillard

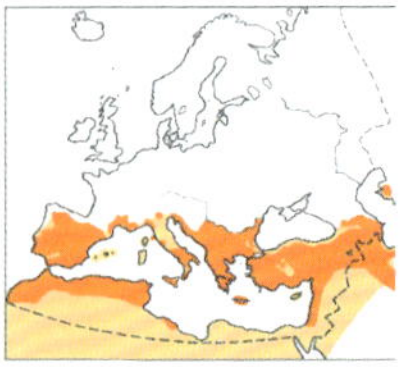

Traquet pie

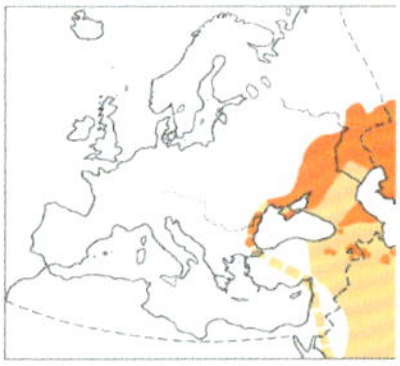

Traquet de Chypre *Oenanthe cypriaca*

L 14-15 cm. Considéré naguère comme une race du T. pie, mais maintenant comme une bonne espèce. Endémique de Chypre, de mi-mars à début octobre dans les zones dénudées rocheuses et herbeuses, à toute altitude, souvent dans les villages et aux alentours. Souvent perché en haut d'un arbre, notamment pour chanter. Hiverne dans le S du Soudan et en Éthiopie ; haltes migratoires en Israël et en Égypte.

CARACTÉRISTIQUES Comme le T. pie, mais : ailes et queue un peu plus courtes (projection primaire moindre) ; trapu et à grosse tête ; barre terminale caudale noire plus large ; blanc de la nuque ne se prolongeant pas sur le manteau (comme chez le T. pie) ; zone blanche plus petite à la base de la queue, dessus ; dessous ocre-jaune plus soutenu en plum. automnal ; poitrine ne devenant jamais toute blanchâtre en été. Sexes semblables ; la ♀ a toujours la gorge et le dos sombres, et du blanc à la nuque ; calotte en automne noirâtre chez la ♀ et le ♂ de 1er hiver – mais habituellement avec un peu de blanc sur les côtés (pouvant former un sourcil blanc) – blanchissant en été. Le ♂ de 1er été présente un contraste entre les rémiges gris-brun et le dos et le reste de l'aile noirs.

VOIX Contact : *brzuy* grinçant, *tchik* rauque et dur, *diuyi* sifflant et montant (parfois descendant). Chant diagnostique (chez les traquets) : série de sons rudes, *bizz-bizz-bizz-bizz-bizz* ; strophes généralement de 3 à 10 secondes.

TRAQUET OREILLARD

hispanica (S-O Europe)

melanoleuca (S-E Europe, Asie Mineure)

TRAQUET PIE

TRAQUET DE CHYPRE

Traquet de Finsch *Oenanthe finschii*

L 15-16 cm. Versants montagneux rocailleux et arides, plateaux rocheux à végétation basse. Migrateur partiel. Hiverne et fait halte à des altitudes plus élevées et plus froides que la plupart de ses congénères. Défend son territoire avec agressivité contre d'autres traquets. Agité et vif. Farouche, s'enfuit loin et surveille. Alim. : insectes mais aussi éléments végétaux. Nid généralement dans une anfractuosité de rocher.

CARACTÉRISTIQUES Queue à barre terminale noire de largeur uniforme (comme le T. deuil, à la différence des T. oreillard et pie). En vol, rémiges assez pâles. – ♂ *ad. :* scapulaires et ailes noires mais dos blanc (zone assez étroite, difficile à voir de profil, mais nette quand l'oiseau s'éloigne en vol). Beaucoup de noir à la gorge, descendant loin et touchant sur les côtés celui des ailes. Rémiges à fin bout blanc. Blanc de la calotte et du dos en plum. frais nuancé de rose beigeâtre ; calotte plus blanche en plum. usé avec milieu gris sale. Poitrine blanche (à très vague nuance chamois), sous-caudales vaguement chamois rosé. – ♂ *de 1re année :* comme l'ad. mais rémiges et surtout couv. primaires plus brunes, ces dernières à bout pâle. – ♀ : dominante gris-brun et blanc sale (absence de brun chamois chaud à la poitrine des T. oreillard et pie) avec grandes couv. assez contrastantes ; net bout pâle aux couv. primaires. Parotiques généralement brun-roux. Sourcil blanc sale. Gorge variable, la plupart du temps ombrée de gris (en plum. usé, certaines presque aussi sombres que le ♂), souvent plus foncée aux côtés et en bas, ou bien toute pâle. Noter le motif de la queue.

VOIX Contact : *tsit* bref, souvent répété ; également des *tchek-tchek* secs de galets entrechoqués ; également *bchèh* râpeux. Chant varié : strophes brèves, nettes et sonores selon un rythme calme, avec des sifflements onduleux et l'inclusion de sons isolés, grinçants et « électriques » (voix donc bien différente de celle du T. oreillard). Rares imitations au cours du chant. Vol chanté.

Traquet halophile *Oenanthe halophila*

L 14,5-16,5 cm. Très proche du T. deuil, les deux étant parfois réunis comme races d'une même espèce, mais ici la population du N-O de l'Afrique est considérée comme une espèce à part sur la base d'un net dimorphisme sexuel et d'une répartition allopatrique. Comme le T. deuil, régions montagneuses dénudées, versants rocheux, ravins ou oueds, parfois dans des zones rocheuses plus plates, à maigre végétation. Surtout sédentaire. Alim. : insectes. Nid dans une anfractuosité rocheuse ou un trou du sol.

CARACTÉRISTIQUES Comme le T. deuil en bien des points mais sexes bien différents. Noter le pattern de la queue avec une barre terminale sombre de largeur constante, et la base un peu plus pâle des rémiges, visible en vol. – ♂ : très difficile à distinguer du T. deuil, avec dos, gorge et ailes noires, mais porte en général un dossard sombre plus étroit, teinte moins rousse ou chamois aux couv. sous-caudales (souvent si peu qu'elles paraissent blanches sur le terrain), et des rémiges à base un peu moins pâle (mais contraste subsistant). Rarement, noir du dos coupé par le blanc, paraissant strié plus que noir uni. – ♀ : dos brun chamois assez pâle. Gorge pâle ou, plus souvent, gris sale, devenant très sombre en plum. usé. Certaines ♀♀ à gorge sombre similaires au ♂ de 1re année, avec nuance gris-brun à la nuque (pâle) et au dos (plus sombre). Par exception, dos strié de noir, d'ordinaire alors non discernable du ♂.

VOIX Cris et chant très semblables à ceux du T. deuil.

Traquet deuil *Oenanthe lugens*

L 14,5-16,5 cm. Comme le T. halophile, régions montagneuses dénudées, versants abrupts, ravins ou oueds à maigre végétation ou, parfois, zones plus plates pierreuses ou avec blocs rocheux, à végétation clairsemée. Migrateur partiel ou sédentaire. Alim. : insectes. Nid dans une fissure de la roche, sous un bloc ou dans un trou du sol.

CARACTÉRISTIQUES Comme le T. pie mais en diffère notamment par : barre caudale terminale de largeur uniforme ; en vol, base des rémiges pâle contrastant nettement avec leur bout étroit et les couv. alaires plus sombres (ailes sombres plus uniformes chez le T. pie) ; bec et pattes un peu plus forts. Par rapport au T. pie ♂, a aussi une bavette noire plus petite ne couvrant que la gorge, n'atteignant pas le haut de la poitrine, laquelle est toujours blanc pur ; nette nuance chamois-roux aux sous-caudales ; blanc de la nuque moins étendu et n'atteignant pas le manteau ; les ind. de 1re année ont les couv. primaires et souvent qques grandes couv. externes à bout blanc, formant une petite tache blanche (pas chez le T. pie). Sexes semblables. Pour les différences avec le T. halophile, très proche, v. cette espèce. pâle). – *Variantes :* au S de la Syrie et au N de la Jordanie, forme rare à corps et tête entièrement noirs (mais à base des rémiges pâle). Il faut noter que cette forme a les sous-caudales blanches et non chamois roussâtre, ce qui mériterait sans doute des recherches.

VOIX Contact : sifflement net *hiit*, et *tchak* claquant ; parfois aussi *tchuypp-tchuypp* coupant. Dérangé, un *bzruy* sec en s'envolant. Chant : brèves strophes bien séparées, graves, claires et mélancoliques, de sons roulés (rappelant le Monticole bleu), par ex. *tritratiuyrr* ; souvent un *tchak* au début ou mêlé ; parfois quelques imitations. Assez peu de variations, strophes parfois plus longues. Vol chanté fréquent.

Traquet de Finsch

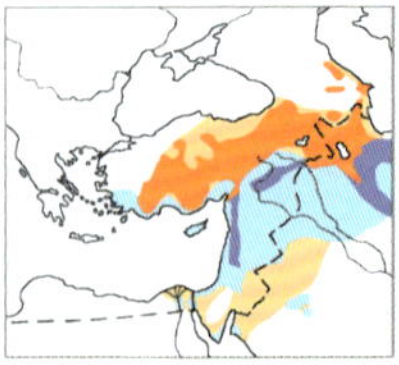

Traquet halophile

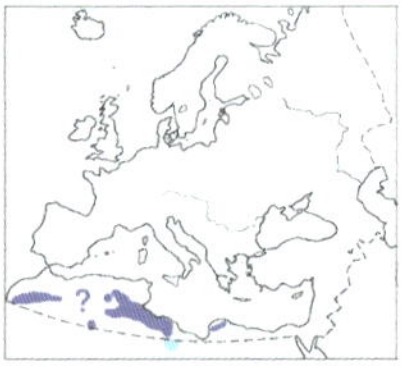

Traquet deuil

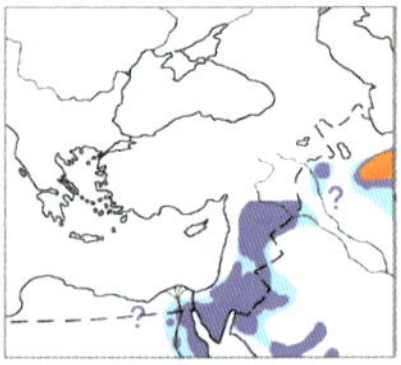

TRAQUET DE FINSCH

TRAQUET HALOPHILE

TRAQUET DEUIL

DZ

Traquet à capuchon *Oenanthe monacha*
L 15,5-17 cm. Déserts montagneux, ravins abrupts, oueds encaissés, souvent avec blocs rocheux. Généralement sédentaire. Alim. : en grande partie insectes ; capture souvent les grands insectes volants de façon typique après une longue poursuite en hauteur. Se tient souvent assez discrètement sur un bloc de pierre avant de disparaître dans un ravin. Nids dans une fissure de la roche.

CARACTÉRISTIQUES Assez grand, grosse tête, bec, ailes et queue longs mais pattes assez courtes. Se tient souvent accroupi. – ♂ : queue avec beaucoup de blanc et habituellement sans barre terminale, du noir seulement aux rectrices médianes et (à peine) aux coins, ce qui renforce l'impression de longueur de la queue (même motif à la queue seulement chez le T. à tête blanche, mais ce dernier a la poitrine, le ventre et la nuque noirs, le bec plus petit et de plus longues pattes). Manteau, gorge et haut de la poitrine noirs, et même du noir au haut des flancs (atteignant le bord de l'aile). Le blanc de la calotte se rétrécit sur la nuque. – ♀ : même motif à la queue que le ♂ mais le blanc est remplacé par du brun roussâtre clair. Plum. brun-gris pâle avec dessous un peu plus clair et croupion à nuance rousse. Plumes des ailes à centre sombre et liseré sable. Noter le long bec.

VOIX Moins bien connue. Contact : sifflement net, *vit*, *tchak* claquant, et *prruy* roulé et épais. Chant : strophes bavardes, souvent assez longues, surtout constituées de cris craquants et de sons heurtés, mais aussi de sons isolés, plus clairs et doux, avec de nombreuses imitations.

Traquet à tête blanche *Oenanthe leucopyga* MO
L 17-18,5 cm. Déserts montagneux reculés, plaines pierreuses, ravins, oueds et escarpements des lignes de faille ; également dans les bâtiments ou à proximité au sein des oasis. Véritable oiseau du désert, fréquentant les zones sans végétation. Apprécie aussi souvent les zones à blocs rocheux. Sédentaire. Généralement farouche (localement moins craintif). Alim. : insectes. Nid dans une fissure de la roche.

CARACTÉRISTIQUES À peu près aussi grand que le T. rieur, mais plus élancé, ailes et queue plus longues, bec plus fin. Vol rapide et puissant. Plum. noir, calotte blanche (pas acquise avant un an) ; certains jeunes ont des plumes blanches éparses sur la calotte. Queue avec beaucoup de blanc, une ligne médiane noire et seulement de petites marques noires aux angles (même motif que le T. à capuchon ♂). En vol, ailes entièrement noires. Sexes semblables.

VOIX Répertoire riche. Voix sonore, bonnes imitations. Contact : *hiit* sifflant et aigu, *bizz* aigre et *tchrè* rauque. Chant avec de nombreux sifflements clairs ; brèves strophes répétées inlassablement avec, par ex., quelques sifflements descendants comme éléments majeurs, *si-suy-so-trui-tru* ; étonnantes imitations souvent incorporées au chant. Également, « bavardage » en sourdine, plus doux. Vol chanté occasionnel, ailes vibrantes et queue étalée.

Traquet rieur *Oenanthe leucura* MO
L 16-18 cm. Pentes abruptes et arides avec escarpements rocheux, ravins, secteurs nus, broussailles et arbres épars, du niveau de la mer à 3 000 m d'altitude (généralement en dessous de 2 000 m). Évite les zones trop plates, les boisements trop denses et (en général) la proximité de l'homme. Sédentaire. Farouche, fuit sans tarder, le plus souvent en remontant la pente. Alim. : insectes. Nid dans une fissure de la roche et autres cavités.

CARACTÉRISTIQUES Grand, robuste, assez grosse tête et bec fort ; un peu plus rondouillard que le T. à tête blanche, d'aspect souvent analogue. Relève la queue puis l'abaisse doucement. Vol puissant. Ailes largement arrondies. Tout sombre (♂ noir, ♀ brun fuligineux). Queue avec le motif typique du T. motteux, en « T » noir sur fond blanc. Barre terminale à la queue de largeur uniforme. Rémiges sombres (mais à contre-jour, contrastant avec les couv. alaires plus foncées). Seul risque de confusion : T. à tête blanche juv. mais ce dernier est plus élancé et sa bande caudale terminale est incomplète.

VOIX Contact : sifflement descendant, *piuyp*, souvent répété par séries ; également un *tchètt-tchètt* claquant, un peu « rond » ; parfois *tierrr* roulé. Chant : strophes de gazouillis grossier ; un peu plus grave que celui des autres traquets de la région étudiée, un peu comme le Monticole bleu. Vol chanté onduleux.

Traquet à queue noire *Oenanthe melanura*
L 14-16 cm. Déserts montagneux, oueds et versants pierreux avec buissons épars et acacias. Sédentaire. Confiant et curieux. Vit au sol, se perche bas dans les acacias. Alim. : insectes. Nid dans une fissure de rocher.

CARACTÉRISTIQUES Plum. gris (plus clair dessous), queue noire. Alule noire tranchant sur les couv. alaires grises. Ouvre souvent la queue et les ailes et les referme, surtout quand il se pose ou change de perchoir. Hoche aussi la queue vers le bas. Sexes et âges similaires.

VOIX Phrases du chant isolées servant sans doute de cris. Alarme : *vih* sifflant. Irritation : *bchrèh* crépitant évoquant quelque peu le T. pie. Chant : 2 ou 3 syllabes flûtées, graves, avec accent sur la première, répétées à 4 ou 5 secondes d'intervalle, *tchuyrré-lu trru-trou tchurrlu tchurrtchur* ; ton mélancolique ; volume souvent amplifié par les parois rocheuses.

Traquet à capuchon

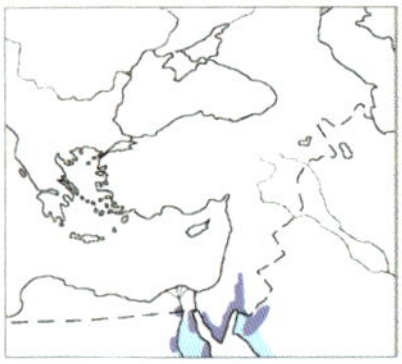

Traquet à tête blanche

Traquet rieur

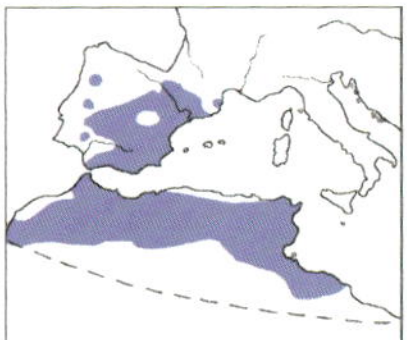

Traquet à queue noire

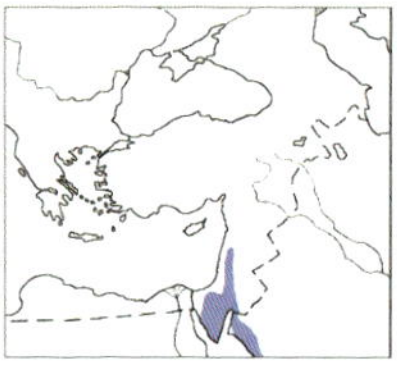

TRAQUET À CAPUCHON

TRAQUET À TÊTE BLANCHE

TRAQUET RIEUR

TRAQUET À QUEUE NOIRE

Traquet du désert *Oenanthe deserti* MO / HO

L 14,5-15,5 cm. Steppes sablonneuses et arides, semi-déserts pierreux avec buissons épars et végétation basse (absent des déserts de sable). Migrateur partiel. Alim. : insectes. Nid dans une anfractuosité du sol ou une fissure de rocher.

CARACTÉRISTIQUES Plutôt ramassé avec, en proportion, grosse tête, cou et queue courts. Queue presque toute noire, avec du blanc seulement sur les côtés, à la base, se présentant parfois en vol comme un minuscule coin blanc. Croupion blanc beigeâtre visible en vol. Rémiges, en vol, brun-gris assez clair, mais noter que les couv. sous-alaires sombres des deux sexes (noirâtres chez le ♂) contrastent. – ♂ : gorge toujours noire. Semblable à la forme « stapazin » du T. oreillard mais en diffère par la queue noire et par les scapulaires blanchâtres et non noires, de sorte que le noir sur l'aile fermée est plus étroit. En outre, noir de la gorge touchant étroitement celui de l'aile, trait normalement inexistant chez le T. oreillard. En plum. automnal, les parties noires ont des liserés pâles. Ind. de 1er été à ailes plus brunes que les ad. – ♀ : outre le motif de la queue, noter les teintes très pâles, brun-gris, y compris à l'aile (apparaît plus sombre chez les autres traquets ♀♀) ; poitrine chamois-brun (non orangée) ; dessus chamois gris lavé de jaune clair ; scapulaires brun chamois très clair, au moins aussi pâles que le manteau ; parotiques à nuance brun roussâtre ; sourcil blanc jaunâtre sale. Gorge parfois ombrée.

VOIX Contact : *vilèh* grinçant, traînant, *tsak* dur, et *tk-tk-tk* fin et étouffé. Chant : strophe répétée de façon insistante, brève, flûtée et descendante : *truyuy-trururu*. Vol chanté avant l'aube, parfois en chœur.

Traquet kurde *Oenanthe xanthoprymna*

L 14-15 cm. Très proche du T. de Perse dont il a été considéré comme une race. Toutefois, ce dernier n'a pas la même morphologie, présente un dimorphisme sexuel faible et une répartition distincte, d'où son statut d'esp. retenu ici. Versants montagneux dénudés à maigre végétation basse, souvent à très haute altitude (1 200-4 000 m). Généralement migrateur ; en migration et en hiver, observé plus bas. Assez peu farouche. Se tient généralement sur les buissons bas, les basses branches des arbres ou les rocs, sans hocher beaucoup la queue. Alim. : insectes.

CARACTÉRISTIQUES Traquet assez ramassé avec, en proportion, tête forte, cou, queue et pattes assez courts. Se tient souvent assez horizontalement. Partage avec le T. de Perse le fait d'avoir croupion et bas-ventre roux, mais au contraire de celui-ci a la base de la queue blanche en plum. ad. Ind. de 1re année à queue d'ordinaire à base rousse. Sexes semblables, mais ♂ en moyenne un peu plus élégant que la ♀ (mais faciles à confondre ; meilleurs critères : ♂ à rémiges plus sombres, dos plus gris et du roux au bas-ventre plus soutenu que la ♀). Bavette noire (gris foncé chez la ♀), poitrine blanc sale, sourcil blanc (ombré chez la ♀), calotte, manteau et dos gris (teinté de brunâtre chez la ♀), quelques liserés pâles aux rémiges, les rendant assez bicolores. Diffère du T. à tête grise p. ex. par les liserés plus étroits aux couv. alaires (du coup, ailes semblant assez sombres au printemps), manteau et dos plus gris et taille un peu moindre et silhouette plus élancée.

VOIX Contact : sifflement descendant, *iihp*, plus discret que le cri correspondant du Motteux, et *tchack* plein ; ce dernier peut devenir une série pressée, *chr'r'r'r'*. Chant bref et assez grave, strophe pépiante, volontiers répétée, de 4 à 6 notes sèches, roulées, *tchou-eï tchou tchourr* et autres.

Traquet de Perse *Oenanthe chrysopygia*

L 14,5-16 cm. Naguère souvent réuni avec le T. kurde mais en diffère sensiblement sur divers points et a une répartition allopatrique, ce qui justifie son traitement comme espèce distincte. Niche dans l'E de la Transcaucasie, en Iran et dans les régions d'Asie C voisines, hiverne en Afrique de l'E, et migre par l'Arabie et l'E du Moyen-Orient. Milieux et mœurs comme le T. kurde.

CARACTÉRISTIQUES Sexes semblables. Ressemble à une ♀ de T. kurde mais croupion et base de la queue toujours roux (et non blancs), et gorge blanc cassé (jamais sombre). Ailes gris-brun plutôt sans traits particuliers, tertiaires fraîches liserées de roux, couv. sous-alaires pâles (et d'un sombre contrastant). Dessus brun-gris roussâtre (jamais à dominante grise). Sourcil pâle anodin, s'atténuant aussitôt en arrière de l'œil.

VOIX Contact : *kerch* rêche, rappelant le T. pie. Chant : gazouillis méditatif prolongé, évoquant une alouette, mêlé de cris doublés, *kerch-kerch*.

Traquet à tête grise *Oenanthe moesta*

L 14,5-16 cm. Généralement à basse altitude ; secteurs sableux ou argileux, plats, secs, à maigre végétation ou semi-déserts pierreux plus dénudés, parfois avec des tamaris et une végétation basse et clairsemée. Évite les déserts de sable. Souvent à terre. Sédentaire. Alim. : insectes. Nid dans un trou du sol.

CARACTÉRISTIQUES Ressemble au T. kurde mais : taille un peu supérieure, bec et pattes plus longs, queue presque toute sombre avec croupion roux et étroite base roussâtre chez le ♂, étendue chez la ♀ ; liserés blancs des grandes couv. formant une plage pâle, surtout chez le ♂, barres alaires pâles aux couv. moyennes et grandes ; manteau, dos et scapulaires du ♂ noirs en plum. usé, pouvant entraîner des confusions avec d'autres traquets (Deuil, Pie et de Finsch). – ♀ : typiquement, du chamois roux visible à la calotte, à la nuque et aux côtés de la tête, et une plage alaire blanc chamois clair. Lève fréquemment la queue et la rabaisse doucement.

VOIX Inquiétude : *prrit* bref et répété (évoque l'Outarde canepetière). Chant original : long et assez doux, constitué pour une bonne part de longues séries de sons légèrement dissyllabiques, roulés, étirés, montants (parfois descendants) par demi-tons. Parfois, strophes isolées plus brèves.

Traquet du désert

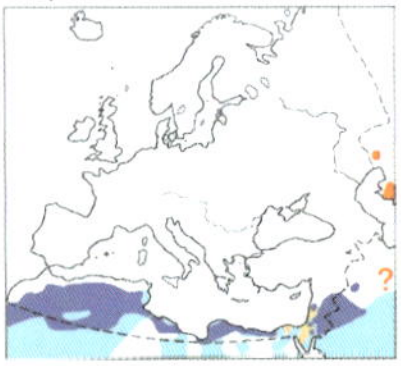

Traquet kurde

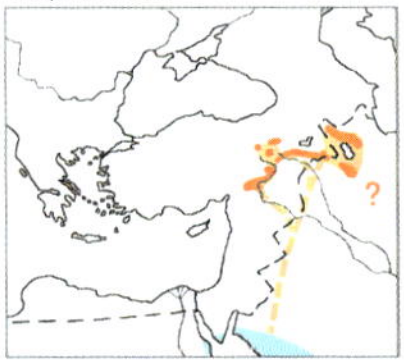

Traquet à tête grise

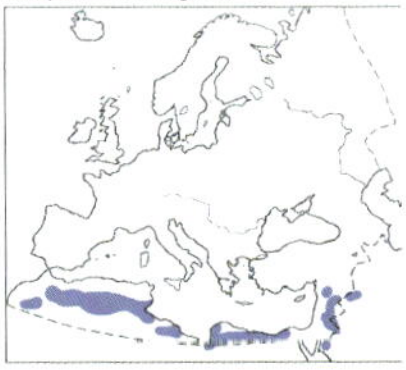

TRAQUET DU DÉSERT

TRAQUET KURDE

TRAQUET DE PERSE

TRAQUET À TÊTE GRISE

Tarier des prés *Saxicola rubetra* N4 / MC / HO

L 12-14 cm. Oiseau des terrains dégagés, à vaste répartition. Herbages (y compris alpages) et prés humides, abords des lacs, mais aussi friches et milieux herbeux plus secs. Visiteur d'été (avril-oct.). Hiverne en Afrique tropicale. Alim. : insectes. Nid dans une touffe d'herbe.

CARACTÉRISTIQUES Petit, à courte queue et ramassé, avec d'assez longues pattes sombres. Se tient droit, battant de la queue ou la hochant lentement. S'enfuit en volant bas, d'un vol décidé, et remonte vers le sommet d'une plante ou d'un poteau. Bien qu'il se tienne souvent bas, peut parfois chanter du haut d'un arbre. Net sourcil pâle typique en tous plumages. Croupion brun jaunâtre tacheté de sombre et reste du dessus strié de sombre. Un peu de blanc à la base de la queue, visible en vol. – *♂ ad. :* lores noirs et côtés de la tête noir brunâtre encadré de traits blanc pur. Gorge et poitrine chamois orange. Ailes assez sombres avec une ou deux taches alaires blanches, surtout visibles en vol. – *♀ et ind. de 1er hiver :* sourcil blanc beigeâtre, côtés de la tête brun clair, normalement sans taches alaires. Assignation de l'âge délicate en automne, sauf pour les ♂♂ ad. très colorés. Ad. et jeunes peuvent avoir la poitrine finement tachetée.

VOIX Inquiétude : sifflement bref et doux et cri sec, *yu tèk yu tèk-tèk*. Chant (souvent de nuit) : strophe variée, sonore, rapide et brève, mêlée de sons rêches, de claires notes graves et d'imitations ; strophe commençant de façon un peu hachée, s'accélérant et stoppant net ; une variante occasionnelle ressemble à un chant de Bruant proyer condensé. Aussitôt distingué du chant du Traquet motteux, autre chanteur nocturne, par sa tonalité plus suave, moins râpeuse, son débit explosif et la fréquente inclusion du bref sifflement d'inquiétude *yu*.

Tarier pâtre *Saxicola rubicola* N5 / MC / HC

L 11,5-13 cm. Europe, Turquie, à l'E jusqu'au SE de la Russie, l'Ukraine et le Caucase. Au nord, petit migrateur vers le S de l'Europe ; au sud, sédentaire. Zones ouvertes à végétation basse, souvent bruyère et ajonc. Au nord et à l'ouest, recherche les basses terres ; au sud-est, adopte aussi des habitats plus alpins.

CARACTÉRISTIQUES *♂ ad. :* tête (menton compris) toute sombre (en automne, en partie masqué par les liserés pâles) ; tache blanche au côté du cou. Poitrine orange roussâtre se poursuivant, plus ou moins soutenu, sur le ventre et les flancs. Croupion brun taché de sombre mais pâlissant en été, pouvant alors montrer une petite tache blanche (rarement, une plus grande), mais plus longues couv. sous-caudales toujours avec quelques stries sombres, jamais toutes blanches. Couv. sous-alaires grises à étroits liserés blancs, ne donnant que rarement une impression de noirâtre contrastant. – ♀ : gorge brun sale (largement masqué par les liserés pâles à l'automne).

VOIX Alarme rappelant celle du Rougequeue noir, un sifflet vif et un cliquet rêche, *ouiss trèc-trèc*,… Chant : courte strophe aiguë, gazouillée ou aigre évoquant à la fois l'Alouette haussecol et l'Accenteur mouchet ; chant assez monotone, sans les variations du T. des prés et avec un éventail tonal plus large.

Tarier de Sibérie *Saxicola maurus* MO

L 12-14 cm. Très proche du Tarier pâtre. Large répartition : E Turquie, Arménie, S Caucase et O Iran (*variegatus* T. de la Caspienne), N Caucase et abords de la Caspienne (*hemprichii*), SE Russie, N Asie centrale et S Sibérie (*maurus, stejnegeri*). Niche dans les mêmes milieux mais là où les deux taxons sont présents, paraît préférer les terres basses aux milieux plus alpins de l'espèce européenne.

CARACTÉRISTIQUES *(maurus)* ♂ ad. : comme le T. pâtre mais tache blanche du cou plus grande, atteignant plus la nuque, tache pectorale roux orange en moyenne plus petite et mieux délimitée, mettant en valeur le reste de la poitrine, les flancs et le ventre, blanchâtres (mais sur ce point, certains oiseaux demeurent fâcheusement intermédiaires !). Croupion chamois uni, se décolorant en été en une large plage blanche. Couv. sous-alaires noires, tranchant bien sur le reste du dessous de l'aile (mais peut être délicat à voir). – ♀ : gorge pâle, blanc chamois, ne semblant jamais sombre. – 1er hiver : occasionnels en Europe montrant une trace de sourcil chamois pâle et une large plage chamois au croupion. Les ♂ ont alors déjà des couv. sous-alaires noirâtres (atténuées chez les ♀). – Variantes : (*hemprichii*) ♂ ad. : comme *maurus* mais un peu plus grand, avec bien plus de blanc à la base de la queue avec un T inversé (comme chez le Traquet motteux). – (*variegatus*) ♂ ad. : comme *maurus* mais plus grand, avec une plage pectorale restreinte, brique foncé, contrastant bien avec le reste du dessous blanc. Dessus noircissant beaucoup en été. Très peu de blanc à la base de la queue, rarement visible.

VOIX Chant et cris comme ceux du T. pâtre.

Tarier des Canaries *Saxicola dacotiae*

L 11-12,5 cm. Seulement à Fuerteventura (Canaries ; maximum probable de 1 300 couples) ; pentes nues, ravins à végétation basse, broussailles et arbres épars. Sédentaire. Alim. : insectes.

CARACTÉRISTIQUES – À peine plus petit que le T. pâtre, mais forme et comportement analogues, y compris les battements de queue et d'ailes. Bec à peine plus mince et long (propre aux taxons insulaires) et queue plus longue et étroite. ♂ ad. : tête noir brunâtre avec étroite bavette blanche se poursuivant en « col » étroit sur les côtés du cou, court sourcil blanc. En haut de la poitrine, plage chamois orange, plus pâle et petite que chez tout autre Pâtre. Petite tache alaire blanche. Croupion foncé. – *♂ 1er hiver :* plus terne que l'ad. Habituellement sans tache alaire blanche (au plus une trace). En plum. frais, bande pâle le long des secondaires et vague barre alaire pâle le long des grandes couv. – ♀ : plus pâle et grise que le ♂, tête gris-brun, vague tacheture ; sourcil diffus. Gorge toujours pâle.

VOIX Très semblable au T. pâtre, mais peu loquace.

Tarier des prés

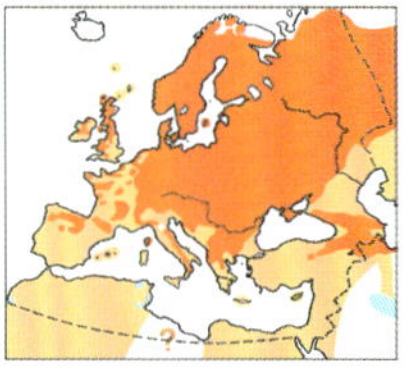

Tarier pâtre

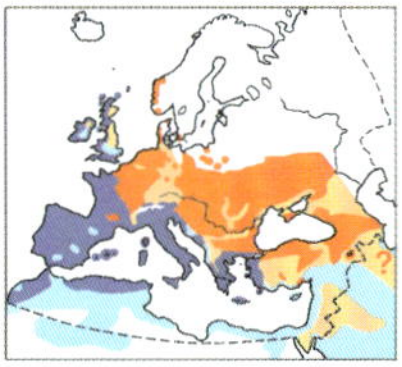

Tarier de Sibérie

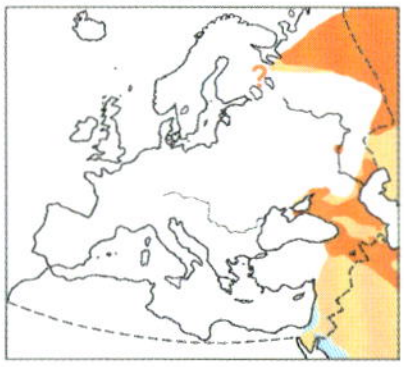

TARIER DES PRÉS

TARIER PÂTRE

TARIER DE SIBÉRIE

TARIER DES CANARIES

GRIVES ET MERLES : TURDIDÉS

Passereaux assez grands et à longue queue, à pattes et becs robustes. Juvéniles à plumage tacheté. Très bons chanteurs. Surtout forestiers. S'alimentent surtout au sol. 18 espèces.

Grive musicienne *Turdus philomelos* N5 / MA / HA

L 20–22 cm. Boisements touffus, parcs et jardins à végétation dense. Populations du N migratrices, hivernant dans l'O et le S de l'Europe. Souvent assez confiante. Nid, souvent bien caché dans le lierre, une haie, un talus, en forme de coupe de mousse tapissée de boue lisse.

CARACTÉRISTIQUES Petite et assez trapue, queue assez courte. Vol rapide et légèrement bondissant. Dessus brun, dessous blanc jaunâtre ou blanc, parsemé de taches noires (cf. G. draine). Dessous des ailes miel. Souvent, nuance un peu plus chaude sur les flancs et la poitrine mais jamais rouille comme la G. mauvis (et pas de raies blanches à la tête).

VOIX Contact : *zit* assez discret, fin et aigu (moins dur et cliquetant que chez le Rougegorge). Alarme : séries de *tix-ix-ix-ix-ix…* perçants (plus aigus et incisifs que chez le Merle noir). Chant : musical, sonore et très varié, cascade de sons grinçants ou clairs, avec répétition 2 à 4 fois du même groupe de sons et de brèves pauses, par ex. *kuiklivi kuiklivi, tixi tixi tixi, pii-èh, trruy-trruy-trruy, tixifit*.

Grive mauvis *Turdus iliacus* MA / HA

L 19–23 cm. Caractéristique des forêts de conifères du N de l'Europe, gagnant les bétulaies des hauteurs et même la zone des saules : en limite S de l'aire, également boisements mixtes. Hivernante bien présente : champs, lisières, vergers, parcs, etc. Assez farouche.

CARACTÉRISTIQUES Petite (taille de la G. musicienne), assez compacte, tête assez grosse et queue assez courte. Noter : raie blanchâtre au-dessus de l'œil et sous la joue, flancs rouille, dessous des ailes rouille (miel chez la G. musicienne).

VOIX Cri de migration : sifflement prolongé, fin mais incisif (légèrement râpeux) ; souvent entendu lors des nuits d'octobre, même en ville. Egalement un *gack* nasal. Alarme : séries de rudes *tchoc-tchoc-tchoc-…* Chant très variable selon les ind. mais constant chez chacun, commençant par un motif sonore, facile à transcrire, suivi par un doux gazouillis grinçant ; parmi les introduction fréquentes, un *tchirii tchuri tchouri* descendant, un *tru tru tru tri tri* montant, un doux *vidji-vidju* de Roselin cramoisi, un bref et mélancolique *truhi trey…* Les groupes de migratrices en halte font entendre des chœurs sonores de sons aigres.

Grive draine *Turdus viscivorus* N5 / MC / HC

L 26-29 cm. Forêts, bois clairs, bocage, parcs, vergers, etc. Dans le sud de l'Europe, souvent sur les versants montagneux boisés, s'alimentant sur les alpages. Migratrice partielle ; les ind. nordiques hivernent dans l'ouest et le centre de l'Europe. Farouche (moins en Europe occidentale). Alim. : comme la G. musicienne. Nid dans un arbre.

CARACTÉRISTIQUES Grande, même motif fondamental que la G. musicienne, mais s'en distingue par : la voix, la taille supérieure, la forme plus élancée, la longue queue, le vol plus puissant et plus longuement onduleux, le dessous de l'aile blanc. Coins blancs des rectrices externes parfois visibles en vol. L'oiseau posé, vu dans une trouée du feuillage, peut être plus difficile à différencier de la G. musicienne. Noter : côtés de la tête et de la calotte gris brunâtre plus pâle ; tendance à présenter une plus grande tache noire aux côtés de la poitrine, et motif sombre irrégulier aux côtés du cou ; taches noires plus rondes sur la poitrine et le ventre ; plumes alaires plus grises à liserés plus clairs.

VOIX Contact : *dr'r'r'r'* roulé et sec, caractéristique. Alarme : cri dur évoquant la G. litorne mais un peu plus sec. Chant rappelant le merle : brèves strophes variables, flûtées et sonores ; ton plus triste, rythme plus rapide, pauses plus brèves, moins d'amplitude (plus monotone) et pas (ou peu) de sons grinçants à la fin des strophes.

Grive litorne *Turdus pilaris* N3 / MA / HA

L 22-27 cm. Divers boisements et zones broussailleuses : bois de bouleaux des hauteurs, bois de feuillus et mixtes assez clairs, prés avec bosquets, parcs, avenues et jardins. En France, progresse vers l'ouest. Migratrice au nord ; de grandes bandes vont hiverner vers l'ouest ou le sud de l'Europe (champs, prés et bois). Alim. : en été, vers et insectes ; en hiver, également baies et fruits tombés. Niche souvent en petites colonies (pour mieux se défendre contre les rapaces, énergiquement poursuivis dans les airs et parfois bombardés de fientes). Nid assez haut dans un arbre, souvent dans une enfourchure.

CARACTÉRISTIQUES Grande et forte. Longue queue. Reconnaissable en vol à : longueur de la queue, croupion gris clair (bien visible de dos), dessous des ailes blanc (ne se retrouve que chez la G. draine), et vol assez mou, moins onduleux. Dos brun-roux. Calotte et nuque grises. Dessous densément tacheté. Poitrine jaune roussâtre. Sexes semblables. – *Juv.* : taches pâles aux couv. alaires.

VOIX Les migratrices lancent un *ghih* grinçant et un *djak-djak-djak* jacassant, typique. Chant simple : quelques sons jacassants sans structure définie, brève pause, nouveaux jacassements, etc. En vol chanté, chant plus rapide, prolongé, enjoué et bavard.

Grive musicienne

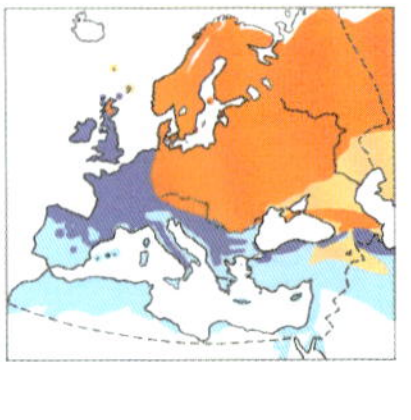

Grive mauvis

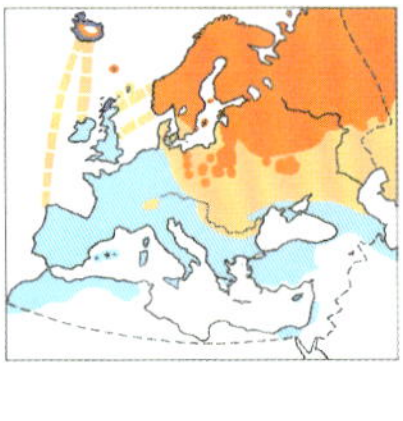

Grive draine

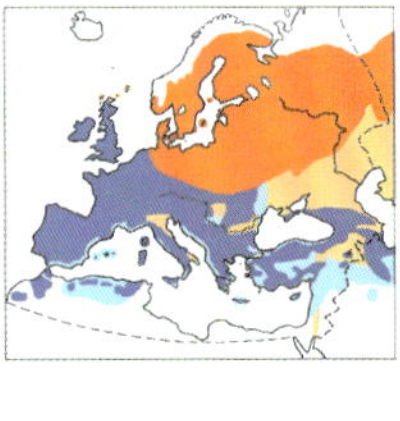

Grive litorne

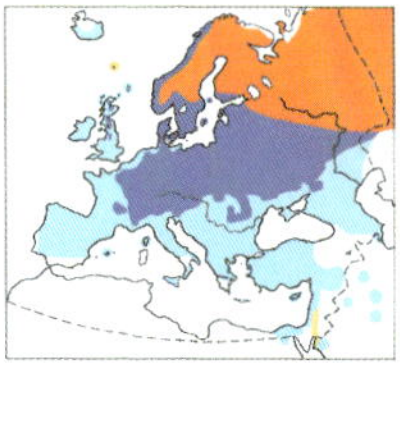

GRIVE MUSICIENNE

GRIVE MAUVIS

GRIVE DRAINE

GRIVE LITORNE

KM

Merle noir *Turdus merula* N5 / MA / HA

L 23,5-29 cm. Forêts, bois, parcs et jardins, bocage. Migrateur au nord, hiverne principalement dans l'ouest de l'Europe (sept.-avril). Souvent peu farouche. Chante souvent du haut des toits et des antennes de télévision, et de la cime des arbres dans les bois. Alim. : vers de terre, insectes et baies. Nid dans un arbuste, un arbre, etc.

CARACTÉRISTIQUES – ♂ : noir avec, en été et au printemps, bec jaune, et étroit cercle oculaire jaune, ne pouvant donc être confondu. Cependant, le débutant voyant à terre un oiseau noir à bec jaune doit penser à un étourneau : toutefois, le M. noir n'est pas grégaire, a une longue queue (qu'il lève souvent pour la rabaisser lentement), saute souvent les pattes jointes ou fait quelques pas et s'arrête brusquement durant quelques secondes pour guetter les vers, fait de nouveau quelques pas, etc. De plus, son plum. ne présente pas de points pâles. – ♀ : brun foncé avec gorge blanc brunâtre et tacheture diffuse sur la poitrine. Bec foncé. – *Juv. :* comme la ♀ mais fauve roussâtre à étroites taches pâles dessus.

VOIX Répertoire varié. Contact : *pok* grave ; en cours de migration, *srrrt* calme, fin et roulé. Inquiétude : *tsiih* plat et très fin comme le rougegorge ; *tchak-tchak-ak-ak-ak…* frénétique. Alarme (chat, rapace nocturne ou avant de gagner le dortoir) : séries de *pli-pli-pli-pli-pli…* métalliques, souvent (surtout à l'envol) en crescendo. Chant bien connu, mélodieux et doux : tonalité claire et sonore (souvent dans le ton majeur), selon un rythme calme, souvent montant en glissando, avec gazouillis final doux ; strophes assez brèves, répétées à 3-5 secondes d'intervalle.

Merle à plastron *Turdus torquatus* N3 / MC / HR

L 24-27 cm. En altitude, sur les pentes abruptes parsemées de rocs, les versants dénudés, dans les forêts de montagne. Migrateur dans une grande partie de l'Europe. Hiverne dans l'ouest du bassin méditerranéen. Farouche. Alim. : insectes, vers et baies. Nid dans une fissure de la roche, un tronc creux, etc.

CARACTÉRISTIQUES Taille et silhouette de M. noir (à peine plus élancé, à plus long cou et à ailes plus étroites). – *Ad. :* dominante noire et noirâtre avec croissant blanc en haut de la poitrine (chez la ♀ mais aussi chez une partie des ♂♂, le blanc porte d'étroits liserés bruns, plus nets en plum. frais), bec jaune à pointe foncée. Plumes des ailes à bord pâle ; en vol, ailes nettement plus claires que chez le M. noir. Sexes semblables, mais les ♂♂ sont en règle générale plus noirs avec un croissant plus blanc. – *1er hiver :* ♂ comme l'ad., trace de croissant clair ; ♀ habituellement sans croissant pâle, pouvant être confondue avec celle du M. noir mais ailes un peu plus claires (moins que les ad.). – *Variante :* les oiseaux du S et du C de l'Europe *(alpestris)* ont le dessous écailleux pâle et les ailes plus pâles.

VOIX Contact : *tuk* claquant, plus rude et un peu plus aigu que chez le M. noir. Également, cri grinçant de Grive litorne. Chant sonore et triste, quelques sons ou motifs répétés selon un rythme calme ; plusieurs types mélangés, par ex. *trruytr-ruytrruytrruy… si-uyuytt si-uyuytt si-uyuytt… tchuyuyuy tchuyuyuy tchuyuyuy…*, etc.

Monticole bleu *Monticola solitarius* NS3

L 21–23 cm. Cette espèce et la suivante appartiennent à la famille des Muscicapidés (p. 276). Milieux rocheux côtiers abrupts, localement également carrières, ruines, églises et même bâtiments inhabités ; au contraire du M. de roche, fréquente aussi les zones basses. Surtout sédentaire. Assez farouche. Consomme insectes, végétaux, petits lézards. Nid dans un trou ou un recoin de falaise ou de paroi.

CARACTÉRISTIQUES Grand et élancé. Bec nettement long (si bien qu'à contre-jour on peut penser à la Grive draine, laquelle niche également dans les montagnes du sud de l'Europe). ♂ gris-bleu terne, ailes foncées (*1er hiver :* bleu encore plus terne, barré de sombre, couv. primaires à bout pâle). ♀ brun foncé, dessous barré et queue brun foncé, rarement avec vague nuance bleue sur le dos, le dessus de la queue, les côtés de la poitrine et les flancs.

VOIX Contact : aigre sifflement dissyllabique, *uh-vih* ; également, *tchouk* grave et claquant. Chant légèrement variable, souvent comme celui du M. du roche (réel risque de confusion) : sonore mais moins suave, sonorité claire et roulée ou tremblante (en *r*), très mélancolique.

Monticole de roche *Monticola saxatilis* N4 / MR

L 17-20 cm. Versants montagneux abrupts, rocheux et secs, alpages. Souvent à plus de 1 500 m (mais aussi beaucoup plus bas), donc souvent plus haut que le M. bleu. Visiteur d'été (avril-sept.). Hiverne au S du Sahara. Farouche. Alim. : insectes, matières végétales et petits lézards. Nid dans une anfractuosité de la roche, sous un bloc ou à terre.

CARACTÉRISTIQUES – ♂ en plum. nuptial sans confusion possible (mais couleurs étonnamment camouflées en plein soleil). – ♂ internuptial, ♀ et juv. plus neutres, brunâtres, densément barrés de sombre, reconnaissables à la courte queue rousse, à l'allure compacte et au bec assez long ; les ♂♂ peuvent parfois être reconnus à la tacheture blanche du dos (blanc beigeâtre parfois chez la ♀) et à un peu de gris bleuté à la calotte et à la gorge.

VOIX Contact : bref *uy-iht* ; *tchak* claquant. Chant, parfois en vol onduleux avec plané final : strophe douce, claire et mélodieuse (ton mélancolique) souvent descendant ; de loin, peut rappeler Grive mauvis et Merle noir ; comme le M. bleu mais plus doux et moins mélancolique.

Merle noir

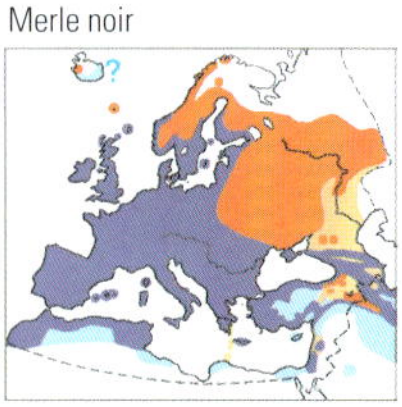

Merle à plastron

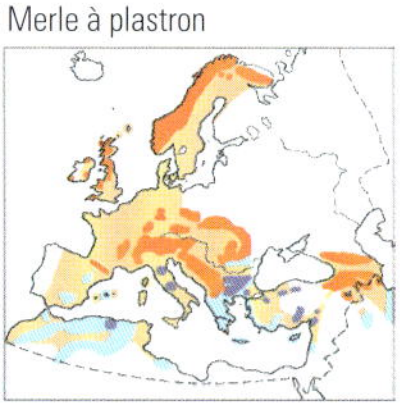

Monticole bleu

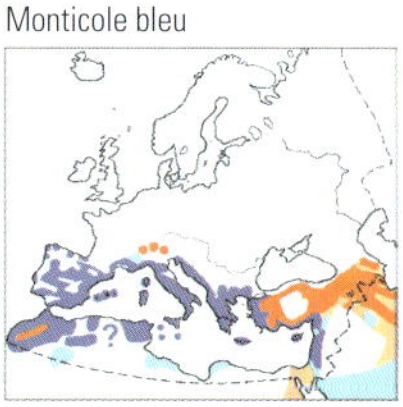

Monticole de roche

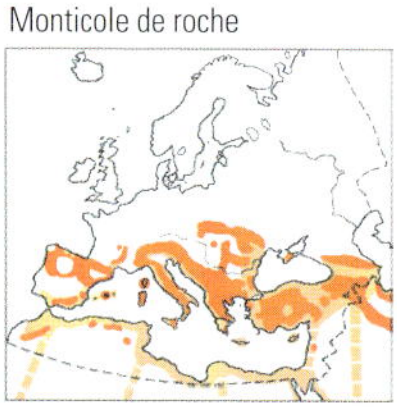

MERLE NOIR

MERLE À PLASTRON

KM

MONTICOLE BLEU

MONTICOLE DE ROCHE

DZ

TURDIDÉS AMÉRICAINS

Certains Turdidés d'Amérique du Nord sont régulièrement observés en Europe comme occasionnels. Les plus fréquents sont présentés ici. Les Turdidés volent bien mais pour qu'un oiseau américain atteigne l'Europe, il doit être aidé par les forts vents portants liés, en automne, aux basses pressions au-dessus de l'Atlantique Nord. L'une des espèces est du genre *Turdus*, les quatre autres entrent dans le genre *Catharus*, un groupe typiquement américain de petites grives.

Merle d'Amérique *Turdus migratorius*

L 22-25 cm. Occasionnel rare mais régulier en Europe, surtout en automne et hiver. Confiant. En Amérique, souvent un oiseau des jardins et parcs ; les occasionnels se rencontrent d'ordinaire dans de tels milieux, où ils se comportent comme le Merle noir ou la Grive litorne.

CARACTÉRISTIQUES Assez charpenté. Silhouette et allure rappelant la Litorne ; ailes longues, bon voilier. Queue plutôt longue et pattes fortes ; sautille ou fait quelques pas sur les pelouses puis se fige et guette les lombrics. Poitrine, flancs et haut du ventre tomate ou rouille (bout des plumes blanc beigeâtre en plum. frais, les plus étroits chez le ♂ ad.). Dessus gris foncé (vague nuance brune chez ♀ et ind. de 1er hiver), tête presque noire (plus terne chez ♀ et ind. de 1er hiver) avec taches en « paupières » blanches. Gorge blanche, à taches noires grossières et denses, la faisant parfois paraître noire de loin. Ind. de 1er hiver à bec tout sombre. Quelques ♂♂ ont le manteau fuligineux ou densément marqué de noir et le dessous rouge plus foncé (var. *nigrideus*).

VOIX Similaire à celle du M. noir.

Grive à dos olive *Catharus ustulatus* MO

L 16-18 cm. Occasionnelle rare en Europe, principalement en automne. Très méfiante.

CARACTÉRISTIQUES Assez petite, nettement plus que la G. musicienne (mais sans comparaison directe, critère pas toujours évident). Pattern de base comme la G. musicienne mais : taches du dessous plus petites, limitées à la gorge et à la poitrine, et taches des flancs moins nettes et s'arrêtant bien avant les pattes (taches grossières jusqu'au ventre et aux flancs chez la G. musicienne, jusqu'en arrière des pattes) et, en vol, motif alaire typique du genre *Catharus* (et *Zoothera*) avec larges bandes transversales blanches et foncées dessous. Étroit trait malaire sombre. Flanc à nuance grise. Joues grises comme la G. à joues grises, mais plus net cercle oculaire chamois (non blanc grisâtre et étroit), vague nuance chamois aux joues et net trait blanc beigeâtre au-dessus des lores. Dessus brun olivâtre (noter que des ind. plus roux nichent en Amérique du Nord-Ouest).

VOIX Inquiétude : un *tchipp* incisif, résonant.

Grive à joues grises *Catharus minimus* MO

L 15-17 cm. Très proche de la G. à dos olive. Rare occasionnelle en Europe, surtout en automne. Farouche, souvent à couvert.

CARACTÉRISTIQUES Petite. Dessous des ailes, comme chez les autres *Catharus*, à motif blanc-foncé-blanc. Comme la G. à dos olive : fine tacheture au bas de la gorge et à la poitrine, étroit trait malaire sombre, flancs à nuance grise, dessus gris brunâtre uniforme ; cependant, en diffère par : fond plus blanc grisâtre, cercle oculaire blanc grisâtre moins apparent (parfois un peu plus net en 1er hiver), pas de net trait pâle au-dessus des lores. – *Variante : bicknelli* (bonne espèce selon certains : la « G. de Bicknell »), du N-E de l'Amérique du N, petite, vague nuance rousse à la queue et base de la mandibule inférieure jaune.

VOIX Cri étiré, nasal.

Grive solitaire *Catharus guttatus*

L 15-17 cm. Très rare occasionnelle en Europe. Farouche, presque toujours à couvert.

CARACTÉRISTIQUES Petite. En vol, dessous des ailes à pattern typique, avec larges bandes blanches et sombres, comme chez les autres *Catharus*. Poitrine tachetée seulement de façon éparse et lâche, mais grosses taches noires nettes. Flancs généralement sans taches (au plus marqués de gris). Dessus gris brunâtre avec nuance rousse au croupion et à la queue (comme le Rossignol philomèle mais est un peu plus grande, plus trapue et à plus courte queue, outre les autres différences de plum. patentes). Cercle oculaire blanc. Lève la queue et la rabaisse doucement.

VOIX Contact : *tchuyk* répété en séries, comme le Merle noir, mais plus aigus et plus clairs. Également un *véeuyh* nasillard, vaguement montant.

Grive fauve *Catharus fuscescens*

L 16-18 cm. Très rare occasionnelle en Europe (quelques données en automne). Farouche, à couvert la plupart du temps.

CARACTÉRISTIQUES Petite. Dessous des ailes à pattern typique, avec larges bandes blanches et sombres, comme chez les autres *Catharus*. Rappelle beaucoup les G. à dos olive et à joues grises, mais la tacheture sur la poitrine et la gorge est moins nette et plus restreinte. En sus, dessus totalement roussâtre (seuls le croupion et la queue sont brun-rouge chez la G. solitaire – mais la race occidentale de la G. à dos olive est identiquement brun-roux dessus). Cercle oculaire toujours insignifiant. En cas d'observation fugace, confusion très possible avec le Rossignol philomèle, mais noter la totalité du dessus (et non juste la queue) teintée de roux, et les pattes brun rosé et non grises.

VOIX Contact : sifflement rauque *pchid*, descendant.

Contrairement à la Grive musicienne, toutes les espèces traitées ici (à l'exception du Merle d'Amérique) ont un motif sous-alaire remarquable

MERLE D'AMÉRIQUE

les égarés en Europe sont surtout rencontrés dans des jardins et parcs urbains où ils se comportent comme des Merles noirs

♀ 1er hiv.

pointes pâles caractéristiques du plumage frais (automne-hiver)

coins blancs

tête du ♂ en moyenne plus noire que chez la ♀

le contraste entre les grandes couv. internes muées et les externes non muées (de type juv.) est le meilleur moyen d'identifier les 1er hiv.; attribuer un sexe est plus délicat : les ♀♀ ont en général la tête plus brune et les parties inf. plus pâles

♂ ad. internuptial

parties inf. plus intensément colorées chez le ♂

GRIVE À DOS OLIVE

bien plus petite que la G. musicienne (à g.)

G. MUSICIENNE

la G. à dos olive (à dr.) ne présente pas le vague sourcil en arrière de l'œil de la G. musicienne

couv. parotiques plus nettement marquées

face teintée de chamois ; cercle oculaire plus visible que chez la G. à joues grises

flancs gris pâle plus délicatement tachetés que chez la G. musicienne

la G. à dos olive n'a pas les couv. parotiques marquées, les couv. moyennes à pointe chamois et les flancs chamois de la G. musicienne

GRIVE SOLITAIRE

relève puis abaisse lentement la queue plus souvent que les autres grives

cercle oculaire blanc bien visible

parties sup. brun olive assez chaud

taches pectorales assez grandes et nettes

queue roux vif

la G. solitaire a souvent la pointe des couv. moyennes pâle contrairement aux autres grives du genre *Catharus*

GRIVE À JOUES GRISES

le motif facial est le meilleur critère d'identification

GRIVE À DOS OLIVE

cercle oculaire habituellement restreint à un demi-croissant derrière l'œil

G. À JOUES GRISES

la plupart des grives américaines rencontrées en Europe sont des 1er hiver, mais les ad. et les 1er hiver sont très semblables

joues et face grisâtres, sans le cercle orbitaire ni le trait supraloral chamois de la G. à dos olive

parties sup. des populations du N-E brun roussâtre plus chaud

GRIVE FAUVE

G. fauves égarées en Europe peuvent être confondues avec le Rossignol progné, surtout lorsqu'elles sont vues brièvement

GRIVE FAUVE

ROSSIGNOL PROGNÉ

cercle oculaire peu visible

dans l'ensemble, brun-roux plus vif

taches plus floues que chez les autres grives du genre *Catharus*

blanc soyeux

KM

TURDIDÉS ASIATIQUES

Sur les sept espèces orientales présentées ici, deux nichent dans la zone étudiée, de façon marginale, tandis que les cinq autres s'égarent de Sibérie et sont d'ordinaire vues en Europe occ. en automne et en hiver.

Grive dorée *Zoothera aurea* MO

L 27-31 cm. Niche localement juste à l'ouest de l'Oural, mais sa principale aire de distribution est la taïga de Sibérie et en Asie orientale. Souvent dans la taïga touffue et humide, à conifères dominants mais avec des buissons et un sous-bois feuillus. Visiteuse d'été. Hiverne dans le Sud-Est asiatique, revient nicher fin mai. Rare occasionnelle en Europe occidentale. Cherche souvent sa nourriture à terre. Très farouche; découverte, s'enfuit dans les frondaisons et reste immobile, ou se met à l'abri du sous-bois.

CARACTÉRISTIQUES Grande et allongée, bec fort. Lors du vol puissant, onduleux une fois lancé, la bande noire largement encadrée de blanc peut s'apercevoir sous l'aile. De près, beau motif écailleux noir y compris dessus. Les marques écailleuses noires se rejoignent parfois à la poitrine, laquelle peut alors apparaître assez foncée; ailes assez bariolées (y compris rémiges bicolores). Sexes semblables.

VOIX Silencieuse en dehors du chant, typique : sifflements d'une seconde, monotones, traînants, ventriloques, avec pauses de 5-10 secondes entre deux; audible à 1 km. Cri : *sssîîî* émis en vol.

Grive de Sibérie *Zoothera (= Geokichla) sibirica* MO

L 20-21,5 cm. Taïga sibérienne. Très rare occasionnelle en automne et hiver. Farouche.

CARACTÉRISTIQUES Taille de la G. musicienne. En tous plum. : large bande foncée encadrée de blanc sous les ailes et rectrices externes à bout blanc. Sexes différents. – *♂ ad. :* gris bleuté foncé (apparaît noir sur le terrain) avec sourcil blanc. Beaucoup de blanc au milieu du ventre et aux flancs. – *♂ de 1re année :* comme l'ad. mais du blanc à la gorge et aux côtés de la tête, sourcil non blanc pur et rémiges et couv. primaires plus brunes. Nombre d'ind. ont quelques stries blanches et des barres sombres à la poitrine et aux flancs. – ♀ : brun olivâtre dessus et aux flancs; étroite barre alaire blanc jaunâtre le long des grandes couv.; sourcil chamois; poitrine blanc jaunâtre avec croissants sombres.

VOIX Cris : *tsii* fin, discordant; bref *zit*. Chant : *ti-hu (uuu)… tuhi (iii)*.

Grive à gorge noire *Turdus atrogularis* MO

L 23-25,5 cm. Très proche de la G. à gorge rousse, dorénavant souvent considérée comme une bonne espèce. Taïga sibérienne, jusqu'au versant occidental de l'Oural; gagne parfois l'Europe de l'O, surtout à la fin de l'automne et en hiver.

CARACTÉRISTIQUES Dessus gris brunâtre uni. Contraste net entre le noir de la gorge et de la poitrine, et le ventre et les sous-caudales plutôt immaculées (les secondes surtout blanchâtres mais pouvant avoir du roussâtre). Flancs à taches grises diffuses. Couv. sous-alaires roux orangé visibles en vol. ♂ ad. à plastron noir uniforme (à fins liserés pâles en automne). ♀ ad. et ♂ de 1er hiver fortement tachetés et rayés à la poitrine et aux côtés de la gorge (♂ finement strié sur toute la gorge, la ♀ normalement surtout à la poitrine). ♀ de 1er hiver à stries sombres lâches à la poitrine et aux côtés de la gorge. Queue brun-gris.

VOIX Contact : *gvih gvih* plaintif de Litorne. Inquiétude : *gyac* de Mauvis, et *tac-tac* de Merle à plastron. Chant : séries bien espacées de simples sons enchaînés.

Grive à gorge rousse *Turdus ruficollis* MO

L 23-25,5 cm. Très proche de la G. à gorge noire. Taïga du S de la Sibérie centrale, de l'Altaï et de la Daourie; s'égare très rarement en Europe occidentale.

CARACTÉRISTIQUES Très semblable à la G. à gorge noire, le noir de la gorge, de la poitrine et de la queue remplacé par du roux orangé. Couv. sous-alaires roux orangé visibles en vol. Détermination de l'âge et du sexe quasiment comme chez la G. à gorge noire. ♀ de 1er hiver à stries sombres lâches à la poitrine et aux côtés de la gorge.

VOIX Cris : *tchak-tchak* semblables au Merle à plastron. Chant mal connu.

Grive obscure *Turdus obscurus* MO

L 21-23 cm. Espèce de la taïga sibérienne, occasionnelle automnale en Europe, très rare mais quasi annuelle.

CARACTÉRISTIQUES Taille de la G. musicienne, élancée, queue assez longue et bec assez court. Côtés de la poitrine et flancs chamois roussâtre. Net sourcil blanc, lores sombres soulignés d'un trait blanc jusque sous l'œil et en travers du menton. Dessous des ailes blanc grisâtre. ♂ ad. presque uniformément gris à la gorge, aux joues et au cou. Autres plum. : gorge blanc sale à taches ou stries noires, joues foncées tachetées de blanc. Détermination de l'âge pas toujours possible, sauf peut-être pour les ind. les plus marqués, des ♂♂ ad. (lores noirâtres, haut des joues gris foncé, gorge sans stries), et les moins marqués, des ♀♀ de 1re année (presque sans orangé dessous, gorge très striée).

VOIX Cri en migration : *ts (r) iih* fin de G. mauvis. Fait aussi un *tsi* type Musicienne.

Grive à ailes rousses *Turdus eunomus* MO

L 21-24 cm. Très proche de la G. de Naumann, dorénavant considérée comme une bonne espèce. Taïga de Sibérie centrale, au N jusqu'à la toundra. Occasionnelle très rare en Europe.

CARACTÉRISTIQUES Silhouette de Musicienne. ♂ ad. : tête noir et blanc, ailes largement cuivrées. Dos très sombre, tacheté de noir; dessous blanchâtre avec abondantes taches noir brunâtre aux flancs, barre noire souvent complète à la poitrine. Sourcil blanchâtre, joues noires. Sexes semblables, mais ♂ bien plus contrasté.

VOIX Cris assez proches de ceux de la Litorne.

Grive de Naumann *Turdus naumanni* MO

L 21-24 cm. Très proche de la G. à ailes rousses. Taïga du S de la Sibérie centrale. Très rare occasionnelle en Europe.

CARACTÉRISTIQUES Silhouette et taille de la G. à ailes rousses mais plum. nettement différent. Dessous largement et nettement taché de roussâtre, en plum. frais, plumes à bout chamois. ♂ ad. plus marqué et plus coloré, avec très peu ou pas de stries aux côtés de la gorge, et aussi un peu de roux aux scapulaires et au croupion; jeune ♀ avec roussâtre moins étendu et plus pâle, et nets traits malaires sombres.

VOIX Cris proches de ceux de la G. à ailes rousses. Chant proche de celui de la Mauvis.

GRIVE DORÉE

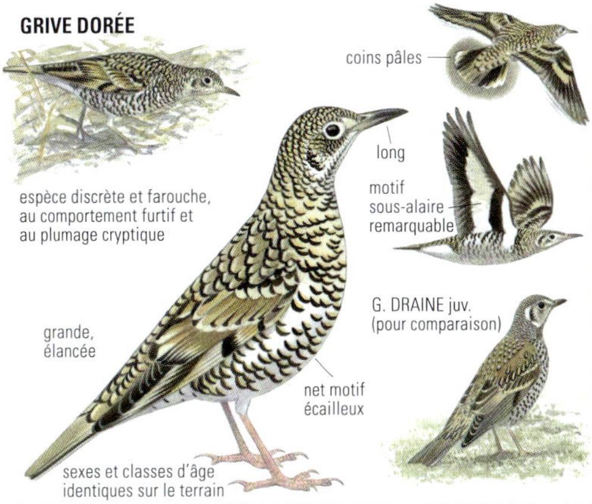

GRIVE À GORGE NOIRE

GRIVE DE SIBÉRIE

GRIVE À GORGE ROUSSE

GRIVE OBSCURE

GRIVE À AILES ROUSSES

GRIVE DE NAUMANN

KM

FAUVETTES, POUILLOTS, etc. : SYLVIIDÉS

Groupe d'oiseaux très proches, réunissant des insectivores, petits ou juste un peu plus grands qu'un moineau. 67 espèces traitées ici. Chants agérables, ou au moins voix sonores. Toutes les espèces habitent les zones boisées ou arbustives, ou la végétation haute ; beaucoup, en raison de leur régime alimentaire, sont de grandes migratrices.

Les Sylviidés sont vifs et agiles. Ils sautillent ou volent sans cesse d'un perchoir à l'autre et, souvent, secouent ou étalent nerveusement les ailes ou la queue. Ils passent de longs moments cachés dans la végétation, ne se laissant souvent apercevoir que brièvement. Par chance, la plupart des espèces ont une voix caractéristique.

Pour faciliter une vue d'ensemble de ces nombreux petits oiseaux fugaces, une très rapide présentation des cinq groupes les plus importants est proposée ci-dessous :

Sylvia (22 espèces). Charpentés, sexes légèrement différents. Souvent, côtés de la queue blancs. Boisements, buissons touffus. Souvent, babil rapide ou gazouillis râpeux.

Acrocephalus (11). Minces, bec fin et teintes gris olive. Chant de répétitif à très complexe.

Locustella (5). Comme les *Acrocephalus* ; queue plus arrondie ; discrètes. Souvent, chant stridulant.

Hippolais et *Iduna* (8). Dessus gris olive ou brun sable. Fréquentent boisements et buissons. Chant volubile.

Phylloscopus (17). Petits oiseaux à queue courte des zones boisées, à dessus verdâtre et dessous blanchâtre. Souvent, barres alaires et sourcil pâles. Chant sonore, souvent agréable.

(NdT : par commodité, 3 espèces ont été placées après les Sylviidés, p. 312.)

Fauvette épervière *Sylvia nisoria* MO

L 15,5-17 cm. Buissons hauts avec arbres épars en campagne ouverte ; partage le même milieu que la Pie-grièche écorcheur. Visiteuse d'été ; occasionnelle en Europe de l'O. Au printemps, vol chanté horizontal.

CARACTÉRISTIQUES Grande fauvette à longue queue. Couv. alaires et tertiaires plus ou moins bordées de clair. Du blanc au bout des rectrices. – ♂ *ad.* : iris jaune. Dessus gris, plus foncé à la tête, avec net bord blanc aux couv. alaires et aux tertiaires. Dessous densément barré de gris foncé. – ♀ *ad. et* ♂ *de 1re année :* comme le ♂ ad. mais iris jaune un peu plus terne, dessus plus gris-brun, barres du dessous moins nettes et denses (♀ de 1re année presque sans barres, plus brune dessus et à iris jaune brunâtre). – *1er automne :* dessus gris brunâtre, dessous gris beigeâtre non barré. Iris foncé. Reconnaissable au bord gris beigeâtre clair des tertiaires et des couv. alaires.

VOIX Contact : typique, *trrrrr't't-t* sonore à finale crépitante, rappelant quelque peu le Moineau domestique ; parfois aussi entendu à la fin du chant ; rythme variable, parfois plus lent. Alarme : *tchèhr* rauque et sourd. Chant comme la F. des jardins (confusion parfois possible) mais presque toujours plus rude et plus grinçant, et un peu plus haut (mêlé de plus de sifflements aigus). Rappelle encore plus certaines F. grisettes excitées, et pour faire la distinction, il faut parfois entendre le cri roulé ou même voir l'oiseau.

Fauvette des jardins *Sylvia borin* N5 / MA / HO

L 13-14,5 cm. Bois à clairières, coupes, parcs sauvages, grands jardins arborés (ne se contente pas de simples arbustes ou d'arbres isolés) à sous-bois touffu. Visiteuse d'été (avril-sept.). Hiverne en Afrique tropicale. Farouche, ou du moins de mœurs discrètes ; difficile à observer sinon fugitivement dans le feuillage (assez bas). Nid bas dans un buisson ou les herbes drues.

CARACTÉRISTIQUES Aspect « neutre ». Plum. gris-brun olive sans caractères marquants. Robuste. Bec assez fort, obtus, chamois gris bleuté à bout un peu plus foncé. Pattes grisâtre clair, assez fortes. Vague cercle oculaire pâle autour des yeux sombres, et court sourcil pâle encore moins net. Souvent, nuance gris plus pur aux côtés du cou. Sexes et âges semblables mais les juv. en fin d'été ont des ailes plus fraîches avec le bout des rémiges plus clair.

VOIX Contact (s'entend dans les frondaisons, l'oiseau restant invisible) : série caquetante de cliquètements pleins, nasillards, *tchèc, tchèc, tchèc* ; rythme s'accélérant en même temps que croît l'inquiétude (chez la F. à tête noire, cris plus durs et nets). Beau chant : strophes de 3-8 secondes de sons rapides assez graves, ne constituant pas une mélodie, montant et descendant la gamme sans ordre, comme un ruisseau qui murmure. Absence de motif final flûté propre à la F. à tête noire. (Certaines F. à tête noire ont une voix plus rauque pouvant provoquer une confusion avec la F. épervière.)

Fauvette à tête noire *Sylvia atricapilla* N5 / MA / HC

L 13,5-15 cm. Boisements ombragés à sous-bois touffu ; parcs et jardins à sous-bois fourni. Commune dans une grande part du C et du S de l'Europe. Migratrice au N et à l'E ; migratrice partielle ou sédentaire à l'O et au S. Facile à voir. Nid bas dans les buissons, les haies…

CARACTÉRISTIQUES Assez charpentée (à peu près comme la F. des jardins). Dessus gris, dessous gris olivâtre clair. Chez le ♂, calotte noire (ne descendant que jusqu'au-dessus des yeux ; cf. les mésanges à calotte noire, p. 344, qui ont en outre une bavette noire). Chez la ♀ et le juv., calotte brun-roux. Les ind. de 1er hiver ont la calotte brune, noire ou de ces deux couleurs mêlées. Queue toujours sans blanc. Pattes et bec gris.

VOIX Contact : *tèc* claquant, dur (plus dur et sonore que le *tèt* de la F. babillarde) ; répété en cas d'inquiétude en longues séries, parfois avec des *chrèh* rauques et insistants intercalés. Chant parmi les plus beaux : commence comme chez la F. des jardins par un bavardage gazouillant (parfois écourté ou supprimé), finissant par des notes sonores et flûtées. Imitatrice douée.

Fauvette épervière

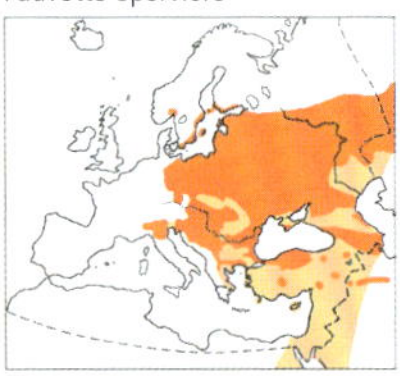

Fauvette des jardins

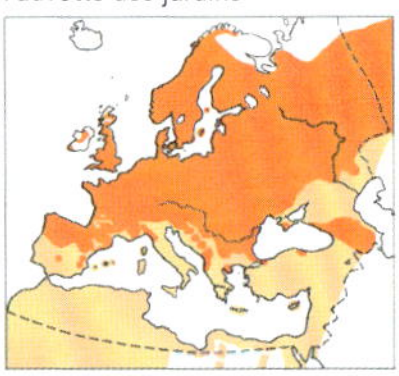

Fauvette à tête noire

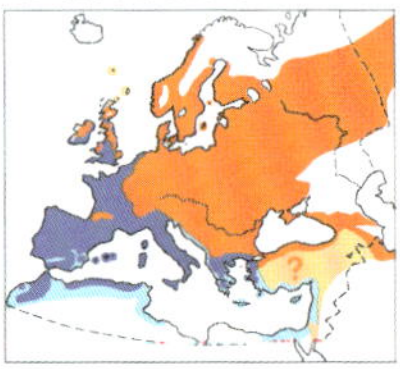

SYLVIIDÉS

Les ornithos expérimentés ont réalisé que les Sylviidés peuvent être quelque peu différents en raison de la lumière, de l'angle de vue, de l'humeur de l'oiseau ou simplement des variations individuelles. Mais la principale source de variation, et de loin, tient au degré de fraîcheur du plumage, mué depuis peu, ou décoloré et usé. Ici, un exemple avec un Pouillot à grands sourcils, ayant mué depuis peu à l'automne (en haut), avec dessus vert, nettes barres alaires et bord des tertiaires pâles, alors qu'un oiseau usé au printemps (en bas) est plus brun-gris que vert dessus, barres alaires et autres marques pâles ayant diminué, voire disparu.

FAUVETTE ÉPERVIÈRE

FAUVETTE DES JARDINS

FAUVETTE À TÊTE NOIRE

DZ

Fauvette babillarde *Sylvia curruca* N4 / MC / HO

L 11,5-13,5 cm. Campagne avec grosses haies, jeunes conifères, jardins avec haies et arbustes à baies, parfois même buissons épineux purs (mais moins volontiers que la F. grisette ; aime avoir quelques arbres). Visiteuse d'été (avril-sept.). Hiverne dans le nord-est de l'Afrique. Très nombreuse à l'est de la Méditerranée lors des migrations (surtout au début d'avril). Mœurs discrètes sur les lieux de nidification, se révèle surtout par sa voix. Nid dans un buisson touffu.

CARACTÉRISTIQUES Petite mais charpentée, assez courte queue. Dans la région étudiée, dessus toujours gris brunâtre avec calotte et queue plus grises. Caractères les plus distinctifs : parotiques gris plus foncé que la calotte, petite taille et pattes gris foncé. Certaines ont une trace de sourcil blanc grisâtre. Iris surtout foncé (gris ou brun). Bec assez court et foncé, à base gris bleuté plus clair. – *Variantes :* dans les semi-déserts à l'E de la Caspienne, ind. plus pâles et plus bruns *(halimodendri)*, s'égarant rarement en Europe de l'O. Dans les montagnes d'Asie centrale, ind. grands et sombres *(althaea)*, non contactés en Europe (détermination aléatoire sur le terrain). De même, forme du désert la plus petite et la plus pâle *(minula)* non encore notée en Europe.

VOIX Contact : *tèt* calme et sec. En migration, également *tché-tché-tché-tché* rabâché (évoque vaguement la Mésange bleue). Chant en Europe : note reprise en courte série enjouée (évoque le Bruant zizi), précédée d'un bref bavardage râpeux. Dans l'E de la Turquie, dans le Caucase, en Asie centrale et en Sibérie, l'accent est souvent mis sur le bavardage au détriment de la série, parfois omise.

Fauvette orphéane *Sylvia crassirostris*

L 15-16,5 cm. Très proche de la F. orphée dont elle a récemment été séparée, surtout sur des différences morphologiques et vocales. Même milieux, avec au moins quelques arbres, pas seulement des buissons. Également farouche. Nid dans un arbre ou un buisson fourni.

CARACTÉRISTIQUES Très semblable à la F. orphée ; sans le chant ou une observation proche et prolongée, distinction souvent impossible. L'Orphéane tend à avoir un capuchon un peu plus noir et mieux défini chez le ♂ (mais nombre d'oiseaux similaires !), dessus plus grisâtres (surtout chez le ♂), dessous plus blanc (seule une légère nuance gris chamois aux flancs et au bas-ventre), et les plus longues couv. sous-caudales toujours à centre sombre (souvent difficile à voir). Bec un peu plus fort et long (mais large chevauchement) ; peut-être un indice utile est-il la tendance du ♂ ad. à avoir le blanc bleuté à la base de la mandibule inférieure plus étendu et mieux délimité, atteignant souvent l'angle du gonys (base pâle bien moins étendue et délimitée chez la plupart des Orphées).

VOIX Cris sans doute analogues à ceux de l'Orphée. Chant très différent, plus long, plus mélodieux, plus riche, avec souvent des phrases complexes comportant plusieurs motifs, certains rappelant même le Rossignol philomèle.

Fauvette orphée *Sylvia hortensis* N3 / MC

L 15-16 cm. Bois de feuillus (chênes, oliviers, végétation riveraine luxuriante), buissons hauts avec arbres (maquis), souvent sur les versants montagneux pierreux et ensoleillés (localement dans les pinèdes). Migratrice. Hiverne au S du Sahara. Assez farouche et difficile à découvrir sur les sites de nidification, généralement à la cime des arbres. Nid assez bas, dans un buisson, un arbre bas.

CARACTÉRISTIQUES Grande (un peu plus que la F. à tête noire, plus long bec, tête un peu plus forte. Dessus brun terne, dessous blanc sale nuancé de chamois rosé aux flancs et au bas-ventre, parfois aussi un peu à la poitrine, contrastant ainsi avec la gorge blanche. Queue coupée droit, à côtés blancs. – ♂ *ad. :* gris noirâtre aux parotiques, aux lores et au front, parfois même calotte sombre (mais toujours limite indistincte avec le gris de l'arrière de la calotte et de la nuque, à la différence de la F. mélanocéphale). Iris pâle. – ♀ *ad. :* tête moins noire que chez le ♂ (souvent seules les parotiques et les lores sont gris plus foncé, ce qui évoque une F. babillarde de grande taille) et dessus brun. Iris variable, souvent avec étroit cercle pâle, parfois assez gris foncé. pâle. – *1er hiver :* comme la ♀ ad., mais tête brun-gris, sans noir, et iris toujours sombre. Souvent, sourcil pâle du sourcil à l'œil.

VOIX Contact : *tèc* claquant, guère différenciable du cri de la F. à tête noire. Également, en cas d'inquiétude : *trrrrr* bourdonnant, rappelant un peu la F. de Rüppell, et *tchèh* de F. épervière. Chant : simple composition de motifs clairs répétés à la façon du Merle à plastron, *turu turu turu turu......... liru liru liru tru...*

Fauvette d'Arabie *Sylvia leucomelaena*

L 14,5-16 cm. Bouquets d'acacias des semi-déserts. Sédentaire. Assez farouche ; agitée et vive, disparaît souvent sans laisser de trace, malgré l'aspect ouvert des lieux de nidification.

CARACTÉRISTIQUES Très semblable à la F. orphéane mais : queue plus longue, à extrémité arrondie avec rectrices externes à bout blanc (sans les côtés blancs de la F. orphéane) ; œil toujours sombre avec un soupçon de cercle oculaire blanc, bec plus court ; calotte plus noire ; gorge blanc pur. Se tient souvent très droite, mais sautille aussi accroupie dans les acacias touffus. Abaisse continûment la queue. Aspect général rappelant assez les bulbuls (partagent souvent les mêmes milieux). Sexes semblables. Juv. à calotte gris brunâtre.

VOIX Contact : *t (r) ac* assez plein, cliquetant, souvent répété. Chant : assez brèves strophes à rythme lent, à son clair et de grande amplitude, pouvant rappeler la F. à tête noire, l'Orphéane ou le Merle noir au loin.

Fauvette babillarde

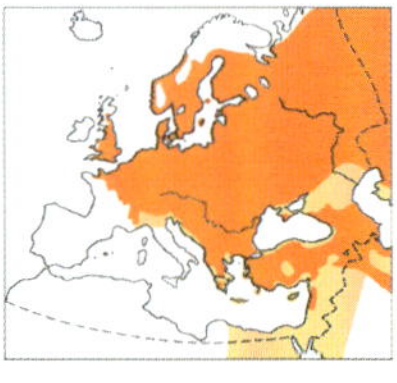

Fauvette orphéane

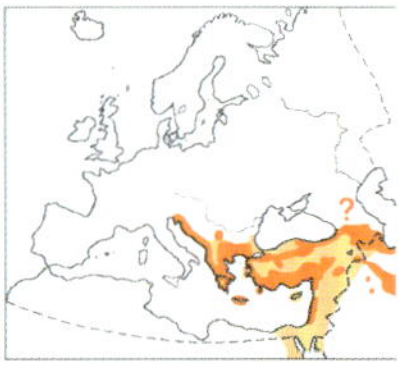

Fauvette orphée

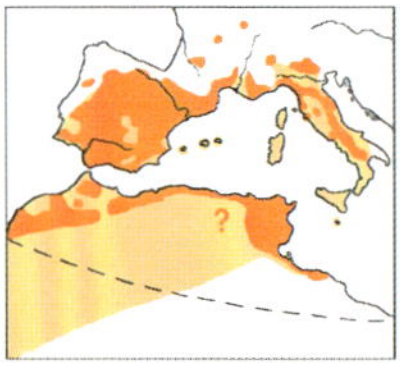

Fauvette d'Arabie

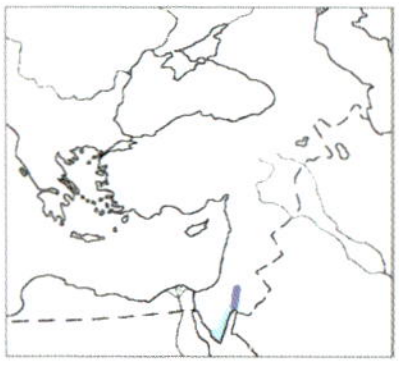

FAUVETTE BABILLARDE

FAUVETTE ORPHÉANE

FAUVETTE ORPHÉE

FAUVETTE D'ARABIE

DZ

Fauvette mélanocéphale *Sylvia melanocephala* NS5

L 13-14 cm. Maquis, bois clairs bas à fourrés touffus ; parfois dans les jardins ou les boqueteaux, à proximité de l'homme. Surtout sédentaire. Vive et agitée, n'est pas farouche, se laisse souvent voir. Nid dans les buissons, en général assez bas.

CARACTÉRISTIQUES Taille proche de la F. babillarde. Trapue et à assez grosse tête. Agite les ailes et la queue ; souvent accroupie, la tête basse. En tous plum. : gorge blanche, flancs assez foncés, cercle orbitaire brun-rouge (plus rouge chez le ♂ et plus terne chez la ♀), cercle oculaire rouge ; assez longue queue arrondie ; chez l'ad., rectrices sombres avec coins de la queue blancs. Iris ocré (ad.) ou gris brunâtre (juv.). – ♂ *à partir d'août :* calotte noire à limite généralement floue avec le dos gris foncé ; flancs gris moyen. – ♀ : tête grise (parfois avec du gris noirâtre au front et aux parotiques), dos brun, flancs gris brunâtre. – *Variante :* à l'E de la Méditerranée *(momus)*, oiseaux un peu plus petits et pâles (dos et flancs plus clairs, ♀ à tête gris plus clair).

VOIX Contact : *tsèc!* sonore et très dur. Plus caractéristique : bruit de crécelle, série de sons monosyllabiques ou dissyllabiques rapides *trr-trr-trr-trr-trr ou tuy-trru-tuy-trru tuy-trru tuy-trru* ; parfois, premier son différent, *turett trett-trett-trett-trett*. Chant : bavardage de fauvette, typique du S de l'Europe : strophes généralement brèves (2-5 secondes), rêches, pressées, avec de brefs sifflements ; comprend de nombreuses bribes de crécelle. À apprendre pour permettre des comparaisons.

Fauvette de Ménétries *Sylvia mystacea*

L 12-13 cm. Buissons (tamaris) ou bois clairs à sous-bois (maquis), dans des zones élevées ouvertes et sèches, et le long des cours d'eau, à l'orée des bosquets de palmiers, etc. Migratrice. Hiverne autour de la mer Rouge.

CARACTÉRISTIQUES Rappelle la F. mélanocéphale, surtout de race *momus* (v. ci-dessus), mais plus nette et à queue un peu plus courte. – ♂ : calotte foncée non noir velouté mais gris noirâtre plus terne, moins étendue vers l'arrière ; flancs moins gris mais blanchâtres ; une majorité des oiseaux de Turquie ont la gorge et le milieu de la poitrine blancs, mais certains autres (la plupart de ceux du Caucase et d'Asie C) ont la gorge et la poitrine rosées ou brique clair. – La ♀ diffère de celle de la Lélanocéphale *(momus)* par : dessus brun sable plus clair et uniforme (sans tête grise contrastante), dessous blanc-gris beigeâtre plus uniforme, cercle oculaire en général blanc, rémiges tertiaires gris-brun plus uniforme (plus foncées, à liserés plus clairs chez la Mélanocéphale), bec plus clair à base gris clair ou rosée (gris bleuté chez la Mélanocéphale).

VOIX *Tsèc!* comme la F. mélanocéphale, et *tjer'r'r'r* de moineau, un peu comme la F. de Rüppell (mais plus bref et faible). Chant comme la Mélanocéphale avec des sons rêches mêlés de sifflements clairs, mais un peu plus lent et plus haché.

Fauvette de Chypre *Sylvia melanothorax*

L 12,5-13,5 cm. Broussailles touffues en milieu ouvert (maquis) à Chypre ; assez commune. Visiteur d'été (mars-oct.). Hiverne en Israël, Jordanie et dans le Sinaï, dans les oueds dénudés. Farouche. Nid bas dans les broussailles.

CARACTÉRISTIQUES Comme la F. mélanocéphale, avec dessous tacheté de sombre et étroit cercle oculaire blanc (discret cercle orbitaire brique brunâtre). En tous plum. : dessus grisâtre, tertiaires, rémiges secondaires et grandes couv. alaires à liserés pâles (comme la F. de Rüppell) ; sous-caudales à centre sombre ; flancs grisâtres (beigeâtres) ; base du bec rosée. – ♂ *ad. :* calotte noire et dessous densément tacheté. – ♀ de *1er hiver :* peu ou pas de taches dessous. – ♀ *ad. et* ♂ *de 1re année :* mélange des deux plum. évoqués, avec du gris noirâtre au front et aux joues.

VOIX Contact : *zrèc* guttural. Inquiétude : *tchrèh tchrèh* rauque, traînant. Alarme : *zè-zè-zè-zè-zè-* aigu ; parfois, crécelle de Mélanocéphale (plus rapide). Chant : gazouillis sec, assez monotone, presque sans sifflements ; calme, un peu haché et irrégulier.

Fauvette de Rüppell *Sylvia rueppelli* MO

L 12,5-13,5 cm. Buissons touffus, généralement épineux, avec des arbres bas, sur les versants rocheux et secs ; parfois dans les chênaies claires à sous-bois arbustif (maquis haut). Visiteuse d'été (avril-sept.). Hiverne au sud du Sahara. Assez farouche sur ses lieux de nidification ; le ♂ se laisse voir lors d'un vol chanté (parfois papillonnant), au printemps. Nid dans les buissons épais.

CARACTÉRISTIQUES Taille de la F. mélanocéphale mais plus élancée, tête un peu moindre et cou plus fort. En tous plum. : dessus gris, avec liserés pâles aux rémiges tertiaires, secondaires et souvent aux grandes couv. alaires ; alule noire souvent frappante. Bec étroit et assez long (à bout parfois arqué). – ♂ *à partir de janvier :* calotte, côtés de la tête et gorge noirs (diagnostique), moustache blanche ; cercle oculaire et pattes brun brique. – ♀ *et* ♂ *juv. :* calotte et dos grisâtres (vague nuance brune). Cercle oculaire vague, blanc sale ou blanc brunâtre. Certaines ♀♀ nuptiales ont du gris foncé à la gorge. Différent de la F. de Chypre ♀. imm. par les sous-caudales blanc grisâtre sans marques, les flancs blanc grisâtre pâle et la base du bec gris-bleu clair.

VOIX Contact : *dzac* net, rappelant la F. à tête noire ; *zrrr* sec et cris intermédiaires. Alarme : série roulée de moineau, souvent plus traînante, rapide et faible que chez la F. épervière, *zerrrrrrrrr'r…* Chant comme la F. mélanocéphale, mais un peu plus calme, légèrement plus grave, plus râpeux et bondissant, alternant entre gazouillis grave et sifflements clairs (plus agréable et sonore).

Fauvette mélanocéphale

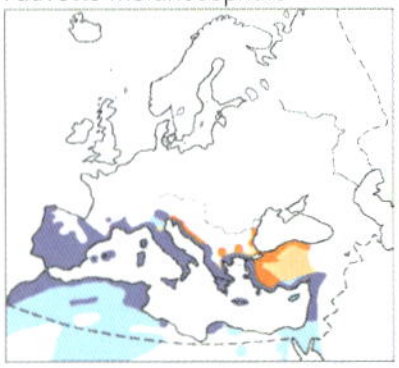

Fauvette de Ménétries

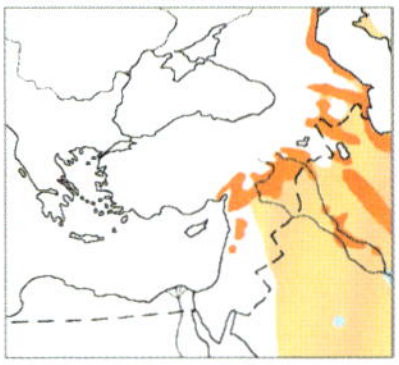

Fauvette de Rüppell

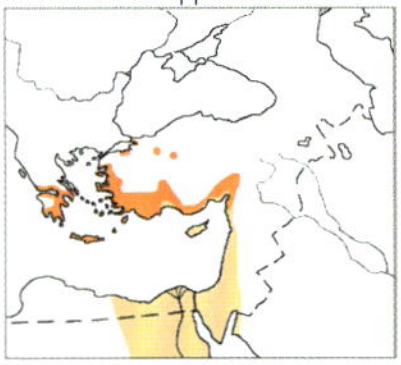

FAUVETTE MÉLANOCÉPHALE

FAUVETTE DE MÉNÉTRIES

FAUVETTE DE CHYPRE

FAUVETTE DE RÜPPELL

imm. en automne habituellement semblables aux ♀♀ à gorge pâle, mais calotte légèrement plus brune: certains (probablement des ♂♂) ont un peu de noir à la gorge

DZ

Fauvette grisette *Sylvia communis* N5 / MA / HO

L 13–15 cm. Zones broussailleuses, bocage, lisières. Visiteuse d'été (avril-sept.), hiverne au sud du Sahara.

CARACTÉRISTIQUES Assez grande et charpentée. Longue queue. Déplacements quelque peu lents. Bec fort à base diffusément plus claire. Pattes assez fortes, jaune brunâtre. Noter, en tous plum. : larges liserés brun-roux des tertiaires et des grandes couv. alaires (ne se retrouve que chez les F. à lunettes et de l'Atlas) contrastant avec le dos gris brunâtre ; côtés de la queue blancs. – ♂ *ad. :* tête grise, cercle oculaire et gorge blancs, poitrine rosée, iris ocre rougeâtre. – *Autres plum. :* tête brun-gris, cercle oculaire diffus, gorge blanc sale, poitrine blanc beigeâtre, iris brun-gris ou brun-jaune.

VOIX Contact : *vèhd vèhd vèhd* rauque, nasillard. Alarme : *tchèhr* rauque et traînant. Chant posé en général bien typique ; brèves strophes de sons rêches, grasseyants, au rythme trépidant, haché. En vol chanté, notamment, strophes plus longues, voix plus proche de celle des autres fauvettes. Chante assidûment.

Fauvette à lunettes *Sylvia conspicillata* N2 / MR / HO

L 12-13 cm. Buissons et broussailles bas (garrigue) sur les versants, et dans la végétation herbacée des landes et des plaines salines arides (sansouire). Migratrice partielle ou sédentaire. Assez farouche, mais se montre souvent à découvert. Nid bas dans un buisson.

CARACTÉRISTIQUES Comme une petite F. grisette élancée (zone alaire brun-roux, cercle oculaire blanc) mais : projection primaire proportionnellement plus courte, plus petit corps et plus grosse tête, bec un peu plus mince avec base de la mandibule inférieure plus claire ; mouvements en général plus vifs (v. aussi la voix). – ♂ *ad. :* diffère de la F. grisette ♂ par les lores et l'avant des joues gris noirâtre, la poitrine rose brunâtre plus foncé et du gris au bas de la gorge. – ♀ *et ind. de 1er hiver :* comme chez les F. grisette et passerinette ; diffèrent de la première par une taille moindre, des ailes courtes, un bec plus fin, et des liserés brun-roux plus larges aux couv. alaires (centre noir-gris à peine visible) ; diffèrent de la seconde par une projection primaire plus courte, du roux plus vif aux ailes et des pattes rose-jaune plus pâle.

VOIX Contact : *drr* aigu, sec, bourdonnant, souvent en longues séries avec inclusion de brèves syllabes, *drrrrrrr-dr-dr-drdrrrrrrr…* Chant : gazouillis rapide, en général aigu, souvent introduit par quelques sifflements clairs.

Fauvette des Balkans *Sylvia cantillans*

L 11,5-13,5 cm. Mêmes habitats que la F. passerinette. Visiteuse d'été (fin mars-sept.). Mœurs comme la F. passerinette. Niche en Sicile, C et S de l'Italie (*c. cantillans*) et dans les Balkans et l'O de la Turquie (*albistriata*).

CARACTÉRISTIQUES ♂ ad. : comme la F. passerinette mais gorge et haut de la poitrine rouge brique foncé, contrastant bien avec le reste du dessous nettement plus pâle, voire blanchâtre. En outre, moustache blanche en moyenne plus marquée. Queue à bords blancs (étalée, étroit coin blanc sur l'avant-dernière caudale). Iris ocre brun (parfois olivâtre). – ♀ ad. et 1er hiver : indiscernables de la F. passerinette, sauf au pattern de la queue (ou au cri).

VOIX Contact : pas aussi sec que chez la F. passerinette, *chrrèp* ou *ché-trèp* plus plein ou gras. Chant : très proche de la F. passerinette mais apparaissant plus rapide et souvent moins varié, avec davantage de notes rêches et grinçantes.

Fauvette passerinette *Sylvia inornata* N4 / MC

L 12–13 cm. Souvent, buissons des pentes sèches ou landes sableuses, aussi boisements ouverts ou fourrés denses le long des cours d'eau. Visiteuse d'été (avril-sept.).

CARACTÉRISTIQUES ♂ ad. : tête et manteau gris plomb, dessous rouge orangé un peu plus pâle aux flancs et au ventre, étroite moustache blanche et net cercle orbitaire rouge. Queue à étroits bords blancs. Iris souvent ocre rougeâtre. Pattes rose brunâtre. – ♀ ad. : gorge/poitrine blanc crème ou à peine lavé de rose roussâtre, dessus gris brunâtre, cercle oculaire souvent en partie blanchâtre autour du cercle orbitaire brun-rouge. Iris et pattes comme chez le ♂ ou un peu plus ternes. – 1er hiver : comme la ♀ mais dessus plus brun. Iris d'abord brun-gris ou ocre terne.

VOIX Contact : *tchèk* sec, souvent rapidement répété en alarme en courtes séries. Chant : plus aigu que la F. sarde, strophes en moyenne un peu plus longues ; enjoué, évoque un peu la linotte ; gazouillis rêches, courts grincements et sifflements, notes sèches comme le cri.

Fauvette de Moltoni *Sylvia subalpina* (N3) / MR

L 12–13 cm. Buissons des pentes, maquis dense, bois de feuillus non gérés en basse-montagne, etc. Visiteuse d'été (fin avril-sept.) revenant 2 ou 3 semaines après les deux taxons proches. Niche en Corse. Hiverne en Afrique de l'O subsaharienne.

CARACTÉRISTIQUES ♂ ad. : comme la F. passerinette mais, sous bonne lumière, s'en distingue par le dessous rose saumon (non orange), à peine un peu plus pâle aux flancs et au ventre, comme chez la F. passerinette. Fine moustache blanche, cercle oculaire rouge et pattern caudal comme chez la F. passerinette. – ♀ ad. et 1er hiver : non discernables de la F. passerinette, sauf au cri.

VOIX Contact : trille sec de troglodyte *trrrrr*, souvent prolongé ou rapidement répété en alarme. Chant : bien plus rapide et aigu que celui de la F. passerinette, comme un insecte ; cri souvent inclus.

Fauvette grisette

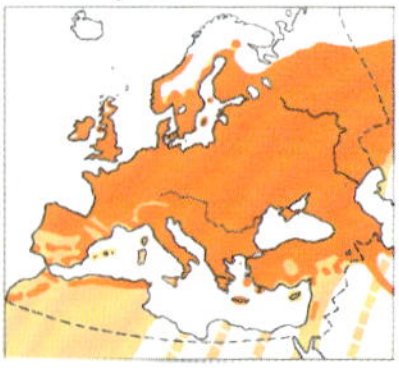

Fauvette à lunettes

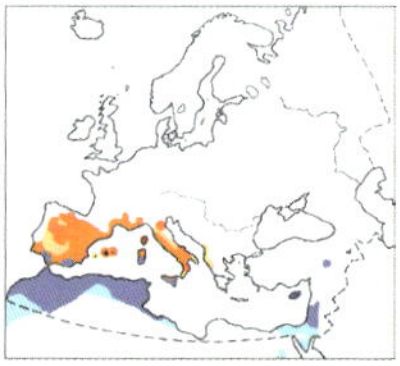

F. passerinette F. des Balkans

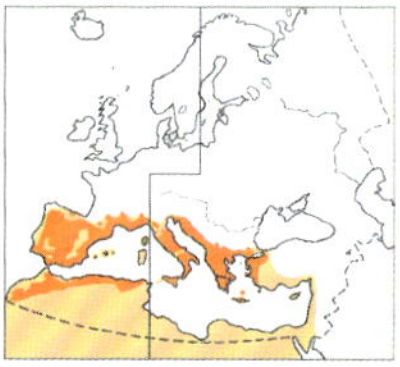

Fauvette de Moltoni

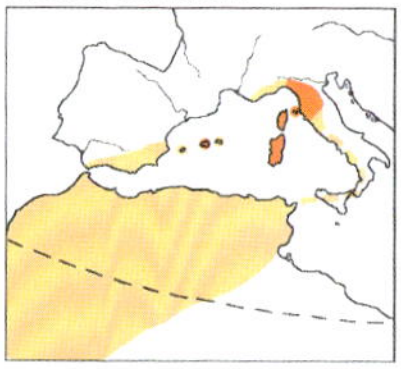

FAUVETTE GRISETTE

FAUVETTE À LUNETTES

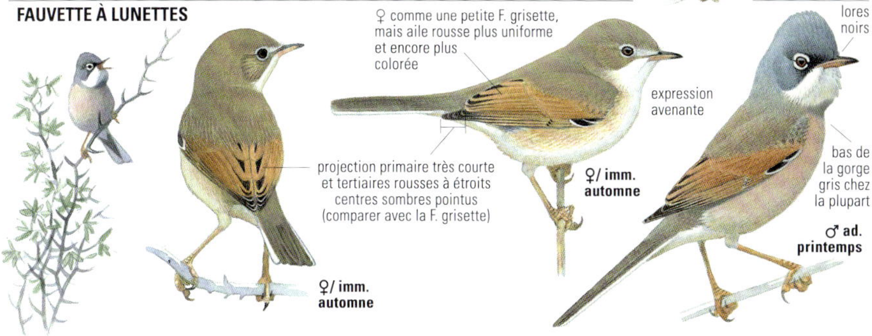

FAUVETTE DES BALKANS

FAUVETTE PASSERINETTE

FAUVETTE DE MOLTONI

DZ

Fauvette pitchou *Sylvia undata* NS5 / MR / HR

L 13-14 cm. Landes broussailleuses, sur les côtes ou les hauteurs (maquis bas, garrigue), parfois dans les bois de pins ou de chênes avec genêts et bruyères. Surtout sédentaire. Assez peu craintive mais furtive ; se montre assez souvent (mais brièvement) au sommet d'un buisson. Nid bas dans un buisson.

CARACTÉRISTIQUES Petite, mais avec une longue queue souvent relevée. Vol papillonnant et bondissant, la queue tressautant. Dessus gris foncé ou gris brunâtre, dessous lie-de-vin terne (cette teinte souvent étonnamment difficile à apprécier ; de loin ou par lumière pauvre, paraît souvent toute sombre, ce qui peut induire une confusion avec les F. sarde et des Baléares) ; gorge finement ponctuée de blanc sale (visible de près) et milieu du ventre blanc sale. Iris brun-rouge, cercle orbitaire rouge. Sexes semblables mais fem. plus brune dessus et lie-de-vin moins marqué dessous. – *Juv. :* encore plus brun que la ♀, pas de cercle orbitaire rouge, iris foncé ; très semblable au juv. de F. sarde.

VOIX Contact : typique, *tchèèèhr* rauque, traînant (parfois *tchèèèhr-tir*). Alarme : *trruy-tr'r'r'r* grasseyant comme la F. mélanocéphale mais plus aigu. Chant : bribes pressées de gazouillis râpeux avec sifflements ; plus rapide, faible et grave que chez la F. mélanocéphale.

Fauvette sarde *Sylvia sarda* NS4 / MO

L 13-14 cm. Pentes des collines à maquis bas et garrigues (jusqu'à 1 800 m env.), broussailles des côtes rocheuses (bruyères, genêts, etc.), évite les arbres. Sédentaire ou migrateur partiel, hiverne en Afrique du Nord. Nid bas dans un buisson.

CARACTÉRISTIQUES Taille et silhouette de F. pitchou (mais queue en moyenne moins longue), et mœurs similaires. En diffère par : dessous gris (mais attention, la Pitchou peut aussi sembler grisâtre dessous par lumière pauvre), pas de taches à la gorge (♂ ad. avec des traces, ♀ et juv. à gorge blanc grisâtre clair). Sexes semblables mais ♂ ad. à front et lores plus foncés (noir-gris). – *Juv. :* très proches de ceux de la Pitchou mais gorge, milieu de la poitrine et ventre plus blancs (pas autant chamois gris chaud), et flancs plus chamois grisâtre (moins brun chaud). V. aussi la F. des Baléares, très proche.

VOIX Alarme et contact : *chrèc* ou *tchèc* guttural, rugueux (rappelant des espèces aussi variées que le Tarier des prés, la Guifette leucoptère et le Cincle !) généralement sourd ; également enchaînés en série. Chant : comme les F. mélanocéphale et à lunettes, un gazouillis ou une explosion de notes, bref, rapide, liquide, se terminant habituellement par un trille ou une fioriture assez clairs.

Fauvette pitchou

Fauvette des Baléares F. sarde

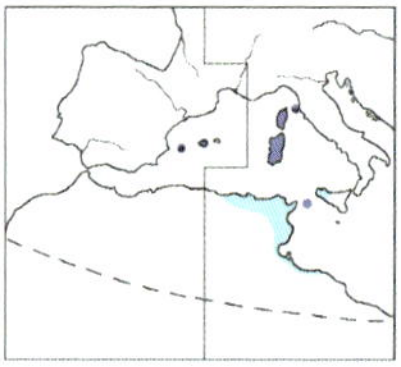

Fauvette des Baléares *Sylvia balearica*

L 13–14 cm. Très proche de la F. sarde mais à présent considérée comme une bonne espèce. Sédentaire aux Baléares (sauf Minorque). Mœurs et habitat comme la F. sarde, mais souvent plus liée à la garrigue littorale (*mattoral*). Niche bas dans la végétation.

CARACTÉRISTIQUES Pour l'essentiel, très semblable à la F. sarde ; sans vocalisations ou observations de près et assez prolongées, une identification assurée peut être ardue. Un soupçon plus petite mais queue en proportion plus longue. ♂ ad. à gorge blanchâtre, non grise. En moyenne, dessus gris un peu plus pâle et flancs nuancés de chamois rosé (F. sarde d'ordinaire gris assez foncé dessus et toute grise dessous). Net cercle orbitaire rouge vif, et base de la mandibule inférieure orange vif (chez la F. sarde, cercle orbitaire moins net et base du bec rose-jaune plus terne). De même, pattes brun-orange plus vif chez la F. des Baléares. ♀ et 1er hiver à teintes plus fades et plus délicats à différencier des plum. correspondants de la F. sarde.

VOIX Contact : rappelle celui de la F. sarde mais peut souvent en être distingué avec de l'expérience. Cris habituels atténués et discrets, avec un *rrr*, *trèt* ou *tré-trèt*. Parfois un *vite* plus sec ou un *tchrre !* plus mouillé (de loin, presque comme un cri d'envol de Bécassine des marais). Chant rappelant plus la F. pitchou que la F. sarde, répétant davantage des notes sèches, pas aussi varié avec des notes plus pures comme celui de la F. sarde. Chant bref et pressé, débutant d'ordinaire par quelques notes râpeuses répétées (pouvant évoquer l'alarme de la F. mélanocéphale), suivies d'un gazouillis rapide, irrégulier, par ex. : *trii-truii-truii-truii-tritritritritritré*.

Fauvette de l'Atlas *Sylvia deserticola*

L 11,5-12,5 cm. Pentes dénudées, landes buissonneuses (maquis bas, garrigue) ; tolère chênes-verts et cèdres épars. Sédentaire, mais en hiver certaines vont un peu au sud ; alors souvent un peu plus bas (semi-déserts ou steppes arides à broussailles basses). Nid dans un buisson.

CARACTÉRISTIQUES Petite et à queue assez longue (mais un peu plus courte que chez la F. pitchou). Plum. entre ceux de la F. à lunettes (brun-roux aux ailes, cercle oculaire blanc) et de la F. passerinette (gorge, poitrine et flancs brique et au moins trace de moustache blanche). Noter : gorge entièrement brun-roux (à fin motif écailleux blanc en plum. frais) ; tête et dos gris. Oiseaux automnaux toutefois plus bruns dessus, à gorge paraissant souvent pâle de profil (confusion possible avec la F. à lunettes).

VOIX Contact : *tchic* métallique très dur, souvent répété en séries. Alarme : *tchètt-ètt-ètt-ètt-ètt-ètt* de moineau, légèrement nasillard. Chant : gazouillis rapide avec quelques brefs sifflements, comme chez plusieurs fauvettes ; aussi rapide que celui de la Mélanocéphale, mais en moyenne plus varié, évoquant un peu par moments la F. passerinette.

Fauvette de l'Atlas

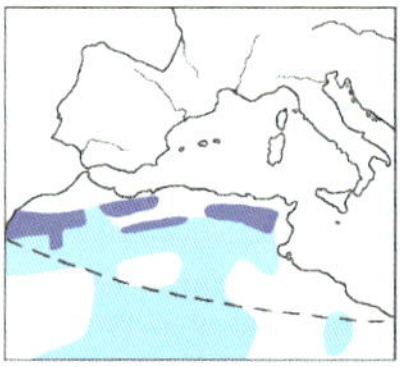

FAUVETTE PITCHOU

FAUVETTE SARDE

FAUVETTE DES BALÉARES

FAUVETTE DE L'ATLAS

Fauvette naine *Sylvia nana* MO

L 11,5-12,5 cm. Très proche de la F. du désert, dorénavant considérée comme une bonne espèce. Semi-déserts ou steppes arides d'Asie centrale. Migratrice, hiverne à l'O jusqu'au Levant et à l'Arabie. Rare occasionnelle automnale en Europe de l'O. Vive et agitée, court souvent au sol. Facile à observer du fait du milieu ouvert. Nid bas dans un buisson.

CARACTÉRISTIQUES Petite. Milieu, dessus brun-gris pâle et taille caractérisent aussitôt l'espèce (mais confusion possible avec d'autres espèces brun pâle vues brièvement). Liseré ocré aux tertiaires et aux grandes couv., large cercle oculaire blanc sale pouvant rappeler la F. à lunettes. Noter : œil jaune, pattes brun-jaune pâle, dessus de la queue brun-roux vif. Bec mince, jaune terne, à pointe et culmen sombres. Comme la F. du désert mais un peu plus grise dessus à la tête et au dos, primaires plus sombres et nuance rousse plus vive sur le dessus de la queue ; meilleur critère : traits rachiaux sombres aux tertiaires et aux rectrices centrales. Peut évoquer une Grisette ♀ mais est bien plus petite, a l'œil jaune et des pattes jaunâtre plus pâle.

VOIX Contact : *tcherr'r'r'* aigu, bavard (peut évoquer moineau ou Mésange bleue). Chant : signal clair, introduit par quelques notes gazouillées, assourdies, et suivi d'un trille argentin descendant *tchi-tri-dzirr srrrihr'r'r'r*. L'alarme est parfois intégrée au chant.

Fauvette du désert *Sylvia deserti* MO

L 11-12 cm. Autrefois considérée comme une race de la F. naine ; élevée au rang d'espèce sur le chant quelque peu différent et la morphologie distincte. Semi-déserts d'Afrique du N-O. Sédentaire. Mœurs comme la F. naine.

CARACTÉRISTIQUES Taille et silhouette comme la F. naine (v. celle-ci pour les différences). Dessus chamois ocre pâle chez une petite fauvette d'Afrique du N-O éliminant toute autre possibilité. Dans de mauvaises conditions, ♀ ou imm. des F. à lunettes et de l'Atlas doivent être considérées ; noter : œil jaune pâle, pattes brun-jaune pâle (non brun rosé) ; dessus de la queue nuancé de rouille ; côtés de la tête très pâles, se fondant avec la gorge sans démarcation. Mince bec jaune terne à bout et culmen sombres.

VOIX Contact : *kerrrr* bavard rappelant la F. naine. Chant : strophe claire, dansante ; surtout reconnu à la voix haute, claire, avec très peu de notes rêches. Chaque chant débutant par un trille sec (comme le cri) suivi d'une série de notes sonores au rythme irrégulier : *krrrr-ti-tu-ti-ti-tiou-ti*.

Prinia gracile *Prinia gracilis*

L 10-11 cm. Fourrés et hautes herbes, dans des milieux humides ou secs, souvent le long des fossés, des rivières et au bord des étangs, sur sol sablonneux, dans les cultures et près des habitations pourvu qu'il y ait une végétation dense (tamaris, roseaux, scirpes, etc.). Sédentaire. Confiante, vive. Nid bas dans la végétation.

CARACTÉRISTIQUES Rappelle le Dromoïque du désert, mais noter : tête plus petite, plus ronde et de couleur plus uniforme (ni sourcil pâle ni trait sourcilier sombre) ; plum. plus teinté de grisâtre, pas aussi brunâtre chaud ; manteau et dos plus striés ; longue queue très étagée, chaque rectrice à bout blanc et noir. ♂ nicheur à bec noir. Œil brun-jaune.

VOIX Contact : *tlipp* explosif, ou trille métallique *srrrrrrr*, souvent répété et à tonalité un peu onduleuse. Alarme : *tsiit* perçant. Chant : *srrlip srrlip srrlip srrlip srrlip*... excité.

Dromoïque vif-argent *Scotocerca inquieta*

L 10-11 cm. Semi-déserts et steppes arides, sablonneuses ou pierreuses, avec des buissons bas ou herbes (oueds, garrigue), parfois dans le même milieu que la F. à lunettes, avec végétation basse touffue, mais plus souvent en zone plus montagneuse ou pentue avec déserts pierreux. Sédentaire. Confiante, remuante. Nid bas dans la végétation..

CARACTÉRISTIQUES Petite « boule de plumes » gris-brun assez pâle à longue queue foncée, étroite, souvent agitée ou redressée. De dessous, queue sombre avec minces bouts des plumes blancs. Tête assez grosse, large et long sourcil mis en valeur par l'étroit trait sourcilier sombre et la calotte à fines stries sombres. Souvent, du chamois rosé aux côtés de la tête et sur le dessous. Longues pattes brunâtres, bien en arrière. Iris sombre. Bec mince et assez foncé, juste avec la base de la mandibule inférieure un peu plus pâle.

VOIX Cris assez variables. Inquiète, un *prrrrrrr* métallique descendant. Sifflement dissyllabique très typique, à seconde note plus grave, *ouii-ouiv* ; variante quadrisyllabique aux notes descendantes, semblant avoir une fonction de chant *vii-vui-vu-vou* (de loin, presque comme le Chevalier guignette). Chant proprement dit souvent introduit par une syllabe différente, par ex. *tsrisruy vi-vui-vu*.

Dromoïque du Sahara *Scotocerca saharae*

L 9,5–10,5 cm. Très proche de la D. vif-argent, qu'elle remplace en Afrique du N, à l'O de l'Égypte. Fréquente les mêmes habitats ; souvent, semi-désert à herbes et buissons bas. Remuante comme la D. vif-argent, souvent prompte à se cacher à couvert, ne se montrant que fugacement.

CARACTÉRISTIQUES Analogue à la D. vif-argent mais d'ordinaire sable plus pâle, avec iris pâle. Sourcil plus diffus, surtout en arrière de l'œil, et chamois ocre au-dessus des lores. Bec à base en moyenne plus pâle. – Variantes : à l'O du Maroc, en Algérie et jusqu'en Libye (*saharae*), oiseaux pâles, chamois rosé assez uni ; nicheurs du SO du Maroc (*theresae*) brun plus foncé avec stries sombres plus nettes à la calotte et à la nuque.

VOIX Comme la D. vif-argent, mais possibilité de différences, p. ex. un *prrrruuu* bas (alarme). Eventuelles différences des chants encore mal connues.

F. du désert F. naine

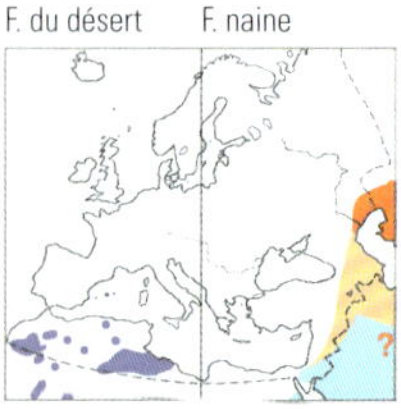

Prinia gracile

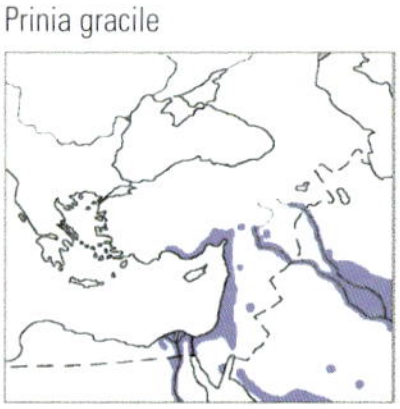

Dromoïque du Sahara Dromoïque vif-argent

FAUVETTE NAINE

FAUVETTE DU DÉSERT

PRINIA GRACILE

DROMOÏQUE VIF-ARGENT

DROMOÏQUE DU SAHARA

DZ

Phragmite des joncs
Acrocephalus schoenobaenus N5 / MC

L 11,5-13 cm. Végétation touffue des zones humides ; phragmitaies (plutôt avec buissons), saulaies des bords de cours d'eau, buissons marécageux, fossés et canaux avec herbes folles, roseaux, etc. Localement, milieux plus secs. Visiteur d'été (avril-sept.). Hiverne au sud du Sahara. Remuant et peu craintif, souvent à découvert. Nid dans la végétation dense.

CARACTÉRISTIQUES Taille moyenne, brun et chamois, crâne pointu, très long sourcil blanc sale ou blanc beigeâtre, net, contrastant avec la calotte et les joues assez foncées, diffusément striées. Dos diffusément rayé mais semblant souvent brun presque uniforme sur le terrain. En vol : croupion brun jaunâtre plus chaud. Calotte plus foncée sur les côtés, créant une large bande centrale brun un peu plus clair, si nette chez certains juv. qu'il peut y avoir confusion avec le P. aquatique. – *Juv. :* souvent, nettes taches sombres à la poitrine et ailes plus fraîches que l'ad.

VOIX Agité : *errrrr* sourd, sec. Alarme : *tsèk*. Chant (souvent en bref vol nuptial) : longues séries sonores de sons précipités peu variés, relevées de rapides cascades de trilles et de sifflements ainsi que d'imitations occasionnelles.

Phragmite aquatique *Acrocephalus paludicola* MR

L 11,5-13 cm. Seulement cariçaies détrempées, préfère la végétation très basse, donc devenue rare (drainages) ; principal bastion à l'est de la Pologne. Visiteur d'été (début mai à juillet-août). Hiverne en Afrique occ. (passe par l'O de la France et le Maroc). Assez farouche et discret. Nid dans une touffe de carex.

CARACTÉRISTIQUES Silhouette et aspect général de P. des joncs, mais en diffère par : nette bande médiane étroite et jaunâtre sur la calotte (bien plus nette et plus étroite que chez le P. des joncs juv.), nettes bretelles chamois encadrant le manteau, rayures noires plus marquées dessus ; normalement, aspect d'ensemble plus clair et plus blanc jaunâtre (mais de loin et le soir, étonnamment sombre et ressemblant au P. des joncs) ; lores pâles, rendant le sourcil plus large à l'avant (valable pour le juv. et certains ad., d'autres ad. à lores un peu plus sombres). Silhouette typique pendant le chant : queue abaissée, cou tendu à l'extrême à chaque strophe. – Sexes semblables. Ad. presque toujours avec poitrine et flancs finement striés.

VOIX Contact : *tchèc*. Inquiétude : *errrr* de P. des joncs. Alarme : brefs *tcht* rauques de locustelle. Chant : (surtout le soir, jusqu'au crépuscule, l'oiseau posé, rarement en vol) comme un P. des joncs « endormi » : presque toutes les strophes commencent par un *trrrrr*, immédiatement suivi de rapides sifflements, *iuyiuyiuyiuy* ou *didididi* (évoquant vaguement le Chevalier sylvain) ; pendant de longs moments, n'émet qu'un grasseyement et un sifflement… une pause … grasseyement, sifflement… pause, etc. ; parfois (p. ex. lors du vol chanté), strophes plus complexes de 4 ou 5 motifs.

Lusciniole à moustaches
Acrocephalus melanopogon NS3

L 12-13,5 cm. Normalement localisée et peu abondante ; roselières, souvent avec petits secteurs dégagés et bouquets de massettes. Apprécie les endroits avec des tas de roseaux couchés le long desquels elle aime sautiller. Surtout sédentaire à l'O, migratrice à l'E (mars-sept.). Pas de vol chanté. Nid bas dans les roseaux.

CARACTÉRISTIQUES Très proche du Phragmite des joncs, mais bien identifiable dans de bonnes conditions. Un tout petit peu plus grande et trapue. Sautille souvent à terre ou à proximité de l'eau, agitant souvent la queue et la levant un peu. Diffère du P. des joncs par : courte projection primaire (au plus 1/3 des tertiaires, 2/3 chez le P. des joncs) ; sourcil plus blanc, plus large à l'arrière et coupé plus droit ; calotte plus uniformément sombre (pouvant apparaître brun noirâtre sans stries) et trace d'étroite moustache noire ; nuance brun-roux en plum. frais (au printemps) surtout au croupion, à la nuque et aux côtés du ventre et de la poitrine ; dessous plus blanc. – *Variante :* à l'E de la Turquie, dans le Caucase et au Moyen-Orient *(mimicus)*, plus comme le P. des joncs, brun plus gris, calotte plus claire et plus striée.

VOIX Contact : *trèc* guttural, assourdi (plus plein que chez le P. des joncs, un peu comme le Tarier pâtre). Variations, par ex. *trk* plus bref devenant *tk-tk-tk-tk-*… en cas d'agitation ; également *trrrt* roulé. Chant comme la Rousserolle effarvatte, mais plus vif, un peu plus rapide, plus doux et varié, surtout reconnaissable aux séries de sifflements initiaux montants de Rossignol philomèle *duu… duuu… duuu…*

Cisticole des joncs *Cisticola juncidis* NS4

L 10-11 cm. Étendues plates, dégagées, surtout sous les climats chauds, parmi les hautes herbes ou dans les champs ; préfère les zones sèches, évite les arbres. Sédentaire. Nid bas dans la végétation.

CARACTÉRISTIQUES Petite, trapue, courte queue, brun sableux à raies sombres. Lors du vol chanté fortement onduleux, on voit parfois que la queue est très arrondie, à dessous sombre et largement bordée de blanc. Ailes courtes et arrondies. Chez l'oiseau posé, la courte queue évite la confusion avec le Prinia gracile (auquel il ressemble beaucoup par ailleurs). Durant la nidification, sexes différenciables : bec noir et calotte brun uni chez le ♂ ; ♀ à bec brun clair et calotte pâle, plus striée.

VOIX Contact : *tchip* puissant. Chant : bref son aigu, métallique, répété sans relâche durant de longs moments (lors d'un large vol chanté circulaire), à intervalles réguliers d'une seconde environ, *dzic… dzic… dzic… dzic…*

Phragmite des joncs

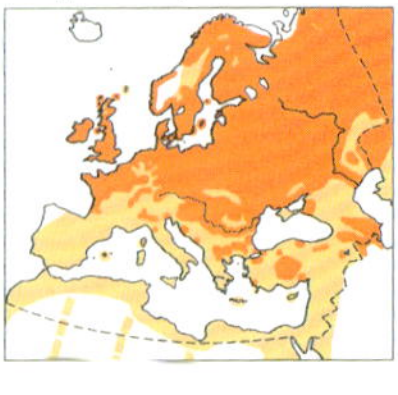

Phragmite aquatique

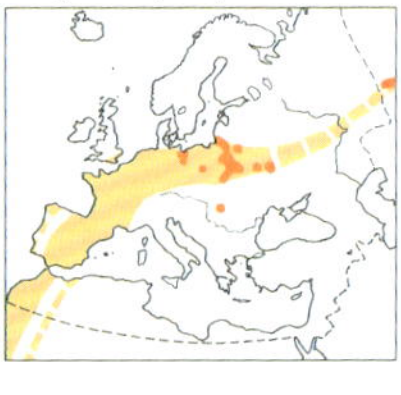

Lusciniole à moustaches

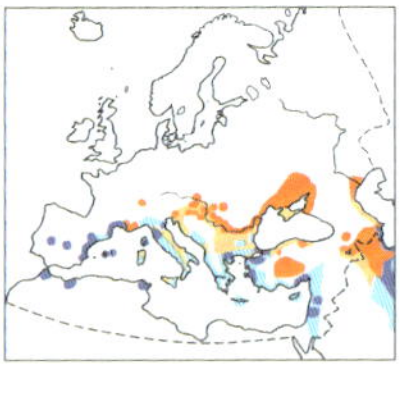

Cisticole des joncs

PHRAGMITE DES JONCS

PHRAGMITE AQUATIQUE

LUSCINIOLE À MOUSTACHES

CISTICOLE DES JONCS

Locustelle tachetée *Locustella naevia* N4 / MC

L 12,5-13,5 cm. Milieux secs ou humides à végétation basse et fournie, souvent dans les prairies touffues près d'étangs, les jeunes plantations de conifères, les coupes à blanc, dans les hautes herbes avec buissons épars, souvent au bord des cours d'eau. Visiteuse d'été (fin mars-sept.), hiverne probablement en Afrique tropicale. Sauf durant le chant, très difficile à repérer ; se tient à couvert et se faufile dans les herbes. Nid bas dans la végétation dense.

CARACTÉRISTIQUES Taille du Phragmite des joncs, gris brunâtre sans caractères saillants. Dessus à fond olivâtre tacheté ; dessous blanc sale, parfois blanc-jaune ocré plus chaud, immaculé ou avec plus ou moins de petites taches sombres à la gorge et au haut de la poitrine (nombre d'ind. ont quelques taches mais rarement une tacheture marquée et dense, et quelques raies diffuses aux flancs, susceptibles d'entraîner une ressemblance avec la L. lancéolée). Diffère du Phragmite des joncs par : pas de net sourcil blanchâtre (trace diffuse) ; sous-caudales diffusément rayées ; croupion brun-gris olivâtre vaguement tacheté ne tranchant pas nettement sur le dos ; calotte finement striée sans côtés plus foncés. Pattes rosées, bec assez foncé. Tertiaires foncées à base avec de larges liserés bruns diffus. Sexes semblables. En automne, juv. souvent jaunâtres dessous tandis que l'ad. est blanc sale, mais il semblerait qu'existe un certain chevauchement en la matière.

VOIX Contact : *psvitt* perçant. Chant particulier : trille vibrant, mécanique (stridulation d'insecte), généralement à la fin du crépuscule et de nuit, souvent prolongé plusieurs minutes. L'intensité varie beaucoup selon l'orientation de la tête de l'oiseau. Confusion envisageable avec trois autres locustelles…

Locustelle lancéolée *Locustella lanceolata* MO

L 11,5-12,5 cm. Niche dans les boisements clairs marécageux à sous-bois touffu, parmi les saules et les herbes des clairières détrempées de la taïga ; milieux plus dégagés comme les grands marais à joncs et buissons épars. Mœurs comme la L. tachetée ; hiverne dans le S-E asiatique et ne regagne pas ses lieux de nidification avant fin mai.

CARACTÉRISTIQUES Petite et trapue, cou plus court et queue plus brève que les L. tachetée et de Pallas, et parfois même tête un peu plus grosse. Coloration comme la L. tachetée : d'ordinaire, brun foncé à nuance grise, mais en général plus fortement rayée de noir dessus et dessous. En plum. typique, gorge, poitrine et flancs à distinctes et étroites raies noires (moins visibles à la gorge) ; certaines L. tachetées ont une tacheture dense au milieu et au bas de la gorge, et en haut de la poitrine (formant presque un plastron), et quelques longues raies floues aux flancs. Certaines Lancéolées (souvent des juv.) ont une striure lâche à la gorge et à la poitrine et peuvent ne pas avoir les flancs rayés, ressemblant ainsi beaucoup à la L. tachetée ; elles restent reconnaissables à ce que leur motif est constitué de nettes stries (non de taches rondes plus diffuses) et à ce que celles-ci sont plus régulièrement réparties sur la gorge et la poitrine. Noter : tertiaires toujours presque entièrement noires avec un étroit liseré blanc brunâtre bien marqué tout autour ; sous-caudales chamois-jaune roussâtre ou blanc beigeâtre, apparaissant non striées ou avec de nettes taches rachiales noires.

VOIX Contact : *tchik*. Chant comme la L. tachetée mais en diffère par : ton un peu plus aigu, rythme un peu plus rapide, strophes d'habitude plus brèves (rarement plus d'1 minute ; souvent 5 à 10 minutes chez la L. tachetée), plus perçant ; plus proche du battement de la L. fluviatile que du trille plus sec et uniforme de la L. tachetée.

Locustelle de Pallas *Locustella certhiola* MO

L 13-14 cm. Sibérie, en Asie centrale, Mongolie, et plus à l'E ; zones herbeuses humides à buissons touffus ou végétation dense, le long des cours d'eau (roseaux, joncs, saules), clairières marécageuses, abords des tourbières, etc. Occasionnelle automnale très rare en Europe. Se tient généralement cachée bas dans la végétation ; difficile à observer.

CARACTÉRISTIQUES Moyen terme entre la L. tachetée et le Phragmite des joncs. Sourcil pâle plus net que chez la L. tachetée mais pas autant que chez le P. des joncs. Dessus à fond généralement un peu plus brun-roux (moins gris olivâtre) que la L. tachetée, calotte, dos et sus-caudales tachetés, généralement plus densément (mais certains ind. sont similaires), tandis que le croupion est souvent brun-roux et sans taches (tout à fait comme Phragmite des joncs). Noter : rectrices à bout blanc (parfois usé, ou un peu moins net chez le juv.), tertiaires brun foncé avec liseré brun clair bien net au vexille externe et, presque toujours, une tache blanche près du bout du vexille interne ; sous-caudales totalement ou presque sans rayures, chamois-roux (à bout plus blanc). Dessous blanc sale uni avec seulement une vague nuance chamois-jaune à la poitrine et aux flancs (ad.) ou nettement chamois-jaune plus chaud à la gorge, à la poitrine et aux flancs, la poitrine étant tachetée (surtout des imm., mais pas exclusivement).

VOIX Différents cris : *tyik*, *pt* plus bref, *trrrrrt* sec et roulé. Chant sans l'aspect de stridulation d'insecte de la plupart des congénères, mais comportant, comme chez les *Acrocephalus*, de rapides répétitions de divers motifs ; assez doux mais avec de sonores *sivih* finaux portant loin.

Locustelle tachetée

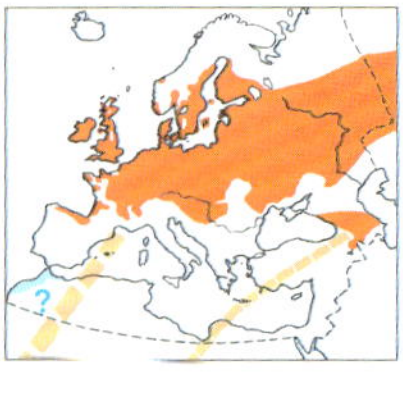

Locustelle lancéolée

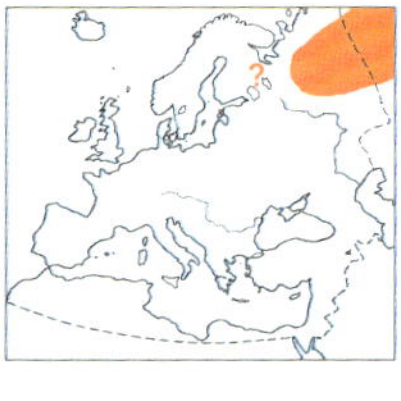

LOCUSTELLE TACHETÉE

LOCUSTELLE LANCÉOLÉE

LOCUSTELLE DE PALLAS

Locustelle fluviatile *Locustella fluviatilis* MO

L 14,5-16 cm. Jeunes formations de feuillus, humides, le long des cours d'eau et au bord des marais ; également, petits bois marécageux et ombreux (bouleaux, saules, aulnes) mais pas dans les fourrés bas. Visiteuse d'été (mai-août). Hiverne en Afrique orientale. Farouche et discrète, sauf quand elle chante. Nid près du sol dans la végétation dense.

CARACTÉRISTIQUES Assez grande, allongée, sombre, large queue arrondie. Dessus brun-gris foncé uniforme, parfois à vague nuance olivâtre. Dessous blanc sale, flancs gris-brun olivâtre. Seuls traits saillants : sourcil blanc sale, court et insignifiant, cercle oculaire clair, tacheture grise diffuse (variable, certains ind. peu marqués) sur le haut de la poitrine (parfois aussi au bas de la gorge), sous-caudales brun olivâtre à large bout blanchâtre (aspect tacheté). De près, vexille externe de la primaire la plus externes blanc sale, bord de l'aile arqué, sous-caudales couvrant presque toute la longueur de la queue (cas général des *Locustella*). Bec assez foncé, pattes chair. Sexes et âges habituellement indifférenciables sur le terrain.

VOIX Cris peu caractéristiques : *zrr, tchic* guttural. Chant heureusement plus typique : vibration mécanique, du crépuscule à l'aube et au matin, avec de très courtes pauses, *zré-zré-zré-zré-zré* ou *dzé-dzé-dzé-dzé-dzé* ; rythme (généralement assez calme) et hauteur pouvant varier quelque peu. Le son fait penser à une machine à coudre ; de près, harmonique métallique perceptible.

Locustelle luscinioïde
Locustella luscinioides N3 / MR

L 13,5-15 cm. Grandes roselières hautes, moins souvent jonchaies et autre végétation riveraine. Visiteuse d'été (avril-sept.). Hiverne au sud du Sahara. Se déplace discrètement mais n'est pas farouche. Nid bas dans la végétation touffue.

CARACTÉRISTIQUES Par le milieu et le plum. brun et blanc sale uniforme, peut être confondue avec la Rousserolle effarvatte. Comme cette dernière, brun-roux dessus, sourcil pâle court et insignifiant. En diffère par : longues sous-caudales brun-roux clair à bout diffusément pâle (paraissent habituellement à peu près uniforme sur le terrain, mais certaines ont des bouts assez pâles pour entraîner la confusion avec la L. fluviatile), bord de l'aile arqué (plus droit chez les *Acrocephalus*) avec vexille externe blanchâtre à la longue rémige primaire externe, dessus brun-roux plus uniforme et un peu plus foncé (sans le croupion brun-roux contrastant de la Rousserolle effarvatte), nuance gris-brun à la poitrine et nuance gris-brun roux aux flancs (sans la nuance jaune chamois de la R. effarvatte), queue plus large avec fines barres dessus (visible de près et sous bon éclairage). Pattes rose-gris brunâtre. – *Variante :* populations orientales (surtout à partir de la mer Caspienne et vers l'est, *fusca*) à nuance un peu plus gris olivâtre dessus et généralement moins brun-roux, souvent à nuance grisâtre un peu plus nette à la poitrine et habituellement avec sous-caudales à bout plus nettement pâle, ressemblant ainsi plus à la L. fluviatile.

VOIX Contact : *pvitt* métallique. Chant à peu près comme la L. tachetée : surtout de nuit, stridulation prolongée. Toutefois caractérisé (en dehors du fait que l'oiseau se tient haut dans les roseaux) par une fréquence plus élevée, un ton plus grave et par le fait que le *surrrrrrrrrr...* est plus un bourdonnement sec et atone qu'une vibration aiguë. (De nuit, confusion possible avec une courtillière, dans le S et le C de l'Europe.) Les strophes commencent par une série de cliquètements accélérés aboutissant à la stridulation : *pt... pt pt-ptptptsurrrr...*

Bouscarle de Cetti *Cettia cetti* NS5

L 13-14 cm. Végétation touffue et assez haute, généralement près de l'eau mais non dedans, par ex. grands roseaux secs avec buissons épars, saules, fourrés, etc. ; parfois près des implantations humaines, dans les parcs touffus, près des étangs et des canaux, etc. Surtout sédentaire ; migratrice à l'est. Se cache généralement dans la végétation, sautille à terre ou bas dans les buissons. Nid bas dans la végétation dense.

CARACTÉRISTIQUES Fauvette aquatique de taille moyenne, assez trapue. Cou court, large queue et courtes ailes arrondies. Dessus brun-roux uni, dessous blanc grisâtre sale nuancé de roux aux flancs et au ventre. Motif de la tête à peu près comme chez la Rousserolle effarvatte et la Locustelle luscinioïde auxquelles elle ressemble assez : étroit sourcil pâle peu marqué, souligné par des lores et un trait sourcilier sombres. Noter surtout : silhouette, courte projection primaire, sourcil plus long que chez les deux espèces citées, vague nuance grise aux parotiques, aux côtés du cou et de la poitrine, brun-roux (grisâtre) un peu plus chaud à l'arrière des flancs et au ventre ; sous-caudales brun foncé à étroits liserés pâles, assez courtes (n'atteignant que la moitié de la longueur de la queue). Remuante, agite la queue et les ailes et circule souvent la queue levée. Sexes et âges semblables.

VOIX Contact : *plitt!* explosif et métallique pouvant être répété par séries et se muer en crépitement, *plirr'r'r'r*. Chant : subit, métallique et strident, à rythme typique, d'abord 1 à 4 sons hésitants, le dernier habituellement accentué, suivis d'une demi-pause et de notes précipitées *tip! tiyut-tiyut titiyut... tiyut!*

Locustelle fluviatile

Locustelle luscinioïde

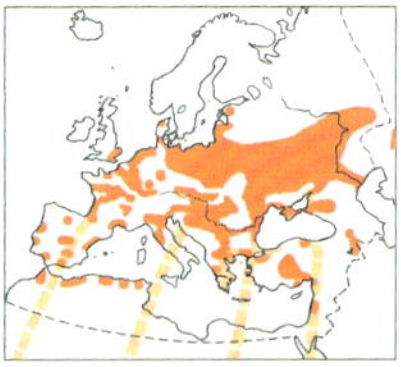

Bouscarle de Cetti

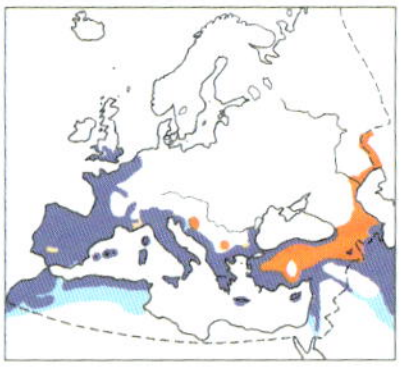

LOCUSTELLE FLUVIATILE

LOCUSTELLE LUSCINIOÏDE

BOUSCARLE DE CETTI

DZ

Rousserolle effarvatte

Acrocephalus scirpaceus N5 / MC / HO

L 12,5-14 cm. Roselières ; localement, épilobes, chants de colza ; migratrices aussi dans les fourrés. Visiteuse d'été (avril-oct.). Hiverne en Afrique tropicale. Assez visible et curieuse, facile à voir. Nid en corbeille, amarré à des tiges de roseaux.

CARACTÉRISTIQUES Tête pointue, front plat et long bec mince. Grimpe agilement le long des roseaux. Dessus brun uni, dessous blanc beigeâtre à nuance plus chaude aux flancs et aux sous-caudales. Sourcil pâle court et vague ne se prolongeant habituellement pas au-delà de l'œil. Lores sombres. Brun de la calotte et du dos généralement à vague nuance gris olivâtre. Croupion brun-roux un peu plus clair et chaud. Sexes semblables. À la fin de l'été, ad. un peu usé, plus brun grisâtre dessus et blanchâtre dessous, juv. brun-roux chaud dessus et à flancs chamois (cf. R. verderolle et des buissons, très proches). – *Variante :* oiseaux orientaux (surtout à l'est de la mer Noire, *fuscus*) un peu plus gris et foncés dessus et plus pâles dessous.

VOIX Contact : *tché* bref et discret, parfois *tchk* un peu plus dur. Inquiétude : *tchrèèh* rauque, traînant, *tchrrrrè* roulé et *trrr-rr*. Chant : plutôt au crépuscule et à l'aube, bavard et posé : sons aigres répétés 2 ou 3 fois, de temps à autre avec imitations ou sifflements, *trett trett trett tchrri tchrri truy truy tié tré tré vi-vuy-vu tré tré…*

Rousserolle verderolle

Acrocephalus palustris N4 / MC

L 13-15 cm. Végétation herbacée touffue, volontiers dans les peuplements humides d'ulmaire, d'ortie, de reine-des-prés, etc., souvent près des fossés ou des endroits détrempés, parfois en bordure de roselière, sur sol plus sec, avec herbes mêlées aux roseaux. Visiteuse d'été (avril-sept.), hiverne en Afrique tropicale. Mœurs discrètes. Nid bas dans la végétation dense.

CARACTÉRISTIQUES Très semblable à la R. effarvatte. En diffère par : chant, milieu de nidification, bec un peu plus court et tête plus ronde, conférant une expression plus « avenante », sourcil pâle souvent moins évident, mais cercle oculaire un peu plus net ; au printemps, calotte et manteau brun-gris assez clair à vague nuance verte, dessous un peu plus jaune, projection primaire en général un peu plus longue et bout des primaires plus nettement blanc. – *Juv. :* dessus brun plus chaud avec croupion jaune roussâtre (donc comme la R. effarvatte), pattes chair jaunâtre clair (gris-brun clair chez la R. effarvatte juv.).

VOIX Cris comme chez la R. effarvatte. Chant, souvent de la tombée du jour à l'aube : torrent, avec seulement de courtes pauses, de sons nerveux, sifflés et cliquetants, en général aigus qui, à l'examen, sont de parfaites imitations de nombreux oiseaux (merle, Hirondelle rustique, linotte, etc.). De temps à autre, passages plus longs de trilles secs et rapides, et de rauques *ti zèèh, ti-zèèh* traînants. Rythme variable, passages plus lents avec répétitions faisant parfois penser à la R. des buissons.

Rousserolle des buissons

Acrocephalus dumetorum MO

L 12,5-14 cm. Clairières envahies de broussailles des forêts de feuillus, buissons le long des cours d'eau, etc. Ne recherche pas les roselières ni les zones marécageuses. Visiteuse d'été (en Finlande, surtout fin mai-août). Hiverne en Inde. Mœurs comme la R. verderolle.

CARACTÉRISTIQUES Ressemble aux R. effarvatte et verderolle. En diffère par : chant, milieu, poste de chant dans un buisson ou un arbre bas (pas dans les roseaux ni les herbes ; peu d'exceptions), sourcil pâle un peu plus net et plus long, allant juste au-delà de l'œil, projection primaire assez courte, pattes assez foncées, gris-brun (jamais rosé pâle), dessus brun grisâtre, flancs plutôt gris olivâtre que chamois. Certains ind. ont des ailes brun très uni sans centre foncé contrastant aux rémiges. – *Juv. :* dessus à nuance rousse (comme chez la R. effarvatte).

VOIX Contact : *tèc* sec, souvent répété, et *tcheurrr* roulé. Chant caractéristique (meilleur critère de terrain), généralement de nuit : motifs variables, souvent avec de remarquables imitations, répétés calmement 3 à 5 fois et parfois jusqu'à 10 ; les cris secs – *trèk-trèk-tchui* – sont souvent insérés entre les répétitions. Des « vocalises » ascendantes reviennent régulièrement.

Rousserolle isabelle *Acrocephalus agricola* MO

L 12-13,5 cm. Roselières ; apparemment, milieux pour l'essentiel analogues à ceux de la R. effarvatte. Visiteuse d'été (surtout mai-août). Hiverne en Inde. Nid bas dans les roseaux.

CARACTÉRISTIQUES Plus petite que la R. effarvatte mais bec un peu plus court, plus longue queue. Plum. variable mais généralement brun plus clair que la R. effarvatte, à nuance rousse (frais) ou plutôt brun-gris (usé). Aspect particulier étant donné le bec court à bout noir et dessous jaune paille, et le long sourcil pâle de largeur uniforme, parfois accentué d'un soupçon de bord foncé à la calotte. La plupart des ind. ont le croupion brun-jaune roussâtre (mais pouvant être brun-gris une fois usé). Courte projection primaire.

VOIX Contact un peu plus faible que chez la R. effarvatte par exemple. Un discret *chirrr* roulé d'alarme. Chant pour l'essentiel semblable à celui de la R. verderolle : cascade rapide, en général constituée d'imitations, mais volume moindre, tempo constamment rapide et chant plus bondissant, sans sons rauques traînants ni trilles secs.

Rousserolle effarvatte

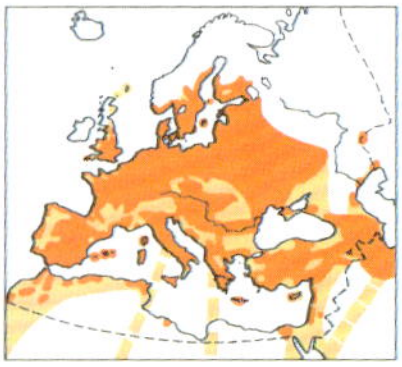

Rousserolle verderolle

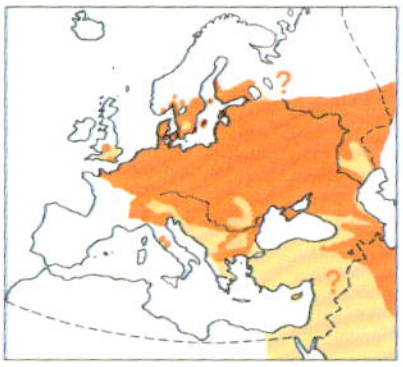

Rousserolle des buissons

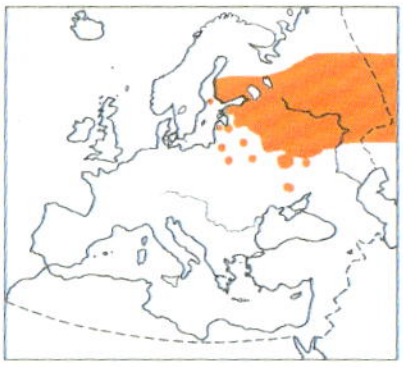

Rousserolle isabelle

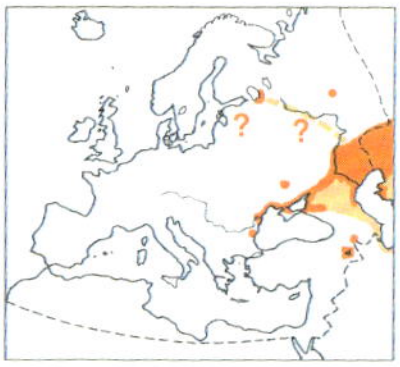

ROUSSEROLLE EFFARVATTE

ROUSSEROLLE VERDEROLLE

ROUSSEROLLE DES BUISSONS

ROUSSEROLLE ISABELLE

Rousserolle turdoïde

Acrocephalus arundinaceus N3 / MC

L 16-20 cm. Roselières, hautes, denses et plutôt étendues ; en cas de besoin, se contente de roselières moins importantes, par ex., le long de canaux et de fossés. Visiteuse d'été (fin avril-sept.). Hiverne en Afrique tropicale. Nid en corbeille à mi-hauteur de fortes tiges de roseaux, au-dessus de l'eau.

CARACTÉRISTIQUES Comme une grande R. effarvatte ; coloration similaire (dessus brun, dessous blanc beigeâtre), mêmes milieux et même type de chant. En diffère par : taille, voix plus forte, tête et bec (fort et long comme celui d'une grive) proportionnellement plus grands, d'ordinaire une tache foncée sous la pointe du bec, queue un peu plus longue, projection primaire un peu plus longue (primaires à net bout pâle), sourcil plus large, souvent un peu plus net, lores et trait sourcilier en moyenne plus foncés ; souvent, nuque/arrière du cou à peine plus pâle et plus brun-gris. De tout près, fines stries grises à la gorge et au haut de la poitrine. Pattes brun rosé ou gris-brun. Sexes semblables. – *Ad. en fin d'été :* plum. généralement un peu usé avec nuance gris-brun plus clair dessus, et dessous plus blanc. Primaires usées gris brunâtre. – *Juv. :* plum. uniformément frais, brun-roux chaud dessus et à nuance chamois dessous ; primaires fraîches, sombres à bout pâle.

VOIX Contact : un *kchak* rêche et métallique, au son assez plein, ou un *krrak* plus roulé. Inquiétude : *krrrrr* roulé et dur. Chant structuré comme chez la R. effarvatte mais très sonore, audible de loin, avec divers sons rauques répétés, reconnaissable à la sonorité rugueuse, croassante, et aux sons plaintifs répétés, en fausset, *trr trr karra-karra-karra krié-krié-krié trr-trr-kié-kié.*

Rousserolle stentor *Acrocephalus stentoreus*

L 16-18 cm. Peuplements touffus de papyrus ; également, roseaux, massettes, maïs et autres végétaux denses et assez hauts pour cacher une personne, à proximité de l'eau ou au moins de lieux marécageux. Dans la région étudiée, surtout sédentaire. Nid comme celui de la R. turdoïde.

CARACTÉRISTIQUES Ressemble à la Turdoïde par la taille, le chant et le milieu (lorsqu'elle a le choix, préfère toutefois les papyrus, à la différence de la Turdoïde). En diffère sur divers points par des détails touchant silhouette et plumage. Allure différente en raison des ailes arrondies et plus courtes (courte projection primaire), de la queue plus longue et arrondie, du bec un peu plus long et bien plus mince. Les différences de proportions ne sont pas moindres en vol, le corps apparaissant plus court. Dessus brun à peu près comme la Turdoïde ; dessous normalement plus foncé. Forme foncée (mélanique) peu commune au Moyen-Orient, et des formes intermédiaires. Habituellement, dessus brun-roux assez foncé, dessous chamois brunâtre sale avec juste la gorge un peu plus claire. Sourcil blanc beigeâtre parfois plus court et bien plus étroit, donc moins net que chez la Turdoïde. Lores et trait sourcilier moins foncés. Les ind. foncés manquent souvent totalement de sourcil et ont un bec plus foncé (presque comme un Étourneau sansonnet juv.). Pattes grisâtres.

VOIX Rappelle la Turdoïde. Contact et inquiétude : respectivement *trak* «épais» et *trrrrr* roulé et dur. Chant à sons rauques comme la Turdoïde, mais strophes à structure plus indécise, avec sons en fausset et plaintifs généralement isolés, non répétés comme chez la Turdoïde ; strophe typique : *trak, trak, trak, karra-kru-kih tchivi truy tchivi tchih.*

Rousserolle à gros bec *Acrocephalus aedon*

L 16-17,5 cm. Sud de la Sibérie ; saules ou jeunes bouleaux denses, etc., près des tourbières de la taïga. Hiverne en Inde. Occasionnelle surtout automnale rarissime en Europe.

CARACTÉRISTIQUES Un peu plus petite que la R. turdoïde, avec bec court et obtus, et peu de traits particuliers. Plum. brun grisâtre dessus, à nuance brun-roux un peu plus chaude au croupion et à la base de la queue (en vol, peut faire penser à un rossignol), blanc sale dessous à nuance chamois aux côtés de la poitrine et aux sous-caudales. Pas de net sourcil ; lores gris clair, cercle oculaire diffus blanc-gris chamois. Calotte brun un peu plus chaud créant une esquisse de bonnet brun chez nombre d'oiseaux. Projection primaire moyenne. Pattes grisâtres. Mouvements assez indolents, sautille souvent accroupie vers l'avant, la queue abaissée.

VOIX Contact : *tchak* ou *tyak*, souvent répété en séries d'intensité variable, parfois sonores. Parfois, rauque *vèht* d'alarme. Chant : cascade rapide et sonore d'imitations d'autres espèces, de sons gazouillants et excités répétés 2 ou 3 fois ; fait songer aux chants de la R. verderolle et de l'Hypolaïs ictérine (mais pas de *ti-zèèh* rauques et répétés ou de trilles comme la R. verderolle ni de motif nasillard typique de l'Ictérine).

Rousserolle d'Irak *Acrocephalus griseldis*

L 15,5-17,5 cm. Vastes étendues de papyrus ou de roseaux ; autrefois restreinte au S de l'Irak, au Koweït et au S-O de l'Iran mais a récemment gagné le S d'Israël et peut-être la Syrie. Hiverne en Afrique orientale.

CARACTÉRISTIQUES Plus petite que la R. turdoïde ; plus grande que la R. effarvatte. Bec long, mince et effilé, à bout sombre, avec base de la mandibule inférieure rose jaunâtre (bec donc moins uniformément sombre que chez la R. stentor). Dessus brun-gris assez froid, croupion pas autant brun-roux chaud comme, d'ordinaire, la R. turdoïde. Dessous bien plus blanc que chez les congénères. Pattes grisâtres. Sourcil pâle assez bien marqué, se prolongeant juste en arrière de l'œil ; lores sombres et trait sourcilier assez net. Noter les longues ailes et la longue projection primaire.

VOIX Contact : *chaarr* rêche et *tchac* dur. Chant étouffé, lent et intermittent, avec séries prolongées de notes simples ; voix rauque, basse et gutturale.

Rousserolle turdoïde

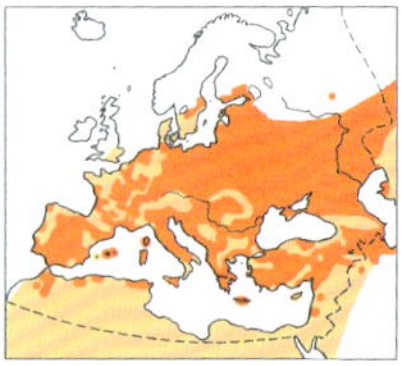

Rousserolle stentor

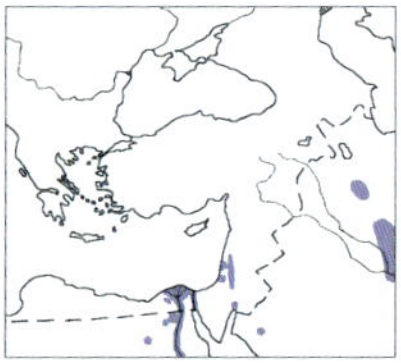

Rousserolle d'Irak

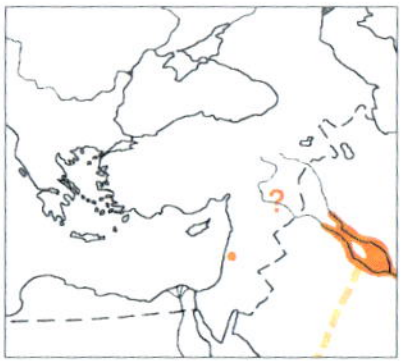

ROUSSEROLLE TURDOÏDE

ROUSSEROLLE STENTOR

ROUSSEROLLE À GROS BEC

ROUSSEROLLE D'IRAK

DZ

Hypolaïs ictérine *Hippolais icterina* N3 / MR
L 12-13,5 cm. Boisements de feuillus, dont les chênaies denses, boqueteaux de bouleaux ou de pins au milieu des prairies, ou encore parcs denses. Visiteuse d'été (avril-sept.). Hiverne en Afrique tropicale. Se tient haut à la cime des arbres, difficile à voir. Nid dans un arbre.

CARACTÉRISTIQUES Bec large à la base. Tête forte (plumes de la calotte souvent dressées), longues ailes (projection primaire à peu près égale à la longueur des tertiaires). Queue assez courte, coupée droit. Dessus vert grisâtre ; dessous jaune citron clair (rarement plus pâle). Noter : lores pâles et, les touchant, sourcil blanc jaunâtre assez insignifiant ; cercle oculaire pâle ; côtés du bec rose jaunâtre assez pâle ; bord pâle des tertiaires et des secondaires formant une plage pâle sur l'aile fermée, surtout au printemps, peut avoir disparu chez l'ad. en automne. Pattes grisâtres, souvent gris-bleu. Sexes semblables. – *Juv.* : dessus nuancé de brun, pas aussi vert que l'ad., plage alaire plus jaune chamois (donc moins frappante). Dessous souvent jaune un peu plus pâle.

VOIX Contact sur les lieux de nidification : trisyllabe enjoué, *tè-tè-luyuyit* ; également un *tèk*. Inquiétude : *tè tè tè* en brèves séries. Chant sonore, rapide, prolongé, varié, mêlé d'imitations d'autres espèces ; sons nasillards récurrents, typiques, *ghié ghié*. Également reconnaissable au cri de contact typique mêlé aux strophes. Répétitions (souvent 2 à 4) plus communes que chez la Rousserolle verderolle, et rythme plus calme.

Hypolaïs polyglotte *Hippolais polyglotta* N5 / MC
L 12-13 cm. Remplace l'Ictérine dans le S-O de l'Europe ; niche dans les mêmes milieux et aussi dans la végétation plus basse comme des fourrés avec arbres épars. Visiteuse d'été (avril-sept.). Hiverne en Afrique occ. Nid dans un arbre.

CARACTÉRISTIQUES Comme l'H. ictérine ; migrateurs isolés exigeant un examen précis. Un peu plus ronde et plus « mignonne ». Bec à peine plus court. Ailes nettement plus courtes et plus obtuses ; projection primaire représentant la moitié ou les deux tiers de la longueur des tertiaires. Dessus à peine plus vert brunâtre, pas aussi grisâtre, et dessous souvent jaune pâle, à vague nuance brun chamois. « Face » et pattern du bec comme chez l'Ictérine. Aile plus uniforme, liserés pâles des tertiaires et des secondaires habituellement presque entièrement usés. Primaires souvent un peu usées, gris-brun, en général sans net bout pâle. Pattes grisâtres comme chez l'Ictérine, ou un peu teintées de brunâtre. Sexes semblables. – *Juv.* : plage alaire pâle, jaune brunâtre, peu marquée. Primaires fraîches gris-brun un peu plus foncé.

VOIX Contact : divers brefs cliquetis, *tétt*, *tré-té-té-tuy*, séries prolongées de *té-té-té-té-té*, *tr'r'r'r'r'rt* de moineau. Chant : strophes prolongées, rapides, parfois précipitées et avec des fragments d'imitation (comme la Rousserolle verderolle), ou bien plus lent, un peu grinçant et nasillard (alors comme l'H. ictérine), ou encore parfois plus simplement construit, plus répétitif, nerveux et varié (comme une petite fauvette). Écouter longtemps peut aider !

Hypolaïs des oliviers *Hippolais olivetorum*
L 16-18 cm. Boisements ouverts à clairières, maquis haut (chênes verts, chênes-lièges), oliviers, amandiers, etc. Visiteuse d'été (début mai-août). Hiverne en Afrique tropicale. Se cache bien. Nid dans un buisson touffu ou un arbre.

CARACTÉRISTIQUES Très grande et allongée, bec long et fort, front fuyant (sauf si les plumes de la calotte sont dressées). Ailes longues (projection primaire égale aux tertiaires, bien plus longue que chez l'H. d'Upcher), avec primaires noir grisâtre foncé. Dessus gris, dessous blanc sale (souvent du gris sale à la poitrine et aux flancs), mais : plage alaire pâle plus nette due aux liserés blanchâtres de la plus longue tertiaire et des secondaires internes (blanc concentré au milieu des plumes), presque pas de sourcil pâle (à peine une tache blanchâtre au-dessus des lores, cercle oculaire pâle diffus). Pattes fortes, gris (-bleu). Sexes semblables.

VOIX Contact : claquement de langue grave *tchac*. Alarme : *kerrèkèkèkèkèk* enchaîné, guttural, un peu nasillard, comme une Mésange bleue géante. Chant grossier et rugueux : strophes de structure assez primitive à répétition cyclique, pouvant sonner comme la R. turdoïde mais en moins fort et au ralenti.

Hypolaïs d'Upcher *Hippolais languida*
L 14-15 cm. Buissons et cultures sur terrains dénudés, arides, sur les pentes des vallées fluviales ou plus haut. Visiteuse d'été (mai-août/sept.). Hiverne en Afrique orientale.

CARACTÉRISTIQUES Un peu plus grande que l'H. pâle, bec, pattes et queue un peu plus longs. Tête un peu plus arrondie avec front plus abrupt. Queue paraissant aussi un peu plus large. Plum. identiquement gris dessus et blanc sale dessous, mais rectrices et bout des ailes noir grisâtre un peu plus foncé, plus grande tertiaire et rémiges secondaires internes à bord blanc grisâtre formant un soupçon de plage alaire pâle, et lores en général à peine plus pâles, plus gris sale. A l'habitude de balancer la queue, également un peu latéralement, et de l'étaler légèrement. Comme l'H. des oliviers, vol plané fréquent avant l'arrivée au perchoir. H. des oliviers plus grande, sans sourcil.

VOIX Contact : *zac* unique, rude et claquant. Inquiétude : *trrrt* rapide et sec. Alarme : longue série de *chèk chèk chèk* pâteux, cliquetants, un peu impurs. Chant : énergique et nasillard, reprenant des phrases à plusieurs reprises, mêlés de sifflements et d'imitations isolées. La hauteur du ton oscille de haut en bas et le rythme est variable. Certaines phrases répétées à plusieurs reprises ; s'en tient souvent à un sifflement aigu alternant avec des crécelles.

Hypolaïs ictérine

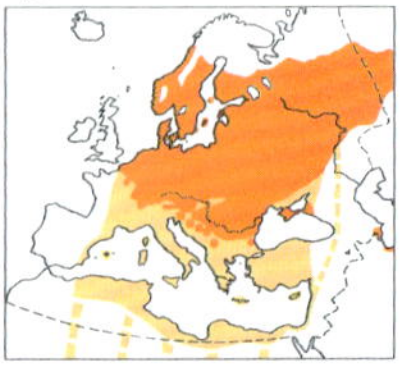

Hypolaïs polyglotte

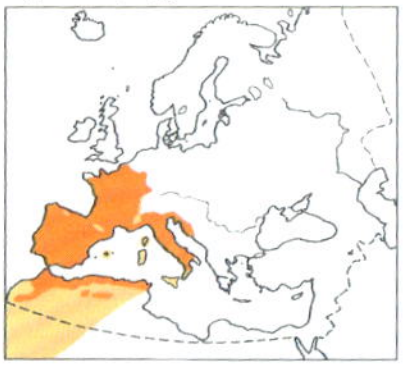

Hypolaïs des oliviers

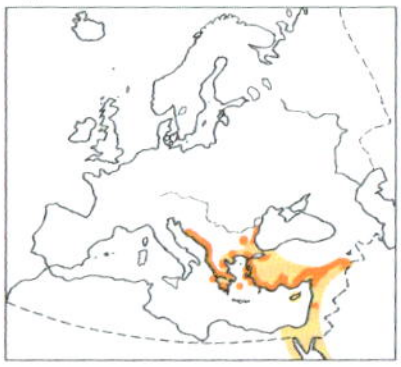

Hypolaïs d'Upcher

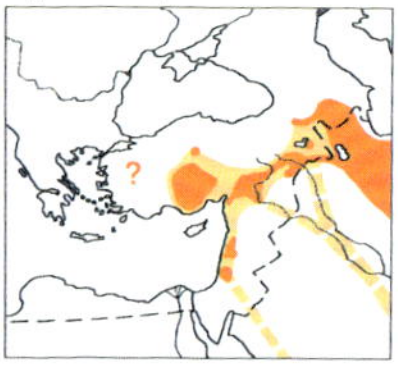

HYPOLAÏS ICTÉRINE

HYPOLAÏS POLYGLOTTE

HYPOLAÏS DES OLIVIERS

HYPOLAÏS D'UPCHER

DZ

Hypolaïs pâle *Hippolais* (= *Iduna*) *pallida* MO

L 12-13,5cm. Bois clairs, parcs, vergers, buissons avec arbres épars, végétation riveraine, etc. Visiteuse d'été (surtout mai-août). Hiverne au S du Sahara.

CARACTÉRISTIQUES Assez semblable à une Rousserolle effarvatte décolorée, grisâtre ; même taille, même tête pointue à front plat et long bec mince, avec « expression » analogue due aux lores sombres, au court sourcil gagnant l'arrière de l'œil et cercle oculaire. Diffère de l'Effarvatte (y compris des ind. à plum. usé, grisâtre, de la race orientale *fuscus*) par : battements réguliers de la queue vers le bas quand l'oiseau sautille dans la végétation ; croupion à base grisâtre (jamais brun-jaune à nuance rousse) ; queue à bout à peu près droit, avec rectrices latérales à étroit bord externe et bout blanc-gris ; dessus toujours grisâtre et dessous plus blanc ; de face, base du bec plus large ; projection primaire souvent un peu moindre. Très semblable aux H. rama et d'Upcher.

VOIX Contact : *tchac* claquant, un peu « épais » et nasillard, comme un mélange de Fauvettes à tête noire et des jardins. Séries rapides de claquements de langue (à nuance nasillarde) *zèt-zèt-zèt-zèt* ; *tchr'r'r'r'r'r* étouffé de moineau ; calme *chrrré*. Chant : gazouillis assez monotone au rythme modéré, alternant notes rauques, basses, et sons grinçants plus aigus, selon un modèle répétitif, montant et descendant ; à ton nasillard, très monotone, cyclique, montant et descendant ; sons assez fondus les uns aux autres et grésillants. Pas d'imitations.

Hypolaïs obscure *Hippolais* (= *Iduna*) *opaca* MO

L 13-14cm. Maquis, bois clairs, grands jardins, vergers, rives des cours d'eau, etc. Visiteuse d'été dans la région étudiée (surtout fin mars-août ; n'arrive en Espagne qu'en mai). Hiverne en Afrique de l'O, au S du Sahara.

CARACTÉRISTIQUES Sylviidé brun et blanc neutre, assez grand, mince et à longue queue, rappelant la Rousserolle effarvatte et pouvant être confondu avec l'H. polyglotte sous lumière pauvre. En Afrique de l'O, doit être distinguée de la race *reiseri* de l'H. pâle, très semblable. Noter : dessus brun pâle uni (thé au lait) sans liserés pâles des secondaires contrastants, pas de battements de la queue, bec long et large, souvent à côtés un peu convexes (« enflés ») vus de dessous ou de face.

VOIX Cris très semblables à ceux de l'H. pâle. Chant : meilleur critère de différenciation, moins rauque et grésillant, un peu plus lent et mieux articulé. L'aspect « bavardage » rappelle un peu la Rousserolle effarvatte, mais notes non répétées, plus variées, fréquents sons nasillards trahissant des affinités avec les H. polyglotte et ictérine. Chaque chant débute par quelques cris, *thèc tchèc tchèc*.

Hypolaïs bottée *Hippolais* (= *Iduna*) *caligata* MO

L 11-12,5cm. Broussailles basses (spirées, fabacées) des steppes naturelles, des prés, pâturages en friche, etc. Visiteuse d'été. Hiverne en Inde.

CARACTÉRISTIQUES La plus petite du groupe, à bec court, d'ordinaire assez sombre, lores plutôt sombres, sourcil pâle assez net mais court ; peut évoquer un pouillot plus qu'une hypolaïs. Dessus brun chamois en plum. frais, plus brun grisâtre en plum. usé. Flancs souvent nuancés de chamois roussâtre. Rectrices externes à bord pâle (pas toujours visible). Côtés de la calotte pouvant paraître noirâtres au-dessus des sourcils. Bec plus fort que celui du Pouillot véloce, et à base rose brunâtre plus pâle. Pattes rose brunâtre, doigts sombres, plus gris. Agite parfois ailes et queue mais ne hoche pas sans cesse celle-ci vers le bas comme l'H. pâle. Très semblable à l'H. rama. Confusion également possible avec la Rousserolle isabelle.

VOIX Contact : claquement de langue sec *chrèc*, un peu « composé », avec un *r*, rappelant vaguement la Lusciniole à moustaches. Inquiétude : *zerrrr* sec, roulé et sourd. Chant : rapide strophe frémissante de 2 à 6 secondes, gazouillis énergique, flot pressé de brefs sons nasillards presque bondissants et tremblants. Typiquement, doux et hésitant au début puis gagne en vitesse et en volume. Pas d'imitations.

Hypolaïs rama *Hippolais* (= *Iduna*) *rama* MO

L 11,5-13cm. Plaines sèches et semi-déserts ; niche dans les arbres bas (saxaouls *Haloxylon* sp.) et les buissons hauts (souvent tamaris). Visiteuse d'été. Hiverne au Pakistan et en Inde. S'égare en Europe.

CARACTÉRISTIQUES Très proche des H. bottée et pâle ; sans le chant, l'identification exige temps et proximité. En moyenne, plus pâle et unie que l'H. bottée, plus thé au lait dessus et blanchâtre dessous (sans roussâtre), tertiaires assez unies, avec rachis concolores. D'ordinaire, queue et bec un peu plus longs (mais un certain chevauchement). Bout de la mandibule inférieure avec trace sombre insignifiante (plus marquée chez l'H. bottée, absente chez l'H. pâle). Secoue la queue nerveusement sans la hocher sans cesse vers le bas comme l'H. pâle. Semble ne pas secouer les ailes en même temps que la queue, comme le fait souvent l'H. bottée. Projection primaire assez courte, et bout des primaires brunâtre plus que gris foncé comme chez la plupart des H. pâles. Secondaires sans étroit bout blanc.

VOIX Contact : claquement sec *tchèc*, rappelant l'H. bottée, sans *r*. Aussi, un *tslèc* plus plein rappelant la Gorgebleue. Chant pressé, analogue à celui de l'H. bottée, mais plus fort, tant au début que dans l'ensemble ; plus de notes plus sèches et grésillantes, certaines rapidement reprises quelques fois, d'où une vague ressemblance avec le Phragmite des joncs, renforcée par de brefs trilles et sifflements.

Hypolaïs pâle

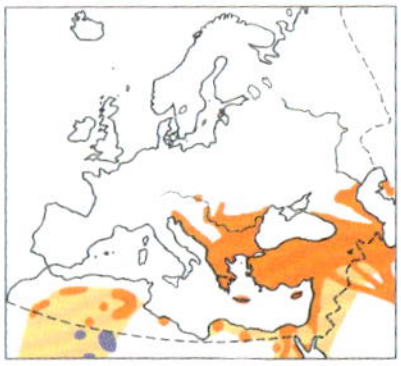

Hypolaïs obscure

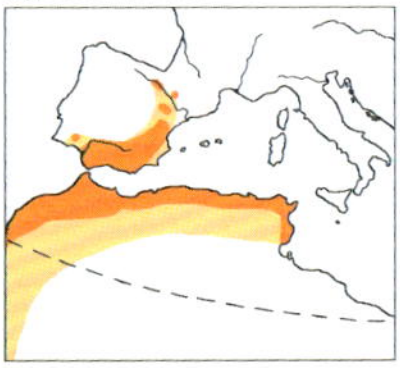

Hypolaïs bottée

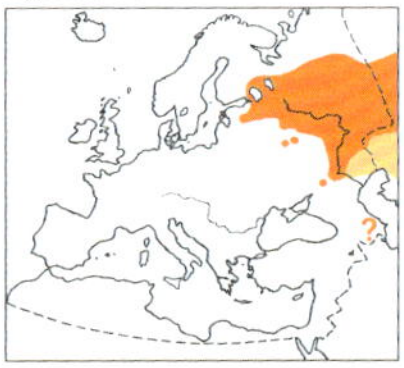

Hypolaïs rama

HYPOLAÏS PÂLE

HYPOLAÏS OBSCURE

HYPOLAÏS BOTTÉE

HYPOLAÏS RAMA

Pouillot fitis *Phylloscopus trochilus* N5 / MA

L 11-12,5 cm. Partout où se trouvent quelques hauts arbres ou buissons ; l'un des oiseaux européens les plus communs. Bouleaux et saules des hautes terres, milieux boisés divers, bosquets, parcs et jardins arborés. Vif et remuant, s'active dans les feuillages en quête d'insectes. Visiteur d'été (avril-sept.). Hiverne en Afrique tropicale.

CARACTÉRISTIQUES Noter le sourcil pâle. Dessus vert-brun grisâtre (nuance verte nette en Europe occidentale ; dans le N de la Fennoscandie, souvent plus brun-gris), croupion parfois un peu plus pâle et vert. Blanc jaunâtre à la gorge et à la poitrine, ventre plus blanc. Pattes habituellement rose brunâtre (parfois gris-brun foncé !). Plus grand risque de confusion avec le P. véloce mais, outre la voix : pattes habituellement rose brunâtre ou brun pâle (plus sombres chez le Véloce) ; en général, sourcil plus long et net, lores et trait sourcilier donnant une « face » plus marquée ; parotiques gris olivâtre mais généralement assez pâles juste sous l'œil (chez le Véloce, plus foncées, faisant ressortir le croissant oculaire inférieur blanc) ; en moyenne, bec un peu plus fort avec plus de rose-jaune aux côtés et à la base ; silhouette un peu plus élancée ; plus grande projection primaire (souvent environ 3/4 de la longueur des tertiaires ; 1/2 ou 2/3 chez le Véloce mais souvent difficile à évaluer). – *Juv. et 1er hiver :* jaune plus soutenu dessous et aux sourcils ; parfois, vague nuance chamois aux côtés de la poitrine.

VOIX Contact : sifflement doux, dissyllabique et montant, *hu-it* ; varie un peu (parfois plutôt comme le Véloce, *huyit* plus rapide, accentué à la fin) ; rappelle le cri du Rougequeue à front blanc mais un peu plus faible. Chant : strophe sifflée d'environ 3 secondes, légèrement descendante, répétée assidûment ; *fit fit fit sisisisi tutudoïdeda*.

Pouillot siffleur *Phylloscopus sibilatrix* N5 / MC

L 11-12,5 cm. Surtout boisements ombreux. Hêtraies avec au moins quelques jeunes arbres, chênaies, en général avec sous-bois peu fourni (dans le N de l'Europe, aussi boisements mixtes d'épicéas et de feuillus). Visiteur d'été (avril-sept.). Hiverne en Afrique tropicale. Discret mais pas farouche.

CARACTÉRISTIQUES Taille du P. fitis et également élancé mais ailes plus longues et plus pointues (projection primaire supérieure ou égale aux tertiaires), ce qui fait paraître la queue plus courte. Caractérisé par : dessus vert mousse foncé soutenu (parfois à nuance grise) avec bord pâle des tertiaires contrastant, rémiges et grandes couv. bordées de vert-jaune, très long sourcil jaune ; trait sourcilier vert-gris bien marqué, à partir des lores. Gorge, parotiques et haut de la poitrine jaune citron pâle tranchant habituellement avec le reste du dessous blanc soyeux. (Rarement, presque sans jaune ni vert, paraissant brun et blanc ; tenir compte de la voix, de la taille, de la forme, et du motif de la tête.)

VOIX Contact : *zip* incisif. Inquiétude : *thyu* flûté, sourd, un peu mélancolique. Chant très particulier : sons similaires au cri de contact, en série accélérant et se terminant par un trille (comme une pièce de monnaie tintinnabulant sur une surface dure). Autre chant : de temps à autre, entre les strophes, séries de *thyu* doux et mélancoliques.

Pouillot de Bonelli *Phylloscopus bonelli* N5 / MC

L 10,5-11,5 cm. Milieux boisés ; au N, généralement à plus basse altitude, dans des bois plus clairs avec du sous-bois ; au S, plus souvent sur les pentes avec pins ou chênes. Visiteur d'été (avril-sept.). Hiverne en Afrique de l'O tropicale.

CARACTÉRISTIQUES Presque de la taille du Fitis. Noter : croupion jaunâtre contrastant avec le dos brun verdâtre plus terne ; dessous blanchâtre sans jaune ni chamois évidents à la gorge, à la poitrine et au ventre ; rémiges primaires et rectrices bordées de vert jaunâtre pâle ; tertiaires foncées à bords blanc et jaune contrastants ; secondaires bordées de pâle formant une plage vert vif sur l'aile fermée ; cercle oculaire pâle entier ; souvent, lores pâles et parotiques gris pâle créant une impression de face pâle (certains ind., sur le terrain, présentent des lores assez sombres et un net sourcil) ; pattes gris-brun assez foncé.

VOIX Contact : net dissyllabe sifflé, sonore, remontant, *pu-îe*. Chant : répétition pressée d'une note aiguë, à sonorité argentine, un peu sur le ton du P. siffleur.

Pouillot oriental *Phylloscopus orientalis* MO

L 11-12 cm. Mêmes milieux, globalement, que le P. de Bonelli ; apprécie les chênaies fermées. Visiteur d'été. Hiverne en Afrique de l'E.

CARACTÉRISTIQUES Très semblable au P. de Bonelli ; imm. et certains ind. en plum. automnal usé pas toujours identifiables, sauf aux cris. P. oriental un soupçon plus grand et à ailes plus longues. Au printemps, noter : tertiaires et plupart des grandes couv. alaires assez décolorées et usées, créant souvent une ébauche de plage alaire pâle, grisâtre (Bonelli, typiquement plus frais, avec ailes plus vertes, au printemps). Dessus à peine plus brun-gris (peu évident d'ordinaire). Bec un peu plus fort, montrant un peu plus de brun-rose à la base (du chevauchement). Oiseaux automnaux terriblement similaires.

VOIX Contact : *chip* monosyllabique et plat, presque comme un jeune moineau. En migration, ce cri ou un *iss (t)* proche, un peu étouffé. Chant : très proche de celui du Bonelli mais discernable : même structure mais voix plus plate, sèche et mécanique ou de type insecte.

Pouillot fitis

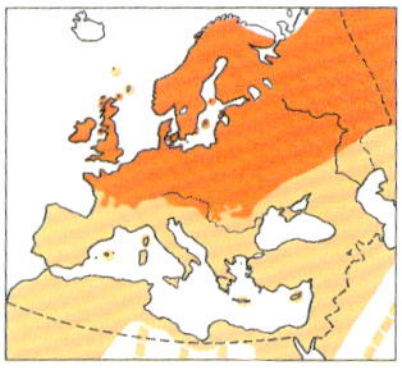

Pouillot siffleur

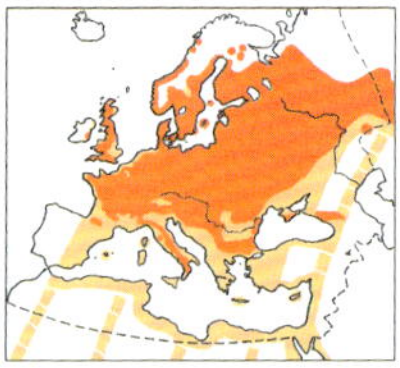

P. de Bonelli P. oriental

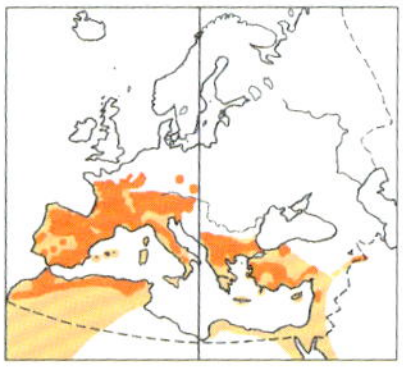

POUILLOT FITIS

POUILLOT SIFFLEUR

POUILLOT DE BONELLI

POUILLOT ORIENTAL

DZ

Pouillot véloce *Phylloscopus collybita* N5 / MA / HC
L 10-12 cm. Milieux boisés, en général clairs, avec de grands feuillus et un sous-bois modéré (localement, conifères mêlés de feuillus). Visiteur d'été (mars-oct.) dans le nord, sédentaire ou migrateur partiel ailleurs. Hiverne autour de la Méditerranée et pour partie au sud du Sahara. Remuant, peu farouche. Nid sphérique à terre.

CARACTÉRISTIQUES Très semblable au P. fitis mais un peu plus petit, plus ramassé, avec teintes plus ternes. Dessus vert brunâtre teinté de gris (croupion parfois un peu plus vert), dessous blanc sale avec nuance jaune et chamois variable sur la gorge et la poitrine. Souvent, nuance brun chamois plus nette aux côtés de la poitrine, surtout en automne, que chez le Fitis. Noter : pattes foncées, fin bec souvent assez foncé, sourcil pâle habituellement assez court et vague, trait sourcilier assez peu foncé, partageant le cercle oculaire blanchâtre à l'avant et à l'arrière ; dessous de l'œil et parotiques assez uniformément foncés (la moitié inférieure du cercle oculaire apparaît bien) ; courte projection primaire. Hoche généralement la queue vers le bas en se déplaçant dans le feuillage (pas le P. fitis). – *Variantes* (voir aussi la voix) : les oiseaux de la plupart de l'Europe *(collybita)* et du N de la Fennoscandie *(abietinus)* sont très proches mais *abietinus* est en moyenne un peu plus pâle, et plus gris dessus ; plus loin au N-E, les nuances verte et jaune du plum. décroissent progressivement.

VOIX Contact : doux sifflement *uît* vaguement montant et accentué à la fin. À la fin de l'été et en automne, les jeunes émettent un *hiip* (confusion possible avec le P. de Sibérie). Enfin, ind. de Turquie, du Caucase et du Moyen-Orient à cris plats *swi* (cf. P. d Sibérie). Chant : série régulière de sons clairs, décidés, monosyllabiques (rarement dissyllabiques) sur 2 ou 3 tons, *tsip tsap tsip tsap tsup tsip*. Les ind. nouvellement arrivés sur les lieux de nidification émettent un *prré prré* étouffé entre les strophes.

Pouillot de Sibérie
Phylloscopus collybita tristis MR / HR
L 11-12 cm. Considéré, tel ici, comme une race orientale du P. véloce mais pourrait devenir une bonne espèce sur la base de la voix et du plum. Taïga, vers l'E à partir de l'Oural. Migrateur. Hiverne surtout en Inde ; chaque année, quelques -uns gagnent l'O de l'Europe en automne.

CARACTÉRISTIQUES Diffère du Véloce européen par : la nuque, la calotte et le manteau brun-gris pur (sans traces de vert), la nuance chamois roux pâle au sourcil, aux parotiques, aux côtés du cou et de la poitrine (sans traces de jaune). Dos et croupion présentent une nuance vaguement olivâtre, et rémiges et rectrices fraîches ont un étroit bord vert. Pattes et bec toujours noirs. En plum. automnal frais, de rares imm. ont les grandes couv. à bout gris-brun pâle formant une ébauche de barre alaire pâle. (À noter : certains Véloces nord-européens de race *abietinus* peuvent aussi être brun-gris, et il est en général assez difficile d'apprécier avec certitude sur le terrain l'absence de nuance jaune à la tête et à la poitrine.)

VOIX Contact : *hii (è) p* triste, pépiant, plat ou à peine descendant, mais noter qu'un cri plat ne signe pas forcément cette race car d'autres populations orientales l'émettent. Chant nettement plus rapide et varié que chez le Véloce européen ; les sons sont plus liés, plus aigus, plus souvent plurisyllabiques que monosyllabiques.

Pouillot ibérique *Phylloscopus ibericus* N3 / MR
L 11-12 cm. Autrefois, race du Véloce mais récemment élevé au rang d'espèce sur la base de la voix, de la génétique, de la morphologie et des habitudes migratrices. Boisements mixtes ou de feuillus, souvent sur les piémonts ou la basse montagne. Visiteur d'été (mars-sept.). Hiverne apparemment surtout en Afrique de l'O tropicale. Nid au sol.

CARACTÉRISTIQUES Passerait souvent inaperçu s'il ne chantait pas. Petit comme le Véloce, ailes presque autant arrondies, mais diffère par les dessus vert plus net, la poitrine jaune et le ventre plus blanc, rappelant le P. fitis. Au printemps, quasiment pas de nuance chamois ou brune à la tête, au cou ou à la poitrine ; en automne, au mieux une trace de brun aux côtés de la tête. Sourcil souvent jaune citron vif, surtout en avant de l'œil. Trait sourcilier sombre souvent assez net, renforçant la ressemblance avec la Fitis. En moyenne, pattes un peu plus pâles que celles du Véloce, et plus de brun pâle à la base du bec (mais chevauchements). Abaisse sans cesse la queue en se nourrissant, comme le Véloce (mais au contraire du Fitis).

VOIX Contact : doux *hui-uu* sifflé, descendant, typique. Chant : comme le Véloce pour le ton, un peu variable mais comportant souvent trois motifs : une partie comme le Véloce (un peu plus rapide et plus monotone), une série de notes rapides, sèches, balbutiées, et quelques sifflements étirés. Par ex. : *tié tié tié tri-tri-tri-tri tetié tetié*. L'ordre des motifs peut varier.

Pouillot des Canaries *Phylloscopus canariensis*
L 11-12,5 cm. Récemment reconnu comme espèce locale et non comme une race du P. véloce. Canaries occidentales. Forêts et boqueteaux avec sous-bois fourni. Sédentaire.

CARACTÉRISTIQUES Ailes très arrondies donnant une projection primaire courte (et une allure à longue queue). Dessus brun olive assez foncé. Dessous nuancé de chamois en plum. frais, virant au jaune au printemps. Sourcil pâle, long, mince et net. Bec assez long, sombre avec bords pâles, et bout paraissant souvent arqué. Pattes longues.

VOIX Contact : *uît* de Véloce, *hii* plus plat ou *ust-iist* dissyllabique. Chant : comme le Véloce mais pénétrant et « explosif », rythme moins régulier, l'ensemble évoquant beaucoup la bouscarle ; variantes rappelant le P. ibérique.

Pouillot de Lorenz *Phylloscopus lorenzii*
L 10-11,5 cm. Souvent considéré comme une race du P. montagnard *(Ph. sindianus)* mais élevé ici au rang d'espèce. Niche en montagne, habituellement à 1 500-2 500 m, dans les saules, hautes broussailles ou forêts mixtes claires près de la limite des arbres.

CARACTÉRISTIQUES Diffère du P. de Sibérie par : large sourcil blanchâtre, calotte brun plus foncé (souvent, aspect de bonnet), côtés de la tête et de la poitrine chamois rose, gorge blanche contrastant plus, queue coupée assez droit, un peu plus large et longue, pieds robustes et très noirs, avec ongles forts. Le dessus surtout brun peut être teinté de vert au dos, aux scapulaires et aux couv. alaires.

VOIX Contact : *tuu (u)* un peu mélancolique et vaguement descendant, un peu comme le P. de Sibérie. Chant comme celui du P. véloce ; rythme un peu plus rapide, strophes plus brèves, avec parfois une troisième note aigüe – *tsîip* – incorporée mais pas toujours.

POUILLOT VÉLOCE

toutes les espèces appartenant au groupe du P. véloce abaissent régulièrement la queue

POUILLOT IBÉRIQUE

beaucoup sont impossibles à identifier sur la base de détails de plumage ; le chant et les cris sont les meilleurs critères

POUILLOT DE SIBÉRIE

la combinaison du cri et des détails de plumage est nécessaire pour une identification fiable

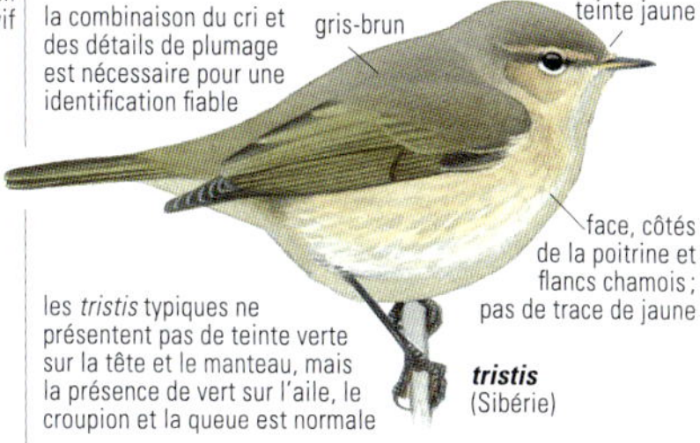

POUILLOT DES CANARIES

les cris et le chant diffèrent très nettement des autres formes de P. véloce

POUILLOT DE LORENZ

DZ

Pouillot véloce

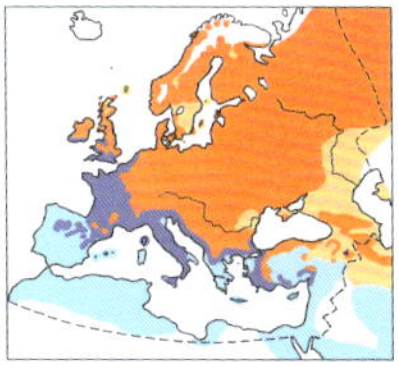

Pouillot ibérique

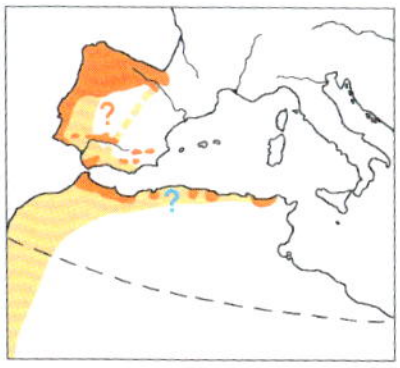

Pouillot des Canaries

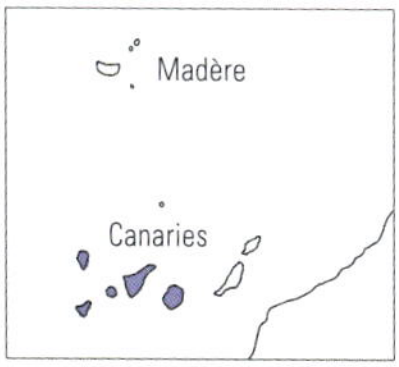

Pouillot de Lorenz

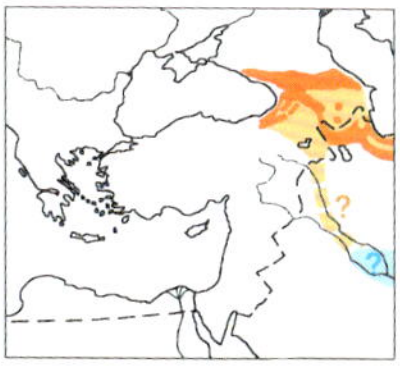

Pouillot boréal *Phylloscopus borealis* MO

L 11,5-13 cm. Ceinture de forêts nordiques ; en Scandinavie, généralement dans les bouleaux, volontiers sur les terrains en pente ; plus à l'E, également dans les conifères avec bouleaux et saules. Visiteur d'été (fin juin-août). Hiverne en Asie du S-E. Remuant ; souvent à la cime des arbres, mais guère farouche. Nid à terre.

CARACTÉRISTIQUES À peine plus grand que le Fitis. Rappelle le P. verdâtre : dessus gris verdâtre, dessous blanc sale, et long sourcil très net, long et large trait sourcilier foncé, courte et étroite barre alaire blanchâtre. Diffère par : taille supérieure, corps assez fort mais, en proportion, tête plus petite, bec plus gros (base forte, bout pointu) à bout foncé dessous (pas chez le P. verdâtre) ; tendance à une nuance gris olivâtre (parfois diffus) à la poitrine et aux flancs ; lores foncés touchant la base du bec, mais sourcil pâle se terminant peu avant le front. Projection primaire assez longue. Tertiaires vert grisâtre uni. Rémiges primaires présentant souvent un bord brunâtre comme chez le P. de Schwarz. Parotiques en général tachetées de foncé. Barre alaire exceptionnellement disparue à une aile, parfois même aux deux, parfois aussi trace d'une autre barre alaire plus courte aux couv. moyennes. Pattes généralement rose brunâtre, parfois gris-brun plus foncé.

VOIX Contact : *dzri* bref, incisif et grinçant, très différent de celui des autres pouillots. Chant : trille rapide et assez dur à tonalité grave ; rappelle le Bruant zizi ; ton descendant de temps à autre, ou rythme changeant en cours d'émission.

Pouillot verdâtre *Phylloscopus trochiloides* MO

L 9,5-10,5 cm. En Europe *(viridanus)*, bois de feuillus (chênes, ormes) et mixtes des basses terres, volontiers dans les bosquets et parcs, et même dans les petits bois (aulnes, bouleaux, sorbiers, chênes) le long des côtes, ou dans les épicéas mêlés de feuillus. Visiteur d'été (mai-sept.). Hiverne en Inde. Vif et remuant. Nid d'ordinaire au sol.

CARACTÉRISTIQUES Taille du Véloce avec, en proportion, assez grosse tête et calotte arrondie. Dessus gris verdâtre, dessous blanc sale avec vague nuance jaune sur la gorge et la poitrine. Reconnu à : sourcil net, long et blanchâtre (souvent jusqu'au front, devant les narines ; cf. P. boréal), barre alaire blanchâtre, courte, étroite et assez diffuse. Pas de seconde barre alaire blanche aux couv. moyennes (cf. P. à pattes sombres et du Caucase), mais il y a parfois en plum. frais quelques petites taches apicales vert grisâtre un peu plus pâle aux couv., pouvant passer sur le terrain pour une ébauche de barre alaire. Trait sourcilier foncé normalement beaucoup moins bien marqué que chez le P. boréal ; aux lores, généralement seulement une tache foncée devant l'œil n'allant pas jusqu'à la racine du bec (quelques exceptions). Mandibule inférieure pâle.

VOIX Contact : *t'sli* légèrement dissyllabique, mouillé, ou *tisli*, plus nettement dissyllabique (presque comme la Bergeronnette grise). Chant : brève strophe peu distincte, de sons dérivant des cris, souvent à rythme légèrement dansant avec demi-pause intercalée ; la strophe se termine parfois par un trille, ou encore rappelle la Mésange noire.

Pouillot à pattes sombres
Phylloscopus plumbeitarsus MO

L 10-11 cm. Homologue oriental du P. verdâtre. Taïga du centre et de l'est de la Sibérie ; très rare occasionnel automnal en Europe.

CARACTÉRISTIQUES Très semblable au P. verdâtre européen, mais : plus longue barre alaire le long des grandes couv. alaires (atteignant l'épaule), plus large (à savoir : plus large que le tarse), mieux délimitée ; de plus, en général, une autre courte et étroite barre alaire au bout des couv. alaires moyennes. Autres différences (peu significatives) : dessus un peu plus vert, moins gris, dessous blanc un peu plus pur, nuance jaune légèrement plus nette au sourcil, à la tête et aux côtés du cou, bec un peu plus gros mais pas plus long, trait sourcilier un peu plus foncé en arrière de l'œil. Diffère du P. à grands sourcils par : tertiaires plus uniformes, dessous du bec tout pâle, taille.

VOIX Comme le P. verdâtre européen (souvent impossible à différencier vraiment). Contact : généralement, *tsi-z'li* un peu plus plein et plus nettement dissyllabique (peut même être trissyllabique). Chant en moyenne plus long, pressé et liquide avec de plus petites variations de ton et pas de demi-pauses comme chez *viridanus*.

Pouillot du Caucase *Phylloscopus nitidus* MO

L 10-11 cm. Proche parent du P. verdâtre, récemment reconnu comme espèce. Versants montagneux, du N de la Turquie, du Caucase et du N de l'Iran ; forêts touffues de feuillus et mixtes, parfois jusqu'à proximité de la limite des arbres, parmi bouleaux, aulnes, hêtres, genévriers, saules, etc. Visiteur d'été (début mai-sept.). Hiverne au S de l'Inde. Mœurs par ailleurs semblables à celles du P. verdâtre.

CARACTÉRISTIQUES Similaire au P. verdâtre *(viridanus)* mais : dessus vert de P. siffleur ; sourcil jaune pâle très apparent, joues, gorge, côtés du cou et haut de la poitrine jaunâtres. (Attention ! les nuances jaune et verte disparaissent facilement dans la lumière tamisée par le feuillage, si bien que la similitude avec *viridanus* s'en trouve souvent accrue) ; nette barre alaire blanc jaunâtre, et parfois brève trace d'une autre. Sourcil jaune se terminant près de la base du bec, mais n'atteignant pas le front comme chez la plupart des P. verdâtres européens. En proportion, tête et bec forts.

VOIX Contact proche de celui du P. à pattes sombres. Chant très proche de celui du P. verdâtre mais souvent différenciable à l'inclusion de phrases en trille sec ou « bourdonnantes », *tsii-tsirrr*, à raison de 1 à 3 par chant.

Pouillot boréal

Pouillot verdâtre

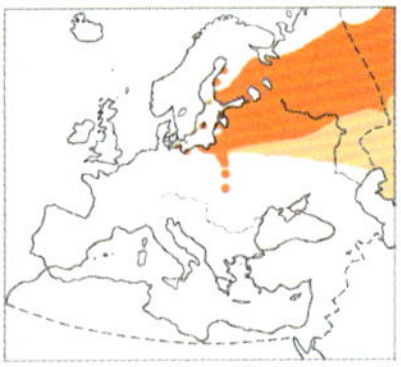

Pouillot du Caucase

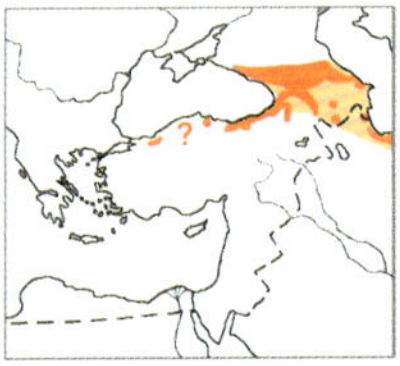

POUILLOT BORÉAL

POUILLOT VERDÂTRE

POUILLOT À PATTES SOMBRES

POUILLOT DU CAUCASE

Pouillot à grands sourcils
Phylloscopus inornatus MR / HO

L 9-10,5 cm. Taïga sibérienne, atteignant juste la limite de l'aire étudiée, au N de l'Oural, vers le cours supérieur de la Petchora. Hiverne normalement en Asie du S-E. Atteint l'Europe de l'O en automne ; y est encore une rareté bien qu'étant l'occasionnel oriental le plus abondant (moyenne de 40/an en France). Données surtout à fin septembre-oct., dans les arbres et les broussailles côtiers. Vif et remuant, agite souvent les ailes. Souvent associé à d'autres pouillots et à des roitelets.

CARACTÉRISTIQUES Le plus souvent décelé d'abord à son cri. Un peu plus petit que le Véloce et plus vif. Dessus vert grisâtre, dessous blanc sale, pattes brun moyen. Long sourcil jaune pâle assez apparent, trait sourcilier foncé. Large barre alaire blanc jaunâtre aux grandes couv. alaires ; autre barre alaire, plus courte et moins apparente, aux couv. moyennes ; barre alaire aux grandes couv. mise en valeur par le fond sombre de l'aile. Tertiaires (surtout les deux plus courtes) à centre sombre, bordées de blanc jaunâtre, à la différence du P. verdâtre. Côtés de la calotte gris verdâtre un peu plus foncé que le milieu déterminant souvent une raie pâle médiane, surtout nette vers l'arrière. (V. aussi le P. de Hume.)

VOIX Bavard. Contact : *tsi-hui* sonore, incisif, aigu, dont la qualité rappelle souvent la Mésange noire, mais plus aigu et plus nettement montant à la fin et, en outre, repris à l'identique (chez la mésange, hauteur et détails varient souvent). Chant : notes très fines, hésitantes.

Pouillot de Hume *Phylloscopus humei* MO / HO

L 9-10 cm. Très proche du P. à grands sourcils mais voix tout autre et plum. un peu différent ; dorénavant considéré comme une bonne espèce. Occasionnel automnal et hivernal, en provenance des forêts de montagne d'Asie centrale.

CARACTÉRISTIQUES Très semblable au P. à grands sourcils (parfois indifférenciables au plum.). En plum. automnal frais, dessus un peu plus terne et plus vert grisâtre ; avant du sourcil, joues, côtés du cou et de la poitrine à vague nuance chamois ; rémiges et couv. alaires moins gris foncé ; bout pâle aux couv. moyennes assez ombré et mal défini (moins pâle et net) ; barre alaire aux grandes couv. souvent nuancée de chamois, non jaune pâle pur ; bec et tarses en moyenne un peu plus sombres. En plum. printanier usé, quasi indiscernable du P. à grands sourcils.

VOIX Meilleur élément de distinction avec le P. à grands sourcils. Cris, en dehors de la période de nidification, un énergique *dsu-uit* dissyllabique, plus grave que celui du P. à grands sourcils, ou un *dsiiwo'* dissyllabique, aussi un *gsui* un peu descendant (assez proche de l'un des chants – voir ci-dessous). Chant : note vibrante, étirée, un peu tombante à la fin, *bzzzzzzziio'* (comme un cri prolongé de Grive mauvis en migration) ; autre forme : *viislo'* (ou *tiss-yip*), tombant et assez grave, souvent doublé ou répété plusieurs fois.

Pouillot à grands sourcils

Pouillot de Pallas *Phylloscopus proregulus* MO

L 9-9,5 cm. Rare hôte automnal (souvent oct.) venu d'Asie, mais l'un des visiteurs sibériens les plus fréquents en Europe de l'O. Très vif et sans cesse en mouvement, changeant sans cesse de perchoir, papillonnant et voletant dans les buissons ou les feuillages, pouvant même se suspendre comme une mésange.

CARACTÉRISTIQUES Très petit, presque comme un Roitelet huppé, avec lequel on le note souvent mais dont il diffère par ses mouvements bien plus pressés et son comportement très remuant. Diffère du P. à grands sourcils par la tache jaune pâle (ou blanchâtre) du croupion, étroite mais frappante, surtout lorsque l'oiseau volette ou sautille au sol (mais sinon, difficile à voir). Calotte vert olive très foncé avec raie centrale jaune pâle, étroite mais nette. Trait sourcilier foncé et sourcil jaune. Paraît souvent à grosse tête et queue courte. Vu de dessous, noter le long trait sourcilier sombre et le sourcil jaune vif, orangé vers l'avant. Comme les P. à grands sourcils et de Hume, barre alaire aux grandes couv. encadrée de sombre.

VOIX Moins loquace que le P. à grands sourcils. Cri le plus habituel : *tchui* assez discret, doux, nasillard et légèrement montant ; *pih* plus fin et plat. Chant étonnamment sonore, en trille, comme le troglodyte (le « canari de la taïga »).

Pouillot brun *Phylloscopus fuscatus* MO

L 10,5-12 cm. Sibérie ; saules et broussailles des tourbières et prairies marécageuses de la taïga, préférant toujours le sol humide. Migrateur. Hiverne dans le S-E asiatique ; très rare occasionnel automnal en Europe de l'O, dans les herbes folles et les broussailles des milieux ouverts.

CARACTÉRISTIQUES Proche du Véloce par la forme, mais ailes arrondies avec projection primaire plus courte, pattes un soupçon plus longues. Silhouette de P. véloce. À peu près de la couleur du P. de Lorenz, avec dessus brun-gris foncé teinté de roux, dessous brun-gris ombré, plus foncé aux côtés de la poitrine et aux flancs, parfois un peu nuancé de roux. Noter : fines pattes brun-rouge, bec mince avec un peu de brun-rouge à la base ; sourcil pâle long, net, blanc, d'ordinaire étroit devant l'œil et plus large et parfois teinté de chamois roussâtre derrière, large trait sourcilier sombre. Côtés de la poitrine, flancs et sous-caudales nuancés de roussâtre pâle. Sans le jaune aux flancs et au bas-ventre du P. de Schwarz.

VOIX Contact : *tèc* dur, comme la Fauvette babillarde.

Pouillot de Schwarz *Phylloscopus schwarzi* MO

L 11,5-12,5 cm. Taïga sibérienne ; clairières à sous-bois touffu près des cours d'eau. Migrateur. Hiverne dans le Sud-Est asiatique ; occasionnel automnal en Europe.

CARACTÉRISTIQUES Taille du P. fitis mais plus charpenté, tête un peu plus grande (souvent à front plus abrupt), bec et pattes plus forts. Dessus brun assez foncé à nuance gris olivâtre, dessous blanc sale à nuance chamois jaune chaud (ou plus brun olivâtre) sur la poitrine, les flancs et surtout la région anale et les sous-caudales. Fort sourcil pâle, trait sourcilier foncé. Diffère du P. brun par : bec plus gros, pattes plus fortes et en général brun rosé plus pâle ; devant l'œil, sourcil large, plus diffusément délimité vers l'arrière et, en plum. frais, de nuance chamois jaune, généralement blanchâtre derrière l'œil. Un peu plus posé que le P. brun, pas aussi remuant.

VOIX Contact : doux *chrèp* ou *quip*, plein, un peu nasillard, parfois en série frémissante.

POUILLOT À GRANDS SOURCILS

POUILLOT DE HUME

POUILLOT DE PALLAS

POUILLOT BRUN

POUILLOT DE SCHWARZ

DZ

ROITELETS REGULUS ET TROGLODYTE TROGLODYTES

On associe souvent les roitelets aux Sylviidés, notamment aux pouillots, sans preuve scientifique. Leurs liens restent à préciser ; par commodité, ils sont présentés ici avec le troglodyte (proche des gobemouches et Turdidés).

Roitelet huppé *Regulus regulus* NS5 / MC

L 8,5-9,5 cm. Boisements de conifères ou mixtes, recherchant les parcelles denses d'épicéas ou de sapins ; parcs, jardins avec conifères. Sédentaire ou migrateur partiel. En migration, se montre souvent en milieu ouvert. S'associe aux mésanges en hiver. Souvent haut dans les arbres, circulant sans cesse et voletant sur place. Peu farouche.

CARACTÉRISTIQUES Généralement décelé à ses cris fins, aigus. Plus petit oiseau d'Europe. Combinaison de la taille, du dessus verdâtre pâle et du dessous blanc sale permettant d'éliminer presque toutes les autres espèces. Bec court. Tête grosse en proportion donnant un aspect rondelet. Œil « en grain de poivre » sur fond pâle, paraissant grand. Raie jaune bordée de noir à la calotte. Très fin bec sombre. – ♂ *ad. :* beaucoup d'orange sur la raie jaune de la calotte, habituellement invisible chez l'oiseau calme, visible en parade ou quand ces plumes se hérissent. – ♀ *ad. :* d'ordinaire pas d'orange à la calotte (certaines en ont un peu, invisible sur le terrain). – *Juv. :* calotte plus unie que chez l'ad., bec nettement pâle. Plum. de 1er hiver, proche de l'ad., vers la fin de l'été. – *Variante :* aux Canaries (Ténérife, La Palma, Gomera, Hierro), *teneriffae*, avec net front noir, dessous chamois rose plus soutenu, moins de pâle au bout des tertiaires. Bec à peine plus long que chez les ind. européens.

VOIX Bavard. Cri le plus habituel : *sri-sri-sri* (3 ou 4 syllabes) fin, aigu. Alarme : *tsiih* perçant, aigu, plat. Chant : motif aigu répété rythmiquement 4 à 6 fois, suivi d'une enjolivure finale.

Roitelet à triple bandeau

Regulus ignicapilla NS5 / MC

L 9-10 cm. Boisements de feuillus ou mixtes, mais aussi bois de conifères (pins, cèdres). En moyenne, opte pour des boisements moins hauts que le R. huppé ; se trouve souvent dans les buissons élevés et les haies, ou dans des boisements plus mixtes (y compris les vieux parcs et les grands jardins), avec une plus forte proportion de feuillus. Dans la péninsule Ibérique et en Afrique du N-O, chênes-lièges et hêtres. Migrateur partiel. Mœurs comme le R. huppé. Nid dans les conifères.

CARACTÉRISTIQUES Similaire au R. huppé. Décelé et généralement reconnu à la voix. Petitesse et teinte générale du plum. réduisant les possibilités de confusion. Au contraire du R. huppé, nets sourcil blanc et trait sourcilier noir, rendant la tête rayée et plus « anguleuse ». De plus, côtés du cou vert jaunâtre vif nuancé d'ocré, non uniformément vert-gris. Calotte comme chez le R. huppé mais traits latéraux noirs réunis au-dessus du front. – ♂ *ad. :* beaucoup d'orangé sur la calotte, généralement visible même quand l'oiseau est calme. – ♀ *ad. :* peu ou pas d'orangé sur la calotte (le sexe des ♀♀ avec plus d'orangé est difficile à déterminer sur le terrain). – *Juv. :* pas de motif net à la calotte avant la mue de fin d'été, mais indication de face rayée.

VOIX Contact : similaire au R. huppé mais un peu plus grave, débutant d'ordinaire par une note plus longue et accentuée, suivie de 2 ou 3 notes plus brèves, un peu accélérées et montantes *suu su-si-si*. Chant : répétition rapide d'un même son fin, avec léger accroissement de l'intensité, légère montée, et bref trille final (sans le côté cadencé du R. huppé).

Roitelet de Madère *Regulus madeirensis*

L 9-10 cm. Assez commun dans les forêts de Madère. Sédentaire. Considéré comme une espèce locale plus que comme une race du R. à triple bandeau au vu des vocalisations, de la génétique et de légères différences morphologiques.

CARACTÉRISTIQUES Très similaire au R. à triple bandeau mais : plages aux côtés du cou bronze doré plus soutenu, plus de noir aux ailes à la base des primaires, formant une assez grande plage noire soulignant la large barre alaire blanche, sourcil plus court, s'atténuant juste en arrière de l'œil. En outre, en moyenne, bec plus long et pattes un peu plus longues, le tout conférant une allure un peu plus élancée. ♂ avec moins d'orange et plus de jaune à la calotte que R. à triple bandeau.

VOIX Outre plusieurs cris fins rappelant le R. à triple bandeau, un *ouiiz* distinctif, plat, perçant, et un sifflement également plat *piip*, presque comme le Pouillot véloce « sibérien ». Chant assez semblable à celui du R. à triple bandeau, série pressée de notes fines, un peu accélérée.

Troglodyte mignon

Troglodytes troglodytes NS5 / MA / HA

L 9-10,5 cm. Milieux variés ; boisements à sous-bois touffu et broussailleux, parcs et jardins (jusqu'en ville), landes avec arbustes, etc. Apprécie les parcelles denses avec arbres déracinés, tas de branches, etc. Sédentaire dans la plupart de l'Europe, migrateur en Fennoscandie, hivernant en Europe de l'O.

CARACTÉRISTIQUES Très petit ; toute petite queue qu'il dresse en général, et cou court. Dessus brun-roux et dessous blanc brunâtre sale avec fines vermiculures sombres. Un sourcil blanc brunâtre pâle assez vague est le seul trait saillant. Bec long, pointu et légèrement arqué. Sexes et âges identiques. – *Variantes :* assez faibles en dépit de la large répartition, mais les ind. du N des îles Britanniques, des Féroé *(borealis)* et d'Islande *(islandicus)* sont progressivement plus sombres et à pattes et bec plus longs.

VOIX Cri d'inquiétude, soit *drrrr* roulé et dur, soit *dzèc !* claquants, durs, les deux parfois combinés en longues séries. Chant : émis presque tout au long de l'année, étonnamment fort pour un si petit oiseau : séries, souvent répétées, de sons métalliques et de trilles enchaînés, par ex. *zitriuyi-si-svi-svi-svi-svi-svi zuy-zuy-zuy-zuy si-zirrrrrrr svi-svi-svi siyu-zerrrrr sivi !* Certaines des composantes aiguës ne portent pas, rendant le chant un peu discontinu de loin. Chante surtout à couvert mais aussi de perchoirs bien en vue.

ROITELET HUPPÉ

teneriffae (îles Canaries extérieures)

ROITELET À TRIPLE BANDEAU

ROITELET DE MADÈRE

TROGLODYTE MIGNON

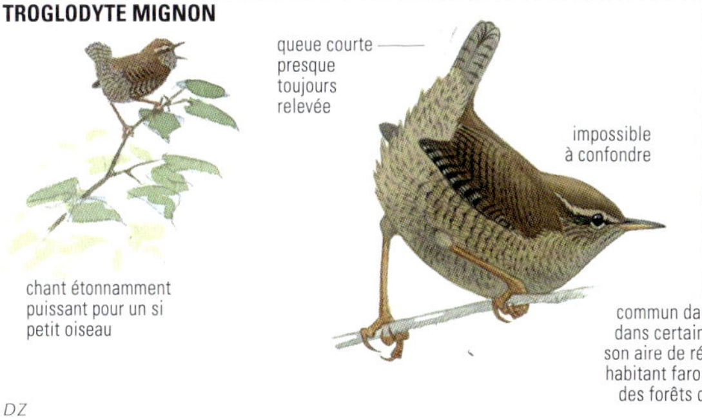

islandicus et al.
(formes de l'Atlantique N ; Islande, îles au N de la G-B)

DZ

Roitelet huppé

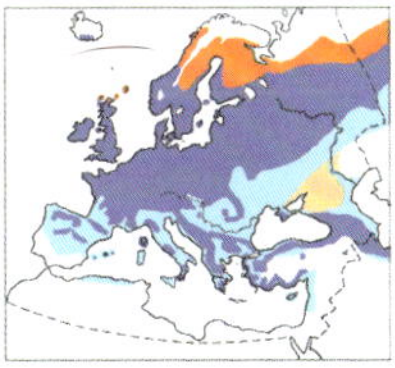

Roitelet à triple bandeau

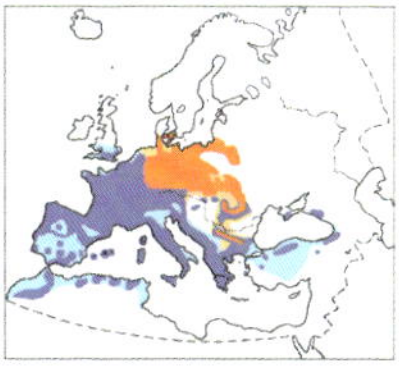

Roitelet de Madère

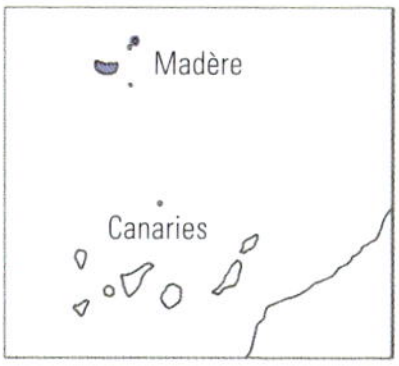

Troglodyte mignon

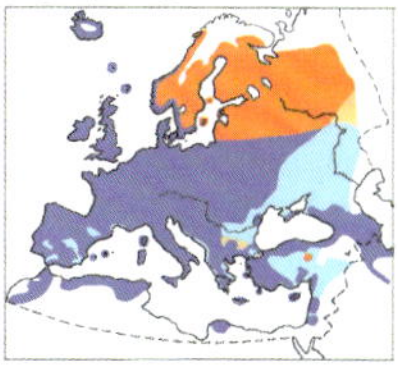

GOBEMOUCHES : MUSCICAPIDÉS

Sept espèces dans la région étudiée. Restent immobiles sur un perchoir dégagé, puis s'élancent d'un vol rapide, pour capturer un insecte en l'air, dans un arbre ou au sol. Agitent souvent la queue ou les ailes.

Gobemouche gris *Muscicapa striata* N5 / MC

L 13,5-15 cm. Jardins, parcs et bois. Apprécie les petites clairières et les trouées. Visiteur d'été. Hiverne en Afrique. Nid dans un creux d'arbre ou un renfoncement de mur, souvent aussi dans une plante grimpante.

CARACTÉRISTIQUES Taille moyenne/petite, assez élancé, brun grisâtre sans traits particuliers. Bec fort, assez long et foncé. Queue et ailes longues. Courtes pattes noires. Dessus brun-gris, dessous blanc sale sans motifs sauf d'étroites stries à la poitrine, aux côtés de la gorge et à l'avant de la calotte (mieux visible de face ; couleur de fond de l'avant de la calotte brun-gris plus pâle que le reste du dessus). Œil « en grain de poivre », à vague cercle oculaire étroit et pâle. En plum. frais, secondaires à vague liseré pâle pouvant former une vague plage pâle sur l'aile fermée, néanmoins très différente de celle du G. noir ♀. Sexes semblables ; âges similaires, normalement indiscernables sur le terrain. Se tient assez droit, souvent à découvert, hochant la queue. Lorsqu'il chasse les insectes, s'élève parfois rapidement à plusieurs mètres et vole sur place, ou glisse en un long piqué en planant sur un ou deux mètres.

VOIX Bavard mais répertoire discret et limité ; passe souvent inaperçu. Contact : *tsit* ou *tzt* bref et évoquant nombre d'autres espèces ; alarme plus typique, cri de contact suivi d'un ou deux brefs cliquetis *tsit-tè (-tè)*. Chant : série de sons brefs, calmes, grinçants, souvent entrecoupés de quelques trilles doux ; un peu irrégulier, notes bien espacées.

Gobemouche brun *Muscicapa dauurica*

L-12-13 cm. Très rare occasionnel (slt Danemark, Grande-Bretagne et Suède) en provenance de la taïga sibérienne. Mœurs et milieu très proches de ceux du G. gris.

CARACTÉRISTIQUES Rappelle beaucoup un petit G. gris mais front sans stries et, d'ordinaire, nuance gris-brun pâle uni limitée à la poitrine ; net cercle oculaire blanchâtre autour de l'œil sombre assez grand ; lores blanchâtres. Bec fort, long et aplati de profil, à large base avec côtés vaguement convexes de dessous, la base étant rosée ou paille dessous vue de profil. En plum. frais, secondaires et plus longues tertiaires à bord brun un peu plus pâle, formant une vague plage alaire pâle.

VOIX Contact comme le G. gris, *dsi* aigu, incisif.

Gobemouche nain *Ficedula parva* MR / HO

L 11-12 cm. Divers milieux forestiers, le plus souvent dans les parties touffues à sous-bois fourni, et volontiers près d'un ruisseau ; apprécie les feuillus, mais ne fuit pas les boisements mixtes. Visiteur d'été (mai-sept.). Hiverne en Asie occidentale. Insectivore. Nid dans un trou d'arbre.

CARACTÉRISTIQUES Petit, sans cesse en mouvement dans les frondaisons comme un pouillot (au contraire des autres gobemouches européens). Perché, trahit souvent son identité de gobemouche en agitant les ailes et relevant sa queue blanc et noir. Dessus principalement brun, dessous blanchâtre. Étroit cercle oculaire pâle autour de l'œil sombre. Assez petit bec foncé, base de la mandibule inférieure brun rosé. – ♂ *ad.* : gorge orange à limite inférieure assez floue, mais nettement délimitée par rapport aux côtés gris plomb du cou ; tête et nuque également plus ou moins teintées de gris plomb. Garde la gorge orange en hiver. Sus-caudales noires. – ♂ *subad.* : comme l'ad. mais orange de la gorge et gris de la tête moins définis. – ♂ *de 1er été et* ♀♀ : gorge sans orange (très rares exceptions), tête sans gris. Sus-caudales brunes ou noirâtres, pas plus noires que les rectrices centrales. Dessous à nuance chamois crème. – *1er hiver* : comme ♂ de 1er été et ♀♀, mais dessous chamois soutenu, et couv. alaires à bout chamois formant une barre alaire aux grandes couv. ; tertiaires liserées de chamois.

VOIX Loquace. Cri habituel en migration : trille sourd, *srrrt*, plus doux que celui du troglodyte. Inquiétude/alarme : sifflement bref et doux, *diluy*. Autres cris : bref et rauque *sri* ; *tèk* sec. Chant commençant par de brefs sons aigus, suivis de quelques notes rythmées à la façon du G. noir, s'achevant par une série lente de sons clairs, descendants, tout à fait typique.

Gobemouche de la taïga *Ficedula albicilla* MO

L 11-12,5 cm. Taïga sibérienne dense, rarement à l'O de l'Oural, à l'extrême E de la Russie d'Europe ; parcelles riches en bouleaux et mêlées d'autres feuillus. Rare occasionnel dans le N-O de l'Europe mais passe peut-être inaperçu.

CARACTÉRISTIQUES Très semblable au G. nain, mais ♂ ad. nuptial à gorge orange nettement soulignée par une bande pectorale gris plomb ; tendance à avoir calotte et parotiques brunâtres, mais lores et sourcil gris. ♀♀ et imm. toujours à sus-caudales noir pur, plus noires que les rectrices centrales. Noter aussi que le bec est plus sombre, presque tout noir, avec juste un peu de brun à la base en dessous (mais critère dur à voir). Dessous teinté de brun grisâtre, d'ordinaire plus terne et froid que chez le G. nain. Souvent, bavette blanche contrastante. – *1er hiver* : comme le G. nain, mais couv. alaires et tertiaires en général liserées et terminées de blanchâtre plus que de chamois (mais un certain chevauchement). – ♂ *de 1er été* : très semblable à l'ad. avec bavette orange étendue, gorge sans orange (très rares exceptions), tête sans gris. Sus-caudales brunes ou noirâtres, pas plus noires que les rectrices centrales. Dessous à nuance chamois crème. – ♂ *ad. internuptial* : mue vers un plum. féminin en perdant plus ou moins la bavette orange.

VOIX Cri habituel, un *trrrt* plus rapide que celui du G. nain. Chant totalement différent de celui du G. nain, rappelant plus un pipit ou un bruant, série rapide de trilles secs et de notes perçantes de hauteur variable, montant et descendant quelque peu, part ex. *zri-zri-da zri-zri-da tui-tui-tui zrri-daa-zi*.

Gobemouche gris

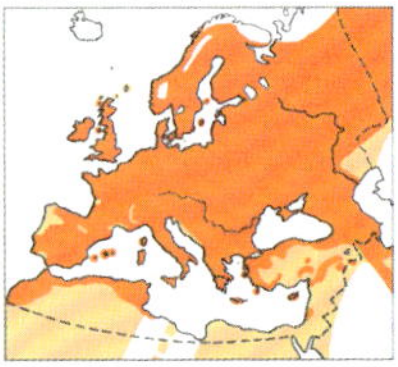

Gobemouche nain

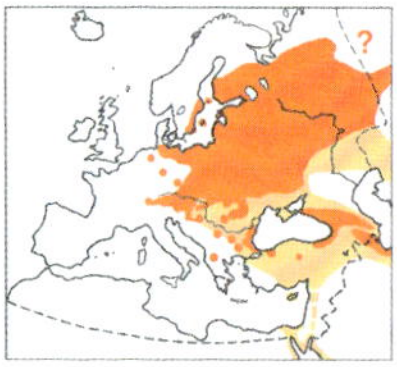

GOBEMOUCHE GRIS

GOBEMOUCHE BRUN

GOBEMOUCHE NAIN

GOBEMOUCHE DE LA TAÏGA

DZ

Gobemouche noir *Ficedula hypoleuca* N4 / MC / HO
L 12-13,5 cm. Forêts claires de feuillus et mixtes (volontiers dans les vieux chênes), parcs, jardins ; taïga. Visiteur d'été. Hiverne en Afrique occ. Recherche les vieilles chênaies garantissant espace d'évolution et proies. Actif, remuant. Insectivore. Nid dans un trou d'arbre, un nichoir.

CARACTÉRISTIQUES La plupart des ♂♂ nuptiaux noir et blanc, autres plum. brun et blanc cassé. En tous plum., tache alaire blanche ou blanc chamois sur l'aile sombre, étroits bords blancs à la queue (quelques exceptions). Noter l'étendue du blanc à la base des primaires sur l'aile fermée : en général, absence de tache ou seulement un étroit croissant atteignant tout juste le bout des couv. primaires. Relève souvent nerveusement et soulève une aile. – ♂ *nuptial :* dessus noirâtre ou gris-brun foncé (plus fréquent dans l'E de l'Europe) avec en général petite tache blanche au front (partagée en deux, une de chaque côté). Primaires assez foncées et fraîches. Les plus bruns très semblables aux ♀♀ mais s'en distinguent normalement par le blanc au front, l'étendue du blanc au vexille externe des tertiaires et au dessus de la queue plus noir. Quelques-uns ont le croupion gris plus pâle. – ♂ *de 1er été :* comme le ♂ ad. mais, de près, primaires plus usées et plus brunes. En général, dessus moins noir, plus brun-gris. – ♀ *ad. :* dessus brun. Pas de tache frontale blanche (au plus insignifiante et blanc beigeâtre). Blanc aux tertiaires ne couvrant que le bout du vexille externe. – ♂ *ad. en automne :* comme la ♀ ad. mais parfois reconnaissable au dessus de la queue plus noir et aux couv. alaires assez noirâtres. – *1er hiver :* comme la ♀ mais décrochement entre le large bord blanc du vexille externe et l'étroit bord blanc du vexille interne au bout des tertiaires. – *Variantes :* ♂ nuptial de la race *iberiae* (C de l'Espagne) avec aspect de ♂ de G. à collier (sans collier), très noir avec grande tache frontale blanche, beaucoup de blanc aux ailes, et queue toute noire ; certains ont même un demi-collier. Beaucoup de ♀♀ ad. ont une tache frontale blanche.

VOIX Loquace. Alarme : *pic* bref, métallique, inlassablement répété. Contact : doux cliquetis, *tèc*. Chant sonore et rythmé ; souvent, phrase de 2 secondes, avec répétitions, brusques changements de hauteur et variations.

Gobemouche de l'Atlas *Ficedula speculigera*
L 12-13,5 cm. Bois et vergers des montagnes de l'Atlas, en Afrique du N-O. Visiteur d'été (arrive fin avr.-mai). Hiverne en Afrique occidentale. Très proche du G. noir.

CARACTÉRISTIQUES ♂ ad. nuptial comme le G. à collier, dessus noir pur avec beaucoup de blanc au front et sur l'aile, et queue toute noire. Diffère par : absence de collier blanc complet (mais peut rarement en avoir un étroit et quasi complet), et voix. – ♀ *ad. :* comme celle du G. à collier mais dessus de la queue en moyenne plus noir, contrastant avec le croupion gris pâle et le dos grisâtre. Grande tache blanche aux primaires, dessus brun. Pas de tache frontale blanche (au plus insignifiante et blanc beigeâtre). Blanc aux tertiaires ne couvrant que le bout du vexille externe. – ♂ *1er été :* très semblable au G. noir, certains indiscernables. Ind. typiques avec assez grande tache blanche au front (jamais divisée en deux), et noir plus soutenu à la calotte, à la nuque et au manteau.

VOIX Contact : *viito* répété, un peu différent de celui du G. noir. Chant ressemblant aussi à celui du G. noir, mais un peu plus lent et grave, avec inclusion de nettes variations dans le ton. Sonne moins enjoué, plus « pensif » que celui du G. noir.

Gobemouche noir

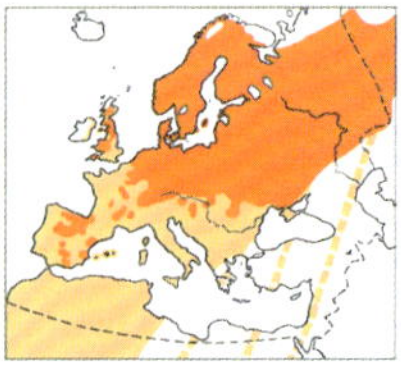

Gobemouche à demi-collier

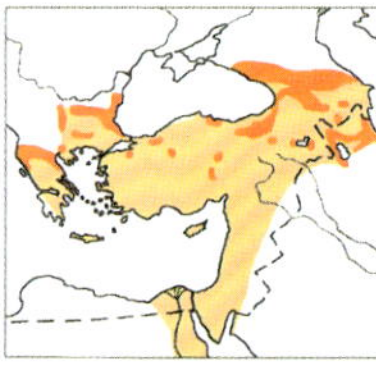

Gobemouche à demi-collier
Ficedula semitorquata MO
L 12-13,5 cm. Forêts de feuillus et mixtes, à basse ou moyenne altitude, souvent dans les bosquets le long des cours d'eau. Visiteur d'été (avril-sept.). Hiverne en Afrique.

CARACTÉRISTIQUES Moyen terme entre les G. noir et à collier. Le ♂ nuptial a normalement plus de blanc vers l'arrière du cou que le G. noir (mais quelques-uns sont très proches). Noter : couv. alaires moyennes à bout blanc (peuvent se mêler à la grande tache alaire blanche), blanc plus visible à la base des rémiges primaires que chez le G. noir (à peu près comme chez le G. à collier ♂ de 1er été), blanc étendu aux rectrices externes (parfois visible de dessous sur l'oiseau perché). ♀ ad. très semblable à celle du G. à collier ; typiquement, couv. alaires moyennes à bout blanc, mais rare absence de ce caractère (et, rarement, un soupçon de bout blanc chez le G. à collier). En général, un peu moins de blanc à la base des primaires.

VOIX Contact : *puyuyp* clair, sifflé, plus grave que chez le G. à collier. Contact, presque comme le cri du Pouillot véloce « sibérien » de loin : *tett* calme. Parfois, un *tuyihp* plus fin, un peu perçant et montant. Autre cri de contact, un calme *tèc* cliquetant. Alarme, un rêche *chah*. Chant : faible, passe aisément inaperçu dans le chœur forestier, notes tendues comme chez le G. à collier mais plus proche du G. noir par le rythme. Hauteur plus constante que chez le G. à collier.

Gobemouche à collier *Ficedula albicollis* N3 / MR
L 12-13,5 cm. Forêts de feuillus à clairières et sous-bois ; jardins et parcs touffus. Visiteur d'été (mai-août). Hiverne en Afrique. Mœurs très proches de celles du G. noir, avec lequel il s'hybride.

CARACTÉRISTIQUES – *Ad. nuptial :* large bande blanche au cou. Par ailleurs similaire au G. de l'Atlas : grande tache frontale blanche, dessus très noir, primaires comprises, grande tache blanche à la base des primaires et queue toute noire. Croupion souvent gris pâle ou même blanc. – ♂ *de 1er été :* primaires plus brunes, plus petites zones blanches, mais bande blanche au cou. – ♀ *et 1er hiver :* très semblables au G. noir mais ♀ nuptiale un peu plus pâle et plus grisâtre dessus, tache blanche à la base des primaires plus grande et en forme de goutte ou de rectangle, plus proches du bord antérieur de l'aile que chez tout G. noir. – ♂ *ad. en automne :* dessus brun comme chez la ♀ automnale ou l'ind. de 1er hiver mais reconnaissable aux ailes

Gobemouche à collier

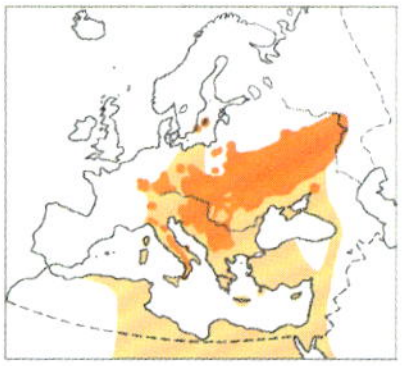

GOBEMOUCHE NOIR

GOBEMOUCHE DE L'ATLAS

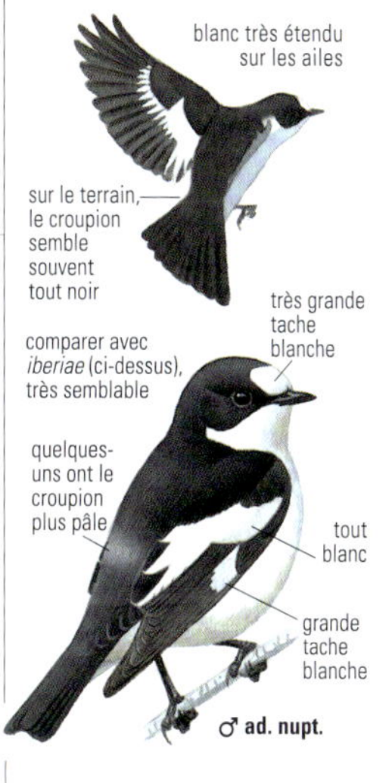

GOBEMOUCHE À DEMI-COLLIER

GOBEMOUCHE À COLLIER

noirâtres avec grande tache blanche à la base des primaires. Rarement, beaucoup de blanc aux rectrices externes.

VOIX Contact et alarme : sifflement prolongé, fin, presque aspiré, *iihp* (comme une note du chant). Également, *tèt* calme. Chant particulier : série de sifflements étirés, rêches ou tendus, émis sur un rythme assez lent, souvent avec d'importantes variations de hauteur.

MÉSANGES : PARIDÉS

Nichent dans des cavités et forment des bandes hivernales plurispécifiques. Surtout sédentaires.

Mésange charbonnière *Parus major* N5/MA/HA

L 13,5-15 cm. Toutes sortes de zones pourvus d'arbres, de la taïga reculée aux jardins. Visite assidûment les mangeoires. Décidée, parfois même audacieuse. Alim. : insectes, graines, fruits, etc. Nid dans un trou d'arbre, un nichoir, etc.

CARACTÉRISTIQUES La plus grande mésange. Aisément reconnaissable : dessous jaune à bande médiane noire, tête noir brillant, joue blanche, dos vert mousse, étroite barre alaire blanche sur l'aile gris bleuté. Sexes semblables, mais ♂ généralement jaune plus intense dessous avec bande noire plus large (formant une plage noire au milieu du ventre) ; ♀ souvent jaune un peu plus pâle dessous et à bande noire plus étroite, souvent interrompue. – *Juv. :* comme l'ad., mais joue jaune sans bordure inférieure noire complète.

VOIX Répertoire riche. Contact à ton enjoué, notamment un *pinc-pinc* de pinson, un *ti tuui* bavard, et un *si yutti yutti* joyeux. Querelle avec de rudes séries de *chè-chè-chè-chè-chè* Les juv. volants emplissent les bois de plaintifs *tétété tétété*. Chant à partir de la fin de l'hiver : simple, un peu mécanique, par ex. *ti-ta ti-ta ti-ta…* ou *ti-ti-ta ti-ti-ta ti-ti-ta…*

Mésange noire *Periparus ater* NS5/MC/HC

L 10-11, 5 cm. Surtout forêts de conifères, souvent avec grands épicéas. Sédentaire mais, certaines années, populations nordiques descendant au S en grand nombre. Se nourrit beaucoup à la cime des arbres et au bout des branches. Nid dans un trou d'arbre.

CARACTÉRISTIQUES Comme une petite M. charbonnière décolorée, avec tête noire à grande zone blanche sur la joue et étroite barre alaire blanche. Toutefois, plus grosse tête et nuque plus forte, plus «soudée» au manteau. Dessous chamois grisâtre sale et non jaune, sans bande médiane noire. De dos, caractère le plus marquant : une tache blanche oblongue à la nuque. En cas d'inquiétude, une petite huppe peut se dresser en une pointe minuscule à l'arrière de la calotte. Dos gris-bleu. Barre alaire blanche le long des grandes couv. ; une autre barre plus courte en «rangée de perles» le long des couv. moyennes. – *Variantes :* oiseaux de Grande-Bretagne et de la péninsule Ibérique à nuance plus olivâtre que bleue au dos, et flancs teintés de brun roussâtre. En Irlande, dessous et joues vaguement jaunâtres.

VOIX Contact : divers sons fins, clairs, isolés ou groupés, à tonalité mélancolique, par ex. *tsui tsî* ou *tih tuyé*. Chant «joyeux», souvent émis du haut du plus grand arbre du territoire, comme celui de la Charbonnière mais à vitesse supérieure, *sitiu-sitiu-sitiu…*

Mésange bleue *Cyanistes caeruleus* NS5 / MA / HA

L 10,5-12 cm. Bois, généralement de feuillus ou mixtes, parcs, jardins. Sédentaire, mais migre au S-O certains automnes, parfois en grand nombre. Vient aux mangeoires en hiver. Se suspend volontiers aux branchettes ou aux mangeoires. Nid dans un trou ou un nichoir.

CARACTÉRISTIQUES Assez petite mésange. Petite tête à calotte arrondie, enfoncée dans les épaules. Silhouette, attitudes et dessin de la tête avec trait sourcilier noir et petite calotte bleue sur fond blanc typiques. Dessous jaune avec étroite bande médiane gris noirâtre au ventre. Aile bleutée avec du bleu vif sur les grandes couv. et au poignet. Sexes semblables (♀ en général un peu plus terne).

VOIX Loquace. Contact de base : *tsitsidè* aigu et rapide à fin plus grave ; parfois seulement *tsitsitsitsit*. Irritation : série coléreuse à finale accentuée *tserrretetett*. Chant : deux sons aigus, étirés, suivis d'un long trille cristallin et grave, soit *siiih siiih si-suirrrrr* ; parfois chant de deux courtes strophes rapidement répétées, *si-si-suirr, si-si-suirr, si-si- suirr.*

Mésange nord-africaine *Cyanistes teneriffae*

L 11-12 cm. Afrique du N et Canaries ; forêts et jardins. Sédentaire. Récemment reconnue comme espèce locale et allopatrique.

CARACTÉRISTIQUES Comme la M. bleue mais plus petite et plus sombre, avec vocalisations en partie différentes. Calotte sombre, bleu noirâtre, sourcil et étroite bande à la nuque blancs. Dos bleu grisâtre, sans le vert de la Bleue. Aile bleu marine plus profond ; ind. des Canaries à aile uniforme, sans barre alaire blanche.

VOIX Certains cris rappellent la Charbonnière, d'autres la M. huppée.

Mésange azurée *Cyanistes cyanus* MO

L 12-13 cm. Bois ; souvent dans les saules riverains et les broussailles bordant les zones humides. Rare occasionnelle en Europe occidentale.

CARACTÉRISTIQUES Seule possibilité éventuelle de confusion avec les M. bleues leuciques ou les croisements avec la M. bleue («*pleskii*»). Noter : calotte blanche, longue queue à coins blancs, très large barre alaire blanche, beaucoup de blanc aux tertiaires et au bout des rémiges.

Mésange charbonnière

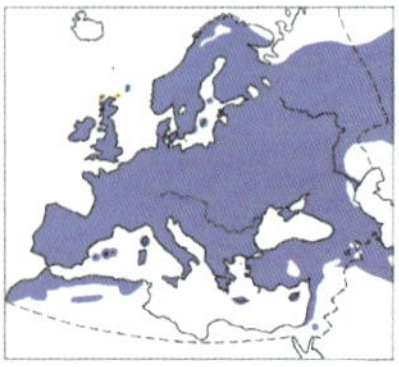

Mésange noire

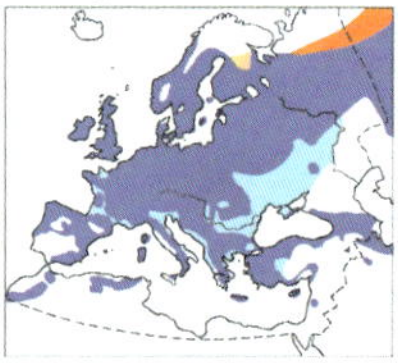

Mésange bleue

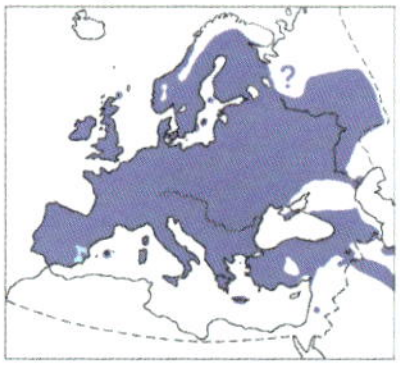

Mésange azurée

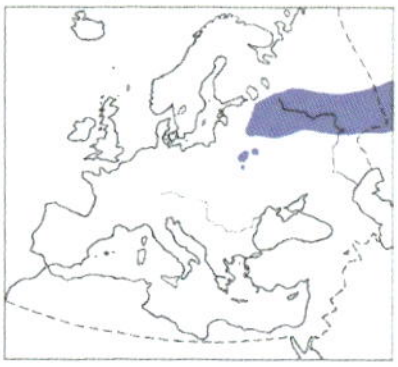

MÉSANGE CHARBONNIÈRE

MÉSANGE NOIRE

MÉSANGE BLEUE

MÉSANGE NORD-AFRICAINE

MÉSANGE AZURÉE

VOIX Cris comme la M. bleue, par ex. *tsi-tsi-tserrr dé-dé-dé*. Chant : tient de ceux des M. bleue et huppée.

Mésange huppée *Lophophanes cristatus* NS5

L 10,5-12 cm. Conifères ; souvent, vieilles sapinières avec mousses et lichens ; localement, dans le sud de l'Europe, feuillus. Sédentaire. Se mêle dans le nord de l'Europe aux bandes mixtes de mésanges, mais dans les conifères. Cherche souvent sa nourriture à terre ou dans les branches basses. Pas vraiment farouche, mais assez difficile à approcher. Ne vient que rarement aux mangeoires. Nid dans un tronc ou une souche pourris.

CARACTÉRISTIQUES Assez petite. Dessus brunâtre, dessous blanc sale. Tête ornée de noir et blanc, à huppe triangulaire et pointue, plus ou moins dressée mais toujours apparente. Sexes et âges semblables sur le terrain. – *Variante :* faible. Dans l'ouest et le sud de l'Europe, dessus brun plus chaud, côtés de la tête vaguement teintés de chamois, et nuance brun roussâtre aux flancs.

VOIX Contact : trille caractéristique, *brrrrt*, souvent répété, très différent des cris des autres mésanges. Bavarde avec un petit *zit* incisif. Chant : série de cris et sons aigus en alternance selon un rythme rapide.

Mésange nonnette *Poecile palustris* NS5

L 11,5-13 cm. Forêts de feuillus non éclaircies, souvent humides, avec de nombreux arbres morts ou malades ; grands jardins, parcs avec vieux arbres et sous-bois. Sédentaire. Vient volontiers aux mangeoires. Peu farouche. Domine la M. boréale là où elles voisinent. Nid dans un trou (ancienne loge de M. boréale, nichoir, cavité naturelle, etc.).

CARACTÉRISTIQUES Proche de la M. boréale, dont elle diffère surtout par la voix. Tête plus petite en proportion. Principales différences : pas de nette plage pâle aux secondaires sur l'aile fermée (en plum. frais d'automne, parfois, un soupçon). Différences plus subtiles : calotte noir brillant (plus terne chez les imm.), joues en général blanc moins pur et bavette noire un peu plus petite (cependant, chevauchement éventuel). La présente espèce, au nord de l'Europe, est un peu plus brune dessus et blanchâtre moins pur dessous comme la M. boréale, mais à l'ouest et au centre de l'Europe, les deux espèces ont la même teinte d'ensemble.

VOIX Contact : *pitsiè!* explosif, parfois *zii zii-tsiè* un peu plus long ou encore *pitsiè-dé-dé-dé-dé-dé-dé-dé* en série. Chant variable mais reconnaissable à la tonalité. Un chant fréquent est une série d'une seule note, sonore, répétée, *tchuïp tchuïp tchuïp* (variante rapide, comme le verdier). Autre chant plutôt comme la M. noire, *ouita-ouita-ouita-…*, ou mélange des deux.

Mésange boréale *Poecile montanus* NS5

L 12-13 cm. Conifères, souvent à moyenne altitude, dans les bois de bouleaux des hauteurs, ou (surtout ouest et centre de l'Europe) à plus basse altitude dans les bois mixtes avec nombreux bouleaux, aulnes et saules, le long des rivières, dans les zones humides broussailleuses, etc. Sédentaire. Ne vient pas souvent aux mangeoires. Nid dans un tronc pourri, habituellement de petit feuillu.

CARACTÉRISTIQUES Assez grosse tête, forte nuque. Plum. brun gris et blanc sale, calotte et bavette noires. Très proche de la M. nonnette ; surtout reconnue à la voix, ainsi qu'à la zone pâle aux secondaires tranchant sur le reste gris-brun de l'aile fermée (peut avoir disparu chez l'ad. en été ; quelques Nonnettes venant de muer en automne peuvent en présenter une trace). Autres différences (difficiles à voir sur le terrain ou non absolues) : calotte noire toujours mate (lustrée chez la Nonnette ad.), bavette en général plus grande et calotte plus étendue vers la nuque, côtés de la tête en moyenne plus blancs. Sexes et âges semblables. – *Variantes :* les oiseaux de Fennoscandie, de Russie et d'Europe orientale *(loennbergi, borealis)* blanchâtres sur les côtés de la tête et le dessous du corps, gris brunâtre dessus ; ceux des îles Britanniques *(kleinschmidti)* sont plus foncés, nettement brunâtres dessus, plus ombrés aux joues et chamois aux flancs. En Europe continentale, quelques races d'aspect intermédiaire.

VOIX Contact : 1 ou 2 brefs sons aigus, suivis de 2 à 4 sons plus graves, rêches et étirés, *zi-zi tèèh tèèh tèèh*, différents de la Nonnette (mais très proche de la M. lapone). Chant de deux types principaux : série de sons mélancoliques rappelant le Pouillot siffleur, ou bref gazouillis aigu terminé par un trille.

Mésange lapone *Poecile cinctus*

L 12,5-14 cm. Vieilles forêts de conifères au nord, pinèdes riches en lichens ; bouleaux des pentes à basse altitude. Sédentaire ; rare au sud de sa zone de nidification.

CARACTÉRISTIQUES Similaire à la M. boréale (qui habite le même milieu), mais plum. plus lâche, semble avoir une tête un peu plus grosse, bavette bien plus étendue (à bord inférieur souvent diffus), flancs à nuance chamois roussâtre, calotte brun foncé terne (non noire). Dos plus sombre et bien plus brun que chez la Boréale nordique.

VOIX Contact : *zi-zi-tèh tèh tèh* rappelant la Boréale, mais les sons rêches sont moins étirés et habituellement moins accentués. Contact : *tsih* fin. Chant : série bruissante *tchi-uyrr tchi-uyrr tchi-uyrr…*, ou plus comme la Nonnette, une simple strophe *tché-tché-tché…*

Mésange lugubre *Poecile lugubris*

L 13-14 cm. Forêts claires de feuillus en montagne ou dans des zones rocheuses plus basses avec arbres et buissons ; souvent dans les vergers. Sédentaire. Discrète.

CARACTÉRISTIQUES Proportions et taille à peu près comme la Charbonnière. En principe de la couleur de la Boréale, mais calotte noir grisâtre descendant plus sur les côtés de la tête, et bavette foncée étendue réduisant le blanc sale de la joue à une raie typiquement étroite. Bec fort.

VOIX Contact : *si-si-si* de M. bleue, *kerrr'r'r'r* de moineau, souvent combinés. Chant : série rapide et simple comme la Nonnette, mais tonalité grinçante.

Mésange huppée

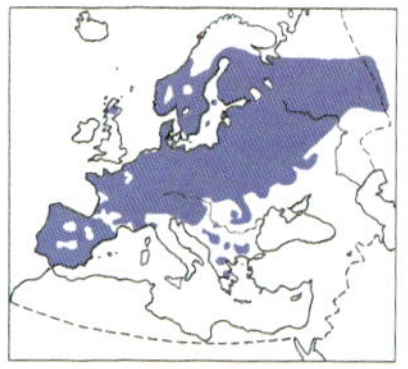

MÉSANGE HUPPÉE

MÉSANGE NONNETTE

MÉSANGE BORÉALE

MÉSANGE LAPONE

MÉSANGE LUGUBRE

Mésange nonnette

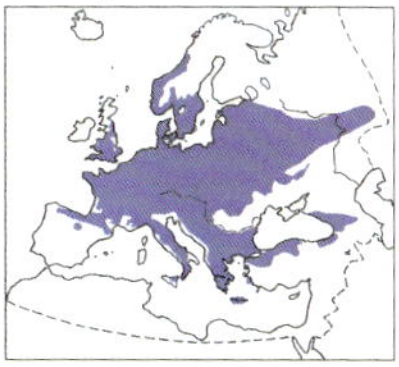

Mésange boréale

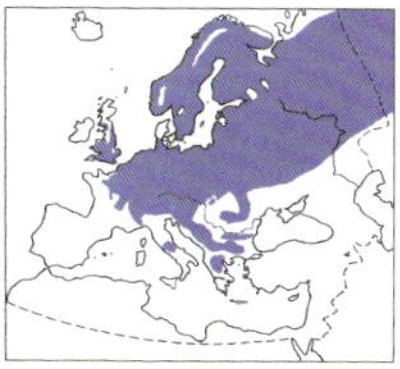

Mésange lapone

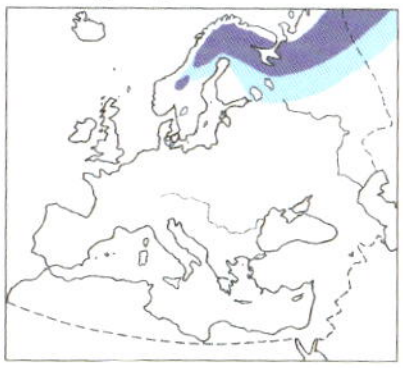

Mésange lugubre

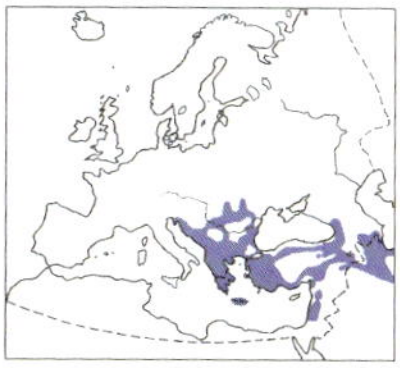

Ces trois espèces, regroupées ici par commodité, ne sont en fait pas proches des mésanges du genre *Parus*.

Mésange à longue queue

Aegithalos caudatus NS5/MC/HC

L 13-15 cm (dont 7-9 pour la queue). N'est pas très proche des mésanges proprement dites (voir p. 342-345), mais membre du même regroupement incluant fauvettes, hirondelles et alouettes. Bois de feuillus et mixtes, à sous-bois fourni et quelques arbres morts, parcs et jardins. Surtout sédentaire. Généralement en petits groupes familiaux se déplaçant prestement à la queue leu leu. Peu farouche mais activité incessante n'autorisant que de brèves observations. Nid ovoïde de mousse dans un arbuste, bien masqué d'écorce et de lichens.

CARACTÉRISTIQUES Très petite, ronde, à queue longue (en vol, comme une petite balle d'où dépasse la queue). Vol bondissant. S'agrippe habilement aux fins rameaux et peut s'y laisser pendre. Tête et dessous blancs (*caudatus*, nord de l'Europe). Dos noir avec teinte lie-de-vin ou brun-rouge aux scapulaires. De près, bec court et œil « en grain de poivre » à cercle orbitaire orangé. Étroite queue noire bordée de blanc. Sexes semblables. – *Juv. :* front et côtés de la tête sombres. Cercle orbitaire rouge terne. Acquièrent le plum. ad. entre juillet et début oct. – *Variantes :* au N de l'Europe *(caudatus)*, ad. à tête toute blanche, plus blanc dessous, avec flancs roses. Oiseaux continentaux (surtout *europaeus*) avec côtés de la tête soit moins marqués, soit plus teintés (et même barrés de gris, au S de l'Espagne, en Italie et Turquie). Zone avec formes de transition entre oiseaux à tête toute blanche et ceux à traits noirs aux côtés de la calotte. Oiseaux de Turquie *(alpinus)* à tache foncée à la gorge, dos gris et queue plus courte que les ind. européens.

VOIX Les bandes en mouvement lancent d'incessants *srih-srih-sriht* perçants et des *tzèrrrr* bourdonnants, un peu explosifs. Également, *pt'* de conversation. Chant, rare, gazouillis assez doux.

Panure à moustaches

Panurus biarmicus NS3 / MR / HR

L 14-15,5 cm. Bien que (assez étonnamment) proche des alouettes, cette espèce est présentée ici en raison de son apparente similitude avec les mésanges. Niche en colonies ; vastes roselières des lacs et marais de plaine. Surtout sédentaire mais erratique, avec déplacements en automne, pour une part au moins, semble-t-il, vers des territoires hivernaux plus au sud. Décimée lors des hivers rigoureux. Alim. : insectes, graines de roseaux. Nid de tiges de roseaux, bas.

CARACTÉRISTIQUES Petite. Brun jaunâtre pâle, longue queue brun-jaune, parmi les roseaux : détermination souvent immédiate. Vol un peu inconstant, en arcs irréguliers, ailes vibrantes. Grimpe habilement aux tiges. Agite souvent la queue ou la lève et l'étale, parfois même en vol. – ♂ *ad. :* tête gris-bleu pâle avec longues « moustaches » noires. Gorge blanche. Sous-caudales noires. – ♀ *ad. :* tête brun ocré sans moustaches. Gorge blanc sale. Sous-caudales chamois. – *Juv. :* comme la ♀ ad. mais dos noir et du noir à la queue. Plum. un peu plus chamois jaunâtre ; ♂ différant de la ♀ par les lores tout noirs et le bec jaune orangé (♀ : lores grisâtres ou bruns, bec brun grisâtre à gris noirâtre) ; mue de juillet à oct.

VOIX Généralement repérée aux cris des groupes en vol : *ping* enjoués, répétés en chœur dans les roselières lorsque les groupes s'envolent. Également, *tchirrr* roulé, et *pett* plus doux. Chant : 3 ou 4 sons grinçants et indécis, *pchin-dchik-tchrèèh*.

Rémiz penduline *Remiz pendulinus* N1 / MR / HR

L 10-11,5 cm. Famille des Rémizidés, caractérisée notamment par des mœurs nidificatrices originales. Rideaux de feuillus bordant les cours d'eau ou les lacs, zones de repousse récente près des marais en voie d'arborisation, etc. Exige des arbres à fines branches pendantes convenant à son nid (bouleaux, saules, aulnes). Migratrice au nord, sédentaire autour de la Méditerranée. En expansion vers le nord-ouest depuis quelques décennies. Alim. : insectes et araignées. Polygame (polygynie dominante). Plusieurs nids peuvent voisiner, mais l'espèce n'est pas vraiment coloniale ; un même ♂ peut commencer plusieurs nids. Nid original en bourse, à entrée en tunnel, fixé tout au bout d'une fine branche pendante ; extérieur pâle et duveteux, fait de duvets de saules, de trembles et de massettes.

CARACTÉRISTIQUES Très petite. Bec caractéristique, conique et pointu. Les ad. ont presque les couleurs du ♂ de Pie-grièche écorcheur, avec masque noir, calotte et nuque gris pâle et dos brun-roux. Le ♂ a un masque plus large et le dos brun-roux plus foncé (visible quand le couple est réuni). Le ♂ a également plus de taches diffuses brun-roux à la poitrine que la ♀. Vol léger, un peu bondissant. Grimpe habilement aux rameaux les plus fins, s'y suspend à l'envers. – *Juv. :* plus terne. Vague masque brun-gris (jamais noir), dos brun-gris jaunâtre terne, calotte chamois grisâtre, front un peu plus pâle.

VOIX Contact : sifflement *tsiiiu* très fin, vaguement descendant à la fin ; tonalité douce, presque « rêveuse » (cri plus étiré que le *siu* du Bruant des roseaux, plus tombant que le *tsiiih* du Rougegorge). Chant : simple, mêlé de cris (ou de fragments) et de trilles aigus, bien espacés (comme un verdier aigu et doux).

Mésange à longue queue

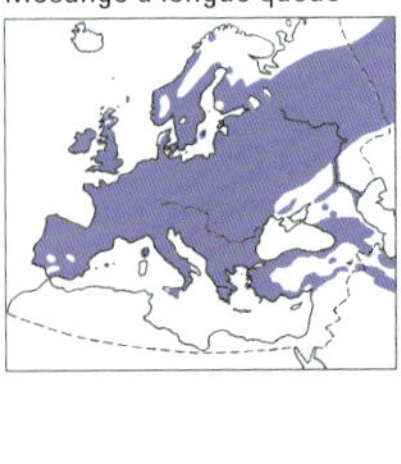

Panure à moustaches

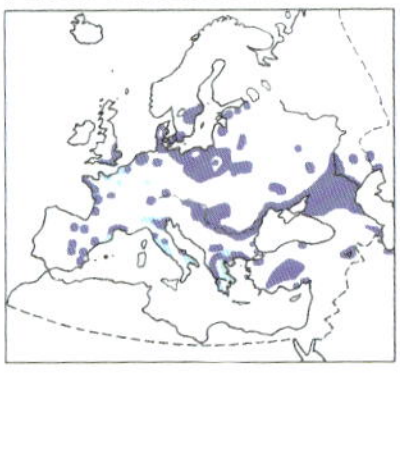

Rémiz penduline

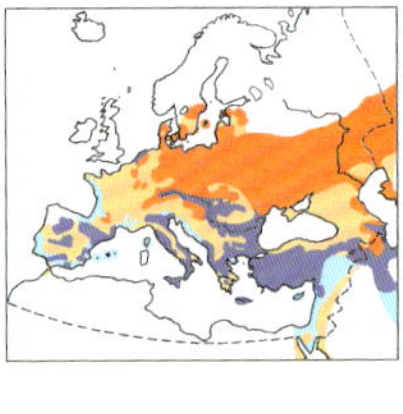

MÉSANGE À LONGUE QUEUE

PANURE À MOUSTACHES

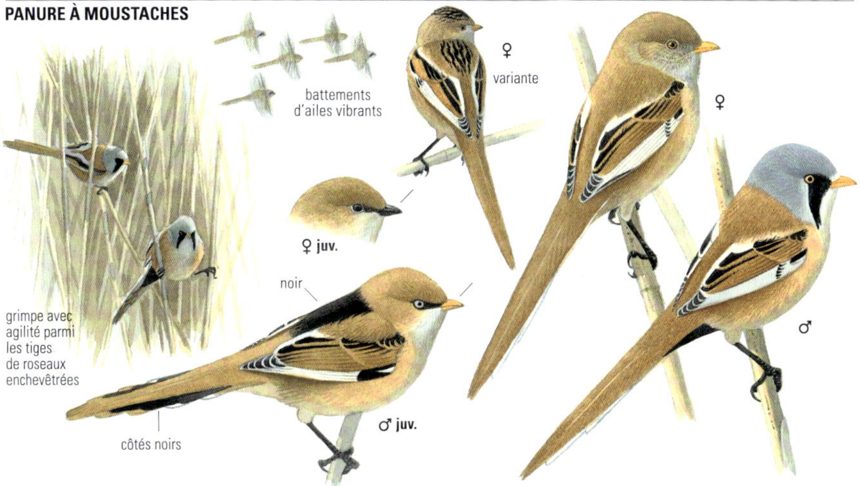

RÉMIZ PENDULINE

SITTELLES : SITTIDÉS

Passereaux trapus, petits à moyens, à grosse tête et doigts forts, spécialisés pour grimper sur des supports penchés et même en descendre la tête en bas, et se suspendre sous les branches. Long bec en alène, courte queue. Se nourrissent d'insectes, de graines, noisettes ; font des provisions. Nid dans un trou, une fissure, parfois – tout ou partie – de boue.

Sittelle torchepot *Sitta europaea* NS5

L 12-14,5 cm. Forêts mixtes et de feuillus avec de vieux arbres, parcs et grands jardins. Sédentaire. Sittelle le plus largement répandue. Alim. : insectes, graines dures. En hiver, fréquente les mangeoires, dont elle chasse les autres oiseaux. Nid dans un trou d'arbre ; lorsque l'entrée est trop grande, peut la réduire à la bonne dimension avec de la boue.

CARACTÉRISTIQUES Silhouette typique : presque sans cou, grosse tête, long bec pointu. Vive et active, se déplace hardiment, grimpe habilement par à-coups aux branches et aux troncs. Descend la tête en avant ce qui évite la confusion avec les grimpereaux. Vol avec les courtes ailes arrondies, direct sur de brèves distances, légèrement onduleux sur de plus longs trajets. Dessus gris bleuté, dessous pâle (blanc ou ocracé). Trait sourcilier noir. Sexes semblables mais flancs du ♂ brun-roux plus intense (près des pattes). – *Variantes :* oiseaux du continent et des îles Britanniques (*caesia* et autres) à dessous chamois roux chaud. Oiseaux de Fennoscandie *(europaea)* blanchâtres à la poitrine et au milieu du ventre, sans blanc au front. Dans l'est de la Russie et en Sibérie (*asiatica*, occasionnelle l'hiver en Finlande), petite taille, dessus gris-bleu plus pâle avec du blanc au front.

VOIX Riche répertoire de cris sonores souvent utilisé : est donc en général d'abord repérée à sa voix. En quête de nourriture, habituellement un *zit* aigu, et un *ziit* plus étiré. Excitation ou alarme : *tuit* énergique, très sonore, ou *tchuit* vaguement montant, souvent répété rapidement en groupes brefs avec de courtes pauses. Chant de divers types, tous sonores ; souvent, sifflements assez lents, un peu montants ou descendants, *vuih, vuih, vuih, vuih…* ou *viiu, viiu, viiu, viiu…* ou variantes rapides, *vivivivivivivi…* à sonorité claire, etc.

Sittelle corse *Sitta whiteheadi* NS3

L 11-12 cm. Pinèdes de Corse (endémique, 2 000 couples environ), principalement à 1 000-1 500 m, généralement dans les vallées encaissées ; en hiver, parfois plus bas. Alim. : pignons, insectes. Nid dans un trou de pin.

CARACTÉRISTIQUES Petite, petite tête, bec court. Sourcil blanc tranchant sur la calotte noire du ♂ (gris bleuté chez la ♀) et le trait sourcilier noir (gris chez la ♀). Dessous chamois grisâtre, gorge plus blanche. Pas de brun-roux. Se nourrit haut dans les pins, souvent au bout des branches, comme une mésange.

VOIX Nervosité : *pchèèhr* rêche et étiré, répété lentement (rappelant un peu l'Étourneau sansonnet inquiet). Chant : *didididididididi* clair, sonore, rapide, rappelant le Martinet à ventre blanc (mais ni descendant ni ralentissant), de rythme variable. Contact : trille similaire.

Sittelle de Krüper *Sitta krueperi*

L 11,5-12,5 cm. Forêts à diverses altitudes (surtout conifères des hauteurs). Dans les pins à Lesbos et en Turquie, ailleurs, dans les épicéas. Surtout sédentaire. Alim. : graines, insectes. Nid dans un trou.

CARACTÉRISTIQUES Petite, petite tête et bec assez court. Dessus gris-bleu, dessous blanc grisâtre, tache pectorale brun roussâtre, sourcil blanc et front noir. Sexes semblables mais tache frontale noire plus étendue et mieux délimitée à l'arrière, lores et trait sourcilier plus noir, flancs plus gris-bleu (brunâtres chez la ♀).

VOIX Nerveuse, un *èèhch* rêche. Contact : *dvui* de Verdier. Chant : *tuituituituitui…* nasillard, alternant notes aiguës et graves, rythme variable.

Sittelle kabyle *Sitta ledanti*

L 11,5-12,5 cm. Nord de l'Algérie (découverte en 1975 ; 100 à 200 c.) ; chênaies (350 à 1 120 m), forêts mixtes (chênes, érables, peupliers, conifères) (2 000 m). Sédentaire. Alim. : graines, insectes. Nid dans un trou d'arbre.

CARACTÉRISTIQUES Très proche de la S. corse mais le ♂ (comme celui de la S. de Krüper) a seulement le front noir (noir grisâtre ou gris foncé chez la ♀) avec une nette limite par rapport à la calotte, à la nuque et au dos, gris bleuté (limite indécise chez la ♀), dessous plus pâle, chamois rosé plus chaud. Sourcil large comme chez la S. corse.

VOIX Inquiétude, irritation : *chèèh* rêche, répété. Chant : sifflement nasillard, répété lentement, montant, et bref son terminal, *vuuy-di vuuy-di vuuy-di…* ; parfois, trille rapide, *di-du-di-du-di-du-…*

Sittelle torchepot

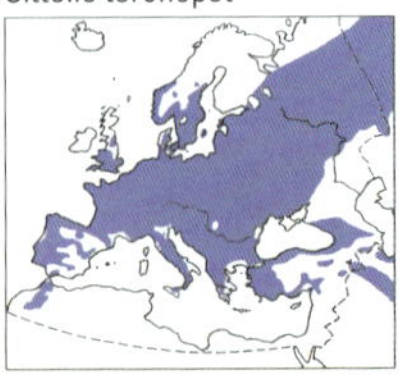

Sittelle corse

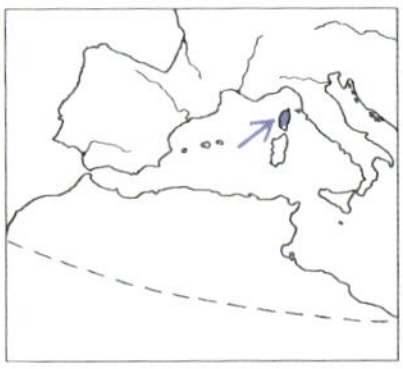

Sittelle de Krüper

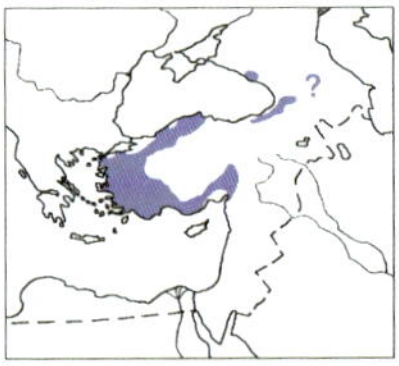

Sittelle kabyle

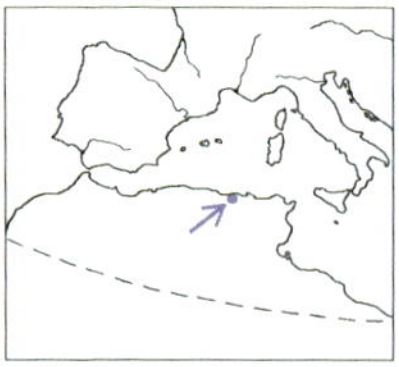

SITTELLE TORCHEPOT

toutes les sittelles peuvent descendre les troncs la tête en bas

SITTELLE CORSE

inféodée aux forêts de pins

SITTELLE DE KRÜPER

♂ chantant

SITTELLE KABYLE

population relictuelle extrêmement réduite dans les forêts primaires des montagnes algériennes

DZ

Sittelle de Neumayer *Sitta neumayer*

L 14-15,5 cm. Zones rocheuses (calcaires), avec arbres et buissons épars, à diverses altitudes (parfois sur les côtes rocheuses, plus souvent de 1 000 à 2 500 m). Nid d'argile avec tunnel d'entrée, dans une fissure rocheuse.

CARACTÉRISTIQUES À peine plus grande que la S. torchepot (peu sensible sur le terrain) mais : bec un peu plus long, dessus gris bleuté plus pâle, pas de brun-roux aux flancs et aux sous-caudales (vaguement chamois roussâtre aux flancs et au ventre, à peu près comme la S. torchepot du sud, mais est plus blanche à la poitrine). Queue sans motifs blancs et noirs (difficile à voir sur le terrain). Dessus pâle, long bec et milieu sont souvent les meilleurs critères. Rappelle la S. des rochers. Vive et agile.

VOIX Sonore. Chant, des deux sexes, parfois en duo : séries prolongées de sifflements clairs, s'accélérant souvent et descendantes.

Sittelle des rochers *Sitta tephronota*

L 16-18 cm. Milieux similaires à ceux de la S. de Neumayer, mais en général pas en dessous de 1 000 m et n'évite pas les forêts. Souvent sur les arbres (chênaies avec rochers). Nid d'argile, sur un rocher ou dans un arbre.

CARACTÉRISTIQUES Bien plus grande que la S. de Neumayer ; paraît avoir, en proportion, une plus grosse tête et un bec plus fort. Noter : trait sourcilier noir s'élargissant derrière l'œil en formant une large bande et se prolongeant plus loin vers le bas sur les côtés du cou ; les deux bandes noires peuvent être nettement visibles de derrière sur la nuque de l'oiseau posé.

VOIX Comme la S. de Neumayer, mais un peu plus forte, plus grave et de rythme un peu plus calme.

TICHODROME : TICHODROMIDÉS

Cette famille à une seule espèce est souvent considérée comme une sous-famille des Sittidés.

Tichodrome échelette
Tichodroma muraria N3 / MR / HR

L 15,5-17 cm. Zones rocheuses en montagne, surtout parois abruptes avec une certaine végétation et eau à proximité, à 1 000-3 000 m. Fréquente des sites inaccessibles, difficile à observer. Plus bas en hiver, parfois dans les agglomérations et les carrières ; alors moins farouche. Alim. : insectes. Nid dans une fissure de la roche.

CARACTÉRISTIQUES Ne peut être confondu. Passe inaperçu quand il grimpe, ailes fermées, mais remarquable en vol : larges ailes noir et gris, arrondies, à motifs rouge sang, noirs et blancs dessus. Vol aisé, papillonnant, avec de brefs planés. – ♂ *nuptial :* gorge et poitrine noires ; beaucoup de rouge aux ailes. – ♀ *nuptiale :* gorge blanc grisâtre avec petite tache gris noirâtre au milieu, moins de rouge aux ailes. – *Plum. internuptial :* gorge et poitrine blanc grisâtre.

VOIX Assez silencieux. Chant : traînant, sifflements pressés, avec un glissando et un schéma typique, une note montant, la suivante descendant.

GRIMPEREAUX : CERTHIIDÉS

Petits, blancs et ponctués de brun, bec fin, légèrement arqué, rectrices rigides. Deux espèces similaires. Calmes et discrets. Grimpent agilement aux troncs et aux grosses branches, comme des souris, pour gagner ensuite au vol la base d'un autre arbre, et ainsi de suite. Insectivores. Nid sous un lambeau d'écorce.

Grimpereau des bois
Certhia familiaris NS4 / MR / HR

L 12,5-14 cm. Bois, souvent avec des conifères. Fréquente les parcelles denses. Surtout sédentaire, mais des ind. du nord et de l'est errent parfois vers le sud à l'automne.

CARACTÉRISTIQUES En général, bec un peu plus court que le G. des jardins. Les ind. du nord de l'Europe sont plus blancs dessous, ont un sourcil plus blanc et, sur la calotte et le manteau, des pointillés plus blancs (les ind. continentaux des deux espèces sont par ailleurs assez proches). Différences subtiles de motifs alaires (voir les planches, mais il faut une photo ou la proximité pour en juger). La voix reste le meilleur critère.

VOIX Contact : fins sifflements répétés *srri*. Parfois aussi sons fins et « purs » (sans *r*), *tiih*, répétés par intervalles. Chant : strophe aiguë, dansante, de 2 à 3 secondes, descendante, stéréotypée (certains imitent le G. des jardins !).

Grimpereau des jardins *Certhia brachydactyla* NS5

L 12-12,5 cm. Zones boisées. Mœurs et milieux comme le G. des bois, mais plus lié aux bois de feuillus de plaine ; parcs et jardins.

CARACTÉRISTIQUES Peut être confondu avec le G. des bois. Bas des flancs un peu plus brun, bec un peu plus long (guère utile sur le terrain : faibles différences, variantes individuelles). La voix reste le meilleur critère.

VOIX Contact : puissant *tit* ou *ti-tuit* rappelant la Mésange noire, clair et perçant, souvent répété à plusieurs reprises selon un rythme vaguement accelerando. Rarement, *srri* comme le G. des bois. Chant : brève strophe à rythme sautillant et hauteur constante (peut imiter le G. des bois).

Sittelle de Neumayer

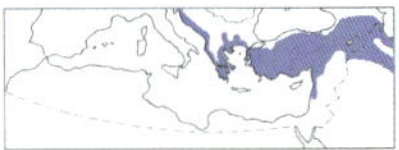

Sittelle des rochers

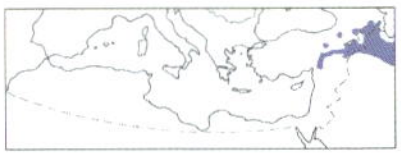

Tichodrome échelette

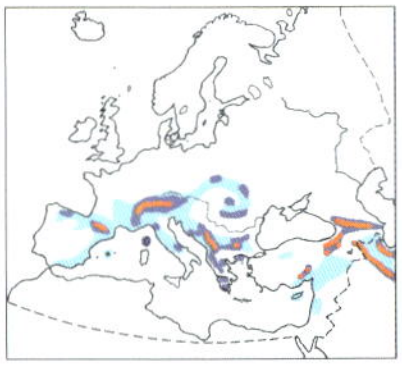

Grimpereau des bois

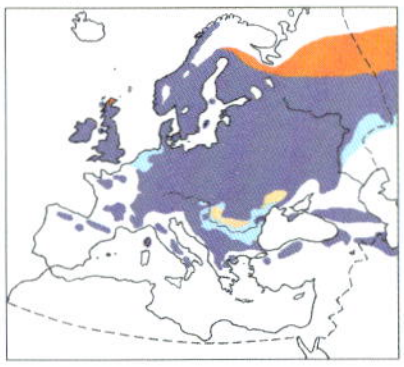

Grimpereau des jardins

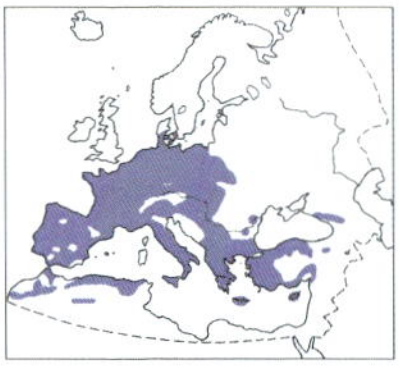

SITTELLE DE NEUMAYER

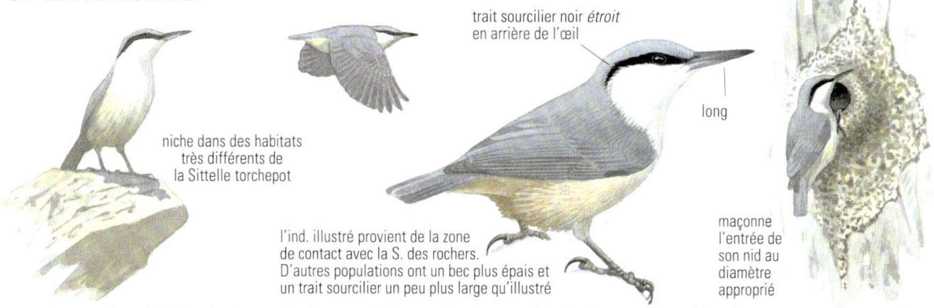

SITTELLE DES ROCHERS

TICHODROME ÉCHELETTE

GRIMPEREAU DES BOIS

GRIMPEREAU DES JARDINS

PIES-GRIÈCHES : LANIIDÉS

Neuf passereaux de taille moyenne. Longue queue, fort bec à bout crochu. Généralement, large bandeau sombre (souvent noir) à travers l'œil ou derrière. Se tiennent bien en vue, sur un buisson ou un arbre, guettant leurs proies (insectes, petits rongeurs, parfois petits oiseaux). La plupart sont migrateurs. Nid dans un buisson, un arbre.

Pie-grièche grise *Lanius excubitor* N2 / MR / HR

L 21-26 cm. Large répartition. Milieux, mœurs et aspect différents entre le sud et le nord. Oiseaux du N de l'Europe *(excubitor)* : bois de bouleaux des hauteurs, tourbières avec quelques pins, clairières ; migrateurs partiels. Populations du sud (plusieurs races) : milieux plus ouverts, souvent secs à condition qu'il s'y trouve postes d'affût et buissons touffus ; sédentaires. Vaste distribution fragmentée et variantes en partie bien visibles devraient être suffisantes dans le futur pour une division en deux ou trois espèces, mais les indices morphologiques et génétiques sont pour partie contradictoires et des recherches complémentaires sont nécessaires avant qu'une taxonomie fiable soit proposée.

CARACTÉRISTIQUES Grande, gris clair et blanc, grosse tête, masque noir. Ailes assez courtes, obtuses et noires, avec une assez grande tache blanche à la base de la main. Longue queue arrondie, noire à bords blancs. Se poste à découvert. Agite latéralement la queue. Vol onduleux sur les longs trajets ; peut voler sur place. Sexes semblables mais différant légèrement vus de près, au moins en période nuptiale : ♂ à bec tout noir, lores noirs ou très sombres (masque complet), et en moyenne plumes des ailes plus noires ; ♀ d'ordinaire avec base de la mandibule inférieure un peu plus pâle, lores plus pâles et les plumes des ailes pas aussi noirâtres. Populations du N de l'Europe diffèrent en outre en ce que la ♀ ad. est finement vermiculée de gris aux côtés de la poitrine et aux flancs, le ♂ ad., non (mais souvent difficile à apprécier sur le terrain). – *Juv. :* dessus gris sale presque non vermiculé, dessous blanc sale bien vermiculé de gris-brun. – *Variantes :* au S-E de la Russie et au S de la Sibérie, *homeyeri*, hivernant parfois vers la mer Noire, occasionnelle en Europe de l'O : plus claire, plus de blanc aux ailes et à la queue, y compris une grande tache aux primaires et une large barre alaire aux secondaires ; front blanc-gris et manteau gris pâle. – Moyen-Orient et Arabie *(aucheri)* : comme *excubitor* du N de l'Europe mais ♂ avec large masque atteignant le front (bien moins que chez la P.-G. à poitrine rose), flancs gris cendré. Juv. de cette race et des suivantes sans barres dessous, au contraire des oiseaux du N de l'Europe. – Afrique du N : à la fois une race côtière *(algeriensis)* à dessus ardoise, poitrine grise et pas de sourcil blanc, et une race plus pâle du désert *(elegans)* avec beaucoup de blanc à l'aile et à la queue. Chez les deux, le ♂ a souvent un peu de noir au front. – Canaries *(koenigi)* : aussi sombre qu'*algeriensis*, plus petite, trace de sourcil blanc chez beaucoup. – Déserts d'Asie C *(pallidirostris)* : seulement une très grande plage blanche à la main, dessous nuancé de chamois chez beaucoup, étroite queue assez courte. Juv. et 1er hiver avec bec à base pâle, lores pâles et large bout pâle aux grandes couv. alaires. Noter que le ♂ ad. a le bec tout noir et les lores noirs au printemps et en été.

VOIX Contact : trille traînant *prrrih*. Inquiétude : *èèk èèk èèk* rauque. Chant : calme, phrase simple, par ex. double note métallique ou grinçante, ou divers sons brefs suivis d'un trille râpeux, répétés régulièrement toutes les 1 à 3 secondes ; également, chant en sourdine, avec imitations.

Pie-grièche méridionale *Lanius meridionalis* NS2

L 23-25 cm. Traitée ici comme une bonne espèce sur des bases génétiques et morphologiques. Plaines arides dégagées, souvent landes sur calcaire ou friches pierreuses avec arbres et arbustes épars. Surtout sédentaire. Oiseau farouche, filant souvent à couvert avant d'avoir pu être observé suffisamment. Alim. : surtout insectes et petits reptiles.

CARACTÉRISTIQUES Taille analogue à celle de la P.-g. grise du N de l'Europe, mais tête sans doute un tout petit peu plus massive, bec plus fort et queue un peu plus étroite. Plum. bien différent : gris bien plus foncé dessus, surtout à la calotte, à la nuque et au manteau, et nuance rose grisâtre à la poitrine et au ventre. Large masque noir et étroit sourcil blanc bien dessiné, courant souvent jusqu'au-dessus de la base du bec. Blanc des scapulaires étroit et restreint. Tache aux primaires moyennement étendue et jamais de blanc aux secondaires. – *Juv. :* pattern de la tête moins net et pas de rose dessous, souvent finement vermiculé de gris. Acquiert presque le plum. ad. en fin d'automne.

VOIX Cris et chant paraissant très semblables à ceux de la P.-g. grise, mais pas encore d'étude précise.

Pie-grièche à poitrine rose *Lanius minor* N1 / MR

L 19-21 cm. Milieux ouverts avec cultures, vergers, allées de peupliers, platanes, arbres, bosquets. Thermophile ; à basse altitude. Souvent sur un fil aérien.

CARACTÉRISTIQUES Taille entre les P.-g. grise et écorcheur. Forte tête ronde, bec court et arrondi. Comme la P.-g. grise mais l'ad. diffère par : front et avant de la calotte noirs (noir pur et généralement étendu chez le ♂, moins étendu et souvent mêlé de gris chez la ♀), plus longue projection primaire, queue en proportion un peu plus courte et moins arrondie. Poitrine et ventre rose saumon clair. De nombreux ad. en automne (peut-être surtout des ♀♀) ont le front gris. – *Juv. :* front sans noir. Calotte et manteau barrés mais pas le dessous (inverse de la P.-g. grise juv.).

VOIX Assez silencieuse. Contact : double *tché-tché* de pie. Chant rappelant les perruches : *tchilip !* dur, répété par intervalles du haut des arbres ou doublé en vol de parade. Autre chant (généralement chez des ♂♂ non appariés), râpeux, prolongé, avec nombreuses imitations.

Pie-grièche grise

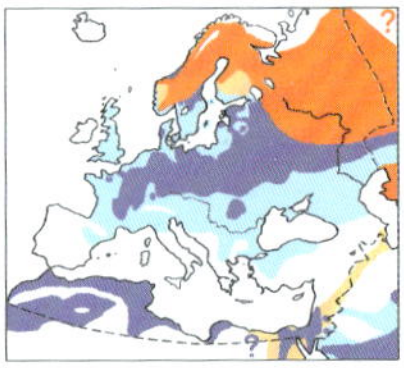

Pie-grièche méridionale

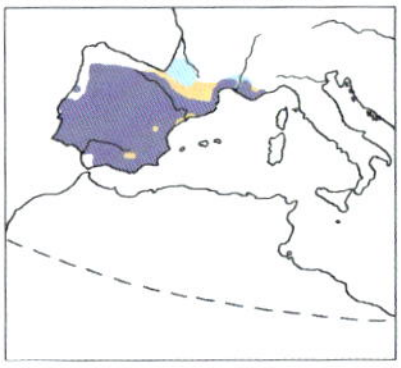

Pie-grièche à poitrine rose

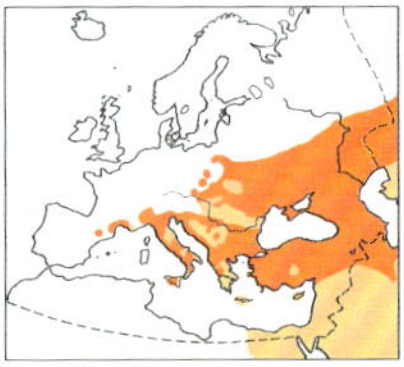

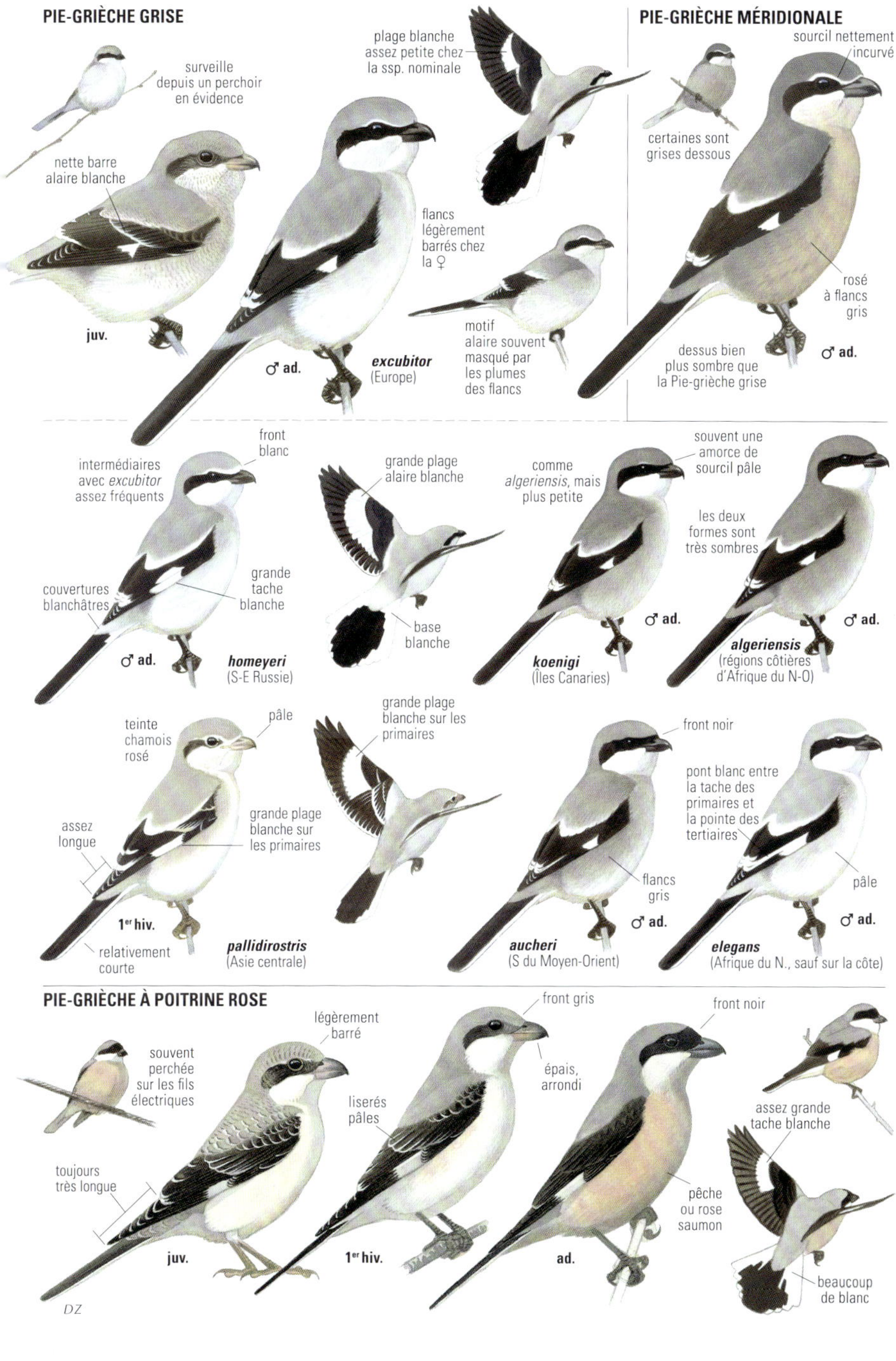
PIE-GRIÈCHE GRISE
surveille depuis un perchoir en évidence
nette barre alaire blanche
juv.
plage blanche assez petite chez la ssp. nominale
♂ ad.
excubitor (Europe)
flancs légèrement barrés chez la ♀
motif alaire souvent masqué par les plumes des flancs
PIE-GRIÈCHE MÉRIDIONALE
sourcil nettement incurvé
certaines sont grises dessous
rosé à flancs gris
dessus bien plus sombre que la Pie-grièche grise
♂ ad.
front blanc
intermédiaires avec excubitor assez fréquents
couvertures blanchâtres
grande tache blanche
♂ ad.
homeyeri (S-E Russie)
grande plage alaire blanche
base blanche
comme algeriensis, mais plus petite
souvent une amorce de sourcil pâle
les deux formes sont très sombres
♂ ad.
koenigi (Îles Canaries)
♂ ad.
algeriensis (régions côtières d'Afrique du N-O)
teinte chamois rosé
pâle
assez longue
grande plage blanche sur les primaires
1er hiv.
relativement courte
pallidirostris (Asie centrale)
grande plage blanche sur les primaires
front noir
flancs gris
♂ ad.
aucheri (S du Moyen-Orient)
pont blanc entre la tache des primaires et la pointe des tertiaires
pâle
♂ ad.
elegans (Afrique du N., sauf sur la côte)
PIE-GRIÈCHE À POITRINE ROSE
souvent perchée sur les fils électriques
légèrement barré
toujours très longue
juv.
front gris
liserés pâles
épais, arrondi
1er hiv.
front noir
pêche ou rose saumon
ad.
assez grande tache blanche
beaucoup de blanc
DZ

Pie-grièche écorcheur *Lanius collurio* N5 / MC / HO
L 16-18 cm. Campagne ouverte, volontiers landes et prés avec haies et arbustes épineux, coteaux calcaires, genévriers, coupes forestières en repousse. Visiteuse d'été (mai-sept.). Hiverne en Afrique tropicale. En déclin récent. Insectivore. Certaines font des provisions de proies en les empalant sur épines ou barbelés (les « lardoirs »).

CARACTÉRISTIQUES Souvent dressée, bien en vue ; inquiète, agite latéralement la queue. Vols courts directs, plus longs, onduleux. – ♂ *ad.* : poitrine et ventre rose brunâtre pâle, flancs non barrés, gorge blanche, calotte gris pâle, manteau brun-roux. Large bandeau noir, atteignant parfois le dessus de la base du bec, souvent à étroit bord blanc au-dessus et au front. Queue noire à bords blancs à la base. Rarement, petite tache blanche à la base des primaires. – ♀ *ad.* : dessous blanc cassé crème, avec marques en écailles. Calotte brune ou gris brunâtre, nuque plus grise, manteau brun plus terne ; dessus plus ou moins écailleux (marques absentes ou nombreuses). Large trait sourcilier brun, lores souvent pâles. Queue brun foncé à étroits bords blancs. Acquiert rarement un plum. plus marqué, plus comme le ♂ mais toujours avec les côtés de la poitrine barrés. – *Juv. et 1er hiver* : comme la ♀ mais dessus d'ordinaire plus nuancé de roux et nettement écailleux. Tertiaires à bout chamois et barres subterminales chamois. Certains ont le dessus de la queue brun plus chaud, rappelant alors beaucoup les P.-g. brune et du Turkestan juv.

VOIX Alarme : *vèvv* nasillard, rêche, répété irrégulièrement. Grande inquiétude : séries de *tchèk* cliquetants. Chant de deux types, soit le cri d'alarme repris comme signal territorial, soit un calme gazouillis prolongé (peut tourner au chant en sourdine), assez rare ; sons rêches et grinçants mêlés d'habiles imitations d'autres oiseaux.

Pie-grièche isabelle *Lanius isabellinus* MO
L 16,5-18 cm. Très proche de la P.-g. du Turkestan ; plateaux de Mongolie et de l'O de la Chine. Rare occasionnelle en Europe, surtout en automne, dans les mêmes milieux que l'Écorcheur.

CARACTÉRISTIQUES Souvent trahie par le dessus rouille de la queue, un peu plus longue que chez l'Écorcheur. – ♂ *ad.* : brun-gris sableux dessus (souvent avec nuance chamois rosé en plum. frais, virant au gris en été), nettement teinté de chamois dessous. Masque noir complet (n'atteignant pas le dessus du bec) et vague sourcil court teinté de chamois. Petite tache blanche à la base des primaires. ♀ et imm. avec masque incomplet (lores souvent pâles), peu ou pas de blanc à la base des primaires, et ♀♀ en général vaguement vermiculées à la poitrine et aux flancs. – Bien que les ♂♂ typiques des P.-g. isabelle et du Turkestan soient très différents, ♀♀ et imm. avec aspect intermédiaire et parfois difficiles à identifier. Pour la distinction des imm. avec l'Écorcheur, v. la P.-g. du Turkestan.

VOIX Cris et chant supposés être indiscernables de ceux de la P.-g. du Turkestan, mais on attend des recherches plus poussées.

Pie-grièche écorcheur

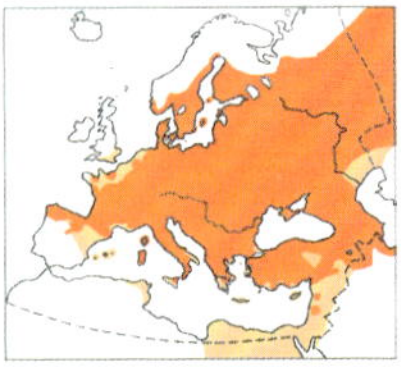

Pie-grièche isabelle/du Turkestan

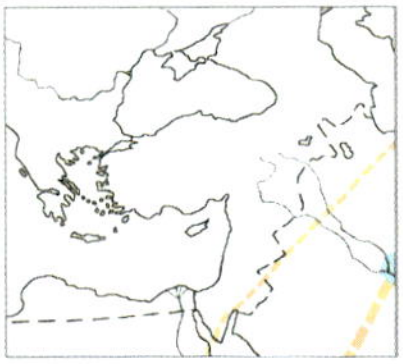

Pie-grièche du Turkestan *Lanius phoenicuroides* MO
L 16,5-18 cm. Souvent traitée comme une race de la P.-g. isabelle, mais ♂♂ ad. différant d'ordinaire très nettement, hybridation restreinte et différences génétiques mesurables, et donc considérée ici comme espèce. Également très proche de la P.-g. écorcheur, avec laquelle elle s'hybride dans quelques régions limitées de son aire de répartition d'Asie C. Rare occasionnelle automnale dans le N et l'O de l'Europe.

CARACTÉRISTIQUES Rappelle à la fois les P.-g. isabelle et brune, avec dessus de la queue rouille, et masque noir chez le ♂. – ♂ *ad.* : brun-gris un peu plus sombre et terne dessus que chez l'Isabelle, bien plus blanche dessous, chamois rosé restreint aux flancs et aux côtés de la poitrine. En outre, sourcil blanc pur, frappant, souvent calotte/nuque teintées de rouille, et masque noir avec tendance à atteindre le dessus de la base du bec. Une forme *(karelini)* avec calotte/nuque/manteau gris. Tache blanche à la base des primaires comme l'Isabelle. – ♀ *et jeunes* : comme l'Isabelle (et distinction souvent délicate) mais en moyenne, plus blancs dessous avec vermiculures sombres plus nettes. – Jeunes occasionnels distingués des jeunes Écorcheurs, vaguement similaires, par couleur de fond du dessus plus pâle et grise, avec peu ou pas de vermiculures au manteau et à la nuque, dessus de la queue plus pâle et rouille plus vif (mais quelques-uns se ressemblent sous ce rapport) et projection primaire plus courte.

VOIX Cris et chant très semblables à ceux de l'Écorcheur. Alarme, servant aussi de signal territorial, un *vevh* rêche, répété. Près de la ♀, subsong prolongé avec imitations et divers sons peu harmonieux.

Pie-grièche brune *Lanius cristatus* MO
L 17,5-20 cm. Rare occasionnelle de Sibérie et de l'Altaï *(cristatus)* ; tourbières de la taïga ou clairières forestières ou de la steppe arborée. Recoupements d'aires avec l'Écorcheur dans l'O de la Sibérie ; des hybrides, apparemment très rares, ont été notés.

CARACTÉRISTIQUES Rappelle à la fois les P.-g. écorcheur et du Turkestan mais un soupçon plus grande, avec tête plus massive, bec plus fort et rectrices plus étroites. ♂ ad. à dessus assez uniformément brun-roux, dessus de la queue compris, sans le contraste entre la queue plus rouille et le reste du dessus brun plus terne de la P.-g. du Turkestan. Normalement, pas de blanc à la base des primaires (au mieux, une trace). Masque noir complet et sourcil blanc frappant. Dessous non barré et teinté de chamois jaunâtre (sans la nuance rosée de nombreux ♂♂ de P.-g. du Turkestan). Sexes semblables mais subtiles différences : ♂ à masque plus noir, ♀ presque toujours vaguement vermiculée à la poitrine et aux flancs. – Imm. occasionnels vus en automne en Europe ressemblant fortement aux imm. de l'Écorcheur. Noter chez la Brune : bec fort ; projection primaire un peu plus courte (léger chevauchement) avec trois primaires à vexille externe émarginé ; rectrices plus étroites et queue nettement étagée ; centre des tertiaires bien sombre (liserées de blanc chamois contrastant)

PIE-GRIÈCHE ÉCORCHEUR

PIE-GRIÈCHE ISABELLE

PIE-GRIÈCHE DU TURKESTAN

PIE-GRIÈCHE BRUNE

sans nettes marques subterminales noires; sourcil pâle plus évident et parotiques gris foncé (non brun-roux).

VOIX Pas encore bien étudiée mais paraît semblable à celles des P.-g. écorcheur, du Turkestan et Isabelle.

Pie-grièche à tête rousse *Lanius senator* N3 / MR

L 17-19 cm. Boisements clairs avec clairières, cultures et arbres isolés, vergers (élément important). A généralement besoin de secteurs sablonneux ou dénudés sur son territoire. Hiverne en Afrique tropicale.

CARACTÉRISTIQUES Un peu plus grande que la P.-g. écorcheur. – ♂ *ad. (senator) :* facile à reconnaître; calotte et nuque brun-roux, bandeau, front et dos noirs. Ailes noires dessus, généralement avec tache blanche à la base des primaires. Grandes taches scapulaires et grandes couv. sus-alaires blanches donnant un effet très bariolé surtout en vol. Bas du dos gris cendré. – ♀ *ad. :* comme le ♂ mais plus terne avec manteau gris-brun foncé sur le dos, et souvent un peu de blanc chamois sur le front et le masque noirs. Le sexe de certaines (cas limites) ne peut être déterminé avec certitude sur le terrain. – *Juv. et 1er hiver :* dessus, poitrine et flancs écaillés de gris. Fond gris avec nuance brune variable, côtés du cou, grandes couv. alaires et tertiaires presque toujours brun-roux. Noter l'indication des plages scapulaires pâles (avec marques écailleuses grises) et le croupion pâle; base des primaires à tache pâle mal définie et nuancée de rouille. – *Variantes :* sur les îles occ. de la Méditerranée *(badius)*, pas de tache blanche à la base des primaires (au plus une trace), moins de noir au front. < en outre, bas du dos gris plus foncé et sexes différant moins, la ♀ étant presque aussi marquée que le ♂. Au S-E de la Turquie et vers l'est *(niloticus)*, tache blanche à la base des primaires très grande (mais chevauchement avec *senator*), base de la queue blanche et beaucoup de noir au front. Alors que l'ad. peut être délicat à distinguer de *senator* sur le terrain, l'imm. est le plus caractéristique par sa tache aux primaires blanc pur, étendue et bien délimitée; éclosion et mue précoces donnent souvent des traits ad. dès le 1er automne.

VOIX Alarme : séries de sons rauques, *vè-vè-vè-vè-vè-* brefs ou plus rapides en trille râpeux *dchèrrrrr*. Chant assez sonore, à rythme variable, parfois en un flot rapide de sons grinçants et claquants, parfois plus lent avec d'habiles imitations; phrases parfois répétées.

Pie-grièche masquée *Lanius nubicus* MO

L 17-18,5 cm. Bois clairs à clairières et buissons, volontiers à proximité de parcelles cultivées, et souvent sur les collines avec pins, chênes et épineux. Moins à découvert que les autres pies-grièches, se cache dans les frondaisons et les arbustes. Hiverne en Afrique.

Pie-grièche à tête rousse

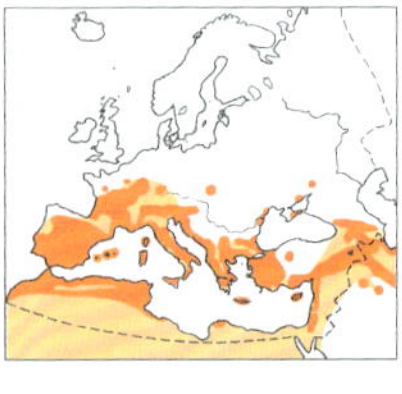

Pie-grièche masquée

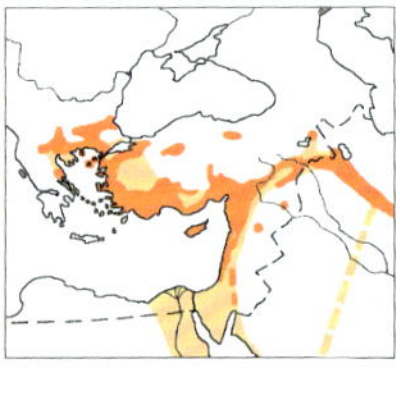

CARACTÉRISTIQUES La plus petite pie-grièche. Plus élancée que la P.-g. écorcheur, queue plus longue et plus étroite. Dessus noir chez le ♂, gris chez la ♀; front et plages scapulaires blancs. Grande tache blanche à la base des primaires, frappante en vol. Flancs orangés (plus vifs chez le ♂). Une certaine variation individuelle dans le plum. de la ♀, certaines avec calotte/nuque noir-gris très foncé, presque comme le ♂. – *Juv. :* gris, blanc et noir, très écailleux, tache pâle insignifiante aux scapulaires, grande tache blanche à la base des primaires, comme le juv. de la P.-g. à tête rousse orientale *(niloticus)*; s'en distingue par la taille moindre, l'absence de brun roussâtre sur l'aile et la nuque, les sus-caudales sombres, la queue étroite, le petit bec et les tertiaires et grandes couv. plus uniformément sombres. Certains, nés tôt, acquièrent dès sept. un plum. analogue à celui de l'ad., mais la plupart conservent le plum. juv. barré et grisâtre tout l'automne.

VOIX Inquiétude : *tchèèhr* de bécassine. Alarme : crépitement sec. Chant : étonnamment, tient à la fois des Hypolaïs des oliviers et pâle (plus lent que le second, pas aussi lent ni râpeux que le premier); strophe assez monotone, répétée cycliquement, rêche, assez hachée.

GONOLEKS, TCHAGRAS, ETC. : MALACONOTIDÉS

Assez grande famille variée, surtout africaine. La plupart ont un bec long, fort, d'assez longues pattes, une longue queue et des ailes bien arrondies. Une seule espèce dans l'aire étudiée. Nid sur une fourche d'un buisson touffu.

Tchagra à tête noire *Tchagra senegalus*

L 21-24 cm. N-O de l'Afrique; basses terres broussailleuses, dégagées et arides. Sédentaire. Sautille beaucoup à terre, se perche souvent bas dans les buissons. Assez farouche et difficile à voir, repéré à ses cris sonores. Alim. : insectes, petits lézards, etc.

Tchagra à tête noire

CARACTÉRISTIQUES Tête au pattern marqué : calotte noire, large et long sourcil blanc crème, trait sourcilier noir. Scapulaires et tertiaires

PIE-GRIÈCHE À TÊTE ROUSSE

senator (de l'Europe à l'O de la Turquie)

badius (îles de Méditerranée occidentale)

PIE-GRIÈCHE MASQUÉE

TCHAGRA À TÊTE NOIRE

noires, liserées d'ocre. Fort bec noir. Ailes brun rouille vif. Longue queue noire à large bout blanc, rectrices centrales grisâtre barré de noir. Sexes semblables, âges très semblables et souvent impossibles à distinguer sur le terrain. Juv. avec parties de la calotte, du trait sourcilier, des scapulaires et des tertiaires teintées de brun, scapulaires diffusément terminées de chamois.

VOIX Chant très sonore : forts sifflements en glissando, montants ou descendants. La ♀ émet un trille roulé, parfois en duo avec le ♂.

BULBULS : PYCNONOTIDÉS

Famille de passereaux petits ou moyennement grands, placés près des Sylviidés, alouettes et hirondelles par les recherches récentes mais présentés ici avec les souimangas pour des raisons pratiques, les deux groupes peuplant le Moyen-Orient, l'Arabie et l'Afrique du N. Les bulbuls vivent dans des milieux chauds, sont grégaires, remuants et bruyants. Fréquentent surtout les feuillages (palmiers, souvent), les buissons, mais aussi les jardins. Nid dans un arbre.

Bulbul des jardins *Pycnonotus barbatus*

L 19-21 cm. Jardins et zones cultivées, près des cours d'eau de montagne et dans les oasis. Ne craint pas la proximité de l'homme et se fait vite remarquer : crie, volette, souvent en groupes, souvent perché à découvert. Sédentaire. Comportement très proche de celui du B. d'Arabie.

CARACTÉRISTIQUES À peu près de la taille d'un merle. Assez longue queue gris foncé ; par ailleurs blanc grisâtre sale. Tête brun-gris (lores presque noirs, pas de cercle oculaire pâle), dessus gris foncé et poitrine gris-brun un peu plus clair avec ventre et bas-ventre blanchâtres. Queue noir terne, ailes gris foncé. Bec noir, de la taille de celui du merle mais un peu arqué. Sexes et âges identiques. Vol direct, un peu désordonné, ailes arrondies, queue souvent ouverte puis fermée (de même une fois posé). Calotte érectile, sans former une huppe mais rendant la tête pointue.

VOIX Bavard et bruyant. Les groupes émettent souvent un *tchahr tchahr tchahr* rauque, un peu mou, répété. Chant sonore au rythme caractéristique, sautillant, dont la durée et les détails sont variables, par ex. *tchik tchillévi, tchuvui*, le plus souvent à l'aube et au crépuscule.

Bulbul d'Arabie *Pycnonotus xanthopygos*

L 19-21 cm. Milieux et mœurs semblables à ceux du B. des jardins, dont il est proche parent (chevauchement des aires de répartition des deux espèces autour du canal de Suez). Palmeraies, oueds avec végétation, jardins, etc. Très grégaire, d'ordinaire vu en petites bandes, semble toujours très affairé parmi les palmes. Sédentaire.

CARACTÉRISTIQUES Comme le B. des jardins mais : sous-caudales jaune citron, tête plus sombre, presque noire, contrastant avec le corps gris plus pâle que celui du B. des jardins. En outre, étroit cercle oculaire blanc-gris, ventre gris pâle (pas aussi blanchâtre) et queue coupée un peu plus droit.

VOIX Très semblable à celle du B. des jardins. Toutefois, le chant semble émis sur un rythme plus lent, avec peu de notes à la fois, sans le rythme enjoué caractéristique du B. des jardins.

Bulbul à oreillons blancs *Pycnonotus leucotis*

L 17-19 cm. Très proche du B. à joues blanches (*P. leucogenys* ; non traité), mais ces deux espèces sont à présent séparées. A récemment gagné vers l'O depuis l'Irak et la région du Golfe, et en Syrie. Mêmes milieux que ses cousins. Très voyant et confiant, approche l'homme dans les jardins. Sédentaire.

CARACTÉRISTIQUES Comme le B. d'Arabie par la forme, mais est à peine plus petit. Diffère par sa huppe un peu plus arrondie, souvent dressée. Trait le plus frappant : large tache parotique blanche cernée de noir (comme la Mésange charbonnière). Comme le B. d'Arabie, bas-ventre jaune (un peu plus orangé). Queue sombre terminée de blanc, bien visible sur les oiseaux s'envolant ou perchés. Bec un peu plus long et fort que chez ses cousins.

VOIX Semble identique à celle du B. d'Arabie, mais on manque de recherches précises.

SOUIMANGAS : NECTARINIIDÉS

Grande famille de tout petits oiseaux gracieux, à fin bec pointu. Plum. souvent à éclat métallique. Nectarivores. Considérés comme les « colibris de l'Ancien Monde » mais ne font que rarement du surplace (sans vibrer des ailes), préfèrent se percher sur les fleurs. Nid dans un arbre.

Souimanga de Palestine *Cinnyris osea*

L 11-12 cm. Surtout zones à acacias, arides, de type savane, mais aussi cultures, parcs, jardins, etc. riches en fleurs. Sédentaire ou erratique. Alim. : nectar, insectes.

CARACTÉRISTIQUES En raison de sa courte queue, semble presque rondelet et tout mignon. Vif et mobile. Agite souvent nerveusement la queue. Vol rapide et capricieux. Bec noir, mince, pointu et arqué. – ♂ *nuptial (déc.-juillet) :* noir à reflets métalliques bleu et violet (de près, sous bonne lumière, sinon semble seulement sombre). – ♀ : brun-gris dessus, blanc grisâtre dessous avec vague nuance jaunâtre. Ailes sombres, contrastantes. – ♂ *internuptial :* comme la ♀, parfois avec quelques plumes noires éparses.

VOIX Riche répertoire de cris sonores. *Viyu* sifflant, *tvuït* montant, *zuyt-zuyt-zuyt zuyt zuyt…* cliquetant de façon « électrique ». Chant : quelques sifflements suivis d'un trille (de loin, évoque le Rougequeue noir).

Souimanga du Nil *Hedydipna metallica*

L 9-10 cm (plus queue du ♂, 4,5-6,5 cm). Dans la région étudiée, niche seulement près du Caire. Mêmes milieux que le S. de Palestine. Peut effectuer de courtes migrations. Niche à partir d'avril.

CARACTÉRISTIQUES Minuscule. Mouvements nerveux, remue les ailes et étale la queue. Bec un peu arqué comme chez tous les souimangas mais, surtout, très court. ♂ nuptial ne pouvant être confondu (déc.-juillet) : dessus vert brillant, poitrine noire, ventre jaune et longue queue fine, terminée en palette. Poitrine noire avec reflets métalliques pourpres sous bonne lumière et bon angle. Autres plum. : dessus brun-gris, gorge blanc sale, ventre blanc jaunâtre. ♂ internuptial un peu plus jaune ; peut avoir quelques couv. à reflet et du foncé à la gorge. Les longues rectrices ne sont pas usées en automne.

VOIX Assez similaire à celle du S. de Palestine. Chant aigu avec notes en trilles, sèches et répétées.

BULBUL DES JARDINS

BULBUL D'ARABIE

BULBUL À OREILLONS BLANCS

SOUIMANGA DE PALESTINE

SOUIMANGA DU NIL

DZ

Bulbul des jardins

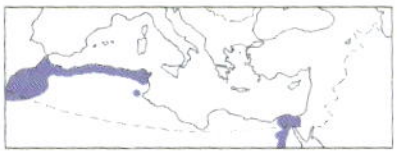

Bulbul d'Arabie

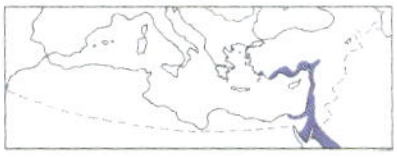

Bulbul à oreillons blancs

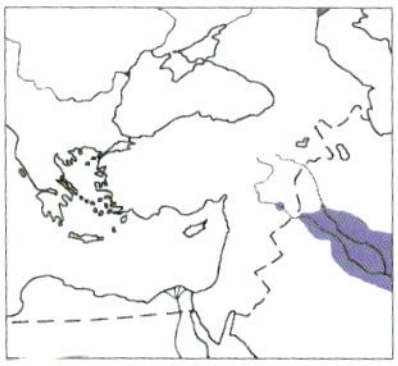

Souimanga de Palestine

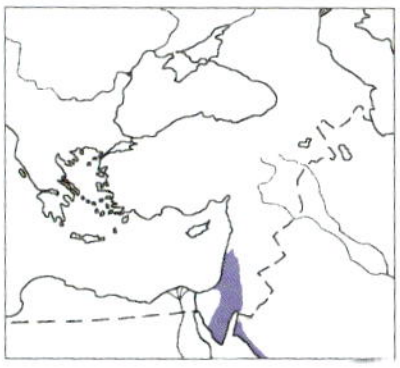

Souimanga du Nil

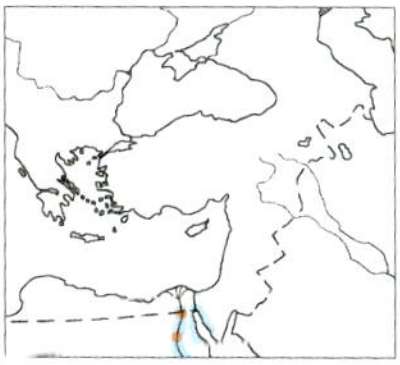

TIMALIIDÉS

Très grande famille (plus de 300 esp.) de passereaux petits à moyennement grands aux couleurs surtout unies. De récentes recherches génétiques ont (étonnamment !) montré qu'ils étaient proches des fauvettes.

Cratérope fauve *Turdoides fulva*

L 23-25 cm. Sédentaire. Zones broussailleuses sèches, semi-déserts à arbres et buissons épars, palmeraies à sous-bois, oasis, etc. Vit en bandes, souvent de 5 à 10 oiseaux. Nid dans les fourrés.

CARACTÉRISTIQUES À peine de la taille d'un merle. Longue queue. Sable brun pâle à nuance roussâtre (plus chaudement coloré que le C. écaillé) avec centre des plumes vaguement marqué de foncé à la calotte, à la nuque et au manteau. Gorge blanchâtre. Bec fort, un peu arqué, généralement noirâtre (du jaune aux commissures chez le ♂), mais jaune paille à bout foncé dans le nord-est de l'Afrique *(acaciae)*. Iris habituellement foncé. Fortes pattes brun pâle.

VOIX Bruyant. Cris : *tchiit* brefs, divers trilles traînants, roulés, métalliques, souvent sur une note aiguë. Chant : *piu-piu-piu piièi*.

Cratérope écaillé *Turdoides squamiceps*

L 25-29 cm. Sédentaire : régions broussailleuses arides, semi-déserts à acacias et tamaris, abords des cultures et jardins. Grégaire. Omnivore. Nid dans un buisson touffu.

CARACTÉRISTIQUES Taille d'un merle. Brun-gris pâle. Longue queue. Tête et cou un peu plus gris que le corps. Calotte et nuque tachetées de foncé. Bec fort, un peu arqué, noir grisâtre (♂ ♂ ad., juv) ou jaunâtre à bout diffusément plus foncé (♀♀ ad.). Iris jaune pâle (♂), ocre (♀), brun-gris (juv.). Vol souple et direct ; planés ailes étendues. Sautille à pieds joints et secoue souvent la queue en général relevée.

VOIX Contact : divers petits sifflements pépiants ; trille plus caractéristique, aigu, strident. Alarme : *kchèèh* rauque, comme un petit geai. Chant : sifflements pépiants.

Cratérope d'Irak *Turdoides altirostris*

L 20-23 cm. Sédentaire. Moyen-Orient ; a récemment gagné, depuis l'Irak, la Syrie et le S-E de la Turquie. Surtout roselières riveraines. Vit en bandes.

CARACTÉRISTIQUES Le plus petit cratérope de la zone étudiée, ressemblant au C de l'Inde *T. caudata* (Irak, Iran, hors limites) mais lores pâles, calotte brun chaud, calotte et poitrine moins striées, gorge plus blanche et roux plus soutenu aux côtés de la poitrine et aux flancs. Pattes brun foncé terne, fort bec sombre.

VOIX Trilles aigus et descendants rappelant le G. castagneux. Également des *pipipipi*.

CORBEAUX, PIE, GEAI… : CORVIDÉS

Passereaux moyens à grands, charpentés. Grosses pattes, bec puissant. Grégaires ; souvent en groupes. Certains (Choucas des tours, Grand Corbeau) sont d'habiles voiliers, des acrobates aériens, d'autres (pies, geais), aux courtes ailes larges, ont un vol hésitant. La plupart sont sédentaires, mais nombre de ceux qui nichent au nord et au nord-est se déplacent vers le sud-ouest. Plum. généralement noir, gris, blanc, brun et chamois. Sexes semblables. Omnivores. Généralement, nid dans un arbre.

Pie bleue *Cyanopica cyanus*

L 31-35 cm (dont 16-20 cm pour la queue). Sédentaire ; péninsule Ibérique. Bois, surtout de pins mais aussi de chênes-lièges, chênes verts, frênes, oliviers, eucalyptus et divers autres feuillus. Répartition originale (présente en Extrême-Orient). Hors de la nidification, en groupes familiaux ou en bandes. Assez farouche. Évolue dans les frondaisons à la recherche de sa nourriture (insectes, baies). Nid souvent en périphérie du houppier d'un chêne vert.

CARACTÉRISTIQUES Taille moyenne, assez élancée, longue queue. Dans l'ombre des feuillages, on voit souvent seulement un oiseau gris brunâtre à calotte noire et gorge blanchâtre. Une meilleure lumière révèle le beau bleu pâle des ailes et de la queue, le rose brunâtre du dos et le chamois de la poitrine et du ventre. Rémiges primaires bordées de blanc. Vol hésitant comme celui de la P. bavarde, mais plus léger et souple.

VOIX Contact : *vrruyiih* sonore, grinçant, un peu nasillard, légèrement montant ; parfois un *kui* aigu et un *vih-é* gémissant. Alarme : *krrrrrrr…* étiré, aigu, dur et roulé ou en crécelle. Chant rare et mal connu : discret gazouillis grinçant.

Pie bavarde *Pica pica* NS5

L 40-51 cm (dont queue, 20-30 cm). Campagne cultivée avec bosquets, bois clairs, parcs, jardins, jusqu'en ville. Sédentaire. S'assemble parfois en groupes bavards de 5 à 25 ind. et dort en hiver en groupes encore plus importants. Prudente mais non farouche. Nid sphérique (à dôme souvent visible) de branchettes au sommet d'un arbre.

CARACTÉRISTIQUES Ne peut être confondue. Noir et blanc, longue queue vert brillant. En vol, courtes ailes à grande zone blanche. Vol incertain en ligne droite avec quelques planés ; marche hardiment, de façon un peu saccadée, queue souvent levée, sautille également.

VOIX La plupart des cris sont rêches. Le mieux connu est l'alarme : *tché-tché-tché-tché* en séries rapides et prolongées. Autres cris comprenant des sons durs, rêches et gémissants généralement mêlés ; conversation : *tcha-ka !* ou *tchia-tcha* claquants, etc. Chant : plus rare, en sourdine, gazouillant, calme.

Cratérope fauve

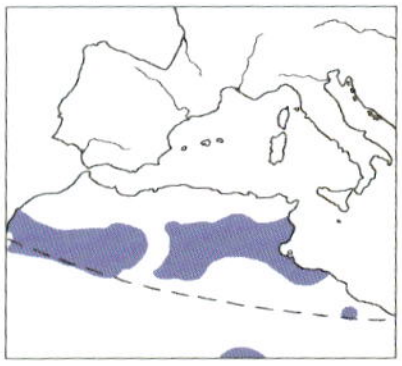

Cratérope écaillé

Cratérope d'Irak

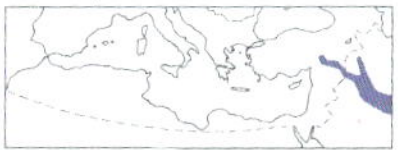

Pie bleue

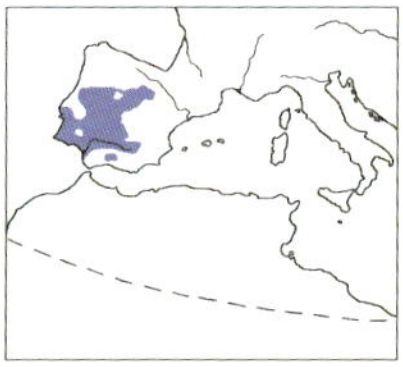

Pie bavarde

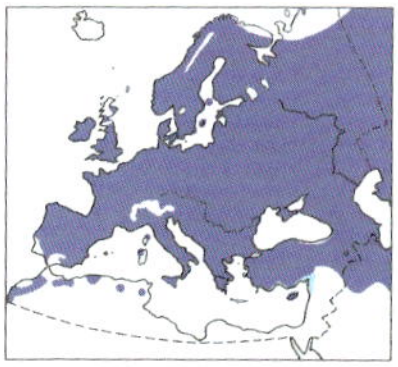

CRATÉROPE FAUVE

CRATÉROPE D'IRAK

CRATÉROPE ÉCAILLÉ

l'équivalent de la mangouste chez les oiseaux: donne immédiatement l'alarme dès qu'il repère un serpent p. ex.

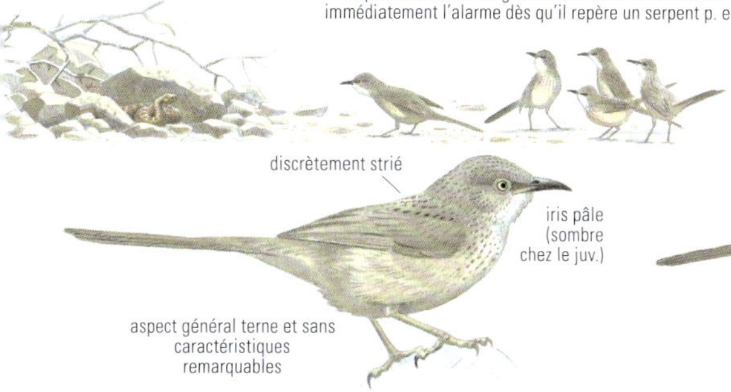

PIE BLEUE

PIE BAVARDE

Geai des chênes *Garrulus glandarius* NS5 / MC / HC
L 32-35 cm. E 54-58 cm. Divers milieux boisés, de conifères ou de feuillus, grands parcs touffus (jusqu'en ville). A surtout besoin de glands (secondairement, de faines et de graines de charme), cachés en automne pour la subsistance hivernale : peut les transporter dans son jabot, sur plusieurs kilomètres. Surtout sédentaire mais ind. nordiques migrateurs vers le S et le SO certains automnes. Farouche et sur le qui-vive, difficile à approcher. Omnivore. Nid dans un arbre, un buisson élevé.

CARACTÉRISTIQUES Coloré et pourtant méconnu de bien des citadins. Principalement brun-gris rosé, gorge blanchâtre, sous-caudales blanches. Sur le dessus du poignet, zone bleu pâle finement barrée de noir. Large moustache noire. Calotte blanchâtre tachetée de noir (*glandarius*, Europe). Plumes de la calotte érectiles, donnant au crâne une forme pointue. En vol, grande zone blanche frappante au croupion, large barre alaire blanche. Vol indécis, irrégulier, en ligne droite. Distingué de loin du cassenoix au vol analogue par la queue assez longue et le bec court. – *Variantes :* oiseaux des îles Britanniques *(rufitergum, hibernicus)* brun-roux plus foncé. Caucase *(krynicki)*, Moyen-Orient *(atricapillus)* et centre de l'Afrique du Nord *(cervicalis)*, calotte noire, bec plus épais. Au nord-est de la Russie *(brandtii)*, tête brun-roux.

VOIX Sonore *kchèèch!* caractéristique, rauque et perçant (alarme, parfois cri de contact), souvent répété. Émis par un groupe apercevant un prédateur, peut tourner au vacarme. Parfois *piuyèh* de buse, plaintif et descendant, mais confusion pratiquement impossible, la buse criant du haut des airs et le Geai d'un arbre touffu. Chant, parfois à la fin de l'hiver : mélange de gloussements, caquètements et sons rudes, graves, portant peu.

Mésangeai imitateur *Perisoreus infaustus*
L 26-29 cm. Forêts de conifères septentrionales, avec une certaine prédilection pour les plus vieilles, les plus touffues avec usnées. Sédentaire, exceptionnel au sud de son aire de répartition. Cache dans des trous d'arbres, insectes, graines et baies pour l'hiver. Omnivore ; fréquente volontiers les campements, y profitant de déchets. Mène son train calmement et sans crainte, même lorsque les promeneurs s'approchent tout près.

CARACTÉRISTIQUES À peu près de la taille d'un merle. Assez longue queue sombre, unie. Plum. brun-gris avec trace de nuance rose brunâtre ; calotte brun plus foncé et gorge blanc brunâtre un peu plus pâle. Le plum. hérissé des narines forme une petite zone chamois sur le front. En vol (silencieux, souple et rapide, avec des planés), zone brun-roux aux poignets, à la base et aux côtés de la queue. Sexes et âges semblables.

VOIX Généralement plutôt silencieux. Parfois *djè* bref et miaulant, *kui* montant et *kiih* plus fin. En cas d'irritation, peut se révéler plus bruyant : *krèh* croassant de geai (mais plus faibles) ou *djèèih* plus long et miaulant. Chant : rare, chant en sourdine grave (audible seulement jusqu'à 20 m), avec gazouillis, sifflements et miaulements.

Cassenoix moucheté
Nucifraga caryocatactes NS3 / MR
L 32-35 cm. E 49-53 cm. Presque uniquement forêts d'épicéas avec si possible noisetiers ou pins arolles permettant de faire des provisions pour l'hiver. Cache des noisettes, etc., dans la terre (fin d'été, automne) et retrouve ses cachettes même sous une épaisse couche de neige. Les nicheurs d'Europe *(caryocatactes)*, farouches, sont sédentaires. Les années où les graines de pins arolles manquent en Sibérie, de grandes troupes de la race *macrorhynchos* à bec étroit, de l'E de la Russie et de Sibérie peuvent, au début de l'automne, gagner l'O et le C de l'Europe, où ces oiseaux se montrent à la fois confiants et bien visibles ; des populations nicheuses localisées se sont alors établies en Fennoscandie et même en Europe C. Omnivore en été. Nid dans un conifère touffu. Nicheur précoce.

CARACTÉRISTIQUES Taille du Geai des chênes, mais queue courte (meilleur caractère distinctif en vol) ; bec fort et long. Tête bien plus allongée que le Geai des chênes et pas de huppe à la calotte. Plum. brun foncé ponctué de blanc ; calotte et presque totalité des ailes brun noirâtre non tacheté. Ailes larges et obtuses. Vol en droite ligne souvent à grande hauteur à coups d'ailes rappelant le Geai des chênes. Dessous contrastant : sous-caudales et bout de la queue blancs. Sexes et âges semblables. – *Variantes :* en Europe, bec plus gros (base plus épaisse) et queue à bout blanc plus étroit. Chez la race sibérienne *macrorhynchos*, bec plus uniformément étroit, en moyenne un peu plus long, queue à bout blanc plus large.

VOIX En général, assez silencieux. Cependant, cri caractéristique, au moins saisonnier (début du printemps, été), étiré, dur et roulé, à sonorité quasi mécanique, souvent répété à plusieurs reprises en une rapide série. Parfois, cri de conversation doux, *yèk* ou *kya*. Chant : rare ; calme, en sourdine, mélange de sons grinçants, rêches, gazouillants, rappelant celui de la Pie bavarde.

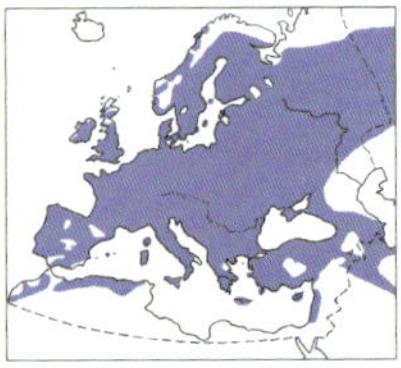
Geai des chênes

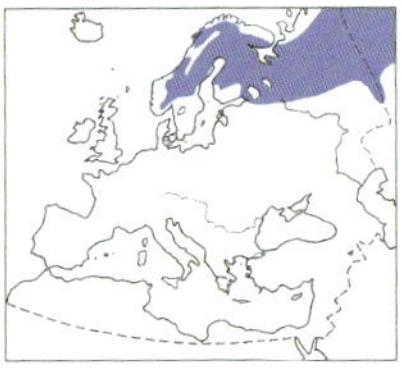
Mésangeai imitateur

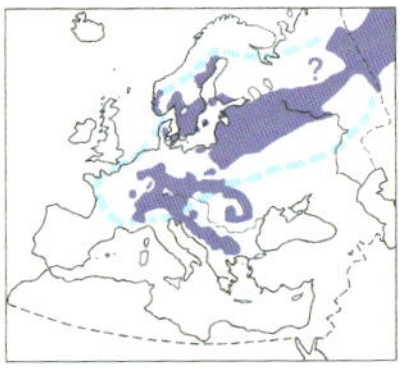
Cassenoix moucheté

GEAI DES CHÊNES

MÉSANGEAI IMITATEUR

CASSENOIX MOUCHETÉ

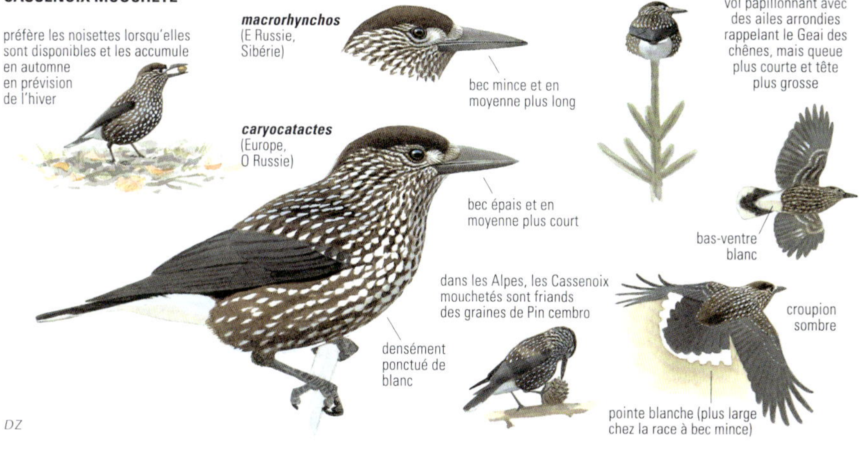

Choucas des tours *Corvus monedula* N5 / MC / HC
L 30-34 cm. E 64-73 cm. Aussi bien à proximité immédiate de l'homme (cavités et anfractuosités de bâtiments) que dans les parcs, allées d'arbres et bois de feuillus offrant des cavités ; par endroits en montagne. Migrateur partiel au nord, sédentaire ailleurs. Couples unis pour la vie, presque toujours réunis. Grégaire, cherche sa nourriture en groupes ; se rassemble, notamment en automne, le soir, formant de grandes bandes pour passer la nuit dans des bosquets ou les parcs des villes. Omnivore. Nid dans une cheminée, un trou d'arbre, une fissure rocheuse, etc.

CARACTÉRISTIQUES De loin, tout sombre. De près, gris foncé, avec côtés du cou et nuque gris plus pâle. Œil pâle. Bec en proportion bien plus mince que chez les corneilles et corbeaux. Marche assez hardiment, dressé. En vol, diffère des corneilles par des coups d'ailes plus rapides et un peu plus amples, les ailes étant en proportion un peu plus longues et plus étroites, ainsi que par le large cou et le bec court conférant un aspect légèrement massif à l'avant. Vole en groupes en général plus denses que les corbeaux (un peu comme les pigeons). – *Variantes :* ind. du nord-est de l'Europe *(soemmerringii)* à côtés du cou plus pâles, surtout en plum. automnal frais, formant une tache blanc grisâtre en bas du cou ; intergradation vers la race type en Scandinavie, d'où une détermination aléatoire de la race. Ind. du sud et de l'ouest de l'Europe *(spermologus)* plus foncés.

VOIX Bruyant. Cris de contact et d'alarme assez brefs, tranchants, parfois un peu rêches. Souvent *kya* heurté, souvent répété en séries, *kyak !* plus dur, *kyaar* traînant, *tchrèh* un peu plus rêche ; varient en fonction de l'humeur. Bavardent souvent calmement, quand ils sont perchés. Alarme : *tchèèhr* rêche et perçant.

Crave à bec rouge *Pyrrhocorax pyrrhocorax* NS3
L 37-41 cm. E 68-80 cm. Montagnes (1 000-3 000 m, localement plus haut) à parois abruptes et ravins ; côtes rocheuses abruptes avec grottes et profondes fissures. Sédentaire. Souvent confiant et pouvant être approché. Grégaire hors nidification, mais peut former des colonies quand les sites de nidification sont appropriés, parfois en compagnie du C. à bec jaune. Cherche sa nourriture à terre : invertébrés, baies. Nid sur une corniche, dans une anfractuosité, une grotte, parfois même sur un bâtiment ou dans une de ses cavités.

CARACTÉRISTIQUES Noir à reflets métalliques. Proportions particulières : ailes assez longues et de largeur uniforme jusqu'au corps ; bout des ailes obtus et profondément « digité » ; assez courte queue (longue comme la largeur des ailes) à bout droit, long bec rouge pointu et arqué. Assez longues pattes rouges. Chez l'oiseau posé, le bout des ailes atteint celui de la queue (elle dépasse nettement le bout des ailes chez le C. à bec jaune). Vol acrobatique. Peut effectuer avec aisance toutes les figures aériennes, glissades, vrilles, balancements, piqués ailes repliées. Sexes semblables. *Juv. :* bec jaune orangé terne, un peu plus court que chez l'ad. ; plum. noir plus terne, pattes souvent rouge plus terne.

VOIX Cri de contact caractéristique, souvent émis en vol, *tchiak* un peu sifflant et légèrement descendant, accompagné de détails variables, donnant toute une gamme de cris : *tchiaa, tchrèa, tchraah, tchi-ah.*

Chocard à bec jaune *Pyrrhocorax graculus* NS4
L 36-39 cm. E 65-74 cm. Seulement en montagne (1 500-3 900 m) ; parois abruptes inaccessibles. Sédentaire. Grégaire ; en grandes bandes (plusieurs centaines d'ind.) toute l'année. Fréquente les terrasses des restaurants des stations de sports d'hiver, en quête de restes de nourriture, et peut alors être très peu farouche. Toujours actif et prompt à regagner les sommets. Se nourrit en grande partie d'insectes en été, de baies, graines et restes de nourriture en hiver. Nid sur une corniche de falaise ou dans une anfractuosité de la roche.

CARACTÉRISTIQUES Ressemble au Crave à bec rouge (noir, pattes rouges, bout des ailes « digité », vol acrobatique). En diffère (même de loin) par : une plus longue queue (plus longue que la largeur des ailes) à base plus étroite et bout arrondi ; des ailes un peu plus courtes à bord postérieur saillant au bras, attache un peu plus étroite et bout plus arrondi (moins nettement « digité »). De plus près, le bec court et jaune est diagnostique. On peut par ailleurs le confondre de loin avec le Choucas des tours, à peu près de la même taille, mais ce dernier a une queue plus courte (de longueur à peu près égale à la largeur des ailes), la base de la queue, la tête et le cou plus larges, le dessous de l'aile gris uni. – *Juv. :* noir un peu plus terne que l'ad., pattes foncées, et souvent bec jaune à bout foncé.

VOIX Presque tout le répertoire est caractéristique et ne peut être confondu avec celui du Crave à bec rouge. Cri le plus habituel émis par les groupes errants, par ex. au-dessus des stations de ski : *zirrrrr* aigu et roulé, à tonalité presque électrique ; également *ziièh* sifflé, strident, et mélange de ces deux cris, *zrrièh.* Inquiétude : *krrrru* un peu plus grave et plein. Cris occasionnels plus comme ceux du Crave.

Choucas des tours

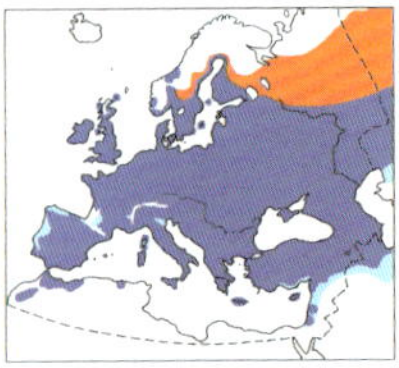

Crave à bec rouge

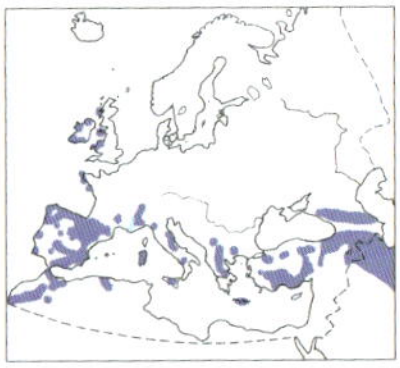

Chocard à bec jaune

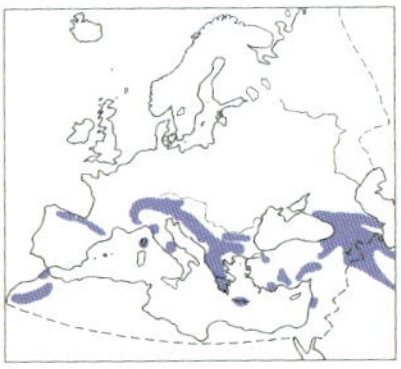

CHOUCAS DES TOURS

CRAVE À BEC ROUGE

CHOCARD À BEC JAUNE

DZ

Corbeau freux *Corvus frugilegus* N5 / MC / HC
L 41-49 cm. E 81-94 cm. Niche en colonies ; campagne cultivée. Construit des nids volumineux, regroupés (corbeautières), au sommet des arbres, souvent près des fermes et des villages. Se nourrit en groupes dans les labours, les pâtures, au bord des fossés, souvent en compagnie de choucas. Assez peu farouche quand on ne le chasse pas. Omnivore : surtout insectes, vers de terre, etc. ; graines et autres éléments végétaux. Migrateur dans l'extrême nord-est de la zone étudiée.

CARACTÉRISTIQUES Taille de la corneille (et souvent confondu avec elle). Plum. noir à reflets violet rougeâtre sous certains angles. Ad. reconnu à la peau nue blanc grisâtre autour de la base du bec et à l'absence de plumes aux narines ; généralement, profil différant de la corneille, avec front plat, crâne pointu, nuque courte, poitrine plate, ventre saillant, « culottes » de plumes lâches. La zone autour du bec se dénude de février à mai de la 2e année ; jusque-là, jeune assez similaire à la Corneille noire mais, de près, forme un peu particulière du bec à culmen plus droit et bout plus pointu (et voix différente). Avec l'expérience, noter : battements d'ailes un peu plus souples, plus rapides et plus profonds, bout de la queue plus arrondi, presque cunéiforme, main en moyenne un peu plus longue et bout de l'aile plus étroit (distinctions subtiles).

VOIX Cri rêche, nasillard, bruyant, à *r* moins net que chez la corneille, *ghéaah*, *ghèèèh*, *gra gra grah*…, etc. Rumeur bruyante à la corbeautière à l'époque de la construction et des appariements.

Corneille mantelée *Corvus cornix* NS3 / MR / HR
L 44-51 cm. E 84-100 cm. Forêts claires, fourrés, cultures, grands parcs, rivages à végétation, etc. Sédentaire dans la plus grande partie de l'Europe, mais en hiver les ind. de Finlande et de Russie migrent pour une grande part vers la Suède et les pays de la mer du Nord. S'hybride avec la C. noire (voir ci-après) dans une étroite zone de contact. Assez farouche ; considérée comme nuisible en de nombreux pays. Omnivore, pille les nids d'autres oiseaux ; mange des déchets et des charognes, des insectes, diverses bestioles dans les champs et sur les rivages, des baies, fruits et graines, etc. Nid de branchettes dans un arbre, souvent bien caché.

CARACTÉRISTIQUES Taille du Corbeau freux et même silhouette. Cependant reconnaissable à : plum. bicolore, avec corps gris pâle sale, ailes, tête et queue noires, plastron noir allant jusqu'à la poitrine (cf. Corbeau familier, p. 368). Vol assez indolent, avec des battements d'ailes plus amples et plus mesurés que le Choucas des tours, et souvent assez haut. Formation des groupes d'ordinaire espacée.

VOIX Bruyante. Répertoire peu varié, généralement, croassements rudes. Cri le plus habituel (aussi avec fonction de chant) : croassement roulé et rude, répété 3 ou 4 fois, *krra krra krra*. Se querelle ou houspille les rapaces avec des *krrrr krrrr*… sourds.

Corneille noire *Corvus corone* N5 / MA / HA
L 44-51 cm. Très proche de la C. mantelée (ci-dessus), qu'elle remplace dans l'O et le S-O de l'Europe. Les deux s'hybrident dans une étroite zone de contact, donnant des intermédiaires variables. Mœurs et milieux comme chez la Mantelée. Race de la même espèce que la C. mantelée ; remplace celle-ci dans l'ouest et le sud-ouest de l'Europe. Milieux et mœurs similaires à ceux de la C. mantelée.

CARACTÉRISTIQUES Silhouette et taille de la C. mantelée, mais : toute noire, à vagues reflets métalliques verts et bleus en plum. frais. Diffère du Grand Corbeau par : taille nettement moindre, ailes plus larges et courtes, bout de la queue arrondi (non cunéiforme), vol plus indolent, coups d'ailes plus amples. Plus difficile à distinguer du jeune Freux mais, de près, bec plus gros, à bout plus obtus, à dessus plus arqué au bout ; vol plus indolent, ailes un peu plus courtes et larges (différences subtiles).

VOIX Très proche de la C. mantelée mais souvent un peu plus dure, plus « agressive », moins roulée (différences peu utiles sur le terrain ; importantes variations individuelles, notamment chez la Mantelée).

Grand Corbeau *Corvus corax* NS3
L 54-67 cm 115-130 cm. Forêts reculées, montagne et falaises côtières. Couples unis pour la vie. Sédentaire. Très farouche. Omnivore, charognard. Nid sur une corniche de falaise inaccessible, dans un arbre, parfois sur un pylône. Niche tôt au printemps.

CARACTÉRISTIQUES Le plus grand des passereaux (plus grand qu'une buse). Plum. noir à reflet métallique (vert ou bleu). Très gros bec, visible aussi en vol, parfois gorge hirsute (plumes ébouriffées). Silhouette en vol typique : ailes longues, étroites, main étroite, longue et « digitée », long cou saillant, queue cunéiforme. Vol également typique, souvent à bonne hauteur, à lents mais amples coups d'ailes, main légèrement ramenée en arrière. Souvent en couples. Vol à voile fréquent ; ailes alors planes ou légèrement abaissées, non relevées comme une buse ou un Aigle royal.

VOIX Sonore, croassante, avec des *r* roulés. Contact : *rrok* profond, parfois répété 3 ou 4 fois. Alarme : *krak-krak-krak-*… dur, plus rapide. Divers autres cris assez particuliers, notamment un *klong*.

Corbeau freux

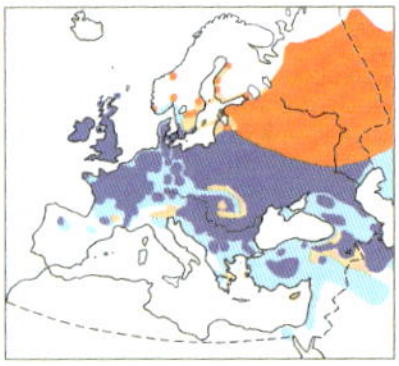

Corneille mantelée

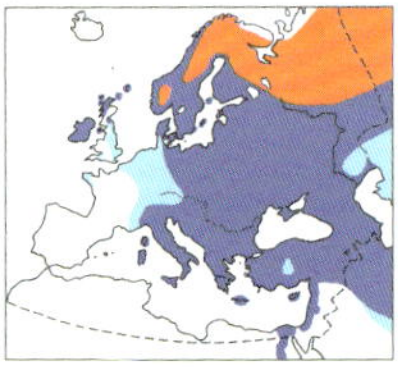

Corneille noire

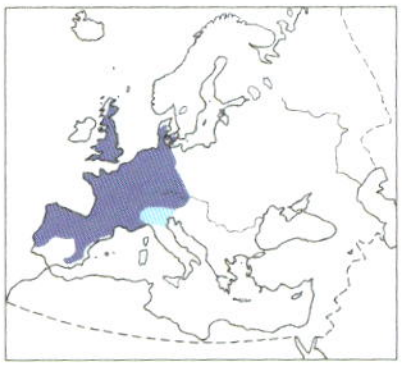

Grand Corbeau

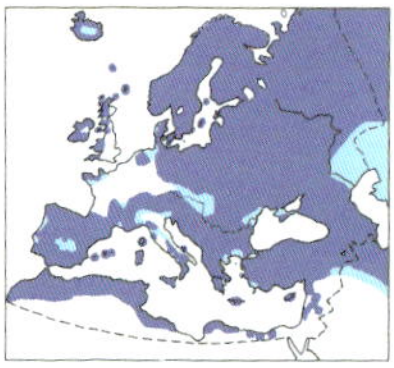

CORBEAU FREUX

CORNEILLE MANTELÉE

CORNEILLE NOIRE

GRAND CORBEAU

DZ

Corbeau brun *Corvus ruficollis*
L 48-56 cm. E 103-120 cm. Déserts et steppes arides, parfois aussi déserts montagneux et oueds rocheux mais n'est pas un oiseau de montagne. Sédentaire. Farouche, souvent assez difficile à approcher. Nid dans un arbre, sur un pylône électrique, une corniche rocheuse, par exception à terre.

CARACTÉRISTIQUES Assez semblable au Grand C. (distinction délicate sur le terrain). La voix est souvent le meilleur critère. Un peu plus petit que le Grand C. (difficile à juger sans comparaison directe). Silhouette et vol similaires à ceux du Grand C. mais : bec en proportion un peu moins fort, gorge un peu moins ébouriffée, et main un peu plus étroite (un « doigt » de moins). Vol assez souvent avec le bec dirigé vers le bas. Queue assez souvent moins cunéiforme (rectrices médianes dépassant parfois un peu chez le Faucon crécerellette), mais tous ces caractères sont inconstants ou difficiles à apprécier. De tout près, parfois, nuance brun bronze à la nuque. Doigts souvent jaunâtres (au moins au Moyen-Orient).

VOIX Contact : croassement *krri-èh* curieusement semblable à celui d'une corneille, un peu rauque et aigu, jamais grave ou avec des *r* roulés comme chez le Grand Corbeau.

Corbeau à queue courte *Corvus rhipidurus*
L 45-52 cm. E 103-110 cm. Déserts montagneux ; localement, zones rocheuses dénudées plus basses. Sédentaire. Grégaire, souvent en bandes. Vol à voile fréquent. Omnivore, fréquente décharges, cultures, oasis, etc. Nid sur une falaise (corniche ou cavité).

CARACTÉRISTIQUES Taille du C. brun. Très courte queue, bout des ailes, au posé, dépassant celui de la queue (ailes et queue de même longueur chez le C. brun). Bec assez court et gros. Tête assez petite (peut faire penser à un vautour). Souvent vu à terre, bec entrouvert. En vol, aussitôt reconnu à sa silhouette originale, avec larges ailes et queue tronquée.

VOIX Contact : *korr korr* roulé et sonore rappelant le Grand Corbeau Irrité, par ex. en harcelant un rapace : *trrru trrru*… aigu et roulé, rappelant un peu le C. freux.

Corbeau familier *Corvus splendens*
L 37-42 cm. E 68-80 cm. Inde. Récemment apparu dans la région étudiée grâce aux navires (ou introduit ?). Niche en colonies près de l'homme, aux abords des ports et agglomérations, pourvu qu'il y ait arbres et nourriture (déchets de poissons, ordures, etc.). Omnivore. Grégaire, toujours en groupes. Nid dans un arbre.

CARACTÉRISTIQUES Particulier : taille entre le choucas et la corneille mais plus élancé et élégant. À terre, assez dégingandé, avec pattes et ailes très longues, petite tête, assez long bec mis en valeur par le front abrupt. Plum. rappelant les hybrides entre Corneilles mantelée et noire : avant de la tête, dos, ailes et queue noirs, le reste gris foncé (nuque, cou et haut de la poitrine gris moyen un peu plus pâle). De près, le noir sur la tête s'achève juste derrière l'œil (moins étendu que chez la Corneille mantelée). En vol, contraste entre noir et gris souvent difficile à voir de loin (semble alors tout sombre). Ailes élancées, légèrement en angle au poignet, ce qui, avec le bec fort, assez long et la longue queue, le fait ressembler de loin à un petit Grand Corbeau.

VOIX Silencieux. Croassement sourd, *kraar*. Harcèle les rapaces avec un *kraou-kraou* plus dur.

ÉTOURNEAUX : STURNIDÉS

Quatre espèces de passereaux de taille moyenne, trapus. Courte queue, fortes pattes et bec pointu. Souvent en grands groupes denses. Marchent beaucoup et vite. Alimentation variée. Nid dans un trou. Une espèce asiatique est traitée ci-dessous, les trois espèces européennes sont décrites aux pages suivantes.

Rufipenne de Tristram *Onychognathus tristramii*
L 24-27 cm. Montagnes dénudées, surtout ravins, oueds et vallées à maigre végétation. Sédentaire. Grégaire, souvent en petites bandes (assez souvent 10 à 50 ind.) hors période de nidification. Alim. : insectes, baies. Parfois, cultures à plus basse altitude pour s'y nourrir. Nid dans un trou de paroi rocheuse.

CARACTÉRISTIQUES À peu près de la taille de l'Étourneau sansonnet mais à queue un peu plus longue, et plus élancé. Plum. en grande partie noir à reflet métallique bleu-violet sous certains angles. Caractérisé par la grande plage alaire orange (cuivrée) évidente en vol mais visible seulement comme une étroite barre le long du bord de l'aile fermée. Œil rouge brunâtre. Sexes légèrement différents : la ♀ a la tête et le cou grisâtres avec stries ou taches diffuses.

VOIX Bavard. Voix très caractéristique : les groupes survolant les pentes émettent des sifflements rappelant la recherche des ondes sur une vieille radio. Alarme : rauque *vèèèkh* rappelant le Loriot d'Europe en plus « agressif ».

Corbeau brun

Corbeau à queue courte

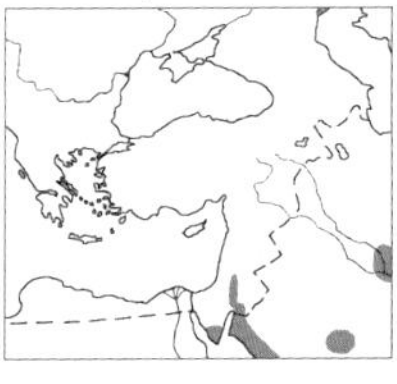

Corbeau familier

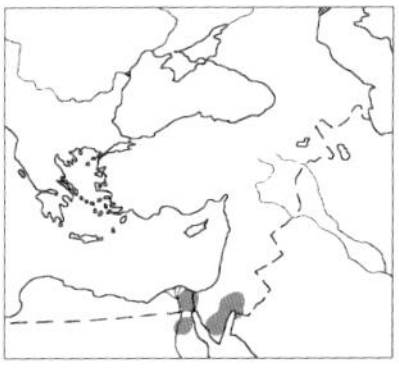

Rufipenne de Tristram

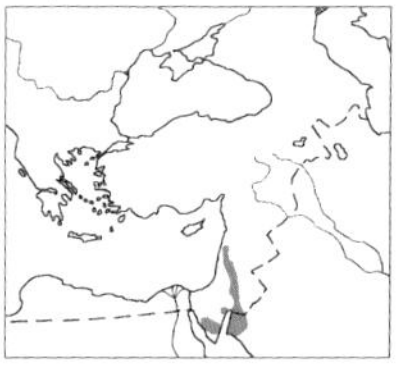

CORBEAU BRUN

CORBEAU À QUEUE COURTE

CORBEAU FAMILIER

RUFIPENNE DE TRISTRAM

Étourneau sansonnet *Sturnus vulgaris* N5 / MA / HA

L 19-22 cm. Campagne cultivée, parcs, jardins, bois (notamment chênaies), agglomérations. Forme souvent des bandes, parfois immenses, après la nidification, en quête de nourriture dans les champs, les laisses d'algues, etc., ainsi que pour passer la nuit dans les roselières. Afflux d'ind. venus du nord et de l'est de l'Europe de sept. à mars.

CARACTÉRISTIQUES Le débutant doit faire la distinction entre cet oiseau et le Merle noir, car ils sont tous deux noirs à bec jaune. Les différences apparaissent mieux à l'examen : l'Étourneau est piqueté de blanc jaunâtre, ses plumes ont un reflet métallique vert et violet, sa queue est courte, son bec est pointu et assez long, et il marche énergiquement. Vol rapide et un peu onduleux ; silhouette typique avec ailes assez pointues et courte queue. Pattes rose brunâtre. Sexes semblables (♂ nuptial à poitrine sans taches et base de la mandibule inférieure gris bleuté ; ♀ un peu ponctuée de pâle dessous et base de la mandibule inférieure blanc jaunâtre). Hiver : bec foncé, plum. ponctué blanc jaunâtre, menton blanchâtre. – *Juv.* : brun terne ; 1er hiver (revêtu de fin de juillet à sept.) semblable à l'ad. ; les imm. à corps ponctué et à tête demeurant brune sont facilement reconnaissables.

VOIX Riche répertoire. À l'envol et en vol, souvent bref *tchuyrrr* bourdonnant. Alarme au nid : *stèèh* rauque et perçant ; à l'approche d'un rapace, *kyètt !* net. Le juv. quémande avec un bourdonnement rêche. Chant aux abords du nid au printemps (avec battements d'ailes et gorge ébouriffée), parfois aussi en automne et en hiver quand il fait soleil : varié, sifflements, grincements, imitations d'autres oiseaux, de bruits, etc.

Étourneau unicolore *Sturnus unicolor* NS3

L 19-22 cm. Sédentaire ; agglomérations, jardins, parfois oliveraies ou parois rocheuses avec anfractuosités. Mœurs comme l'É. sansonnet.

CARACTÉRISTIQUES Très proche de l'É. sansonnet mais, au printemps et en été, tout noir sans taches (♀ et ind. de 1re année avec quelques petits points aux sous-caudales) à reflet pourpre plus uniforme (vert sous certains angles) que le Sansonnet. En plum. internuptial, ♀ et juv. à points pâles sur le dos, le ventre et les sous-caudales. Calotte restant sans taches, à la différence du Sansonnet. Bec semblant souvent court. Pattes rose pâle (en moyenne plus pâle que chez le Sansonnet).

VOIX Très semblable à celle du Sansonnet mais sifflements du chant stridents, plus clairs et sonores, souvent montants, et trilles souvent plus puissants et roulés.

Étourneau roselin *Pastor roseus* MR / HO

L 19-22 cm. Niche en colonies ; régions cultivées, steppes. Alim. : insectes (sauterelles). Quelques isolés migrent au nord-ouest de l'Europe, surtout en été.

CARACTÉRISTIQUES Corps rose, ailes et queue noires, avec, chez le ♂ ad., reflet métallique lilas sur la tête et vert sur les ailes, longue huppe pendante ; ♀ un peu plus terne, huppe plus courte, dos brun. – *Juv.* : nuance rose grisâtre sale sur le dos et le ventre, presque pas de reflet métallique ni de huppe, un certain contraste entre les ailes foncées et le corps plus pâle, croupion pâle surtout évident en vol (attention toutefois aux Sansonnets juv. pâles aberrants mais ceux-ci ont toujours un bec pointu et foncé).

VOIX Contact : bref et rude. Chant souvent en chœur : sons variés évoquant le Sansonnet imm. âgé.

LORIOTS : ORIOLIDÉS

Passereaux de taille moyenne, assez élancés. Vivent généralement cachés dans les frondaisons. Une seule espèce dans la région étudiée.

Loriot d'Europe *Oriolus oriolus* N5 / MC

L 22-25 cm. Forêts de feuillus, parfois avec conifères, bosquets, peupleraies, volontiers près des cours d'eau, grands parcs, etc. Visiteur d'été (avril-août). Hiverne en Afrique tropicale. Farouche, mobile. Difficile à observer. Se tient généralement haut dans le feuillage. Alim. : insectes et baies. Nid pendant à la fourche d'une branche haute.

CARACTÉRISTIQUES Dans le feuillage, vol rapide et souple ; sur de plus longs trajets, longues ondulations peu profondes. – ♂ *ad.* : ne peut être confondu, jaune vif, ailes et queue noires, bec rougeâtre, lores et tertiaires noirs. – ♀, ♂ *de 1er été et juv.* : dessus vert, dessous blanc sale avec fines stries ; nuance variable de vert jaunâtre ou de jaune aux flancs et sur le ventre (certaines ♀ ad. peuvent devenir assez jaunes sans stries dessous et être difficiles à différencier du ♂ ad., mais elles ont des lores gris foncé, les tertiaires et les rectrices centrales à nuance olivâtre).

VOIX Souvent, *vièèéhk* rêche, rappelant le Geai, mais plus nasillard. Également rapide *ghighighighighi* de faucon. Chant : fort et beau sifflement flûté : *didelio !*

Étourneau sansonnet

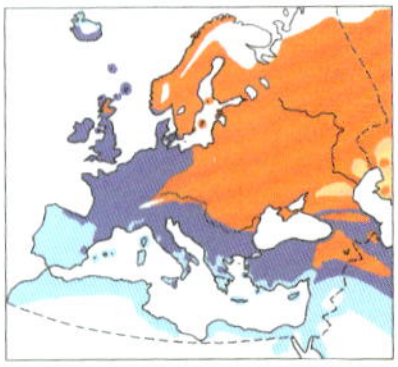

Étourneau unicolore

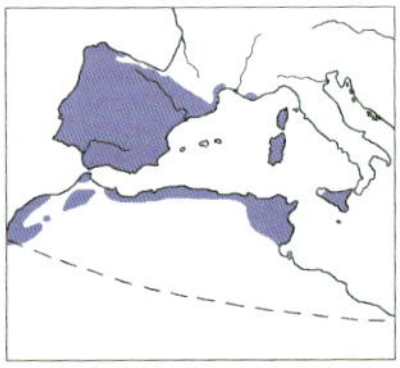

Étourneau roselin

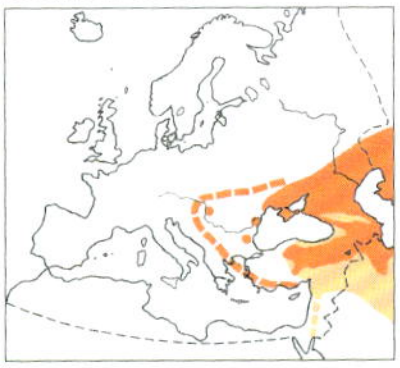

Loriot d'Europe

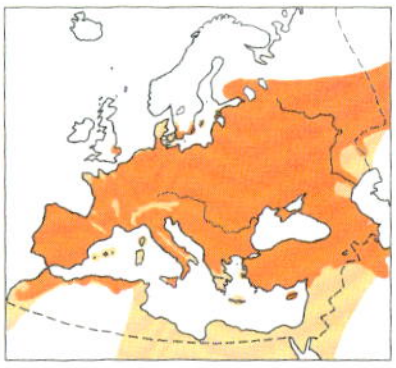

ÉTOURNEAU SANSONNET

ÉTOURNEAU UNICOLORE

ÉTOURNEAU ROSELIN

LORIOT D'EUROPE

MOINEAUX, NIVEROLLE : PASSÉRIDÉS

Passereaux robustes, à bec de granivore. Proches des Plocéidés (Tisserins), surtout africains, mais en différent notamment par leur répertoire vocal plus primitif, un nid plus grand et une mue totale en été, du plum. juv. à celui de 1er hiver. Se nourrissent de graines et, pour partie, d'insectes.

Moineau domestique *Passer domesticus* NS5

L 14-16 cm. Près de l'homme, tant à la campagne qu'en ville. Bien connu. Sédentaire. Grégaire même lors de la nidification, souvent en bandes nombreuses. Nid sous les toits, dans les conduits et cavités de toutes sortes, parfois dans un arbre.

CARACTÉRISTIQUES Charpenté. Large corps, tête assez grosse et gros bec. Plum. souvent ébouriffé. Noter : dos brunâtre densément strié de noir ; attitude souvent ramassée, tête et pattes rentrées quand il est perché ; vol malhabile à coups d'ailes « vibrants », continus. Sexes différents. – ♂ : plastron, lores et région oculaire noirs. Calotte grise à côtés marron. Côtés de la gorge blanchâtres mais joues habituellement ombrées de gris. Large barre alaire blanche. Bec noir en plum. nuptial. – ♀ *et juv.* : blanc-gris sale dessous et brun sale dessus avec dos rayé de noir. Souvent, net sourcil chamois pâle. Jeune ♂ muant en août-sept. et acquérant les premières plumes noires de la gorge.

VOIX Cris pépiants, variant dans les détails selon la situation et l'humeur. En parade, longues séries de pépiements espacés variant quelque peu. Irritation : *tyèr'r'r'r'r* crépitant, typique.

Moineau cisalpin *Passer italiae*

L 14-16 cm. Intermédiaire entre les M. domestique et espagnol. Autrefois considéré comme un « hybride stable » résultant du mélange entre les deux, mais depuis peu plus souvent reconnu soit comme une bonne espèce (comme ici), soit comme une race du M. espagnol. Italie, Corse, et une partie de la Sicile. Se mélange au M. domestique dans le S des Alpes. Ind. d'aspect similaire en Afrique du N, plus probablement hybrides entre M. domestique et espagnol que vrais Cisalpins !

CARACTÉRISTIQUES Associe calotte marron et joues blanchâtres du M. espagnol à l'absence de nettes marques noires dessous du M. domestique. Souvent une trace de court sourcil blanc comme chez le M. espagnol. ♀ d'ordinaire indiscernable des deux autres espèces.

VOIX Normalement indiscernable de celle du M. domestique.

Moineau espagnol *Passer hispaniolensis* NO / MO

L 14-16 cm. Au contraire du M. domestique, niche d'ordinaire dans de hauts arbustes ou des bosquets d'arbres, souvent en grandes colonies. Nid clos fait de paille et de tiges ; aussi au flanc des nids de branchages de grands oiseaux comme les cigognes. Surtout sédentaire à l'O, migrateur à l'E ; à l'E de la Méditerranée, au printemps et en automne forme des groupes denses caractéristiques de migrateurs, volant de jour à faible hauteur et étonnamment vite. S'hybride souvent avec le M. domestique ; intermédiaires entre les deux espèces dans les zones de contact, notamment en Afrique du N.

CARACTÉRISTIQUES Même forme que le M. domestique. – ♂ aisément reconnu : calotte marron, large plastron noir se fondant avec les épaules noirâtres, flancs et bas de la poitrine grossièrement tachetés de noir, joues blanchâtres, étroit sourcil blanc (parfois interrompu juste au-dessus de l'œil) ; au printemps et en été, par suite de l'usure, dos et épaules à dominante noire. – ♀ généralement impossible à différencier du M. domestique sur le terrain (en moyenne, bec un peu plus gros, ventre plus pâle, et parfois traces de stries grises aux flancs, mais différences aléatoires).

VOIX Comme le M. domestique mais un peu plus aiguë et métallique. Souvent des séries rapides, monotones. Le bruissement des grosses colonies s'entend à des centaines de mètres.

Moineau friquet *Passer montanus* NS5

L 12,5-14 cm. Bois clairs, habituellement proches des cultures et des bâtiments ; localement, près des maisons et dans les jardins. Sédentaire. Nid dans un trou.

CARACTÉRISTIQUES Plus petit et « soigné » que le M. domestique (confusion possible avec le ♂ de ce dernier). Comme celui-ci, dos brun strié de noir, nette barre alaire blanche, bavette, lores et bec noirs, dessous ombré, mais : calotte brune, côtés de la tête blancs avec grosse tache noire sur la joue, bavette plus petite, mieux délimitée, ne s'étendant pas sur la poitrine, étroit collier blanc (interrompu à la nuque). Sexes et âges semblables.

VOIX Assez semblable à celle du M. domestique. Cependant *tsouvitt* typique, un peu nasillard. En vol, souvent *tett-ett-ett-ett* sec. Chant : série rapide de *tsvit* avec des variantes, comme le M. domestique mais un peu plus aigu.

Moineau de la mer Morte *Passer moabiticus*

L 12-13 cm. Basses terres arides à tamaris et autres broussailles, avec accès à l'eau ; non lié à l'homme. Sédentaire et erratique. Assez farouche.

CARACTÉRISTIQUES Petit. ♂ : calotte, nuque et joues gris foncé (nuancé de brun en plum. automnal frais), bavette noire, sourcil pâle virant au chamois à l'arrière et côté jaune pâle du cou, caractéristique. ♀ comme celle du M. domestique mais petite et pâle (parfois une trace de jaune au côté du cou).

VOIX Plus faible que celle du M. domestique. Cri de vol : *tchi-vit* répété, aigu. Chant : pépiements rapides et roulés, ou séries plus lentes de pépiements sonores et plus variés.

Moineau domestique

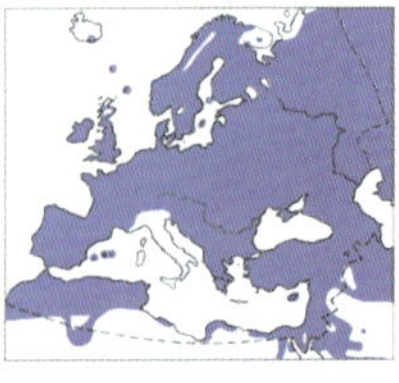

Moineau espagnol

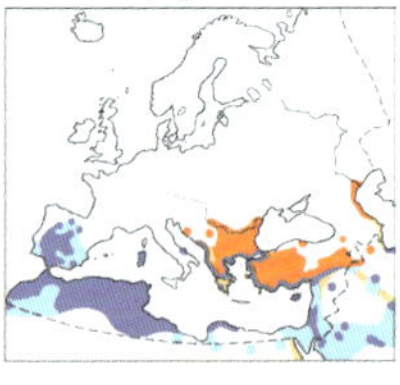

Moineau friquet

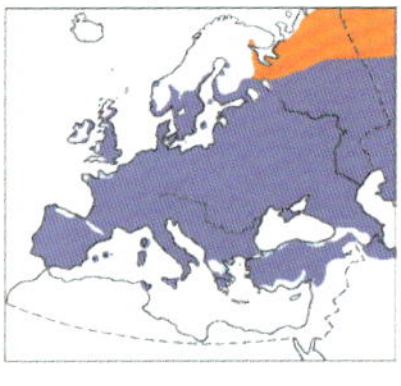

Moineau de la mer Morte

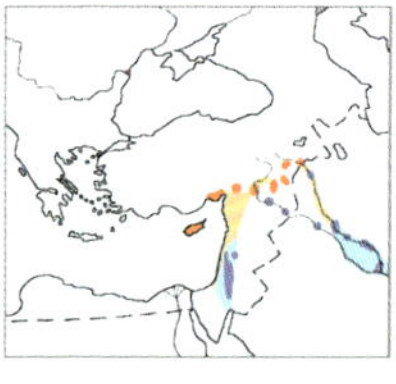

MOINEAU DOMESTIQUE

MOINEAU CISALPIN

les ♀♀ ne peuvent être distinguées de celles du Moineau domestique

MOINEAU ESPAGNOL

MOINEAU FRIQUET

MOINEAU DE LA MER MORTE

DZ

Moineau soulcie *Petronia petronia* NS4

L 15-17 cm. Divers milieux à secteurs dégagés : versants rocheux, ravins, oueds, carrières, sablières, déserts pierreux, zones ouvertes avec murs, ruines et parfois habitations, localement aussi alpages avec blocs rocheux, cultures. Sédentaire. Grégaire, forme de grandes bandes hors période de nidification. Nid dans un trou de rocher ou de mur.

CARACTÉRISTIQUES Assez grand, robuste, large tête et gros bec. Motifs typiquement marqués, rayés ; ailes à contrastes, large sourcil pâle entre le bord sombre de la calotte et le trait sourcilier sombre. Majorité du dessous blanchâtre nettement rayé de gris brunâtre (paraît assez foncé de loin). Tache jaune (souvent difficile à voir) entre la gorge et la poitrine. Queue foncée avec grandes taches blanches au bout des rectrices externes surtout visibles en vol. Sous-caudales sombres, liserées de pâle. Sexes semblables.

VOIX Bavard. Cri : bref *vuyi* nasillard. Inquiétude : trille dur *tii-tuyr'r'r'r*. Plus typiquement *sli-viit* ou *vèyuiit*, sonore, traînant, répété, varié en guise de chant ; un peu nasillard et plaintif ; parfois aussi, *tvuït* plus bref.

Moineau pâle *Petronia (= Carpospiza) brachydactyla*

L 14,5-15,5 cm. Zones arides et rocheuses des pentes dénudées avec buissons épars et un peu de végétation au sol. Migrateur. Nid sur une fourche d'arbre ou dans un buisson touffu.

CARACTÉRISTIQUES Assez élancé, petite tête. Bec gros et court, renflé à la base. Plum. brun-gris assez uni sans traits marquants (dos sans stries nettes). De près, vague trace de court sourcil pâle, cercle oculaire pâle, diffus, deux barres alaires pâles assez vagues. Bec gris assez foncé en plum. nuptial avec base de la mandibule inférieure un peu plus pâle ; chamois gris un peu plus pâle en hiver. En vol, petites taches blanches au bout de la queue.

VOIX Contact : *dvui* de verdier, et bref trille grave *trruy*. Chant : bourdonnement prolongé, parfois avec quelques brefs sons préalables (comme le Bruant proyer).

Moineau à gorge jaune
Petronia (= Gymnoris) xanthocollis

L 13-14,5 cm. Dans la région étudiée, ne niche que dans quelques endroits au sud-est de la Turquie ; plantations (amandiers, oliviers, palmiers dattiers) et cultures, ou zones broussailleuses sèches à arbres épars. Migrateur. Hiverne en Inde, revient en mai.

CARACTÉRISTIQUES Assez petit, élancé. Petite tête, mais fort et long bec pointu dont la taille est accentuée par le front et la calotte (aux plumes érectiles) plats. Plum. gris-brun, ventre et double barre alaire un peu plus pâle. ♂ : diffère de la ♀ par les petites couv. alaires brun-roux, une tache jaune à la gorge, des lores foncés et le bec noir en période nuptiale. Queue gris-brun à bout droit. Pattes grises.

VOIX Comme le M. domestique. Chant : simple pépiement, mais à rythme typiquement rapide et à tonalité pleine. Contact : *tchiah* strident.

Moineau blanc *Passer simplex*

L 13-14,5 cm. Déserts sableux : oasis, abords des bâtiments et cultures. Sédentaire et erratique. Nid dans une cavité.

CARACTÉRISTIQUES Comme un petit M. domestique. Plum. chamois très pâle (comme le sable sous le soleil). Sexes différents. – ♂ : plastron, lores et sourcil noirs ; bec noir en plum. nuptial ; couv. primaires, alule, grandes couv. externes, bout des primaires et centre des tertiaires noir brunâtre ; nuance grise à la calotte et au dos. – ♀ : à dominante blanc chamois pâle avec nuance ocrée à la calotte et au manteau, et nuance ocrée à la poitrine ; pas de bavette noire, motifs alaires foncés gris brunâtre (noir brunâtre chez le ♂) ; bec pâle fonçant d'ordinaire durant la nidification. – *Juv.* : comme la ♀ mais motifs alaires encore moins nets (surtout visibles aux tertiaires, de dos).

VOIX Comme le M. domestique, mais plus métallique et mêlée de *tchi-vi tchi-vi* de Bergeronnette grise. En vol, souvent des *tchup tchup tchup* de verdier.

Niverolle alpine *Montifringilla nivalis* NS3

L 16,5-19 cm. Montagnes dénudées (1 900-3 100 m et plus haut). Sédentaire, reste en altitude même en hiver (descend exceptionnellement jusqu'à 1 000 m). Souvent vue près des restaurants des stations ; remuante, souvent très confiante.

CARACTÉRISTIQUES Assez grande et allongée. Longues ailes. Zones blanches frappantes sur les ailes et la queue. Posée, gris-brun avec longue et étroite zone blanche sur l'aile. En vol, la plupart de l'intérieur des ailes blanche, queue blanche avec étroite raie médiane noire (et étroite barre terminale noire). De près, dos brun terreux terne, tête grisâtre, dessous blanc sale avec bavette noire, souvent vague. Bec noir en plum. nuptial, ivoirin en hiver. Vol rapide et puissant, onduleux sur les longs trajets. Sexes semblables.

VOIX Répertoire étendu. Contact : *zyiih* rauque, *mièh* miaulant et plaintif, bref *ti ti zuy*, et souvent en cas d'inquiétude *tir'r'r'r* roulé de Mésange huppée. Également *tchet-tchet-tchet-tchet*. Chant (émis du haut d'un rocher ou en vol plané circulaire) : varié, haché, tressautant, à tonalité de moineau, avec trilles secs, pressés et répétés. Également, chant en sourdine doux et gazouillant.

Moineau soulcie

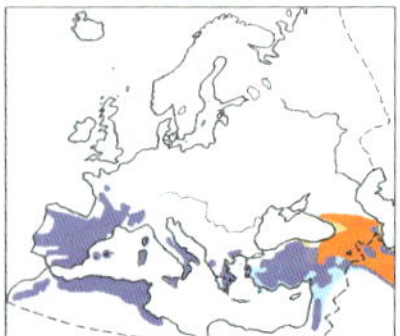

Moineau pâle

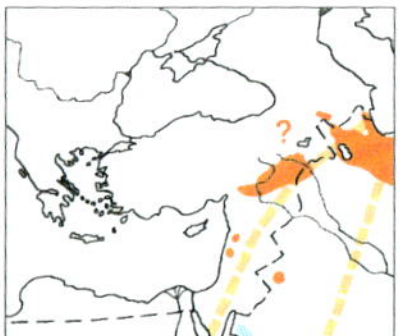

Moineau blanc

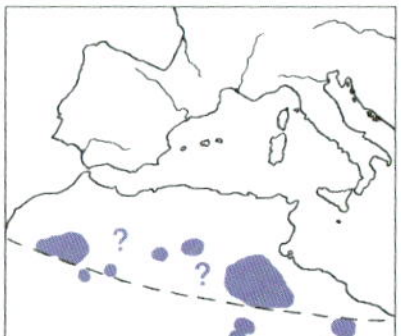

Niverolle alpine

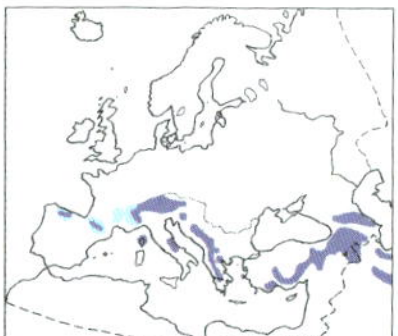

MOINEAU SOULCIE

MOINEAU PÂLE

MOINEAU À GORGE JAUNE

MOINEAU BLANC

NIVEROLLE ALPINE

PINSONS, SERINS, LINOTTES : FRINGILLIDÉS

Grand groupe varié de passereaux assez petits à fort bec conique. Queue généralement fourchue. Vol onduleux. La plupart chantent bien. Souvent grégaires en dehors de la nidification. Migrent et recherchent la nourriture en groupes. Essentiellement granivores ; partiellement insectivores en été. Nid en corbeille, le plus souvent dans un buisson ou un arbre touffus.

Pinson des arbres *Fringilla coelebs* N5 / MA / HA

L 14-16 cm. Toutes sortes de zones boisées, parcs et jardins. A une préférence pour les forêts assez claires surtout à végétation dense, et cherche souvent sa nourriture à terre. Migrateur partiel. Hivernants venus du nord et de l'est. Nid camouflé de lichens et de mousses.

CARACTÉRISTIQUES Taille de moineau mais un peu plus élancé et à plus longue queue. Facilement reconnu à la double barre alaire blanche (l'antérieure assez large), les bords blancs de la queue et le croupion gris. – ♂ *(dès la perte du plum. juv., de juillet à sept.) :* côtés de la tête et poitrine rouge rouille, calotte et nuque gris bleuté (à nuance brune en plum. automnal frais), dos brun-roux. – ♀ *et juv. :* gris verdâtre dessus à vague nuance brune ; dessous blanc grisâtre ; barre alaire plus étroite que chez le ♂. Vol puissant, onduleux. En groupes lâches lors des migrations (un peu moins denses que chez le P. du Nord, mais communément des groupes mixtes). Se pose souvent avec un volettement qui expose bien le blanc des ailes et de la queue.

VOIX Voix forte et chant fréquent en font l'un des oiseaux les plus entendus dans les milieux boisés et les parcs. Divers cris, typiques une fois connus. Perché, lance un *pink !* net et décidé (confusion seulement possible avec le *ping* de la Mésange charbonnière) ; en vol, *yup* plus discret (plus doux que le *yèk* du P. du Nord, plus faible que le *djup !* du Verdier), fréquemment repris par les groupes migratoires en vol. En outre, fréquemment entendu dans le N de l'Europe, un énergique sifflement montant, *huitt*, souvent répété sans arrêt et volontiers remplacé, dans le S de la Scandinavie, en Grande-Bretagne et en Europe par un sifflement roulé, net, discordant, *rrhu* (nombreuses variantes locales ; dans le sud de l'Europe, *hiit* non infléchi de Rossignol progné) ; fonction variable, entre contact, alarme et marquage du territoire (parfois appelé « cri de pluie »). En cas de forte inquiétude, pépiement fin et rude, *ziih*. Les jeunes hors du nid réclament avec un *chripp* sonore. Chant très typique, assez constant, inlassablement répété : strophe vive, sonore, commençant par 3 ou 4 sons aigus rapidement répétés, suivis par une série similaire descendante, et s'achevant par une fioriture enjouée ; certains ind. ajoutent, à la fin, un *kik* de Pic épeiche.

Pinson des arbres

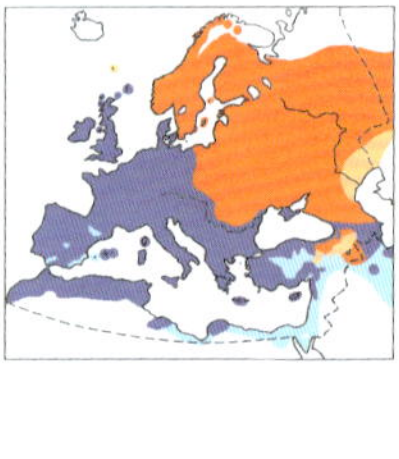

Pinson du Nord

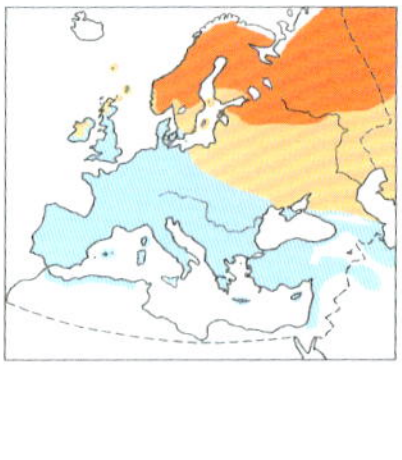

Pinson du Nord *Fringilla montifringilla* MC / HC

L 14-16 cm. Ceinture de conifères au nord de l'Europe, et bois de bouleaux des hauteurs scandinaves ; évite les futaies denses, préfère les bois de conifères clairs mêlés de quelques feuillus. Hiverne au centre et au sud de l'Europe (oct.-avril), mais aussi plus au nord lors des hivers doux. Assez farouche. Alim. : graines, surtout, mais aussi insectes en été et, en hiver, faines. Nid dans un bouleau, parfois un sapin.

CARACTÉRISTIQUES Taille et silhouette du P. des arbres, mais reconnu en tous plum. au croupion blanc (blanc jaunâtre chez le juv.) et au peu de blanc (ou pas du tout) aux bords de la queue. Comme le P. des arbres, motifs pâles sur les ailes, mais ceux-ci sont partiellement jaune rouille, ou plus petits et moins évidents. – ♂ *nuptial :* tête, nuque, épaules et dos bleu noir brillant. Gorge, poitrine et petites couv. alaires jaune rouille sans taches. Une partie du bas des flancs porte des taches foncées. Bec noir. – ♀ : calotte, dos et côtés de la nuque gris-brun assez foncé ; côtés de la tête et milieu de la nuque blanc ocré gris plus pâle ; poitrine à nuance chamois. – ♂ *internuptial :* parties noires du plum. nuptial partiellement cachées sous d'assez larges liserés ocre rouille, conférant un aspect à peu près pie. Bec jaune paille à bout foncé. Diffère le mieux de la ♀ par les reflets noirs aux côtés de la tête. Jeune ♂ à petites couv. alaires tachetées de noir et à plus larges liserés pâles dessus. – Vol comme le P. des arbres, mais groupes migrateurs non mixtes souvent un peu plus denses.

VOIX Contact assez caractéristique : *tè-èhp* sonore, dur, nasillard, tant en vol qu'au posé. Les migrateurs émettent des *yèk* durs, brefs, assez nasillards (cf. P. des arbres), souvent répétés. Inquiétude : *slitt, slitt, slitt…* fins, cristallins, répétés. Chant très spécial, mélancolique : bourdonnement rauque *rrrrrhuyh* d'à peine une seconde, lent, répété, faisant un peu penser aux cris étirés du Verdier d'Europe.

Pinson bleu *Fringilla teydea*

L 16-18 cm. Pinèdes à 1 200-1 800 m ; Tenerife (assez nombreux) et Grande Canarie (rare). Sédentaire. Se nourrit normalement dans les bois de pins, mais parfois dans les fourrés de montagne ; peut exceptionnellement, par mauvais temps, descendre jusque vers 500 m dans les cultures. Généralement seul ou en petits groupes de moins de 10 ind. Se nourrit surtout de graines de pins. Niche tard, de fin mai à juillet-août.

CARACTÉRISTIQUES Nettement plus grand que le P. des arbres. Avant plus lourd : tête, bec et poitrine massifs. Les deux sexes ont une vague trace d'étroite barre alaire blanc grisâtre et pas de blanc à la queue. Gros bec conique gris assez pâle. – ♂ : tête et dos gris-bleu foncé ; gorge, poitrine et flancs gris-bleu plus pâle ; sous-caudales blanches. – ♀ : dessus gris-brun, dessous blanc grisâtre.

VOIX Contact : *tchrouit* un peu grinçant. Chant : plus bref que celui du P. des arbres et moins énergique, notes assez rêches, descendantes, ralenties, le dernier son prolongé.

PINSON DES ARBRES

PINSON DU NORD

PINSON BLEU

Linottc mélodieuse

Carduelis cannabina N5 / MC / HC

L 12,5–14 cm. Zones à buissons fournis, jardins et landes côtières à ajoncs. Remuante, s'envole souvent d'un vol bondissant et se repose sans tarder. Couples très unis en été.

CARACTÉRISTIQUES Petite, élancée et à assez longue queue. Court bec gris. En tous plum. : dos cannelle foncé ; gorge blanc beigeâtre avec tacheture insignifiante et foncée au milieu. Côtés de la tête typiquement marqués de pâle au-dessus et en dessous de l'œil ; joues ombrées avec tache centrale pâle. Rémiges primaires bordées de blanc. – ♂ *ad.* : front et poitrine rouges (brun-rouge en automne, partiellement cachés par des liserés pâles). Nuque grise. – ♀ *et juv.* : pas de rouge, nuque gris brunâtre, poitrine vaguement rayée, calotte striée. Juv. un peu plus rayé et à dos moins cannelle que la ♀.

VOIX Cri de vol : un *tig-itt* ou *titt-itt-itt* sec, sautillant, émis avec une intensité élevée à l'envol. Chant : mélange de courtes syllabes sonores proches du cri et de sifflements flûtés ; d'ordinaire tranquille avec courtes strophes bien espacées, rarement plus longues et rapides. Outre les cris, les éléments communs du chant sont par ex. *piuu*, *trrruh*, ou *tu-kii-yuu*.

Linotte à bec jaune *Carduelis flavirostris* HR

L 12,5-14 cm. Côtes, landes sèches. Migre en oct.-nov., surtout vers les côtes de la mer du Nord et du sud de la Baltique. Revient en mars-avril. Cherche souvent sa nourriture dans les décharges et les champs d'épandage, où on peut voir de grandes bandes de centaines d'oiseaux. Vive, agitée mais pas farouche.

CARACTÉRISTIQUES Taille et silhouette de L. mélodieuse mais en général, queue un peu plus longue et plus fourchue, plus petite tête et plum. un peu plus ébouriffé. Diffère de la L. mélodieuse de 1er hiver par : plum. presque toujours nettement jaune brunâtre et plus rayé de foncé ; dos non cannelle ; absence de tacheture foncée au milieu de la gorge ; barre alaire pâle plus nette (bout des grandes couv. blanc beigeâtre) ; ♂, en outre, à croupion rosé, plus nettement au printemps mais généralement visible aussi en plum. automnal frais. Bec jaune à bout noir en hiver, gris brunâtre en plum. nuptial. – *Variante* : oiseaux du Caucase et d'Asie centrale (*brevirostris*) à poitrine striée de sombre et tête pâle.

VOIX Contact : *yètt* assez bref et dur ou *tvééiht* typique, étiré, légèrement montant. Chant plus comme le Venturon montagnard que comme la L. mélodieuse : trilles rapides, bourdonnements et gazouillis ; reconnaissable aux *trrrrrrr* graves mêlés.

Sizerin flammé *Carduelis flammea* NS3 / MR / HR

L 11,5-14 cm. Forêts de bouleaux, jeunes conifères, moins souvent dans les saules sur les pentes dénudées ou dans de petits bosquets touffus de feuillus ; dans les Alpes, volontiers dans les forêts à mélèzes dominants, au-dessus de 1 400 m. Migrateur partiel, abondant certaines années (invasions), souvent dans les aulnes en hiver. Agité. Les bandes hivernales restent rarement longtemps au même endroit ; même lors de la nidification, se déplace beaucoup. Grimpe habilement, même la tête en bas, jusqu'au bout des branches des bouleaux. Nid dans un arbre.

CARACTÉRISTIQUES Petit, grisâtre, strié. Petit bec conique jaunâtre à culmen foncé, barre alaire pâle, bavette et lores noirs, front foncé, avant de la calotte rouge. Seul risque de confusion avec le S. blanchâtre. Croupion rayé mais noter que certains ind. (surtout des ♂♂ ad.) présentent un fond blanc ou rouge pâle assez vaguement strié, et peuvent être confondus avec le S. blanchâtre sur le terrain. Seul le ♂ ad. a beaucoup de rouge pâle à la poitrine ; pour le reste, sexes et âges difficiles à distinguer sur le terrain. – *Variantes* : les oiseaux des îles Britanniques, d'Europe C et du S-O de la Scandinavie *(cabaret)* sont plus petits et brunâtre plus foncé que ceux de Fennoscandie *(flammea)*. Visiteurs d'hiver du Groenland *(rostrata)*, grands, assez sombres et fortement rayés ; en plum. frais, brunâtre comme *cabaret*.

VOIX Contact : souvent en vol, *tyètt-tyètt-tyètt* dur, métallique et répété. Inquiétude un peu comme le Verdier d'Europe, un peu plus rapide et habituellement plus râpeux, *diuyih* (servant également de cri). Chant : cris métalliques mêlés d'un bourdonnement sec ; émis surtout lors du vol chanté onduleux et circulaire.

Sizerin blanchâtre *Carduelis hornemanni* MO / HO

L 12-14 cm. D'ordinaire dans les saules et les forêts basses et claires de bouleaux, dans ou à proximité de la toundra ou des landes des hautes terres ; rarement dans les bois de bouleaux des hauteurs, denses et hauts. Habitudes migratoires mal connues ; certains ind. vont au S en hiver avec des S. flammés.

CARACTÉRISTIQUES Très semblable au S. flammé (certains plum. impossibles à différencier avec certitude). Bec petit et pointu à culmen droit. Plum. lâche, assez ébouriffé. – ♂ *ad.* : large croupion blanc ou vaguement rose, sans taches. Quelques étroites stries sur les flancs donnant en fait une impression d'ensemble pâle. Dos à fond pâle. Front généralement pâle. Poitrine rose pâle (jamais rouge vif). – ♀ : pas de rose à la poitrine ni au croupion. Beaucoup ont une petite plage blanche sans taches au croupion, mais certaines (sans doute les imm.) ont le croupion blanc grisâtre vaguement strié et sont trompeusement comme le S. flammé. Stries des flancs variables, parfois importantes.

VOIX Très proche du S. flammé et difficile à différencier. Le trille bourdonnant est en moyenne un peu plus doux et presque zézayant ; le *tyètt-tyètt-tyètt* est un peu plus doux et plus aigu.

Linotte mélodieuse

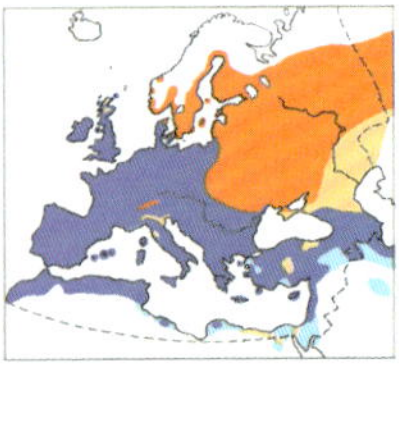

Linotte à bec jaune

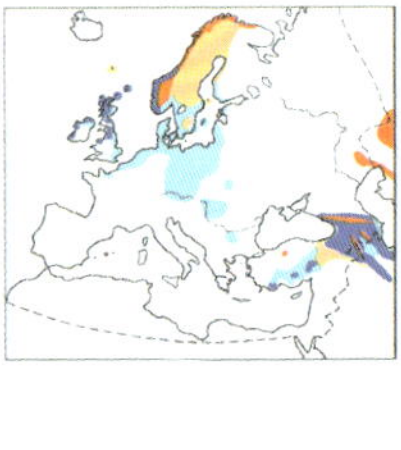

Sizerin flammé

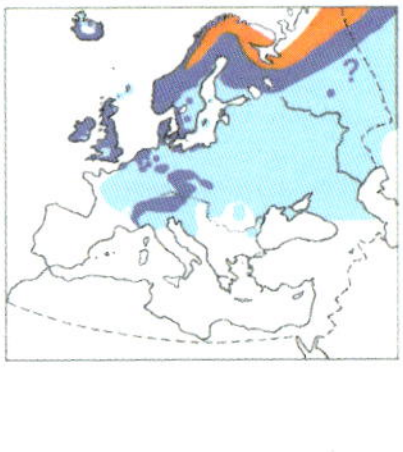

Sizerin blanchâtre

LINOTTE MÉLODIEUSE

LINOTTE À BEC JAUNE

SIZERIN FLAMMÉ

SIZERIN BLANCHÂTRE

DZ

Chardonneret élégant

Carduelis carduelis N5 / MC / HC

L 12-13,5 cm. Campagne cultivée, bosquets de feuillus et mixtes, plantations de conifères, vergers. Migrateur partiel. Souvent en bandes après la nidification. Cherche volontiers sa nourriture sur les chardons, bardanes, etc.

CARACTÉRISTIQUES Ne peut être confondu ; face rouge ; tête par ailleurs noir et blanc ; ailes noires à large barre alaire jaune (visible même l'oiseau posé) ; en vol, croupion blanc et queue noire à taches blanches. Sexes pratiquement semblables. Bec ivoire, assez long et très pointu. – *Juv.* (août-oct.) : tête gris brunâtre, diffusément striée.

VOIX Contact assez caractéristique : *tidelitt* sautillant et enjoué ; parfois *litt* de conversation, ou *télitt* émis par les groupes se nourrissant. Les bandes émettent aussi des *tchrré* râpeux. Chant assez calme, constitué de rapides trilles et parties gazouillantes mais toujours reconnaissable aux cris incorporés.

Verdier d'Europe

Carduelis (= Chloris) chloris NS5 / MC / HC

L 14-16 cm. Campagne cultivée, lisière des bois, bosquets, fourrés, parcs et jardins. Commun en agglomération. Migrateur partiel. Toujours en alerte, parfois farouche. Nid dans un arbre, un buisson, un espalier.

CARACTÉRISTIQUES Corps, tête et bec assez forts. Bec chair assez pâle ou ivoire. Noter : rémiges primaires à bord jaune, constituant une barre jaune sur l'aile fermée ; en tous plum., nuance verdâtre dessous ; en vol, jaune à la base des côtés de la queue et aux primaires. – ♂ : poitrine vert jaunâtre, dessus gris-vert, côtés de la tête grisâtres et zone alaire gris clair. Beaucoup de jaune aux primaires et à la queue. – ♀ : gris plus terne, manteau/dos nuancés de brun, moins de jaune aux ailes et à la queue. – *Juv.* : diffusément rayé.

VOIX Contact : *djup !* bref et énergique, souvent répété en rapides séries et devenant de brefs trilles. Également *dyuit* sonore et montant. Chant : deux formes assez différentes (parfois mélangées), *djjjiiiiiii* vibrant, répété avec de longues pauses, ou agréable chant prolongé rappelant un canari et composé de trilles, de rapides sifflements et de gazouillis, un peu comme le Pipit des arbres.

Tarin des aulnes *Carduelis spinus* NS2 / MA / HA

L 11-12,5 cm. Forêts de conifères et mixtes (surtout épicéas). Recherche aulnes et bouleaux pour se nourrir. Migrateur partiel. Hiverne dans le centre et le sud de l'Europe (plus au nord certaines années). Forme souvent de grandes bandes en hiver. Mobile, se déplace beaucoup même en nidification. Assez peu farouche. Nid haut dans un épicéa.

CARACTÉRISTIQUES Petit. Petite tête et queue courte. Reconnaissable aux ailes foncées à motif contrastant jaune ou blanc jaunâtre, ainsi qu'à la base des côtés de la queue jaune (comme Verdier d'Europe) ; de plus, bas des flancs fortement striés. – ♂ *à partir de sept.* : calotte et bavette noires (en plum. frais, partiellement cachés par des liserés gris pâle) ; sourcil, poitrine et croupion jaune verdâtre non strié. – ♀ : calotte gris verdâtre ; croupion blanc jaunâtre à nuance verte, diffusément strié. – *Juv.* : dos brun, tête assez pâle, striée.

VOIX Contact : deux légers dissyllabes similaires, sifflants, l'un descendant, l'autre montant, *tsî-u* et *tlîe*, mêlés chez les groupes en vol ; *tchètchètchèt*, étouffé et crépitant (oiseaux en vol ou se nourrissant). Chant : série fluide de gazouillis et de trilles avec imitations, interrompue çà et là de sons vibrants étirés.

Venturon montagnard

Serinus (= Carduelis) citrinella NS3

L 11,5-12,5 cm. Forêts de montagne à 700 m env. et jusqu'à la limite des arbres, souvent dans les sapinières à clairières proches des alpages et clairières. Arboricole mais cherche souvent sa nourriture à terre. Surtout sédentaire.

CARACTÉRISTIQUES Taille du tarin, avec son bec assez court et pointu. Deux barres alaires vert jaunâtre ; pas de motifs pâles sur les ailes et la queue en vol. – ♂ : face, dessous et croupion vert jaunâtre ; nuque et côtés de la gorge gris cendré, dos gris olivâtre presque non strié. – ♀ : plus grise et terne ; moins de vert-jaune, surtout à la face ; gris des côtés du cou devenant une bande en travers de la poitrine.

VOIX Contact : bref *psuîc* par ex. répété épisodiquement en vol, ou rapide et bondissant *chêt-chêt*. Quémandage, inquiétude : *ziit* aigu ou *tuyht* pépiant. Chant : rappelle un peu le serin, souvent court avec des pauses, comprend des trilles bourdonnants de sizerin et des fragments évoquant le Pinson des arbres.

Venturon corse *Serinus (= Carduelis) corsicana* NS3

L 11,5-12,5 cm. Très proche du V. montagnard, dont il a été séparé depuis peu. Corse et Sardaigne, du niveau de la mer à 1 650 m environ, sur des pentes avec bruyère en arbre et broussailles, parfois aussi bouquets d'arbres. Sédentaire.

CARACTÉRISTIQUES Très semblable au V. montagnard ; en diffère par : dos brun rayé de sombre, dessous jaune un peu plus clair, face moins teintée de vert ; sus-caudales grisâtres et non vert olive.

VOIX Cris très similaires à ceux du V. montagnard mais cri de vol peut-être un peu plus faible et presque tremblant. Chant peut-être en moyenne un peu plus long et mieux structuré – a été comparé à celui du troglodyte.

Chardonneret élégant

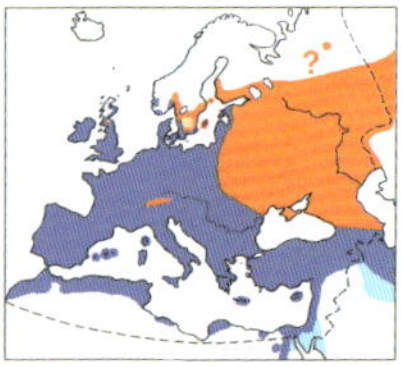

Verdier d'Europe

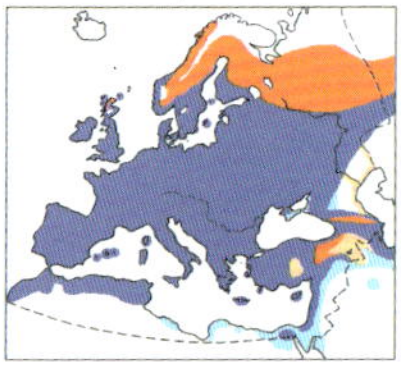

Tarin des aulnes

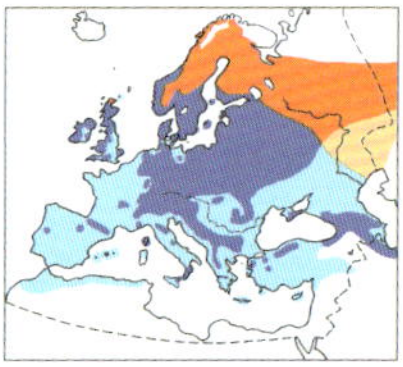

Venturon montagnard

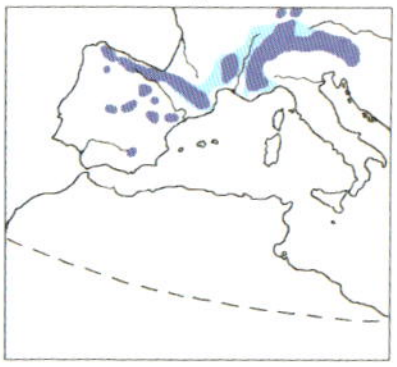

CHARDONNERET ÉLÉGANT

VERDIER D'EUROPE

TARIN DES AULNES

VENTURON MONTAGNARD

VENTURON CORSE

KM

Serin cini *Serinus serinus* NS5 / MC / HC

L 11-12 cm. Campagne cultivée, bosquets, lisières des bois, parcs, jardins, cimetières, vergers, etc., de préférence avec conifères touffus. Migrateur partiel, hiverne dans le sud et l'ouest de l'Europe. Peu farouche. Nid assez haut dans un conifère touffu.

CARACTÉRISTIQUES Petit. En proportion, grosse tête et tout petit bec. Noter : petite taille, vol énergique, bondissant, activité souvent incessante. Manteau, dos et flancs toujours bien striés. Long sourcil pâle descendant jusqu'au côté du cou également pâle et bordant la joue plus foncée à tache centrale pâle (comme chez la Linotte mélodieuse mais plus marquée). Croupion pâle, jaune vif et contrastant chez le ♂, jaune verdâtre plus terne (parfois peu marqué) chez la ♀. Le ♂ a le front, les motifs de la face, les côtés du cou et la poitrine jaune citron vif, la ♀ a ces parties blanc jaunâtre. – *Juv. :* les parties jaunes des ad. sont blanc beigeâtre.

VOIX Contact : trille aigu, argentin, *zir'r'r'rl*. Alarme *tuy-ih* montant. Chant : flot frénétique de sons frémissants, grinçants, sur un ton uniforme, du haut d'un arbre ou au cours du vol chanté à coups d'ailes raides, au ralenti.

Serin des Canaries *Serinus canaria*

L 12,5-13,5 cm. Forme originelle du canari de cage. Madère et Canaries (sauf Fuerteventura et Lanzarote) ; vergers, bosquets, fourrés, haies, etc., du niveau de la mer jusqu'à 1 500 m env. Sédentaire. Grégaire. Mobile. Nid dans un buisson ou un arbre touffus.

CARACTÉRISTIQUES Par rapport au S. cini, plus grand, plus élancé, bec et queue plus longs et ailes plus courtes (projection primaire modérée). Plum. nuancé de gris et de brun pâle avec motifs plus diffus, plus pâles que chez le Cini (n'a pas la calotte foncée contrastant bien avec le front pâle de ce dernier). – ♂ : motifs de la face, de la nuque et du cou, gorge, milieu de la poitrine et croupion jaune verdâtre ; côtés de la tête et calotte diffusément gris ; bas des flancs jaune pâle strié. – ♀ : plus terne, moins jaune, vague croupion pâle – *Juv. :* sans jaune.

VOIX Contact assez caractéristique : *ti-ti-tuyrr* tremblant et légèrement descendant, rythmé. Également *dchuit* montant, *tiuyh* descendant, et *tvi-vi-vi-vi* argentin rappelant le S. cini. Chant : rappelle le Chardonneret ; sons nasillards, gazouillis rapides, trilles sourds et nombreuses notes aiguës.

Serin syriaque *Serinus syriacus*

L 12-13 cm. Bas des versants montagneux, collines en altitude, à buissons et arbres isolés, parfois aussi vergers. Parfois sédentaire, mais descend souvent à plus basse altitude, certains migrant en Israël et dans le Sinaï. Assez farouche. Nid dans un arbre.

CARACTÉRISTIQUES À peine plus grand que le S. cini, mais un peu plus élancé, à plus longue queue, et à tête plus petite en proportion. Petit bec court. Plum. rappelant un peu le Venturon montagnard : assez uniforme et pâle, manteau gris olivâtre légèrement strié, croupion vert jaunâtre non strié, dessous blanc jaunâtre à nuance gris pâle, peu ou pas strié. Ailes verdâtres. – ♂ : front, tour de l'œil et gorge jaune vif ; calotte, nuque et joues à nuance grise, pas de calotte foncée, ni de sourcils et de côté du cou jaunes encadrant les joues plus foncées. – ♀ : plus terne, moins jaune, un peu plus gris olivâtre, striée. – *Juv. :* les parties jaunes de l'ad. sont blanc beigeâtre.

VOIX Contact : *pé-ré-rèt* (ou *puyètuy*) sec, un peu nasillard, roulé, évoquant le Venturon montagnard mais plus grave. Souvent aussi, *tchuypp* énergique, parfois répété, et variante plus rapide et plus aiguë, *tchip-ip-ip-ip* (les deux font aussi partie du chant). Chant : rappelle le S. à front rouge et le Venturon montagnard ; grincements et gazouillis, sur un rythme élevé, parfois entremêlés de bourdonnements. Strophes généralement assez brèves mais seulement avec de brèves pauses.

Serin à front rouge *Serinus pusillus*

L 11,5-12,5 cm. Montagnes, près de la limite des arbres, dans les forêts de conifères ou mixtes, souvent le long des cours d'eau dans les hautes vallées à végétation basse et clairsemée, ou près des alpages avec genévriers et rhododendrons. Descend un peu en hiver. Grégaire. Généralement peu farouche. Nid dans un buisson bas, un arbre touffu.

CARACTÉRISTIQUES Petit comme le Cini (mais queue un peu plus longue), rappelant ce dernier par son vol bondissant. Ne peut être confondu en plum. ad. : tête noire à tache rouge vif sur le front. Sinon, plum. densément rayé de noir ; aspect général sombre. Croupion jaune orangé, diffusément rayé. Sexes souvent semblables mais certaines ♀♀ d'un noir moins uni et étendu à la tête ni large motif foncé à la tête (stries gris foncé à l'arrière de la calotte, derrière l'œil, à la poitrine), et à tache rouge souvent un peu moindre. – *Juv. :* (dès oct.-nov., parfois encore en mars) : tête en grande partie brun cannelle uni.

VOIX Contact : trille frémissant *tvir'r'r'r*, enjoué, de tonalité agréable, rappelant le Venturon montagnard et le S. syriaque ; trille toujours long et très légèrement bourdonnant descendant à la fin. Chant : longue série frénétique et gazouillante, comme un Chardonneret rapide, et aussi trilles et rapides sifflements mêlés de brefs sons vibrants, comme le Venturon montagnard. Chant : longue série gazouillante, pressée, comme un chardonneret accéléré ; également, comme le Venturon montagnard, trilles et rapides sifflements mêlés avec de brefs sons bourdonnants.

Serin cini

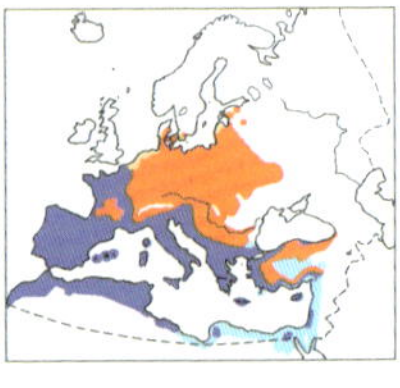

Serin syriaque

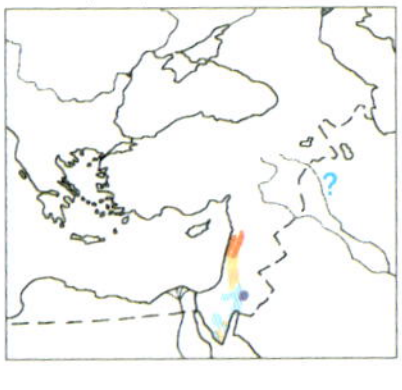

Serin à front rouge

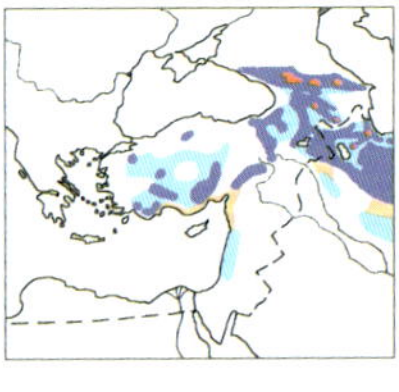

SERIN CINI

SERIN DES CANARIES

SERIN SYRIAQUE

SERIN À FRONT ROUGE

groupe se nourrissant sur un versant montagneux

DZ

Bouvreuil pivoine *Pyrrhula pyrrhula* NS5

L 15,5-17,5 cm. Forêts mixtes, parcs touffus, grands jardins, cimetières, etc. avec conifères. Surtout sédentaire ; migrateur partiel au nord. Pas vraiment farouche mais calme et discret, passant facilement inaperçu en été. Souvent en couples ou en petits groupes lâches. Alim. : graines, bourgeons de fruitiers ; quelques insectes en été. Nid dans un buisson, un arbre.

CARACTÉRISTIQUES Assez grand et charpenté. Cou dans les épaules, presque inexistant. Corps ramassé, grosse tête et gros bec court. Compte tenu de sa relative sédentarité, a des ailes longues et une longue queue. Vol rapide et onduleux. Même de loin, reconnu au corps trapu et au cou large. Reconnaissable en vol à la tache blanche du croupion, contrastant avec la queue noire et le dos gris ; large barre alaire blanc cassé. – *Ad. :* calotte et face noires ; sexes surtout différenciés par la couleur du dessous, rouge rosé chez le ♂, beige grisâtre chez la ♀ ; le ♂ a le dos gris pur, la ♀ l'a gris nuancé de brun. – *Juv. (jusqu'en sept.-oct.) :* tête gris brunâtre, sexes semblables (dessous comme la ♀ ad.).

VOIX Contact : *pyu* bref, sifflé ou flûté, grave, vaguement mélancolique, ou bien *pi (uy) u* à fin légèrement tombante. Une variante rappelant une trompette d'enfant pourrait provenir du N de la Russie. Cri de conversation, parfois à l'envol : *buytt* étouffé et répété. Chant doux, lent, haché et hésitant, mélange de sons similaires au cri (parfois prolongés, descendants), et de sons à demi étouffés, grinçants et râpeux ; parfois quelques *fu-fu*. Certains sons si étouffés qu'on ne les entend que de tout près ; de loin, le chant semble donc encore plus haché.

Durbec des sapins *Pinicola enucleator* M0

L 19-22 cm. Taïga ; de préférence vieilles forêts non perturbées de conifères, avec bouleaux et arbustes à baies. Sans doute surtout sédentaire mais certains automnes, migre en masse vers le sud (fin oct.-nov.). Discret lors de la nidification, mais très confiant en hiver, pouvant alors manger les sorbes dans les jardins et les avenues en pleine ville. Alim. : graines, bourgeons et pousses (épicéas, bouleaux), sorbes, myrtilles, etc. Dans les forêts touffues, se nourrit parfois calmement, bas, dans les arbustes à baies. Nid dans un arbre, souvent un épicéa, contre le tronc.

CARACTÉRISTIQUES Taille d'une grive, robuste et ramassé, sans cou, longue queue. Gros bec court à culmen arqué. En tous plum. : double barre alaire blanche (couv. grandes et moyennes à bout et étroit bord externe blancs), et bord externe des tertiaires blanc tranchant sur l'aile gris noirâtre. Vol puissant, rapide, bien onduleux. – ♂ *ad. :* dominante rouge framboise (à nuance gris clair), manteau/dos et sus-caudales tachetés de sombre. – ♀, ♂ *de 1re année :* rouge du ♂ ad. remplacé par du jaune orangé grisâtre.

VOIX Contact en vol : *pluyit* et *dju-djuy* flûtés, nets et clairs, ou, surtout l'oiseau étant prêt à s'envoler en alerte, *pluyidji, puyllididju*, etc. Cris au sein des groupes : *buytt-buytt-buytt* rapide et grave. Chant très agréable, à ton désolé : strophe très rapide (2 à 3 secondes), vivement répétée, aiguë et argentine, yodlée ou ondulant sur deux notes, souvent un peu plus accentuée au milieu, et pouvant rappeler le Chevalier sylvain.

Grosbec casse-noyaux

Coccothraustes coccothraustes NS5

L 16,5-18 cm. Forêts de feuillus et mixtes, surtout vieux bois de feuillus avec chênes, charmes, hêtres… Aussi, vergers, surtout de cerisiers (écrase les noyaux de son puissant bec). Également insectivore. Migrateur partiel. Très farouche, difficile à bien observer ; généralement en haut des arbres ou vole haut et vite dans les trouées. Nid haut dans un arbre.

CARACTÉRISTIQUES Assez grand et de proportions typiques. Très fort bec triangulaire, grosse tête, cou massif, courte queue. Couleurs dominantes : brun rouille et chamois, avec détails noirs, blancs et gris. Bec nuptial noir grisâtre à base gris-bleu ; en hiver, ivoire ou brun-jaune pâle. Ailes noir-bleu brillant (bout des primaires internes évasé). Sexes semblables mais ♂ à rémiges entièrement noires, la ♀ ayant une plage gris cendré aux secondaires. En vol, barre alaire blanche à la main et bout blanc à la courte queue. – *Juv. :* poitrine jaune grisâtre, ventre grossièrement tacheté de foncé.

VOIX Très dur *pix !* à tonalité quasiment électrique (sonnant comme un coup de piolet sur la roche) ; répété souvent selon un rythme calme en vol. Également, *zrri* ou *zih* plus anonyme (confusion possible avec d'autres passereaux comme le Pinson des arbres). Chant : calme série de *zih* et de *zrri* assez difficiles à percevoir.

Bouvreuil pivoine

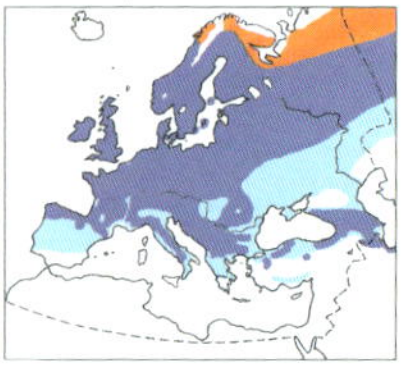

Durbec des sapins

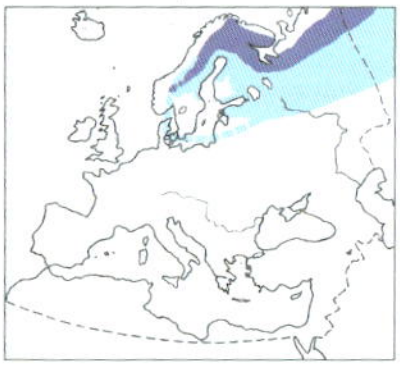

Grosbec casse-noyaux

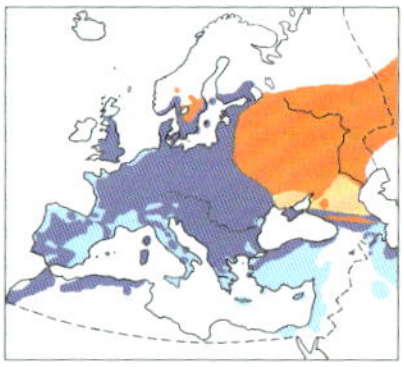

BOUVREUIL PIVOINE

DURBEC DES SAPINS

GROSBEC CASSE-NOYAUX

BECS-CROISÉS LOXIA

Robustes, grosse tête et cou épais. Longues ailes, queue fourchue. Gros bec à mandibules croisées, adaptation permettant d'éplucher les pommes de pin pour en extraire les graines ou «pignes». Nichent souvent tôt (février-mars), mais la saison est prolongée. Généralement sédentaires dans les forêts nordiques de conifères, mais le manque de nourriture provoque des mouvements irréguliers (parfois massifs) vers le sud et l'ouest. Souvent muets lorsqu'ils se nourrissent (passent fréquemment inaperçus ; se trahissent surtout par les déchets de pommes de pin qu'ils font tomber). Les bandes volent haut et se signalent par des cris sonores, métalliques, répétés. Vol onduleux.

Bec-croisé des sapins *Loxia curvirostra* N4 / MC / HC

L 15-17 cm. Conifères, même sous forme de petits bouquets ; préfère les épicéas. Le plus commun et le plus largement répandu des becs-croisés mais fluctuations régionales. Nid haut placé.

CARACTÉRISTIQUES Très semblable au B.-c. perroquet mais à peine plus petit, avec en proportion, plus petite tête, cou plus mince et bec plus petit. Ce dernier est plus long que haut, à culmen moyennement arqué. Mandibule inférieure plus mince que la supérieure et ne présentant pas de profil en S avec milieu renflé. – ♂ *post-juv. :* tête, dessous et croupion brique, chez certains avec plus ou moins d'orange-jaune et de vert grisâtre. – ♀ *post-juv. :* vert-gris ou vert jaunâtre terne, dessous non strié, croupion souvent jaune clair. Dos et côtés de la tête brunâtres, ailes et queue gris-brun foncé. – *juv. :* gris, dessous bien strié. Quelques plumes striées pouvant rester le 1er hiver. (Pour la rare variante à étroites barres alaires, v. le B.-c. bifascié.)

VOIX Bavard. Contact (fréquent) : *kipp* sonore et métallique, habituellement répété par séries. Une certaine variation de hauteur en fonction de l'âge, de l'ind., de la population et de l'humeur, mais toujours plus aigu que chez le B.-c. perroquet. Chant comme le B.-c. perroquet mais reconnu aux cris incorporés.

Bec-croisé perroquet *Loxia pytyopsittacus* MO

L 16-18 cm. Nord et est de l'Europe ; forêts à pins dominants. Également dans les épicéas lors des invasions. Dans le N de l'Europe, moins commun que le B.-c. des sapins, mais parfois très nombreux en invasion. Petite pop. nicheuse récemment installée en Écosse. Nid haut dans un pin.

CARACTÉRISTIQUES À peine plus grand que le B.-c. des sapins. En proportion, tête et bec plus gros, cou plus épais. Plumages comme chez le B. des sapins. Meilleurs critères : bec plus grand et plus gros, presque aussi haut que long, les deux mandibules à peu près aussi grosses ; culmen plus nettement arqué, d'où un bout de bec plus obtus ; dessous de la mandibule inférieure en S avec gonflement médian, comme un perroquet. Bout de la mandibule inférieure ne dépassant normalement pas du culmen, de profil.

VOIX Loquace. Contact : très semblable à celui du B.-c. des sapins, mais en moyenne plus grave et plus dur, assez retentissant et avec consonne initiale plus dure, *tuypp-tuypp-tuypp-…* Chant : mélange de trilles pressés et de gazouillements doux, avec sons similaires au cri (favorisant l'identification) ; certains motifs rapidement répétés plusieurs fois.

Bec-croisé d'Écosse *Loxia scotica*

L 15,5-17 cm. N de l'Écosse ; vieilles pinèdes. Sédentaire ; éventuels déplacements mal connus. Nid dans un pin.

CARACTÉRISTIQUES Plum. comme chez les B.-c. perroquet et des sapins ; taille, silhouette, grosseur du bec et voix intermédiaires entre les deux. Surtout identifié à la répartition et au bec souvent nettement plus gros que celui du B.-c. des sapins (toutefois, chevauchements). En Écosse, le B.-c. perroquet n'est sans doute pas différenciable de façon fiable sur le terrain.

VOIX Contact : intermédiaire entre les B.-c. perroquet et des sapins.

Bec-croisé bifascié *Loxia leucoptera* MO / HO

L 14,5-16 cm. Forêts de conifères. Ne niche sans doute régulièrement qu'en Russie ; parfois en Scandinavie. Recherche les graines de mélèze ; en hiver, consomme souvent des sorbes.

CARACTÉRISTIQUES Plum. semblable à celui des autres becs-croisés, mais ♂ ad. souvent rouge plus vif, et scapulaires et couv. caudales à centre plus foncé. Un peu moins grand que le B.-c. des sapins (des chevauchements, cependant), bec pas aussi fort. Surtout reconnu à la voix, aux larges barres alaires blanches et au large bout blanc des tertiaires, bien délimité. – *Ad. :* ne peuvent être confondus. – *Juv. :* dessous grisâtre, bien strié, barres alaires bien plus étroites (certains B.-c. des sapins ont de nettes barres alaires blanches ou pâles, ainsi que le bout des tertiaires, mais une barre ou les deux alaires sont incomplètes, et le bout des tertiaires n'est habituellement qu'étroitement bordé de pâle). – *1ers hiver et été :* parfois reconnaissables à la persistance de couv. alaires et de tertiaires avec peu de blanc.

VOIX Contact : plus faible et plus aigu que chez le B.-c. des sapins, *tchip-tchip-tchip-…*, moins métallique ou retentissant. Également, *tviih* diagnostique, nasillard, un peu discordant, comme un mirliton. Chant comme le Tarin des aulnes, gazouillant, rapide, varié.

Bec-croisé des sapins

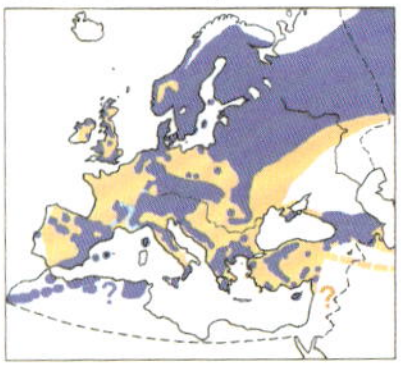

Bec-croisé perroquet

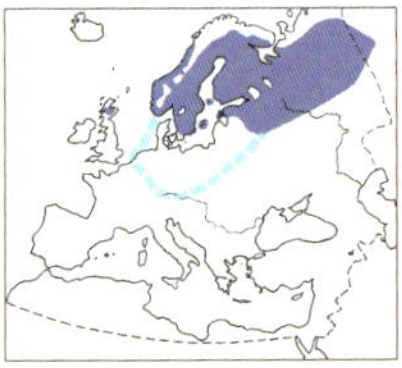

Bec-croisé d'Écosse

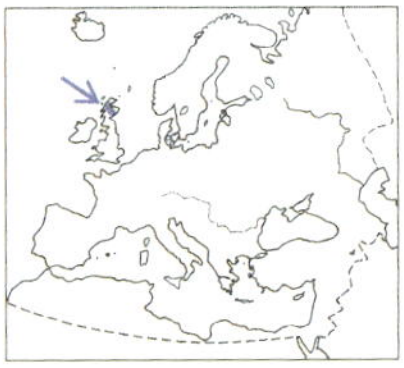

Bec-croisé bifascié

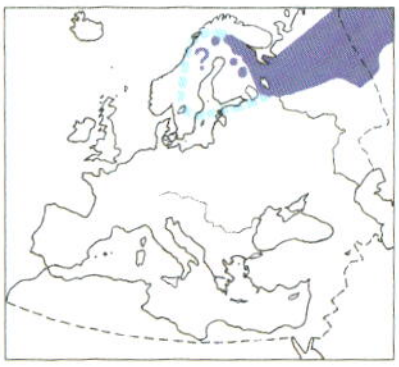

BEC-CROISÉ DES SAPINS

BEC-CROISÉ PERROQUET

BEC-CROISÉ D'ÉCOSSE

BEC-CROISÉ BIFASCIÉ

DZ

Roselin cramoisi *Carpodacus erythrinus* NO / MO

L 13,5-15 cm. Broussailles et buissons, souvent sur les rives humides des plans d'eau, dans les noisetiers, les parcs, les bosquets, au bord des cours d'eau et des champs, clairières buissonneuses des bois de feuillus. Visiteur d'été (fin mai-août). Hiverne en Inde. D'apparition assez récente (vient de l'est). Assez peu farouche ; le ♂ chante souvent à découvert ; par ailleurs calme et discret, passe facilement inaperçu. Alim. : graines, pousses et bourgeons, quelques insectes. Nid bas dans un buisson ou un petit arbre touffu.

CARACTÉRISTIQUES À peine grand comme le bouvreuil. Un peu lourd de l'avant (poitrine, tête et cou forts) mais arrière élancé et longue queue. Bec « bulbeux ». ♂ ad. caractéristique du fait de son plum. rouge et de son chant, mais ♀ et la plupart des jeunes ♂♂ plus anonymes et difficiles à déterminer (vus fugitivement, peuvent être confondus avec divers passereaux). Noter : forme du bec, plum. « non coloré », gris-brun, à faible contraste entre dessus et dessous, tête gris-brun assez uniforme, tacheture diffuse et foncée sur la calotte, le dos et dessous, deux barres alaires pâles, étroites et vagues, bord pâle des tertiaires. Pas de blanc à la queue. – ♂ *ad. :* poitrine, calotte, joues et croupion cramoisi vif. Barres alaires souvent rosées. – ♂, *1er été :* la plupart comme la ♀ (normalement indiscernables), gris brunâtre sans trace de rouge. Certains ont cependant des plumes rouges, et d'autres sont similaires à l'ad. ; restent souvent reconnaissables aux barres alaires blanc grisâtre, aux plumes gris brunâtre parmi le rouge, parfois à quelques rémiges et rectrices usées conservées. – ♀ : gris brunâtre, étroites barres alaires blanc grisâtre. – *Juv :* comme la ♀ mais plum. plus frais avec du brun olivâtre un peu plus chaud, plus forte tacheture foncée, barres alaires chamois.

VOIX Contact : sifflement montant *vuyih*, parfois un peu rêche, sinon assez doux ; parfois émis par les migrateurs en vol. Chant : sifflement typiquement doux constitué de quelques glissandos rythmés : *please to meet youou* ! En cas d'excitation, sons calmes, gazouillants, parmi les strophes sonores.

Roselin du Sinaï *Carpodacus synoicus*

L 13-14,5 cm. Déserts montagneux (oueds et ravins), localement, ruines. Exige un accès à l'eau mais fréquente des milieux très rocheux. Sédentaire. Remuant, assez difficile à approcher (localement moins farouche). Va boire le matin (vers 9 h 00) et l'après-midi, mais aussi plusieurs fois à la mi-journée par forte chaleur. Parfois en petits groupes (souvent familiaux). Alim. : graines. Nid dans une fissure rocheuse, souvent haut sur une paroi, parfois près du sol.

CARACTÉRISTIQUES Taille et silhouette à peu près comme le R. cramoisi mais bec un peu plus petit à culmen un peu moins arqué. En tous plum., pâle et sans motifs frappants, presque pas de stries foncées dessus, pas de barres alaires pâles. – ♂ *ad. :* face rouge, dessous, côtés de la tête et croupion roses ; arrière de la calotte, nuque et dos brunâtre pâle, à nuance rosée ; avant et côtés de la calotte avec bout des plumes blanc argenté ; arrière des joues à même coloration, un peu plus vague. – ♀, ♂ *de 1er été :* presque uniformément brun-gris clair ; liserés des couv. un peu plus pâles que le reste de l'aile (confusion possible avec un jeune R. githagine, mais penser à la couleur et au bec pâle). De jeunes ♂♂ (et sans doute des ♀ ad.) peuvent avoir un peu de rose à la face et dessous.

VOIX Cri à l'envol : *tchipp… tchipp…* de moineau, à fin dure. Voix pleine, rendant parfois (par ex. dans la résonance d'un oued) le cri évocateur de celui de la Panure à moustaches. Posé, pépiement rappelant un peu le M. domestique. Chant (mal connu ?) présenté tantôt comme bref, clair, mélodieux, tantôt comme une simple strophe pépiante de moineau.

Roselin tacheté *Carpodacus rubicilla*

L 19-20,5 cm. Espèce alpine ; pentes dénudées au-dessus de 2 500 m (généralement à plus de 3 000 m), au voisinage des glaciers, sur les versants rocailleux et ensoleillés avec plaques herbeuses et graines de pissenlits. Sédentaire mais descend en hiver jusqu'à 1 000 m ou plus bas selon l'enneigement ; alors en petits groupes assez mobiles. Plutôt farouche. Niche tard, ne couvant souvent pas avant fin juillet. Nid dans une fissure ou sous un bloc rocheux.

CARACTÉRISTIQUES Taille du Durbec des sapins et aussi charpenté. Bec fort. Ailes et queue assez longues. Vol bien onduleux sur les longs trajets. Plum. très foncé qui, joint à la taille et au type de vol, peut rappeler de loin un turdidé. – ♂ *ad. :* rouge foncé ponctué de blanc à la calotte et dessous. Lores et tour des yeux gris (expression peu aimable). Reflet rose pâle à l'arrière des joues. Bec gris jaunâtre pâle. – ♀ *et* ♂ *de 1er été :* gris brunâtre fortement tacheté de foncé ; lores, tour de l'œil et avant des joues assez foncés. Bec brun-gris.

VOIX Contact : *tvoui* aigu, souvent émis en vol (onduleux). Alarme : *tchik* discordant de moineau. Chant : simple strophe claire, à rythme lent, un peu descendante *tui-huhu-huhu tui-huhu* ; certaines strophes plus longues et rythme variable.

Roselin cramoisi

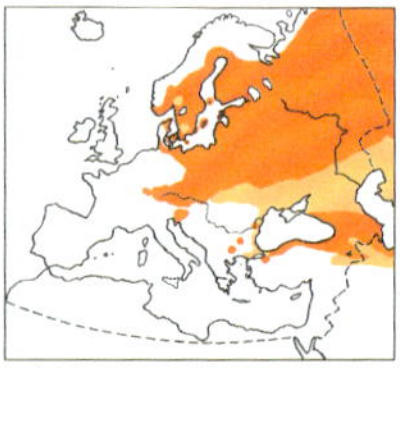

Roselin du Sinaï

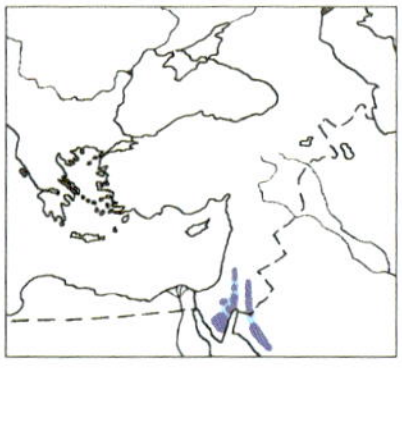

Roselin tacheté

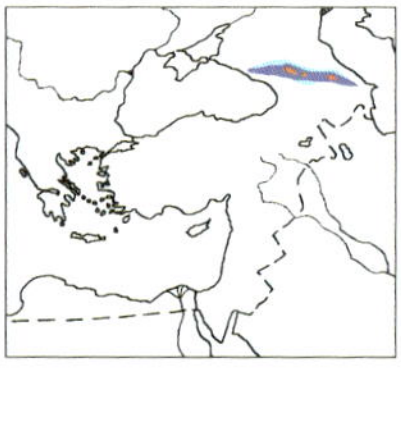

ROSELIN CRAMOISI

ROSELIN DU SINAÏ

ROSELIN TACHETÉ

DZ

Roselin githagine *Bucanetes githagineus* MO

L 11,5-13 cm. Déserts rocheux et pierreux, semi-déserts, à basse ou moyenne altitude ; également, zones arides dénudées pourvu qu'il y ait de l'eau à proximité. Assez commun aux Canaries. Sédentaire. Grégaire mais groupes souvent tout petits. Nid dans une fissure ou sous la végétation.

CARACTÉRISTIQUES Petit. Longues ailes, assez grosse tête, bec court mais gros, « bulbeux ». Étroit cercle oculaire pâle. Bout des primaires presque noir et rectrices à étroit bord pâle. – ♂ *nuptial :* bec rouge pâle et pattes rosées ; base des côtés de la queue rose vif ; croupion, ventre et bas des flancs rosés ; rémiges et grandes couv. alaires liserées de rose ; dos brun chaud non rayé ; reste du plum. uniformément gris pâle (en partie nuancé de rose). – ♀, ♂ *de 1er hiver :* bec jaune brunâtre pâle, souvent à vague nuance rose. Pattes rose ocré pâle. Couleurs un peu plus ternes, moins de rose et de gris pur, plus de chamois et de gris brunâtre. – *Juv. :* sans rose.

VOIX Contact : *imp* bref, nasillard, assez grave, souvent répété. Chant : son nasillard, prolongé, mécanique et uniforme, parfois sur deux tons. Souvent, au début ou à la fin, quelques brefs sons clairs.

Roselin de Mongolie *Bucanetes mongolicus*

L 11,5-13 cm. Montagnes rocheuses, dénudées, au-dessus de 2 000 m. Sédentaire ou migrateur partiel à plus basse altitude après la nidification. À terre ou en vol, souvent en petits groupes. Non farouche. Nid à terre.

CARACTÉRISTIQUES Taille du R. githagine, très semblable à celui-ci, mais bec un peu plus petit (base moins épaisse), toujours jaune brunâtre ou brun-gris pâle. Tête brun pâle, comme le dos ; de la calotte au dos, vaguement tacheté de foncé en tous plum. ; motifs alaires particuliers, très nets chez le ♂ ad. (plus difficiles à voir chez certaines ♀). En vol, courte et large barre alaire blanche au bras et trace d'une autre barre aux grandes couv. Secondaires à bord blanc plus large que chez le R. githagine (sur l'aile fermée, généralement, plage blanche aux secondaires).

VOIX En vol, souvent un son montant *huit huit* précédé d'un son bref, *tu-vuyiit*. Chant : brève strophe mélodieuse, répétée selon un rythme lent.

Roselin à ailes roses *Rhodopechys sanguineus*

L 13–15 cm. Espèce alpine nichant sur les parois montagneuses dénudées (jusqu'à 3 300 m) mais descendant souvent plus bas en hiver. Fréquente souvent les précipices, ravins et pentes arides à blocs rocheux. Mobile, se nourrit et boit souvent loin du site du nid. Assez timide en général. Nid dans une fente rocheuse.

CARACTÉRISTIQUES Grosse tête, cou épais, fort bec conique, queue assez courte mais longues ailes. Meilleurs critères : large base blanc rosé des rémiges et couvertures primaires formant une nette plage alaire pâle, également visible sur l'aile fermée ; calotte noire (en plum. frais, en partie masquée par les liserés brun pâle) ; gorge et côtés de la tête bruns ; côtés de la poitrine, flancs et dos roux foncé, ces deux derniers tachetés de noir. Sexes semblables mais ♀ plus terne.

VOIX Cris variés, comme un sonore *chivlii* et un *tchu-tchélutt* trisyllabique (de loin, évoque l'Alouette lulu), un *yuvu-yuvu* un peu grinçant, etc. Chant : souvent émis d'un bloc rocheux mais aussi parfois lors d'un vol nettement onduleux, courte strophe pressée sans cesse répétée, *chodlu-chodlu-udle-friiiiih-chodlu*, à rythme et sonorité typiques.

Roselin de l'Atlas *Rhodopechys alienus*

L 14–15,5 cm. Espèce jumelle de son homologue asiatique ; confinée au Maroc et semble-t-il au NE de l'Algérie.

CARACTÉRISTIQUES À peine plus grand que le R. à ailes roses, avec nette gorge pâle, flancs et dos plus uniformément bruns, sans nettes taches noires ; nuque plus nuancée de gris. Croupion brun plus foncé, pas autant rose rougeâtre. Pattern de la tête à marques moins étendues et d'un rose moins soutenu.

VOIX Semble identique à celle du R. à ailes roses.

Roselin de Lichtenstein *Rhodospiza obsoleta*

L 13-14 cm. Campagne dégagée, aride, en général plate, volontiers près de cultures irriguées, oasis, etc. Surtout sédentaire. Souvent en groupes. À la différence du R. githagine, se perche volontiers dans les arbres. Se nourrit surtout au sol. Nid dans un buisson ou un arbre.

CARACTÉRISTIQUES Sable ou chamois gris. Motifs caractéristiques sur les ailes et la queue : primaires noires à étroit liseré blanc ; sur l'aile fermée, grande zone blanc et rose, avec quelques marques noires. – ♂ : tertiaires noires à étroit liseré blanc. Bec noir. Lores noirs chez l'ad., pâles en 1er hiver. – ♀ : centre des tertiaires, bec et dos brun-gris.

VOIX Trois cris souvent entendus : le plus commun, *drrr'r* frémissant, descendant à la fin ; *tvoui* tombant, rappelant un peu le R. cramoisi ; *dvéuiuit* chantant évoquant la Linotte à bec jaune et le Moineau soulcie. Chant : série grave et hachée de brèves notes irrégulières, parfois mêlées de sons vibrants (rappelant le R. githagine).

Roselin githagine

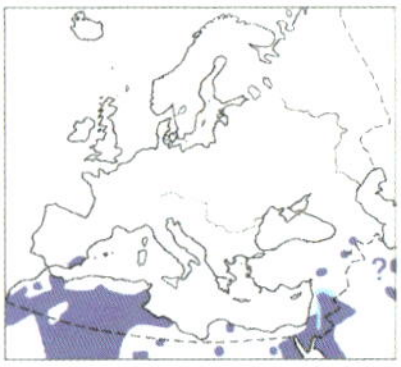

Roselin de Mongolie

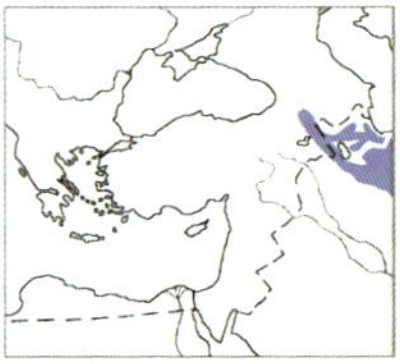

Roselin de l'Atlas Roselin à ailes roses

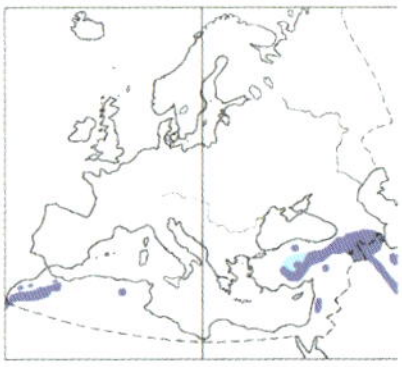

Roselin de Lichtenstein

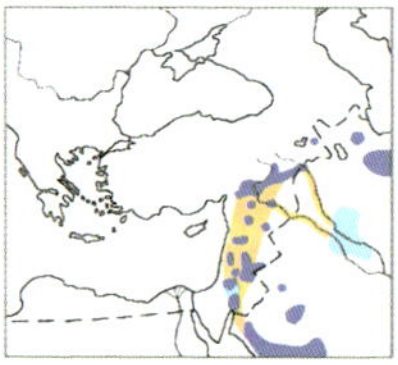

ROSELIN GITHAGINE

ROSELIN DE MONGOLIE

ROSELIN À AILES ROSES

ROSELIN DE L'ATLAS

ROSELIN DE LICHTENSTEIN

BRUANTS : EMBÉRIZIDÉS

Plus terrestres que les Fringillidés. Bec conique et plum. à motifs et couleurs caractéristiques. Chant sonore, généralement assez bref et spécifique. Beaucoup migrent. Se nourrissent surtout de graines de graminées. Nid d'ordinaire dans une touffe, ou bas dans un buisson.

Bruant des roseaux

Emberiza schoeniclus NS5 / MC / HC

L 13,5-15,5 cm. Roselières, jonchaies hautes, broussailles des zones humides, parfois, milieux plus secs (jeunes plantations de conifères, champs de colza, etc.). Migrateur au nord et à l'est de l'Europe. ♂ facile à voir en période nuptiale, chantant sur un roseau ou du haut d'un buisson ou d'un saule ; espèce par ailleurs assez discrète et se cachant vite à l'abri de la végétation après un envol bondissant, un peu désordonné et saccadé.

CARACTÉRISTIQUES Bruant de taille moyenne. Bec petit (sud-est de l'Europe, et autour des mers Noire et Caspienne : bec fort) et foncé. Plum. principalement brun et blanc chamois, avec rayures foncées et côtés de la queue blancs. – ♂ *nuptial :* aisément reconnu à la tête et à la gorge noires, au collier et à l'étroite moustache blancs. – *Autres plum. :* sourcil chamois, calotte et joues brun-gris. ♂ normalement reconnu à la gorge grisâtre ou irrégulièrement tachetée de noir ; ♀ à gorge blanc beigeâtre sans taches, encadrée de nets traits noirs. Petites couv. alaires brun-roux. Joue toujours légèrement grisâtre (jamais brun-roux uni comme chez le B. nain). Pattes brun-roux ou noires (plus foncées que chez le B. nain).

VOIX Contact : *tsîeh* aigu, traînant, un peu descendant, ou *bzu* un peu vibrant, généralement émis par les migrateurs en automne. Sur le territoire, parfois *zi zi…* bref et aigu. Chant : simple strophe brève, généralement calme, quelques sons roulés et tranchants, comme épelés, et fin sur deux notes rapides ou un trille bref, *sripp, sripp, sria, srisrisirr* ; détails variables, parfois plus rapide, mais toujours bien reconnaissable.

Bruant de Pallas *Emberiza pallasi*

L 12-13,5 cm. Mêmes milieux que les B. des roseaux nordiques : toundra le long des cours d'eau, dans la végétation basse (herbes, bouleaux nains, broussailles) ; également, forêts claires de mélèzes bordant la toundra. Migrateur. Hiverne en Asie du Sud-Est, regagne les sites de nidification européens tard, à mi-juin. Mœurs assez semblables à celles du B. des roseaux.

CARACTÉRISTIQUES Petite version du B. des roseaux et comportement analogue. Noter : petite taille (comme le B. nain) ; bec plus étroit et plus fin avec, en plum. de type féminin, base de la mandibule inférieure rose (bec un peu plus gros et foncé chez le B. des roseaux) ; petites couv. alaires grises (♂) ou brun terne (♀) ; en plum. de type féminin, presque pas de stries à la poitrine et aux flancs, si bien que les traits malaires sont les seules marques frappantes dessous ; double barre alaire blanc chamois (plus nettes que chez le B. des roseaux) ; calotte et joues brun plus uni (B. des roseaux : bordure foncée aux joues et parfois à la calotte) ; en général, fond bien plus pâle, plutôt chamois (certains B. des roseaux orientaux aussi pâles). Détermination du sexe comme pour le B. des roseaux. ♂ ad ; croupion blanc grisâtre (également chez des B. des roseaux du sud-est de la Russie).

VOIX Contact : *tchyalp* de moineau, un peu descendant, et *tchirp* un peu râpeux. Également, fin *dsiu* rappelant le B. des roseaux. Chant très simple, monotone : série de sons grinçants, identiques.

Bruant des roseaux

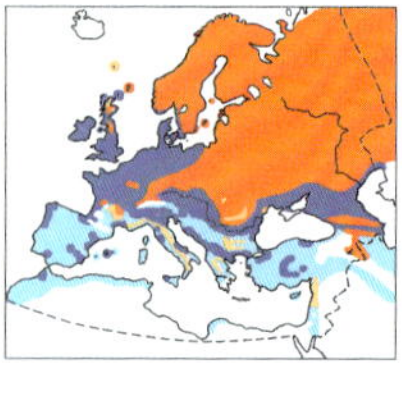

Bruant de Pallas

Bruant nain *Emberiza pusilla* MR / HO

L 12-13,5 cm. Taïga du nord-est de l'Europe. Souvent, clairières et forêts claires de conifères avec bouleaux et saules, mais aussi bois de bouleaux de montagne avec quelques épicéas ; préfère la proximité de l'eau. Hiverne en Asie du Sud-Est. Rare mais régulier en Europe occidentale (en France, surtout de sept. à nov., pic à fin oct.). Le plus souvent à terre.

CARACTÉRISTIQUES Petit. En plum. nuptial : tête brun-roux, côtés de la calotte noirs et cercle oculaire blanc. Peut être confondu en automne avec la ♀ de B. des roseaux mais : cercle oculaire blanc plus net, joue brun-roux ou brun-jaune orangé à étroite bordure postérieure sombre, lores et avant du sourcil brun-roux assez pâle ; entre les côtés foncés de la calotte, nette raie centrale pâle (brun-roux) ; souvent, petite tache chamois pâle en arrière de la joue ; bec en proportion un peu plus long, à culmen droit ; barres alaires blanc chamois plus nettes ; petites couv. alaires brun-gris ; pattes toujours rosées. Sexes semblables (variations individuelles montrant une tendance non négligeable du ♂ à avoir la tête plus marquée que la ♀).

VOIX Contact : *dzic* bref, dur et sec, dont l'intensité varie selon l'humeur. Chant agréable et mélodieux, très bref et aigu, comprenant à la fois des notes claires et des sons roulés, durs et plus râpeux.

Bruant à sourcils jaunes *Emberiza chrysophrys* MO

L 13-14 cm. Occasionnel automnal extrêmement rare, en provenance de Sibérie orientale ; quelques mentions (fin sept.-oct.).

CARACTÉRISTIQUES À peine de la taille du B. rustique. Assez grosse tête, bec fort à culmen droit, mandibule inférieure chair. Ne peut être confondu en plum. nuptial : sourcil jaune vif, calotte noir (brunâtre) à étroite raie centrale blanche. En automne, rappelle les B. nain et rustique mais vague nuance jaune au sourcil et trace de raie crânienne blanche. Flancs et poitrine à nettes stries noires étroites.

VOIX Contact : *dzic !* tranchant et rude (comme le B. nain). Chant bref, lent, commençant souvent par une douce note étirée, se terminant plus rapidement.

Bruant nain

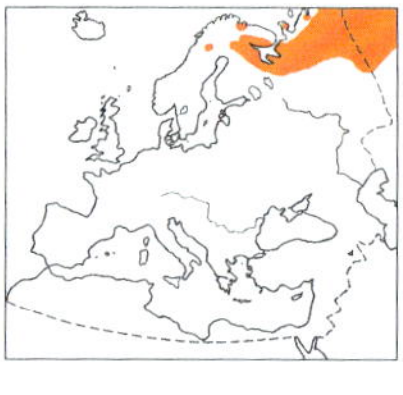

BRUANT DES ROSEAUX

BRUANT DE PALLAS

BRUANT NAIN

BRUANT À SOURCILS JAUNES

DZ

Bruant des neiges *Plectrophenax nivalis* MC / HC

L 15,5-18 cm. Milieu alpin, pentes rocailleuses et dénudées ; côtes rocheuses nordiques, landes hautes et toundra sans arbres. Hiverne (oct.-avril) autour de la Baltique, sur les côtes de la mer du Nord et de la façade atlantique. Très peu farouche mais agité et mobile, sans cesse en mouvement.

CARACTÉRISTIQUES Grande zone blanche des ailes et base de la queue blanche, bien visibles en vol. Seule confusion possible avec la Niverolle alpine (p. 374), mais celle-ci reste dans ses montagnes d'origine, ne gagne donc pas les zones basses où hiverne le B. des neiges (la Niverolle est exceptionnelle en dessous de 500 m), est plus grande, avec plus de blanc à la queue, etc. – ♂ *nuptial :* ne peut être confondu, poitrine et tête blanches, dos noir. – ♀ *nuptiale :* diffusément tachetée de gris sur la calotte, les joues et les côtés de la poitrine, dos non noir uni. – *Juv. :* tête grise, poitrine diffusément gris sale (plum. non rencontré hors sites de nidification). – *Automne :* tous plum. similaires, avec côtés de la poitrine, joue, calotte, nuque et épaules roussâtres. Dos brun-jaune strié de noir. Bec paille à bout noir. ♂ avec plus de blanc aux ailes et aux couv. primaires ; noter le contraste de l'alule noire sur le reste blanc du bras. Bout des ailes plus noir que la ♀. – *Variantes :* les oiseaux d'Islande (*insulae*, sédentaires ou hivernant dans les îles Britanniques et aux Pays-Bas) ont par comparaison avec les ind. scandinaves *(nivalis)* un plum. un peu plus foncé, avec couv. primaires plus foncées (souvent brunes même chez le ♂).

VOIX Contact, révélant souvent la présence d'oiseaux en vol : *pèr'r'r'rit* roulé (rappelant la Mésange huppée), ou doux *piuï* sifflé évoquant le Petit Gravelot (surtout émis par des ind. isolés). Irrité (chamailleries dans les groupes importants, conflits territoriaux), *berch* rauque. Chant : bref gazouillement clair (presque comme le B. rustique, mais un peu plus dur) à tonalité plaintive (comme le B. lapon).

Bruant lapon *Calcarius lapponicus* MR / HR

L 14-15,5 cm. Saules des hauteurs (plutôt secteurs humides), pentes et landes dénudées (également, toundra) ; tourbières dégagées à bouleaux nains, saules rampants et broussailles. En France, rare hôte de passage et d'hiver (fin sept.-mars), isolément ou en petits groupes (parfois plus importants) dans les champs (éteules, labours) et les prés côtiers. Hiverne surtout dans les steppes cultivées du S-E de l'Europe. Assez farouche, se faufile à terre ou se tapit, avant de s'envoler à bonne hauteur une fois dérangé. Vol puissant.

CARACTÉRISTIQUES Taille moyenne, assez charpenté, avec bec épais mais court, ongle du pouce long et droit. Bec jaune paille (un peu plus gris et sombre chez le juv.) à bout foncé. Pattes brun assez foncé. – ♂ *nuptial :* ne peut être confondu (tête et gorge noires, trait blanc jaunâtre derrière l'œil, descendant jusqu'au côté de la poitrine, nuque brun-roux, ventre blanc) ; ♀ reconnue à sa nuque brun-roux, ses taches diffuses grisâtres à la poitrine et à son bec pâle. – En plum. automnal frais, plus comme le B. des roseaux mais : large liseré brun-roux aux tertiaires et aux grandes couv. alaires, ces dernières formant une zone brun-roux sur l'aile fermée, encadrée par d'étroites barres alaires pâles ; bec (v. plus haut), raie centrale de la calotte brun-gris, plus pâle et plus nette que chez le B. des roseaux ; croupion brun-gris bien strié, parfois nuque brun-roux. Sexes et âges très semblables en automne, mais ♂ ad. parfois identifié à la nuque brun-roux et aux denses taches (et non stries éparses) noires à la poitrine.

VOIX Assez loquace. Deux cris rappellent le B. des neiges : en migration (souvent à l'envol), *pr'r'r'rt* un peu plus dur et sec ; bref *tchu* sifflé (rarement, *piu* presque comme le B. des neiges) ; *tchup* un peu rêche, souvent émis par les migrateurs volant haut (y compris de nuit). Sur les lieux de nidification, également *tihu* nerveux. Chant : strophe brève et assez constante, plaintive ; rappelle un peu le chant de l'Alouette haussecol (en partie même milieu !) mais sans son début hésitant. Parfois, vol chanté en hauteur avec queue étalée, surplace épisodique et phrases prolongées.

Bruant rustique *Emberiza rustica* MO

L 13-14,5 cm. Forêts marécageuses d'épicéas ou de pins avec nombreux bouleaux, saules et autres feuillus ; forêts denses, détrempées, de feuillus. Hiverne en Asie orientale. Présent de mai à septembre sur les sites de nidification. Occasionnel en Europe occidentale (en France, surtout oct.) ; broussailles humides, passe facilement inaperçu ; souvent seul ou en très petits groupes.

CARACTÉRISTIQUES Taille du B. des roseaux. Noter : ventre blanc, croupion brun-roux non tacheté, flancs tachetés de brun-roux, pattes brun chair, assez long bec à culmen droit et mandibule inférieure chair. – ♂ *nuptial :* bande brun-roux à la poitrine et à la nuque, tête noire, sourcil blanc, petite tache blanche aux parotiques. – ♀ *nuptiale :* calotte et joue tachetées de brun, sourcil blanc sale, brun-roux de la nuque plus étroit. Certaines très semblables au ♂. – *Automne :* parties noires et brun-roux en partie cachées par des liserés brun chamois ; sexes et âges difficiles à déterminer sur le terrain. Souvent (comme le B. nain), tache blanc chamois bordée de foncé à l'arrière de la joue et net sourcil pâle.

VOIX Contact et alarme : *zit* bref, incisif (plus que celui de la Grive musicienne). Chant, souvent durant les nuits claires, sans confusion possible : mélodieux, triste, sans sons durs ni rauques et de rythme soutenu, en une strophe.

Bruant des neiges

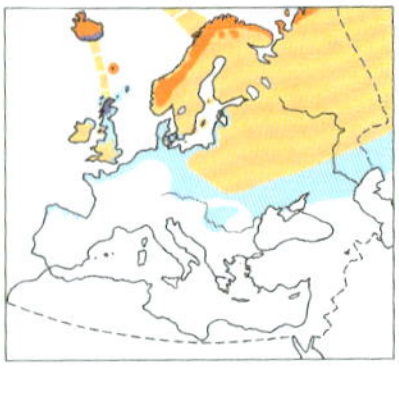

Bruant lapon

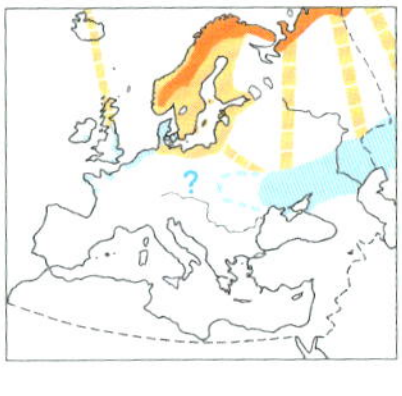

Bruant rustique

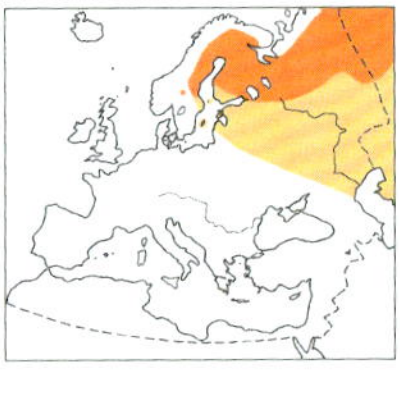

BRUANT DES NEIGES

BRUANT LAPON

BRUANT RUSTIQUE

Bruant ortolan *Emberiza hortulana* N4 / MC

L 15-16,5 cm. À basse altitude, cultures avec bosquets, pâtures arborées, clairières ; dans le sud de l'Europe, en Turquie et au Caucase, en montagne, habituellement dans les clairières ou en lisière, souvent au-dessus de 1 500 m. Visiteur d'été (avril-sept.). Hiverne en Afrique tropicale. Migrateur nocturne. Se nourrit en général au sol, souvent dans les herbes rases, sèches. Assez farouche, ne tarde pas à se cacher.

CARACTÉRISTIQUES Moyen et élancé. Petite tête ronde. Bec assez long. Pattes et bec rose chamois, culmen droit, un peu plus foncé. En tous plum., net cercle oculaire blanc jaunâtre, manteau gris brunâtre fortement rayé de foncé, trait malaire foncé sur fond jaune pâle (pas de jaune chez le juv. jusqu'à juillet-août). Flancs et ventre de nuance brun orangé d'intensité variable (sauf juv.), tête et nuque habituellement olivâtres. Croupion brun-gris rayé. – ♂ *nuptial :* tête, large bande pectorale et étroit trait malaire gris olivâtre. Ventre et flancs brun orangé soutenu. – ♀ *nuptiale, ad. en automne :* calotte, poitrine et trait malaire finement tachetés de foncé. Bande pectorale gris olivâtre étroite ou vague. Orangé du dessous parfois plus vague. Certains ♂♂ à bande pectorale gris olivâtre sans taches, comme le ♂ nuptial. – *1er hiver :* tête gris-brun (sans nuance verte), fortement striée ; trait malaire, poitrine et avant des flancs très striés. Cercle oculaire blanc chamois. Gorge jaune chamois pâle.

VOIX Contact : *sli-é* métallique presque dissyllabique ; *tchu* bref, un peu heurté, presque métallique de loin ; ces deux cris alternent toutes les 2 secondes env., par ex. lors des migrations nocturnes. Lance aussi, par ex. quand il est débusqué, un *plitt* sec, plus plat. Chant : simple strophe typiquement résonnante avec motif changeant vers le milieu, la seconde partie presque en écho et souvent plus grave. Les ind. montagnards du sud de l'Europe ont la deuxième partie du chant réduite à une seule note prolongée (d'où confusion possible avec le B. cendrillard).

Bruant cendrillard *Emberiza caesia* MO

L 14-15,5 cm. Versants montagneux dénudés, arides et ensoleillés, avec rocs, buissons épineux et herbes. Là où vit le B. ortolan, niche souvent (pas toujours) à plus basse altitude, d'ordinaire à moins de 1 350 m. Surtout côtier. Visiteur d'été (en Grèce, surtout mi-avril à août). Hiverne au sud de la mer Rouge. Migrateur nocturne. À terre ou sur les rochers bas ou, pour chanter, également buissons bas. Pas farouche. Groupes parfois importants de migrateurs, souvent vus en halte migratoire au sud d'Israël en mars.

CARACTÉRISTIQUES Un peu plus petit que l'Ortolan, auquel il ressemble par ailleurs en termes de silhouette. Pattes et bec comme chez l'Ortolan, mais bec à peine plus court. Net cercle oculaire blanc (et non jaunâtre). Croupion brun-roux soutenu non strié (♂ ad.), brun-roux plus terne (♀ ad.), nuancé de brun-roux et rayé (1er hiver). Plum. à peu près comme l'Ortolan mais nuance verte de celui-ci à la tête, à la poitrine et au trait malaire, remplacée par du gris plomb ; gorge rousse ou blanche (au lieu de jaune pâle). Le ♂ ad. est brun orangé très foncé dessous (de loin et de face, poitrine et gorge apparaissent bien plus pâles que le ventre – ce n'est jamais le cas chez le B. ortolan). – *1er hiver :* très semblable à l'Ortolan mais gorge et cercle oculaire plus blancs et vague nuance brun-roux au croupion.

VOIX Contact de type Ortolan (parfois très proche en raison de variantes locales), mais habituellement reconnaissable à un son rugueux *tsrip*, incisif, ainsi qu'à un sifflement sonore et très grave, vaguement descendant, *tchuyu*. Également un *plitt* très proche de celui de l'Ortolan. Chant assez proche de celui du B. ortolan du sud de l'Europe ; même structure avec 2 ou 3 brefs sons répétés et une fin prolongée, mais reste identifiable par l'absence de tintement agréable de la première partie ; certains chanteurs alternent avec des variantes de chant rêches (quasiment « asthmatiques »).

Bruant à cou gris *Emberiza buchanani*

L 14-15,5 cm. Versants montagneux ou hauts plateaux, dénudés, surtout au-dessus de 3 000 m, avec rocs, végétation maigre et buissons bas épars. Milieu similaire à celui de l'Ortolan méridional. Visiteur d'été (est de la Turquie : avril-sept.). Hiverne en Inde. Paisible, peu farouche.

CARACTÉRISTIQUES Comme les B. ortolan et cendrillard. De la taille de ce dernier mais queue un peu plus longue. Bec long et fin, entièrement rose (sans culmen foncé). Cercle oculaire blanc. Dos et manteau toujours discrètement tachetés, semblant assez uniformément gris-brun en plum. frais. Croupion gris-brun non (ou peu) strié. – ♂ *ad. :* tête grisâtre (gris souvent sale, parfois cendré), petite zone à la gorge et espace sous-mustacien blanc sale, poitrine brun-roux froid (en plum. frais, avec fins liserés blanchâtres, paraît vermiculée), ventre blanc brunâtre, épaules brun-roux. – ♀ *ad. :* comme le ♂ mais plus terne, poitrine et calotte finement striée. – *1er hiver :* croupion brun terne sans roux, dos et manteau moyennement tachetés ; noter le bec fin et pointu et le cercle oculaire blanc.

VOIX Cris similaires à ceux des B. cendrillard et cendré : *tchuïpp* énergique ou *zrip* plus aigu et perçant (alternent et varient un peu). Chant également comme ceux des bruants cités, peut-être plus encore celui du B. cendré : simple, court, tonalité un peu grinçante (d'ordinaire plus rapeux que chez l'Ortolan) ; parfois aussi un éventail de sons un peu plus large ; l'avant-avant-dernière syllabe est souvent la plus accentuée.

Bruant ortolan

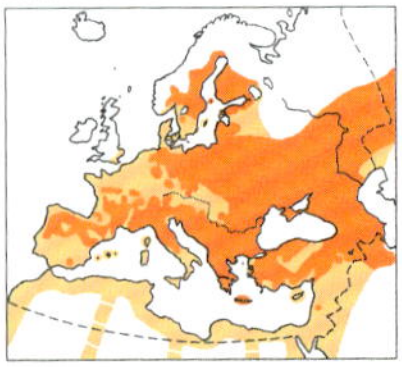

Bruant cendrillard

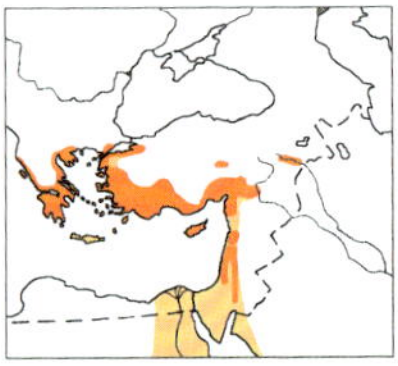

Bruant à cou gris

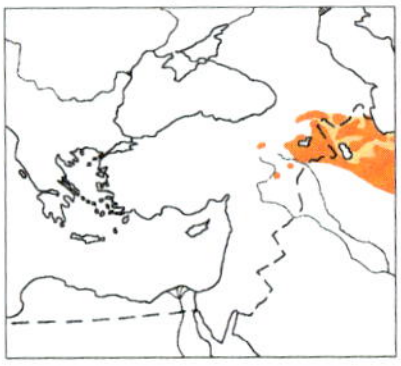

BRUANT ORTOLAN

BRUANT CENDRILLARD

BRUANT À COU GRIS

DZ

Bruant jaune *Emberiza citrinella* NS5

L 15,5-17 cm. Paysages agricoles, zones buissonneuses, bosquets, lisières forestières, haies, prés arborés, clairières et coupes, landes et prés côtiers. Surtout sédentaire mais nombre d'ind. scandinaves migrent en oct.-nov. vers les pays de la mer du Nord et reviennent en mars-avril. Groupes parfois importants en automne et hiver. Cherche sa nourriture (graines) à terre, par ex. dans les chaumes. Prudent sans être vraiment farouche. Ne tarde pas à s'envoler et va se percher haut dans un arbre ou s'enfonce dans les buissons touffus.

CARACTÉRISTIQUES Longue queue, croupion brun-roux sans taches, du jaune dans le plum. Manteau/dos brun olivâtre, fortement strié de noir. Bec assez petit, mandibule inférieure gris-bleu clair. Beaucoup de blanc aux coins de la queue, souvent visibles en vol. En vol, paraît à queue plus longue que, par ex., le B. des roseaux. Vol à longues ondulations, un peu sautillant. – ♂ *nuptial :* tête presque toute jaune, avec juste quelques marques sombres à la calotte et aux côtés de la tête. Dessous jaune soutenu avec beaucoup de vert olivâtre et de brun-roux à la poitrine et des stries brun-roux aux flancs. – ♀ *nuptiale :* calotte rayée, vert grisâtre, parfois avec une petite tache jaune ; côtés de la tête vert-gris sans jaune. Dessous jaune pâle strié de noir grisâtre à la poitrine et aux flancs. – *Automne :* ♂ souvent reconnu au jaune foncé à la tête et dessous, ainsi qu'au vert olivâtre et au brun-roux à la poitrine. ♀ presque comme la ♀ nuptiale. ♀ *de 1er hiver :* à tête souvent presque totalement brune et striée, et dessous blanc chamois, seulement à vague nuance jaune ; noter que le jaune du dessous peut être difficile à distinguer sur le terrain – cf. B. à calotte blanche.

VOIX Contact : *tsuh* discordant. Également divers cris brefs plus secs, *pt… pt, pt, pittilitt…* ; aussi un *tsic* perçant et un *tsiih* fin, prolongé. Chant : son bref repris rapidement 5 à 8 fois et motif final différent plus grave, traînant *si-si-si-si-si-si-si ziiiiiiii.*

Bruant à calotte blanche
Emberiza leucocephalos MO / HO

L 16-17,5 cm. Sibérie (non spontané à l'ouest de l'Oural) ; milieux similaires à ceux du B. jaune, son proche parent (hybrides à l'ouest de la Sibérie), mais plus inféodé à la forêt. Migrateur. Hiverne en Asie centrale (localement, Moyen-Orient et sud de l'Europe). Occasionnel en Europe occidentale (surtout automne et hiver).

CARACTÉRISTIQUES Jaune du B. jaune remplacé par du blanc. ♂ ad. (parfois aussi ♀ ad.), en outre, à gorge et sourcil brun-roux. Ind. automnaux, surtout ♀ de 1er hiver, souvent difficiles à différencier des jeunes ♀ pâles de B. jaune. Noter : fond du dessous blanchâtre sans trace de jaune, dos et manteau brun grisâtre sans nuance verte, épaule souvent teintée de brun roux, sourcil blanc sale nuancé de brun pâle, sans jaune ; liseré pâle des primaires blanc, non jaune ; flancs rayés principalement de brun-roux, non de gris noirâtre.

VOIX La plupart des cris sont similaires à ceux du B. jaune. Outre l'habituel cri de contact *stuh*, parfois *tsik* un peu particulier et *tchuyèh* à peine descendant. Chant très proche de celui du B. jaune.

Bruant zizi *Emberiza cirlus* NS5

L 15-16,5 cm. Lisières, clairières, campagne cultivée, parcs, jardins, etc. Préfère les zones un peu vallonnées avec quelques arbres, buissons et haies touffus ; souvent sur les pentes sèches, ensoleillées (exposées sud ou est). À l'extrême sud-ouest de son aire, fréquente souvent les versants montagneux jusqu'à 1 500 m env. Sédentaire.

CARACTÉRISTIQUES Comme le B. jaune (un peu plus petit). Bec en proportion un peu plus gros et queue plus courte. ♂ ne pouvant être confondu : gorge et trait sourcilier noirs, bande pectorale vert olivâtre. – ♀ *et 1er hiver :* très semblables au B. jaune, mais croupion brun-gris olivâtre, strié, motifs foncés plus marqués sur le fond pâle du côté de la tête, épaules à nuance brun-roux, grandes couv. alaires gris-brun plus unies, calotte brun olivâtre rayée (sans milieu plus pâle), tendance à avoir le bec plus bicolore.

VOIX Contact : *zitt* fin et perçant. Également, *siiuy* descendant. Chant : bref trille sec et monotone, assez métallique.

Bruant cendré *Emberiza cineracea*

L 16-17 cm. Localisé et souvent clairsemé ; pentes pierreuses sèches à végétation basse, maquis et arbres isolés. Visiteur d'été (en Turquie, mi-avril à août). Hiverne autour de la mer Rouge.

CARACTÉRISTIQUES Assez grand et élancé, longue queue. Rappelle le B. mélanocéphale ♀ : plum. pâle, presque non strié, étroit cercle oculaire pâle, bec assez fort et pâle, à peu près comme une femelle de B. mélanocéphale mais en diffère notamment par les coins blancs de la queue. – ♂ : gorge jaunâtre, tête gris jaunâtre uni, poitrine grise, dos grisâtre à discrète tacheture foncée. – ♀ *et 1er hiver :* gorge blanc chamois, dos et tête brunâtres, calotte finement striée, poitrine brun-gris à fines stries. – *Variante :* le ♂ nicheur du sud-est de la Turquie et plus à l'est *(semenowi)* est aussi teinté de jaune sur le bas de la poitrine et au ventre.

VOIX Cris de contact tout à fait comme ceux des B. cendrillard et à cou gris : *tchrip* incisif et rude, ou *tchuïlp* plein (parfois réduit à *tchuï*), souvent émis en alternance et variant dans les détails. Chant proche de celui du B. à cou gris, strophe simple et rapide, au son tranchant et au rythme un peu irrégulier ; s'achève souvent par un son aigu et un grave en succession rapide.

Bruant jaune

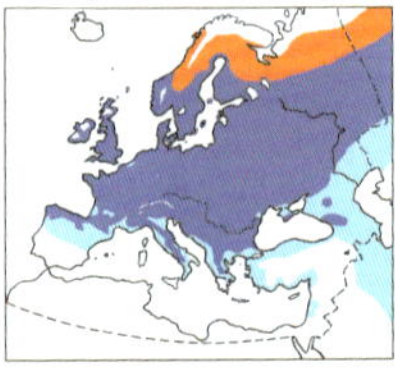

Bruant zizi

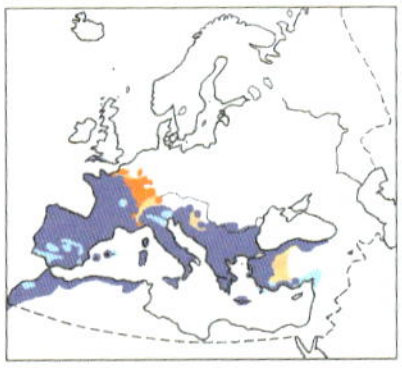

Bruant cendré

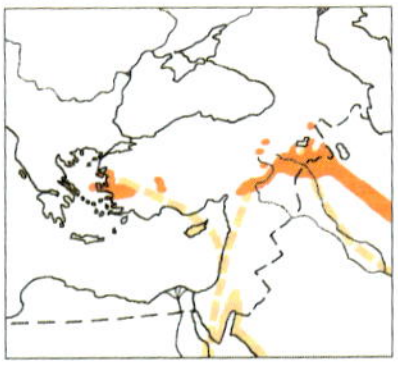

BRUANT JAUNE

BRUANT À CALOTTE BLANCHE

BRUANT ZIZI

BRUANT CENDRÉ

Bruant à tête rousse *Emberiza bruniceps* MO

L 15-16,5 cm. Très proche du B. mélanocéphale avec lequel il s'hybride dans les zones de contact (au sud-est de la mer Caspienne). Steppes (cultivées ou non) avec buissons ou arbres épars, semi-déserts, versants montagneux et hautes plaines. Visiteur d'été (sur la Volga, surtout de début juin à début août). Hiverne en Inde. Assez peu farouche. Rares données en Europe occidentale (considéré en général comme échappé, même si d'authentiques occasionnels peuvent sans doute se manifester).

CARACTÉRISTIQUES Assez grand, queue assez longue. Pas de blanc à la queue. – ♂ *ad.* : ne peut être confondu. Outre le masque brun-roux, noter : croupion jaunâtre, dos vert jaunâtre rayé. – ♀ : assez anonyme et difficile à déterminer. Noter : long et fort bec pâle, étroit cercle oculaire blanc chamois, dos, tête et nuque brun pâle terne avec fines stries sur le manteau et l'avant de la calotte ; en général, croupion vert-jaune ou jaunâtre, vaguement strié ; dessous blanc jaunâtre sale sans stries, sous-caudales jaune vif. – *1er hiver :* comme la ♀ mais poitrine blanc chamois (parfois à fines stries), dos brun-gris bien rayé, croupion sans jaune ; très semblable au B. mélanocéphale (distinction souvent impossible).

VOIX Plusieurs cris, la plupart comme ceux des congénères, y compris *tchuypp* rappelant assez l'Ortolan, et *zrit* évoquant le B. cendrillard ; de plus, *tsuh* rappelant beaucoup le B. jaune. Chant quasiment identique à celui du B. mélanocéphale, strophe en léger accelerando, grave, de rythme haché, avec *r* très roulés.

Bruant mélanocéphale
Emberiza melanocephala NO / MR

L 15,5-17,5 cm. Très proche du B. à tête rousse, avec lequel il s'hybride localement. Campagne dégagée et aride avec buissons, souvent, cultures avec bosquets, vignes, vergers, ripisylves, lisière, clairières, versants montagneux assez arides à arbres épars et buissons épineux. Visiteur d'été (en Grèce, surtout de début mai à fin juillet). Hiverne en Inde. N'est pas farouche.

CARACTÉRISTIQUES Assez grand, un peu plus gros que le B. à tête rousse, et comme lui à longue queue sans blanc. – ♂ : ne peut être confondu, tête noire, dessus brun-roux non strié. – ♀ : très semblable à celle du B. à tête rousse, et souvent difficiles à différencier sur le terrain. Bec un peu plus long et parfois vague nuance brun-roux sur le manteau/dos brun-gris terne. Croupion brun terne ou brun-jaune (jamais de nuance verte comme chez certains B. à tête rousse). En outre, calotte parfois plus nettement striée, parotiques un peu plus foncées. – *1er hiver :* très semblable au B. à tête rousse (v. celui-ci) et souvent indifférenciables sur le terrain.

VOIX La plupart des cris sont très semblables à ceux du B. à tête rousse, espèce proche ; distinction impossible sur ce seul critère en raison des variations dans l'articulation chez les deux espèces. Chant commun aux deux espèces (v. plus haut).

Bruant auréole *Emberiza aureola* MO

L 14-15,5 cm. Nord-est de l'Europe et bonne part de la Sibérie ; buissons, broussailles, bosquets, souvent le long des cours d'eau, au bord des étangs et des zones marécageuses. Visiteur d'été (Finlande : mi-juin à fin juillet). Hiverne en Asie. Peu farouche.

CARACTÉRISTIQUES À peu près de la taille du B. des roseaux, mais plus long bec à culmen plus droit et mandibule inférieure chair. En tous plum., du jaune ou du jaune chamois dessous, et étroite stries aux flancs. – ♂ *nuptial :* face noire, dessus brun-roux foncé, bande pectorale brun-roux, dessous jaune, plage alaire blanche. 1re année à petite plage alaire blanche tachée de foncé, face noire parsemée de brun et blanc, bande pectorale étroite ou interrompue et, chez certains, dessous jaune pâle. – ♀, *1er hiver :* large sourcil blanc beigeâtre pâle, trait sourcilier sombre derrière l'œil, joue brun-jaune pâle encadrée de sombre, côtés de la calotte foncés, du blanc aux côtés de la queue (à la différence du B. roux ♀), croupion brun-gris (à vague nuance brun-roux), bien strié. Sous-caudales blanchâtres.

VOIX Contact et alarme : *tsic* incisif. Chant aisément reconnu aux notes dominantes sonores répétées par paires, sur un large éventail tonal, souvent en montant la gamme (mais, souvent, strophes balançant entre notes montantes et descendantes vers la fin). Importantes variations individuelles.

Bruant roux *Emberiza rutila* MO

L 12,5-13,5 cm. Taïga de Sibérie orientale. Hiverne en Asie du Sud-Est. Très rare occasionnel automnal en Europe : Malte, Norvège et Pays-Bas. (Quelques ♂♂ ad. notés au printemps considérés comme échappés.)

CARACTÉRISTIQUES Petit. Croupion brun-roux uni. Dessous jaune pâle. Bec assez long à mandibule inférieure rose à la base. – ♂ ne pouvant être confondu. – ♀ *et ind. de 1er hiver :* un peu comme le B. auréole, mais taille moindre, croupion brun-roux sans taches, trait malaire plus net, gorge blanche mais sous-caudales jaunâtres, queue toute sombre.

VOIX Contact : bref *zit* incisif, parfois répété rapidement. Chant : strophe brève, sonore, assez rapide (pouvant rappeler un fragment du chant du Pouillot de Pallas ou du Pipit à dos olive), avec très souvent, au début, trois notes pures (parfois doubles), trille caractéristique (absent du chant assez proche du B. à sourcils jaunes) et fin plus douce, de type rougequeue ; v. aussi le B. nain.

Bruant à tête rousse

Bruant mélanocéphale

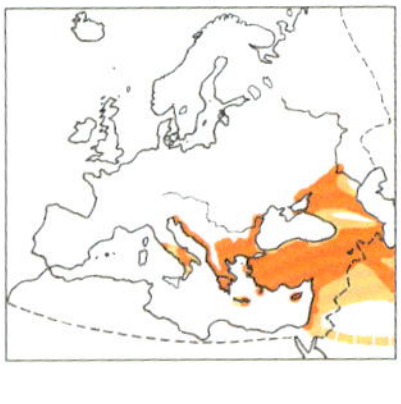

Bruant auréole

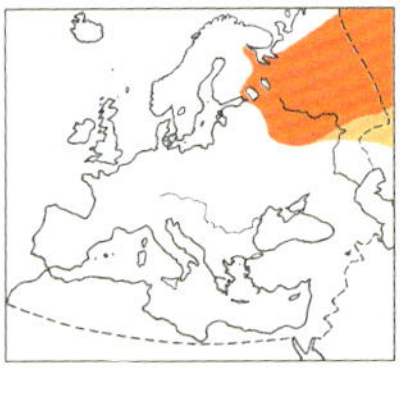

BRUANT À TÊTE ROUSSE

BRUANT MÉLANOCÉPHALE

BRUANT AURÉOLE

BRUANT ROUX

Bruant proyer
Emberiza calandra NS5 / MC / HC

L 16-19 cm. Dans la majorité de son aire de répartition, vastes champs. Apprécie des postes élevés pour chanter, peut se contenter d'arbres ou de buissons épars, de fils aériens, de poteaux de clôture. Dans le sud de son aire, également versants montagneux arides à épineux bas. Surtout sédentaire. Grégaire, souvent en groupes lâches. Mœurs nidificatrices complexes, parfois 2 ou 3 ♀♀ par ♂. Assez peu farouche.

CARACTÉRISTIQUES Grand, corps lourd et bec fort. Tête paraissant souvent assez grosse. Plum. d'alouette, brun-gris strié dessus, blanc chamois dessous, avec stries foncées aux côtés de la gorge, à la poitrine et aux flancs. Queue sans blanc. Côtés de la tête sans motifs frappants, striés un peu irrégulièrement sur fond blanc chamois, avec trait malaire et bord inférieur de la joue plus sombres, tache foncée à l'arrière des parotiques. En plum. usé (été), les stries de la poitrine se fondent souvent en motifs irréguliers. Pattes et côtés du bec chair jaunâtre. Sexes semblables. Vol bref lourd, pattes pendantes. Vol plus long onduleux.

VOIX Contact : *tsrit* métallique, ou *bt* cliquetant, bref, souvent en séries rapides. Chant caractéristique : brève strophe peu variée, avec début haché et bousculé, s'accélérant vers un trille final.

Bruant fou *Emberiza cia* N4 / MC

L 15-16,5 cm. Versants montagneux abrupts, rocheux, dégagés, juste au-dessus de la limite des arbres (souvent en dessous de 1 500 m en Europe) avec herbes, épineux et arbres épars ; clairières et alpages juste en dessous de la limite des arbres ; localement sur les côtes (jusqu'au niveau de la mer). Surtout sédentaire, mais descend habituellement en hiver. Non farouche mais discret, passe aisément inaperçu si le ♂ ne chante pas.

CARACTÉRISTIQUES Assez grand, courtes ailes, longue queue. En tous plum. : motif de la tête contrastant, avec traits foncés aux côtés de la calotte, à travers l'œil et entourant la joue ; gorge et poitrine gris cendré (surtout chez le ♂) ; ventre brun-roux (chamois orangé chez la jeune ♀) ; bords de la queue blancs ; petites couv. alaires grises. Mandibule inférieure gris pâle. Croupion brun-roux non strié. Sexes semblables. – ♂ *ad.* : motifs noirs sur la tête, sourcil blanchâtre, gorge et poitrine gris non strié, flancs non striés. – ♀ : parfois indiscernable du ♂ sur le terrain, mais souvent reconnue au gris moins étendu à la poitrine, aux vagues stries au bas de la gorge, de la poitrine et des flancs, et aux motifs plus diffus de la tête.

VOIX Contact : *tsi* bref, incisif, *tsiii* étiré. Inquiétude : série de fins gazouillis *tir'r'r'r*. Chant : strophe assez mélodieuse, aiguë et claire, souvent à début typiquement hésitant et rythme irrégulier.

Bruant striolé *Emberiza striolata*

L 13-14 cm. Régions montagneuses inhabitées, à végétation clairsemée ; farouche et assez difficile à observer ; ne niche que dans des anfractuosités rocheuses ; sédentaire mais, en hiver, peut gagner champs et plaines.

CARACTÉRISTIQUES Assez petit bruant avec beaucoup de brun rouille à l'aile, taches ou ombrage noirs sur la gorge/poitrine, mandibule inférieure jaune paille, pas de blanc à la queue. Peut rappeler le B. fou par la tête souvent blanc grisâtre avec traits sombres, mais diffère par : taille moindre, queue sans blanc pur (coins blancs chez le Fou) ; mandibule inférieure jaunâtre (gris clair chez le Fou) ; gorge et poitrine marquées de sombre (Fou : gris clair immaculé) ; petite couv. brun rouille (Fou : grises) ; pas de barres alaires blanches (deux étroites chez le Fou). ♀ tête, cou et poitrine plus brunâtres que grises, tête moins marquée.

VOIX Cris comprenant un *tchuiht* nasillard, geignant, un *tvit* plus bref et un *chriff* de moineau domestique ; chant : brève phrase joyeuse, reprise en général à l'identique, avec premières et dernières notes plus basses.

Bruant du Sahara *Emberiza sahari*

L 13-14 cm. Sédentaire à proximité de l'homme, près des villages installés sur les pentes, avec de petits champs, des buissons et arbres épars ; parfois dans les jardins, sans aucune crainte (pénètre même dans les maisons) ; niche dans une cavité, sur une corniche ou un renfoncement, dans les maisons. Parfois traité comme race du B. striolé, dont il est très proche.

CARACTÉRISTIQUES Très semblable au B. striolé mais ventre et ailes brun rouille bien plus soutenu, et manteau brun rouille sans marques (sauf fins traits rachiaux) alors que le Striolé est plus pâle dessous et fortement strié sur le dessus gris-brun. De plus, le ♂ Striolé a en moyenne des marques blanc grisâtre et noires à la tête plus nettes, alors que la tête du B. du Sahara est moins marquée.

VOIX Cris comprenant un cri d'Hirondelle rousseline, un joyeux *dvuiit*, un *dchuoo* attristé, tombant, et un *dchup* rappelant le verdier. Chant : strophe brève, aiguë, volontiers répétée, sur un rythme assez dansant.

Bruant proyer

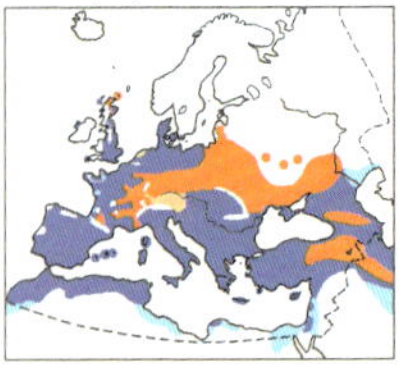

Bruant fou

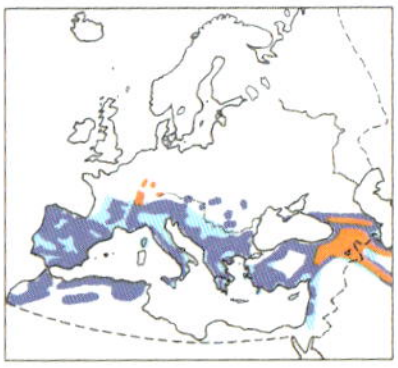

Bruant du Sahara Bruant striolé

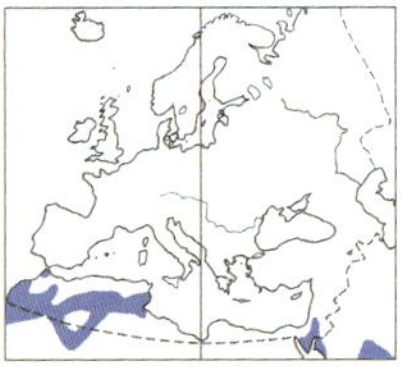

BRUANT PROYER

BRUANT FOU

BRUANT STRIOLÉ

BRUANT DU SAHARA

PASSEREAUX NORD-AMÉRICAINS

Chaque année, des passereaux d'Amérique du Nord sont notés en Europe (surtout îles Britanniques et Islande). Ils sont aidés par les vents d'ouest qui seuls, sans doute, leur permettent d'arriver à destination. Deux planches présentent certaines espèces d'occurrence à présent à peu près régulière en Europe. Voir aussi p. 298-299 où sont traités quelques turdidés américains.

VIRÉOS : VIRÉONIDÉS

Les Viréonidés forment une grande famille d'oiseaux ressemblant tant aux fauvettes qu'aux gobemouches, mais sans homologues en Europe. La plupart sont assez petits, gris et vert dessus, blanc sale dessous. Bec fort de gobemouche.

Viréo à œil rouge *Vireo olivaceus* MO

L 13-14 cm. Occasionnel annuel à l'automne (surtout fin sept-mi-oct.). Arboricole; les oiseaux égarés en Europe recherchent notamment les jardins à grands arbres et, sur les côtes dégagées, les haies et les bosquets de saules, etc. Caché ou souvent calme, disparaissant de longs moments.

CARACTÉRISTIQUES Taille de l'Hypolaïs ictérine, rappelant un peu celle-ci : assez forte tête, assez long bec, assez courte queue coupée droit, dessus vert olivâtre et pattes gris bleu. Reconnu au motif marquant de la tête : net et long sourcil blanchâtre à bords supérieur et inférieur foncés, calotte gris bleuté. Parfois, iris rouge ou brun-rouge. Un peu lourd dans les petits déplacements, mais peut aussi se montrer plus vif. Cri de contact : parfois *tyèï* nasillard.

PARULINES : PARULIDÉS

Grande famille de petits insectivores. Petit bec pointu et mœurs rappelant les fauvettes, mais assez proches des Embérizidés (bruants, p. 392-403). Plum. souvent à motifs distincts, colorés. La plupart ont de grandes taches blanches à la queue, souvent visibles par-dessous.

Paruline à collier *Setophaga americana* MO

L 10,5-11,5 cm. Rare occasionnelle automnale, surtout fin sept.-mi-oct. Comportement de Roitelet huppé, sans cesse en mouvement, volète sur place ou se suspend à l'envers.

CARACTÉRISTIQUES Petite. Dessus (tête vert bleuâtre surtout chez l'ad., manteau toujours vert) gris-bleu verdâtre foncé, avec étroite mais nette double barre alaire. Étroit cercle oculaire blanc, interrompu à l'avant et à l'arrière. Gorge et poitrine jaunes, ventre blanc. Le ♂ a une trace de barre foncée au bas de la gorge. En Europe, habituellement muette.

Paruline à croupion jaune *Setophaga coronata*

L 12,5-13,5 cm. Rare occasionnelle automnale, surtout en oct. Les ind. égarés passent beaucoup de temps à se nourrir dans l'herbe rase, souvent en compagnie de pipits.

CARACTÉRISTIQUES Reconnaissable en tous plum. à : tache jaune au croupion et gorge blanche (bas de celle-ci parfois chamois) ; seule paruline présentant cette combinaison. Les visiteurs d'automne ont le dessus brun modérément tacheté de foncé à la poitrine et aux flancs, et une petite tache jaune aux côtés de la poitrine près du poignet de l'aile (peut manquer chez la ♀ de 1er hiver). Parfois, petite tache jaune au milieu de la calotte (souvent cachée par des liserés bruns ou même absente, surtout chez la ♀ de 1er hiver). Parotiques et lores gris-brun assez foncé, sourcil pâle diffus et étroit, assez net cercle oculaire blanc. Sus-caudales et rectrices bordées de gris-bleu. Visiteurs européens souvent bruyants ; cri de contact : *tchik* dur, souvent en vol.

Paruline rayée *Setophaga striata* MO

L 12-13 cm. Rare occasionnelle automnale, surtout fin sept.-oct.

CARACTÉRISTIQUES En automne : joues, sourcil, gorge et poitrine jaunâtres, ventre et sous-caudales blancs, calotte et dos gris olivâtre, ce dernier vaguement ou modérément strié de foncé, étroite mais nette double barre alaire blanche et bord des tertiaires blanc, aile par ailleurs foncée, stries fines mais nettes sur la poitrine et les flancs chez la plupart des ind ; doigts brun jaunâtre, soles jaune orangé. Cri de contact : *tchip* sec mais liquide.

Paruline jaune *Setophaga petechia*

L 11,5-13 cm. Rare occasionnelle automnale, surtout fin sept.-oct.

CARACTÉRISTIQUES En automne : nuancée de jaune avec dessus vert-gris un peu plus foncé et une trace de barre alaire jaune. ♂ ad. très jaune à la tête et dessous, et stries brun roussâtre dessous. ♀ et imm. plus ternes avec calotte/nuque plus vertes et peu ou pas de stries brun-roux dessous. Étalée, la queue montre le jaune des vexilles internes. Cri, un net *tsip*.

Paruline flamboyante *Setophaga ruticilla* MO

L 13-14 cm. Très rare occasionnelle automnale, surtout en oct. Vive et active.

CARACTÉRISTIQUES Longue queue souvent levée et hochée, les ailes pendantes. ♀, ♂ de 1er hiver : tête grise, dos et ailes gris olivâtre, dessous blanc sale, grande zone caudale jaune, petite tache alaire jaune et tache diffuse jaune (♀) ou jaune orangé (♂ de 1er hiver) aux côtés de la poitrine près du poignet de l'aile. Cris de contact : *tchik* claquant et *tsiit* fin.

Paruline noir et blanc *Mniotilta varia*

L 11,5-13 cm. Occasionnelle automnale (Islande, Féroë, îles Britanniques).

CARACTÉRISTIQUES Se faufile le long des troncs et des grosses branches, parfois la tête en bas, un peu comme une sittelle. Plum. caractéristique : larges raies noires et blanches, raie blanche centrale sur la calotte, sourcil blanc. Bec assez long et mince. Sexes semblables ; le ♂ ad. a du noir à la gorge et à la poitrine. ♂ de 1er hiver à net motif noir aux flancs et aux sous-caudales ; ♀ de 1er hiver à stries assez vagues dessous, joue et flancs plus chamois que le ♂. Cris de contact : *tik* sec et *ziit* fin.

Paruline des ruisseaux *Parkesia noveboracensis* MO

L 13-14,5 cm. Très rare occasionnelle automnale. Terrestre, souvent près de l'eau, capturant des insectes au bord d'une mare ou d'un ruisseau.

CARACTÉRISTIQUES Assez proche d'un pipit, mais sourcil plus long et apparent, tête et bec plus forts, queue plus courte

VIRÉO À ŒIL ROUGE

PARULINE À COLLIER

PARULINE À CROUPION JAUNE

PARULINE RAYÉE

PARULINE JAUNE

PARULINE FLAMBOYANTE

PARULINE NOIR ET BLANC

PARULINE DES RUISSEAUX

KM

et hochement de l'arrière du corps. Bec sombre, pattes pâles. Couleur du dessous variable, blanchâtre ou jaunâtre.

Junco ardoisé *Junco hyemalis*

L 13,5-14,5 cm. Bruant américain membre, comme le Bruant à gorge blanche (ci-après), de la sous-famille des Embérizinés. Rare occasionnel en Europe, plutôt au printemps. Cherche sa nourriture presque uniquement en sautillant à terre. Agite la queue. Se cache dans les arbres et les buissons.

CARACTÉRISTIQUES Bec de pinson, rose. Dessus, tête et poitrine gris, ventre blanc conférant un aspect typique. Queue longue, à bords blancs bien visibles en vol. Pattes brun-roux, doigts plus foncés. Sexes assez semblables, mais ♀ gris plus pâle nuancé de brun dessus, sans ventre blanc pur. Cris : *tik* métallique, parfois répété en rapides séries, *tchèk* sec.

Passerin indigo *Passerina cyanea*

L 11,5-13 cm. Occasionnel (Danemark, Irlande, Pays-Bas). Noté en toutes saisons, surtout en été. Certaines données concernent peut-être des échappés (espèce détenue en captivité).

CARACTÉRISTIQUES – ♂ *nuptial :* bleu ; lores foncés, mandibule inférieure gris-bleu pâle. Semble tout sombre de loin. En hiver, bleu en grande partie masqué par des liserés bruns. – ♀ *et 1er hiver :* dessus gris-brun roussâtre avec vagues marques foncées, dessous jaune brunâtre à tacheture grise diffuse à la poitrine. Rectrices, sus-caudales et parfois primaires étroitement liserées de bleu verdâtre (pas chez la ♀ de 1er hiver). Les ind. de 1er hiver ont une barre alaire brun pâle peu nette et une tacheture pectorale plus nette que la ♀ ad. Cri de contact : *tsik* net.

GOGLUS, ORIOLES : ICTÉRIDÉS

Famille américaine. La plupart tiennent à la fois des Sturnidés et des Fringillidés. Plum. souvent noir, parfois avec traces de couleurs intenses ; bec assez fort, ou long, fin et pointu, pattes fortes et assez longues. Queue souvent longue et arrondie.

Goglu des prés *Dolichonyx oryzivorus* MO

L 16-18 cm. Occasionnel automnal (surtout îles Britanniques ; observations isolées ailleurs en Europe – dont France), de sept. à nov. (une donnée au printemps). Mœurs proches des alouettes. Cultures basses et chaumes ; également, buissons et roselières.

CARACTÉRISTIQUES ♂ nuptial sans confusion possible. ♀ et plum. internuptiaux à peu près comme la ♀ de Moineau domestique mais : fond plus jaune, dessus rayé de brun sur fond foncé, dessous blanc jaunâtre, sourcil chamois, raie foncée de chaque côté de la calotte avec raie centrale chamois, lores pâles, net trait sourcilier foncé, joue chamois pâle. Deux raies pâles sur le dos. Se tient souvent droit, le cou tendu, ce qui fait paraître la tête assez petite. Rectrices étroites, pointues. Vol direct. Cri en vol : *pink* net.

Oriole de Baltimore *Icterus galbula*

L 17-19 cm. Occasionnel automnal (Grande-Bretagne), surtout en sept.-oct. (quelques-uns en hiver et au printemps).

CARACTÉRISTIQUES Grand. Longue queue et long bec pointu. ♂ nuptial ne pouvant être confondu. – ♀ *et plum. internuptiaux :* double barre alaire blanche, plus large et plus nette aux couv. moyennes, dessous jaune vif, plus soutenu à la gorge, à la poitrine et aux couv. sous-alaires ; du jaune grisâtre sur la queue et le croupion. Dos légèrement variable, brun olivâtre à importante tacheture foncée (plus nette chez le ♂) ou gris plus uniforme (plus chez la ♀). – ♀ *ad.,* ♂ *de 1er hiver :* parfois du noir sur la tête et la gorge. Cri : crépitement roulé, grave.

Cardinal à poitrine rose
Pheucticus ludovicianus MO

L 17,5-20 cm. Occasionnel (espèce américaine rappelant plus un fringille que nos embérizidés). Presque uniquement en oct. (surtout îles Britanniques ; autres pays, dont la France).

CARACTÉRISTIQUES Taille du Durbec des sapins. Charpenté, grosse tête, gros bec plutôt pâle, souvent rose assez net. ♂ nuptial (rarement noté en Europe) : ventre et croupion blancs, dessus noir, motifs blancs aux ailes, poitrine rouge. De nombreuses données concernent des 1er hiver ; ceux-ci, similaires à la ♀ ad., reconnus au gros bec rose, au net sourcil blanchâtre assez large, aux côtés du cou blanchâtres encadrant presque les parotiques brunes ; calotte brune finement striée de foncé avec étroite raie centrale blanche ; tache blanche sous l'œil et petite tache pâle diffuse en arrière des parotiques ; double barre alaire blanche, bout des tertiaires blanc. Dessus brun tacheté de foncé, dessous blanc sale à nuance chamois (parfois chamois-gris), stries sombres aux côtés de la gorge, à la poitrine et aux flancs. Le ♂ de 1er hiver peut souvent être différencié de la ♀ par la barre alaire blanche plus large aux couv. moyennes, la plus grande tache blanche à la base des primaires, du rouge pâle à la poitrine, ou bien par un petit peu de rouge aux aisselles. Cri : *tchink* rude.

Bruant à gorge blanche *Zonotrichia albicollis* MO

L 15-17 cm. Occasionnel, surtout au printemps. Cherche en général sa nourriture en sautillant à terre. Se cache souvent dans les buissons et les haies.

CARACTÉRISTIQUES Gorge blanche (parfois finement soulignée de noir), poitrine grise, large sourcil pâle, large trait noir de chaque côté de la calotte entourant une raie centrale pâle. Trait sourcilier noir, joue grise. Généralement, motif noir et blanc sur la tête avec sourcil typiquement jaune en avant de l'œil. Certains ind. (et la plupart de ceux de 1er hiver), à motifs pâles de la tête nuancés de brun pâle. – *1er hiver :* gorge blanc sale assez diffusément délimitée. Cris de contact : *tsiit* fin et rude, *tchink* dur.

JUNCO ARDOISÉ

PASSERIN INDIGO

GOGLU DES PRÉS

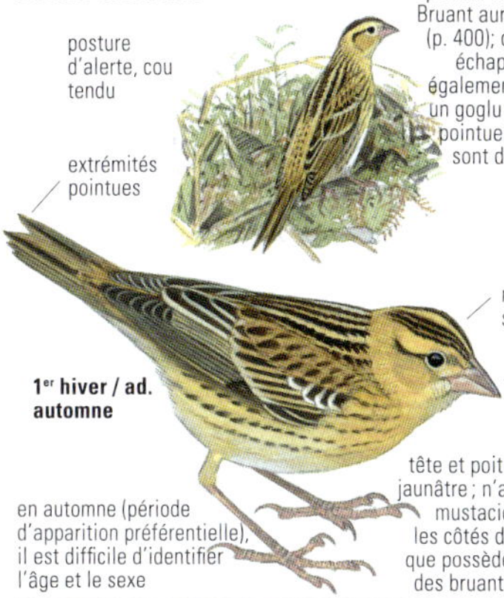

ORIOLE DE BALTIMORE

CARDINAL À POITRINE ROSE

BRUANT À GORGE BLANCHE

Occasionnels rares

Sont brièvement décrites ici les espèces observées quelques fois seulement dans la région étudiée (pour l'essentiel, l'ouest du Paléarctique – voir p. 8). En général, cela représente de 4 à 15 données au total depuis 1900 (un strict respect de cette fourchette n'a toutefois pas été visé, et de nouvelles données relatives aux raretés continuent d'être signalées). Pour plus d'informations, se reporter à des ouvrages spécialisés (v. les indications bibliographiques aux p. 427-428), comme *A Field Guide to the Rare Birds of Britain and Europe*, d'Alström, Colston et Levington (1991). Voir p. 418 à 421 la liste des visiteurs encore plus rares (1 à 3 mentions au total).

Canard à faucilles

Canard à faucilles *Anas falcata* [MO / HO]
L 46-54 cm. Asie orientale. Contacté dans de nombreux pays d'Europe : Allemagne, Belgique, Danemark, Espagne, Finlande, France, Grande-Bretagne, Pays-Bas, Suède. Observations en général considérées comme concernant des échappés (fréquemment détenu en captivité) mais au moins quelques données de Jordanie, des Pays-Bas et de Turquie tenues pour fiables. De loin, semble tout gris à tête sombre. – ♂ ne pouvant être confondu si vu de près ; tête vert foncé (avec net menton blanc) à front un peu fuyant et nuque épaisse. Plage jaune de type sarcelle aux côtés du dessous de la queue, pouvant être tout ou partie cachée par les longues tertiaires retombantes. ♀ peut rappeler un petit C. pilet à larges ailes, avec étroit bec sombre et côté de la tête vermiculé. En vol, miroir foncé.

Canard du Cap

Canard du Cap *Anas capensis*
L 44-48 cm. Afrique subsaharienne. Quelques mentions printanières et estivales d'Israël et de Libye. Les données de nombreux pays européens sont réputées concerner très certainement des échappés. – Presque la taille du C. siffleur. Tous plum. identiques ou presque, brun-gris pâle avec peu de traits saillants sinon un bec rosé, assez fort, retroussé, et un miroir sombre, largement bordé de blanc. Tête unie mais corps tacheté de brun foncé, surtout aux flancs. Tête semblant assez grande, avec arrière du cou arrondi, presque huppé.

Eider à lunettes

Eider à lunettes *Somateria fischeri*
L 52-58 cm. Alaska, N-E de la Sibérie, hivernant dans les trous et les fissures de la glace, très au nord. Quelques données du N de la Norvège. – Taille de la Macreuse brune, donc un peu plus petit que l'E. à duvet, mais forme et proportions analogues. Plum. rappelant aussi l'E. à duvet, mais ♂ à poitrine (et ventre) noire, grandes « lunettes » blanches (larges ovales blancs cernés de noir) sur la tête surtout verte, bec orange en partie dissimulé par des plumes vertes et blanches à texture veloutée ; ♀ à lunettes chamois pâle sur la tête brun-roux, un peu plus foncée, corps roux largement barré de noir. ♂ en éclipse comme la ♀ mais tertiaires blanches et dos en partie blanc.

Plongeon du Pacifique

Plongeon du Pacifique *Gavia pacifica*
L 60-68 cm. E 95-115 cm. Alaska, C et O du Canada et N-E de la Sibérie. Quelques données récentes de Grande-Bretagne. Une mention italienne a fait débat. – Très proche du P. arctique ; lui ressemble étroitement. En plum. internuptial, en diffère par l'absence de tache blanche à l'arrière des flancs, sur l'eau (blanc étroit visible seulement quand l'oiseau flotte haut), la présence plus régulière d'une jugulaire sombre en travers du haut de la gorge (peut-être seulement propre aux ad. mais de nombreux 1er hiver l'ont aussi ; noter que quelques P. arctiques ont l'esquisse d'une telle jugulaire). Barre transversale sombre au bas-ventre (parfois visible lors de la toilette du dessous, ou en vol), séparant le ventre blanc de la petite plage centrale blanche du bas-ventre. Semble souvent à bec assez petit et a, en moyenne, la tête plus arrondie et l'arrière du cou plus épais et gris un peu plus pâle.

Phaéton à bec rouge *Phaeton aethereus*
L 45-50 cm (ad. : prolongement caudal d'env. 45 cm) E 100-115 cm. Iles du Cap-Vert, Atlantique S, mer Rouge, golfe Persique. Données : Canaries, Israël Madère, Portugal. – Oiseau pâle de la taille d'un pigeon, blanc avec primaires externes noires, taches noires et une tache noire allongée sur l'intérieur du bras, trait sourcilier noir, vermiculures noir grisâtre sur manteau/dos et petites couv. alaires. Ad. à bec rouge vif et très longs filets. Juv. sans filets, bec brun jaunâtre à bout sombre, barre caudale terminale noire. Évolue souvent à bonne hauteur à coups d'ailes mécaniques. Vole souvent sur place avant de plonger ; brefs planés en vol soutenu.

Phaéton à bec rouge ad.

Fou masqué *Sula dactylatra* MO
L 80-90 cm. E 165-185 cm. Océan Indien, S des Caraïbes et Atlantique S. Données : Espagne, France, Israël et Maroc. – Ressemble au F. de Bassan mais est un peu plus petit, à queue moins en coin pointu, un peu plus obtuse et arrondie. Ad. blanc avec rémiges toutes noirâtres, pouvant donc être confondu avec l'imm. ou le subad. de F. de Bassan qui conservent des rémiges sombres plus nombreuses, plus longtemps, ou avec le F. du Cap (*Morus capensis*, non traité). Le F. masqué a les tertiaires et les plus longues scapulaires noires (blanches chez les F. de Bassan âgés et chez le F. du Cap), et la face gris bleuté foncé. Forme du bec différant un peu, avec base large et forte (teintée de vert-bleu) et bout jaunâtre moins pointu.

Fou masqué ad.

Pélican gris *Pelecanus rufescens*
L 125-135 cm. E 225-260 cm. Afrique. Données occasionnelles dans plusieurs pays de la région étudiée, mais il est souvent difficile de distinguer les ind. sauvages de ceux échappés de parcs. Les pays ou régions suivants considèrent d'ordinaire les données comme fiables : Égypte, Espagne, îles Canaries, Israël, Italie, Maroc. – Ressemble à un P. blanc subad., rose grisâtre sale au lieu de blanc pur. Un peu plus petit, bec un peu plus court ; en outre, culmen et commissures ne sont pas sombres. Au printemps, tache foncée près de l'œil. Plumes du dessous assez allongées et lâches.

Pélican gris

Frégate superbe *Fregata magnificens* MO
L 90-114 cm. E 215-245 cm. Iles du Cap-Vert, Amérique C et du S. Quelques données avérées en Europe (Danemark, Espagne, France, Grande-Bretagne, Italie), et plusieurs mentions de frégates indéterminées. – Très grande. Longues ailes étroites, pointues. Queue profondément fourchue (normalement fermée en vol, paraissant très longue et étroite). Tête engoncée, long bec fort de cormoran. Vole souvent à coups d'ailes épisodiques et calmes, main un peu ramenée vers l'arrière (poignet saillant), plane beaucoup et manœuvre habilement. ♂ noir, à bec gris pâle (poche jugulaire rarement visible en dehors des sites de nidification). ♀ avec du blanc entre la poitrine et le bas du ventre ; imm. avec, de plus, la tête blanchâtre. La distinction avec d'autres espèces de frégates exige de l'attention et peut se révéler impossible en mer ; deux autres espèces ont été contactées dans la région étudiée, les F. aigle-de-mer et ariel (v. p. 418). La F. superbe est la plus grande, avec reflet vert à la tête et pourpre aux manteau, scapulaires et poitrine ; pas de blanc en dessous chez le ♂ ad. (mais, par ex. chez la F. ariel, étroite zone blanche à l'aisselle).

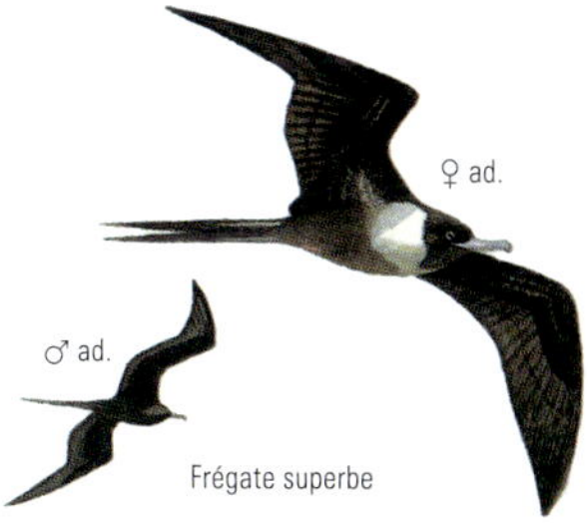
♀ ad. ♂ ad. Frégate superbe

Blongios de Sturm *Ixobrychus sturmii*
L 27-30 cm. Très petit blongios, proche du B. nain d'Europe. Large répartition en Afrique subsaharienne. Quelques données validées des îles Canaries. – Mêmes taille et forme que le B. nain, courtes ailes arrondies. Dessus gris plomb, dessous fortement rayé de sombre, bec jaune. Tête et plupart du dessus gris bleuâtre uni. Dessous chamois jaunâtre avec larges rayures noirâtres. Bec jaune à culmen étroitement sombre. Pattes jaune pâle avec longs orteils, souvent orange vif, d'ordinaire bien visibles en vol, en arrière de la queue. (Non illustré.)

DZ

Aigrette neigeuse

Aigrette intermédiaire

Héron goliath

juv.

Tantale ibis

juv.

Pygargue de Pallas

DZ

Héron vert *Butorides virescens* MO / HO

L 40-47 cm. Proche parent du quasi cosmopolite H. strié (p. 80), parfois regroupé avec lui. Les deux espèces sont en contact au C et au N de l'Amérique du S, avec quelques croisements. S'est égaré plusieurs fois aux Açores et dans plusieurs pays d'Europe occ., sans doute en provenance de l'E de l'Amérique du N. – Taille du H. strié auquel il ressemble beaucoup. Principales différences : teintes plus foncées dans l'ensemble et roux plus soutenu (presque teinté de pourpré) aux côtés de la tête, cou et poitrine, avec rayures blanches plus nettes au milieu de la gorge et le long des côtés du menton, et dessus ardoise plus foncé, avec trace de vert-bleu (Strié plus pâle et gris dessus et roux moins chaud dessous). (Non illustré.)

Aigrette neigeuse *Egretta thula*

L 55-65 cm. E 90-105 cm. Espèce américaine contactée en Grande-Bretagne et Islande. – Très semblable à l'A. garzette (tarses sombres, pieds jaunes) mais : arrière du bas des tarses presque toujours nettement jaunâtre, parfois au point que seul le bord antérieur de la plus grande partie des tarses est foncé (tarses toujours tout sombres chez la Garzette), doigts jaune plus soutenu y compris les soles (jaune plus terne avec soles verdâtres chez l'A. garzette), lores jaune vif hors période nuptiale (gris bleuté ou verdâtre chez la Garzette) ; chez l'ad. nuptial, plumes nucales blanches plus ébouriffées et plus courtes ; taille un peu moindre, cou et pattes plus courts.

Aigrette intermédiaire *Casmerodius (= Egretta) intermedia*

L 60-72 cm. E 105-115 cm. Afrique subsaharienne, S et E de l'Asie. Quelques données : Égypte, Israël, Italie et Jordanie. – Juste un peu plus grande que l'A. garzette, mais en raison du bec court et en général tout jaune (seul l'extrême bout est sombre), rappelle plus la Grande Aigrette. Quand la taille moindre n'est pas évidente, oiseaux isolés souvent difficiles à distinguer sûrement de la Grande Aigrette. Commissures atteignant le centre ou au mieux l'arrière de la partie interne de l'œil (elles le dépassent chez la Grande A.), tête plus arrondie (saillie de la calotte au milieu) et cou en général moins anguleux, plus en S souple. Pieds tout sombres ; ad. sans aigrettes à la tête (au contraire de la Garzette).

Héron goliath *Ardea goliath*

L 135-150 cm. E 210-230 cm. Afrique tropicale, E de l'Irak. Quelques données dans la région étudiée, dont : Israël (plusieurs, printemps et automne), Jordanie et Syrie (fin du XIXe siècle). – Très grand, similaire au H. cendré ; dessus des ailes gris-bleu, avant du cou à raies noires, calotte et arrière du cou brun-roux, dessous du corps brun-roux foncé, puissant bec noir, pattes noires. Ad. avec huppe brun-roux à l'arrière de la calotte. Juv. un peu plus pâle, sans huppe.

Tantale ibis *Mycteria ibis*

L 95-105 cm. E 150-165 cm. Afrique tropicale. Quelques données : Égypte, Espagne, îles Canaries, Israël, Jordanie. – Rappelle la Cigogne blanche, mais masque facial rouge (parfois en partie orangé) et bec jaunâtre (à bout orange jaunâtre un peu plus foncé). Plum. blanc, couv. alaires, épaules et dos à nuance rosée. Pattes rouge-orange. En vol, très semblable à la C. blanche mais, même de loin, queue noire. Imm. sali de brun-gris, pattes vert-gris, face jaune rosé.

Pygargue de Pallas *Haliaeetus leucoryphus*

L 73-84 cm. E 185-210 cm. Nicheur localisé et rare des lacs et cours d'eau d'Asie C, à l'E jusqu'en Asie méridionale. En diminution : nichait autrefois au N de la Caspienne. Données : Finlande, Israël, Norvège, Pologne… – Ad. aisément reconnu : queue de taille moyenne, régulièrement arrondie, blanche, à large barre terminale noire (comme le jeune Aigle royal), corps brun foncé, ailes sombres et tête blanc chamois, contrastante. Assez longs tarses gris clair. Imm. brun cannelle pâle sur la tête et le corps, avec trait brun foncé en travers de l'œil et derrière ; en vol, peut évoquer l'A. des steppes lors d'une vision brève, en raison de la taille et de la bande blanche le long du dessous de l'aile, mais noter que cette bande court le long des couv. moyennes, non des grandes, que l'aisselle est blanche et que les primaires internes portent de très grandes plages blanchâtres. En outre, la queue toute sombre est plus carrée.

Bateleur des savanes *Terathopius ecaudatus*
L 50-60 cm. E 170-190 cm. Afrique. Données : N Égypte, Israël. – Ne peut être confondu : longues ailes de forme particulière, à bord postérieur saillant au bras et grande échancrure à la main, de sorte que le bout des ailes est étroit mais néanmoins bien digité). Queue tronquée chez l'ad. (les pieds dépassent nettement en vol), rendant tête/cou longs en comparaison et nettement saillants. Vol souvent rapide avec battements élastiques, ailes levées en V lors des planés. Jeune à plum. comme celui d'une buse sombre ; ad. plus frappant, avec tête, dessous du corps et scapulaires noires, queue et dos roux. Cire et pattes rouge-orange. ♂ : rémiges toutes noires ; ♀ : aile blanche à bord de fuite noir.

Crécerelle d'Amérique *Falco sparverius*
L 23-27 cm. Amérique. Données : Danemark, Grande-Bretagne, Malte. – Rappelle beaucoup le Faucon crécerelle mais ailes un peu plus courtes et larges. D'ordinaire, en vol, le long du bord de fuite de l'aile, taches subterminales pâles formant une vague bande pâle. Vole souvent sur place, étalant la queue, brun roussâtre à large barre terminale noire (plus large chez le ♂). En tout plum., pattern de la tête très contrasté avec moustache noire pointue et deux marques noires à la joue et au côté de la nuque. Chez les deux sexes, calotte gris-bleu à milieu brun roussâtre, manteau/dos brun-roux barrés de noir ; le ♂ a les ailes gris-bleu, et la ♀, brun-roux. ♂ juv. plus fortement barré sur le dos que le ♂ ad.

Faucon de l'Amour *Falco amurensis*
L 26-30 cm. E 63-71 cm. S-E Sibérie, E Mongolie et E Chine ; hiverne au S-E de l'Afrique ; principaux déplacements conduisant à la traversée de l'océan Indien. Données : Grande-Bretagne, Hongrie, Italie et Suède. – Homologue extrême-oriental du F. kobez dont il est très proche, mais plus petit et plus ramassé, en proportion. ♂ ad. distingué aux couv. sous-alaires blanc pur et aux calotte, manteau et bord d'attaque de l'aile en moyenne un peu plus sombres. ♀ ad. différant du Kobez au dessous blanc (non chamois roux) avec stries à la poitrine et barres aux flancs, noires, nettes (Kobez : seulement finement strié ou tacheté). En outre, calotte gris foncé, non chamois roux. Juv. très semblable aux juv. des F. kobez et hobereau, n'en différant que par une ébauche de barres sombres à l'arrière des flancs, parfois visible.

Talève d'Allen *Porphyrio alleni* MO
L 22-25 cm. Afrique tropicale. Plusieurs pays dont : Allemagne, Espagne, Finlande, France, Grande-Bretagne, Grèce, îles Canaries, Israël, Maroc. Marais inondés à végétation dense ; difficile à voir. – Pas plus grande qu'un Râle d'eau. Court bec rouge. Plum. bleu foncé et vert. Comme la T. violacée (ci-après) mais bien plus petite, pattes rouges, sous-caudales centrales sombres (comme chez la gallinule) si bien que le blanc à l'arrière est divisé par le milieu. Juv. semblant un croisement entre un jeune Combattant varié et une ♀ de Marouette poussin (!).

Talève violacée *Porphyrio martinica*
L 29-33 cm. Amérique du Nord. Données : îles Canaries, Islande, Grande-Bretagne, Norvège et Suisse. – Un peu comme la Gallinule poule-d'eau, mais sans ligne blanche aux flancs, pattes un peu plus longues, dessous outremer foncé, dessus verdâtre. Bec rouge à bout jaune, bouclier frontal gris-bleu. Comme la T. d'Allen mais plus grande, sous-caudales blanches (sans barre médiane sombre), pattes jaunes.

Foulque d'Amérique *Fulica americana*
L 31-37 cm. Amérique du Nord. Données, entre autres : Grande-Bretagne, Irlande, Islande, Portugal. – Comme la F. macroule mais : barre sombre vers le bout du bec blanchâtre (bleuâtre vu de près, et barre pourprée), côtés des sous-caudales blancs, petite tache foncée (rougeâtre) au sommet du bouclier frontal. Par rapport à la F. macroule, un peu plus élancée, dos plus plat, corps gris plus pâle.

Grue du Canada

Grue du Canada *Grus canadensis* MO

L 80-95 cm. E 155-180 cm. Amérique du Nord, N-E Sibérie. Hiverne en Amérique du N et au Mexique. Données : Grande-Bretagne, îles Féroé, Irlande, Pays-Bas. – Race type, observée en Europe, plus petite que la G. cendrée. Plum. gris à tacheture diffuse ; ind. nuptiaux à nuance rouille dessus comme la G. cendrée. Ad. : gorge et côtés de la tête blancs, front et avant de la calotte rouges. Difficile à différencier du juv. de G. cendrée mais plus nettement brun rouille sur le dos, les couv. alaires et la tête.

Outarde arabe

Outarde arabe *Ardeotis arabs*

L 70-90 cm. Afrique au S du Sahara. A niché au Maroc où elle n'est plus qu'occasionnelle. – Grande, brun-gris, cou finement barré (ébouriffé et épais chez le ♂ ad.). Nuque à courte huppe (généralement aplatie, guère apparente sauf en parade) associée à un trait noir aux côtés de la calotte. En vol, moins de blanc aux ailes que les autres outardes.

Drome ardéole

Drome ardéole *Dromas ardeola*

L 38-41 cm. Golfe Persique, Oman et golfe d'Aden. Données : Égypte, Israël, Syrie et Turquie. – Grand, noir et blanc. Ressemble à une avocette dont le bec serait devenu droit, épais, en poignard. Se tient souvent droit, mais peut aussi s'accroupir comme un pluvier. Attitudes de pluvier : court, se fige et guette, court, et ainsi de suite. En vol, avant du dessus de l'aile blanc, mais le reste est noir (l'avocette a le dessus de l'aile blanc avec bout noir et barre alaire noire aux couv. alaires). Cri en vol rappelant un peu la Sterne hansel : *ouiddi-vik, ouiddi-vik…*

Pluvian fluviatile

Pluvian fluviatile *Pluvianus aegyptius*

L 19-21 cm. Afrique tropicale. Données : Égypte (nichait autrefois près du Caire), Libye. Signalé aux îles Canaries et en Israël. – Limicole assez petit et trapu, ailes larges, assez courtes pattes. Ne peut être confondu : plum. particulièrement élégant, avec ailes à larges bandes noires et blanches, tête à motif noir et blanc, dessous orangé, bande pectorale noire. Hoche souvent la tête et l'avant du corps en marchant. Confiant, se laisse approcher. Presque toujours près des cours d'eau.

Glaréole orientale

Glaréole orientale *Glareola maldivarum*

L 23-27 cm. S de l'Asie, vers l'E à partir de l'Inde. Données : Chypre, Israël, Grande-Bretagne, Pays-Bas, Suède. – Dessous des ailes brun roussâtre (comme chez la G. à collier) mais dessus foncé sans net bord postérieur blanc au bras (comme la G. à ailes noires). Noter : filets courts, se terminant à 1-3 cm avant le bout des ailes chez l'oiseau posé, conférant à la queue un aspect tronqué en vol ; souvent, haut du ventre chamois orangé chaud (sous la poitrine gris-brun) ; narines arrondies ou ovales (étroites fentes chez les autres G., mais critère visible de près seulement) ; en règle générale, plus large bordure noir et blanc à la bavette, lores plus noirs que chez la G. à collier et moins de rouge à la base de la mandibule inférieure. Des problèmes d'identification existent, de rares G. à collier peuvent perdre par usure la plupart du bord de fuite blanc au bras, et imm. et subad. ont, rarement, des filets plus courts qu'à l'ordinaire. Il convient d'établir une description aussi précise que possible de toute G. orientale supposée.

Bécasseau de l'Anadyr

Bécasseau de l'Anadyr *Calidris tenuirostris*

L 23-27 cm. N-E de la Sibérie. Données : Grande-Bretagne, Irlande, Israël, Maroc, Norvège, Pays-Bas, Pologne et Suède. – À peine plus grand que le B. maubèche, proportions différentes : plus long cou, plus petite tête, bec plus long et un peu arqué, à base épaisse mais bout plus fin, longues ailes faisant paraître l'arrière pointu et allongé. En plum. nuptial, typique, avec grossières taches pectorales sombres, flancs à taches sagittées, dessus contrastant avec plumes sombres largement bordées de blanc, du brun-roux aux épaules. En plum. internuptial, comme le Maubèche mais plus nettement rayé dessus et tacheté à la poitrine.

DZ

Bécassine de Wilson *Gallinago delicata* MO

L 23-28 cm. Homologue américaine de la B. des marais, récemment séparée d'elle d'après des vocalisations différentes et de légères, mais bien réelles, différences morphologiques. Amérique du Nord. Données : France, Grande-Bretagne et Irlande. – Très semblable à la B. des marais, mêmes taille et forme. Son de parade bien différent, plus profond (rappelant presque la Chouette de Tengmalm !), mais les ind. égarés sont supposés être silencieux. L'identification d'après le plum. exige la proximité et le recours à autant de critères que possible. Bord de fuite blanc aux secondaires plus étroit (souvent < 2 mm), mais un certain chevauchement ; couv. sous-alaires à bout blanc restreint, d'où un dessous d'aile sombre ; rectrices externes davantage barrées, avec typiquement 3-4 barres sombres visibles sur fond assez blanc, et presque de même largeur que les barres pâles (B. des marais : souvent 1-2 barres vagues sur fond chamois grisâtre, plus étroites que les barres pâles). (Non illustrée.)

Bécassine de Swinhoe *Gallinago megala*

L 26-31 cm. Taïga du C et de l'E de la Sibérie ; peut-être non repérée plus à l'O. Au moins une donnée russe du N de l'Oural européen, et un ♂ paradant récemment au S-E de la Finlande. Malgré ces deux seules données, traitée ici dans l'attente de futurs contacts. – Un peu plus grande et robuste que la B. des marais, mais un peu plus petite que la B. double. Très semblable aux B. à queue pointue et des marais ; en diffère surtout par le son de parade (un son plaintif émis en vol, à volume croissant et curieuse tonalité creuse, se terminant par une brève enchaînant sur une brève fioriture rythmée souvent suivie par des notes rêches étouffées, *frécht-frécht-[frécht-frécht]*). Identification d'après la forme et le plum. exigeant la proximité et un examen scrupuleux ; critères de plum. avec important chevauchement par rapport à la B. à queue pointue. Diffère de celle-ci par l'absence de 6-7 rectrices latérales en pointe (2-5 plus étroites mais pas pointues), en moyenne, corpulence un peu supérieure et queue plus longue, les orteils ne saillant guère en vol ; diffère de la B. des marais par l'absence de large bord blanc aux secondaires, le dessous d'aile plus sombre et, en moyenne, le bec plus court. Cri de vol pouvant être utile mais différences peu connues. (Non illustrée.)

Barge hudsonienne *Limosa haemastica*

L 37-42 cm. E 67-79 cm. Amérique du N. Données : Danemark, Grande-Bretagne, Norvège et Suède. – Rappelle la B. rousse par la taille et la forme, mais bec encore plus recourbé vers le haut, pattes un peu plus longues. Plum. plutôt comme la B. à queue noire : indication de barre alaire blanche (bien marquée seulement sur les primaires internes) croupion blanc, queue toute noire. En vol, aisselles et couv. sous-alaires noirâtres diagnostiques, contrastant fortement avec le reste pâle de l'aile. Cri : un rapide son double *tou-ouit* ou un *ouit* unique.

Barge hudsonienne

Chevalier semipalmé *Tringa semipalmata* MO

L 31-36 cm. E 54-62 cm (race orientale type). Amérique du N. Données : Finlande, Italie et Norvège. – Taille et allure générale de C. aboyeur mais bec plus court, droit et épais (culmen droit, mandibule inférieure un peu retroussée) ; cou plus court et épais ; poitrine et flancs plus largement marqués et barrés ; barre alaire blanche très frappante, contrastant avec les primaires noirâtres et, dessous, avec le reste de l'aile, noirâtre. Race occ. *inornata* (peut-être une espèce) plus grande, bec et pattes plus longs. 1 en France. Cri en vol *ki-li-li* rapide et clair ou *kii-lit*. (Non illustré.)

Mouette à tête grise *Chroicocephalus cirrocephalus*

L 39-43 cm. E 100-115 cm. Afrique tropicale, Amérique du Sud. Données : Espagne, Israël, Jordanie, Maroc et Tunisie. – Un soupçon plus grande que la M. rieuse, avec tête un peu plus forte. Plus de noir au bout des ailes que celle-ci, et deux taches blanches sur le noir, près du bout. Dessous des ailes foncé. Ad. nuptial : capuchon gris clair. Ailes plus larges et un peu plus obtuses que chez la M. rieuse. Bec assez long et plumes du front, à la racine du bec, donnant un profil fuyant, comme chez le Goéland railleur. Ad. à œil blanchâtre, net cercle orbitaire rouge et cercle oculaire blanc.

Mouette à tête grise

Sterne huppée

Sterne huppée *Sterna bergii*

L 50-54 cm (y compris filets, 7-10 cm). Du S de l'Afrique au Pacifique (dont mer Rouge et golfe Persique). Remonte souvent jusqu'à la région de Suez et s'égare à Eilat, en Israël. – Très grande. Longues ailes. Front blanc même en plum. nuptial (cependant étroit juste à l'avant). Calotte noire, huppe lâche et hérissée. Bec très long et assez étroit, à culmen vaguement arqué, généralement jaune verdâtre pâle (un peu plus jaune vif en période nuptiale). Au Moyen-Orient (*velox*), manteau, croupion et dessus des ailes gris assez foncé (surtout visible par temps couvert), sans nuance bleu clair comme par ex. chez la S. voyageuse (p. 202). Cri habituel : *karrak* grave.

Sterne élégante

Sterne élégante *Sterna elegans* NO / MO

L 39-43 cm. Ouest de l'Amérique centrale. 1 puis 2 ind. nichent dans des colonies de S. caugeks en France depuis 1974 et donnent des hybrides : Gironde, Finistère, Vendée. Autres données : Danemark, Espagne, Irlande (une donnée belge est supposée concerner un hybride). – Très proche de la S. voyageuse mais bec un peu plus long et plus arqué, souvent orange plus vif à bout parfois un peu plus jaune ; huppe plus hirsute. En plum. internuptial, front blanc, du noir net autour de l'œil et derrière. Confusion également possible avec la S. royale (p. 202) mais, entre autres, bec plus long et étroit. Cri semblable à la S. caugek.

Ganga à ventre brun

Ganga à ventre brun *Pterocles exustus*

L 28-32 cm (plus prolong. caudal, 4-8 cm). E 50-56 cm. Afrique. Nichait au XIXe siècle à Suez où on l'a ponctuellement noté jusqu'en 1929 ; à présent éteint dans le N de l'Égypte. Occasionnel en Hongrie. – Ventre noir brunâtre. Diffère du G. unibande par : taille moindre, dessous de l'aile tout sombre et étroit prolongement caudal ; du G. tacheté par (entre autres) les primaires noires dessus. Cri en vol : *vitt-kar'a* grasseyé, de type Lagopède des saules.

Syrrhapte paradoxal

Syrrhapte paradoxal *Syrrhaptes paradoxus* MO

L 27-32 cm (plus prolongement caudal de l'ad., 4-11 cm). Steppes d'Asie. Irrégulier en Europe occ., parfois par petites invasions pouvant aboutir à la nidification (par ex. en 1888-89). – Plage ventrale noire, ailes très claires dessus et dessous. Le ♂ diffère du G. tacheté par le dessus, du manteau au croupion, fortement barré de noir et par les couv. sus-alaires unies. Bout des rémiges primaires externes effilé (diagnostique mais rarement visible sur le terrain). Cri en vol, un *kou-ki-rik* profond, répété plusieurs fois, aussi *gugugugu*… en série.

Toureterelle rieuse

Tourterelle rieuse *Streptopelia roseogrisea*

L 28-30 cm. Afrique au S du Sahara et péninsule Arabique. Occasionnelle ou rare en hiver au S d'Israël et en Jordanie. V. aussi la T. rieuse domest. (p. 424). – Très semblable à la T. turque mais un peu plus petite et queue un peu plus courte. Plum. un peu plus clair que la T. turque, ventre plus blanc, mais rémiges et dessus de la queue plus foncés (contraste un peu plus net). Chant plurisyllabique reconnaissable à la première syllabe plus aiguë et prolongée, suivie d'un soupçon de pause et d'une partie descendante, roulée *koo kourrou-ouh*.

Tourterelle triste *Zenaida macroura*

L 28-33 cm. Abondante en Amérique du N ; milieux variés, villes comprises. Données : Allemagne, Danemark, Irlande, Islande (mais 3 concernent le même ind.). Mention suédoise douteuse. – Taille analogue à la T. turque mais un peu plus élancée, plus élégante. Longue queue pointue aux côtés blancs visibles en vol, queue étalée. Dessus et nuque brun rosé clair, avec quelques grandes taches noires. Œil et bec sombres, pattes roses. ♂ à reflet irisé pourpré à la nuque et aux côtés du cou plus marqué que chez la ♀. Deux sexes avec tache sombre au bas de la joue. (Non illustrée.)

DZ

Martinet ramoneur *Chaetura pelagica* MO
L 12-13 cm. Amérique du N. Données : Grande-Bretagne, France, Irlande, îles Canaries et Suède. – Petit. Corps trapu, larges ailes (main large ; secondaires plus courtes, avec un semblant d'encoche entre primaires et secondaires). Plum. assez uniformément gris brunâtre, seulement un peu plus clair à la gorge et à l'avant de la poitrine. « Épines » caudales visibles seulement de près. Vol rapide, ailes ramenées en arrière ou plus lent avec battements d'ailes pressés, peu amples, alternant avec des planés. Voix : gazouillis rapide.

Martinet ramoneur

Martinet épineux *Hirundapus caudacutus*
L 19-21 cm. E 50-54 cm. S de la Sibérie et Asie C. Données : Finlande, Grande-Bretagne, Irlande, îles Féroé, Norvège, Pays-Bas et Suède. – Grand. Corps lourd et trapu, cou insignifiant, queue tronquée (sorte de « gros cigare »). Vol extraordinairement rapide (semble se jouer des autres martinets !). Reconnu par ailleurs au bas-ventre blanc (gagnant un peu les flancs) et au dos blanc brunâtre.

Martinet épineux

Martinet de Sibérie *Apus pacificus*
L 18-19 cm. Asie, de la Sibérie C vers l'E. Données : Grande-Bretagne et Suède. – Comme le M. noir, avec étroite selle blanche au croupion. Pour éliminer la possibilité de confusion avec un M. noir leucique, noter : queue un peu plus fourchue, plus longues ailes, tête un peu plus forte et plus saillante donnant l'impression d'un corps plus élancé ; souvent, tache blanche au menton un peu plus grande ; dessous du corps à « écailles » pâles ; cri plus grossier et râpeux, nettement descendant à la fin (peut rappeler le M. pâle).

Martinet de Sibérie

Pic maculé *Sphyrapicus varius*
L 18-21 cm. Amérique du Nord. Migrateur. Évoque le P. tridactyle (comme lui, suce la sève). Données : Grande-Bretagne, Irlande, Islande). – Globalement noir et blanc. Calotte rouge chez l'ad., gorge rouge (♂) ou blanche (♀). Côtés de la tête à larges bandes noires et blanches. Gorge encadrée de bandes noires se prolongeant sur la poitrine en une large tache noire (pas chez le 1er hiver). Tache blanche rectangulaire sur l'aile. Manteau et dos à fine bigarrure noir et blanc. Dessous vaguement jaunâtre (parfois plus net sur les côtés de la poitrine).

Pic maculé

Hirondelle à front blanc *Petrochelidon pyrrhonota* MO
L 13-14 cm. Amérique du N. Données automnales : France, Grande-Bretagne, îles Canaries, Irlande et Islande. – Très similaire à l'H. de fenêtre avec même silhouette, mais queue à bout droit et ailes plus larges. Joues, gorge et côtés du cou brun roussâtre, nuque pâle isolant la calotte bleu-noir, front blanc crème. Croupion orange. De loin, confusion envisageable avec l'H. rousseline mais absence de filets, et dos à stries blanches diffuses. Tache noir grisâtre entre gorge et poitrine. Cri de reconnaissance : *tchièv* nasillard de moineau.

Hirondelle à front blanc

Jaseur des cèdres *Bombycilla cedrorum*
L 15-19 cm. Amérique du N. Mœurs et écologie comme le J. boréal, mais niche aussi dans la campagne plus ouverte. Données : Grande-Bretagne et Islande. – Plus petit que le J. boréal, avec plum. plus uniforme. Principales différences : pas de bout jaune ou blanc aux primaires ni de bout blanc au couv. primaires, et bas-ventre blanc-gris terne (Boréal : roux soutenu). De plus, ventre plus teinté de jaunâtre, non de rose grisâtre, secondaires toutes sombres, sans bout ni bord blancs. Masque noir également souligné d'une fine ligne blanche courant au-dessus du front (du blanc juste sous le masque chez le Boréal). Cri analogue à celui du J. boréal mais plus aigu et faible. (Non illustré.)

Moqueur chat

Agrobate podobé

♂ ad.
Tarier pie

Pie-grièche schach
ad.

Choucas de Daourie
ad.

♂ ad.
DZ Grosbec errant

Moqueur chat *Dumetella carolinensis*
L 19-22 cm. Proche du Moqueur polyglotte. Amérique du N. Données : Allemagne, Belgique, Grande-Bretagne, îles de la Manche, Irlande). – Comme un petit merle à longue queue. Ad. uniformément gris, calotte noire, sous-caudales brun-roux foncé. Sautille à terre ou se tient dans la végétation basse. Cri *nwii* aigu.

Agrobate podobé *Cercotrichas podobe*
L 20-23 cm. Savanes au S du Sahara, Arabie. Noté pour la première fois en Israël en 1981, a niché à Eilat en 1994 et y est régulier depuis. – Tout noir. Longue queue souvent tenue levée et prestement étalée ou agitée. Rectrices à large bout blanc, sous-caudales à étroit bout blanc. Longues pattes. Généralement à terre ou dans les buissons bas. Chant assez semblable à celui de l'A. roux, du haut d'un buisson ou d'un arbre, la queue souvent relevée par à-coups.

Rossignol bleu *Lavivora cyane*
L 12-13 cm. Sibérie. Données : Espagne, Grande-Bretagne et îles de la Manche. – Petit turdidé ramassé à courte queue, robustes pattes rosé clair et fort bec pointu. ♂ ad. bleu foncé dessus, blanc pur dessous avec bordure foncée ou noirâtre le long des lores, des joues et des côtés de la poitrine. ♀ et imm. à dessus brun, sauf la queue teintée de bleue, dessous blanc-gris chamois. (Non illustré.) Cri : un *teuic* rouillé.

Tarier pie *Saxicola caprata*
L 13-14,5 cm. Asie C et du S. Données : Chypre et Israël). – Un peu plus grand que le T. pâtre. ♂ ad : noir sauf le croupion et le ventre blancs et une petite tache blanche aux épaules. ♀, ♂ imm. : gris brunâtre comme le Rougequeue noir ♀ mais courte queue toute sombre et croupion à nuance rousse ; diffèrent de la ♀ sombre du T. pâtre de la race *rubicola* par l'aile toute sombre et la gorge plus pâle.

Pouillot de Temminck *Phylloscopus coronatus*
L 11-12 cm. Asie orientale. Données : Allemagne, Finlande, Grande-Bretagne, Norvège et Pays-Bas. – Ressemble au P. boréal ; en diffère par : raie assez pâle au milieu de la calotte (apparente à l'arrière, plus diffuse vers le front), trait sourcilier et traits aux côtés de la calotte gris olive plus foncé, sourcil jaune en avant de l'œil mais moins marqué en arrière. Dessous sensiblement plus blanc que chez le Boréal, et dessus vert plus pur. (Non illustré.) Chant : *whit-tsu-hii* aigu.

Pie-grièche schach *Lanius schach*
L 21,5-24 cm. Asie. Données : Danemark, Grande-Bretagne, Israël, Jordanie, Suède et Turquie. – Assez grande et à longue queue bien arrondie. Masque facial et front noirs (ce dernier moindre que chez la P.-g. à poitrine rose ♂), calotte et manteau gris clair. Croupion, dos et scapulaires brun-jaune roussâtre. Bas-ventre jaune roussâtre. Petite tache blanche à la base des primaires chez l'ad. Bec épais.

Choucas de Daourie *Corvus dauuricus* MO
L 30-34 cm. S-E de la Sibérie, Mongolie et N-E de la Chine. Données : Allemagne, Danemark, Finlande, France, Pays-Bas, Suède. – Taille et silhouette de C. des tours, mais en diffère en tous plum. par : œil sombre (Choucas ad. à iris blanchâtre, gris chez le juv.) et, chez l'ad., nuque, collier et ventre blanc grisâtre clair. Bout des plumes blanc argenté à l'arrière des côtés de la tête. Plum. de 1re année à peu près semblable (forme claire, moins commune) ou gris foncé comme le C. des tours (forme sombre, apparemment plus commune) à ventre gris ardoise à peine plus clair. Forme sombre sans la nuque pâle du C. des tours.

Grosbec errant *Hesperiphona vespertina*
L 18-20 cm. Amérique du N. Données : Grande-Bretagne, Norvège. Données printanières (dont plusieurs de ♂). – Taille d'un étourneau. Fort bec conique, jaune verdâtre clair. ♂ jaune et brun olivâtre, queue et ailes noires, tertiaires blanches. Front et côtés de la calotte (noire) jaunes. ♀ blanc grisâtre nuancé de

chamois et brun-gris avec taches blanches aux ailes et à la queue ; d'ordinaire, nuance jaune aux côtés du cou. Aisselles jaunes.

Paruline obscure *Oreothlypis peregrina*
L 10,5-12 cm. Amérique du N. Données automnales : Grande-Bretagne, îles Féroë, Islande. (Les parulines, Parulidés, sortes de bruants à bec fin, occupent la niche des fauvettes européennes.) – En plum. automnal, peut être confondue avec un pouillot du fait du dessus vert, du dessous jaunâtre et du sourcil jaune. Pattes gris foncé. Bec pointu et assez long, gris clair à culmen foncé. Cri : *tsiit* incisif.

Paruline obscure
intern.

Paruline couronnée *Seiurus aurocapilla*
L 13,5-15 cm. Amérique du N. Terrestre, forestière. Occasionnelle automnale (îles Britanniques). – Dessus brun verdâtre uni, dessous pâle à nettes marques noires et étroit trait malaire noir. Cercle oculaire clair, côtés de la tête brun uni. Sur la calotte, raie sommitale brun roussâtre bordée d'étroits traits noirs. Trottine comme un pipit.

Paruline couronnée

Paruline masquée *Geothlypis trichas*
L 12-13 cm. Amérique du N. Données : Grande-Bretagne et Islande. – Caractérisée par : plum. sans marques, dessus olivâtre, dessous blanc sale, gorge jaune et sous-caudales jaunâtres, flancs blanc brunâtre. ♂ ad. : masque noir se prolongeant jusqu'au front et bordé en arrière de gris clair. ♂ de 1er hiver : parotiques sombres et du sombre au front. ♀ à tête brun olivâtre.

Paruline masquée
♂ 1er hiver

Tangara écarlate *Piranga olivacea* MO
L 15,5-17 cm. Amérique du N (Thraupidés, Nouveau Monde). Données : France, îles Britanniques, Islande, presque toujours en oct. – Fort bec assez long, pointu. En plum. automnal, tête et corps vert-jaune grisâtre, plus clair dessous. ♂ ad. : jaune plus vif dessous, calotte jaunâtre et manteau/dos plus verts. Ailes plus foncées que le dos, grises (♀), noires (♂) ou grises avec quelques couv. et tertiaires plus noires chez les ind. de 1er hiver. (Non illustré.)

Bruant chanteur *Melospiza melodia*
L 13-15 cm. Amérique du N. Quelques données : Belgique, Grande-Bretagne, Pays-Bas et Norvège. – Taille moyenne, longue queue. Courtes ailes arrondies. Taille du bec variable, souvent assez fin et pointu. Bandes brunes aux côtés de la calotte à raie sommitale grise. Côté de la tête gris avec trait sourcilier brun derrière l'œil, bord inférieur sombre aux parotiques et trait malaire sombre. Nettes stries sombres dessous s'unissant souvent en haut de la poitrine en une petite tache sombre.

Bruant chanteur

Bruant à couronne blanche *Zonotrichia leucophrys* MO
L 15-16 cm. Amérique du N. Données : France, Grande-Bretagne, Irlande, Islande et Pays-Bas. – Proche du B. à gorge blanche (p. 406), mais : pas de blanc nettement délimité à la gorge, large raie sommitale blanche à la calotte avec large encadrement noir ; sourcil blanc, jamais jaune ; joues et côtés du cou gris cendré sans motifs, formant un large collier pâle ; dessus gris. 1er hiver : motifs bruns et blanc beigeâtre sur la tête.

Bruant à couronne blanche

Bruant masqué *Emberiza spodocephala* MO
L 14-15,5 cm. Sibérie ; forêts humides et marais à végétation. Données : Allemagne, Finlande, France, Grande-Bretagne et Pays-Bas. – Strié, avec du blanc jaunâtre un peu sale, du gris et du brun. ♂ ad. : tête et poitrine gris olivâtre, face noirâtre. Visiteurs automnaux plus anonymes : croupion gris brunâtre uni ou diffusément tacheté, joues et côtés du cou gris olivâtre, sourcil pâle insignifiant, nuance jaune dessous, culmen droit et mandibule inférieure en partie rosée. Cri de contact : *zit* tranchant de Grive musicienne.

Bruant masqué

♂ ad.

DZ

Occasionnels très rares

Figurent ci-dessous des espèces ayant été observées seulement une à trois fois (plus, dans peu de cas) dans la région étudiée (voir p. 8), c'est-à-dire une grande part du Paléarctique occidental. Sont indiqués les noms français et scientifiques, la répartition et les lieux et dates des observations (jusqu'en juin 2009).

ESPÈCE		RÉPARTITION	OBSERVATIONS
Autruche d'Afrique	*Struthio camelus*	Afrique	Égypte (anciennes mentions du Sinaï), Israël (occasionnelle jusqu'aux années 1920), Jordanie (années 1930 ?)
Dendrocygne fauve	*Dendrocygna bicolor*	Amérique, Afrique, Inde	Maroc (1977, sept. 1980)
Dendrocygne siffleur	*Dendrocygna javanica*	Asie du Sud	Israël (nov. 1966 – mars 1967)
Oie-armée de Gambie	*Plectropterus gambensis*	Afrique	Maroc (juin 1984)
Anserelle de Coromandel	*Nettapus coromandelianus*	Asie du Sud, Australie	Jordanie (avril 1997)
Canard à bec rouge	*Anas erythrorhyncha*	Afrique	Israël (juin-juillet 1958)
Nette brune	*Netta erythrophthalma*	Afrique, Amérique du Sud	Israël (avril-mai 1998)
Albatros à nez jaune	*Thallassarche chlororhynchos*	Atlantique Sud	Norvège (avril 1994), Grande-Bretagne (juin-juillet 2007), Suède (juillet 2007)
Albatros à cape blanche	*Thallassarche cauta*	Atlantique Sud, océan Indien	Égypte et Israël (février-mars 1981)
Pétrel géant	*Macronectes giganteus*	Antarctique	Italie (sept. 1991)
Damier du Cap	*Daption capense*	océans de l'hémisphère Sud	Espagne (Gibraltar, juin 1979)
Pétrel soyeux	*Pterodroma mollis*	Atlantique Sud	Israël et Jordanie (mars 1997)
Pétrel de Schlegel	*Pterodroma incerta*	Atlantique Sud	Israël et Jordanie (mai 1982, avril 1989)
Pétrel diablotin	*Pterodroma hasitata*	Antilles	Grande-Bretagne (printemps 1850, déc. 1984), Espagne (avril 2002)
Puffin leucomèle	*Calonectris leucomelas*	océans Indien et Pacifique	Israël (février 2003) et Jordanie (juin-sept. 1992, mai-juillet 1993)
Puffin à pieds pâles	*Puffinus carneipes*	océans Indien et Pacifique	Israël et Jordanie (août 1980)
Puffin fouquet	*Puffinus pacificus*	océans Indien et Pacifique	Égypte (mars 1988)
Puffin d'Audubon	*Puffinus lherminieri*	océans Indien et Pacifique, Antilles	Égypte (sept. 1991), Israël (janv.-fév. 1985, déc. 1989)
Cormoran à aigrettes	*Phalacrocorax auritus*	Amérique du Nord	Grande-Bretagne (janv.-avril 1989), France (oct. 2000), Irlande (nov. 1995-janv. 1996)
Anhinga d'Afrique	*Anhinga rufa*	Afrique	Turquie (a niché en 1933-vers 1950), Israël (mai 2004), Maroc (août 1985)
Frégate aigle-de-mer	*Fregata aquila*	Atlantique Sud	Grande-Bretagne (juillet 1953)
Frégate ariel	*Fregata ariel*	océans tropicaux	Israël et Jordanie (déc. 1997, mai 1999)
Petit Blongios	*Ixobrychus exilis*	Amérique	Islande (sept. 1970)
Blongios mandchou	*Ixobrychus eurhythmus*	Asie orientale	Italie (nov. 1912)
Crabier de Gray	*Ardeola grayii*	Asie	Égypte (avril 2004)
Aigrette bleue	*Egretta caerulea*	Amérique	Irlande (sept.-oct. 2008)
Aigrette tricolore	*Egretta tricolor*	Amérique	îles Canaries (nov. 2007-juin 2008)
Aigrette ardoisée	*Egretta ardesiaca*	Afrique	Israël (oct. 1982)
Héron mélanocéphale	*Ardea melanocephala*	Afrique	France (fin du XIXe s., nov. 1971), Israël et Jordanie (oct.-déc. 1987)
Grand Héron	*Ardea herodias*	Amérique	Grande-Bretagne (déc. 2007), îles Canaries (déc. 1998-janv. 1999),

ESPÈCE		RÉPARTITION	OBSERVATIONS
			France (avril 1996), Islande (novembre 1983, avril 1984)
Marabout d'Afrique	*Leptoptilos crumeniferus*	Afrique	Israël (mai 1951, avril-mai 1957)
Ibis sacré	*Threskiornis aethiopicus*	Afrique, Irak	Azerbaïdjan (1944), Égypte (1889, 1891), îles Canaries (mars 1991) (voir aussi p. 423)
Pygargue à tête blanche	*Haliaeetus leucocephalus*	Amérique du Nord	Grande-Bretagne (janvier 1973), Irlande (nov. 1987)
Épervier shikra	*Accipiter badius*	Asie, Afrique	Azerbaïdjan (juin 1933, nicheur), Israël (avr. 1987, nov. 2005)
Marouette rayée	*Porzana marginalis*	Afrique	Algérie (janv. 1867), Italie (janv. 1997), Malte (mars 1981, avr. 2004)
Râle des prés	*Crex egregia*	Afrique	îles Canaries (nov. 2001, nov. 2006, janv. 2007)
Gravelot à triple collier	*Charadrius tricollaris*	Afrique	Égypte (six mentions : mars 1993 à nov. 2007)
Pluvier oriental	*Charadrius veredus*	Asie	Finlande (mai 2003)
Vanneau à tête noire	*Vanellus tectus*	Afrique	Israël et Jordanie (1869)
Bécasse d'Amérique	*Scolopax minor*	Amérique	France (oct. 2006)
Courlis esquimau	*Numenius borealis*	Amérique du Nord	Grande-Bretagne (5 observations en automne XIXe siècle) Irlande (oct. 1870)
Chevalier de Sibérie	*Tringa brevipes*	Sibérie	Grande-Bretagne (oct.-nov. 1981), (nov.-déc. 1994), Suède (juil. 2003)
Labbe de McCormick	*Stercorarius maccormicki*	Antarctique	Féroé (sept. 1889), Israël (juin 1983), Israël et Jordanie (juin 1992)
Mouette du Tibet	*Chroicocephalus brunnicephalus*	Asie centrale	Israël (mai 1985)
Mouette relicte	*Larus relictus*	Asie	Russie (mai 2000)
Goéland à ailes grises	*Larus glaucescens*	ouest Am. Nord, Pacifique N.	îles Canaries (fév. 1992), Maroc (janv. 1996), Grande-Bretagne (déc. 2006 et printemps 2007, janv. 2009), Danemark (nov. 2009-fév. 2010)
Goéland dominicain	*Larus dominicanus*	côtes de l'hémisphère S.	îles Canaries (avr. 2001), Maroc (août 2006)
Goéland à manteau ardoisé	*Larus schistisagus*	Asie	Lituanie (nov. 2008), Lettonie (avr. 2009)
Sterne des Aléoutiennes	*Onychoprion aleutica*	mer de Béring	Grande-Bretagne (mai 1979)
Sterne antille	*Sternula antillarum*	Amérique	Grande-Bretagne (étés 1983-1992, même ind.)
Noddi brun	*Anous stolidus*	Antilles, sud mer Rouge, golfe Persique	Allemagne (oct. 1912)
Bec-en-ciseaux d'Afrique	*Rynchopus flavirostris*	Afrique	Israël (vers 1934), Maroc (janv. 1987)
Guillemot marbré	*Brachyramphus perdix*	océan Pacifique	Grande-Bretagne (nov. 2006), Roumanie (déc. 2006), Suisse (déc. 1997)
Guillemot à cou blanc	*Synthliboramphus antiquus*	océan Pacifique	Grande-Bretagne (printemps 1990 à 1992, sans doute le même)
Starique cristatelle	*Aethia cristatella*	mer de Béring	Islande (août 1912)
Starique perroquet	*Aethia psittacula*	mer de Béring	Suède (déc. 1860)
Macareux huppé	*Fratercula cirrhata*	océan Pacifique	Grande-Bretagne (sept. 2009), Suède (juin 1994)
Pigeon d'Eversmann	*Columba eversmanni*	Asie	Russie (mai 1881)
Coucou didric	*Chrysococcyx caprius*	Afrique	Chypre (juin 1982), Israël (mars 1994)
Rollier indien	*Coracias benghalensis*	Irak, Asie du Sud	Syrie (date ?)

ESPÈCE		RÉPARTITION	OBSERVATIONS
Pic flamboyant	*Colaptes auratus*	Amérique du Nord	Danemark (mai 1972)
Moucherolle phébi	*Sayornis phoebe*	Amérique du Nord	Grande-Bretagne (avril 1987)
Moucherolle vert	*Empidonax virescens*	Amérique du Nord	Islande (nov. 1967)
Moucherolle tchébec	*Empidonax minimus*	Amérique du Nord	Islande (oct. 2003)
Moucherolle des aulnes	*Empidonax alnorum*	Amérique du Nord	Islande (oct. 2003)
Tyran des savanes	*Tyrannus savana*	Amérique du Nord	Espagne (oct. 2002)
Moinelette d'Oustalet	*Eremopterix signatus*	Afrique de l'Est	Israël (mai 1983)
Alouette de Hume	*Calandrella acutirostris*	est de l'Asie centrale, Himalaya	Israël (fév. 1986)
Hirondelle bicolore	*Tachycineta bicolor*	Amérique du Nord	Grande-Bretagne (juin 1990, mai 2002)
Hirondelle noire	*Progne subis*	Amérique du Nord	Grande-Bretagne (sept. 2004)
Hirondelle d'Éthiopie	*Hirundo aethiopica*	Afrique	Israël (mars 1991)
Moqueur polyglotte	*Mimus polyglottos*	Amérique du Nord	Grande-Bretagne (août 1982, mai 1988), Pays-Bas (oct. 1988), îles Canaries (avril 2005)
Moqueur roux	*Toxodroma rufum*	Amérique du Nord	Grande-Bretagne (nov. 1966-fév. 1967)
Rossignol siffleur	*Luscinia sibilans*	Sibérie	Grande-Bretagne (oct. 2004), Pologne (déc. 2005)
Rougequeue d'Eversmann	*Phoenicurus erythronotus*	Asie centrale, N-O Mongolie	Russie (oct. 1881, oct. 1888), Israël (nov. 1988)
Traquet variable	*Oenanthe picata*	Asie centrale	Israël (fév. 1986)
Grive à collier	*Ixoreus neavius*	Amérique du Nord	Grande-Bretagne (nov. 1982), Islande (mai 2004)
Grive des bois	*Hylocichla mustelina*	Amérique du Nord	Islande (oct. 1967), Grande-Bretagne (oct. 1987)
Merle unicolore	*Turdus unicolor*	ouest de l'Himalaya	Allemagne (oct. 1932)
Locustelle fasciée	*Locustella fasciolata*	Sibérie orientale	Danemark (sept. 1955), France (sept. 1913)
Rousserolle d'Orient	*Acrocephalus orientalis*	Asie orientale	Israël (fév.-avr. 1988, mai 1990)
Pouillot modeste	*Phylloscopus neglectus*	Asie centrale	Suède (oct. 1991)
Roitelet à couronne rubis	*Regulus calendula*	Amérique du Nord	Islande (nov. 1987, oct. 1998)
Sittelle à poitrine rousse	*Sitta canadensis*	Amérique du Nord	Islande (mai 1970), Grande-Bretagne (oct. 1989-mai 1990)
Pie-grièche boréale	*Lanius borealis*	Amérique du Nord, Sibérie	Finlande (mars 2000), Norvège (nov. 1881)
Étourneau de Daourie	*Sturnus sturninus*	Asie	Norvège (sept. 1985), Pays-Bas (oct. 2005)
Viréo à gorge jaune	*Vireo flavifrons*	Amérique du Nord	Grande-Bretagne (sept. 1990), Allemagne (sept. 1998)
Viréo de Philadelphie	*Vireo philadelphicus*	Amérique du Nord	Irlande (oct. 1985, oct. 2008), Grande-Bretagne (oct. 1987)
Roselin rose	*Carpodacus roseus*	Sibérie	Hongrie, Russie, Ukraine
Roselin à longue queue	*Uragus sibiricus*	Sibérie	Danemark (mars-avril 1995), Russie (obs. en Europe occidentale concernant sans doute des échappés)
Paruline à ailes dorées	*Vermivora chrysoptera*	Amérique du Nord	Grande-Bretagne (janv.-avril 1989)
Paruline à ailes bleues	*Vermivora pinus*	Amérique du Nord	Irlande (oct. 2000)
Paruline à flancs marron	*Dendroica pensylvanica*	Amérique du Nord	Grande-Bretagne (sept. 1985-oct. 1995)
Paruline azurée	*Dendroica cerulea*	Amérique du Nord	Islande (oct. 1997)
Paruline bleue	*Dendroica caerulescens*	Amérique du Nord	Islande (sept. 1988, oct. 2003)
Paruline à gorge noire	*Dendroica virens*	Amérique du Nord	Allemagne (oct. 1858), Islande (juil. 1988, oct. 2003)

ESPÈCE		RÉPARTITION	OBSERVATIONS
Paruline à gorge orangée	*Dendroica fusca*	Amérique du Nord	Grande-Bretagne (oct. 1961, oct. 1988), Islande (sept.-nov. 1987)
Paruline tigrée	*Dendroica tigrina*	Amérique du Nord	Grande-Bretagne (juin 1977)
Paruline à tête cendrée	*Dendroica magnolia*	Amérique du Nord	Grande-Bretagne (sept. 1981), Islande (sept.-déc. 1995, oct. 1995)
Paruline à couronne rousse	*Dendroica palmarum*	Amérique du Nord	Islande (oct. 1997)
Paruline à poitrine baie	*Dendroica castanea*	Amérique du Nord	Grande-Bretagne (oct. 1995)
Paruline hochequeue	*Seiurus motacilla*	Amérique du Nord	îles Canaries (nov. 1991)
Paruline à capuchon	*Wilsonia citrina*	Amérique du Nord	Grande-Bretagne (sept. 1970, sept. 1992)
Paruline à calotte noire	*Wilsonia pusilla*	Amérique du Nord	Grande-Bretagne (oct. 1985)
Paruline du Canada	*Wilsonia canadensis*	Amérique du Nord	Islande (sept. 1973), Irlande (oct. 2006)
Tangara vermillon	*Piranga rubra*	Amérique du Nord	Grande-Bretagne (sept. 1957)
Tohi à flancs roux	*Pipilo erythrophthalmus*	Amérique du Nord	Grande-Bretagne (juin 1966)
Bruant à joues marron	*Chondestes grammacus*	Amérique du Nord	Grande-Bretagne (juin-juillet 1981, mai 1991)
Bruant des prés	*Passerculus sandwichensis*	Amérique du Nord	Grande-Bretagne (avril 1982, sept.-oct. 1987, oct. 2003)
Bruant renard	*Passerella iliaca*	Amérique du Nord	Islande (nov. 1944), Grande-Bretagne (juin 1961)
Bruant à oreillons	*Emberiza fucata*	Asie	Grande-Bretagne (oct. 2004)
Dickcissel d'Amérique	*Spiza americana*	Amérique du Nord	Norvège (juil. 1981)
Vacher à tête brune	*Molothrus ater*	Amérique du Nord	Norvège (juin 1987), Grande-Bretagne (avril 1988, mai-juil. 2009)
Carouge à tête jaune	*Xanthocephalus xanthocephalus*	Amérique du Nord	Islande (juillet 1983), Pays-Bas (mai-juillet 1982) (mentions en France, Suède, Norvège et Grande-Bretagne, sans doute d'ind. échappés)

Espèces nicheuses introduites et espèces non spontanées

Sont ici présentées des espèces n'appartenant pas à l'avifaune originelle de la région étudiée, qui ont été introduites ou se sont établies avec l'aide de l'homme, et nichent localement à l'état sauvage, sans plus dépendre des humains (espèces « férales »).
Sont également concernées quelques espèces non nicheuses observées dans la région étudiée, mais qui dans tous les cas ne sont très vraisemblablement que des échappés et ne peuvent donc être considérés comme des oiseaux sauvages d'occurrence spontanée.
Quelques-unes des espèces introduites sont si connues qu'elles figurent dans le corps de l'ouvrage ou y ont été placées afin de faciliter la comparaison avec des espèces similaires : Bernache du Canada (p. 20), Ouette d'Égypte (p. 22), Erismature rousse (p. 44), Faisans de Colchide, doré et de Lady Amherst (p. 58) et Passerin indigo.
On n'oubliera pas que nombre d'Anatidés de diverses parties du monde figurent dans des collections. Certains s'échappent et peuvent donc être trouvés sur les sites d'observations ; toutes ces espèces ne peuvent être mentionnées. Enfin, il existe un commerce d'oiseaux de cage, et des espèces sont importées pour la vente en Europe, en provenance, par ex., d'Asie, d'Afrique et d'Australie ; certains de ces oiseaux s'échappent et peuvent êtres notés dans la nature.

Cygne noir *Cygnus atratus*
L 115-140 cm. Australie. Population férale au moins aux Pays-Bas, et quelques mentions dans d'autres pays. – Sur l'eau, tout noir, bec rouge à bande subterminale blanche. Cou mince, corps court et plumes des ailes imbriquées comme les tuiles d'un toit. En vol, primaires et secondaires externes blanches. Juv. : plus pâle, gris-brun fuligineux. (Non illustré.)

Oie de Ross *Anser rossii*
L 53-66 cm. N Canada. Vue à l'unité ou par deux dans divers pays (dont Allemagne, Grande-Bretagne, Pays-Bas, Suède), souvent en compagnie de Bernaches cravants, mais en général considérées comme échappées. – Comme la forme blanche de l'O. des neiges, mais plus petite, à cou plus bref, tête plus ronde et bec plus court, plus « mignon ». Base du bec bleu verdâtre. Forme grise, très rare. (Non illustrée.)

Oie empereur *Anser canagica*
L 66-85 cm. Alaska et N-E Sibérie. Notée dans quelques pays européens, avec des cas de reproduction, mais tout indique qu'il s'agit d'échappées. – Oie élégante, moyenne/grande, ramassée et à cou assez court, corps gris bleuté d'aspect écailleux, tête et arrière du cou blancs mais menton et avant du cou noirs. Pattes jaune-orange, bec noir avec large tache centrale jaune rosé. Forme bleue de l'O. des neiges vaguement similaire de loin, mais l'O. empereur a le cou plus court et un plum. écailleux. (Non illustrée.)

Tadorne à tête grise *Tadorna cana*
L 60-68 cm. S Afrique. Notées dans quelques pays européens ; nidification occasionnelle, en Suède, d'oiseaux échappés ou introduits. – Très proche du T. casarca, confusion possible en vol en raison du pattern alaire similaire (primaires noires, avant du bras blanc et miroir vert), mais ♂ à tête gris uni et ♀ à tête brun foncé avec face blanc pur. (Non illustré.)

Canard carolin

Canard carolin *Aix sponsa*
L 43-51 cm. Espèce américaine détenue présente dans des collections en Europe ; échappés notés, par ex. en Grande-Bretagne et Suisse. Authentiques occasionnels mentionnés en Islande. – Un peu plus grand que le C. mandarin. ♂ ad. : tête et dessus bleu et vert métalliques, tête ornée de fines lignes blanches ; menton et haut de la gorge blancs, côtés du cou et poitrine roux foncé, mouchetée de blanc. ♀ ad. (et ♂ en éclipse) comme le Mandarin ; en diffère par davantage de blanc autour de l'œil ; tête plus sombre sans stries pâles aux joues ; base du bec de forme différente ; onglet sombre ; tacheture blanche des flancs plus discrète.

Canard mandarin *Aix galericulata* NS1
L 41-49 cm. E 65-75 cm. Asie orientale ; populations férales en Grande-Bretagne depuis le début du XXe siècle, et en Irlande depuis 1978 ; installé en France et en Suisse. S'observe dans de nombreux autres pays européens. Pièces et cours d'eau avec roselières, saules riverains retombants et végétation protectrice. – Moyen/petit, trapu, longue queue, grosse tête. Sexes bien distincts : ♂ ad. ne pouvant être confondu : bec rouge, large bande blanche du bec à l'arrière de la huppe, favoris orange « peignés », grandes « voiles » orange à l'arrière du dos ; ♀ ad. : gris olive terne, avec « lunettes » blanches avec fine ligne blanche jusqu'à la nuque ; trait blanc à la racine du bec, menton et gorge blancs. Flancs à grosses taches pâles. Juv. comme la ♀ mais plus terne et plus brun, avec motif moins net à la tête.

Canard mandarin

Sarcelle cannelle *Anas cyanoptera*
L 38-48 cm. O de l'Amérique du N, Amérique du S. Très rarement observée libre de voler en Europe, et alors très probablement échappée. – Les deux sexes ont un miroir vert et une plage bleu vif aux couv. sus-alaires. ♂ roux uni avec calotte et dos foncés. ♀ comme la S. à ailes bleues (p. 28) mais plus roussâtre et à motif moins contrastant à la tête. (Non illustrée.)

Colin de Californie *Callipepla californica* NS2
L 24-27 cm. Amérique du N. Introduit en France (population férale en Corse). – Dessus et poitrine gris bleuté unis, ventre à grosses « écailles ». Deux sexes avec plume noire sur le front (plus grande chez le ♂). ♂ : gorge noire avec un bord blanc, sourcil blanc. ♀ : tête finement tachetée. Cri de parade : *ka-kwah-ko* sonore, rythmé, répété.

Colin de Californie

Colin de Virginie *Colinus virginianus* NS2
L 24-26 cm. Amérique du N. Introduit dans le S de l'Europe ; niche notamment dans le C de la France (rare) et le S de l'Italie. – Dominante brun-roux, avec taches blanches et noires. ♂ : tête noire avec sourcil et gorge blancs. ♀ : tête à motif brun foncé et brun roussâtre clair. Cri de parade : sifflement clair *tuï tvéiit*. (Non illustré.)

Francolin d'Erckel *Francolinus erckelii*
L 38-43 cm. E Afrique, notamment Éthiopie. Population férale locale en Italie. – Francolin moyen/grand, dessus brun, dessous blanchâtre, plum. flammé de brun foncé. Typiquement, calotte roux uni, front et masque noirs. Menton blanc, immaculé. Robustes pattes jaunâtres, à double éperon. (Non illustré.)

Faisan vénéré *Syrmaticus reevesii* NS2
L ♂ 140-190 cm ; ♀ 60-85 cm. Espèce chinoise introduite en Europe et nichant à l'état sauvage, par ex. en France et en République tchèque. Forestier. – Grand. Marqué de brun comme le F. de Colchide mais ♂ reconnu à sa très longue queue (100-150 cm !) ; tête blanche avec trait noir du bec à la nuque, tache blanche en arrière de l'œil. (Non illustré.)

Ibis sacré *Threskiornis aethiopicus* N3 / MR / HR
L 60-85 cm. E 110-125 cm. Afrique ; niche dans les arbres, dans les héronnières, comme l'I. falcinelle. Introduit en France en 1976, où existe désormais une population férale. Autre population férale en Italie. Mentions occasionnelles ailleurs. – Blanc dominant ; gros bec noir arqué, tête et cou (nus) noirs. Tertiaires noirâtres ébouriffées.

Ibis sacré

Spatule d'Afrique *Platalea alba*
L 85-95 cm. Afrique. Notée à plusieurs reprises en France, deux fois en Espagne, une fois au Danemark et en Autriche. Données concernant sans doute des échappées. – Taille de la S. blanche. Blanche, pattes rouge rosé. Face rouge, bec spatulé, gris, à base et côtés rouges.

Spatule d'Afrique

KM/DZ

Flamant des Caraïbes *Phoenicopterus ruber*
L 125-145 cm. E 140-170 cm. Amérique C. Plusieurs mentions en Europe, très probablement des échappés, l'espèce étant souvent détenue en collection. – Très grand, comme le F. rose. Plum. différant par un rose bien plus vif et plus étendu. La part de rose varie selon l'âge et la nourriture : certains presque aussi pâles que le F. rose, d'autres bien rouges à la tête, au cou, à la poitrine et à la queue. Pattes grisâtres avec un peu de rose aux « genoux » (moins net que chez le F. du Chili), bec comme celui du F. rose mais souvent rose plus vif. (Non illustré.)

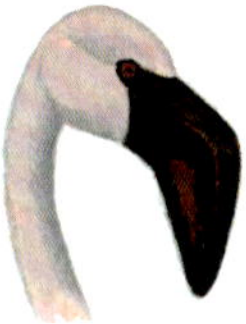

Flamant nain

Flamant nain *Phoenicopterus minor* [NO / MO]
L 80-95 cm. E 90-110 cm. C et E de l'Afrique. Plusieurs données en France, au Maroc et en Espagne, dont certaines pourraient concerner de véritables occasionnels. Un couple a tenté de nicher en Camargue en 1994, et d'autres tentatives ont eu lieu par la suite. Également des mentions au N de l'Europe, mais il s'agit vraisemblablement d'échappés. – Petit. Plum. rose avec raies rouges sur le dos et les épaules. Pattes entièrement rouges, bec rouge foncé avec du noir au bout.

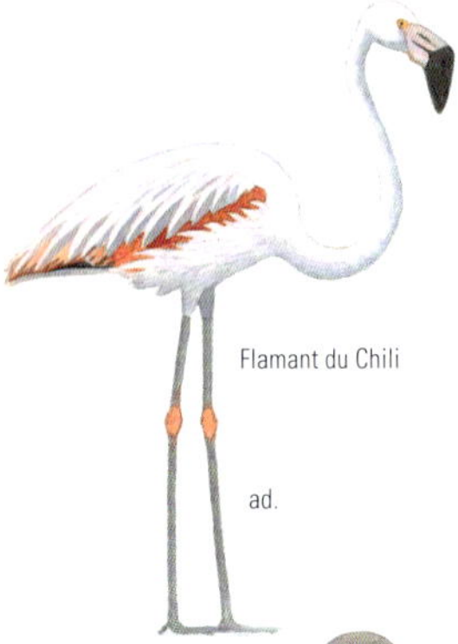

Flamant du Chili

ad.

Flamant du Chili *Phoenicopterus chilensis*
L 100-120 cm. E 120-135 cm. Espèce sud-américaine élevée çà et là dans les parcs en Europe ; échappés éventuels. – Un peu plus petit que le F. rose ; plus de la moitié du bec noire, pattes gris-beige avec « genoux » et doigts rouges, contrastants ; souvent, plum. plus rose.

Tourterelle rieuse

Tourterelle rieuse *Streptopelia risoria*
(var. domest. = « T. de cage »)
L 27-29 cm. Forme depuis longtemps domestiquée de la T. rieuse (p. 414), parfois considérée comme une bonne espèce. Quelques couples issus d'échappées nichent sur Tenerife, aux Canaries. – Très semblable à la T. turque mais plus petite, queue un peu plus courte, plum. blanc-gris chamois plus clair, presque blanc au ventre (gris clair chez la T. turque). Motif noir des côtés du cou souvent plus large, plus arrondi, non en étroite barre. Également un peu plus petite et plus claire que la souche sauvage. Voix : agréable roucoulement répété à plusieurs reprises.

♀ ♂

Perruche à collier

Perruche à collier *Psittacula krameri* NS3
L 37-43 cm (dont queue env. 18-23 cm). Espèce subsaharienne et du S de l'Asie, introduite ou échappée dans la région étudiée ; à présent, populations férales dans plusieurs pays (Allemagne, Belgique, Égypte, Espagne, France, Grande-Bretagne, Grèce, Israël, Pays-Bas, et peut-être d'autres encore). – Presque toute vert vif, longue queue pointue et ailes étroites aux rémiges plus foncées. Mandibule supérieure rouge corail. ♂ : bavette noire et étroite ligne noire aux côtés de la gorge devenant un fin collier rouge-rose autour du cou ; ♀ : tête/cou vert uni. Œil pâle à cercle orbitaire rouge. Bruyante et remuante, se tenant haut dans les ramures des grands arbres des parcs, jusqu'en ville.

Perruche d'Alexandre *Psittacula eupatria*
L 50-62 cm. S de l'Asie, niche en Inde et plus à l'E. Petites populations en Allemagne, Belgique, Pays-Bas et Turquie (Istanbul), provenant d'échappées. – Version géante de la P. à collier, presque deux fois plus grande ; longues ailes vertes et longue queue. Outre la taille, reconnue au bec rouge bien plus fort et aux taches scapulaires rousses (intérieur de l'avant du bras roussâtre). (Non illustrée.)

Inséparable de Fischer *Agapornis fischeri* NS1
L 14-16 cm. Afrique de l'E. Population férale en France, en expansion. – Tout petit perroquet compact avec, en proportion, grosse tête ronde et queue courte. Aisément reconnu au corps vert, à la tête orange et à la poitrine jaune. Fort bec rouge. Œil sombre avec large cercle oculaire blanc. (Non illustré.)

DZ

Conure nanday *Nandayus nenday*
L 32-36 cm. Amérique du S. Petites colonies locales en Israël, issues d'échappées. – Perruche moyenne/grande à plum. surtout vert-jaune vif, relevé d'une bande pectorale bleutée, tête noirâtre. Œil ambré à cercle oculaire blanc. Longue queue verte, pointue. Pattes orangées. (Non illustrée.)

Conure veuve *Myiopsitta monachus*
L 28-31 cm. Amérique du S. Petites colonies : Belgique, Canaries, Espagne (Barcelone et Baléares), Italie, Slovaquie, provenant d'échappées. – Dessus vert vif, front, gorge et poitrine gris clair, poitrine finement barrée de sombre. Ventre vert pâle. Ailes bleutées. Longue queue verte, pointue. Bec orange.

Conure veuve

Conure à tête bleue *Aratinga acuticaudata*
L 33-38 cm. Amérique du S. A niché ou niche localement en petites colonies en Grande-Bretagne (Kent) et en Espagne (Barcelone), provenant d'échappées. – Moyenne/grande, dominante verte, poitrine vert plus clair, tête plus sombre et teintée de bleu, surtout à la calotte. Longue queue pointue, mêlant vert, brun doré et roussâtre. Bec brun rosé, assez fort. Peau orbitaire blanchâtre. (Non illustrée.)

Martin triste *Acridotheres tristis*
L 22-25 cm. Sturnidé de l'Inde en expansion vers le N et l'O. Niche par ex. : en Israël, Russie et sur Tenerife (depuis 1993) ; issus d'échappés. – À peu près de la taille de l'Étourneau sansonnet. Brun, tête noire. Bec et pattes jaunes. Peau nue jaune en arrière de l'œil. Grande zone blanche à la main bien visible en vol. Non farouche, vit près de l'homme. Très bruyant.

Martin triste

Tisserin à tête noire *Ploceus melanocephalus*
L 14-16 cm. Afrique, ceinture subsaharienne. Population autonome au Portugal, sans aucun doute issue d'échappés. – Membre d'un assez grand groupe de tisserins à dominante jaunâtre et tête noire. Reconnu à la combinaison du dos brun-gris vaguement strié, de l'indication de collier jaune, de la poitrine jaune sans nuance rouge-orange, et de l'œil assez sombre. (Non illustré.)

Tisserin manyar *Ploceus manyar*
L 12-13 cm. Afrique. Échappés établis en colonies dans les roselières du delta du Nil. – Grosse tête et bec fort. Queue courte à bout droit. Pattes assez courtes. ♂ : calotte jaune, côtés de la tête sombres, dessous blanc brunâtre fortement strié ; bec noir lors de la nidification. ♀ : sourcil jaune, tache jaune aux côtés du cou, joues et calotte sombres, bec jaune ivoire.

Tisserin manyar

Euplecte vorabé *Euplectes afer*
L 9,5-12 cm. Afrique, répandu. Petite population au Portugal, issue d'échappés. – Petit « moineau » attrayant, rondelet, à courte queue. ♂ jaune et noir ; calotte, dos et bas-ventre jaunes, le reste noir. ♀ brune et rayée dessus, un peu comme un moineau (mais nettement plus petite). (Non illustré.)

Amarante du Sénégal *Lagonosticta senegala*
L 9,5-11 cm. Afrique, répandue au S du Sahara. Introduite à El Goléa en Algérie, mais rare ou disparue depuis. Proche des implantations humaines. – Petite. Minuscules taches pâles aux côtés de la poitrine. ♂ : rouge sur la plupart de la tête et de la poitrine, bec rougeâtre, ailes brun uni, queue noire. ♀ : brun-gris, lores, bec et croupion rouges. Fin cercle oculaire, œil sombre.

Amarante du Sénégal

DZ

Astrild ondulé

Bengali rouge

Capucin bec-de-plomb

DZ

Astrild ondulé *Estrilda astrild*
L 11-12 cm. Afrique. Introduit dans la péninsule Ibérique ; y niche à présent localement, surtout au Portugal. Sédentaire. Niche dans les roseaux, joncs, typhas, etc., de février à novembre. – Petit. Brun-gris finement vermiculé. Masque rouge, tache rouge au milieu du ventre et bas-ventre noir ou brun foncé. Bec rouge chez l'ad., brun-noir chez le jeune. Chant : simple strophe trisyllabique, d'abord deux sons rêches suivis d'un son montant, légèrement roulé, *tchré-tchré-srri*.

Bengali rouge *Amandava amandava*
L 9,5-10,5 cm. Inde. Introduit (par ex., Espagne et deltas du Pô et du Nil). Niche en automne (dans le delta du Nil, au printemps) dans la végétation riveraine touffue, mais aussi dans les cultures. – Très petit. En tous plum. : dessus brun-gris avec fin pointillé blanc aux couv. alaires et aux tertiaires, sus-caudales rouges et queue sombre. ♂ ad., de mai à déc. : plus grande part de la tête et du dessous rouge foncé, dessous parsemé de points blancs. ♀, ♂ en hiver et au printemps : blanc sale dessous à nuance gris chamois à la poitrine et nuance jaune au ventre ; lores sombres ; le ♂ a plus de rouge aux sus-caudales, de plus nets points blancs, et une nuance rouge au ventre. Cri en vol : *tchic-tchic* brefs, sourds. Chant : sons doux, clairs, descendants, souvent terminés par un trille bref.

Capucin bec-de-plomb *Lonchura malabarica* NS2
L 11-12 cm. Inde. Niche en Israël depuis 1988 et en Jordanie depuis 1990 ; également une population à Nice (France) ; origine probable : échappés. Grégaire, même lors de la nidification. Non farouche. – Petit. Fort bec gris argent. Dessus brun clair uni, dessous blanchâtre, flancs à nuance brune, primaires noires, longue queue pointue et noire. Sus-caudales blanches. Sexes semblables. Jeunes : queue plus courte et plus obtuse, face et croupion brunâtres.

Capucin à dos marron *Lonchura malacca*
L 10,5-12 cm. Inde. Échappés installés en colonies au Portugal. – Assez petit granivore attrayant ; ♂ : tête et bas-ventre noirs, blanc en bas de la poitrine et aux flancs, dessus brun uni. Fort bec conique blanc grisâtre. ♀ brun-gris et blanc cassé unis, sans traits saillants mais reconnue d'ordinaire au fort bec conique, gris pâle. (Non illustré.)

Références bibliographiques

Les travaux suivants ont été consultés durant l'élaboration de ce guide, nombre d'entre eux de façon récurrente. Sans eux, la tâche eût été plus ardue et le résultat moins bon. Tous peuvent être recommandés. Pour la mise au point des cartes, tous les atlas et listes nationaux concernant la région étudiée ont été mis à profit, les plus importants et récents figurent dans la liste ci-dessous.

INTÉRÊT GÉNÉRAL

Ali, S. & Ripley, S. D. (1987) *Compact Handbook of the Birds of India and Pakistan*. 2nd ed. Oxford Univ. Press, Oxford.

Alström, P., Colston, P. & Lewington, I. (1991) *A Field Guide to the Rare Birds of Britain and Europe*. Domino, Jersey.

Alström, P., Mild, K. & Zetterström, B. (2003) *Pipits & Wagtails of Europe, Asia and North America*. Helm, Londres.

Alula (1995-2008) *Ornithological journal (4 issues/yr)*. Helsinki.

Baker, K. (1997) *Warblers of Europe, Asia and North Africa*. Helm, Londres.

Beaman, M. & Madge, S. (1998) *The Handbook of Bird Identification for Europe and the Western Palearctic*. Helm, Londres.

Birding World (1988-) *Ornithological journal (12 issues/yr)*. Cley-next-the-sea, Holt, Grande-Bretagne.

Blomdahl, A., Breife, B. & Holmström, N. (2003) *Flight Identification of European Seabirds*. Helm, Londres.

Brazil, M. (2009) *Birds of East Asia*. Helm, Londres.

Brewer, D. (2001) *Wrens, Dippers and Thrashers*. Helm, Londres.

British Birds (1907-) *Ornithological journal (12 issues/yr)*. Londres.

Brown, L. H., Urban, E. K., Newman, K., Fry, C. H. & Keith, G. S. (ed.) *(1982-2004) The Birds of Africa*. Vol. 1-7. Academic Press/Helm, Londres.

BWPi (*Birds of the Western Palearctic interactive*). (2004) 1 DVD. Birdguides/Oxford University Press, Londres/Oxford.

BWP Update. The Journal of the Birds of the Western Palearctic. (1997-2004) Vol. 1-6. Oxford University Press, Oxford.

Campbell, B. & Lack, E. (ed.) *(1985) A Dictionary of Birds*. Poyser, Calton.

Chantler, P. & Driessens, G. (1995) *Swifts*. Pica, Mountfield.

Cleere, N. & Nurney, D. (1998) *Nightjars*. Pica, Mountfield.

Clement, P., Harris, A. & Davis, J. (1993) *Finches and Sparrows*. Helm, Londres.

Clement, P. & Hathway, R. (2000) *Thrushes*. Helm, Londres.

Cottridge, D. & Vinicombe, K. (1996) *Rare Birds in Britain & Ireland. A photographic record*. HarperCollins, Londres.

Cramp, S., Simmons, K. E. L. & Perrins, C. M. (ed.) *(1977-1994) The Birds of the Western Palearctic*. Vol. 1-9. Oxford University Press, Oxford.

Curry-Lindahl, K. (ed.) *et al.* (1959-62) *Våra fåglar i Norden*. («Our Nordic Birds».) Vol. 1-4. 2nd ed. Natur och Kultur, Stockholm.

Curson, J., Quinn, D. & Beadle, D. (1994) *New World Warblers*. Helm, Londres.

Delin, H. & Svensson, L. (1988) *Photographic Guide to the Birds of Britain & Europe*. Hamlyn, Londres.

Delin, H. & Svensson, L. (2007) *Philip's Guide to Birds of Britain & Europe*. Philip's, Londres.

Doherty, P. (2004) *The Birds of Britain & Europe*. 6 DVD. Bird Images, Sherburn-in-Elmet.

Dunn, J. & Garrett, K. (1997) *A Field Guide to the Warblers of North America*. Houghton Mifflin, Boston.

Dutch Birding (1979-) *Ornithological journal (6 issues/yr)*. Santpoort-Zuid.

Farrand Jr, J. (ed.) *et al.* (1983) *The Audubon Society Master Guide to Birding*. Vol. 1-3. Knopf, New York.

Forsman, D. (1984) *Rovfågelsguiden*. («The Guide to Raptors».) Lintutieto, Helsinki.

Forsman, D. (1999) *The Raptors of Europe and The Middle East*. Poyser, Londres.

Fry, C. H., Fry, K. & Harris, A. (1992) *Kingfishers, Bee-eaters & Rollers*. Helm, Londres.

Génsbøl, B. (2006) *Rovfåglar i Europa*. («Raptors in Europe».) Prisma, Stockholm.

Géroudet, P. (1953-61) *Les Passereaux d'Europe*. I-III. Delachaux et Niestlé, Paris.

Géroudet, P. (1965) *Les Rapaces diurnes et nocturnes d'Europe*. Delachaux et Niestlé, Paris.

Géroudet, P. (1965) *Water-birds with webbed feet*. Blandford, Londres.

Gibbs, D., Barnes, E. & Cox, J. (2001) *Pigeons and Doves*. Pica, Mountfield.

Glutz, U. N. (publ.), *Bauer, K.*, Bezzel, E. *et al.* (1966-98) *Handbuch der Vögel Mitteleuropas*. Vol. 1-14. Aula-Verlag, Wiesbaden.

Grant, P. J. (1986) *Gulls : a guide to identification*. 2nd ed. Poyser, Calton.

Grimmett, R., Inskipp, C. & Inskipp, T. (1998) *Birds of the Indian Subcontinent*. Helm, Londres.

Hancock, J. & Kushlan, J. (1984) *The Herons Handbook*. Harper & Row, New York.

Harrap, S. & Quinn, D. (1996) *Tits, Nuthatches & Treecreepers*. Helm, Londres.

Harris, T. & Franklin, K. (2000) *Shrikes & Bush-Shrikes*. Helm, Londres.

Harrison, P. (1989) *Seabirds of the World*. Helm, Londres.

Hayman, P., Marchant, J. & Prater, T. (1986) *Shorebirds*. Croom Helm, Beckenham.

Hollom, P. A.D., Porter, R. F., Christensen, S. & Willis, I. (1988) *Birds of the Middle East and North Africa*. Poyser, Londres.

del Hoyo, J., Elliott, A. & Christie, D. A. (ed.) *(1992-2008) Handbook of the Birds of the World*. Vol. 1-13. Lynx, Barcelone.

Jenni, L. & Winkler, R. (1994) *Moult and Ageing of European Passerines*. Academic Press, Londres.

Jonsson, L. & Tysse, T. (1992) *Lommar*. («Loons».) Suppl. to *Vår Fågelvärld* no. 15. SOF, Stockholm.

Kaufman, K. (1990) *Advanced Birding*. Houghton Mifflin, Boston.

Lefranc, N. & Worfolk, T. (1997) *Shrikes*. Pica, Mountfield.

Limicola (1987-) *Ornithological journal (6 issues/yr)*. Einbeck-Drüber.

Madge, S. & Burn, H. (1988) *Wildfowl*. Helm, Londres.

Madge, S. & Burn, H. (1991) *Crows and Jays*. Helm, Londres.

Madge, S. & McGowan, P. (2002) *Pheasants, Partridges & Grouse*. Helm, Londres.

Mebs, T. & Scherzinger, W. (2000) *Die Eulen Europas*. («The Owls of Europe») Kosmos, Stuttgart.

Mikkola, H. (1983) *Owls of Europe*. Poyser, Calton.

Mitchell, D. & Young, S. (1997) *Rare Birds of Britain and Europe*. New Holland, Londres.

Naoroji, R. (2006) *Birds of Prey of the Indian Subcontinent*. Helm, Londres.

O'Brien, M., Crossley, R. & Karlson, K. (2007) *The Shorebird Guide*. Helm, Londres.

Olsen, K. M. & Larsson, H. (1995) *Terns of Europe and North America*. Helm, Londres.

Olsen, K. M. & Larsson, H. (1997) *Skuas and Jaegers*. Pica, Mountfield.

Olsen, K. M. & Larsson, H. (2004) *Gulls of Europe, Asia and North America*. 2nd printing. Helm, Londres.

Olsson, U., Curson, J. & Byers, C. (1995) *Buntings and Sparrows*. Pica, Mountfield.

Palmer, R. S. (ed.) *et al.* (1962-88) *Handbook of North American Birds*. Vol. 1-5. Yale University Press, New Haven.

Porter, R. F., Christensen, S. & Schiermacker-Hansen, P. (1996) *Field Guide to the Birds of the Middle East*. Poyser, Londres.

Pyle, P. *et al.* (1997) *Identification Guide to North American Birds*. Part 1. Slate Creek Press, Bolinas, Californie.

Rasmussen, P. C. & Anderton, J. (2005) *Birds of South Asia. The Ripley Guide*. Vol. 1-2. Smithonian & Lynx, Barcelone.

Robson, C. (2000) *A Field Guide to the Birds of South-East Asia*. New Holland, Londres.

Rosair, D. & Cottridge, D. (1995) *Photographic Guide to the Waders of the World*. Hamlyn, Londres.

Rosenberg, E. (1953) *Fåglar i Sverige («Birds in Sweden».)* Almqvist & Wiksell, Stockholm.

Shirihai, H. (2007) *A Complete Guide to Antarctic Wildlife*. 2nd ed. A. & C. Black, Londres.

Shirihai, H., Christie, D. & Harris, A. (1996) *Birder's Guide to European and Middle Eastern Birds*. Macmillan, Londres.

Shirihai, H., Gargallo, G. & Helbig, A. J. (2001) *Sylvia Warblers*. Helm, Londres.

Sibley, D. A. (2000) *The Sibley Guide to Birds*. Knopf, New York.

Svensson, L. (1992) *Identification Guide to European Passerines*. 4th ed. Stockholm.

Taylor, B. & van Perlo, B. (1998) *Rails*. Pica, Mountfield.

Ticehurst, C. B. (1938) *A Systematic Review of the Genus Phylloscopus*. British Museum, Londres.

Turner, A. & Rose, C. (1989) *Swallows and Martins of the World*. Helm, Londres.
Urquhart, E. (2002) *Stonechats. A Guide to the Genus Saxicola*. Ill. by A. Bowley. Helm, Londres.
Vår Fågelvärld. (1942-) *Ornithological journal (8 issues/yr)*. Stockholm.
Vinicombe, K., Harris, A. & Tucker, L. (1989) *Bird Identification*. Macmillan, Londres.
Winkler, H., Christie, D. A. & Nurney, D. (1995) *Woodpeckers*. Pica, Mountfield.
Witherby, H. F., Jourdain, F. C. R., Ticehurst, N. F. & Tucker, B. W. (1938-41) *The Handbook of British Birds*. Vol. 1-5. Witherby, Londres.

ATLAS ET LISTES
Andrews, I. J. (1995) *The Birds of the Hashemite Kingdom of Jordan*. Musselburgh, Écosse.
Bannerman, D. A. & Bannerman, W. M. (1983) *The Birds of the Balearics*. Helm, Londres.
Baumgart, W. (2003) *Birds of Syria*. 2nd rev. ed. by OSME. (1st ed. in German by Kasparek Verlag, Heidelberg.)
Beaman, M. (1994) *Palearctic Birds*. Stonyhurst.
Brichetti, P. & Fracasso, G. (2003-2012) *Ornitologia Italiana*. Vol. 1-8. Alberto Perdisa Editore, Bologna.
Clements, J. F. (2000) *Birds of the World. A Checklist*. 5th ed. Pica, Mountfield.
Dickinson, E. C. (ed.) *et al.* (2003) *The Howard & Moore Complete Checklist of the Birds of the World*. 3rd ed. Helm, Londres.
Dubois, P. J., Le Maréchal, P., Olioso, G., Yésou, P. *et al.* (2000) *Inventaire des Oiseaux de France*. Nathan, Paris.
Estrada, J. *et al.* (ed.) *(2004) Atles dels ocells nidificants de Catalunya 1999-2002*. («Catalan Breeding Bird Atlas».) Lynx, Barcelone.
Ferguson-Lees, J, Willis, I. & Sharrock, J. T. R. (1983) *The Shell Guide to the Birds of Britain and Ireland*. Michael Joseph, Londres.
Gavrilov, E. & Gavrilov, A. (2005) *The Birds of Kazakhstan*. Tethys, Almaty.
Gjershaug, J. O., Thingstad, P. G., Eldøy, S. & Byrkjeland, S. (ed.) *(1994) Norsk fugleatlas*. NOF, Klæbu.
Goodman, S. M., Meininger, P. L. (ed.) *et al.* (1989) *The Birds of Egypt*. Oxford Univ. Press, Oxford.
Gorman, G. (1996) *The Birds of Hungary*. Helm, Londres.
Hagemeijer, W. J. M. & Blair, M. J. (ed.) *(1997) The EBCC Atlas of European Breeding Birds*. Poyser, Londres.
Handrinos, G. & Akriotis, T. (1997) *The Birds of Greece*. Helm, Londres.
Hartert, E. (1910-22) *Die Vögel der paläarktischen Fauna (avec suppl.* 1923, 1932-1938.) Friedländer, Berlin.
Isenmann, P. & Moali, A. (2000) *Birds of Algeria*. SEOF, Paris.
Isenmann, P. *et al.* (2005) *Birds of Tunisia*. SEOF, Paris.
Kirwan, G. *et al.* (2008) *The Birds of Turkey*. Helm, Londres.
Kren, J. (2000) *Birds of the Czech Republic*. Helm, Londres.
Larsson, L., Larsson, E. & Ekström, G. (2002) *Birds of the World*. Interactive electronic checklist, 2 CDs. Väse, Suède.
Leibak, E., Lilleleht, V. & Veromann, H. (1994) *Birds of Estonia*. Estonian Academy Publ., Tallinn.
Lindell, L. (ed.) *et al.* (2002) *Sveriges fåglar*. («The Birds of Sweden»). 3rd ed. SOF, Stockholm.
Martí, R. & del Moral, J. C. (ed.) *(2003) Atlas de las Aves Reproductoras de España («Atlas of Breeding Birds in Spain»)*. Ministerio de Medio Ambiente/SEO Birdlife, Madrid.
Meschini, E. & Frugis, S. (ed.) *(1993) Atlante degli Uccelli Nidificanti in Italia («Atlas of Breeding Birds in Italy»)*. Suppl. Ric. Biol. Selvaggina, Bologne.
Priednieks, J., Strazds, M., Strazds, A. & Petrins, A. (1989) *Latvijas Ligzdojoso Putno Atlants 1980-1984*. Zinatne, Riga (avec résumés en anglais).
Purroy, F. J. (ed.) *et al.* (1997) *Atlas de las Aves de España*. SEO Birdlife/Lynx, Barcelone.
Rogacheva, H. (1992) *The Birds of Central Siberia*. Husum.
Roselaar, C. S. (1995) *Songbirds of Turkey. An atlas of biodiversity of Turkish passerine birds*. Pica, Mountfield.
Rufino, R. (ed.) *et al.* (1989) *Atlas das Aves que nidificam em Portugal Continental*. Minist. plano e administr. território, Lisbonne.
Ryabtsev, V. K. (2001) *Ptitsy Urala*. («The Birds of Ural»). Yekaterineburg.
Scott, D. A. *et al.* (ed.) *(1983) The Birds of Iran*. 2nd ed. Dept of Environment, République islamique d'Iran, Téhéran.
Shirihai, H. *et al.* (1996) *The Birds of Israel*. Academic Press, Londres.
Stewart, P. F. & Christensen, S. J. (1971) *A Checklist of the Birds of Cyprus*. RAF, Plymouth.
Stresemann, E., Portenko, L. A., Dahte, H., Neufeldt, I. A. *et al.* (1960-1988) *Atlas der Verbreitung palaearktischer Vögel*. Vol. 1-15. Akademie-Verlag, Berlin.
Svensson, S., Svensson, M. & Tjernberg, M. (1999) *Svensk fågelatlas («Atlas of Swedish Birds»)*. Vår Fågelvärld, Suppl. 31. SOF, Stockholm.
Thévenot, M., Vernon, R. & Bergier, P. (2003) *The Birds of Morocco*. BOU Checklist no. 20. BOU, Tring.
Tomiałojc, L. & Stawarczyk, T. (2003) *Awifauna Polski (The Avifana of Poland. Distribution, numbers and trends*). 2 vol. PTPP, Wroclaw.
Vaurie, C. (1959, 1965) *The Birds of the Palearctic Fauna*. Vol. 1-2. Witherby.
Voous, K. H. (1977) *List of Recent Holarctic Bird Species*. BOU, Londres.
Wassink, A. & Oreel, G. J. (2007) *The Birds of Kazakhstan*. Privately published (Wassink), Texel.
Zink, G. (1973-1985) *Der Zug europäischer Singvögel*. Vol. 1-4. Vogelzug-Verlag, Möggingen.

ENREGISTREMENTS
Andersson, B., Svensson, L. & Zetterström, D. (1990) *Fågelsång i Sverige*. 1 CD and book. Mono Music, Stockholm.
Bergmann, H.-H. & Helb, H.-W. (1982) *Stimmen der Vögel Europas*. BLV, Munich.
Carlsson, S. & Gydemo, P.-E. (1993) *Tättingläten*. («Passerine calls»). 1 CD with 99 species.
Chappuis, C. (1987) *Migrateurs et hivernants*. 2 cassettes audio. Grand Couronne, France.
Chappuis, C. (2000) *African Bird Sounds – 1. North-West Africa, Canaria and Cap-Verde Islands*. 4 CD. SEOF/Nat. Sound Arch., Londres.
Constantine, M. *et al.* (2006) *The Sound Approach to birding*. With 2 CDs. Poole.
Cramp, S. (ed.) *et al.* (2006) *BWPi*, version 2.0. (Electronic version of the 9-vol. handbook, the Concise edition and the BWP Updates, plus added film footage and sounds.) Birdguides, Londres.
Gulledge, J. (prod.) *et al.* (1983) *A Field Guide to Bird Songs of Eastern and Central North America*. 2nd ed. 2 sound cassettes. Cornell/Houghton Mifflin, Boston.
Gunn, W. W. H., Kellogg, P. P. (ed.) *et al.* (1975) *A Field Guide to Western Bird Songs*. 3 sound cassettes. Cornell/Houghton Mifflin, Boston.
Jännes, H. (2003) *Calls of Eastern Vagrants*. 1 CD. Earlybird, Helsinki.
Mild, K. (1987) *Soviet Bird Songs*. 2 sound cassettes and booklet. Stockholm.
Mild, K. (1990) *Bird Songs of Israel and the Middle East*. 2 sound cassettes and booklet. Stockholm.
Palmér, S. & Boswall, J. (1981) *A Field Guide to the Bird Songs of Britain and Europe*. 16 sound cassettes. SR Phonogram, Stockholm.
Ranft, R. & Cleere, N. (1998) *A Sound Guide to Nightjars and Related Nightbirds*. 1 CD. Pica/Nat. Sound Arch., Mountfield
Robb, M. S. (2000) *Introduction to vocalizations of crossbills in north-western Europe*. 1 CD and leaflet. Dutch Birding, Amsterdam.
Roché, J. C. (1998) *Birds of prey and Owls of Western Europe*. 1 CD. Frémeaux, Cervennes.
Roché, J. C. *et al.* (1990) *All the bird songs of Britain and Europe*. 4 CDs. Sittelle, Mens, France.
Roché, J. C., Chevereau, J. (ed.) *et al.* (1998) *A sound guide to the Birds of North-West Africa*. 1 CD. Sittelle, Mens, France.
Roché, J. C., Chevereau, J. (ed.) *et al.* (2001) *Guia sonora de las aves de Europa*. 10 CD. Lynx, Barcelone.
Sample, G. (1998) *Bird Call Identification*. Book and 1 CD. HarperCollins, Londres.
Sample, G. (2003) *Warbler Songs & Calls of Britain and Europe*. Book and 3 CDs. HarperCollins, Londres.
Schubert, M. (1981) *Stimmen der Vögel Zentralasiens*. 2 LP records. Eterna.
Schubert, M. (1984) *Stimmen der Vögel. VII. Vogelstimmen Südosteuropas* (2). 1 LP record. Eterna.
Schulze, A. (ed.), *Roché, J. C.*, Chappuis, C., Mild, K. *et al.* (2003) *Die Vogelstimmen Europas, Nordafrikas und Vorderasiens*. 17 CDs. Edition Ample, Germering, Allemagne. [Version with 2 MP3 discs available.]
Strömberg, M. (1994) *Moroccan Bird Songs and Calls*. 1 sound cassette. Suède.
Svensson, L. (1984) *Soviet Birds*. 1 sound cassette. Stockholm.
Ueda, H. (1998) *283 Wild Bird Songs of Japan*. Yama-kei, Tokyo.
Veprintsev, B. N. *et al.* (1982-86) *Birds of the Soviet Union : A Sound Guide*. 7 LP records. Melodia, Moscou.
Veprintsev, B. N., Veprintsev, O. *et al.* (2007) *Voices of the birds of Russia*. MP3 disc. Phonotheca, Pushchino, Moscou.
Wahlström, S. (1992) *Från Alfågel till Ärtsångare*. («From Long-tailed Duck to Lesser Whitethroat»). 2 CDs. Bra Böcker, Viken, Suède.
Walton, R. K. & Lawson, R. W. (1994) *More Birding by Ear. A Guide to Bird-song Identification. Eastern/Central North America*. 3 CDs and booklet. Houghton Mifflin, Boston.
Wetland Birds – a celebration. (1996) *1 CD*. Wildfowl & Wetlands Trust/Bird Watching, England.

NdE : le lecteur de la version francophone du présent guide tirera le plus grand bénéfice de la consultation de ces revues nationales, qui suivent l'actualité ornithologique au plus près (les sites correspondants sont indiqués) :
Ornithos, éditée par la LPO ; www.lpo.fr/ornithos/index.shtml
Aves, éditée par Aves ; http://www.aves.be
Nos Oiseaux, éditée par Nos Oiseaux ; http://www.nosoiseaux.ch

Index des noms français

Remarques :
– les pages indiquées renvoient aux illustrations (ou au seul texte descriptif pour les quelques espèces non illustrées figurant en fin d'ouvrage). En règle générale, les textes correspondants sont situés sur la page en regard ; dans le cas contraire, les textes et les illustrations suivant exactement le même ordre, il suffit de se repérer à partir de celles-ci pour trouver le texte recherché.
– les espèces figurant dans la partie « occasionnelles rares » (pp. 408 à 417) sont accompagnées d'un astérisque.
– les espèces « occasionnelles très rares » ne sont pas indexées ; le lecteur les trouvera aux pp. 418 à 421.
– les espèces mentionnées dans la partie « espèces nicheuses introduites et espèces non spontanées » (pp. 422 à 426) sont signalées par un double astérisque (NB : d'autres espèces introduites figurent par ailleurs dans le corps de l'ouvrage).
– chaque nom d'espèce est précédée d'une case où le lecteur pourra « cocher » les espèces observées.

A

B

C

P

R

S

Index des noms scientifiques

M

N

R

S

T

Lars Svensson (texte et cartes) est un ornithologue suédois de renom. Dans les années 1980, il fut à l'origine de la création du *Collins Bird Guide* et, dès l'abord, associa à cette entreprise Peter J. Grant et Killian Mullarney. Entre autres ouvrages, il a écrit *Identification Guide to European Passerines*, un guide des passereaux destiné aux bagueurs. Il a été rédacteur en chef de *Vår Fågelvärld* de 1971 à 1974, et a créé le Comité d'homologation suédois (animé par la Société ornithologique suédoise), qu'il présida de 1971 à 1986. Il est membre des Comités taxonomiques suédois et britannique. Il est aussi auteur ou coauteur d'autres ouvrages et d'articles faisant autorité en matière d'identification des oiseaux. Il partage son temps entre Torekov, au sud de la Suède, et Stockholm, mais a accompli de nombreux voyages pour étudier les oiseaux. En 2004, il est devenu docteur *honoris causa* de l'Université d'Uppsala.

Killian Mullarney (illustrations et légendes) est l'un des plus éminents artistes ornithologiques actuels et est aussi un expert ornithologique reconnu, doté d'une vaste expérience de terrain. Il a été associé à l'élaboration du *Collins Bird Guide* dès l'origine. Entre 1980 et 2008, il a été membre du Comité d'homologation irlandais, et est un expert en identification fréquemment sollicité tant par des revues (comme *Birding World*, *Dutch Birding* et *Birdwatch*) que par des comités d'homologation à travers le monde. Qu'il soit une autorité en matière, par exemple, d'oiseaux marins et de laridés ressort à l'évidence de ses contributions en ce domaine dans le présent guide. Il vit dans le Wexford au sud-est de l'Irlande, mais son intérêt pour les oiseaux l'a entraîné en Chine, en Amérique du Nord et au Moyen-Orient, outre toutes les régions d'Europe.

Dan Zetterström (illustrations et légendes) est considéré comme l'un des meilleurs artistes ornithologiques mondiaux et est un expert reconnu en matière d'identification ornithologique. Grâce à de fréquents voyages en Europe et dans les régions méditerranéennes, mais aussi dans des contrées plus lointaines, surtout dans l'hémisphère Nord, il a acquis une connaissance personnelle de pratiquement toutes les espèces traitées dans cet ouvrage. Entre 1989 et 1997, il a été membre du Comité d'homologation suédois. En 1990, il fut invité à rejoindre l'équipe du *Collins Bird Guide* et, depuis, ses idées, ses connaissances et sa capacité de travail ont constitué de précieux atouts pour ce guide et sa présentation. Il a également participé à plusieurs autres ouvrages ornithologiques, comme *Philip's Guide to Birds of Britain and Europe*, *The Birds of the Western Palearctic* et *Handbook of Bird Identification*. Il réside près de Karlstad, dans l'ouest de la Suède.

Dépôt légal : mars 2015
ISBN : 978-2-603-02393-8
Imprimé en Italie